技术与哲学研究

2010—2011 卷

陈　凡　陈红兵　田鹏颖　主编

东 北 大 学 出 版 社

·沈　阳·

图书在版编目（CIP）数据

技术与哲学研究 / 陈凡，陈红兵，田鹏颖主编. —沈阳：东北大学出版社，2014. 6（2024.1重印）

ISBN 978-7-5517-0667-4

Ⅰ. ①技… Ⅱ. ①陈… ②陈… ③田… Ⅲ. ①技术哲学—文集 Ⅳ. ①N02－53

中国版本图书馆 CIP 数据核字(2014)第 146854 号

出 版 者：东北大学出版社

地址：沈阳市和平区文化路 3 号巷 11 号

邮编：110004

电话：024—83687331（市场部） 83680267（社务室）

传真：024—83680180（市场部） 83680265（社务室）

E-mail：neuph @ neupress. com

http：//www. neupress. com

印 刷 者：三河市天润建兴印务有限公司

发 行 者：东北大学出版社

幅面尺寸：184mm × 250mm

印 张：43. 25

字 数：897 千字

出版时间：2014 年 8 月第 1 版

印刷时间：2024 年 1 月第 2 次印刷

责任编辑：刘振军 刘 莹 刘乃义 孙 锋

责任校对：辛 思

封面设计：刘江旸

责任出版：唐敏志

ISBN 978-7-5517-0667-4 定 价：123. 00 元

中国自然辩证法研究会技术哲学专业委员会
(中国技术哲学学会)

《技术与哲学研究》编辑委员会

主 办 者： 中国自然辩证法研究会技术哲学专业委员会(中国技术哲学学会)
东北大学科学技术哲学研究中心

地　　址： 中国·辽宁·沈阳市和平区文化路3号巷11号（110004）

电　　话： 024—83677909　024—83680220

E-mail： cspt@ mail. neu. edu. cn

彼得·克罗思（Peter Kroes），荷兰代尔夫特理工大学哲学系主任，教授，原国际哲学与技术学会(SPT)主席

斋藤了文（Saito Norifumi），日本关西大学社会学系教授，日本关西工学伦理学会会长

李文潮（Wen-chao Li），德国柏林理工大学哲学系哲学教授，哲学博士

Chinese Society for Philosophy of Technology (CSPT)

"Research in Technology and Philosophy" Editorial Board

Deng Bo

Professor of Xi'an University of Architecture & Technology, Vice president of Chinese Society for Philosophy of Technology.

Chief Editor: **Chen Fan**

Professor of Northeastern University, Doctoral Supervisor, Philosophy discipline of the State Council appraises group members through discussion, Honorary vice chairman of the Chinese Society for dialectics of Nature, President of Chinese Society for Philosophy of Technology, Director of Research Centre for Philosophy of Science and Technology, Northeastern University.

Chen Hongbing

Associate Director of the institute of Technology and Society, Northeastern University. Professor, Doctor, Director of Secretariat of Chinese Society for Philosophy of Technology.

Tian Pengying

President of Research Centre for Philosophy of Science and Technology, ShenYang Normal University, Professor, Doctor, Vice director of Secretariat of Chinese Society for Philosophy of Technology.

Sponsor: Chinese Society for Philosophy of Technology. Research Centre for Philosophy of Science and Technology, Northeastern University.

Address: No. 11, Lane of No. 3, Wenhua Road, Heping District, ShenYang, Liaoning Province, P. R. China, (110004)

Telephone: 024-83677909 024-83680220

E-mail: cspt@mail.neu.edu.cn

Chines Editorial Members: (**Regard strokes of a Chinese character of surname as the preface**)

Wang Dazhou

Professor of Graduate University of Chinese Academy of Sciences, Doctor, committee member of Chinese Society for Philosophy of Technology.

Wang Qian

Professor of Dalian University of Technology, Doctoral supervisor, committee member of Chinese Society for Philosophy of Technology.

Wang Bin

Professor of Tongji University, Doctor, committee member of Chinese Society for Philosophy of Technology.

Wang Dewei

Research of Institute of Philosophy, HeilongjiangProvince Academy of Social Sciences, Doctor, committee member of Chinese Society for Philosophy of Technology.

Kong Ming'an

Chinese Academy of Social Sciences, "Philosophy tendency" editor, Researcher, Doctor, committee member of Chinese Society for Philosophy of Technology.

Xu Liang

Professor of University of Shanghai for Science And Technology, Doctor, committee member of Chinese Society for Philosophy of Technology.

Qiao Ruijin

Professor of Shanxi University, Doctoral supervisor, committee member of Chinese Society for Philosophy of Technology.

Li Sanhu

Professor of Guangzhou Administration Institute, Doctor, committee member of Chinese Society for Philosophy of Technology.

Wu Guolin

Professor of South of China Technology University, College of Humanities, Doctor, committee member of Chinese Society for Philosophy of Technology.

Wu Xiaojiang

Vice Researcher, Institute of Philosophy, Shanghai Academy of Social Sciences, committee member of Chinese Society for Philosophy of Technology.

Zhang Mingguo

Professor of Beijing University of Chemical Technology,

losophy of Branch School of Small Stream of Stone of the New York State University of U. S. A.

Joseph C. Pitt

Dean of Department of Philosophy, Virginia University of Technology in U. S. A, Professor Former vice president of Society of International Philosophy (SPT), Former vice Chief Editor of Electronic Journal of Technology

Junich Murata

Professor of Department of Philosophy, School of Humanity & Science of Tokyo University in Japanese

Langdon Winner

Professor of Department of Science of Science & Technology, Rensselaer University of Technology in U. S. A., the executive committee member of International Society of Philosophy and Technology

Peter Kroes

Professor, Dean of Department of Philosophy, Delfort University of Technology. Former president of International Society of Philosophy & Technology

Saito Norifumi

Professor, Dean of Department of Society, Kansai University, in Japan. President of Society of Engineering ethics Kansai

Wen-chao Li

Professor of Phylosophy Department of Berlin Technology University, Ph. D.

前　　言

在高科技引领时代发展的大科技时代，在上海举办“中国2010年世界博览会（Expo 2010）”期间，2010年9月11日至13日，由中国自然辩证法研究会技术哲学专业委员会、上海自然辩证法研究会、上海大学和东北大学主办，上海市科学技术协会、上海社会科学院协办，上海大学社会科学学院和东北大学科学技术研究中心承办的第13届技术哲学学术年会在上海大学隆重召开。来自全国各地的150余名专家学者参加了会议。

会议期间与会专家学者以“技术、城市与人类未来”为主题展开了广泛和深入的讨论，取得了丰硕的成果，本论文集精选了本次全国技术哲学年会的论文以及2010年和2011年两年间学者在国内学术期刊发表的具有重要价值的论文。文集分五篇：第一篇技术哲学的基础理论和前沿问题研究；第二篇技术与文化；第三篇当代技术与工程中的哲学思考；第四篇技术、创新与人类发展；第五篇其他相关问题。

秉承《技术与哲学研究》“突出学科特色，加强基础研究，注重现实应用”的创办宗旨，本论文集充分展示了两年来我国学者在技术哲学的理论与应用研究中的最新成果，希望通过本论文集的出版深化中国技术哲学的学术研究，进一步推动技术哲学界与全国哲学界、工程技术实践者和决策者之间的广泛交流与沟通，使技术哲学能够在理性的高度和实践语境中“为国服务”，繁荣我国哲学社会科学，增进我国的文化软实力。

编　者

2014年5月

目 录

第一篇 技术哲学的基础理论和前沿问题研究

第二篇 技术与文化

第三篇 当代技术与工程中的哲学思考

第四篇　技术、创新与人类发展

第五篇　其他相关问题

第一篇

技术哲学的基础理论和前沿问题研究

"技术认识"解析

陈　凡　程　海
（东北大学科学技术哲学研究中心，辽宁 沈阳　110819）

摘　要： 技术认识是指对人类改造自然、创造人工自然的技术实践活动及其结果的认识，其本质是实践性的。与科学认识及其他非技术认识相比，技术认识同样具有真理性、精确性和综合性的特征，但其实质内涵因技术认识的实践指向而不同。与对"技术"的理解相应，技术认识也有两重含义：一是指采用一定的技术手段、工具所进行的认识活动；二是指活动所得到的成果是技术性的。

关键词： 技术　技术认识　技术认识论

技术认识是技术认识论的研究对象。因此，要阐明技术认识论的性质、内容和理论系统，必须从技术认识开始，这是研究技术认识论的基点。那么，何谓技术认识呢?

界定技术认识的关键是要确立技术认识的含义。明确技术认识的一个前提是准确地把握什么是技术，同时澄清技术认识与非技术认识的界限，以此为基础，才能明确什么是技术认识。

一、技术与技术认识的关系

当下，技术已经渗透到现代社会的方方面面。"初看起来，'技术'一词的含义似乎十分明白，因为到处都可以看到技术装置、器械和工艺，人们已承认它们是'第二自然'。不过，倘若要给技术概念下一个明确的定义，人们马上就会陷于困境。"[1]拉普在这里所说的困境也是我们技术哲学工作者所面临的。什么是技术?并非人们都清楚。

如同科学一样，技术的表现形式也是多种多样的，它所包含的内容异常丰富，对它的界定都只能侧重于某一方面。侧重不同，界定迥异。

米切姆总结了多样的技术界定："技术的现有解释多种多样，如把技术说成是'感觉运动技巧'（费布曼）、'应用科学'（邦格）、'设计'（工程师）、'效能'（巴文克和斯考利莫斯基）、'理性有效行为'（埃吕尔）、'中间方法'（贾斯珀斯）、‘以经济为目的的方法’（古特尔-奥特林费尔和其他经济学家）、‘实现社会目的的手段’（贾维尔）、‘适应人类需要的环境控制’（卡本特）、‘对能的追求’（芒福德和斯宾格勒）、‘实现工人格式塔心理的手段’（琼格）、‘实现任何超自然自我概念的方式’（奥特加）、‘人的解放’（迈希恩和马可费森）、‘自发救助’（布里克曼）、‘超验形式的发明和具体的实现’（德绍尔）、‘迫使自然显露本质的手段’（海德格尔）等等，某些解释在字面上都明显不同。但即使把这些都考虑在内，也还有很多其他的定义，其中每一种定义，这样假设是合理的——都在技术的普遍含义上提示了某些真实方面，但又都是暗中运用有限的几个中心点。因此，关于这些解释的真假常常要看这个狭窄观点的排他性而定。”[2] 总结之后，米切姆也并没有对技术作出明确的界定。他把这些关于技术的界定归纳为四种类型：技术作为人工物，技术作为知识，技术作为行动或过程，技术作为意志[3]。这四种类型的界定，都是把技术从与它相关的因素中分离出来作静态分析，仅描述了技术的一种表现形态，侧重于技术内涵的某一方面，并不能展现技术的完整本质。

陈凡教授提出，要明确技术的本质，必须明确技术的范畴和技术的目的。我们认为技术的目的是改造世界，技术过程是人类的意志向世界转移的过程，因此，技术的本质是“人类利用自然、改造自然的劳动过程中所掌握的各种活动方式的总和”[4]。这个界定把技术视为一个动态的过程，反映了技术是人与自然之间的中介的基本立场，也把技术与科学、宗教、艺术等其他活动方式分隔开来。我们也采用这一界定。

对这一界定的理解，有两点需要把握：一是把技术理解为动态的实在的认知活动；二是把技术理解为动态认知活动的结果——知识体系和人工物。从这种理解的角度出发，就会发现技术认识与技术的关系，如果把技术比做一个集合，那么技术认识就是这个集合中的一个子集。因此，它们在活动主体、客体和方法手段上有着一致性，在很多时候难以作出清楚的区分。实质上，技术与技术认识又是有区别的，技术属于一般社会生产力的范畴，既可表现为社会进步的推动力，也可表现为一定地域的文化传统，还可表现为先进的方法，等等，因此，其功能也是多样的，技术的应用能促进社会生产力的发展，推动社会的进步，技术可以提供丰富的、多样化的人工物，技术甚至可以改变人的思维方式……其中，当然还有一种认识功能，技术认识则属于特殊类型的社会意识或社会活动，表现为以理论形式或以经验形式存在的技术知识。

二、技术认识与非技术认识的界限

在明确了技术认识与技术的异同之后，还需要明确技术认识与非技术认识的界限。一般来看，技术认识与其他认识形式的界限是很明显的，而与科学认识（指基础自然科学，下同）的界限却很难划定。那么技术认识与科学认识及其他非技术认识的界限主要体现在哪些方面呢？主要体现在技术认识具有突出的实践性指向，体现在对对象的控制、操作和变换上。

技术认识是人类在改造自然、创造人工自然的过程中形成的认识，用于指导创造人工自然的实践活动，与人类的这种活动有着直接具体的关系，也可以说，技术认识来源于具体实践中的对对象的控制、操作和变换，也用于这种具体的人类活动。科学认识虽然也源于人类的实践活动，但它与人类创造人工自然的实践的关系并不直接，而是一种潜在的间接的关系。“技术理性着眼于回答人类改造自然、创造人工自然的实践活动应该‘做什么’、‘用什么做’、‘怎样做’的问题，它观念地将事物由本然状态改变成理想状态，在观念中建构出理想的客体。”[5]正如陈昌曙教授所说的：“人工自然的创造取决于技术的手段和方法，自然界的人工化也就是技术化，人工自然的范围等同于技术圈，讨论人工自然与考察技术过程是不可分割的，或本质上是一回事。”[6]技术认识之所以能指导实践，是因为它或者是关于实践对象的认识，或者是实践本身的认识。在邦格那里，关于实践对象的认识被称为“实体性理论”，关于实践本身的认识被称为“操作性理论”。“实体性技术理论基本上是科学理论在接近实际情况下的应用……而操作性技术理论，从一开始就与接近实际条件下的人和人机系统的操作问题有关”[7]。与技术认识的实践性相关，对技术认识的评价关键是有效性，能在实践中发挥实际功能的认识才是技术认识，反之，就是非技术认识。

国内学界对技术与科学的区别已作了详细的剖析和阐述，如陈昌曙教授[8]、陈凡教授[9]、陈其荣教授[10]、张华夏教授[11]、李醒民教授[12]等均认为，科学与技术区别的关键之处在于，科学是要认识和解释自然现象的本质和规律，本质是求知，是要回答“是什么”和“为什么”的问题；技术则是要认识在改造自然、创造人工自然的实践活动及其结果的本质和规律，本质是实践，是要回答“做什么”和“怎么做”的问题。

专家们在作剖析和阐述的时候，侧重于技术与科学的区别，这对确立技术哲学的研究主题是很有意义的。从人类的认识历程上看，技术认识与科学认识的诞生并不是同时的，然而，从现代技术认识与科学认识的联系上看，二者却似一对孪生兄弟，虽然是人类认识系统中两个相对独立的领域，却具有相似的外貌。因此，技术认识与科学认识的区别可以说是相似的外貌下掩盖着不同的实质。具体来说，主要有以下几点。

第一，真理性。真理性是技术认识与科学认识都具有的属性，是指认识以主观形式反映不以人的意志为转移的客观内容，是主观与客观必须统一。也就是说，认识在形式上是主观的，是以文字、公式、图表等形式表现出来的脑力劳动的结果，但其中反映的是客观世界的本质和规律，其内容是客观的。

主观与客观的统一是认识真理性的基础。但是必须明确，认识的真理性是相对真理和绝对真理的统一。其相对性主要指认识都是在一定时间、空间、领域和一定历史条件下的真理，并不能被无限地放大，而只能被认为是绝对真理的一部分，其中包含绝对真理的因素。没能辩证地理解真理的相对性与绝对性的关系，在科学哲学中出现了逻辑实证主义和历史主义的争论[13]，在技术哲学中影响了对技术的理解，在一定程度上导致工程传统和人文传统的分立。工程传统着眼于技术的合理性，着重分析技术本身的特性，诸如它的概念、方法、认知结构和客观的表现形式，进而着手去发现那些贯穿于人类活动中的特性的表现形式。“实际上，甚至努力以技术的术语来解释非人的和人的世界。文化是一种形式的科技（卡普）；政权和经济应该根据技术原则来组织的（恩格迈尔和凡勃伦）；宗教体验与技术创造结合在一起（德绍尔和加查巴克卡）。”人文传统则对技术本身了解甚少，主要着眼于技术与非技术领域，如伦理、政治、艺术、宗教等领域的关系，并寻求与非技术领域的一致性。“技术可以被解释为一种特殊的神话（芒福德），与人类的自我定义相关联（奥特加），提出本体论问题（海德格尔），或者是作为一种旨在全面控制的充满风险的尝试（埃吕尔）。”[14]

科学认识把知识分解为命题及其逻辑结构，可以更好地重建科学理论，检验假说和探索某种理论的完备性；而技术认识把知识分解为方案、规则和程序等，是为了指导怎样才能进行技术设计、构造某种技术人工物或者形成某种适合于特定目的的试验。

真理性要求认识具有逻辑性。对于科学认识来说，认识要逻辑完备，内部相容且不能导出矛盾的结论，与其他认识无矛盾，是对客观实在的真实反映；对技术认识来说，认识要符合自然规律和社会规律，保证技术活动的顺利开展和人工物的安全有效。

真理性要求认识具有丰富性，也就是说，从认识中可以合理地推导出许多结论。对科学认识来说，丰富性意味着理论体系的逐渐充实和完备；对技术认识来说，丰富性意味着技术认识的适用范围在扩大，在不同的条件下依然有效，能够适用于更多情况下的控制、操作和变换。

真理性要求认识有很强的解释功能，也就是说，不仅要能解释常规现象，也要解释非常规现象。解释功能是科学认识确立的必要条件，对于技术认识来说，也是如此。技术认识要能解释在条件或环境发生变化时，技术活动所要作出的调整。如铁路设计理论，不仅要能解释在平原地区修建铁路的设计方式，还要能解释在山区和高原地区修建铁路时的设计调整。

真理性要求认识具有预见性，也就是说，认识要能预见未出现的情况。预见性也是科学认识得以确立的必要条件，对技术认识来说，同样如此。具体来说，技术活动就是在创造人工自然的过程中，通过系列的活动，实现特定的目的。因此，技术认识要能预见到技术活动中可能会出现的情况，尤其是意外情况，才能采取相应的措施，保证目的的实现。尽管预见意外情况很难，技术认识也应该尽力做到这一点，因为意外情况的出现可能会使技术活动付出重大的代价，或者导致投入的大幅度增加，或者影响人工物的安全性，或者会造成技术活动的中断甚至失败。

第二，精确性。精确性是技术认识和科学认识都必须具备的特征，主要指有确定的数值。

科学认识的精确性一方面指理论值，另一方面指能够精确测量。理论值来源于数学演算。科学认识的数学演算需要把丰富的具体实际抽象化，如把实体抽象为点、线、面、体四种基本模型；把实际问题的条件理想化，如物理力学的分析，通常会把物体看做均匀的，甚至可以抽象为一个质点，力的作用方向、强度和变化都是理想化的。因此，数学模型虽然保证了科学认识具有较大的普遍性和较高的精确度，但只是一个理论值，是一般语境中的知识。科学家可以在他的物理世界中从事研究工作，将物理现象还原为一组有序的变量，这些变量具有可测量性；但在技术活动中，工程师是不能这样做的，他必须直接面对技术的对象，而不能作出这种抽象的概括。

技术认识的精确性虽然也来自数学演算和精确测量，但技术认识中的数学演算不能把丰富的实际情况和条件抽象化、理想化，不能简单地把实体抽象为点、线、面、体四种基本模型，而必须面对认识对象的具体情况。在力学分析中，也不能简单化地认为物体是均匀的、可以抽象为一个质点，作用力也不是理想化的。因此，在具体的技术活动中，技术认识会得出一个精确的具体值。但是，与这个精确的具体值相比，技术认识更关注的是极限值，也就是最大值和最小值。这是技术活动的顺利和安全所需要的。虽然技术认识也会给出一个确定值，但是实际情况通常会与给定的值不完全相符，或者大或者小。为什么会是这种状况？技术活动的对象和条件千差万别，数值太精确不利于技术认识发挥其功能，反而会造成混乱，必须适应变化范围较大的条件。因此，技术认识的精确值只能是一个范围，有相对精确的上限和下限，而非一般语境中的知识，也不仅仅只出现在专业刊物上。

第三，综合性。综合性指认识的构成是多因素的。技术认识中所涉及的内容比科学认识中的要繁多。尽管科学认识要明确诸如力、位移、温度、时间、电流、压力、速度和质量等内容，但这些要素是可量度的，适合于合理的解释。但技术认识除此之外，还面临着诸如成本、安全临界线、法律、规则、市场的需求、审美、制造方式等内容，当工程师致力于技术的认知活动时，这些都是必须融入设计中的因素。

因此，技术不是“应用科学”，技术认识也不同于科学认识，它除了包含实践对象的认识以外，还包含对实践本身的认识。“从实践的角度来看，技术理论比科学理论内容更丰富。因为它远远不是仅限于描述现在、过去和将来发生的事情或者可能发生的事情，却不考虑决策人做些什么，而是要寻求为了按预定方式引起、防止或仅仅改变事件发生的过程，应当做些什么。”[15]而实践又是具体的、丰富的，涉及多方面的认识，实践中的技术认识不仅要具备科学的合理性，还需要把社会效益、文化历史传统、民族地域特征、居民生活方式等因素整合到一起；同时由于技术形成过程中的参与者众多，分属于不同的利益群体，技术的形成也是这些相关利益群体协商建构的结果，因此，技术认识必定是综合性的。“它（技术理性）既追求功效又内含目的，既追求物质手段又关涉知识储备，既基于自然又面向社会，既表现自然必然性又实现主体目的性，既追求理想又注重条件和善于妥协。”[16]所以，技术知识不仅来自学术机构，也来自企业甚至家庭，它们不断地被融入到新产品和工艺的设计与开发中，存在于技术设计的图纸上、技术人工物的零部件上以及技术人员的控制、操作和变换活动中。这些新知识和新技巧的传播方式也是多样的，网络备忘录、实验报告、部分表格、合同及供货限额都是工程知识的传统文本形式，解读这些语境中的工程知识需要前提性的知识。

从以上分析可以看出，技术认识和非技术认识的本质区别在于技术认识直接的实践性指向，真理性、精确性和综合性也是区分的重要标准，需要准确地理解区分标准的确定内涵。在技术认识的发展过程中，在不同的发展阶段上，并不一定同时具备这些标准，但作为技术认识与非技术认识划界的标准，则是必须坚持的。

三、技术认识的双重含义

通过以上分析不难看出，技术认识也有双重含义。一是指采用一定的技术手段、工具所进行的认识活动，如技术试验，此处的“技术”指明了活动的特征。因此，作为活动过程的动态技术认识由认识主体、认识客体和与主体相融合的认识手段及工具组成。这个整体的活动具有认识功能，而此功能是其中任一单独要素所不具备的，只有按照一定的结构结合成一个整体时，才会生成这种技术认识的功能。二是指活动所得到的成果是技术性的，如技术规则，从而区别于非技术认识。作为成果的技术认识包括以经验形式存在的个体知识和以技术理论、技术方案、技术规则等形式构成的共享知识两部分。因此，技术认识既是认识活动，又是认识活动的成果，具有双重含义。

在西方，不同的技术哲学家对技术认识的侧重也不同。德绍尔认为，制造，尤其是以技术发明形态存在的制造，能够与“物自体”发生确切的联系，强调了作为活动的技术认识能认识“物自体”。“技术的本质既不是在工业生产（它只意味着发明的大规模生产）中表现出来，也不是在产品（它仅仅供消费者使用）中表现出来，只有在技术创造行为中才能表现出来。”[17]M. 邦格则认为，作为知识形态的技术理论包括实体性理论和操作性理论，也就是关于行动对象的知识和关于行动本身的知识。“‘技术哲学’仅仅是那些以科学和技术术语来解释客观实体和沿着科学和技术的路线重新阐述人文学科（哲学和伦理学）所展开的更大努力的一个方面。”[18]米切姆对技术哲学的工程传统和人文传统作了细致的梳理和分析，认为技术可以作为人工物、作为知识、作为行动和作为意志，并进一步地认为作为活动的技术是这四种表现形式的关键。“技术远不止包括了工具和机器等物质性物体以及精神性的知识或者从工程科学中发现的认知类型。……的确，尽管当提及技术时，人们最先想到的是这些物质性对象或硬件，并且这个术语本身的词源学意含十分明显，但是活动可以说是其主要表现，尽管在这个问题上存在争议。作为活动的技术是知识和意志联合起来使人工物得以存在或让人使用的关键事件，同样它也是人工物影响思想和意志提供的机会。”[19]

具体分析作为活动的技术认识，就需要分析它的活动过程和构成要素，即认识活动的主体、认识活动的工具、认识活动的对象、认识活动的目标和认识活动的成果。

认识的主体是人，既然技术认识是人类认识方式中的一种特殊类型，技术认识的主体当然也只能是人类中的一部分，也就是说，技术认识主体是专业性的，而非一般人。随着技术实践的逐渐深入，技术认识的对象也越来越深入和细化，对象间的差别也越来越大，如何把这种细化的认识用于实践，这就要求认识主体发生相应的变化，分工也就越来越细、越来越专业化。同时，技术认识中的“意会成分”导致技术认识在一定程度上是不可言传的，个体之间的交流并不是充分完全的。技术认识的这种个人性更强化了技术认识主体的专业性。

技术活动除了个体的工程师以外，还有工程师组成的共同体，如各领域的工程师协会等。一般来说，技术活动本身是在共同体内部进行的。工程师之间就技术问题、技术设计、技术成果等的交流首先是在共同体内部进行的。共同体在与外部交流时，首先在语言上就会发生困难，尽管有时候使用的是同样的词组和句式，但表达的却是不同的意义，需要“转译”。这就使得工程师及其共同体具有明显的特殊性，从而与其他区分开。同样，技术成果首先也是在共同体内部进行交流的，其价值首先需要得到共同体内部的评定，然后才会在随后的过程中接受其他相关群体的评价。

在技术认识的过程中，工具是与主体融合在一起的，把它从主体中分离出来，是因为它明显地展示了技术认识的特殊性。严格说来，技术认识只有两个要素，即主体和客体，“认识论的根本问题是研究主体和客体的关系”。作为技术认识的工具必须与主体相结合，才能发挥其功能，成为主体的一部分；或者与主体相分离，成为技术认识的客体。虽然技术认识的器械具有实体形态，但在技术认识的过程中，或者强化，或者延伸，或者替代着主体的能力，与主体共同作用，形成技术认识。

技术认识工具可分为实体工具和思维工具两类。在技术认识独立之前的认识工具或者是人的感官，或者是与生产生活工具没有分开的器械。技术认识的逐渐独立伴随着技术认识工具的专业化，技术认识离不开多种多样的实体工具，并逐渐朝着高、精、尖的方向发展。思维工具包括技术专业语言和方法。技术语言作为一种人工语言，具有明确性，由同一领域的工程师共有，是他们进行思维和交流的工具。技术方法是技术认识的“软件”，如试验方法、模型方法等。技术认识需要采用一定的方法，否则不会获得有效的成果。

在认识对象上，技术认识虽然也认识自然，但其目的是希望明确如何干预自然过程，以出现满足人类需要的结果。如纳米科学是“研究至少在一维方向上其尺度在1～100纳米的分子和组织的基本原理”[20]，但纳米技术则是“以纳米科学为基础制造新材料、新器件、研究新工艺的方法和手段”[21]。在分子生物学和分子遗传学等学科综合发展的基础上诞生的基因工程指“在体外将核酸分子插入病毒、质粒或其他载体分子，构成遗传物质的新组合，并使之渗入到原先没有这类分子的寄主细胞内，而能持续稳定的繁殖”[22]。因此，基因工程或者基因技术能够被广泛地应用于医药、农业等领域。因此，技术认识不仅要研究自然界里各种事物的发生、发展和变化过程，以及事物的内在本质和规律，更要研究如何把对本质和规律的认识应用于创造人工自然的实践活动中。

技术认识是具有明确目标的人类活动，它是关于如何去做的知识，是制造技术人工物的知识，是指导人们如何去控制、操作和变换的规范性与程序性知识。因为技术是以创造技术人工物为目的，而技术人工物被用于改变我们的环境、自然、社会或者家庭，以满足我们不断变化的需求。约瑟夫·皮特对技术的理解是：工程是“对工艺（Artifice）进行设计、构建和操作（‘操作’由文森蒂增加）的组织实践，其转化我们的物质世界以及社会世界（‘社会世界’由作者皮特增加）以满足我们所认可的需要”[23]。这一理解最令人称道的是突出了技术的实践倾向，因此，“工程知识是为了操纵人类环境的目的，而进行的工艺设计、构建以及操作”[24]。

具体分析作为活动成果的技术认识，就要分析个体知识和共享知识，即波兰尼所说的“难言知识”和“明言知识”。个体知识是个体在长期的实践过程中积累下来的知识，不易用语言表达，一般是通过行为展示，传播起来较为困难。“当我们接受某一套预设并把它们用作我们的解释框架时，我们就可以被认为是寄居在它们之中，就如同我们寄居在自己的躯壳内一样。……它们不是被断言的，也不可能被断言，因为断言只能发生在一个我们眼下已经把自己与其认同的框架内。由于那些预设本身就是我们的终极框架，所以它们本质上是非言述性的。”[25]共享知识主要是关于认识对象的性质、技术理论、设计方案、操作规程、产品功能等方面的知识，是普遍有效的知识，其存在不依赖于个体的认知主体，因此也是易于公开传播的。共享知识以人工语言和其他符号来表达与传递，可以被认识主体所共同理解和共享。

技术认识既不是对“理念世界”的模仿，也不是理性中固有的“先验存在”，而是具体实践的产物。人类在改造自然的实践中创造了技术认识，并随着人工自然的创造而深化。在此过程中，技术认识一方面伴随着主体的实践而成为一个在一定条件下的活动过程，以活动的形式存在；另一方面它作为实践活动的成果，以知识的形式出现，具有真理性、精确性和综合性。因此，技术认识的双重含义使得我们在理解技术认识时，不能忽视其中的任何一重含义，对技术理论的准确理解和解释不能离开技术实践活动，对技术实践活动的考察也离不开技术知识。无论是要阐释技术认识的主客观辩证统一问题，还是要研究技术认识的真理性问题、精确性问题和综合性问题，都需要准确地分析技术认识的双重含义。

技术认识是研究技术认识论的出发点。当然，准确地把握技术认识，仅有上述分析是不够的，还涉及很多重要方面，如技术认识的逻辑和历史考察，技术认识的结构、过程和环节问题；技术问题、技术设计、技术试验、技术知识、技术结构、技术功能、技术理性、技术规则等基本概念的理解都需要进一步的研究。

参考文献：

[1]　拉普．技术哲学引论[M]．刘武，等译．沈阳：辽宁科学技术出版社，1986：20.

[2]　米切姆．技术的类型[M]//邹珊刚．技术与技术哲学．北京：知识出版社，1987：247.

[3]　Carl Mitcham .Thinking through Technology: The Path between Engineering and Philosophy[M]. Chicago: The University of Chicago Press，1994：160.

[4]　陈凡，张明国．解析技术："技术—社会—文化"的互动[M]．福州：福建人民出版社，2002：4.

[5][9][16]　陈凡，王桂山．从认识论看科学理性与技术理性的划界[J]．哲学研究，2006(3)：94-100.

[6][8]　陈昌曙．技术哲学引论[M]．北京：科学出版社，1999：67，158.

[7][15]　M. 邦格．作为应用科学的技术[C]//邹珊刚. 技术与技术哲学．北京：知识出版社，1987：49-50，51.

[10]　陈其荣．科学与技术认识论、方法论的当代比较[J]．上海大学学报：社会科学版，2007，14(6)：5-13.

[11]　张华夏，张志林．从科学与技术的划界来看技术哲学的研究纲领[J]．自然辩证法研究，2001，17(2)：31-36.

[12]　李醒民．有关科学论的几个问题[J]．中国社会科学，2002(1)：20-23.

[13]　舒炜光．科学认识论：第1卷[M]．长春：吉林人民出版社，1990：27.

[14][17][18][19]　米切姆．通过技术思考[M]．沈阳：辽宁人民出版社，2008：81，42，49，283.

[20]　徐国财．纳米科技导论[M]．北京：高等教育出版社，2005：6.

[21]　刘吉平，郝向阳．纳米科学与技术[M]．北京：科学出版社，2002：1.

[22]　吴乃虎．基因工程原理[M]．北京：科学出版社，1998：43.

[23][24]　约瑟夫·皮特．技术思考：技术哲学的基础[M]．沈阳：辽宁人民出版社，2008：45.

[25]　波兰尼．个人知识[M]．贵阳：贵州人民出版社，2000：90.

科学-技术关系的历史逻辑与当代特征

陈 凡 李 勇
（东北大学科学技术哲学研究中心，辽宁 沈阳 110819）

摘 要：科学-技术关系是一个相当陈旧的话题，也是一个常写常新的主题。在历史上，共有四种典型的科学-技术关系观及其模型；当前，科学-技术关系的探讨出现了新动向。其中，技术哲学家主要集中讨论技术知识的本质及其在科学认知中的基础作用，而史学界则围绕保罗·福曼的长篇巨著展开了激烈的争论。

关键词：科学-技术关系 科学技术模型 技术知识的本质 科学的技术基础

一、引 言

科学-技术关系问题，无论是在国内学术界，还是在国外学术界，都是一个至关重要的研究主题，引起了哲学、历史学、社会学、人类学、管理学、心理学等众多学科的注意。正如奥托·迈尔（O. Mayr）指出的那样，哲学家、社会学家和历史学家对这一主题的研究，在本质上是理论性的；科学家和工程师对这一关系的解释具有自己的利益；政策制定者的决策至少部分是以特定的科学-技术关系理论为基础的；而广大公众的生活则受到了这一决策的影响[1]。应当说，这一主题本身是一个相当陈旧的历史话题，然而，参与争论的这些活动者都辩护自己的观点，追求最大化的利益，从而创造了多样性的方法论和术语学，制造出令人眼花缭乱的文献。

通观我国自然辩证法界关于这一关系的讨论，最常见的表述为，它们之间是一种既相互联系又相互区别的辩证关系。关于其区别，早在 1985 年，东北大学陈昌曙教授就从十个方面进行了系统的论述[2]。2007 年，李醒民教授进一步将之拓展到十七个方面[3]。至于其联系，通常认为，科学为技术提供理论指导和用武之地，技术为科学提供研究手段和对象。应该如何评价这一论述呢？显然，这里存在一种悖论。如果我们不考虑科学和/或技术的历史变迁及说话者的特定历史语境，那么这一论述是相当抽象的。在罗纳德·克莱因（R. Kline）看来，这是一种典型的无历史主义，它忽视了其分析的核心术语“科学”和“技术”的变化着的丰富内涵。

然而，如果我们考虑的话，这一论述又是相当简单的，甚至是一种孤立的、静止的论述，只与科学和/或技术史在非常特定的时间、特定的地点甚至特定的研究范围内相一致，因而是相当片面的。

为了克服以上问题，彰显科学-技术关系的丰富内涵，我们认为，对科学-技术关系的研究，一方面要从共时态相互联系的角度展开，从而揭示其内在关联与规律性；另一方面，更重要的是，要从历时态逻辑演进的角度入手，揭示不同时期二者的关系特征和演进过程及未来走向。列宁指出："为了用科学眼光观察……问题，最可靠、最必需、最重要的就是不要忘记基本的历史联系，考察每个问题都要看某种现象在历史上怎样产生，在发展中经历了哪些主要阶段，并根据它的这种发展去考察这一事物现在是怎样的。"[4]

不过，皮特·温加特（P. Weingart）认为，在这样做时，我们必须思考这一事实，即历史争论缺乏理论主题，人们赋予历史资料以结构。这并不是说，历史分析完全是无历史的，只是指导资料选择和"事实"概念化的理论标准是固有的。问题的关键在于提出一种理论框架[5]。奥托·迈尔认为，历史学家的使命"不是揭示科学-技术关系在历史上实际上是怎样的，而是先前的文化和时代认为它是怎样的"[6]。也就是说，不是要概括大量的珍贵历史文献，从而找到历史知识的某种本质和精神，而是要从个体历史事件入手，层层深入，去粗取精，去伪存真，最终得到某些更高层次的概括。不过，罗纳德·克莱因认为，迈尔的新视角的倡议早已逝去，然而，应者寥寥，因为哲学家、社会学家和历史学家已经发展出一种更为复杂的、交互作用的模式，超越了迈尔的倡议[7]。

二、历史上的典型科学-技术关系观

澳大利亚教育学家保罗·加德纳（P. L. Gardner）在总结加拿大物理学课本中关于科学-技术关系的陈述时，曾概括出四种本质观："'理想主义'的观点，'划界主义'（Demarcationist）的观点，'唯物主义'的观点，以及'互动主义'的观点。"[8]应当承认，加德纳教授对于科学-技术关系的这一概括是非常准确的，在逻辑上是清晰的，对于我们理解科学-技术关系具有借鉴意义。本文借用了加纳德的逻辑划分，但对之进行了新的阐释。

1. 理想主义科学-技术关系观

它假定，科学和技术之间是一种等级关系，科学先于且优于技术。科学知识是技术进步的源泉，而技术进步是科学的概念、原理、方法等在特定实践领域的应用。这是一种典型的科学累积进步观，代表性的模型是技术的应用科学模型。

大体上，关于技术的应用科学模型的直接而热烈的讨论出现在20世纪50年代和60年代，而万尼瓦尔·布什的著名报告《科学：无止境的前沿》则是引起这一争论的重要导火索。布什通过巧妙地处理第二次世界大战前已经存在的“纯科学”“应用科学”“工程科学”等研究信念之争，突出强调了“纯科学”研究信念的极端重要性。他提出的四段图式：基础研究—应用研究—开发—生产经营，曾被美国国家科学基金会概括为“技术程式”，后来又被称为“技术转移”[9]。然而，布什报告激起的事后研究及回溯研究都否定了布什的简单化模型[10]。

加拿大技术哲学家马里奥·邦格的《作为应用科学的技术》详细地阐述了技术的应用科学立场。他认为，人类的认知共有三类：科学规律、非理性的活动规则和技术知识。与探索自然规律的纯科学不同，应用科学是利用已知的规律设计有用的器具，目的在于建立成功的人类行为的稳定规范。从实践的角度看，技术理论比科学理论内容更丰富。从理论的角度看，技术理论分为实体性理论和操作性理论两类。前者提供关于行动对象的知识，是科学理论在接近实际情况下的应用，产生于科学理论；后者提供关于行动本身的知识，与人和人-机系统的操作问题有关，产生于应用研究[11]。

克莱因在考察技术的应用科学模型时发现，尽管很多人怀疑和批判技术的简单应用科学模型，然而人们很少关注这种观点的历史及其为什么会如此盛行。他的历史研究表明：定语“应用的”“不是指工艺学徒训练的熟练经历，而是指技术知识的获得是通过更学术性的途径，或者通过对科学的某种依赖关系（通过科学原理在实用技艺中的应用），或者通过一条更加自主的途径（通过科学方法在实用技艺中的应用）”[12]。而且，术语“应用科学”至少具有四种不同的认识论含义。第一，“应用科学”就是科学原理在实用技艺中的应用。第二，“应用科学”就是科学方法在实用技艺中的应用。特别是培根主义的归纳程序的应用。第三，“应用科学”表示一种相对自主的知识。例如，瑟斯顿就曾将应用科学和工程科学同义使用。第四，“应用科学”意指研究、教学和革新的实践。

2. 划界主义科学-技术关系观

它认为，技术和科学是相互独立的和异质的。它们不仅在仪器与程序的进步中是分离的，而且各自的理论概念也不相同。科学家和技术专家被理解为异质的双共同体，追求不同的目标，使用不同的方法，并获得不同的结果。

这一思想的原型最早可追溯到古希腊时期。古希腊学者认为，科学和技术是两种本质上相异的活动形式。科学思考世界的本源，因而是高贵的；而技术关注于制造事物，因而是卑贱的。司托克斯认为，古希腊自然哲学家让纯探究远离实用技艺，将注意力集中于对一般认识的追求，而实用技艺大都由地位低下的人所掌握，体力劳动则由奴隶承担，这极大地强化了将纯探究从实用技艺中剥离的哲学目的。结果，早在爱奥尼亚哲学家时代，技术就被排除在正统的哲学之外[13]。

同样地，皮特·克罗斯（P. Kroes）和马丁·巴克（M. Bakker）也认为，尽管随着现代科学在16和17世纪的兴起，特别是数学和实验方法在现代科学中的引入，亚里士多德关于科学–技术划分的思想已经过时了。然而，这一传统是如此深地影响着当代的思想，以至当代科学和/或技术史家以及哲学家似乎不能根据后来的知识进步提出一种适当的替代品来改写古希腊的这一区分[14]。

3. 唯物主义科学–技术关系观

它认为，技术是科学之源。技术历史地和本体地先于科学，人类关于物质、工具、仪器及测量设备的经验对于科学概念后来的产生是必不可少的。

斯蒂芬·F. 梅森明确地指出："科学主要有两个历史根源。首先是技术传统，它将实际经验与技能一代代传下来，使之不断发展。其次是精神传统……"[15]正是科学的这两个源泉才使得科学兼具技术理性和人文精神的双重文化基因。

著名科学史家 W. C. 丹皮尔也有类似的看法。他认为："科学有两个来源的分支，其一是不断发明的工具，它们使人类的生活更安全更容易；另一个来源是人们对它们周围的完美宇宙的解释而形成的信念。"[16]而且丹皮尔还认为，技术路径，例如简单工艺的进步、火的发现和掌握、工具的改进，虽然不那么浪漫，却是科学的基础之一，甚至，或许是唯一的基础。这种工艺知识和常识性知识的规范化与标准化，是实用科学起源的最可靠的基础[17]。

技术哲学家伊德也认为，技术历史地、本体地先于科学。"这种先在性的运行方式存在于生活世界的基本实践之中，这种实践影响或者使我们走向了科学世界观的那种东西。"[18]

4. 互动主义科学–技术关系观

它认为，科学与技术既相对独立，又密切地相互作用。这一思想常将科学与技术的关系比喻为舞伴关系。

通过莱顿、克莱因、司托德迈尔等人的努力，到了 20 世纪 70 年代，代替技术的应用科学模型的新模型出现了，并获得普遍的认可。它将科学和技术描述为独特而相互作用的共同体，它们每一个都有自己独特的传统、术语学、目标、价值及其自己的知识主体和技能。但与双共同体模式不同的是，这两个共同体之间是相互联系的，有时甚至是部分重叠的。

爱德·克拉纳克斯（Eda Kranakis）识别出一类混合职业，它是科学和技术相互融合的领域，在其中，科学和技术在共同体以及组织结构、知识主体、实践传统、价值和回报系统等方面存在部分重合。他提出的"混合职业模式"假定，科学和技术是由特定历史环境和组织环境所塑造的一种社会–认知活动，它们重叠的本质和程度是流动的与变化的，根据时间、地点和学科而变化，依赖于历史环境和语境环境。换句话说，这一重叠的本质和程度被假定为是社会建构的[19]。

与克拉纳克斯相类似，特温特大学的阿里·里普（Arie Rip）教授也认为，科学、技术等概念是由特定历史语境中的行动者建构的。为此，他提出了一种"舞伴”模式。科学与技术之舞导向了不同参照点和群体的活动关系。它由音乐、舞厅和舞伴等要素共同决定。其中，新的音乐是书写的，舞厅是在过程中调整的，舞蹈则是在特定历史环境中创造的。而且，舞蹈本身创造了新的模型，而特定的“认知基础”使之成为可能[20]。

三、当代科学-技术关系观的新动向

当前，关于科学-技术关系的思想经历了重要的变化，即由过去特定科学-技术关系模型的建构转向了关于技术知识的本质及其在科学认知中的认识论地位的探讨。

1. 技术知识的本质

1973 年 3 月，在美国康涅狄格州伯恩迪图书馆召开了一场关于“工业时代的科学与技术的相互关系”的研讨会。乔治·巴萨拉、梅尔文·克兰兹伯格、埃德温·莱顿、奥托·迈尔等众多学者与会。在这次会议上，几乎所有人都反思“科学”“工程”“技术”“效用”等基本术语的具体内涵。结论似乎是否定的，无法明确区分这些定义。而且为了阐明概念，深入探究科学-技术关系问题，与会者明确期望科学史家和技术史家能够携手合作，突破甚至废除这两个群体在意识形态和制度上的界线。而科勒发现，大学中的科学、技术和医学史家逐渐融合在一个相同的系部中，这一制度进步将确保“科学史不再总是孤立的智力软件史，或者，技术史不再只是孤立的智力硬件史”[21]。

克罗斯和巴克认为，技术知识的本质和认知地位的分析不仅要求一种历史路径，也要求一种认识论路径。因此，他要求技术史家和技术哲学家通力协作[22]。

E. 斯托克（Elisabeth Stroker）也认为，科学-技术关系的深入洞见要求技术哲学采取一种历史转向，或者说是一种“历史的技术哲学”。因为历史——且只有历史——能为技术的哲学分析提供有血有肉的概念基础[23]。

司托德迈尔在其专著《技术叙事者：重新编织人类结构》中，回溯了技术史协会的核心刊物《技术与文化》（T&C），他发现，自从 T&C 在 20 世纪 50 年代后期创刊以来，没有哪个主题像科学-技术关系那样吸引人和持久。然而，进步却微乎其微，相同的问题以及相同的答案一再出现。他得出结论：“T&C 上的历史学家并没有形成一种关于科学和技术的主题语言，这种语言也适合于技术史。”[24]在司托德迈尔的分析中，作为对技术的应用科学模型的反对，技术知识的本质特征作为一个重要的新主题出现了。

依赖于这一背景，1990 年 11 月，在荷兰埃德霍温工业大学召开了一场关于“工业时代的技术进步与科学”的学术讨论会。会议的核心思想是促使技术史家和技术哲学家共聚一堂；中心话题则是：“在过去的 2 个世纪内，科学对技术进步的影响，而且，特别注意于科学主题和技术知识的本质以及科学在工程教育和工程职业中的作用。"[25]

在这次会议上，W. 文森蒂在《工程知识，设计类型与等级层次：进一步思考工程师知道什么》一文中，将她在《工程师知道什么以及他们是怎样知道的》一书中的观点拓展为一种二阶思维。她认为，工程设计知识包括常规设计（操作原理和常规构造）、设计标准和规范、理论工具（数学、推理、自然规律）、定量资料（描述的和说明的）、实践考量和设计手段（程序知识）。其核心思想是，工程设计过程也是知识的产生与获得过程，工程知识是知识论的重要门类[26]。

文森蒂的工作激起了技术哲学家、设计工程师、技术史家们关于技术知识本质的热烈讨论。例如，马克·弗里斯（Dr. Marc J. de Vries）在《技术知识的本质：拓展经验认知研究于工程师知道什么》一文中，通过制造晶体管和集成电路的LOCOS技术的案例研究发现，技术知识包括功能本质的知识、物理本质的知识、手段-目的的知识、活动知识，它们是不同类型的知识，不能被涵盖在"证明为真的信念"的传统知识观中[27]。

2002年6月，埃德霍温理工大学又专门召开了一场"技术知识的哲学反思"的国际技术哲学会议。来自全球的50多位专家、学者与会；中国自然辩证法研究会技术哲学专业委员会副主任、东北大学陈凡教授应邀与会，并提交了论文。这次会议就技术知识的分类、技术知识和标准化、技术知识的发展与整合等问题进行了热烈讨论。详情请见陈凡、朱春燕等著的《技术知识：国外技术认识论研究的新进展》[28]。

2. 技术知识在科学认知中的基础性认识论地位

近十多年来，技术哲学家和技术史家试图从新的视角逼近科学-技术关系问题，从而找到本领域内富有成果的新起点。表现之一就是M. 塞尔第（Michael Seltzer）、R. 奎拉托（Ramón Queraltó）、D. 贝尔德（Davis Baird）、A. 菲茨帕特里克（Anne Fitzpatrick）等人致力于研究技术知识在科学认知中的基础作用。

塞尔第用"科学的技术基础概念"作为首要的编史学工具解释科学发现和科学进步。关键的问题是：在科学中，技术和技术基础如何导致变化？为此，塞尔第用社会文化和物质文化的结合来更新与扩展皮特的技术基础概念。前者包括社会结构、制度力量关系或者个人力量关系、利益，以及统计方法、试验技术、科学理论等；后者包括机器、自然界，以及科学中的试验材料和实体。塞尔第认为，他的技术基础概念为科学、技术和文化的分析提供了一种元历史工具，它合并和扩展了以下领域的学识："休斯的'技术动力'，库恩的'学科矩阵'，拉图尔的'网络'，加里森的'短期-中期-长期-术语约束'，哈肯的'思想、行动、材料、标志的一致性'，莱茵伯格的'试验系统'，皮克林的'实践毁损'（Mangle of Practice），伯里安的'各水平上的结构与功能的相互作用机制'"[29]。

与塞尔第类似，奎拉托也认为，在今天，技术已经变成了科学知识可能性的毫无疑问的新条件。这主要体现在三个方面：一方面，技术成为主客体之间相互作用的认识论中介，科学研究的对象是技术地决定的和给予的；另一方面，技术以互惠的形式影响甚至决定了科学理论的预言内容及其有效性的检验形式；最后，技术使得科学实在变成一种技术实在。为此，他要求引入"技术兼容性"这一新的术语作为描述科学客体的一个新条件[30]。

菲茨帕特里克也认为，由于现代科学更依赖于技术，因此关注于技术是至关重要的，它为研究提供了更肥沃的基础和更全面的视角。在《泰勒的技术报应：美国的氢弹及其在一个技术基础内的进步》一文中，他通过对美国核武器的案例研究，揭示出核武器科学的特定技术基础——大型电子计算机——如何影响了美国核武器研究、设计和发展的实践。这是因为，科学计算作为一项新技术，出现在20世纪40和50年代，它是现代物理学的技术基础的最突出的一部分。而核科学家不得不等到大型电子计算机建成，才能及时地构造他们的物质，最终获得成功[31]。

在《压缩知识：直接读取的分光计》中，贝尔德根据"科学仪器本身是知识的自我表达"，提出和论证了他的仪器认识论思想，并用之来解释知识的变化。1943年，道化学公司正在为建造飞机而大量生产镁合金。该合金所允许的钙元素含量的限度非常狭窄，既不能过高，又不能太低。而传统的湿化学方法和相片-光谱摄制仪方法既慢且浪费严重，这迫使一位研究人员尝试着用光电倍增管代替照相软片，最终成功地造出了直接读取器分光计。贝尔德通过将波普的"客观认识论"发展成"仪器认识论"，他将分光计理解为，将仪器操作者先前必需的技能和知识压缩进仪器这一物质形式，表达了光谱化学分析的知识，是理论理解与制造物质的技能——诀窍——的混合物[32]。

3. 当代科技史界对科学-技术关系问题的新争论

除了哲学家的工作外，当代历史学家的新进展也值得在这里提及。

2007年，著名科学史家保罗·福曼（Paul Forman）在《历史与技术》上发表了一篇150多页的长文——《科学在现代性中的首位，技术在后现代性中的首位，以及意识形态在技术史中的首位》。正如其标题表明的那样，福曼主要处理了两个问题：一个是20世纪80年代以来，随着"现代性"向"后现代性"的文化转换，科学的首要地位让渡给了技术；另一个是由于SHOT共同体不正当地从HSS之中争取自治，使得其成员倾向于忽视科学，看不到正在发生的文化转变。福曼的重磅文章一石激起千层浪，引起史学界的激烈争论，从而将科学-技术关系这一沉寂多年的、相对陈旧的老话题再次被推上前台[33]。

事实上，《历史与技术》不仅出版了福曼的长篇巨著，同时出版了4篇回应文章。其中，马丁·柯林斯认为，就雄心和重要性而言，福曼的文章附和了马克思·韦伯世纪前的主题。与之不同的是，他关注的焦点是从现代性到后现代性，关键价值则与科学和技术有关，而不是清教伦理。其中，科学和技术及其关系的特定评估不仅标志着从现代性到后现代性的转变，而且它们是独特的“存在方式”，负载着特定的文化结构，代表着各自的时代[34]。

C. 克瓦（Chunglin Kwa）同意福曼的第一种诊断，但不同意福曼的第二种诊断。他认为，与历史上的六种科学类型——演绎类型、实验类型、历史学类型、预设类型、分类学类型和统计学类型——相并列，在当前时代，出现了一种新的类型，即技术类型。它们之间是平行关系，既不是技术从属于科学，也不是相反。同时，他又反对技术是自治的这一主张。因此，他得出结论：“一种霸权的演绎科学已经被一种科学和技术类型的构造取代了。”[35]

与柯林斯等人的温和批判不同，克莱因对福曼提出了严厉的批判。他认为，福曼本是一位著名的现代物理学历史学家，却因轻率地“在太多的领域和太长的时间范围内批判了太多的作者”[36]而误入歧途，导致自己声名狼藉。其风格反映了一种学术悲哀，他以一个有争议的划界去哀叹一个所谓的历史转变的结果。为了支持自己的论点，福曼不得不在科学与技术之间、历史学科研究各领域之间以及现代性与后现代性之间，划出一条明显的、常常是无历史的边界。因此，这一边界的构造需要无历史主义、严格的证据选择性（即从次级资源中选取支持自己论点的孤立片段）和对某些作者的误读。至于 SHOT 与 HSS 之间的张力问题，克莱因作为长期活跃于这两个协会的长久会员，他承认，T&C 倾向于忽视科学而 ISIS 倾向于忽视技术，然而，他并不认为这种张力现在像福曼所描述的那样普遍和强烈。

2007 年 7 月 16 日，在埃里克·莎兹伯格（Eric Schatzberg）主持下，克莱因、M. N. 怀斯（M. Norton Wise）等人专门召开了一场关于“SHOT 与科学-技术关系：答保罗·福曼的批判”的研讨会，以回应福曼的攻击。与会者都是 SHOT 和 HSS 内非常活跃的历史学家，他们都对福曼的文章发表了自己的观点。

B. 辛克莱（Bruce Sinclair）毫不客气地批评了福曼。他认为，一个陈旧的讨论会由这样一个愚蠢的开始所激发是难以想象的。而福曼对物理学在后现代性中的地位下降的哀叹是没有道理的，事实上，科学仍然很活跃和成功。“如果我们的周年庆典为未来的学问打开了一条新的思路，那将是令人惊喜的，但这是一个让人悲哀的失望的迷宫。”[37]

B. 波斯特（Bob Post）不仅批评了福曼的错误，还指责了《历史与技术》的编辑 Jkrige 的不负责任。他记得克兰兹伯格说过：“一位编辑绝不允许作者自欺欺人。”[31]但 Jkrige 显然没有做到这一点。波斯特认为，福曼应该被告知，他对于 SHOT 的“意识形态特征”的指责证据不足，且与事实不符，是“没人理睬的理解”，达不到出版要求。福曼被允许幻想，忽视科学成了一种“学科意识形态”。实际上，这与美国国家历史博物馆的档案中心收藏的克兰兹伯格的论文不符。

参考文献：

[1][6] Otto Mayr. The Science-Technology Relationship as an Historiographic Problem[J]. Technology and Culture,1976,17(4):663,671.

[2] 陈昌曙．陈昌曙技术哲学文集[M]．沈阳:东北大学出版社,2002:22-26.

[3] 李醒民．科学和技术异同论[J]．自然辩证法通讯,2007(1):1-9.

[4] 列宁．列宁选集:第4卷[M]．北京:人民出版社,1960:43.

[5] Peter Weingart. The Relation between Science and Technology: A Sociological Explanation[C]//Wolfgang Krohn,Edwin T Layton,Peter Weingart. The Dynamics of Science and Technology:Social Values,Technical Norms and Scientific Criteria in the Development of Knowledge. Dordrecht,Holland/Boston: D. Reidel Publishing Company,1978.

[7][12] Ronald Kline. Construing "Technology" as "Applied Science": Public Rhetoric of Scientists and Engineers in the United States,1880—1945[J]. Isis,1995,86(2):194-221.

[8] Paul L Gardner. The Representation of Science:Technology Relationships in Canadian Physics Textbooks[J]. International Journal of Science Education,1999,21(3):329-347.

[9][13] D. E. 司托克斯．基础科学与技术创新:巴斯德象限[M]．北京:科学出版社,1999:8-9,21-23.

[10][24] John M,Staudenmaier S J. Technology's Storytellers:Reweaving the Human Fabric[M]. London: The Society for the History of Technology and the MIT Press,1984:95,85.

[11] 马里奥·邦格．作为应用科学的技术[C]//邹珊刚．技术与技术哲学．北京:知识出版社,1987:47-69.

[14][22][25] Peter Kroes, Martijn Bakker. Introduction: Technologyical Development and Science [C]//Peter Kroes,Martijn Bakker. Technological Development and Science in the Industrial Age: New Perspectives on the Science-Technology Relationship. Dordrecht/Boston/London: Kluwer Academic Publishers,1992:1-15.

[15] 斯蒂芬·F. 梅森．自然科学史[M]．上海:上海人民出版社,1977.

[16] Dampier W C. A Short History of Science[M]. London:1945.

[17] Dampier W C. 科学史及其与哲学和宗教的关系[M]．李珩,译．北京:商务印书馆,1975.

[18] Don Ihde. The Historical-Ontological Priority of Technology over Science[C]//Paul T Durbin, Friedrich Rapp. Philosophy and Technology. Dordrecht:D. Reidel Publishing Company,1983:235-252.

[19] Eda Kranakis. Hybrid Careers and the Interaction of Science and Technology[C]//Peter Kroes, Martijn Bakker. Technological Development and Science in the Industrial Age:New Perspectives on the Science-Technology Relationship. Dordrecht/Boston/London: Kluwer Academic Publishers,1992:177-204.

[20] Arie Rip. Science and Technology as Dancing Partners[C]//Peter Kroes,Martijn Bakker. Technological Development and Science in the Industrial Age:New Perspectives on the Science-Technology Relationship. Dordrecht/Boston/London: Kluwer Academic Publishers,1992:231-270.

[21] Robert E Kohler. Foreword[J]. Technology and Culture,1976,17(4):621-623.

[23] Elisabeth Stroker. Philosophy of Technology: Problems of a Philosophical Discipline[J]. Philosophy and Technology, 1983.

[26] Walter G Vincenti. Engineering Knowledge, Type of Design, and Level of Hierarchy: Further Thoughts about What Engineers Know…[C]//Peter Kroes, Martijn Bakker. Technological Development and Science in the Industrial Age: New Perspectives on the Science-Technology Relationship. Dordrecht/Boston/London: Kluwer Academic Publishers, 1992: 17-34.

[27] Dr Marc J de Vries. The Nature of Technological Knowledge: Extending Empirically Informed Studies into What Engineers Know[J]. Techne, 2003(3): 1-21.

[28] 陈凡,朱春艳,邢怀滨,等. 技术知识:国外技术认识论研究的新进展[J]. 自然辩证法通讯,2002(5):91-94.

[29] Michael Seltzer. The Technological Infrastructure of Science: Comments on Baird, Fitzpatrick, Kroes and Pitt[J]. Techne, 1998, 3(3): 47-60.

[30] Ramón Queraltó. Technology as a New Condition of the Possibility of Scientific Knowledge[J]. Techne, 1998, 4(2): 95-102.

[31] Anne Fitzpatrick. Teller's Technical Nemeses: The American Hydrogen Bomb and Its Development within a Technological Infrastructure[J]. Techne, 1998, 3(3): 10-17.

[32] Davis Baird. Encapsulating Knowledge: The Direct Reading Spectrometer[J]. Techne, 1998, 3(3): 1-9.

[33] Paul Forman. The Primacy of Science in Modernity, of Technology in Postmodernity, and of Ideology in the History of Technology[J]. History and Technology, 2007, 23(1/2): 1-152.

[34] Martin Collins. Values, Intellectual History, and the Standpoint of Critique[J]. History and Technology, 2007, 23(1/2): 153-160.

[35] Chunglin Kwa. Shifts in Dominance of Scientific Styles: From Modernity to Postmodernity[J]. History and Technology, 2007, 23(1/2): 166-175.

[36] Ronald Kline. Forman's Lament[J]. History and Technology, 2007, 23(1/2): 160-166.

[37] SHOT and the Science-Technology Relationship: Responding to Paul Forman's Critique[EB/OL]. [2007-07-16](2009-08-03). http://fiftieth.shotnews.net/.

技术与生活世界

张桂芳 陈 凡
（东北大学科学技术哲学研究中心，辽宁 沈阳 110819）

“技术与生活世界的关系”是一段时间以来技术哲学研究中频频出现的主题，其中有不少有启发意义的见解。但总的来看，“生活世界”的概念及其与技术的关系都是需要进一步澄清的。本文试图从技术与人、技术与社会的相互建构关系入手，就上述问题提出自己的看法，进而讨论在高新技术的发展过程中，生活的逻辑与资本的逻辑以及工具理性的博弈问题。

一、关于“生活世界”的概念

“生活世界”是胡塞尔后期现象学中的一个重要概念，是胡塞尔为克服两次世界大战之间欧洲人的精神危机而提出的。它主要针对的是实证主义的科学观。胡塞尔认为，科学本来是植根于生活世界的，而实证主义则将其理解为只关乎纯粹事实的，并以这种态度来对待事物，从而以“冷漠的态度避开了对真正的人性具有决定意义的问题”[1]。胡塞尔的思想被海德格尔继承和改造，形成了技术哲学中的“人文主义批判”路向，并产生了强大的影响。

很多技术哲学研究者循此思路来理解技术的本质，认为技术的本质在于技术与生活世界和组成这一世界的各要素与关系之间的相关性[2]。具体来说就是：技术是由人发明和创造的，作为发明者的人所处的情境总是生活世界之中的情境，是生活世界这一大境域中的局部或部分的境域。技术发明创造者在人造物身上所聚集或物化的是他所生活世界之中的自然、传统、历史、政治、经济、文化、科学、技术等具体要素以及这些要素彼此之间的关系和作用。

在技术哲学研究中，有一种颇为流行的看法，即认为当今时代，人类遭遇的诸多问题和挑战最终可以归结为技术与人的生活世界冲突，而问题的解决最终也在“让技术回归人的生活世界”，为人找回生命栖居的“家园”。然而，这里明显地存在着问题。在这里，“生活世界”概念的运用是含混不清的。例如，说“技术加剧了人与自然、人与社会、人的物质生活与精神生活等之间的分化与对立。在人的生活世界领域，引发精神家园的迷失、人文关怀的淡漠、行为方式的失范等”。这不正是生活世界出了问题吗？那么何谈“让技术回归人的生活世界”？一些作者在继承和运用胡塞尔、海德格尔的概念与方法时，缺少批判性的思考，并导出了一些错误的结论，如“得救的希望在于重温原始技术”，等等。

因而，有必要谈谈“生活世界”这个概念。在胡塞尔那里，“生活世界”被“此在”揭示为“此在自身直接相关的全体”[3]，并由此展开了他的科学批判。胡塞尔“生活世界”思想的精粹在于其批判精神。然而，它又是一个唯心的、意识构造的产物[4]。胡塞尔提出生活世界概念的初衷仍是要解决先验还原问题，因而在一定意义上说，它仍是意识的先验结构的变体。而且，胡塞尔的“生活世界”不仅是非历史的，而且是单向的，他只强调生活世界对科学的奠基作用，而不讲科学技术的影响和作用。

胡塞尔的“生活世界”打开了从意识哲学通向存在哲学的可能，海德格尔则完成了这一转变。但海德格尔的“此在”仍有前给定的、人们必须接受的含义。这使得他看不到技术的未来。他为人们开出的走出技术异化困境的药方是走出“算计之思”，走向“沉思之思”，主张“得救的希望”在于“重温”和“回忆”原始技术，回忆我们作为人的所是（存在），这显然是没有出路的[5]。

哈贝马斯在批判地吸收胡塞尔和维特根斯坦等人理论的基础上，系统地提出来一种以社会批判为旨向的生活世界理论。哈贝马斯把社会区分为“系统”和“生活世界”两个层次，“生活世界”是人类社会更为基础的层面。生活世界与文化、意义这些社会符号的再生产相关联，是主观世界、客观世界和社会世界三位一体的语言建构型存在，它以日常语言为媒介而得到维系和再生产。“系统”则与社会的物质再生产相关联，它以货币和权力为媒介而得到维系和再生产，人类的工具理性在这里得到展现。系统也是从生活世界中凸显出来的，但在现代社会中，以权力为媒介的行政系统和以货币为媒介的经济系统不仅日益脱离生活世界，而且对生活世界实行强制，即“生活世界的殖民化”。显然，哈贝马斯注意到了工具理性对生活世界的影响。

事实上，在当今的哲学，特别是在科学技术批判和现代性批判中，“生活世界”已被赋予各种含义，且成为主题。它可以被合理地改造和利用，例如，高兆明借用胡塞尔这一概念，“用以指称构成人的现实存在的一切条件、环境”，他认为，“人就是人的生活世界”；德国现象学家黑尔德则认为，“生活世界无非就是普遍联系……生活世界从根本上说就是文化”[6]。这些都是有意义的。我们拟补充说：这些境遇是历史地形成的，人们的经济、政治、文化、科学、技术活动和它们彼此之间的关系和作用，以及作为对象的自然，都参与到并实际地改变着生活世界的形成。因此，人的“生活世界”是一个有着自身矛盾的、发展（历史）的有机整体，是经济、政治、文化、科学、技术活动和它们彼此之间相互作用的统一。它既是历史的，又是当下的；既有给定性、现实性，又指向未来，蕴涵着价值和理想。在一定意义上，生活世界是一个价值的、文化的世界。后者强调的是生活世界的批判性。

总之，对“生活世界”概念的理解可不必拘泥于胡塞尔或哈贝马斯的定义，当然也不可过于泛化。重要的是，以往的两个缺陷——先验性和非历史性——必须被克服，其批判的原则必须贯彻到底。

二、技术与人、社会的相互生成

如果说生产劳动是人类最基本的实践活动，那么技术就是人与客观世界实践关系的中介。在这个意义上，技术与人、技术与社会是相互生成、相互建构的。人一开始就是技术的人，社会一开始就是技术的社会。

在人类文明的发展过程中，技术与人一直是相互交融、共同发展的。古希腊神话中有一个很有意思的传说：众神用土和火这两种元素的混合物塑造了各种生物，并分配给每一种生物以特有的品质。爱比米修斯和普罗米修斯两位神界兄弟负责分配这项事务，前者管分配，后者负责检查。爱比米修斯给有些动物配上了双翅，有些动物配上了尖利的爪牙；体力强壮的就不给予敏捷，而把敏捷分配给柔弱的动物。但爱比米修斯竟忘了自己已经把应当分配的性质全都给了鸟兽，人什么性质都没有得到。轮到人从地下出世规定的时刻即将来到，普罗米修斯不知道怎样施行救援才好，就偷了赫斐斯特（司火和冶炼技术的神）和雅典娜（司智慧、战争、农业和各种生产技术的女神）的制造技术，同时又偷了火（没有火是不能取得和使用这些技术的），送给了人。但据说普罗米修斯就是由于爱比米修斯的过失，后来被控犯了盗窃罪（柏拉图:《普罗塔哥拉篇》）。这个神话似乎说明：人生来是没有本质的，人类先天本能的缺失中，隐藏着技术起源的秘密。或者说，人的本质的生成由于技术紧密地联系在一起——当然，这只是隐喻，单纯的自然原因不能解释人类起源问题。

人的身体，尤其是人手，可以看做最早的技术工具和手段。“形成中的人”借助于外在天然物，如枯枝、石块、兽骨等，逐渐“构建起了一些不定形的原始技术形态”[7]。由此，人类发展的自然进程被打断，开始了通过技术自我进化的进程。恩格斯说，正是在制造和使用工具的劳动中，隐藏着人类起源的秘密。

工具（技术的物化形态）从一开始就超出了直接生产的意义。制造和使用工具的劳动促进了手、脑等生理器官的变化与进化，也促进了语言和意识的产生及认识的发展。“用工具制造工具的活动，提供了对客体进行抽象的客观尺度”，又包括了智能的因素，如预见、计划、策略等。进而，“人们借助于工具，不仅占有满足需要的自然物，而且利用工具提供的尺度，对于周围事物做出划分，确定其对自己生存发展的（肯定或否定）意义”，“工具的改进也表达了人们对不断改进生产、改善生活的要求和价值的肯定”。工具的制造和使用还塑造了人与人的交往方式，劳动过程本身包含着分工、合作和交换，作为技术凝聚物的工具和产品的交换不仅是交往的媒介，而且规定人在社会活动中的地位和协作方式，从而凝聚和规范着人们的社会关系。技术创造、改进的历史在很大程度上就是人不断提升和发展自身生活世界的历史。

因而，一部文明史又是一部技术史。马克思把科学技术看做“一种最高意义上的革命的力量”[8]，看做社会发展的动力和表征。他说，手推磨产生了封建领主制度，蒸汽磨产生了资本主义制度。“手推磨产生的是封建主的社会，蒸汽磨产生的是工业资本家的社会。”[9]技术还被看做人类的基本文化现象，弗里德里克说：“技术（而不是科学）直接地影响着生活和自然，它是人类最基本的文化现象。任何一种文化，如果缺少了独具特色的技术，它就无法成立。”[10]技术作为人类的基本文化现象，具有不同的形态，每一种形态都表示和决定着人的一种特殊的生活方式与存在样式；人的生活方式和存在样式也伴随着技术的重大变革而发生变革。马克思说，划分不同时代的生产，不是看它生产了什么，而是看它怎样生产，以什么方式生产。“各种经济时代的区别，不在于生产什么，而在于怎样生产，用什么劳动资料生产。”[11]我们把人类历史上不同的时期划分为石器时代、青铜时代、蒸汽机时代乃至今天的信息时代，依据的正是技术（工具）的发展演化。

当然，技术与社会是相互塑造的。技术塑造了社会和文化；反过来，社会文化也要求与之相适应的技术，规范着技术可能的发展方向、方式和途径。正是资本主义为机械技术的巨大发展创造了社会条件。

技术之所以重要，因为它是人类自由的实现方式，或者说，技术使人的自由意志得以现实化。由此，人也从抽象的人变为具体的人、现实的人。“技术在二重意义上使人成为现实的存在者：其一，使人与周围环境建立起现实联系，使这个环境成为人的，进而连同人自身一起构成人的现实生活世界；其二，使人从抽象中走出来，成为现实的人，成为现实的行动者。”[12]首先，技术作为人的自由意志的实现方式，与语言一起，根据人的意向，使一切原本散在、孤立、零乱的东西聚拢起来，使人的自由意志得以表达并通过沟通而实现，使周围的环境或世界变成为我的世界。更为重要的是，技术还从存在论意义上改变了人的生活方式与存在样式乃至人本身。人自身也正是在这个过程中成为现实的存在者，也就是说，正是通过技术，使人从抽象中走出来，成为现实的人、现实的行动者。“现实的个人”是处于一定的历史条件下和一定社会关系中的人，因而是在一定的物质的以及社会和文化传统的、不受他们任意支配的界限、前提和条件下活动着的，这些界限、前提和条件对于一定历史时期和一定社会环境中的人来说，具有某种“先验性”，因而我们可以在一定意义上使用胡塞尔的“生活世界”概念。并且，这里的现实的东西又不是不变的、永远合理的，人类的生活实践总是指向未来的，蕴涵着价值、理想和对当下的超越，因而，对生活世界的概念又不能作实证主义的理解；相反，是一个价值的、批判的“视域”。

从哲学上说，这种现实化就是从可能到现实。技术潜在或直接地决定了人们的行为方式，接受一种技术就是接受一种行为逻辑，乃至价值（典型的例子是钟表的出现，使得效率、精确、秩序等具有了突出的价值），诱使或迫使你去做一些事。技术的逻辑就像“打开了一扇门”，它既开放了一些可能性，又限制了一些可能性或使人、社会的一些方向、方面得以发展，另一些方向、方面被限制。人本来是要求全面发展的。技术，尤其是机器大工业用工具理性压制了人的其他方面的发展，并使人的生活和劳动服从于机器的节奏，服从于工具理性，也就是异化。

谈到异化，很多人都把它仅仅归罪为工具理性或效用逻辑。在技术批判中，我们看到的大量是工具理性或效用逻辑的批判。另一方面，也由于长时期以来，人们认为哲学只讲真善美，工具理性或效用逻辑在人类实践中的地位或对历史进步的巨大意义很少被充分注意。事实上，效用或工具理性是实践或人的活动的内在要求，这不仅仅是因为人的有目的的活动总是求得成功，要达到一定的效果，否则全无意义；也不仅仅是因为为达到目的，总是要讲求方法；甚至也不仅仅是手段、过程反过来制约目的并塑造行动者；而且是我们生命的有限性、资源的有限性的内在要求。但从根本上来说，效用价值是“目标在自身之外”，即服务于一定目的的，因而不能取代目的性价值。更重要的是，这种手段性的价值一旦与资本的贪婪、短视等结合起来，就带来了现代社会的诸多问题。因而技术与资本的结合，既是现代社会发展的推动力量，又是现代性问题的根源所在。

技术向人们显现出来的是它的巨大效用。现代技术（更不要说高技术）、设计原理、运行规律对很多使用者来说，已是“不可见的”（这里就有风险和不确定性，如贝克所说的）；而意向、利益博弈则隐蔽在更深的层次，甚至被表面的功效所掩盖。很多学者认为“技术是中性的”，乃至不能看到资本的作用，这也是原因之一。

总之，通过认识技术的逻辑，我们可以发现它的有限性、局限性，看到它“显现”出什么，“遮蔽”了什么，从而理解自己的处境、问题和危机，开发出新的可能性。

三、高新技术：冲突的本质

自20世纪中叶始，人类已逐步进入高技术时代。高技术至少具备两个特征：一是科学（知识）含量高；二是需要大量的投资。它不是以往技术发展的简单延伸，而是技术发展的新阶段。

20世纪70年代以来，信息技术和生命科学技术等高技术的发展带来了新一轮产业发展，推动了全球化的深入和知识经济的出现。进入 21 世纪，这场全球性的科学技术革命进一步表现出强劲的发展势头，它使得人们的生产方式、交往方式、生活方式、思维方式和价值观念，社会的组织结构乃至世界格局，也都在发生着深刻的变革。知识、技术与资本一起成为塑造我们时代面貌的基本力量。而且无论是在内容还是在方式上，都呈现出一些新的特点和趋势。科学技术创造的物质财富和给人们生活带来的舒适与便捷都是以前不能想象的；同样不可否认的是，人类面临的挑战也是空前的。

概括地说，高技术发展出现的新特征、提出的新问题有以下三个方面。

（1）今天，信息技术、生物技术、纳米技术、认知科学等的发展使我们对自然的干预深入到它的基础层次（物质和物种的“始基”，如核技术、基因技术），科学在理论上的进展也显示出似乎是无限的可能性，然后物质和物种进行重组或再造，从自然的万事万物到人的认知、情感和行为，几乎没有什么不可以被纳入到技术的控制之下，尽管其中很多在目前只是局部的、不完全的或理论上的。

（2）技术的对象也由改造自然转向生命乃至人自身。在以往的以机器为代表的技术中，我们的身体是出发点（“器官的延伸”），而在今天的高技术中，身体成为技术塑造的材料。我们不仅在改造生物体的结构和功能，而且已经在重新设计生物和我们自己的身体。例如，医疗技术由“减轻痛苦”发展到可以进行“增强”或“提高的替换”；再如，随着辅助生殖和基因研究的进展，有人想设计、制造婴儿。计算机和网络技术则在改变人们的生活方式、交往方式、行为方式，以及形成、获取和运用知识的方式，也使得人的“心-身”关系、“身份的建构”等成为问题。计算机和生物技术的结合还可以出现“Cyborg”“Bioberg”这样的混合体。

（3）高技术及其产业化使技术与资本关系进入到一个新阶段。今天，技术已被看做“所有资源中最重要的资源”，原本被视为提供公共知识的科学也被商品化和市场化了——它的创造和使用（分配）被纳入市场的运作中，其资源的投入和成功评价也要受到市场规律的支配与检验。英国科学社会学家齐曼把这一变化称为向“后学院科学”转变[13]。高技术及其产业化和“后学院科学”的出现，使得财富和权利的生产（产生）方式都发生了变化。它可能导致新的不平等形式。如何在全球市场经济和充满利益竞争的条件下，恰当地处理知识的公共性和商品化之间的关系，公正地分配科学技术的发展和应用所带来的好处、风险与代价，成为我们时代所面对的一个重要问题[14]。

高技术的发展还可能导致一些其他问题，如全球风险社会。

显然，这里包含着一些重要的哲学问题和伦理学问题。例如，人类是否真的拥有了随自己的意愿组合、设计生命体和控制自身进化的能力？人能够像其他客体一样被设计、制造吗？我们是否能够完全像对待外部自然那样操纵和改变自己的身体？或者说，这种操纵、改变（或“改善”）、设计有没有一个限度？“突破身体的局限”一直是技术发展的目标，它也是技术进步的标志，这在今天还是无可置疑的吗？

解决这些问题，需要发展出一些新的原则。而在这里，我们更想强调的是一个更深层的哲学问题：技术与资本的关系。今天，越来越多的研究者注意到了“技术与资本合谋”的问题。但同时也必须看到，技术与资本又不是共生的，或者说它们有相互排斥的一面：尽管资本在今天仍在发挥着它的历史作用，但它绝不会是永恒的；而技术将会伴随着人类到永远——不能设想有一天人类的生存会离开技术。如何让技术的发展服务于人，而不是服从于资本的逻辑，是技术哲学研究的重要问题。

另一方面，技术仅仅是人类活动的一个向度而不是全部，技术的发展是要服务于人的自由、全面发展的，因而需要发展的——用芒福德的话说——是生态技术而不是权力技术，是生活技术而不是控制技术，是有机的而不是无机的技术，是交往性的而不是征服性的技术。应该承认，今天的高技术已不同于人们熟悉的以往的机械型技术，它使人的劳动日趋信息化和智能化，并开始呈现出人性化的、环境友好的特点。但今天的技术发展还远远没有走上这一坦途。这不仅是由于今天的人类尚不够自觉，更是由于资本逻辑的统治。因而，生活的逻辑与工具理性逻辑、资本逻辑之博弈，用生活的逻辑去统率技术的逻辑与战胜资本逻辑，是理论和实践的长期任务。或许，我们研究生活世界的意义正在于此。

参考文献：

[1] 胡塞尔．欧洲科学的危机与超越论的现象学[M]．王炳文，译．北京：商务印书馆，2001：16.
[2] 舒红跃．技术与生活世界[M]．北京：中国社会科学出版社，2006：3.
[3] 伽达默尔．哲学解释学[M]．夏镇平，宋建平，译．上海：上海译文出版社，1998：38.
[4] 夏宏．论作为视域的“生活世界”[J]．哲学研究，2008(12)：59.
[5] 吴国盛．技术与人文[J]．北京社会科学，2001(2)：97.
[6] 黑尔德．世界现象学[M]．北京：生活·读书·新知三联书店，2003：203.
[7] 王伯鲁．广义技术视野中人的技术化问题剖析[J]．自然辩证法通讯，2005(6)：14.
[8] 马克思，恩格斯．马克思恩格斯全集：第19卷[M]．北京：人民出版社，1963：372.
[9] 马克思，恩格斯．马克思恩格斯选集：第1卷[M]．北京：人民出版社，1995：142.
[10] 格里芬·大卫．后现代精神[M]．北京：中央编译出版社，1998：199.
[11] 马克思，恩格斯．马克思恩格斯选集：第3卷[M]．北京：人民出版社，1995：284.
[12] 高兆明．生活世界视域中的现代技术：一个本体论的理解[J]．哲学研究，2007(11)：103-109.
[13] 齐曼．真科学：它是什么，它指什么[M]．曾国屏，等译．上海：上海科技教育出版社，2002：81-82.
[14] 朱葆伟．高技术的发展与社会公正[J]．天津社会科学，2007(1)：37-41.

自然约束下的现代科技与社会关系模型探究

张文国　陈　凡
（东北大学文法学院，辽宁 沈阳　110819）

摘　要： 以往的STS研究多着眼于科学、技术和社会三者之间的关系，难以从根本上揭示和解决能源短缺与生态恶化的问题，只有把自然纳入到STS学科之中，让自然成为STS中的已构成成分，才能更好地审视人类发展过程中所带来的自然和社会问题，真正实现人类的可持续发展。本文通过建构模型的方式，把自然纳入到STS的学科体系之中，分三个部分揭示了自然对科学、技术和社会的约束作用，并提出把自然因素纳入到STS的体系之中，是科学技术与社会关系在新的历史情况下的探索，意味着STS是作为主体的人对以科学技术为中介的人与自然关系的一种适应时代要求的重构。

关键词： 科学技术与社会（STS）　自然约束条件　关系模型

科学、技术与社会（Science，Technology and Society，简称STS）是20世纪60年代形成的一门学科，它主要研究现代科学、技术与社会之间的相互关系，探索三者之间相互作用及其发展的规律，是一门综合性、应用性很强的学科。本学科自创立以来，国内外学者就科学、技术与社会三者之间的关系作了大量的研究，提出了技术决定论、科学决定论、社会决定论、科技决定论及共同决定论等多种思想，有的还建构起相应的模型加以说明[1]。笔者认为，仅仅探讨科学、技术和社会三者之间的关系还是不够的，还需要探究科学、技术、社会与自然之间的关系，建构自然约束下现代科学、技术与社会的关系模型，以说明随着社会的发展、科技的进步，自然的反作用将越来越显突兀，合理地看待这一约束条件，将有利于促使人类社会实现可持续发展。

一、问题的缘起：人类对科技与社会关系的反思

STS主要是在第二次世界大战结束以后发展起来的，两次世界大战中生化武器与核武器的使用，以工业为主导的社会造成的环境污染、生态破坏和资源短缺等，促使人们重新审视科学的价值和技术的作用。因此，STS学科是科技发展到一定阶

段的产物，是人类对自己的生存条件进行深刻反思的结果，当今学界普遍达成的共识是，“现代科技与社会之间存在着不可分割的互动关系”，即“互动机制论”[2-3]。很显然，社会需求引发科学技术的进步，同时科学技术的进步又影响社会发展。

在STS学科近50年的发展史上，很多学者提出了科学、技术与社会三者之间的关系模型，如线性模式、三角模式、内置模型，殷登祥教授提出了层次网络模式，也有学者从历史演进的角度探究科学、技术与社会三者之间的关系[4]。随着对问题认识的进一步深入，我们认为，讨论科学技术与社会的关系，还有一个不可分割的约束条件，即自然，包括资源和生态环境。这是因为，如果仅仅从人类对科学、技术与社会三者关系的理解来看，它伴随了人类发展的整个过程，也经过了一个漫长的否定之否定的过程，而在不同时期，自然显现自身形态的样式不同。在古代，科学对人类社会的影响较小，经验型技术在人类的生存活动中起着主导作用，自然则作为人生存的大背景，以不在场的方式存在着；近代，随着工业革命的展开，人类以知识作为力量，在向自然尽情地索取中积累着财富，改善着自己的生活，也享受着物质的满足与精神的愉悦，技术统治论、科学至上论等各种形式的技术乐观主义思潮表达了人类的这种愉悦之情。这个时期技术在逐渐由经验型转向知识型，自然依然隐藏在幕后，尽管已呈现出对科学技术作用的些许不适应，但人类还没有自觉地意识到问题的严重性。第二次世界大战以后，尤其是进入20世纪60年代以后，现代科学技术迅猛发展在带来经济发达、社会繁荣、人们生活幸福的同时，与科学技术发展有关的重大社会问题（如环境、生态、人口、能源、资源等）也随之不断出现，这才标志着自然终于从幕后走向了台前，人们才意识到科学技术对自然的破坏已经影响到人类自身的健康生存，包括可持续发展。这迫使人类开始反思科学技术社会作用的两面性，研究如何才能让科学技术服从人类长远生存发展的约束，也才开始了STS教育。可见，STS学科的出现是由于自然出现了问题，让人类活得不舒服、不健康，尤其是威胁到人类的生存和长远发展的时候产生的。科学、技术、社会与自然本来是一个不可分割的整体，自然对科学、技术与社会具有约束作用。工业社会两百多年来发展的历史经验和教训启示着人们，真正认识自然的特性、正视自然的约束力，才能更好地促进科技和社会的发展与进步。

二、模型的建立：现代科技与社会的关系中自然地位的凸现

我们本着简洁兼具全面的原则，提出如图1所示的模型，认为现代科学、技术与社会之间存在着复杂的互动关系，同时自然的资源约束、生态约束越来越成为它们之间相互作用的重要的显性条件。我们认为，科学、技术与社会的发展必须要满足自然的两个约束条件。

约束一：人类资源利用量大于零但小于自然资源总量。

约束二：人类改造自然的力度大于零但小于生态环境承载能力。

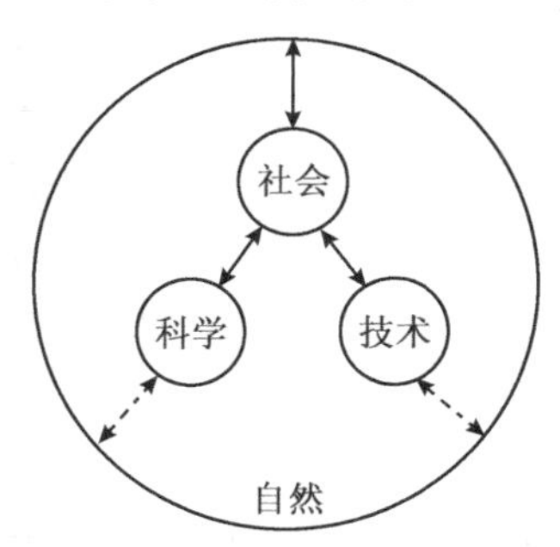

图 1　自然约束下的 STS 关系模型

图 1 中以双向实线代表了科学、技术和社会之间密切的双向互动关系。这一模型将有助于更好地研究和发展 STS，有助于人类社会可持续发展。

1. 自然对科学的约束条件

人们一般把科学视为“关于自然界、社会和思维的知识体系”[5]，按照研究对象，它可以分为自然科学、社会科学与思维科学。“科学是社会意识形态之一。科学是人类智慧结晶的分门别类的学问”，因此，科学是社会中的科学，自然对于科学，尤其是自然科学是一种间接关系，社会科学与思维科学与自然的关系更疏远，在此不作详细阐述。在图 1 所示模型中，以虚线连接代表了这种含义。自然科学通常试着解释世界是依照自然程序而运作，而非经由神性的方式。自然科学是研究无机自然界和包括人的生物属性在内的有机自然界的各门科学的总称。认识的对象是整个自然界，即自然界物质的各种类型、状态、属性及运动形式。认识的任务在于揭示自然界发生的现象和过程的实质，进而把握这些现象和过程的规律性，以便控制它们，并预见新的现象和过程，为在社会实践中合理而有目的地利用自然界的规律开辟各种可能的途径。因此，自然是科学产生的基础，科学来自自然，并通过人类社会来认识自然，而自然对科学的进步具有天然的约束性。

其一，科学认识的相对性说明自然对科学具有约束性。由于客观事物本身性质的暴露是一个过程，同时人的认识能力的发展也是一个过程，人对自然界事物的认识是绝对性和相对性的统一，科学理论只能无限地接近自然事物的真理，而不可能达到对它的绝对的认识，同时，“道高一尺，魔高一丈”，人的预测能力也是在一定的既定条件下展开的，人们往往要等不良后果产生之后才知道自己预测的片面性。

其二，科学思维的具体性说明自然对科学具有约束性。即使是从社会科学、思维科学方面来思考，我们也不能否认自然环境、自然条件对社会科学乃至人类思维的约束作用，古人“近水知鱼性，近山识鸟音”、“对症下药，量体裁衣”和“因地制宜、因时制宜”等思维智慧无不表现出这种约束作用。

其三，科学研究的精确性说明自然对科学具有约束性。科学是对自然的认识，而科学发现无一例外地要求在科学研究中研究器材要符合一定的要求，研究对象要具有一定的约束条件，有时候尽管我们制定好了科学研究计划，但却往往由于一个细小的方面存在限制而功亏一篑，美国“挑战者”号航天飞机失事的原因在于航天飞机右侧固体火箭助推器的O形环密封圈失效，毗邻的外部燃料舱在泄漏出的火焰的高温烧灼下结构失效。

2. 自然对技术的约束条件

技术是人类为满足自身的需要，在实践活动中，根据实践经验或科学原理所创造或发明的各种手段和方式方法的总和[6]。很显然，技术是有条件的，是有特定环境要求的。一种技术必然是在一个或几个明确的或默示的条件规定下的特定环境内有效的方法。因为物质世界是客观的，自然规律是客观的、有条件的，技术必须符合科学规律，才能发挥作用，显然要受到客观环境的制约，只有在特定的条件下，才能起作用。技术的条件性要求我们在进行技术发明构想时，首先考虑这种构想是否符合客观自然规律，在应用技术时要认真考察我们的目标环境是否适合这项技术的应用。比如，历史上有不少人提出了很多种永动机的制作方案，经过多种尝试，但永动机无一例外地归于失败，这是因为它和热力学第二定律相违背。热力学第二定律所表述的“从单一热源吸取热量使之完全变为有用的功而不产生其他影响是不可能的”原理是由无数次实践证明了的客观规律，它说明热机不可能有100%的效率，它在把从高温热源吸收的一部分热量变为有用功的同时，把另一部分热量放到低温热源。人类追寻永动机的失败经历说明了技术研究要依据客观规律办事。又如，原始社会的石器制造技巧和技术，成为人类应对猛兽和刀耕火种的利器。石器这种自然物就是一种技术平台。技术与自然的关系也是一种间接关系，中间的载体仍是人类社会，技术的主要目的是满足人类社会的需要而产生的，通过人类社会改造自然。图1所示模型中同样以虚线连接代表这种含义。

不可否认的是，技术的产生与发展受到自然的约束，自然环境、生态状况对技术发展的内容和水平表现出明显的约束作用，人类历史上各文明古国的兴起，无不与当地肥沃的土地相关联，而工业社会中各个国家技术发展战略的制定和选择，也不可避免地会受到自然条件的制约。比如，从各个国家工业区的分布状况来看，一般来讲，基本上建在原料主产区，如美国的五大湖工业区、德国的鲁尔工业区、英国的伯明翰工业区，这些工业区都是煤炭和铁矿石等重化工业的原料产地。但相比较而言，日本是一个例外，其工业区多建在沿海地带。这是因为，日本资源贫乏，必须全部进口，因此工业基地只能建在沿海地带，这是由日本的自然地理状况所决定的[7]。相似的情况还有我国上海的宝钢集团有限公司。当今，全球资源短缺成为一大显性问题，没有石油也就不可能存在石油提炼加工技术，所以，正如2008

年在美国巴尔的摩召开的第23届国际科学技术与社会（IASTS）会议所关注的那样，“绿色技术”成为当前关注的热点问题，它直接折射出人类社会通过科学技术与生物圈交互作用中对环境问题的关注，学者们从伦理学、哲学和建筑的角度，探讨了现代工业社会与环境和谐的可能性。开发绿色技术，强调绿色技术在协调人与自然关系中的重要性，成为会议上多数学者所认同的观点[8]。

同样，技术也对自然界产生了巨大的影响，如工业技术导致的环境污染问题日益严重，全球气温升高正引起全人类的关注。这反映出在科学技术和社会的关系中，人的生存环境（自然）是技术所须臾都不能忽视的因素。去过上海宝钢集团有限公司的人可能都会注意到宝钢厂区里种植的各种花卉树木和养殖的各种热带动物，记得当时曾问过带领我们参观的工作人员，公司为何这么做。工作人员回答说，这些动植物对生存环境很敏感，如果厂区的空气质量不达标，它们就生存不下去。于是，这些动植物成为自然约束宝钢人行动的一个信号，当然在这里，宝钢人是自觉地把这种约束变成行动指南的。

3. 自然对社会的约束条件

自然，指自然界，它广义指具有无穷多样性的一切存在物，与宇宙、物质、存在、客观实在等范畴同义，包括人类社会；狭义指与人类社会相区别的物质世界。通常分为非生命系统和生命系统。被人类活动改变了的自然界，通常称为“第二自然”或“人化自然”。本文所指的自然是狭义上的概念。社会是由人组成的，人的存在是社会的前提，没有一个个现实的人的存在，也就没有社会。人是社会的主体，一切社会活动都是人的活动。因此，我们一方面赞同在研究STS模型时，要考虑有生命的人的存在，认为在STS“互动机制论”中“去人化”是不正确的[9]，同时我们也认为，社会是人的集合，科学技术与社会之间的关系研究已经将人的活动纳入研究视野，不见得非要再将“人”作为一个独立的要素。随着科技的进步，地球上的人与人之间都可有直接或间接的联系，因此，这里的人类社会也泛指地球上所有人组成的社会。自然对社会的约束实质上就是对人类活动的约束。

马克思主义一直确认自然对人类活动的约束作用。马克思早在《1844年经济学哲学手稿》中就提出人是“自然存在物”和“对象性的存在物”的统一的观点。一方面，“人直接地是自然存在物”，具有能动性；另一方面，人有时是“对象性的存在物”，是“受动的、受制约的和受限制的存在物”[10]，认定自然对社会有天然的约束性。此后的马克思主义经典作家也一再强调我们的行动要一切从实际出发，实事求是。在人类社会的早期阶段，自然对社会的约束是朴素的，一条大河、一座高山就可以影响人类社会的活动，以至愚公要率领全家将山移走。当时人类的技术主要是为了生存而发明的技术，比如狩猎技术、采集技术等，这时人类社会对自然的改造主要是改变了自然的原貌，使之能够更好地为人类所利用，自然界可以说是“毫发无损”，此时，人类利用的自然资源量很少，人类改造自然的力度与自然生态环境承载能力相比，完全可以忽略不计，因此，这时的自然对社会的约束是松散组合型的。当人类进入工业社会以后，我们不顾及自然的承受能力而毫无约束地使用科学技术时，自然对此以其特有的方式，如环境污染、气温升高等，显示着自己的巨大反作用力，人类相对于自然的受动性的方面就凸显出来，人类自身的生存与发展就面临着危机，致使人类不得不对我们当前的发展模式作出反思，思考这种发展方式的可持续性和人类生存发展的条件性。另外，煤、石油等化石资源总有用完的一天，或者从经济上不可能再被利用的一天。我们已经感到社会的发展模式存在问题，因此，研究 STS 这一领域的任何问题，都必须要考虑自然这个约束条件，此时，自然对于人类社会的约束已成为紧密耦合型，在模型上不能忽略这个因素。

同时，通过审视人们约定成俗对“自然”“社会”含义的理解，我们也能看到自然对社会的前提和约束作用。人们对“自然”含义的理解往往包括人的自然属性在内，而不是仅仅专指人类社会之外的自然事物。人们一方面把自然分为天然自然、人化自然、人工自然和社会自然，另一方面对“社会”内涵的理解中也包括了自然中的成分。社会是包括人化自然和社会自然在内的所有人造物的总和，其实质是社会化了的自然。哲学上关于“社会存在”（包括地理环境、人口因素和物质资料的生产方式三个方面）的界定本身就包括了人的生存条件、地理环境在内。因此，不能把自然和社会截然分开，而只能相对地指称它们。自然的变化必然会引起社会的变化，而科学技术对社会的影响也会延伸至自然界。在马克思看来，“社会是人同自然界的完成了的、本质的统一，是自然界的真正复活，是人的实现了的自然主义和自然界的实现了的人本主义”[11]，在一个较为宽泛的意义上，人性化、生态化探讨的实质上是同一个问题。

三、结论：自然应成为 STS 理论的构成要素

人类通过现代科学与技术认识了自然、改造了自然，也正是因为出现了种种不利于人类社会可持续发展的问题，才产生了 STS 学科。这意味着，“STS 是科学技术发展对其自身研究的必然结果，也是科学技术与社会关系和科学技术与价值体系的关系在新的历史情况下的重构，更是人与自然在新的环境下新的关系中介的一种探索性重构”，而“这种重构所蕴含的是 STS 是人类主体对以科学技术为中介的人与自然关系的一种适应当今时代的重构”[12]，因为恩格斯早就提醒人类“不要过分陶醉于我们人类对自然界的胜利。对于每一次这样的胜利，自然界都对我们进行报复。每一次胜利，起初确实取得了我们预期的结果，但是往后和再往后却发生完全不同的、出乎预料的影响，常常把最初的结果又消除了”[13]。研究 STS 不能不认真考虑一个最基本的适当模型，不能忽略自然这个约束属性。其约束作用的自然是刚

性的，也伴随着人类的科技发展而不断拓展，虽然是客体，但在即将突破约束条件限制时，自然好似将转换成为“主体”地位，因为人类利用的资源量不可能超过大自然储存的总量，比如化石资源，又因为人类生存的生态环境对人类来说不能恶化到不能生存的地步，因此，人类要想可持续发展，就必须认清一个事实：凡事以人为本不等于以人为中心，以人为中心不等于让人成为孤家寡人。

正如文中所提及的，2008 年在美国巴尔底摩召开的第 23 届国际科学技术与社会（IASTS）会议，这次大会的主题是“科学、技术、社会与生物圈（STSB）”。本次大会在这一主题下，探讨了科学技术与能源、生态、公共政策、教育、法律、工程等领域的关联性等问题。其中，学者们关于能源消费测量方法、能源公正消费和绿色技术的讨论，让我们看到了把自然作为 STS 组成成分将会对解决现实中存在的问题产生积极的影响。

参考文献：

[1]　徐治立．科技政治空间的张力[M]．北京：中国社会科学出版社，2006.

[2][9]　谈利兵．科学技术与社会之间“互动机制”的探究：关于“去人化”倾向的思考[J]．自然辩证法研究，2006，22(9).

[3]　王忠武．“经济——政治”互动机制论[J]．政法论丛，2000(6)：50-52.

[4]　盛国荣．试析科学、技术与社会(STS)三者关系的历史演进[J]．东北大学学报：社会科学版，2006(3).

[5]　陈昌曙．自然辩证法概论新编[M]．沈阳：东北大学出版社，2003：3.

[6]　黄顺基，等．自然辩证法概论[M]．北京：高等教育出版社，2004：184.

[7]　陈凡．技术社会化引论[M]．北京：中国人民大学出版社，1995：52-53.

[8]　马会端，陈凡．STS 与生物圈：交叉学科视阈下的生态问题探析[J]．自然辩证法研究，2008(12)：106-111.

[10]　马克思．1844 年经济学哲学手稿[M]．北京：人民出版社，1985：124.

[11]　马克思．1844 年经济学哲学手稿[M]．北京：人民出版社，1985：124.

[12]　智笑．STS：对人与自然关系的重构[C]//陈凡，秦书生，王建．科技与社会(STS)研究．沈阳：东北大学出版社，2008：19-31.

[13]　恩格斯．自然辩证法[M]．北京：人民出版社，1971：158.

社会工程哲学——有着远大未来的新学科

田鹏颖

（沈阳师范大学马克思主义学院，辽宁 沈阳 110034）

摘　要：社会工程哲学现映着当今的时代精神，昭示着当今时代的哲学情感，是在全球化和现代性问题、社会风险日益加深、人类社会发展方式呈现多元的背景下，对人类把握现代社会基本方式的新思考。社会工程哲学汲取了马克思主义哲学、科学技术哲学、现代西方哲学、中国哲学等重要思想精华，是马克思唯物史观的当代表达方式，是有远大未来的新哲学。

关键词：社会工程　“时代问题”社会发展方式

任何一种哲学理论都是属于历史的，它现映着时代精神，昭示着那个时代人们的哲学情感。任何一种哲学理论往往不表现为单纯的、明晰的现实，而是存在于人们思想的逻辑之中和流变的精神世界里。任何一种哲学理论的出场都意味着一个时代的人们的思考方式、生存方式、创造方式和情感方式发生了转换。这种转换或新哲学的出场，一定与它所处的特定的时间和空间，特别是它所面临的“时代问题”必然地联系在一起。社会工程哲学就是这样一个有着远大未来的新哲学。

一、社会工程哲学的“时代问题”基础

大家知道，在人类历史上，思想、学术的演变确实有其自身的规律，但这种规律归根到底服从社会演变规律，它是时代与社会变迁在思想文化领域的一种折射。黑格尔在论述时代与哲学的关系时写道：“每个人都是他那时代的产儿。哲学也是一样，它是被把握在思想中的它的时代。”[1] 恩格斯也曾经指出，“每一个时代的理论思维，从而我们时代的理论思维，都是一种历史的产物，它在不同的时代具有完全不同的形式，同时具有完全不同的内容”。马克思也曾经指出：“这种命运乃是历史必然要提出的证明哲学真实性的证据。”[2] 因此，准确地把握社会工程哲学，必然将其置于我们这个时代进行考察，而事实上，我们所谓的社会工程哲学，也确实是我们这个时代的精神产儿。人类正处于一个急剧变革的时代，从生产方式、交往方式、生活方式到思维方式等，都发生了并且正在发生着深刻而巨大的变化。这

一变革时代拓展了哲学的研究视域，开辟了哲学的生长空间，预示着哲学的发展路向。

第一，全球化进程的曲折发展带来了一系列错综复杂的全球性、现代性问题，需要当代哲学以世界历史大视野，在学术理念、研究方法、理论范式等诸多方面探索与创新。确实，全球化推动了资本逻辑的进一步彰显，资本的全球扩张和信息技术的迅速发展及广泛应用，使人类不同主体间的交往日益普遍化和紧密化。也就是说，人类当下正日益处于马克思早在19世纪40年代所预言的“民族历史”走向“世界历史”的“普遍交往”的时代。然而，世界各国在全球化链条中所处的地位和“巩固”的程度是不同的。到目前为止，全球化是以发达资本主义为主导的全球化。资本逻辑所固有的矛盾带来了一系列深刻而复杂的全球性问题，给21世纪的人类生存与发展蒙上了层层阴影。人类生存和发展的全球困境，实际上是人类生存和发展理论的危机，人类已经陷入深深的文化尴尬，本质上是人类文明的危机、传统哲学的危机，或者现代性危机。在这种背景下，如何处理和摆脱这些危机，建立公正合理的人类生活新秩序，不仅是政治家们需要探索的问题，而且是哲学家们关注的一个时代焦点。

笔者认为，哲学家们应当从世界普遍交往的观点观察人类的生活境遇及其与世界的相互关系，在对现实人类社会整体存在方式的思考与理论建构中扩展理性的张力，在诸多学科交叉和互渗中创新人类把握世界的基本方式。

第二，新科技革命的冲击，深刻地改变了人类社会的行为模式、风险程度和科技伦理，对当代哲学从理论到方法等都提出了新的挑战。20世纪发生了以量子力学和相对论为核心的物理学革命，加上其后的宇宙大爆炸模型、DNA双螺旋结构、板块构造理论和计算机科学，这六大科学理论的突破，共同确立了现代科学体系的基本结构。与此相关联，各种高新技术如雨后春笋，正日益迅疾而强烈地改变着人类社会的组织结构、运行机制，同时这种影响已经渗透到生活方式、生产方式的广阔领域，并正在颠覆人类的时空观和人类对世界的理论描述。然而，在当代，科学技术已经不再中立。一方面，科学技术的发展极大地提高了劳动生产率，促进了财富的不断增长；另一方面，科学技术的发展又导致新的统治形式——技术理性的统治形式——的强化，甚至已经成为一种统治和操纵的异化力量。正如马克思所说：“甚至科学的纯洁光辉仿佛也只能在愚昧无知的黑暗背景上闪耀。我们的一切发现和进步，似乎结果是使物质力量成为有智慧的生命，而人的生命则化为愚钝的物质力量。现代工业和科学为一方与现代贫困和衰退为另一方的这种对抗，我们时代的生产力与社会关系之间的这种对抗则显而易见的、不可避免和无庸争辩的事实。”[3]

确实如此啊！德国学者乌尔里希·贝克早在20世纪80年代就明确地提出了“风险社会”，他强调，风险的来源不是因为无知，而恰恰基于理性的规定、判断、分析、推论、比较等认知能力，风险不是因为对自然缺乏控制，而是期望对自然的控制日臻完美。贝克认为，当今的科技已经成为一种潜在的风险，科技所到之时之处，就是风险所到之时之处，以致当今世界已经成为风险世界，“人类已经坐在了文明的火山之上”。如果贝克的分析是合理的，那么如何消解风险，如何以新的哲学理念实现人类文明转型和超越，自然成为摆在我们面前的一个十分重要的理论课题。

第三，马克思主义在世界范围内催生的社会主义运动在曲折中演进，激发人们对人类社会发展道路的新思考。众所周知，对于现代社会（现代性），马克思是充分估计了它的伟大历史价值的，但马克思对现代性的批判也是相当深刻的，通过对现代性的批判，揭示了人类社会的发展是一个自然的历史过程。然而，发人深省的是，资本主义制度依然健在，苏联解体、东欧剧变，特别是中国特色社会主义道路胜利开辟。所有这些无不激发人们对社会历史发展规律、社会主义建设规律和对马克思主义生命力的再思考，尤其促使人们在更高层次上深入思考马克思主义的本真精神、社会批判和建构功能。

这些问题都是社会工程哲学思考的问题领域，也可以说，社会工程哲学正是基于对这些问题的重大关切才出场的。

二、社会工程哲学在哲学学科中的特殊地位

提出创立或建构社会工程哲学，除了基于当今诸多重大问题的思考以外，还有一个重要的思想理论根源，那就是对若干哲学流派、哲学学科的关注与反思。

卢卡奇的主客体统一的辩证法、葛兰西的实践哲学、布洛赫的希望哲学、法兰克福学派的社会批判理论、萨特的存在主义马克思主义、列斐伏尔的日常生活批判及始于孔德的西方科学主义马克思主义哲学思潮，包括20世纪后期西方的各种后现代主义哲学家们，不管他们所陈哲学观点如何，但有一点是共同的，那就是批判现代性，解构现代性。笔者认为，对当今社会面临的诸多重大基本问题（核心是现代性问题）进行反思和批判是完全必要的，没有批判，就没有自觉，就没有超越。但批判的终极目的是什么？从终极关怀的意义上说，笔者认为，是建构——建构一个和谐社会、和谐世界。哲学家李泽厚认为：“解构之后总得有所建构吧？不能仅仅剩下一个没有任何意义的‘自我’‘当下’吧？文学是最自由的领域，宏观世界可以走极端，往解构方面走，但是在伦理学以及整个社会建设方面，就不能只讲解构，不讲建构。如果把一切意义都解构了，把人类生存的普遍性原则都解构了，那社会还怎么生存发展。”[4]社会工程哲学恰恰是建构的哲学。换言之，社会工程哲学的创立，标志着现代哲学从社会批判到社会建构的转向。

其一，社会工程哲学与现代西方哲学的关系问题。众所周知，从古希腊开始，

形而上学就是西方哲学的主体，以至有时形而上学竟成为哲学的“代名词”。形而上学关心的是超验的世界和超感性的领域，追问的是事物的第一原则，研究的是作为整体的存在，它基本涵盖了存在论的主要内容。而西方近代哲学则实现了认识论转向，并有许多理论创新，但并没有真正放弃形而上学和存在论的追求：或像笛卡儿和斯宾诺莎那样运用神学传统，以上帝来解释存在或实体；或像莱布尼茨那样发明一个精神的形式或实体；或像唯物主义者那样以物质来解释形而上学；或像休谟和康德那样，认为最终的实体没有意义或不可认知。然而，即使康德这样的哲学家，其批判哲学也不是完全抛弃形而上学，而是旨在通过理性批判，将形而上学建立在科学的基础上。至于唯心主义集大成者黑格尔，在用“绝对精神”为形而上学作答时，则把传统的形而上学带入了绝境，对理性的倡导由于走向极端而变成了对理性的迷信，理性万能取代了上帝万能，从而导致理性的独断。近代用理性主义精神构建的哲学体系往往变成凌驾于科学和现实生活之上的思辨的形而上学体系。也就是说，近代西方哲学已经失去了过去那种唤起人的觉醒、维护人的尊严、推动人的发展的哲学，转向了追求超验的终极实体，对现实人生，尤其是对个人生命关注越来越少的哲学。正如德国哲学家狄尔泰所言：“从 19 世纪中叶以来，各种因素导致体系哲学对科学、文学、宗教生活和政治的影响离奇下降。1848 年以来为人民自由的斗争，德国和意大利民族国家的巩固，经济的快速发展和相应的阶级力量的转变，最后还有国际政治——所有这一切都引起抽象思辨兴趣的消退。”[5] 代之而起的是现代西方哲学。

自从 19 世纪中叶以来，西方哲学开始跨入现代的门槛，其基本理论趋势是，立足于科学化、人本化、现实化和问题化，对思辨的近代理性主义形而上学哲学体系给予前所未有的批判。就其具体形态而言，可谓千姿百态、色彩纷呈。进入 20 世纪以来，科学主义思潮、人本主义思潮、马克思主义理论（此处只讨论前两种思潮）三足鼎立。固然科学主义思潮与科学理性（精神）不同，人本主义思潮与人文精神不同，科学主义和人本主义哲学思潮主要指哲学的研究对象分别是科学和人，而科学精神和人文精神则主要是对源于近代科学技术发现、发明及其运用所造成的现实社会中人文文化与科技文化的对立所作出的不同反映（应）。但“科学”与“人本”的意义是一致的。无论是哲学关注的对象、焦点，还是人类对现代科学和人文两种文化对立的反映，有一点是可以肯定的，这就是现代哲学已经使自古希腊哲学以来，特别是近代哲学的形而上学消退，开始从科学与人文视角关注现实人生、现实社会问题，并向世人展示着哲学的强大活力。

社会工程哲学在研究的视角和关注的焦点问题上，与现代西方哲学实现了有机契合。西方哲学在研究对象，特别是在“科学”与“人”之于哲学的地位问题上，由于各执一端，而被划分为两大思潮或流派。社会工程哲学则把现代科学（技术）与人（社会）纳入同一系统，把科学精神与人文精神整合起来，关注现代性——

“尚未完成的设计”——的继续设计问题，从而为“现实的个人”的全面发展创造了方法论前提。从这个意义上说，社会工程哲学是中国学者在全球化时代对西方现代哲学的一种哲学反思和理性回应。

其二，社会工程哲学与马克思主义哲学的关系问题。从理论演进的逻辑上讲，马克思（主义）哲学是社会工程哲学的重要理论支点或哲学资源。众所周知，唯物史观是马克思主义哲学的标志性理论成果。马克思在《〈政治经济学批判〉序言》中指出：“人们在自己生活的社会生产中发生一定的、必然的、不以他们的意志为转移的关系，即同他们的物质生产力的一定发展阶段相适合的生产关系。这些生产关系的总和构成社会的经济结构，即有法律的和政治的上层建筑竖立其上并有一定的社会意识形式与之相适应的现实基础。物质生活的生产方式制约着整个社会生活、政治生活和精神生活的过程。不是人们的意识决定人们的存在，相反，是人们的社会存在决定人们的意识。社会的物质生产力发展到一定阶段，便同它们一直在其中运动的现存生产关系或财产关系（这只是生产关系的法律用语）发生矛盾。于是这些生产关系便由生产力的发展形式变成生产力的桎梏。那时社会革命的时代就到来了。随着经济基础的变革，全部庞大的上层建筑也或慢或快地发生变革……”[6]这便是所谓的马克思对唯物史观的经典表述。从这一经典表述可以看出，唯物史观对社会历史发展规律的揭示，恰恰是从人与自然的关系、人与人（社会）的关系，以及这两者的关系展开的，强调生产力是社会生活及其变革的决定力量。正如列宁所说：“只有把社会关系归结为生产关系，把生产关系归结于生产力的水平，才能有可靠的根据把社会形态的发展看作自然历史过程。”[7]然而，认真分析，列宁的研究存在一个逻辑缺环——没有对生产力的发生、发展与革命性变革提供唯物主义的解释，也就是说，生产力自身的发展由谁来决定的问题。马克思实际是回答了这个问题，他在“全面生产”（实践）中，解释了生产力的根据问题——“这种历史观就在于：从直接生活的物质生产出发阐述现实的生产过程，把同这种生产方式相联系的、它所产生的交往形式即各个不同阶段上的市民社会理解为整个历史的基础，从市民社会作为国家的活动描述市民社会，同时从市民社会出发阐明意识的所有各种不同理论的产物和形式，如宗教、哲学、道德等等，而且追述它们产生的过程……这种历史观和唯心主义历史观不同，它不是在某个时代中寻找某种范畴，而是始终站在现实历史的基础上，不是从观念出发解释实践，而是从实践出发来解释观念的形……这种观点表明：……历史的每一阶段都遇到有一定的物质结果，一定的生产力总和。人对自然以及个人之间历史地形成的关系，都遇到有前一代传给后一代的大量的生产力、资金和环境，尽管一方面这些生产力、资金和环境为新的一代所改变，但另一方面，它们也预先规定新的一代的生活条件，使它得到一定的发展和具有特殊的性质。”[8]

很明显，马克思用“物质生产”即“（物质）实践”解释社会现实生产过程，进而解释人的观念生成演变和生产力发展动力基础问题。换言之，马克思用“实践”范畴解释了生产力与生产关系、经济基础与上层建筑的矛盾运动问题，这为我们深入研究唯物史观提供了重要的方法论。比如，社会矛盾运动和社会变革的机制问题，社会实践的领域、范围、文化环境和形式问题等，都是需要深入研究和讨论的重大理论问题。

社会工程哲学关注社会关系（经济关系、政治关系、文化关系等）的变革形式和机制问题，进而关注社会关系调整以适应生产力发展状况和水平问题，把社会实践范畴具体化、社会化、历史化，强化社会实践的规划性、设计性、操作性和评估性，为社会运动这个物质运动的高级、复杂形式寻找了“物质”依托和现实载体。从这个意义上说，研究马克思主义哲学，特别是唯物史观，不能不关注社会工程，不能不关注社会建构，不能不规避社会风险，不能不关注现实社会的现实的个人的全面发展。也可以说，如果我们承认马克思哲学是关于人有解放和全面发展的学说，那么社会工程哲学则是关注如何实现马克思哲学终极关怀的哲学学说。

其三，社会工程哲学与科学技术哲学的关系问题。从学科建设的“产业链条”看，好像社会工程哲学与科学技术哲学是有“距离”的。一方面，从科学哲学—技术哲学—工程哲学；另一方面，从社会科学哲学—社会技术哲学—社会工程哲学。无论从哪个“产业链条”考察，社会工程哲学与科学技术哲学都有“距离”。而实际上，这种划分是人为的。如果我们承认社会科学也是科学，就合乎逻辑地应当承认社会工程也是工程。从这个意义上说，自然工程和社会工程也未必分别是自然科学和社会科学经由自然技术与社会技术的“下游产品”。

其四，社会工程哲学与中国哲学的关系问题。中国哲学是一个很大的概念。这里重点讨论社会工程哲学与儒学的关系。笔者在《社会工程哲学》（人民出版社，2008 年版）中，把“社会和谐”作为社会工程哲学的一个重要范畴，作为社会工程哲学的一个根本的价值取向。如果说亚里士多德哲学是形而上学，黑格尔哲学是思辨的思维方式，马克思哲学是实践的思维方式，那么社会工程哲学则是方法论语境意义上的实践思维方式的一种发展和延伸。作为人类把握现代社会的基本方式，社会工程哲学把关注的焦点放在了“社会和谐”上。然而，这恰恰是以儒学为核心的中国哲学的根本追求。如前所述，当今世界正处在历史转折关头，人类社会正处在并不和谐的情态之中：由于对自然界无量的开发，残酷的掠夺，造成生态环境的严重破坏；由于人们片面地追求物质利益和权力欲望的膨胀，造成人与社会之间以及国家与国家、民族之间的矛盾及冲突；由于过分注重金钱的感官享受，致使现代社会的人们身心失调与扭曲已经成为一种社会病。因此，当代人类迫切需要解决人与自然、人与社会、人与自身之间的种种矛盾和问题。中国哲学的“天人合一”“人我合一”“身心合一”等恰恰是社会工程哲学的根本价值取向，这就是所谓的“社会和谐”“世界和谐”。

三、社会工程哲学的重要学术价值

社会工程是人们改变社会世界的实践设计、实践过程、实践结果的总称，是社会实践在现代社会的典型形态。社会工程哲学是马克思“历史科学”概念与“实践”范畴的具体的历史的有机统一，是科学精神与人文精神的整合，是人类把握现代社会的基本方式。

显而易见，现代科学技术的迅速发展和广泛应用，既改变了实践的形态和方式，又改变了实践的内容、手段和后果。很明显，当代社会实践在当代人与世界关系上引发的一系列问题，本身都具有整体性、全局性，其中的每一个问题都包含着大量复杂的因素，涉及诸多方面。仅从人与世界关系的某一个层面考察当代实践，难以把握社会实践的现代本质。特别需要关注的是，当代实践所造成的各种问题之间也是内在相关的，每一个问题的形成、发展或解决都与其他问题存在错综复杂的关系。实际上，当代人类对自然的全球控制与世界历史的形成是同一个问题的两个方面，人类作为一个整体，在全球范围内对自然的改造和利用，必然以社会内部的全球组织和整体性协调为条件；当代人类对自然的全球控制和当代人类世界历史的形成，则正是人类本质力量的再现和拓展。而当代人与其自身关系上发生的严重的人性问题，则恰恰是当代人与自然、人与社会关系上的矛盾、冲突在人性问题上的折射。人、自然、社会以及人自身都陷入了现代性焦虑之中。与此同时，人类的社会实践形态集中体现了工程的一般特点——计划性、设计性、规范性、创新性和未来性等。李伯聪认为：“工程、生产、劳动、实践这几个术语是近义词。这几个术语的含义和用法既有相同、相通、相近、相似、相交的地方，又有某些不同和相互区别之处。”他还认为：“在现代社会中，只有工程化的生产活动才是最发达、最典型的生产活动。”按照这一逻辑，我们是否可以说，在现代社会中，“工程”是最典型（从构成要素看）、最科学（从现代科学理性、技术理性的渗透看）、最有力（从对当下社会支撑、推动作用看）的实践活动。

总之，如果说19世纪中叶，马克思的唯物史观被称为“历史科学”，那么21世纪的今天，社会工程哲学就是马克思唯物史观——“历史科学”——的当代表达方式。

参考文献：

[1] 黑格尔．法哲学原理[M]．范扬，张企泰，译．北京：商务印书馆，1996：12.
[2] 马克思，恩格斯．马克思恩格斯选集：第4卷[M]．北京：人民出版社，1995：284.
[3] 马克思，恩格斯．马克思恩格斯选集：第1卷[M]．北京：人民出版社，1995：775.

[4]　宋晓军,王小东,黄纪苏,等. 中国不高兴[M]. 南京:江苏人民出版社,凤凰出版传媒集团,2009:46.
[5]　陈嘉明. 现代西方哲学十五讲[M]. 北京:北京大学出版社,2006:14.
[6]　马克思,恩格斯. 马克思恩格斯选集:第2卷[M]. 北京:人民出版社,1995:32-33.
[7]　列宁. 列宁选集:第1卷[M]. 北京:人民出版社,1995:6.
[8]　马克思,恩格斯. 马克思恩格斯选集:第1卷[M]. 北京:人民出版社,1995:92.

论社会工程设计的整体性思维方式

秦　溪
（沈阳师范大学马克思主义学院，辽宁 沈阳　110034）

摘　要：在自然科学、社会科学、人文科学等学科愈加具有综合性、交叉性、复杂性的背景下，以何种思维方式设计社会工程，才能实现把握纷繁复杂的社会系统及其社会关系，最终实现为人类、为社会谋福祉的终极目标呢？还原性思维已经开始暴露出其在社会工程设计中的局限性，而整体性思维方式则逐渐展示对社会工程设计的可行性和价值性。

关键词：社会工程　还原性思维　整体性　整体性思维

以何种思维方式设计社会工程，才能实现把握纷繁复杂的社会系统和社会关系，最终实现为人类、为社会谋福祉的终极目标呢？古时《周易》中即有“先否后喜”“否极泰来”，一切对立面都会相互转换并自我调节，最后达到事物自身平衡稳定的“常道”。事物在对立中求统一，在变化中求不变，两极相融，对立统一。这是《周易》对整体思维的运用。在当代，有学者提出在整体思维的引领下构建和谐社会，也有学者用整体思维方式研究传统法律文化的价值取向。可见，整体思维不仅古今通用，而且确实可以给人们的生产生活带来帮助。我们社会工程研究者何不也借此“良药”，用整体思维方式来解决设计社会工程的问题呢？

现代科学技术发展呈现出既高度分化又高度综合的两种趋势。一方面说明学科正在不断越来越细地分化。更重要的一点是，不同学科、不同领域之间相互交叉、渗透以至融合，正在朝着综合整体化方向发展。人类社会已经变更成为科学、技术、文化、政治、经济、教育的交织整合体。在设计社会工程过程中，由于各个子系统的相互交错渗透愈紧密，应用“还原论”愈加难以把握、了解和研究社会工程活动复杂结构。设计社会工程“需要从相互关联的整体角度把握它们（社会工程活动）的结构”[1]。社会工程所设计的法律制度、规则章程、体制法规和公共管理政策，必须具备适应社会发展规律、维系社会秩序稳定的功能。社会系统中不同群体部门和个人之间价值取向、利益趋向存在差异在所难免，如果只求“一域”或“某一域”的利益和发展，恐怕会导致社会秩序的混乱，将不利于社会的稳定发展。社会工程设计需要最大限度地限制追求个人利益，并引导个人利益去促进整个社会利益制度和章程。

社会系统是复杂系统，它的发展模式具有非线性特点。不同性质、不同功能的部分总和不能展现出整体的性质和功能。谋求整体发展需要整体思维。如果不从整体性思维方式思考社会发展模式，无法明确社会整体发展目标，无法规约不利于社会整体发展的社会个体行为，无法实现为社会、为人类发展谋福祉的社会工程终极目标。

一、社会工程设计中还原性思维的局限性

从 15 世纪中叶到 19 世纪中叶，人类一直沿用还原性思维来分析认识事物。即从小到大、从下至上、从部分到整体依次剖析认识事物。在如此复杂的社会工程活动中，此类做法非常容易导致在转化和整合的过程中，许多特性会被忽略和束缚。比如在自然界中，H_2 具有易燃性，O_2 具有助燃性，H_2 与 O_2 化合为 H_2O，H_2O 既不具有易燃性也不具有助燃性，性质完全改变了。社会工程活动也是如此，社会工程系统“以一定规律由彼此相互作用着的部分物理建构而成，并不意味着系统的所有描述都是由支配部分的规律逻辑构造得出”[2]。正如亚里士多德所说：“整体不是其部分的总和。”通过部分研究整体，由下至上的还原性思维将增大设计社会工程活动的难度，并难以预知和把握潜在社会工程活动危机和冲突。

经典“还原性”思维的局限性不在于不考虑事物（工程活动）的整体性，而是它过于强调认识整体必须首先认识部分。也就是说，人们想认识了解一个事物，必须先用部分性质去说明整体性质，用低层次特征去解释高层次特征。这完全脱离了辩证的唯物主义矛盾特殊性观点。是一种单纯的把复杂还原为简单、把非线性还原为线性的脱离事物客观性的做法，完全割裂和忽视了各个部分、各个层次之间的联系与影响。势必会造成整体某些不为人知的重要性的丢失或遗漏，导致我们的研究思路偏离预期目标。社会工程设计的重点问题是把握具有非平衡、非线性、动态变化特点的复杂社会系统的运行规律。由于社会系统中子系统数量巨大、种类繁多并且性质功能各异，时常会出现各子系统之间的自组织性的涌现现象。可能导致许多不可预言性、非集中控制性、突变性、不稳定的复杂性问题。设计社会工程强调的是一种协调观念，是一种“宏观”把握，因此必须首先认清各要素之间的联系和影响。整个社会系统的跃迁发展不单单是一个或某几个部分的跃迁结果，可以说是所有子系统相互配合的“合力”之作。就好比一个木桶能装多少水，不在于木桶最高的部分有多高，而取决于最低部分的高度。

社会工程设计绝不是“抛弃”还原性思维而“独拥”整体性思维。在近代经验分析阶段，还原思维把整体分解成部分、把高层次还原到低层次的做法，是人类揭示大自然的许多奥秘、人类社会进步不可或缺的“推力”。如 21 世纪生物学和

医学的蓬勃发展，以及原子能的利用和遗传密码的破译等，都是还原性方法论的“功劳”。并且还原性思维还将继续发挥其应有的作用。社会工程设计是一种“思维”，不是“感觉”式随机抽象行为，它是一种“集大成”的智慧。其特质表明：“不要还原论不行，只要还原论也不行；不要整体论不行，只要整体论也不行。不还原到元素层次，不了解局部的精细结构，我们对系统整体的认识只能是直观的、猜测性的、笼统的，缺乏科学性。没有整体观点，我们对事物的认识只能是零碎的，‘只见树木不见森林’，不能从整体上把握事物，解读问题。”[3]也就是说，社会工程设计的整体性思维方式是对还原性思维方式“局限性”的有力补充，用黑格尔的话说，是一种“扬弃”。

按照钱学森对系统的分类原则，社会系统由于有人的情感、思维和思想的参与，应属于复杂性开放巨系统。根据经典“还原性”思维，倘若想研究复杂巨系统，需先将人的情感、思维和思想强制分解为各个部分来加以分析研究。显然，人脑不是“机械”，不可拆分和肢解。人的情感、思维和思想是随着时间、地点和环境改变而瞬时发散、聚合的，具有抽象、不可控制和非线性的性质。正如恩格斯所说：“终有一天我们可以用实验的方法思维‘归结’为脑子中的分子的和化学的运动；但是难道这样一来就把思维的本质包括无遗了吗?”[4]情感、思维和思想不是物质分子、原子固有的，它是物质的一种自组织的特征产物，是不能还原的。

二、社会工程设计整体性思维方式的可行性

在当今社会系统中，科学、技术、政治、经济、文化、教育的联系愈加紧密，互动愈加频繁。整体化趋势不可避免，形成“牵一发而动全身”的新局面。传统的还原分析思维在解决愈加复杂多变的社会系统遭遇到“瓶颈”，渐渐开始“失语”“贫困”。正如协同学创始人哈肯所指出的，“直到如今，当科学在研究不断变得更为复杂的过程和系统时，我们才认识到纯粹分析方法的局限性。”[5]事实的确如此，一项社会工程活动的顺利展开，离不开技术的合理运用，更加离不开一个具有普适性的制度支撑。正如波普尔所说：“人们需要的与其说是好人，还不如说是好的制度。我们渴望得到好的统治者，但历史的经验向我们表明，我们不可能找到这样的人。正因为如此，设计使甚至坏的统治者也不会造成太大损害的制度是十分重要的。”[6]如何设计出普适性的制度，成为社会工程设计成功的关键。普适性的制度设计是“能够最大限度地限制以剥削方式追求个人利益，并引导个人利益去促进整个社会利益制度和章程”[7]。研究整体需要整体性思维。在设计制度的过程中，设计者需要掌握和了解社会系统中各子系统之间的利益关系、价值取向等相互影响的复杂关系，以整体的视角为出发点，以社会整体发展为终极目标，在宏观上调控各子系统之间的互动关系。

从理论层面看，马克思主义哲学强调办事情要从整体着眼，寻求最优目标。因为在整体和部分的关系中，系统和要素的关系中，整体或系统处于统率的决定地位。因此，我们在一切活动中都应该有全局观念和整体观念。设计社会工程就是按照社会工程活动任务的目的和要求，预先定出工作方案和计划。它是人们对社会工程活动的思维超前认知。这种认知既可以是预先的行动，也可以是“纸上谈兵”。设计任何一项社会工程活动，不管是在“纸面上”，还是在实际行动中，都必须把成功地完成社会工程活动作为根本出发点。就是说，整体的利益高于一切。从整体的效益出发，甚至在实现整体效益过程中“牺牲”掉一个或几个部门的利益也“在所不惜”。人类是具有思维能力的高级动物，懂得孰轻孰重，这就是“最蹩脚的建筑师从一开始就比最灵巧的蜜蜂高明的地方”。在社会工程活动中，不同的主体对制度、法规都有着不同的态度和倾向。因此，个体部分通常具有盲目性和局限性的“先天”缺陷。没有整体的发展，何谈部分进步；没大家就没有小家。只有在设计社会工程活动中，牢牢地把握整体性思维，以非营利为目的宽阔视野审视社会工程活动，才能洞悉人类社会真正的发展方向，更好地为人类社会谋福祉。

从应用上来看，一项社会工程活动的实施是不可能完全与预先设计相吻合的。也就是说，社会工程活动过程中某一个或某几个组成部分的目标会与整体社会工程活动目标发生暂时性的偏离。如果人们可以在设计社会工程活动之初确定意外波动的可控范围，那么暂时性的偏离是可控的，而且会更加有利于整个社会工程活动的发展。在社会工程活动中，人们必须区分可以控制与不可以控制。例如，社会工程活动所发生的硬性环境（如社会性质、国家意识形态、自然环境等）是不可控制的，人们只能能动性地去主动接受和适应。而社会工程活动中的制度、法律、规范条例、管理模式是人们能够把握其发生问题冲突的框架范围，是可控制的。在一项社会工程活动中，每一个人由于先天或后天因素，存在着道德底线、组织管理模式、制度法规的不等同性。社会工程活动组成部分的功能性质往往是多样的、复杂性的，因此，不可线性叠加。

整体性思维设计一项社会工程，把以社会工程活动整体效益值的提升作为设计出发点，调和、完善、改造子系统之间的互动关系，产生“1 + 1 > 2”的效果。整体性思维通过分析了解社会工程活动中各部分之间的协调关系、咬合关系、协同关系、利益关系，制定设计符合整个社会工程活动的制度和目标。预先设计出社会工程活动的子系统之间的互动碰撞、相互刺激等行为的“度”，即可控范围。也就是一种子系统与整个社会工程活动的目标发生偏离的可控范围，保证意外波动在预先设计和制定允许的框架内的发生。整体性思维不仅提高了预防调节矛盾冲动的有效性，更加约束和避免了个体由于主观主义、拍脑门主义、小家思想所造成的整体的效益损失。

三、社会工程设计中整体性思维的价值性

如果社会工程活动中某一项具体的行动成绩很大，但是从整体上看，代价过大、效率过低，那么这项社会工程的效果令人担忧。因此，设计一项关系国计民生的社会工程，从整体上把握问题、思考问题，而不是就个别某一方面进行研究讨论，对社会工程实施和运行是非常有价值的。

社会工程设计者不但是某一方面的专家，而且能够看到社会工程活动整体发展的全貌，具备结合错综复杂的经济环境、政治环境和社会环境来考虑问题的整体思维。一项社会工程并不是靠某几个专业人士就能运行的，专业人士仅仅对他们所熟识的行业有很深的认识。了解某一行业的研究现状、经验和成就，并能认识到自身的差距和不足，可能会设计出一个有效的措施或方案。马克思主义哲学告诉我们，整体居于主导地位，统率着部分，整体具有部分根本没有的功能。这只能是社会工程这样的复杂开放系统的“冰山一角”，无法估计全局效益和整体的发展。孔子说：“人无远虑，必有近忧。”社会工程设计者如果缺乏整体战略观念，社会工程活动过程中就会出现许多不必要的“重复建设”，不仅造成人力物力的大量损失和浪费，也会拖延和影响整个社会工程活动的进度与效果。

设计社会工程需要从整体着眼，在社会工程活动中，我们同样应该具有全局观念和整体观念。在一项社会工程活动展开和实施过程中，随着社会工程活动的逐步扩展而加深，各子系统之间通过物质、能量、信息交流，不断相互作用和影响，导致各子系统形成复杂、嵌套、咬合的关系，在这种情况下，任何一部分系统的存在都不是孤立的，部分的变化会影响整体的变化，局部的变化将影响整体功能的发挥。可谓“牵一发而动全身”。正如亚里士多德所说：“一个完整的总体，其中细节是如此的紧密的相互联系着，以致任何一部分的移动或取消都直接破坏总体，因为凡是存在或不存在都不引起任何察觉得出不同的，就不是整体的真正的构成部分。”[8]离开部分的整体将变成一个“空壳”，部分脱离整体也显得“飘忽”。我们必须承认的是，在涉及国家稳定、民族振兴的重要历史活动中，整体的利益大于一切个人利益。社会工程活动的目的就是调整、完善人与人之间的关系。所谓“百密一疏”，再好的设计也有疏忽或遗漏，在一项社会工程活动中依然会出现许多无法预知的因素，打乱社会工程设计者的计划。意外因素所造成的混乱会给一部分社会群体带来利益损失，但整体的目标必然高过一切部分的目标。谋求整体发展的思维将贯彻于社会工程活动的始终。

人认识客观世界是一个无穷无尽的过程，客观世界也是不以人的意识为转移的客观存在。社会工程是复杂的开放系统，一项社会工程往往涉及多个社会部门，并且各个部门之间又不是孤立的，而是相互联系的。它无法规避复杂性问题。例如，

民生工程是涉及整个社会系统，对国家发展、国家稳定具有重大影响的实践活动。无论从涉及的方面、范围、性质、功能看，民生工程都具有复杂性。贝塔朗菲指出："我们被迫在一切知识领域中运用'整体'或'系统'概念来处理复杂性问题。"[9]社会工程活动不仅有自然科学技术的参与，还添加了人的情感和思想在其中。复杂性自不必说，同时存在着许多不可预测性。社会工程活动中所出现的问题和矛盾，是很难通过某几个实践过程就能够认识的。人类是具有思维能力的高级动物，复杂性的出现不仅不能击退人类的活动，反而更加刺激了人类活动的欲望。一项成功的设计不仅可以使人们明确发展目标、少走弯路，还可以提高活动的进度、质量、效益。邓小平提出的"三步走"战略设想的成功实现，证明了人类虽然无法预知历史发展过程中的所有细节问题，但却可以从整体上对人类的发展作出准确的战略设想。因此，人们同样可以分析总结过往社会工程历史发展规律，依据正确的科学理论，从整体上把握和设计。

参考文献：

[1] 王宏波，等．社会工程研究导论[M]．北京：中国社会科学出版社，2007：45.
[2] 欧阳莹之．Foundations of Complex-Theories[M]．London：Cambridge University Press，1998：53.
[3] 许国志．系统科学[M]．上海：上海科技教育出版社，2000：34.
[4] 恩格斯．自然辩证法[M]．北京：人民出版社，1971：226.
[5] 哈肯．协同学[M]．上海：上海科学出版社，1988：1.
[6] 卡尔·波普尔．猜想与反驳[M]．上海：上海译文出版社，1986：549.
[7] 詹姆斯·M. 布坎南．自由、市场与国家[M]．上海：上海三联书店，1980：39.
[8] 北京大学哲学系外国哲学史教研室．古希腊罗马哲学[M]．上海：上海三联书店，1957：67.
[9] 冯·贝塔朗菲．一般系统论[M]．林康义，等译．北京：清华大学出版社，1987：2.

技术精神与求效性思维方式

刘道兴
（河南省社会科学院，河南 郑州 450002）

摘 要：技术对人类社会文明进步和生产生活的影响日益加深，要求我们对技术、技术进步、技术精神和技术过程的思维方式进行更多的哲学关注。技术过程存在的求效性思维方式，是一种具有独特价值和独立地位的人类思维方式。

关键词：技术 技术精神 求效性思维方式

随着技术的不断创新和进步，对技术进行哲学研究越来越受到重视。技术本来就存在和发展于广大劳动群众的生产生活实践中，对技术、技术过程、技术精神进行的哲学研究也不能停留在象牙塔中，不应只热议于高楼深院，不能仅仅是阳春白雪，而应当概括提升出可以为广大劳动群众体验、接受、掌握和运用的大众化的技术哲学，让技术哲学、技术精神和技术过程思维方式的学研成果，成为社会生产、生活实践过程的理论指导。本文通过对技术与科学的比较研究，试图在这方面进行一些探索。

一、技术与科学：既密切相关，又相对独立

科学与技术是既密切联系又各自相对独立的两个领域、两个范畴、两个概念。在西方，科学是科学，技术是技术，需要把二者并到一起说时，中间一定有一个连接词。我国在新中国成立前也一直是分开讲科学和技术，而且“五四”以后更多地是把科学与民主放在一起说。20世纪50年代，我国创造了“科学技术”这个新概念，把科学和技术连到一起，构成一个新词。这样做有很大好处，什么时候都把科学和技术两方面一起强调、一起重视。但这样做也同时出现了副作用，由于科学在我国影响太大，科学在国人意识中扎根太深，当人们讲科学技术时，往往在很大程度上存在着科学与技术混淆、科学代替技术、科学掩盖技术的倾向。在人们日常生活中，只要强调科学态度、科学精神、科学方法、科学思维方式，似乎问题就解决了，讲话就到位了，要求就到家了。而技术作为一种社会存在的独立性，反而一定程度地失去了，至少没能引起全社会的充分重视，比如很少有人提到技术精神、

技术思维和技术思想方法。

科学是人类认识世界、解释世界的认知活动及其形成的系统的知识体系，技术是人类在生产生活实践中，为了达到一定的目的、实现一定的目标而采用的技能、技巧、方法、手段和相应的逻辑体系[1]。在人类的早期，科学与技术并不相干，技术的出现远远早于科学，技术的来源是实践，是反复摸索、探索、比较形成的有效的工具和方法。当然，在许多技术、技能、技巧早期形成的过程中，包含了人对世界的初步认识，但那个时候还不能说有了科学认识和科学理论。几千年来，有许多能工巧匠磨制石器、冶炼青铜器、铸造铁器、打制各类武器、制作精美家具、精雕细刻各种工艺品等，他们可能不识字，没学过文化，但靠父母教养、靠师傅传授，掌握了熟练的技能技巧。而古时候研究科学的人、解释世界的人往往是有学问的人，做学问的人，往往是哲学家、僧侣、神学家等，自古以来与能工巧匠分属两大不同的行当。所以，搞科学研究的人与从事技术技能的劳动者，在实践中有很大的差异。科学有科学的特点，技术有技术的特点，科学有科学的认识和发展规律，技术有技术的认识和发展规律，我们应当首先认识两方面各自的独立性。尽管科学和技术行为都是从问题开始的，但是二者存在本质的不同。科学问题源于“理论与实验事实的矛盾，理论之间和理论内部的矛盾”，而技术问题则是“人们的实际需要或潜在需要与现实条件不能满足这些需要的矛盾，是现有产品与人们所期望的理想产品的差距”[2]。

人类进入近现代社会以来，科学与技术的关系越来越密切。科学理论的发展为技术的进步开辟了广阔的领域，而技术人员的精益求精，既为科学探讨和认识未知世界提供了强有力的方法和手段，又使众多科学理论造福人类社会的潜在价值成为现实可能，科学和技术一体化的特征越来越明显。大科学引导技术集结形成了大工程，而大科学、大工程又为各方面工程技术人员显示聪明才智提供了宽广的舞台。正是有了电磁学理论，才有了电动机时代的到来；正是有了爱因斯坦学说，才有了核能时代的到来；正是有了光电效应理论，才有了太阳能发电和光伏产业形成等。但越是出现这样的趋势，我们越应当清醒地认识科学、技术、工程的相互关系和相对独立性，尤其不要因为科学的宏大而忽视或轻视了技术的地位和作用。正是无数技术、技能工作者和工程技术人员的艰苦探索与反复实践，我们才能享用飞机、汽车、核电、电视、电脑、互联网、手机和卫星通讯等现代技术成果。当我们讴歌科学的力量、科学的精神和科学家作用的时候，千万不可忽视技术的力量、技术的精神和工程技术工作者的劳动与价值创造。

在现实生活中，知识与技能的关系，可以使我们更深刻地认识技术的重要性和独立性。一般来说，知识就是力量，是从认识世界、解释世界意义而言的，而从帮助人们有效从事生产、生活、生存而言，从人们形成现实社会的实际能力而言，特别是在一切实践过程中，知识只有转化为技术、技能、技巧、方法、绝招、艺术，成为实实在在的能力，才算形成了实际力量。无论是古代和今天，有许许多多人读了不少书，学了许多知识，例如鲁迅笔下的孔乙已，没有把知识转化为实际生产、生活、生存的能力，结果只能成为虽然说起话来满口之乎者也，但却四体不勤、五谷不分的无用之人。同样，在今天的教育过程中，不少人上了多年学，学习了许多书本知识、教条理论，记了许多公式和符号，记了许多外语单词，学了许多被人们称为“洋八股”的学问，但一旦初中毕业、高中毕业或大学毕业走上社会，却发现几乎没有什么实际生产、生活、生存能力，以致近几年在一些地方出现了大学毕业生到技校“回炉”的情况。而在从古到今的社会生活中，还有许多人并没有系统读过很多书，而是下工夫学习掌握一两项实用技术、技能、技巧，却能够一辈子生活很充实，被人认为很有本事，日子过得很殷实。“要想富，学技术”，“一招鲜，吃遍天”，这些都从一定程度上说明了技术、技能的掌握对人生在世的重要性，可以进一步加深我们对知识与技能和科学与技术关系的认识。

从社会文化观念角度看问题，近几百年来，由于受到落后封建文化的影响，我国社会在对待科学和技术、知识与技能的态度与价值取向上，明显地存在着重视科学、轻视技术，重视知识、轻视技能技巧，重视学理性知识教育、轻视技术技能训练的偏向。在长期的封建社会里，以皇权为至高无上，以官为贵，以官为本，形成了视劳动者和平民百姓为小民、为草民，“劳心者治人、劳力者治于人”，“学而优则仕”等社会文化，这种文化反映到对知识和技能的态度上，就是“一心只读圣贤书，一朝及第好还乡”，读书学习受教育，大体上是为了当劳心者，而学习和掌握技术技能则被认为是劳力者之术，甚至被认为是雕虫小技、奇技淫巧，不登大雅之堂。所以，封建文化与科学和技术结合形成的科学文化与技术文化，对社会观念的影响和价值取向是不一样的，人们掌握科学知识、书本知识，以走当官从政、做劳心者之路，而人们掌握技术、技能、技巧以走当普通劳动者、做劳力者之路。而新中国成立以后长期实行的计划经济、分配工作、大学毕业直接做官从政的制度，更进一步强化了这种观念和文化，从而使整个社会、整个教育界对技术、技能、职业教育等存在十分严重、十分深远的偏见。直到今天，职业技术学校教育被不少人视为不正规教育。“学习不好才学技术，考不上好学校才上技校”的观念仍然十分浓重。孩子学习技术技能在很多家长面前还是无奈之举。很多人没有真正认识到技术、技巧、技能是独立的社会存在，并具有独立的经济社会价值和人生价值，没有把从事技术技能性工作作为主动的、明智的、现实的、超前的人生道路选择。

其实，社会发展的实践已经越来越证明，在学习一定的科学文化知识的基础上，掌握过硬的技术、技能、技巧、绝招、艺术，才是人生在世最根本的安身立命所在，才是真正的人生力量所在。一个社会需要“接班人”，需要科学家，需要学问家，需要掌握系统科学文化理论知识的人，但毕竟是少数。而广大劳动群众从事现代第一、第二、第三产业所需要的，更主要表现为对职业技术技能的掌握，对技巧绝招的拥有，这才是支撑一个国家、一个民族经济社会发展质量、效益和国际竞争力的根本所在。现在，中国经济面临发展方式转型和产业结构升级，我们要自己制造大飞机，自己生产具有自主知识产权的汽车发动机、高速电动机车、核电站、航空母舰、电脑芯片和多种新材料、新装备、新医疗设施等，许多方面都不是缺乏理论指导，而是缺乏技术人才和高质量设备。对当代中国来说，科学家应当受到尊重，专家、教授应当受到尊重，政治家、哲学家应当受到尊重，高级工程师、高级技师、熟练技工也应受到尊重。不仅如此，日常生活中一个好的电工、水工、木工也应当受到尊重，一个好的理发师、厨师、裁缝也应当受到尊重，一个好的修表工、修车工、电器维修工也都应当受到尊重。这就是现代技术文化。我国古时候就有“三百六十行，行行出状元”之说，今天，我们要形成这样的技术文化，关键就看整个社会对科学技术怎么看，对知识与技能怎么看，特别是对那些运用普通劳动技能技巧服务社会的人和行当怎么看，尊重他们，宣传他们，表彰他们，不断从他们中推选劳动能手、推选技术大师，给他们荣誉，给他们地位，给他们创造良好的工作生活环境，给他们较高的物质待遇。这就会在全社会形成推崇技术、技能、技巧的文化，更多的家长就会把引导孩子学习技术、技能、技巧当做一种明智而主动的选择，大多数有学习能力的人都会把学习技术、技能、技巧当成人生在世聪明的追求，这样的社会才是一种充满现代技术文化的社会。只有有了这种技术文化，公民和劳动者才可能有较高的素质，社会才能生产出高质量的产品。当今世界，日本和德国的许多产品信誉好，竞争力强，基础就在于整个社会有这样的技术文化。

二、科学精神的实质在于求真，技术精神的实质在于求效

人们在认识世界、探索未知和进行科学发现的过程中，形成了一种精神，这种精神就是科学精神。而人们在借助一定技能进行生产、生活实践活动和从事技术发明、技术改进、技术革命的过程中，也形成了一种精神，这种精神就是技术精神。正像科学与技术密切相关又各自具有独立性一样，科学精神和技术精神也各具独立性，同时又具有密切的相关性。在科学过程首先要倡导科学精神，在技术过程首先要倡导技术精神。

在科学过程中，人们的任务和使命是认识世界、解释世界，是探求未知、发现新知、创立学说。因此，科学过程的精神实质是求真，是探索未知，是追求真理。追求真理是一切科学过程的最高境界，为了真理而敢于献身，是一切科学工作者的共同特征。反对迷信、反对愚昧、廓清迷雾，揭示是非曲直、揭示事物或社会变化过程的本来面目，是科学认识过程和科学理论创立过程的基本特征。科学过程的求真性要求，决定了科学认识过程具有批判性或证伪性特征，只有不断地对既有理论、既有认识、既有结论的不科学性、非科学性、伪科学性进行发现、揭示、剔

除，或者发现揭示既有科学理论不适应范围的边界，才有可能发现新领域、新学说、新现象，从而才能进行科学发现和科学理论新体系建立。科学的本质是认知，所以科学过程总体上要刻苦钻研，但有时候科学发现又是偶然的，是靠灵感、靠机缘的，什么时候有新发现，什么时候取得重大的突破，是很难预定的。由于科学揭示世界和事物本来面目的认识过程是人类最为崇高的探索与追求，因此，一切科学过程均表现为无私和无功利特征，科学不卖钱，科学探索不图获利。科学给人类带来光明，近代科学巨匠为了与黑暗、愚昧、迷信作斗争，甚至不惜牺牲生命，表明科学过程是不计功利的。反过来，计较功利搞科学研究可能就不一定是科学。正是由于科学过程这种不计较功利性，又使科学结论一旦发现，大致上都会无私地、无国界地、无障碍地在全人类传播。但是科学工作者也有个人追求，这种追求就是个人对于真理追求的贡献，就是学界、同行和社会的承认、尊重与认同，具体表现为学术观点的社会传播程度、同行引用频率、知识产权受尊重等。而社会为了尊重、纪念科学家的发现和贡献，一般都用科学家的名字命名其研究成果，这也是知识产权的另一种表现形式，如哥白尼日心说，牛顿力学，爱因斯坦相对论，安培、伏特作为电流、电压单位，门捷列夫周期律，达尔文进化论，亚当·斯密学说，凯恩斯宏观调控论，等等。由此看来，探索未知、注重事实、追求真理、勇于批判、敢于证伪、创新理论、超越功利、无私传播、尊重知识产权等，成为科学精神的重要内容和突出特征。

而在技术过程，特别是在一定的工程建设和生产系统中，通过一定的技术、技能、技巧从事生产、生活活动的人们，则和从事科学认识、科学发展过程中的人们的精神追求、精神状态有着很大的不同。技术过程的最突出特征是追求效用，是满足人们的技术消费需求，也就是说，在使用技术客体的过程中，怎样才能更省力，怎样才能更省时，怎样才能更节约，怎样才能更耐用，怎样才能更美观，怎样才能更方便，怎样才能更舒适，怎样才能更人性化等，是一切技术过程精神追求的共同特点。技术创新怎样满足技术消费者的有效需求，这是技术进步的根本动力[3]。所以，如果说科学过程的精神实质是“求真”，那么技术过程的精神实质就是“求效”。不断追求更加有效，是一切技术过程的最高境界和价值追求，是现代技术精神的灵魂。一般来说，技术熟练、技术发明、技术改进、技术革命都需要科学知识作基础，需要科学理论作指导，但同时技术进步和技术发明又有自身特有的规律和要求，这就是不断进行有效性追求。而对技术技能的掌握，则更要靠长期的实践和锻炼，“熟能生巧”“艺多不压身”“师傅领进门、修行在自人”“台上几分钟、台下十年功”“工欲善其事、必先利其器”等，讲的都是这个道理。技术进步过程的这种有效性追求，是和现实的生产生活过程密切融为一体的过程，这就决定了技术进步与社会需要、与市场供求、与投入产出关系的紧密相关性，以及一项技术与其他相关技术的效用关系。在通常情况下，当一项技术的效用和改进成果达到一定的限度，技术进步的路径可能表现为另辟蹊径，就预示着一项技术的终结和另一项新技术将被普遍采用。技术进步和技术创新与经济社会发展阶段、市场供求关系与研发投入产出的密切关系，决定了技术进步过程有着强烈的功利性和时效性，也决定了技术研发、技术进步不可能是无私的，都有着明显的社会目的性。获取功利，获取市场竞争能力，获取最大效用，是技术技能研发、掌握、熟练、运用过程的突出特征，也只有让从事技术研发、投入、突破、掌握、运用的个人或组织获得更大的利益，才能使技术技能不断进步、不断创新，这正是技术市场、专利体制得以建立和形成的理论基础。对日常生活中的个人来说，实用技术技能的掌握和熟练，也都符合上述功利性特征。由此看来，技术精神和科学精神有很多不同，目的明确、追求效用、永不满足、反复比较、重视手段、不断改进、勇于创新、精益求精、注重功利、有限传播等，这些是技术精神的基本内容和突出特征。在一切技术技能过程中，不仅需要倡导科学精神，而且一定要大力倡导这种技术精神，使一切掌握技术、技能、技巧的人们真正确立起技术追求。

技术精神与科学精神，技术追求与科学追求，技术价值和科学价值，各自有各自的社会地位、社会作用和社会价值，不存在谁重要谁不重要的问题，也不存在谁崇高谁不崇高的问题，关键在于我们要通过把两方面区分开来，做到用科学精神从事、引导和评价科学过程、科学行为与科学成果，用技术精神从事、引导和评价技术过程、技术行为与技术成果，而这正是当前我国社会管理尤其是学术研究、技术研发和职业技术技能教育、训练、评价过程最迫切需要的。当然，我们这样把科学精神与技术精神区分开来讨论问题，并不是说技术精神与科学精神完全无关。实际上，在当代科学技术发展进步的过程中，科学与技术、科学精神与技术精神日益紧密。越是在科学研究的过程中，越要重视技术精神，因为技术改进、技术路径、技术水平往往成为科学发现、科学探索的制约因素。而在技术改进的过程中，也要求更加重视科学精神，技术改进和研发人员对于相关科学知识的理解、掌握、运用，对科学新发现的了解程度，技术工作者本人的科学素养等，也往往成为技术改进、技术发明的制约因素。因此，什么时候强调科学精神，什么时候强调技术精神，区分开了，才更有针对性、有效性。

科学与技术、知识与技能、科学过程与技术过程、科学精神与技术精神的相对独立性，决定了技术进步和科学发展一样具有独特的规律性。科学作为人类认识自然和社会的认知活动、认知过程及其认知成果的理论化、系统化的知识体系，在不同发展阶段，表现为不同的发展特点。虽然总体上说早期的科学认知过程表现为追求真理而不是追求功利，表现为对某些既有理论认识的批判、证伪，表现为更多偶然性和非明确目的性、非预见性等特征，但是随着当代科学技术进步越来越高端化，越来越受到经济社会发展中紧迫要求的需要影响，科学问题的提出、科学研究的开展、科学成果的评价越来越表现出明确的社会目的性，科学研究与技术进步更加密切地结合起来，出现了鲜明的科学技术化和技术科学化特征，科学研究与技术进步相结合的社会创新性工程越来越成为科学技术进步的集中体现。但是这绝不意味着科学和技术融为一体无法分辨，作为科学发展的结果，仍然表现为新的认知成果和新的理论体系的形成，表现为对真理的追求和未知的探索，也就是新的概念的确立、新的观点的提出、新的思想理论体系的形成和新的方法论的建立，这是科学发展的基本标志，也是技术进步、管理创新和工程技术开展的理论基础。

与科学发展相对应，技术进步是与人类社会发展阶段和生产力水平密切相关的社会实践。技术与政治、技术与军事、技术与文化、技术与艺术、技术与生活、技术与市场等，都有着十分紧密的相互关系。技术过程不断追求有效的规律，决定了技术进步既是已有技术不断熟练、不断求精的过程，又是一个不断有新技术替代原有技术的过程。因而对某一项具体的技术或技术体系而言，大都表现出自身特有的生命周期性，也就是说，大多数技术或技术体系都会表现出产生期、成熟期、扩张期、均衡期、衰退期、消亡期这样一个生命周期，技术产生、发展、进步过程中表现出的这种周期性特征，有些是人类需要适应性变化的天性决定的，有些是经济社会发展环境变化决定的，有些是市场或社会需要满足容量决定的，有些是更新更优越的替代技术或材料出现决定的。有些技术的生命周期长一些，有些技术的生命周期短一些，有些技术会几百年经久不衰，有些技术几年时间就昙花一现。我们要研究技术出现、成长、成熟、衰退和消亡的特殊规律，既要把握作为单项技术进步的微观技术进步规律，又要把握新技术出现的宏观技术进步规律。

三、求效性思维方式具有独立哲学价值

人们在学习科学知识、从事科学认知的活动中，会形成科学思维方式，或曰形成科学思想方法，并且已经形成了多种多样的科学思想方法论。但是不管哪一种科学方法或科学思维方式，都有一个共同的特征，都是把形成正确的认识、克服错误的或不准确的认识作为根本目的，也就是把追求真理、明辨是非作为价值导向，采用实验、分析、综合、归纳等方法，达到去伪存真、由表及里、由浅入深、由片面到全面的认知结果。这样的科学认识过程，终极目标是解决真假、正误、是非问题的。这种科学思维可以概括为“求真”思维。然而，在生产、生活实践中，在工作实践中，在一个国家的经济社会发展建设过程中，包括在科学发展和技术进步的实践中，只有求真思维，或者说只停留在求真阶段又是远远不够的。这就要求我们的思维方式从科学思维发展到技术思维，从保证我们达到正确认识、得出正确结论的思维方式，发展到能够引导我们有效地实现各种社会实践目标的思维方式，从理论认识阶段发展到社会实践阶段。

技术思维就是这样的思维。技术思维或技术性思维方式是人们在从事一定技

能、技巧性生产活动或运用绝招、艺术的过程中采用的思维方式，这种思维方式的基本特征是努力追求最好效果，努力达到最佳效能，努力实现最高效率。这种思维方式的突出特点，是在思想认识符合实际的前提下，也就是在对事物、过程、环境和条件的认识做到实事求是的基础上，强调目的的明确性、方法的有效性和操作的可行性，追求成本、代价的最低和最终效果的最佳。这种思维方式把认知阶段推向实践阶段，把科学阶段推向技术、技能、技巧、绝招、艺术阶段，把求真、求是阶段推向求效阶段，把思想认识路线推向工作路线、操作路线阶段，因而可以把这种技术性思维方式概括为求效性思维方式。需要突出强调的是，这种求效性思维方式不仅存在于、适应于技术、技能性操作过程，实际上存在于、适应于人类社会的一切实践过程，包括认知过程、管理过程、工程过程、劳动过程、生活过程、教育过程和学习过程，是一种普适性的思维方式。

实际上，技术思维方式或求效性思维方式不仅是一种普适性的思维方式，而且是人类社会一种普适性价值导向和价值追求。在人类的一切活动中，凡事都有成本，都要耗能，都有过程，都有结果。追求有效性，追求最佳效益、最高效率，可以说是人类一切实践活动包括一切认知活动共同的努力方向和共同的价值追求。凡是人类有目的的社会实践过程，都追求明确的效果，这种效果能够满足人类的某种需求，也就是具有一定的效用，对达到这种效果或产生所需效用的过程都要进行评价，成本与效果和效用的关系就是效益，所需时间与产生效果和效用的关系就是效率，而实现效果、效用的综合能力评价就是效能。在技术、技术过程、工程过程中概括出来的求效性价值追求，乃是人类社会一切实践活动包括认知活动共同追求的价值一维，求效与求真求是一样，是人类社会一种基本的价值追求。求效以求真为基础、为前提，但求效是求真向实践的发展、延伸和超越，而求效也为求真和求是提供了目的性和价值导向，求效的过程和结果又是对求真、求是过程与结果的证明及检验。

作为一切技术过程存在的最根本的思维方式和价值追求，求效思维与科学过程的求真思维既密切相关，又独具特征。求效必须以求真为基础、为前提。求效必须先明确现状，了解现实，也就要求技术主体和实践主体必须对现实形成正确的认识，让自己的思想认识符合客观实际，明确客观条件，做到实事求是。但求效思维更注重对目的的把握，注重对达到目标过程的把握，注重对方法、途径和借助手段、工具的把握。不仅如此，求效思维着眼于从现实到目标的综合分析，明确技术实施的前提，包括有利条件分析、制约因素分析、主观因素分析、客观因素分析、最佳结果分析、最佳途径分析、最坏可能分析、机会成本分析、人力因素分析、投入产出分析、阶段目标分析等。这些都集中体现了求效性要求的分析过程和标准要求，不仅体现在具体技术、技能的实践过程，而且普遍体现在技术系统、工程系统和社会系统的实践过程中，是求真思维、求是思维没有包含的，但同时又是求真思维、求是思维基础上的延伸和发展，是技能、技术和工程实践的思想路线。可以把这一思想路线叫做“求效性”思想路线。就是说，在对现实情况的认识符合客观实际的基础上，明确目标、注重方法、降低成本、讲究实效。

求效不仅与求真、求是相对应，具有独立价值，而且在一切思维、认识和实践过程中，都具有普遍性，人类的一切活动都有求效问题。神舟飞船怎样准确收回，飞机怎样更加安全，汽车发动机怎样节能和操作灵敏，这都是求效问题。在日常生活中，小到每一句话怎样说好，课堂教学怎样吸引人，衣服怎样穿得得体，在领导工作、组织活动中怎样取得圆满效果，大到一个国家、一个地区、一个企业怎样科学发展，这都是求效问题。从一定意义上说，求真、求是可以认为主要是世界观、认识论要解决的问题，而求效则主要是方法论要解决的问题，但求效又不仅仅是方法论，它既包含了价值观，也包含了对一切实践过程的认识论，求效是一种普遍性的价值追求，因为只有有了求效的价值追求，才有相应的方法和方法论问题。

参考文献：

[1] 邓树增．技术学导论[M]．上海：上海科技文献出版社，1987：23.
[2] 周燕，黄理稳．设计的发明问题探析[J]．自然辩证法研究，2008(12)：39-43.
[3] 曹前有．消费动力视野中的技术创新[J]．自然辩证法研究，2008(12)：54-59.

生存论视域下的技术

包国光
（东北大学科学技术与社会研究中心，辽宁 沈阳 110819）

摘　要：海德格尔前期的思想显示为生存论存在论。在《存在与时间》中，海德格尔已经涉及“技术”现象，只是技术还不是主导性的问题。从海德格尔前期的生存论立场来看，从“在世界之中存在”来看，技术显示为“揭示”，是对器具之存在的揭示，器具显示为上手性的存在。作为揭示的技术的本质和根据，来源于此在的“在世”，此在的在世生存要求着技术，通过技术让器具上手，通过技术“在世界之中”生存。同时，技术也维系着世界的结构，即“意蕴”。

关键词：生存论　在世　技术　器具　揭示

海德格尔后期思想明确地关注“技术问题”，把技术理解为一种“解蔽”（ἀλήθεια），把现代技术的本质解释为“座架”（Ge-stell）。与后期对技术的重视和讨论相比，海德格尔前期（《存在与时间》《现象学的基本问题》时期，著名的“转向”之前）的思想文本中，好像没有明确地探讨过技术。本文认为海德格尔前期思想中包含着“技术问题”，只是还没有成为明确的主题，还隐蔽在他通过“此在”追问“存在的意义”的背景中。在海德格尔前期思想中，此在的存在论表现为生存论。本文尝试从海德格尔生存论存在论立场和视角出发，阐释器具和技术的本质。

一、海德格尔前期的生存论立场

海德格尔对存在的意义的追问和对存在论历史的解构，都是通过向此在的存在建制回溯而实行的，并认为“此在存在论是欧洲哲学发展的隐秘目的和要求”[1]92。此在的存在论，就是生存论。

1. 生存的含义和与特性

海德格尔前期现象学存在论的探索步骤，是从“此在”（Dasein）这个存在者开始的。因为“存在的意义”问题是首先由此在提出的，此在就是能提出“存在问题”的存在者。

海德格尔把此在的存在称为生存（Existenz）。此在这个存在者的本质规定在于：“它所包含的存在向来就是它有待去是的那个存在；所以，我们选择此在这个名称，纯粹就其存在来标识这个存在者。”[2]15海德格尔在这里用“生存”一词指示此在的存在，是要突出强调此在的非现成性和不确定性，拒绝把此在当做现成的“主体”。海德格尔在《存在与时间》的第十节中，提出了此在分析与人类学、心理学、生物学的划界，主体、灵魂、意识、精神、人格、生命、“人”等概念都被“避免”了。

海德格尔规定了此在的两个生存的特性[2]50：此在的“本质”在于它的去存在（Zu-sein）；此在具有“向来我属”（Jemeinigkeit）的性质，这一存在者在其存在中对其有所作为的那个存在，总是我的存在。从此在的上述两个特性中进一步得出：“此在总是作为它的可能性来存在”，此在是“可能之在”。因为此在的“去存在”和“我是（ich bin，我存在）”都不是现成的存在，此在在生存的怎样“去是”的可能性中才获得存在。海德格尔把此在的存在规定称为“生存论性质”，把非此在式的存在者的存在规定称做“范畴”。

2. 此在的存在建制——在世界之中存在

海德格尔认为，传统存在论耽搁了对此在之存在方式的追问，也就错过了世界现象。在《存在与时间》《现象学的基本问题》时期，海德格尔把世界规定为此在存在的一个结构环节，此在的存在方式在本质上是“在世界之中存在”（In-der-Weltsein），简称“在世”。此在的“去存在”的本质，表明了此在缺乏存在，此在自身的存在是不确定的，也就是海德格尔反复强调的“非现成性”的。这也就是说，此在的“去存在”要求一个与此在“自身”不同的“世界”，此在向一个世界去存在。其中，“世界”被海德格尔理解为“一个实际的此在作为此在‘生活’‘在其中’的东西”[2]76。这里的“世界”不是指存在者整体的“什么”或“总和”，而是指存在者整体的“如何”。“世界属于一个关联性的、标志着此在之为此在的结构，这个结构被称为‘在世界之中存在’”[3]。把此在的存在建制规定为“在世界之中存在”，海德格尔就避免了胡塞尔及胡塞尔之前的“主体论”哲学那里的意识自身的“超越性”问题。

海德格尔从平均的日常状态（作为此在的最切近的存在方式）着眼，使在世从而也使世界一道成为分析的课题。海德格尔对此在的分析就是从平均的日常存在方式入手的，因为这种日常存在方式离此在“近”。《存在与时间》中的探讨总是选择最“切近”的东西入手，来展示存在者的存在结构。对此在的“在世”进行存在论分析，即是生存论探究。

二、日常“在世”中的器具和技术

在《存在与时间》中，为了阐释此在的存在建制，首先追问世界现象和世界之为世界。探讨海德格尔前期的技术思想，也必须着眼于此在的生存及其存在建制——“在世”，从而分析技术现象和技术之为技术，通达从生存和在世出发所能看到的技术的本质。

1. 器具的上手性和因-缘性

海德格尔对世界之为世界的分析是从日常在世入手的，他把日常在世称为“在世界中与世界内的存在者打交道”。在日常在世的操劳的打交道中切近照面（Begegnen）的存在者是什么呢？海德格尔称之为广义的“用具”（Zeug）或“器具”。照面也就是进入到此在的生存中与此在的存在发生关联，来到此在的存在的近处。在打交道之际遭遇的是各种各样的书写用具、缝纫用具、烹饪用具、加工用具、交通工具、测量器具、医疗器具等。这些器具用具的存在才是现象学存在论首先应该加以界说的东西。技术是与器具相关涉的，对器具存在的分析，是对技术进行分析的基础和入手点。

用具或器具向来属于一个用具整体，只有在这个用具整体中，某件用具才能是其所是的东西。“用具本质上是一种‘为了作……的东西’。有用、有益、合用、方便等等都是‘为了作……之用’，这各种各样的方式就组成了用具的整体性。在这种‘为了作’的结构中，有着从某种东西指向某种东西的指引”[2]80。这种“指引”（Verweisen）是双向的，既能向前指引，也能向后指引；既能指引存在者之间的关联，也能指引存在者的存在之间的关联。指引既可以指示器具之间的关联，也能指示此在本身的存在状态之间的关联，还能指引器具的存在与此在的存在之间的关联。

用具就其作为用具的本性而言，就出自对其他用具的依附互补关系。海德格尔说：“用具的整体性，一向先于个别的用具被揭示了。”[2]81“揭示”（Entdecken）是海德格尔前期的重要术语，有“去其掩蔽而展示出来”之意，与后期的核心术语“解蔽”（άλ ήθεια）有亲缘关系，甚至可以说是解蔽的先行阐释概念。

日常在世的操劳着的打交道之际，器具之所是（本质）才显现出来。操劳的打交道，例如用锤子来锤打，并不是把这个存在者摆在那里设置为对象进行直观把握。在使用着锤子的打交道中，“为了作……之用”对当下的器具起着组建作用，唯当放弃或“悬置”理论性的、对象性的直观观察时，锤子这个器具才作为它所是的东西来照面。“锤打本身揭示了锤子特有的‘称手’，我们称用具的这种存在方式为上手状态”[2]81。相应地，不以上手方式照面、遭遇或发现的存在者之存在，称为现成存在或现成在手（边）。上手存在（或上手性，Zuhandenheit）与现成存在（或现成性，Vorhandenheit）也是海德格尔前期的重要术语，这是关于此在以外的存在者的两种基本存在方式，上手存在对现成存在在存在论上具有优先性。

器具等上手存在者的存在状态和存在方式，是由“上手性”来规定的。前面已经提到，在器具的“为了作……之用”的存在结构中，有着从某种东西指向某种东西的指引，从器具指向器具的“用途”，即指向器具的“何所用”（das Wozu）。从何所用而来，器具获得上手存在状态，缘于何所用之指引关联，器具才成为器具。上手性是器具的存在论规定。此在的存在与其他存在者的存在相关联。而使其他存在者与此在关联并进入此在的存在的那种存在性质，就是上手性。上手性标示的是此在的存在与其他存在者的存在的关联性：其他上手存在者到此在的存在的“近”处“来”存在，即其他存在者通过上手性而向此在的操劳活动照面；此在也通过其他上手存在者而到上手存在者的存在的“近”处“去”存在。

上手性规定着向日常在世的操劳照面的存在者的存在方式和存在状态，指示着器具等存在者缘于何所用之指引，而与某种“所用”结缘，形成“因-缘”关联并存在于其中，因此而成为上手存在着的存在者（器具）。海德格尔说：“上到手头的东西的存在具有指引结构，这就是说：它于其本身就具有受指引的性质。存在者作为它所是的存在者，被指引向某种东西；而存在者正是在这个方向上得以揭示的。这个存在者因已而与某种东西结缘了。上手的东西的存在性质就是因缘。”[2]98 上手性是有结构的，不仅包括上手存在者的存在方式和存在状态，其中还包含着因-缘性和指引关联性，对上手性的揭示就是展示构成上手性的结构环节。

因-缘（Bewandtnis）被海德格尔规定为世内存在者（器具等）的存在，意味着世内存在者存在于因-缘关联中，上手性中就包含着这种因-缘性。这里的因-缘还不完全等同于佛学中的“因缘”①。在因-缘现象中，由缘（何所用）而及因（器具），欲突出强调世内存在者之存在不是现成性（Vorhandenheit）的，不能预先确定它的存在状态和存在性质，不能把世内存在者之存在“对象化”和固定化。

器具的存在方式是由上手性和因-缘性来规定的，在其中向来就包含“使上手”和“使结缘（了却因-缘）”。“上手”和“因-缘”是世内存在者的存在规定：“因-缘”标示世内存在者与其他存在者之存在的关联，以及世内存在者与此在的存在的关联；“上手”标示这种“因-缘”关联的实行方式和实行状态。器具的使用即器具的上手状态，是器具向日常在世的操劳来照面的方式。器具之所以能以如此上手的方式来照面，是由于器具的上手性（上手存在）已经预先被揭示和被展示（Augenblick）了，也就是说，器具的上手存在已经预先被此在所领会了。海德

① 陈嘉映先生说：用“因缘”来理解上手事物太重了，但一时找不到更妥帖的译法。在《现象学的基本问题》中，丁耘先生把 Bewandtnis 译解为“物宜”，含有“物有所宜”之意。参见海德格尔．现象学的基本问题［M］．丁耘，译．上海：上海译文出版社，2008：139.

格尔说："仅当存在者之存在已经被展示时，仅当我领会其存在时，存在者才能被发现（照面），无论以知觉还是其他的通达方式（制作）。"[1]88 只有属于器具上手性的何所用、指引和因-缘预先被展示和被揭示了，器具才能如此地来照面和上手。向操劳活动照面的和上手的总是某种存在者（器具），被展示和被揭示了的是存在者（器具）之存在，即上手性和因-缘性。这种对上手性和因-缘性的展示与揭示，就属于日常操劳中的技术所指的东西。

技术作为对上手性和因-缘性的展示与揭示，是器具等世内存在者来照面上手的条件。但器具这种世内存在者从何处、如何来照面呢？器具首先从日常在世的操劳着的制作（Her-stellen）而来。制作属于日常在世的操劳活动，制作带出了器具这样的存在者。制作是如何完成被制作者即器具的呢？"在制作过程中，物之所已是已经预先被看到了"[1]144，即被制作者的存在方式，它的上手性和因-缘性已经被预先看到和领会了。技术与制作的关涉，不仅是预先展示被制作者的上手性和因-缘性，还要预先揭示使被制作者独立存在的制作方式和制作步骤。

2. 日常制作活动中的器具和技术

海德格尔在《现象学的基本问题》中，分析了制作活动的意向结构。"对制作之意向结构此类的东西，进行不带偏见的视看，在分析中诠释之、接近且坚执之，并且为这样被坚执和被视看的东西衡量概念的构成——这便是被多方谈及的所谓现象学本质直观的最清醒平实的意义。"[1]150① 在制作活动的意向性结构中，包括意向和所意向，以及还有对所意向中被制作者之存在方式的领会。"制作活动中被制作的相关者的存在，在制作性意向的意义上被领会了；以至于制作性施为与其特有意义相应，把有待制作者从对制作者的关涉中解脱出来。……属于制作性施为的、对被制作者之存在领会，预先把被制作者把握为赋予了自由者和独立者。""于是在制作的特殊意向结构中，也就是在其存在领会中，就含有对制作相关者的特别的解脱特性和给予自由特性。"[1]149 海德格尔在这里强调的制作中有待制作者的"解脱特性"和"给予自由特性"，是要说明有待制作者的存在并没有依赖制作者，也没有束缚在制作过程中；相反，倒是被解脱的和独立的东西。有待制作的器具的存在，是向着上手性和因-缘性的被完成的独立的存在。但不能说有待制作的器具是现成存在的东西，按照制作的意向意义，有待制作的器具作为被完成者，被领会为对于上手使用来说随时可用的东西。

在制作过程中，有待制作的器具从被揭示的上手性和因-缘性而来，已被视为预先获得独立存在，从这种独立存在的"外观"（柏拉图的相、爱多斯）出发，制

① 这里又显示了与胡塞尔的区别。在胡塞尔那里，本质直观不同于感性个别直观；本质直观是原初给予的直观，是对纯粹本质的观看。参见胡塞尔．纯粹现象学通论［M］．李幼蒸，译．北京：商务印书馆，1997：52.

作活动才能顺利进行。对这样的制作方式的展示和揭示，便是属于技术的东西。

操劳的制作就是赋予被制作者以完成的独立的存在。在制作的指引的完整结构中，不仅有指向“何所用”的指引，还有指向“何所来”的指引。制作中的被制作者（例如工件）指向了“质料”或“材料”。“如果我们把制作性施为就其完整结构对我们再现出来，即可以表明，它一向运用我们称之为质料的东西，例如房屋的材料。这种材料在其本身那方面最终不再是被制作的，而是已然在那里了。作为毋需被制作的存在者，它们是被发现遭遇的。在制作及其存在领会中，我们就这样对毋需被制作的存在者施为。……只要这种制作总是出自（aus）某物而制作某物，毋需被制作的东西根本上只能在制作之存在领会内得到领会和发现。”[1]152

在制作中毋需被制作的存在者来照面之际，先于一切制作和被制作者的存在者之存在，即“自然”① 的“现成性”和“适合性”被领会与被揭示了。这里的“适合性”是指对于有待制作的被完成者的独立存在而言，现成的自然是适合被引入制作之中的。对自然的现成性和适合性的展示与揭示，也属于技术的东西。

在器具的制作活动中，被制作器具的上手性和因-缘性，被引入制作中的自然的现成性和适合性，都预先得到展示和揭示，这些展示和揭示是制作活动能够进行的先行条件。由上手性和因-缘性而来的有待制作器具的独立存在，引导着对现成的和适合的自然存在者的选择，引导着制作方式和制作步骤，也规定着制作活动的完成和结束。

日常在世的操劳着与世内存在者打交道之际，尤其是在制作活动中，技术作为现象显现了。从上面的分析中可以得出生存论视域的技术的本质规定，即技术作为展示和揭示：对上手性和因-缘性的展示与揭示；对出自上手性和因-缘性的有待制作器具的独立存在的展示与揭示；对被引入制作中的自然的现成性和适合性的展示与揭示；对制作方式和制作步骤的展示与揭示。

三、技术的生存论根据

1. 技术与了却因-缘

海德格尔把世内存在者（器具等）的存在规定为因-缘（Bewandtnis）。存在者缘于“何所用”而与某种东西结缘，即进入某种指引关联网络之中，在其中获得上手存在状态，成为是其所是的存在者。随着何所用又能有因-缘，通过何所用和因-缘的指引关联，最后会到达此在的存在即生存那里。例如，锤子这种器具所缘

① 海德格尔在前期思想中，还在传统的意义上使用“自然”一词。在“论 φύσις 的本质和概念——亚里士多德《物理学》第2卷第一章”中，把古希腊的“自然”解说为“涌现”。参见海德格尔. 路标［M］. 孙周兴，译. 北京：商务印书馆，2001.

于锤打；锤打所缘于修固；修固所缘于防风避雨之所；这个防风避雨之所缘于此在能避居其下之故而“存在”，即为了此在存在的某种可能性之故而“存在”。某种上手的东西的具体因-缘，是由因-缘整体性先行描绘出来的。作为世内存在者整体存在规定的因-缘整体性，即规定任何世内存在者的因-缘关联结构，先于个别的世内存在者。但因-缘整体性本身归根结底要回溯到一个根本的“何所用”（das Wozu）之上，这个“何所用”不再像世内存在者那样有因-缘。这个首要的“何所用”不再为了做什么，不属于因-缘的何所缘。这个首要的“何所用”乃是一种“为何之故”（das Worumwillen)），这种“为何之故”总是同此在的存在相关[2]99。这就是说，世内存在者的存在结构关联于此在的存在建制。此在是为其自身存在并对其存在有所作为的存在者，“为何之故”就是此在的生存。

在世内存在者的存在即因-缘中，就包含着“了却因-缘”（Bewendenlassen），即把世内存在者的因-缘关联实现出来，使……结缘地让世内存在者上手着存在。因-缘关联作为世内存在者的存在规定，要求着使世内存在者成为世内存在者，即把世内存在者的存在“实行”出来或者“现象出来”。“了却因-缘”所标示的就是这种对世内存在者的因-缘关联的实行的完成，让世内存在者的存在之间与此在的存在建立关联。

了却因-缘与此在的存在有着密切的关联，此在在其存在中就实行着了却因-缘，让世内存在者去结缘是此在生存的结构环节。而此在的存在方式就是“在世界之中存在”，那么操劳中揭示着上手性的技术的根据，也缘于“在世界之中存在”，技术也属于此在在世的结构环节。此在的存在中就包含着存在之领会，此在就是对其存在有所作为的存在者，被领会的世界就是此在已经存在于其中对其有所作为的世界。

2. 技术与世界的结构

技术一方面与世内存在者的存在相关联，另一方面技术与此在的存在相关联，技术仿佛就在这“两种存在”之间。技术揭示了上手性和因-缘性，世内存在者才以上手的方式向此在的操劳照面，世内存在者才作为世内存在者存在着。此在领会了技术，操劳制作的活动才得以实行，与世内存在者打交道的日常在世才得以展开。此在在与其他存在者的存在相关涉之际，就要求着技术去揭示与这种存在关涉的方式和条件，此在通过技术去了却因-缘。技术就作为揭示着的东西而与“在世界之中存在”相关涉，技术成为此在的存在与世内存在者的存在之间的“关联”环节。

作为在世界之中存在的存在者，此在对其自身存在有所作为，因而此在的存在具有“自我指引”的性质，此在总已经出自某种“能存在”（Seinkönnen）的“为何之故”把自己指引到一种因-缘的“所缘”那里。就是说，只要此在存在，它就总已经让存在者作为上手的东西来照面。此在自身的存在关涉于世内存在者的存在，这两种“存在”的关联在何处显现呢？在“世界之中”。海德格尔说：“作为让存在者以因缘存在方式来照面的何所向，自我指引着的领会的何所在，就是世界现象。而此在向之指引自身的‘何所向’的结构，就是构成世界之为世界的东西。”[2]101 世界是此在和世内存在者照面打交道的“地方”，世界是此在生存着展开其存在的“地方”。但世界不是现成的“空间”，世界是此在存在的结构环节，世界显示为此在操劳于其中的指引关联的网络结构，没有此在就没有（海德格尔这里所主张的意义上的）世界。这就是“世界是此在的规定”的含义，世界也不是现成的东西。

此在自我指引的联络在存在论上意味着什么？海德格尔通过此在自我指引的联络展示出世界的结构，更进一步地说明世界也是与此在的存在密切相关的。此在领会着自身并把上手事物之间的指引关联保持在自己面前，让自己由这些关联本身加以指引。海德格尔把这些指引关联的关联性质解释为赋予含义（be-deuten）①，也就是给出关联意义，给出因-缘关联的可能性，由一种现象（存在）为另一种现象（存在）奠基。这些关联意义包括一种存在与另一种存在之间的“赋予含义”，也包括存在与存在者之间的“赋予含义”。此在自我指引地领会自身，因而此在也为自己“赋予含义”：“‘为何之故’赋予某种‘为了作’以含义；‘为了作’赋予某种‘所用’以含义；‘所用’赋予了却因缘的某种‘何所缘’以含义；而‘何所缘’则赋予因缘的‘何所因’以含义。那些关联在自身中勾缠联络而形成源始的整体，此在就在这种赋予含义中使自己先行对自己的在世有所领会。它们作为这种赋予含义恰是如其所是的存在。我们把这种含义的关联整体称为意蕴（Bedeutsamkeit），它就是构成了世界的结构的东西，是构成了此在之为此在向来已在其中的所在的结构的东西。”[2]102

海德格尔称为世界之结构的意蕴，是由此在的“为何之故”所奠基的，囊括了此在日常操劳的因-缘整体，最终指向上手存在者的指引关联网络。这个指引关联网络的形成和保持，是通过对存在者的上手性和因-缘性的揭示而实行的，即通过技术而建立和维系。只有技术先行地展示与揭示上手存在和因-缘整体关联，意蕴才能实际地构成世界的结构。意蕴以技术为条件和构成方式，那么此在存在于其中的世界就是一个“技术性”的世界，即通过技术并在技术基础之上才能实际形成的世界。从海德格尔生存论存在论的立场来看，技术是属于在世的现象，即技术的根据仍在于此在的存在机制——在世界之中存在，技术只是生存着的此在形成一个世界的条件和方式。

技术是此在日常在世不可缺少的条件。从生存论上来看，器具等存在者能以因

---

① 又可见到胡塞尔的影响，胡塞尔那里的“赋予含义”指的是某种立意“意向行为”。参见胡塞尔. 逻辑研究：第2卷［M］. 倪良康，译. 上海：上海译文出版社，1998：39-40.

-缘的存在方式和上手状态在一个世界中来照面，其存在者层次的条件是此在对意蕴的熟悉和领会。展开了的意蕴是因-缘性之所以能够得到揭示的存在者层次上的条件，也就是上手性得到揭示的条件，即是技术形成的条件。意蕴作为世界的结构要求着指引关联的实行，即要求着了却因-缘，让世内存在者作为上手的器具向此在照面。让世内存在者在一个世界中来照面和来上手，就要求着使上手得以实行的技术。与世内存在者打交道要求着特定的了却因-缘的实行方式。技术作为操劳活动中保持器具上手状态的条件及方式的揭示，技术作为存在者层次上的了却因-缘方式的揭示，技术是此在与世内存在者打交道的条件和实行方式。

此在的已经展开的"在世界之中存在"，此在对于世界的结构即意蕴的领会，世界之为世界的指引联络，都作为技术的根据而要求着技术，即通过技术揭示器具等世内存在者的上手存在。此在作为在世界之中存在的存在者，操劳着与世内存在者打交道，这种日常在世的操劳活动总是技术性的，总是依靠揭示上手的东西的存在而实行着了却因-缘。日常在世是此在首先与通常的平均的存在状态，技术作为使日常照面的存在者上手的条件，对日常在世起着组建的作用，技术属于日常在世的存在结构环节。技术作为对器具等的上手性和因-缘性的揭示，技术也在此在的存在与世内存在者的存在之间，是对这两种存在的指引关联的维系和保持。

参考文献：

[1]　海德格尔．现象学的基本问题[M]．丁耘，译．上海：上海译文出版社，2008.
[2]　海德格尔．存在与时间[M]．陈嘉映，译．北京：生活·读书·新知三联书店，2006.
[3]　海德格尔．路标[M]．孙周兴，译．北京：商务印书馆，2001：182.

为现代人的生存植根

——一种对海德格尔技术之思的解读

张秋成
（东北大学文法学院，辽宁 沈阳 110819）

摘　要：现象学中的在场和不在场（缺席）两个概念彼此联系、互为补充。不在场之物虽然隐而不显，但和在场之物一样真实，不在场是在场的根，是在场得以生成和呈现的前提。现代科学和技术把世界中的万物与人变成了完全的在场，只关注在场之物，消灭了和在场休戚相关的不在场之根，海德格尔致力于解决现代人的这种无根状态，力图为现代人的生存重新植根。为此，海德格尔提出的药方是走诗与思的艺术之路，即“诗意地栖居”。主张人要在关注在场的事物的同时，不忘不在场的存在之根，追求本真的生存方式，活出存在的无穷意境。

关键词：在场　不在场　座架　植根

科学技术，特别是技术，是海德格尔后期思想着力最多之处，其意何为？海氏的科学技术之思与其一生所萦绕于怀的存在问题有何关联？对这些问题的回答，与海德格尔对西方形而上学的批判直接相关。海德格尔认为，西方形而上学只注重探究存在者，毫不理会存在的意义问题，是对存在问题的遗忘。在海氏看来，现代科学技术是西方形而上学的最终完成，因此不难看出，海德格尔后期对科学技术的运思并未脱离他一生所钟爱的存在问题，而是中间通过对西方形而上学的批判使二者关联起来。海氏认为，与西方形而上学如出一辙，现代科学技术也是只关注存在者，造成了现代人不思存在意义的命运。但如何理解这种观点？显然，理解这种观点的关键在于如何理解存在者和存在的关系，在于如何理解只关注存在者就会遗忘存在的意义。尽管海德格尔本人在其著作中对之进行了多次讨论，但人们还是常常觉得晦涩难解。笔者试图从对现象学中一对核心概念——在场和不在场（缺席）——的讨论入手，来为更好地理解存在者和存在的关系作一些探索。

现象学中的在场和不在场（缺席）两个概念是彼此联系、互为补充的。“在场与缺席是充实意向和空虚意向的对象相关项。空虚意向是这样的意向：它瞄准不在那里的、缺席的事物，对意向者来说是不在场的事物。充实意向则是瞄准在那里的事物的意向，该事物具体呈现在意向者面前。"[1]人们对在场比较熟悉，也更容易思考它们，但却往往忽略缺席，在现象学以外的其他哲学分支中也是如此。事实上，缺席是在场的映衬，"当我们领会某事物的在场之时，我们恰恰是把它领会成并非缺席的：如果我们要觉察到在场者，那么就必须存在着它的可能的缺席之视域。在场作为对于某种缺席的消除而被给予……"[2]。在场的背后是不在场，在场是有限的被给予、被呈现之物，不在场是与在场的事物相关联的无限的未出现、未被呈现之物。不在场之物虽然是隐而不显的，但和在场之物一样，也是真实存在的，在这个意义上，不在场是在场的根。根是不断向下生长的，而且枝蔓无穷，不在场也就为在场奠定了牢固的基础，是在场得以生成和呈现的前提。

科学技术思维的视域中只有在场的事物，而一般不研究不在场的事物。要看清这一点，我们先来讨论海德格尔如何看待科学技术。人们的常识观念认为，与技术相比，科学更加本源，技术是科学的具体运用。因此，追问技术需要首先考察科学，只要弄清科学的本质，技术的本质也可以获悉。海德格尔却一反流俗见解，认为现代科学的基础植根于技术本质中。现代科学的本质取决于与物打交道的方式和对物之物性的形而上学筹划。科学对物的形而上学筹划奠基于技术本质中，海德格尔认为，技术的本质是座架，是对大自然的促逼，是一种解蔽方式，正是技术揭蔽决定着科学与自然打交道的方式，这种方式使科学把自然理解成可预测和可控制的对象，特别是通过数学方法，把自然改造成一种可估算的对象，由此可见，科学完全被技术本质所支配。科学的研究对象是数学化的自然，它把自然中的一切事物都定量化，把事物的本质抽象为可计算性，泯灭了事物具有的丰富多彩的个体差异性，这样被理解的事物是透明的，是完全的在场，因此是人类完全可以操控的，用海氏的术语，是人类可以摆置和订造的持存物。技术是人类的创造物，理应受人类的控制，但不幸的是，实际情况恰恰相反。技术一经产生，就获得了自主性，人类的劳动和生产必须符合技术的要求组织起来，以便提高生产效率，获得更多的产品和利润，人类的活动受到技术自身运行逻辑的制约和控制，从而变得不自由，这是西方很多哲学家，包括海德格尔，都已经清楚地看到的事情，即技术在摆置和订造自然中的事物的同时，也在摆置和订造人类自身，把人也变成了持存物。人和物一样，在技术面前变成透明的，是完全的在场。

现代科学和技术把世界中的万物与人变成了完全的在场，只关注在场之物，消灭了和在场休戚相关的不在场之根，使得世界中的万物和人都被连根拔起，造成了现代人的无根命运。海德格尔十分警醒地看到这种危险，"一切都运转起来，这是令人不得安宁的事。运转起来并且这个运转起来总是进一步推动一个进一步的运转起来，而技术越来越把人从地球上脱离开来而且连根拔起。当看过从月球向地球的照片之后，我是惊慌失措了。我们根本不需要原子弹，现在人已经被连根拔起了。我们现在只还有纯粹的技术关系，这已经不再是人今天生活于其上的地球了"[3]。

海德格尔致力于解决现代人的这种无根状态，力图为现代人的生存重新植根。在海氏看来，现代科学技术的本质是座架，是最终完成的西方形而上学。这种形而上学只关注在场者，也就是只关心存在者，从而使人遗忘了往往蔽而不显、无限丰富的不在场的存在本身，因此被德里达称为“在场的形而上学”。

海德格尔如何为现代人的生存重新植根？这是一个令人困惑的问题。众所周知，海德格尔提出的药方是诗与思，无疑，这是一条艺术之路。通过艺术或审美来解决现实问题，往往被人们看做一种消极逃避的无奈之举。这就是为什么一些学者认为海氏是一个主张放弃科学技术，重返前技术时代的田园牧歌式生活的浪漫主义者的主要原因。但是如果我们多些深思，就会发现，问题不那么简单。海德格尔虽然对现代科学技术的负效应给予了深刻的揭示和较为严厉的批判，但是他在其作品中，从不否认科学技术给人类带来的益处，并且看到科学技术在人类文明中的重要地位。把海德格尔的科学技术之思简单地看做主张反对和放弃现代科学技术，是一种严重的误解。从他认为技术座架是人类存在的命运来看，也不能说他主张反对和放弃科学技术，因为命运性的东西排除了人类对之任何积极主动的作为。在海德格尔看来，科学技术座架今天仍然并将继续保持它在人类历史和文化中的统治地位，他明确指出这个进程完全在人的控制之外。因此，他并不试图简单地肯定或否定科学技术，而是把人类当下生存境遇中所潜在的危险揭示出来，借以呼唤人们思考转变的可能性。

因此，海德格尔主张人类对待技术要泰然任之，简言之，在享受技术给人带来的幸福的同时，要清醒地看到它的限度和可能给人带来的危险。“我们让技术的东西进入我们的日常世界，同时又让它出去，即让它们作为物而栖息于自身之中。这种物不是什么绝对的东西，相反，它本身依赖于更高的东西，此态度可命名为：对于物的泰然任之。”[4]但还有一个问题：艺术何为？笔者认为，这里蕴藏着海德格尔的深意。

在讨论这个话题之前，先来看看与之相关的另外一个问题，即科学技术思维看待事物的方式与艺术思维看待事物的方式有何不同。前面已经论及，科学技术只关注在场的事物，用数学方法对在场的事物的某一特定的方面作精确的量的分析，随之抽象掉事物本身所具有的多方面的性质和属性，科学技术思维这种看待事物的方式也延伸到人及其生存本身。这样的思维只能看到人的所谓类本质，但却不能看到每个个体的人的无限丰富的个性；只能看到人的为技术所用的生存方式，却看不到人的本真的生存方式。换言之，科学技术思维只重视研究在场者，却遗忘了支撑在场者的不在场——人和事物的无限存在意义的根基。而艺术思维看待事物的方式却迥然不同。艺术思维审美地观照在场事物的整体，而不对之作任何定量的分析。它注重对被给予的在场事物进行自由体验，而不试图对之作任何控制。更重要的是，艺术思维在欣赏被呈现给我们的在场事物的时候，更加注重由在场事物所生成的意境，这种意境涵盖与在场事物密切相关的不在场事物，类似于中国古典诗词所讲求的“言有尽而意无穷”。

下面以海氏对凡·高的油画《农鞋》的揭示为例加以说明。“从凡·高的画上，我们甚至无法辨认这双鞋是放在什么地方的。除了一个不确定的空间外，这双农鞋的用处和所属只能归于无。鞋子上甚至连地里的土块或田陌上的泥浆也没沾带一点，这些东西本可以多少为我们暗示它们的用途的。只是一双农鞋，再无别的。然而——从鞋具磨损的内部那黑洞洞的敞口中，凝聚着劳动步履的艰辛。这硬邦邦、沉甸甸的破旧农鞋里，聚集着那寒风料峭中迈动在一望无际的永远单调的田垄上的步履的坚韧和滞缓。鞋皮上粘着湿润而肥沃的泥土。暮色降临，这双鞋底在田野小径上孤寂而行。在这鞋具里，回响着大地无声的召唤，显示着大地对成熟的谷物的宁静的馈赠，表征着大地在冬闲的荒芜田野里朦胧的冬冥。这器具浸透着对面包的稳靠性的无怨无艾的焦虑，以及那战胜了贫困的无言的喜悦，隐含着分娩阵痛时的哆嗦，死亡逼近时的战栗。这器具属于大地，它在农妇的世界里得到保存。正是由于这种保存的归属关系，器具本身才得以出现而自持，保持着原样。”[5]

这是海氏为我们提供的艺术地看待事物的典范。如果采取科学技术思维来看待这双农鞋，会关注它的大小、样式、材质和有用性等它本身所具有的性质与属性，毫无疑问，这些性质与属性和这双农鞋一样是清晰的在场，人们熟悉和关注在场的事物及其性质本无可厚非，但是，对事物的感受和体验是否完全止步于此？上面所引海德格尔的描述雄辩地否定了这一看法。这双农鞋的在场敞开了一个真实的农妇的世界：辛劳坚忍，福祸参半，单调匮乏的生活中透射出农妇的乐观和感恩。此世界的意蕴已远远超出科学技术思维所把握到的与农鞋的有用性相关的在场的性质和属性，只有通过艺术或现象学思维才能捕捉到。这些超出农鞋有用性的意蕴即是不在场，这种不在场把在场的有用性摄入其中，从而成为事物本真的存在方式。在场的农鞋的有用性不过是不在场的事物本真存在的外在显现。正是从这个意义上说，不在场是在场的必要支撑，或曰，不在场是在场之根。只注重考察事物的在场，无视或者忽视事物的不在场，呈现在我们面前的就是一个单调乏味、毫无诗意的异化“世界”——科学技术揭蔽的“世界”。

艺术思维看待人类及其生存，也不是只有一种固定死板的理解，它力图把握人类本真的存在，把此在看做只是此时此地的在场，只是隐蔽不在场的存在自身的适时呈现，很显然，存在自身的呈现不可能只有一种，而是无限丰富、万千变化的。这种不在场的存在自身就是在场的此在之根。由此可以比较容易地理解海德格尔为给现代人重新植根而主张的艺术之路。他建议人要“诗意地栖居”，人的在世生存——在场的此在，只是人类存在意义的呈现，而寓意无穷的存在自身虽然往往隐而不显、表现为不在场，但却是人类此在之根。人要“诗意地栖居”，就是要在世生存的同时不忘存在之根，由在场的我带出不在场的我之存在的无穷意境，活出本真的自我。

参考文献：

[1][2] 罗伯特·索科拉夫斯基．现象学导论[M]．高秉江，张建华，译．武汉：武汉大学出版社，2009：33，37.
[3][4][5] 孙周兴．海德格尔选集[M]．上海：上海三联书店，1996：1305，1239，254.

生存论视域下的技术理性批判

周立秋

（东北大学科学技术哲学研究中心，辽宁 沈阳　110819）

摘　要： 在现时代，技术已成为人类社会生活的决定性力量。科学技术的发展在为人类创造巨大物质财富的同时，也把人带入了被技术控制的困境之中。技术理性带来了人的生存危机，带来了人的精神的失落和人性的沉沦。解脱科学技术和技术理性对人的生存意义造成的异化是本文的主旨。最根本的方向是使技术真正服务于人本身的生存，人在根本上不是手段而是最终的目的。这也是马克思对科技异化实质的批判所要达到的目的。

关键词： 理性　技术理性　价值理性　生存　异化

近代以来，人的生存之所以陷入各种各样的危机之中，是与理性的发展逐渐陷入技术理性的困境之中密切相关的。20 世纪以来的人类历史的实际状况表明，被理性启蒙的世界并不是一个人性和自由都得到充分发展和实现的理想社会，而是一个普遍的被异化了的世界，这是与理性蜕变为技术理性密切相关的。

一、技术理性——理性的异化与蜕变

肇始于近代的启蒙理性，泛指在理性化过程中所表现出来的理性至上、知识崇拜，以及对自然的改造和征服。这种启蒙理性之所以产生，是为了用理性代替信仰，用知识代替蒙昧。启蒙思想家们普遍而乐观地相信，只要树立起人的主体地位和理性的权威，就能使人类获得自由和解放。启蒙理性自以为凭借着技术理性，人类就可以使自身摆脱对神话的恐惧和控制，从而确立人对自然的优越地位和绝对统治权。这样，无疑突出了理性的工具、技术定义和理性认知世界的作用，认为人类理性可穷尽自然界的一切奥秘，把理性等同于科学理性，并使人们相信，一旦达到了理性的认识，便意味着获得了作用和支配外部世界的力量。然而，随着知识和理性权威的确立，启蒙理性所包含的自由与理想、生存价值和怀疑否定精神却逐渐萎缩，而技术、工艺及其表现——机械设备等工具——理性成分却逐渐扩张、膨胀，并通过合理化过程而重新演绎成一个狂妄理性的神话，成为新的极权主义。于是理性逐渐丧失了解放的功能，越来越局限于技术效能，具备了工具和技术的特征。理性蜕变成技术理性。这种技术理性是理性的物化、外化，反过来变成对人自身的科学技术统治。

使人类社会陷入危机的技术理性或工具理性的具体含义是什么？实际上，技术理性作为一种重要的哲学范畴，与之较为接近的还有其他一些相关范畴，如“工具理性”“科学理性”“知识理性”等也常常被使用，尽管“它们在内涵上并不是在完全统一的、也不是在普遍认同的意义上被理解和运用，但是它们基本的思想内核无疑一般地指向人类所拥有的一种能动、有效以及具有可操作性的理智能力或智力成果（科学技术），以及人们对这种理性能力和科学技术及其功能所持有的肯定性的行为和观念取向，包括积极认识、乐观信仰、心理崇拜以及实践意义上的行动旨趣等”[1]。本文也正是在这一含义上来使用“技术理性”和“工具理性”的范畴，在此意义上，对二者的使用是相同的。但是，必须清楚，事实上“技术理性”并不完全等同于“工具理性”。以往人们在谈及技术理性时一般认为，技术理性就是工具理性，技术理性与价值理性是完全对立的，技术理性的发展必然导致价值理性的衰退。但是，这种理解既没有看到技术活动本身内在的价值和伦理含义，也抹杀了技术理性的巨大社会功能。其实，从技术的本质上看，技术活动是合目的性与合规律性的统一、价值主体尺度与客体尺度的统一。事实上，正是由于借助于技术理性，人类才开创了一个控制自然、以主体自身为阿基米德点的主体性时代，我们所创造的辉煌的世界文明和所达到的社会历史的巨大进步，是和技术理性分不开的。技术理性确实存在着消极的、负面的影响，对其批判是必要的，但这种批判要建立在对技术理性的历史形成和具体含义的深入研究之上。重新反思与批判技术理性并不是要否定和抛弃技术理性的全部内核，而是要克服其内涵着的工具理性向价值理性的肆虐僭越。

二、技术理性造成的人类生存矛盾

技术理性主义是在近现代科学技术的历史实践功能日渐凸现和强大的土壤中孕育与萌发出来的一种新理性主义，是对古希腊传统理性主义的继承与超越。技术理性促进了文艺复兴运动最直接而切近的产物——近代机器技术——的兴起和发展。从此，人类有可能利用全新的自然知识和较为成熟的技术手段重新认识和改造自然。然而，近代科技文化中隐含着深刻的矛盾。一方面，近代两次技术革命大大提高了社会生产力和人类认识与改造自然的能力，特别是机器体系的诞生，使人从繁重的体力劳动中解放出来；另一方面，人在一定程度上成为机器的附属品或奴隶则成为这种进步的代价。这是技术理性在取得初步成功的同时所潜伏的矛盾。科学技术及其应用从一开始就因其功利性目的而将人的理性仅仅限定在解决技术难题的层面上，而忽视了技术社会中人的存在与发展。人生问题、价值问题、社会的目标等问题都被排斥在其领域之外。然而，是不是有了技术理性，建立起了一个技术文明的社会，人生的价值与意义问题、社会的目标等问题就自动取消或解决了呢？历史的事实是：尽管人类已经进入了一个更有生存保障和安逸的生存条件的社会阶段；但是另一方面，技术却作为一种异己的、毁灭性的力量矗立在人类面前，窒息着人的生存价值与意义，从而造成了人类前途的前所未有的困境。

诚然，人类的这种进步与倒退的两难是与技术理性发展到极端走向它的反面有关系的。这种追求功利目的的技术理性给人类生存和社会发展带来了前所未有的危机。

第一，技术理性以对自然的支配为前提。它的进一步发展将造成两种可怕的后果：一是对外在自然的破坏，现代技术对自然的征服与滥用导致人类生存空间的剧烈变化；二是对人的内在自然的限制，技术虽然延伸了人类某些方面的能力，同人的某些方面的生理技能相适应，但人的很多生理技能却遭到了可怕的压抑。

第二，技术理性需要数学式的思维方式作为了解和解释自然的重要工具。在技术时代，人成为市场上一个可计算的市场价值，成为整个社会机器中的一个部件，失去了人类存在的特殊维度。

第三，技术理性追求有效性思维，追求工具的效率。一旦这种思维方式盛行，人们所注重的将是效率，而不是人的需要或价值。一味追求功利，漠视人的情感与精神价值[2]。

总之，一旦技术理性化过程展开了，其形式结构就依循自身的内在逻辑发展演进，成为凌驾一切的自在目的。尽管这种技术理性从功能、效率、手段与程序来说是充分合理的，但它却失去了对终极价值的依托，失去了对生命意义的反思。

三、对技术理性的生存论困境批判

为什么曾经并正在为人类文明创造巨大物质财富和精神财富的技术理性会造成今日的困境呢？对技术理性进行批判一直是当代文化的重要主题之一。20 世纪西方哲学界尤其是法兰克福学派，展开了对技术理性的批判，无论是对西方传统的理性主义文化和现代性精神，还是对现代西方工业文明以及科学技术发展所相伴而来的种种负面效应和历史代价，几乎不约而同地开始进行批判、反思。

针对理性主义发展遇到的危机，马克斯·韦伯最先较为详细地分析了启蒙精神变化的原因，并提出了社会行动理论。他把社会行动分为合理性与非理性两种，按照韦伯的观点，所谓“合理性”，是指人们强调通过理性的计算而自由选择适当的手段来实现目的。他将合理性分为两种类型：一是工具（合）理性，即一种强调手段的合适性和有效性而不管目的恰当与否的合理性；另一种是实质的（合）理性，即一种强调目的、意义和价值的合理性[3]。韦伯认为，现代文明的全部成就和问题都来源于价值合理性和工具合理性的紧张与对立。理性概念所蕴涵的工具理性和价值理性应是内在统一的。但近现代理性观念所经历的实际上是工具理性不断发展、价值理性不断萎缩的过程。

韦伯认为，科学构成工具理性的基础，或者说，它本质上就是一种工具理性。随着科学技术的迅速发展，工具理性日益扩张，实质理性日益萎缩，工具理性取得全面胜利。因此，韦伯主张限制工具理性，恢复实质理性的权威，把价值、目的、意义一类的东西重新引入科学技术，对科学技术在工业社会及其文化系统中的角色重新加以定位。

卢卡奇是西方马克思主义技术理性批判的开创者。卢卡奇直接得益于西方著名的社会理论家韦伯和研究异化的专家席美尔的启示，以马克思《资本论》中的商品拜物教理论为基础，提出了著名的“物化理论”。他认为，西方发达的资本主义社会已经陷入全面的、总体的异化，一切都为商品生产和商品交换关系所支配，出现了普遍的物性化现象。

卢卡奇的技术理性批判是通过对资本主义的韦伯意义上的理性化进程的分析加以展开的。卢卡奇认为，理性化进程已经进入到资本主义的经济活动、政治管理和思想文化等各个领域，因而，社会进入到了被技术理性严格统治和支配的历史阶段。在这种情况下，人的存在本性遭到了全面的扼杀和毁灭。卢卡奇在经济、政治和精神活动等领域，揭示了资本主义的合理化进程所导致的人的存在的异化境遇，批判了资本主义非人化的现实。但是，卢卡奇主要立足于资本主义的生产方式和政治统治方式来揭示技术理性对人的否定性意义[4]。

沿着韦伯和卢卡奇的理论传统，法兰克福学派加强了对技术理性的批判。

首先，霍克海默、阿多尔诺从康德的理性概念入手，对技术理性进行批判。在康德那里，有两种不同的理性概念，即主观理性和客观理性。他们认为，这两种理性代表了性质截然不同的两种哲学主张，在《理性之蚀》中，对这两种理性作出了比康德更为明确的界定。他们认为，主观理性所追求的是一种知识、一种工具效率的理性，而不去关心人的目的。而客观理性不仅关注知识的效用，更关心这种效用是否和人类的目的相一致、和自然整体相和谐。可见，客观理性所涉及的是一种终极关怀的理性，即价值理性。

那么，他们认为启蒙失败的根本原因在于启蒙运动的思想家们在把“理性”作为斗争工具时使用了双重标准。当他们宣称知识就是力量、倡导用科学技术来消除匮乏并确立一种丰裕的物质财富的社会时，所指的理性是主观理性；而当他们以理性名义去讨伐宗教，并认为理性应该取代宗教而成为个体生活和社会发展的主导时，所指的理性是客观理性。但随着科学技术的飞速发展，主观理性得到了极度的张扬；与此相反，客观理性及其所包含的人类对其自身终极价值的追求却萎缩了。

正义、平等等一直为理性所固有的概念也失去了其知识基础。于是，客观理性黯然失色，并被主观理性所取代，而主观理性则被等同于理性自身。正如霍克海默指出，“由客观理性向主观理性的转变绝不是偶然的，思想的发展过程在任何时候都不能被武断地逆转。如果具有启蒙形式的理性已经毁灭了作为西方文化本质部分的信仰的哲学基础，那么，事情就只能是这样，因为这种基础太脆弱了”[5]。

其次，沿着霍克海默和阿多尔诺的思路，马尔库塞从人类的思维方式上分析了理性异化的根源。这一理论更为全面具体地描述了技术理性统治和技术世界中现代人的异化的生存境遇和生存状态。他认为，科学只是关心那些可以衡量的东西以及它在技术上的应用，而不再去问这些事物的人文意义，于是科学预先追求的真、善、美诸观念被剥夺了其普遍有效性，从而产生出奴役人的扭曲了的科学。那么，在这种状况下形成的发达工业社会也就不可能是一个正常的社会，而是一个与人性不相容的“病态社会”。在《单向度的人》中，他认为，在发达的工业社会中，人们沉湎于富裕的生活环境，不愿将现实存在的制度同理应存在的“真正的社会”相对照，从而丧失了合理地批判社会现实的能力而成为“单向度的人”，社会也失去了它应有的多种向度，成为“单向度的社会”。生活在这种“单向度”的社会中的人实际上过的是一种“物质丰裕、精神痛苦”的被异化了的生活。

再次，哈贝马斯在《交往与社会进化》与《合法化危机》等著作中，对技术理性进行了独特的批评。哈贝马斯的兴趣所在已经不是审美和建构乌托邦，而是从社会和意识形态的层面展开对资本主义的批判，从比较技术理性统治和传统意识形态统治的异同入手来阐述自己的观点。他认为传统的统治是“政治的统治”，它是同传统的意识形态紧密联系在一起的，而今天的统治是技术的统治，是以技术和科学为合法性基础的统治。从这个意义上说，不能一般地把技术与科学等同于意识形态，因为现在，第一位的生产力——国家掌管着的科学技术本身——已经成了“统治的”合法性的基础。而统治的“这种合法性形式，显然已经丧失了意识形态的旧形态”[6]。在哈贝马斯看来，同以往的传统政治意识形态相比，技术统治的意识“意识形态性较少”，因此它在某种程度上摆脱了“虚假意识”的某些成分，摆脱了由阶级利益制造的骗局。

哈贝马斯运用自己的交往理论论述技术异化的原因。他指出，技术异化的根本原因是在现代发达工业社会条件下，以科学技术为背景的劳动的“合理化”导致了交往行动的“不合理化”。因此，要消除科学技术的异化，就必须实现“交往行动”的“合理化”，从而以交往取代劳动在人类社会和社会历史理论中的核心地位。

四、走出技术理性的生存论困境

西方马克思主义者对技术理性的批判实质上是对科技异化、理性异化的批判，其目的是想告诉人们，科学技术理性作为人类摆脱自然统治的工具已转化为统治人的工具。从启蒙运动开始到资本主义工业化实现，工具的合理性从人性解放的希望走向了它的反面，成为危及人类自身生存、造成人的主体性困境的否定性因素。

但是他们并没有不加选择地攻击整个科学思想的有效性。因此，尽管他们竭力批判理性的异化所带来的负面影响，但他们却拒绝回到自然的朴素的状态。这样，他们的理论虽然为人们理解技术理性从辉煌走向衰落开辟了新的视角，但其为拯救理性所设计的方案由于过于理想化与绝对化而难以得到大众的普遍认同和理解，从而只能作为一种“书斋哲学”在一批知识分子中间传播。所以，对他们的理论要用批判的眼光看待，同时要探索出一条技术理性批判面向未来的开放路径，最根本的方向是使技术真正服务于人本身的生存，人在根本上不是手段而是最终的目的。面对他们的理论努力和失误时，我们一定要坚持马克思主义关于解脱科技异化的理论。

马克思认为，在资本主义社会里，技术、机器的改进和生产力的发展并没有使人得到更加合理的、自由的发展。相反，它加强了人的奴役，人越来越表现为物的奴隶，社会中到处充斥着商品拜物教和货币拜物教。马克思认为，“在现代世界，生产表现为人的目的，而财富则表现为生产目的”[7]。在资本主义社会里，一切激情和一切活动都被湮没在物质欲望之中。技术的胜利、工具理性的加强是以人的物化、价值的失落即价值理性的衰退为代价的。“它无情地斩断了把人们束缚于天然尊长的形形色色的封建羁绊，它使人和人之间除了赤裸裸的利害关系，除了冷酷无情的‘现金交易’，就再也没有任何别的联系了。它把宗教虔诚、骑士热诚、小市民伤感这些情感的神圣发作，淹没在利己主义打算的冰水之中。它把人的尊严变成了交换价值，用一种没有良心的贸易自由代替了无数特许的和自力挣得的自由。”[8]

马克思认为，技术对人的压抑，关键的问题不在于技术本身，而在于技术的资本主义使用。技术本来是解放人的手段，只是在资本主义制度下，它们才被变成工具，才被退化为压抑人的技术理性。技术异化的根源在于劳动的异化，在于资本主义私有制，它是人类社会生产力不发展时必然经过的一个环节、必须付出的代价，是资产阶级为了自身的发展而牺牲无产阶级的全面发展的结果。但技术的异化、人的异化并不是历史的宿命，因为技术的发展必然带来生产力的发展、物质产品的极大丰富，从而为人类摆脱对物的依赖性，扬弃异化，为每个个人的全面发展创造了物质前提条件。马克思指出：“在资本对雇佣劳动的关系中，劳动即生产活动对它本身的条件和对它本身产品的关系所表现出来的极端的异化形式，是一个必然的过渡点，因此，它已经自在地，但还只是以歪曲的头脚倒置的形式，包含着一切狭隘的生产前提的解体，而且它还创造和建立无条件的生产前提，从而为个人生产力的全面的、普遍的发展创造和建立充分的物质条件。”[9]

简言之，马克思认为，只有在共产主义社会生产力高度发展、物质产品极度丰富的情况下，工具理性和价值理性的矛盾才能得到彻底解决，工具理性才能真正成为实现人的价值理性的手段，人才能得到自由的全面的发展，成为目的。

综上所述，马克思认为，对技术理性的批判不应停留于对科学技术本身的批判，而应批判对待科学技术的观念。必须恢复人在生产中的主体地位，重新确立人与科学技术之间的正确关系，使人真正成为技术的主人。马克思在他的解放理论中，提出了"完整人"的概念，他认为，"人以一种全面的方式，也就是说，作为一个完整的人，占有自己全面的本质"[10]。人与自然、人与社会由原始的统一分裂，又达到新的统一，是人类在实践的基础上完整人的生成过程。在这一过程中，物质生产与精神生产、理性与非理性、理想与现实将重新统一起来。而作为自由王国的理想社会则是"人和自然之间、人与人之间斗争的真正解决"[11]。科学技术和技术理性将成为人类实现解放和自身发展的有力武器。

参考文献：

[1][4]　衣俊卿．20世纪的文化批判:西方马克思主义的深层解读[M]．北京:中央编译出版社，2003:108.

[2]　高亮华．人文主义视野中的技术[M]．北京:中国社会科学出版社,1996:165.

[3]　陈振明．工具理性批判[J]．求是学刊,1996:4.

[5]　霍克海默．理性之蚀[M]．纽约:1947:62.

[6]　哈贝马斯．作为"意识形态"的技术与科学[M]．上海:学林出版社,1999:68-69.

[7][9]　马克思,恩格斯．马克思恩格斯全集:第46卷(上)[M]．北京:人民出版社,1979:486,520.

[8]　马克思,恩格斯．马克思恩格斯选集:第1卷[M]．北京:人民出版社,1995:274-275.

[10][11]　马克思,恩格斯．马克思恩格斯全集:第42卷[M]．北京:人民出版社,1972:120,123.

技术哲学元研究在中国的展开径迹

——基于《中国期刊全文数据库》的统计描述

王续琨[1] 常东旭[2] 冯 茹[2]
（1. 大连理工大学人文社会科学学院，辽宁 大连 116024；
2. 辽宁师范大学海华学院，辽宁 大连 116029）

摘　要： 技术哲学元研究是指对技术哲学这门学科本身各种一般性、共同性、普遍性、基础性问题的研究。依据对《中国期刊全文数据库》的检索结果，可以将1980年至2009年期间技术哲学元研究划分为缓慢起步期、蓄势待发期和加速发展期三个时段。对论文篇名进行主题挖掘，发现在三个时段中技术哲学元研究的热门主题呈现出渐次深化的迁移趋势。355篇由国内学者完成的技术哲学元研究期刊论文的合著率为30.7%。合著率低于其他一些学科，同技术哲学元研究的理论性、思辨性程度较高密切相关。20多年来，通过师生、同事、同学之间的密切合作，东北大学形成了人数最多的技术哲学元研究期刊论文作者合作组群。

关键词： 技术哲学　技术论　期刊论文　元研究

技术哲学是人们对技术的哲学反思，是运用哲学的视角和方法研究技术所建立起来的一门学科。1984年出版的《中国哲学年鉴》，在“研究状况和进展”栏目中，首次刊出文献综述《技术哲学研究简况》，将技术哲学列为哲学的一个分支学科或领域。学术界通常认为，陈昌曙于1982年10月在《光明日报》上发表的《科学与技术的差异和统一》一文是中国技术哲学研究的正式开端[1]。

技术哲学元研究是指对技术哲学这门学科本身各种一般性、共同性、普遍性、基础性问题的研究，主要探讨技术哲学的演进历史、研究对象、研究内容、研究范式、学科定位、学科结构、分支学科、发展趋势等。20世纪70年代末至80年代初，技术哲学刚被引入中国之时，首要任务是向国人推介这门学科，思考它在中国的发展路径。因此，技术哲学元研究与技术哲学研究几乎可以近似地视为同时起步。技术哲学元研究成果的主要展示形式是期刊论文。本文利用《中国期刊全文数据库》，对技术哲学元研究期刊论文的相关数据进行统计分析，由此可以看出技术哲学元研究的展开径迹，而且可以在一定程度上描述技术哲学在中国的演进势态。

一、技术哲学元研究期刊论文的增长状况

本文以论文篇名中是否出现“技术哲学”概念作为判定其是否属于技术哲学元研究期刊论文的基本标志。由于受到日本学术界的影响，中国学者通常将“技术论”视为“技术哲学”的等义概念。考虑到这一情况，笔者将“技术论”也列入技术哲学元研究期刊论文篇名的搜索范围。鉴于学术界对技术哲学与工程哲学的关系尚有不同的理解，本文没有将“工程哲学”列入检索范围。

2010 年 5 月初，笔者分别以“技术哲学”和“技术论”作为检索词，对“中国期刊全文数据库”进行“篇名”精确检索，分别检出 1980 年至 2009 年发表的相关期刊文献 489 篇和 104 篇。对这些文献进行逐篇筛选，剔除一部分不属于论文范畴的图书出版消息、会议报道、学位点介绍、篇幅较短的采访记、个别一稿两用的同题论文等，剔除以“科学技术哲学”“科学技术论”作为篇名主题词的论文（如《马克思主义科学技术论的几个问题》《波普尔的科学技术哲学进化思想》等），余下以“技术哲学”作为篇名主题词的期刊论文 327 篇、以“技术论”作为篇名主题词的期刊论文 41 篇，两者合计 368 篇。这些论文的年度分布如表 1 所示。

表 1　“中国期刊全文数据库”技术哲学元研究论文的年度分布（1980—2009 年）

时间/年	1980	1981	1982	1983	1984	1985	1986	1987	1988	1989	合　计
技术哲学	0	0	1	1	1	3	2	2	4	2	16
技术论	0	0	1	1	0	0	3	3	6	0	14
合　计	0	0	2	2	1	3	5	5	10	2	30
时间/年	1990	1991	1992	1993	1994	1995	1996	1997	1998	1999	合　计
技术哲学	7	7	8	1	6	4	2	5	4	2	46
技术论	2	1	3	2	0	2	1	1	2	0	14
合　计	9	8	11	3	6	6	3	6	6	2	60
时间/年	2000	2001	2002	2003	2004	2005	2006	2007	2008	2009	合　计
技术哲学	9	16	25	25	26	28	25	32	42	37	265
技术论	0	5	0	0	1	0	0	1	2	4	13
合　计	9	21	25	25	27	28	25	33	44	41	278

由表 1 可以看出，30 年来技术哲学元研究期刊论文的数量在波动中呈现出明显的增长趋势。以 10 年作为一个时段进行统计，1980—1989 年、1990—1999 年、2000—2009 年三个时段发表的技术哲学元研究期刊论文依次为 30 篇、60 篇、278

篇。第二时段的论文总量是第一时段的 2 倍，第三时段的论文总量是第二时段的 4.63 倍，是第一时段的 9.27 倍，第三时段的增长速度明显加快。就发展态势而言，1980—1989 年、1990—1999 年、2000—2009 年三个时段可以分别称之为技术哲学元研究的缓慢起步期、蓄势待发期和加速发展期。

中国期刊上的第一篇技术哲学元研究论文是 1978 年《世界哲学》杂志上发表的翻译文章[2]。这篇译自法国《哲学研究》1975 年第 2 期的论文，对肇始于 20 世纪 60 年代中期的技术哲学作了概略而精到的介绍。其时，中国即将进入改革开放的新时期，学术领域百废待兴，技术哲学这个新兴学科一时并没有为学者们所关注。经过三年多的沉寂，中国学者开始将技术哲学研究列入议事日程，《世界科学》杂志 1982 年第 12 期摘要发表了 2 篇技术哲学（技术论）元研究论文。1985 年 11 月，中国自然辩证法研究会在成都举行了首届全国技术论学术讨论会，随后几年，技术哲学元研究论文在数量上有所增加。总体而言，1980—1989 年作为技术哲学元研究的缓慢起步期，虽然论文数量不多，但却奠定了技术哲学在中国健康发展的良好基础。这一时期发表的论文，既有对德国、日本、美国等国家技术哲学研究状况的评介，也有对卡普（E. Kapp）、德绍尔（F. Dessauer）、拉普（F. Rapp）、户坂润、冈邦雄、三枝博音、星野芳郎、邦格（M. Bunge）、米切姆（C. Mitcham）等技术哲学名家及其学术思想的评介，还有立足于中国实际的技术哲学自主研究。

在 1990—1999 年的蓄势待发期，技术哲学元研究期刊论文的总量有所增加，但每一年的发表数量除 1992 年之外，均在个位数字上徘徊。形成这种局面的主要原因在于，技术哲学领域尚未形成人数较多、相对稳定的研究队伍。这一时段值得注意的一个情况是，在早期技术哲学元研究中作出积极贡献的研究者（如陈昌曙、杨德荣、洪啸涛、孟宪俊、刘东珍、姜振寰等）的后面，涌现出一些比较倾心于技术哲学研究的学术新人（如陈凡、高亮华、李刚、李三虎、赵建军等）。东北大学（原东北工学院）、哈尔滨工业大学、大连理工大学（原大连工学院）等高等学校利用科学技术哲学学位点的优势，加大了培养技术哲学研究方向硕士研究生、博士研究生的力度，为尔后的技术哲学研究积蓄了一批难能可贵的新生力量，形成了实力较强的研究团队。

在 2000—2009 年的加速发展期，技术哲学元研究期刊论文的数量由个位数字迅速地蹿升到 20 余篇、30 余篇、40 余篇。这种局面的形成有多方面的原因。首先，研究队伍不断壮大。经过近 20 年的积聚和磨炼，技术哲学研究队伍的研究实力明显增强。据统计，2000—2009 年，以单一作者和第一作者身份发表 1 篇或 1 篇以上技术哲学元研究期刊论文的研究者达 240 多人。其次，相关学术会议陆续增多。除了全国性、地区性的科学技术哲学学术研讨会、科学技术哲学教学研讨会、当代科学技术与哲学学术研讨会、科学与技术哲学研讨会、科学技术哲学研究生论坛之外，还多次召开技术哲学与技术伦理国际研讨会、全国技术哲学与技术伦理学学术研讨会、全国军事技术哲学学术研讨会和地区性的技术哲学论坛，10年间5次召开全国技术哲学学术年会。相关学术会议的频繁举办，对技术哲学元研究产生了拉动作用。再次，学术园地的持续扩大。20世纪90年代后期，许多工科院校创办了社会科学版学报，为展示技术哲学元研究成果提供了更为开阔的重要媒体。这一时段在这类学报上发表的论文共有56篇，其中《东北大学学报（社会科学版）》刊发17篇、《哈尔滨工业大学学报（社会科学版）》刊发10篇。

二、技术哲学元研究期刊论文的基本主题

对期刊论文进行主题挖掘，可以确认技术哲学元研究的热门主题及其迁移趋势。一篇论文的篇名（即标题或题名）由多个词汇、词组组成，通常直接或间接地蕴涵着该文的主题。技术哲学元研究期刊论文是以"技术哲学""技术论"作为检索词进行"篇名"检索而从数据库中搜检出来的，因此其篇名中的"技术哲学""技术论"自然成为核心主题词。在这些论文篇名中，还有一些词汇同核心主题词共同组合为主题词组，更具体地指明论文的研究主题，这些词汇可以称为导向主题词。例如，在《开展马克思主义技术哲学的研究》[3]这个篇名中，"马克思主义"就是导向主题词，具体指明技术哲学研究的内容。导向主题词多数置于核心主题词的前面，也有少数置于核心主题词的后面。

鉴于主题词组数量较多，笔者按照相近性程度，将它们归并为15个篇名主题项。例如，"外国技术哲学流派人物"这个主题项之下，包含温纳、德绍尔、海德格尔、唐·伊德、皮特、马尔库塞、卡普、拉普、杜威、芒福德、米切姆等导向主题词。笔者对368篇技术哲学元研究期刊论文逐篇进行篇名主题项辨析，按照三个时段统计出各个篇名主题项的论文篇数及其在各时段论文总数中所占的比例（见表2）。需要特别说明的是，一小部分论文篇名蕴涵着两个甚至三个主题。例如，《技术哲学的历史及其逻辑结构——米切姆关于"技术-哲学"的思考》[4]这个篇名，按照其实际内容，分别计入"技术哲学历史""技术哲学学科体系""外国技术哲学流派人物"三个主题项之中。

对三个时段的篇名主题项的排序情况进行比较，可以看出技术哲学研究者主要关注领域的迁移，即热门主题的变化。由表2可见，热门主题的迁移大体上呈现出渐次深化的趋势。

表2　技术哲学元研究期刊论文篇名主题项的分时段统计及其比例变化

篇名主题项（导向主题词举例）	1980—1989 年论文总数 30 篇	第一时段主题排序	1990—1999 年论文总数 60 篇	第二时段主题排序	2000—2009 年论文总数 278 篇	第三时段主题排序
技术哲学一般性探讨（简论，思考）	11 篇，36.7%	1	6 篇，10.0%	5	23 篇，8.3%	4
外国技术哲学概况（西方，德国，日本，俄罗斯（苏联），美国）	7 篇，23.3%	2	9 篇，15.0%	1	23 篇，8.3%	4
技术哲学分支领域（医学技术论，社会技术哲学，教育技术哲学）	7 篇，23.3%	2	7 篇，11.7%	2	21 篇，7.6%	6
马克思主义技术哲学（马克思主义，马克思，恩格斯）	2 篇，6.7%	4	2 篇，3.3%	10	24 篇，8.6%	3
技术哲学与社会的关系（技术革命，社会教育）	2 篇，6.7%	4	1 篇，1.7%	14	11 篇，3.9%	12
技术哲学研究内容及其变化（研究课题，基本问题，新领域，转向）	1 篇，3.3%	6	6 篇，10.0%	5	15 篇，5.4%	10
技术哲学与相关学科的关系（认识科学，技术史，工程哲学，技术社会学）	1 篇，3.3%	6	7 篇，11.7%	2	16 篇，5.7%	9
外国技术哲学流派人物（温纳，海德格尔，卡普，皮特，马尔库塞，拉普）	/		7 篇，11.7%	2	51 篇，18.3%	1
技术哲学研究现状（综述，概述，述评）	/		5 篇，8.4%	7	18 篇，6.5%	7
中国技术哲学研究（中国，中国当代）	/		4 篇，6.7%	8	11 篇，3.9%	12
技术哲学历史（发展历史，百年）	/		3 篇，5.0%	9	5 篇，1.8%	14
中国技术哲学思想人物（庄子，陈昌曙，远德玉，易显飞）	/		2 篇，3.3%	10	12 篇，4.3%	11
技术哲学研究思路（研究纲领，视角，方法，范式，研究路径）	/		2 篇，3.3%	10	17 篇，6.1%	8
技术哲学应用（技术哲学透视、视阈、视角、视野、审视、思考）	/		2 篇，3.3%	10	33 篇，11.9%	2
技术哲学学科体系（理论体系，理论建构，逻辑结构）	/		1 篇，1.7%	14	2 篇，0.7%	15

在第一时段，技术哲学刚被引入中国，元研究期刊论文数量不多，10 年时间仅有 30 篇论文，研究主题相对而言比较集中。这一学科领域的先行者在缓慢起步期的首要任务是让学术界了解什么是技术哲学、技术哲学研究什么，因此，技术哲学一般性探讨、外国技术哲学概况、技术哲学分支领域成为热门主题。《东北工学院学报》1983 年第 1 期发表了陈昌曙的《简论技术哲学的研究》[5]一文，该文在梳理国外技术哲学发展脉络的基础上，对技术哲学的研究对象、研究范围、研究思路等基本问题作了全面论述，并以附录的形式刊载了为编撰《中国自然辩证法百科全书》而拟定的“技术哲学条目框架”。该文发表之后，在很长一段时间里，成为国内技术哲学研究者入门必读的一份重要文献，虽然被引频次不高，但下载频次却达到 95 次，在该文作者 20 世纪 90 年代初以前发表的所有论文中独占鳌头。

在第二时段，随着研究者数量的明显增加，技术哲学元研究的疆域大为拓展，15 个主题均有所涉及。在这个时段的 60 篇论文中，外国技术哲学概况上升为排位第一的热门主题，技术哲学分支领域、外国技术哲学流派人物、技术哲学与相关学科的关系共同占据第二位热门主题的位置。“他山之石，可以攻玉。”对技术哲学在国外的兴起和演进过程进行“排查摸底”式的研究，是推进这门引进学科在中国稳步发展的一个重要条件。因此，关于外国技术哲学的一般情况、主要流派、代表人物的研究，成为蓄势待发期的热门研究主题当在情理之中。这一时段有一个值得注意的情况，出现了 5 篇被引 11 次以上的高被引论文。其中，发表于 1999 年的《关于教育信息化的技术哲学观透视》[6]一文，在问世后的 10 年中，被引 92 次，被下载 392 次。这篇从技术哲学视角探讨教育信息技术、教育信息化趋势的论文受到学术界的高度关注，预示着技术哲学应用问题正在走向研究前沿。

在第三时段，技术哲学元研究的主题发散程度更高，如果说上一个时段是弱发散，那么这个时段就是强发散，15 个主题中有 13 个主题的发文量超过 10 篇，有 6 个主题的发文量超过 20 篇。在这个时段的 278 篇论文中，外国技术哲学流派人物、技术哲学应用上升为前两位热门主题，排在其后的依次为马克思主义技术哲学、技术哲学一般性探讨、外国技术哲学概况。20 世纪 90 年代末以后，随着高等学校科学技术哲学学位点的不断增多，许多硕士研究生、博士研究生加入技术哲学研究队伍，外国技术哲学流派人物、技术哲学应用和马克思主义技术哲学等便成为挖掘研究课题的主要领域。这一时段论文质量又有进一步的提高，出现 23 篇被引 11 次以上的高被引论文。

三、技术哲学元研究期刊论文的作者情况分析

在 368 篇技术哲学元研究期刊论文中，包含 13 篇翻译论文，三个时段分别为 5 篇、5 篇、3 篇。余下 355 篇由国内学者完成的论文（以下称之为“本土论

文”），共统计出269位作者。按照论文单一作者或第一作者进行统计，多产作者有陈凡、盛国荣（以上12篇），高亮华（9篇），陈昌曙、田鹏颖、牟焕森、万长松、张明国（以上6篇），黄欣荣（5篇），孟宪俊、陈文化、李刚（以上4篇）。上述11位作者共发表80篇“责任”（单一作者或第一作者）论文，占全部本土论文的22.5%。

表3列出了技术哲学元研究期刊论文作者合著情况的统计结果。在第一时段的25篇本土论文中，合著论文3篇，合著率为12%；在第二时段的55篇本土论文中，合著论文6篇，合著率仅为10.9%；在第三时段的275篇本土论文中，合著论文100篇，合著率提高到36.3%。三个时段合计，355篇本土论文中有109篇合著论文，合著率为30.7%。一般而言，学科或研究领域的理论性、思辨性程度越高，研究者之间开展合作的需求性和可能性就越低。同许多学科相比，技术哲学元研究期刊论文的合著率明显偏低，这同技术哲学的哲学属性有关，而技术哲学元研究又是技术哲学这门学科中理论性、思辨性程度相对较高的领域。

表3 技术哲学元研究本土论文的作者合著情况统计

作者类型	第一时段（1980—1989年）		第二时段（1990—1999年）		第三时段（2000—2009年）	
	论文数量	占总数比例/%	论文数量	占总数比例/%	论文数量	占总数比例/%
单一作者	22	88.0	49	89.1	175	62.9
两人合著	3	12.0	6	10.9	82	29.8
三人及以上合著	0	0	0	0	18	6.5

图1是运用Pajek软件绘制的技术哲学元研究期刊论文作者的合作网络图。图中节点是论文作者，连线表明作者之间存在合作关系。由于此图用于分析作者合作情况，因此隐藏了孤立出现的124个节点，即删除了没有参与论文合著的124位作者。现图中留有145个节点、116条连线，即有145位作者参与了技术哲学元研究期刊论文的合作。

从图1中可以清楚地看出由连线所构成的若干个人数多寡不等的合作组群。其中人数最多的是以东北大学（原东北工学院）陈昌曙、陈凡为学术带头人的作者合作组群，由28人组成。在2001年之前，陈昌曙同远德玉、陈凡、陈红兵等人存在合作关系；2002年之后，陈凡同田鹏颖、陈红兵、万长松、郭冲辰、樊春华、朱春艳、马会端等23人存在合作关系，其中同朱春艳合作6次，同万长松合作4次，同马会端合作3次（见图2）。田鹏颖、朱春艳、庞丹在合作组群中起着承前启后、承上启下的作用。田鹏颖除发表5篇单一作者论文外，同陈凡之外的4位作者存在合作关系。朱春艳同陈凡之外的5位作者存在合作关系，庞丹则同陈凡之外的3位作者存在合作关系。

检视相关研究成果可知，20多年来，东北大学科学技术哲学（原自然辩证法）学位点立足工科院校的现实基础，以技术哲学为学术主攻方向，通过师生、同事、

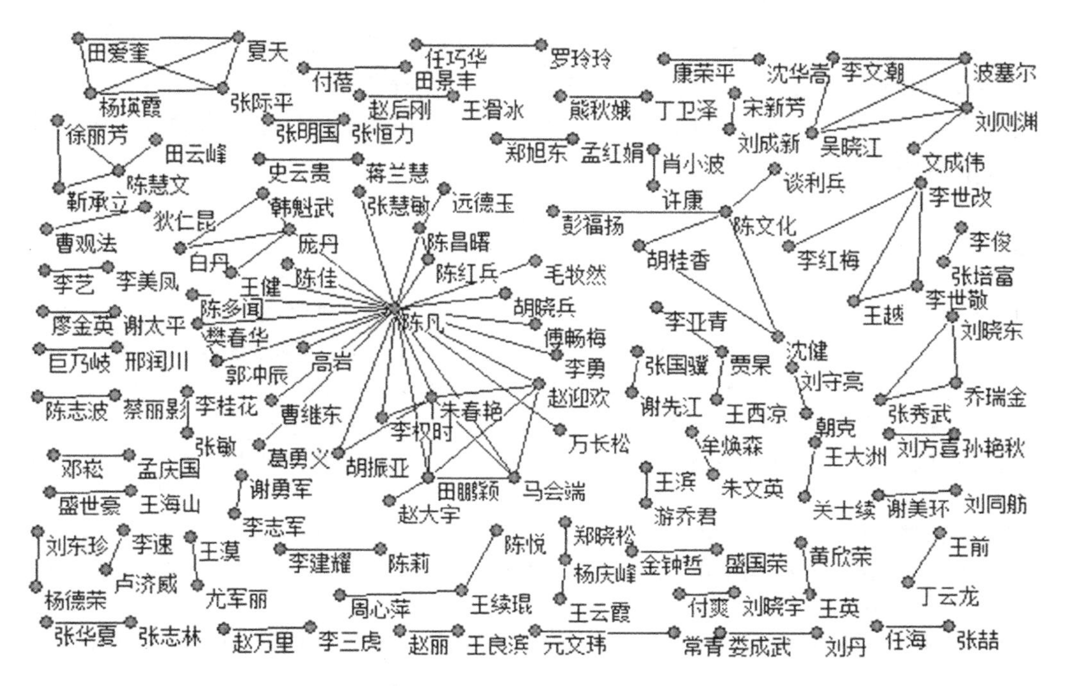

图 1　技术哲学元研究期刊论文作者合作网络

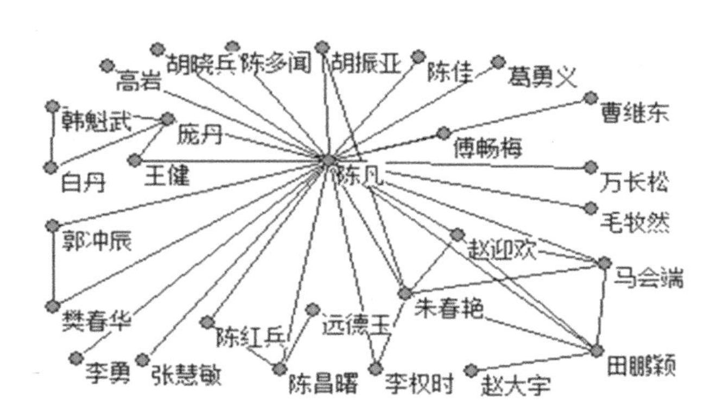

图 2　东北大学技术哲学元研究期刊论文作者合作组群

同学之间的广泛合作，组建了较有实力的研究队伍，形成了较为鲜明的研究特色[7]。20 世纪 90 年代以来，在该学位点攻读博士学位、硕士学位的研究生，多数人以技术哲学作为学位论文的选题范围。东北大学出版社从 2002 年开始出版“东北大学技术哲学博士文库”，至今已经出版 40 多部以博士学位论文为基础改写的专著。

科学合作在学术研究中特有作用的凸显是大科学时代的一个重要特征。归属于哲学范畴的技术哲学，尽管理论色彩相对较浓，同样需要加强科学合作。以期刊论文合著为基本表征方式的科学合作，是形成智力互补关系、整合研究能力的需要，是交流学术思想、强化学术团队整体性的需要，也是各个学科或学术领域形成科学学派的需要。

参考文献：

[1] 刘则渊,王飞．中国技术论研究二十年(1982—2002)[C]//刘则渊,王续琨．工程·技术·哲学:2002年卷中国技术哲学研究年鉴．大连:大连理工大学出版社,2002:299-314.
[2] T. 赛雷佐埃．美洲的技术哲学[J]．吴伟,译．世界哲学,1978(4):71-74.
[3] 洪啸涛．开展马克思主义技术哲学的研究[J]．江淮论坛,1985(4):26-29.
[4] 牟焕森．技术哲学的历史及其逻辑结构:米切姆关于“技术-哲学”的思考[J]．探求,2005(1):21-26.
[5] 陈昌曙．简论技术哲学的研究[J]．东北工学院学报,1983(1):39-48.
[6] 祝智庭．关于教育信息化的技术哲学观透视[J]．华东师范大学学报:教育科学版,1999(2):11-20.
[7] 刘则渊．试论中国技术哲学的东北学派[C]//刘则渊,王续琨．工程·技术·哲学:2001年中国技术哲学研究年鉴．大连:大连理工大学出版社,2001:134-141.

当代技术哲学研究的困境及其超越

——基于 *Techne* 的话语综合

李　勇　陈　凡

（东北大学技术与社会研究中心，辽宁 沈阳　110819）

摘　要： 本文以美国技术哲学协会的电子刊物 *Techne* 上的文章为基础，评述了当代技术哲学发展过程中表现出来的困境，以及学界学人为了摆脱这种困境、解决问题而作出努力的几种主要进路，最后介绍了理解当代技术哲学新进展的概念框架。

关键词： 当代　技术哲学　话语综合

美国技术哲学协会（SPT）的创始人杜尔滨教授曾将技术哲学的发展分为三个阶段：①史前阶段，截至 1877 年卡普出版《技术哲学纲要》；②规范化阶段，从 1877 年到 20 世纪 70 年代前期；③当代技术哲学时期，从 20 世纪 70 年代中期至今。本文承认并采用了杜尔滨教授关于技术哲学发展阶段的这种时期划分，并以 SPT 的电子刊物 *Techne* 上的文章为基础，综述了当代技术哲学发展过程中表现出来的困境，以及学界学人为了摆脱这种困境、解决问题而作出努力的几种主要进路，最后介绍了理解当代技术哲学新进展的概念框架。

一、当代技术哲学研究的主要困境

1995 年 12 月，美国哲学协会在纽约市召开了其东部地区性会议，其中，杜尔滨教授主持的技术哲学小组研讨的主题为“个人对技术哲学的过去和未来的反思”，反思的成果被冠以“二十年之后的技术哲学”的标题发表在 SPT 的电子刊物 *Techne* 的创刊号上。在这次会议上，费雷、伊德、米切姆、皮特和拉普等技术哲学家都从自己的视角，系统地总结了技术哲学研究近二十年来所走过的历程，从而为我们把握当代技术哲学研究的现状提供了一个可资借鉴的观察视角。

在 20 世纪 70 年代中期，技术哲学仍然面临着认知认同和职业认同问题。在当时的情况下，学术界对技术的忽视是普遍的。从根本上讲，技术哲学虽然存在，但在学术主题中，它无足轻重。

费雷结合自己的职业生涯，首先论述了技术哲学在当时面临的危机。他回忆说，他为哲学不能将技术作为我们必须紧急而严肃地考虑的对象而沮丧。相应地，在印第安纳波利斯附近，他还记得埃德蒙·伯恩（Edmund Byrne）为科学哲学协会未能适当地关注技术深表同情。当年，他曾写信给科学哲学协会的计划制定者，敦促他们为了像他这样的会员以及为了唤醒其他的会员而给予更多的关注，但他得到的回应非常勉强。费雷将之归因为技术被认为“不是哲学的旨趣”[1]。

马尔特霍夫在纪念克兰兹伯格时说的一段话正好印证了费雷的观点。马尔特霍夫回忆说：“我们（马尔特霍夫、克兰兹伯格和康迪特）都暗自向往科学技术史的各个方面，但得到的不仅是‘没有这样的工作’，而且在我们的专业——法兰西和中世纪史以及英国史中都没有。”他进一步地指出，“在当时，忽视是很普遍的。作为一个学术主题，科学史才刚刚出现，且主要受制于乔治·萨顿的思想，他对美国人倾向于忽视‘知识世界’的愤怒几乎反映在《ISIS》的每一期上。技术史的状况更糟。如果说它在美国存在的话，那么它在学术规划中也是不足轻重的。”[2]

皮特也有过与费雷相似的遭遇。多年以前，在埃茵霍温理工大学举行过一次有关技术哲学和技术史的研讨会。皮特作为SPT的副主席，他建议SPT与技术史协会召开一次联合会议。他得到的回答却是“哦，不”，“那些SPT的人憎恨技术。而且，他们对技术一无所知。我们能对他们说些什么呢？”[3]

到了20世纪末，技术哲学的状况又如何呢？费雷对此给出了积极的回答。费雷认为，与二十年前技术哲学只得到哲学、艺术、科学等系的学生的认可不同，二十年后的技术哲学为林业学、心理学、数学以及主修艺术、比较文学、音乐、风景建筑、演讲交流、法学、微生物学、植物学、生态学、宗教学、哲学等学科的学生构筑了一个共同的活动领域。技术哲学变成了课程边界的突破者、专家沟壑的桥接者、伦理审视的挑战者以及社会变革和政治活动的推动者。费雷因此骄傲地宣称：“作为一个领域，与我们过去（徒劳地）请求科学哲学协会给予技术一块阳光下的地盘相比，我们更接近我的理想的信条。”[4]

然而，伊德等人的评价远没有费雷乐观。伊德认为，20世纪末技术哲学的文化背景和人们看待技术的态度都发生了巨大的变化。这主要表现在：越战已发人深思地结束，资本主义再次上升，从前十年的自由主义政治学开始的转向，导致种族国家主义、反动政治学和新保守主义的复兴。在伊德看来，在这一文化-态度的转变中，技术哲学并没有作好准备。为此，他比较了几乎是在同一时期成立的三个哲学协会：现象学与存在主义哲学学会（SPEP）、女性主义者建立的女性哲学学会（SWIP）和哲学与技术协会（SPT）。伊德认为，经过二十多年的发展，SPEP和SWIP都获得了极大的发展，而技术哲学的状况却大相径庭。自成立以来，SPEP在大小上已扩大了4倍，现在声称已拥有1400名会员；其代表性的会议增加到8个同时举行的会议来讨论从更多的投稿者中遴选出文章。它已经具有了一种竞争的、内在的多元主义，包括从现象学到批判理论再到当前最流行的后现代主义和大陆女性主义在内的各种大陆哲学。而且它已经经历了领导层的更新换代，其新的领导人远比那些初创时期的成员年轻。类似的情况也出现在 SWIP，它声称拥有 2000 名会员，并包括各种女性主义哲学运动，如经验主义者、观点派和后现代主义者等。SPT 的情况却很不一样，它仍然只有 300 名会员，而且其领导人大部分还是伊德 1981 年加入时所见到的老面孔。简而言之，SPT 的轨迹与它同一时期的姊妹组织不相称。这对于二十年之后的技术哲学意味着什么呢？与它的更富有魅力的姊妹机构相比，SPT 无论是在规模还是在动力方面仍然是边缘性的。不可否认的是，乍一看，与 SPEP 和 SWIP 的主题相比，技术似乎是一个更狭窄的焦点[5]。

米切姆重申了他在《通过技术思考》一书中所阐述的工程主义技术哲学（EPT）和人文主义技术哲学（HPT）的划分，并认为技术哲学的发展主要表现为 EPT 的成功。这种成功表现为：①他们使工程师以一种普遍的方式反思自己的工作，并将技术看做与科学相异的事物，值得他们作认识论、形而上学、伦理学和政治学的分析；②他们成功地反击了刘易斯·芒福德、马丁·海德格尔、雅克·爱吕尔等哲学家提出的伟大的技术人文主义批评。技术哲学的力量显现为普遍存在于相关专业中的强劲的生命力，这些专业主要有生物医学伦理学、环境伦理学、工程伦理学和计算机伦理学等[6]。

米切姆认为，当代技术哲学的主要困境是 SPT 的软弱无力。他认为，从文艺复兴到启蒙运动的两三百年时间里，伽利略、弗兰西斯·培根、莱恩·笛卡儿等开创的对传统哲学的一种全面批判，虽然促成了一种世界历史的转换和世界中现代技术存在方式的兴起，但是，从 18 世纪晚期开始，横贯整个 19 世纪，一直持续到 20 世纪后半叶，从让-雅克·卢梭到卡尔·马克思、弗里德利西·尼采以及现象学学者和存在主义者等反击哲学家，使现代传统屈从于他们自己的摧毁性的批判。然而，这种批判对现代技术工程只有边缘影响，而不是一种反动影响。他认为，技术的应用伦理学是不成功的，而且是边缘性的[7]。

皮特认为，当代的技术哲学研究正处于十字路口。SPT 选择的方向将决定它是走向繁荣昌盛还是被边缘化。他提醒大家注意这一事实，即科学哲学正快速地侵蚀我们的领域，而且它们没有我们技术哲学长期以来所背负的包袱。如果我们不能统一行动，我们可能会发现我们在一些基本的问题上被掏空了，这些我们本应研究的问题现在却从我们的范围内移出了，仅留下了与我们过去的努力不相干的东西。他将当代技术哲学的主要问题看做一种知识完备性的危机。这里既没有正宗经典，也没有一个“必读”文献。从根本上讲，这将是问题的一个主要的源头[8]。

拉普认为，虽然人们对技术哲学的兴趣日益增长，但技术哲学仍然属于边缘学科。近二十年来，德国技术哲学的发展集中于一般的哲学讨论，大致来说，我们可以看到多样化的发展趋势以及实践倾向的路径日益取代思辨倾向的路径。这两种趋势体现在以下五个方面：①本领域的知识结构仍然是相异的、多维的和任一的，而非统一的或标准化的。②技术哲学与其他相邻学科的边界仍然是开放的。这些学科，特别是社会学、政治理论和经济学，它们都是经验和实践倾向的，而非理论和思辨倾向。③人们对于技术的伦理问题的兴趣日益浓厚。但人们通常是遵从某一独特的伦理学理论，就某一特别的应用领域来处理这些问题。少量书籍在一个基本框架内，明确地处理了技术的基本伦理问题。④近来对于生态和有限资源问题的关注体现出明显的实践倾向。⑤技术的哲学解释必须吸收并尽力回归哲学传统。隐喻性地说，这是任何哲学解释生长的土壤。不去利用这个基础，反而尽力去为技术哲学的目的再创造发展方向是愚蠢的。拉普认为，哲学确实为技术的自然主义、理性主义和文化解释提供了参照点。然后，这些途径应该通过形而上学的解释加以补充，这些形而上学的解释主要表现为权利意志、存在哲学或者作为我们当代的神化（和命运）的技术[9]。

二、技术哲学家们摆脱困境的尝试

当代技术哲学应该如何改变自身处于学术研究边缘地位的尴尬局面，防止被边缘化呢？

费雷给出了以下建议：① 技术哲学应该把关于技术的哲学思考和西方的主流哲学传统结合起来。②我们生活于其中的技术及其文化能应用认识论、形而上学、伦理学、美学、宗教哲学、科学哲学、社会哲学等诸如此类的范畴加以富有成效的解释。③技术哲学在理解何为合法的哲学路径时，应对多元化持慷慨的友好态度。④ 对于技术和技术社会的哲学路径的一种包容的、评论的多元化，在改良自我理解和社会政策方面，能够带来一种积极的变化[10]。

伊德则认为，20 世纪 90 年代的这种文化-态度的转变要求一种技术哲学家的再反思，既要反思已经处理过的主题，又要反思平衡过去与现在的乌托邦和敌托邦诱惑的术语。这些工作比那些已获得“持存物”“技术”的胜利，以及“劳动的异化”等更高层次和更大范围概括性的工作需要更精确的和更详细的分析[11]。

米切姆则认为，随着全球电子媒体基础设施及其文化的渐次发展，我们正在进入一个新的技术阶段，他称之为“元技术阶段（Meta-Technology）”。米切姆认为，现代技术是一个伟大的去语境（Decontextualizing）过程的一部分，这一过程包括为了建构社会学家所称谓的主要社会建制的自治，而过分自信地解构社会-文化的统一。在元技术阶段，我们实质上处于再语境化或者再植入当中，但它不是向科学、宗教、艺术等的前现代语境或者相互联系回归，而是超越现代性的特殊自治的一个步骤。严格说来，技术已经或者正处在被元技术所取代之中。因此，米切姆倡导建立一种元技术的哲学。近二十年的技术哲学试图将技术理解为我们做的东西。随后的二十年必须尝试着将元技术理解为我们身处其中的东西[12]。

皮特认为，支持和反对技术都不是问题，如何看待技术在我们文化和生活中的作用才是问题。我们必须以一种有学识的和明智的方式来看待技术是如何使我们成为所是的以及能够成为所是的。我们必须停止将技术哀怨为大写的 T。简而言之，我们必须把我们的注意力转移到以一名哲学家的眼光而不是一位思想家的眼光去看待所有的事物是如何结合到一起的，或者冒着被忽略的危险，以及冒着让我们的研究领域被那些乐于研究这些问题的人和毫不关心 SPT 的人接管的危险[13]。

那么，SPT 成立三十多年来，技术哲学实际取得的进步是否按照以上学者们所指明的道路前进呢？或者说，当代技术哲学是否取得了新的进展？如果有，那么都有哪些进展？

1997 年国际科学哲学协会在德国卡尔斯厄鲁召开了一次国际会议，该会议的标题即为“技术哲学的进展”。来自 22 个国家的大约 65 位哲学家、科学家和研究生就这一问题进行了热烈的讨论。

1998 年，杜尔滨教授在其《技术哲学进步了吗？比较的视角》一文中，对以上问题给出了初步的回答。他认为，当代技术哲学的确取得了进步，但它是有限的[14]。

在 2000 年发表的《本世纪最后 25 年的 SPT：我们取得了哪些成绩》一文中，杜尔滨教授进一步系统地讨论了这一问题。他从以下 6 个方面梳理了 25 年来的技术哲学研究：①一个概括：早期的努力；②政治批判；③后现代主义；④明确的学术路径；⑤SPT 丛书；⑥行动主义的号召。而且，全文共评介了米切姆等 11 位杰出的技术哲学家[15]。

在 *Techne* 2007 年的专辑《技术哲学：话语综合研究》中，杜尔滨教授更是从以下三条路经系统地考察了 SPT 成立三十年来的所有著名技术哲学家，以及技术哲学在德国、西班牙和荷兰等国的进展情况：①从科学哲学转行过来的技术哲学家；②拒绝明朗化的领域；③试图建立一门学术学科。

应当说，*Techne* 成立十多年来，技术哲学领域内出现的新人、新著或者新的研究视角是非常多的，但能在 *Techne* 内引起集中讨论的却只有以下几位作者的著作：皮特的《思考技术：技术哲学的基础》、伯格曼的《把握实在：世纪之交信息的实质》、克罗斯的《技术解释：技术客体的结构与功能之间的关系》、希克曼的《技术文化的哲学工具：让实用主义发挥作用》、伊德的《技术中的身体》和芬伯格的《海德格尔与马尔库塞：历史的灾难与救赎》。杜尔滨教授认为，这些哲学家与其批评者间的对话以及刊载其成果的刊物，它们共同使得技术哲学成为当今世界各大学内的主流学科专业及其附属专业领域内的一个领域或者子域。受到本文篇幅的限制，这里仅简介作者的核心观点，而省去了作者与其批评者间的对话。

皮特认为，技术哲学应该像科学哲学那样成为更具学术意义的职业学科，而不仅仅是众多研究视角的堆积。他在《思考技术：技术哲学的基础》一书中，首先提出了一种思考特定问题的框架，该框架来自特定技术所塑造的语境，即“常识合理性原则（CPR）：从经验中学习”。其次，他引入和研究了一组概念，这些概念与科学哲学家所深刻分析的对象是对等的。他认为，首要的问题是我们对特定的技术能够知道什么、它的影响是什么以及这种知识由什么构成。这等于说，我们作为人类能够对世界知道什么以及如何影响它。因此，他认为，在我们进行社会批判之前，应该首先解决认识论问题，即我们关于“技术”的预设。无论它可能是什么，技术不是自治的或者不是一种对民主的威胁。最后，他讨论了技术变化问题[16]。

在《把握实在：世纪之交信息的实质》一书中，伯格曼拓展了他在前两部著作《技术与当代生活的特征》《越过后现代的裂痕》中提出的视角，对日益浮现的严重依赖数字工具的后现代文化进行了分析。他认为，信息技术是当前最显著、最有影响力的设计范式。而当代文化既需要一种理论，又需要一种有关该信息理论的道德来阐明信息的结构，并需要一种伦理成为它进步的道德。伯格曼认为，他的著作尽力提供了这两者。他在《把握实在：世纪之交信息的实质》中呼吁我们重新权衡自然信息、文化信息和技术信息。无论是对技术哲学来说，还是对于努力搞清“信息时代”的内涵的对话来说，伯格曼的新著都是一个重要的贡献[17]。

早在1998年，克罗斯在《技术解释：技术客体的结构与功能之间的关系》一文中就提出了一个著名的论断，即技术客体具有结构与功能的二重性。而在2002年的《技术器物的双重本质：代表一种新的研究纲领》中，克罗斯和迈耶斯又将技术的双重本质上升为一种研究纲领。在他们看来，人们用两个基本的世界概念来说和做。一方面，我们将世界看做物理世界\物质世界，通过因果关系相互作用；另一方面，人们将世界看做行动者，他们有意识地感知世界，并在其中活动。应当承认，技术客体首先是一个物理客体，可以与人的意向性无关地进行物理描述；同时，它又具有功能性质，该功能属性与设计过程的意向性密切相关。这种二重性引出了一个重大的认识论和逻辑问题：结构描述不能推出功能描述，反之亦然。他们认为：一方面，我们需要弄清物理结构和功能是如何在器物内关联起来的，以及在相关的过程中，意向的具体作用究竟是什么；另一方面，需要继续研究的是，技术器物是如何与社会客体关联起来的，以及在区分它们的时候，物理实现的作用究竟是什么。而且还有一类器物，如计算机程序，它们具有技术器物和社会器物的某些特征。可以说，对于基本概念，我们有两个三角关系：第一个是结构—功能—意向，第二个是技术器物—物理客体—社会器物。这两个三角之间的关系及其内部各要素之间的关系需要进一步的分析和澄清[18]。

希克曼是一位国际著名的研究约翰·杜威的专家，他解释、宣传和放大了杜威关于技术的思想。其代表作为《约翰·杜威的实用主义技术》《技术文化的哲学工具：让实用主义发挥作用》。对于杜威来说，哲学是“一种改变的力量”，是改变我们生活于其中的文化的工具。而希克曼则进一步指出：杜威哲学是对我们技术文化的一种明确的、有意识的改良主义批判。在希克曼看来，杜威哲学是一种技术、一种工具、技术文化转变的工具。希克曼认为：杜威不仅有意识地成为而且是一位技术哲学家，是一位比今天自认为是技术哲学家的人更优秀的技术哲学家。然而，不幸的是，迄今为止，杜威的声音仍然被技术哲学的话语所忽视[19]。

与那些认为哲学已经终结的人不同，希克曼认为：我们生活在技术环境中。它们是我们的主流隐喻。我们在世界中技术地活动。如果我们希望改进我们的问题，我们必须找到某种理解方式。而哲学正是这种理解方式。在广义的哲学任务和狭义的哲学任务之间，确实存在着另一个行动的领域，这一独特的哲学领域同时最终与人类学、社会学、历史学和其他学科，如经济学等相关。这就是众所周知的技术哲学领域，或者技术文化的哲学[20]。

在《技术中的身体》一书中，伊德认为：在理解身体方面，存在着两种不适当的方式。第一种是现象学的方式，即“身体Ⅰ”，它由胡塞尔和梅洛-庞蒂所描述，具有总的能力特征，诸如空间倾向性、运动性、知觉能力和情感等。第二种是后现代主义的身体观，即“身体Ⅱ”，它关注于由文化所建构的身体的具体经验。身体Ⅰ是不适当的，因为它不能说明社会系统或者文化系统硕果累累的影响；身体Ⅱ是不适当的，因为它不能说明任何一般的不变性质或者行动者。而将它们放入技术这一语境中，身体Ⅰ倾向于表明身体明显是独特的，不受技术的影响；而身体Ⅱ则倾向于认为技术将极大地影响现实生活。为了解决这一矛盾，伊德给出了“身体Ⅲ”。它贯穿于前两种身体观，是它们的改良，并体现在具体化的技术经验之中。身体Ⅲ与技术交互作用，因而二者相互生成与被生成。尽管是不对称的，但它是一种互惠的交互具体化。最后，他得出结论：在任何意义上，虚拟现实不但不会真的“取代”真实生活，而且，它也不必然地以某种特定的、决定性的方式影响现实生活[21]。

在《海德格尔和马尔库塞：历史的灾难与救赎》一书中，芬伯格提出了他自己的新的社会批判理论。通过重建海德格尔关于古希腊“techné”一词的现象学解释，并结合马尔库塞的在历史上起解放作用的美学情感，芬伯格揭示出：对我们当前历史阶段内混乱的社会可能性与技术可能性的一种基础的现象学理解/经验理解是可能的。这就是要在人与自然关系的传统现象学理解中引入一种积极的新的理解，这种新理解既借用了海德格尔的现象学框架，同时又保留着马尔库塞不断倡导的社会解放观点。在芬伯格看来，我们虽然不能返回到自然界，但我们必须转变到一个充满创造性、可能性的未来[22]。

当前技术哲学研究最引人瞩目的变化恐怕是技术后现象学研究的出现。*Techne*

2008 年的专栏收录了希克曼、瓦尔·杜塞克、丹尼斯·韦斯、埃文·塞林格等人的讨论文章和伊德的回复。其中，希克曼推进了我们对伊德与实用主义的关系的理解；杜塞克主要通过对埃德加·齐塞尔的讨论推进了伊德与马克思主义者间的对话；韦斯借助于在哲学人类学中发现的核心主题来建构他对伊德的追问，因此，推进了学科内的研究；塞林格则进一步地讨论了他在《后现象学：伊德的批判性同事》中谈到的标准化问题[23]。

三、理解当代技术哲学新进展的概念框架

当代技术哲学研究是否取得了进步？如果有，它是何种性质的进步呢？我们应该如何理解这种进步呢？

1998 年，杜尔滨教授在《技术哲学进步了吗？比较的视角》一文中谈到，我们首先不能完全敌视和否认技术哲学研究；否则，按照这种观点，技术哲学家当然不可能有任何进步，至少，没有任何进步能让这一可能领域以外的人认为是进步。其次，要回答技术哲学是否取得了进步，可以通过与科学哲学和科学技术社会学等声称更进步的领域相对照来处理。通过对比，杜尔滨教授发现，无论是科学哲学领域，还是科学社会学领域，都出现了某种进步，这主要表现为新的有价值的学术著作和文章的出现。但是，一旦人们真的读了这些文章，将会发现，这些领域仍然是停滞的。更狭义地说，进步微乎其微。因此，在狭义的意义上，科学研究领域内的进步只存在于特定领域和特定的范式之中。他因此得出结论：尽管取得了真正而有限的进步，但并不是那种绝对学术意义上的进步。

而在 2000 年发表的《本世纪最后 25 年的 SPT：我们取得了哪些成绩》一文中，杜尔滨教授进一步讨论了进步概念的理论负载性。所谓进步，都是一定理论视角下的进步，都与特定的评价标准有关。而他总共归纳出 4 类有关进步的评价标准，它们是：①严格的、进步的学院式标准；②较宽泛的、更大的原创性标准；③全面的综合性标准——不断接近真、善或者美；④独特的范式标准。它提供的不过是对旧原理、传统技术和手艺的更深的理解，或者新的理解；或者提供更新的方法论，如与计算机和其他新技术相关的方法论。同时，杜尔滨教授也承认，也有人回避所有的学院式标准，其中包括那些将真正的社会进步当做唯一适当的标准的人。

在 2007 年的《技术哲学：话语综合研究》专辑中，杜尔滨教授发展出一种以哲学争论为基础的理解技术哲学思想的概念框架，该框架主要借鉴自沃尔特·沃森（Walter Watson）的思想分类方法。即根据一篇文章中以下 4 个必要的要素来划分其作者：①作者的视角（这可以是完全个人的，或者是传统的，也可以是作者暗含的）；②讨论的对象；③文本本身，特别是联系各项的方法；④推动或者刺激文

本的目标或者原则（理想、价值等），它几乎总是反映了各种背景预设。其中，强调作者视角这一象限内的作者使用了古希腊的诡辩家普罗泰戈拉式的风格；他们通常强调研究者自己的主观视角和创造性作为自身追求的一个目标；在方法上，倾向于反对方法，主张利用任何方法，并愿意沿叙述（故事、戏剧等）前进。而强调客观性高于以上其他三个要素的作者使用了一种科学著作式的风格；他们也倾向于使用逻辑方法，采取简化论的目标，尽力避免价值。那些自觉强调价值，并将他们话语的客体看做来世实在的现实阴影的作者可以归于柏拉图风格；这些理想主义的哲学家倾向于强调全面性，并常常蔑视狭义的技术知识和科学知识。而那些强调方法和学科的作者，以及强调在巨大的百科全书框架内的客体分类的作者，可以归于亚里士多德风格。还有一类，其群体中的作者强调他们自己的主观视角、自己的创造性作为自身的一个目标[24]。

不过，杜尔滨教授也承认，虽然每一象限内都存在着成百上千的哲学家、成百上千个具有不同观点的独立思考者，但这四个基本的象限并没有囊括所有的风格；有许多作者联合使用了多种形式。因此，对这一框架不应以绝对、静止的眼光来看待，而应该以流动的和动态的方式来对待。一言以蔽之，应采取“多元主义的态度”。

参考文献*：

[1][4][10]　Frederick Ferre. Philosophy and Technology after Twenty Years[J]. Techne,1995(1).

[2]　Robert P Multhauf. Memoriam：Melvin Kranzberg(1917—1995)[J]. Technology and Culture, 1996(3)：405.

[3][8][13]　Joseph C Pitt. On the Philosophy of Technology,Past and Future[J]. Techne,1995(1).

[5][11]　Don Ihde. Philosophy of Technology(1975—1995)[J]. Techne,1995(1).

[6][7][12]　Carl Mitcham. Notes toward a Philosophy of Meta-Technology[J]. Techne,1995(1).

[9]　Friedrich Rapp. Philosophy of Technology after Twenty Years：A German Perspective[J]. Techne, 1995(1).

[14]　Paul T Durbin. Advances in Philosophy of Technology ? Comparative Perspectives[J]. Techne, 1998(3)：6-25.

[15]　Paul T Durbin. SPT at the End of a Quarter Century：What Have We Accomplished? [J]. Techne,2000(2)：1-13.

[16]　Joseph C Pitt. Thinking about Technology：Foundations of the Philosophy of Technology[M]. New York：Seven Bridges Press,2000.

[17]　Phil Mullins. Introduction：Getting a Grip on Holding on to Reality[J]. Techne,2002(1)：2-9.

[18]　Peter Kroes,Anthonie Meijers. The Dual Nature of Technical Artifacts：Presentation of a New Re-

* 作者注：参考文献 1，3—9 原文无页码，下略。

search Programme[J]. Techne, 2002(2): 4-8.

[19][24] Paul T Durbin. Philosophy of Technology: In Search of Discourse Synthesis[J]. Techne, 2006(3): 133-140, 4-14.

[20] Paul T Durbin. Introduction[J]. Techne, 2003(2): 1-11.

[21] Melissa Clarke. Philosophy and Technology Session on Bodies in Technology[J]. Techne, 2003(3): 94-101.

[22] John Farnum. Untangling Technology: A Summary of Andrew Feenberg's Heidegger and Marcuse[J]. Techne, 2006(1): 47-51.

[23] Evan Selinger. Introduction to Postphenomenology Discussion[J]. Techne, 2008(2): 98.

人的技术性存在：人与技术之间关系的认知图景

盛国荣

（湛江师范学院法政学院，广东 湛江　524048）

摘　要： 人是一种技术性存在。对人与技术之间关系的认知随着时代的变化而变化，从而构成一幅认知图景：工具技术时代，人们对人与技术的关系的认识多含有感性因素，多是只提及技术对人的重要性；机器技术时代，人们开始理性地认识人与技术之间的关系，在强调技术重要性的同时，开始出现对人与技术之间关系的批判性认知；现代社会中，随着技术负面效应的大量显现，人们对人与技术之间关系的认识多为批判性的反思；后现代社会中，对人与技术的关系认识则延续着现代社会中的批判性反思，并表现了一种比现代主义更彻底的怀疑主义，同时也开始考虑重构人与技术的关系；人类学从种族特征等方面出发，以实证的方式研究了人与技术的关系。

关键词： 人　技术　人与技术的关系　技术哲学

人与技术共在。人没有技术——没有作用与反作用于他设身于其中的环境——就不能算做人[1]。没有工具，人类就是一个十分脆弱的物种，也没有一种人类社会可以没有技术而得以维持。人类自身的进化成功，在很大程度上是有幸掌握了工具的制造和使用并使之传承下去；因此，人类进化史的基础是技术史[2]；技术史也就是人类史。而对技术的研究会把人类对于自然的能动的关系，把人类生产的直接过程，由此也把人类社会生活关系……直接生产过程揭露出来（《资本论》）。

系统深入地把握人与技术的关系在当前的技术化世界中显得尤为必要和紧迫。因为在现代技术化世界中，技术就是命运，人类在所有领域都面对着现代技术，面对着它的全面发展，面对着它向人类、自然和社会展示的种种难题。而技术正变成全球性的力量，开始染指于人类历史的根基。因此，对未来以及人类在未来的位置的反省不能置技术及其发展于不顾，更不可能摆脱那些利用技术和在技术中施于人类的动因[3]。美国学者芒福德也指出，人类要想在现代技术文明中继续生存和发展下去，确实到了需要多方面考虑人类本性与机器关系的时候了[4]。

技术哲学实际上始于古希腊并成为全部西方哲学的基础[5]，而对于人与技术之间的关系，人们早在古希腊时期就开始思考了。只是在当前的技术化世界中，更迫切地需要对人与技术之间关系作全面而系统的把握。理解过去，才能更好地面向未来；全面了解，才能避免误解。

一、工具技术时代，对人与技术之间关系的感性认识

无论是古希腊时代，还是古罗马时期，出现了大量的维持人类生存的手工工具，出现了一个由“耕种、纺织、制陶、运输、医疗、统治以及类似的不计其数、大大小小的技艺和技术组成的粗俗世界，而希腊化时代和希腊-罗马文明正是由它们构成的，并得以长久维持”[6]。但这一时期的技术意识形态主要是经验和技能，技术的实体形态主要是各种手工工具。这种技术状况影响着人们对人与技术之间关系的思考。

古希腊时期，阿那克萨戈拉（约公元前500—前428）就表达了一种感性的对“人是一种技术性存在”的认识。他认为，在体力和敏捷上人比野兽差，可是人使用自己的经验、记忆、智慧和技术[7]。

尽管只是只言片语，但这种对技术的认识，很显然可以看做对新时代技术的“流行观念”的工具的人类学的解释的源头。阿那克萨戈拉对技术的这种认识，蕴涵着对人在本质上是一种技术性存在的理解。正是由于人有技术，人才是人，人才与动物不同并高于动物。这与古希腊神话普罗米修斯盗火给人类、增加人类的技艺的思想是相通的。

后来，柏拉图（公元前427—前347）通过转述古希腊普罗米修斯神话故事，也隐含地表达了“人是一种技术性存在”的思想。普罗米修斯从赫淮斯托斯和雅典娜那里偷来了各种技艺和火，把他们作为礼物送给了人，因为没有火，任何人都不可能拥有这些技艺，拥有了也无法使用。通过这种馈赠，人便拥有了生活手段；由于拥有了技艺，他们马上就发明了有音节的语言和名称，并且发明了房屋、衣服、鞋子、床，从大地中取食[8]。自从有了技艺，人就有了一份神性，从而成为崇拜诸神的唯一动物。因此，从某种意义上来说，人是一种技术性存在。没有技术，则人在自然之中就什么都不是，甚至连基本的生存都难以保证。

中世纪欧洲的历史是由相互有着密切关联的一系列技术创新组成的，其中包括一场农业革命、许多新型军事技术以及利用风力和水力作为动力的技术[9]。中世纪在技术领域方面显出一定的重要性，并孕育了18世纪末工业发明基础的主要因素的萌芽[10]。而且，尽管在基督教理论背景当中展开是中世纪哲学的最显著特征[11]，但这仍然没有影响人们对技术与人的关系的关注。但中世纪的“技术”一般多指手工技艺、手工劳动，没有使用技术一词，而是多以“技艺”来表达。这

与古希腊-罗马时期的情形差不多。正如荷兰 R. 霍伊卡所指出的：在中世纪，就像在古代一样，理性导致对经验的囚禁，技艺被判定为不能在与自然的竞争中获胜。同时，技艺还被人们从科学中分离出来，人脑与人手的相互协作没有受到鼓励[12]。

奥古斯丁（354—430）指出了技术与人的迷失的问题，即技术使人关注于外界的物质，却忽视了内心的精神世界，最终也消灭了由技术而创造的世界[13]。如果说奥古斯丁的神学技术观不具有独创性和实际意义，那么，他的关于技术与人的迷失的观点即使是在当今的技术社会中，依然具有警示意义。尤其是在后来的机器技术社会中，人的这种迷失显得越发明显。托马斯·阿奎那（1225—1274）则进一步强调把技术看成弥补人的不完备性所必需的东西[14]。

在此阶段，人们对技术与人的关系的把握是感性的，而且仅仅是提及而已，未作深入的分析。因为在西方工业革命以前的文明中，技术在人类生活和文化中并不占有重要的中心地位，对技术作专门的哲学探讨似乎也无明显的必要和需要。而且，就西方哲学本身的传统而言，西方哲学对技术的忽视除了具体的历史情况外，还跟西方哲学注重理论传统有关。人们曾认为技术就是手艺，至多不过是科学发展的应用，是知识贫乏的活动，不值得哲学来研究。由于哲学从一开始就被规定为只同理论思维和人们无法改变的观念领域有关，它就必然与被认为是以直观的技术诀窍为基础的任何实践活动、技术活动相对立[15]。因此，技术在 19 世纪以前几乎一直处于哲学认知的边缘，未出现系统研究技术的哲学专著或有关技术的哲学理论，对人与技术的关系的把握自然也是不系统的和感性的。

二、机器技术时代，对人与技术之间关系的理性把握

在近代，尤其是在过去的三个世纪里（指 14—16 世纪），兴趣的中心已经转向了科学与技术[16]。几乎一切近代伟大的思想家都对科学研究成果的实际应用感兴趣，怀着热诚的乐观主义展望未来的时代在机械工艺、技术、医药以及政治和社会改革上令人惊奇的成就[17]。弗兰西斯·培根（1561—1624）极力歌颂技术对人类的作用，认为技术能改变人们的生活和改变世界，也能改善人类在自然中的地位和提高人类对于自然的权力[18]。法灵顿感叹：对于发明对人类生活的影响这个问题，想得那么深刻，那么认真，在培根的同时代人中没有第二个，在其后的 200 年里也是寥寥无几[19]。同时，培根也认为，人只有通过技术才能支配自然（《新工具》）。尽管培根对新技术充满无限的希望并为之摇旗呐喊，但他同时也曾以一个人所共知的古希腊神话（代达罗斯）表达了他对这种从未有过的新力量的深深疑虑。培根把这个神话转换成一个关于技术的双重性质或技术与人类命运的隐喻性寓言[20]。

启蒙运动时期（17—18 世纪），随着工业革命的开始，机器技术开始逐渐取代工场手工业的经验技艺，并逐渐开始渗透到人类生活的各个层面，深刻地影响着人们的生活。人们通常都公认自工业革命以来，技术的性质发生了变化，因为它产生了机器装置，从而动摇了人和技术的传统关系[21]。首先是拉美特利（1709—1751），他反对笛卡儿的二元论，但他把机械论的思想贯彻到底，继笛卡儿提出“动物是机器”之后，提出了“人是机器”的思想（《人是机器》）。接着就是卢梭（1712—1778），他把科学技术看做道德败坏的根源，粗暴地动摇了启蒙运动的骄傲和自信，主张回到自然的淳朴天真状态中去，认为科学技术越发展，道德越堕落（《论科学与艺术》）；而且，卢梭也指出了人的技术依赖性问题，他认为技术也使人的体能退化，使得人不依靠技术就难以在自然界中生存，变得脆弱了[22]。人的这种技术依赖性，随着技术的发展，随着技术全面渗透到人类生活的各个层面，人的技术依赖性表现得越来越强。离开技术，人类已经无法生存，人类再也无法退回到无技术的原始状态。

对于卢梭的这种人的技术性起源问题，法国哲学家斯蒂格勒认为，他是从“沉沦”着手来探讨起源问题。斯蒂格勒指出：从柏拉图到卢梭乃至卢梭之后都是如此。如果“沉沦论”是指沉入物质世界，那么这同时也就是指沉入技术世界。柏拉图没有这样直截了当地一语道破，但是卢梭却明了得多了[23]。

19 世纪，随着工业革命的进一步发展，工业技术得到了极大的传播和应用。人们普遍认为“技术就等于金钱”，从而形成一股强烈的“技术乐观主义”思潮。这是在近代两次技术革命中形成的一种具有很大影响力的技术理念。在技术乐观主义者看来，技术已经成为人们的生活内容：对技术的追求成为人们生活的主要目标。由于人们不能将自己同其热爱的技术相分离，技术开始控制人类。于是，人们丧失了判断技术积极和负面特征的能力。这样，技术就被用于人类生活的各个方面，其结果是导致技术统治论（Technocracy）的产生：由技术人员治理国家、由技术专家管理社会。在这里，技术是一种统治的力量，一切都由技术控制并为技术过程所服务。人们被其热爱的技术所技术化。

也正是在 19 世纪，关于技术的研究渐趋形成专门的研究领域——技术哲学（德国学者恩斯特·卡普 1877 年出版了《技术哲学原理》一书，首创“技术哲学”这一学科名称，被公认为技术哲学的奠基者）。卡普把技术发明看成“想象”的物化，把人体器官看成一切人造物的模式和一切工具的原型，在此基础上，提出了“器官投影”（Organ-Projection）的概念或学说，认为人就是通过工具不断地创造自己。这里，卡普向我们揭示了技术发展的基本模式、方向和路径。它表明，技术的发展往往要遵循着人类自身进化的路线而前进，从而深化了对人与技术之间关系的认识。

后来，格伦在 *Anthropologische Forschung* 一书中，以及布林克曼在 *Menschund*

Technik-Grundzùgeeiner Philosophie der Technik 一书中，分别对卡普的这种思想进行了改进和发挥；麦克卢汉在《理解媒介》（1964）和莱文森在《思想无稽》（1988）等专著中，又将人类神经系统延伸到电子媒介，进一步延续着卡普的“器官投影”说。

同时，卡尔·马克思（1818—1883）则进一步抽象了人与技术之间的关系，认为技术的本质即人的本质——工业的历史和工业的已经产生的对象性的存在，是一本打开了的关于人的本质力量的书，是感性地摆在我们面前的人的心理学[24]。这里，马克思将技术的本质与人的本质等同起来，更深层次地揭示了人与技术之间的关系——人与技术已不可分离。

更具远见的是，马克思在技术乐观主义盛行的时代，就看到并预见了现代技术社会中普遍存在的问题——技术与人之间的关系异化问题。马克思指出，技术的胜利，似乎是以道德的败坏为代价换来的。随着人类愈益控制自然，个人却似乎愈益成为别人的奴隶或自身卑劣行为的奴隶……我们的一切发现和进步，似乎结果是使物质力量具有理智生命，而人的生命则化为愚钝的物质力量[25]。

在此阶段，人们在极力推崇技术对人类的作用的同时，也开始认识到技术对人类的负面影响，开始批判性地认识人与技术的关系。这种对技术的批判性认知也开启了后世尤其是现代技术批判的先河。而且，当人们对技术持无限乐观的态度、认为技术的发展最终会使人类获得“幸福生活”时，这种对人与技术之间关系的批判性认知或许会在技术问题上变得更加冷静和理性。

三、现代社会，对人与技术之间关系的反思

20 世纪以来，在现代科学革命的支持下，技术快速发展。而现代技术的发展得益于两大源泉：技术精神和权力意志。逐渐地，技术越来越脱离了人类，而变成了人类的主宰……技术在自己沿着世界历史行进时，给地球的表面留下一路破坏的痕迹[26]。技术问题成为当代哲学论战的根本问题，技术问题也从边缘走向中心。由此，进一步激起了人们的探究热情，出现了一大批技术哲学专著；同时，一大批哲学家在对技术进行哲学反思的基础上，形成了内容与方法各异的技术理论。人与技术之间的关系得到进一步的思考。

被认为是“第一位研究现代性的社会学家”[27]的德国新康德主义哲学家西美尔（Georg Simmel，1858—1918），则继续着马克思对技术异化的思考，阐述了技术与人之间的关系异化问题。西美尔从技术分工的角度揭示了技术异化的原因。他认为，大规模的专业化导致工人的生存形式与其产品的生存形式之间出现不配适的形式，产品的意义不是来自生产者的心灵，而是来自它与不同来源生产出来的产品之间的相互关系。这样，产品（技术物）的意义就既不是作为主观性的反映，也不

在于是创造性的心灵的表达方式的折射，而只能是在自己背离主观的过程中的客观成就[28]。也就是说，劳动分工造成了劳动成就和劳动者之间的无法比较性，劳动者在自己的行为中再也看不到自己，其行为提供了一种和所有个性心灵的东西都不类似的形式，根本不顾及人们本质的统一性。这样，技术物借助于分工已经摆脱了劳动者而进入客观性的范畴，不再触及劳动者的整个生活系统的根底，并独立于所有那些制造它们的主体之外了。弗雷司庇在《论西美尔的〈货币哲学〉》一文中，对此也有过论述：西美尔以出色的笔法描绘了人与其产品以及与自己创造出来的文化之间的异化；结合异化问题，西美尔分析了主体文化与客体文化的分离，并将异化归咎于分工[29]。

技术哲学四大流派之一的杜威学派（Don Ihde 语）创始人——约翰·杜威（1859—1952）——以一种实用主义的立场来观察人与技术之间的关系。他认为技术是人类逃避危险、寻找安全的一条重要途径[30]；并且指出，技术具有属人性，没有脱离人的控制[31]，从而赋予人对技术的主体地位。在杜威看来，通过技术引导经验，可以使环境产生一种令人满意的结果；而且，技术最终意味着个人的解放、是一种比过去已经获得的范围更大的个体解放[32]。因此，他反对技术统治论和技术决定论，确信技术的社会特性和人的主体性。

杜威的这种技术乐观主义与20世纪前半期美国科技理性至上和科学技术没有受到强大的文化批判的国内环境是分不开的。但杜威也认识到了技术所带来的问题，他认为技术的失控现象和负面效应只是局部的，且原因不在于技术而在于人本身，在于人们缺乏想象和勇气。因此，需要以民主的手段来对技术进行控制，强调民主对资本主义的技术进行控制的意义，正如他所言，对掌管重大技术系统的技术精英实行民主控制是至关重要的[33]。

海德格尔（1889—1976）后期的全部思想都是围绕西方技术世界和技术时代中的严重危险而展开的，旨在解决西方技术世界和技术时代中的严重问题[34]。因此，有人指出，任何对技术哲学进行历史的或批判的考察都不可能对海德格尔视而不见[35]。海德格尔认为，人把作为对象性的世界整体置于自己面前，并把他自身置于世界面前。人设置世界朝向自身并且把自然交付给自身。在自然不足以满足人的想象之处，人就再构或再造自然；在缺少新事物之处，人就制造新的事物；在物扰乱他之处，人就改造事物……因为如此多样的制造，世界便被停止并被带入停止位置。敞开变成对象并因此转入人的存在。也就是说，人把自身设立为一个有意进行这一切制造的人。由于人作为设定者和制造者，他处于伪装的敞开之前，因此，他自身及其事物面临着一种日益增长的危险，即成为单纯的材料和成为对象化的功能。而自我决断的规划自身又扩展了危险的范围，人将面对无条件的制造而失去自身[36]。但海德格尔并不把技术视为人的敌人。他认为技术能使我们理解我们于其中生活着的世界。在追问技术时，他提出技术给人的生存造成一种危险，但是它也向我们呈现出一种拯救的力量[37]。所谓哪里有危险，哪里就有拯救。

所有的法兰克福学派理论家都在探讨一个共同的主题：西方资本主义和苏联马克思主义的社会组织形式均展现出的狭隘和非人性化的“技术理性”（Technical Rationality），倒转了启蒙理性的理想。这种技术理性又与社会科学的实证论形式和科学主义形式串联起来，这一点正是批判理论必须予以抨击的[38]。马尔库塞（1898—1979）认为，技术世界的机械化进程破坏了人们在内心深处保存秘密的自由，不仅支配着人的身体，而且支配着认得大脑甚至灵魂[39]。而以技术的进步作为手段，人附属于机器的这种意义上的不自由，在多种自由的舒适生活中得到了巩固和加强[40]。埃里希·弗洛姆（1900—1980）则认为，技术异化现象是现代人异化于自己，异化于同类，异化于自然。人变成了商品，其生命变成了投资，以便获得在现存市场条件下可能得到的最大利润。人与人之间的关系从本质上讲不过是已经异化为自动机器的人与人之间的关系[41]。因此，在弗洛姆看来，19 世纪的问题是上帝死了，20 世纪的问题是人死了[42]。也即弗洛姆所说的，技术带来了诸多不人道的现象。为此，弗洛姆倡导一种人性化的技术，呼吁“必须是人而不是技术作为价值的最终根源”[43]。

雅克·埃吕尔（1912—1994）极力夸大技术的自主性（Autonomy），怀疑人对技术的控制能力，认为人是外在于自主性的技术主体的一种客体，它不可避免地为技术主体所左右或奴役。

在此阶段，人们对人与技术之间关系多持批判性的反思态度，多集中在思考技术对人的负面影响上。这是因为在现代社会，人类在所有领域都面对着现代技术，面对着它已渗入的人们的日常生活世界，面对着它的快速发展，面对着它向人类、自然和社会所展示的种种难题。我们认为，这种对人类的现实保持适当的谨慎和对未来保持适当的警醒是必要的。诚如德国学者狄特富尔特所指出的，如不从速利用我们可以支配的批判理性、依然极端自私地迷恋于权力而无视人类必须赖以生存的自然规律，一旦发现我们所执著追求的胜利无异于人类自杀时，恐怕为时已晚[44]。

四、后现代社会，对人与技术之间关系的诠释

作为一种崛起于 20 世纪 60 年代西方社会的哲学思潮，后现代主义（Postmodernism）代表人物大都对现代技术问题进行过哲学反思，从而形成一种风格迥异的技术观——后现代的技术观。卡尔·米切姆（Carl Mitcham）曾指出，前现代技术是一种建构性的技术，现代技术是一种解构性的技术，后现代技术则是一种重构性的技术。即后现代技术要超越现代技术的工具理性，使整个社会得以重构，使不同的国家、民族、文化、科学等在后现代技术的整合下得以重构[45]。

让-弗·利奥塔（1924—1998）认为，技术科学完成了现代性事业：人使自己

成了自然的主人和拥有者。但同时当代技术科学又深刻地颠覆了这一事业。技术似乎靠一种独立于我们的力量或自动性主动地前进，它并不对源于人类需要的要求作出反应；相反，人类实体的稳定似乎总是被发展的结果或影响所破坏。人类已经陷入一种疲于奔命地追赶新目标的积累过程的状态[46]。因此，在利奥塔看来，技术不是由我们人类发明的，实际上正相反，技术发明了人类。

齐格蒙·鲍曼（1925—）认为，控制自己的身体与操纵身体动作的自由与对技术及其产品的日益增长的依赖密切相连，个人的力量与对专家指导的服从和消费技术产品的必然性紧密地交织在一起。人不但生活在碎片中，而且自身也成了碎片[47]。为此，鲍曼认为，我们现在需要一个全新的伦理，以使技术道德化。

让·鲍德里亚（1929—2007）从技术物出发，对人与技术的关系进行了剖析。他认为，在自动化物品层次上，物与人之间的联系被摧毁了，代之以另一种象征体系：人投射在自动化物品上的，不再是人的手势、能量、需要和身体形象，而是人的意识上的自主性、人的操控力、人的个体性和人的人格意念[48]。他认为，在我们的技术文明中，技术和技术物都在承受和人所承受相同的奴役——具体的结构程序，也就是技术的客观进步，所受到的阻碍和退化，和人的关系具体社会化的程序，也就是社会的客观进步所承受的一致。也就是说，个人和社会的结构与技术和功能的模式是紧密联系在一起的，我们面对的是一个新的物体拟人主义。以往的所有文明中，能够一代人一代人之后存在下来的是物，而今天，看到物的产生、完善与消亡的却是人们自己[49]。在鲍德里亚看来，技术的发挥意味着人类已经不再信任其特有的生存，并给自己确定了一种虚拟的生存、一种间接的命运。由此，技术正在变成一个不可思议的冒险，它不只是改变世界，其终极目的可能是一个自主的、完全实现的世界；而人类则可能会从这个世界中退出[50]。

在此阶段，后现代的技术观试图超越技术的“本质主义”，而转向“非本质主义”和“反本质主义”的技术观，从而走向一种“相对人类中心主义”甚至是“非人类中心主义”。后现代主义在当今首先要抵制的是科技统治的扩张，基于这种技术悲观主义思想，它把对资本主义社会的批判变成对科学的批判，因而强烈地反对技术决定论，在这一认识上，它与现代主义是同一的[51]。因此，后现代思潮从根本上对现代技术所赖以建构的基本价值和体系进行了冲击，力图通过对这种“形而上学”框架的解构来消解中心/边缘的对立，破除对理性、主体、本质的迷信，表现了一种比现代主义更彻底的怀疑主义。

与此同时的技术控制主义则将道德和生态价值引入技术的设计和应用过程当中，强调在技术、工具和人类以及道德之间追求一种正当的、巧妙的匹配。这种观点主张抛开过度集中的技术，转而去应用那种能够保存社会共同体价值的、分散的、具有人性尺度的技术，即赋予简单技术以价值。它要求人们在开发新技术或继续使用旧技术之前，要反思技术的价值，主张将技术看成一种实现人们自由选择的目标与价值的工具而加以控制。很显然，这种观点认为技术没有超出人类的控制范围。在技术控制主义者看来，技术并不是一种超越人类理性选择的异己力量。技术控制主义认为，技术中的多样性与差异性保证着选择的开放性，人们不应该都依赖同样的技术。从生态角度而言，技术控制主义提倡在人类、机器和生物圈之间保持一种良性的、共生的相互作用，倡导可持续发展的经济，协调生态系统法则，考虑一切代价问题（可测度的和不可测度的）[52]。

五、人类学领域，对人与技术之间关系的实证研究

早在古希腊时期，亚里士多德就从人类学角度，对人与技术之间的关系进行了探索，认为技术与人的生物学构造相联系。其实，后来的人类学家们的工作也与对技术的广义理解有关。1936 年，法国人类学家毛斯（Marcel Mauss）在其《身体技术的概念》一文中提出，对于一些人类的行为，只需要认为它是与传统的技术行为和传统的礼仪行为的区分有关的，所有这些行为就都是些技术，即身体的技术[53]。

1988 年，人类学家普法芬伯格（Bryan Pfaffenberger）将自己的研究称为“技术人类学”，试图用这种技术人类学来揭示隐藏着的社会关系，并认为人类学独一无二的田野方法，以及整体论取向，非常适用于对技术进行研究，而且是独一无二地适于研究在技术和文化之间的复杂关系[54]。

伯格森（1859—1941）从生命哲学的角度出发，认为拥有技术是人类特有的现象，且人是技术的主人（《道德与宗教的两个来源》）。法国勒鲁瓦-古朗从人种学的角度来论述技术（《进化与技术》），认为技术属于进化人类学领域。美国的 L. 芒福德（1895—1990）则从人类学的角度，对技术与人的本性问题进行了探索（*The Myth of Machine*）。后来，德国汉斯 · 萨克塞（1906—1992）也从人类学的角度，阐述了技术与人类生活的密切关系（《技术人类学》）。

人类学涉及在最初的本质中可以看见的人，靠“种族”这个基本概念而集中起来，通过考古实证研究，对人的体格特征、种族、性格、文化心灵等方面加以把握。他们将技术看成人类的首要特征，认为技术在不同种族之间造成的差别远比人种或宗教文化因素造成的差别重要[55]，注重探讨技术的起源和人类的起源问题，以及在分析技术的基础上，认识不同种族之间的文化差异现象等；其中，哲学人类学回答“什么是技术”的出发点是人类、人类在自然中的处境以及人类与自然的关系等。对于这种人类学的技术观，德国学者奥特弗利德 · 赫费认为，正如人是自然所装备的一样，他需要手段，但这却为工具性规定恢复了名誉，即他必须自行发展它对技术的人类学的规定；就人不得不借助于技术发展自身而言，这需要恢复技术的人类学的名誉。不过，被恢复名誉的这些观点处在一种联系之中，这种联系是

不能由它们自身而变成主题的：只有以人类学视角来看待工具性规定，也就是不再看做用于任意目的的中立手段，而看做自我保存的一种要素，这种工具性规定才不仅正确，而且是符合实际的[56]。

六、国内对人与技术之间关系的理解

我国学者早在20世纪80年代就开始思索人与技术之间的关系，主要集中在技术与人的生活、技术与人的未来以及技术与人性等方面，也产生了一批论文、专著等学术文献资料。

（1）专著方面。肖峰论述了技术的人性面和非人性面（《技术的人性面和非人性面》），林德宏阐述了技术的本质与人文精神的复兴问题（《人与机器》），吴文新则揭示了科技与人性相互作用的机制和规律（《科技与人性——科技文明的人学沉思》），等等。

（2）论文方面。陈文化呼吁将人与技术的关系作为技术哲学的研究对象（《技术哲学的研究对象：技术还是人与技术的关系问题》），李正风等从现象学角度分析了人与技术之间的关系（《现象学视野中人与技术的关系》），陈凡等关注技术与人的主体性的问题（《技术图景中人的主体性的获得、缺失与重构》），刘大椿则论述了技术与人的本质的问题（《技术何以决定人之本质》），等等。

七、结束语

通过对人与技术之间关系的认知图景的考察，可以清晰地看出，人与技术之间存在着一种交互联系，在本质上是不可分的——人创造了技术，技术也创造了人。就是说，人是一种技术性的存在，而“脱离了技术的人类背景，技术就不可能得到完整的理解”[57]。

但人们对人与技术的关系的理解却经历着时代的变化，由感性认识到理性认识、由肯定到否定、由批判性反思到建设性重构等。在当前的技术化世界中，全面系统地把握人与技术的关系显得尤为必要。因为，人类目前所面临的诸多问题（如环境问题、社会问题等）多数是由于人类自身的危机以及由此产生的人与外部世界之间的不协调造成的。同时，要深入理解人与自然、技术哲学、技术伦理学、技术人类学、技术现象学、技术解释学、技术社会学、技术生态学、技术创新学等领域的问题，人与技术的关系应是其前提条件。其中，技术哲学是对技术的本质、技术的应用以及技术对人类行为和人类行为对技术之间相互影响等所进行的一种批判性反思。但长期以来，人们对人与技术的关系的研究是不够的，需要系统全面地梳理和认识人与技术之间的关系。认识这种关系，也能避免陷入技术乐观主义、技术悲观主义、技术自主论等思潮的陷阱。

参考文献：

[1]　Carl Mitcham, Robert Mackey. Philosophy and Technology[M]. New York: The Free Press, 1983: 293.

[2][6][9]　詹姆斯·E. 麦克莱伦第三,哈罗德·多恩. 世界史上的科学技术[M]. 王鸣阳,译. 上海:上海科技教育出版社,2003:9,101-102,203.

[3][26]　E. 舒尔曼. 科技文明与人类未来[M]. 李小兵,等译. 北京:东方出版社,1995:1,310.

[4]　Lewis Mumford. Philosophy and Technology[M]. New York: The Free Press, 1983: 84.

[5]　Andrew Feenberg. Heidegger, Marcuse and Technology: The Catastrophe and Redemption[M]. London: Routledge Press, 2005: 24.

[7]　北京大学哲学系. 西方哲学原著选读:上卷[M]. 北京:商务印书馆,1981:40.

[8]　柏拉图. 柏拉图全集[M]. 王晓朝,译. 北京:人民出版社,2002:442-443.

[10]　布鲁诺·维米奇. 技术史[M]. 蔓君,译. 北京:北京大学出版社,2000:160.

[11]　安东尼·肯尼. 牛津西方哲学史[M]. 韩东晖,译. 北京:中国人民大学出版社,2006:57.

[12]　R. 霍伊卡. 宗教与现代科学的兴起[M]. 丘仲辉,等译. 成都:四川人民出版社,1991: 103.

[13]　圣·奥古斯丁. 忏悔录[M]. 向云常,译. 长春:时代文艺出版社,2000:106.

[14]　阿奎那. 阿奎那政治著作选[M]. 马清槐,译. 北京:商务印书馆,1963:44.

[15]　F. 拉普. 技术哲学导论[M]. 刘武,等译. 沈阳:辽宁科学技术出版社,1986:177.

[16]　罗伯特·默顿. 十七世纪英格兰的科学、技术与社会[M]. 北京:商务印书馆,2000:1.

[17]　梯利,伍德. 西方哲学史[M]. 葛力,译. 北京:商务印书馆,1995:261-262.

[18]　培根. 新工具[M]. 许宝骙,译. 北京:商务印书馆,1984:319.

[19]　余丽嫦. 培根及其哲学[M]. 北京:人民出版社,1987:102.

[20]　高亮华. "技术转向"与技术哲学[J]. 哲学研究,2001(1):24-26.

[21][23][55]　贝尔纳·斯蒂格勒. 技术与时间[M]. 裴程,译. 南京:译林出版社,2000:79, 113,52.

[22]　让-雅克·卢梭. 论人类不平等的起源和基础[M]. 高煜,译. 桂林:广西师范大学出版社, 2002:74.

[24]　马克思. 1844年经济学哲学手稿[M]. 北京:人民出版社,1985:84.

[25]　马克思. 在"人民报"创刊纪念会上的演说[M]//马克思,恩格斯. 马克思恩格斯全集:第12卷. 北京:人民出版社,1962:3-4.

[27]　戴维·弗里斯比. 现代性的碎片[M]. 卢晖临,等译. 北京:商务印书馆,2003:6.

[28][29]　西美尔. 金钱、性别、现代生活风格[M]. 顾仁明,译. 上海:学林出版社,2000:52, 230.

[30]　约翰·杜威. 确定性的追求[M]. 童世骏,译. 上海:上海人民出版社,2005:1.

[31]　约翰·杜威. 人的问题[M]. 傅统先,等译. 上海:上海人民出版社,1965:18.

[32]　John Dewey. Individualism Old and New[M]. New York: Capricorn Books, 1962: 30.

[33] John Dewey. The Public and Its Problems[M]. Athens Ohio:Swallow Press,1980:126-206.
[34] 宋祖良. 拯救地球和人类:海德格尔的后期思想[M]. 北京:中国社会科学出版社,1993:46.
[35] Zimmerman M. Heidegger's Confrontation with Modernity[M]. Bloomington:Indiana University Press,1990:px.
[36] M. 海德格尔. 诗·语言·思[M]. 彭富春,译. 北京:文化艺术出版社,1991:100.
[37] 帕特里夏·奥坦伯德·约翰逊. 海德格尔[M]. 张祥龙,等译. 北京:中华书局,2002:97-98.
[38] Jary D,Jary J. 社会学辞典[M]. 周业谦,等译. 台北:猫头鹰出版社,1998:263-264.
[39][40] 赫伯特·马尔库塞. 单向度的人[M]. 刘继,译. 上海:上海译文出版社,2006:26-27,31.
[41] 弗洛姆. 爱的艺术[M]. 刘福堂,译. 成都:四川人民出版社,1986:96.
[42] 弗洛姆. 健全的社会[M]. 欧阳谦,译. 北京:中国文联出版公司,1988:370.
[43] 弗洛姆. 人的希望[M]. 沈阳:辽宁大学出版社,1994:91-92.
[44] 狄特富尔特,瓦尔特. 哲言集:人与自然[M]. 周美琪,译. 北京:生活·读书·新知三联书店,1993:9.
[45] Carl Mitcham. Notes toward a Philosophy of Meta-technology[J]. Techne,1995,11(1):4.
[46] 包亚明. 后现代性与公正游戏[M]. 谈瀛洲,译. 上海:上海人民出版社,1997:145.
[47] 齐格蒙·鲍曼. 生活在碎片之中:论后现代道德[M]. 郁建兴,等译. 上海:学林出版社,2002:193.
[48] 尚·布希亚. 物体系[M]. 林志明,译. 上海:上海人民出版社,2001:132-133.
[49] 让·波德里亚. 消费社会[M]. 刘成富,等译. 南京:南京大学出版社,2001:2.
[50] 让·博德里亚尔. 完美的罪行[M]. 王为民,等译. 北京:商务印书馆,2000:42.
[51] 让-弗朗索瓦·利奥塔. 后现代状况[M]. 岛子,译. 长沙:湖南美术出版社,1996:231.
[52] 盛国荣. 西方技术哲学研究中的路径及其演变[J]. 自然辩证法通讯,2008(5):38-43.
[53] 马塞尔·毛斯. 社会学与人类学[M]. 上海:上海译文出版社,2003:306.
[54] 刘兵. 人类学对技术的研究与技术概念的拓展[J]. 河北学刊,2004(3):20-23.
[56] 奥特弗利德·赫费. 作为现代化之代价的道德[M]. 邓安庆,等译. 上海:上海世纪出版社集团,2005:219.
[57] John M Staudenmaier. Technology's Storytellers:Reweaving the Human Fabric[M]. Cambridge,Mass:MIT Press,1985:165.

技术哲学维度下的人与自然和谐

郑晓松

（上海社会科学院哲学研究所，上海　200235）

摘　要： 技术扩张导致人与自然关系的失调，由此，也促使人们深入反思技术的哲学本质。技术本质上是社会建构的，建立健全技术活动的社会规范机制，促进技术的合理化，是实现人与自然和谐发展的基本途径。

关键词： 技术哲学　和谐　合理化　社会建构

自党的十六届四中全会提出建构社会主义和谐社会后，关于和谐社会的研究层出不穷，这其中有相当一部分是研究人与自然和谐的，概括起来，主要呈现出以下研究态势：①政治学维度，即以党的十六届四中全会报告及国家主要领导人的相关讲话为依据，把实现人与自然的和谐与落实科学发展观结合起来，完全以政治学的立场和方法来解读及研究人与自然的和谐，强调要按照中央提出的“五个统筹”来实现人与自然的和谐；②生态学和系统论的研究方法，把人与自然的和谐发展理解为如何消除生态危机，其基本立足点是把人类社会和自然看做一个整体化的系统，认为它们之间是相互作用、相互影响的，强调要敬畏自然，尊重自然，合理地开发和利用自然资源，走可持续发展之路；③文化学视角，尤其强调利用传统文化特别是儒家文化的思想资源来理解人与自然的关系，其理论基石是儒家的“天人感应”“天人合一”等思想，寄希望以此来改造人们的自然观，从而实现人与自然的和谐。

有别于上述研究视角，本文立足于技术哲学的维度，把人与自然的关系纳入到技术哲学的框架下，把技术的合理化看做实现人与自然和谐发展的基本路径，并且强调通过建立技术活动的社会规范机制来实现技术的合理化。

一、技术扩张的后果

如何看待科技进步对人类社会发展的影响呢？传统的历史主义认为，科技进步不仅使人类征服自然、利用自然的能力大大提高，而且意味着人类文明、道德和政治的进步，就是说，科技进步最终会导致一个合理化的人类社会。在历史哲学那里，“科学的进步同反思、同偏见的毁灭相同步；技术的进步同摆脱压迫、同摆脱自然和社会的压制成了一回事”[1]。但事实并非如此。

工业革命之后，特别是20世纪上半叶以来，随着科学技术的突飞猛进，以及科学、技术及其社会运用的一体化，科学技术成为社会经济发展的决定性力量，社会生产力大幅度提高，物质文明空前繁荣。然而，现代科技带给人们的绝非只是物质生活上的舒适、享乐和幸福，它也让人类为此付出了沉重的代价，正如每个人都能感受到的那样，它也给人们带来了忧愁、痛苦和危机，对此，马克思在一百四十多年前就深刻地论述过：“在我们这个时代，每一种事物好像都包含有自己的反面。我们看到，机器具有减少人类劳动和使劳动更有成效的神奇力量，然而却引起了饥饿和过度的疲劳。……技术的胜利，似乎是以道德的败坏为代价换来的。随着人类愈益控制自然，个人却似乎愈益成为别人的或自身的卑劣行为的奴隶。甚至科学的纯洁光辉仿佛也只能在愚昧无知的黑暗背景上闪耀。我们的一切发现和进步，似乎结果是使物质力量具有理智生命，而人的生命则化为愚钝的物质力量。现代工业、科学与现代贫困、衰颓之间的这种对抗，是显而易见的、不可避免的和毋庸争辩的事实。”[2]

具体来讲，技术扩张所带来的后果体现在两个方面。从物质层面讲，科技的飞速发展在充分开发利用自然，促使人们物质生活空前繁荣的同时，也严重地破坏了人类的生存和发展的条件，突出表现为环境污染、生态失衡、能源危机、人口膨胀等，概括来讲，就是人与自然关系的不和谐、失调。从精神层面讲，科技的泛滥还对人类社会的精神和文明产生了极大的影响，导致一系列意想不到的后果：传统的道德价值观念分崩离析，社会失范；虚无主义、享乐主义和个人主义盛行，人自身出现危机。德国学者卡尔·雅斯贝斯这样描述时代的精神状况：现时代的人们都是一架机器的组成部分，无根生活着的人们“对事物和人的爱减弱了，丧失了。……在机器跟前的工人只专注于直接的目标，无暇、也无兴趣去整个儿地思索生活”[3]，“这里发生了一个悖论。人的生活已变得依赖于这架机器了，但这架机器却同时既因其完善也因其瘫痪而行将毁灭人类”[4]。对于科技代价，人们再也不能漠然视之了。

技术扩张的后果促使人类开始深入反思技术的本质。

二、技术的哲学本质

笔者认为，技术乃至科学并非提供某种特殊的技能，而是首先以一种生活方式和文化观念出现的，因此，只有把技术放在历史和文化的视域中进行深层次的解读与阐发，才能真正地理解技术的本质，这就是说，要从不同的历史文化阶段来理解技术。

在古希腊，技术是与艺术、行为方式等联系在一起的，并且意味着真理的敞开状态。希腊文中表示技术的词是 τεχυικου，它意指 τεχυη 所包含的东西。通常 τεχυη 有两个方面的意思，一是表示手工行为和技能，二是指精湛技艺和美好的艺术。海德格尔认为，在前柏拉图时代，τεχυη 一词与表示认识的 επιοτημη 一词关联在一起，进而构成一种启发式的认识，这种具有启发作用的认识就是一种解蔽。在他看来，这才是 τεχυη 一词最根本的本质。所以，他说："技术是一种解蔽方式。技术乃是在解蔽和无蔽状态的发生领域中，在 αληθεια 即真理的发生领域中成其本质的。"[5]海德格尔通过"解蔽"这个概念，扬弃了对技术的单纯工具性的、知识论的"正确"的解释，把技术提升到存在论的高度，或者毋宁说，在海德格尔看来，古代技术是人的一种在世方式。我国古代社会对技术的理解也具有强烈的人类学和文化学色彩，在我国，大约在春秋时期就出现了与"技术"含义相近的"技""工"等词语，并且与医、卜、星、相等方术密切相关。此外，在古代社会，由于受到泛灵论和有机论的影响，人们相信，自然具有一种内在的神秘力量，而技术作为人类对自然施加的一种有悖于其自身本性的"非自然"的活动，一方面可以给生产生活带来便利和功效，另一方面却导致人们心灵和精神上的一种违背了自然的神秘意志的"恐慌"，因而古代人类对技术存有戒心，并把对技术的使用维持在一定的限度之内。在希腊神话中，普罗米修斯从奥林波斯山盗来了火，藏在芦苇管里带到人间，并教会人类使用火的方法，但火这种技术作为神圣的力量的一种体现，一旦它被人类所掌握和利用，就会导致神界与人间力量的不平衡，因而人类和普罗米修斯都遭到了神的惩罚：首先是潘多拉给人间带来各种灾难疫病祸害，然后普罗米修斯被宙斯锁在高加索的悬崖上，每天被大鹰啄食。而且，希腊人对技术的使用也是非常谨慎的，达代罗斯的悲剧就在于他的儿子忘记了使用技术的界限，飞得太高，被太阳的热度融化了翅膀上粘羽毛的蜡，从而摔到海中被淹死。也正是因为这些原因，古代人类在从自然中获取工具以及使用某项技术时，往往伴有宗教祭祀活动（那些掌握着人类生产生活中某项关键技术的人的身上往往具有神秘的色彩，并可能由此成为部落里面有权势的人物）。"在某些文化中，冶金活动的一定过程，比如熔炼操作，要求人的祭献。各地的清洁仪式，特别是包括性禁忌的仪式都与采矿相联系，因为人们认为，地球的内部对于各种精神和诸神们来说是神圣的。在欧洲直到中世纪末，新矿的开采总是伴有宗教仪式。……各种金属工具的发明和创造总是带有巫术和神祇的色彩，而其创造者也常被当作巫术师。"[6]

如果说古代技术更多地体现着当时人类的文化现象，是人类的一种在世方式，那么现代技术的本质则在于控制自然，以实现人类的主观意志，或者毋宁说，在现代性的文化背景中，技术是一种控制自然（乃至人类社会）的工具。在文艺复兴全面成熟期，近代意义上的自然科学开始在各个领域得到确立，技术也取得了长足的发展，控制自然的观念不断强化，工具主义的价值观逐步兴起，这集中表现在：

以功利和实用为目的，把科学和技术作为征服与控制自然的工具。这一点在弗兰西斯·培根那里表现得尤其明显。培根认为，自己的《新工具》一书最重要的价值在于给人类理智提供了“有用的工具和帮助”，提出了一整套与传统哲学迥然不同的获取知识的方法，从而增强了人类驾驭自然的力量。培根非常重视科学技术，意识到科学技术将成为一种改变人类历史的重要力量，但“培根珍视科学知识并不是为了它本身，而因为它是利用可能从它产生的发明来为全人类谋利的强有力的工具”[7]。他同样非常看重技术，因为技术直接体现了为人类服务的实用价值，在他看来，在所能给予人类的一切利益中，最伟大的莫过于发现新的技术、新的才能和以改善人类生活为目的的物品。培根还十分强调通过科学技术实现对自然的改造和控制，他认为，人对自然的控制和统治乃是道德的至上命令，唯有如此，才能实现人类社会的进步。

技术作为控制自然的工具的价值观念在 18 世纪以法国为中心的启蒙运动中得到了空前强化。启蒙思想家从当时的自然科学特别是牛顿力学体系中引进“实证的”“推理的”的理性，并且将这种理性推及人类的一般理智能力的广度，把它理解为人的一种能力和力量，这就意味着，利用科学技术来控制自然是人类的本质力量的体现。

现代意义上的技术正式进入人类历史以 18 世纪末开始的工业革命为起点，下迄 20 世纪 30 年代，其标志是始于无线电通信的发明的无线电电子技术完成了初期发展。现代技术源于社会对科学的广泛运用。科学的技术化、社会化不仅使人类通过现代技术控制自然的方法和手段大大加强，而且直接导致了世界的“祛魅”，其结果是技术的定量分析、工具效率、知识专门化的标准支配着整个社会和文化，人类进入海德格尔所谓的“技术时代”“宰制的世界”。海德格尔从生存论的角度，深刻地揭示了现代技术的本质。在海德格尔看来，尽管现代技术也是一种解蔽方式，但是一种促逼着的解蔽，现代技术的本质在于“座架”，而座架则意味着这种促逼的要求。“现在，我们以‘座架’（Ge-stell）一词来命名那种促逼着的要求，这种要求把人聚集起来，使之去订造作为持存物的自行解蔽的东西。”[8]“座架”在三方面发生影响：①“人被座架在此，被一股力量安排着、要求着，这股力量是在技术的本质中显示出来的而又是人自己所不能控制的力量”[9]；②自然万物不仅被从与人共属一体的状态中拉开成为对象物，而且丧失了作为对象物的独立性和神秘感，听命于技术的这种促逼，而成为技术世界的备用的“持存物”；③人以订造的方式把现实当做持存物来解蔽，“世界归隐”，真理退场。概而言之，现代技术之所以是一种控制自然的工具，根源于其作为“座架”的本质。

现代技术已经完全没有存在论上的意义，蜕变为纯粹控制自然甚至人类自身和社会的工具。在当今时代，技术活动的目的就是按照技术的规则、通过其具有的强制性力量使自然屈从于人类的意志，更好地为人类服务。但是，大自然作为一个自洽的循环系统，有着自身的规则以及对技术活动一定的承受限度，更为重要的是，技术规则并不能同化大自然本身的活动规则，自然对技术的控制并不是一味地迁就，一旦技术活动超过了生态系统的承受限度，打破了自然所具有的自洽循环系统（这个系统本来是最适合人类居住的），就会影响到人类的生存和发展。所以，从根本上讲，现代技术的控制本性是导致人与自然关系失调的根本原因。

三、人与自然的和谐取决于技术的合理化

《中共中央关于加强党的执政能力建设的决定》第一次明确地提出了“构建社会主义和谐社会”的科学命题，2005 年 2 月 19 日，胡锦涛在省部级主要领导干部提高构建社会主义和谐社会能力研讨班的讲话中，对构建社会主义和谐社会作了进一步阐述，指出：“我们所要构建的社会主义和谐社会，应该是民主法治、公平正义、诚信友爱、充满活力、安定有序、人与自然和谐相处的社会。”可见，人与自然的和谐是建构社会主义和谐社会的题中应有之义。

人以及人类社会是自然生态圈里重要的一环，人与自然和谐是人类生存和发展的基础，人类必须在向自然索取的同时，也努力增强自然的再生产能力，至少要保持其原有的生态环境，不让其继续恶化。事实上，人与自然关系已成为一个全球关注的重大问题。近两三个世纪以来，技术的大肆扩张促使人们不加节制地对自然资源进行掠夺，导致自然生态与环境的严重破坏，由此也危及人类的生存。人们已经意识到，如果不重建人与自然的良好关系，最终受到惩罚的是人类。酸雨、沙尘暴、温室效应等，就是自然对人类的报复。

人与自然的和谐是指人类与自然之间的关系协调，共生共长，这体现在两个方面：一方面是人类合理地开发、利用自然资源，以促进人类的生存和发展；二是自然在被开发利用时，也从人类那里获得了再生能力，从而使自然的生态系统始终处于一种良性的循环之中。当今社会，人类对自然的开发利用主要是通过技术活动发生的，这就意味着，人与自然的关系主要是通过技术活动建构起来的：人类通过技术活动开发和利用自然，如果技术活动被控制在合理的范围内，人与自然的关系就会协调；如果技术活动过于泛滥，自然就会以各种灾难的方式向人类报复，人与自然之间的关系就恶化。可见，从根本上讲，人与自然的和谐取决于技术活动的合理化。

技术的合理化意味着从哲学和社会学的维度来审视人类的技术，强调通过社会的规范力量来约束技术活动，最大限度地消解技术的控制性。传统观点认为，技术表征的只是人对自然的关系，就是说，技术仅仅是人类在开发利用自然时所从事的一种工具性的活动，但是，笔者认为，技术不仅是人对自然的活动，更是一种社会活动，技术从本质上讲是社会建构起来的。技术的社会建构在当今社会中表现得尤

其明显，现代科学技术已经高度社会化、建制化，由此而来，科学技术及其规则已经广泛地渗透到社会的各个层面中，甚至和社会系统的其他要素和规则融合为一体。一方面，科学技术特别是技术的每一次重大变革都会对社会产生深远的影响；另一方面，新的技术的产生及其社会应用受到群体利益、文化选择、价值取向和权力格局等社会因素的决定，这主要体现在以下三个方面。

一是技术活动的相关行为主体是有具体价值取向和利益诉求的具体人群，技术活动的行为主体包括科技工作者、专业技术集团和技术共同体，它们都是一定社会和文化价值观念中的人的集合体，具有共同的文化认同感和价值取向，这些直接影响到新技术的产生及其适用。

二是技术的社会运用受制于社会的利益选择和文化价值观念，一些技术可能因为社会利益集团的驱使而迅速普及开来，并由此获得不断创新的力量源泉，而另一些技术可能因为社会利益集团的需要而被压制下去；同样道理，有些新技术可能与传统的文化观念相冲突而得不到发展空间并从此夭折，而获得了社会价值观念认同的新技术肯定会加速发展。这些特征在与人类息息相关的技术（比如生物技术、基因技术等）中表现得尤其明显。

三是技术的社会认同。在不同的文化传统或者文化发展的不同阶段，人们对技术的看法和评价也各不相同，这对技术的发展往往会产生决定性的影响。比如中国古代社会一直就是鄙夷技术的，在西方历史上，比如中世纪时期科学技术就无法进入社会的主流思想圈，而经过近代科学革命和启蒙运动特别是工业革命之后，科学成为西方现代思想文化的内核，科学技术获得了社会的空前一致的认同，不仅如此，科技进步还和社会的进步、社会的合理化联系在一起。

当然，尽管技术是一种受到价值观念和伦理规范等各方面因素制约的社会活动，但被社会活动建构起来的技术最终指向的是自然，表征的是人与自然的关系。所以，从技术的社会建构论来讲，人与自然的关系本质上也是一种社会关系，人与自然的和谐从根本上取决于人类技术活动的合理化——技术活动被纳入到一种合理的社会规范机制之中，这种规范机制可以确保人类的技术活动处于一种合理的、可控的范围之中，从而可以使人类充分开发自然、利用自然，在获得长足发展的同时，自然依然具有良好的生态系统，最起码不至于恶化，以致影响到人类的生存和发展。

四、建立健全技术活动的社会规范机制

技术的合理化是指建立起一整套完备的技术活动的社会规范机制，这些社会规范机制可以确保我们既能利用科学技术来促进经济的发展，推动社会的进步，同时也可以预防技术泛滥可能带来对自然和人类社会的危害。笔者认为，建立健全技术

活动的社会规范机制的基本原则如下。一是人道主义原则。技术活动的根本目的是为了人类的福祉，因而社会规范机制必须确保技术活动能够以人为本，服务造福于人，人不能被技术异化，成为技术系统的奴隶，技术只是人类自由意志的一种体现；另一方面，社会规范机制要促使技术活动公开化、公正化和公平化，技术不能成为社会阶层支配和压迫的工具，它应该是社会全体成员都有权利、有机会享受技术给人类带来的利益和好处。二是可持续发展原则。建立健全技术活动的社会规范机制必须确保人与自然的关系和谐，人类是合理、适度地开发利用自然资源，这样，在经济社会获得发展的同时，自然也获得了再生产的能力，生态系统依然在良性循环之中。三是技术进步原则。技术活动的社会规范机制不能成为阻碍技术发展和技术创新的篱笆，它必须遵守技术活动的内在规律，适应技术发展的逻辑进程，在规范不合理的技术活动的同时，也具备了激励技术创新的动力和机制，从而可以推动技术活动不断创新。

具体来讲，建立健全技术活动的社会规范机制应该从如下几方面努力。

(1) 依靠法律、伦理和社会舆论等力量来规范技术活动的主体，促使其能够在技术活动过程中，以社会公民的角色来反思技术的实践后果。通过这些规范力量，使技术活动的主体逐步确立一种双重角色的意识，即一方面是科技工作者，另一方面又是国家公民，因此，必须时刻把技术活动同全体公民的利益联系起来考虑，以一个负责任的社会公民的角色对所从事的研究可能带来的实践后果进行深刻的反思。在这方面，最典型的代表就是爱因斯坦，第二次世界大战时期，为了战胜法西斯，他积极推动美国的原子弹研制；但第二次世界大战之后，他又深刻地反思了原子弹对人类可能带来的毁灭性打击，并极力主张在全世界范围内禁止核武器。

(2) 宏观上要“计划、统筹”整个国家的技术活动，要着眼于人与自然的协调发展，合理编制切实可行的技术发展规划，切忌技术活动的放任自由和肆意扩张泛滥。具体来讲，“计划、统筹”国家的技术活动就是要围绕通过科学技术促进经济社会发展、提高人民生活水平的中心，充分考虑到社会的可持续发展，以及自然资源、生态系统对技术活动的承受能力和限度，从而确保技术活动不仅没有破坏自然，还能够使人类与自然之间形成一种良性互动的关系。

(3) 通过宣传、舆论和立法手段，在全社会确立正确的技术观和自然观。在当前我国社会中，普遍存在着两种观念：一是认为科学技术是万能的，技术活动所产生的负面效应（比如自然环境的恶化、人与自然关系的失调）可以通过科技进步得到解决，科学技术对人类社会是有百利而无一害；二是认为自然资源本来就是被人类尽情开发利用的，无论自然界中异常现象如何频繁出现，自然始终处于人类的控制中。毫无疑问，这些看法是有失偏颇的，对此，要通过舆论宣传甚至立法来引导人们纠正这种错误的观念，当今，特别要纠正传统科普活动只宣扬科学技术积极方面的片面做法，全面辩证地评价科学特别是技术的社会影响，消除公众思想中的“技术万能论”，使他们认识到技术活动的消极方面和可能带来的危害，在社会中形成一种合理的思想观念和价值判断，从而引导技术活动健康良性发展。

（4）建立一种能够公开、平等对话的平台和机制，把技术活动纳入到社会系统的理性反思和话语论证之中，就是说，社会生活世界的实践是衡量技术活动合理化的最终标准。对话主要体现在两个方面。第一，科技工作者和政治阶层之间要进行对话。一方面专家要给政治家的决策提供建议和意见；另一方面政治家根据社会的实际需要向科技工作者交付任务，规范科技的发展，只有在这样一种良性互动的机制之下，政治家才可以根据对话达成共识，作出实事求是的判断，消除政治行为中非科学的决策，同时，科技工作者又可以根据政治意愿，合理地推进和规划科技的发展，从而避免科技泛滥可能带来的危害。第二，科学家与社会公众之间要进行平等对话。今天，科学技术已经渗透到社会生活的各个方面，一次重大的科技进步可能会对人类生活、价值观念和文化传统等产生极大的影响，如今的科学技术不仅仅是科学家和专家分内的事情，也是整个社会所关注的问题，比如，克隆已经远远超出了科学技术的范畴，它同样也是一个文化观念和伦理道德的问题。所以，科技的规划和发展必须接受广大公民的理性反思，对其进行民主的辩论和科学的论证，只有这样，科学和技术才具有生活世界的实践维度，才能确保科技活动始终处于合理化的进展之中。

参考文献：

[1] 哈贝马斯．理论与实践[M]．郭官义，译．北京：社会科学文献出版社，2004：358.

[2] 马克思，恩格斯．马克思恩格斯选集：第2卷[M]．北京：人民出版社，1972：78-79.

[3][4] 卡尔·雅斯贝斯．时代的精神状况[M]．王德峰，译．上海：上海译文出版社，1997：43，53.

[5][8][9] 孙周兴．海德格尔选集：下[M]．上海：上海三联书店，1996：932，937，1307.

[6] 莱斯．自然的控制[M]．岳长龄，等译．重庆：重庆出版社，1993：24.

[7] 沃尔夫．十六、十七世纪科学技术和哲学史[M]．周昌忠，等译．北京：商务印书馆，1985：709.

技术进步、犬儒主义与启蒙的幻象

李　侠

（上海交通大学科学史与科学哲学系，上海　200240）

摘　要：自文艺复兴末期以来的四百年间，进步的观念开始深入人心，其间，技术以一种器物的形式把进步的观念演绎为一种实实在在的力量的提高与改善，从而迅速获得社会的认同，在此背景下，启蒙运动的理念还未来得及完整展开，价值理性与工具理性的并行局面快速退化为一种单纯的工具理性，这种思潮造就了19世纪末的虚无主义与当下的犬儒主义的流行，启蒙在技术进步的掩映下，日益沦落为一种社会认知中的幻象。剖析技术进步的本质恰是克服犬儒主义与恢复启蒙理念的唯一合适的切入点。

关键词：技术进步　犬儒主义　启蒙

这是一个技术飞速发展的时代，对于存在者来说，他生活在诡异的观念转换与技术不厌其烦的变化状态中。在新奇、迷惑与无奈中，存在者之为存在者的意义也一道随着这股洪流奔腾而去，被裹挟的茫然感与被抛状态充斥着每个个体的内心，短暂的惊喜过后，留下的只是漫长的焦虑与不安，技术进步是否一定能够带来个体幸福感的增加？是否能削减对于未来的恐惧？是否会带来社会的同步进步？存在的意义在技术化时代以什么方式来表征？这一切都变成无根基的漂浮之物。19世纪末尼采所忧虑的虚无主义是否技术进步的负效应？这个年代，启蒙是否已经沦落为一种遥远的幻象或者虚假的意识形态？所有这些问题都是我们遭遇的技术化时代需要认真理清的问题，纵观四百年的进步历程，技术进步到底带来了什么又拿走了什么？本文愿意就这些问题，提出一个粗糙的思想线索。

一、技术进步与启蒙异化的两种结果：颓废与虚无主义

说到技术进步，不得不先理清一下它的根源：进步。何谓进步？从词源上来说，进步（Progress）来自拉丁语（Progressus），是指提高。按照维基百科的说法："进步观念是指从科学、技术、现代化、自由、民主与生活质量等方面来讲，世界

变得更加美好。”[1]从这里可以看到，如果进步按照时间序列来看，应该是后者相对前者来说有增量内容，而且这个增量是大于零的，如果增量小于零，那就不是进步，而成为退步的标志。英国哲学家约翰·伯瑞考证，进步概念的出现是很晚近的事情，它的真正起源应该是16世纪末至17世纪初。按照约翰·伯瑞的观点：“开化了的欧洲国家耗时约三百年，才从中世纪的思维气氛过渡到现代世界的思维气氛。这几个世纪是历史上显著进步的阶段之一，但当时的条件并不适合进步这一观念的出现，尽管当时的智力环境正在为这一观念的可能诞生做着准备。”[2]进步观念的确立是通过对中世纪以来流行的宗教循环论（末日审判）以及退步论的克服来实现的，其中退步论的观点流行尤其广泛，可谓根深蒂固。自古希腊以来，人们就认为人类社会经历了黄金时代、白银时代、青铜时代和铁器时代等，对于这种传统观念的驳斥，恰恰是新时代思想家的主要任务，这个工作是由法国政治学家吉恩·伯丁（Jean Bodin，1530—1596）完成的。“伯丁拒绝接受有关人类退步的理论，也拒绝接受存在以后总以美德和幸福为特征的先前时代的传统观念。他为拒绝接受传统观念所宣称的原因非常重要。自然的各种力量一直是始终如一的。”[3]对退步论的克服，为进步观念的登场扫清了道路。新世纪代表进步观念的杰出代言人是弗朗西斯·培根（Francis Bacon，1561—1626），他认为：“知识的正确目的是改善人类的生活，增加人们的幸福并减轻人们的痛苦。这一原则是培根在其全部智力劳动中的指路明灯。他宣称人类幸福的增加是他所创作或构思著作的直接目的。”[4]由此，作为催生进步的科技自兴起以来，就被赋予一种明确的单一职责：增加人类幸福，减轻痛苦。从这个意义上说，进步概念进入我们的文化视野也就短短四百多年。培根的名言“知识就是力量”恰恰是科技进步的最好表达。把知识与力量挂上钩，这是科学兴起时代乐观主义的典型表现。按照培根的模式，进步体现于知识的增长，而知识的增长自然带来人类改造自然能力的提高。这种思路即便今天仍然没有多少改变，问题是这种关于科技的认知模式对于启蒙思想的展开构成一种很难克服的障碍。

启蒙运动按照思想来源来说，一条主要渠道得益于法国思想家的工作（苏格兰也是一个重要的启蒙基地），最后由德国哲学家康德给予经典的表述，即“启蒙就是人类脱离自我招致的不成熟。不成熟就是不经别人的引导就不能运用自己的理智。如果不成熟的原因不在于缺乏理智，而在于不经别人引导就缺乏运用自己理智的决心和勇气，那么这种不成熟就是自我招致的。要有勇气运用你自己的理智！这就是启蒙的座右铭”[5]。从这个经典定义中可以看出：启蒙运动所强调的是对于理性的大胆运用，而按照功能，理性大体可以分为两种：价值理性与工具理性。18世纪法国启蒙思想家伏尔泰、卢梭、孟德斯鸠和百科全书派等人为后世贡献了诸多思想观念，如平等、自由、博爱、公平、正义、宽容等，而这些观念构成启蒙思想中的价值理性部分，这些观念的萌发同样是人类大胆运用理性的结果，这种理性与存在者的存在目的有关，它是存在的形而上维度。自文艺复兴以来，整个欧洲的资本主义得到快速发展，而新兴的资本主义生产方式，在和封建主义与宗教的斗争中，它是需要一种全新的价值理性的，但是一旦它确立地位，它会充分展现市场的本性，理性的侧重点转向计算与功利主义，在市场中的表现形式就是追求利益最大化，这个过程一方面造就了整个社会的极大发展，另一方面也促成了理性的片面化发展，由此而来的结果就是工具理性暗合了技术进步的脚步，启蒙在进步的表象中经历着否定的辩证法，退化为一种乌托邦。德国哲学家卡西勒曾深刻地指出："大概没有哪一个世纪像启蒙世纪那样自始至终地信奉理智的进步观点。但是如果我们仅仅从量上看问题，把理智的进步理解为知识的无限扩展，那我们就会误解它的本质。随着量的增长，必然会出现质的规定性。"[6] 如果说 18 世纪是一个理性的世纪，那么在理性的后来展现中，它已经用工具理性的形式掏空了启蒙的所有内涵，这是理性发生转向的一种质的规定性，由此而来则是 19 世纪科技的勃兴与资本主义的快速发展时期，进步概念从单纯的理智进步，拓展为主要以科技的进步、市场体系的完善和资本主义的发展为主要表现形式。在 19 世纪的快速发展中，人不再如康德所期待的那样，只能是作为目的而不能是手段的禁令，人非但没有成为目的本身，反而沦落为一种彻底的工具，这就是马克思所谓的人的异化现象。19 世纪的进步可以看做作为手段的科技的进步，它是工具理性在新时代的最好体现。另一方面，启蒙理性中的价值理性维度，被 19 世纪 30—40 年代兴起的实证主义作为没有意义的形而上学而被驱逐出理性的王国。孔德认为，人类社会必然经历三个阶段，即神学阶段、形而上学阶段和实证主义阶段，而他所处的时代恰恰是实证主义阶段（科学阶段），因此，启蒙理性在 19 世纪中后期完成了内涵的完全替换，如果称 17 世纪的理性为启蒙理性，那么 19 世纪的理性则为启蒙理性，如果说 19 世纪的进步以人的异化为收尾，那么我们看到的景象则是诸多强烈对立与二分：物质的丰富与人的精神的贫乏，社会的进步与人的处境的恶化等。对有些人来说，19 世纪是欧洲最后的黄金时代，而对另外一些人来说，则是最为糟糕的时代。在这些对立中，一个不争的事实是，一个整体富裕的社会开始显现，随着启蒙理性的替换，时代精神必然呈现为虚无主义与颓废主义。虚无主义与颓废主义是富裕社会缺乏形而上维度在精神领域的必然反映。

19 世纪后期兴起的颓废运动（Decadent Movement）是一些代表贵族精英阶层的作家在形而上层面与社会现实在理念层面的矛盾的集中体现，一方面不满于现实的状况，另一方面又无力摆脱其控制的尴尬处境，但这种描述只是一种很表面的现象。从深层理念来说，它是原有的形而上落后于新时代快速涌现的新形而上之间差距的社会表现，为了抵抗这种无力感，一些作家在不惜采取反教条的模式应对社会现象时，体现出心理落差现象。法裔美籍历史学家雅克·巴尔赞（Jacques Barzun）（1907—）在 2000 年出版的超过 800 页的巨著《从黎明到衰落：西方文化生活五百年（1500年至今》一书中，详细地分析了西方文化在近现代的演化与产生的根源，大体上能够支持笔者的这种分析。当颓废主义者提出“为艺术而艺术”的口号时，那种强烈的非理性主义的味道跃出纸面，这可以看做对启蒙运动倡导理性的一种反对（法国诗人波德莱尔、象征主义者马拉美和稍后的英国作家王尔德等人的作品就是最好的体现）。但是，毕竟这部分人群数量比较少，更多的人则处于一种更为尴尬的境地：虚无主义（Nihilism）的蔓延。虚无可以看做对人生目的、意义和真相的缺失造成的现象。德国哲学家尼采说：上帝死了，以及重估一切价值都是这种思潮的最好体现。而海德格尔则把虚无主义理解为：虚无主义将存在缩减至纯粹的价值。19世纪的进步观在形而上层面带来的最大变革就是实证主义与功利主义的计算。当人生的意义只是沦落为一种证实与利益的多少时，启蒙已经死了，因为人生的意义与目的甚至审美都是无法证实的，也是无法计算的。考察虚无主义的诸多表现形式，无疑可以印证这种观点。法国哲学家孔德所谓的社会发展三阶段论明确宣告，这个时代是不需要无法证实的价值理性的实证阶段，而实证主义的主要目标是驱逐人类认知中残留的形而上学成分，由此看来，克服虚无就是工具理性无法完成的任务，虚无与计算或者利益无关。20世纪的第二次世界大战就是这种精神状况的直接后果，无怪乎德国哲学家阿多诺在战后悲愤地说：奥斯维辛以后，写诗是不道德的。由此观之，在技术进步的主导下，启蒙理念在19世纪末与20世纪中叶产生了两种奇异的思想结果：颓废主义与虚无主义，两者的区别在于，颓废是对启蒙理念演变而来的工具理性的一种主动的反叛，突出非理性的作用，虽然消极，但是一种自觉；而虚无主义则是一种对工具理性的茫然接受后产生的被动认同与厌倦。这两种思潮可以看做技术进步在个体与社会之间认同的一种得失转换，而虚无主义带来的后果是女哲学家阿伦特（1906—1975）所谓的“平庸的罪恶”在社会层面的普遍化与流行化。

二、技术进步与犬儒主义的盛行

如果说19世纪是一个科学的世纪，那么20世纪无疑将以技术的巨大进步为本世纪赢得它的显赫地位。原子弹在20世纪的成功爆炸，把人类带入一个无法回头的新时代，即便今天，我们仍然无法完全克服核恐惧，关于核裁军谈判仍在步履维艰地、缓慢地进行着。与这个困难问题并生的是，新的技术和新的恐惧与危险仍在雨后春笋般地快速涌现着，所有理论上的解决办法由于政治与利益的掣肘仍然停留在纸面上，无可奈何与被动前进是这个时代的典型特征。在这种背景下，20世纪后期的思想姿态就是犬儒主义的盛行。犬儒主义在人类思想史上历史悠久，可以追溯到古希腊的犬儒学派，一般来说，犬儒主义（Cynicism）是指：“他们的哲学认为生活的目的在于过一种与本性相一致的生活，就是一种生活的美德。这就意味着拒绝所有约定俗成的对于财富、权力、健康与名誉的追求，过一种摆脱财产羁绊的简单生活。”[7]从这种简化的说法中，不难体味出它的理论主旨，以一种简单的生活来抵抗世俗的诱惑，保持心灵的自由。在当代犬儒主义主要以讥诮嘲讽、愤世嫉俗、玩世不恭等极端行为来对抗与蔑视主流的生活模式。如果分析19世纪末的颓废主义和虚无主义与当代犬儒主义的区别，在笔者看来，主要在于虚无主义是一种工具理性主导下的无为与困惑，体现了一种理论的不足，而颓废主义则是非理性主义主导下的一种理论对抗，犬儒主义与颓废主义相同的地方在于它们都是在理论充足背景下的茫然，犬儒主义更彰显了一种理性主导下的有意识的退却与拒绝。因为无力改变，所以坚决犬儒。已经不仅仅是一种思想姿态，更是一种主动地理性选择的结果，回复到简单，克制复杂的倾向，尽管消极，但它是人类遏制风险的一种努力方式。如果说当代犬儒主义是近代现代性发展的必然结果，那么考察现代性的一些显著后果就是理解当代犬儒主义的很好视野。英国社会学家吉登斯（1938—）认为：“持续不断的技术革命是从资本积累和军事规则中获得原动力的，但是它们一旦开始运转起来，便有了自己的推力。推广科学知识和展示技术创新中的先进效率，无疑是颇有影响力的一个驱动因素。一旦技术创新成为一种常规，就会有一种强烈的惯性。”[8]在吉登斯看来，现代性的极端后果有如下几种：经济增长机制的崩溃、极权的增长、生态破坏和灾难、核冲突和大规模战争。抛开两个极端不谈，我们已经遭遇了极权的增长与生态破坏，而这些困难是任何一个理性个人无力解决的，他所能做的也只有不合作与批评，还能怎样呢？正如吉登斯所言：“现代性的另一面是，当事实上地球上再也没有神志清醒的人的时候，剩下的就只能是‘昆虫与青草的王国’了，或者，是一组破败不堪和外部受到严重伤害的人类社区。”[9]基于这种可怕的未来趋势，犬儒主义的出现也就是理性的个体在无奈的背景下所能作出的最直接的回应。回忆一下20世纪60年代末以来兴起的后现代主义，不难明白其中的对峙。法国哲学家福柯在《规训与惩罚》一书中，对于整个社会日益沦落为全景敞式监狱模式时，随着规训技巧的提高，造就了个体成为一种驯顺的肉体，这种趋势的最终结果就是人之死。

当一种潜在的未来风险开始显现的时候，采取行动的理性个体面临三种选择模式：犬儒主义、复古主义与激进主义。在进步观主导下，文化复古主义不是理性个体的选项，因为我们不相信人类曾经存在一个“黄金时代”，如果这是正确的判断，那么采取回到古代的思想路线对于现实的困境而言，基本上是一种敷衍与拖延的无效行为。采取激进主义又充满了诸多不确定性，而且后果与风险都是不可控的，这种路径同样不是理性个体乐于选择的，基于这种考虑，对于理性个体而言，一种谨慎的、无奈的选择就只能是犬儒主义。犬儒主义在承认无力改变世界的同时，尝试通过改变自己与批评社会来延缓风险的真正到来，虽然消极，但毕竟是一种实实在在的努力。按照英国哲学家提摩太·贝维斯的说法：“犬儒主义意味着一种玩世不恭、愤世嫉俗的倾向，即遁入孤独和内在之中，以缺乏本真为理由而放弃政见。现代犬儒主义是一种幻灭的处境，可能带着唯美主义和虚无主义的气质而重现江湖。……当代人对于犬儒主义概念的过分热衷恰恰就是政治建制和政治实践本身出现危机的症候。”[10] 基于这种理解，可以把技术进步背景下涌现的犬儒主义归结为启蒙失败后，对于贫困的一种主动反抗，这种贫困主要是政治贫困，按照贝维斯的理解，主要包括如下因素：对政治家的普遍怀疑，对政治制度大范围地丧失信心，对神秘世界观的兴趣的全面复活等。现在的问题是，这几种思潮是否同时出现，还是有条件性地相继出现？基于笔者的理解，这三种思潮的出现条件与社会的发展状况有关，换言之，社会的同质性越高，出现单一思潮的可能性就越高；社会差异性越大，出现多种思潮的可能性就大。从19世纪末到20世纪初，欧洲主要发达国家的同质性相对较高，因此，他们出现了颓废主义与虚无主义，20世纪后期，这些国家高度同质化，所以出现的思潮就比较单一，主要以犬儒主义为代表（后现代思潮的一种变体）。结合这种考虑，对于中国当下的情况作一些简单的诊断还是有必要的。由于中国发展的严重不平衡性，整个社会的同质化程度相当低，导致中国思想界和民间这几种思潮同时出现，粗略地说来，在发达地区表现为犬儒主义与颓废主义的盛行，在落后地区则是虚无主义与犬儒主义的蔓延。需要指明的一个特殊情况是，功利主义与拜金主义在中国当下可以看做犬儒主义的一种特殊表现形式，它是以极端去政治化的面目出现的，反映了长期以来人们对于政治权力无约束扩张的无奈与放弃。正如德国哲学家奥伊肯就20世纪初的精神状况所说的那样：“我们处于一种痛苦的困惑状态中。纯粹现实主义的文化剥夺了生活的一切意义；回到旧的生活方式又不可能，而放弃一切寻求生活意义与价值的努力也同样做不到，我们自己的时代尤其难以泰然接受这样一种局面。”[11] 从这个意义上说，启蒙运动以来的技术进步并没有让我们获得预想中的结果，反而是在技术进步的促逼下，人类的自由与尊严甚至意义都在丧失，启蒙已经被某些激进的思想家称为“虚假的意识形态”，这种说法过于极端，反而走到了事物的反面，我们更愿意相信启蒙是一张没有兑现的支票，现在到了兑现的时候了，从这个意义说，笔者同意哈贝马斯的说法：启蒙是一项远未完成的事业。好在，启蒙已经在路上。

在当下各种反启蒙思潮甚嚣尘上的今天，透过技术进步的虚假面纱，我们首先需要做的就是重建新时代的人类精神生活，开放公共领域，把人从私人领域的劳动中解放出来，走向行动，以此消解上面提到的三种思潮的侵蚀，进而恢复人类对于自由、尊严与意义的追求，在奥伊肯看来，以往的失败主要是由于：“生活的意义之所以对我们模糊不清，主要是因为我们被我们应当采取的立场所分裂，而且哪一方都不可能吸引人们普遍接受它自己的特定信念。”[12] 当下中国正处于文化的快速分化时期，也许我们还无法具体地说出该如何构建中国人的精神生活结构，但至少我们知道在此过程中我们应该避免习惯性的独断与制度性的武断，以一种宽容的姿态迎接新的精神生活结构的到来。

参考文献：

[1]　维基百科 . Progress[EB/OL]. [2011-12-06]http://en. wikipedia. org/wiki/Progress.
[2][3][4]　约翰·伯瑞 . 进步的观念[M]. 范祥涛,译 . 上海:上海三联书店,2005:21,28,37.
[5]　詹姆斯·施密特 . 启蒙运动与现代性[M]. 徐向东,卢华萍,译 . 上海:上海人民出版社,2005:61.
[6]　卡西勒 E. 启蒙哲学[M]. 顾伟铭,等译 . 济南:山东人民出版社,1996:3.
[7]　Cynicism. http://en. wikipedia. org/wiki/Cynicism.
[8][9]　安东尼·吉登斯 . 现代性的后果[M]. 田禾,译 . 南京:译林出版社,2000:148,151.
[10]　提摩太·贝维斯 . 犬儒主义与后现代性[M]. 胡继华,译 . 上海:上海世纪出版集团,2008:8.
[11][12]　鲁道夫·奥伊肯 . 生活的意义与价值[M]. 万以,译 . 上海:上海译文出版社,1997:47,52.

技术物传播：价值选择的视角

闫宏秀
（上海交通大学科学史与科学哲学系，上海 200240）

摘 要：在传播学中，对传播的研究通常主要聚焦于传播的技术、过程、性质及效果等的分析，而对被传播对象之哲学本质的探求则较少。但传播是人类的一种实践活动，而人则是技术性和价值性二重本质的存在。因此，就技术物传播而言，应当从价值选择的视角看，将技术物纳入到技术传播中。以技术物为基点，通过对技术物的本质、技术物传播过程中人的要素以及此中物的要素和人的要素的契合与技术物传播的速度、深度等关联性的解读，厘清技术物传播的内在机理，从而推进技术物传播的有效展开。

关键词：技术物 传播 价值选择

传播是信息通过一定的渠道从一个地方（信源）传到另一个地方（信宿）的活动，它包括信息、信息的发送者（Sender，即供方）和信息的接受者（Receiver，即受方）。传播是在社会语境中展开的一种人类实践活动，因此，必将涉及政治、经济、心理、制度等多个维度。就技术物传播而言，其包含两大要素，一为技术物；二为包括发送者（如发明者、设计者、制作者等）、接受者（用户、消费者、公众等）的人。因此，对技术物传播的考察必须要对物的要素和人的要素都进行分析，才能真正地把握其机理。

一、传播学视域中关于技术物本质哲学分析之缺失

在传播学的视域中，关于传播的研究一般都聚焦于对传播技术、过程、性质及效果等的分析。自20世纪20年代以来，西方传播学研究中出现了多种传播模式，如有注重发送者和接受者之间传递渠道，并将传播视为直线性、单向过程的香农-韦弗模式（图1），有将传播视为双向循环过程、讨论传播过程中各主要行动者行为的奥斯古德-施拉姆模式（图2），有针对香农-韦弗模式的直线性和缺乏反馈而作出修正的德福勒模式（图3），有强调大众传播同社会、文化等的关系注重传播

过程的复杂性和动态性的波纹中心模式（图4）等①。

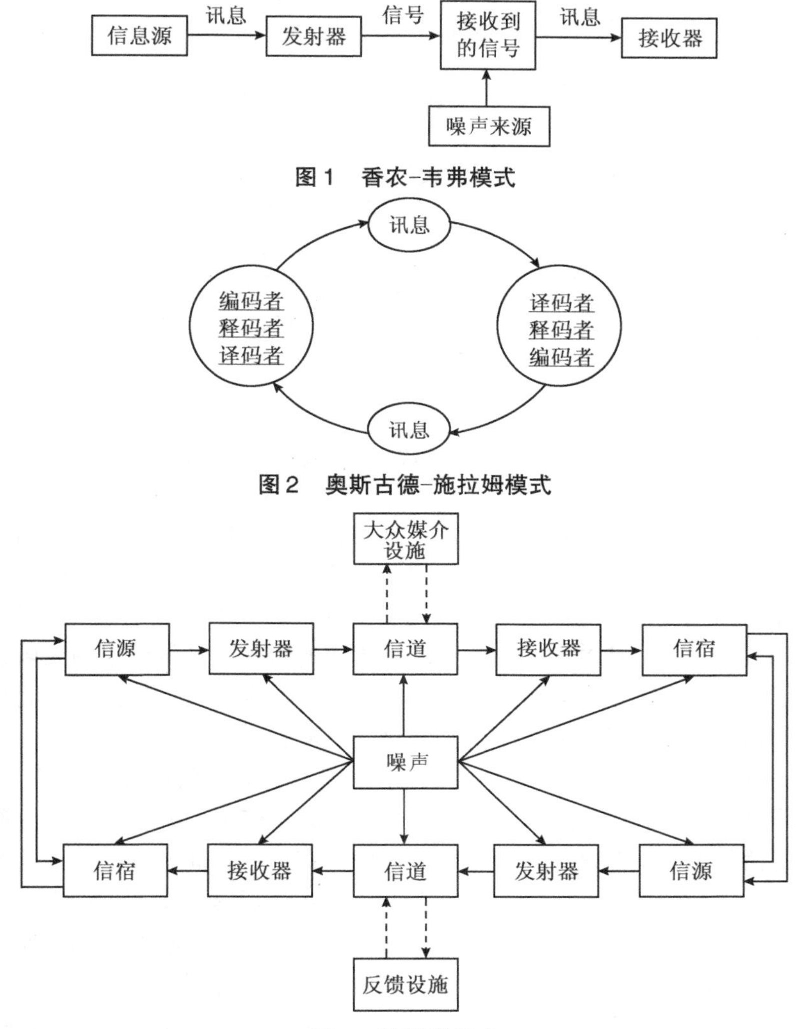

图1　香农-韦弗模式

图2　奥斯古德-施拉姆模式

图3　德福勒模式

---

① 在传播学研究中，传播模式有美国政治学家H. D. 拉斯韦尔的“5W”模式，美国数学家C. E. 香农和W. 韦弗的香农-韦弗模式（传播的数学模式），美国社会学家M. L. 德福勒的模式，奥斯古德-施拉姆的循环模式，强调传播动态性的丹斯的螺旋形模式，将传播视为主观的、有选择性的、多变的和不可预测的开放系统的格伯纳的传播总模式，注重双向和相互作用、传播环境的动态性的麦克劳德与查菲的“风筝”互相模式，纽科姆的ABX模式以及对ABX模式进行改进的韦斯特利-麦克莱恩模式，美国社会学家P. F. 拉扎斯菲尔德的两级传播模式，美国传播学者W. 施拉姆的大众传播模式，用社会学的方法来解读大众传播的赖利夫妇的工作模式以及罗杰斯-休梅克的创新扩散模式，罗杰斯-金卡特的传播融合模式，伦克斯托夫的社会行动模式，麦奎尔的“文化”媒体使用模式等。参见：丹尼斯·麦奎尔，斯文·温德尔．大众传播模式［M］．祝建华，译．上海：上海译文出版社，2008.

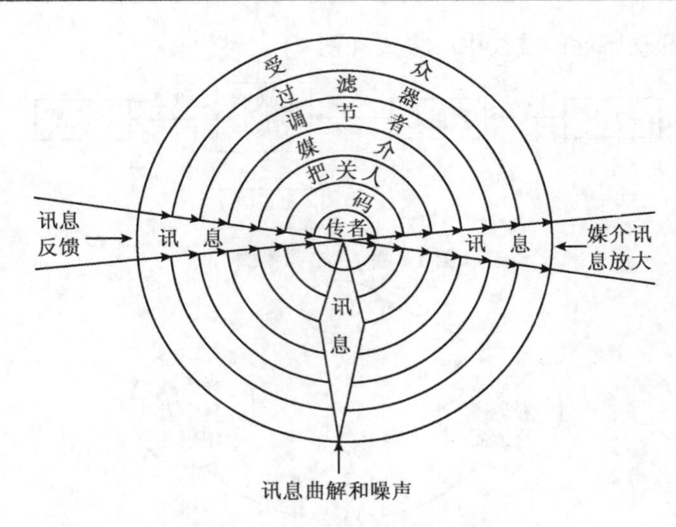

图4　波纹中心模式

综观传播模式的演变历程可以发现，其经历了从早期单向线性模式到循环过程再到强调传播之社会学要素的转变。但这些模式主要是基于将被传播的对象视为给定的初始值而围绕从信源到信宿（即发送者到接受者）的过程而展开相关的分析。

但在现实中，人是技术性和价值性二重本质的共在。从认识论的视域透视，这种特质在于理性认识的过程和知识本身，而这不仅来自对技术的使用，而且是一种价值选择的结果；从生存论的视域透视，这种特质在于其借助主观能动性构建生存的境域，操劳于物体现为技术活动，操劳于人则昭显为价值选择的活动[1]。因此，就技术物传播而言，被传播的对象即技术物是负载价值的，且其所内禀的价值选择意蕴与其传播的力度、速度等有着不可分割的内在关联；同时，作为人的要素的发送者和接受者，其作为社会主体是价值性的存在。因为其作为类存在物在于其“使自己的生命活动本身变成自己的意志和意识的对象。他的生命活动是有意识的。这不是人与之直接融为一体的那种直接规定性。有意识的生命活动把人同动物的生命活动直接区别开来”[2]，其一旦成为存在进入社会，就会必然与其所设身的外界发生关系，这种关系不是一种抽象的认知关系，也不是单纯生物学意义上的动物式关系，而是人以自身的生存境遇为基点的一种价值关系。

价值选择作为一种具有先验性的、非逻辑性的观念，对实践行为产生着重要的影响。因此，对作为人类实践活动之技术物传播，必须从价值选择的维度对其物的要素和人的要素进行剖析，才能进一步明晰技术物传播的本质与效用。

二、技术物传播中技术物之价值选择剖析

技术与价值选择作为人之为人的两种基质，其中技术是人类在世之据，价值选择则是人类在世之根，即作为软实力对人类实践的规约更具有普遍性与根源性。因此，技术物发展虽然有其自身的某种逻辑，但其从设计到市场商业化的历程无不体现着人类价值选择的痕迹。技术物之价值选择构成，一方面体现为技术物是价值选择的载体，它彰显着价值选择；另一方面，技术物既会对现有的价值选择进行解构与重构，也会对未来的价值选择进行建构。

1. 作为价值选择载体的技术物

从横向的维度来看，技术物构成有功能性、本体论和价值论三个维度。技术物除了实现其功能之外，还蕴涵着人对世界的认知、对生活的理解，对主客体在世的方式以及世界以何种方式呈现。即它是价值选择的表征方式之一，传承、传播、表述着人类的价值选择。多样技术物的并存正是人类价值选择多样性的现实写照。毒气室、酷刑具等体现着邪恶的价值选择观念；青霉素、杂交水稻等体现着善的价值选择观念；绿色技术、节能技术、世博会的阳光谷体现着可持续发展的价值选择理念；世博会各个国家的展馆不仅传递着设计师对建筑美的领悟，更体现着世界各地的各种价值选择意蕴。

技术物的这种价值选择承载特征甚至会走向物的价值论意义占据主导地位的境地。如在阿曼所设计的乔治·华盛顿桥取得了成功之后，阿曼对桥的优美外观以及他对成本特别是对一个薄的因而更优美的桥面的审美优势的详细描述，使得后来的设计师日益将美学作为设计的判据，从而忽视了刚度和动力学问题。可以说，从乔治·华盛顿桥伊始，对更长更窄的桥梁审美效果的这种价值诉求的追求甚至会让人着迷到对现实物理世界的忽视。其中，塔科马海峡大桥的建造就是如斯。该桥的设计者莫伊谢伊夫曾是阿曼设计乔治·华盛顿桥的顾问，他出于对技术物的审美和某种程度上经济的价值选择取向，设计出了非同寻常的狭窄的双车道桥面，宽度与跨度之比为1∶72，其细、窄的程度堪称前所未有。1940年11月7日，该桥启用后，发生了惊人的扭曲和振动[3]。

技术物的价值选择承载也体现在人类会将某种价值选择理念的实现寄予某种技术物。豪威尔斯等贝拉米俱乐部的成员认为：电应用于传播和运输后便于文化的普及、人口的分散和控制的分权化。在路易斯·赛巴斯蒂安·梅西耶（Mercier）的电力乌托邦中，电被描述为物质与道德兼备的工具。克鲁泡特金提出，电子技术能将文明从工业主义的祸害与重负中拯救出来，恢复人人共享的社会环境[4]。

2. 技术物传播对既有价值选择的解构、重构与建构

人类社会学家劳瑞斯通·夏普曾讲述被隔绝在澳大利亚丛林中的相对没有受到

现代文明影响的耶·约朗特人，由于钢斧——这一被现在的我们视做非常简单的技术物——的介入而引发了巨变。在耶·约朗特人那里，石斧一直是其主要的工具，而石斧只有男人才可以拥有，它被视为男人的象征和对老人的尊重。妇女和小孩虽然也使用这些工具，但他们也只能根据传统习俗，从父亲、丈夫或叔叔那儿根据特定的习俗借出。但在一些传教士将钢斧这一技术物作为礼物或者将其作为支付酬金的手段予以耶·约朗特人之后，这个部落出现了诸多变化，如身份、地位、交易者的友谊关系等[5]。该部落传统的价值选择模式渐渐逝去。

人的价值选择伴随技术物的传播经历着一次次的变迁。电报、电话和互联网等使得人在技术物所造设的虚拟情境中获得了一种新的时空体验——时空压缩，可在不同的空间获得即时的信息，时间的延缓和空间的跨越之感被消解，全球化、地球村的观念逐渐形成并被认同；可在虚拟社区进行聊天、购物甚或婚恋，也可将自我进行充分的张扬和伪装，塑造一个与物理社会完全不同的主体；Cyborg、克隆技术等更激发了人对生命本质的重新界定。因此，在技术物传播过程中，迫使人不得不开始反思传统价值选择中对自身的存在、存在方式、身份认同等的认知。

三、技术物传播中人之价值选择剖析

技术物的发明者、设计者、制造者和用户等都拥有对技术物进行解读的权利，而这种解读恰是依据其对生活的目的和意义，即源自其内心的价值选择理念。物是技术的外化表现形式，其传播是在个人的体验中进行的，是主客体交互作用的一个过程。因此，技术物传播的过程也正是价值选择的传播过程，也是人类实现自身价值选择的过程。在技术物的传播中，发送者将其价值选择通过客观化为物加以阐释，接受者则依据其价值选择，对客观化的物进行接纳，甚或发挥其主观能动性，将其予以新的意义。

1. 发送者的维度

发送者包括发明者、设计者、制作者等。被传播的技术物在其形成的每个环节，都牵涉到主体的价值选择诉求。如技术设计作为技术物形成的核心，其内核是设计的意识过程，外层是设计的功能与意义层面。设计者以现有的技术为基础，将赋予技术物以意义和功能，借助技术物来传承、传递以及展开其自身所内禀的价值选择。设计者对技术物赋予何种意义的判据也恰是依据其价值选择对过去的总结、现实的理解与对未来的预期。设计师 E. 索特萨斯将设计的目标视为“将设计移入更大的传播目录、更有意义、更广泛的语言灵活性和对私人及社会生活的更广泛的责任意识”[6]。

就设计本身而言，20 世纪的设计理念从形式服从功能转向形式服从趣味、需求、体验和人性。这种转向体现了对人之价值性存在维度的关注。后现代主义不满足于把技术物仅仅当做满足功能，而认为技术物应当首先体现的是意义，技术物应当是个性、文化内涵和历史文脉等的一种表征方式。如荷兰的“永远属于您的”（Eternally Yours）公司的设计者们，将其对可持续的认知诉诸技术物，包括对技术物的处置。如他们认为可持续设计应该是耐久的，这种耐久性不仅仅是技术层面的问题，还有心理的维度。任何产品的寿命有技术、经济和心理三个维度。产品坏了不能被修复时，意味着现有的产品将由于其技术的原因被抛弃；更便宜、更先进的新产品的上市意味着现有的产品将由于经济的原因被抛弃；现有产品使用者兴趣的转换意味着其由于心理的原因将被抛弃。因此，设计者可通过技术手段制造和达到物的寿命的延长，更能通过加强人和物之间的感情即文化维度的耐久性来实现可持续发展。意大利设计师 Ezio Manzini 指出：“应当设计这样的新一代产品了，它们以一种有尊严的方式慢慢老化，并能成为我们的生活伴侣，驻留于我们的记忆。”[7]

2. 接受者

依据技术接受模型，技术接受主要由两个因素决定（图 5）：感知的有用性和感知的易用性。其中，感知的有用性指某人认为系统的使用能够提高工作效能的程度；感知的易用性指某人认为系统使用的简易性[8]。而感知有用性和易用性的判据之根则是人类内在的价值选择模式。

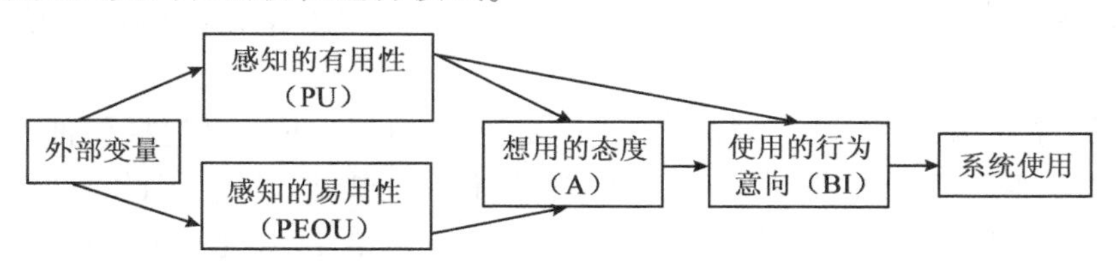

图 5　技术接受模型

技术物传播的终端是接受者。一个产品的成功与否不仅是专业同行的认可，更重要的是其能否在市场上得到认可。市场的主体就是接受者。接受者的价值选择会对何种技术物可进行传播、传播该物的哪些方面、传播到何种程度造成重要的影响。接受者会依据其价值判断来选取、关注、利用自身所关注的技术物及其功能，甚或忽略其价值选择视野之外的功能，同时，被传播技术物在传播的过程中也会发生变形的情况，如接受者依据自身的观念挖掘出新的意蕴，或许发送者根本就没有想到有这样的效力，即接受者在技术物的传播过程中对技术物的功能与意义予以二次诠释；甚至还会出现因某些技术物所蕴涵的价值选择意蕴而导致接受者对技术物功能层面效用的忽视。如在日本曾经有过抛弃枪炮，反而去使用他们的传统的武器——剑、矛、弓箭——的历史。其中，一个深层次的原因是剑在日本的历史传承中有着其象征意义和文化教育价值。它是武士的英雄主义、荣誉和地位的体现[9]。

并且，就是对同一物，不同接受者也会有不同的看法，并赋予物不同的意义。这一切正是技术物传播中接受主体的价值观多样的体现。

同样需要关注的是，技术物传播的发送者与接受者之间是一个双向的过程，发送者一方面通过物向接受者传递其价值选择观念，另一方面也会将接受者的价值选择观念以及其对物的反馈整合到其对技术物的形成过程之中。

四、技术物传播：人的要素和物的要素的契合

功能和意义是技术物的两个重要属性。其中，功能是技术物的基础与表象，意义是技术物的核心与本质，物在其传播的过程中，会形成超越其功能性意义的价值性意义。如就桌子而言，其基本功能均为放置物品，但从符号学的视角来看，桌子本身就已经指称价值观念。野口勇（Isamu Noguchi）1945 年为赫尔曼·米勒公司设计的玻璃与曲木低桌是第二次世界大战后家具设计中的有机的、雕塑式的现代主义的一个显著例证，1957 年，P. 凯尔霍姆设计、E. K. 克里斯琴森制造的钢与木头材料的桌子被视为极简主义与现代主义理想的复苏一致性的产物，H. 霍莱因设计的桌子与传统的桌子大为不同，它是后现代主义的一个标示。他将桌面的木头锯成五个高低不同的平面，使得桌子本身的功能性削弱；从后现象学的视角来看，桌子在放置物品的同时，还塑造价值观念，因为它积极构建着围坐在其周围的人与人之间的关系。

同时，技术物传播是一种技术实践，而技术实践“不仅仅包括硬件、技术知识，还包括组织、政治，以及与价值观和信仰相关的文化”[10]。因此，技术物传播的成功与否取决于物自身的结构、性能以及其与人类的价值选择理念融合的程度，是主观性和客观性的融合。因而，要实现技术物的有效传播，就必须关注技术物自身的价值属性并予以充分利用，注重人的要素和物的要素的契合。

参考文献：

[1] 闫宏秀. 人:技术与价值选择[J]. 科学技术与辩证法,2007,24(3):70-73.

[2] 马克思. 1844 年经济学哲学手稿[M]. 北京:人民出版社,1985:53.

[3] 约翰·齐曼. 技术创新进化论[M]. 孙喜杰,曾国屏,译. 上海:上海科技教育出版社,2002:192-193.

[4] 詹姆斯·W. 凯瑞. 作为文化的传播[M]. 丁未,译. 北京:华夏出版社,2005:6.

[5] 埃弗雷特·M. 罗杰斯. 创新的扩散[M]. 辛欣,译. 北京:中央编译出版社,2002:410.

[6] 斯蒂芬·贝利,菲利普·加纳. 20 世纪风格与设计[M]. 罗筠筠,译. 成都:四川人民出版社,2000:473.

[7] Peter Paul Verbeek. What Things Do: Philosophical Reflections on Technology, Agency, and Design

[M]. University Park, Pennsylvania: The Pennsylvania State University Press, 2005: 220-221.

[8] Fred D Davis, Richard P Bagozzi, Paul R Warshaw. User Acceptance of Computer Technology: A Comparison of Two Theoretical Models[J]. Management Science, 1989, 358(8): 985.

[9] 乔治·巴萨拉. 技术发展简史[M]. 周光发, 译. 上海: 复旦大学出版社, 2000: 206.

[10] Arnold Pacey. Meaning in Technology[M]. Cambridge: The MIT Press, 1999: 7.

技术、图像与生活世界：一种新的挑战

杨庆峰

（上海大学哲学系，上海 200444）

摘 要：随着现代技术的发展，技术图像成为决定性的图像形式。电影、电视、网络提供给人们众多的技术图像。但是技术图像所带来的问题却很少被反思。从伦理上看，技术借助自身中介化体验取代了直接生存体验，从而瓦解了伦理的基础；从本体论上看，世界图像化意味着技术图像成为构成我们的生活世界。技术图像超越出经验性的范围，成为人们生活世界的构成性因素。如此，使得我们的生存与行动被建立在技术图像上，而不是生存体验这一事物本身。

关键词：技术 实在论 图像

19世纪末摄影技术发展起来，20世纪初电影诞生，20世纪50年代电视诞生，20世纪80年代互联网诞生，如今，3D摄影技术也成熟起来。这些现代技术通过图像被串联在一起。照相是静止的图像，电影、电视是运动的图像，互联网使得静止、运动的图像获得了广泛的传播。尽管如此，它们还只是平面的。3D摄影技术的成熟使得图像突破了2D维度，3D图像的出现使得人们的知觉体验被引领到一个新的领域，知觉越来越自然化。这些技术所带来的图像都可以被称为技术图像。

技术图像给我们带来了怎样的问题？视觉文化指出，日常生活已经为图像所改变。“不管是视觉的狂热，还是景象的堆积，日常生活已经被社会的影像增值改变了。”[1]但事实上，更重要的问题是：从伦理上看，技术借助自身中介化体验取代了直接生存体验，从而瓦解了伦理的基础；从本体论上看，世界图像化意味着技术图像成为构成我们的生活世界①。

所以，我们必须给予技术图像以反思。一个适合反思的技术图像被海德格尔提

① 传统理论将伦理的基础确立在生存体验之上。以同情为例，经历过战争，才知道战争受害者的感受；经历过地震，才知晓地震区灾民的感觉。有过这种直接的生存体验，我们才会产生永恒的同情，基于同情给予被同情者的关怀和帮助行为才会持续不断、连绵不绝。但是，当前技术图像却侵蚀着伦理的基础。以往我们直接面对世界，用我们自身的心去感受世界之发生；现在却直接面对远方世界的图像，而这一图像并非我们自身所感受的结果，而是某个视角建构的结果。

出的概念忽略了，这就是“世界图像”的概念。“说到图像，我们首先想到的是关于某物的图像。据此，世界图像大约就是关于存在者整体的一幅图画了。但实际上，世界图像的意思要多得多。”[2]“多得多”到底意味着什么，成为我们要追问的问题。“世界图像”中所蕴涵的启示是：世界图像化。在诸如电视机、计算机这些现代技术出现过程中，让我们领会到一个逐渐加强的趋势：由技术所出图像从“某物的摹本”转变为“世界的一种趋势”。图像不再仅仅作为生活世界的构成部分存在，不仅仅改变世界，反而构成生活世界，成为“历史的主体”。这种趋势——图像化——撕裂了作为整体的人与实在，以一种强势插入这一整体之中。如今这一趋势对我们所提出的问题是，如果现实被当做图像提供，一个新的世界状况该如何看待。现在我们更加近距离地面对这一问题。

一

我们的认知、生存与行动需要起点。哲学对起点的反思开始于现实。黑格尔指出，“哲学的内容就是现实。我们多于这种内容的最初意识便叫做经验。”[3]他指出，我们与现实之间“最初”展现为经验关系。这意味着我们直接以感性或者理性的方式与现实实在发生关系。

传统哲学提出的关于实在的命题是“世界存在”或者“自我存在”。多数唯物论者将世界存在作为实在确立起来。而唯心论者则将自我确立为实在。先验唯心论者谢林就否认世界存在这一命题的确然性。此外，从知识论角度看，笛卡儿、黑格尔、胡塞尔都力图为绝对科学确立坚实的理性起点。不同的学派维护着彼此不可还原的起点。

现象学对于这一起点的追求转变了方向，他们指出了世界明证性的非确然性，从而确立了非世界，如自我我思、知觉的实存。“就这方面而言，普遍的感觉经验——在其中世界始终明证地预先给予我们——显然不可以直接看成是一种确然的明证性。”[4]胡塞尔将自我我思作为确然的。特别是梅洛·庞蒂将知觉作为确定的起点。“我们看到事物本身，世界就是我们看到的那个东西：这种说法表达了自然人和睁着眼的哲学家所共有的一种信念，它们反照出我们生命中沉默‘看法’的深层根据。”[5]“看”这一知觉形式就成为根本性的东西。而行动则与此有关。“日常生活的活动就与这个世界有关。”[6]

无论何种起点，在起点的寻找上，存在一种固有的偏见：起点必须是可靠而真实的，即具有确然的明证性。如此，从现象学角度看，我们判断与行动所依赖的基础就与“看”直接相关了。判断依赖于“看”到的东西，也就是世界；行动也依赖于“看”到的东西。“看”见什么？从视觉角度看，被看见的对象可以区分为两类：事物以及事物的图像或者事态以及事态的图像；从本质角度看，被看见的只有理念。而根据看之特性，真实性被确立了起来。

如果人们能够有效地区分事物与事物图像，那么没有什么问题。至少20世纪以前现代人在这个问题上不会存在混淆。当然也有特殊的情况，如原始人与小孩子是无法区分事物与事物之图像的。但是，随着现代技术的发展，这二者之间的区别逐渐被混淆。随着电影、电视、网络等图像传播技术的发展，我们发现了这样一个事实：我们的判断、行动和生存更多地依赖于被给予的图像。新公布的“9·11”图片激发起新的对恐怖主义者的憎恨，激起了对受难者的同情。“我们在图像之中”成为“我们在世界之中”（此在在世结构）的经验诠释。海德格尔的“世界图像”的概念再一次浮现出来。

如此现代技术的发展凸显出新的问题，它使得我们看到原先的无可置疑性——世界——将是一个虚幻的、被建构起来的观念，我们不需要追问起点的无可置疑性。现代技术使得我们不需要面对令人头疼的“绝对确然性的起点”，而仅仅是需要一个起点，引发判断和行动的起点。从这个角度看，现代技术实现了哲学领会的纯正性和力量。因为“哲学领会的纯正性和力量只能用以下标准来衡量，即我们是否或如何发展了开端——如果我们自己应该重新开始，我们是否有能力借助这个开端而开始”[7]。现代技术以取消开端确然性的方式发展了开端，为技术逻辑奠定了一个需要的起点。

二

作为纯粹的实在论者，不仅需要“有实在”，而且实在是确然的、无可置疑的。但是，现代技术的发展以及现代社会的运作使得我们转变成准实在论者：现代社会仅仅需要一个实在起点——但不必是真实的——作为人们判断、行动和生存的支点，如同情的发生。现代社会需要同情的存在，某些人必须表现同情，也需要某些“被同情者”的出现。如此，技术图像恰恰提供了这样一种可能性。被拍摄的照片可能并非事实的真实反映，而是拍摄者建构的结果。拍摄者（社会）试图呼唤同情，为某些人的同情表现提供可能，“被同情者”则通过照片被构建出来，但或许他们的本义并非需要某种同情。在上述过程中，技术图像使得这一生产过程得以完成：通过技术图像建构出被同情者，网络传播使得图像与被同情者得以同一。

对于世界，我们无法在现成存在物的意义上进行追问，并不存在一成不变的东西，这个世界发生着变化。世界发生着什么？根据经验的判断，我们发现，我们进入到图像时代，视觉文化大行其道，视觉现代性已经成为一个备受关注的问题。这种经验事实非常关键，它能够为我们的判断提供实证。“当今的时代已进入一个图像的时代：电影、电视、摄影、绘画、广告、美术设计、建筑、多媒体、动漫、游戏等正在互为激荡汇流。视觉文化传播在全球范围内极大地影响着我们文明的进程。”[8]视觉现代性向我们传递出一种趋势：更多的技术图像——而不仅仅是艺术图像，如广告、电影、电视、网络视频——开始增多。尽管它们揭示出这一趋势，但是由于缺乏对图像与世界关系的把握，使得它们无法触及问题的根本。在视觉现代性的视野里，更多技术图像连同艺术的复制图像源源不断地涌入我们的世界。从经验角度看，这是很显然的趋势。在城市生活中，入眼的都是各类广告图片、广告影像。我们的手机以及我们所乘坐的公交车、出租车、地铁等都无时无刻地向我们展示这样一个事实：我们已经进入图像时代。但是，这只是事实，却不是问题的根本。

问题的根本只有借助“世界图像”，才可以看得更为清楚，这也是现象学给予我们审视技术世界带来问题之契机。“世界图像”是海德格尔所给予我们的一个关键性概念，这一概念传达的是世界的图像化，一种正在发生的趋向。如此，我们将意识到问题的根本不是我们的世界中增加了一些以前所没有的图片，问题的根本是：图像的制造者将“看”的形而上学发挥到了极致，现代社会的每个人都无法避免“看”，都倾向于将“看”到的东西当做世界，当做实在。如此，图像就成为世界的构成因素。“世界图像化”意味着世界由图像构成，意味着如果世界是我们所看到的，那么图像恰恰构成了世界。图像化是形而上学的另一个维度，这一维度被遮蔽在技术的阴影之中。殊不知，技术图像恰恰源出于现代的摄影术、数字技术。

那么这一趋势是如何发生的呢？我们如何被卷入到这样的一个逻辑中？由于我们更加倾向于相信视觉所给予我们的，相信图像，只要以图像的方式呈现出来的事情必然是真的。这与图像的本质有所关联。

当“图像作为摹本存在时”，人们并没有混淆摹本与被摹状物之间的区别。现象学更进一步地向我们揭示出“我直接感知事物”与“我感知到事物的图像”之间有着很明确的区别。“这一图像把捉，这种通过一图像物而把某物当作一种被摹状物的理解，具有一种与简捷的感知完全不同的结构。”[9]简捷感知的特性是“以亲身具体的方式给出它的对象。在这样一种亲身具体的给出中，对象本身保持自身为同一个对象。在各种不同的明暗层次（这些明暗层次是在各种感知的系列里显示出来的）的相互转换中，我看到的是作为‘同一个自身’的对象”[10]。在对图像感知的分析中，“图像物（Bildding）”与“被摹状的东西（Abgebildete）”成为两个最为关键的概念。“图像物可以是一具体的物，例如墙上的黑板，但图像物并不是如同自然物或寰世物那样的单纯之物，相反，它显示着某种东西，显示着被摹状者本身。”[11]

但现在发生的事情很明确：我们越来越把事物之图像看做世界本身。世界图像化使得我们在与现实性的交往上发生了某种变化：我们与实在的关系不再是从感性或理智上升到经验，而是通过一种中介来把握的。

三

我们的时代不再是“机械复制时代”，而是一种“电子建构的时代”。“机械复制”与“电子建构”是两个完全不同的阶段。“机械复制”是本雅明的专门词汇，与机械复制时代相匹配的技术主要是19世纪末期、20世纪初期的照相技术、摄影技术与印刷技术。这些技术在原型的复制上起到了极大的作用。在复制技术面前，人们与现实性之间的关系是一种反映的关系。图像是实在的摹本，反映着实在。如一张桂林山水照片，其就是桂林山水的反映、是桂林山水的摹本。在复制技术对于实在的本真的复制过程中，我们通过复制技术所给予我们的图像与实在打交道。尽管没有直接与实在交往，但效果是一样的。在这一技术中，我们看到了连接复制过程的两个端：原型和复制样本。

但是，电子建构的时代则整合了机械复制时代的复制特征，并在此基础上，将建构阐释到最大化的程度。计算机技术的发展使得人们能够快速复制，文字、图片、视频等都可以无限制地复制，只要源文件不出错，这个过程就可以无限下去。实在与电子技术之间的关联由于某种原因被切断了，电子技术当然也保留着复制关系，如数码照片和传统胶片照片的功能一样。但更为重要的是，因为一切都数字化了，所以图片上的所有元素都可以任意地进行加工、删除或处理。如此，经过加工、删除、处理而形成的图片就成为新的图像。一个新的实在就形成了。

如此，本雅明的“机械复制”与图像的分析却无法作为我们的出发点。由于他对艺术的关心，使得这个问题仅仅停留在机械复制技术对艺术的冲击上，仅仅停留在艺术的终结与否上。海德格尔所揭示的世界的图像化恰恰在电子技术发展的今天彻底地表现出来。问题不是图像对艺术的冲击，而是图像对于我们的判断、生存和行动所产生的影响。现实性正在被改变，我们看到的“图像”已经成为我们的实在性，而这一过程的完成是现代技术整合的结果。海德格尔的不为人所知的学生安德尔斯专门研究过实在是如何由传媒技术整合的，从而产生现实性的。当然，还有一点是人们图像观的变迁：图像不是历史的证据、现实的反映，而是对未来的构建。

对未来的构建源于某些社会性因素。事实上，在图像发展史上，社会因素在图像上有其内在的显现。在其他领域，这被看做图像的功能。但是，在这里，我们却是从图像的构成角度来看。任何图像都是一定角度的截取。从现象学的观点看，如果生活是由流动构成的，那么静止的图片是对生活的截图，而运动的图像，如电视、电影所给予我们的则往往被看做事情的原本的展现。只有海德格尔才给我们提出了这个问题：纪录片将花朵开放的过程在几秒钟内得以展现，但是，这并不意味着我们就回到了事物本身。日常观念却忽略了这一点。我们用肉眼看到的未必是真实的。

如此，我们的存在方式表现为“在图像之中”，而不仅仅是“在技术之中”。如果用我们所熟悉的语言，我们的时代可以唤做“图像时代”。但是，图像时代不仅仅意味着我们更多的是与图像打交道，而是我们自身以及我们所处的世界的一种图像化。对“图像时代”的反思意味着意识到世界自身的图像化，而不仅仅是意识到图像增值改变着我们的生活。世界图像化这一过程的深层次是一种技术发生过程，由电影、电视所给予我们的图像构成我们的实在性，构成我们的世界。我们的判断、我们的行动都依赖于这种图像的实在性。如何正视这一现实已成为迫不及待的事情。

参考文献：

[1]　罗刚．视觉文化读本[M]．桂林：广西师范大学出版社，2004：447.
[2]　孙周兴．海德格尔选集[M]．上海：上海三联书店，1996：898.
[3]　黑格尔．小逻辑[M]．贺麟，译．北京：商务印书馆，1996：43.
[4][6][7]　埃德蒙德·胡塞尔．笛卡儿沉思与巴黎演讲[M]．北京：人民出版社，2008：54，53，53.
[5]　梅洛·庞蒂．可见的与不可见的[M]．罗国祥，译．北京：商务印书馆，2008：12.
[8]　孟建，Stefan Friedrich. 图像时代：视觉文化传播的理论诠释[M]．上海：复旦大学出版社，2005：1.
[9][10][11]　海德格尔．时间概念史导论[M]．北京：商务印书馆，2009：51，78，52.

克里斯·席林“技术化的身体”思想评析

周丽昀

（上海大学社会科学学院，上海　200444）

摘　要：赛博技术的发展带来了技术的内化，导致人们对身体的不确定性的关注。在以往关于技术与身体关系的经典表述中，身体通常被看做技术的来源或场域。席林的“技术化的身体”强调技术和身体的相互作用，对技术与身体的关系进行了重新定位，认为技术对身体的影响主要表现为三种方式：身体取代、身体延伸/扩展和身体的公共的/政治的变革。这一思想具有丰富而深刻的理论蕴涵：回到身体，重视身体的实在性和一贯性；主张身体是社会建制的多维媒介；把肉身实在论作为身体、技术和社会的分析工具；在赛博空间与身体空间的互动中，反思技术和人性。

关键词：技术化的身体　赛博空间　肉身实在论

一、技术的内化与身体的不确定性

20 世纪 80 年代以来，在越来越多的学科领域里，身体逐渐成为理论探讨的主题和焦点。一方面，身体的普遍性和实在性使得身体正在变成一个明确的概念范畴；另一方面，对于那些对赛博格的发展感兴趣的人来说，技术进步却增加了身体的不确定性。

对于技术的身体而言，如今有两个非常重要的相互关联的技术发展。第一个是“赛博空间”的广为传播。“赛博空间”是指那些通过计算机或者电子媒介的传播产生的“信息空间”或者“技术空间”[1]，在这些虚拟的空间中，人们可以不必通过与他人的身体共在而互相影响。第二个是身体的内在部分被移植或改变的技术发展。如修复术、整形术和一个更为壮观的技术发展——赛博格（Cyborgs）。女性主义者唐娜·哈拉维的概括被广为引用，即赛博格是“机器和有机体的混合体”[2]。这些技术的发展意味着计算机时代已经将我们所有人变成了一种类型或其他类型的赛博格。赛博空间和赛博格的发展被统称为赛博技术，其改变人类生活的潜力是巨大的：一方面，赛博技术为个人提供了史无前例的机会来追求自己的目标，发展自己的个性，而不必担心与脆弱的身体相关的束缚；另一方面，赛博技术可能会因为现存的社会、文化和经济结构而变得殖民化，并且被用来重构主体的社会性与身体性。

技术向来被理解为是对当代的身体意义造成威胁的主要力量之一。“技术化的身体”这一概念越来越引起人们的关注，不仅表明技术已经全面控制了我们的工作和生活，还意味着技术和知识已经内化，开始侵犯、重建并不断地控制身体的内容。这引发了一种可能性，身体的有机空间和结构安排已经随着社会结构的变化而改变了，并在某种程度上改变了身体的传统认知观。比如，在很多人看来，赛博技术夺走了人们的创造性；当代的技术进步增加了对身体的控制，但是也弱化了身体和机器之间的界限，甚至引发了对作为赛博格的人的重新定义；身体的可塑性造成了身份认同危机，也对涉身主体的认知带来巨大的挑战，等等。

在这种情境中，后现代主义者提出，他们并非如现代主义者所标榜的那样“知道”身体是什么；相反，他们认为“身体对所有人来说可能是所有的东西”[3]。比如，“身体被当作可以书写文化影响的‘黑屏’；当作身份认同的建构者；当作不可还原的差异的标志；当作支配性的微观权力的感受器；当作一种工具，借此身体/心灵、文化/自然以及其他代表传统社会思潮的二元对立可以得到解决；并且被当作所有体验的身体场所”[4]。显然，主体的去中心化已经完成。技术进步正在促使人们对“不确定的身体”的关注。通过把“不确定的身体”放进社会和身体的参照系中，后现代主义者的相对主义观点也被相对化，即身体变得更有可塑性。即便如此，被削弱的仅是我们对身体的感觉，而不是身体自身的肉体性。如果身体的可塑性被当做引起公共性的符号，那么它也导向模糊性和不确定性。“关于身体是什么，或者身体应该怎样分析，似乎没有达成共识。”[5]

“技术化的身体”这一主题为我们研究技术与社会的关系提供了丰富的根基，因为技术似乎能反映身体是怎样内在地与环境相关的。英国肯特大学社会学教授克里斯·席林（Chris Shilling）在《文化、技术与社会中的身体》一书中，运用经验的和理论的研究，阐明在当代的社会环境中，技术和身体是怎样相互作用的，以此推动人们对身体、技术与社会关系的思考。

二、技术和身体关系的经典表述：身体作为技术的来源或场域

关于技术与身体的关系，比较经典的代表性的观点认为，身体是技术的来源或场域。席林首先对诸多学者的观点进行了梳理与分析，在深入研究的基础上，进行“技术化的身体”的定位。

1. 作为技术来源的身体

席林认为，马克思和恩格斯最早将人性理论建立在这样一种观点之上，即把身

体看做技术对环境进行改造的生产来源。人是自然的一部分，又与自然分离，人将其自身和他们的环境进行物化的能力使得人类能生产工具来改变自然界。直立行走，大脑体积和认知能力的增加，都与人类发明和使用工具密切相关。格奥尔格·西美尔（Georg Simmel）对身体、技术与环境之间关系的理解基于这样一种假定，即身体的生活是以界限和局限为特征的。西美尔通过望远镜和显微镜的应用来表明，人是怎样极大地扩展自身对世界的感知的，并得出一个重要结论，即身体是其自身的超验性的来源，“到达自身之外”的过程就是“生活的第一现象”[6]。西美尔并没有把身体的超验性看做任意的或者没有限度的，而是坚定地将其范围和方向建立在我们实际行为的基础上，即认为人们设法超越的身体界限是由那些实际上可以想象和完成的行为来达成的。这是一个重要的论断，意味着在人现存的身体能力和想达到的身体发展之间存在着某种一致性。技术未必是“非人的”外在强加给我们的，而是与人的计划、目的和能力有关的。简而言之，身体是技术发展的重要来源。

席林又结合火和修复术的例子来继续阐明这一观点。人类对火的发现和应用使身体成为这种技术资源发展的来源。而且，对火的控制使人类从生态意义上的从属地位变成主导地位，使人类能够超越环境和身体能量的界限。而修复假肢的例子证明，身体之所以被看做修复术的来源，不仅是因为我们具有制造这些产品的能力，还因为身体的外观和功能为这些技术设立了标准：只有当假肢具有与原器官相应的功能或者美学意义时，才被看做成功的。

据此，席林认为，在赛博空间中，技术并非超越个人的物质的肉体，而是根植于物质的身体需要，或者是受物质的身体需要束缚的：身体不断引导技术的发展。很多分析家已经发现，我们的“在线”行为是怎样依赖于身体的“离线”存在的。不存在完全悬置的身体，“赛博空间的行为依赖于肉体的人，并且是肉体的人的一个功能”[7]。因此，假设每一个以计算机为交流媒介的人都生活在虚拟空间中，并且都可以被看做赛博格，那么就可以得出这样的结论：赛博空间并不包括对身体的放逐。然而，人与赛博技术的关系也不纯粹是一种单向的生产与创造关系。技术可以让我们在现存的目标基础上，克服当前遭遇的界限，但涉身主体也感受到了技术发展的束缚。

2. 作为技术场域的身体

身体可以构成技术的来源，但是历史也证明了技术根植于风俗、程序和社会结构，这些似乎铭刻在涉身个人的行动和身份认同中。席林根据战争、经济、社会不平等以及社会规范是怎样长期影响技术身体的发展状况，来分析身体被看做技术场域的几种方式。

席林指出，军事和经济需求在过去的技术发展中，一直承担着重要的角色。在古代的都市生活中，火的应用历史证明，经济需要陶工、铁匠、面包师、瓦匠和其他手工业者通过专业知识和火的应用来扩展他们的行动能力。一旦战争刺激了破坏性技术力量的发展，身体的伤害同样也会成为建设性修复术的经济需求。而到了21世纪，修复术的基本目标主要是让人尽可能地具有生产能力。这种对效率的需求已经得到泰勒主义的推动，使得身体被当做机器或者发动机。在这种情形下，对残疾工人的管理与其说是修复失去的肢体，不如说是修复“失去的功能”，假肢实现的功能仅仅是机器的“活着的附属品或类人的修复品”[8]。

技术在经济中的运用也将我们引向对技术和不平等关系的思考。技术驱动的信息和转换系统不仅成为生产力和权力的根本来源，还改变了财富、影响和环境。20世纪90年代中期以后，“数字鸿沟”产生了新的社会不平等，这些不平等与信息技术在金融、教育、医药和其他社会部门的应用有关。我们进入了一种新的信息发展模式，“其主要特征就是信息处理的出现，信息处理作为核心的功能性活动制约着所有的生产、分配、消费和管理过程的效率和生产力”[9]。如今，在有些人看来，赛博空间的扩展不但损坏了某些现存的群体，而且重建了人与他人的合作关系，这种“在远处的生活”侵蚀了人的集体性的道德维度；电子邮件、短信和其他发送虚拟信息的方式包含着“拒绝认识他者的实质的、独立的实在，并拒绝卷入到一种相互依赖和负责的关系中”[10]，而这种关系可能会开启集体行动的可能性；赛博空间可能建构了信息流，但并没有解决现实世界中的道德问题；与他者的身体共在的机会减少，导致自我主义的增加，加大了人与人之间关系淡漠的可能性；有些人相信，互联网不仅对个人的日常互动产生严重的威胁，甚至对民主自身也产生了威胁。

如果说西美尔把技术界定为对我们目前的界限和局限的人为的超验，那么在有些人看来，赛博技术也许打破了这种联结，使人们面对一种与他们的愿望背道而驰的社会形式。那些只是强调身体是技术来源的人可能会提供关于人类主体的乐观主义观点；但是，那些认为身体是技术的场域的人则会提供另外一种悲观主义的观点。在席林看来，这两者都有道理，但却存在着片面性。

三、席林对“技术化的身体”的定位

席林在《文化、技术与社会中的身体》一书中，阐明了“技术化的身体”的主要观点，并在论述中使用了两个专业化的术语——“技术的身体”与“技术化的身体”。虽然他没有进行专门的区分，但从文章的前后语境中，不难看出两者的区别和侧重点：“技术的身体”主要侧重于与其他社会建制中的身体的区别（如工作的身体、运动的身体、音乐的身体等）；而“技术化的身体”则强调技术内化于身体之中，身体与技术相互作用，是密不可分的一种状态。

在分析作为技术的来源或场域的身体基础上，席林提出了“技术化的身体”

的创新思想。他认为技术和身体是相互作用的、密不可分的。涉身主体远不是政治精英和信息精英技术设计的被动的场域，而是通过对社会结构的参与和分离，介入到与技术有关的因素中。根据人们运用技术来改变当下的身体存在和其社会生活的三种主要方式，席林对“技术化的身体”进行了定位[11]。

1. 身体取代

技术对身体取代的影响在假肢修复和器官移植方面得到显著的体现。对那些严重残疾者来说，机器已经发展到能够完成部分家务劳动，诸如吸尘器可以除尘，遥控器能改变家用电器的温度和亮度等。另外，电子邮件、聊天室等电子媒介交流有助于减少身体残疾的社会影响，也使得个人可以避免由于身体共在而可能破坏个人发展机会的窘境。正如迈克·菲则斯都（Mike Featherstone）所言，“互换的技术模式”可以提供对身体局限的替代性的纠正，并且“为亲密性和自我表达提供一些新的可能性”[12]。有关研究结果表明，就心理健康和个性特征而言，互联网的老用户比不用互联网的人显得更加积极。在身体共在的情形中很敏感的那些风险和弱点，可以通过这种技术的替代性应用得到降低。

总之，人们可以运用技术修复先前的身体功能，恢复社会环境曾经提供的选择。当然，对技术的运用远不止这些，这种资源的替代作用也延伸或者扩展了身体及其环境。人们可以通过技术的运用进入社会结构的视野，或成为社会结构的一部分。就人们是如何在社会结构中定位而言，技术的这种补充应用一直是意义重大的。特别是近些年来，随着赛博技术的发展，这一意义变得更加显著。

2. 身体延伸/扩展

科幻电影和网络黑客文学可以展现身体是怎样通过壮观的人机结合技术得以扩展的，但是技术早就可以延伸人类身体的功能，从而补充或者增强其身体和环境的能力与机会。火的应用不仅使人们超越了先前的饮食界限，还被用来试图增加地位的不平等。在16世纪的西欧，上层阶级通过点蜡烛的昂贵实践来延长光明的时间，以便延伸自己的活动。通过对蜡烛的大量使用，上层阶级使自己的社会地位得以区分。

修复术也逐渐被发展为对身体行动的延伸，而不仅仅是替代。移植术和整容术方面的科学与技术进步也使身体成为可以选择的场域。但是，美丽和健康的社会规范继续影响身体的变化，对年轻而充满活力的外表的追求，以及被公众赞扬的渴望，继续对个人的选择施加强有力的影响。因而，个人可以运用技术资源来扩展他们的自尊感和自我感，并且增加身体资本。有证据显示，那些按照美的主流标准改变自己身体的人，经常会获得更大的对身体自我和社会生活的权利感与控制感。尽管有强烈的社会规范的存在，但人们还是不得不发展身份认同的空间，而赛博技术为人们提供了一些可以尝试自我身份的机会。例如，互联网上的角色扮演场所使得人们可以展现他们的外表，并且投射内在的戏剧性的自我。

3. 公共的/政治的变革

关于“技术化的身体”，席林着重强调技术进步与建构一些新的群体形式有关，并且已经变成一种公共力量或者政治力量而影响着人们的生活。

围绕赛博技术的发展和应用产生的最具争议的问题是赛博技术对大众所激起的社会效应。互联网被一些人看做积极地将自身与“虚拟共同体”联系起来的媒介，而此虚拟共同体又不同于传统的社会学对共同体的理解。霍华德·瑞古德（Howard Rheingold）认为，虚拟共同体是“从网络中诞生的社会群体，这其中有足够多的人投入充分的人类情感，进行足够长的公共讨论，由此在赛博空间中形成了人际关系的网络”[13]。当人的生活世界面临巨大的压力时，虚拟共同体有助于集体性的维持和恢复。各种各样的网上聊天室和游戏室等场所被认为“为共同体的新体验提供了一个空间和形式”，它不受身体共在的局限，“多元、解放、平等并因此提供了更加丰富的在一起的体验”[14]。

赛博空间还可以通过与共同体的结合来增加个人生活的能力，在其中可能产生个人的超验感和强烈的群体规范。虚拟互动的体验可能会像面对面的互动一样真实，突出群体的归属感和认同感。互联网促成的个人体验的社会化导致主体间性和在线的社会组织的新形式的出现。赛博空间不仅为人们提供了一个与共同体联系的场域，还可能借此获得一种公共的政治变革。比如，在赛博女性主义者看来，赛博空间为女性提供了一个其身体性不再与不平等、压迫联系起来的空间。身份是流动的，语言也可以不加束缚地流动，互联网与其他虚拟空间提供的潜能可以将女性从二元对立中解放出来，使她们能够在男性统治的身体空间之外进行思考、交流和行动。在赛博空间中，“这些女性体验到一种在身体共在的社会情境中所缺失的归属感”[15]。女性可以并且已经运用网络来影响政治领域。

值得注意的是，虚拟活动不但可以与真实活动共存，还能激发真实活动。参与到虚拟共同体中，可能会导致参与者之间身体共在的发生。因此，虚拟网络与其说是替代了身体的相遇，毋宁说是补充和延伸了身体的相遇，网络空间和身体空间可以被看做一个连续的统一体。对于一些个人来说，参与到虚拟共同体中可能会导致其参与到社区、国家甚至国际群体的交往中去。

四、席林的“技术化的身体”的理论蕴涵

席林通过考察技术力量对人的身体和环境产生的重要影响，指出人们运用技术改变环境的同时，也开始改变自身及其身体的能力。人们正在技术与社会的动态关系中进行自身定位，要么在技术空间中重新安置身体，要么在技术转移中重新塑造身体。在赛博空间中，身体不只是技术的被动的场域，个人和群体也在运用赛博技

术，将局部共同体扩展到虚拟空间中去，并且建构了不受身体共在束缚的新的交流空间。

在当今的赛博技术时代，席林对“技术化的身体”的探讨对我们有诸多启示，负载着丰富而深刻的理论蕴涵，既可以为我们预示当前赛博技术的发展轨迹，同时也告诫我们要充分全面地认识身体、技术与社会的关系。

1. 本体论维度：回到身体，重视身体的实在性和一贯性

席林指出，即便在技术社会的主体时代，生活也要通过身体来进行。因此，首先需要注意的是，不要忘记身体。在席林看来，“忘记身体”是一个古老的笛卡儿式的把戏。技术也许可以极大地扩展人的潜能，但我们不该错误地用信息的储存和整理能力，来代替为这些数据提供价值的人的需要、情感和意图。因为导致这些需要、情感和行动的价值观在个人和群体中的表现各不相同，所以，有必要澄清，在技术管理和运作中，到底代表谁的利益。即便是在虚拟的共同体中，这种公共性也要源于身体，并且必须回到身体。

另外，身体的重要性还在于，身体会对技术发展的限度产生重要的影响。尽管有人认为技术是对人的局限的超验，但实际上，要想成功地实现将机器植入身体，也是相当困难的。赛博空间可能会改变成千上万的人的工作和生活，但是身体依然保留一种拒绝异己的趋向。在经过近一个世纪的并不成功的探索之后，医生们放弃了“完美的生物兼容性的美容修复”，又回到了作为重建客体的人的身体本身。在赛博时代，人的有机体和机器之间的界限被弱化了。但两者之间是否存在一个彻底的连接，却依然无解。因此，我们依然要强调身体的实在性和一贯性。由此看来，网络倾向于补充而不是取代身体的存在模式。

2. 认识论维度：主张身体是社会建制的多维媒介

席林认为，按照马克思、恩格斯、西美尔等人的经典表述，身体是社会生活的来源，也部分地担当了社会的结构性场域的功能。前者意味着从人类的基本能力到意识和想法的运演之间存在一条因果链，而后者意味着在社会到身体之间也存在一条因果链。

与之不同，席林提出了“作为社会建制的多维媒介”的身体认知观。他认为，身体与社会之间的相互作用既对人的潜力的后续发展具有重要的作用，也对社会环境的后续发展具有重要的作用。身体不仅是社会的来源或场域，还是一种重要的方式，借此个人可以在社会中找到合适的位置，并适应社会，这些反馈及其后果又以不同的方式来改造身体。这种定位的过程——包括对社会建制的喜好或厌恶——也构成了社会系统持续或者衰退的基础。这种关于身体的理论含义可以通过考察肉身实在论的基础而进一步得以阐明。

就技术与身体的关系而言，席林认为，技术在政治上并非中立，而是可能会受到军事、经济和传统规范的影响。因此，赛博技术的未来发展可能会从属于某种驱使。在技术化身体的延伸中，西方关于身体的完美和吸引力的标准将会主宰人们期望的整形手术或者美容术的步骤与类型，采纳这种手术的可能性也将进一步受到社会不平等的限制。如果我们把特定的技术和材料设计看做植入了特殊的选择，我们就会理解这种操作实际上是表达了一种政治学，这种政治学可以对他们的用户产生物质上的反作用。

3. 方法论维度：把肉身实在论作为分析工具

席林用肉身实在论作为身体、技术和社会的分析工具，以此克服其他方法的理论局限。在肉身实在论看来，身体-社会的关系是社会学的核心主题。肉身实在论既认可社会的实在性，也认可身体的实在性，认为它们都是自然出现的社会现象，具有因果性。一方面，社会的现存特征并不仅包括涉身行动出现的结构条件，还包括形成当代人行为的文化规范和价值。人们并不是重新创造他们生活于其中的社会，而是在结构性和可能性的束缚中行动。另一方面，必须承认社会与身体之间的相互作用。

肉身实在论方法是身体的、实在的和批判的。之所以是身体的，因为它将身体放在社会行动和结构的中心，认为社会行动是涉身的，尽管社会结构对涉身主体也有影响；之所以是实在的，因为它认识到涉身行动和社会结构两者之间的区分，并认可通过时间来观察其相互作用的重要性；最后，这种方法也是批判的，因为它是对特定社会对人的潜力的影响，以及身体和社会之间的关系进行批判的评价[16]。“技术化的身体”恰恰体现了这种深层方法和视角。

4. 辩证法维度：在赛博空间与身体空间的互动中反思技术与人性

席林对赛博技术的利弊进行了辩证的分析和对待，主张在赛博空间与身体空间的互动中反思技术与人性。关于赛博空间的讨论可谓百家争鸣。积极的观点认为，机器可以将我们从功能失常、疲劳、生病、衰老和死亡的身体中解放出来；与力求通过统一的身心力量来增加人的涉身性的非西方文化相比，西方文化则通过将肉体消解到机器中来寻求超验的身体的解放，从而管理这些环境。但是，消极的观点则认为，人机杂交的形象不但是不真实的，而且是病态的，反映了人类对身体的极端疏离与自我憎恨。他们担心“人性”随着“身体”的分裂而迷失……总之，在赛博空间中反映出的技术与人的创造性和意义等问题不断得到探讨，尚无统一的声音。

在席林看来，“如果说在过去的时代中是男性与女性、人与动物之间的边界令人担忧，现在则是人和机器之间的边界在支配着当代的想象力”[17]。他认为，赛博空间作为在特殊的社会与环境下人们应用的一种媒介，依然处于相对早期的发展阶段，对人的影响还将继续加强和扩张。因此，“大概是停止把赛博空间和身体空间当作对立面来思考的时候了，而应该更多地关注他们怎样互动、怎样构成相互的延伸”[18]。身体为赛博技术的发展提供了一个重要的考量尺度，在此基础上，很多重要的问题都会凸显出来。也正是从这个意义上，席林关于“技术化的身体”的思考和观点，为我们更好地了解技术与社会的关系提供了丰富的思想资源。

参考文献：

[1][7][15] Munt S. Technospace[M]. London：Continum,2001:11,82,176-8.
[2] 史蒂文·赛德曼. 后现代转向:社会理论的新视角[M]. 沈阳:辽宁教育出版社,2001:111.
[3][4][5][11][16][17][18] Shilling C. The Body in Culture,Technology and Society[M]. London：Sage Publications,2005:8,8,8,188,16,195,194.
[6] Levine D. Georg Simmel on Individuality and Social Forms[M]. Chicago：University of Chicago Press,1971：356,364.
[8] Ott K. ,Serlin D,Mihm S. Artificial Parts,Practical Lives[M]. New York：New York University Press,2002：89.
[9] Castells M. The Informational City[M]. Oxford：Blackwell,1989：17.
[10] Robins K. Cyberspace and the World We Live[J]. Body and Society,1995(1)：144.
[12][14] Bell D,Kennedy B. The Cybercultures Reader[M]. London：Routledge,2000：612,655.
[13] Rheingold H. The Virtual Community[M]. MA：Addison-Wesley,1993：5.

从 *Techne* 特刊看现代西方技术哲学的转向

张　卫　朱　勤　王　前
（大连理工大学人文学院哲学系，辽宁 大连　116024）

摘　要： 在国际技术哲学学会（SPT）成立35周年、*Techne* 创刊15周年之际，*Techne* 在2010年组织了一期特刊（第2期），回顾了SPT的建制化发展历程，考察了技术哲学过去35年的历史演变，总结了在这一时期取得的主要成就，并对未来技术哲学的新动向作了展望。这有助于我们更好地了解现代技术哲学的发展状况，对我国技术哲学今后的发展有重要的启示意义。

关键词： SPT 两种经验转向　伦理转向　第三种转向

一、引　言

2010年是国际技术哲学学会（Society for Philosophy and Technology，简称SPT）成立35周年，其会刊 *Techne* 创刊15周年。从1995年创刊到2009年，*Techne* 一直在美国弗吉尼亚理工学院资助下，由该校数字图书与文献中心（Digital Library and Archives）出版。2010年，为了进一步提高其国际知名度，它转由美国哲学文献中心（Philosophy Documentation Center）出版[1]。为了对SPT和 *Techne* 的历史加以总结和反思，*Techne* 杂志专门组织了一期特刊（2010年第2期）。

特刊中的文章作者大都是曾担任过 *Techne* 的编辑、SPT主席和曾在 *Techne* 上发表过文章的知名学者。其中共收录了九篇文章，分别为安德鲁·芬伯格（Andrew Feenberg）的《技术的十个悖论》，保罗·杜尔滨（Paul Durbin）的《SPT与社会进步》，弗雷德雷克·费雷（Frederick Ferr）的《哲学和技术：另外一个对未来十五年的展望》，唐·伊德（Don Ihde）的《技术（和／或技术科学?）哲学：1996—2010》（Philosophy of Technology（and/or Techno-science?）：1996—2010），菲利普·布瑞（Philip Brey）的《经验转向之后的技术哲学》，彼得·保罗费贝克（Peter Paul Verbeek）的《随附性技术：伦理转向后的技术哲学》，彼得·费玛斯（Pieter E Vermaas）的《工程技术哲学：一套新的丛书》，戴安·米歇尔菲尔德（Diane P Michel felder）的《新情况下的技术哲学》，约瑟夫·皮特（Joseph C Pitt）的《技术转向》。

二、SPT 的建立与技术哲学的发展

35 年前，当杜尔滨提出要建立一个关于哲学、技术和技术文化的学会的时候，他的建议遭到了他所在部门的领导的反对。这无疑表明，美国的哲学家还没有对技术给予应有的重视，技术哲学作为一门学科还得不到人们的认可。但是在热心人士的帮助之下，技术哲学学会还是建立起来了。例如，“在技术史学会成员梅尔文·克兰兹堡（Melvin Kranzberg）的帮助下，技术史学会的会刊《技术与文化》（*Technology and Culture*）出版了第一届 SPT 年会的论文和技术《哲学参考文献》”。早期帮助过 SPT 的学者还有尤金·弗格森（Eugene Ferguson）和兰登·温纳（Langdon Winner），“弗格森促使 JAI 出版社接受出版 SPT 的早期会刊《技术哲学研究》（*Research in Philosophy and Technology*），温纳则在著名的《科学》杂志上对 SPT 的第一卷会刊进行了评论，极大地增加了它的知名度”[2]。当然，更多的人对 SPT 抱着一种怀疑的态度，甚至某些技术哲学家本身，如阿尔伯特·伯格曼（Albert Borgmann），也反对这样一个专业化的技术哲学学会的存在。例如，伯格曼认为，“学会的存在是没有意义的，我们应该做的只是去关注那些在一个技术统治的社会里具有现实意义的一系列问题”[2]。在这种普遍反对的背景之下，尽管 SPT 早期在经济上长期面临着赤字危机，却没有得到美国国家科学基金会的资助。但是，SPT 的创建者并没有就此泄气。为了使其会刊能够更好地发展，他们把它转由克鲁沃（Kluwer）学术出版社出版，前提条件是，“它要被纳入到《波士顿科学哲学研究丛书》之中，名字也要变为《克鲁沃技术哲学》（*The Kluwer Philosophy of Technology*）”[2]。这等于说取消了技术哲学的独立性，使之从属于科学哲学的领域。同时这也表明，此时的技术哲学和成熟的科学哲学还不能相比。但是，令人欣慰的是，原来的《技术哲学研究》在费雷和米切姆的努力下，依然坚持出版。这样，当时就同时存在着两种关于技术哲学的刊物，两者的不同之处在于，《克鲁沃技术哲学》不由 SPT 主办，而《技术哲学研究》由 SPT 主办。1995 年，SPT 又作出了一个重大的决定，即把上述两种刊物合二为一，并以电子期刊的形式出版。在拉里·希克曼（Larry A. Hickman）和皮特的共同推动下，它最终在弗吉尼亚理工学院的资助下成功出版，随着电子期刊 *Techne* 的出现，SPT 进入了一个新的发展阶段[2]。

但是，SPT 的早期成员的意见也不是完全一致的，甚至在一些原则性的问题上都存在着分歧。例如，在学会的名称上，他们之间存在着长期的“与（and）”和“的（of）”的争论，即应该是“技术与哲学（Philosophy and Technology）”，还是“技术的哲学（Philosophy of Technology）”。米切姆和杜尔滨赞成用“与”，他们认为，“不应在狭窄的意义上来讨论技术，而应该采取一种开放的、多样的哲学讨论

方式，只要与技术有关即可"[2]；而伊德和皮特则赞成用"的"，他们更想把技术哲学建设成为一个有着专门研究对象和方法的学科。正如伊德指出的那样，"缺乏明确的学科建制是导致技术哲学被边缘化的主要原因之一，我们很难指出谁是一个完全的技术哲学家，甚至到目前为止，我们在美国的研究生课程中找不到一门专门的技术哲学课程，并且许多大学没有为技术哲学设置专门的博士点"[3]。

SPT 的建立为技术哲学的建制化铺平了道路，尽管建立之初人们对之存在着种种质疑，但是技术哲学在三十多年的发展中取得的成就表明，SPT 的建立极大地促进了国际技术哲学的研究。杜尔滨列举了技术哲学当前取得的十大成就：约瑟夫·马格里斯（Joseph Margolis）的"新实用主义"已被学术界广泛接受；皮特的技术解释研究取得了巨大的成就；卡尔·米切姆对传统形而上学进行了强有力的辩护；克里斯汀·施雷德-弗雷切特（Kristin Shrader Frechette）及后来的保罗·汤普森（Paul Thompson）对技术评估的研究得到学界的认可；唐·伊德在胡塞尔现象学的基础上，发展出了一种比英美哲学中的标准分析模式更优越的分析模式；以芬伯格为代表的新马克思主义回答了是否改革就足以把技术社会从灾难中挽救出来，还是必须采取更加激进的措施才能达到这个目的；拉里·希克曼把技术的重要性引入到美国哲学促进会（SAAP）中，又把美国哲学（特别是杜威哲学）引入到 SPT 中；在莱特（Light）和施雷德-弗雷切特（Shrader Frechette）的支持下，SPT 出版了一期关于环境哲学的特刊，SPT 的成员对环境运动作出了自己的贡献；SPT 和其他学会一样开始对工程哲学进行关注，并出版过一本关于工程哲学的文集；在应用方面，从 SPT 建立之初到现在，它都一直坚持要超越学术界，对现实的社会改革活动作出自己的贡献[2]。

芬伯格则总结了在 SPT 建立之后的"过去三十年间，在抛弃了海德格尔和实证主义的陈旧观念之后，直接面对技术的真实世界而得到的研究成果"[4]。这些研究成果表明，我们以前关于技术的错误认识导致各种各样的"悖论"。他列举出了十种悖论，分别为："部分与整体悖论"，即"一个复合体的整体功能的实现要依赖于它的部分，反过来，部分的功能来自它们所属的整体"；"直观悖论"，即"最明显的反而是最隐蔽的"；"历史悖论"，即"任何理性事物背后都有一个已被遗忘的历史"；"结构悖论"，即"高效不一定意味着成功，但成功一定意味着是高效"；"作用悖论"，即"我们在作用他物的时候也成为了被作用对象"；"手段悖论"，即"手段与目的合二为一"；"复杂化悖论"，即"简单的复杂化"；"价值与事实悖论"，即"价值就是明天的事实"；"民主悖论"，即"社会是由于技术的纽带作用才形成的，但是反过来，它改变着形成它的技术"；"胜利悖论"，即"胜利者包含在其战利品之中"[4]。

最后，作为纪念 SPT 成立 35 周年、*Techne* 创刊 15 周年的一项重要活动，一套新的丛书《工程技术哲学》即将在斯普林格（Springer）出版社出版。它的目的是在 SPT 年会和 *Techne* 杂志这两种传播技术哲学研究成果的途径之外，开辟出一条新的途径，为技术哲学研究提供一个开放的、全面的、综合的平台。它将涵盖来自不同哲学传统的基础研究、伦理研究、社会研究和政治研究等领域。主编是费玛斯，丛书的编辑也来自不同的领域，其中有从事工程、哲学与从业者研究的大卫·哥德堡（David Goldberg），从事欧洲大陆哲学和 STS 研究的埃文·塞林格（Evan Selinger），从事工程技术伦理研究的伊博·普尔（Ibo van de Poel）[5]。

三、“两种经验转向”与“伦理转向”

在 SPT 建立的同时，技术哲学本身也发生着根本性的变化，它实现了从“经典技术哲学”到“当代技术哲学”的转变。所谓“经典技术哲学”，基本上是指由来自现象学、存在主义、解释学、批判理论、神学及相关领域传统的学者，如在海德格尔、埃吕尔、芒福德、马尔库塞、加塞特等人的贡献上形成的技术思想。他们大都比较关注现代技术对人类生活和社会的影响，并普遍认为现代技术在许多方面是有害的，基本上对技术是持一种批判的态度。他们希望通过对这些危害的分析和反思，能够寻找到一种更好的人与技术的关系[6]。而所谓“现代技术哲学”，是指 20 世纪 80 年代之后实现了“经验转向”的技术哲学。之所以会发生“经验转向”，这与经典技术哲学存在诸多弊端有关。首先，“经典技术哲学往往只看到技术的负面影响，对技术持一种悲观的否定态度，认为现代技术是‘异化’的技术，而对技术的正面因素重视不够”[6]；其次，“经典技术哲学带有很强的决定论色彩，它认为技术是自主的，它按照自己的内在逻辑发展，人类在它面前无能为力”[6]；最后，“经典技术哲学显得太一般和抽象。它关注的技术是大写的技术或存在论意义上的技术，它几乎不考虑各种具体技术之间的差别，也不关注具体的技术实践、人工物或生产过程”[6]。而“经验转向”就是把研究对象从原来的抽象的、大写的或存在层次上的技术转向具体的、小写的或存在者层次上的技术，它不再对技术进行前提性的先验分析，而是把研究对象直接对准技术本身，打开技术的黑箱。

荷兰技术哲学家、现任 SPT 主席布瑞则进一步区分出两种类型的经验转向：“面向社会（Society Oriented）的经验转向”和“面向工程（Engineering Oriented）的经验转向”。“面向社会的经验转向”大约发生在 20 世纪 80 年代，它与经典技术哲学传统还保持着密切的联系，二者在研究主题和目标上基本保持一致，都是试图理解和评估现代技术对社会与人类境况的影响。二者不同的是，转向后的技术哲学开始“关注具体的技术和论题，努力发展出一种依赖情景的、弱决定论色彩的、更多描述性和中立的技术理论，或者开始与 STS（Science and Technology Study）研究、文化研究相结合，从中汲取营养，并对现代技术采取一种非敌托邦的、更加实用和全面的态度”[6]。例如，新批判理论家芬伯格关于技术的一套新理论虽然还是站在批判理论的立场上，但是从 STS 那里借用了许多新的概念，它更强调技术依赖情景的本性、技术发展的可能性和不同的情境下具有不同的使用方式；后现象学家伊德则发展出一种新的技术现象学，它十分注重对技术以不同的方式调节人与环境之间的关系；新海德格尔主义者德雷福斯则把注意力投向具体的人工智能的研究上，更加关心其具体的细节。另外，在新实用主义、后建构主义和 STS 倾向的哲学中，也出现了这种类型的经验转向，其代表性的人物有希克曼、安德鲁·莱特（Andrew Light）、唐娜·哈拉维（Donna Haraway）和布鲁尔·拉图尔（Bruno Latour）。这种经验转向在《美国技术哲学：经验转向》一书中得到了集中的概括。

"面向工程的经验转向"比第一种经验转向出现的稍晚一些，大约是 20 世纪 90 年代，与第一种经验转向相比，它与经典技术哲学的差别则比较明显，它的目标是去"理解和评估工程本身的实践和产品，而不是工程对社会的影响"[6]。它的主要支持者有约瑟夫·皮特、彼得·克罗斯（Peter Kroes）和安东尼梅耶斯（Anthonie Meijers），他们指出，经典技术哲学的问题"在于它不是在真正关注技术，对社会影响的关心使我们忘记技术本身"[6]。我们应该把目光从技术的社会影响上转移到技术自身上面，应该对技术的实践和产品进行认真的描述与分析。皮特的《技术哲学的新方向》、克罗斯和梅耶斯合著的《技术哲学的经验转向》是这种经验转向的早期的杰出成果。2009 年，梅耶斯又出版了一本《技术与工程科学的哲学》，介绍了最近该研究方向的最新成果。

当然，这两种转向之所以都被称为"经验转向"的事实表明，它们之间具有一些共同的特点，正如布瑞所说，"二者都是对经典技术哲学的批判性回应，都主张对具体实践、技术与人工物的研究，都认为在我们对技术进行评估之前应先对它做一全面的描述，都倾向于非决定论的、建构的或情景依赖的技术观，二者都'打开了技术的黑箱'，揭示了技术实践、过程和产品的多样性"[6]。

"经验转向"尽管取得了巨大的成就，但它也是有代价的。"经验转向"后的技术哲学，特别是"面向工程的经验转向"后的技术哲学，丢掉了早期技术哲学关注技术的社会及政治影响的传统，丢掉了以前的批判的、超越论传统，把规范性分析变为一种纯粹的"描述性"研究，甚至把对技术本身的研究作为最终的目的，从而丧失了技术哲学的社会价值。因此，作为对"经验转向"的重描述轻规范的一种纠正，或者说是对规范性研究的一种回归，继"经验转向"之后，现代西方技术哲学在世纪之交又发生了所谓的"伦理转向"。当然，"伦理转向"不是简单地向经典技术哲学的回归，它对技术的伦理反思不像早期技术哲学先驱那样，对抽象的技术进行猛烈的批判，而是开始关注具体的技术对人类生活的伦理后果，其中一种表现就是一些关于具体技术的分支学科纷纷兴起，如纳米伦理学、信息伦理学、生物技术伦理学和工程设计伦理学。但是，它同时也"有'忘记'经验转向所取得的成果的倾向，特别是技术哲学与 STS 已形成的紧密联系。尽管它十分关注具体的技术而非大写的技术，但是这种新的伦理兴趣往往来自伦理学的理论、框架和原则，而不是关于技术与社会的复杂关系的理论，包括技术与道德互相交织的特征”[7]。

四、“第三种转向”

“伦理转向”后的技术哲学尽管取得了很大的成就，但是依然面临着许多问题，正如布瑞指出的那样，“技术的后果不仅仅具有伦理方面的影响，伦理只是各种价值中的一种。除了道德价值，我们还有文化的、社会的、政治的、经济的、生态的和个人的价值”[5]。比如，网络购物减少了人们进城购物的机会，但同时也削弱了城市的聚合力。技术伦理学只去关注人们在网络上采购商品时是否违背了伦理道德原则，而社会的聚合力这种重要的价值却没有被技术伦理学家所关注。我们需要一种覆盖各种价值的研究。“技术伦理学研究领域中还没有一部从理论上或方法论上来界定该学科一般性的技术伦理专著；尽管面向社会的经验转向比技术伦理学关注的更加全面，但是它也缺少一个成熟的理论——通过它我们可以综合地权衡各种价值之间的利害得失”[5]。例如，我们不能评估受到网络或生物专利（Biopatenting）威胁的传统知识的文化价值，不能评估因为计算机的出现导致朋友面对面交流机会的减少的社会价值。许多评估都具有特设性，并且大都是通过直觉进行的，背后没有一般理论的支持。最后，“‘面向社会的经验转向’和‘面向工程的经验转向’面临着分离的可能。他们两个阵营之间交流的很少，并且相互之间对对方的研究领域不感兴趣。而事实上，他们双方的研究成果是可以为对方所利用的”。除了上述问题之外，当前技术哲学面临的最大挑战就是克服“经验转向”和“伦理转向”的片面性，如何把“经验转向”的描述性研究和“伦理转向”的规范性研究结合起来。因此，费贝克指出，我们需要一种“第三种转向”。

费贝克认为，为了实现这种“第三种转向”，描述性研究和规范性研究两方面都需要进一步的深化。首先，对于描述性研究来说，技术的伦理和政治意义需要给予重视。早在20世纪80—90年代，温纳、拉图尔和伯格曼就已经注意到了这个问题，只是当时还没有引起人们对该问题的普遍重视。近几年来，弗洛里迪（Floridi）、桑德斯（Sanders）、伊利斯（Illies）、梅耶斯（Meijers）和费贝克（Verbeek）对该问题进行了研究。费贝克认为，对于描述性的技术哲学来说，对技术的伦理和政治意义的研究将会是一个富有成果的领域。其次，对于规范性研究来说，“我们不但要去‘分析’（Analyzing）技术伦理，而且要去‘做’（Doing）技术伦理”，“我们需要一种这样的技术伦理学，它不是去关注一项技术在伦理上是否可以被接受，而是关注如何利用技术来提高人的生活质量”[7]。也就是说，我们不应再像以前那样仅仅把技术作为伦理反思的对象，而应把技术作为实现道德目的的一种手段，考察如何在技术设计中嵌入某种道德规范，使技术人工物能够在使用的过程中通过引导、调节人的行为来达到一定的道德目的。因此，费贝克在伊德、拉图尔和伯格曼等人的研究基础上，提出了“物化道德”（Materializing Morality）的概念。我们在设计一项技术的时候，就应该考虑到如何使它能够起到良好的伦理引导作用。比如，设计“路障”的时候，设计者在其中已经赋予它“当路过我的时候应该放慢速度”的规定，而司机为了减少汽车的震动，保护自己的汽车，他自然就会放慢速度，这样就可以实现减少交通事故的危险，达到和交通规则同样的效果。

布瑞的思路和费贝克有许多相同之处。他认为，我们当下要做的就是继续推进技术中介理论的研究：技术产品和实践是如何影响所处的环境的，它们的影响是如何出现的，它们对其环境产生影响还需要哪些条件？他指出，我们要注意以下4点：第一，研究伦理如何嵌入到技术产品和过程中去，以及它们是如何在行动中体现的；第二，建立一个技术作为伦理中介的理论；第三，发展出一套技术评估的理论和方法，通过它我们能够对新技术的伦理后果进行研究和评估；第四，建立起伦理分析的方法，能够正确地指导在引进新技术时涉及的相关利益方的社会和政治讨论[6]。

另外，皮特和费雷等人也对技术哲学的未来进行了展望，认为技术哲学也需要实现新的转向，但费贝克和布瑞的具体方案是不同的。皮特认为，技术哲学研究目前需要一个像罗蒂所说的“语言转向”那样的转向。理由是，现在的社会已不是技术哲学产生之时的社会，它已变成一个我们离开技术社会甚至就无法运转的社会。因此我们看待社会的方式应该相应地发生转向，即用技术的眼光来审视这个社会。通过技术这个“透镜”，我们将会看到一个不同的世界。“在技术的透镜之下，认识论研究将会更加关注我们与世界打交道的中介工具，本体论研究也会受到类似的影响，伦理学研究也将会被赋予新的属性，哲学史也将会被重新改写。”[8]费雷与上述所有人的观点都不同，他认为，技术哲学研究还会保持着多元的研究进路。因为技术本身就具有多方面的属性，对技术的考察也会有许多的方法、视角和路径。“一些人会从伦理和美学的角度来看，一些人会从认识论的角度来看，一些人会从形而上学的角度来看，一些人会从历史的角度来看，一些人会对工具进行微观的分析，一些人则会去关注上述这些视角之间的统一性。我们并不希望每个人都用一种同样的方法、视角和路径来研究技术。我们应该持有的正确态度是，让他们按照他们的方法继续做下去。我们希望看到的是，每个人都不认为其他人的方法是一种‘坏哲学’，当然这有点不太现实，但是至少‘谴责’在技术哲学中已经变的不太流行了。”[9]

五、结　语

随着技术哲学的建制化，技术哲学取得了巨大的进步，社会认可度和影响力日益提高，特别是在经历了经验转向和伦理转向之后，技术哲学日趋成熟。我们既不再像启蒙思想家那样对技术抱着完全的乐观态度，也不再像经典技术哲学家那样对技术抱着完全悲观的态度，我们既看到了技术的负面效应，同时也看到了技术对我们生活质量的巨大改善，我们对技术的认识更加具体和全面。正因为当代技术哲学更加关注具体的技术和经验，更多地采用调查、实证的研究方法，呈现出与工程科学和社会学更多相似的地方，因此许多研究方法在各学科之间都可以相互借鉴，所以，当前的技术哲学研究要注意学科的交叉，如与 STS 和 4S 的交叉。另外一种需要注意的现象是，当前的国际技术哲学界研究格局中，荷兰学者在国际舞台上的地位越来越重要，杜尔滨甚至称他们为“荷兰学派”。比如，SPT 的现任主席是荷兰技术哲学家布瑞，*Techne* 的四位编辑中有两位是荷兰技术哲学家（费玛斯和费贝克），即将出版的“工程技术哲学丛书”的主编是荷兰技术哲学家费玛斯，荷兰是在美国本土之外承办 SPT 年会最多的国家，还是欧洲国家中在 SPT 中会员人数最多的国家。因此，有必要总结荷兰技术哲学的发展经验和模式，把它引入到我国技术哲学研究中来，以促进我国技术哲学能够更好更快地发展，使我们能在国际技术哲学舞台上发挥越来越重要的作用。

参考文献：

[1] Diane P Michel felder. Preface to the Anniversary Special Issue[J]. Techne,2010,14(1)：1-2.

[2] Paul Durbin. SPT and Social Progress[J]. Techne,2010,14(1)：16-22.

[3] Don Ihde. Philosophy of Technology(and/or Techno-science?)：1996—2010[J]. Techne,2010,14(1)：26-35.

[4] Andrew Feenberg. Ten Paradoxes of Technology[J]. Techne,2010,14(1)：3-15.

[5] Pieter E Vermaas . Philosophy of Engineering and Technology：A New Book Series[J]. Techne,2010,14(1)：55-59.

[6] Philip Brey . Philosophy of Technology after the Empirical Turn[J]. Techne,2010,14(1)：36-48.

[7] Peter Paul Verbeek. Accompanying Technology：Philosophy of Technology after the Ethical Turn[J]. Techne,2010,14(1)：49-54.

[8] Joseph C Pitt. The Technological Twist[J]. Techne,2010,14(1)：69-71.

[9] Frederick Ferr . Philosophy and Technology：Another Look 15 Years Later[J]. Techne,2010,14(1)：23-25.

当代技术哲学的代际嬗变、研究进路与整合化趋势

高亮华
（清华大学科学技术与社会研究所，北京　100084）

摘　要：技术哲学尽管肇始于19世纪后期的德国，但真正勃兴却是在20世纪70年代的美国。进入21世纪，技术哲学已发展成为一个获得广泛关注的、兴旺繁荣的专业领域。依据人类代际的观点，技术哲学家可以划分为四代：第一代是技术哲学的创立者；第二代是技术的批判者，致力于对技术的人道化；第三代是所谓的经验转向的技术哲学家，他们的哲学反思建立在对现代技术的复杂性与丰富性的适当的经验描述上；最新一代的技术哲学家正为技术哲学的发展带来一轮新浪潮。从横向的角度看，当代技术哲学是一个涉及广泛的哲学分支的哲学领域，而且因为各种哲学资源卷入到技术哲学领域，使得技术哲学在当代哲学的主题与方法的"异花授粉"中具有独特的作用，或许正在构建一个重新联结的世界哲学共同体。面对未来，以促进技术文明范式的重建与转换为"指归"，通过对各种研究进路的整合，技术哲学将最终建构出一个以规范性、批判性与描述性三大研究主题为核心内容的整合化的框架体系。

关键词：技术哲学　分析哲学　分析技术哲学

尽管在整个人类历史上，技术的重要性不言而喻，但却缺乏一个连续的技术哲学的传统。在经典哲学那里，人们只能偶然地发现一些对技术哲学的伟大贡献，如柏拉图与亚里士多德对手工艺、技能、技艺问题的探讨，培根对技术在实验知识、促进社会的繁荣与财富中的特殊作用的强调等。技术哲学作为职业哲学的一个分支，是近代晚期才出现的研究领域。一般认为，技术哲学萌发于19世纪末期，而后开始缓慢地获得动量，并在20世纪70年代在北美地区最终成熟。今天，技术哲学已迅速发展成为一个受到广泛关注、兴旺繁荣的专业领域。本文拟对当代技术哲学的代际嬗变、研究进路与整合化趋势予以分析及评估，并提出一些新的思考。

一、技术哲学的代际嬗变

1. 从经典技术哲学到经验指向的技术哲学

1997 年，荷兰哲学家阿奇特胡斯（Hans Achterhuis）编辑出版了《从蒸汽机到赛博格：思考新世界的技术》（*Vans toom machine to cyborg*：*denken over technick in deniew world*）；2001 年，该书英文版易名为《美国技术哲学：经验转向》（*American Philosophy of Technology*：*The Empirical Turn*）出版。在这部著作中，阿奇特胡斯将技术哲学的历史发展区分为两代：经典技术哲学与“经验哲学”的技术哲学，认为从20 世纪80 年代开始，当代技术哲学正在经历一场所谓的经验转向，而嬗变为经验指向的技术哲学。同年，这一观点为米切姆（Carl Mitcham）等人编辑的《技术哲学中的经验转向》（*The Empirical Turn in the Philosophy of Technology*）一书进一步确定，从而成为一种普遍公认的说法。

按照阿奇特胡斯的观点，所谓经典技术哲学，是指由像海德格尔、乔那斯（Hans Jonas）、埃吕尔（Jacques Ellul）等早期的技术哲学家所创立的技术哲学框架体系。这些经典技术哲学家预见了技术的挑战，并在回应中提供了卓越的洞见。但他们的研究纲领也存在着不可忽视的固有缺陷，其核心是被费尔贝克（Peter Paul Verbeek）所界定的所谓“先验论”。因此，经典技术哲学只关心现代技术之所以可能的历史与先验条件，而忽视了技术文化发展所带来的真实变化。而所谓经验指向的技术哲学，则意指由美国新一代技术哲学家鲍尔格曼（Albert Borgmann）、德雷弗斯（Hubert Dreyfus）、芬伯格（Andrew Feenberg）、哈拉维（Donna Haraway）、伊德（Don Ihde）、温纳（Langdon Winner）等创立的技术哲学框架体系。阿奇特胡斯宣称，这些当代美国技术哲学家与他们的欧洲前辈相比，较少有“敌托邦”[①] 的观念，也不将技术先验化，而是着重于特定技术的分析，因而，整体上是更实用主义的、亲民主义的。所以，新一代技术哲学家的普遍特征是经验转向，即站在经典技术哲学家的肩上，将他们的哲学反思建立在对现代技术的复杂性与丰富性的适当的经验描述上。

2. 技术哲学新浪潮

2006 年，伊德在为奥尔森（Jan-Kyrre Berg Olsen）等人编辑的《技术哲学新浪潮》（*New Waves in Philosophy of Technology*）一书撰写的前言中，对当代技术哲学的代际嬗变提出了一个新的理解框架。他认为，如果借用人类代际的概念，技术哲

① 敌托邦（Dystopia）来源于古希腊词汇“δυ”（坏的）与“τπο”（地方），意指一个由于压抑、控制或恐怖所造成的，因而与“乌托邦”相反的极端恶劣的未来社会形态，又称为“反面乌托邦”（Antiutopia）。

学家可区分为四代，而最新一代的技术哲学家正开始提供一轮关于技术哲学的新浪潮。

“××哲学”是由黑格尔最早创制的，他曾以“历史哲学”“宗教哲学”为题进行写作。在19世纪末期，黑格尔的后继者卡普（Ernst Kapp）出版了第一本使用“技术哲学”名称的著作——《技术哲学导论》（*Grundlinieneiner Philosophieder Technick*，1877）。因此，他与另一位后继者——马克思——成为即将到来的20世纪的第一代技术哲学家的先驱。两位先驱者都对19世纪所迸发出来的赋予工业革命以强大力量的技术进行了评价。马克思趋向于技术决定论，因而赋予技术正面的力量；卡普则视技术为人类器官和身体功能的延伸。因此，两个人的思想都不能被称为技术的负面的或“敌托邦”思想。即使马克思在著作中所说的“异化”，它产生于特定历史的生产形式，不是技术本身所固有的，在新的社会结构中是可以改变的。

第一代技术哲学家德绍尔（Friedrich Dessauer）在1927年再次使用“技术哲学”这一名称出版了著作。同期，海德格尔也在《存在与时间》一书中开始思考技术。其他能够附加到第一代技术哲学家名单里的还有欧洲的加西特（Ortegay Gassett）、雅斯贝尔斯（Karl Jaspers）、别尔佳耶夫（Nicolas Berdyaev）和美国的杜威（John Dewey）、芒福德（Lewis Mumford）等。第一代技术哲学家基本上都趋向于将技术处理为一个整体现象，并且视技术为一种对传统文化的威胁，从而趋向于对技术的负面的“敌托邦”的评价。只有一个例外，那就是美国的杜威。他是乐观主义的，视技术为民主与教育改进的工具。

稍微年轻一些的第二代技术哲学家主要是一些技术批判理论家。法兰克福学派的批判理论家阿多诺（Theodor Adorno）、马尔库塞（Herbert Marcuse）、霍克海默（Max Horkheimer）和他们的年轻同事哈贝马斯（Jurgen Habermas）首先可以进入到第二代技术哲学家的名单中。他们的批判既指向技术统治的资本主义及与之相伴随的工业技术，也指向大众文化对欧洲高级文化的冲击。另一些需要加入名单的人有埃吕尔、伊利奇（Ivan Illich）、乔那斯等，他们视技术的自主发展为一种对人类或人类本质的惧怕与危害。

第三代技术哲学家是阿奇特胡斯所界定的经验转向的技术哲学家，除了前面提到的鲍尔格曼、德雷弗斯、芬伯格、哈拉维、伊德、温纳外，另一些人如希克曼（Larry Hickman）、协瑞德-弗莱切特（Kristen Schrader-Frechette）、皮特（Joseph Pitt）等也可以被包括进来。

第一、第二代技术哲学家已成为历史；第三代技术哲学家即经验转向的开拓者，大多数也已经退休，剩余的少部分也只是在传统范式下从事工作。在这种背景下，最新一代技术哲学家开始出场了，并为技术哲学的发展带来了一轮新浪潮。伊德认为，在这轮新浪潮中，至少有以下几个特点可以识别出来。

一是技术哲学的过去的投影“缩减”。比如海德格尔，即使他的幽灵仍然隐现，但也与早期有不同的意义。过去的那种更极端的、警世性的、幻想的风格已经有所调整，变得更平衡、更具有批判性。

二是经验转向仍然甚至以一种更强的意义发挥着作用，更详尽与细致的具体技术的经验研究有着重要的意义。因此，“后现象学”“后人文主义”“后现代主义”等新名词纷纷出笼。

三是一些在早期技术哲学中没有得到很好发展的方面开始得到关注与强调。如物质性，最新一代技术哲学的冲浪者似乎并不认为它是简单地可塑的，而是有一些特殊的方面（如阻力与能力），它们在与人类的相互作用中必须予以考虑。

正如《技术哲学新浪潮》中最新一代技术哲学家的成果所表明的，他们正在极力开拓一种全新的关于技术的思考模式，试图克服分析哲学与大陆哲学的长期分裂，并认为不同哲学传统的智慧需要整合进技术哲学，而且他们的工作共同构成一个技术哲学框架体系：①哲学史；②认知的与形而上学的考虑；③伦理的与政治的问题；④比较哲学。这也许是堪称“技术哲学新浪潮”的原因。

另一个辅助性说明的例子是，鲍尔格曼在评述新一代技术哲学家费尔贝克的《物何为：对技术、行动者和设计的哲学反思》（*What Things Do*：*Philosophical Reflections on Technology*，*Agency*，*and Design*，2005）一书时，也将技术哲学的发展概括为三个阶段。第一个阶段是由学科的创立者海德格尔与埃吕尔所界定，大致是1925—1955年。随后，经过二十年的空闲期，到20世纪70年代，通过美国杜尔滨（Paul Durbin）和米切姆的努力，技术哲学发展成为一门具有自我意识的学科，产生了像温纳、伊德、协瑞德-弗莱切特和芬伯格等技术哲学家。在这个阶段，技术哲学已经走出了前范式的混乱，而建立起了像学派与教科书一样的东西。但包括费尔贝克在内的第三代则开启了技术哲学的又一个发展阶段。

这里，可以把上述三种有关技术哲学的代际嬗变的观点作一综合，它将有助于我们全面深刻地把握技术哲学的发展脉络与趋势（见图1）。

时间线 / 三种观点		1877	1950	1970	1980	2000
阿奇特胡斯	前史	经典技术哲学家			经验指向的新技术哲学家	
伊德	前史	第一代	第二代		第三代	新一代
鲍尔格曼	前史	第一代	空闲期	第二代		新一代

图1　技术哲学的代际嬗变

二、当代技术哲学中的研究进路

技术哲学史家米切姆曾将技术哲学区分为“人文”与“工程”两大进路，即所谓的人文主义技术哲学进路与工程学技术哲学进路。另一种替代性的说法是分析哲学进路与大陆哲学进路。但是，这两种说法都过于简单化，或者说不够准确，因而都不足以有效地说明当代技术哲学的繁杂面貌。实际上，环顾当代技术哲学的研究，至少可以识别出 8 种研究进路：①分析哲学；②现象学、解释学与存在主义；③法兰克福学派；④文化—社会—政治批判；⑤哲学人类学；⑥实用主义；⑦伦理学；⑧社会建构主义。下面主要讨论前 6 种研究进路。

1. 分析哲学

分析哲学据守于哲学的分析功能。分析哲学的分析功能是概念澄清，其基本研究方法是逻辑分析与语言分析。其主要特点是：对系统建构和思考的坚持，对强调用来提出问题和回答问题的概念的明确界定，强调语言、概念化与形式化，承认经验事实的相关性，极为尊重科学发现。相应地，分析哲学主要是由方法而不是主题所界定的。因此，分析哲学作为技术哲学的一种研究进路，意味着寻求对诸如技术知识的特点、技术制品的地位、设计与行动的研究等集中于技术特别是工程科学的认识论与方法论问题的回答。这一点正如卡普所说："人们可以对现代技术特有的理论结构和具体的工艺方法进行方法论的乃至认识论的分析。这种研究，可以说属于分析的技术哲学。"[1]

当代技术哲学中属于分析哲学进路的主要代表人物有拉普（Friedrich Rapp）、邦格（Mario Bunge）、斯柯列莫斯奇（Henryk Skolimowski）、皮特和克罗斯（Peter Kroes）等。

2. 现象学（包括解释学与存在主义）

现象学进路与分析哲学进路并称为 20 世纪哲学的两大主流。现象学与其说是理解世界的方法，不如说是允诺哲学家描述实在真正是什么的方法。因此，它能够被看做理解人与他们世界之间关系的方式。而现象学作为技术哲学的研究进路，就是要分析技术在这种人与他们世界之间关系中的作用。

现象学由胡塞尔所创立，然后由其学生海德格尔进一步拓展到技术领域。海德格尔事实上开启了技术哲学中存在主义现象学与解释学现象学两条进路的先河。解释学现象学分析人接触世界的解释学方式，而存在主义现象学则分析人类在世界之中的和与世界打交道的行动。因此，从解释学现象学的观点看，技术制品可以作为人接触实在的中介的方面加以分析。而从存在主义现象学的观点看，技术制品可以作为人类行动的中介的方面来分析研究——一种人类实现他们在世界上的生存的方式。加西特、雅斯贝尔斯和鲍尔格曼是从存在主义现象学进路上强调技术在人与世界的关系中的存在主义（生存）方面的作用，而伊德则是从解释学现象学进路上强调人与他们世界的关系中的解释学方面。

3. 法兰克福学派

法兰克福学派的批判理论是一种做哲学的方式，旨在整合哲学的规范性与社会科学的解释性。其最终目的是联结理论与实践，提供洞见，使主体能够改变他们压抑性的环境，最终实现人类解放，实现一个满足人类需求和能力的合理的社会。因此，批判理论深深地关注技术时代现代性的命运，试图提供一种系统性的、综合性的理论，对现代性的限度、病理与毁灭性影响进行批判性诊断，同时也为其进步性因素提出辩护。

芬伯格的成就代表了法兰克福学派的批判理论进路在技术哲学中的独特地位。他的主要著作是：《技术批判理论》（*Critical Theory of Technology*，1991），2000 年，该书又更名为《改变技术》（*Transforming Technology*）重新出版；《替代性的现代性》（*Alternative Modernity*，1995）；《质询技术》（*Questioning Technology*，1999）；《海德格尔与马尔库塞：历史的灾难与救赎》（*Heidegger and Marcuse：The Catastrophe and Redemption of History*，2005）。

4. 文化—社会—政治批判

所谓文化—社会—政治批判进路，意指那些不能纳入到确定的哲学进路的米切姆意义上的人文主义技术哲学家所提供的对技术的思考方式。主要代表人物有芒福德、埃吕尔和温纳等。温纳是当代技术哲学的主要代表人物，出版了《自主技术：作为政治思想中的主题的技术失控》（*Autonomous Technology：Technics out of Control as a Theme in Political Thought*，1977）、《鲸鱼与反应堆》（*The Whale and the Reactor：A Search for Limits in an Age of High Technology*，1986）两部著作，对由现代技术引起的政治和文化的统治展开了系统的批判。他认为，技术在自身设计的过程中就包含了政治和文化的因素，描绘了技术是如何给我们的生活带来影响的，并倡导技术设计的变革。

5. 哲学人类学

哲学人类学作为技术哲学的研究进路，主要是联系人性来考察技术。从卡普、盖伦（Arnold Gehlen）再到哈拉维，这些人都基于哲学人类学的进路而为技术哲学提供了卓越的成果。如盖伦指出，人是一种“尚未完成的”动物，是有缺陷的存在，技术不过是人的先天缺陷的一种必要补偿；技术是客观化了的人类器官，补偿、加强或替代人体器官。

在生物技术、纳米技术越来越作用于人类自身，而形成所谓的人类增强技术、“赛博格”技术时，哲学人类学也将越来越发挥其重要作用。在《技术哲学新浪潮》一书中，就有多篇文章涉及技术与人性的关系、人类增强技术、赛博格等问题。

6. 实用主义

实用主义是美国哲学界对世界哲学的贡献。在经典实用主义者里，正是杜威的著作处理了技术哲学所感兴趣的主题。“工具主义”这一名词代表了杜威实用主义的特征，也表明了他与技术哲学的亲缘性。对于杜威来说，不只物理是工具，概念与方法也是工具。杜威关于技术是工具与技艺（包括思想与概念、习惯与体制）的观点是极具深意的。杜威希望对所有传统哲学中的两分——事实与价值，心与身，思想与行动，处理为一个连续体的两极，而不是两种绝对的差别。这种观点能够很好地适合技术哲学的处理伦理学与科学、概念与行动的理论的需求。

杜尔滨与希克曼继承了实用主义哲学传统而创立了实用主义的技术哲学。杜尔滨是美国技术哲学的主要倡导者。他主张，从实用主义的角度看，所谓文化社会的成功，意味着达到“更适合生活的美好世界”，因而技术哲学家要更加积极主动地参与以此为目标的社会运动。希克曼出版了《杜威的实用主义技术论》（*John Deweys Pragmatic Technology*，1990）和《技术文化的哲学工具》（*Philosophical Tools for Technological Culture*：*Putting Pragmatism to Work*，2001）。他认为，哲学就是帮助社会解决其问题，改进我们生活在其中的文化。他倡导负责任的技术，认为相对于把手段和目标分离的朴素工具主义，杜威本来意义上的注重手段和目标密切联系的“工具主义”具有重要的意义。

由上述6种研究进路可以看出，技术哲学是一个涉及广泛哲学分支的哲学领域。它既涉及科学哲学、知识理论、行动理论、伦理学、政治哲学，也可能涉及美学、形而上学和宗教哲学。不仅如此，技术哲学的贡献者也来源于各种哲学学派，既出现在分析哲学中，也出现在现象学、存在主义与解释学传统中，还有由美国经验主义者、英国社会建构主义者作出的进一步贡献。

技术哲学的这种特色说明了技术哲学所以到近代晚期才出现的真正原因，并不只是原先哲学中存在忽视实践的传统。因为至少到20世纪80年代之前，大多数哲学分支是不互相交流的。比如，大多数伦理学家并不诉诸一个科学哲学的问题，而科学哲学家也很少去研究伦理问题。此外，各种学派也并不尊重另一种的风格和作品。例如，分析哲学与大陆哲学的分裂开始于20世纪之交，英美分析—语言哲学家大多认为德国和法国哲学为蒙昧主义者，是狂妄的与无意义的；而大陆哲学的主流的职业哲学家则认为分析哲学是狭隘的、琐碎的，并且与时代的伟大问题是不相干的。

只有当各种哲学资源卷入到技术哲学领域时，技术哲学才发展成为今天获得广泛关注的、兴旺繁荣的专业领域。通过迫使伦理学与政治哲学和认识论及科学哲学的整合，以及邀请逻辑与语言分析和现象学的相互借用或结合，技术哲学在当代哲学的主题与方法的“异花授粉”中具有独特的作用，或许正在构建一个重新联结的世界哲学共同体。

三、走向整合化的技术哲学

基于问题解决指向的需要，技术哲学要求以不同的哲学观点与学派作为自己的研究进路，进而形成了当代技术哲学的繁杂面貌。但问题的关键是，技术哲学不应该是各种哲学传统的竞技场，而应该成长为一个统一的、凝聚性的与系统性的理论，具备自己独立的品质，即具备自己所独有的研究纲领。

1. 技术哲学的正当性

技术哲学的正当性是双重的，即知识的与实用的。一方面，技术本身就是哲学反思的一个有趣主题，在这里，知识的“惊异性”是其哲学反思的主要驱动力；另一方面，技术的发展带来了关于技术的种种争论，这些争论显然有着直接的实用主义的尺度。然而，尽管这两方面都有其正当性，但可以断定的是，当代技术哲学的崛起直接导源于其实用主义的需要。我们生活在一种“技术环境”中，犹如鱼之于水，对此我们通常不会感觉到丝毫的惊异，除非这种环境出了问题。但现在，这种环境真的出问题了，这便导致作为对技术的哲学反思的技术哲学的出现。因此，技术之所以在今天进入到哲学的视野，成为一个备受关注的领域，不是因为它的知识上的“惊异性”，而是因为它对人类在现时代的根本境遇所产生的本质性的影响。

2. 一个整合化的技术哲学框架

从本质上来说，技术哲学熔铸着对人类境遇的焦虑与对人类命运的关切。因此，这里可以提出一个整合化的技术哲学框架（见图 2）。在这个框架中，以哲学的分析、批判与规范功能为基础，以促进技术文明范式的重建与转换为指归，通过对各种研究进路的整合，技术哲学最终将建构一个以规范性、批判性与描述性三大研究主题为核心内容的整合化的框架体系。

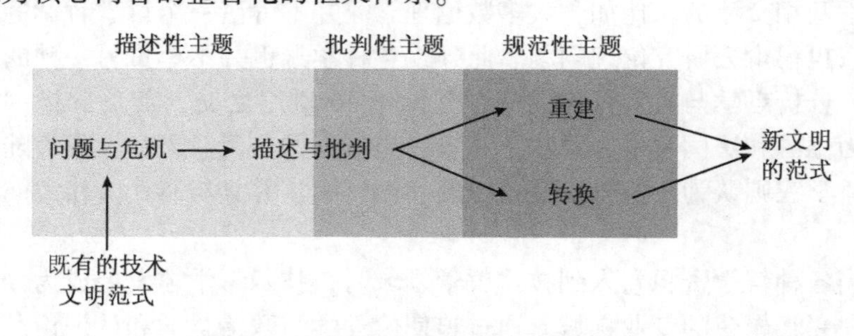

图 2　整合化的技术哲学框架

（1）描述性主题。这基于哲学的分析功能，是技术哲学的基础。技术哲学需要对技术本身的解析，对技术制品的设计、发展、生产、维修的最一般的询问。有了这一描述性的主题，对技术的批判与规范就能够建立在坚实的基础上。

（2）规范性主题。这基于哲学的规范功能，是技术哲学存在的理由。技术哲学必须关注与强调那些技术使用后果的哲学与伦理问题，并致力于技术的人道化。因为正是在这里，技术哲学才表明了它的实用性目的。

（3）批判性主题。这基于哲学的批判功能。没有对技术的批判，就不可能有规范。技术哲学就是在失范的技术时代寻求与提供一种先验的价值，并赖此批判技术而引导技术时代的人性化。也因此，技术哲学的整体的精神气质是批判性的。

这样一个整合化的技术哲学框架体系不仅涉及哲学的各种功能，也涉及哲学的各种问题，更重要的是，它与各种哲学观点与学派关联，成为哲学殿堂中的聚集点，也反过来折射着哲学作为时代精神之花的普遍特征。

从历史的角度看，技术哲学的崛起直接导源于其实用主义的需要。因此，在早期技术哲学的发展过程中，规范性主题与批判性主题得到了很好的确立，但描述性主题一直受到忽视。当代技术哲学中的经验转向就是转向技术本身，确立描述性主题，为对技术的批判与规范奠定坚实的基础。因此，当代技术哲学中的一个热点内容就是技术制品、技术设计、技术知识。由于技术哲学中的经验转向要求从抽象的预想的技术整体转向具体的技术，因此，对各种新兴的具体技术的研究将会成为重要的热点问题。

参考文献：

[1] Rapp Friedrich. Contributions to a Philosophy of Technology: Studies in the Structure of Thinking in the Technological Sciences[M]. Dordrecht: Reidel, 1974: Ⅵ.

技能性知识与体知合一的认识论

成素梅
（上海社会科学院哲学所，上海 200020）

近年来，现象学、科学知识社会学和关于人工智能的哲学研究对传统科学认识论提出了挑战。这些研究成果虽然主旨各不相同，但都不约而同地涉及关于技能性知识的讨论。从知识获得的意义上看，技能性知识与认知者的体验或行动相关，其获得的过程是从无语境地遵守规则到语境敏感地“忘记”规则再到基于实践智慧来创造规则的一个不断超越旧规范、确立新规范的动态过程。因而，技能性知识比命题性知识更基本。目前，关于技能性知识的哲学研究正在滋生出一个新的跨学科的哲学领域——专长哲学（Philosophy of Expertise），即关于包括科学家在内的专家的技能、知识与意见的哲学①，同时也把关于知识问题的讨论带到了知识的原初状态，潜在地孕育了一种新的认识论——体知合一的认识论（Epistemology of Embodiment）②。这种认识论从一开始就把传统意义上的主体、客体、对象、环境甚至文化等因素内在地融合在一起，从而使得长期争论不休的二元对立失去了存在的土壤，并为重新理解直觉判断和创造性之类的概念提供了一个新的视角，为走向内在论的技术哲学研究或形成一种真正意义上的科学技术认识论提供了一个重要的维度。

一、技能与科学认知

科学认知结果与科学家的认知技能相关，这几乎是人所皆知的事实。但是，技

① Columbia University Press（New York）于2006年出版了由赛林格（E. Selinger）和克里斯（R. P. Crease）主编的*The Philosophy of Expertise*论文集，该论文集把关于专家问题的哲学讨论汇集在一起。其中的关键词之一“Expertise”至少有三种用法：一是指专家意见，二是指专业知识，三是指专家技能。这里把三个方面概括起来，暂时译为“专长”。

② 在当前的现象学与认知科学文献中，“Embodiment”是一个出现频次很高的概念。汉语学界目前有两类译法：一是译为“涉身性”“具身性”“具身化”，二是译为“体知合一”。本文采纳后一种译法。因为在哲学史上，关于身心关系的讨论主要经历了有心无身、身心对立、身心合一三个阶段，译为“体知合一”更能反映出“身心合一”或“心寓于身”的意思。

能性知识的获得对科学认知判断所起的作用，以及关于科学家的直觉与专长的哲学讨论却是新的论题。传统科学哲学隐含了三大假设：①科学的可接受性假设，即科学哲学家主要关注科学辩护问题，比如，澄清科学命题的意义，阐述理论的更替，说明科学成功的基础等；②知识的客观性假设，即科学哲学家主要关注如何理解科学成果，比如，科学认知的结果与自然界相符，是语言的意义属性，是有用的说明工具，具有经验的适当性等；③遵从假设，即科学哲学家把科学家看成是自律的、具有默顿赋予的精神气质的一个特殊群体，理应受到人们的遵从。在区分科学的内史与外史、规范的社会学和描述的社会学之基础上，科学哲学的这三大假设也与科学史、科学社会学的研究前提相一致。在以这些假设为前提的哲学研究中，很少关注富有创造性的科学思想是如何产生的问题，更没有把技能与科学认知联系起来讨论。

与以解决认识论问题的方式传承哲学的科学哲学相平行，存在主义、解释学、结构主义、后现代主义和批判理论等则分化出另一条科学哲学进路。这条进路的重点是追求对科学文本的解读和对科学的文化批判，体现出从传统的科学认识论向科学伦理学、科学政治学等实践性学科的转变，并通过揭示利益、权力、社会、经济和文化等因素在科学知识生产过程中所起的决定性作用，把科学知识看成权力运作、利益协商和文化影响等的结果，从而全盘否定了科学知识的真理性，甚至走向反科学的另一个极端。这些研究以怀疑科学为起点，隐含了科学知识的非法性问题。其认为，科学认知的结果不是天然合法的，科学哲学不是为科学的客观性作辩护，而是需要讨论与科学家相关的非法性问题。这就把对科学家的认知判断的怀疑与批判看成理所当然的。这些研究虽然关注科学观念是如何产生的问题，但其重点是批判科学，而不是对科学家的认知技能作哲学研究。

科学建构论试图打开科学活动的黑箱，观察与描述科学家形成知识的整个过程。其研究大致经历了三个阶段：①实验室研究阶段，目标是揭示科学家在实验室里得出的观察结果中所蕴涵的社会和文化因素，例如，柯林斯认为，科学成果不是科学认知的结果，而是由社会和文化因素促成的，科学家只有借助于社会力量，才能最终解决科学争论；②全面扩展阶段，把科学建构论扩展到理解技术，形成了技术建构论等；③行动研究阶段，其目标是通过剖析科学家如何变得过分尊贵的问题，打破科学家与外行之间的分界线，把科学家看成与外行一样，也是有偏见的人。这些研究同样蕴涵了科学家及其认知判断的非法性问题。它们在关注实验技能的传递与行动问题时，涉及对意会知识和技能与科学认知的相关性问题，但这只是研究的副产品。

以肯定科学家和科学知识的合法性为前提的哲学研究，在面对观察渗透理论、事实蕴涵价值和证据对理论的非充分决定性等论题时所陷入的困境，是其基本假设所致；而以假定科学家和科学知识的非法性为前提的“科学研究”对传统科学观的批判其实也潜在地默认了同样的假设，由此产生了各种二元对立，比如客观与主观、内在论与外在论、科学主义与人文主义、事实与价值等对立。传统科学哲学进路主要偏重于二元对立项中的前者，容易受到人文主义的挑战；而“科学研究”进路则主要垂青于二元对立项中的后者，容易从反科学主义走向反科学的另一个极端。到20世纪末，人们则开始寻找第三条进路来超越这些二元对立，比如，科学修辞学进路、行动研究进路、语境主义进路等。但至今仍然没有出现一个令人满意的替代方案。

在这方面，现象学家关于体知型知识（Embodied Knowledge）①的研究是有启发意义的。他们通过突出人的身体在知觉过程中所起的重要作用，使身心融合从一开始就成为获得技能和知识的基本前提。体知型知识是命题性知识和技能性知识的有机整合，其中命题性知识的获得强调分析与计算思维，技能性知识的获得强调直觉思维。在人类的心智中，分析与直觉始终是统一的。分析思维既有助于掌握技能，也有助于澄清直觉判断；反过来，直觉思维既有助于提出创造性的命题性知识，也有助于深化分析思维。然而，由于现象学家追求的目标是使哲学回到生活实践，所以，他们的研究虽然关注技能性知识的哲学思考，但并没有阐述体知合一的认识论。德雷福斯在继承现象学传统之基础上，在论证人类的智能高于机器智能的观点时，对预感、直觉、创造性、理性、非理性和无理性等概念的阐述，直接促进了对技能性知识的哲学思考，揭示了技能在科学认知过程中的关键作用。下面通过对技能性知识的特征与体现形式的考察，基于现有文献，尝试提炼出一种体知合一的认识论。

二、技能性知识的特征与体现形式

技能性知识是指人们在认知实践或技术活动中，知道如何去做并能对具体情况作出不假思索的灵活回应的知识。在这里，对技能性知识作出哲学反思的原因，一是它有可能从体知合一的视角揭示科学家对世界的本能回应与直觉理解为什么不完全是主观的；二是它有可能使传统科学哲学家与“科学研究”者之间的争论变得更清楚。正如伊德所言，就技术的日常用法而言，在科学实验中所用的技术仪器，通过“体知合一的关系”扩大到和转变为身体实践；它们就像海德格尔的锤子或梅洛-庞蒂的盲人的拐杖一样被兼并或合并到对世界的身体体验中，科学家能够产

① 学界通常把“Embodied Knowledge”与“Embrained Knowledge”（观念型知识）相对应，译为“经验型知识”或“具身知识”。这里，一方面考虑到译为“经验型知识”容易与“Experiential Knowledge”混淆，而译为“具身知识”则有忽视心智作用之嫌，另一方面为了与“Embodiment”的译法相一致，因而译为“体知型知识”。当然，这里的“体知”不同于中国哲学中的“体知”概念。

生的现象随着体知合一的形式的变化而变化。德雷福斯在进一步发展梅洛-庞蒂的经验身体的概念和"意向弧"与"极致掌握"的观点时也认为，"意向弧确定了能动者和世界之间的密切联系"，当能动者获得技能时，这些技能就"被存储起来"。因此，我们不应该把技能看成内心的表征，而应看成对世界的反映；"极致掌握"确定了身体对世界的本能回应，即不需要经过心理或大脑的操作。正是在这种意义上，对技能性知识的哲学反思把关于理论与世界关系问题的抽象论证，转化为讨论科学家如何对世界作出回应的问题。

技能性知识主要与"做"相关。根据操作的抽象程度不同，可以把"做"大致划分为三个层次的操作：直接操作、工具操作和思维操作。直接操作主要包括各种训练（比如竞技性体育运动等），目的在于获得某种独特技艺；工具操作主要包括仪器操作（比如科学测量等）和语言符号操作（比如计算编程等），目的在于提高获得对象信息或实现某种功能的能力；思维操作主要包括逻辑推理（比如归纳、演绎等）、建模和包括艺术创作在内的各项设计，目的在于提高认知能力或创造出某种新的东西。从这个意义上看，在认知活动中，技能性知识是为人们能更好地探索真理作准备，而不是直接发现真理。获得技能性知识的重要目标是先按照规则或步骤进行操作，然后在规则与步骤的基础上，使熟练操作转化为一项技能，形成直觉的、本能的反映能力，而不是为了直接地证实或证伪或反驳一个理论或模型。这种知识主要与人的判断、鉴赏、领悟等能力和直觉直接相关，而与真理只是间接相关，是一种身心的整合，一种走近发现或创造的知识。这种知识具有下列五个基本特征。

其一，实践性。这是技能性知识最基本和最典型的特征。它强调的是"做"，而不是单纯的"知"；是"过程"，而不是"结果"；是"做中学"与内在感知，而不是外在灌输。"做"强调的是个体的亲历、参与、体验、本体感受式的训练等。就技能的存在形态而言，存在着从具体到抽象连续变化的链条，两个端点可分别称之为"硬技能"或"肢体技能"，即一切与"动手做"（即直接操作）相关的技能；"软技能"或"智力技能"，即与"动脑做"（即思维操作）相关的技能。在现实活动中，绝大多数技能介于两者之间，是二者融合的结果。

其二，层次性。技能性知识的掌握有难易之分，其知识含量也有高低之别。比如，开小汽车比开大卡车容易，一般技术（比如修下水道）比高技术（比如电子信息技术、生物技术）的知识含量低，掌握量子力学比掌握牛顿力学难度大。德雷福斯从生活世界出发，把一般的技能性知识的掌握划分为七个阶段：①初学者阶段。学习者只是消费信息，只知道照章行事。②高级初学者阶段。学习者积累了处理真实情况的一些经验，开始提出对相关语境的理解，学习辨别新的相关问题。③胜任阶段。学习者有了更多的经验，能够识别和遵循潜在的相关要素和程序，但还不能驾驭一些特殊情况。④精通阶段。学习者以一种非理论的方式对经验进行了同化，并用直觉反映取代了理性反映，用对情境的辨别取代了作为规则和原理表述的技能理论。⑤专长阶段。学习者变成了一名专家，他不仅明白需要达到的目标，而且明白如何立即达到目标，从而体现了专家具有的敏锐、分辨问题的能力。⑥驾驭阶段。专家不只是能够直觉地分辨问题与处理问题，而且具有创造性，达到了能发展出自己独特风格的程度。⑦实践智慧阶段。技能性知识已经内化为一种社会文化的存在形态，成为人们处理日常问题的一种实用性知识或行为“向导”。

其三，语境性。技能性知识总是存在于特定的语境中：人们只有通过参与实践，才能有所掌握与感悟；只有在熟练掌握后，才能内化为直觉能力等内在素质与敏感性。在德雷福斯的技能模型中，在前三个阶段，能动者对技能的掌握是语境无关的，他只知道根据规则与程序行事，谈不上获得了技能性知识，也不会处理特殊情况，更不会“见机行事”。在后四个阶段，技能本身内化到能动者的言行中，成为一种语境敏感的自觉行为，对不确定情况作出本能的及时反映。从阶段四到阶段七，语境敏感度越来越高，达到人与环境融为一体，直至形成新的习惯或创造出新的规范甚至文化的高度。

其四，直觉性。技能性知识最终会内化为人的一种直觉，并通过人们灵活反映的直觉能力和判断体现出来。直觉不同于猜测：猜测是人们在没有足够的知识或经验的情况下得出的结论；“直觉既不是乱猜，也不是超自然的灵感，而是大家从事日常事务时一直使用的一种能力”。“直觉能力”通常与表征无关，是一种无意识的判断能力或应变能力。技能性知识只有内化为人的直觉时，才能达到运用自如的通达状态。在这种状态下，主体已经深度地嵌入到世界当中，能够对情境作出直觉回应，或者说，对世界的回应是本能的、无意识的、易变的，甚至是无法用语言明确表达的，能动者完全沉浸在体验和语境敏感性当中。从这个意义上讲，不管是在具体的技术活动中，还是在科学研究的认知活动中，技能性知识是获得明言知识的前提或“基础”，是我们从事创造性工作应该具备的基本素养，是应对某一相关领域内的各种可能性的能力，而不是熟记“操作规则”或经过慎重考虑后才能作出的选择。

其五，体知合一性。技能性知识的获得是在亲历实践的过程中，经过试错的过程逐步内化到个体行为当中的体知合一的知识。技能性知识的获得没有统一的框架可循，实践中的收获也因人而异，对一个人有效的方式对另一个人未必有效。人们在实践过程中伴随着技能性知识的获得而形成的敏感性与直觉性不再是纯主观的东西，而是也含有客观的因素。当我们运用这种观点来理解科学研究实践时，就会承认，科学家对世界的理解既不是主体符合客体，也不是客体符合主体，而是从主客体的低层次的融合发展到高层次的融合，或是主体对世界的嵌入程度的加深。这种融合或嵌入程度加深的过程，只有是否有效之分，没有真假之别。因为亲历过程中达到的主客体的融合是行动中的融合，而就行动来说，我们通常不会问一种行动是否为真，而是问这种行动是否有效或可取。这样，有效或可取概念取代了传统符合论的真理概念，并且真理概念变成了与客观性程度相关的概念。主体嵌入语境的程度越深，对问题的敏感性与直觉判断就越好，相应地，客观性程度也越高，获得真理性认识的可能性也越大。

从技能性知识的这些基本特征来看，技能性知识是一种个人知识，但不完全等同于"意会知识"。"个人知识"和"意会知识"这两个概念最早是由英国物理化学家波兰尼在《个人知识》（1958年）和《人的研究》（1959年）两本著作中提出的，后来在《意会的维度》（1967年）一书中进行了更明确的阐述。波兰尼认为，在科学中，绝对的客观性是一种错觉，因而是一种错误观念。实际上，所有的认知都是个人的，都依赖于可错的承诺。人类的能力允许我们追求三种认识论方法：理性、经验和直觉。个人知识不等于是主观意见，它更像是在实践中作出判断的知识和基于具体情况作出决定的知识。意会知识与明言知识相对应，是指只能意会不能言传的知识。用波兰尼的"我们能知道的大于我们能表达的"这句名言来说，意会知识相当于是我们能知道的减去我们能表达的。而技能性知识有时可以借助于规则与操作程序来表达。因此，技能性知识的范围大于意会知识的范围。从柯林斯对知识分类的观点来看①，意会知识存在于文化型知识和体知型知识当中，而技能性知识除了存在于这两类知识中之外，还存在于观念型知识和符号型知识中。不仅如此，掌握意会知识的意会技能本身也是一种技能性知识。

技能性知识可以通过三种能力来体现：与推理相关的认知层面，通过认知能力来体现；与文化相关的社会层面，通过社会技能来体现；与技术相关的操作层面，通过技术能力来体现。据此，柯林斯关于技能性知识的观点是不太全面的。柯林斯认为，技能性知识通常是指存在于科学共同体当中的知识，更准确地说，是存在于知识共同体的文化或生活方式当中的知识，"是可以在科学家们的私人接触中传播，但却无法用文字、图表、语言或行为表述的知识或能力"。对技能性知识的这种理解，实际上是把技能性知识等同于意会知识，因而缩小了技能性知识的思考范围。关于技能性知识的获得过程的哲学思考，孕育了一种新的认识论——体知合一的认识论，并有可能形成一种新的科学哲学框架。

---

① 柯林斯把知识分为五类：观念型知识（Embrained Knowledge），即依赖于概念技巧和认知能力的知识；体知型知识（Embodied Knowledge），即面向语境实践（Contextual Practices）或由语境实践组成的行动；文化型知识（Encultured Knowledge），即通过社会化和文化同化达到共同理解的过程；嵌入型知识（Embedded Knowledge），即把一个复杂系统中的规则、技术、程序等之间的相互关系联系起来的知识；符号型知识（Encoded Knowledge），即通过语言符号（比如图书、手稿、数据库等）传播的信息和去语境化的实践编码的信息。

三、一种体知合一的认识论

波兰尼在阐述"个人知识"的概念时，最早涉及技能性知识的问题。他用格式塔心理学的成果作为改革认知概念的思路。他把认知看成对世界的一种主动理解活动，即一种需要技能的活动。技能性的知与行是通过作为思路或方法的技能类成就（理论的或实践的）来实现的。理解既不是任意的行动，也不是被动的体验，而是要求普遍有效的负责任的行动。波兰尼的论证表明，技能性的认知虽然与个人相关，但认知结果却有客观性。在这里，"认知"不完全等同于"知道"，还包含"理解"的意思。"知道"通常对应于命题性知识，"理解"则更多地与技能性知识相关，包含着主体掌握了部分之间的联系。因此，"认知"既有与事实或条件状态相关的描述维度，也有与价值判断或评价相关的规范维度。所以，技能性知识的获得与内化过程向当前占优势的自然化的认识论提出了挑战。这与威廉斯（M. Williams）所论证的认知判断是一种特殊的价值判断很难完全被"自然化"的观点相吻合。

技能性知识强调的是主动的身心投入，而不是被动的经验给予。技能性知识的获得是一个从有意识的判断与决定到无意识的判断与决定的动态过程。在这个过程中，我们很难把人的认知明确地划分成以理性为一方，以非理性为另一方。实际上，理性与非理性因素在培养人的认知能力和提出理论框架的过程中，是相互包含和互为前提的。科学家的实验或思维操作通常介于理性与非理性之间，德雷福斯称之为无理性的行动。术语"理性的"来源于拉丁语"ratio"，意思是估计或计算，相当于是计算思维，因此，具有"把部分结合起来得到一个整体"的意思。而无理性的行动是指无意识地分解和重组的行为。德雷福斯认为，能胜任的行为表现既不是理性的，也不是非理性的，而是无理性的，专家是在无理性的意义上采取行动的。沿着同样的思路，可以说，科学家也只有在无理性的意义上才能作出创造性的认知判断。

科学史上充满了德雷福斯所说的这种无理性的案例。比如，物理学家普朗克在提出他的辐射公式和量子化假说时，不仅其理论推导过程是相互矛盾的，而且他本人也没有意识到自己工作的深刻意义。他是直觉地给出公式，然后才寻找其物理意义。他承认，他提出的量子假设是"在无可奈何的情况下，'孤注一掷'的行为"。因为量子假设破坏了当时公认的物理学与数学中的"连续性原理"或"自然界无跳跃"的假设，以至于普朗克后来还多次试图放弃能量的量子假设。可见，普朗克的"直觉"的天才猜测既不是纯粹依靠逻辑推理，也不是完全根据当时的实验事实，更不是毫无根据的突发奇想，而是无理性的。就像熟练的司机与他的车成为一体，体验到自己只是在驾驶，并能根据路况作出直觉判断和无意识的回应那样，普朗克也是在应对当时的黑体辐射问题时，直觉地提出了连自己都无法相信的量子假设。

科学史的发展表明，科学家在这个过程中作出的判断是一种体知合一的认知判断。我们既不能把它降低为是根据经验规则得出的结果，也不能把它简单地看成非理性的东西。当科学家置身于实践的解题活动中时，对他们而言，既没有理论与实践的对立，也没有主体与客体、理性与非理性的二分；他们的一切判断都是在自然"流畅"的状态下情境化地作出的应然反映，是一种"得心应手"的直觉判断。从这个意义上来说，称职的科学家是嵌入到他们思考的对象性世界中的体知合一的认知者。他们的技能性知识的获得不是超越他们在世界中的嵌入性和语境性，而是深化和扩展他们与世界的这种嵌入关系或语境关系。这就是一种体知合一的认识论。

这种认识论认为，科学家的认知是通过身体的亲历而获得的，是身心融合的产物。正如梅洛-庞蒂所言，认知者的身体是经验的永久性条件，知觉的第一性意味着体验的第一性，知觉成为一种主动的建构维度。认知者与被认知的对象始终相互纠缠在一起，认知的获得是认知者通过各种操作活动与认知对象交互作用的结果。这种认识论有两大优势：一是，它以强调身心融合为基点，内在地摆脱了传统认识论面临的各种困境，把对人与世界的关系问题的抽象讨论，转化为对人与世界的嵌入关系或语境关系的具体讨论，从而使科学家对科学问题的直觉解答具有了客观的意义；二是，它以阐述技能性知识的获得为目标，把认识论问题的讨论从关注知识的来源与真理的问题，转化为通过规则的内化与超越而获得的认知能力的问题，从而使得规范性概念由原来哲学家追求的一个无限目标，转化为与科学家的创造性活动相伴随的不断建立新规范的一个动态过程。但是，若站在传统科学哲学的立场上，则通常会认为，这种体知合一的认识论面临着以下问题。

其一，是沃尔顿（D. Walton）所说的"不可接近性论点"的问题。意思是说，由于专家很难以命题性知识的形式描述他们得出认知判断的步骤与规则，因此对于非专家来说，专家的判断是不可接近的。当我们把这种观点推广应用到理解科学时，可以认为，科学家得出的认知判断结果，很难被明确地追溯到他们作出判断时依据的一组前提和推理原则：普朗克就从来没有明确地阐述过他是如何提出量子假设的。因此，科学家的判断总是与个人的创造能力相关，甚至会打上文化的烙印。这种情况使得我们通常对科学家提出的应该以命题性知识的形式（例如规则或步骤）把他们基于"直觉"的认知判断过程"合理化"的要求成为不适当的，或者说，对科学认知的理性重建有可能滤掉科学家富有创造性地体现其认知能力的知识，因而导致"知识损失"问题。

其二，是如何避免陷入自然化认识论的困境。体知合一的认识论表明，科学家并不总是处于反思状态。在类似于库恩范式的常规时期，他们通常是规范性地解答问题；只有当他们的所作所为不能有效地进行时，即在类似于库恩范式的科学革命时期，他们才对自己付诸实践的方式作出反思。只有这种实践反思，才能使科学家从实践推理上升到理论推理，才能使他们回过头来检点自己的行为活动。新的规则与规范通常是在这个反思过程中提出的。在这种意义上，如果全盘接受现象学家讨论的体知合一的观点，只强调向身体和经验的回归，把认知、思维看成根植于感觉神经系统并归结为一种生物现象，就会从“有心无身”的一个极端走向“有身无心”的另一个极端，从而再次陷入自然化认识论的困境。因此，如何超越现象学家过分强调身体的立场，成为构建体知合一的认识论之关键。

概而言之，基于技能性知识的讨论发展出来的这种体知合一的认识论，提出了值得深入研究的一系列新问题，比如，技能性知识的掌握有没有极限，或人的认知能力是否无限发展的本体论问题；技能性知识、意会知识和明言知识之间有何种区别与联系，以及如何理解技能性知识的客观性等认识论问题；体知合一基础上的身体是什么和以身体的亲历活动为基础的认知活动是如何展开的等规范性问题。还有由此派生出来的与专家相关的哲学问题，比如，当同一个领域内的两位公认的专家对同一个问题作出相反的判断时，外行如何才能在矛盾结论中作出合理的选择，以及成为专家的标准是什么等价值问题；关于技能性知识的哲学思考能为当代教育体制改革提供哪些启发性等应用问题。

参考文献：

[1] 成素梅．理论与实在：一种语境论的视角[M]．北京：科学出版社，2008.

[2] 柯林斯．改变秩序：科学实践中的复制与归纳[M]．上海：上海科技教育出版社，2007．

[3] 潘永祥，王绵光．物理学简史[M]．武汉：湖北教育出版社，1990．

[4] 佩拉．科学之话语[M]．上海：上海科技教育出版社，2006.

[5] Collins H M. Humans, machined and the structure of knowledge[J]. Stanford Humanities Review, 1995, 14(2); Tacit knowledge, trust and the Q of Sapphire[J]. Social Studies of Science, 2001, 31(1).

[6] Collins H M, Robert E. Rethinking Expertise[M]. Chicago and London: The University of Chicago Press, 2007.

[7] Crease R P. Hermeneutics and the natural sciences: Introduction[J]. Hermeneutics and Natural Sciences, 1997.

[8] Dreyfus H. How far is distance leaning from education? [M]. The Philosophy of Expertise, New York: Columbia University Press, 2006.

[9] Dreyfus H, Dreyfus S. Mind Over Machine: The Power of Human Intuition and Expertise in the Era of the Computer[M]. New York: Free Press, 1986.

[10] Ihde D. Expanding Hermeneutics: Visualism in Science[M]. Evanston: Northwestern University Press, 1998.

[11] Merleau-Ponty M. Phenomenology of Perception, translation by Colin Smith[M]. London: Routledge and Kegan Paul, 1962.

[12] Polanyi M. Personal Knowledge: Towards a Post-Critical Philosophy[M]. Chicago: The University of Chicago Press, 1959; The Study of Man[M]. Chicago: The University of Chicago Press, 1967; The Tacit Dimension[M]. London: Routledge & Kegan Paul, 1958.

[13] Selinger E, Crease R P. Dreyfus on expertise: the limits of phenomenological analysis[M]. The Philosophy of Expertise, New York: Columbia University Press, 2006.

[14] Walton D. Appeal to Expert Opinion: Arguments from Authority[M]. University Park: Pennsylvania State University Press, 1997.

[15] Williams M. Problems of Knowledge: A Critical Introduction to Epistemology[M]. New York: Oxford University Press, 2001.

高技术知识存在和演化方式

陶迎春
（东南大学科技与社会研究中心，江苏 南京 211189）

摘　要：高技术知识是“世界3”中的“新秀”，存在于“知识之树”的上端或顶端，具有自身的存在方式和演化特点。高技术知识具有三种形式：意识形式（或隐性知识）、符号化形式（或编码知识）和物化形式（或科技黑箱）等。意识形式的高技术知识需要转化为符号化形式或物化形式，才能被纳入社会系统中发挥作用，而符号化形式的高技术知识是意识形式的高技术知识的显性化，物化形式的高技术知识是意识形式或符号化形式的高技术知识社会化的结果，三者相互作用，相互转化，共同发展，构成高技术知识演化形态。

关键词：高技术知识　存在方式　演化方式

一、前　言

高技术伴随着20世纪中叶电子计算机的问世和原子能的利用而兴起并发展。其基本原理主要建立在最新科学成就基础上，是尖端的、前沿的、先进的技术，随着时间的推移，高技术的主要内容和涉及范围会有所改变，新的高技术将陆续出现，一些发展成熟的技术也会变为一般技术。通常认为，其有六大技术群：生物技术、信息技术、能源技术、材料技术、空间技术和海洋技术。当前，信息技术是核心；能源技术是支柱；材料技术是载体；生物技术综合前三项高技术，是继信息技术之后21世纪高技术发展的一个重要方向；发展海洋技术和空间技术的目的是为了扩展人类的生存领域和获取更多的资源，是上述四大技术在特殊领域的应用，在应用中反过来也推动这些高技术的发展。而综合纳米技术、生物技术、信息技术和认知科学的会聚技术，将是高技术发展的必然趋势。

在这个历史进路中，高技术知识随之产生和发展，成为“世界3”中的“新秀”，有必要对此进行新的研究。目前的研究文献对技术知识研究的较多，其中有的涉及高技术知识；而专门研究高技术知识的，涉及高技术知识产权的较多，对高技术知识本身研究的较少。本文尝试对高技术知识的存在方式和演化特点进行初步的宏观性的探讨。

二、高技术知识存在方式

一般而言，高技术知识主要是指产生或发展出高技术的知识或高技术发展所形成的知识，存在于“知识之树”的上端或顶端（如图 1），其存在方式有三种形式：意识形式（或隐性知识）、符号化形式（或编码知识）和物化形式（或科技黑箱）。作为意识形式、符号化形式和物化形式的高技术知识具有以下特点。

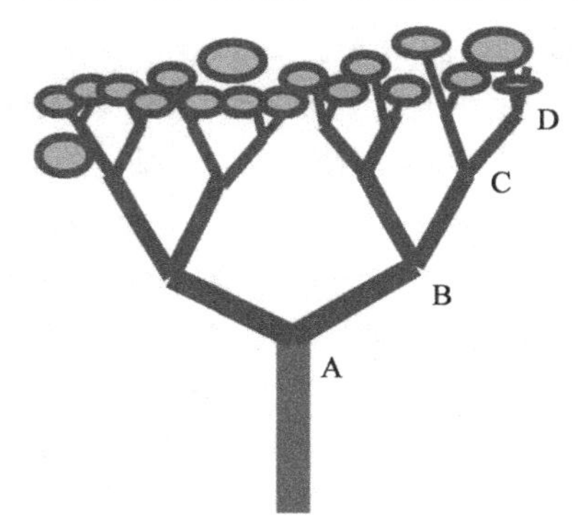

图 1　知识之树

1. 个体与“底”性

从个体的角度来考察，高技术知识建立在现代科学技术基础之上，处于现代科学技术的前沿，位于知识之树的上端，在每个高技术知识产生、存贮和运用过程中，有“底”又无“底”。

那么，何谓“底”？从不同的角度有不同的认识，在科学技术中，“底”体现为规律和有序、普遍和必然；在实践领域和价值观上，“底”体现为人类的科学活动、技术活动和经济活动，体现为工具理性和经济人；在历史观上，“底”体现为物的文化，表现为人类发展的必由之路和转折点；在逻辑上，“底”体现为人性和人类社会结构的基础。而从知识论的角度来看，“底”体现为非嵌入编码知识。随着人类认识和实践的不断发展，“底”将不断提升，但以上这些是“底”的底线，是不可逾越的逻辑起点。由此，主要以知识论的视角来考察高技术知识。首先，每种高技术知识的产生、存贮和运用过程中，依赖于现代科学技术历史积淀下来的“底”，但是何种高技术知识被产生、存贮和运用，具有不确定性，无“底”。其次，高技术知识主要是以现代科学知识为基础的理论形式或物化形式所蕴涵的知识体系，不同于主要是以经验为基础的经验形式的零散化的传统技术知识。经验性的技术知识是主观的、心理性的、个人的，以隐性知识为主；与此相反，现代技术知识是客观的、理论性的、社会性的，以编码知识或非嵌入编码知识为主，从而具有“底”性。

最后，虽然高技术知识既包括理论形式，也包括经验形式，但高技术知识再发展，理论形式的高技术知识也不可能涵盖全部的技术知识，从而把经验形式的技术知识排除在外。而且理论形式的或物化形式所蕴涵的和部分经验形式的技术知识可以通过编码成为明言性的知识，可以用文字、数字、图像和符号表达，符号化后，易于以硬性数据、公式、编码程序或普适原理的形式传播和共享。但是有相当多的经验形式的技术知识，如技能、诀窍等，由于它们的存在依附于人的大脑或身体操作的技能，通常只能在操作行动中表现出来，而行动如何往往又依赖于特定的情境，因此无法对它们进行编码，由此构成隐性知识，无“底”。这一点与传统技术知识相似。

综上所述，高技术知识具有“底”性，有“底”主要体现为符号化形式的高技术知识，依赖于现代科学理论和现代科技成果；无“底”主要体现为意识形式的高技术知识，何种高技术知识被产生、存贮和运用，具有不确定性。而物化形式的高技术知识既有“底”又无“底”，如科技黑箱，已有学者作了深入研究，此处不再详述。

2. 关系与“族”

从高技术知识的构成或相互关系的角度来考察，其作为整体、作为各技术群、作为交叉群，具有“族”性。

这里“族”意指在知识之树上，生物技术等六大技术群大致为六大分支，每个分支上的技术密切相关，以及具有范围较为明确的科学知识基础，从而每个技术群都构成一个高技术知识族，如生物技术知识“族”。而其一旦直接面向应用，各种技术之间的相关性越大。如信息技术知识离不开通信、网络等技术群，而信息技术形成后，产生新的产业，改造旧的产业，从信息高速公路的形成和其对社会系统所起的重大作用就可见一斑。又如生物技术知识对其他技术的渗透，在各行业包括航天、医药、食品、能源、材料等领域的应用，给这些行业带来革命性的变化。随着人类对其他物种基因组研究的不断深入，信息技术、新材料技术等到其他新兴单科学科和技术的交叉与渗透，生物芯片、生物信息、生物工程、干细胞研究等一系列新兴领域和技术不断涌现，从而产生新的具有“族”性的高技术知识，使生物技术的发展进入了一个新阶段。

3. 个性—标准—兼容

从社会化的角度，由于初始条件和边界条件不同，高技术知识具有社会性与地域性，如与美国全球导航定位系统（GPS）相对应，中国发展了具有自主知识产权的北斗双星导航，欧洲开发了伽利略导航系统，俄罗斯也发展了自己的卫星导航系统。又如中国大唐集团自主开发的第三代移动通信TD SCDMA标准，与欧洲20世纪90年代以来开发的WC DMA标准和美国高通公司研发的CDMA2000标准并列成为全球第三代移动通信网络建设的重要选择方案之一。这样，在“世界3”中，出现了标准化高技术知识及与其相对的个性化和兼容化高技术知识。标准化高技术知识是其成熟的主要表现。

标准化的高技术知识是对某一项技术的综合和提炼，是社会化的过程中各方面利益竞争与妥协的结果，是自然性和社会性的统一，是社会关系网图和技术关系网图的交叉点。社会关系网图和技术关系网图本质上是同一个硬币的两面，一种特定的技术配置反映了一种特定的行为者网络的影响。因此，一种特殊技术的恰当定义只能在两个系统的交叉点找到。个性化的高技术知识是形成标准化的高技术知识的基础和前提，又因个性，在形成标准化的高技术知识之后，产生和形成兼容化的高技术知识。如TCP/IP协议，在其产生之前，有多个个性化的互联网通信形式，在其基础上产生出TCP/IP协议。由于这个标准开放，获得国际间较为普遍的认同，从而具广泛的兼容性。并随着科学技术的进步和时代的发展而不断地修改、完善，从而具广泛的兼容性。但是，个性意味着创新、改革与变化、个性化，具有与标准发生冲突和改变标准的可能性，如在GPS标准出现了美国版之后，出现了欧洲、中国、俄罗斯等版本，3G标准同样如此，出现了美国、欧洲、中国等版本。

总之，存在于知识之树上端的高技术知识，具有意识形式（或隐性知识）、符号化形式（或编码知识）和物化形式（或科技黑箱）等三种形式。从个体的角度来看，其产生、存贮和运用过程中，有“底”又无“底”。从其构成或相互关系的角度来看，具有“族”性。从社会化的角度，标准化高技术知识是其成熟的主要表现。

三、高技术知识演化方式

意识形式的高技术知识需要转化为符号化形式或物化形式，才能被纳入社会系统中发挥作用，而符号化形式的高技术知识是意识形式的高技术知识的显性化，物化形式的高技术知识是意识形式或符号化形式的高技术知识社会化的结果，三者相互作用，相互转化，共同发展，构成高技术知识演化形态，表现为高技术知识有自举能力，在其内部表现为“硬件软件化，软件硬件化”，在其外部表现为发散或收敛。

1. “自举”与进化

“自举”一词来自人都是靠自身的“自举”机构站立起来的这一思想。在信息领域，自举指引导操作系统的过程，而操作系统的运动是执行其他程序的前提。即计算机必须具备自举能力，将自己所有的元件激活，以便能完成加载操作系统这一目的，再由操作系统承担起那些单靠自举代码无法完成的更复杂的任务。在本文中，自举指高技术知识具有自举能力，即高技术支撑高技术。

如在生物领域，20 世纪 50 年代，分子生物技术的诞生，标志着现代生物技术的兴起，从而支撑起基因工程、细胞工程、微生物工程和生物酶工程等方面。进而各个方面又不断拓展，如细胞工程产生出细胞融合技术、细胞器移植技术、细胞和组织培养技术、克隆技术等。整个过程是一个由主干方向朝着更细更专业的小方向不断细化和扩展的过程。在这个系统中，作为一个个体的小方向往往是进行较为独立的发展的。在该方向上的进步和突破，不仅会引起本身的进步，与相邻的各个方向也会有所影响，如生物技术已是 21 世纪高技术的核心，不仅直接关系到农业、医药卫生事业的发展，而且对环保、能源技术等都有很强的渗透力。高技术知识在某一个方向上的突破和“自举”，会影响到整个领域系统的提升和进化。

2. “硬件软件化，软件硬件化”

传统的技术知识演化表现为意识形式知识到符号化形式知识再到物化形式知识，表现为线性关系。而高技术知识演化内部表现为“硬件软件化，软件硬件化”，表现为符号化形式知识、物化形式知识意识形式化，意识形式化知识符号化、物化。

所谓硬件软件化，即符号化形式知识、物化形式知识意识形式化，虚拟化。对实验对象、实物模型只能在现实的实验环境进行的操作、试验，现在可以在计算机上虚拟操作、试验。如微波器件，在计算机辅助设计（CAD）出现之前，前人只能根据电磁场理论来设计实际微波电路，再借助于测量仪器来测试电路性能，若不满足指标，需要重新设计并加工，再测试，直到得出满足指标的产品，表现为意识形式知识到符号化形式知识再到物化形式知识的线性运功。这样费时费力，而且成本很高。当电磁场数值计算方法，如有限元（FEM）、矩量法（MOM）、进域有限差分法逐步完善，计算机性能逐步提高时，微波设计人员开始利用仿真软件进行微波电路设计，通过软件模拟硬件的功能，进行模拟试验。用时少且成本极低，不需要加工，无材料成本，并可利用已有的优化算法（如遗传算法）等进行优化设计，表现为符号化形式知识、物化形式知识意识形式化。

所谓软件硬件化，即意识形式化知识符号化、显性化。这体现在以下几个方面。一是理想实验、理想模型以前，只能在大脑中进行思维操作，现在可以在计算机上虚拟操作、试验。二是虚拟结果需硬件化，软件操作结果毕竟与实际结果相比是有偏差的，因此软件得出的结果，如得出一个仿真电路结构后，还应该制作实际电路，并对测试方法进行验证，以求形成实际满足要求的真正的经现实验证的微波电路。三是形成科技黑箱，如针对隐形材料、新型人工材料的技术研究，通过硬件软件化，在计算机模拟电磁波在材料中的传播路径，通过在计算机上控制材料的结构，实现电磁波在通过该物质后的方向。通过软件的辅助排列出新型的人工材料，模拟出实现真正的隐身功能的人工材料。然后通过现实验证，并得出实际的人工材料、人工产品。这样，将复杂的过程及相关知识封装到最终的人工产品科技黑箱中，实现技术的应用，表现为意识形式知识符号化、物化。

3. 发散与收敛

有学者指出，技术的发展过程呈现出收敛与发散的循环，前者会形成技术标准，构建相对一致的技术平台，从而带来知识的收敛；后者则是对技术平台的突破，由此必然推进知识的发散和创新。在此过程中，隐性技术知识由生成、编码到黑箱化或固化的发展阶段，也必然发生相反的过程。收敛所形成的平台具有定向的引导作用，从而遮蔽了其他可能性，也构成了高技术知识演化的外部表现形式。

参考文献：

[1] 吕乃基．会聚技术：高技术发展的最高阶段[J]．科学技术与辩证法，2008(5)：62-65.

[2] 吕乃基．论“底”[J]．东南大学学报：哲学社会科学版，2003(5)：43-47.

[3][5] 吕乃基．科技知识论[M]．南京：东南大学出版社，2009.

[4] 吴国盛．技术哲学经典读本[M]．上海：上海交通大学出版社，2008．

[6] 王续琨，初福玲．知识科学的兴起和发展[J]．大连理工大学学报：社会科学版，2001，22(2)：15-20.

[7] 吕乃基．行进于世界 3 的技术[J]．自然辩证法研究，2009(3)：42-46.

[8] 马克斯·舍勒．知识社会学问题[M]．北京：华夏出版社，2000.

[9] 李兆阳．高新技术知识产权的保护和产业化[M]．北京：华夏出版社，2002.

[10] 孙金年．知识的存在形式[J]．南京大学学报：哲学·人文科学·社会科学版，2003(1)：89-97.

[11] 尼葛洛庞帝．数字化生存[M]．海口：海南出版社，1997.

[12] 吕乃基．科学与文化的足迹[M]．北京：中国科学文化出版社，2007(1).

[13] 高亮华．论技术知识及其特点[EB/OL]．[2011-03-26] http://www．bjpopss．gov. cn/bjpssweb/n28204c58 aspx.

[14] 吕乃基．微笑曲线的知识论释义[J]．东南大学学报：哲学社会科学版，2010(3)：18-22.

[15] 卡尔·波普尔．客观知识[M]．上海：上海译文出版社，1987.

中国军事技术哲学研究60年：回顾与展望

刘戟锋　石海明　盖立阁
（国防科技大学人文与社会科学学院，湖南 长沙　410074）

摘　要：作为自然辩证法研究的重要分支，我国军事技术哲学研究走过了一段曲折的发展之路。基于对军事技术哲学研究在世界范围内勃兴的历史与逻辑考量，本文回顾了新中国成立60年来该学科的发展历程，并结合国外同行的相关研究视域及成果，分析了我国军事技术哲学研究的学科范式及存在的问题，展望了其未来的拓展方向。

关键词：军事技术哲学　回顾　展望

我国军事技术哲学研究经过60年的蓬勃发展，不仅丰富了哲学研究的理论与方法，拓展了自然辩证法研究的视域，还锻炼了一支从事自然辩证法研究的队伍，并在军事技术的内涵与特征、军事技术的发展规律、军事技术创新、军事技术与战斗力生成、军事技术与战略、军事技术与军事变革、军事技术价值与伦理、军事技术与社会、军事技术与国际政治和马克思主义军事技术哲学研究等方面，取得了一批标志性的成果。这一学科不仅在中国科技哲学领域异军突起，在世界军事学术之林占有一席之地，而且为推进中国特色军事变革和促进中国社会主义现代化建设发挥了不可替代的重要作用。

一、曲折的发展历程

总体而言，新中国成立60年来，军事技术哲学研究在我国主要经历了孕育时期（1949—1981）、积淀时期（1981—1998）及跃迁时期（1998—2009）三个主要发展阶段。

1. 孕育时期：军事技术史研究艰难起步

国内有关技术哲学的研究，发轫于陈昌曙发表于1957年的《要注意技术中的方法论问题》一文。此后，由于众所周知的历史原因，国内技术哲学研究步履维艰、进展迟缓。与此相应，国内军事技术哲学起步也较晚，改革开放之前，相关的军事技术哲学研究主要体现在军事技术史领域，最具代表性的成果是中国军事史中的《兵器》卷。1964 年，中央军委副主席叶剑英元帅在视察南京军事学院时，指示该院军事史料研究处在军事科学院的指导下，开展中国古代军事学术的研究，其中包括编写兵器发展史。南京军事学院立即组织有关人员开展此项工作。“文化大革命”期间，有关研究人员分散各地，这一工作被迫停顿。党的十一届三中全会以后，在郭汝瑰、王宴清等人的倡导与组织下，该项工作又有了新的进展。1981 年，郭汝瑰到北京谈了其计划，并与军事科学院军史处的研究人员一起自解私囊，全力以赴。中央军委原副主席张震欣赏其精神，于是指示总参谋部军训部商请成都军区军训部在物力、财力上予以支持，使这项研究工作得以重新有计划地进行[1]。1983 年 5 月，该研究计划推出了第一卷研究成果——《兵器》，该卷以大量史料和诸多考古发现为基础，配以丰富的图片，重点介绍了我国上至先秦，下至中华人民共和国成立前历代兵器的发展情况，其中包括石兵器、铜兵器和多种火器，以及这些兵器对战术的影响。

2. 积淀时期：军事技术哲学研究全面拓展

改革开放后，学术薪火得以重燃，“ 1980 年《自然辩证法通讯》杂志社与原东北工学院的许多教师开始致力于技术哲学的介绍、宣传和研究”[2]。几乎与此同步，从 1981 年至 1998 年的 17 年，也是我国军事技术哲学研究的积淀时期。

国防科技大学的自然辩证法教研团队，也是从 1981 年开始将研究视野聚焦于军事技术哲学相关问题。首先是时任政治教研室自然辩证法教研组组长的刘建统教授提议，后经朱亚宗、黄灼明、唐大德等教授的大力支持，一批 77 级以后陆续留校的青年学子共同努力，围绕军事技术哲学、军事技术史、军事技术与社会几个方向，展开了近三十年如一日的集智攻关，逐渐在军事学术成果上有所积累、有所建树。

3. 跃迁时期：学科建制化取得重大进展

从 1998 年开始，国内军事技术哲学研究进入了一个新的发展时期。该年，国防科技大学获得科学技术哲学硕士学位授予权，开始招收军事技术哲学研究方向的硕士研究生；几乎与此同时，装甲兵工程学院、石家庄军械工程学院也分别于 1998 年、2000 年获得科学技术哲学硕士学位授予权，开始培养军事技术哲学专业的硕士研究生。2005 年，国防科技大学又获得了科技哲学博士学位授予权，开始培养军事技术哲学专业的博士研究生。2007 年，国防科技学科学技术哲学教研团队提交了“科学技术与军事变革的哲学分析”论证报告，成为国家“211 工程”三期重点建设学科。在学术交流方面，国防科技大学于 2007 年 7 月承办了全国首届军事技术哲学学术研讨会；解放军理工大学于 2009 年 6 月承办了第二届全国军事技术哲学学术研讨会；2007 年与 2008 年，国防科技大学还与俄罗斯科学院自然科学史研究所分别在俄罗斯与中国联合举办了两届“中外军事技术交流史国际学术研讨会”。

经过60年的不懈努力，如今，我国军事技术哲学研究队伍已粗具规模，研究方向已相对明确，研究视野已比较开阔，整体呈现出欣欣向荣之势，不仅涌现出一批军事技术专门史或通史著作，为军事技术哲学研究奠定了坚实的根基，而且涌现出一批富于新意的军事技术哲学著作，为军事技术哲学研究树立了重要路标。

二、研究视域、学科范式及重要进展

新中国成立60年来的军事技术哲学研究，始终坚持以马克思主义哲学为指导，以恩格斯军事技术思想为基础，以国外相关研究成果为参照，以推进中国军队现代化建设为目标，在探索过程中，逐渐形成了固定的研究视域、独特的学科范式，并在某些方面取得了重要进展。

1. 不断拓展的研究视域

作为军事技术哲学的逻辑起点，军事技术的概念、内涵与特征问题最早进入了该学科的研究视域。如就军事技术的要素与结构问题，笔者在《军事技术论》中，研究了军事技术的自然属性与社会属性，认为军事技术本身是一种十分复杂的现象，是由“打击力”“防护力”“机动力”“信息力”四个基本要素组成的统一系统。当然，早期的军事技术哲学研究视域还包括军事技术的发展规律、军事技术与社会等问题。

在军事技术的发展规律方面，郭世贞在《军事技术论纲要》中认为，“军事技术发展的内在规律，是指军事技术的内部各要素之间相互联系的方式及其相互作用的机制和主要特点”。笔者在《军事技术论》中指出了军事技术进步的三大规律，即“军事技术的先行发展规律”“军事技术的社会转移规律”“军事技术的攻防矛盾运动规律”[3]。在军事技术与社会方面，研究视域主要聚焦于军事技术发展的社会影响、军事技术发展的社会建构及军事技术发展的社会转移等问题。

1991年海湾战争之后，军事技术与战斗力生成、军事技术与军事变革等问题开始进入军事技术哲学的研究视域。其中，战斗力是部队一切工作的灵魂与落脚点。按照马克思主义的观点，军队战斗力的基本组成要素是人、武器以及人与武器的结合方式。而科学技术对军事的影响，从战斗力要素的角度来看，可以表述为以下主要发展趋势，即从材料对抗到信息对抗，从体能较量到智能较量，从自然中心战到网络中心战[4]。因而围绕军事技术与战斗力生成，主要考察科技与战争的关系、战斗力生成模式、军事技术与军事教育训练等相关问题。而军事技术与军事变革则主要研究军事变革的技术根源，军事技术进步与军事组织、军事理论、军事管理创新等。

此外，早期在军事技术创新研究领域也有一些代表作，但主要进展却发生在2000年之后。具体而言，聂力、怀国模主编的《回顾与展望：新中国的国防科技工业》（1989）收录了新中国成立之初直接参与我国“两弹一星”、战略核潜艇等重要武器装备研制、组织及管理的科学家、管理人员等撰写的回忆文章。此后，相关研究进展缓慢，2000年之后，才又出现了一批相关研究成果，如《两弹一星工程与大科学》（刘戟锋、刘艳琼等，2004）。此外，董玉才等人应用非线性动力系统的定性理论方法，研究了一类军事技术创新非线性动力系统模型的无闭轨性、奇点的李雅普诺夫稳定性及全局稳定性，并建立了具有确定时滞的军事技术创新模型，分析了模型的渐进稳定性[5]。王荣辉探讨了军事技术创新主体的概念，提出了军事技术创新主体系统是耗散结构系统的论断[6]。金丽亚指出了军事技术创新主体的创新特征，并从4个不同的历史阶段分析了军事技术创新主体的历史性[7]。谢魁从军事技术创新主体的历史嬗变及军事技术内部结构的视角，研究了军事技术革命的结构[8]。黄伯尧在《军事技术创新效果的不确定性》一文中，从多个方面探讨了军事技术创新效果不确定性的表现及根源[9]。汪进等结合第二次世界大战时期美国研制雷达的实例，借用“行动者–网络”模式的独特视角，分析了军事技术发展中的技术动力机制[10]。刘艳琼、刘戟锋在《军事技术创新过程中的技术匹配问题》一文中，分析了广义军事技术创新的概念，提出为确保军事技术的持续发展、科学发展，在军事技术创新全过程中，从技术系统综合集成的角度看，应即时分析、迅速处置3种技术匹配问题，即辅助支持型、相减相克型和攻防对立型。如此，方能降低军事技术创新风险，满足目标任务的需要[11]。另外，还将管理学领域中应用于决策分析的影响图理论移植于军事技术创新机制的分析，相比于传统的定性分析方法，这种定量评估方法是将自然科学研究方法与成果引入社会科学研究的一种有益尝试。此外，曾华锋、盖立阁在《论综合集成与国防科技创新》一文中，对军事技术创新的综合集成方法作了深入的剖析[12]。

2. 独特的学科范式

恩格斯不仅是自然辩证法研究的开创者，也是军事技术哲学研究的先行者，对军事技术的相关哲学问题发表过许多真知灼见。其实，像恩格斯这样游走在一般自然辩证法研究与军事技术哲学研究之间的情况并不是偶然的现象，其背后有着深刻的社会原因，那就是科学、技术、工程与军事和战争的天然联系。正如科学社会学的奠基人贝尔纳通过科学史的研究指出的：“科学与战争一直是极其密切地联系着的。”[13]可以讲，正是由于科学、技术、工程与军事的密切联系，注定了一般自然辩证法研究与军事技术哲学研究之间存有不解之缘。

当然，这段“姻缘”在不同的国家的境遇差别较大。就国外而言，由于学术传统的原因，至今都没有称为军事技术哲学的研究方向与学科，相关研究主要集中在军事史、战争史、技术史及安全问题与军备控制等研究领域。就国内而言，有关军事技术哲学的研究队伍与一般自然辩证法研究队伍有着密切的联系，换言之，国内军事技术哲学研究是自然辩证法研究的一个重要分支。早期主要从事军事技术哲学研究的刘戟锋、郭世贞、马书珂及后来的曾华锋、贾玉树等，也都是各高等学校自然辩证法教学研究的骨干。而且，其求学深造的地方及导师也是遍及国内科学哲学、技术哲学、科技与社会等主要研究基地。这种与自然辩证法研究紧密关联的学术进路在我国军事技术哲学研究发展中留有深刻的烙印，形成了一种独特的学科范式。

3. 重要进展

目前，国内军事技术哲学研究的重要进展主要表现在军事技术发展的历史分期、科技与战争的关系、军事技术与军事教育训练三个方面。

关于军事技术发展的历史分期，较具代表性的有“三分法”和“四分法”等。T. N. 杜普伊在《武器和战争的演变》中，将军事技术的发展分为冷兵器时代（公元前2000—公元1500）、黑火药时代（1400—1815）、技术变革时代（公元1800年迄今）三个时期[14]。与上述从编年史的角度对军事技术发展进行分期不同，刘戟锋在《武器与战争——军事技术的历史演变》中认为，从古至今的武器发展，若按照不同的能量传递或转换关系，可明显地区分为以下三个阶段：古代冷兵器阶段（机械能转换为机械能）、近代火器阶段（化学能转换为机械能、热能）、现代核武器阶段（核能转换为热能、光能、机械能等）[15]。1995年7月，钱学森在国防科工委首届科学技术交流大会上的书面发言中，将人类战争分为徒手战争、冷兵器战争、热核战争、机械化战争及核威慑下的信息化战争。而刘戟锋认为，钱学森的分法虽然概括了信息战，给人以启发，但徒手战纯属偶然——因为你无法想象作战双方会事先约定战争中既不用石块，也不用树枝；而机械化战争与热兵器战争、信息化战争又难免出现交叉重叠。为更准确地概括物理战的进化历程，有必要对科学技术应用于战争的历史进行重新定位和思考。所以，从1996年以来，根据技术的基本组成要素是物质（材料）、能源（能量）和信息，刘戟锋又提出了军事技术演变的新的历史划分。这就是从材料对抗历经能量对抗再到信息对抗[16]。

对于科技与战争的关系，早期的代表性著作有《数学与战争》（汪浩，1991）、《被扭曲的反应式——化学与战争》（刘戟锋，1999）、《超限战》（乔良等，1999）等。最新的研究进展是《从物理战到心理战》（刘戟锋等，2007），该书基于科技发展与战争演变的历史、逻辑分析，深入探讨了物理战的进化、困境及心理战的优势与未来。该项研究表明，按照马克思主义的观点，军队战斗力的基本组成要素是人、武器以及人与武器的结合方式，而科学技术对军事的影响，从战斗力要素的角度来看，主要表现为以下发展趋势：①武器装备：从材料对抗到信息对抗；②军人素质：从体能较量到智能较量；③作战方式：从自然中心战到网络中心战。笔者基于对科学与战争关系的认识，深刻剖析了物理战的困境——作战对象偏转，作战时空受限与作战费用飙升。笔者认为，在科学与战争的历史上，人类受困的主要是科学发展的程度，从古至今的战争演变，就其与科学的关系而言，也可以称做物理战。然而，20 世纪下半叶以来，现代科学技术的发展已呈现出多方称雄的局面，物理学也早已不是一枝独秀，现代科学技术的兴盛和繁荣必然引起科学与战争关系的改弦更张。简言之，纯粹物理战必须与心理战接轨，政治作战与军事作战同等重要。

军事技术与军事教育训练问题，是军事技术哲学领域备受关注的重要问题之一。在此领域的探索中，笔者就军事技术发展与军事院校兴衰问题所作的深入思考，是颇具代表性的前沿进展之一。此外，笔者还在《知识传授已不再是高等教育课堂教学的主要任务》《利用军校教育资源，促进高等教育大众化》《军事训练工作要关注生物技术的进展与应用》《总装部队军事理论研究的构想与实践》《思想政治工作应主动应对信息网络技术的挑战》等一系列论文中，对新时期军事教育训练工作提出了一系列新思路和新设想。此外，还在《军事训练：连接人与装备的桥梁》一文中，对军事实践中如何协调人与装备的关系问题作了剖析，指出“装备等人是一种常见的历史现象，人等装备是最理想的目标，军事训练在协调人与装备发展中具有重要的地位”。

三、存在问题及未来展望

作为自然辩证法研究不可或缺、不可替代的重要分支，军事技术哲学研究旨在从哲学层面透视科技与军事之关系，旨在从“中远距离”把握军事技术发展规律及其与社会的关联。我国军事技术哲学研究在积极引进国外相关研究成果的基础上，从无到有、从小到大，从“知己”到“知彼”，在军事技术的内涵与特征、军事技术的发展规律、军事技术与战斗力生成等研究方向取得了一些成果，并在筚路蓝缕的开拓进取中，建立起了较好的开展学术研究与对外交流的平台。

尽管如此，目前国内军事技术哲学研究在基础理论及军事技术方法研究方面还存在不足，在军事技术哲学研究与中国、世界军事、经济、政治和社会实际的互动方面还有待加强。具体在研究视域方面，围绕军事技术与战略、军事技术价值与伦理、军事技术创新等展开的相关研究还比较薄弱。特别是由于军事技术哲学研究在国内发端较晚，目前，成体系、有分量的研究成果还不是特别多。这从根本上决定了在今后较长一段时间内，我国军事技术哲学研究在坚持依托自己独特的学术传统努力开拓进取之外，仍需积极吸取国外相关研究成果的精华。有鉴于此，系统把握我国军事技术哲学研究的历史进程，深度跟踪最新动态，紧密关注前沿进展，对开创我国军事技术哲学研究“东学西渐”的远景意义重大。总体而言，未来中国军事技术哲学的发展任重道远，特别是要力争弥补基础理论及军事技术方法研究的不足，并加强军事技术哲学研究与中国、世界军事、经济、政治和社会实际的互动。具体而言，笔者认为，应从以下三方面进一步拓展：①在军事技术哲学方面，以物理战为核心概念，集中研究物理战武器装备技术的价值、伦理及演变规律等问题；②在军事技术史方面，将深化专题研究，以国防科技大学筹建中的孙武学院为平台，加强对中俄、中美、中印军事技术交流史研究；③在军事技术与社会方面，坚持以马克思主义军事技术观为指导，加强案例研究和重大国防科技项目决策风险分析，构建军民融合的国防科技创新体系。

参考文献：

[1] 中国军事史编写组．中国军事史：第1卷(兵器)[M]．北京：解放军出版社，1983：2-31.

[2] 郭世贞．军事技术论纲要[M]．北京：解放军出版社，1990：190，571.

[3] 刘戟锋．军事技术论[M]．北京：兵器工业出版社，1991：461.

[4] 刘戟锋，曾华锋，石海明，等．从物理战到心理战[M]．长春：吉林科学技术出版社，2007：31.

[5] 董玉才，杨万利．一类军事技术创新模型的定性分析[J]．装甲兵工程学院学报，2001(3)：271.

[6] 王荣辉．关于军事技术创新主体的思考[J]．装甲兵工程学院学报，2004(3)：941.

[7] 金丽亚．军事技术创新主体的创新特征及其历史性分析[J]．装甲兵工程学院学报，2006(3)：271.

[8] 谢魁．军事技术革命的结构[D]．长沙：国防科技大学，2006.

[9] 黄伯尧．军事技术创新效果的不确定性[C]//首届全国军事技术哲学研讨会论文集，2007：1881.

[10] 汪进，汪凯．军事技术发展中的技术动力机制研究："行动者-网络"中的雷达研制[J]．科技进步与对策，2007(5).

[11] 刘艳琼，刘戟锋．军事技术创新过程中的技术匹配问题[J]．科技进步与对策，2008(6)：17-191.

[12] 曾华锋，盖立阁．论综合集成与国防科技创新[J]．中国军事科学，2007(5)：481.

[13] 贝尔纳 J D. 科学的社会功能[M]．北京：商务印书馆，1982：2411.

[14] 杜普伊 T N. 武器和战争的演变[M]．北京：军事科学出版社，1985：1-51.

[15] 刘戟锋．武器与战争：军事技术的历史演变[M]．长沙：国防科技大学出版社，1992：51.

[16] 刘戟锋，赵阳辉，曾华锋．自然科学与军事技术史[M]．长沙：湖南科学技术出版社，2003：51.

第二篇

技术与文化

技术的价值性辨析

朱春艳

（东北大学文法学院，辽宁 沈阳　110819）

摘　要：针对学术界在技术的价值负载问题上的争执，提出技术中性论和技术价值论并不是对立的两极，而是从不同视角和层面分析技术时所表现出的立场，进而从马克思对技术本质的界定入手，分析了技术的本质观和技术价值负载性的关联，提出技术的价值性实质上为技术的有用性，是海德格尔意义上的有用性的整体。

关键词：技术价值论　技术中性论　技术本质　内在价值

对技术在属性上究竟是中立的还是负载价值的问题，在技术哲学中已经讨论了百余年，实在不应该再被纳入技术哲学领域的新问题之列，而且已经成定论的是，学者们已经从早期的“技术工具论”走向“技术价值论”。然而，“熟知”并非“真知”，或许连刚入门的学生也知道技术是负载价值的，但对技术的价值性本身尚需作一些必要的辨析，以澄清概念，取得思想上的明晰。

一、问题的提出：关于“技术中性论”与“技术价值论”的论争

技术哲学界公认的观点是，在技术是否负载价值问题上的观点经过了一个从技术中性论到技术价值论的过程。技术中性论往往和技术工具论联系在一起，如有学者认为，技术中性论又称技术工具论，认为“技术不过是一种达到目的的手段或工具体系，技术本身是中性的，它听命于人的目的，只是在技术的使用者手里才成为行善或施恶的力量”[1]，人们经常把梅塞纳和雅斯贝尔斯视为技术中性论的典型。梅塞纳曾这样说，“技术为人类的选择与行动创造了新的可能性，但也使得对这些可能性的处置处于一种不确定的状态。技术产生什么影响、服务于什么目的，这些都不是技术本身所固有的，而取决于人用技术来做什么”[2]。技术价值论认为，技术本身是负荷价值的，可以对技术本身作出是非善恶的判断。在使用技术作用于一定的对象之前，技术自身就知道结果是好的还是坏的，并且它自身专门是要导致

这种好的或者坏的结果。技术价值论主要表现为社会建构论和技术决定论。“社会建构论认为，技术发展依赖于特定的社会情景，技术活动受技术主体的经济利益、文化背景、价值取向等社会因素决定，在技术与社会的互动整合中形成了技术的价值负载，技术不仅体现技术价值判断，更体现出广泛的社会价值和技术主体利益。”[1]而技术决定论则不论以何种面目出现，其基本观点是强调技术是独立自存的，它不仅不受制于社会因素，还对社会发展起着决定作用。西方学者认为，技术决定论有两个基本假设：①技术进步表现为沿着一个线性的过程，一个从不先进到更为先进的固定的路线。②社会制度也必须与技术基础的“命令”相一致[3]。

“技术中性论”强调技术在价值上是中性的，不负载任何价值，但同时，我们也可以罗列出技术在经济、政治等领域所具有的价值。实际上，当我们具体使用某项技术做事时，一定也是由于该技术对完成这件事有促进作用，而此事对我们来说是有积极意义的，这和当我们说“某物有价值”时，往往指的是该物对人来说是可取的、是“好的”是有同等意义的。由此，关于技术工具论和技术中性论，需要思考下面的问题：①技术是工具，在价值上一定就是中性的吗？②“技术价值论”与“技术中性论”是对立的两极吗？③“技术工具论”等于“技术中性论”吗？④“有价值的工具”这一说法不成立吗？⑤技术“负载价值”就是说，技术本身具有价值的属性吗？⑥工具为什么不能有价值？非要在技术是中性的还是负载价值的两者间作出二元的区分吗？⑦技术在何种意义上是中立性的，在何种意义上又是负载价值的？换言之，“技术”是什么？技术的价值应如何理解？由此，尽管“技术中性论”这种常识性思维是正确的，符合我们日常对技术的观照，但这种观点又不是真实的，是我们常说的“现象”，人类对技术的价值负载性的理解，当然会试图超越常识而进入到一种哲学的层面，技术价值论属于这一层面。

从对技术价值的探讨看，人们往往把技术的价值分为“外在价值”和“内在价值”。“外在价值”是指技术的社会功用，也有学者称其为技术的“社会性价值”，包括经济价值、政治价值、文化价值和生态价值等，在这个意义上，“价值性”就是技术的有用性。也有学者将“内在价值”称为技术的“工具性价值”，是指技术“本身”的价值，或者说技术尚未被人来使用自身就已经具有的价值。从目前的研究成果看，多数学者把技术中客观的方面，比如对效率的追求、可计算性、可分析性、可操作性等看做技术的内在价值，朱葆伟教授提出技术的内在价值“是一种存在于活动过程中的客观倾向或组织性因素，它和因果关系一起把过程中的诸要素协调、组织为一个整体，规范着活动结构特征和方向——所是和应当是，因而是活动、过程的内在根据和驱动力量”[4]。也就是技术应当能做什么的可能性、趋向性。最早的“内在价值”概念被应用于对自然的价值的分析之中，比如罗尔斯顿的《环境伦理学》中就采用了这种分析思路，此后国内外有很多学者沿着这一思路展开对技术价值的分析，对技术具有“内在价值”的观点在很大程度上受到这一思路的启发。“技术中性论”和“技术价值论”的纷争不在前一层次上，而是在人们称为“内在价值”的层次上。

然而，技术和自然是不同的。尽管按照亚里士多德的观点，技术和自然是生成事物的两种方式[5]，但技术和自然各自与人之间的关系是不同的。在人类出现以前，自然界就是不依赖于人而独立存在着的，而技术从产生到发展，一步也离不开人，即使把技术视为与自然并行的生成事物的方式之一，技术也是离不开人的。在技术的生成和发展过程中，人才是目的，技术本身什么时候都是满足人的意图的手段、工具和途径。如果要把技术的价值分为“内在价值”和“外在价值”，那么“内在价值”就是人在构思、设计和使用技术时的意图和目的，而“外在价值”就是这些目的和意图等主观因素的客观化，即外化或者物化。这一点，马尔库塞曾用“价值的物质化”概念来描述“新技术”的产生，表现出作为“物”的技术产品如何负载了人的意图和希望。可见，不存在独立于人的所谓的技术“本身”及其“内在价值”，因为任何技术都是特定时期、特定环境下的人为了满足一定的意图而设计、构思、制造出来的，技术离不开人，具有属人性，技术是人来使用的，是人去操作的，技术问题也因人而引起，或者因人不了解其性质而引起。例如，人类使用化学产品对环境造成的污染，很多最初就是由于没有预测到这种负面效应而产生的。

对技术价值的“内”“外”之别，表现出对技术的理解也是从两个层次展开的，一个是技术的内在层次，即技术“本身”的层面；另一个则是外在的层面，即技术的社会功用的层面。问题在于，这两个方面能区分开吗？这一问题追问的是技术的本质。

二、问题的展开：技术与人的本质的对象化

马克思说，理论要说服人，必须抓住问题的根本，而“人的根本在于人本身”[5]。对技术的价值性的理解，如果仅仅局限于技术而谈，往往难以走出这个怪圈。我们以为，马克思关于技术是“人的本质的对象化”的思想对理解技术的价值性问题提供了较好的理论基础。

马克思提出，“工业的历史和工业的已经产生的对象性的存在，是一本打开了的关于人的本质力量的书，是感性地摆在我们面前的人的心理学；对这种心理学人们至今还没有从它同人的本质的联系上，而总是仅仅从有用性这种外在关系上来理解，因为在异化范围内活动的人们仅仅把人的普遍存在，宗教或者具有抽象普遍性质的历史，如政治、艺术和文学等，理解为人的本质力量的现实性和人的活动。在通常的、物质的工业中，人的对象化的本质力量以感性的、异己的、有用的对象的形式，以异化的形式呈现在我们面前”[6]84。在这里，马克思提出了技术在本质上

是人的本质力量的对象化的观点，强调了技术的本质和人的本质的相关性、技术异化与人的劳动异化的同源性。以往“工具论”的技术观、“实体论”的技术观仅仅把技术视为工具，或者视技术为独立自存的实体，都是仅从外在的有用性来理解技术，对技术中人的目的、意志、需要、意图、想法等主观的因素，研究者却视而不见，尽管这些因素在技术的产生发展中起到了决定性的作用。正如海德格尔所言，“单纯正确的东西还不是真实的东西，唯有真实的东西才把我们带入一种自由的关系中，即与那种从其本质来看关涉于我们的关系中”[7]，对技术本质的理解，应该从这种相关性来展开。

（1）人的本质是自由的有意识的活动。在马克思看来，“一个种的全部特性，种的类特性就在于生命活动的性质，而人的类特性恰恰就是自由的有意识的活动”[6]53，而正是有意识的活动把人和动物的生命活动直接区别开来。动物和它的生命活动是直接统一的，“人通过实践创造对象世界，即改造无机界，人证明自己是有意识的类存在物”，在和世界接触的过程中，人和动物都要建造，但是，“动物只是按照它所属的那个物种的尺度和需要来进行塑造，而人则懂得按照任何物种的尺度来进行生产，并且随时随地都能用内在固有的尺度来衡量对象；所以，人也按照美的规律来塑造”[6]53-54。

（2）技术是人的本质力量的公开展示。马克思把技术视为人的能动性的承载者和表现者，提出“工艺学会揭示出人对自然的能动关系，人的生活的直接生产过程以及人的社会生活条件和由此产生的精神观念的直接生产过程”[8]409。在他看来，“工业的历史和工业的已经产生的对象性的存在，是一本打开了的关于人的本质力量的书”[6]84，因而工业是自然界和人之间也是自然科学同人之间的现实的历史关系。因此，“如果把工业看成人的本质力量的公开的展示，那么，自然界的人的本质，或者人的自然的本质，也就可以理解了”[6]85。而通过工业形成的自然界，也就是“真正的、人本学的自然界”了[6]121。

这表明，技术及其结果是人的心理的反应，而非仅仅是外在的有用性。人类技术的设计构思和制造的尺度具有多元性，不仅可以按照人作为物种的尺度来建造，还可以按照任何一个尺度来建造，一句话，按照美的规律来建造。这彰显出人的活动的自由自觉的活动性、人的能动性。同时，人又有受动性，这就是自然的限制。对人的限制也就是对人的技术的限制。简言之，技术的边界就是自然，就是说，自然物在属性上是无限的，而技术产品则只有有限的属性[9]，即使某项技术产品有无限的属性，人对它的认识和使用也是有限的，尽管人在自然之外加上去的是人自身有用性之外的价值需要。这一点，在马克思之后的西方马克思主义者那里，得到了弘扬和彰显。马尔库塞、弗洛姆等人的思想是西方社会发展到一定程度的基础上，物质需要被满足后，在精神层面更加迫切的要求，把马克思理论中几近被掩盖的部分挖掘出来，丰富和发展了马克思主义的技术哲学思想。

(3) 与自然是人类的“无机的身体”相比，技术是人的器官[8]203。在马克思看来，“自然界没有制造出任何机器，没有制造出机车、铁路、电报、走锭精纺机等等。它们是人类劳动的产物，是变成了人类意志驾驭自然的器官或人类在自然界活动的器官的自然物质。它们是人类的手创造出来的人类头脑的器官，是物化的知识力量”。这样，劳动者利用物的属性，把这些物当做发挥力量的手段，依照自己的目的作用于他物，从而“自然物本身就成为他的活动的器官，他把这种器官加到他身体的器官上，不顾圣经的训诫，延长了他的自然的肢体”[8]409-410。

很显然，“器官延长说”把技术视为人的劳动过程中不可缺少的工具，是人为完成一定目的而使用的，同动物的手、口、脚等器官同等意义的工具。马克思还形象地用“骨骼系统”“肌肉系统”“脉管系统”等概念来形容劳动过程中作为劳动资料的工具起到的作用，更把技术的使用视为人的各种器官的使用，并对到他那时候还没有像样的工艺史感到遗憾，认为达尔文注意到自然工艺史，即注意到在动植物的生活中作为生产工具的动植物器官是怎样形成的，由此他反问道：“社会人的生产器官的形成史，即每一个特殊社会组织的物质基础的形成史，难道不值得同样注意吗？因为……人类史是我们自己创造的，而自然史不是我们自己创造的。”[8]202

(4) 技术与人具有相依性。这体现在相辅相成的两个方面。一方面，在技术物的设计、构思方面，表现出精神的先在性，“最蹩脚的建筑师从一开始就比最灵巧的蜜蜂高明的地方，是他在用蜂蜡建筑蜂房之前，已经在自己的头脑中把它建成了。劳动过程结束时得到的结果，在这个过程结束时已经在他的头脑中观念地存在着”[8]207-208。在这个过程中，就技术的产生而言，人是工具，是设计、制造技术、让技术得以生成的工具，正如杨庆峰博士所言，技术是作为“目的”的。另一方面，在技术的使用方面，如马克思所言：“机器不在劳动过程中服务就没有用。不仅如此，它还会由于自然界物质变换的破坏作用而解体。”[8]204海德格尔更是把器具之本质存在“可靠性”与器具存在“有用性”的关系作出思考，认为“器具的有用性只不过是可靠性的本质后果，器具的器具存在就在其有用性之中，有用性在器具性中飘浮，要是没有可靠性便无有用性”[10]。国内外学者对“技术使用”本身的研究也说明了对这个问题的关注，如陈多闻的博士论文《技术使用的哲学研究》。在这个过程中，就技术是被人用来满足人的物质或者精神各方面需要而言，技术是工具，人是目的，技术是作为手段去实现人的目的。

三、问题的厘定：技术价值负载性分析

可以由马克思对技术的理解进一步展开对技术价值的分析。

从技术是人的器官的延伸这个意义上，揭示出技术对人而言的工具功能，但它是有价值的工具，并和人融为一体。就是说，技术是工具，但又是有价值的工具，

在价值上具有倾向性。但技术本身不是价值的主体或者载体，就是说，技术可以是实体，但无论是在物体、过程、知识，还是意志的哪一个层面上理解技术，技术“本身”都不是价值的载体，可是反过来说，不包含价值的技术是不存在的，只要是技术，一定包含了价值的成分，两个方面综合起来表明，没有所谓的技术本身，技术是一个过程，在不同阶段，各有其价值，技术的价值就是人的价值倾向性，显然，即人的目的、需要、意志等，它彰显了人的本质力量，即能动性和受动性的统一。从能动性上讲，技术形成并应用于人的自由自觉的活动之中，它因人的活动的目的性而生。关于人的活动的目的性，马克思的观点主要是：①目的是在劳动之前就已经知道的；②劳动过程中人的意志要服从于这个目的；③目的是劳动过程结束时的结果；④有目的的活动是劳动过程的构成要素之一，其他两个是劳动对象和劳动资料。其中，劳动资料是作为手段存在的实现目的的工具。马克思在此问题上的著名论断是关于建筑师的有意识的活动和蜜蜂的本能活动比较的论断。

人的活动同时还有受动性的一面。“受动性”指的是要受到某些限制，比如，人的活动的对象是不依赖于他的对象而存在于他之外的；人的认识能力是有限的，人生有涯而知无涯；人对作用于对象产生的结果的预见能力也是有限的，一句话，“人作为自然的、肉体的、感性的、对象性的存在物，和动植物一样，是受动的、受制约的和受限制的存在物”[6]202。人的活动的受动性是技术异化产生的根源。

诚然，技术对推动人类历史发展起到巨大的作用，但技术异化反映的是人类活动的受动性特征。马克思曾说，“各个经济时代的区别，不在于生产什么，而在于怎样生产，用什么劳动资料生产。劳动资料不仅是人类劳动力发展的测试器，而且是劳动借以进行的社会关系的指示器”[8]207-208。以往对马克思技术哲学的研究，多关注于这一理论对技术的社会促进甚至决定作用，从而陷于是技术中性论还是技术决定论的纷争之中无以自拔，或者相互争执。其实，技术作为人的“代具性”存在，是与人不可分开的，人猿相揖别的标志，正是人学会了打磨石器，尽管这时人类尚处于原初时期，乃至“铜铁炉中翻火焰”，距今不过几千年的时间。人在构思、设计和使用技术时，会将自己的意图加到技术生成的各个环节之中，从而技术中包含了人的主观意愿、人的目的、需要等这些主观的成分，而一定的工具、器具的形成，又使得这些主观的意愿有了可以承载的对象。所以，技术的价值性不能仅仅理解为技术的“主观性”，还包括技术器物可以满足人的目的需要的客观现实性。技术只有在使用过程中才具有价值，正如马克思所言，“机器不在劳动过程中服务就没有用。不仅如此，它还会由于自然界物质变换的破坏作用而解体”[8]。

技术异化可以分为技术的结果异化和技术的过程异化、技术的目的异化等，其实质上都可以归为技术的价值异化。因为，人在创造技术的时候，实际上创造了一个外在的物化的对象世界，包括人化的自然，这个世界一旦形成，就和人形成对立的关系，起码是共存的关系，这时候，物与人之间的关系如何就成为评判技术是否异化的标准。这个标准用马克思的观点就是“只有当对象对人说来成为人的对象或者说成为对象性的人的时候，人才不至在自己的对象里面丧失自身”[6]82。看上去，“技术不断进步却以道德的败坏为代价”[11]，其根本问题在于人的劳动产品没有真正成为“对象性的人”，而只是成为物。

由此，技术的价值性就是技术的社会实现性，就是技术与人的相关性。有个牧师在备课的时候，他的孩子过来请求他陪自己玩。牧师正忙着工作，就把一张地图撕成几半，递给孩子，告诉孩子把地图贴好就陪他玩。牧师想这一定会花费孩子半天时间，因为孩子没学过地理，对地图一无所知。谁知才过了一会儿，孩子过来告诉他已经贴好了。原来，地图的背面是一个人的图片，孩子说“把人贴好了，整个世界就都好了”。牧师大受启发。或许，我们也能由此就技术的价值性问题得到某种启示。

四、问题的延伸：再思技术的价值负载性

诚如《技术与时间》中所言，技术是人的“代具性工具”，它和人是分不开的。技术一定有其自然属性，要遵循自然规律，这是一项技术得以问世的前提，但技术同时又是一种社会的设计，是一定时期的人为满足自己的目的和需要而设计、制造出来的，人造物与自然物的不同在于自然物在属性上是无限的，而技术人造物的属性则受到人类实践目的的制约，具有有限性，甚至即使人造物具有无限的属性，肉眼凡胎的人类也因其历史局限而并没有火眼金睛；否则，就不会出现那么多的技术问题了。因此，可以说技术既具有中立性，又具有价值负载性，但技术中性论和技术价值论并不是对立的两极，这两个概念是从不同的语境出发分析而对技术价值的不同理解，前者突出的是技术的自然属性，后者突出的是技术的社会属性。

同时，对技术在属性上究竟是中立的还是负载价值的问题的提出，本身是存在问题的。因为从哲学上讲，“属性”表明的是某物所独立具有的性质，这是从把某物作为一个独立实存的个体来看待的角度所思考的问题，而“价值”则是一个关系范畴，是从主客体之间的关系角度才能展现出来的特征。当就人类去认识和改造自然的角度谈及人和自然之间的关系时，它们之间反映的是人希望自然满足自己的目的要求的关系，因为自然是独立于人的，而就技术之于人的价值而言，它们之间始终反映出的是人类运用一定的技术展开活动的连续性，始终都是在社会性层面展开，尽管这个过程是人运用技术去作用于一定的人工物或者自然物。可以说，技术的价值性就是技术的社会实现性，就是对人的活动过程的合理理解。

参考文献：

[1] 李宏伟. 现代技术的人文价值冲突及其整合[M]. 北京：中国市场出版社,2004:31.
[2] 高亮华. 人文主义视野中的技术[M]. 北京：中国社会科学出版社,1996:12.
[3] Andrew Feenberg. Questioning Technology[M]. London and New York,1999:77.
[4] 朱葆伟. 关于技术与价值关系的两个问题[J]. 哲学研究,1995(7):31-32.
[5] 马克思. 黑格尔法哲学批判[C]//马克思,恩格斯. 马克思恩格斯选集：第1卷. 北京：人民出版社,1972:9.
[6] 马克思. 1844年经济学哲学手稿[M]. 北京：人民出版社,1985.
[7] 孙周兴. 海德格尔选集：下[M]. 上海：上海三联书店,1996:926.
[8] 马克思,恩格斯. 马克思恩格斯全集：第23卷[M]. 北京：人民出版社,1980.
[9] 潘天群. 技术的边界[J]. 科学技术与辩证法,2003(5):34-37.
[10] 孙周兴. 海德格尔选集：上[M]. 上海：上海三联书店,1996:254.
[11] 马克思,恩格斯. 马克思恩格斯选集：第1卷[M]. 北京：人民出版社,1995:774-775.

新卢德主义关于技术影响人心理的分析

陈红兵　颜瑛逸

（东北大学科技哲学研究中心，辽宁 沈阳　110819）

摘　要：新卢德主义关于技术对人的心理的负面效应的观点概括起来包括三个方面：技术不仅造就了现代的技术幸存者，而且给技术幸存者造成了严重的心理创伤；电视对人类的心理进行着全面的控制，不仅对人的经验进行殖民化，而且对人的理性思维和健全人格的形成都进行着巧妙控制；计算机时代阻碍人的心理的健康发展，并对自我的完整性予以摧毁。新卢德主义从不同的角度考察了技术对人的心理的负面影响，其分析不仅表现出鲜明的人文主义技术批判色彩，也充分展现了新卢德主义者的独特个性差异。基于新卢德主义关于技术对人的心理影响的分析，尝试从辩证唯物主义立场分析、讨论并引申对技术与人的关系问题的理解和认识。

关键词：新卢德主义　技术与心理　技术批判

自19世纪上半叶英国历史上爆发了手工业工人捣毁机器的卢德运动后，“卢德运动”和“卢德分子”就被用来泛指保守落伍、跟不上时代步伐的事件和人物，这就是贬义的“卢德意象”[1]。20世纪90年代，美国一些大众知识分子声称自己是新卢德分子，并发表了宣言，这标志着新卢德主义运动的爆发[2]。新卢德主义分子通过为新老卢德运动合理性进行辩护[3]、分析新时代的技术特征[4]、对现代技术进行深刻的批判[5]、追问现代技术问题的根源、探询从技术灾难中获得拯救之路等多方面观点表达，新卢德主义在思想形态上呈现出人文主义技术批判色彩[6]。

在新卢德主义对技术全方位批评思想中，技术与人的关系问题是其核心问题，而其中的技术对人的心理的影响问题又尤其是他们特殊关注的。本文基于新卢德主义关于技术对人的心理影响的分析，尝试从辩证唯物主义立场分析、讨论并引申对技术与人的关系问题的理解和认识。

新卢德主义从不同的角度考察了技术对人的心理的负面影响，其分析不仅表现出鲜明的人文主义技术批判色彩，也充分展现了新卢德主义者的独特个性差异。本文从以下三个方面梳理了新卢德主义关于技术对人的心理的负面效应的观点。

一、分析技术幸存者的心理创伤

心理学家C. 格兰蒂宁依托技术幸存者展开对现代技术的批判。技术幸存者（technology survivors）或技术牺牲品（technology victim）是新卢德主义者特别关注的人群。格兰蒂宁对各类技术幸存者进行了深入的研究分析，在其著作《技术的伤害——进步之人的后果》中记述了她访谈的46位受到新技术伤害的技术幸存者情况，这些人受到来自家庭、工作场所的各种有害技术的伤害。通过对技术幸存者的研究，格兰蒂宁指出，技术对人造成了身心两方面的伤害。虽然不同的技术对身体的伤害不同，但是造成的普遍影响是健康的丧失，比如遭受核辐射而出现前列腺癌、不育症、癫痫、骨坏死等生理性损伤。技术不仅给技术幸存者带来生理伤害，也带来严重的心理创伤。由技术带来的疾病导致了与自然疾病完全不同的心理感受，格兰蒂宁用19世纪煤矿里使用金丝雀探查矿井中空气是否有害的例子来隐喻技术幸存者及其生存状况。一个在身体上受到技术损害的人必须面对"牺牲品"的心理体验问题。格兰蒂宁概括了技术对技术幸存者造成的心理伤害的几种表现：①笼罩在未来恐惧中，他们总是担心这类不幸事件还会发生。②带来高度的心理压力。③一旦涉及与安全相关的问题，个人在决策时常常惊恐失措。④感到无能为力、丧失自我价值感，产生自我无效感的体验。⑤原来稳定、连续和适当的生活突然碎片化，感到世界突然间倒塌了，乱七八糟，毫无希望。⑥丧失自尊自信。格兰蒂宁还分析，由于产生上述消极心理体验，个体则变成了不仅是技术事件的牺牲品，也成为了自己消极心理的牺牲品，因为当一个人的身体受到伤害后，除了引发心理创伤外，又使之丧失谋生的能力，进而引发经济困难、社会支持和人生意义丧失等一系列社会心理问题。

二、声讨电视对人的心理的全面控制

杰瑞·曼德尔被看做激进的卢德左派，他对电视的社会影响予以了充分研究，他认为电视绝不是中立的，他通过分析电视对人的心理的全面控制，提出不是要改革电视而是要消除电视。他认为电视对人心理的全面控制体现在如下几个方面。

第一，电视及其人工环境干预人的经验[7]52。杰瑞·曼德尔指出，人工环境是一种感觉剥夺的环境，它的存在干预了人的经验。在人类历史的大部分时间里，人是通过直接与天然自然打交道的方式认识自然的。但是，工业社会以来，人处于一种人工环境的包围之中，当人类进入完全的人工环境时，人类与宇宙的直接接触及其获得的关于宇宙的知识都被这种人工环境紧紧地吸引住了，这样的状况适合培育对现实的随意理解的态度，电视就是这种状况最好的事例，电视的出现大大加剧了人无法获得直接宇宙知识的问题。在现代社会，环境的变化远远超出了个人经验的范围，也就引起了知识本身定义的变化。人类自己的感觉、自己的体验都不再能作为对世界评判的依据。知识只能依赖于科学的、技术的和工业的证明。科学家、技术专家、心理学家、工业专家、经济学家和媒体翻译与传播他们的发现及意见，这些发现和意见成为人类知识的来源。作为人造物的电视扮演了人与自然宇宙之间的“意识之墙”的角色。

第二，技术与经济因素的共谋实现对人的经验的殖民化[7]113。杰瑞·曼德尔指出，把自然系统转变为人工系统是资本主义经济系统的内在本质，一切行为都要遵循“资本的逻辑”，一切物品都要变成“产品”才能满足“赢利”的需要，才符合资本逻辑，这就要使得一切物品成为具有价值的“产品”，这种趋势发展到一定阶段，人也走向商品化的生活。广告在这一过程中发挥了重要的作用。而广告自身也要求一个传输系统，大众媒体就扮演这一角色。所有的大众媒体都做着这项工作，电视则是其中最佳的，因为电视具有其他媒介不具有的优势。杰瑞·曼德尔透过对人工系统形成过程的分析，揭示技术与“资本”逻辑的“共谋”是人工系统形成的社会经济动因，进而实现对人的经验的殖民化，电视在这个过程中扮演了重要的角色。

第三，电视对人身心的全面影响[7]156。杰瑞·曼德尔把电视看做对观看者进行侵袭、控制并使之失去活力的机器。电视使观看者产生神经生理反应，导致虚弱、疯狂；电视改变和限制了人类经验与知识，人类转向了狭窄的经验通道，被剥夺了其他经验通道；电视使人与环境、人与人、人与自己的感觉相隔离；电视使人的思想暗淡，杰瑞·曼德尔把这种现象比喻为看电视使人处于“催眠态”；电视不能导致人的精神的自由、放松，也不能提供丰富的刺激，相反，电视导致精神的枯竭；电视图像不仅压抑了个人的想象力，更为糟糕的是，电视图像具有不可抗拒的能力，电视图像取代个人想象创造的图像，其强大的影响力体现在图像信息的各个领域，人类已经丧失了对图像的控制力，丧失了控制人类精神的能力。

在新卢德主义者中，不仅杰瑞·曼德尔直接讨论电视对人的心理的消极影响，另一位学者尼尔·波兹曼对电视的批判性分析，特别是他提出的两个命题“童年的消逝”[8]和“娱乐至死”[9]有着更加广泛的社会影响①。

尼尔·波兹曼揭示了电视造就一个没有童年的时代。他在《童年的消逝》一书中创造性地提出，童年的概念是文艺复兴以来人类历史上最伟大的发明之一。印刷媒介有效地将成人世界与儿童世界相隔离，由此发明了童年的理念；以电视为中

---

① 尼尔·波兹曼是世界著名的媒体文化研究者和批评家。他出版了多部著作，其中《童年的消逝》（*The Disappearance of Childhood*，1982）和《娱乐至死》（*Amusing Ourselves to Death*，1984）被译成多种文字，在许多国家出版。

心的媒介环境模糊了成人与儿童世界的界限，由此导致童年在北美地区的消逝。

按照波兹曼的分析，电视对童年概念的破坏是由以下几点造成的。

(1) 电子媒介特别是电视使得信息变得无法控制。而童年的概念是一种环境的结果。在这种环境下，一些专为成人控制的、特定形式的信息，通过分阶段用儿童心理能吸收的方式提供给儿童。维护童年的概念，有赖于信息管理的原则和有序的学习过程。电子媒介改变了儿童所能享用的信息的种类、信息的质量和数量、信息的先后顺序和体验信息的环境。

(2) 电视所提供的图像诉诸感性，它不能提供儿童成熟所需要的理性。与印刷文字相比，图画、图像是认知上的退化。印刷文字要求读者积极、主动地对内容有所反应，一张图画则只要求看画的人有美感反应，它诉诸人的感性而非理性，它要求人去感觉，而非去思考。电视提供了一种相当原始又难以拒绝的选择，它取代了印刷文字里的线性逻辑，而且让整个文明教育的严谨性变得无关紧要。

(3) 电视模糊了成人与儿童的界限，导致儿童成长化和成人儿童化。电视呈现出信息的方式，使每个人都有机会观看它。正是电视所具有的这种“没有分别的可接近性”，彻底腐蚀了儿童与成人之间的分界线。电视不要求它的观众通过学习才能掌握这种观看形式，也不要求读者具备复杂的心智技能，结果儿童难以成长为成熟的成人，而成人则开始儿童化。

总之，尼尔·波兹曼通过对电视与童年关系的分析，试图阐明在“大众社会人”的背景下，成人逐渐失去了对信息的控制权而且愈来愈儿童化；儿童则有更多的机会接触成人社会，并偷窥了成人世界大量的秘密而具有了成人的某些特征。但由于他们偏好诉诸感性的图像而缺少理性，他们也不可能成长为真正的成人。也就是说，在电视时代，既没有真正的儿童，也没有真正的成人，有的则是儿童化的成人和成人化的儿童[10]。

尼尔·波兹曼还批判电视的娱乐功能导致人的毁灭。当代美国已经进入典型的娱乐业时代，电视行业非常发达，美国的电视节目在全世界供不应求，之所以如此，是因为美国的电视节目是美丽的奇观，是难得的视觉愉悦。但是，波兹曼指出，“在一个科技发达的时代里，造成精神毁灭的敌人更可能是一个满面笑容的人，而不是那种一眼看上去就让人心生怀疑和仇恨的人”[9]202。这就是尼尔·波兹曼的《娱乐至死》的主题：电视带来了“图像革命”，使得图像取代了文字而占据着中心的地位，“看”取代了“读”成为人们进行判断的基础。美国的电视业正是这样一个可能让人在娱乐中毁灭的行业。尼尔·波兹曼对此问题的分析概括如下。

(1) 电视成为一种新认识论的指挥中心。波兹曼的新认识论是指，“所有这些电子技术的合力迎来了一个崭新的世界——躲猫猫的世界，在这个世界里，一会儿这个、一会儿那个突然进入人的视线，然后又很快消失。这是一个没有连续性、没有意义的世界，一个不要求人们、也不允许人们做任何事的世界，一个像孩子们玩的躲猫猫游戏那样完全独立闭塞的世界”[9]103。波兹曼指出，玩躲猫猫游戏没有错，娱乐本身也没有错，但是如果人想要住在自己构筑的空中楼阁中，那就成问题了。而今天美国的电视业正是扮演这个新认识论的角色，电视的倾向影响着公众对于所有话题的理解。人们依赖媒介形成对生活和世界的判断，这意味着与此同时人们将面对丧失社会和政治活动能力的问题，电视赢得了“元媒介”的地位，也赢得了“神话”地位。

（2）电视图像让人丧失思考的兴趣和能力。波兹曼认为，电视图像生动形象，对图像的理解不需要太多的文化基础而主要依靠形象思维，生动的图像本身比抽象的文字更能吸引人的注意力，因此，图、文、声并茂的电视有利于文化的普及，所以广播电视是真正的大众文化，也把人类社会带入大众社会。对电视的图像思维持乐观态度的人认为，发展图像思维是开发人类智力潜能的重要内容和成果，他们甚至提出图像本体到图像思维的问题，认为图像就是一切，感知图像就是意义，不需要在图像的背后再寻找什么意义。波兹曼反驳这种过于乐观的态度，指出意义是新的信息能与个体已有的知识经验建立非人为的实质性联系，电视图像本身不可能生成意义，电视传播的是大量表面的、孤立的和简化的现象，信息五花八门、千奇百怪、应接不暇，使人既无心思索，又无从思索。结果，人们越是依赖电视，对事情的来龙去脉和相互关系就越是迷惑不解。

（3）电视摧毁人的富有逻辑的理性思维。波兹曼专门分析了电视常用语“好……现在”。他指出，“‘好……现在’常被用于广播和电视的新闻节目，目的在于指出刚刚看到或听到的东西同将要看到或听到的东西毫无关系。”这种表达方式让人承认一个事实，那就是在这个由电子媒介勾画出来的世界里不存在秩序和意义，人们不必把电子世界的事当回事。再残忍的谋杀，再具破坏力的地震，再严重的政治错误，只要新闻播音员说一声“好……现在”，一切就可以马上从人们的脑海中消失，更不要说是引人入胜的球赛比分或预告自然灾害的天气预报了。波兹曼批评“好……现在”这种表达方式，是为美国人的语法增添了一种词类，一种无法连接任何东西的连词，相反，它把一切都分割开来。它已经成为当今美国公众话语支离破碎的一种象征。

三、声讨计算机对人的心理健康发展的损害

伴随信息化和计算机时代的到来，在技术乐观主义大力鼓吹和推进整个社会大踏步朝向信息技术迈进的时候，新卢德主义者对计算机乐观主义思潮同样进行着有力的批驳和反击，他们关于计算机对人的心理的负面影响的分析，除了基于实证主义研究取向而得到的关于技术压力、技术依赖、技术恐惧、技术焦虑的研究外[11]，新卢德主义者对计算机时代心理视角的批判还包括如下内容。

（1）计算机导致人的自我的碎片化。塔尔伯特（Talbort）批评计算机乐观主义观点，揭示计算机化的消极影响。他指出，计算机使人丧失了主体意识，导致“意识退位”。塔尔伯特所谓的“意识退位”，就是不作任何反思地盲目地接受新技术。塔尔伯特指出，人类不仅自己主动向计算机投降，作为整体的个人决定其存在意义的自我也丧失了，更为可怕的是人类丧失了自由选择的自由，处于一种技术梦游状态，人类已经发展到很多人难以把自己从机器中分离开来的状态，因为现代技术特别是数字技术如此强大而有力，它使人类着迷，甚至让人类忘掉了自己。塔尔伯特提醒人类应从弥漫于个人生活与文化的技术的心理梦游症中醒悟。

塔尔伯特还强调，计算机化同时把人也进行了数字主义的抽象。他说，计算机的发展是过去几百年来技术单方面过度发展的最完美代表，它推动人类走向一种不包含满意感的纯形式的表达，就像纯数学的方程式和纯逻辑命题，它用数据把人类的头脑注满，数字化导致对人的本性的扭曲。

（2）数字化倾向导致人的标准化。美国学者大卫·博伊尔（David Boyle）对弗里德里克·泰勒的科学管理予以深刻的批判，挖苦性地把泰勒科学管理中的工人称为“时间机器”，泰勒的革命导致对事物的标准化，也导致了对人的标准化[12]111。他用一系列的事例来阐明人如何被当做机器来对待：招聘劳动力时，将按照“1”代表“10”的比例把他们各方面的个性分类；聘请的保姆将根据她们的看护能力被分成等级；孩子们将能够通过各种考试但却缺少判断力；用数字化的“最佳惯例”标准衡量所有机构和制度，但却会感到不解或吃惊，为什么再也没有发明和创新；医生只知道把病症翻译成数字然后输入电脑；人类将会这样慢慢地把自己变成机器。大卫·博伊尔明确地表达出“人不是机器”的立场。

（3）过度依赖测量学导致人类丧失某些人类的属性。大卫·博伊尔指出，对数字、对测量学的依赖正在使人类丧失作为人的属性。他指出，“人类一直都渴望有一种超越纯粹是计算的‘真实’东西。但是，从某种意义上说，我们在生活的每一个领域都对计算和测量依赖如此之深，说明了万能测量学依然占着上峰”。他还批判对统计数字的迷恋，把对统计数字的迷恋比喻为“逃避现实的孤独症”，他认为，因为依赖测量，人不仅仅只是迷失了人所拥有的那些人类其他技能，而且实际上是把那些技能从人身上驱逐出去[12]224。尼尔·波兹曼在《技术垄断》中也指出，随着医疗技术的大量使用，现代医院的医疗能力被界定为在疾病治疗中能提供多少数量和种类的机器，这种趋势导致医疗实践主要针对疾病而不是病人，导致病人提供的信息被来自医疗机器提供的信息所贬低和排斥，因为人们相信来自病人的信息比机器计算的信息价值低。医疗技术的广泛使用导致医生通过观察进行诊断的能力丧失[13]。

（4）对思维艺术与计算机神话关系的思考。新卢德主义者在批判计算机的教育应用导致文化毁灭的同时，更以细致的笔触探究人性遭遇的灾难。罗斯扎克认为，计算机的存在构成人与人自然交流的障碍。他承认人们评价教育优劣的标准存在个人差异，但是他明确表态，对于学校出现的一排排孤独的学生在私人隔间中伺弄计算机终端的景象根本无法接受。他说，"作为一种教育思潮，这些情景给我的印象只不过是技术使我们生活变得枯燥的另一种形式，而它出现在我们最想避免其危害的领域"[14]55-56。

针对有人鼓吹说计算机能教会学生掌握像计算机一样周密思维的艺术，罗斯扎克明确指出，计算机不可能教授学生真正的思维艺术。他认为，计算机按照程序"思维"，如果人们期望所有的学生都只训练这样一种思维方式，这是非常有害的。这样培养出来的学生并不是健全人格的人。为什么计算机不能教会人真正的思维艺术呢？因为计算机只能教授符号逻辑，而年轻人不仅需要数理逻辑知识和思维，他们还需要社会科学、历史和哲学，所有这些课程都是以一种朴素的历史悠久的教学方法为基础，它教授喜欢追根寻底的人们读书、求知、立德和怎样处事。这些课程的教学在计算机上无法很好地执行[14]43。

罗斯扎克还批评计算机教学限制了学生的经验。他指出，计算机另外的弊端是把儿童的经验限定在拥有全部所需数据的计算机之上，从而导致电子图像和模拟装置已经把较重大和较难应付的生活事件挤出人的意识之外的世界，虚拟的经验取代了对真实世界的体验。赛德勒也认为，如果仅仅强调学习电脑程序编写，使得教育从思想的秩序走向一种计算操作的秩序，这有可能导致学生出现心理变态特征。例如，当一个学生凝视电脑屏幕时，没有内容，没有课程，一个学生为了学习就需要只关注自己的正在发生的心理过程，并给出任务来操纵这些心理过程。虽然这一过程是非常吸引人的，但是这一过程中并没有心灵的参与。而教育就是要热爱学生的心灵，通过热爱心灵而将世界引入其心灵，让心灵为世界的事物所感动，渐渐地学生就成长为真正的人。而通过计算机程序来学习，只集中于三种成分：自我、身体和电脑屏幕上的抽象符号。计算机程序的学习把孩子从现实的世界抽离开，把他们塞入主观过程创造的模仿世界里，这将导致学习中让孩子的心灵缺席，让孩子们被数字化，让孩子们对真实的世界毫无感觉。这样做的结果不仅导致对孩子心灵的毁灭性影响，也造就了世界的毁灭。

四、结 语

新卢德主义分析了技术幸存者的心理创伤，提出了童年消逝问题，人的经验被技术环境殖民化导致了人与自然的疏离问题，娱乐至死的问题，图像思维毁坏人的智慧的关系问题，教育技术的应用问题，数据、信息与意义的关系问题，这些问题的提出和他们的回答是有见地的，值得我们进一步思考。

新卢德主义是一种人文主义的技术批判立场，在他们的心目中，人应该是高于机器的，人应具有机器无可比拟的崇高的地位和尊严。当他感受到不再是人控制机器而是机器控制人，不再是人指挥机器而是机器指挥人，不再是机器顺应人而是人顺应机器，新卢德主义从自己的感受中升华出关于技术给人造成的消极影响的批判话语，新卢德主义试图通过分析技术对人的心理造成的负面影响，目的在于要提醒人类觉醒，在意识上树立起对抗机器对人的统治，要重新确立人的尊严地位，要寻求消除负面影响的出路，构建人的完整性。从这个意义上说，新卢德主义的批判是深刻的。

虽然新卢德主义深入细致地探查了技术对人的心理的负面影响，但是，他们的分析在另一种意义上却呈现出片面性，我们要谨慎地对待他们的回答。

新卢德主义对人被机器统治、被技术所异化的一种批判，仅仅看到机器、技术对人单方面的影响。其实，现代技术最初就是作为人与自然环境、社会环境相抗争、以便获取自由的手段发展起来的。技术环境不仅是技术赖以产生并适于其中的环境，而且是现代人赖以生存的环境。“这意味着人类已不再生存于原始的‘自然环境’（通常所说的‘自然’，如乡野、森林、高山、大海等）。人类现在生活在一个新的人工环境中。”[15]38 人生活在由沥青、钢铁、水泥、玻璃和塑料等构成的环境中，“他不再与陆地和海洋的实体相联系而生活，而是与构成他的环境的全部工具和对象的实体相联系。”[15]39 可以说，新卢德主义对技术的批判，是对技术环境的批判，是对人工自然的批判。当我们肯定了新卢德主义的这些批判具有合理性的时候，并不意味着我们赞同新卢德主义对人工自然的全面责难。

无论是电视、电脑、汽车、核技术，还是基因技术，都有一定的负面效应，这都是不容否定的，批判人工物也是合理的。但是，我们反对激进的卢德分子全盘地否定技术，主张回到原始主义的环境的保守主义的主张。J. 曼德尔对电视产生的影响的分析虽然很有新意，但是，当我们冷静地思考人与机器究竟应该是怎样的关系时，我们想到的首要问题是人的本质是要用技术来表征，还是存在着脱离于技术的人的本质。无论是把人定义为“人是会制造和使用工具的动物”，还是把技术定义为“技术是人体器官的延伸”，这两个方面都在表征着人的本质与技术的本质的内在关联性。那么，人通过技术为中介获得的经验并非真的那么糟，借助技术中介获得的信息并不能认定就是对人的剥夺的感觉。

陈昌曙先生指出，“人工自然的创建和发展，有着重要的社会文化意义”。“人工自然是人的创造，人工自然的存在和发展又是人的力量和认识价值的证明”[16]。陈昌曙先生提及了人工自然的问题，如化学污染、噪声、环境病、生态恶化、毒品、细菌武器等都是人造的，但是，从其对人类文明和社会文化有推进的方面去理解，我们还是要充分认识人工自然或自然界人工化的意义。陈昌曙先生提出，我们应该认真研究人工自然中的两重性，还要研究技术的两重性。不仅要从人与自然的矛盾去解析自然界人工化的“消极意义”或人工自然的弊病，还要从今人创造人工自然与后人创造人工自然的关系，不能仅从人们在创造人工自然中会破坏自然和得到出乎预期的结果去说明人工自然。人工自然存在的问题不应该成为否定人工自然意义的理由。

参考文献：

[1] 陈红兵,陈玉海."卢德意象"正名的社会意蕴阐释[J].自然辩证法通讯,2008(1):52-56.

[2] 陈红兵.新卢德主义述评[J].科学技术与辩证法,2001(3):46-49.

[3] 陈红兵,唐淑凤.新老卢德运动比较研究[J].科学技术与辩证法,2003(2):56-59.

[4] 陈红兵.解读新卢德主义对新时代的技术特征分析[J].科学技术与辩证法,2009(1):57-60.

[5] 陈红兵,于丹.解析技术塔布:新卢德主义对现代技术问题的心理根源剖析[J].自然辩证法研究,2007(3):54-57.

[6] 陈红兵.新卢德主义评析[M].沈阳:东北大学出版社,2008.

[7] Jerry Mander. Four Arguments for the Elimination of Television[M]. New York: William Morrow and Company, 1977.

[8] 尼尔·波兹曼.童年的消逝[M].吴燕莛,译.桂林:广西师范大学出版社,2004.

[9] N. 波兹曼.娱乐至死[M].章艳,译.桂林:广西师范大学出版社,2004:202,103.

[10] 卜卫.媒介与儿童教育[M].北京:新世界出版社,2002:97-101.

[11] 王树茂,陈红兵.现代科技与人的心理[M].天津:天津科学技术出版社,2001:45.

[12] David Boyle. 为什么数字使我们失去理性[M].黄治康,李蜜,译.成都:西南财经大学出版社,2001.

[13] Neil Postman. Technopoly: The Surrender of Culture to Technology[M]. New York: A Division of Random House, 1992: 102-122.

[14] 西奥多·罗斯扎克.信息崇拜:计算机神化与真正的思维艺术[M].苗华健,陈体仁,译.北京:中国对外翻译出版公司,1994.

[15] Jacques Ellul. The Technological System[M]. trans. Jooachinm Neugroschel. NewYork: Continuum, 1980.

[16] 陈昌曙.技术哲学引论[M].北京:科学出版社,1999:115.

技术创新文化的进化过程解析

王　睿

（沈阳工业大学，辽宁 沈阳　110870）

摘　要：技术创新文化是在技术创新活动成为经济和社会发展的主要活动方式的情况下所产生的一种富有生命力的文化现象。它的内在的生命力依赖于其自身所具有的自我调节能力，同时也依赖于其不断与社会文化进行的互动。技术创新通过满足人们不同层次的实践方式和需求，达成某种社会共识，推动和促进社会系统的良性运行与协调发展，并且通过文化传播的途径改变原有的社会文化系统和相关的层次特征，从而实现技术创新文化深层次的、从量变到质变的进化。

关键词：技术创新文化　自我调节　互动　精致化

技术创新文化是技术创新实践中所创造的创新产品和形成的制度规范，是技术创新活动中形成的各种创新认知与观念的总和，是技术创新成为经济和社会发展的主要活动方式的情况下所产生的一种富有生命力的文化现象，它的内在生命力在于不断的进化。

一、技术创新文化的自我调节

任何文化都是一种复杂的二律背反，能够吸纳和反映整个社会的矛盾。在文化领域内，既有个人的社会化和个性化的矛盾，也有文化规范性和文化提供给人的自由之间的矛盾，更有在文化传统和在文化机体上发生的创新、自我运动之间的矛盾[1]。技术创新的各个阶段都是开放的，与外界有物质和信息的交换，因而社会文化不但能用自己特有的方式对技术创新起到间接的、无形的推动作用，同时技术创新也可以对社会文化的发展起到示范和促进作用，保证技术创新发展的持续性。阿切尔提出了文化动力的四项命题。第一，在文化系统的各个组成部分之间存在着逻辑关系。第二，文化系统对社会系统互动层面具有因果影响。第三，在社会文化互动层面，群体与个体之间存在着因果联系。第四，因为社会文化互动层面改变了目前的逻辑关系，并且引入了新的关系，所以文化系统更加复杂和精细[2]。阿切尔将文化进化的一般趋势理解为文化调节—社会文化互动—文化精致化的过程，根据这样的理解，技术创新文化的进化过程是技术创新文化的功能在社会中展开的过程。同时，也是技术创新文化通过自我调节，与社会文化的互动，进而实现文化精致化的过程。

英国哲学家麦金太尔把库恩的范式理论借用于文化形态的转变，认为文化发展应当而且只能通过范例（范式）来阐释[3]。文化范式是用来指称关于某一特定历史阶段或社会区域的人们共同观察世界的构架模式。每一种文化的背后都存在着一种主导范式，即一种对文化及其变革的基本观念、思维方式与价值取向。文化的演化和变革就是借助另一个有生命力的构架模式来取代传统构架模式的过程[3]。从这样的意义上来看，技术创新文化是目前技术创新活动成为经济和社会发展的主要活动方式的情况下最富有生命力的文化。由于技术创新文化总是孕育于人们技术创新的实践和需求之上的，技术创新形式变化了，技术创新文化的内容也随之变化。因此，技术创新文化只有在创新实践过程中不断地进行自我调节和修正，才能更好地维持和促进技术创新实践的持续发展，并最终体现出较传统文化、地域文化等文化模式更为明显的进化。这是技术创新活动存在和发展的前提，也是技术创新文化的存在基础。

文化不仅是人们应付环境的产物，同时包含着人们摆脱肉体和自然限制的超越价值。它能够将升华人类精神境界、润泽人的心灵作为其最终目的；能够克服社会活动的自发性、盲目性，限制社会的功利性；能够培养个体对人类存在和发展所应负的义务和责任感。正因如此，文化领域所创造的精神、意义世界与现实世界不存在直接的同一性，前者所展示的东西必定具有超越性，文化领域只有在其超越性中，才会获得它自身的规定[4]。技术创新文化所负荷的内在的超越品质，具有修正文化负价值的自我调适的功能。它一方面在人的活动方式和社会运行机理的层面上对工业文明进行呼应；另一方面尽可能地弱化工业文明的弊端，力求保持人的自由和个性。从近代的理性技术到对技术创新的推崇来看，人类的技术理性不断得以展开和深化，以技术的效率与效用作为衡量进步的尺度是技术创新给人类带来的最深刻的文化观念，同时，又在很大程度上助长了工具理性。即在对技术创新的经济价值认同的基础上，产生了功利主义的、理性主义的、天人二分的文化后果。技术创新文化蕴涵的保持技术理性和人文精神之间的张力，同时吸纳多元文化要素发展的新文化精神，在人们反复的技术创新实践中，不断修复着对社会、环境及他人的副作用，并通过更新技术创新行为、价值观念等方式获得生存发展空间。正如彼得·科斯洛夫斯基所说，“通往现实性的教化过程与技术过程不同，它既要考虑到人自身的行为对行为关联整体的副作用或反作用，同时要顾及事物自身的权利，即承认这一事实：事物不依赖于我们的技术目的与旨趣而表现着一种内在的目的及合目的性的特征。教化与培育就是现实的去蔽。但是，这种去蔽不仅考虑主体的目的，而且考虑客体的目的。文化是这样一种去蔽的方式，它不只是为了我们的目的而安排对象，即自然和社会，它也促进对象本性的发展与技术的去蔽相反，文化的去蔽要将其副作用一并考虑进去”[5]6。

二、技术创新文化与社会文化的互动

技术史是文化的。技术的发展不能同一定时代、一定文化中人们的生活分开。虽然一定文化传统的形成和发展受到自然环境与技术发展水平的制约，但是在技术体系内在地规定了技术发展的谱系、逻辑或可能性的同时，一定的文化会在这诸种可能性之间进行筛选而使技术发展的轨迹呈现出民族性特征。一种文化在一定时期的发展过程中，技术的一些谱系可能会被遗忘或摒弃，然后经过一个时期后又再度出现。技术发展过程中的这种现象需要结合相应的文化传统及其变迁予以解释[6]。技术创新文化通过社会群体来积累和传播自己的文化品质，同时也通过社会群体来获得社会文化品质，并表现为技术创新文化与社会文化互动的过程。

冲突和交流是两种文化运动发展的常态。文化价值观冲突从表面来看是两种价值的彼此否定和相互竞争，实际上，一种价值和另一种价值就其本身来说是不会冲突的，发生冲突的是人们的价值评价和价值选择。在技术创新文化与社会文化的互动过程中，技术创新主体肯定一种价值就可能否定另一种价值，选择一种价值就意味着放弃另一种价值，在创新主体的价值观没有完全统一起来之前，社会文化中的民族文化、地域文化和职业文化等自发地作用于创新主体，使之可能作出大致相同却有着具体差异的价值选择。例如，人们在进行同样的技术创新实践时，可以通过不同的方法实现同一个目标，也可以选择个体创造或集体创作等，虽然最终的结果和目标是一致的，但在技术创新过程中，社会文化已经起到了作用，它通过创新主体的差异与技术创新文化进行着冲突和交流。

文化的冲突和交流也是一个协商与契合过程，技术创新文化经过与社会文化全方位的协商，达成对价值评判标准的契合，完成其面向社会文化的开放状态的进化，既是一个接受社会形塑的完成进化的远行之旅，也是一个示范价值标准的回馈社会的还乡之旅。彼得·科斯洛夫斯基认为，“技术同自然、同人是如何打交道的，它并不取决于技术本身，而是取决于人对自然提出的问题，取决于人提出这些问题的方式和利用自然、揭示其规律的目的。技术去蔽方式是文化的方式，带有人的自我感知、人的目的及人的社会性的烙印。在知识和技术之前已存在着知识和技术的文化，这种文化决定着通过技术来揭示现实的问题和提出问题的方式。同一社会中可培育不同的技术方式。采取何种技术方式，是由文化决定的”[5]4。简言之，文化能使一个人找到自己的位置，明白其作为一个人的作用，并通过生活的踪迹和符号来理解他的人性，并将人的活动聚集于一个统一的目标下，该目标可赋予他的事业以可接受的意义。归根结底，正是在这些条件下，人们奠定了制约着意义的根基。同样，正是在建立与追求最终目的时，使行为中的意义得到检验和建立，并具有了价值标准，体现出某一文化的意义[7]。

首先，技术创新文化与社会文化的互动，明确了技术创新的价值标准。虽然人们接受新的观念要经历一个漫长的等待过程。但人们一旦接受了技术创新观念，这些新观念就会对技术创新者产生激励作用，鼓励创新者以一种英雄气概、执著精神和奋发进取的品质来最终实现技术创新。“由于在心灵深处觉得企业命运与自己不直接相关，于是缺乏技术创新的动力，缺乏提高技术水平的热望，诸如在经营管理上的不负责任、对资源和能源的浪费、违背技术规律的决策等弊端，其深层思想原因往往由此而来。”[8]丹尼尔·贝尔通过对现代美国资本主义文化矛盾的深入剖析，揭示了经济活动对于文化价值的依赖。他说：“为经济提供方向的最终还有养育经济于其中的文化价值系统。经济政策作为一种手段可以十分有效，不过只有在塑造它的文化价值系统内它才相对合理。”[9]

其次，技术创新文化与社会文化的互动，使创新的有效性获得公众评价。公众评价表现为一种公众信念，从个人行为来看，公众的产品消费行为通常可以直接或间接地反映出对技术创新的认可程度，从社会行为来看，公开舆论是意见的公开表达，而不仅是一种心理活动和一般的认识活动。评价可能具备多样性，其中又呈现出某种一致性，舆论就表现为这种多样性与一致性的统一。对于技术商品有效性的认识和评价并没有一个普遍的标准。这种有效性是由不同的社会因素，包括各种技术创新的主体、文化意识、政策法规、具体的技术指标参数、自然的物质组成、商品价格等因素在不断变化的互动过程中构建出来的相对范畴，对有效性的认识本身没有一个脱离于具体情境的普遍标准或公度[10]。这种有效性与技术创新不同环节的各类主体对有效性的认识相关。也就是说，共同认识只能够在不同利益的社会群体之间通过协商而达到，它是与人的利益、情感、文化、价值观等心理的、社会的因素紧密相关的，是在争议中被建构起来的。正如古希腊智慧者普罗太哥拉的命题所言，“事物对于你就是它向你显现的那样，对于我就是它向我显现的那样”[11]。正是采取了这种关于有效性的相对主义认识论作为技术创新活动的基础，才能够打开技术创新的黑箱，探讨技术创新过程中不同主体间如何通过协商最终形成关于某种技术创新的一致的看法，理解技术创新是如何在微观的互动过程中被建构起来的。

三、技术创新文化精致化

技术创新文化不断具有的新特征，一是来源于人们创新实践的纵深发展，二是来源于人对社会文化系统的主动调适，也就是说，人们深处于技术创新文化之中时，要以主动的意识来避免技术创新文化的消极后果。这种主动的调适体现出一种肯定之上的否定，即在对技术创新的经济价值认同的基础上，摒弃其功利主义的、理性主义的、天人二分的文化后果，将其积极的文化属性发挥到极致，实现文化精致化。因此，技术创新总是特定历史条件下的技术创新，技术创新文化也是特定历史条件的技术创新文化。总的来说，文化的稳定是相对的，变异是绝对的。

文化就其根本是人的文化，因此，文化运动永远要朝着有利于人的方向发展，实现人的意志，符合人的需要的方向发展。所谓文化整合，是指文化内部从最简单的文化特质到极复杂的各个文化层，按照一定的秩序相互结合并在功能上相互关联的过程。它是一个定向作用，文化整合的功能主要表现在对各种文化因素的有序结合与功能上的互相关联，使之成为一个完整的文化体系。技术创新文化经历了与社会文化的互动之后，通过调节、改变、扬弃或补充自身的文化内涵，实现其价值标准的评判与文化负价值的自我调适，同时实现自身与社会的文化整合。

文化整合作为一种过程，随着文化体系的变化而变化，能维持文化体系的整体性和承上启下的连贯性，文化整合的方式包括对创新文化成分的选择、对文化中某些不适宜成分的扬弃、对外来文化项目的修正三个方面[12]。①对创新文化成分的选择。文化的发展伴随着文化模式对新因素并非全部吸纳的取舍，凡是与已有文化体系的某一层次在结构上可以相互协调、在功能上可以相互关联的新因素，均会被选择，而逐渐融合进已有的文化体系；反之，则遭到文化的排斥、弃置。技术创新文化在选择创新成分时，融合其功能的某些方面发扬光大，又限制其功能的另一些方面的发挥。这种既促进又限制的文化整合，使技术创新文化模式的特征和连贯性得以保持。②对外来文化项目的修正。技术创新文化与其他各种社会文化模式进行接触、交往碰撞。其他文化的成分之优势部分经过文化修正、整合才能被吸收进技术创新文化模式。这种修正涉及形式、功能、意义及用途等多个方面。需要在具体的技术创新实践中反复地尝试和进行。③对自身文化中某些不适用成分的扬弃和改造。如前所述，技术创新文化中的文化成分经历不断的新陈代谢，在漫长的演变过程中，有些文化成分显得陈旧、过时，那么它们或被新的取代，或经过改造获得新的功能和意义，使之不断适应技术创新实践的要求。

技术创新文化的进化过程离不开技术创新知识的体系化、完善化，即从知识的各种形态的转化到知识的各种价值的实现。因此，技术创新文化在完成其精致化的进化过程中，也伴随其对自身知识基础的认知功能的释放。

首先，技术创新知识包括言传知识和意会知识两个部分，只有这两个部分知识相互转化，才能使技术创新得以实现。技术创新中所包含的知识，并非我们日常以为的那样，全部都是从科学理论中获取的“科学的”知识。不可否认，的确有这种知识存在于技术创新当中，但同样不容否认的是波兰尼所称的“意会知识”在技术创新中存在的事实。技术创新的最终结果——技术商品的有效性——很难用技术的逻辑加以解释，尽管言传知识易于编码，表达方式系统化，不会因为传递过程中的时空差异而导致知识的失真，但如果没有高度个体化，常以个人经验、印象、感悟、团队的默契、技术诀窍等形式存在的意会知识的配合，人们在通过技术商品形式完成技术创新时，就无法使产品的有效性建立在同一的认识之上，使用户采纳或认可这种商品。

其次，技术创新活动的数量、频率和水平，受到技术创新知识扩散能力的影响。知识扩散能力是企业将知识（新产品、新工艺、新技术）转化为现实生产力的桥梁，是技术创新的生产力实现和扩散的能力，即科技成果进一步转化为现实生产力的效率[13]。没有技术创新知识的扩散，一个地区或者一个企业的技术创新就是孤立的、封闭的，这样的技术创新就不具有系统性。技术创新知识扩散能力的积累和提高依赖其所掌握的有助于从事该项创新活动的科技指标。在静态方面，这种科技指标表现为一定的知识存量；在动态方面，则表现为对存量的操作，如检索、筛选、格式化、存储、纯化、编码和激活等。因此，任何组织或个人只有在大量掌握知识存量的情况下，才能更好地发挥技术创新知识的扩散能力，进而使技术创新更趋于合理化。

总而言之，技术创新是与其既定的文化系统相契合的，其不可能单单依靠自身的力量达到完美的境界。技术创新文化只有沿着文化的系统依赖，才会持续、健康地发展。技术创新文化通过与社会文化的互动达成社会文化共识，推动和促进了社会系统的良性运行与协调发展，起到产生凝聚力、认知力和共同意志的社会纽带作用，它通过文化传播的途径改变原有的社会文化系统和相关的层次特征，从而实现技术创新文化深层次的、从量变到质变的变化。

参考文献：

[1]　吴克礼．文化学教程[M]．上海：上海外语教育出版社，2002：54.

[2]　马尔科姆·沃斯特．现代社会学理论[M]．北京：华夏出版社，2000：217.

[3]　方本新．新价值观与创新文化范式[J]．中国软科学，2006(11).

[4]　陈立旭．论文化的超越性功能[J]．中国社会科学，2000(2)：14-23.

[5]　彼得·科斯洛夫斯基．后现代文化[M]．毛怡红，译．北京：中央编译出版社，1999.

[6]　王志伟．技术扩散过程的几类限制性因素[J]．自然辩证法研究，2002(1)：23-26.

[7]　让·拉特利尔．科学和技术对文化的挑战[M]．吕乃基，等译．北京：商务印书馆，1997：144.

[8]　王前，陈昌曙．我国技术发展中的文化观念冲突[J]．自然辩证法通讯，2001，23(3)：10-17.

[9]　丹尼尔·贝尔．资本主义文化矛盾[M]．上海：上海三联书店，1989：21.

[10]　李可庆，葛勇义．技术创新的社会形成理论哲学探讨[J]．技术与创新管理，2006，27(6)：2.

[11]　孙周兴．海德格尔选集[M]．上海：上海三联书店，1996：913.

[12]　吴克礼．文化学教程[M]．上海：上海外语教育出版社，2002：73-74.

[13]　李荣平．技术创新能力与活力评价理论和实证研究[M]．天津：天津大学出版社，2005：35-36.

试析技术恐惧文化形成的中西方差异

刘 科

（河南师范大学科技与社会研究所，河南 新乡 453007）

摘 要：技术发展及其社会后果总会对人们的心理造成积极或消极的影响。技术恐惧作为一种非主流的社会心理现象，表现为实践操作、社会文化、社会运行三个层次。西方技术恐惧文化与近代科学技术的发展相伴而生，发挥着其特有的透视和批判功能。中国社会却没有产生系统的技术恐惧文化，这是由东西方文化传统、科学技术发展状况和思维方式等差异造成的。

关键词：技术恐惧文化 差异 技术崇尚 中国 西方国家

现代人无时不处在自己所创造的技术物的包围之中。技术环境总是在或快或慢、或多或少地起着感染情绪、改变心性、塑造人格和影响思维的作用。技术恐惧是人们对技术产品、技术环境产生的一种心理反应，具体表现为对技术情感上的疑虑、认知态度上的悲观和行为上的回避。技术恐惧研究的现实意义在于从实践层面探索如何消解现代技术对人、社会和自然的异化现象，其理论意义在于全面探求技术的价值内涵，在于反思并揭示人与技术的内在关联，努力实现技术化社会中的人性关照。

一、近代西方技术恐惧文化的历史形成

虽然说技术恐惧在世界范围特别是在西方国家是一种较为常见的社会心理现象，但在其近代形成过程和现实影响方面却存在着较为显著的中西方差异。较早的一项调查结果显示："在中国公众中，几乎没有人对科学技术感到害怕或恐惧（仅占0.6%），而在美国，有这种感觉的人一直在7%左右。"[1] 从目前的情况来看，这种状况并没有明显改观。那么，这种技术恐惧心理的差异性是如何形成的？它对中西方科学技术与社会的发展会产生什么样的影响？大体说来，近代西方技术恐惧文化有一个与科学技术发展、工业革命和社会生活变迁相伴而生的过程，可分为以下三个阶段。

1. 理性王国的失落与技术恐惧文化的萌芽

自从文艺复兴运动在西欧点燃了理性和科学的火种，反理性的声音就以非主流的形式时强时弱地存在着，从未停歇过。最初，人们在新知识对旧有宗教观念的强烈冲击中，陷入一种情感悖论，既渴望获得知识以拥有无穷的力量，却又担心这种叛逆的思想会招致上帝的惩罚。但启蒙运动还是加速了理性的扩张进程和覆盖范围，资本主义生产和生活方式逐渐为人们所接受。正当人们对科学技术力量日渐强大而欢欣鼓舞时，卢梭等人却大力批判科学技术是使人类社会道德没落的根源，"我们可以看到，随着科学与艺术的光芒在我们的地平线上升起，德行也就消逝了；而且这一现象是在各个时代和各个地方都可以观察到的"[2]。

在工业革命的发展历程中，人们领教了科学技术的巨大威力。人之理性借助技术手段似乎无所不能，带给人们前所未有的信心去改造、控制和征服自然，人类似乎再也不是自然界面前畏畏缩缩的卑微者。然而，巨大的力量令人崇敬、令人畏惧、令人忧虑。人类能否扮演上帝？能否扮演好上帝？知识和理性是否会摆脱人类的控制，反过来成为人类自身的桎梏？于是，人们质疑的矛头指向了作为人类理性力量主要体现者的科学技术，技术恐惧的萌芽也就产生了。这种心理不仅以焦虑的形式萦绕在卢梭等思想家的心头，并依托文字将其抒发出来，它同时自发地萌生在底层大众的现实生活中，后者用他们的实际行动对此作出了强有力的回应。如19世纪初英国诺丁汉等地爆发了工人捣毁机器的激进活动，以此来反对技术进步、反对企业主、争取改善劳动条件和生活待遇，史称"卢德运动"。随后，在法国和美国也发生了类似事件。此类事件表明：人们对技术的恐惧心理可能会凝聚成一股不可小觑的社会力量，并以破坏性的方式爆发出来，造成一定的社会问题，进而不同程度地影响历史的发展。

另外，法国大革命及其以后的社会动荡充满了腥风血雨，大规模的政治迫害、社会秩序的混乱等给当时公众心里留下了极度不安的烙印。正如恩格斯所说："和启蒙学者的华美约言比起来，由'理性的胜利'建立起来的社会制度和政治制度竟是一幅令人极度失望的讽刺画。"[3]在人们对启蒙运动"理性王国"的失望、对资产阶级革命"自由、平等、博爱"口号的幻灭和对资本主义社会秩序不满的历史条件下，在西欧文艺领域产生了浪漫主义思潮来回应理性主义及工业文明对自然生态、社会和人性的破坏。如英国女作家玛丽·雪莱的《弗兰肯斯坦》（*Frankenstein*, or *The Modern Prometheus*）正是在此背景下创作完成的经典之作，预言了科技革命的悲观前景，表达了人们对社会日渐技术化且使生命失去人性的严重焦虑，反映了人们对科学技术强大不可控制性的恐惧，对科学技术发展的社会后果作了人文向度的思考。Frankenstein 作为一个技术文化的隐喻符号，在西方世界牢固地确立下来，成为预示一切由人创造却反过来奴役和毁灭人的技术事物。

2. 技术异化与技术恐惧文化的形成

19—20 世纪之交，新的科学技术革命把西方社会迅速地推向了电力时代，西方主要资本主义国家从自由竞争步入垄断阶段。一方面是科学技术的大发展，以泰罗制、福特制为标志的高度组织化的企业王国；另一方面是被生产流水线异化和压抑的人性，整个社会大生产的无序性、周期性的经济危机和社会震荡。由于遭受严重的社会危机和技术排挤，人们的内心深处蒙上了一层对未来发展前景绝望的阴影。科技“敌托邦”文化就是这一时期社会心态的折射，通过大众文化和学界两个层面突显出来，它其实也是一类技术恐惧文化。如赫胥黎的《美丽的新世界》（*Brave New World*）就体现了人们对未来世界生物科技高度发达而磨灭人性的恐惧。在思想界，法兰克福学派高举批判科学技术的旗帜，把技术看做意识形态和新的统治形式，认为技术本身就是异化的根源，技术因其难以消除的消极作用而受到批判和质疑。在此，马尔库塞不无忧虑地指出：“在这一点上，必须提出一个强烈警告，即提防一切技术拜物教的警告。”[4]

特别是 20 世纪发生的两次世界大战给人类社会带来了巨大的伤亡和经济损失，刺激了科学技术的新飞跃，也强化了科学技术社会实践层面的异化程度。一些充满责任心的学者对科学技术的价值倍感惶惑，提出了一系列进行深入技术批判的问题。如原子弹的发明宣告了原子能时代的到来，其在广岛、长崎的爆炸却使全世界从此笼罩在核恐惧的心理阴影下。科学家首先对此作了深刻的反省，“在原子弹发明中做出杰出贡献的科学家是意识到技术进步将带来复杂性后果的第一批人，他们试图用自己的行动来激发人们对核战争可能性、忧虑性的广泛思考，他们除了写关于公共政策的严肃论文去影响政府外，还写科幻小说来影响普通大众。”[5] 而此时西方人文主义也彻底与科学理性决裂并逐渐和后现代思潮合流，站到了非理性的一端。自此，科学技术与人文的鸿沟更难以消解。值得注意的是，近代以来的科学技术往往成为许多现实社会问题的“替罪羊”。如美国学者波泰尔所说：“技术恐惧作为对个体侵蚀的焦虑表征，长时期存在于西方文化中，随着二十世纪晚期以来技术变革的加速而得到强化。时至今日，技术恐惧经常被用作其他类别焦虑的文化隐喻。人们对技术恐惧的流行表述成为技术造成的不只是简单地对个体产生威胁，人们也恐惧个性及其力量莫名其妙地被与阶级、种族、民族和性别关系相关联的社会变革所威胁。”[6] 因而，技术恐惧不仅仅是针对技术发展的恐惧，更是对技术与社会复杂的内在关联及其衍生物的恐惧。

3. 高新技术的产生与技术恐惧文化的发展

20 世纪 60 年代，以一系列生态危机为核心的全球问题开始突显。卡逊的《寂静的春天》详尽地指出了人们正在用自己制造出的化学农药戕害自己，对技术的恶果和无限制发展产生的环境危机深表忧虑。阿尔·戈尔曾评论道：“蕾切尔·卡逊的影响力已经超过了《寂静的春天》中所关心的那些事情。她将我们带回如下在现代文明中丧失到了令人震惊的地步的基本观念：人类与自然环境的相互融合。本书犹如一道闪电，第一次使我们时代可加辩论的最重要的事情显现出来。”[7]而以罗马俱乐部为代表的学者更是提出“零增长”的主张，以阻止更大生态灾难的到来。传统工业化的道路似乎已经走到了尽头，西方社会陷入了重重危机之中。此时，新兴技术异军突起并开始扮演一种拯救的力量。20 世纪 70 年代初，以计算机芯片和信息处理技术为标志的新技术革命改变了传统的产业结构，开启了西方经济高速增长的时代，被称为“电子技术时代”“第三次浪潮”“后工业社会”。然而，所谓知识经济光明前景的背后是全面信息化给人们带来的生活方式和工作方式的深刻变革，以及对此变革的各种不适和排斥。20 世纪 80 年代，一种被称做“计算机恐惧”的心理症状成为许多人必须面对的现实问题。它表现在人们在各种计算机环境下的生存压力，表现在复杂的计算机装置面前的操作焦虑，表现在人们跟不上技术快速更新的紧张和无奈。人们对计算机的恐惧不只存在于经验操作层面，它对文化的影响使人们悲观地预感到一个“电脑取代人脑”的未来。如果说电影《终结者》《人工智能》《黑客帝国》等是对计算机恐惧较为夸张的艺术演绎和表征，那么人工智能专家渥维克的《机器的征途》则从学理层面论证了这种趋势——“可能机器会变得比人类更聪明，可能机器会取代人类”[8]。至 20 世纪 90 年代活跃起来的新卢德派则把针对信息技术的批判深入化、系统化，逐渐形成一种社会思潮，借助媒介扩大了其社会影响力。该现象受到西方学者的密切关注，技术恐惧作为一个专有名词被创造出来并走进学术视野，用来泛指由技术引发的厌恶或焦虑。

20 世纪的最后十几年，动物体细胞核移植技术的突破给本来就很喧嚣的世界又注入了新的不安定因素。在表面上人们似乎为一只克隆小羊而纷争，实质上反映了人们对生物技术时代的突如其来而恐慌。现代生物技术的大发展是一种难以阻挡的趋势，西方人恐慌的恰恰是该技术对西方文化根基的慢性消解：消解的是人类中心观，生命不再神圣，尊严不复存在；消解的是信仰界限，人欲僭越上帝，扮演创造生命的角色；消解的是作为人类社会秩序基础的伦理框架。生物技术恐惧的特点在于它先于技术后果的超前预期性，更多地属于生物技术对人类造成实质性伤害前的虚拟恐惧。然而，这种虚拟恐惧正是受到西方国家特有的社会文化影响的结果。无论是《异形》《第六日》《克隆人的进攻》等影视作品，还是《来自巴西的男孩》《美丽新种子》等文学作品，都在不经意地向公众“妖魔化”生物技术的社会形象，加重了人们对生物技术的恐惧感。近年来，一些绿色和平组织、绿党基于自身的生态理念，也在不断地向社会宣扬生物技术和转基因产品的可怕后果，反复触动着西方人对生物技术的敏感神经。

可见，从工业革命开始，西方技术恐惧文化围绕着机器恐惧、核技术恐惧、信息技术恐惧和生物技术恐惧为重心渐次展开。机器恐惧的主题是普通工人的失业和生存，核技术恐惧的主题是人类毁灭与世界安全，计算机恐惧的主题是学习压力和操作障碍，生物技术恐惧的主题则更多地体现为对价值、信仰和生命尊严的深切忧患。这些恐惧背后的主线就是技术变革，每一次技术变革就宣告一个新时代的到来，意味着产生新的生产方式、生活方式，意味着人类命运的重新安置。人们在技术变革中享受到高度的物质文明，也深刻地感受到焦虑、压力和对未来的迷茫。可以说，整个西方世界的现代化历史也是技术恐惧文化生成和发展的历史。这种恐惧文化依附于科学技术的发展而不断演变，也伴随着资本主义生产方式及其价值的全球扩张而成为世界性问题。

二、中国“技术崇尚文化”的产生

与西方社会不同的是，中国没有产生系统的技术恐惧文化，也没有很多人对科学技术的发展充满恐惧，反而产生了一种与技术依赖心理相关的“技术崇尚文化”。

1. 经世致用的文化传统与现实国情

1860 年由洋务派发端的西学东渐风潮，从西方舶来的不是科学，而是技术的细枝末节。正如李泽厚先生所言：“从文化心理结构上说，实用理性是中国思想在自身性格上所具有的基本特色。”[9]20 世纪初的新文化运动算是启蒙科学的一个历史契机，先进的知识分子高举“赛先生”的大旗，试图向中国传统文化注入科学精神，但国人更为看重的是科学应用的现实效果用以复兴民族、抵御外辱，毕竟民族独立是当时最为迫切的任务。在民族独立后，民族振兴和民生改善成为另一类要务。有学者指出：“新中国建立后，随着计划体制的形成，面对威胁民族生存的外部压力和国内大规模经济建设的需要，科学研究的军事、政治和实用导向进一步增强，几乎所有的科研都成为技术性的了。这是一种历史的选择，也是历史的必然。”[10]可以说，一方面，科学理性在中国社会的历史上从来没能真正地建立起来；另一方面，自新中国成立以来，对科学技术重要性的国家号召也几乎没有中断过（除了“文化大革命”期间）。从“不搞科学技术，生产力就无法提高”“实现四个现代化，关键在于科学技术现代化”到“科学技术工作必须面向经济建设，经济建设必须依靠科学技术”，从“科学技术是第一生产力”“科教兴国”到“科学技术是先进生产力的集中体现和主要标志”等一系列发展理念的提出，国家对科学技术重要性的理论宣传和舆论导向已经深入人心。正是这种特殊的社会历史原因和现实国情建构了中国特色的“技术崇尚文化”，这种文化氛围培养了中国公民对科学技术及其社会作用普遍深入的乐观倾向。又如中国科学技术协会及中国科普研究所从 1992 年至 2007 年分别进行了七次全国性的“公众科学素养和科技态度”的调查，结果显示：“长期以来，我国公民一直崇尚科学技术职业，积极支持科学技术事业的发展，对科技创新充满期待，信任政府和权威部门对新技术和新产品的认可。”[11]不可否认，在这种技术崇尚文化氛围下，我国的科学技术与教育事业得到了迅猛的发展，生产力得到了很大程度的解放，综合国力得以提升，科学技术的物质文明和精神文明功能得以充分发挥，社会主义现代化建设的各项事业进展顺利。与此同时，一些学者在繁荣中看到了令人担忧的问题，说出一番逆耳的忠言。如张君劢先生指出：“近三百年之欧洲，以信理智信物质之过度，极于欧战，乃成今日之大反动。吾国自海通以来，物质上以炮利船坚为政策，精神上以科学万能为信仰，以时考之，亦可谓物极将返矣。”[12]101因而，“循欧洲之道而不变，必蹈欧洲败亡之覆辙。”[12]112

2. 技术崇尚文化背后的风险漠视

我们应该清醒地看到，我国公民对科技的普遍乐观性源于科技发展对生活改善的感性认识，源于理论宣传和主流教育，是自外而内的强化，并非精神深处对科学理性的理解和接纳。对此，余英时先生指出：“中国人到现在为止还没有真正认识到西方‘为真理而真理’、‘为知识而知识’的精神。我们所追求的仍是用‘科技’来达到‘富强’的目的。”[13]这种认识的直接后果就是在思想上祛除了公众的封建愚昧，却又造就了对科学技术的迷信和无限崇拜。这种迷信不仅会助长各种非科学和伪科学的盛行，而且对科学技术形象的盲目拔高和夸大的社会心理会使公众进入一种对科技技术后果的集体无意识状态。在西方国家，有些学者就清醒地认识到了这种情况。如美国心理学家格兰蒂宁（C. Glendinning）认为：“我们被一种认为技术安全的信念所包围。在过去的半个世纪里，在学校、家庭、工作和媒体宣传中一直被鼓励去为科学创造的新技术而欢呼，这种观念深入到家庭、邻里、工作场所、政府和军队。我们完全生活在一个由技术程序支配的世界，尽管出现了像英格兰的卢德运动和欧洲、美国的劳工运动。但是，人们在乐观主义思想的导引下还是丧失对技术危险的知觉。”[14]人们即使看到并感受到科学技术的负面效应，也坚信这些问题是暂时的，可通过其自身发展得到解决。对科学技术可能造成的风险没有警惕性，这无疑属于一种“青蛙效应”。

技术恐惧作为人们对科学技术实践的社会心理反应，具有较大范围的普遍性。但中西方技术恐惧处在不同的层面上，中国式技术恐惧一直没有超越经验操作的层面，具有个别性、暂时性和变动性的特征；而西方式技术恐惧是在文化层面渐次展开的，具有普遍性、持久性和稳定性的特征。可以说，中西方公众在总体上对科学技术持有积极乐观的态度，但西方世界在对技术的乐观中保持着一定的冷静与警醒。中国公众的技术乐观主义却明显地包含着一定的盲目性，在文化层面上缺失一种审视和批判科学技术发展的主观意向。中国不存在属于自身民族性的“技术恐惧文化”，也没有促发这种文化萌生的传统思想根基。

三、中西方技术恐惧文化形成差异的原因

中西方有着不同的科学技术发展历程和文化传统，对它们与技术恐惧的关联性分析是正确理解中西方技术恐惧文化差异的切入点。

1. 中西方科学技术发展阶段的差异性

从时间上看，中国真正意义上的现代化进程从改革开放算起才走了三十几年。从现代性上讲，中国和西方国家处于不同的历史阶段。当中国人在奋力发展工业并昂首向信息化社会迈进的时候，一些西方国家却在20世纪70年代已经步入后工业社会。西方国家的生产力发展水平和人均收入已使其物质生活达到了相当高的水准，他们转而追求生活质量、精神自由和环境保护等，技术发展对物质生活需要的满足极限日益显现。现实也告诉西方人，有许多社会问题与技术发展相关，而这些问题很难通过技术本身去解决。因此，西方人对技术发展的乐观态度必然有所降低，对技术发展风险的忧虑成分却在增加。如西方学者吉登斯指出："我们所面对的最令人不安的威胁是那种'人造风险'，它们来源于科学与技术的不受限制的推进。科学理应使世界的可预测性增强，但与此同时，科学已造成新的不确定性——其中许多具有全球性，对这些捉摸不定的因素，我们基本上无法用以往的经验来消除。"[15]相反，处于社会主义初级阶段的中国人更加关注一切促使现实生产力进步、经济增长和物质生活水平提高的因素，科学技术恰恰能在其中扮演一个积极的角色，"以至于86.2%的中国公民认为'科学技术会使我们的生活更健康、更便捷、更舒适'"[11]。比如，在对待克隆技术时，当多数西方人都在担忧克隆人行为对自由、人权和尊严的践踏时，中国人更多关注的是治疗性克隆对人类生存质量和医疗保健的积极意义。

但是，这不意味着中国社会不存在任何技术恐惧心理问题。如在以新技术密集为特征的北京中关村高科技园区，"根据《中关村白领健康调查》显示，46%的被调查者存在心理健康的轻度异常，远高于同龄测查结果。另有52.3%的被调查者有心理焦虑"[16]。近年来，其他相关研究结果也表明，在中国办公自动化程度较高的企业和单位存在着和西方国家性质相似的计算机焦虑现象，只不过整体上中国的信息化水平较低，还没有上升为一种普遍的社会问题。那么依此逻辑，是不是说若干年后随着中国工业化和信息化水平的提升，技术恐惧一定会像西方国家那样作为明显的社会问题而浮现出来呢？答案可能是否定的。其一，所有发展中国家都可能有一个共同的后发优势，就是能够汲取发达国家在工业化进程中的经验教训，从而避免走许多弯路。目前，我国倡导科学发展与和谐发展，重视生态问题，协调各种社会矛盾，平衡各种差距，这在很大程度上能够消解现代技术对人、自然和社会的异化。其二，中西方的科技文化传统有巨大的差别，技术恐惧在西方早已超越了经

验操作层面，而中国没有适合技术恐惧的文化土壤。产生这种差别是固有文化传统和社会历史背景不同所造成的。文化的社会功能在于它对现实的解释和透视，以及对观念的传播和导向，对社会发展产生着不可忽视的影响。

2. 中西方文化思维的差异性

与文化相关的思维方式也是左右技术恐惧发生的重要因素，这一点中西方也存在很大的差异。例如，自 2008 年 2 月以来，法国电信已经有 23 名员工自杀，另有 13 名员工自杀未遂。此事引起法国政府的高度关注。法国电信高层经调查后认为，这是黑莓手机和电子邮件惹的祸，“由于把具有全天查阅邮件功能的黑莓手机配发给员工，使员工的工作时间和回家休闲时间界限模糊起来，属于由技术引起的工作方式的转变进而造成了精神上崩溃”[17]。如果此事发生在中国，估计中国人不会把罪魁祸首归为一部手机。实际上，中国和法国的电信员工受到的压力是同一性质的，但由于文化的差别会造成不同的归因。西方社会在“归因习惯”上，往往对物不对人。这不是一种逃避责任而是一种由文化决定的思维方式。在西方有造成技术恐惧心理的文化背景，我们就不难理解卢德运动，以及类似的捣毁、抵制机器事件总是发生在欧洲和北美。而中国的文化氛围和社会历史传统使中国人在失业后不太可能把原因归结为新技术，往往倾向于指责政府的措施不当，或者把愤怒指向企业的领导群体。

我们不能忽略西方人思维深处的自我中心意识，这种意识一方面曾在反抗宗教教条的束缚、实现人性解放中起到过积极的作用，也为科学理性的弘扬提供了不竭的动力。但另一方面也确立了以人为尺度的价值坐标，这是形成主客二元分立的逻辑起点，也是对象性思维的逻辑起点。这就造成了西方文化特有的封闭性、排他性和对抗性，以其自身的标准衡量对象，任何不符合自身标准的对象都视为应被“改造”和“排斥”的，要么改变它，要么毁灭它，不太可能去思考如何改造自身去包容或融入对象达到和合统一。这就是西方人把问题的症结归因于“物”的本质所在，这不但能说明诺丁汉郡的那群工人为什么把愤怒的矛头指向一堆纺织机器，也能说明西方文明是一种外向的、扩张的、不断超越的和内外冲突危机不断的原因所在。因此，西方二元对立的对象化思维方式培育了科学理性的辉煌，同时造就了批判它的力量，技术恐惧文化在两者的张力中诞生并发展着，最终作为一种觉醒的社会意识来反观和规约科技文明的多维向度。

四、结 论

由于在科学技术发展的历史上欠账太多，我国还没有进入一个真正的科学时代。然而，我国所处的历史阶段却使我们庆幸技术多重性的内在冲突尚未激化，现代性的危机尚未完全展开。我们完全可以从西方社会所患的工业文明病中汲取发展教训，注意科学技术不恰当的利用（误用、滥用）给人类社会带来的负面影响。曾经有一个时期，“我国学术界由于受后现代主义等当代西方人文主义的反科技思潮的影响，反对科学主义和科技主义、呼唤人文精神的声浪很高”[18]281。这样做，虽然有其积极意义，但也包含了许多消极影响，“在这些声音里也包含着对科学精神的深深的误解，即将科学精神等同于科学主义和功利主义，然后同人文精神截然对立起来。显然，这与大力发展科学技术、推进我国现代化建设的气氛是格格不入的。我们面临的主要是‘前现代’的问题，不是科学技术发展过快，‘科学主义’和‘科技主义’过于膨胀的问题。……将科学精神与人文精神对立起来，不仅是人为的，而且是有害的”[18]282。因此，我们在探讨技术恐惧文化问题时，也一定不能脱离现实国情，避免使问题的探讨走入误区或变得不合时宜。

无论如何，人们生活在恐惧的心理阴影中并非一件好事，我们也不希望生活中有更多人为恐惧的发生。但是，“恐惧已经成为公众普遍的情绪，一些社会学家甚至声称：今天的社会可以被最恰当地描述为‘恐惧文化’。恐惧已成为一种被文化所决定的放大镜，我们透过它来观察世界”[19]。在生活中，恐惧心理是无法消除的，旧的恐惧消失了，新的恐惧又产生。在此，我们把恐惧当做一种风险思维方式，当做一项预防原则。毕竟技术崇尚文化的流行决定了我们技术恐惧文化的缺失，因而与西方社会相比，缺少了一条有效的对技术制约和审视的路径。就好像一辆刹车系统存在一定缺陷的汽车在高速行驶，司机却茫然无知，这个问题难道不值得我们反省吗？毕竟，刹车系统本身就是一个技术系统，它根本不是万能的，经常性地查看和检修却是必需的。

参考文献：

[1] 张仲梁．人和科学：公众对科学技术的态度[J]．科学学研究，1990(1)：11-16.

[2] 卢梭．论科学与艺术[M]．何兆武，译．上海：上海人民出版社，2007：26.

[3] 马克思，恩格斯．马克思和恩格斯选集：第3卷[M]．北京：人民出版社，1972：408.

[4] 马尔库塞．单向度的人：发达工业社会意识形态研究[M]．刘继，译．上海：上海译文出版社，2006：214.

[5] 马兆俐，陈红兵．解析“敌托邦”[J]．东北大学学报：社会科学版，2004，6(5)：329-331.

[6] Cyrus R K Patell. Technophobia: Star Wars, Star Trek, and Other Sites of Technocultural Anxiety [J]. Journal of American Studies, 2002(2): 219-238.

[7] 蕾切尔·卡逊．寂静的春天[M]．吕瑞兰，李长生，译．长春：吉林人民出版社，1997：19.

[8] 凯文·渥维克．机器的征途[M]．李碧，等译．呼和浩特：内蒙古人民出版社，1998：3.

[9] 李泽厚．中国古代思想史论[M]．北京：人民出版社，1985：303.

[10] 吴海江．“科技”一词的创用及其对中国科学与技术发展的影响[J]．科学技术与辩证法，2006(5)：88-93.

[11] 何薇,张超,高宏斌. 中国公民的科学素质及对科学技术的态度:2007 中国公民科学素质调查结果分析与研究[J]. 科普研究,2008(6):8-37.
[12] 张君劢,丁文江. 科学与人生观[M]. 济南:山东人民出版社,1997.
[13] 余英时. 中国思想传统的现代诠释[M]. 南京:江苏人民出版社,2004:17.
[14] 陈红兵,于丹. 解析技术塔布:新卢德主义对现代技术问题的心理根源剖析[J]. 自然辩证法研究,2007(3):54-57.
[15] 安东尼·吉登斯. 现代性的后果[M]. 田禾,译. 南京:译林出版社,2000:115.
[16] 王刊良,舒琴,屠强. 我国企业员工的计算机技术压力研究[J]. 管理评论,2005(7):44-51.
[17] 法国电信上演员工自杀潮都是黑莓惹的祸[EB/OL]. (2009-10-23) http://www.chinanews.com.cn/it/news.
[18] 孟建伟. 论科学的人文价值[M]. 北京:中国社会科学出版社,2000.
[19] 拉斯·史文德森. 恐惧的哲学[M]. 范晶晶,译. 北京:北京大学出版社,2010:4,148.

论网络技术正向价值的实现

毛牧然　陈　凡
（东北大学文法学院科技与社会研究中心，辽宁 沈阳　110819）

摘　要：由于网络技术能够满足属于变革性技术的两项标准，所以网络技术属于变革性技术。应用网络技术改造传统产业，构建电子政府以服务于经济建设，解决“数字鸿沟”问题，缩小与西方发达国家之间的差距，缩小城乡与地区间的差距，是实现网络技术正向价值的重要意义所在。要实现网络技术的正向价值，就要针对阻碍网络技术正向价值实现的主客体性因素采取相应的主客体性对策。

关键词：网络技术　正向价值　实现

网络技术价值二重性[1]是特定的网络技术主体对网络技术现实价值二重性的评价。以特定网络技术主体的价值取向为视角，符合该主体价值取向的，就是网络技术的正向价值；反之，就是网络技术的负向价值。网络技术正向价值实现的过程一定会伴随网络技术负向价值的实现，网络技术正向价值的实现实际上就是网络技术价值二重性在更高发展阶段的实现。

网络技术属于变革性技术，网络技术正向价值的实现具有十分重要的意义。在生态、社会和人本层面，努力实现网络技术正向价值的同时，尽量消解网络技术的负向价值，是抓住利用网络技术缩小我国与发达国家之间差距以及城乡与地区间差距的良好契机。因此，抓住这一契机，在保证网络技术负向价值最小化的同时，追求网络技术正向价值的最大化，加快我国经济社会发展的步伐，早日实现强国梦想，就要针对阻碍我国网络技术正向价值实现的主客体性因素，采取相应的主客体性对策。

一、网络技术的属性及其正向价值实现的意义

对技术可以从不同角度进行分类，从技术对社会影响范围的大小和程度的深浅，可以将技术分为一般性技术与变革性技术。一般性技术对社会影响范围小或者程度浅；变革性技术对社会的影响则不仅范围大，而且程度深。那么，网络技术属于一般性技术还是变革性技术？

（一）变革性技术的判断标准

英国技术哲学家格雷厄姆从技术满足社会需求的角度阐述了技术革命的标准，他认为，某种技术使人类原来的需求更加便利地被实现，这项技术不属于变革性技术，比如利用微波炉来煮饭的技术。某项技术如果使人类对于需求本身都发生了观念上的转变，或者该项技术使原本无法实现的需求得以实现，那么这项技术属于变革性技术，比如，器官移植技术使人的生命突破了自然的生理界限，改变了人们对生命、健康的传统需求方面的观念，使人们原本无法实现的需求得以实现[2]。

笔者认为，一项技术是否属于变革性技术，主要有两项标准，一项是该技术社会影响范围的大小，另一项是该技术社会影响程度的深浅。

（二）网络技术属于变革性技术

网络技术在社会的众多领域都得到了广泛的应用，这些领域主要有经济、政治、教育、文化、休闲、娱乐等，也就是说，网络技术几乎可以在社会生活的所有领域得到应用，因此，它满足作为变革性技术的第一项标准，是一种在社会多个领域具有广泛影响的变革性技术。

网络技术还满足变革性技术的第二项标准，它在社会众多领域中引起了巨大的影响，比如，在网络技术的影响下，社会经济、政治正在发生质的变化。

网络技术引起了经济领域的大变革。首先，生产力的三大要素发生了变革。许多劳动者都成为掌握信息技术的知识型劳动者，受过高等教育的劳动者人数逐渐增多，劳动者被分为知识型白领与知识型蓝领[3]；劳动工具也由传统的机器变为由电脑控制或者与互联网相连接的智能化机器设备；信息与知识成为主要的劳动对象，创造、选择、编排和传播信息与知识已经成为许多劳动者的职业。其次，网络技术也引起了商务领域中的变革，主要体现为商务活动的全天候运作、经济全球化加剧、中间环节减弱、产生新的电子商务法律部门等。

应用网络技术开展电子政务，推动了世界范围内的政府改革运动，具体体现在以下几个方面：①政府职能由“大管理小服务”型政府变革为“小管理大服务”型政府；②政府组织结构由金字塔式组织结构变革为扁平化组织结构；③网络技术为直接民主的推行提供技术支持，引起了政府决策机制与政府管理、服务水平的变革。

（三）网络技术正向价值实现的意义

网络技术的变革性影响波及社会生产生活的方方面面，网络技术推动人类社会进入了以知识经济为特征的后工业社会。然而，“数字鸿沟”问题则使广大发展中国家加大了与西方发达国家之间的差距，加大了我国落后地区与发达地区之间的差距，并由此引发了一系列的社会问题。

“数字鸿沟”问题在发达国家与发展中国家的差距是巨大的。联合国秘书处称，发达国家占全世界人口的比例只有16%，但上网的人数却占全球的90%。美国平均每万人电脑拥有量是我国内地的55倍，在国民经济信息化投入方面，中美相差45倍。因此，加速网络技术正向价值在我国的实现，缩小我国与西方发达国家之间的“数字鸿沟”，对加快中华民族伟大历史复兴的步伐显然有着十分重要的现实意义。

“数字鸿沟”问题在我国的城乡与地区间表现为一种“二八”现象。据统计，2007年，从WWW站点的地域分布来看，东部沿海12个省、市占总数的81.2%，而广大中西部地区只占总数的18.8%；从CN域名（不含EDU）的分布来看，东部沿海省、市占域名总数的83%，中西部地区只占17%。截至2010年6月，网络用户普及率，城市家庭为72.3%，农村家庭为27.7%[4]。美国哲学家、伦理学家罗尔斯指出，社会正义在于实现社会中“最少受惠者的最大利益”[5]。所以，将网络技术正向价值的实现与缩小城乡和地区间的“数字鸿沟”问题联系起来，对实现我国共同富裕的基本国策也有着十分重要的现实意义。

二、阻碍网络技术正向价值实现的主客体性因素

（一）阻碍网络技术正向价值实现的客体性因素

1. 网络基础设施建设的人均投入相对较少

网络技术正向价值的实现依赖于网络基础设施的完备。网络基础设施的建设耗资巨大，政府在网络基础设施的建设方面，具有举足轻重的作用，各国政府都制定了本国网络基础设施建设远景规划。美国自1993年提出建设“信息高速公路”以来，又提出到2015年前，将电缆铺设到所有家庭。欧盟在1995—1998年，为信息技术提供了一项23.5亿美元的科研经费，并计划在未来10年投资9000亿法郎发展欧洲信息高速公路。1993年，日本政府和民间企业同心协力，筹建了日本式的信息高速公路，并于2010年在全国实现光缆网。

目前，我国信息网络基础设施建设规模位居世界第二，仅次于美国，但是我国人口基数大，使得我国网络基础设施建设的人均投入相对较少，信息化水平刚刚超过世界平均线，处于世界中等发达国家水平[6]。

2. 社会信息化水平偏低问题

社会信息化水平偏低问题，主要体现在受现有生产力水平所决定的网络技术创新水平与网络技术应用率低下两个方面。

网络技术创新能力低下，必然导致一个国家网络技术相对落后，网络技术相对落后又必然影响到网络技术正向价值的实现。一个国家网络技术创新能力的强弱取决于多种因素，其中包括政府对信息产业的投资力度、投资环境、人才、政策法规体系等。以政府对信息产业的投资力度为例，网络技术创新能力较强的国家都是在信息产业方面投资力度较大的国家。比如，早在1996年，美国对信息技术产业的投资就是对其他工业设备投资的16倍，约占美国企业固定资本投资总额的35.7%，占世界同类投资的40%。目前，美国为保持其网络技术"领头羊"的地位，仍在不断加大对信息技术产业的投入。其他发达国家同样不甘落后，据不完全统计，欧盟成员国目前每年投资信息产业280多亿美元，日本每年投资约250亿美元。由于历史的原因，我国经济技术实力相对落后，较之上述发达国家，我国信息产业的投资力度相对薄弱，导致我国网络技术创新能力比较乏力，受国外技术控制严重。目前，国内支持网络技术发展的开发和制造技术基础薄弱，所用的大部分设备和技术都是从发达国家进口的。我国具有自主知识产权的技术及产品少，尤其是核心技术掌握在他人的手中，目前构成中国信息基础设施的网络、关键芯片、系统软件、支撑软件等主要由国外的设备和核心技术所垄断，一些重大技术项目的实施还有赖于国外公司的参与才能进行。例如，目前许多部门使用的通用计算机CPU和基础软件90%依赖进口[7]。

网络技术正向价值实现的程度与网络技术应用率成正相关。如果网络技术应用率低，那么网络经济将缺乏广大的消费群体，网络技术的经济变革作用就难以体现；如果网络技术应用率低，那么网络政治将缺乏公众的参与，政府职能的转变、组织机构和决策机制的变革就缺乏来自公众的推动力。网络技术应用率低，一方面原因在于"数字鸿沟"问题，另一方面原因则在于网络技术应用能力的缺乏。

（二）阻碍网络技术正向价值实现的主体性因素

阻碍网络技术正向价值实现的主体方面因素主要有传统政府管理体制对网络技术正向价值实现的阻碍作用，以及网络立法的相对滞后性难以适应网络技术正向价值实现的要求。

1. 传统政府管理体制对网络技术正向价值实现的阻碍

由于网络技术、网络经济和电子政务的发展基本上依靠政府的扶持，所以，传统的政府管理体制是阻碍网络技术正向价值有效实现的最主要的主体性因素。下面分别阐述传统政府的组织与决策机制、管理服务理念与水平和组织结构对网络技术正向价值实现的阻碍。

（1）传统政府的组织与决策机制对网络技术正向价值实现的阻碍。传统政府的组织与决策机制一般是通过代议民主制选举决策和管理人员，并由他们代表组织体的其他成员履行决策、管理、监督、服务等职责。本来，民主就是一种有限的民主[8]，代议民主制更加剧了民主的有限性。有学者指出，政府可能打着“多数人的统治（利益或意见）”，假借民主之名而行专制之实，侵犯民众的合法权益。选民选出代表以后，代表就可能脱离选民的影响，而去处理事先不能预测的一些事情。如果没有设立临时授权的机制，那么代表对未经授权事件的处理就可能损害选民的利益[9]。

（2）传统政府的管理服务理念与水平对网络技术正向价值实现的阻碍。传统政府是“大管理小服务”的政府，政府过多地强调其管理的职能，而忽视其服务的职能。应用网络技术所营造的网络虚拟现实是人类认识与实践的新领域，传统政府的一些管理与服务项目可以通过网络办理，比如，企业注册登记、企业与公民的纳税、办理各种保险、申请国家专利和注册商标都可以在网络虚拟现实办事程序中得以实现。随着网络技术的发展与应用，“一站式”快捷方便的政府服务模式将大量涌现，与此相适应的新的“小管理大服务”政府管理服务理念、公众对政府管理服务水平的不断要求和政府的尽力实现的动态运行模式，就是一些学者所倡导的现代政府[10]。但是，传统的管理服务体制和与此相适应的办事程序所提供的岗位及与此相应的权力，如果被网络虚拟现实办事程序所取代，会涉及一些部门和个人的利益，因此，会遭到他们的抵制，这就显现了传统管理体制对网络技术正向价值实现的阻碍。

（3）传统政府的组织结构对网络技术正向价值实现的阻碍。传统政府的组织结构以金字塔式为主，上级的决定、政策通过层层传达，在基层得以落实。这种金字塔式的管理模式，通过上级对下级的领导与监督机制，可以保证政策、法律的有效实施，但是也有以下缺点：第一，由于中间管理环节过多，管理部门机构臃肿、人浮于事，增加了管理成本，国家财政负担沉重；第二，由于作出决策的上层管理者与底层民众沟通渠道不畅通，决策的民主性不高，决策失误的可能性较大；第三，这种金字塔式的等级制组织形式，易于出现政府管理服务职能异化现象，即政府部门管理社会的权力本是公众赋予管理部门来管理公共事务以服务于公众的，现在却成为侵害公众利益的一种异己力量。

2. 网络立法的相对滞后性难以适应网络技术正向价值实现的要求

网络技术在社会各领域中的广泛应用，产生了许多新的社会关系需要法律调整，而现有的网络立法相对滞后，体现出上层建筑对经济基础发展要求的相对滞后性，这也是阻碍网络技术正向价值实现的一个主体性因素。

在网络技术的生态价值层面，网络技术的快速发展及其广泛应用，使电子信息产品的数量越来越多，同时，电子信息产品报废所带来的环境污染问题也越来越严重。发达国家纷纷立法来解决电子信息产品的污染问题，例如，2003 年，欧盟通过了《报废电子电气设备指令》《关于在电子电气设备中禁止使用某些有害物质指令》两项有关电子垃圾的立法，要求各成员国于2004年8月13日前将上述两个法规纳入本国法律体系之中。发达国家的这些立法符合可持续发展的要求，但也给我国电子信息产品的出口提出了挑战，因为环保方面的立法会增加我国电子信息产品进入发达国家市场的成本，也会使一部分达不到环保要求的电子信息产品的出口遭遇绿色壁垒。制定电子信息产品污染防治方面的法律法规，一方面有利于公众环境权利的维护，另一方面也有助于提高我国环保型电子信息产品的国际竞争力。

在网络技术的社会价值层面，网络技术在经济和政治领域的应用产生了许多新的社会关系需要法律进行调整。在网络经济领域，无论是平等主体之间发生的社会关系，还是政府管理网络经济的纵向社会关系，都急需网络立法予以调整。在网络政治领域，网络基础设施建设和全社会信息化水平的提升，利用网络技术推进广泛的民主，网络电子政务信息安全涉及利用网络技术变革政府职能所产生的社会关系，是网络电子政务立法的新课题。

在网络技术的人本价值层面，大量出现的网络隐私权、网络消费者权益的侵权案件，给电子商务、电子政务的发展带来了不利影响，网络赌博、网络色情和导致青少年沉迷的网络游戏也带来了严重的社会危害。因此，加快制定和完善网络隐私权、网络消费者权益和网络有害信息防范方面的法律法规是十分必要的。

三、网络技术正向价值实现的主客体性对策

（一）网络技术正向价值实现的客体性对策

1. 加强网络基础设施建设，以应对“数字鸿沟”问题

为了缩小与发达国家的“数字鸿沟”，我国要加大网络基础设施建设的力度和广度，把网络基础设施的建设作为国家行为来对待，在网络基础设施建设方面，应采取如下措施。一是大力推动企业信息化进程，搞好信息网络建设。开展光纤宽带网络建设，采取多种模式，加快光纤宽带接入网络部署，提高宽带普及率，推进宽带接入的普遍服务，实现计算机网、有线电视网及电信网“三网合一”。二是提高网络的利用率，进一步提高电话普及率、有线电视普及率和上网普及率。三是进一步加快骨干网建设，加快建立全国和地区互联网络交换中心，努力扩大覆盖面，并重点扩大各互联网国际出入口带宽，加大接入网建设力度。

2. 提高整个社会的信息化水平

要提高整个社会的信息化水平，提高整个社会的网络技术创新水平和网络技术应用率是关键。

（1）提高整个社会的网络技术创新水平。借鉴国外先进的经验，受温家宝总

理《关于制定国民经济和社会发展的十一个五年规划建议的说明》相关内容的启发，笔者认为，提升我国网络技术的创新水平，应当做好以下几方面的工作：第一，建立以企业为主体、市场为导向、产学研相结合的网络技术创新体系；第二，政府应当在金融、财税、对外贸易和政府采购等方面，为网络技术创新提供优惠的政策支持；第三，充分利用全球网络技术资源，引进国外先进技术，积极参与全球网络技术的交流与合作；第四，加强知识产权保护，为网络技术的发展提供良好的法制环境；第五，加强网络技术咨询、网络技术转让等中介服务；第六，深入实施科教兴国战略和人才强国战略，加大对网络技术人才的教育和培训方面的投入，为网络技术人才提供优惠的创业和生活环境，出台优惠政策，吸引海外留学人员归国创业。

（2）提高整个社会的网络技术应用率。针对“数字鸿沟”所导致的网络技术应用率低的问题，我国可以借鉴发达国家的有关经验，大力开展网络建设的“村村通工程”，在每个基层组织设立免费上网的网络技术设施，使互联网连接我国的千家万户，使每个公民都能通过网络了解与他们基本生存相关的各类信息，比如就业、基本社会保险、教育、自然灾害、疫病等方面的信息。

针对网络技术应用能力缺乏所导致的网络技术应用率低的问题，开展网络技术培训是有效的解决办法。笔者认为，采取以下几种网络技术培训办法是十分有效的。第一，通过网络教育开展网络技术培训。网络教学突破了传统教育的时空限制，为教育的普及和素质教育的开展提供了崭新的技术手段[11]，此外，网络教育还有优秀师资共享、学习成本低等优点。国家要逐步实现全民网络教育，在大中小学开展不同程度的网络技术教育，普及信息化知识和技能。第二，在广播、电视和报纸、期刊等传统媒体上，开辟网络技术培训课程和专栏，也是成本低、普及率高、见效快的好办法。第三，开展各种形式的在职人员培训，使公务员和企业事业单位职工接受不同程度的网络技术培训，为电子政务和电子商务的开展打下人才基础。

（二）网络技术正向价值实现的主体性对策

1. 改革传统政府管理体制，促进网络技术正向价值的实现

针对传统政府的组织与决策机制、管理服务理念与水平、组织结构对网络技术正向价值实现的阻碍，采取相应的对策，使网络技术的正向价值实现最大化。

（1）应用网络技术变革传统政府的组织与决策机制。由于网络技术具有非中心性、虚拟性、平等性等特点，任何一个国家的政府都不能十分有效地对网络加以管制。网络技术为广泛民主提供了可能，对“一味强调集权统治的政府有被颠覆的可能性”[8]。所以，充分利用网络技术给民主政治提供的可能性，大力落实公民广泛的民主权利，调整落后的决策与管理组织机制，是十分必要的。

笔者认为，以下措施有利于推进广泛民主，以变革传统的政府组织与决策机制。第一，伴随上网率的逐步提高，逐步用直接选举制取代间接选举制，使更多的决策者与管理者都是通过基层选民的普选而产生的。第二，应用网络技术的交互性、易检索性和无中心性，对候选人作充分的介绍，尽量避免随意、盲从，缺乏理性的参选，尽量避免缺乏参政议政能力的候选人当选。第三，根据委托-代理理论，委托人与代理人之间的信息不对称，是委托人难以对代理人实行有效监督的根本原因。现在，可以借助网络交互平台，使当选的决策者和管理者能够随时接受选民的咨询与监督。第四，上级组织部门应当将群众满意的人推荐为候选人，并在传统媒体和网络媒体上公示，尽量少干预选举活动。

（2）应用网络技术构建“小管理大服务”型政府。近二十年来，发达国家在社会压力、财政压力和经济全球化压力下，普遍进行了大规模的政府改革运动。美国学者戴维·奥斯本和特德·盖布勒认为，政府改革运动就是用企业为客户服务的理念来重塑政府，建立“服务更好的政府”[12]。一些发达国家十分重视应用网络技术改善传统的公共服务，并根据公众的需求不断完善公共服务质量。比如，美国把发展整合性的网络信息服务作为重点，并提出，要按照民众的方便组织政府信息的提供，以帮助公民“一站式”访问现有的政府信息和服务。

20 世纪 70 年代末，中国政府实行了改革开放政策，不断调整政府职能。与计划经济时期相比，政府职能已经发生了很大的变化。但是，我国实行的是渐进式改革与开放的战略，各部门改革的进程是不同步的，总体而言，存在三个“滞后”：一是国内体制改革滞后于对外开放；二是政府管理体制改革滞后于经济体制改革的总体进展；三是政府职能的转变滞后于政府机构改革[13]。为了适应对外开放、经济体制改革的总体进展对政府机构改革的需要，我国应当借鉴发达国家的先进经验，应用网络技术构建“小管理大服务”型政府。具体来说，我国的网络信息服务建设大体分为四个层次。第一个层次是网络基础设施建设。第二个层次是政府内部网络建设，实现政府部门间信息的交流与共享。第三个层次是企业级政府外网，转换传统政府与企业之间的角色错位，政府由“管理者”变为“服务者”，企业由“被管理者”变成“客户”。第四个层次，即最高层次，是面向所有公民的政府外网，它可使全国所有公民都在政府门户网站上找到满足自己需求的公共服务窗口，办理诸如出生证明、医疗保险、出国签证等个性化服务，享受“单一窗口”和“一站到底”的公共服务。

（3）应用网络技术实现政府的组织结构创新。网络技术使传统金字塔式的政府组织结构向现代扁平化的政府组织结构转变，高层次的决策者可以与基层执行者直接联系，当然也给政府的组织结构创新提供了新的契机。

为了满足公众的需求，增强企业的国际竞争力，优化投资与创业环境，发达国家政府都纷纷采取扁平化的组织结构，提高政府的公共服务能力。我国加入世界贸易组织以后，必然面临来自发达国家的强大的国际竞争压力，因此，只有突破政府改革的各种阻力，实现政府组织结构的扁平化，优化政府的管理与服务能力，才能在激烈的国际竞争环境中立于不败之地。首先，精简中间层次的管理机构和管理人员。通过国家提供培训经费，使他们转化为上层的决策者或基层的执行者，或者从事其他适合他们的职业。其次，建立网络交互平台。网络交互平台可以畅通上层决策者、管理者与接受管理和服务的公众的沟通渠道，使基层直接进行具体管理服务职能的工作人员的业绩表现能够被相关公众反映到上级的决策者和管理者那里，使基层工作人员受到及时的监督。第三，通过网上信访、网上监察、网上仲裁、网上司法等网络监督体系，使各个层次的决策者和管理者接受来自各方面的监督。

2. 加快网络立法步伐，促进网络技术正向价值的实现

网络立法主要包括网络技术生态价值层面的立法、网络技术社会价值层面的立法、网络技术人本价值层面的立法。

网络技术生态价值层面的立法主要是指预防和减少电子信息产品污染环境方面的立法。开发利用环境友好型的电子信息产品已经成为一种必然趋势，各国都相继运用法律措施鼓励开发无污染或低污染的电子信息产品，提高电子信息产品的回收利用率，禁止电子信息产品中有毒有害物质的使用。我国也积极应对发达国家绿色壁垒的挑战，努力提高我国环境友好型电子信息产品的国际竞争力，制定了《电子信息产品污染防治管理办法》，于2005年1月1日起实施。目前，要制定相关的实施细则来保障《电子信息产品污染防治管理办法》的落实工作。

网络技术社会价值层面的立法主要是指电子商务和电子政务方面的立法。我国电子商务方面的专门法律较少，除《中华人民共和国数字签名法》外，在个别法律，如《中华人民共和国著作权法》《中华人民共和国合同法》《中华人民共和国刑法》中，有一些电子商务法律规范，此外，多以行政法规、部门规章为主。借鉴国外先进的立法经验，我国应当参照联合国国际贸易法委员会的《电子商务示范法》，制定我国的《电子商务法》，针对电子商务法律关系，作出原则性的规定，再制定具体的法律法规，将《电子商务法》中原则性的规定具体化。首先适用现行法律；基本能适用的，在行政法规和司法解释中作出适合电子商务的有关规定；无法适用的，修改完善现行法律。在调整平等主体之间法律关系方面，修改现有的企业法，界定电子商务经营者的法律地位；可以完善《著作权法》，明确规定网络作品权利人的权利限制制度；修改《商标法》或单独立法，规定域名权利人的权利；修改完善《反不正当竞争法》，规定网络不正当竞争行为及其应承担的法律责任。在调整政府监管市场的纵向法律关系方面，修改完善《公司法》、《广告法》、《价格法》、《银行支付办法》和各种税收单行法等法律法规，制定《反垄断法》等法律法规，规范网络电子商务经营者、网络广告、网上商品价格、网络银行支付、网络税收等方面的经济关系。在电子政务立法方面，应当制定《政府信息公开法》，推进广泛民主的历史进程；制定《电子政务促进法》，推动我国网络基础设施建设和全社会信息化水平的发展；制定《信息安全法》《电子证据法》《电子政务程序规则》，为网上许可、网上审批等具体行政行为提供良好的法律环境。

网络技术人本价值层面的立法应当借鉴欧盟的立法规制模式，制定《网络隐私权法》，同时，借鉴美国业界自律保护模式，保护社会公众的网络隐私权，为网络经济和网络政治的发展确立"以人为本"的发展理念。网络经济的发展离不开消费者对网上消费模式的认可，所以，完善《消费者权益保护法》势在必行。对于阻碍网络技术人本层面正向价值实现的网络赌博、网络色情和导致青少年沉迷的网络游戏，应当制定单行刑法，国务院制定相关的行政法规，或者由最高法院出台相关的司法解释，追究有关责任人的民事责任、行政责任和刑事责任，使网络技术的应用符合社会秩序和社会公益的要求，使每个人都能生活在法律所营造的和谐社会之中。

参考文献：

[1] 毛牧然,陈凡．论网络技术的价值二重性[M]．北京:中国社会科学出版社,2008:162-212.

[2][9] Graham G. The Internet:A Philosophical Inquiry[M]. London:Routledge, 1999:24-39,63-64.

[3] 孙雷．信息技术人才成长特性分析[D]．沈阳:东北大学,2002:10-15.

[4] 奚国华:加大信息网络基础设施建设力度[EB/OL]．[2010-09-24] http://news. yesky. com/383/11485383. shtml.

[5] 罗尔斯．正义论[M]．北京:中国社会科学出版社,1988:125.

[6] 我国信息网络基础设施建设规模位居世界第二[EB/OL]．[2010-09-24] http://www. sg. com. cn/647/647c23. htm.

[7] 李瑞英．我国信息化水平基本达到中等发达国家水平[EB/OL].(2010-08-19)[2010-09-24] http://www. gmw. cn/content/2010-08/19/content _1221544. htm.

[8] 严小庆．透视网络民主的有限性[J]．长白学刊,2002(2):18-21.

[10] 于凤荣,王丽．电子政府与现代政府之比较[J]．中国行政管理,2001(11):17-18.

[11] 袁道之,白莉．网络席卷全球的风暴[M]．北京:经济出版社,1997:184.

[12] 戴维·奥斯本,特德·盖布勒．改革政府:企业精神如何改革着公营部门[M]．周敦仁,译．上海:上海译文出版社,1996:84.

[13] 隆国强．中国政府职能转变的任务尤为艰巨[J]．国研分析,2002(6):30.

技术乐观主义的当代价值

赵仕英[1,2]

(1. 大连理工大学人文社会科学学院，辽宁 大连　116023；
2. 海军大连舰艇学院，辽宁 大连　116018)

摘　要：技术乐观主义和技术悲观主义是社会发展过程中形成的两种社会思潮，都把技术作为社会发展的唯一决定性力量，淡化或忽视了其他深层社会因素对技术发展的影响。在对技术悲观主义和技术乐观主义进行阐述的同时，重点分析了二者在社会发展中的作用。

关键词：技术　技术乐观主义　技术悲观主义

英语中的“技术”（Technology）一词源自古希腊语 Techne，然而，Techne 在希腊世界中的含义却远远超出了我们一般所认为的“技术”的范围。它不仅指编织、锻造、建筑、驯马等实用技术，也指舞蹈、诗歌等非实用的艺术。有时，它的范围甚至包含了数学、天文学理论学科。德国古典学家耶格尔认为，希腊语中的 Techne 既有理论的意义，也有实践的意义。他指出：“Techne 一词指一种依赖于普遍规则与固定知识的实践，因此与素朴经验相比，Techne 显然接近理论（Theoria）的含义；但 Techne 与 Theoria 的不同在于，Techne 总是与实践相关。”[1] Techne 体现了希腊人独特的认知经验和理解世界的方式。可以说，对希腊人而言，技术始终是一种中性的力量，它既可能为人类带来福祉，也能为人类带来灾难，因此希腊思想始终对技术保持了一种适度的警觉[2]。这种适度的警觉要求人们要正确地对待技术悲观主义与技术乐观主义两种社会思潮。

一、什么是技术乐观主义

科学技术犹如一把“双刃剑”，其负面效应与正面效应一样，表现得十分突出。由此，西方学者对技术与人类社会的发展关系有两种相互对立的派别和思潮，即技术的悲观主义和技术的乐观主义。技术乐观主义的实质是“技术崇拜”或“技术救世主义”，其基本特征是把技术理想化、绝对化或神圣化，视技术进步为社会发展的决定因素和根本动力。技术乐观主义的主要代表人物培根、霍布斯、笛卡儿等盛赞技术的作用，坚信技术会使大多数社会问题得到解决，技术是“科技治国论”思潮的根源。人们对技术产生一种宗教般的崇拜，认为高技术就像上帝一样万能，能使人成为自然的主人，能使人类获得永恒的幸福。技术乐观主义虽然也看到了技术产生的社会问题，但是他们认为技术产生的社会问题并不代表技术本身有问题，而是由于人类利用和掌握技术上的缺陷或失误。这种缺陷或失误可以通过技术的发展和人类在技术利用上的不断进步来解决。

技术悲观主义作为一种否定性的技术观，自始至终都存在于人类文明的历史进程之中，只不过由于人们的观察角度不同、生活体验不同、价值追求不同，而对技术的恐怖心理、批判程度表现不同。技术悲观主义认为，现代技术的高度发展带来了对地球的过度开发与消耗以及对周遭环境的严重污染，威胁到人类的生存与发展，这是无法避免和克服的。马尔萨斯在他的《人口论》中，抨击了当时盛行的技术乐观主义思潮；法兰克福学派认为，技术的发展使人沦为它的奴隶；20世纪60—70年代以来，随着全球性的人口爆炸、环境污染、生态破坏、气候恶化以及能源、资源的短缺问题日益突出，技术悲观主义已经成为西方社会一股重要的社会思潮，特别是1972年罗马俱乐部《增长的极限》报告的发表，以及1979年和1992年以技术悲观主义为主题的《技术悲观主义和后现代主义论文集》的发表，在全球引起了巨大反响。很多人开始相信“人类的未来充满黑暗”，有人甚至干脆打出反技术的旗帜。他们认为，技术的发展会造成人类文明的衰落、人性的毁灭。为了挽救人类，消除技术发展带来的消极后果，只能阻止技术的发展。有些人甚至主张复归中世纪和古代的田园般的生活。

那么，究竟什么是技术悲观主义呢？在《自然辩证法百科全书》中，对技术悲观主义是这样定义的：“指认为技术的发展直接主宰社会命运，并必然给人类带来灾难的一种观点，又称反技术主义，它是技术决定论的一种表现形式，它怀疑、否定技术的积极作用，主张技术必须停止乃至向后退。”[3]尽管这个定义有以偏概全之嫌，值得进一步商榷，但无疑它是目前国内对技术悲观主义最权威的解释。赵建军教授曾就技术悲观主义的种种表现划分出三种理论形态：道德型技术悲观主义、社会型技术悲观主义和生态型技术悲观主义。这种划分是对上述技术悲观主义定义进行补充和修正的一种尝试[4]。

二、技术乐观主义的产生及发展趋势

中国先哲们很早就预见到了技术的发展会导致今天社会所面临的种种困境。中国的老子认为，未来的社会应该是连文字、任何技艺都被取消的“无为”社会。要做到“使有什伯之器而不用”，“虽有舟舆，无所乘之”，“使民复结绳而用之”。

在未来的理想社会里，一切任其“自然”，人像动物一样生存和生活，无求无欲。“祸莫大于不知足，咎莫大于欲得”[5]，只有“绝圣弃智”，才能“民利百倍”；只有“绝巧弃利”，才能“盗贼无有”[5]。同样，庄子更是强烈地反对“人为物役”。庄子认为，任何形式的技术发展都必定带来自然和社会的不稳定，“弓弩毕戈机变之知多，则鸟乱于上矣；钩饵网罟罾苟之知多，则鱼乱于水矣；削格罗落置罘之知多，则兽乱于泽矣。”[5]在庄子看来，物种灭绝、生态平衡的破坏似乎是技术进步带来的必然结果。不仅如此，庄子认为，技术进步的更大破坏性是它必然要带来人性的污染和道德的败坏。《庄子·大地篇》中记载，有一次，孔子的学生子贡看到一个菜农在园地里用瓮汲水浇地，用力甚多而见效甚寡。当时已经有了水车这种先进的器械，子贡就问菜农为什么不用水车，菜农回答说，我不是不知道有这种水车，而是因为“有机械者必有机事，有机事者必有机心。机心存于心中，则纯白不备，纯白不备则神生不定，神生不定者，道之所不载也。吾非不知，羞而不为也”。那么怎样才能解决这一矛盾呢？庄子的看法是不要追求任何技术，要“堕肢体，默聪明”，只有这样，才会达到“离形去知，同于大道”的境界，才会使社会道德淳朴敦厚。技术悲观主义剖析现代社会生活，批判技术理性，反思人类命运与前途，他们的技术批判理论的根本目的是，通过人文主义精神的张扬，以确立一种能够指导人类驾驭技术理性的价值理性[6]，以将技术导入人道化的发展轨迹，所以，尽管它为人类未来展示了一个相对晦暗的前景，有着明显的方法缺陷，但理论提出本身就昭示了人类的创造性和自由之“光”，作为一种哲学思考，它是思维和存在的必需。

技术乐观主义源远流长，远在上古时代，亚里士多德就确信技术会使人类的生活变得更加优美，并把人类的制造活动分为“教化技艺”（如医疗和教学等）与“构造技艺”（如钱币、轮船、房屋和雕像等）两种。作为技术乐观主义的主要倡言人，培根在《新大西岛》中勾画出一个技术活动兴旺发达、由技术专家负责行政管理的理想国，并盛赞中国发明的火药、印刷术和指南针，将这三种技术发明凌驾于亚历山大的武功与罗马帝国的建立之上，认为它们比政治上的征服及哲学上的论争更有益于人类。与培根相近，霍布斯直接提出“人类最大的利益，就是各种技术”的口号；笛卡儿构想出一棵“人类科学之树”，其树根是形而上学，树干是物理学和自然哲学，树枝是医学、机械学及伦理学。其中，医学负责医治肉体疾病，以延长人类寿命；机械学研究舟车之利，以为人类造福；伦理学以探寻心灵良药，并使人的灵魂得以安宁为己任。莱布尼茨提出“最好之物原则”，其要旨是：上帝在创世时就已经作好所有安排，要使人世间的一切都趋于尽善，并达到和谐，因而宇宙和人世间必定是最好和最完满的，假如它们还不够美好和完满，那也必将朝着越来越好的状态发展[7]。

18 世纪末 19 世纪初，英国本土上涌现出一批乐观论者。1877 年，卡普出版了

《技术哲学纲要》，把技术视为人类自我拯救的手段，同时还提出了有名的“人体器官投影说”。20 世纪进一步培育了技术造福于人类的乐观意识，美国的学者从不同的侧面表述了自己的见解。在加西特看来，20 世纪上半叶的技术，已完善到以往人类想不到的地步，已成为实现人类任何目的的现成手段。布热津斯基于 1970 年断言，随着科技的发展，人类已进入“技术主宰时代，美国成为这个时代进步的世界实验室”。德韶尔提出“第四王国”(技术创造王国)理论，并将技术提高到人类活动的至尊地位。芒福德在两卷本《机器的神话》中，探讨了人的精神因素对技术发展的影响，并对有思想、能思考、会设计的人的卓越大加赞美。阿尔温·托夫勒在《第三次浪潮》中，大书科学技术的决定作用。

上述技术乐观论，或用新技术成就展望未来，或以技术形态代替社会形态，把新技术革命视为解决社会问题的灵丹妙药，其结果必然误导公众回避现实问题，为未来发展留下挥之不去的隐忧。

三、技术乐观主义的影响

人类进入 20 世纪以后，特别是第一次世界大战之后，由于无节制发展而造成的盲目与失控，使技术的负面效应日益凸显。这时，异议和挑战的声音开始由弱变强，形成一股与技术乐观论相抗衡的力量。因此，与前几个世纪相比，20 世纪人类的技术观更多地表现为乐观论与悲观论的相互交织，虽然此间不乏绝对乐观论者，但在通常情况下，在同一技术思想家的同一论著中，却往往既能看到乐观的愉快流露，也能显示出悲观的某些特征，只不过是孰轻孰重而已，譬如赫尔曼·卡恩就承认环境污染、生态失衡和气候恶化等问题，但他认为这些问题对人类并非生死攸关，因此不足为虑。在赫尔曼·卡恩看来，地球上的土地和资源完全可以满足人类经济发展之需，海洋、地层深部和外层空间蕴藏着巨大的开发潜力，人类可以凭借更好的技术与更完善的技艺，对已经开发的资源和能源进行再加工及再利用，因此，自然因素的制约不足以阻碍社会的发展。与赫尔曼·卡恩不同，哈贝马斯把科学技术作为批判对象，认为科学技术的消极作用不以人的意志为转移，由此，他被学界公认为技术悲观论者，但即便是这样，哈贝马斯也不否认在晚期资本主义社会，大规模的工业研究使科学、技术及其利用结成一系，最终发展成为“第一生产力”。如果说赫尔曼·卡恩的主导技术思想是乐观论、哈贝马斯的是悲观论，那么赫克斯利、埃德加·莫林、汤因比和池田大作等人的见解则难辨伯仲。赫克斯利在小说《美好的新世界》中，既确信技术将统治人类，使人类免于知识的不足和苦痛，又以一种悲观的语调谈到技术发展会使人类丧失美、自由和创造性等问题。埃德加·莫林在《地球祖国》一书中，历数了技术进步给人类生活带来的种种舒适和便利，同时又用大量的篇幅描写文明的疾病与危机，并把技术连同科学和工业一起并称“载着人类的命运狂奔”的三驾马车。对此，梅纽因也曾感慨地写道：“如果一定要我用一句话为20世纪作个总结，我会说，它为人类兴起了所能想象的最大希望，但是同时却也摧毁了所有的幻想和理想。”也正因为看到这一点，S.沃尔加斯特等学者才说，如果要把技术哲学中的两个流派的划分方法绝对化，那就是削足适履。

四、结 语

如果将人类的一切成就都归功于科学技术，那么必然的逻辑后果是由科学技术来承担人类失误的全部责任，从而导致由一个极端（技术乐观主义）走向另一个极端（技术悲观主义）。技术乐观论与悲观论一样，都以对现代科技革命及其功用的错误判断为基础，都把技术发展与社会进步之间的复杂关系简单化，都把技术游离于社会总体之外孤立地加以考察，都视技术为推动社会发展的唯一决定性力量。如果说悲观论的偏颇在于否定技术的社会价值和低估人类发展的潜力，那么乐观论的局限则主要表现于忽略伦理价值和道德观念等领域的变革，片面夸大科学技术的发展潜力，淡化其他社会因素对技术发展的影响，尤其是淡化社会改革及社会革命的意义。就方法论而言，技术乐观论与悲观论一样，都陷入一元单线历史观。实践表明，人类社会的发展是一个综合复杂的系统工程。科学系统和技术系统都是社会大系统的子系统，科学技术的发展必然要牵涉到各种因素的相互作用。因此，任何国家、社会或民族，无论其是前进还是后退，无论其是富裕还是贫穷，都并非只是社会的某一方面因素自身发展的单纯过程，而是与社会的方方面面都有密切联系的特定历史现象。

诚然，技术乐观主义思想有种种局限性，但同时也应该看到其中不乏启发性及合理内核。因此，如同对待技术悲观主义一样，对技术乐观主义也不能一味地加以否定，而是要在客观、理性地认识技术的两面性的基础上，同时摆脱这两种社会思潮的束缚，并努力从中汲取有益的东西，以便更好地利用技术和发挥技术的社会功能。

在对待技术与人类社会发展的关系问题上，无论是技术乐观主义还是悲观主义，都可以归之为“技术决定论”[8]，很多学者不同意技术乐观主义和技术悲观主义的这种片面思维方法。“人类的命运或幸福完全依赖于技术的力量，技术能创造一切，技术也可以毁灭一切”，这是技术乐观主义和悲观主义者们的立据，他们的逻辑起点是将人类的一切成功和失败都归之于技术，显然是非常片面的。虽然技术乐观主义也看到了技术的负面效应，技术悲观主义也看到了技术的正面效应，但是他们仍只局限于以技术为中轴、以技术万能为出发点来讨论问题。两者都把技术发展与社会进步之间的复杂关系简单化了，把技术游离于社会之外孤立地加以考察，把技术作为社会发展的唯一决定性力量，淡化其他社会因素对技术发展的影响，尤其是淡化社会改革及社会革命的意义。因此，我们应该从系统论的角度来综合分析技术与人类社会发展的关系问题，即从技术的主体、人与自然的关系以及人类社会的需求和目的等方面来把握技术与人类社会发展的关系问题。应该辩证地、系统地分析技术与人类社会的发展问题。技术作为人类社会复杂系统的一个组成要素，虽然它是“第一生产力”，但它不能担负人类社会进步的全部责任。技术不仅体现了使用它的主体——人——的意志，而且体现了整个人类社会的需求和目的，体现了人与自然的关系问题。要想使技术朝着为人类谋福利的方向发展，从系统论的观点出发，就必须调整人与自然、人与自身的关系。即研究技术问题要与研究社会问题结合起来，才能化消极因素为积极因素，使技术与人类的目标融为一体[9]。

参考文献：

[1] 徐奉臻．梳理与反思:技术乐观主义思潮[J]．学术交流,2000(6):14-18.
[2] 韩潮．希腊思想中的技术问题[J]．自然辩证法研究,2007(6):48-51.
[3] 中国大百科全书编委会．自然辩证法百科全书[M]．北京:中国大百科全书出版社,1994:216,214.
[4] 赵建军．追问技术悲观主义[J]．自然辩证法研究,2000(4):23-26.
[5] 徐祥运．论科学技术发展对社会道德的影响及其对策[J]．青岛科技大学学报,2005(9):29-33.
[6] 高亮华．人文主义视野中的技术[M]．北京:中国社会科学出版社,1996:154.
[7] 余丽嫦．培根及其哲学[M]．北京:人民出版社, 1987:100-101.
[8] 高惠珠．科技革命与社会变迁[M]．上海:学林出版社,1999:134-135.
[9] 李颖．对技术乐观主义与悲观主义的思考[J]．绍兴文理学院学报,2002(12):23-24.

科技价值论视域下中国制造业的困境与对策

崔泽田　郑文范
（东北大学科技与社会研究中心，辽宁 沈阳　110819）

摘　要：在深入分析中国制造业现状和困境的基础上，以科技价值论为理论基础，从制造企业科技价值增值的学习转化、有形转化、无形转化三方面，对中国制造业产品附加值较低、竞争能力较差等困境进行本质分析并提出对策。

关键词：中国制造业　科技价值论　解析　对策

一、中国制造业的现状与困境

改革开放以来，由于中国的投资环境良好，所以许多世界知名大企业纷纷来华投资设厂，加上中国自身制造业的迅速崛起和成长，越来越多打上“中国制造”的产品走向世界。中国成为世界公认的制造业大国，并以其物美价廉的工业、电子和纺织等产品著称于世。不可否认，制造业正牵引着我国经济高速增长，逐步成为国民经济的中流砥柱。然而，根据产业微笑曲线理论，在整个产业链中，产品研发和销售处于高附加值的最顶端，向下依次为原料采购和批发到仓储运输与订单处理，而最底端为低附加值的生产制造业。另外，相关数据显示，在高技术领域，处于两端的研发设计和销售服务各占利润的20%～25%，中间加工环节利润只有5%[1]。而我国加工制造业正处于利润微薄的最底端。与发达工业国家主要从事的供给链上高附加值的上游部分（研发和主要零部件生产）和下游部分（销售及售后服务）形成鲜明反差，中国的企业从事的中游组装在各工序中附加值最小，而且，在竞争激烈的情况下，越来越不赚钱。这也是我国富而不强的原因之一。总体上，中国制造业面临以下困境。

1. 加工贸易增值含量降低

加工贸易是在料件保税的前提下，企业全部或者部分进口原材料、零部件（包括深加工上游企业的成品或半成品）经加工增值后再出口的一种贸易方式。企业对外签订加工贸易合同的目的在于通过加工使进口料件增值，从中赚取差价或加工费。“加工增值”是加工贸易的一项重要特征，所以，加工增值含量的高低将直接影响企业的收益状况。可以看到，在整个加工贸易的科研开发、产品设计、制造、销售、运输、售前和售后服务等业务环节的价值链中，我国企业主要进行产品的制造，处于产业链条最底端，这样一来，大量增值部分为外方获得，致使我国加工产品增值系数低，近年来，一直在 1.2 ~ 1.5 间徘徊，而且还有降低的趋势。正因为如此，日本经济学家关志雄用“丰收的贫困”描述中国制造业的现状。

在新型国际分工格局下，一个国家或地区国际分工地位的提升将主要表现为产业链条或产品工序所处地位及增值能力的提升上。中国相当数量的产业都处于发达国家价值链条的生产制造环节，创造着最低的附加价值，这决定了中国目前的国际分工地位还十分低下，只能从属于跨国公司全球分工体系的安排。

2. 低技术的劳动密集型产品所占比重过大

我国加工贸易最初是从发展劳动密集型工业制成品起步的，这本身符合我国劳动力资源丰富、就业压力大的现实。目前，虽然产品出口结构已经发生了很大变化，但出口增长中大部分仍是服装、纺织、机电零部件等低技术的劳动密集型产品，这类产品出口增长乏力且后劲不足。资金、技术密集型产品的比重虽然不断上升，但这并不表明我国这些产业在国际分工中已处于有利地位，因为真正体现技术水平和要素含量的先进技术设备与重要的中间投入产品等都是从国外进口的，我国在国际分工中的比较优势仍是土地、廉价的劳动力和一般技术工人，这表明我国的产品在附加价值较高的领域中还不具备竞争优势。

3. “产业依附”与产业安全

近年来，随着外商在华直接投资不断加大，产业向中国转移的加快，并在中国的一些重要行业形成事实上的产业控制，增加了中国对外资的依赖性，影响中国的独立经济决策；同时，外资将中国经济纳入其全球分工体系中，导致中国结构性的产业依赖，对中国的经济政策和经济发展战略造成不利影响。跨国公司对中国的产业转移带来低端加工贸易生产的同时，也给中国带来工业垃圾和污染，开始威胁中国民众的生活品质、健康和生命。发达国家开始向我国大批转移钢铁等重污染工业，我们引进的项目虽然比以前有进步，但在资源利用与环境污染方面，比起不断提高的国际标准，差距反倒越拉越大，陷入“引进、落后，再引进、再落后”的恶性循环中[2]。

二、中国制造业困境的科技价值论解析

科技价值论认为，由于受到科技发展的影响，价值的凝结方式即抽象人类劳动的凝结方式扩大了，它包括物化和象化两种方式。物化劳动一词是马克思创造和使

用的词汇，意指在生产过程中直接凝结在物质产品中的劳动，或者指这种劳动已被物质产品所吸收，成为物质化的劳动，它是直接生产人员的劳动，即有形劳动的凝结。象化劳动是一个与其相对偶的概念，意指间接凝结在产品或关系中的劳动，它是人类世代积累的科技生产人员的劳动的凝结。象化转化主要有三种形式：学习转化、有形转化、无形转化[3]。

第一，学习转化，即通过人力资本对科技价值的吸收。学习转化是指通过人力资本的方式，实现科学技术价值由潜在到现实的转化。由于作为科学技术创造的科技价值体现无形资产基本上是一种知识形态的资产，因此，对知识的占有需要付出劳动。从这个意义上说，对科学技术创造的科技价值的吸收离不开对人力资本的开发与利用。

在学习转化方式上，中国制造业企业人力资源构成和管理还不成熟，还停留在简单的招聘、发放工资等传统的人事管理事务中。一方面，人员结构上不合理，高层次的人才流失严重。我国制造业企业人员结构呈现出生产工人、操作工人、一般管理人员偏多，而掌握一定现代科技知识的熟练工人、高级技能人才、高级管理人才缺乏，员工普遍缺乏创新精神和创新能力的状况。据调查，中国制造业企业一方面缺少原创的自主知识产权的产品，另一方面是很多产品即使能够设计出来，但在加工和装配环节达不到要求。造成这种局面的根本原因是创新型人才和高级技能人才的匮乏[4]。同时，由于外资企业比本土企业在人才吸引力方面更具优势，所以一方面高层次的人才大量向外资企业流动；另一方面，在人员培训方面，同样存在不足。调查结果显示，2004 年职工教育费占企业年销售收入的比重平均为 1.7%，其中有43%的企业比重不足0.5%，38.9%的企业比重在0.5%～2%之间，12.9%的企业比重在2%～5%之间，只有4.6%的企业比重在5%以上。减少培训费用成为企业缩减成本的重要途径[5]。另外，企业缺乏有效的培训方式及培训手段，培训内容跟不上企业发展的需求，同样制约着企业人力资源水平的提高。因此，由于中国制造业企业人力资源普遍对科学技术吸收较少，其价值转化还主要依赖于传统的体力劳动，在学习转化方面，无法或很少通过人力资源的科学技术价值转化到企业产品中，实现产品增值。

第二，有形转化，即通过有形资产对科技价值的吸收。科技价值的价值体形成还依赖于物化技术即有形资产发挥作用，由于物化技术使同样的有形劳动可以生产出更多的价值，这就是说，这多出的价值是由物化技术中的科技价值转化的。

在有形转化方式上，制造业企业主要是依赖机器设备的科技价值转化来实现的。一方面，部分中国制造企业是以劳动密集为特征的，其生产还主要依靠工人的手工操作，对科技含量较高的机器设备依赖较少，在这类企业中，其价值增值主要是依靠传统的有形劳动来实现的，而通过对有形资产的科技价值吸收较少或没有。另一方面，在部分行业或企业中采用了先进的机器设备，但其大部分来自国外购买，不但价格昂贵，而且需要支付大量的知识产权费用，甚至在调试、维修和更换零件等方面，还要有巨额的二次支出，使企业大幅提高生产成本。因此，其生产过程中的科技价值的有形转化以设备和知识产权等费用支付给国外企业。

第三，无形转化，即通过无形资产对科技价值的吸收。无形转化的特点是不需要借助于物化技术，而是直接改进生产方式，从而使劳动生产率提高，增加相同有形劳动的产出。其实质是人类利用科学技术手段向客观系统投入信息、物质和能量，在这个过程中，人类的科技劳动构成了无形价值论中的价值体[6]。

在无形转化方式上，中国制造业的自主创新能力明显不足。在很长一段时间内，受到计划经济的束缚，一直没有从思想上把创新与市场紧密地联系起来，只是比较简单地把创新与科研成果等同起来，认为只要能搞出高水平的研究成果，就算达到了创新的目标。这种陈旧的观念对企业的影响极大，不仅是造成企业的研发机构缺失、人才奇缺的主要原因，更使企业自主创新缺乏足够的精神动力。另外，迷信外国产品的观念严重，形成一味地引进而“消化不良”的现象。在自主创新投入方面，大多数企业害怕创新带来的风险，以致企业的 R&D 投入占总产值的比重很小，与国际上的一些大型企业相比，自主研发的能力可以说是基本上没有，从而导致核心技术依靠进口，过分依赖于国外的技术，基本上没有掌握新产品开发的主动权。据有关部门统计，我国产品的平均生命周期为 10.5 年，平均开发周期为 3 个月；而美国产品的生命周期为 3 个月，产品的试制周期为 3 个月，产品的设计周期为 3 周。我国制造业产品更新周期长，市场反应速度慢，新兴产业群体发育缓慢[7]。因此，由于中国制造企业受传统思想制约和对国外科技水平的依赖，缺乏自主创新能力，在产品研发、改进生产方式方面能力不足，导致劳动生产率提升缓慢，进而使科技价值的无形转化落后于国外企业。

三、中国制造业走出困境的对策分析

1. 加强人力资本的开发与利用，提高学习转化能力

人力资源管理战略是为实现企业战略目标服务的，人力资源管理战略目标的制定要与企业经营发展战略相适应、与企业竞争战略相匹配。中国制造业企业要从“中国制造”向“中国创造”转变，需要大量的具有创新精神的科学技术人才和复合型的高级管理人才、高级技师、技师等熟练技术人才，他们的才干对于企业的可持续发展具有决定性的作用。中国制造业企业的核心人才的特点应该是技能和素养好，从事关键性、创造性的工作，对企业文化认同度和忠诚度高，关注与投入企业的长远发展。

首先，外部招聘与内部培养相结合。外部招聘与内部培养各有优缺点。外部招聘的优点是人员选择范围广泛，有利于带来新思想和新方法，大大节省了培训费

用。但外部招聘的缺点是选错人的风险比较大，需要更长的适应阶段。内部培养的人才对企业的认同度高，但需要花费更多的精力、物力和较为完善的选拔、培养人才的机制。一般地说，大量有技术的熟练工人或管理人员需要从外部招聘。在目前环境下，采用外部招聘进行人才储备并适当地裁减冗员、压缩层级、优化用人机制是企业应对外部恶劣环境强有力的有效措施。

由于中国制造业人力资源总体上数量不足、素质不高，所以要加强技能培训，提升员工的技能水平和综合素质。要充分挖掘内部培训资源，丰富培训方式，加强内部讲师队伍建设，借助内部培训，尽可能地降低培训成本。世捷咨询公司通过调研发现，从培训预算控制手段上看，64%的企业选择更多地利用内部资源[8]。首先，通过建立内部培训师制度，使得管理者真正成为员工工作上的导师，从制度和组织上做到内部培训师队伍工作的常态化，鼓励培训师编写本企业的培训案例。其次，结合培训对象和培训内容特点，设计多样化的培训方式，如利用内部交流、专项研讨等，对以前的工作进行检查和总结，为更好地开展工作提供指导。再次，将培训课程的设置与岗位的需求和员工的职业生涯规划结合起来，增强员工参与培训的积极性和主动性，确保培训的效果。

其次，要有效地使用人才、激励人才、留住人才，为人才价值的发挥提供平台。作好岗位分析，把人才的特点与岗位的特点结合起来，安排在最合适的岗位上，给予一定的职权、资源和充分的信任，鼓励人才创造价值。建立科学的绩效管理系统。有效的绩效管理系统能通过绩效指标与企业战略目标或经营目标的结合，引导人才创造更多的价值，并通过公平的绩效考核承认员工所创造的价值，这是薪酬分配的基础。同时，有效的绩效管理系统还是员工绩效改进和提升的有效工具。制造业企业应该结合自己的特点，设计合理的绩效考核指标体系，采用各种方法监控和跟踪各主要指标的进展情况，开展公开、公正的绩效考核，并把考核的结果与员工的薪酬分配、人事调整及绩效改进计划等人力资源管理职能活动相结合，以实现人力资源管理活动的有效整合。从制度上对员工个人利益予以充分保障，创造公平竞争的人际环境，使员工能够施展才能，实现自身价值；创造有利于个人发展的客观环境，鼓励员工勤奋学习、钻研技能、不断创新，实行公平竞争，选拔优秀人才，不断提高员工对企业的忠诚度，从而实现个人目标和企业目标的统一。

2. 通过对国外先进科技的引进、消化和吸收提升企业有形转化能力

在各国的制造业发展过程中，任何国家都不可能完全依靠本国的原发性技术而不接受其他国家的技术扩散。中国经济是世界经济的组成部分，中国制造业发展是世界制造业发展的组成部分，中国制造业的技术进步也必然要依靠和利用国外的技术扩散。但是，由于中国是一个发展中国家，从世界产业发展的全球布局看，产业转移是推动我国产业发展的强大动力，迄今为止，我国大多数制造业产业的技术来源主要是西方国家的产业技术扩散，也就是说，西方产业向我国的转移和西方产业技术向我国的扩散是现阶段我国产业发展和产业技术进步的主要内容。发达工业国家向发展中国家包括中国转移产业，并不是简单的产业搬家。产业转移的技术依托是产业分解和产业融合，即发达国家通常是将产业链进行分解，然后把一部分生产环节转移到发展中国家（具体形式有直接投资、生产外包、设备供应等），以实现国际间的生产分工和资源配置。同时，所分解的产业链环节又可以同发展中国家的产业链进行连接，实现产业融合，以开拓更大的需求空间。所以，当中国以承接发达国家的产业转移的方式加快工业进程的时候，也就日益深入地参与全球产业分工体系，并对世界产业发展作出巨大的贡献。

我国制造业企业必须针对引进技术与消化、吸收、再创新的投入比例低下的实际情况，通过多种途径增加对引进技术的消化、吸收、再创新的投入，坚持搞好引进技术与自主创新的结合工作，全面提高企业的自主创新能力。打破“引进—落后—再引进—再落后”的恶性循环，要靠“引进—消化吸收—再创新”的自主创新模式，使引进技术与自主创新相结合。

3. 提升中国制造企业自主创新水平，增强企业无形转化能力

首先，把提升企业自主创新能力置于国家战略的高度来认识，建立以企业为主体的自主创新体系。对于科技创新，长期以来，我们习惯更多地关注科研机构和大学，但近百年世界产业发展的历史表明，真正起作用的技术几乎都来自企业。比如，通讯领域中的贝尔实验室，汽车领域中的福特公司，飞机领域中的波音和空客，化工领域中的杜邦和拜耳，机床领域中的西门子，计算机领域中的IBM、英特尔、微软等。技术创新是一个从研究开发到产业化和商业化的过程。企业最贴近市场，在规模化和产业化方面具有优势，应成为技术创新的主体。因此，我们要转变观念，加强领导，把企业自主创新能力建设真正置于国家战略的高度，建立以企业为主体的自主创新体系。

再次，利用知识产权制度保障和促进自主创新。知识产权制度是实现国家技术发展战略的重要工具，其实质是在保护创新者利益和积极性的同时，促进技术合理、有偿地扩散。知识产权制度不仅仅保护知识产权，其最终目的是为了促进创新。知识产权保护渗透在创造、保护、利用和扩散的全过程，知识产权制度不能孤立地发挥作用。应进一步完善配套政策体系和市场环境，把知识产权管理落实到技术、经济、贸易管理等各有关部门的工作中，培养全民的知识产权意识。企业具有大规模产业化的优势，只有把自主创新成果的产业化与建立产品和企业的品牌结合起来，才能最终形成长期竞争力。

另外，要坚持以市场为导向，加大政府对企业自主创新的政策扶持力度。市场在自主创新过程中发挥着重要的导向作用，有利于调动企业进行创新的主动性。同时，政府的政策扶持也是不可缺少的。比如，政府采购可以采取以下多种措施，充分发挥促进自主创新的功能和作用。首先，自主创新优惠采购。政府在发生采购业务时，对于具有自主创新及我国自主知识产权的产品或专利成果，实行价格优惠。对于自主创新和拥有自主知识产权的产品与服务，政府可以以高于其他同类不具有自主创新产品的价格采购。其次，自主创新优先采购。一是在政府采购中，在政府需要的功能条件不变的情况下，凡是具有自主权创新或者说拥有自主知识的产品，一律优先采购。二是参与政府采购市场的产品或服务，都具有自主创新成分，在其他条件基本接近的条件下，优先采购自主创新含量更高的产品或服务。再次，实行唯一性采购。需要说明的是，唯一性采购是指对于一些特殊的产品和服务，如涉及军事机密和国家安全的产品或服务，或者对于国民经济发展、对于某个行业发展等具有决定性作用的产权或自主创新的产品，如一些特定产品使用的计算机芯片、一些特殊使用的计算机软件产品和服务。政府应开辟多种渠道，增加技术创新投入。根据我国经济的总体实力和创新发展的需要，进一步提高研发费用占 GDP 的比重。同时还要加强对企业技术创新的政策引导，集中支持一批对行业发展和产业升级起重要作用的关键技术开发，在技术创新过程中，逐步引导企业加强机制建设。

参考文献：

[1] 杨帆．产业升级已成为国家前途生死攸关的问题[EB/OL]．[2010-09-25] http://www.wyzxsx.com/Article/Class4/20090687935.html.

[2] 肖婧．微笑曲线与我国加工贸易发展问题研究[J]．商业时代,2010(8):45-46.

[3] 王书瑶．科技价值论[M]．北京:东方出版社,1992:38-39.

[4] 冯东海．国有企业人力资源管理及管理对策[J]．内蒙古农业大学学报:社会科学版，2006，8(2):178-179.

[5] 全球金融危机对中国企业人力资源管理的影响[EB/OL]．[2010-09-25] http://www.chinahrp.com.

[6] 郑文范,杨建军．科技价值论与劳动价值论的发展[J]．科学管理研究,2005(4):58-61.

[7] 于平．我国制造业发展存在的问题与对策[J]．经济纵横,2003(9):31-33.

[8] 金融危机下中国高科技企业人力资源调研报告[EB/OL]．[2010-09-25] http://sz-sjd.china-training.com/html/article/2009/04/29696.html.

复杂性问题的界定与应对：科学认识论的后现代文化镜像*

戴月华

（浙江传媒学院社会科学部，浙江 杭州　310018）

摘　要： 对复杂性问题的隐喻式描述成为对其探索的开放式、引导性“界定”，而自组织式的行为主体的应对是对复杂性问题的策略性回应。复杂性问题的界定与应对凸现了科学认识论在实践境域中融贯确定与不确定、必然和偶然的后现代文化镜像。

关键词： 复杂性问题　界定与应对　科学文化

无论历史主义多么缺乏客观真理性的追寻，但正是历史主义的视野使累积叠加式的科学史不再“科学”。作为对自然世界探索活动的科学不再被看成纯粹客观真理之果的展览，而是带有时代文化烙印的认识。无论是库恩的“范式革命”或拉卡托斯的“研究纲领”的转换，还是劳丹的“研究传统”的改变，都在对科学发展的解释中昭示出科学认识论的新文化意趣。想想亚里士多德那时对月亮界面的直观划分，再看看伽利略以望远镜对月球的观察方式与结果，都预示着建立在生活经验视野与近代实验科学基础上的认识差异。当前复杂性问题研究及其所产生的思考方式昭示了科学认识论的后现代文化意趣，其中，复杂性问题的界定与应对不失为科学认识论的一种后现代文化镜像。为此，本文作一尝试性分析。

一、复杂性问题的界定方式

复杂性问题的研究首先遇到的就是复杂性概念多种多样，没有统一、明确的界定，也很难通过一个在先的定义了解什么是复杂性，但考虑到任何界定都是对相关对象的一种认识，不仅反映了对该对象的认识水平，更反映了对该问题的认识路

* 本文系国家社会科学 2007 年基金项目“当代西方科学哲学认识论的非哲学化趋向研究（07BZX043）”成果之一。

径。通过对其多种定义方式的得失分析，从中可以认识复杂性问题的某些新特性。

先看传统本质性定义的界定。本质性定义是对事物之所以是该事物的内在确定性和规范性的界定，是通过现象认识本质的界定。但确定性和规范式的本质性界定无法把捉向偶然性和多样性敞开的复杂性现象。因为在科学认识论中，“复杂性是作为困难，作为不肯定性出现，而不是作为明确性和作为答案出现的”[1]138。以普里高津研究物理和化学复杂性的耗散结构理论为例。普里高津认为，远离平衡态是世界的常态，而平衡态倒是世界的一个特例，正是不可逆的时间造成了各种事物发展乃至生命的诞生，使现实世界向各种可能性敞开，而本质性界定恰恰强调的是对研究对象的确定性把捉。

再看逻辑定义中的否定式界定。否定性定义是以对简单性的否定来界定复杂性的。确实，对简单性的否定是认识复杂性的必要条件。在科学方法论语境中，复杂性问题是被简单性及其相关的确定性、必然性的划界而显示为超出确定性通向不确定性、超出必然性通向偶然性的问题域。复杂性具有简单性所无法整合的东西，但并不是简单性的绝对反面。如果认为简单性就是有序性、确定性，而复杂性就是无序性、不确定性，那么这种与简单性完全对立的复杂性，实际上只是以否定形式出现的“简单性”。因为这种“非”式界定如果是在同一层面上的否定而缺乏更高层面上的整合，易成为缺乏具体内容的抽象否定。莫兰在《复杂思想：自觉的科学》的第二部分的《复杂性的挑战》一文中，对复杂性产生的近十条不同途径的分析，大多是以对传统认识论所倡导的确定性、有序性、普遍性、复杂性、清晰性的否定中凸现复杂性的，这种复杂性的分析是必要但不充分的[1]137-152。

再说复杂性领域的列举式界定。由于所考察的对象极为复杂，通过对复杂性所发生的领域和现象的划分来界定复杂性。确实，“我们需要遵循如此之多的途径去探求它，以致我们可以考虑是否存在着多样的复杂性而不是只有一个复杂性”[1]159。以数学方式考量复杂现象称为计算复杂性，以对象层次结构繁多的划分称为结构复杂性，其他在相关领域所产生的复杂现象的划分，均可以冠“某某复杂性”之名。这是典型的以复杂性发生的不同领域或源头来表达复杂性之可能的划分方式。对该现象的发生领域的列举和描述，无疑有利于对“复杂性”共性的了解，但毕竟给出的是复杂性在各领域的表现，需要界定的对象成为界定的前提，这又不符合界定的基本逻辑。

以上复杂性概念的界定困惑，似乎昭示了复杂性问题的认识需要另辟蹊径，以复杂性的语义学分析入手、以复杂性的具体发生形式分析不失为一种可行的界定方式。科学研究的对象是通过语言来把握的。什么样的情况可以用复杂性去命名，正是需要对“复杂性”的语义澄清。对“复杂性”概念的分析是从复杂性的日常含义的认识和理解开始的，它不是直接考察复杂性所反映的事物性质或认识特性，而是考察“复杂性”的语义。有学者对汉语“复杂性”开展语义解释，认为“复杂”是由“复”与“杂”构成的，单纯的“复”与“杂”不构成复杂性，因为前者完全是复合性，后者完全是杂乱性，只有“既复又杂”才构成“复杂性”[2]。“复杂性”概念的语义描述在复杂性发生的典型形式“自组织”中发现了相干内涵。正如莫兰所说：“组织创造有序（创造它自身的系统的规定论的机制）但它也创造无序。”[1]214西利亚斯认为，“自组织是复杂系统的一种能力，它使得系统可以自发地、适应性地发展或改变其内部结构，以更好地应付或处理它们的环境。”[3]125为此，自组织的发生本性就“不可能求助于某个起源或某个永恒的原理来加以解释的，在此系统的结构由于偶发的外部的因素以及历史的、内部的因素的相互作用而不断地发生着变化”[3]145。这样，西利亚斯充分考虑到“自组织”功能性的发生方式：偶然性和不确定性开启着有序性的大门，有序性是在无序性中生成有序性的。自组织发生显现为偶然性与必然性、无序与有序、确定性与不确定性的共生。

到此，对复杂性语义含义上的共识，基本上以有序与无序、必然与偶然、确定性与非确定性之间建立起复杂性的抽象叙述。这里，我们进一步对“复杂性”的特征作尝试性的具体描述。一个系统若仅仅混沌无序，则不称其为复杂性；一个系统若仅仅有序，则缺乏适应能力，也不够复杂。比如沙堆。沙堆的大致高度与底部面积之间存在确定关系，但具体到沙峰上沙子加到何处，才造成崩塌的临界点，是不确定的，单颗沙粒的位置效应更是不可预测的。“复杂性”现象千差万别，它与其所产生的情境结合在一起才能被描述，因而当我们说“有序与无序、必然与偶然、确定性与非确定性之间”时，这个“之间（In）”属于事件内在的发生时空。通常，利用“涌现（Emergence）”这一隐喻来描述复杂性的时空发生样式，表达不可逆的、不确定的新事物的产生。隐喻作为表达某一领域的经验事物的语言来说明或类比另一领域相关待解释的问题和现象。“它是一个文本或思想向各种解释或再解释开放的指示器，以便在一个读者或对话者的个人的思想中产生共鸣。”[4]178同时，在复杂性现象的解释中，启用了一系列隐喻：“域性”喻指复杂现象中受约束的动态显现空间，以“蝴蝶效应”来喻非线性系统中初始条件的敏感性，以热力学研究中的“涨落”来喻非平衡态随机变化导致系统的突变，以“分岔”来喻随机性变化去向的不确定性。当两个不同的事物以隐喻的方式关联起来时，扩大了相关语词的含义，为认识对象开启了超越常规的想象空间。

作为现代各学科领域出现的现象，复杂性问题的探索不是那种形成统一研究纲领和方法的新学科，也不可能是处理复杂性现象的现存基本原理，而是对各领域出现的复杂性问题和现象相关特性的可能认识。从对复杂性的界定看，复杂性认识具有解释、描述的样态。特别是用内涵丰富的日常生活语言来喻抽象学科中的复杂性现象，难以表达的复杂性在隐喻的弹性界定中开启了对复杂性的“柔性认识”。

二、复杂性问题的应对之路

复杂性问题的隐喻描述昭示了复杂性之复杂，也昭示了复杂性问题的解决方法无法以传统认识论的事物基本规律的发现并加以运用来解决。“任何事物之所以被称为知识或被认知的对象，都是因为它标志着有一个要解答的问题，要处理的困难，要澄清的混乱，要融贯化的方法，要控制的烦难。”[5]22复杂性问题产生又隐含着可能的解决之道。本文主要以自组织现象为例，解释复杂性的产生及应对复杂性问题的可能之路。

具有复杂系统能力的自组织行为主体（本文指对环境刺激具有反应机制的行为者）在确定的和随机的情境中，具有自我选择和应对环境的能力。行为主体应对具有多态发生方式：物理与化学系统中的自组织属于无意识的行为主体的组织演化，而生命过程的自组织则具有反馈功能，特别是生命高级阶段的行为主体不仅具有自我复制功能，更具有自我选择和学习功能。而人类自身的组织所面对的社会历史，更加具有知识文化的学习、实践和创新功能。

以生命与环境关系为例来说明行为主体对复杂环境的自组织式应对。美国圣菲研究所从事复杂性研究的朗顿（Langton）曾说，向空中抛舍一块石头与一只小鸟时产生不同的轨迹，石头所遵守的是简单的物理抛物线定律，而小鸟在同样受引力的作用下渗透了生命行为自组织式的反馈和抉择。小鸟面对复杂的环境，在不断选择和矫正中“学习”飞行，以达到目的地[6]。这种“适应性过程”造就了复杂性环境中主体能动性和开放性的应对。在生命高级形态的自组织适应机制表达了行为主体与环境之间的交互作用，创造着适应生存和发展的方式。其中，在相对稳定区域构成了系统的约束性机制和发展前提，处于混沌边缘的敏感区域，行为主体的微小选择带来不确定的后果，这种不确定性构成混沌边缘趋向的不可预测性，也向具有新质的可能性空间开放。因而，自组织方式对复杂性的应对是对有序和无序相互作用的积极回应。有序性隐含着现实的可能性，无序性隐含着选择的开放性，组织的约束性使自组织系统有选择的现实性，开放性使自组织系统具有选择的可能性。

复杂系统的建模则是人类应对复杂性问题具有现代意义的自组织方式。在圣菲研究所从事复杂性研究的霍兰开展了对自组织运行机制——“复杂适应系统”——的探索。在霍兰看来，“复杂适应系统”的建模方式不是简单的静态描述，而是面对复杂的无数可能性使适应系统具有学习功能。霍兰借鉴了塞缪尔（Samuel）设计的西洋跳棋的程序方法，通过积木块的反复聚集所获得的权重差异确定子目标，通过自我引导程序使复杂适应系统获得选择性的能力，从而面对复杂环境，为下一步寻找比较合理的路径。现代复杂现象中各要素、结构及其关系的动态变化已经远远超过了传统科学研究的可能方式。因而，借助于计算机的演算能力，把现实世界对象信息转化为计算机处理信息，通过认知过程的模拟，建构起模拟对象与被模拟对象的函数关系，通过演算建立起被模拟复杂事物的有效认识，从而为应对复杂性提供较为合理的对策。计算机建模应对复杂性的方式并不是说这种方式是万能的，而是在应对中充分应用计算机这一现代演算工具，使策略的应对变得更加合理。然而，即便用计算机建立复杂性模型系统来应对复杂性，也不可能发现处理复杂性的完全确定性的钥匙。复杂对象的自组织式应对方式蕴涵着对偶然性、无序性、突发性的肯定性开发。在应对复杂性现象的行为主体那里，体现了策略在随机复杂事件中的作用。

从策略与程序的关系看，“策略可以通过与程序（Programmer）的对比来定义。程序由一个预先确定的行动序列构成，它只能在包含着很少的随机性和无序性的环境中付诸实施。至于策略，则是根据研究既有确定性又有随机性、不确定性的环境的条件而建立的。”[1]174 行为主体在有确定性又有随机性、不确定性的环境开展行动诉之于策略，而不是开展程序去实现其目的。从策略的应对方式看，“策略则可以根据在执行中途获得的信息改变预定的行动方案，甚至创造新的方案。策略可以利用随机事件。”[1]175 即行为主体实施行动时，根据过程中突然产生的信息变化而相应地改变应对方法。

因此，由于能认识的信息少于能保证成功的确定信息，行为主体通过策略性应对容受、利用不确定性和偶然性。策略并不仅仅是行为主体通过选择简化复杂性，而是承认复杂性问题中选择风险的存在，而且这种选择本身会影响到复杂性问题所处理对象的变化。策略只是充分合理化其所处的复杂对象，通过简化与选择的实用跳板，实现其目的。

三、科学认识论的后现代文化镜像

科学探索是人类认识自身和世界的重要活动方式，科学本身就是人类文化的有机组成部分，体现了该时代的精神气质。薛定谔曾批评科学研究对文化的忽视，他说：“有一种倾向，忘记了整个科学是与总的人类文化密切相连的，忘记了科学发现，哪怕那些在当时最先进的、深奥的和难于掌握的发现，离开了它们在文化中的前因后果也都是毫无意义的。”[7] 波塞尔认为，“试图建立一个没有任何前提条件、没有丝毫形而上学成分的科学只是一个无法实现的过时的幻想。”[8]161 就复杂性问题来说，传统的确定性范式不能解释内含不确定性的复杂现象，我们也不能断定复杂性现象是否表明科学发展又进入了库恩“范式”意义上的科学危机和革命时代，但至少可以说那是现代科学认识的深化所产生的新现象。“复杂性是现代性难以割离的伴生物。我们在整个科学、技术、社会与文化环境中都遭遇到复杂性问题。”[9]206 复杂性问题的界定与应对从一个侧面突显了现代科学实践境域中融贯必然性和偶然性、确定性和不确定性的文化镜像。

从西方科学文化史看，它经历了从古希腊亚里士多德的目的论自然观、以近代物理学为代表的机械因果论科学观向以现代生物学为典型的现代科学观转型。德国学者波塞尔曾通过对“自然规律”的分析说明科学文化观的转型。波塞尔认为，在过去上帝提供了莱布尼茨所说的“充分理由律”的目的论科学观。在牛顿那里，称为“自然原理”的近代自然规律也是“将上帝制造规律的权利与能力类比于或者转让给了自然本身，由此，我们便认为自然界的现象在其发生的顺序上具有规律性、规则性以及必然性。”[8]47康德则通过先天因果关系等范畴和先验自我的设置，从理论上论证自然科学在现象界的确定性和规律性。随着复杂性现象的出现，尤其以现代生物学进化论中的“突变”和“选择”消解了从现在精确预测未来的确定性，以更加中性的“变化”概念取代了历史进步的“发展”观念。为此，现代科学则更多地以“描述”“解释”来表达对对象的认识。具体而言，随着人类科学探索和实践的深化，对象世界的复杂性的凸现，复杂性中的不确定性反映理性认识方式的有限性和现实世界的开放性，作为认识活动的参与者的行为主体渗入客体对象的情境之中，使探索活动对研究对象不仅存在着反映关系，而且还有建构关系。现代生物学的学科特色在某种程度上超过传统物理学，影响着现代科学的文化趋向。生物学所强调的是基因突变和主体性的选择，在特殊环境下的生物机体内在组织及其环境之间的积极应对，成为必然性和偶然性、确定性与不确定性关系的现代表达。其中，复杂性的界定方式和应对之路更倾向于后现代科学文化强调认识的实用性而不是内在真理性，强调科学的动态操作性而不是对象的静态结构性。

就复杂性问题的界定方式来说，“复杂性”各种界定之困难，而“隐喻”方式对“复杂性”问题的恰当描述，这反映了什么呢？当一种新现象诞生后，新的思想观念和表述都还没有找到合适的形式时，用人们熟悉的日常生活的语言形式去表达这种新的但还没有相对规范的科学术语时，不失为一种科学表达的方式。而且在方法论上，“复杂性”各种界定之困难本身也昭示了传统本质论思维方式不能完全认识复杂性现象，以“隐喻”形式出现的类比推理方式去“认识”复杂性，具有维特根斯坦“家族相似”关系意义上的非常积极的文化内涵。因为在分析哲学那里，理想的科学由逻辑体系和能够被经验所证实的命题组成，而“复杂性”问题的“隐喻式”描述表达了现代科学探索对认识自由空间的接纳，开启了策略性应对的可能性。可以说复杂性界定的隐喻化拓展了科学理论的创造性思考和实践空间，它自身就是情境性的新术语，在它还没有失去隐喻含义而变成本义之前，彰显着科学探索性的实践文化之路。

就复杂性问题的应对方式来说，作为自觉行为主体在复杂性的应对是在不确定中追寻确定性，在确定性中容受、利用不确定性。策略应对需要依赖确定的知识和信息，更需要有面向未来的可能空间的新智慧。因为策略“永远是在一个不确定性的海洋中穿越确定性的群岛的航行”[4]13。智慧的而非知识的“航行”成为解读复杂性的方式。正如杜威所说：“一个人之所以是有智慧的，并不是因为他有理性，可以掌握一些关于固定原理的根本而不可证明的真理并根据这些真理演绎出它们所控制的特殊事物，而是因为他能够估计情境的可能性并能根据这种估计来采取行动。”[5]214 以建立复杂性模型系统来应对复杂性的计算机建模，使认识论的实践文化向度又具有现代意义。因为计算机建模是近代实验方法的现代发展，被称为继传统的归纳法和演绎法之后的第三种科学方法。若没有计算机演算与描述，就不可能有复杂性研究的突变理论、混沌理论等。计算机建模的演算本身是极为复杂而又精确的科学计算，而霍兰所说的“积木块的选择”和“模型函数构建”恰恰说明计算机建模又受制于人们的目标选择和策略背景。因此，计算机建模在更高基础上展示了科学探索的确定性和不确定性的现代方法趣味。

后现代主义者基本上是在后现代文化语境上对复杂性问题等科学新现象作解读，在后现代文化意义上对科学术语借用，主张多元化和约定论。1996 年的“索卡尔诈文事件”[10]中，索卡尔行为的合理性在于他反对科学概念未作限制而在文化思想流域中的滥用，捍卫科学认识的严肃性。因为现在的科学并没有抛弃实验方法，也强调理论的逻辑性和精确性等科学的合法要求，这构成了科学的合理遗产。但索卡尔式的狭隘专家眼光也使他们没有发现新科学现象背后的后现代文化现象。科学中蕴涵着新的社会实践和时代文化现象，而后现代主义者对科学新现象的后现代文化解释客观上使人们对现代科学探索的社会实践性、政治倾向性等特质引起更多的注意。

在探索复杂性问题中选择隐喻式描述和策略性应对更倾向于现代科学认识的新型解决之道。尼古拉斯·雷舍尔道出了现代科学方法解决之道中的实用性文化特质：“我们围绕最亮处寻找掉下的硬币，不是因为最亮处是——在这种情况下——最可能的位置，而是因为它代表了最明智的探索策略，如果它不在这里，那么我们就根本不能找到它。”[9]79 为此，复杂性问题的界定方式与应对之路昭示了现代科学认识论在实践境域中的后现代文化向度。

参考文献：

[1]　埃德加·莫兰．复杂思想：自觉的科学[M]．陈一壮，译．北京：北京大学出版社，2001.
[2]　苗东升．分形与复杂性[J]．系统辩证法学报，2003，11(2)：7-13.
[3]　保罗·西利亚斯．复杂性与后现代主义[M]．曾国屏，译．上海：上海科技教育出版社，2006.
[4]　埃德加·莫兰．复杂性理论与教育问题[M]．陈一壮，译．北京：北京大学出版社，2004.
[5]　杜威．确定性的寻求[M]．傅统先，译．上海：上海人民出版社，2004.
[6]　沃尔德罗普．复杂：诞生于秩序与混沌边缘的科学[M]．陈玲，译．北京：生活·读书·新知

三联书店,1997:324.

[7] 伊·普里戈金,伊·斯唐热. 从混沌到有序[M]. 曾庆宏,沈小峰,译. 上海:上海译文出版社,1987:53.

[8] 汉斯·波塞尔. 科学:什么是科学[M]. 李文潮,译. 上海:上海三联书店,2002.

[9] 尼古拉斯·雷舍尔. 复杂性:一种哲学概观[M]. 吴彤,译. 上海:上海科技教育出版社,2007.

[10] 张聚. "索卡尔事件概述"[J]. 自然辩证法研究,2000(6):9-13.

科技风险的伦理思考

王传峰
（东南大学人文学院，江苏 南京　210096）

摘　要：当代科学技术的高速发展在日益改变着世界，但人们对科学技术工具理性的无限制滥用，使得科学技术的发展离开了道德的制约、伦理的引导，导致人与自然、人与人类自身等伦理实体的和谐关系遭到破坏，科学技术发展中蕴涵着一些高风险，给人类文明提出了严峻的挑战，从而使科技风险问题成为人类文明发展中不可回避的问题。为了防范科学技术发展带来的风险危机，就必须唤醒人们的伦理觉悟、伦理生态意识，进而构建稳定的伦理-科技生态，从而使人们在充分享受科技发展所带来的巨大方便的同时，也拥有一个和谐的人类文明。

关键词：科技　风险　伦理　伦理觉悟　生态

我们所处的时代是科学技术高速发展的时代，科学技术的高速发展，提高了劳动生产率，增强了人类了解自然、征服自然的能力，提高了人类的生活水平和生活质量，使人认为好像科学技术能够让全人类走上一条通往自由、幸福的道路。然而，科学技术的高速发展在给人类带来方便和舒适的同时，也蕴涵着高风险，使现代社会成为高风险的社会。科技高速发展蕴涵高风险目前已成为一个全球性的问题，对它的研究不仅有利于我们国家的可持续发展，也有利于世界的稳定。本文通过对科技风险的伦理思考，力图建立一个伦理-科技生态，规避科技风险，从而使科学技术更好地为人类服务，促进人类社会的和谐发展。

一、科技风险：人类面临的伦理难题

“风险”的英文单词是 Risk，最早是在 16—17 世纪欧洲人开辟新航路和开始资本主义的早期扩张活动的背景下逐步出现的，本义是指冒险和危险。“风险是个指明自然终结和传统终结的概念。换句话说：在自然和传统失去它们的无限效力并依赖于人的决定的地方，才谈得上风险。风险概念表明人们创造了一种文明，以便使自己的决定将会造成的不可预见的后果具备可预见性，从而控制不可控制的事情。”[1]118显然，当今科学技术高速发展时代的风险已经不再是工业文明以前的传统社会的风险。“传统社会的风险主要是外部风险，这种风险主要来自外部，因为传统或自然的不变性和固定性所带来的风险，这种风险虽然严重，但由于经常发生而有一定的规律可循，可以计算，可以预测，并可据此进行保险。”[2] 当今社会，随着科学技术的迅猛发展，出现了一种新型的风险，吉登斯称它为“人力制造出来的风险”或简称“人造风险”。这种“人造风险”主要“来源于科学与技术的不受限制的推进。科学理应使世界的可预测性增强，但与此同时，科学已造成新的不确定性——其中许多具有全球性，对这些捉摸不定的因素，我们基本上无法用以往的经验来消除”[3]115。吉登斯所称的“人造风险”在一定意义上就是科技风险。因此，“科技风险”是指由于人类对科学技术的无限制的滥用所带来的难以预见的危险及其对人类社会财富和生命安全造成的损失，以及由此引发的社会混乱、道德失范等。

科学技术是人类探索世界的伟大成就，是人类改造自然的有力武器。作为第一生产力的科学技术是社会发展的强大动力，是人类物质文明大厦的支柱。科学技术的发展不断改善着人们的物质生活条件和精神生活条件，电子技术、各种智能机械以及现代化的交通、通讯等科学技术的应用，加快了生活的节奏，丰富了社会生活的内容，全方位地提高了人们的生活品味，使人们的生活进入了一个新的天地。与此同时，现代科学技术的高速发展也以其无与伦比的理性威力开始了对人类社会的祛魅，全球性的利益追求空前狂热，商品和货币已把人类带进全球的每一个角落，“从而无节制的资源开发、不受约束的废气排放、贪得无厌的对自然的占用与控制、不计后果地对野生动植物栖息地的破坏等等开始泛滥，并一度被目光短浅的现代人看作是理所当然的经济行为。”[4]317

如今，由于科学技术的高速发展给人类社会带来的高风险不再仅仅是少数专家或组织关注和研究的对象，科学技术的发展所带来的风险已经威胁到全人类的生死存亡。发展是当前时代的主题。对发展所带来的风险问题如没有正确的认识和评估，会给发展本身带来严重的后果。因此，异常严重的后果不得不迫使人类将科技风险问题当做生存与发展的问题来看待。现代科学技术发展给人类带来的风险主要表现为以下三类。

1. 已经公认的风险

首先是由人们对核技术、生物技术和化学技术的熟练掌握而随之产生的核战争或核辐射、生物战争或生物犯罪以及化学战争或化学恐怖主义，这些科学技术的应用正在威胁着世界的和平稳定，威胁着人类及地球上其他生物的生存。据说，当今全世界所具有的核武器和生化武器足以让地球消灭上百次。其次是由于环境污染所产生的有毒物质、环境污染导致的臭氧层破坏及“温室效应”。这些风险正在或即将将人类逼向灭亡的边缘，世界部分地区的粮荒、水荒，一些新的疾病的产生并快速蔓延等。

2. 未被认可的风险

首先是来自基因工程、纳米技术、克隆技术和高新医疗技术领域的风险，这些技术一旦被“骄傲无知的现代人”滥用，研制出的产品或许会在一夜之间摧毁维系人类千百年来的生命系统，或者可能会以一种根本无法预测的方式崩溃。其次是来自技术及技术领域的风险，随着计算机方面的科技日新月异的发展，一些科学家认为，高级电脑的使用寿命和智力肯定优越于人类的寿命与智力，如果这些高级电脑具有了人的许多特征，能否被看成“人类灭绝”的象征呢？

3. 尚不知晓的风险

科学技术的发展可谓日新月异，新的科技还会产生新的风险，就是已经存在的科学技术也可能蕴藏着我们还不知晓的风险。

由此可知，现代科学技术的高速发展所伴随的高风险正在或即将从多方面威胁着人类赖以生存的有机体，人类文明也将处于重重危机的包围之中。

科学技术高速发展所蕴涵的一系列问题和挑战，决不能看做只是科学技术本身的问题，而是人类文明的道德体系或伦理体系的危机。也就是说，相对于整个人类文明，科技风险已经不是科技本身的问题，而是体现人与自然、人与人、人与自身关系的伦理关系的问题。

二、科技风险的伦理分析：科技理性的滥用

科学技术作为人类理性思维的成果，其最初目的是为了了解自然、控制自然，使人类从自然的束缚中解放出来，从而获得更大的自由。不可否认，科学技术在推动生产力发展、促进自然与社会演进以及人类自身发展中作出了重大贡献。但是，为什么科学技术的发展不但没有使人获得预想的自由，反而使人陷进人类自己建构的牢笼；不但没有使人获得真正的解放，反而为人类社会带来了前所未有的高风险？

科学技术的发展之所以给人类带来高风险，其中的主要根源是人们对科学技术工具理性的无限制的滥用。自启蒙运动以来，理性之光开始照亮人间，从此，理性就以巨大的魔力在人间传播，并迅速为人们接纳以至崇拜。一时间，人们认为理性无所不能，人们只要凭借自己的理性，就会认识、了解和掌握世界上的一切知识或奥妙，包括人自身的奥秘，从而就能掌控自然，征服一切，使人成为可以凌驾世界万物的主人。

理性思维的至上观，使人们认为“知识就是力量”。由此导致人们对科学技术产生了前所未有的热情，从而使现代科学技术得到了迅猛发展，它给人类带来了巨

大的物质财富和精神财富，让人们欢欣鼓舞，同时也使人类陷进了自己建构的“囚笼”，使人们忧心忡忡。正如马克斯·韦伯在谈到理性时所预言的：“人类在不久的将来注定会生活在‘钢笼’中，这种‘钢笼’是技术知识的囚室；如果把这个比喻稍加改变，那么我们都是庞大的技术和官僚机器中的小齿轮。”[5]74-75 当人们得意于理性的“无所不能”时，科学技术的工具理性开始在人类文明中泛滥，并进而侵蚀着人类文明的有机体，使人类社会正面临着前所未有的风险。

人类文明是一个以人为核心的有机的生命存在，主要包含三大伦理性的关系——人与自然的关系、人与人的关系、人与自身的关系。理性的扩张和科技的滥用正在破坏着这三大伦理性关系的和谐，使人类文明面临消亡的危险。

自然是人类赖以存在的基础，人类社会与人类文明都是人类同自然的相互关系中产生并发展的。在科技极其落后、生产力还不发达的时候，人类还无法用理性透视自然，只能依附自然，敬畏自然，与自然和谐相处，维持生态的平衡。但随着科学技术的发展，人们开始用理性的思维去透视自然、了解自然，用科学技术去征服自然、主宰自然，认为对自然的否定就是通向幸福之路，人类由此开始了对“自然的祛魅”。对此，大卫·格里芬认为，“这种祛魅的世界观既是现代科学的依据，又是现代科学产生的先决条件，并几乎被一致认为是科学本身的结果和前提”[6]1。如果说理性为人类控制自然提供了思维可能，那么科学技术则成为人类实现这个目标的手段与途径。随着人类所掌握的现代科学技术越来越先进，人类对自然的进攻也越来越猛烈，因此，人类社会由人与自然一体的社会变成了以人类为中心的主客二体的社会。自然已成为人类可以任意处置的对象，人类对自然缺乏应有的保护责任与义务，对自然大肆地掠夺与征服，以致大自然已千疮百孔、面目全非，人类赖以生存的自然已经不堪忍受，环境问题已经成为威胁人类文明持续存在的根本问题，科学技术的伦理价值也因此丧失殆尽。

理性的滥用和科学技术的高速发展，既破坏了人与自然的和谐一体，同时也使人与人之间的关系产生了异化。在现代科学技术的推动下，人类的占有欲望空前强烈，在欲望的驱使下，人与人之间正常的人际关系已经异化为人与理性工具的关系，一个人已成为另一个人达到某种目的的工具或手段，也就是我们经常说的“利用与被利用”的关系。马丁·布伯称之为“我—它”关联，“为了自我生存及需要，人必得把他周围的存在者——其他人，圣灵万物——都当作与‘我’相分离的对象，与我相对立的客体，通过对他们的经验而获知关于他们的知识，再假手知识以使其为我所用。只要执持此种态度，则在者与我便是‘它’”。在这种“我—它”关联中，“与我产生关联的一切在者都沦为了我经验、利用的对象，是满足我之利益、需要、欲求的工具。”[7]5-6

人在理性的支配下，运用现代科学技术主宰了自然，控制了别人，在狂妄的占有欲望中也丧失了自我。自我在心理学中是指个体对自己存在的觉察。觉察是一种心理经验，是一种主观意识，故心理学中讲自我就是讲自我意识，两者是同义语。在我们的经验中，觉察到自己的一切而区别于周围其他的物与其他的人，这就是自我，就是自我意识。这里所说的自己的一切指我们的躯体，我们的生理与心理活动。人在用现代科学技术审视、控制自然与“它”人时，也在用同样的办法审视研究人类自身的结构，可见，人类在不断研究与应用科学技术的同时，也正在一步步成为科学技术的对象，人类利用科学技术能够认识人体的生理结构，甚至复制、克隆一个新的结构，这不仅意味着人生物性的解构，而且是人之为人的神性祛魅，人将永远无法找到自我。

随着科学技术日新月异所引发的一系列问题，正在扭曲人类文明中的人与自然、人与人及人与自我原始生成的自然关系，颠覆了传统的自然生命神圣伦理观，引起了一系列令人忧虑的生态、环境和家庭方面的伦理问题。由此可知，人类文明的发展离不开科学技术的进步，但科学技术的发展如果离开了道德的制约、伦理的引导，就可能在科技进步的同时，导致人类文明的毁灭。有鉴于此，科技的风险正在呼唤伦理的规约。

三、科技风险的规避：构建伦理-科技的生态

科学技术的迅猛发展所带来的一系列问题要求我们重新反省和思考人类生命存在的意义，其中包括我们如何看待科技的高速发展，能否建立一种伦理-科技的生态类型？这将有助于我们思考当今时代人类所面临的看见风险与生态灾难，有助于人们确立一种尊重生命的科技观和伦理观，从而使未来的人们在充分享受科技发展所带来的方便的同时，也拥有一个和谐的人类文明。

从人类文明发展的整体来看，科技与伦理在本质上都是人类智慧的结晶，其最终目的和终极价值都在于服务于人类，造福人类。作为以人为核心的文明机体的有机构成，科技与伦理的共生共存必定有其共同的价值指向和价值原理。科技的目的在于揭示万事万物发展的规律，进而对其进行支配，属于人类个性化的行为，追求的是“事实世界”，是“实然”；而伦理作为一种真实的精神，强调的是个体向实体的回归，实现个体与实体的同一，从而达到应有的和谐，它为人们的日常行为确立价值尺度及准则规范，建构的是“价值世界”或“意义世界”，是“应然”。人类任何行为在追逐“实然”的过程中，只有想到“应然”并自觉地接受其制约，其行为结果对人类文明的实体来说才是有意义的。也就是说，科学技术的发展只有在伦理的规约、引导下，才能实现其造福人类的终极价值。

当今社会科技的高速发展引起了价值断裂和对自然控制的不确定性，使基于科技高速发展的现代社会成为高风险的社会。现代科技风险的复杂性及危害的严重性，都对科技风险的防范与治理提出了更加迫切而严格的要求。科技本身已无法承

担此重任，因为它本身就是风险的制造者，因此，规避科技风险必须构建伦理-科技的生态。

1. 个体自身的伦理觉悟是防治科技风险的前提

何谓伦理觉悟？在谈到伦理问题时，黑格尔强调，“在考察伦理时永远只有两种观点可能：或者从实体出发，或者原子式地进行探讨，即以个人为基础而逐渐提高。后一种观点是没有精神的，因为它只能做到集合并列，但是精神不是单一的东西，而是单一物与普遍物的统一。”[8]173 伦理不是个体与个体之间的关系，而是个体与他们的实体之间的关系，是单一物与普遍物的关系，“伦理本性上是普遍的东西”[8]8。因此，伦理觉悟就是一种实体意识、整体思维。伦理觉悟就是要求我们在发展科技、面对科技带来的风险时，必须从实体出发，不能进行“原子式”的探讨。这种伦理觉悟旨在唤醒人的生态回归意识，重新认识人与自然、人与人及人与自身的关系，从而改变人类中心主义的错误观点。

理性主义的盛行，人类中心主义的形成，主客二体世界的确立，使人类单子式地脱离了人与万物共生互动的实体，人成为了没有精神的“理性个体”，主客体关系代替了伦理关系。“理性个体”运用科技对自然及人自身所进行的控制变成为个体对个体的事，从而使科技行为丧失了伦理性。伦理觉悟旨在唤醒人们的伦理观，帮助人们从普遍性出发，以伦理的方式重新审视科学技术在人类文明中的作用和人的自我价值追求，这种伦理觉悟认为，人应该以生态的、整体的思维在实体中实现自身存在的价值合理性，而不是以“原子式”地驱逐个人的最大利益为价值取向，使人从以往理性的主体转变成实体中的成员，从而让人回归到一个具有共同目标、共生互动的自己的普遍性当中。

2. 伦理-科技的生态建构是防治科技风险的关键

现代科学技术所蕴涵的高风险危机，不是一般意义上的科技或伦理单方面的危机，而是整个人类文明的危机，因此完全依赖伦理的作用，力量可能会很薄弱，效果也不会太明显。规避风险、走出危机的最好的关键出路就是伦理-科技生态的建构。

生态的基本内涵是实体性或整体性，但这种实体性或整体性并不是抽象意义上的实数扩展为复数，而是以有机性和内在关联性为原则、彼此共生互动为基础的整体性或实体性。所谓伦理-科技生态，就是伦理、科技这两个“单一物”相互关联所形成的“普遍物”或实体。科学技术是人类文明发展的动力，人类文明的提升离不开科学技术的进步。伦理是普遍性，是真实的精神，是促使人类社会和谐的力量。科技与伦理都是人类的智慧，是造福人类的两个方面，但在理性主义控制世界之后，科技游离了伦理，在人类理性的操纵下，科学无孔不入地征服着一切，给人类文明带来了灾难性的伤害。伦理-科技的生态建构就是要结束两者的游离状态与矛盾冲突，建构彼此相互关联、共生互动的和谐实体。

现代科学技术发展所蕴涵的风险和人类文明所遭遇的空前困境都凸现了伦理–科技生态建构的必要性。现代科学技术的非理性运用，使之正陷入一种“无伦理”、非实体的状态。科学技术已成为人们控制一切的工具，工具理性战胜了价值理性，科技与价值的决裂最终导致伦理、科技的生态关联被破坏。“原子式”的科学实证主义的盛行，人们开始从实用的角度审视世界、控制自然，能否利用科学技术从自然界甚至人自身获取极大的利益已成为人们的至上追求。科技脱离伦理–科技的生态越来越远，致使科学技术的发展缺乏伦理的规约，给人类带来了诸多负面效应，伦理–科技生态的建构已成为当务之急，这不仅是抵御科技风险的需要，还是人类文明水平的标志。

伦理–科技生态的建构不仅是必要的，而且也是可能的。作为人类文明的基本因子，无论是伦理还是科技，都难以在文明体系中自我确证其价值合理性，只有两者共生互动、共存同一生态实体，才能凸现其价值合理性。“科学通过揭示自然的内在奥妙，给人们提供关于自然界的整体图景，以防止人们把不合理的行动投射到自然上，既避免人类实践活动的后果反过来支配人类，也有利于人类摆脱不合理的需要，实现伦理的进步，同时伦理的进步又有助于防止技术的非理性运用。”[9]380

科技与伦理的“原子式”发展，已经使人们发现失去伦理控制的科技高速发展给人类已经带来并可能进一步带来长远的具有决定意义的伤害。因此，唤醒人们的伦理觉悟，构建伦理–科技生态，既是当代人类防治科技风险的必然选择，又是人类世界实现和谐的一种思维革命。

参考文献：

[1]　乌尔里希·贝克．自由与资本主义[M]．路国林，译．杭州：浙江人民出版社，2001.

[2]　吴翠丽．科技伦理：风险社会治理的应对之策[J]．前沿，2008(12)：142-146.

[3]　安东尼·吉登斯．现代性的后果[M]．田禾，译．南京：译林出版社，2000.

[4]　田海平．环境伦理与21世纪人类文明[J]．东南大学学报：哲学社会科学版，2004，6(5)：15-19.

[5]　乌尔里希·贝克，安东尼·吉登斯，斯科特·拉什．自反性现代化[M]．赵文书，译．北京：商务印书馆，2001.

[6]　大卫·格里芬．后现代科学：科学魅力的再现[M]．北京：中央编译出版社，2004.

[7]　马丁·布伯．我与你[M]．陈维纲，译．北京：生活·读书·新知三联书店，2002.

[8]　黑格尔．法哲学原理[M]．范杨，张企泰，译．北京：商务印书馆，1961.

[9]　王雨辰．“控制自然”观念的历史演进及其伦理意蕴：略论威廉·莱斯的科技-生态伦理价值观[J]．道德与文明，2004(5).

技术风险与“非零和”合作的风险共生社会

王世进　胡守均
（复旦大学哲学学院，上海　200433）

摘　要：风险是人类社会生存和发展的内生序参量，对社会结构和功能的演化起着重要的作用与影响。在无数次风险的防范和抵御过程中，人们学会了从“零和”互动走向“非零和”合作，从简单互动到“机械关联”再到“有机关联”，构建起越来越复杂和完善的“非零和”合作共生关系。然而，前所未有的严峻的技术风险对当前的社会和制度提出了严峻的挑战。今天人们需要察觉现有社会制度和发展模式中的缺陷与弊病，将传统的以资源为中心的社会模式改变为以资源和技术风险并重的社会模式，建构起全球范围内的“非零和”合作的技术风险共生社会，对各个社会组织进行更高有序化的社会结构改革和功能提升，以适应技术风险序参量的内在要求。

关键词：风险　技术风险　内生序参量　非零和　共生社会

一、风险是人类社会存在和发展的内生序参量

风险是人类社会生存和发展的内生序参量，对社会结构和功能的演化起着重要的作用与影响。所谓内生序参量，是指产生于系统内部要素和结构的运动变化与相互作用之中，并自始至终存在且决定系统演化的过程、方向和最终结构的参量，是系统的“建序者”。一个系统有多个参量，但是序参量在其中起着支配和主导作用，这就是序参量的支配原理。一个复杂系统也可能存在不止一个序参量，它们相互之间的合作、竞争将决定系统的演化过程和结局。人类社会就是这样一个存在多个序参量的复杂巨系统，在政治系统中，以支配和占有他人为目的的统治权力是重要的序参量；在经济系统中，以追求效率为指向的科学技术是重要的序参量；在资本主义时代，以实现自我增殖为目标的资本是重要的序参量。

与其他序参量相比较，风险更是贯穿整个人类社会。在人类历史上，影响人类生存和发展的主要有几类重大的风险，分别是：生殖风险（分娩的危险性以及历史上长期的人口繁衍不足所致，形成普遍性的生殖崇拜和与之相应的婚配制度），

自然灾害风险（贯穿整个人类社会，以农耕社会为典型，先后发展出了集体采集、集体狩猎、畜牧劳作和农耕劳作，形成自然崇拜和图腾崇拜），战争风险（主要是由于自然环境给予不同种族的资源和领地并不均衡，人们为了争夺资源领地和掠夺财产爆发战争，由于只有集权化的国家才能动员足够多的资源发动战争，因此国家发动战争，同时战争又缔造国家，从而逐渐从氏族部落、城邦演化到王国和帝国，出现了复杂的军事系统、政治系统、经济系统和文化系统，形成英雄崇拜、权力崇拜），文明冲突风险（其实质是不同类型的文明的相互冲突与融合，典型表现在近代殖民主义以来，在世界历史开创过程中资本主义文明扩张导致对其他文明的侵略，产生全球性的生产和贸易以及政府组织模式，导致资本主义崇拜和原教旨主义复兴），技术风险（20 世纪开始成为重要甚至主要的风险类型，主要是由于科学技术的发明和应用而对人类生存与发展产生重大的威胁及危机，如核武器、电磁辐射、交通事故、化学毒品、转基因食物、药物滥用、职业病、工业污染和生态破坏等）。风险对社会形态演进一直起着至关重要的作用，在与权力、技术和资本这些序参量之间的协同合作与竞争中，风险是弛豫时间最长的慢变量，是主宰社会系统变迁的根本序参量。可以说，动物界是按照森林法则、优胜劣汰和适者生存的原则进行筛选的，而人类社会却按照“风险筛选”机制，只有那些经历各类风险因素，并形成各种规避、防范、抵御和挑战风险的经济、政治、军事、文化制度以及社会组织结构和社会心理的幸存者，才能最终“剩者为王”。因此，风险对于社会、文明的建构和演化有着根本性的地位与作用。

古代社会的风险类型主要是自然风险、战争风险，政权统治就是如何应对这些风险，以保障其统治地位不受动摇。由于这类风险常常是外源的、难以预测和控制以及单纯灾难性的，因此古代政治结构和政治制度主要是按照统治的逻辑而非发展的逻辑建立起统治性政权，这种政权模式通常厌恶风险，缺乏冒险性而表现出风险保守型特征。相比之下，近代西方制度在风险喜好性上要远远超过古代政治，造成这种转变主要有两个重要原因。第一，契约制度的形成。梅因在《古代法》一书中提出，西方社会从传统到近代的转变是一个“从身份到契约”的过程。这一论断充分揭示出西方社会的近代化进程。权利、自由、法治、民主等诸多近代概念只有在从身份社会到契约社会的转变中，才能得到准确的理解，正是与这些概念结合，风险才赋予了正面的价值观念，冒险才成为社会的积极价值取向，而风险意识在某种程度上也意味着自由意识、权利意识和民主意识。第二，资本制度的确立。资本力量的崛起，市场体系的成型，保险体系的培育，都有助于冒险性政权和制度的建立。资本出于逐利本性，内在地具有冒险性，建立在资本不断增值基础上的资本主义制度也必然是天生喜好风险的，当资本增值与技术革新、市场开拓、资源掠夺合谋在一起的时候，就会不断制造风险、利用风险、经营风险，从风险中获利。西方发展起来的有限责任公司、现代股份公司、股市就是这种冒险性制度的诸多安排。

资本与近代科学技术具有天然的亲和力，资本逐利（追求超额的剩余价值）推动着技术进步（资本的有机构成），技术进步又扩张着资本增值，科学技术在近几百年内，以前所未有、难以控制的速度和能力几乎向着每一个领域推进，并发挥出巨大的威力。然而，当人们进入20世纪之后，却发现在享受科技生产力带来的极大物质财富的同时，却不得不遭遇到科技带给人类的巨大风险力，核技术、基因技术、信息技术、电子技术等现代科技越来越表现出不可预测、不可控制的风险技术特征。“在现代化进程中，生产力的指数式增长，使危险和潜在威胁的释放达到了一个我们前所未有的程度”[1]。这种由科技的发明和应用带来的不明的、无法预料的威胁和后果成为个体和社会的主宰力量，威胁着个体、全人类以及整个地球，人类历史从未经历如此巨大而严峻的风险①。从某种意义上说，技术风险正是资本主义现代化过程的内生风险，是现代性和现代制度的必然产物，技术风险的序参量效应反过来也必然会对当前的社会制度、结构和功能产生重大的改革与变迁力量。

二、围绕风险的防范和抵御形成的共生关系

人类生存和发展需要两个前提：一是占有和分配资源；二是防范和抵御风险。可以说，人们之间的共生关系的形成以及社会制度的建构都与这两个重要前提密切相关。

人类总是需要占有一定的资源才能得以生存和延续。资源乃是指在一定的时间、地点、条件下，能产生某些效能，以满足人之需要者，它包括政治资源、经济资源、文化资源等物质性资源和精神性资源。资源的重要性以及相对于人类需求而言的稀缺性，使得人们形成了围绕资源的各种活动和社会关系，最终形成共生关系和共生结构。根据对资源要素的占有和分配形式，可以归结为五种共生结构：互换型、交换型、分享型、共享型和独占型。理想的共生社会应当是围绕资源形成了所谓经济共生态、政治共生态、文化共生态、人与自然共生态等各个方面合理协调，以充分满足于人性的自然的充分伸展[2]。

除了上述以资源为中心而形成的共生关系之外，还有另一种重要的共生形态，

---

① 技术风险在古代影响非常小，并且通过一些制度性政策，有效地消解了技术风险，为了维护三纲五常的礼制，严格控制技术特别是像具有强大摧毁力的青铜器的生产和发展，把许多技术列为奇技淫巧，使技术的类型和发展被限制在礼教的范围内，从而不会对统治产生根本的威胁。技术风险是20世纪以来才逐渐成为重要的风险类型，在这一点上，古代制度缺少应对技术风险这一维度，未能对今天的技术风险社会提供多少有用的参考。

那就是为了防范和抵御风险而形成的以风险为中心的共生关系①。风险对于共生关系的结构和组织的形成起着极为重要的作用。

风险促进了国家的出现。在《利维坦》一书中，霍布斯阐述了人们因要避免惨死和无边恐惧的风险，才以一种社会契约的方式组织国家与政府。每个公民放弃部分原先的无限自由，所谓的国家因此而产生。国家最高主权授予一个人或者一群人，此即所谓“利维坦”[3]。实际上，人类走向联合，依次形成了氏族—族群—部落—国家的政治形态。而氏族之所以出现联合，原因在于抵抗两类生存风险：一是抵抗天灾，二是抵抗外侮。特别像古代中国，为防止水患，许多并立的氏族非联合成一体不可。加之中原地区一直受到所谓四裔的压迫和侵扰，战争造成的生存风险不得不迫使人们为抵御外侮而更紧密地自愿加强团结合作，渐渐由氏族联合为部族，进而形成族群国家，从而形成可以防范和抵御风险的高度组织化的社会机构，最终导致权力集中和等级制度的形成，这其实是说自然灾害风险和战争风险与国家形成有着密切的关系。自然力以及武力是政治演化从自治村落到国家所需的根本动力。与此对照，古代的澳洲、太平洋上的诸多岛屿，虽然数万年前就开始有人类居住，但是，由于长期以来居住环境适宜，又与其他文明比较隔离，各类风险和冲突较少，所以一直没有发展出先进的生产力和社会组织结构。

风险促进了制度的形成、完善和变迁。制度是用以约束人们在不同生活领域内共生关系的规程、准则、法令、礼俗等规范。制度对于一个社会的稳定运行发挥着极其重要的作用，既需要制度安排对各种资源进行社会配置，又需要制度保护以维护现有统治制度的资源占有和分配方式，说到底，制度就是为各种政治社会力量的活动提供规则、平台的一种安排，以获得利益和资源而避免与防范各类风险。为了维护阶级统治的需要，任何对阶级统治不利的各种力量和行为都被视为风险而需要防范与抵御。从古代中国政治制度变迁的脉络中可以清晰地看到，政治制度的演变就是不断地将风险（新兴力量）纳入到制度安排之中，西周把相互争斗的部族消化在封建制和宗法制之中，春秋战国把新崛起的阶层吸收进郡县制国家中，隋唐把门阀政治遗弃的寒门士人消化在科举制和官僚制之中。这些不断消化、吸收、溶解和吞噬风险的制度演进，发展到最后，权力越来越集中于皇权，各种社会资源越来

① 以风险为中心的共生关系所形成的共生结构、共生机制、共生维持、共生演化和共生价值还远远未能得到充分的认识与论述。在这里，仅以双主体围绕风险而生成的共生结构作一简单的描述。这类共生结构主要包括以下四种类型。第一种类型：施受型。一方主体对另一方面制造人为风险，比如使对方遭受财产损失或者健康、生命伤害。主体1（施险者）—风险—主体2（受险者）。第二种类型：共担型。一方主体和另一方主体共同面对相同的风险，双方结合成风险抵御共同体。主体1（抵御风险者）—风险—主体2（抵御风险者）。第三种类型：互施互受型。双方互相制造人为风险，让对方承担，因此每一方既是施险者，也是受险者。主体1（施险者同时也是受险者）—风险—主体2（施险者同时也是受险者）。第四种类型：“飞去来器”型。一方主体和另一方主体制造人为风险，让对方承担，同时自己也遭受风险。主体1（施险者同时也是受险者）—风险—主体2（受险者）。

越集中于政府[4]。

三、当前社会和制度模式不能有效地应对技术风险

无论是在多大程度上沿袭古代东方的制度模式，还是近代西方发展起来的资本主义制度模式，在面对20世纪以席卷之势兴起的技术风险的时候，常常表现出捉襟见肘，穷于应付。这些局限与不足主要表现在如下几点。

（1）官僚体制本质上是风险保守性政权而非冒险型政权。官僚制是一种权力安排制度。韦伯总结了官僚制所具有的四个最主要的特征：层级制、连续性、非人格性、专业化。然而，这种机械化的科层制固然能够高效地完成既定的任务，但却缺乏应变能力，对风险有天生的厌恶性，因此具有相当大的保守性[5]。一方面，会限制和压抑正当的技术创新与技术风险；另一方面，对技术风险的负面效应又不能有效地从制度源头上进行预测、防范、抵御、规避和化害为利。其结果常常是当技术风险发生时，出现所谓“有组织的不负责任”：各种机构组织都试图通过不断地制定各项烦琐规则，从而在面临风险时，得以轻易转身。以食品监管而言，质监部门、工商部门、卫生部门在遇到“地沟油”“毒奶粉”事件时，都以“这不是我们的职权范围”竞相推诿。即使是所谓的领导负责制，其实也只是根据灾难后果实施的惩罚机制，而非风险的提前预防机制。在这种制度安排下，经济学使得技术风险可接受化，法制使其个性化，科学使其合理化，政治学又使其表明呈现出无害化。归根结底，制度内的技术风险又通过权威机构所宣称的技术风险可以被控制而最终得以合法化。从根本上说，官僚体制并没有足够的能力应付无所不在的技术风险力量，在很大程度上还是用传统的风险防范制度来应对20世纪的技术风险。

（2）人类今天所遭遇到的许多技术风险已经是全球性的，诸如核技术风险、疯牛病风险、电子产品垃圾风险、转基因食品风险、生态和环境风险，这些风险需要以全人类为风险主体共同承当和应对，但政治格局仍然是国家主权模式，各个国家为了各自的利益，不断制造风险，获得利益，而转嫁、转移风险让他国承受，技术风险并没有体现出“飞去来器效应”，在财富分配的逻辑和风险分配的逻辑共同发挥作用的时代，我们能感受到的是发达国家或地区将风险有意地向发展中国家或地区转移，而处在发展中的人们由于贫困又难以抗拒这种“危险的诱惑”。在工业领域，许多高污染、高能耗行业向发展中国家转移，使得原本全球性的风险在国家主权模式下实现了不公平的转移，最终造成全球技术风险治理的乏力和失效。国家主权模式对由跨国公司制造出来的技术风险也往往缺乏有效监督、监管和惩罚。同时，在国家主权模式下，随着技术竞争的国际化，必然会出现技术风险防范与技术发展的二难悖论，通常的情形是，为了不落后于国际技术发展而导致政治、经济和军事上的损失，而不得不有意忽视或忽略技术的风险考虑。事实上，只要有一个国

家不禁止克隆技术，那么全球克隆技术试验就不会因为担心技术风险而全面放弃。

（3）一些制度安排导致风险防范的成本过高却又效率偏低。在技术风险社会中，要求政府替民众防范和化解风险，这必然增加政府的服务成本①，而这个成本只能通过税收的形式最后将分摊在民众头上，过高的风险防范成本迫使民众纳税繁重却难以享受福利社会的好处。由于技术风险后果的责任追究，因此，各个风险责任主体都想方设法地通过提高风险防范成本，以规避技术风险或者降低技术带来的其他风险损失，同时根据权责关系，利用权力将成本转嫁出去，最终导致风险防范的社会成本过高。以现代医药技术为例，医生为了降低风险，常常借助各种检测仪器，采取低效高费用的排除法查找病因。有些制药公司已经放弃了一些药品的研制工作，仅仅是因为要获得这些药的安全许可证所需花费的测试费用超过了其预期利润。另外，根据后果纠错的制度改进所表现出的滞后性常常带来纠错成本过高，在工业治污领域表现为风险的末端治理模式。

（4）资本主义制度下过度关注经济增长和财富增长，使得技术风险也以经济主义的方式被加以理解。在这种发展观下，技术风险成为经济问题，“经济优先性占据了前台。它们的要求扩散到所有其他的问题上。”[6]特别是以经济的眼光看待技术风险，得到了政治行动的默许、引导和鼓励，即使是确认某些行为事件存在技术风险，在政治行动中以经济补偿的方式来“消除”风险也显得比较容易。但是，经济中心主义不但不能降低风险，而且常常成为许多技术风险的直接制造者。例如，保险制度就是以经济补偿的方式对付技术风险的，但实质并没有消除技术风险，反而在某种程度上纵容了技术风险，如交通事故的不断发生。特别是现在的制度仍然建立在盲目追求“恶的GDP”增长之上，导致技术风险被视而不见或者为了追求经济增长而故意加以庇护。以高污染高能耗企业生产为例，招商引资对于政府而言有丰厚的税收，对于生产企业而言有丰厚的利润，工人和当地居民却不得不承担企业生产所带来的技术风险，如噪声、工业“三废”排放污染。

（5）专家系统并不能有效地化解风险。许多人认为，风险时代至少还有一个权威，那就是科技专家。然而，技术风险的特性区别于自然风险和战争风险的外源性与不可知性，恰恰相反，正是由于科技试图更加精确地控制和计算，才反射出自身的不确定性，它以一种悖论的方式在不断生成和被制造出来。技术风险的防范和化解并不能依赖于科技专家，他们往往在风险认知上存在相互矛盾的主张和观点，并且科技专家在回答哪种风险是可以接受的、哪种是不可以接受的时，并不比普通百姓更为睿智。事实上，技术风险的本性会让科技专家们变成赌徒，他们在开始研究前，并不一定知道会发生什么，比如，只有通过进一步的核试验，才能更多地了

① 《新京报》曾经报道，温家宝总理回答网友提问时说，一个三鹿奶粉，我们付出了很大的代价，普查了受到奶粉影响的儿童达到3000万人，国家花了20亿元。

解核技术的功能和原理；只有通过进一步的克隆试验，才能更好地找到生物技术的理论和假设。科技专家只有在不断制造技术风险的过程中，才能了解技术风险；只有在制造大的错误中，才能避免小的错误，这或许是技术风险时代的科技专家系统的重大缺陷吧。

四、构建“非零和”合作的技术风险共生社会

马克思说：“社会——不管其形式如何——是什么呢？是人们交互活动的产物。”[7]如果把人与人之间的交互活动比做游戏，那么可以分为两种基本的类型：“零和”游戏和“非零和”游戏。

在零和游戏中，参与者的机会成相反相关，比如各种球类、棋类或拳击比赛，一个人的收获就是对手的损失，其收获和损失正好正负相当，和为零。零和游戏多为资源总量一定的情形下的分配博弈。在非零和游戏中，参与者的收获和损失的总和并不为零。一般存在两种情况，一种情况是收获总和大于零，另一种情况是损失总和大于零。对于二者参加的非零和游戏，其结果常有四种：“一荣俱荣、一损俱损”的“双赢”，“两败俱伤”，“一方得大利，另一方面吃小亏”，“一方吃大亏，另一方面得小利”。在人类社会生活中，多在严格制定了竞争性游戏规则的情况下，才有完全意义上的零和游戏。而在实际生活世界中，人们的相互交往多为非零和游戏，非零和游戏主导了人类行为的重要特征。甚至罗伯特·赖特认为，“非零和”是从生命到社会结构再到科技文化演化的“生命力”[8]。尤其在今天的风险共生社会中，社会总是偏向选择非零和游戏，这是因为当风险来临时，各方都会遭受风险的损失，那么选择合作是最佳的方案。事实上，在共同面对风险的许多“非零和”游戏中，如1970年当阿波罗13号上三名太空人设法要使孤立无援的太空船回到地球，以摆脱集体死亡的风险时，他们所参与的就是一场彻底的“非零和”游戏，因为游戏结果会对所有人有利，或者对所有人不利，幸好最终结果是对所有人有利。

在基因层面上，生命体就有趋利避害的天性，对资源的占有和风险的规避正是趋利避害的两个方面的表现，由于人们的基本利益常常是一致的。开发资源时，显然合作开发比单独开发至少在两个方面更为有利，一是合作开发能够收获更多的资源，二是合作开发可以降低开发资源所遇到的风险，所以会倾向性地选择合作。例如在古代，共同捕猎大型的凶猛动物，就是两方面共同考虑之下形成的非零和合作关系。由于风险是人类天性中所偏恶的（这里是从总体而言的，并不排除人类当中也有对风险喜欢的，即喜欢冒险的一面），因此，对于风险，各方都会有防范、逃避的倾向。由于合作能够降低和分散风险，因此，也容易导致“非零和”互动关系结构。

集体理性的提高也会促进社会更多地非零和合作。个人一般会按照个体理性去

追求利益最大化或者风险最小化，这是个体理性的逻辑。但是社会要生存和发展，不能完全依照个体理性的内在驱动，会逐渐形成符合社会整体利益最大化和风险最小化的集体理性，一个社会的集体理性高低表征了这个社会共生关系的发展程度。追求共赢是集体理性的最佳结果，在著名的“囚徒困境”中，就是因为个体理性占上风而排斥了集体理性，导致无论是对每个单方，还是对整体而言，都是非常坏的结果。因此，一个社会如果听任缺乏集体理性约束的自发个体理性的驱使，将会使集体处于不利情境中，陷入“公共用地”困境之中，社会可以通过多次博弈或者增加外在道德和法律的力量，使个体采取集体理性进行合作。保险制度就是一个较为成功处理财产损失的集体理性的结果。每个个体能够超越个体的偏见，从而走向联合，建立风险分散制度。风险分摊得越大，对牵涉其中的所有人所承担的风险就越小。今天在全球化过程中，风险往往也是全球性的，各个国家或地区的人们只有共同联合起来，才能有效地防范和抵御风险。正如《孙子》中所言：“吴人与越人相恶也，当其同舟而济，遇风，其相救也，若左右手。”

人类社会的发展总体会走向非零和共生社会，人类社会演化的方向是朝着越来越扩大的非零和互动。随着历史的演化，越来越多的人一起参与非零和游戏，相互信赖和依赖的范围随之扩大，社会复杂性的深度和广度同时也随之增加，共生关系也将从根本上得到优化。在今天，技术风险已经成为悬于人类头顶之上的“达摩克利斯之剑”，技术风险带给人类的生存压迫越发严峻，人类这个“共同的命运所组成的共同体”必须要努力建构起“非零和”互动的风险共生社会，实现从以资源为中心的社会建构转向以资源和技术风险并重的社会建构①。

一个以资源为中心的社会，必然有形成围绕资源运行的一套机制，一个以风险为中心的社会，必然有形成围绕风险运行的一套机制②。今天，人类已经进入了资源相对冗余的时代，因此降低了人们对资源匮乏带来的生存风险的担心，而与此同时，随着技术活动所造成的技术风险对人们生存带来越来越大的威胁，迫使人们不

---

① 德国社会学家乌尔里希·贝克曾经提出风险社会理论，他指出，他的风险理论是以资本主义工业社会为探讨基础的，现代国家所要面临的首要问题已经不是物质匮乏，而是风险前所未有的多样性以及所造成结果的严重性，物质分配已经不再是主要难题了，而风险分摊的逻辑才是所有国家必须费尽心思要解决的问题。事实上，贝克的说法更多的是一种逻辑的结论和可能的趋势，还不能完全适合当前的现实，目前人类面临着资源匮乏和技术风险的双重困境，二者几乎同等重要。

② 简单地以足球为例，在2010年的足球世界杯比赛中，可以看出，传统上习惯全攻全守的荷兰国家队以及长于进攻而短于防守的西班牙国家队都属于将如何尽可能多地获得资源（得分）为主要考虑以安排阵型的球队，然而这种考虑面临虽然进球多但失球也多而被淘汰的风险。这次世界杯，这两支球队都改变了以往的以进攻为主的打法，改成了典型的防守反击。最终结果出人意料的好，两支队伍竟然都进入了最后的冠亚军决赛。事实上，上一届的冠军意大利队最擅长的也是打防守反击，这充分印证了防守反击是输球风险最小的一种打法，同时还能赢得机会进球，是一套以防范输球风险为中心的机制，将成为今后球队发展的主要模式。这种以围绕风险运行的设置和机制已经在社会各个领域与活动中越来越多地表现出来。

得不进行一个社会结构的巨大转换，即从以资源为中心的社会建构转向以资源和技术风险并重的社会建构，它牵涉到资源与技术风险的开发、利用、分配和消耗以及二者的互动关系。这种社会结构、制度和运行模式的变迁首先需要人们的价值观念的根本革命。以公正为例，在资源为中心的社会价值观下，传统的不患寡而患不均或者按劳分配都是公正的资源分配观念，但是技术风险的分配就不能照搬照抄这种公正理念。可以说，传统政治理念考虑得更多的是善的问题，如何达到尽善，而在技术风险社会，将会更多地考虑恶的问题，如何避免极恶。技术风险社会使得技术风险的制造、分配和消除成为具有哲学高度的社会公正问题。要知道，日常生活的技术风险往往不是我们自己使用科技造成的，而是别人在享用科技便利与乐趣时带给我们的（当然，情况也可能是我们使用科技的便利而带给他人死亡的风险）。因此，如何使用科技并不仅仅在于个人需求，而是指向了社会性的道德法则。它要求科技不能仅仅被攥在科学家以及操纵科学家工作并控制其研究成果的那些人手里，公众理解并以各种形式参与科技活动已经十分必要。在美国，曾经有一个著名的集体研究网络的例子：美国的某个地区的民众发现当地儿童的白血病发病率很高，而且疾病的蔓延呈现出地区特点，一位母亲通过和病人家庭的交谈认为，白血病的扩散和该镇的水源有关，于是让政府官员测试水质，可是被拒绝了，后来这位母亲和亲属们还有科学家共同参与建立起了一套白血病患者的病例，并起诉到法院，最后企业支付了赔偿金，并推动联邦政府制定了巨额罚金的法律。另外，在荷兰、丹麦、奥地利、德国、挪威和捷克等国家，还建立起了旨在提供人人都能参与的、增加公众获取科技知识的机会、提高公众科技意识的“科学商店”。它们通过开展、协调和总结有关社会与技术问题的研究工作，回答社团、公益组织、地方政府和工人提出的具体问题。在众多的科学商店中，荷兰的这套系统成功地帮助环境保护主义者分析工业污染源，以及帮助工人评价新的生产程序的安全性和利用价值。这些都可谓人们面对技术风险而采取的一些共生途径和方法，形成了特定的共生关系和共生结构，然而，对于真正建构和谐的“非零和”合作的技术风险共生社会，这些仅仅是开始，人类社会无疑任重而道远。

参考文献：

[1][6]　乌尔里希·贝克．风险社会[M]．南京：译林出版社，2004：15，279.
[2]　胡守钧．社会共生论[M]．上海：复旦大学出版社，2006.
[3]　黄仁宇．资本主义与二十一世纪[M]．北京：生活·读书·新知三联书店，1997：216.
[4]　刘建军．古代中国政治制度十六讲[M]．上海：上海人民出版社，2009：24.
[5]　邓学平．制度的隐蔽逻辑[J]．读书，2007(9)：12-16.
[7]　马克思，恩格斯．马克思恩格斯选集：第4卷[M]．北京：人民出版社，1995：532.
[8]　罗伯特·赖特．非零和游戏：人类命运的逻辑[M]．上海：上海人民出版社，2003：序言．

论纳米技术共同体的伦理责任及使命

赵迎欢[1]　宋吉鑫[1]　綦冠婷[2]
（1. 沈阳药科大学社科部，辽宁 沈阳　110016；
2. 沈阳工程学院，辽宁 沈阳　110136）

摘　要：以追问纳米技术的伦理问题为起点，在探寻纳米技术对健康、环境、生态、社会影响的同时，指出纳米技术共同体的伦理责任及责任的本质，强调纳米技术共同体的伦理责任非传统的义务论，而是融合美德伦理的现代责任伦理；使命是高于一般责任的具有战略目标的一种高尚的伦理精神，是一种价值观，其本质是发展伦理观。

关键词：纳米技术共同体　伦理责任　现代责任论　使命

纳米技术是综合了物理学、化学、生物学和信息技术等诸多学科的汇聚技术。纳米技术的应用范围伴随纳米科学和技术的发展迅速扩散，它不仅在材料科学和技术领域引发新的变化，而且在医学、药学、食品和化妆品等领域被广泛地应用。从20世纪90年代以后，一大批纳米产品在市场上广为应用，但是，随之而引发的社会和伦理问题也越来越引起科学家、哲学家、伦理学家、政策制定者和管理者的广为关注。在经历了“纳米”的喧嚣之后，人们开始冷静地审视纳米技术可能的和现实的风险，并透视这些风险背后的伦理责任及技术主体的使命。

一、追问纳米技术的伦理问题

伦理关联人们的行为规范及为什么如此行为的道理。伦理学的实践品格决定了技术的应用过程与伦理及伦理问题密切相关。纳米技术是在纳米尺度空间（0.1～100nm）研究物质（原子和分子）的物理和化学特性及它们之间的相互作用，以及利用这些特性改造物质的多学科的科学和技术。纳米技术的应用以纳米材料的应用为主要表征。由于纳米粒子具有极其微小的特征，比表面积的增大使得粒子的活性增强，因此在许多领域的应用中都表现出新奇性的特点，如纳米机器人的定点给药，可以用来治疗糖尿病。纳米技术的积极效应毋庸置疑，但我们对纳米技术的负面影响也不容忽视，其主要的负面影响表现在两个方面：一是伦理问题；二是社会影响。

伦理问题在各种伦理关系中加以表现。人类的伦理关系基本上是三个内容，即人与人的关系、人与社会的关系和人与自然的关系。伦理问题在上述三者关系的表现方面主要是纳米粒子对人的健康的影响、对环境和生态的影响、对社会的影响。

纳米技术对人的健康的影响主要表现为一种风险的不确定性。开发纳米技术和产品的初衷是为人类的健康服务这样一个善良的目的。然而，事物的两重性告诉我们，纳米技术及产品的健康风险同样不可小视。纳米粒子对健康的风险主要涉及三个方面：一是对研究纳米技术产品的职业行为者健康的影响和危害，如职业人员，其根源是纳米粒子的不可见性和劳动保护的缺失；二是对使用纳米材料和产品的人员的健康的影响，如纳米化妆品的使用，其根源在于纳米粒子的毒性和高摄取性；三是对生活在纳米材料生产企业周围的居民的健康的影响，其根源在于纳米粒子在空间的弥漫。纳米粒子对环境和生态的影响主要表现在四个方面：一是对大气环境的影响，由于粒子的不可见性，在空气中弥漫的浓度极大，乃至对人的健康产生危害；二是有关纳米粒子废物的处理和填埋，在地下水中会形成垃圾场；三是由于纳米粒子在土壤中迁移的速度极快，粒子的毒性蔓延；四是制造过程中容器清洗得不彻底造成的交叉污染，其根源是由粒子的特性决定的。伦理问题的实质是安全和可持续问题。纳米材料及制品对社会的影响，或者说引发的社会问题主要有两点：一是关涉到人的权利的“隐私”保护问题；二是关涉到纳米技术资源利用的社会公平和公正问题。其根源正如国际信息通讯技术伦理问题研究专家尤瑞恩·范登·霍文（Jeroen van den Hoven）教授所指出的：“‘隐私’是关联纳米技术的开发和应用一起被讨论的主要道德问题之一，纳米技术结合并整合了包括信息技术在内的不同技术。无形的射频识别芯片（RFIDs）、集成电路、标签、纳米灰尘、分子（生物）传感器、可记录的服装、智能的织物、薄膜以及智能表面，会以它们的方式进入世界各地的零售、供应链、医疗保健、物流、店铺和仓库、刑事司法和安全领域。因此，通过这些信息技术的应用，纳米技术将引起一整套‘隐私’问题。”[1]“隐私”侵犯关涉权利，它不仅是法律议题，更是伦理议题。对信息资源的利用、纳米产品的使用、在医学和药学方面对健康的作用与影响等，也都涉及社会的公正问题。

二、纳米技术共同体伦理责任的本质

技术共同体的概念是比照科学共同体的概念建构的。“科学共同体是指科学家在科学活动中通过相对稳定的联系而结成的社会群体，是集体科学劳动的一般社会存在形式。”[2]那么，对应科学共同体的基本概念，我们给纳米技术共同体一个较为明确的定义，即纳米技术共同体是指从事纳米技术的研究和应用活动中通过相对稳定的联系而结成的社会群体，是集体从事纳米技术劳动的一般社会存在形式。探索纳米技术共同体的伦理责任首先必须准确地把握其本质。

谈到责任，在传统义务论中把它等同于义务，即对人们行为准则的规定，哪些应该做和哪些不应该做。从形式上看，表现为规范的约束性。道德责任是社会对个人的一种规定和使命。马克思说过："作为确定的人，现实的人，你就有规定，就有使命，就有任务。至于你是否意识到这点，那都是无所谓的。这个任务是由你的需要及其与现存世界的联系而产生的。"[3]责任是在个体与外部世界的关系中产生的，关系的存在是责任建立的前提和基础。纳米技术共同体的伦理责任同样是从事纳米技术实践的主体在各种伦理关系中表现出的特性。伦理责任的存在与面对伦理问题的解决紧密相关，换言之，也正是因为伦理问题的存在决定了在客观上对这些伦理问题负责的主体责任的追问，才得以使伦理责任建立。随着纳米技术的应用和伴随未来的伦理问题的出现，纳米技术共同体的伦理责任主要表现为对伦理问题的解决负责。谁负责，负什么责任，怎样负责，将构成纳米技术共同体伦理责任的重要因子。对纳米技术的炒作、狂热和误导将导致新一轮的技术异化。对纳米技术共同体伦理责任的研究，首先应该对纳米技术带来不良后果的责任主体加以明晰；其次，责任清晰；第三，责任缺失的对应处罚明确。

伦理责任又是一种"元责任或元任务责任"，这同样是现代美德论对伦理责任的内在约定。对"元责任"的理解主要有三个方面：一是初始责任，由角色和岗位先赋的某种义务；二是核心责任，即在诸多原初责任中找到起核心作用的责任；三是与行为后果相联系的应该负的主要责任[4]。纳米技术共同体的责任在某种意义上也可以认为是"元责任"，其主要含义有三点。一是不同岗位和职责对应的责任。如科学家的研发责任，尤其关注纳米技术的不良社会后果，以自己的学识尽可能降低负面影响；如管理者责任，在纳米技术产品的安全评价方面负有管理条例的制定、颁发和监管责任。二是纳米技术共同体主体间的联合责任。这个理论涉及责任分配问题，它既需要明晰责任主体，也需要明晰具体责任。如纳米技术产品的环境影响和劳动保护，需要通过管理者行为对各项管理规范和制度加以完善。可见，在不同的纳米技术实践中，主体责任的权重是有差异的，因此，核心责任也由此会得以明确。三是原初责任中的主要责任。任何事物都包含着事物的主要方面和次要方面，对纳米技术共同体而言，在诸多的先赋责任中同样具有矛盾的主要方面。例如，纳米技术共同体中的科学家具有研发责任，并不能因为纳米技术产品的某些负面性就裹足不前；科学家要兼顾各个方面的责任要求，加强对技术产品安全性的评估，同时也要加强与公众的交流和对话，帮助和启发纳米技术产品的使用者提升自觉防范意识。

从现象上看，纳米技术共同体应该对人类健康负责、对生态环境负责、对人类的未来和发展负责乃至对社会的进步负责。而从本质上分析，纳米技术共同体的伦理责任应该揭示各种责任现象的根源和实质，指出决定这种责任存在和履行的内在根据，并找到根本规律。这是因为本质是事物内在的规律，是事物发展的内在的质的规定性。关于本质的理解，黑格尔（Georg Wilhelm Friedrich Hegel，1770—1831）早有论述。他在《小逻辑》中曾经指出，本质应该有三个方面的内涵。一是“根据是内在存在着的本质，而本质实质上即是根据”。二是“凡是一切实存都存在于关系之中，而这种关系乃是每一实存的真正性质”，“关系是自身联系与他物联系的统一”。三是“规律是本质的关系”[5]。依据上述关于本质的规定人们可以知道，本质是“实存”的根据，本质与现象具有同一性；本质通过关系加以揭示；本质与规律是同等的概念[6]。因此，人们理解事物的本质往往表现在两个方面，一是相对于自身的存在和发展揭示其内在的特殊规定性，二是相对于其他事物揭示它们之间的本质区别。依照这种理路，考察纳米技术共同体的伦理责任可以得出这样的结论，即纳米技术共同体的伦理责任的本质是从义务到美德的升华，根本是美德。这或许也是现代责任论的核心所在。

现代美德伦理主要包括以下主要特征：一是理论关注的中心是“行为者”，而不是单纯的“行为”；二是关心人的“在”状态，而非“行”状态；三是强调“我应该成为何种人”，而不是“做什么”；四是采用特定的美德概念，而非义务概念[7]。责任理论研究在今天已经超越了传统义务论的概念，融合了美德论伦理学思想。主体责任从理论上渗透着美德伦理。

对于任何一项实践活动，人都是决定性因素，这是由人的主体性决定的。人类的目的在某种意义上决定实践的目的和事物发展的方向。当然，实践主体也就理所应当地成为目的的确立者、导向者和实施者。美德伦理学的代表人物是西方的亚里士多德。他认为，美德是一种向善的力量、人所具有的优秀品质或品性。这种品质是通过行为加以体现的。在这样的基点上，笔者认为，纳米技术共同体的伦理责任将超越义务伦理或者规范伦理，绝不仅仅强调主体应该做什么，还要着眼于主体优秀品格的塑造和追求。由此，在责任机制上产生一个飞跃，即主体道德行为表现的自觉[7]，实现追求利益与履行责任相统一。可见，纳米技术共同体的伦理责任融入义务论和美德伦理观，是现代伦理学的崭新视角。而现代责任论是纳米技术共同体伦理责任的本质，因为它旨在强调技术主体责任的自觉履行和品格塑造。

三、纳米技术共同体的使命

使命，从词源学意义上讲，主要有两种含义：动词的意思是派遣、差使；名词的意义指任务、责任。今天，人们多以使命来比喻重大的责任。

事实上，对使命可以有三点理解：一是将其与责任等同，认为是一定社会角色所赋的责任；二是作为一种观念，即从战略目标上分析得出的价值理念；三是对一种角色的形象的规定。本文中将使命作为对责任的超越，显然并没有在第一层意义上单纯地理解成责任，而具有战略目标的理念和价值观的理解是使命的根本要义。使命在某种意义上也可以认为是一种责任，但使命又是高于一般责任的价值选择，它具有战略性和行动性。使命是一种价值取向和定位，它代表主体行动的目的、方向和高尚的精神理念。使命又是主体行为导向的动力，反映主体负有的一种重大责任。使命并非一成不变，它是一个历史范畴、动态概念，在不同的时期，其具体含义的内容不同。使命是发自主体内心深处的一种自觉意识。

使命是一种伦理精神。"在高技术伦理实践中的核心伦理精神不仅是信念和良心，而更重要的是科学家的责任。高技术实践主体的责任意识是高技术与伦理实践统一的更为重要的伦理精神。"[8]在这样的基点上，我们更倾向于认为，纳米技术共同体的使命是一种高尚的伦理精神，是人们行为的动力和源泉，是决定人们行为选择的价值观。如果在本质上探索纳米技术共同体的使命，我们认为其本质是一个价值取向和价值判断问题。

如前所述，纳米技术共同体伦理责任的本质是融合美德伦理的现代责任论，那么，我们在对使命认识的基础上，也可以说使命的本质是技术主体具有的发展伦理观。

责任伦理观在生态学意义上与发展伦理观具有本质上的同一，二者都是将个体的人作为主体，将自然、人类社会作为客体，强调主体的个人对自然、人类社会应负的社会责任。但是，责任伦理观更加突出的是主体人的道德觉悟和一个道德意识，在某种意义上说，责任伦理观在道德意义上更加具体地规定了人的责任和义务，具有直接的实践意义。而在使命中则重点强调发展伦理观，即科学和可持续的理念。任何一个时期或阶段，主导的伦理观念都会随着外界的变化表现出不同，纳米技术共同体的主导价值观念理应由技术引发的问题及解决问题的动向趋势决定。发展伦理观的主旨强调发展，发展不是盲目的，而是可持续的发展，是科学的发展。可持续的发展和科学的发展是纳米技术共同体使命的本质反映。

哲学基础的探寻是构成发展伦理观的认识根基。尽管众所周知发展伦理观的根本要义是强调"发展"，然而，怎样发展和怎样科学地发展，是哲学上探究发展伦理观的突破点。发展伦理观从回顾人与自然关系的哲学反思切入，同时，通过经验的累积和教训的汲取，探寻并得出"科学的"和"和谐的"发展是人类发展的必由之路的结论。

作为世界观和方法论的哲学是关于人们对世界与思维认识的根本观点，而自然观作为人类认识人与自然关系的基本意义的观点，从古至今一直在哲学领域中占有十分重要的地位。从人类对"万物的始基"这一本原的探索，到对微观世界的构成的研究，人类在对自然认识的道路上艰苦跋涉，创造了一个又一个奇迹。回首几千年的世界文明史不难看出，人类每前进一步都不能离开科学技术的作用和深刻影响，而科学技术作用的直接对象就是自然。自然在成为人类生存和发展依托的同时，也成为人类利用和改造的对象，同时，还成为承载人类利用科学技术作用于自然的后果和影响的客体。如果从人与自然关系的视角探寻自然在世界中的地位，我们可以毫不犹豫地得出这样的结论：自然与人类唇齿相依，人与自然协同一体。

“协同一体”不等于“和谐一体”。正是因为这样，才有了我们文章探索和研究的意义。如果我们把“协同一体”看成一种“应然”，那么，“和谐一体”就可以被认为是一种“实然”。提出这样两个概念，并非头脑中的猜测和妄想，而是从实践的考察中得出的一种认识。

在“应然”的视阈内强调“协同一体”，说明人与自然的一种“静态关系”，它的主旨在于强调自然与人类生存的不可分割性；人类的物质生存基础与自然的供给息息相关，人类的发展与自然的进化也协同一致，换言之，人类的发展与自然具有时间箭头的一致性。在“实然”的视阈内强调“和谐一体”，说明人与自然的一种“动态关系”，其要义说明了人与自然之间在发展关系上存在事实上的“不和谐”，也正是因为有“不和谐”存在，才促进了人类的反思和对人与自然关系的重建。

“不和谐”在某种意义上可以被看做人与自然关系在发展过程中的“科学问题”。从远古文明和农业文明时期人与自然关系的“和谐”追求与向往，到工业文明时代人类的主体性的张扬，科学技术在其中扮演着重要的角色和发挥着积极的作用。从近代人类中心主义认为的“非人类存在物只具有工具价值，不具有内在价值”[9]的认识，到现代人类中心主义认为的“自然没有内在价值，一切以人类的利益和价值为中心，以人的根本尺度去评价和安排整个世界”[10]，从而使人与自然之间的关系出现了裂缝和鸿沟。认识上的裂痕导致行为上的偏颇，使得人类在与自然处理关系的过程实践中，抛弃了人类对自然和万物的道德责任。

然而，任何事物的发展总是物极必反。随着时间的推移和“不和谐”问题的出现，人类在面对现实的同时，反思自己的思想和行为，寻求克服思想的偏见和解决“不和谐”问题的对策。但是，可惜的是人类在探索发展的道路上，并没有找到适合的进路，而是从一个极端走向另一个极端——“非人类中心主义”。从否定自然的内在价值，人类对自然的道德责任步入崇尚和夸大自然价值的误区，而限制了人类自己发展的手脚。

“非人类中心主义”在为自然高唱赞歌的同时，极力推崇自然万物的价值和尊严。非人类中心主义者将人类社会的意识形式，如“平等”“权利”“尊重”等，毫无保留地赠予动物、大地和生态系统中的万物，认为“动物理应与人类同样享有道德上的平等”，“人类应该尊重动物的生命权利”，“动物以及自然万物都应该按照非工具性质对待，每一种生物都与人一样享有同等的价值”等。在非人类中心主义思想的引导下，科学技术似乎被束之高阁，药物的动物试验也开始重新讨论，素食主义者受到赞赏，甚至人类的一些基本生活方式也受到挑战和反思。一时间，许多人类的社会意识现象和概念受到质疑，工具价值、理性、尊严、平等乃至权利，包括人类的道德，这些在非人类中心主义的视阈下该怎样重构？人类又该如何以科学的理性选择和处理人与自然的关系？难道人类的基本生活的需要也会构成对动物的“残忍”和对大自然的“破坏”吗？

人类中心主义和非人类中心主义作为两种极端对立的思想，对人类正确地处理人与自然关系起到了不利的影响，使人们对发展的认识曾经走过许多弯路。今天，经过教训总结和深刻反思，我们找到了一条科学发展之路。

如上可以看到，纳米技术共同体的使命首先应该是科学的使命。并不能因为看到纳米技术成果的风险，就在纳米科学的研究进程中止步不前。纳米技术伦理问题及风险的存在是客观的，但不能因此而降低纳米科学技术的作用。其次，是对人类健康负责的使命。最后，是对环境和生态负责的使命。在上述三者中，纳米技术共同体对环境和生态的保护同时也实现着对人类健康与社会发展的维护，这是由在客观上人类与自然的依存关系决定的。在这些方面，我们可以充分看到发展的视角，因为它的视野不仅在对当前负责，更重要的是对人类发展的长远负责。对长远和未来负责才是纳米技术共同体使命的真诚意义与真正意义，在某种意义上也可以说，纳米技术共同体使命的旨归在于，以“中道”的立场推动和促进人与自然及社会的“和谐”发展。这正如“当下思想在审慎（Epoche）中获得明辨的力量，它不再迷惑于眼下哲学的假象，转而感激智慧的言辞，承认和赞同智慧之言所给予的思”[11]。发展伦理观和科学的、可持续的发展观都是哲学在当下的思想进路，它以智慧的力量超越林林总总的传统思想，开启一个将一般伦理责任通向使命的崭新境界。

纳米技术共同体的使命同样反映了科学的精神气质和科学精神。纳米技术共同体对责任的担当正是技术主体的责任感和科学精神的展现。肩负责任和使命的技术主体定会在实践中实现造福于人类的善良目标。“科学家在研究工作中离不开哲学”，“与科学相关的哲学要素已经深深地渗透和融入科学的世界观、预设、自然图像、思维模式、方法、图式、概念框架、公理基础之中，科学家有这些现成的锋利‘工具’对付和破解他们面临的许多难题”[12]。当然，美德不是与生俱来的，而是后天训练的结果。纳米技术共同体对责任和使命的肩负不仅需要热情，更需要理性。

参考文献：

[1]　Jeroen Van Den Hoven, Pieter E. Vermaas a Nano-Technology and Privacy: On Continuous Surveillance Outside the Panopticon[J]. Journal of Medicine and Philosophy, 2007, 32(3): 283-297.

[2] 陈凡,赵迎欢．论基因技术共体的社会责任[J]．科学学研究,2005(3):325-329.
[3] 马克思,恩格斯．马克思恩格斯全集:第3卷[M]．北京:人民出版社,1979:329.
[4] Jeroen Van den Hoven. Engineering: Responsibilities, Task Responsibilities and Meta-task Responsibilities. Delft University of Technology, The Netherlands, 2009-7-23 conference, http://www.ethicsandtechnology.eu,2009-12-01.
[5] 黑格尔．小逻辑[M]．北京:商务印书馆,1980:247-326.
[6][8] 赵迎欢．高技术伦理学[M]．沈阳:东北大学出版社,2005:63.
[7] 龚天平．德性伦理与企业伦理[J]．伦理学,2009(10):54-60.
[9][10] 刘大椿．自然辩证法概论[M]．北京:中国人民大学出版社,2004:112,113.
[11] 贺伯特·博德．通往当下思想的路[J]．戴晖,译．江海学刊,2007(6):18-21.
[12] 李醒民．科学家及其角色特点[J]．新华文摘,2009(20):120-123.

STS与工程伦理学的关联性分析

曹东溟　吴俊杰
（东北大学科技与社会研究中心，辽宁 沈阳　110819）

20世纪60年代开始，人们对于科学技术的飞速发展及其负面效应所产生的恐惧在西方学术界无独有偶地产生了两个新的学术领域：STS和工程伦理学。其后的几十年间，这两个学术领域的发展时时地勾连在一起。本文从STS与工程伦理学的研究起源、基本立场以及研究方法论的关联和互补等几个方面进行分析与研究。

一、学术缘起的同源性与现实发展的勾连

以美国为例，美国工程专业委员会最早提出伦理规范是在19世纪，但是公平地说，工程伦理学真正的发展是在20世纪下半叶对于技术带来的危险的关注日益增长的时期。第二次世界大战中原子弹的使用、三里岛事件等在媒体和大众中间对于技术对人类的影响作用产生了广泛的关注。同时，一些社会批评家、工程师专业协会以及大众媒体也开始质疑处于这些灾难之中的工程师。他们仔细审视工程师的行为，并提出在工程师行为和他们与雇主及客户的关系两方面都存在大量的问题。在这种情景下，似乎清楚地表明应该对工程师的专业责任给予更认真的重视。就这样，工程伦理学作为一个学术领域，于20世纪80年代早期应运而生[1]。STS方面，根据大卫·艾杰（David）对STS理论的回顾与展望，STS的研究主题的凝聚主要源于以下几个方面：一是从20世纪60年代中期开始，人们对科学成指数级的扩张和发展的恐惧；二是对当时欧洲理科教育的“太过狭窄”或者说“太过专业化”的忧虑；三是由于对战争以及军事技术拥有无限制的权利的恐惧，从而导致的对科技发展需要“民主的推动力”的强烈诉求[2]。可见，STS与工程伦理学在产生根源上的共同之处都在于对科学技术的快速扩张和发展，从而对社会产生超乎人们想象的各种作用和影响的情况下，人们开始要求对其进行反思、关注以及希望能够找到对其加以控制和干预的理论依据的不同路径的选择。

现实中STS和工程伦理的关联性则集中体现在世界各地的理工科教学实践当中。以STS教育为例，其思考的核心问题是：我们该作出什么样的努力，才能让未来的科学家和技术专家融入社会呢？我们应该进行什么样的教育，才能使他们应对

在未来实际的工作岗位上必定会遭遇到的复杂的社会难题和伦理难题呢?[3] 工程伦理学同样致力于这样的目标。在 2000 年,美国工程和技术认定委员会(ABET,Accreditation Board for Engineering and Technology)规定,如果一个机构想要获得认定,必须达到十一项要求,其中之一就是他们的学生必须理解“职业伦理责任”[4]。这一规定引发了工程伦理学的新的发展。随着这一领域的成熟,工程伦理学者和教师关注的范围与主题开始扩展。除了工程师的职业伦理道德和商业实践之间的关系依然被认为是至关重要的,学者们也开始透过新的透镜和在新的领域思考工程的伦理意蕴,诸如“公众理解工程”和“设计的价值负荷”等主题都在逐渐增加进来[5]。

发展到目前,STS 与工程伦理学的关系更趋紧密。许多大学的 STS 教育课程的主要内容实际上就包括对学生进行科学技术或者工程伦理学的教育。

二、STS 与工程伦理学基本立场上的关联

工程伦理学者早已认识到,工程伦理实践具有复杂性。在工程的设计、决策、实施和运行管理中,会涉及社会的政治、法律、文化以至生态环境等诸多方面。多门学科知识的交叉应用,不同技术的结合,各种社会群体的参与,利益、成本和风险的分配等,使得工程活动无处不渗透着人类价值。而 STS 的最基础的洞见是:反对把科学和技术理解为非社会的、非人类的活动的“既有观念”那样的一幅实证主义的甚至是机械论的图景,即科学和技术是自己决定自己的逻辑与发展,决定自己的价值与目标,通过诉诸自然的权威独立于并且优先于社会的权威这样一种假设,使自身的进步得以合法化。STS 一直致力于树立一种“新的”科学技术观,即科学和技术本质上是并且无可抗拒地是一项人的(因而也是社会的)事业——无论是从孕育、支持和指导它们的环境方面看,还是从其内在的性质上看,都是如此。STS 在学术上达成了这样一种共识,即把科学和技术看做人的成就,它通过自然的可测算的含混性,通过历史的随机选择,以及通过人类的想象力、独创性与智慧而实现对社会磋商的严格规训摸索着前进的道路[6]。

STS 这种新的科学技术观一直与技术决定论进行不懈的论争[7]。技术决定论包括两个层面。一是技术是独立于社会发展的。据此,技术的发展不是遵循科学的发现,就是遵循它自己的逻辑。二是技术(当开始并被应用)“决定”社会的性质[8]。对于前者,STS 学者运用大量研究加以争辩[9]。对于后者,大多数 STS 学者认为“决定”对于描述技术是如何影响社会的用语太过强烈,不过也有一些学者作了让步,认为技术在形塑社会的过程中,确实有重要的甚至是强大的力量,还有一些学者连这一点也不承认。不论哪种情况,似乎有一种共识是:技术决定论的一个最主要的瑕疵在于它没有识别社会对技术的型塑。因此,技术与社会的互构看起

来是 STS 理论的基础[10]。正如 Jasanoff 所说，技术既嵌入又被嵌入社会实践、特性、规范、惯例、劝诫、工具和制度——简言之，在所有我们称之为社会的积木当中[11]。

回过头看工程伦理学。它的核心之一应该是弄清楚工程师如何能够以及应该怎样在这种复杂性中去担负责任。但是，如果想达到这样的目的，最好首先要拒绝技术是孤立地按照自身逻辑发展的。因为这样才能说工程师的工作特别是工程师所作的决定没有他们自身独立的逻辑，也不是仅仅受命于社会或自然。STS 的这一洞见对于工程伦理至关重要。如果工程师的工作是由自然决定的，那么在工程中就没有伦理价值判断或者道德责任的位置了，工程师只做能做的，例如，自然律令的。由此可见，STS 和工程伦理学在工程是社会建构的这样一个基本观点和研究前提上，是有共识的。

三、方法论上的关联

根据李伯聪的分类，工程的发生过程分为设计阶段、实施阶段、用物和生活阶段[12]。其间涉及的复杂性正如上面论述的早已为工程伦理学者所认识。在工程的设计、决策、实施和运行管理中，会涉及社会的政治、法律、文化以至生态环境等诸多方面。多门学科知识的交叉应用，不同技术的结合，各种社会群体的参与，利益、成本和风险的分配等，使得工程活动无处不渗透着人类价值。工程伦理学的核心任务之一就是要弄清楚工程师如何能够以及应该怎样在这种复杂性中去担负责任。在这种情况下，STS 的理论和研究方法对于工程伦理学应该是有帮助的。因为 STS 的洞见之一就是工程技术是社会建构的，这不仅为理解工程技术的复杂性提供了分析前提，也为其提供了分析的方法和指向。在工程活动的分析中，廓清活动的行动者及其利益所指以及行动者之间的博弈过程和原因，正是 STS 研究方法所擅长的。正如一些学者已经发现的那样，STS 的观察、案例研究和理论发展在扩大工程的范围和洞见方面，起到了很重要的作用。

工程实践的 STS 式的描述打开了工程黑箱，在工程的创造中，行动者存在着非常大的自由度（权力、影响力、判断力）。他们貌似遵循自然，但是他们可以这样也可以那样遵循它。因为他们经受和回应不同的压力、利益和价值[13]。STS 式的描述提出：为了有效和负责，工程师必须要认识到影响他们工作的价值，他们的工作影响价值的方式以及这个过程中的其他行动者。

自从拉图尔的《行动中的科学》（1987）问世以来，行动者网络理论（ANT）已经主导了 STS 的理论讨论，并且成为众多研究活动的框架。它可以很方便地适用于似乎无穷无尽的案例，并富有洞察力[14]。ANT 方法将人工物的形成置于一个巨大的网络中，或者说其本身就是一个网络构筑过程。从总体上来看，ANT 理论可以将技术人工物的形成分解为以下方面：第一，关注相关社会群体的目标或者说共同愿景如何形成；第二，所需资源的调动；第三，对相关行动者的组合；第四，最重要的问题是分析各元素或行动者的顽固性。具体来看，以网络模型认为技术创新过程中要素间的作用方式描绘了人工物与相关社会群体之间、社会群体与问题之间以及问题与可能的解决方法之间在某项具体的技术发展过程中的关系[15]。

作为一种唯物主义理论，首先，行动者网络理论从直觉上解释了事实和人工物的成败：它们是对行动、力量和利益成功转译的结果。其次，它还原了科学技术力图探究人与非人相互关系的作用的本质。"很明显，科学技术来回穿梭于对象和表象之间，构造着人与非人相互作用的场景。"[16]。最后，基于一种关系本体论，ANT 是建立在关系物质性之上的[17]。以这样的前提 STS 定义对象根据的是它们在网络中的位置，它们的特性出现在检验情景之下，并非孤立存在。最突出的特点是，网络建构的产物不仅包括技术科学的对象，而且包括社会群体。社会利益不是固定的，并非内在于行动者，而是可交换的外在对象。

四、理论可达的互补

二者的关联性也体现在它们在理论上可能达成的相互借鉴之上：一方面，STS 为工程伦理学提供了更广泛的网络型背景，从而为伦理规范的合理性提供了更客观的论据；另一方面，工程伦理学也为 STS 的价值负荷难题指明了方向。

（1）工程实践——从问题识别和备选方案的衡量到最后的总设计规范——需要工程师去平衡和替换技术可行性、法律约束、价值（诸如隐私和可达性）、消费者诉求、与其他技术的适应性，等等。这种对工程实践的理解提出工程师的责任的范围是宽泛的。随着社会群体控制科学技术的能力和范围在扩大，传统的科学家和工程师职业群体的精神特质与伦理规范需要受到更为一般性的审查，包括传统工程伦理学研究的目标设定、问题指向和理论方法，都要进行一些根本性的改变。至少，工程师不能再通过躲在自然律令后面对他们所做的有道德上的偏向。这意味着对工程师的伦理规范的制定要放在更为广阔的背景中进行审视。

STS 关于技术社会关系的论述正是表明工程师做的不仅是设计器物，并且对于工程师来说，其所具有的责任确实有一个更广泛的领域。也就是说，STS 对技术发展的描述揭示了一个更大范围的个人或群体，他们在过去、现在以及工程师完成工作之后都会影响技术的发展。这个范围包括工程师工作中与之互相影响的人（商业代表如经理、CEO 们及影响部门），也包括法律制定者、规制者、消费群体、鉴定者以及其他。这些 STS 意义上的行动者通过禁令或者拒绝某种器物、制定设计和技术执行标准，资助特定的研究领域、认可品牌等方式，对技术都可能有直接的影响。从工程伦理的角度，这些在技术发展中其他角色的作用和影响意味着工程师不能对技术及其影响负全责。至少一些责任肇始于那些其他的行动者。

（2）STS 研究面临的一个难题是：保持中立，拒绝“被俘获”。为了保持研究的客观性，STS 学者都会表明自己的中立性立场，努力拒绝所有被任何利益相关者“俘获”的可能性。从历来的 STS 研究来看，除了少数例外，大多数的 STS 学者似乎都在避免采取直率的规范性的立场。经常听到 STS 学者声称他们的工作是通过争论来阐明社会过程，而不是运用他们对这些过程的理解来建立他们自己的观点或立场。一切与评估有关的姿态或者任何特定道德的、政治的原则都受到回避甚至鄙视。这种对规范性分析的有意避免的后果可以表现在多个方面：一是它使得许多 STS 学者都逃避为那些能够使得科学与工程有所改进的变化作出任何建议；二是这种回避提供了一种氛围，就是 STS 分析中隐藏那些实际上是内涵于 STS 分析中的规范性；三是这种回避使得许多学者对于探索伦理学甚或与伦理学领域扯上关系都保持警惕[18]。

事实上，很多 STS 学者都注意到了这一点，并对此进行评论。最突出的要数 Bijker。他认为，STS 本来开始于一条批判的路径，中间逃离了一下，是为了建立一个坚实的知识基础，“从这一角度看，20 世纪 80 年代的 STS 是为了与政治的、科学的与技术权威进行斗争为收集弹药的学术的迂回路线。”[19]但是现在需要重回来时的路了。同一年，Winner 发表了他的《打开黑箱却发现里面是空的》，他在几个方面批评了 STS 理论，其中包括“（STS）缺少，甚至鄙视任何敦促评估的立场或者能够帮助人们判断技术呈现的可能性的任何特定道德的、政治的原则”[20]。

但是我们认为，STS 研究对客观中立性的坚持和合理的工程伦理规范的探究不但不应该是对立的，反而应该是相辅相成的。因为即便 STS 研究不希望采取明言的规范性立场，他们依然可以对伦理质询作出重要的贡献。实际上，工程伦理学也不能毫无例外地全部都能产生和界定规范性的结论，相反，这个领域最主要的推动在于规范的对话和客观地、反身性地发掘与评价其他的行动以及变化的道路。伦理学通过使用道德概念和理论来提供对世界的视角，这有助于使潜在行动得以显现，评价这些行动可能产生的后果以及评估其他的社会安排。以相似的方式，STS 的概念和理论对于分析组成科学、技术以及涉及科学、技术的社会的制度和安排的那些社会过程也能指出新的制度安排、决策过程和干预形式的可能性。这样，STS 的概念和理论就可能对伦理学作出贡献，并为有益的变化指出方向。

五、结　语

我们的目标是减少横在伦理学和 STS 之间的障碍。工程伦理学的研究旨在批判性地检视工程的行为和工程制度，识别存在于活动、实践和政策中的道德性问题（或模范），提醒工程师注意他们可能产生影响的更大范围。STS 开辟了新的路径去理解工程过程和工程产品对于世界的影响。STS 概念和理论更多地注入以及 STS 学者主动去承担从事工程中的伦理问题的研究都可以显著地影响、启发、改变工程伦理领域。

参考文献：

[1][5][8][13][18] Deborah G J,Jameson M W. STS and Ethics:Implications for Engineering Ethics [J]. The Handbook of Science and Technology Studies, 2008:568,571,573,567.

[2][3][6] 大卫·艾杰. STS:回顾与展望[C]//希拉·贾撒诺夫,等. 科学技术论手册. 盛晓明,等译. 北京:北京理工大学出版社,2004:5-9,7,4.

[4] Accreditation Board for Engineering and Technology(ABET),Engineering Accreditation Commission(2004), Criteria for Accrediting Engineering Programs(Balrimore, MD:ABET)

[7] Sally W. Technological Determinism Is Dead;Long Live Technological Determinism[J]. The Handbook of Science and Technology Studies, 2008:165.

[9] Bijker Wiebe E, Thomas P H. The Social Construction of Technological Systems[M]. Cambridge, MA:MIT Press,1987.

[10] Jasanoff, Sheila. State of Knowledge:The Co-production of Science and Social Order[M]. London: Routledge,2004.

[11] Jasanoff, Sheila. The Idiom of Co-production[M]// Jasanoff S. States of Knowledge:The Coproduction of Science and Social Order. London:Routledge,2004:1-12.

[12] 李伯聪. 工程哲学引论:我造物故我在[M]. 郑州:大象出版社,2002.

[14][16] Sergio S. Introduction to Science and Technology Studies[M]. Blackwell Publishing,2004: 70,67.

[15] Law J. Technology and Heterogeneous Engineering:The Case of Portuguese Expansion[M]//Bijker W, Hughes T, Pinch T. The Social Construction of Technological Systems. Cambridge:The MIT Press, 1987:129.

[17] Law, John. After ANT:Complexity, Naming and Topology[M]//J Law,J Hassard. Actor Network Theory and After. Oxford:Blackwell:1-14.

[19] Bijker Wiebe E. Do Not Despair:There Is Life after Constructivism[J]. Science, Technology & Human,2008,18(1):113-138.

[20] Winner, Langdon. Upon Opening the Black Box and Finding It Empty[J]. Science, Technology & Human,2008,18(3):362-378.

技术和人的异化及其扬弃

——对“人”的技术化生存的反思与超越

李　谦　许　良
（上海理工大学社科部，上海　200093）

摘　要： 人类进入工业社会以来，技术几乎渗透人类生活的一切领域，技术化生存成为现代社会人类须臾不可离的在世生存方式。然而，随着工具理性日益膨胀，人的技术化生存呈现出异态化镜像：技术成为新的无所不能的“上帝”，成为统治人、奴役人而非属人的异在；技术社会中的“人”在工具理性的诱导下，不断迷失自我，沦为技术的附庸，在非人化的歧途上渐行渐远。在这种情境下，探究技术异化的根源和本质，进而揭示出人的本质的复归之途，便凸显出非凡的价值和意义。

关键词： 技术化生存　技术异化　人的异化　复归

人的存在是全部人类社会历史的前提。人的存在与发展是关乎人类社会存在与发展的一个前提性问题。因此，人的存在与发展状况在任何时代都应成为值得关注和重视的首要问题。现时代，技术已渗透并作用于人类生活的方方面面。技术在物的世界的创造中魔力尽显。人的技术化生存已伴随工具理性的膨胀，由常态走向了异态。由此，人之为人的本质规定被消解殆尽，人的存在岌岌可危。只有对人的技术化生存的异态镜像进行深刻反思，找到其异化的根源和本质，才能使“人”迷途知返，从根本上扭转人之“非人化”的趋势，最终复归人的本位。

一、“人”的技术化生存异态显像

工业社会以来，技术广泛渗透并深刻地作用于人类的生产生活，技术化生存成为现代社会人类须臾不可离的在世生存方式。所谓技术化生存，是指“人依赖技术而生存、发展的过程和状态。技术化生存的特征是，技术渗透于人的生产、生活全过程，人的生活越来越依赖于技术”[1]。不可否认，现时代人类的生存和发展一刻也离不开技术，技术化生存应该是现代社会人类在世生存方式的正常样态。然而，在技术所创造的现代社会的繁华惑引下，人们被现代技术所带来的物的世界的炫彩浮云遮蔽了视界，工具理性过度膨胀，“人”的技术化生存出现了异态显像。所谓人的技术化生存异态，是指人过度推崇和依赖技术，乃至使本应作为技术的目的指向的人的价值主体地位为技术所颠覆的异化的在世生存方式和生存状态。技术被人发明创制出来本应是服务于人、从属于人的，但呈现在我们面前的现代社会的现实却是人的技术化生存异态显像：技术异化，技术成为统治人、奴役人而非属人的异在；人的异化，本应作为技术价值主体的人成了技术的附庸，日益被纳入程式化的技术系统之中，成为技术统一体的附属物。

人的技术化生存无论是在深度上，还是在广度上，都日趋显著，这已是不争的事实。依靠技术的发明和应用来实现人自身的生存与发展，这本无可厚非。诚如康德所言，“人是目的”，技术不是单纯的工具、手段、方式或方法，它作为人的智力的物化，作为人的目的性产物，是属人的，生而为人的。马克思曾指出，作为经过加工的劳动资料，技术“是劳动者置于自己和劳动对象之间，用来把自己的活动传到劳动对象上去的物或物的综合体。劳动者利用物的机械的、物理的和化学的属性以便把这些当作发挥力量的手段，依照自己的目的作用于其他的物”[2]。“自然界并没制造出任何机器、机车、铁路、电报、自动纺纱机等等。它们都是人类工业的产物，是自然物质转变为由人类意志驾驭自然或人类在自然界里活动的器官，它们是由人类的手所创造的人类头脑的器官，都是物化的智力。”[3]海德格尔也曾指出，“技术的本质存在”，就是人类自我存在的展现方式。显然，技术应该是向人而在的，无论是其目的指向还是价值实现，都应当依托于作为价值主体的人。然而，我们应该也必须要觉解的是：工具理性的过度膨胀已酿成技术异化的严重后果，现代技术已成为新的“上帝”，成为统治人、奴役人而非属人的、为人的异化了的存在。“技术统治”“技术绝对命令”“技术官僚”“技术专制”“技术殖民”“技术割裂”等人的种种技术化生存异态显像已不同程度地彰显出人们对技术高度应用的某种忧虑。正如德国著名历史哲学家斯宾格勒在其《西方的没落》《人和技术》等著作中所指出的，技术以全新的方式为人类营造了一个全新的技术社会，在技术社会中，“世界的主人正在变成机器的奴隶”。技术异化境况下，本应作为价值主体的人正面临被边缘化甚至被消解的危险处境。

二、“人”之“死”

人何以为人？哲学史上从来不乏对人的本质问题的探讨。可以说，对人的本质的认定是探讨一切有关人的学问的前提。人的本质问题，也是历史唯物主义探讨的核心问题之一。恩格斯曾于1876年在《劳动在从猿到人转变过程中的作用》一文中指出：“一句话，动物仅仅利用自然界，单纯地以自己的存在来使自然改变；而人则通过他所作出的改变来使自然界为自己的目的服务，来支配自然界。这便是人同动物的最后的本质区别，而造成这一区别的还是劳动。”[4]马克思早在《1844 年经济学哲学手稿》中，把人的本质归结为“自由自觉的活动”。作为人类自我存在展现方式的劳动技术，本应是人的自我存在的确证，是属人的、为人的。然而，现实却表明，人在依靠技术所创造的现代社会中，感到自己作为类存在物而自由自主地生存和发展的可能性越来越小，日益感到人的创造物——技术——以一种外在的、异己的敌对力量来反控人。人日益被原本作为自己有机身体延伸的工具体系——技术所建构的物质力量——支配和掌控。对此，恩格斯在《反杜林论》中已经指出：“……现在，人们正被这些由他们自己所生产的、但作为不可抗拒的异己力量而同自己相对立的生产资料所奴役……”[5]。技术倚仗人们日益膨胀的工具理性，不断强化着发达工业社会对人的统治，愈来愈成为掌控人、褫夺人的“霸权”。

法兰克福学派创始人霍克海默曾在《理性的失落》一书的前言中指出，“技术知识扩大了人的思维和活动的范围，与此同时……旨在启蒙的技术能力的进步伴随着非人化的过程。”技术的力量越增长，人越是被技术所支配和掌控，人的被边缘化、非人化程度越显深重。马尔库塞则更直接更明确地指出：“技术进步 = 社会财富的增长（国民生产总值的增长） = 奴役的扩展。”[6]通常人们关心的只是技术的进步及其所带来的社会财富的增长，而不问其目的与后果，结果是：技术异化，原本属人的、为人的存在——技术篡夺了人的价值主体地位，成为背离人、反对人乃至主宰人的异己存在；人的异化，人失去其自由自觉的本真存在而成为受动的不自由不自主的异化了的存在。

高度工业化、技术化正使人面临着前所未有的生存危机。正如弗罗姆所言，“19 世纪的问题是上帝死了，20 世纪的问题是人死了。”[7]技术异化已不是偶然或孤立的社会现象，而是在发达工业社会遍存的表征人的异化的常态，它大有使人的价值、人的尊严乃至人的存在走向全面失落之势。人的自我存在得不到确证，找寻不到人应有的价值和尊严，人何以为人？人受控于技术，不自由，不自主，无价值，无尊严，高度背离人的本质的“人”也就不再是人。“人”非人确实无异于“人死了”。

技术异化对人的自由的剥夺，可谓表征现时代人生存方式畸变和生存状态恶化的突出镜像显示。

技术的发明和应用本应是使人达至更高自由境地必不可少的“阶梯”。然而，技术的异化带给我们的不是自由的获得，反而是自由的被剥离、被褫夺。技术化生存异态化境况下，人无论是在肉体上还是在精神上，都是不自主、不自由的。

一方面，肉体自由的剥夺。技术异化使得人在生产实践中丧失了自己对自身肉体的自由支配。技术作为工具体系，其运行机制具有机械性、自动性、程序性等特征，它要求人们必须按照其固有的程序和规律去组织生产，进行实践活动。人已不可避免地被纳入技术共同体并受制于它，退变成为技术系统的附属物。技术以惯有的硬性化指标要求人们按照其所要求的时间、地点、方式、方法去发挥人的作用。特定时间里，人被固定于某一特定的分工角色上，被束缚于特定的生产位置上，以特定的方式方法从事特定的实践活动。人在利用技术进行机器大生产的同时，却失去了对自己身体的支配权，失去了自主活动的自由，成为附属于机器的奴隶。显然，“人”已沦为一种工具性的物化存在，不再作为人而存在。于此，马尔库塞早已看到，“发达工业文明的奴隶是受到抬举的奴隶，但他们毕竟还是奴隶。因为是否是奴隶，‘既不由服从，也不是由工作难度，而是由人作为一种单纯的工具，人沦为物的状况’，来决定的。作为一种工具，一种物而存在，是奴役状况的纯粹形式。”[8]

另一方面，精神自由的剥夺。技术异化使得人在社会生活中趋于物化，成为受工具理性支配、为物欲所主宰、精神自由被剥夺的单向度的人。技术进步带来的物质世界的繁荣障蔽了人的价值理性，人日益被膨胀的工具理性占据和支配，从而把对外在的物质欲望的追求和满足作为其生活的全部内容，“人们似乎是为商品而生活，小轿车、高清晰度的传真装置、错落式家庭住宅，以及厨房设备成了人们生活的灵魂。”[9]耽于对物的狂热推崇，人势必会形成一种单向度的思想和行为模式——工具理性越来越疯狂地褫夺着价值理性的地盘，理性为物所占据，思物不思人，见物不见人。

精神世界被物的世界占据，人的精神被排斥、被压抑直至丧失。人在海德格尔所谓的“技术展现”中只不过是附属于技术生产的一种人力物质，是一种物质性存在。“因为工业技术发明降低了人的手工艺术的重要性，人越来越只被当作劳动力来使用，从而逐渐形成将人作为社会精神存在物和作为生产者分割开来的观点，即认为人的精神和社会生活只应该存在于工作场之外。”[10]人们只“从技术关系去看待事物，把事物在技术关系中所呈现的面貌看作他所追求的真理，只用这一个标准去看待事物，否认事物还具有别的面貌和价值”[11]。主体性原则作为人类基本精神的体现，它是不应该也不会被遗弃的，然而当人们将其在上述那个向度展开而忘了节制时，它的积极意义最终被消极意义湮没了。于是，人作为精神存在——人之为人的重要依据——其自由被技术的能效、功利等物性原则吞噬和僭越了。人作为精神存在的自主权被物颠覆了，成为受控于物的不自由的物化存在。

人们在物化中正逐渐丧失感觉、情义、判断力和价值理性，正逐渐丧失自性，而退变成为技术和物的附庸与奴隶。毋庸置疑，被技术和物役使的道路尽头等待我们的将会是“人”之“死”，即“人”完全被消解，彻底沦为无异于物的存在。

三、技术异化的根源和本质与人的复归

在所有的存在物中，人的存在是最为独特的。人不仅仅是一种存在，而且是能

够知道、思考与反思存在的特殊存在。正因为具有理性和自我意识的维度，人才能够意识到自身的存在并对自身的存在状况进行不断的反思和超越。面对技术异化的狂飙猛进，人怎能坐以待毙——在工具理性驱使下，日益将自我放逐到非人的境地？当木已成舟、回天无力的局面到来之时，作为有意识有目的的理性存在，人反而被无意识无目的的物性存在消解掉不仅是不幸的，更是可悲的。

技术社会为避免人被消解的悲剧愈演愈烈，对人的技术化生存异态显像进行反思，探究技术异化的根源和本质，进而找到人之为人的复归之路，也就凸显出非凡的价值和意义。

1. 技术异化的根源及其本质

从唯物史观的角度出发，笔者认为，技术异化的根源在于人类自身的劳动实践。因为技术产生于人类的生产实践，是人类生产实践发展到近代而出现的一种重要的劳动工具体系。作为人类利用和改造自然的工具与手段，技术只不过是一种人类创造的联系人与自然的中介性工具系统。之所以把对技术异化根源的探究诉诸人类自身的劳动实践，正是由科学技术的中介性——技术作为联系人类实践活动中主客体的中介性工具体系的本质规定——决定的。技术的异化——技术作为人类劳动实践的创造物反而僭越成为支配、控制作为实践主体的人的异化了的存在——实质上是人的对象化劳动异化的一种样式。正如马克思所指出的，对象化劳动的异化，“不仅意味着他的劳动成为对象成为外部的存在，而且意味着他的劳动作为一种异己的东西不依赖于他而在他之外存在，并成为与他相对立的独立力量；意味着他给予对象的生命作为敌对的和异己的东西同他相对抗。”[12]由此看来，技术异化作为人类劳动异化的一种样式，要想探究其更深层的根源，我们不得不继续追踪到劳动异化的根源。

马克思的劳动异化思想，对我们深入理解技术异化的根源，以及寻找到扬弃技术异化及人自身的异化的路径，具有极其重要的指导意义。在马克思看来，私有制和社会分工是产生劳动异化的根源。而近代工业社会以来，随着私有制和社会分工的进一步发展，劳动异化，尤其是技术异化的镜像也随之凸显。我们认为，资本的增值本性以及资本主义的生产方式的推行是技术异化产生的深层次根源。资本主义的生产方式使劳动产品隶属于资本，资本家利用占有的生产资料去剥削工人，获得利润，工人由于失去了劳动生产资料而处于受资本统治的地位。马克思曾在《资本论》中指出：“一个毫无疑问的事实是：机器本身对于把工人从生活资料中‘游离’出来是没有责任的。……矛盾和对抗不是从机器本身产生的，而是从机器的资本主义应用产生的！因为机器就其本身来说缩短劳动时间，而它的资本主义应用延长工作日；因为机器本身减轻劳动，而它的资本主义应用提高劳动强度……因为机器本身增加生产者的财富，而它的资本主义应用使生产者变成需要救济的贫民。”[13]在资本的最大限度地逐利和扩张本性诱导下，人类的工具理性日益膨胀，逐渐将价值理性践踏在脚下。在工具理性支配下，技术和物僭越了人的价值主体地位而占据了上风，见“物”不见“人”的技术异化、人的异化便是势之必然。

技术异化本质上是人类自我异化的一种形式。人的自由自觉的对象化劳动是人作为类而存在的本质所在。人有其独特的存在方式，即既要不断地将自身的本质力量对象化于外部世界之中，又要不断地超越自己的对象化而存在，在更高层次上，不断实现人的本质的复归。因为人在自己的对象化活动中，一方面通过对自身本质力量的对象化及其产物的占有和支配来确证自身存在，并创造和丰富发展自己的本质力量；另一方面，人所创造的对象化属人世界一经产生，便成为外在于人的一种独立力量，而当其不能占有、支配自身的创造物时，人类的对象化存在就会异变而成为一种支配、统治人的对立力量。这种异己存在实则是人类自我异化的产物。技术作为人的智力的外化、物化，作为人的对象化劳动的产物，理应向人而在，对其占有和支配无疑是人的本质力量的表现与确证。然而，当工具理性以压倒性优势占据上风、价值理性日益被湮没之时，人的对象化存在——技术——也就不可避免地异化而成为支配、统治人的敌对力量。技术异化实质上就是人的对象化劳动异化的表现，是人类自我异化的一种形式。

2. 人的复归路径的发现

在探究技术异化的根源和追寻技术异化本质的基础上，我们要寻找到一条复归人的本质的现实路径便有了比较清晰的理路。马克思在《1844 年经济学哲学手稿中》中指明：“自我异化的扬弃同自我异化走的是一条道路。”[14]无论是按照马克思的逻辑，还是按照人类实践自身的逻辑，我们都不难得出这样的结论，即技术异化的扬弃与技术的异化走的也是同一条道路。技术作为人类认识和改造自然、丰富和发展自身本质力量的工具体系，在人类社会发展的一定阶段，必然走向异化，必然表现为人的本质力量的自我异化。而人的这种自我异化是人类通向未来更高社会——人的自由而全面发展的共产主义社会——的必经阶段和不可或缺的基础。恰如恩格斯所言，“只有在机器和其他发明有可能向全体社会成员展示出获得全面教育幸福生活的前景时，共产主义才出现。”[15]所以，只有经过技术不断异化以及技术异化的不断扬弃，才能“创造着具有人的本质的这种全部丰富性的人，创造着具有丰富的全面而深刻的感觉的人”[16]，最终达至人的自由而全面发展的共产主义社会。因而，笔者认为，技术异化本身以及对技术异化的扬弃是实现人的本质复归的必经之途。

纵然我们不否认技术异化在一定意义上承载着人类自身以及人类社会发展进步的巨大价值，但是，我们更要清醒地看到现时代技术异化的狂飙猛进欲将“人”消解殆尽的吞噬之势。工具理性的原则总的来说就是轻视人、蔑视人，使人不成其为人。恩格斯在爱北菲特的演说中已经昭示“我们就应当认真地和公正地处理社会问题，就应当尽一切努力使现代的奴隶得到与人相称的地位”[17]。意识到人正在非人化的歧途上渐行渐远，觉醒到应当扭转这一态势固然重要，更重要的是如何使渐行渐远的“人”回复到人的本位上来。除认识层面，还需要实现社会变革，建立以人为本的合理的社会制度，规制技术发明和应用的边界，明确技术发明和应用向人而在、以人为本的底线。现代社会，“人是目的”的技术价值理性亟待重建，急需扭转人的技术化生存异态化之境，重拾人之为人的价值主体地位和尊严。在技术的发明应用中，我们必须始终坚守人的价值主体地位，在此基础上，大力发展现代技术，不断创造出新的生产力，创造出新的对象化劳动方式，并通过新的对象化劳动，不断增益新的社会存在和社会本质，从而扬弃人的自我异化，实现人的本质全面的、完全的历史性生成和复归，这是我们扬弃技术异化以及人的异化的现实途径。只有改变人过度依赖技术且为技术所支配、所奴役的技术化生存发展状况，转而使人超越技术的压制，通过“人”自身的不断超越，才能最终实现人的自由而全面的发展，即“人”的本质的复归。与此同时，“作为目的本身的人的能力的发展，真正的自由王国，就开始了。”[18]

参考文献：

[1]　王治东．选择与超越：关于技术化生存的哲学思考[J]．自然辩证法研究，2007(3)：58-61.
[2]　马克思，恩格斯．马克思恩格斯全集：第23卷[M]．北京：人民出版社，1979：203.
[3]　中国科学院自然科学史研究所．马恩列斯论科学技术[M]．北京：人民出版社，1979：2.
[4]　马克思，恩格斯．马克思恩格斯选集：第3卷[M]．北京：人民出版社，1979：517.
[5]　马克思，恩格斯．马克思恩格斯全集：第20卷[M]．北京：人民出版社，1979：343.
[6]　马尔库塞．反革命与造反[M]．波士顿：波士顿灯塔出版社，1972：4.
[7]　埃里希·弗罗姆．健全的社会[M]．北京：中国文联出版公司，1988：370.
[8][9]　马尔库塞．单向度的人[M]．上海：上海译文出版社，1989：10.
[10]　罗长海．企业文化学[M]．北京：中国人民大学出版社，1991：77.
[11]　宋祖良．拯救地球和人类未来：海德格尔的后期思想[M]．北京：中国社会科学出版社，1993：52.
[12]　马克思，恩格斯．马克思恩格斯全集：第42卷[M]．北京：人民出版社，1979：91-92.
[13]　马克思，恩格斯．马克思恩格斯全集：第26卷(上册)[M]．北京：人民出版社，1975：483-484.
[14]　马克思．1844年经济学哲学手稿[M]．北京：人民出版社，2000：78.
[15]　马克思，恩格斯．马克思恩格斯全集：第42卷[M]．北京：人民出版社，1979：378.
[16]　马克思，恩格斯．马克思恩格斯全集：第42卷[M]．北京：人民出版社，1979：126.
[17]　马克思，恩格斯．马克思恩格斯全集：第2卷[M]．北京：人民出版社，1979：625.
[18]　马克思，恩格斯．马克思恩格斯全集：第25卷[M]．北京：人民出版社，1979：927.

工程活动中的伦理责任及其实现机制

王　健
（东北大学科学技术哲学研究中心，辽宁 沈阳　110819）

摘　要：工程活动是通过诸多异质要素集成创造人工物的过程，在工程活动中，各个异质要素之间存在着不同的利益追求与价值诉求，离开对这些不同利益和价值的调整与协同，工程活动很难进行。分析了工程的伦理关联，以此为逻辑起点，展开了工程中伦理责任的讨论，最后给出了工程伦理规约的具体机制。

关键词：伦理责任　商谈　博弈

一、工程活动的伦理关联

所谓工程，是主体（主要包括投资者、设计者、实施者、管理者及其他参与者）利用天然自然和人工自然资源，对技术和非技术等异质性要素进行集成与社会化运作，创造新的人工物的过程。从客体性上看，工程的异质要素可以划分为自然要素、技术要素、社会要素；从主体性上看，工程的异质要素可以划分为政府、企业、投资者、工程师、公众等。无论是主体性要素，还是客体性要素，在工程中的集成都不是自动的，而是需要在沟通与协商中建构成以一定目的为核心的行动者网络，在这个行动者网络中，利益成为连接各个行动者的纽带，工程目标的实现是以对各个行动者利益的协调与整合为基本前提，或者换句话说，工程创新的过程就是利益在行动者网络中的调整过程。应该说，一切工程活动的最终目的在于获取经济效益，然而，这种效益的获得受到众多非技术的社会因素的影响，有时甚至以牺牲其他方面的利益为代价。因此，工程活动是在不同的利益相关者之间利益博弈中完成的，尽管在不同类型的工程活动中，利益冲突的形式千差万别，但作为工程活动的承担者，无论是投资方，还是工程设计者，直至工程的具体实施者，都具有不可推卸的责任和义务，伦理因素内在于工程活动的各个环节，渗透于工程中的所有要素，工程是伦理关联的。

工程是伦理关联的，这主要来源于两个方面的思考。首先是面对工程本身的思考，工程尤其是当代工程的风险性，使我们必须对它进行更加谨慎的伦理反思。其次，工程活动绝不是单纯的技术活动，也不是单纯的经济活动，它包含了伦理、经济、技术、社会、管理等多方面要素，伦理标准是评价工程活动的基本标准。

工程作为一种造物活动，对我们这个世界产生了深远而广泛的影响，在人类社会生活的舞台，工程活动扮演着十分重要的角色，无论是古代的水利工程、防御工程、建筑工程，还是现代的工业工程、农业工程、军事工程、生物工程，可以说，离开创造性的工程活动，很难想象人类生活的图景会是怎样，应该说，通过工程的造物活动，人类社会的物质与精神生活都发生了巨大的变化，人类的文明程度越来越高。但当我们沉浸在工程给人类带来的诸多好处的同时，我们同样品尝了由工程带来的种种恶果，无论是切尔诺贝利的核泄漏，还是挑战者号的坠落，工程尤其是当代工程，给我们带来福祉的同时，也使我们生活的社会充满了风险，其中包括环境破坏、生态失衡、公众健康危害等，这些问题促使我们必须对工程活动进行深刻的伦理反思，就像著名的工程伦理学家安格指出的，以往我们只是关心是否做好了工作，现在首要的是要思考是否做了好的工作。对某些有害于环境和生态，影响公共健康的工程，要从更广泛的伦理范围进行约束。工程师的首要义务是把人类的安全、健康、福祉放在至高无上的地位。面对工程的风险，我们对工程必须采取审慎的态度，就像德国的技术伦理学家汉斯·乔纳斯所言："新的活动类型和方面需要一种相应的预见和责任伦理学，它像必然遇到的突然事件那样惊奇，这种新的责任命令要求一种新的谦逊——它不像以前的谦逊是由于我们力量弱小，而是由于我们能力的过分强大，这种强大表示我们的活动能力超越了我们的预见能力及我们的评价和判断力"[1]。

工程活动是技术要素与非技术要素的集成，在工程中，伦理因素深刻地渗透在工程活动的各种要素之中，既可能促使工程成功，也可能导致工程失败。从那些成功的"好的工程"中，我们看到了其中渗透着的高尚德性和德行，看到了高度负责的伦理精神和道德意识；而在那些"问题工程"中，人们毫无例外地感受到了其中散发出的道德败坏的气息。最近几年，中国媒体揭露了在工程建设和工程活动中出现与发生的许多严重问题，例如，严重拖欠农民工工资、工程事故频发、工程质量低劣等，所有这些问题的"背后"都存在着"内在的"伦理问题。

二、工程活动中的伦理责任

工程的整个过程都关涉着伦理问题，伦理责任是工程活动必须承担的责任，那么在工程中都包括哪些伦理责任呢？大家知道，工程是通过对技术要素与非技术要素的集成来实现的，依照科学规律严格遵守技术规则、保证工程质量是工程活动的基本要求，也就是说，任何工程都要把工程的技术责任或者说质量安全责任放到第一位。另外，工程活动是创造人工物的活动，工程活动的展开势必对原有的天然自然产生影响，当代工程活动中的环境责任越来越大。最后，从第二次世界大战以后，由于对曼哈顿工程的反思，许多工程技术人员开始关注自己工作的社会责任，因此，社会责任已经成为当代工程活动的重要责任形式。

1. 工程的技术伦理责任

1999 年 1 月 4 日，投入使用不到 3 年的重庆綦江虹桥发生整体塌垮，造成 40 人死亡，14 人受伤，直接经济损失达 631 万元。据“綦江县虹桥事故调查专家组”出具的《事故技术鉴定意见》，虹桥坍塌的主要原因有三个，吊杆锚方法错误以及主拱钢管存在质量缺陷是导致垮桥的直接原因；同时，施工质量达不到设计标准，存在严重的工程质量问题。《事故技术鉴定意见》的结论是：“设计粗糙、更改随意、构造有不当之处。”负责虹桥总体设计的工程师负有不可推卸的技术责任。

工程安全是各工程的基本也是首要的要求。所有的工程规范都把安全置于优先考虑的位置，世界工程组织联盟的伦理规范（2001 年修订本）有关规定要求工程师重视工程安全，全美职业工程师协会章程也要求工程师进行安全的设计、遵守公认的工程标准。对不符合工程应用标准的计划书或说明书，工程师应加以完善，最后签字或盖章。为了避免工程风险，工程师要在技术集成过程中，留出足够的安全系数，尽管工程涉及的每个技术环节都有允许的误差，但工程师要时刻注意的是，众多技术误差的累积效应可能导整个工程的失败，工程师作为工程的设计者、管理者、技术监督者，有必要将每个环节的技术误差控制在最小范围，以避免工程事故的发生[2]。

2. 工程的环境伦理责任

工程活动的技术责任使我们将工程活动的责任范围锁定在人与人之间，技术责任是工程的基本责任，但随着工程技术活动和技术产品的增多、大型工程项目的不断出现，人类工程技术活动对自然环境产生的影响越来越明显，甚至产生严重的环境和生态恶果，人与自然的关系问题也成为当代工程活动必须面临的问题。应该说，工程活动比任何其他人类活动都更多地对人类环境造成影响，工程活动不仅要通过对技术责任的严格遵守来承担对人的生命与健康的义务，同时在保护自然环境、维护生态平衡方面，工程活动主体也负有道义责任。

首先，环境伦理责任是伦理责任从人际向人与自然际的扩展。传统的工程责任局限于人际之间。例如，对雇主：真诚服务，互信互利；对同事：分工合作，承先启后；对社会：守法奉献，服务公众。近代以来，工程技术活动，特别是大型工程技术活动，对自然环境产生了巨大影响，涉及生命和自然界的利益。因而产生了工程对自然环境的责任，这样，工程活动伦理责任由人际责任扩展到人与自然之间。

其次，环境伦理责任是工程活动主体在工程活动全过程的责任。在工程活动进行之前，工程活动主体应该对工程活动实施后可能造成的环境影响进行分析、预测和评估。提出预防或减轻不良环境影响的对策和措施，选择最好的对环境可持续发展最合理的工程方案；在工程活动实施过程中，要分析并采取行动，以减少工程活动中可能发生的环境影响，尽量采用环境生产技术，使不断进步的环境生产技术能够发挥真正的效力。同时实行清洁生产，使整个生产过程保持高度的环境效率和环境的零污染，生产出绿色产品；在工程活动之后，对工程活动的产品进行跟踪和监测，做好环境反馈工作。作为一种全过程的责任，环境伦理责任要求工程活动主体在工程活动中始终关怀其行为对环境的影响，并且随时作出调整，朝着有利于协调工程与环境的关系的方向发展。

再次，环境伦理责任是一种非强制性的责任。环境法律责任是借助国家强制力来保证实施的。它使用暴力为自己开辟道路，工程师遵守它的要求，就获得了在社会生活和工程活动中行动的权利，否则就会受到惩罚。与此不同，环境伦理责任的实施不使用武力为自己开辟道路，它是借助于传统习惯、社会舆论和工程师内心的信念良心来维系的，是工程师道德上的自律。环境伦理责任作为一种非国家强制性的责任，必然要求工程活动主体真心诚意地接受它，成为他们的道德情感、道德意志和道德信念。换言之，要求工程活动主体形成“环境良心”，自觉遵守环境伦理责任的规范。

3. 工程的社会伦理责任

1955 年，爱因斯坦与罗素发表了题为“科学家要求废止战争”的“爱因斯坦-罗素”宣言，这是对由曼哈顿工程引发工程社会责任问题的回应，也为科学家、工程师等工程主体应该承担社会责任提供了依据。

从历史上看，工程活动主体的伦理责任是随着科技发展和社会进步而不断发生变化的。19 世纪以前，西方工程活动有明显的军事化特征，工程师的责任意识就是服从。19 世纪以后，民用工程逐渐增多，工程师的主要责任是做雇用他们公司的“忠实代理人或受托人”，对客户的忠诚是最基本的伦理责任。20 世纪以后，尤其是第二次世界大战以来，纳粹德国的科学家和工程师制造毒气室与威力强大的杀人武器，以及美国使用原子弹轰炸日本广岛和长崎，使工程技术人员更加深刻地思考自己工作的意义，工程的社会责任问题凸显。20 世纪 50—60 年代爆发了反核和平运动，公众的安全、健康和福祉被放到至高无上的地位，社会对工程活动主体提出了一种新的社会责任意识，它要求他们不仅要对自己的技术行为负责，同时要对由工程引发的社会问题负责。

一方面，工程活动主体有利用自己专业技能防止或减弱工程风险的责任。工程的参与者首先是作为“社会人”存在的，无论是工程活动的过程，还是工程活动的结果，都是在社会情景中实现的，技术专家、投资者、工程师作为专业群体，对工程的效果要比一般公众具有更为专业的判断力，更有责任预测和评估工程可能产生的各种后果，他们有责任评估工程的负面效应，有责任防止危害公众安全和健康的工程决策与设计，在可预见的范围内，保证加强工程的正面效应，减弱工程的负面效应。

另一方面，工程主体负有让最广大的公众对影响较大的工程活动获得知情权、尽量征得公众同意的社会责任。近年来，媒体揭示出一些生物工程研究中的问题，其中包括临床药物实验、人类遗传资源收集采样的知情同意等。所有这些问题提示我们，公众的知情同意是工程活动中越来越不可忽视的环节；否则，将加剧公众对工程风险的恐惧，工程主体应当通过与公众的对话，将工程可能的风险告知公众，通过公众参与工程决策，由公众和工程创新主体共同来选择什么样的工程是应该进行的。

三、工程伦理责任的实现机制

工程是一个复杂的系统，参与工程活动的主体是多元化的，既有投资家、技术专家、企业家，也有普通工人，甚至工程的使用者——用户。各活动主体由于在工程活动中所处的地位和发挥的作用不同，存在着某种差异性。依据工程活动主体在知识相容程度方面的差异性，将工程共同体划分为同质性主体和异质性主体两种类型，同质性主体是指由具有一致的价值追求、相同的知识背景的个体组成的群体，异质性主体是指由处于不同的知识背景、持不同价值观的个体组成的主体。工程活动伦理责任的现实是通过不同利益主体之间形成价值共识，对其所承担的责任有明确的认识。笔者认为，在工程活动中，同质主体的共识是通过商谈机制实现的，而异质主体的认同是通过博弈机制来实现的，因此，商谈与博弈是工程共同体实现价值认同、完成利益调整与平衡的重要机制。

达成价值共识是实现工程活动中责任实现的基础和前提，但在工程系统中，不同的利益主体能够达成某种共识吗？关于这个问题，伦理学界有两种不同的理论观点，一种是麦金太尔悲观主义的论断，另一种是哈贝马斯乐观主义的主张。麦金太尔认为："在现代多元化的社会中，道德思考已经变成松散和零碎的东西，道德分歧如关于战争、流产、或社会公正的分歧，已经变得无止无休，不可解决了。这是因为，在这种争论中不同观点求助于不同的、无共同尺度的价值标准，我们也无任何办法在这些不同的价值之间作出高低权衡，在现代社会，我们缺乏共同使用的道德词汇，尤其是对于什么是好的人类生活缺乏一个普遍同意的观念。"[3]

与麦金太尔不同，哈贝马斯对达成共识持乐观态度，在他看来，现代性问题的症结在于现代人过于强调功利取向的理性化发展，而忽视了整体社会生活的理性化发展，他主张用"沟通理性"代替韦伯的"工具理性"，以求社会交往秩序的重建[4]。在哈贝马斯看来，人们在日常生活中都要参加一定形式的交往活动，拒绝交往是不可能的，而这些活动必须通过交谈、讨论等形式展开，作为一个社会存在的个人，逃避交往是不可能的，而交往的前提，即各种先前的假设也同样客观存在。哈贝马斯的伦理原则是通过对话和反思建立起来的，他称之为“商谈伦理学”。哈贝马斯的商谈伦理原则是“普遍化原则”，即“每个有效的规范，在不经强制地普遍遵循的过程中，必须导致满足一切有关人的意趋和为一切有关人所接受的结果”。他从伦理普遍主义的立场出发，指出每个参与实践的人，原则上都能在行动规范的可接受性上达到同样的判断。为此，哈贝马斯又指出：“一切参与者就他们能够作为实践话语者而言，只有这些规范是有效的，他们能够得到所有相关者的赞同。”为了证明商谈伦理的原则，哈贝马斯引证了R. 阿列克西的三段论：

A：每个能言谈和行动的主体都可以参加商谈讨论。

B：a. 每个人都可以使每一主张成为问题。

b. 每个人都可以使每一主张引入商谈讨论。

c. 每个人都可以表示他的态度、愿望和需要。

C：没有一个谈话者可以通过商谈讨论内或商谈讨论外被妨碍体验到自己由A和B确定的权力。

由此可以得出结论，哈贝马斯的参与主体是广泛群体，为了保证参与主体充分发表自己的主张和建议，必须体现权利的一致性和平等性。但实际上，哈贝马斯所给出的条件是很难达到的，在工程活动中，不同的工程主体拥有的权利和机会是不同的。笔者认为，在工程活动中，活动主体确实存在普遍的道德分歧，但这种道德分歧是有层次的，对于具有相同知识背景的同质主体，他们会表现出某种一致性，比如，技术专家对技术有效性的共同偏爱，企业家对经济效益的共同追求，政府对社会公正的公共福利关注，麦金太尔只看到了不同主体的差异性，而忽略了处在关系中的主体的同质性，进而否定了协商以及达成共识的可能性。哈贝马斯从人类交往行为的普遍性出发，得出商谈以及达成共识的普遍可能性，但哈贝马斯忽略了不同主体间的差异性，把主体间的商谈绝对化、普遍化、无限化。

我们主张，既不能无视同质群体商谈的可能性，也不能将这种商谈的范围无限制地扩大。鉴于工程活动中存在异质性和同质性主体的事实，我们把工程活动中商谈的可能性限制在同质主体之间，并称之为有限商谈，因为同质主体的知识背景相似，存在共同的范式，比如，工程师共同体以提高技术的有效性为目标，政府以维护社会公正为目标，同质主体在商谈中遵循共同的“范式”。故而容易达到局部共识。

同质主体中有限商谈所达到的局部共识，在具体的工程活动中，主要是通过职业伦理的形式表现出来的。职业伦理是与人的职业角色和职业行为相联系的行为准则，职业伦理规范是社会分工的产物，是各种社会建制之间以及他们与整个社会之间的一种契约。从工程活动的过程看，技术系统中，从科技工作者、企业家、政府公务员一直到普通公众，在工程活动中，都承担着一定的功能，“专人做专事”是工程系统的显著特征，但这里的“专人”不只是个体，还包括以某种职业标志的共同体，工程创新的复杂性、风险性，以及创新主体所掌握的技术力量的强大，使得工程共同体迫切地思考职业伦理问题[5]，与以往只是关心是否做好了工作不同，当代工程活动过程中的主体，把对是否做了好的工作的思考纳入职业伦理的范畴，而关于是否做了好的工作的问题，不是工程共同体中的个体所能决定的，他们必须经过集体协商，才能形成较为一致的看法。在发达国家，职业伦理已经成为科技职业素质训练的重要组成部分。这些职业伦理规范的目标和功能相近，都强调科技工作者应具备公正的职业态度，将公众利益放在首位。

如果说商谈是工程同质主体之间达成价值共识的重要机制，那么，在异质主体之间如何实现价值认同呢？大家知道，在工程过程中，不仅存在同质主体的合作与协同，也存在异质主体间的合作问题。与同质主体不同的是，异质主体之间缺少共同的范式，彼此存在较大的道德分歧和利益冲突，作为利己的经济人，他们都在力图使自己及自己所在的集团的利益最大化，但“公地”悲剧又迫使他们在获取个人利益的同时，不去伤害他人利益，于是他们必须通过博弈去创造一种对彼此都有利的行动原则。在这个过程中，不像同质主体之间是一种平等的沟通，而更多的是一种利益与权利的交换和妥协。因此，异质主体间行动的一致性主要是通过博弈机制达到的。

“博弈”是一种“游戏理论”。其准确的定义是：一些个人、团队或其他组织，面对一定的环境条件，在一定的规则约束下，依靠所掌握的信息，同时或先后，一次或多次，从各自允许选择的行为或策略进行选择并加以实施，并从中各自取得相应的结果或收益的过程。“博弈论”最早源于“囚徒困境”的伦理假设。“囚徒困境”讲的是两个同案犯罪嫌疑犯（囚徒）被警方拘捕后，为防其相互间串供，而分别拘捕、隔离审问时，两疑犯面临着认罪策略选择的问题。摆在两疑犯面前的选择无非有两种：坦白或不坦白。按照通常的政策，坦白从宽，抗拒从严，所以若两人均坦白，则可从轻处理，比如，分别被判刑 8 年；若两人中有一人坦白而另一人拒不坦白，则坦白者可免于处罚，而拒不坦白者将从重处罚，被判刑 10 年；当然，若两人都拒不交代，而警方手中又无足够的证据可以指控犯罪嫌疑人，那他们只能按照妨碍公务罪被判刑 1 年。由于两个囚徒没有条件串供，因此，对两个囚徒来说，不会是同时不坦白，各判刑 1 年，而很可能是，决策时都以自己的最大利益为目标选择坦白，各被判刑 8 年。对于每个囚徒来讲，通过博弈没有实现他们各自的最大利益，但却达到了对每个人来说不是最坏的结果的目的。

一个完整的博弈应当包括五个方面的内容：第一，博弈的参加者，即博弈过程中独立决策、独立承担后果的个人或组织；第二，博弈信息，即博弈者所掌握的对选择策略有帮助的情报资料；第三，博弈方可选择的全部行为或策略的集合；第四，博弈的次序，即博弈参加者作出策略选择的先后；第五，博弈方的收益，即各博弈方作出决策选择后的所得和所失。下面通过一个具体的案例来说明在现代技术过程中，异质群体是如何通过多次博弈达到协同的。以工程质量管理为例，可以窥见博弈机制在实现工程活动中伦理责任所发挥的作用。

目前，我国通行的工程管理程序是，依据关于工程质量事故和工程质量投诉的请求，由行政主管部门或质量监督机构召集各方责任主体，通过了解掌握真实情况，给出处理意见。但是，在实际实施中，经常会有建设单位、监理企业和施工企业串通一气，隐瞒真实情况，企图规避法律责任、转嫁经济损失的现象。针对这种情况，在工程质量管理中，借鉴博弈论的“纳什均衡”（可以简单地理解为“单独改变策略不会得到额外的好处”）的理念，设计一种博弈机制。即建设行政主管部门或质量监督机构对各方责任主体进行背靠背的分头调查，构成各方责任主体之间信息不对称的格局，从重处置责任主体及相关责任人的不法行为；加大对不合作（单独改变策略）的责任主体及相关责任人后期从业行为、工程实物质量的监管力度，让他们了解并且预期不法行为对今后的不利影响，而履行法定义务的责任主体及从业人员是可以受到奖励的。在这个过程中，因为各方责任主体在选择策略时，都没有“共谋”（串供）的机会，并且都会预期有什么好处或风险。如果他们只选择对自己最有利的策略，而不考虑社会利益或其他人的利益，其利己行为导致的最终结局是非“纳什均衡”，对所有人都不利。只有当他们都同时替社会、替相关责任主体着想时，才可能有而且能够有最好的结果。

四、结 论

工程活动作为人类重要的创造活动，对人类的生活造成了重要的影响，尤其是当代的工程活动，对人与人、人与环境、人与社会的关系产生着深刻的影响，工程责任也已经从技术安全责任扩展到环境责任、社会责任等多个方面，工程活动主体在整个活动过程中，经常面临着效益与环保、当代利益与后代利益的两难选择中，只有通过协商与博弈，工程中的活动主体才有可能达成共识，实现各自的伦理责任。

参考文献：

[1] Hans J. The Imperative of Responsibility: In Search of an Ethics for the Technological Age[M]. Chicago: The University of Chicago Press, 1984: 96.

[2] 王前，杨慧民．科技伦理案例解析[M]．北京：高等教育出版社，2009.

[3] 麦金太尔．德性之后[M]．龚群，等译．北京：中国社会科学出版社，1995: 108-109.

[4] Habermas J. The Theory of Communicative Action: Vol. one[M]. Boston: Beacon Press, 1984.

[5] 卡尔·米切姆．技术哲学概论[M]．殷登祥，曹南燕，等译．天津：天津科学技术出版社，1999: 87.

技术“遮蔽”了什么？

吕乃基
（东南大学科技与社会研究中心，江苏 南京 211189）

“遮蔽”与“去蔽”（或“解蔽”）是海德格尔技术哲学中的重要概念，含义十分丰富，传入中国后，在本土化的过程中，又有了新的内容。本文不研究海德格尔关于这些概念的原意，而是借用这些已为学术界知晓的名词，用以讨论技术哲学中的有关问题。

一、因选择与否而遮蔽

可以从各种视角探讨技术的本质。从知识的视角看，技术的产品和工艺流程就是集成了各种知识的科技黑箱。黑箱原是用在认识论和方法论领域的一个概念，意为对于一个复杂对象（如人脑），不必进行解剖，从一组或多组输入与输出关系及其变化即可探测其内部结构。在技术领域，可以把各种技术产品和过程视为黑箱，消费者也不必打开黑箱，不必理解其中艰深的科学技术，只需按照指南操作即可得到所希望的结果，诸如手机、傻瓜相机等就是这样的科技黑箱。在生产制造过程中，根据需求、价值判断、可行性和不可行性等，对科学知识进行一再选择，在科技黑箱中渗透了成功企业的管理、企业文化和价值观念，有关的资本运作、与政府部门和媒体的关系以及审美情趣等。在最终的市场竞争中又经历了一再的选择，胜出的产品凝聚了消费者乃至社会对多种商品的判断。由此可见，科技黑箱的选择、集成、凝聚了来自自然科学和人文社会科学的特定的知识。黑箱方法的最终目的是打开或阐明黑箱，创造知识。技术则旨在选择和固化知识，封装黑箱。

1. 知识因未被选择而遮蔽

技术在对一部分知识进行筛选和固化时，使另一部分知识淡化、边缘化，或者说被遮蔽。某个科技黑箱从需求、立项、可行性研究、设计、投产到商品化的全过程，历经了一次又一次选择。在一部分知识被选择、集成之时，另一部分知识即被舍弃，乃至被遗忘。

再者，如果某项或某些科技黑箱的技术标准占据主导甚至垄断地位，其他科技黑箱就必须与之兼容，否则就无法应用。这就强化了拥有主导技术标准的科技黑箱的垄断地位。这种情况在IT领域由于其外部特征而得到放大，从而进一步加强了路径锁定效应。拉卡托斯在关于知识内核、幔层和大气圈的论述中分析，内核对大气圈中分散、零碎和不成熟的知识起到引导作用，或者说，在大气圈中倾向于发展出与内核相一致的知识。知识内核对大气圈中的知识进行选择。眼下，在IT领域，微软就充任了知识内核的地位，并发挥对其他技术的引导作用。在微软的光辉投射之下，阴影部分即被遮蔽。

科学的发展具有范式，技术的发展同样具有范式。G. 多西类比库恩的科学范式，提出了技术范式的概念。在某种意义上，作为技术范式的前身，纳尔逊和温特提出的“自然轨道”中的“轨道”概念，更适合技术发展的情况。“轨道”既包含了科学技术自身的发展规律和趋势，也包含了社会的需求和限定、博弈和妥协。类似于生物进化，先前“基因”的遗传、变异与环境（政治、经济制度及众多“行动者”及其网络的“冲撞”等）的选择，使技术在一定程度上沿着特定的方向演进。类似于技术轨道和技术范式，在产业界有技术路线图。它可以有超越国家层面的在一般意义上的路线图，还有从国家、行业直至一个企业、一个产品的路线图。技术路线图在不同层次上对技术的发展具有指导意义。如果说技术轨道或技术范式主要是研究者事后或“事中”对技术发展被动的总结，如摩尔定律，那么技术路线图主要是在事前对技术发展进行主动的规划。

技术轨道或技术范式一旦确定，技术的发展在相当程度上就会由原先相对的无意识转向自觉行为，技术路线图则更是如此。有意而为必然具有某种“排他性”。在作出一种选择之时，也就排除了其他可能，这就是所谓的“遮蔽”。可以把轨道、范式和路线图比做某种圆柱体，其边缘取决于技术范式本身的性质，其高度对应着技术轨道的可延续性。通常，技术的发展被引向并限定在“圆柱体”内。

然而，“圆柱体”也遮蔽了在它之外的景象。处于其间的工程师和企业易于走向僵化，甚至在“圆柱体”走到尽头时仍执迷不悟。在一种范式或轨道下形成的知识和惯例往往构成向另一种范式或轨道转换的阻力。没有传统负担的主体能较容易地接受新范式，建立新轨道。在技术变异上，人与社会并非自由地作出选择，而是在技术范式和技术轨道的压力下作出选择。再者，任何技术范式都有其缺陷和局限。“缺陷”来源于其先天不足及概括抽象过程中本身固有的问题，“局限”是任何科学原理和技术设计都有其适用的范围。事实表明，社会所选择的技术受到原有路径、惯性和当下各种因素博弈的影响，其结果往往未必最优。

互联网和虚拟现实技术有可能在相当程度上改变因未被选择而发生的遮蔽。互联网上海量的知识，知识之间轻而易举的链接或非线性相关，以及广大网民的随意点击和选择，为技术的发展所提供的涨落的范围更广、频率更高、幅度更大。在某时某处被某种技术遮蔽的知识，可能在深层被卷起，而与其他知识之间发生非线性相关乃至巨涨落。虚拟现实技术则把被遮蔽的各种可能性——历史、当下甚至未来——去蔽，呈现在主体面前。

2. 知识因被选择而遮蔽

知识既因未被选择而遮蔽，也因被选择而遮蔽；相对而言，后者尤为复杂。

科技黑箱集成了知识，消费者不必知晓、理解和学习其中的知识。于是，这部分知识便被遗忘、被遮蔽。面对知识的日益丰富和不断积累，这或许是人类的某种“自我保护”；如同在心理学上，人们穿上衣服后对皮肤触觉的遗忘。那么，还要不要学习被集成于科技黑箱中被遮蔽的科技知识？

因被选择而发生的遮蔽与因未被选择而发生的遮蔽二者的含义是不同的。关键在于，被选择的知识虽然受到遮蔽但依然存在，并对消费者发生潜移默化的影响。

消费者无须理解科技黑箱中的知识，只需操作便可。由可理解到可操作，也就是由认识到实践。在“操作”中隐含了大量隐性知识，由此必然增大学习的难度和不确定性，“做中学”的地位越来越重要。在认识变得简单甚至不必要之时，操作或实践也就越来越重要，而且难度也越来越大。一把锤子可能用不着提供什么说明书，而电脑的说明书动辄洋洋几千乃至上万字。规律是不用学了，规则却更繁复。科技黑箱的功能越强大，作为“双刃剑”也就更为锋利，对主体行为规范的要求也更高。这显然是被“遮蔽”的知识所使然。值得注意的是，在消费者所使用的所有的科技黑箱中，实际上凝聚了创新、设计、生产等各个环节对知识的选择和组合，包含所选择的科技知识、社会（企业）制度和观念（企业理念和文化），如伦理观和审美观等。生产方将所有这些投射到科技黑箱之中，在此意义上，科技黑箱就是生产方的对象化。所有这些都因封装于科技黑箱之内而被遮蔽，消费者在使用时，就会在潜移默化中受到生产方的影响。一家跨国公司的广告词是：“让机器工作，让人们思考。”然而，“工作”的难道只是“机器”？“人们”能独立于机器而“思考”吗？

这种影响主要在于：集成、凝聚了特定知识的科技黑箱以其规则“规训”（福柯语）消费者。“科学对日常社会实践和政治实践的最直接的影响是，新材料、新方法和新设备从实验室向‘外部’世界的转移。”科技黑箱支配人的行为、影响交往，而且还是一种律令：非此将造成严重后果，至少不能获得成功或会降低效果。因而对使用者形成“促逼”。科技黑箱拥有“支配活动身体的微分权力”或“微观社会关系中的规训权力”，“这些限制遍布在我们的相互关系和对事物的处理中，并且渗透到最琐碎、最普通的活动中”。在此意义上，与其说知识就是权力，不如说技术就是权力。在规则不经意间而又随时随地的“规训”之下，主体的行为举止渐次与科技黑箱相吻合，按规则行事便成为消费者的常态。熟练的消费者甚至并不感受到科技黑箱的存在。对于他来说，科技黑箱就是“透明”的，如同习武之人所达到的境界：“身剑合一”。“透明”并非指消费者通晓科技黑箱中的知识，而是指他充分——无论是主动还是被动——接受了科技黑箱中的知识，或者说后者渐次成为主体的一部分。科技黑箱是“人类学意义的自然界”。由天人合一到人机合一，标志着人类的前进。

尽管因技术的选择发生这样或那样的遮蔽，然而，人类却不会因此而放弃选择。在选择之前，人拥有全部的人性，一些批判技术的学者将此看做人之为人的根本保证。然而，似乎具有一切选择的可能、拥有全部的自由，实际上却不作任何选择，这种尚未分化的人性等同于无。因为一旦作出选择，就已经背离了原初所谓的自由。自由是人设定自己本质的自由，其实质体现在选择的过程中。每个人在每个场合都可以作出自己独特的选择，然而，伴随着这些选择的共同和持久的因素，无疑是技术及其提供的产品，也就是人类学意义的自然界。除了人以外，任何物种所具备的一切特征均先天地包含在胚胎（种）以及该物种所限定的环境之中；其生成无非是通过不同阶段的发育，展示物种在此环境中具有的特性。而人的代具性（指失去某个肢体的躯体对某种不属于躯体本身的外部条件的依赖性）则决定人必然随技术的发展而获得自身的属性，这就是所谓的“后种系生成”。如果说“人是政治的动物”“人是城市的动物”“人是理性的动物”等，那么，或许作为这一切的基础乃是“人是技术的动物。”

二、过程中的遮蔽与去蔽

因被选择而发生的遮蔽之所以复杂，还在于被遮蔽的知识处于变化之中，并且伴随着相应的去蔽。

1. 被遮蔽的知识层次的升高促进主体的去蔽

因选择而被遮蔽的知识在知识阶梯中随着科学技术的发展由低到高推进。可以由本体论、认识论和价值观三方面来理解“知识阶梯”。在本体论上，“知识阶梯”指知识的对象在量子阶梯上的位置，如物理学、化学、生物学等，以及在马斯洛所谓由生存到自我实现、由生理到心理的需求层次上的位置，如经济学、政治学和文学艺术等。

每次科学革命都使人类关于自然界的知识发生跃迁，随后发生的技术革命则将所获得的新知识集成、“封装”于科技黑箱之中，为更多的人共享、使用，并作为下一次科学革命跃迁的平台。近代科学革命提供了力学、微积分和初步的热学知识，蒸汽机即将其封装起来。19 世纪，电磁理论和热力学得到发展，随即是电机和内燃机的产生。染料和炸药集成了有机化学的知识。20 世纪上半叶，量子力学、凝聚态物理学和数学得到发展，继而生命科学获得突破，然后由电子计算机和生物技术等进行封装与集成。21 世纪初，由认知科学、信息技术、纳米技术和生物技术组成的所谓的“会聚技术”开始登上舞台，在更高的层次封装知识。

科技黑箱的发展过程与自然界中运动形式由简单到复杂、由低级到高级的系列，也就是由机械运动、热运动、电磁运动经化学运动、生命运动到意识运动的系列，是一致的。科技黑箱的层次逐一升高，也就是由低到高，将相应的经典物理学、化学和生物学等知识渐次封装于科技黑箱之中，予以遮蔽。这种逐次的遮蔽有着源于自然界的深刻基础。在已知的物质层次上，夸克对于质子、中子是“封闭”的，核反应的能级不会影响到夸克，所以核物理学不必虑及夸克。质子与中子之间的相互作用对原子和分子中核与电子的关系又是封闭的。凝聚态物理学、无机和有机化学不必考虑质子和中子。原子、分子中核与电子的相互作用对于生物行为基本上是封闭的。社会生物学家们一般并不需要多少量子化学知识。在社会科学和人文科学领域，最新的发展表明，一些基本的经济规律、管理规律也正在经历这一变化，如以集成为主要标志的CIMS，以及梳理流程的ERP，它们给企业带来的最大变化是将企业运行中关于经济学和管理学等知识按照一定的目的黑箱化。相应于自然界中的物质层次，有学科和知识的层次，有科技黑箱的层次。人工自然的基本存在方式就是科技黑箱。类似于自然界中低层次物质对于高层次物质的封闭性，人工自然整体上也具有同样的性质：低层次知识对于高层次知识的黑箱化，正如物理层对于应用层的封闭或黑箱化。

科技黑箱中知识的由低到高的逐一黑箱化或被遮蔽，对于主体具有重要意义。在“知识阶梯”上，低层知识揭示对象的普遍性和必然规律，其特点是客观、非嵌入、显性或编码，强调严格的历史和因果决定论。面对这样的知识，主体唯一可以做的就是遵循规律，主体性受到制约。卓别林的“摩登时代”和马尔库塞的“单面人”，从形象到理论，都说明了这一点。伴随着科技黑箱提升的是低层知识的遮蔽。高层知识的特点是嵌入、隐性、松散，知识之间彼此关联，各种知识都以与其他知识的关系为自身的依据。集成了高层知识的科技黑箱要求主体的参与，要求主体间的沟通，并为此提供可能。消费者使用一个月后的电脑已与出厂时大不相同，并且与特定人群所使用的电脑彼此兼容。计算机的各层之间的关系也可以说明这一点：物理层通常难以改变，但最高的应用和嵌入层则可以并需要在相当程度上予以更改、创新。各种用于通讯的科技黑箱和互联网既为广泛的交流提供平台，也要求广泛的交流，由此方能体现其价值，这就是所谓的IT的外部性。在科技黑箱由低到高的阶梯上，随着低层知识的逐一遮蔽，人的主体性得到越来越充分的展现。在低层是遵循规律，然后是遵守规则；到了高层，科技黑箱为主体提供的自由度越来越大，就需要主体接受来自外部社会规范的约束，以及来自内心道德律的约束。

简言之，科技黑箱在“遮蔽”了普遍与必然之后，即为个性与偶然（创造）去蔽；遮蔽了数理化乃至科学技术之后，即为文化的繁荣去蔽并开启更大的空间；遮蔽了历史决定论之后，为目的和价值观对行为的引导去蔽。在每次去蔽之时，也对被去蔽者提出更高的要求。

2. 由嵌入经非嵌入到嵌入

古代的科技黑箱是嵌入和孤立的，“嵌入”指特定的科技黑箱由特定的人在特定的语境下使用，“孤立”指科技黑箱彼此间没有或很少关联。于是，主体凭借特定的科技黑箱生存于特定的自然环境，难以越雷池一步。但在所嵌入的语境中，以现代眼光看似极其简陋的科技黑箱（实际上可能蕴涵了高深的知识），在原始人的操控下，却难以想象地实现了目的。在此过程中，主体的能动性，包括对周遭世界、对人与自然的关系以及对生命的深刻感悟（此处所论及的主要是隐性知识）等，却得到了充分展现。在人全身心的投入中，原始的科技黑箱连同其对象及其语境也就赋有了价值，具有神秘的“魅力”。这种体验和能力很难在主体间共享，有超凡能力者就是巫师。体验越是深刻，能力越强，主体也就越难以离开他深深嵌入的语境。在《狼图腾》中，被狼和草原深深锁定的游牧民族失去了自由选择的权利。原始的科技黑箱深深地嵌入于特定的语境之中，遮蔽了之外的一切。语境是历史地形成的，语境的制约就是历史的制约。于是，原始的科技黑箱也就遮蔽了未来的梦境。

近代以来，特别在两次工业革命后，标准化、大批量、可替代和统一规格的科技黑箱被运送到世界各地，其特点是非嵌入和普遍适用。蒸汽机、电机和内燃机可以为所有的人在所有的场合使用。由此所带来的首先是原有的生活语境被遮蔽。不仅经由科学在认识上抹去差别、祛除价值和魅力，而且经由“改天换地”在实践上抹去差别，以构建一致的语境：“环球同此凉热”“大庇天下寒士俱开颜”，杜甫的理想凭借现代科技正在成为现实。在传统社会，语境几乎拥有对于生活的全部意义。随后便是在科技黑箱的推进中原始语境的抹平甚至抹去。在《狼图腾》中有这样的情节：在吉普车和特等射手的追杀下，头狼和主力不到1小时就被干掉，其威力“完全超出陈阵和额仑草原狼的想象”，“它们可能从未遭到过如此快速致命的打击。剩余的逃出边界一定不会再回来了”，“草原上狼的神话在先进的科技装备面前统统飞不起来了”。传统文化中的人与物、所有的一切都从原有的意义框架上被剥落下来，从原有的生命之源连根拔除；其存在失去了基础，它们将被安置在何方？扎根于何处？哪里是它们的家园？如此强烈而彻底的震荡必然带来“对于失落的一切深沉的幻灭感和追本溯源之情”。遮蔽了各具特色和活生生的语境，遮蔽了丰富多彩的历史之后，非嵌入的科技黑箱及其所构建的千篇一律、冰冷和没有时间维度的机械世界，能提供新的框架、新的沃土和新的基础吗？被遮蔽的不仅是语境。面对标准化和大批量的科技黑箱，主体无从选择，更难以干预其运行，对世界和生命的理解沦落到机械的水平。主体厚重的历史与独特的个性也被遮蔽，彼此间的差异也被遮蔽，剩下的只是千人一面的机器或单面人。这真的是“摩登时代”？

不过，在遮蔽之时，近现代的科技黑箱也在去蔽。借助非嵌入的科技黑箱，各个民族得以脱离其语境，走出冰封极地和热带丛林、江河湖海和崇山峻岭。非嵌入的科技黑箱打破了独特、狭隘语境的束缚，展示了广阔的世界；割断了形形色色历史事件的牵挂及其当下的律令和制约（如《大红灯笼高高挂》中“祖宗的规矩”，霍桑的“红字”），吉登斯称之为“脱域”。新的科技黑箱终于让沙漏出。这真是悖论！正是被屡遭针砭、被指责为没有时间维度的机械，把草原民族从停滞的时间中带了出来。被遮蔽的人性发现了世界（包括他人），发现了未来。

一边是遮蔽，一边是去蔽。艾凯表达了他的无奈：“现代化是一个古典意义的悲剧，它带来的每一个利益都要求人类付出对他们仍有价值的其他作为代价。”然而，技术并未停止其脚步。高技术所提供的科技黑箱呈现出日渐嵌入、多样化和彼此关联的特点，由此便影响到主体及主体间的关系。

各种个性化、嵌入的科技黑箱，如个性化电脑或嵌入式软件，适应个人独特的需要，适用于特定的语境。随着个性对语境的互相投入，语境对于主体又有了价值和魅力，“特别的爱给特别的你”，此即“返魅”。嵌入的科技黑箱建立于非嵌入的科技黑箱的基础上，各异的嵌入软件的共同基础是物理层。互联网则提供了高层交流的平台。手提无线上网的笔记本，无论是在家中还是在办公室，身处海滨抑或高山，嵌入的科技黑箱在任何语境间游弋。各异的语境不再构成障碍，反倒成为追求的时尚。虚拟现实技术进而跨越时空，穿梭于过去与未来之间。普里戈金的耗散结构理论的分岔图在学术界广为人知。个人、企业、民族、国家乃至人类，在其或长或短的发展历程中，都经历了或多或少的分岔。每一次分岔在不同程度上对于相应的主体而言都是一次主动或被动的选择。在此意义上，人的自由体现在面对各种分岔作出自主的选择。显然，分岔或选项越多，选择的自主性越大，人就越自由。面对多样化、个性化和不断推陈出新的科技黑箱，主体在更大范围、更频繁地作出选择，获得更多的自由；可以在更大程度上介入、操控进而修改科技黑箱，因而拥有更大的自由。主体既可以“沉浸”于特定的语境之中，充分发挥其主观能动性，又可以随意变换时空，到另类语境去感受一番。在互联网上，各具个性的主体以各种方式彼此关联。

高技术科技黑箱去蔽了传统与现代所遮蔽的一切，同时也带来两种相反方向的“代价”。一方面，高技术科技黑箱将去蔽进行到底，人们却并未作好准备，如“文化滞后”（奥格本），甚至“逃避自由”（弗洛姆），从技术批判到技术恐惧，由一个极端到另一个极端。去蔽已经到达人的心理层次，去蔽人的隐私。提出遮蔽的海德格尔已经为此准备好了另一个同样难解的词汇：促逼。其实，促逼并非今日才有，而是伴随着去蔽，与之如影随形。人类厌恶遮蔽，渴望去蔽，去蔽又导致促逼。那么，是否会在一个新的层次呼唤遮蔽？然而，主体对高技术科技黑箱、网络和虚拟世界的依赖，遮蔽了真实的世界。但这一点不同于古代。古代是历史、语境和科技黑箱对主体的强制，而在当下和今后，高技术科技黑箱并未强制人。主体可以随时离去，漫游于更广阔的时空；可以彼此交流，为自己也为他人去蔽。在此意义上，对高技术的批判，实际上暴露了主体尚未培育好为自身去蔽的能力。由此看来，高技术科技黑箱所带来的所谓新的代价，实则对主体提出了更高的要求。

从沉浸而被历史和语境锁定，无从选择，经脱域而遮蔽了各具特色、活生生的语境和丰富多彩的历史，面对非嵌入的科技黑箱，主体同样无从选择和干预其运行；到眼下的第三阶段，既沉浸、返魅，又得以自主和漫游，并对主体构成新的促逼。技术带来的遮蔽和去蔽，伴随着人类的历程，推进/促逼着人类的脚步。

参考文献：

[1] 艾恺．世界范围内的反现代化思潮:论文化守成主义[M]．贵阳:贵州人民出版社，1991.

[2] 陈红兵．国外技术恐惧研究述评[J]．自然辩证法通讯,2001,23(4):16-21.

[3] 程光泉．现代化理论谱系[M]．长沙:湖南人民出版社,2002.

[4] 姜戎．狼图腾[M]．武汉:长江文艺出版社,2004.

[5] 拉卡托斯．科学研究纲领方法论[M]．兰征,译．上海:上海译文出版社,2005.

[6] 拉特利尔．科学技术对文化的挑战[M]．北京:商务印书馆,1997.

[7] 劳斯．知识与权力[M]．盛晓明,等译．北京:北京大学出版社,2004.

[8] 吕乃基．论科技黑箱[J]．自然辩证法研究,2001,17(12):23-26.

[9] 吕乃基,雍歌．论摩尔定律与技术范式[J]．山东科技大学学报:社会科学版,2006,8(1):7-10.

[10] 纳尔逊,温特．经济变迁的演化理论[M]．北京:商务印书馆,1997.

[11] 姚国宏．一个古老哲学传统的转向[EB/OL]．[2010-09-25] http://only. njau. edu. cn/philosophy/review/reviewshow. asp? id = 60140.

[12] 雍歌．高技术轨道演进机制[D]．南京:东南大学,2003.

技术的三个内在伦理维度

郭芝叶　文成伟
（大连理工大学人文与社会科学学部，辽宁 大连　116024）

摘　要：伦理作为技术的内在维度，是随着技术的发展而不断呈现，技术诉求于伦理是技术自身的内在要求，主要表现在三个方面：一是技术的好坏最终是由自然来检验的，技术应该是与自然和谐的技术；二是技术的自由特性决定了技术必须自律；三是技术的伦理意向性相对技术实践活动具有先在性。因此，伦理维度是技术的内在维度，对伦理的诉求是技术自身发展的必然要求。

关键词：技术　技术伦理　和谐　自律　伦理意向性

技术伦理因技术的快速发展所带来的负面效应而越来越受到学者和公众的极大关注，各种技术伦理模型和理论多见于研究与讨论因技术所带来的严重后果而需要制定相应的伦理规范，最后解决问题的方法很可能是走向法律的约束。然而，作为道德层面的技术伦理，相比技术来说，具有先在性，应该显现在技术的前面，而不要等技术出现后果再去反思技术伦理问题。本文通过技术的三个内在伦理维度分析，试图阐述技术对伦理的诉求是技术自身的内在要求。

一、技术的好坏最终是由自然来检验的，技术应该是与自然和谐的技术

美国马塞勒斯页岩提供的天然气可以满足美国40年的需求，为此正在掀起一轮尽可能多开采马塞勒斯天然气的热潮。开采天然气运用的是高压水砂破裂法。批评人士指出此种工艺方法会污染饮用水源，对环境和人类健康构成了威胁。大量淡水和化学制剂被强制注入井下，用来撑破岩石释放天然气；随后，大量污水又会流回地面。当地居民和环境保护相关部门要求企业列出开采使用的化学制剂及其浓度，但企业拒绝这么做。美国当然需要能源，但也需要饮水[1]。指责利益集团为了利益只呈现技术好的一面无可厚非，而其背后遮蔽的却是开采天然气的技术不是一种能与自然和谐的技术。无论我们创造的技术看起来多么精致，但是当面对自然的存在时，技术都是有限的存在。如果技术远离了自然，不能与自然和谐，这样的

技术就不会有强大的生命力，对于人类追求幸福也会渐行渐远。

人类的幸福不外乎包括物质和精神两个层面，物质层面保证人类能够生存下去，比如，人类赖以生存的水、空气、土地等；精神层面为人类生存下去提供动力，比如，人与人之间及人与社会之间的精神需求等。这些都是人类能够生存和生活得好的自然要求，如果没有这些支持，人类的生存及能否生活得好就会出现问题，所以任何一种技术如果破坏了人类的自然要求，那么这样的技术就是与自然不和谐的技术。和谐的技术应该是在人类追求幸福的时候，与人类的自然需求和谐共存，不会破坏人类的自然要求。美国马塞勒斯的天然气开采，抛开利益集团不谈，如果这项技术是与自然和谐的技术，那么这项技术的直接效果可以给当地居民提供充足的天然气，从而改善当地居民的生活条件，但事实上，这项技术影响了当地居民的饮水资源，也就是影响了当地居民赖以生存的自然的基本方面，人类可以不用天然气，但是绝对不能不喝水，所以这项技术是与自然不和谐的技术。

既然技术的好坏是由自然来检验的，那么又如何理解人类制定的技术的标准呢？通常意义上，所谓的技术标准，是批量生产的要求，是为了更精确地重复制造，使得制造的产品具有一致性，在技术方面是同一种技术的不断重复应用。如果没有技术标准，批量生产便不可行。在批量生产时，从投产到生产再到产品的后期维护，都是按照所制定的技术标准进行的。比如我们熟知的机械标准，一方面为了批量生产，更重要的另一方面是为了方便维修。除此之外，技术标准也是一种权利，谁制定标准，谁就掌握了技术的主动权，谁就在这方面有话语权，逼迫别人在后面跟着走。技术是一个实践的过程，技术的标准在实践的基础上不断修正和补充，所以技术的标准没有标准，技术标准是相对的。在人类运用技术征服自然和改造自然的过程中，什么才是技术的标准呢？技术的标准到底由什么来决定？事实证明，技术的好坏最终是由自然来检验的，只有和自然和谐的技术，才能成为人类追求幸福的手段，这从技术的历史发展过程就可以得到说明。

技术的发展过程就是人类认识自然和征服自然的过程，是人类按照自己的需要对外在世界进行解蔽的过程，此过程即是把自然原来缺席存在的状态以在场的形式呈现出来，供人类认识和把握，把那些人类不易把握的现象变成可以控制操作的对象，自然事物本身所具有的存在方式按照人类需要进行设计改造。在“技术从机会技术向工匠经验技术、工场手工业工匠专业技术向规则技术机器和技术向科学型技术的转变”[2]过程中，技术把自然变成一种对象。如果存在像古希腊普罗泰戈拉的名言“人是万物的尺度”、是人类中心主义的宣言，那么在技术的发展过程中，人正是通过技术实现了普罗泰戈拉的这句名言，人类期望利用所掌控的技术作为尺度逼迫自然朝着有利于人类的方向发展。如果说人类按照自己的欲望和认识来衡量万物，那么技术正是实现人的欲望和认识的手段，技术变成“万物的尺度”。难道只要技术可行的，人类就不会拒绝？难道只要技术可行的，没有什么不可行？确实值得我们思考。

当技艺作为一种技术出现在古代，完全是一种历史的偶然，这种被后人称为机会技术或工匠技术的技艺，主要靠个人的经验积累，人与技术不可分离，技术还没有成为人们生活的重心，还不是人们生活的必须，支撑技术的物质载体基本上来自自然的原有生成，能源的提供主要以人和畜力为主，各种技术基本是相对独立存在的，技术的表现形式主要在器物层面。这时的技术在解蔽外在世界的时候，主要尊重自然的本来面目，就像苏格拉底所认为的，技艺是对自然事物自身的不足所进行的补偿，称之为“补偿性技艺”，技术并不是来征服自然的，而是为了补偿自然的不足，是对自然的友好，这时的技术显然与自然是一种和谐的关系。

然而到了近代，技术与自然的关系发生了质的变化，尤其是出现了机器技术和规则技术。机器技术不再主要依赖于人，人与技术出现了相对的分离，技术在一定的规则下主要通过机器实现。技术不再以独立的形式发展，技术的相互依赖性加强。这时的技术发展正像弗兰西斯·培根所倡导的“知识就是力量”，技术成为一种知识，人类利用自己所掌握的知识不断地解蔽自然征服自然，对自然“进行拷打”，把自然变成“人的王国”，技术逐渐变成“万物的尺度”，只要技术能行的，没有什么不行，人类利用技术把握着这个被上帝曾经把握的世界。但是“在各种科学之中，几乎所有弊病的原因与根源全在这一点：我们虚妄地称赞和颂扬人的能力，却疏忽了给它寻求真正的帮助”[3]。这种人的能力的实质是技术的一种能力，技术的力量变得越来越强大，技术不仅征服了自然界，而且把人变成马尔库塞所描述的“单向度的人”，这时技术与自然的关系开始逐渐变得疏离，技术在不断地创造一个独立于人与自然之间的“超自然的世界”。这个超自然的世界完全不顾自然的感受，尤其是工业的蓬勃发展，加大了技术的影响范围，生物、化学工业等技术后果出现了一种类似生物种子的漂移现象，这种漂移现象对人类赖以生存的土地、水资源、空气等造成了极大的破坏，技术的后果超出自然的承受范围，同时也超出了人类的可控范围，在这种情况下，技术与自然达到和谐变得越来越困难。

到了现代，技术朝着复杂化方向发展，科学型的技术成为技术的主要形态，技术完全支配和嵌入了人类的生活，人类的生存方式变成一种技术的存在方式，人类已经生活于海德格尔所描述的技术的“座架”中，技术在全方位地改变着我们的存在方式，比如数字技术的发展使得我们强烈地依赖数字机器，我们的命运已经和我们创造的技术纠缠在一起，我们不能完全了解它或完全掌控它。我们不仅发明了我们之外供我们享用的产品，而且这产品也深入到了自身，人的生命完全可以利用技术，根据我们的需要进行定制，生物技术打破了只有神或特殊力量才能创造生命的古老成见，不知道这是技术的胜利，还是我们的生命尊严在消失。隐私在现代技术面前可能将不复存在或者将改变固有的观念。技术不仅深入到我们的肉体，还深入到我们的灵魂，科学家将用技术的手段解决历史上从苏格拉底开始一直困扰人类的心身问题、意识问题、思维问题等，比如大脑成像技术的新进展让我们几乎就要看清心灵与意识的状态了。无比强大的现代技术为我们不断地创造着令我们无法去想也无法想象的未来。现代技术的强大达到了随心所欲的状态，人类好像不需要完全借助于自然就能生活得更好，完全可以独立于自然之外，技术与自然的和谐完全取决于人类的态度。

由此可见，从技术的发展来看，技术与自然的关系从亲密到疏离到完全独立于自然之外，技术成为“万物的尺度”。技术作为征服自然和改造自然的工具，逼迫自然朝着有利于人类的方向发展，完全是按照人所掌控的技术的尺度的行为。人类企图幸福地生活在自己所创造的世界中，事实却与人类的愿望相背离，技术曾经的有用性再也遮蔽不了它的副作用，技术发展所造成的环境污染、生态破坏等，严重地破坏了人类赖以生存的基本自然需求。伦理作为技术的内在维度，是技术与自然和谐的诉求，缺少了伦理维度的技术，不仅不能追求善的技术，也是不能和自然和谐的技术。如今人类意识到应该与自然和谐相处，其具体的实现应落实到技术与自然的和谐，如果一种技术是与自然和谐的技术，这种技术就是一种追求和谐向上的技术，那么人与自然的和谐的实现才有基础。按照生物进化论的观点，所有的事物都应该具有一种追求和谐的善的本性，人类创造的技术也应是如此，可能只有这样的技术才能和自然协调，这样的技术也才有生命力，所以伦理应是技术的一种内在维度。人类所创造的超自然的世界，其实永远超越不了自然本身，所有技术的最终结果都是由自然来检验的，尽管开始技术可能是人类掌控的万物的尺度，但是从时间和空间来看，我们所制定的技术尺度标准只是人类的一相情愿，所以技术应该是和自然和谐的技术，是自身具有追求向上发展的内在倾向的德性的技术，这是技术本身追求的一种内在目的，所以技术对伦理的诉求首先应该是和自然和谐的诉求。

二、技术的自由特性决定了技术必须自律

日产公司在2009年宣布，将推出世界上第一款实现量产的纯电动汽车——聆风（Leaf）。接下来的几个月里，日产公司举办了一次行经24座城市的“零排放巡游”，以展示聆风的最新技术。聆风没有发动机、油箱和排气管，取而代之的是可接在家用插座上充电的电池组为电动机供电。聆风在路上行驶时，真正实现了零排放。不过，电池组需要充电，而电能又来自附近的发电厂，这时的碳排放可就不再是零了[4]。如果在使用燃煤发电的地区，电动汽车会导致二氧化碳排放量的增加而不是减少。绿色汽车还是绿色吗？由此可见，一种看似绿色的技术，其上游技术和下游技术并不都能保证是绿色的。另一方面，现代技术追求绿色环保恰恰说明了其原有的技术不是和自然和谐的技术，同时也说明了原有的技术是有缺陷的，用技术来拯救技术本身并不能克服技术的缺陷。

一种技术的产生受到许多条件的影响或制约，诸如时间、空间及技术主体知识有限性的局限。技术产生于有限的条件中，所以技术必然有它适合的使用范围，这种使用范围的有限性源于人的认识能力的有限性，所以决定了技术的使用范围在空间和时间中的局限。技术空间中的局限，要求技术的使用范围不会太宽；而技术的时间局限要求技术的使用时间不能走得太远，技术在设计者短浅的目光中、在有限的时间内是相对安全的，如果把时间轴拉长，人类的知识无法认识和经验，玻尔说过："我们描述自然的目的不在于揭露自然现象的真实本质，而只是要尽一切可能地找出我们各种（关于自然的）经验之间的关系。"[5]"自然因果系列的不可穷尽性和早期自然哲学家的种种实际事例，向人们提示了这样一种思想；穷尽一切自然因果，穷尽一切自然的知识；只有'神'才办得到，而人只能以'神'为楷模，永远不断地去追求这样一个目标。"[6]所以，技术既是一种必然性的结果，也是或然性的结果，这种或然性的结果使得技术本身在时间上没有了优势，常常会令人不安，因为我们的经验只能取自过去，而技术的实践活动却要面对未来。由此可见，技术的产生本身就存在着缺陷。

技术的缺陷并没有影响技术的自由，技术的实践活动表现为多样。一种技术可以参与多种实践活动，而一种实践活动又可以用多种技术来实现。如果把多种技术进行排列组合，那么会产生很多种新的技术，而这许多种新的技术又可能和原有的多种技术重新参与排列组合，如此循环往复，技术的衍生将可能是无限的，因此技术的实践活动总是能够以多于技术已知的可能性来呈现，它总是持有更多的可能性。技术的同一性中潜藏着多样性的巨大可能。同一种技术遇到不同的时间、空间和操作者，应用的方式不同，其产生的效果不同，同样的技术对不同的人所呈现的内容不一样，所以技术的同一性的存在是相当难以捉摸的，技术既揭示着自己又隐蔽着自己，而且还会以我们无法预料的方式出现。由此可见，技术产生于有限的条件中，却可以有无限的衍生，也正说明了技术的广泛应用性及其易组合性，也恰恰是技术的这个优点造成了技术致命的弱点，技术的缺陷不是缩小了而是放大了，也就是说，技术存在着被滥用的潜在本质，这种技术的缺陷在现代技术方面表现得更加突出。

现代技术的缺陷是由现代技术的复杂性、优越性、集成化及发展速度等造成的。首先，现代技术的复杂性表现在技术发展成为系统链条，一种技术的存在都有其上游技术和下游技术的支撑，没有一种技术的发展和完善不受其他技术的影响或制约。现代技术越来越不能独立存在，如图1所示[7]，六大基础学科在现代技术呈现综合交叉的状态。信息技术、材料技术、能源技术、空间技术、生物技术等技术相互依赖与影响，技术越来越专，又越来越交叉综合，一种技术所涉及的面越来越广。现代技术相互依赖、相互交叉，这是技术的自由，也是现代技术的缺陷，正是这种技术的自由使得技术存在着被滥用的潜在。

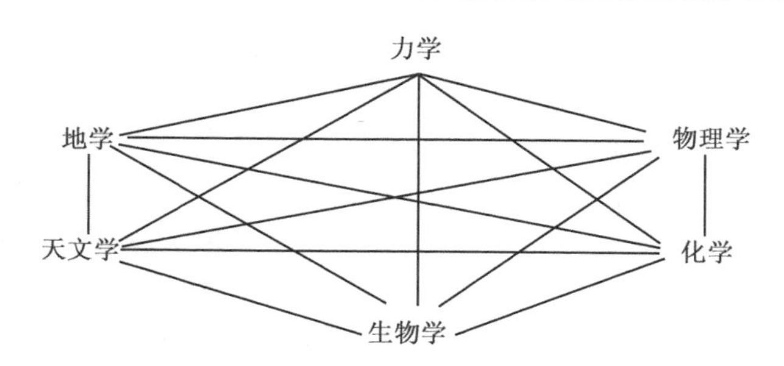

图 1　六大基础学科组合式交叉综合

其次，现代技术追求科学的精确性，它依赖更多的预设和条件，因而比技艺技术和机器技术更缺乏自发性和自立性，其呈现的优越性下面隐藏着很大的弱点。现代技术的预设也正体现了海德格尔所描述的技术成为“座架”的本质，使得现代技术展现给我们的是一种限定和强求。现代技术的预设和条件使得技术成为操纵意义上的技术，这种操纵使得事物不是出于自身而是出于外部的要求强加到事物本身上去，使事物呈现出来。现代技术逼迫自然呈现人类所需要的东西，并且把一切呈现的东西变成可供切割的材料。比如现代生物技术，对生命干预、控制和重组，完全是按照科学的精确性来操纵生命，生命物质变成科学家手中的物质材料，生命现象被技术割断，生命现象的过程性消失了。

再次，现代技术加强的功能性使得其朝着集成化的方向发展，技术的本质隐藏在“黑匣子”中，要想了解技术“是其所是”变得越来越困难。技术功能变成一种持存物，技术的本质被遮蔽了。因为现代技术的复杂性和弱自立性使得每一项技术产品都变成各种集成技术的集合，大师级的人物“死”了。集成化的技术只是把技术的功能性一面呈现出来，而真正的技术并不为使用者所了解，技术看起来更加自由了。

最后，现代技术的发展速度可谓史无前例，一种技术从出现到应用到更新到被替代，周期越来越短，正是技术的快速发展，使得技术没有时间沉淀，人们很难对它进行全面的探讨，比如克隆人、粒子对撞机、人造生命、机器的自我意识等，这些技术的发生可能会在突然之间改变我们对于自身的认识，并颠覆我们的生活方式。

现代技术广泛的时间、空间和使用者的适应性与易组合性，使得技术之间的联系增强了，此时的技术比历史上任何时候都更加自由了，正是这种自由的特性使得现代技术比任何时候更具有被滥用的潜在危险，伦理此时的在场将更加重要。伦理作为技术的内在维度，并不是外力强加其上的，而是技术自身特点的诉求。技术自身的自由特性决定了技术必须自律，正像康德在实践理性所描述的那样，自由即自律，虽然当时他是针对人的理性，但是技术的自由一样应该遵从自由即自律，在技术的自由世界必须有伦理的存在，伦理成为技术的内在维度，是技术自身的要求和必然，只有这样的技术，才可能是完善的技术，也才可能追求善的技术。例如，现代的生物产品和原来的机器产品完全不同，其自身有进化的功能，也就是说，生物产品作为技术的产物，其本身是可以变化的，其本身具有复制的功能，技术的产品就会脱离技术控制。如果人工智能的计算机获得了意识，那么机器是否可以利用自己的意识进行自我完善、自我复制，导致更强大的机器在无人类参与的情况下制造出来，机器将进化到超出人类控制能力甚至理解能力的地步，后果不堪设想。因此，技术的自由特性决定了技术必须自律，对伦理的诉求是技术自身的内在要求。

三、技术的伦理意向性相对技术实践活动具有先在性

机器人的技术在如火如荼地发展，机器人的道德也被提到了日程，“法国 AldebaranRobotics 公司推出的机器人‘Nao’，是世界上首款被编入伦理道德准则程序的智能机器人。”[8]机器人是人工智能技术的构造，它具有一定的意识范畴，所以机器人的道德也是智能技术自身的要求。机器人的道德标准用代码来保证，假设这种标准编程是可行的，那么怎样的伦理原则才是适合的？现在并没有一种普世的伦理原则，任何一种伦理理论都可以找到它的对立面。道德是理智与情感的抉择，什么才是应该的选择？“有趣的是，机器道德最终可能会推动伦理道德自身的进步。因为相比伦理学家提出的抽象理论，立足于‘真实世界’的人工智能研究可以帮助我们更深入地理解什么才是符合道德标准的行为。经过适当的训练之后，机器人的行为甚至可能比许多人的行为更符合道德规范，因为它们有能力做出公正的决定，而对于这一点，人类并不总是非常擅长的。或许有朝一日，与有道德的机器人交流互动，能促进我们人类的行为更加符合伦理道德。”[9]如果机器人真的会有这一天，那是因为机器人有了伦理的意向性，道德具有其行为的先在性。

虽然人工智能对伦理诉求的实现必须通过技术的实践活动才能呈现，它始终是一种缺席和隐蔽状态，但这种缺席的存在始终是和技术的本质相联系的，它是技术实践活动中的一种意向性。伦理的意向性相对技术实践活动具有先在性。在亚里士多德看来，实践活动主要指人的道德实践和政治生活，而人的生产实践居后，道德相对于生产实践来说具有先在性，这种技术伦理意向性的先在存在会影响技术自身的产生、发展，它是一种对技术的定位和保护，在适当的时机就会以不同的方式呈现技术的明见性。机器人有了伦理的意向性，便可根据伦理道德规则进行自主行事。这种道德的先在性是因为道德属于实践理性范畴，“实践理性的观念比客观价值的观念更为基本，因为客观价值的存在是以我们共有的实践理性为前提的。”[10]而实践理性具有为行为找到根据和理由的能力。有了实践理性，便可推理出在具体情况尚未作出的行为中，哪些是应该做的，哪些是最好要去做的。机器人正是有了

这种先在的伦理意向性，使得机器人在权衡义务与责任时，应该努力坚守哪些道德义务和责任，还有哪些应该被优先坚守，根据意向而付诸行动。

由此可见，技术的伦理意向性是技术实践活动的对象意识指向，在技术追求自身完善的过程中，起着主要的作用，比如技术应该是与自然的和谐技术，技术应该自律，等等。只有意向到的，才能接近认识技术的内在要求，这种意向性可以“在冲突压力下，知道应该做什么；在不确定和不明晰的情况下，知道通过调查研究应该做什么；而且知道为什么应该这样做”[11]。它可以减弱技术的副作用，使技术趋向完善，比如，现代技术统治着现代人的生活，被现代技术所限定的生活意义被减弱，技术成为现代人追求的目的，技术遮蔽和取代了现代人的价值需求，人的真正幸福和价值追求在现代技术的统治中被遗忘了。现代技术对环境、资源、生态、道德、社会文化等方面产生了无法消除的副作用。“与传统的手工技艺相比，现代科学技术显著地增加了可做之事，但却没有相应地深化有关应做之事的观念。”[12]如果技术的伦理意向性在现代技术的实践活动中呈现，那么现代技术的实践活动便是智慧的实践活动，技术真正成为人类追求幸福的手段，也才能充分体现技术的价值。技术的伦理意向性是技术存在的一部分，按照自己专有的方式显现。技术本质的呈现与内在伦理的诉求相互交织，而意向性则有助于对技术内在伦理维度的探讨。如果技术缺少伦理的意向性，那么技术的实践活动就无法达到智慧，也无法追求与自然的和谐，就会混淆技术的明见性和真理，然而合理的技术的伦理意向性就会使得技术顺利趋向理性，而且有助于技术工作者承担作为真理执行者的身份，技术活动才能成为智慧的实践活动。

总之，德性的技术正是通过理性的力量，客观地面向技术本身，判断技术所牵涉的每一方面真正应该是什么。伦理是德性技术在实践活动中最为卓越的运用。伦理不是凌驾于技术之上，而是技术自身的内在维度，具有适当的伦理意向性的技术实践活动才是真正智慧的实践活动，这样的技术也才能够克服自身的缺陷而成为与自然和谐的技术。

参考文献：

[1]　Mark Fischetti. 能源还是污染源:天然气开采之惑[J]. 环球科学, 2010(8):38-41.

[2]　文成伟. 欧洲技术哲学前史研究[M]. 沈阳:东北大学出版社, 2004:1.

[3]　弗兰西斯·培根. 新工具[M]. 张毅, 译. 北京:京华出版社, 2000:7.

[4]　Michael Moyer. 绿色汽车绿色吗[J]. 环球科学, 2010(8):26-27.

[5]　高涌泉. 电磁场真的存在吗[J]. 环球科学, 2010(10):86.

[6]　叶秀山. 苏格拉底及其哲学思想[M]. 北京:人民出版社,2007:67.

[7]　张密生. 科学技术史[M]. 武汉:武汉大学出版社, 2005:321.

[8][9]　Michael A, Susan L A. 机器人的道德经[J]. 环球科学,2010(11):40-45.

[10] 程炼．伦理学导论[M]．北京:北京大学出版社，2008:111.
[11] Carl Mitcham. Thinking Ethics in Technology(Hennebach Lectures and Papers，1995- 1996)，ISBN 0 91806211 X，Division of Liberal Arts and International Studies Colorado School of Mimes，6.
[12] Carl Mitcham. 关于技术与伦理关系的多元透视[J]．哲学研究，2007(11):79-82.

宗教的技术之维
——一种可能的分析

尚东涛
（洛阳师范学院政法系，河南 洛阳　471022）

摘　要：在结构性上，宗教存在于互融之宗教教义、宗教仪式和宗教组织等要素之中。由于宗教教义、宗教仪式和宗教组织分别是规训技术（社会技术）的“元技术”形态、“实践”形态和“组织化”形态，因而存于宗教教义、宗教仪式和宗教组织的宗教存于规训技术；由于展示宗教教义本性的教义传播、展示宗教仪式象征特质的“物态化”媒介、展示宗教组织空间化形式的宗教建筑，分别基于以传播技术、制造技术、建筑技术为标志的自然技术，因而宗教唯于自然技术之基上，才能获得存在，或者说宗教存于自然技术。如果自然技术与规训技术不可分割地构成统一的技术，那么存于自然技术与规训技术的宗教存于技术。据此，宗教之魅“造”于技术，“技术祛魅”之启蒙式理解的普适性值得怀疑。

关键词：宗教　自然技术　规训技术　技术　“技术造魅”

一、导言：宗教与技术

尽管宗教“是一个缺陷的存在”[1]425，但却是一种“社会现实”与“社会力量”[2]67，不仅在历史进程中“始终保存着”[3]271，而且在某种历史环境中，还会“起着主要作用”[4]100。问题是：作为“一个缺陷的存在”的宗教，何以成为一种“始终保存着”的“社会现实”与“社会力量”？或者说，宗教的存在何以可能？

诚然，包括用“宗教精神的自我规定”来说明宗教内在的不同维度的分析，对理解宗教存在都具有一定的意义。但依马克思的立场，对“本身既无本质也无王国”的宗教，“应该用一向存在的生产和交往的方式来解释”，应该在“工业关系和交往关系”中去分析[5]162-170。

如果“生产”或“工业关系”可主要理解为人与自然的关系，其“改造性”建构主要基于自然技术，那么“生产”或“工业关系”的本质可体现为自然技术；

如果“交往方式”或“交往关系”可主要理解为人与人的社会关系，其“规范性”建构主要基于社会技术，那么“交往方式”或“交往关系”的本质可体现为社会技术。社会技术作为概念，在学术界存有争论。但若依福柯在《规训与惩罚》等书中的基本思想，社会技术客观存在，且客观存在的社会技术主要支撑于“以规训为主题”的技术系统。事实上，正是由于规训技术“遍布了整个社会机体”，才使“交往方式”或“交往关系”实现着规范性建构。据此，似可将规训技术视做与社会技术同等程度的概念。在福柯的视域内，规训技术（社会技术）不仅存在，而且与自然技术“共同构成一个渐变的连续统一体”[6]。因为“生产和交往的方式”或“工业关系和交往关系”不可分割。事实上，既不存在纯粹的自然技术，也不存在纯粹的规训技术（社会技术），二者的区别性表述只因统一之技术所指向的直接对象存有显著不同而已。据此，用“生产和交往的方式”或“工业关系和交往关系”分析宗教的“应该”取向，合逻辑地转换为自然技术与规训技术（社会技术），合逻辑地向技术之维归结。

宗教分析之“应该”取向的技术维归结并非纯形式推论，而和蕴涵于人类史的宗教史相统一。因为蕴涵于人类史的宗教史是“我们自己创造的”，技术或“工艺学揭示出”作为一种“人的社会生活”的宗教的“直接生产过程”，“所有抽象掉这个物质基础的宗教史，都是非批判的”[4]429。

不同的宗教有不同的历史，不同历史的宗教，特别是世界性宗教或制度性宗教，在结构性上内在着共同性要素。E. 杜尔干（或译为涂尔干、迪尔凯姆等）认为，“宗教是一个与圣物、也就是被分开、有禁忌的事物有关的信仰和实践的统一体系，这些信仰和实践把所有皈依者联合在同一个被叫做教会的道德社团中。”[7]47由于宗教信仰的内容是宗教教义，宗教实践的基本形式是宗教仪式，教会即宗教组织，因而在结构性上，宗教共同性要素至少可包括互融的宗教教义、宗教仪式和宗教组织，作为整体的宗教存在于互融的宗教教义、宗教仪式和宗教组织之中。在这个意义上，技术维之宗教分析，似可从互融的三重要素切入。值得说明的是，本文分析的宗教主要指世界性宗教或制度性宗教。

二、宗教的技术维三重分析

1. 宗教教义的技术分析

依杜尔干的观点，宗教教义作为宗教的“思想体系则是以它充实和组织的观点表现出来的”[7]477，“在不了解一种宗教作为基础的思想时对这种宗教什么也不可能理解”[7]104。因而对宗教的技术分析，宜先从宗教教义切入。

首先，宗教教义是宗教的规范体系，作为宗教规范体系的宗教教义，是建构宗教关系之“元技术”形态的规训技术。

宗教教义是宗教信仰者的“万世不易”之“经”。在“经”的根本唯名意义意味着规范的意义上[8]166，宗教教义是宗教的规范体系。一般地，作为规范体系的教义，主要包括信条性规范与行为性规范。前者直接宣称信仰内容，世界性宗教的信仰宣称是“排他性宣称”[9]4。后者对人—神关系、人—人关系等设定善恶界限，设定禁忌，设定惩罚—奖赏尺度等。行为性规范是信条性规范的外化形式，信条性规范赖于行为性规范的支撑，二者的互渗互融使宗教规范体系严密完整。如果“名词性的思想必须由动词性的思想来说明，否则是有名无实”[10]，那么，作为“名词”的以体系方式展示的宗教规范，必须在“动词”“规范化”中，才能获得名副其实的理解。事实上，作为宗教规范体系的教义的根本旨归，惟在于通过“规范化”，“造就”宗教信仰者或“建立一种关系”[11]156，即建构宗教的社会关系或宗教关系。由于宗教信仰者的“造就”与宗教关系的建构直接同一，因而“造就”宗教信仰者与建构宗教关系只是同一过程的不同表述而已。作为“动词”的“规范化”，即“规训”或“规范化训练”，“它是一种权力‘物理学’或权力‘解剖学’，一种技术学”，即规训技术[11]242。在福柯的视域内，规训技术的“最终形成发展至少在军队和学校里出现得稍晚”，它“无疑起源于宗教”[11]181。起源于宗教的规训技术涉及或包括“一切细节”[11]158。但这里的“一切细节”，在最终意义上以教义之规范体系为前提。也就是说，在“造就”宗教信仰者的规范化训练的“一切细节”中，不仅在“做什么”方面，而且在“怎么做”方面，都必以教义之规范体系为终极动力和最高尺度。正由于此，才“最终造就了伟大的圣徒”[11]159。这表明，作为宗教规范体系之教义，在“造就”宗教信仰者的规训技术中，具有无上的前提性地位，成为宗教规训技术的“一般支配方式”[11]155，成为宗教关系得以建构之规训技术的“元技术”。或者说，作为宗教规范体系的宗教教义是“元技术”形态的规训技术。

其次，传播是宗教教义的本性，教义传播在现实性上基于以传播技术为标志的自然技术。

宗教“有很强的传播力”[7]358，宗教的历史即传播的历史，传播是宗教的本性。宗教教义是教义化的宗教，宗教的本性即宗教教义的本性。世界性宗教的教义传播无疑有“深刻的社会原因”，但“深刻的社会原因”只有在技术或传播技术的支撑下，才能成为教义传播的现实原因。或者说，教义传播在现实性上支撑于传播技术。一方面，教义的“文本化”传播支撑于传播技术。始源于不同宗教创立者之宗教体验的世界性宗教之教义的现实形成，普遍以“文本化”经典为存在形式。在这个意义上，教义传播的基本形式是“文本化”传播。当然，这并不否证教义传播的“口头”与“电子”形式等，只是由于宗教创立者除外的“口头布道”与当代的“电子布道”，在根本性上必源于“文本化”经典，否则即所谓的“宗教异端”。在宗教教义传播史中，教义“文本化”传播的传播技术支撑，既表现在早期的“抄本阶段”，因为教义经典的早期“抄本”之所以可能，必以古代的造纸技术、制笔技术等传播技术的发明、发展为根本前提。更表现在后期的“印刷阶段”，因为如果说中国古代的雕版印刷技术的发明，已有力地推动着佛教等教义的“文本化”传播，那么始于15世纪中叶德国的金属活字印刷技术的发明、发展，则极大地推动着基督教、佛教、伊斯兰教等教义的“本化”传播。若以基督教为例，比如16世纪的宗教改革中，正是“新教与印刷资本主义的结盟，通过廉价的普及版书籍”，才“迅速地创造出为数众多的新的阅读群众”[12]39-40。由于“文本化”教义经典，可使教义的“历时性传播”近乎“共时性传播”。因而在笔者看来，于某种意义上可以说，以印刷技术为支撑的教义“文本化”传播是“用文本消灭时间”。另一方面，教义传播速度的提升支撑于传播技术。教义传播是在与不同教义、非宗教思想竞争中的传播。因而提升传播速度，成为不同宗教教义传播的普遍追求。就世界性宗教而言，除早期纯粹的“徒步布道”外，提升教义传播速度在现实性上，以传播技术为根本支撑。这在德里达那里，即“如果没有”“数字化、喷气式飞机和电视”等，就“不会有任何主教的旅行和演讲，不会有任何犹太教信徒、基督徒或伊斯兰教徒组织的影响”[13]32-33。如果说基于不断发展的交通技术的教义传播已意味着“去远”速度的不断提升，如当代“教皇的旅程”“是前所未有的繁多和快速”[13]33，那么通讯技术特别是信息技术发展所支撑的“‘光盘化’和‘赛伯空间化’了”的宗教教义传播[13]33，在“去远”上似乎实现了“极速”。事实上，随着传播技术的发展，教义从一个地方传播到另一个地方所花费的时间不断缩短，这即马克思曾言的“用时间消灭空间”[14]16。

2. 宗教仪式的技术分析

依据杜尔干的观点，由于宗教仪式在“所有不管什么宗教中都起主导作用”[7]466，因而“几乎所有的宗教信仰都赋予具体仪式头等的重要性”[7]34。据此，对宗教教义进行技术分析后，宜转向宗教仪式的技术分析。

首先，宗教仪式是宗教的实践形式，作为宗教实践形式的宗教仪式，是建构宗教关系的“实践”形态的规训技术。

宗教仪式是宗教的实践形式。作为宗教实践形式的宗教仪式，“并不只是人们表现出自己信仰的信号体系”，而且是形成与巩固宗教信仰的“一种特殊实践”[7]464-645。在这个意义上，基于宗教信仰形成与巩固的宗教信仰者的“造就”或宗教关系的建构基于宗教仪式。如果“唯一真正重要的仪式是操练”或操演[11]155，且“仪式被看作规范化行为的一个类型”[15]178，那么宗教仪式是一种规范化的操练或操演。操演的宗教仪式是动作表达与语言表达并存的人或身体的操演（因为依梅洛·庞蒂，“我是我的身体”[16]257），是以教义规范体系为终极动力与最高尺度的身体操演的规范化。而“规范化”即“规范化训练”即规训技术。这无疑表明，操演的身体直接“卷入”了宗教仪式的规训之中，宗教仪式现实地成为一种把身体“既视为操练对象又视为操练工具的权力的特殊技术”[11]193，即“实践”形态的规训技术。这主要因为，宗教仪式充满了福柯所言的“监视”、“规范化裁决”和“检查”等规训技术手段的运用[11]193。就世界性宗教而言，宗教仪式作为“实体化的集体力量”，“涉及权力观念”[7]356,406，而“一切权力都将通过严格的监视来实施”[11]194。宗教仪式的监视，既有组织者对参与者的监视，又有参与者间的相互监视，还有神的监视。因为在宗教信仰者的宗教体验中，神“如在其上，如在其左右”，既监视言行又监视思想。其实，不仅“监视”技术充满宗教仪式的全过程，而且“规范化裁决”和“检查”技术同样在宗教仪式中被普遍运用。比如“强求一律”的“规范化裁决”既表现为宗教仪式是“一套规定好了的正式行为”，又表现为“规定行为”的“周期性重复”等。至于检查技术，既表现为组织者的检查（如天主教的“坚振礼”中所进行的教义问答等），又表现为组织者检查与参与者自我检查的结合（如天主教的“忏悔礼”等），等等。正是宗教仪式成为“实践”形态的规训技术，才给作为“操练对象”与“操练工具”的身体“打上标记，训练它，折磨它，强迫它完成某些任务、表现某些仪式”[11]27，才“组织”、“控制、调整”着宗教生活[7]461，“造就”着宗教信仰者，建构着宗教关系。

其次，象征是宗教仪式的特质，象征所凭依的“物态化”媒介在现实性上基于以制造技术为标志的自然技术。

作为宗教实践形式的宗教仪式，是“体现人神关系的象征形式”或体系[2]308，象征是宗教仪式的特质。因为，依据黑格尔的观点，“象征的各种形式都起源于全民族的宗教世界观”[17]29，而宗教仪式是“宗教世界观”的实践形式。宗教仪式之象征是“通过已知世界中的物体，暗示某种未知的东西”[18]251，它“所要使人意识到的都不只是它本身那样一个具体的个别事物”或“感性事物”，“而是它所暗示的普遍意义”[17]10-11，即“神圣性”。换句话说，宗教仪式之象征意味着“感性事物”与“神圣性”的统一。在此统一中，“感性事物”成为“神圣性”的“物态化”媒介，“不仅能表现出与其有关的一种精神状态，而且它们还能促进这种状态的产生”；不仅“能不断使人们回忆起那些活动，而且能提醒人们经常举行这些活动”[7]253-254。正是凭借以“物态化”形式存在的象征物的媒介功能，“宗教信仰的神圣对象在宗教仪式过程中取得了可感的象征形式”[2]305，宗教仪式才能“长期存在下去”[7]254。一般地，宗教仪式的象征物因宗教、时代、地域等的差异而差异。就世界性宗教而言，存有差异的象征物可大体区分为服饰、用品或器具、图像、造像等类型。如果说作为象征物的服饰（如天主教神父的“祭服”、佛教僧人的“袈裟”、伊斯兰教一年一度朝觐仪式中男子的“戒衣”等）、用品或器具（如天主教“弥撒礼”上的“面饼”与“酒”、佛教仪式上的“法器”等），已暗示着宗教仪式的“神圣性”，那么由于宗教仪式是“人的圣化”与“神的俗化”的统一过程，在这一过程中，“信徒不能没有神”[7]385。因而神或与神有关的图像、造像几乎成为除伊斯兰教外的宗教仪式中崇拜的核心象征（其实，在崇拜者心目中，伊斯兰教的真主也是“具有人性的实体”[2]117）。成为“神圣性”核心象征的神或与神有关的图像、造像，在基督教的仪式中多与耶稣相关，在佛教仪式中多与佛、菩萨等相关。众所周知，作为宗教仪式象征物的服饰、用品或器具、图像、造像等，既不是自然界制造的，也不是神制造的，而是人凭技术制造出来的，是制造技术的产物或“物态化”的制造技术。换句话说，展示宗教仪式象征特质的“物态化”媒介，在现实性上基于以制造技术为标志的自然技术。

3. 宗教组织的技术分析

依据杜尔干的观点，由信仰和实践构成的宗教生活“都有一个确定的群体作为基础”，“这就是人们称之为一种教会的现象”，“在历史上我们还未遇见过没有教会的宗教”，“宗教与教会观念不可分”[7]43-44。教会即宗教组织。据此，在对宗教教义、宗教仪式进行技术分析后，不能忽视对宗教组织的技术分析。

首先，宗教组织是宗教的规训机构，作为宗教规训机构的宗教组织，是建构宗教关系的“组织化”形态的规训技术。

宗教组织在福柯视域内，是“具有各自特色的各种规训机构”中的一种。对此，他在《规训与惩罚》一书的第三部分，进行了详细的“勾画”。宗教组织之所以成为宗教的规训机构，主要在于宗教组织把规训“作为达到某种目的”即“造就”宗教信仰者或建构宗教关系的“基本技术”[11]157-159,242。以至由于其对规训技术的娴熟“使用”，而成为“对活动控制”的“专家”“大师”[11]170，成为规训技术的“出发点和复归点”，成为与规训技术融溶为一的社会存在。宗教组织的一切活动，只是那个通过它才有了“意志和意识”的规训技术的职能。或者说，规训技术的灵魂成为宗教组织的灵魂，宗教组织是“组织化”形态的规训技术。对此，可在宗教组织对宗教知识的生产再生产与对宗教信仰者的强制性中，作进一步的理解。因为信仰和仪式是宗教的“两大基本范畴”[7]35，而信仰离不开宗教知识的生产再生产，仪式离不开强制性。一方面，在布迪厄看来，宗教知识的生产再生产，是宗教组织通过“宗教专职人员”的“共同协作”，使宗教知识的生产再生产为宗教组织所垄断[19]。这种垄断是宗教权力的直接展示。与宗教知识生产再生产“直接相互连带”[11]29的宗教权力是运行的权力。依福柯的基本思想，运行的宗教权力只有基于作为“轨道”的“特殊的权利技术”即规训技术[11]242，才能成为现实的宗教权力，才能生产再生产宗教知识。因为规训技术是“制造知识的手段”[11]375，拥有宗教权力的宗教组织对宗教知识的生产再生产，执行的是规训技术“制造知识”的职能，只不过以“组织化”形态遮蔽了规训技术而已。另一方面，在某种意义上，“宗教的强制性”是给宗教“下定义”的“根据”[7]47。因而“表现宗教本质”的宗教组织内在强制性特征。宗教组织的强制性以宗教权力为支撑，宗教权力的运行以规训技术为“轨道”。正是作为“轨道”的规训技术，才使宗教组织既“以符号学为工具，把‘精神’(头脑)当做可供铭写的物体表面”[11]113，将“信仰强加给宗教信仰者[7]47；又以仪式为外观，操练这种“把任务强加给肉体的技术”[11]181，使宗教仪式成为宗教信仰者的“强制性义务”[2]304；同时以作为“规训技术的一个特殊机制”的“层层监督”[11]198-200，实现宗教组织对宗教信仰者的“制止或支配”或“控制”[7]406。事实上，如果没有以“权力干预、训练和监视肉体”的强制性的规训技术，就没有宗教组织的强制性，只不过“组织化”形态遮蔽了规训技术而已。

其次，神圣空间是宗教组织的空间化形式，作为宗教组织空间化形式的宗教建筑，在现实性上基于以建筑技术为标志的自然技术。

依据列斐伏尔的观点，“任何一个‘社会存在’渴望或者宣称变成了现实，但如果没有生产出自己的空间，就是一个古怪的实体”[20]103-104。在某种意义上，作为一种社会存在的宗教组织，正是凭借“自己的空间”的生产，才成为一种现实。宗教组织所生产的“自己的空间”，即建起的“庙宇和圣殿”[7]339，当将这些庙宇和圣殿统称为宗教建筑时，由于其“排除世俗生活”，因而是不同于世俗空间的“神圣空间”。宗教建筑之所以是神圣空间，既因为其是神的“栖所”[7]339，更因为其是宗教组织的空间化形式或宗教权力的空间化形式，“对个人具备一种单向的生产作用”或规训作用，是“造就”宗教信仰者的“特殊场所”。或者说，只是由于作为宗教组织“产物”的宗教建筑，成为宗教权力的媒介与来源，才与世俗空间具有了根本不同的性质。在世界性宗教那里，宗教建筑的最突出代表，首推基督教的教堂、佛教的寺院、伊斯兰教的清真寺等。宗教建筑的不同，与多种因素相关，但建筑技术是使非技术因素成为影响宗教建筑差异之因素的那种根本性因素。据此，宗教建筑的差异基于建筑技术的差异，建筑技术的发展变化为宗教建筑提供着新设计理念、新材料、新空间表达方法等。以基督教为例，如果没有当时代的肋架券、尖券、飞券等技术构成的建筑技术的支撑，就不可能有起自12世纪曾盛行于欧洲的哥特式教堂；如果没有建筑技术的新发展，就不可能有以或框架或网架或悬索或曲面等为结构造型的现代风格的基督教教堂。当然，不能说当代出现的“虚拟教堂”也基于建筑技术，但其基于信息技术的本质与本文的基本倾向并无二致，只是由于篇幅的原因，暂悬置不论。简言之，作为宗教组织空间化形式的宗教建筑，在现实性上基于建筑技术。

三、结语：“宗教存于技术”

在结构性上，作为整体的宗教存在于相互作用的宗教教义、宗教仪式和宗教组织等要素之中。由于宗教教义、宗教仪式和宗教组织分别是规训技术的“元技术”形态、“实践”形态和“组织化”形态，因而存于宗教教义、宗教仪式和宗教组织的宗教存于规训技术；由于展示宗教教义本性的教义传播、展示宗教仪式象征特质的“物态化”媒介、展示宗教组织空间化形式的宗教建筑，分别基于以传播技术、制造技术、建筑技术为标志的自然技术，因而宗教只有在自然技术之基上，才能获得存在，或者说宗教存于自然技术。如果自然技术与规训技术（社会技术）在现实中，互相嵌入，构成不可分割的技术“统一体”，那么，以自然技术、规训技术（社会技术）为存在方式的宗教，存于自然技术与规训技术（社会技术）统一的技术，即“宗教存于技术”。

事实上，宗教正是以技术为存在方式，才将一些对宗教经典并未有多少深入阅读与思考的人“造就”成宗教信仰者，才使个体的宗教信仰者“变成了一种可以被安置、移动及与其他肉体结合起来的因素”，才使“单个力量组织起来”[11]184，才使作为“一个缺陷的存在”的宗教成为一种“社会力量”，成为一种“社会现实”，不仅在历史进程中“始终保存着”，而且在某种历史环境中还会“起着主要作用”。

在这个意义上，技术是宗教存在何以可能之解或多解之一。若循前述逻辑，宗教凭依技术“剥夺人和大自然的全部内容，把它转给彼岸之神”[1]647，宗教的神秘性、神圣性支撑于技术或存于技术，那么，技术具有“造魅”功能。当仿“技术祛魅”句式，则“技术造魅”。据此，“技术祛魅”与宗教会随着技术（科学）发展而衰退的“启蒙式理解”的普适性值得怀疑。

参考文献：

[1] 马克思，恩格斯．马克思恩格斯全集：第1卷[M]．北京：人民出版社，1956.
[2] 吕大吉．宗教学通论[M]．北京：中国社会科学出版社，1989.
[3] 马克思，恩格斯．马克思恩格斯选集：第1卷[M]．北京：人民出版社，1972.
[4] 马克思．资本论：第1卷[M]．北京：人民出版社，2004.
[5] 马克思，恩格斯．马克思恩格斯全集：第3卷[M]．北京：人民出版社，1965.
[6] 吴致远．对福柯的又一种解读[J]．哲学动态，2008(6)：62-67.
[7] E. 杜尔干．宗教生活的初级形式[M]．杜宗锦，等译．北京：中央民族大学出版社，1999.
[8] 谢大伟．圣书的子民：基督教的特质和文本传统[M]．李毅，译．北京：中国人民大学出版社，2005.
[9] 潘尼卡．宗教内对话[M]．王志成，等译．北京：宗教文化出版社，2001.
[10] 赵汀阳．哲学操作[J]．社会科学战线，1996(1)：251-258.
[11] 福柯．规训与惩罚[M]．刘北成，等译．北京：生活·读书·新知三联书店，1999.
[12] 本尼迪克特·罗德森．想象的共同体[M]．吴睿人，译．上海：上海人民出版社，2005.
[13] 德里达．宗教[M]．杜小真，译．北京：商务印书馆，2006.
[14] 马克思，恩格斯．马克思恩格斯全集：第46卷(下册)[M]．北京：人民出版社，1980.
[15] 菲奥伊·鲍伊．宗教人类学导论[M]．金泽，等译．北京：中国人民大学出版社，2004.
[16] 梅洛·庞蒂．知觉现象学[M]．姜志辉，译．北京：商务印书馆，2005.
[17] 黑格尔．美学：第2卷[M]．朱光潜，译．北京：商务印书馆，1989.
[18] 荣格．人类及其象征[M]．张举文，译．沈阳：辽宁教育出版社，1988.
[19] 泰诺·雷．宗教资本：从布迪厄到斯达克[J]．李文彬，编译．世界宗教文化，2010(2)：14-20.
[20] 汪民安．身体、空间与后现代性[M]．南京：江苏人民出版社，2006.

第三篇

当代技术与工程中的哲学思考

略论工程的三个“层次”及其演化

李伯聪
（中国科学院研究生院人文学院，北京　100049）

摘　要： 工程活动可划分为微观、中观、宏观三个层次。在究竟应该如何具体划分三个层次的问题上，经济学家和工程伦理学家的观点有所不同。本文主要依据经济学家的有关界定，对工程的微观、中观、宏观三个层次及其演化问题进行了简要的分析和阐述。文章最后分析了微观、中观、宏观层次的互动关系，指出应该重视对“跨层次”的“嵌入”和“超越”关系、不同层次间的“上行”或“下行”作用机制等问题的研究。

在研究工程时，必须高度关注对“工程层次”问题的研究。虽然这个问题在现实世界中“普遍皆在”，但在理论研究领域，它们却处于“似有若无”的状态，成为一个“被忽视”的角落，这种状况是必须改变的。在工程哲学和工程演化论领域，必须高度关注工程“层次”方面的问题，加强对“工程层次”问题的研究。

所谓“工程”的“层次”问题，也就是关于工程的“微观”（micro）、“中观”（meso）和“宏观”（macro）的问题。这个问题也可以说成关于工程的范围或尺度问题。如果从理论研究或观察者的角度谈问题，也可以称之为“视角”或“研究框架”问题。本文将着重从工程哲学和工程演化论的角度，对工程层次和“微观—中观—宏观”研究框架问题进行初步的分析。

一、工程三个层次的划分

所谓“微观”与“宏观”之分，起初来自物理学。在一百多年前，物理学家开始把研究对象的“层次”或尺度深入到原子和基本粒子。在探索和研究“原子世界”的艰难历程中，物理学家陆续在科学实验中发现了原子和组成原子的电子、质子等基本粒子。为了解释在这个“新层次”中遇到的新问题，物理学家普朗克于1900年提出了量子概念，后来又发展出了“量子力学”。物理学家在研究基本粒子的物理学问题时，惊奇地发现，量子力学规律不同于牛顿物理学规律。于是，物理学家就根据对象尺度大小而划分出微观物理世界和宏观物理世界两个不同

"层次"的世界。对于"宏观世界"，"牛顿物理学"发挥作用；而在"微观世界"，量子力学规律发挥作用①。

后来，经济学家从物理学中借用了微观和宏观两个术语。可是，经济学家仅借用了这两个名词的字面含义，而没有同时"引进"物理学中划分"微观"与"宏观"的尺度标准。更具体地说，经济学中的"微观"和物理学中的"微观"所依据的是完全不同的标准，经济学中的"微观"和物理学中的"微观"的具体含义是完全不同的——经济学中的"微观对象"在物理学中统统属于"宏观对象"。

我国著名经济学家张培刚说："宏观经济学的'宏观'，微观经济学的'微观'，原是自然科学、特别是物理学所用的概念，本意是'宏大'和'微小'。其移用于经济学，最早是在本世纪（按：指 20 世纪）30 年代初，但当时也只限于个别场合。到第二次世界大战结束后，特别是 60 年代到 70 年代，'宏'、'微'之学始大为流行"[1]。有一本经济学百科全书说："'微观'一词的意思是小，微观经济学的意思是小范围内的经济学。诸如家庭、企业这一类个体单位的优化行为是微观经济学的基础。"与"微观"这个术语相"对待"，"'macro'一词是指广博，宏观经济学意指大规模的经济学。宏观经济学家关心的是诸如总生产、总就业量和总失业量、价格变化的总水平和速度、经济增长率等这样一些全盘性的问题。"[2] 在经济学领域和经济学分析方法中，由于个人和家庭是消费活动的"微观主体"，而企业是生产活动的"微观主体"，于是，在经济学领域中，人们就把微观经济学的研究对象界定为对个人、家庭和企业的经济活动的研究；而所谓宏观经济学，则被界定为对"国家尺度"甚至"世界尺度"的经济活动的研究。后来，经济学家又提出了"中观"这个概念，用来指称介于"微观"和"宏观"之间的行业、产业或"区域"范围的经济现象和经济理论。

在经济伦理学（Business Ethics）② 中，也有学者关注了这个所谓"微观""中观""宏观"的问题。值得注意的是，伦理学家对所谓"微观""中观""宏观"这三个层次的划分和界定与经济学家颇有不同。例如，恩德勒说："为了尽可能具体地确认责任的主体，人们提出了三种性质上不同的行动层次：微观的、中观的和宏观的层次，每一层次都包含着怀有各自的目标、兴趣和动机的行动者。在微观层次上，研究的对象是个人为了把握和履行他或她的道德责任，他或她作为雇员或雇主、同事或经理、消费者、供应商或投资者做了什么，能够做什么，应当做什么。""在中观层次上，研究的对象是经济组织的决策和行动——主要是厂商，也包括工会、消费者组织、行业协会等的决策和行动。最后。宏观层次的研究对象包

① 钱学森还提出了比微观更"微"的"渺观"和比"宏观"更"宏"的"宇观"与"胀观"。

② Business Ethics 被我国有关学者翻译为经济伦理学。请注意：与这个"汉语术语""经济伦理学"中"经济"相对应的英文词语并不是"Economy"（"经济"）。

括经济制度本身以及工商活动的全部经济条件的塑造：经济秩序与它的多种制度、经济政策、金融政策和社会政策等等。”[3]对比恩德勒对“微观”“中观”“宏观”的界定和经济学家的界定，可以发现其间的差别颇多。其最主要的差别有三点，一是恩德勒仅承认个人为微观的伦理主体，二是经济学中被划在微观经济学范围的“厂商”在经济伦理学中却被界定为“中观”层次的对象，三是恩德勒对宏观层次的解释与经济学中的理解也颇不同。之所以出现这些差别，绝不是因为经济伦理学家不了解经济学的有关概念；相反，经济伦理学家是清楚地意识到了其间差别的。例如，恩德勒在其著作中就明确地承认了经济伦理学所采取的这种“三层次”“定义”与经济学中对微观与宏观的“定义”颇有不同。他还指出：“这种三层次概念的要点是要尽可能具体地把握决策、行动和责任之间的联系，并且为陈述目标、兴趣和动机之间的差别和冲突提供特殊的‘概念空间’”[4]。可以看出，由于经济学和伦理学的学科性质与学科关注点有所不同，所以，它们在划分“微观”“中观”“宏观”这三个“层次”时，也难以避免地出现了某些差别。

尽管作为经济伦理学家的恩德勒的观点是有道理的，但出于其他方面的原因和考虑，本书在界定微观、中观、宏观这三个不同“层次”的尺度、范围和具体内容时，主要采取经济学家的有关界定，也就是说，把“个人”“企业”界定为工程活动的微观层次主体，把对“行业”“产业”“区域”“产业集群”范围的工程研究界定为对工程活动的中观研究，把对“国家”和“全球”范围的工程研究界定为工程活动的宏观研究。

二、工程活动的“微观主体”及其演化

由于任何工程活动都是“以人为主体”的“集体”活动，并且在现代社会中，企业是从事工程活动的常见主体形式①；于是，在分析和讨论工程活动的微观主体问题时，就把这个问题“落实”为对工程活动中的“个体”和“企业”及其演化问题的分析与讨论。

1. 工程活动中个体的角色分工、角色功能与角色结构及其演化

工程活动是分工②合作的集体性活动。在谈到分工时，许多人都会情不自禁地想到亚当·斯密在《国富论》中对手工工场中分工情况的描述和评论。作为一位经济学家，亚当·斯密主要是从经济学的角度分析分工的作用和意义的。而从工程

① 在现代社会中，工程活动主体的具体形式是形形色色、多种多样的，本文不能更具体地分析和阐述这种种不同的具体形式，而只能以企业为其“代表”。

② 分工有两大类型：组织内分工和社会分工。进行微观分析时，将只涉及与“组织内分工”有关的问题；而进行中观和宏观分析时，才涉及“社会分工”方面的问题。

哲学的角度研究分工问题，分工的重要性首先表现为它是进行工程活动的前提和基础——如果没有分工就不可能进行工程活动，其次才表现为分工可以提高效率。

马克思说："一个民族的生产力发展的水平，最明显地表现在该民族分工的发展程度上。任何新的生产力，只要它不仅仅是现有生产力的量的扩大（例如开垦新的土地），都会引起分工的进一步发展。"[5]

工程的基本特征是工程共同体中的许多个体以既分工又合作的方式进行工程活动。分工与合作是密不可分的。

分工合作的重要性可以从两个方面进行分析。从"正面"看问题，参加工程活动的诸多个人必须有一定的分工，同时他们之间又必然要进行一定的协调和合作，这才可能进行一定的工程活动，换言之，分工合作是从事工程活动的必需前提和基础；从"反面"看问题，如果缺少必要的分工和相应的合作，就不可能有工程活动。

由于分工是工程活动的内在要求、前提条件和基础条件，它也必然要成为工程演化的典型表现和基本内容，于是，分工的演化史也就成为工程演化史的主要内容之一。

在考察人类的个体演化历程时，以下事实是必须引起高度关注的。

在历史上，自人猿"分化"以来，人类已经经历了至少二三百万年的演化历程。在这二三百万年的漫长演化进程中，人体的生理结构和功能（例如脑容量的大小、人手具体解剖结构的细节等）都有了很大的变化。可是，如果把考察的范围限定在大约一万年以来的历史时段——特别是有文字记载的几千年的时段，那么，一个显而易见的事实就是，在这段时间内，人体的生理结构和功能并没有发生什么大的变化，甚至可以说，基本上没有发生变化。可是，从另外一个方面看问题，这个短短的时期又是人类演化进程中工程、经济、社会变化"最急剧""最深刻"的时期。

关键之点在于：在这段时间中，虽然作为个体的人的"体质特征""生理特征"没有发生大的变化，但个体的"分工状况""角色能力""角色结构"却发生了极其巨大的变化。

历史生动地告诉我们：分工演化史乃是整个工程演化史中最重要的内容之一。我国两千多年前的古代经典《考工记》中，具体地记载了周代官营手工业的三十多个工种："攻木之工七，攻金之工六，攻皮之工五，设色之工五，刮摩之工五，搏埴之工二。"[6]生活在二百多年前的亚当·斯密在其名著《国富论》中，用三章的篇幅具体、深入、细致地分析和研究了分工问题。他对当时扣针制造业中"分工"情况的叙述已经成为后人经常引用的反映当时手工业分工情况和效果的典型事例。亚当·斯密说："劳动生产力上最大的增进，以及运用劳动时所表现的更大的熟练、技巧和判断力，似乎都是分工的结果。"[7]马克思在《资本论》中也曾具体细致地谈到钟表制造业中的分工情况：“钟表从纽伦堡手工业者的个人制品，变成了无数局部工人的社会产品。这些局部工人是：毛坯工、发条工、字盘工、游丝工、钻石工、棘轮掣子工、指针工、表壳工、螺丝工、镀金工，此外还有许多小类，例如制轮工（又分黄铜轮工和钢轮工）、齠轮工……（引者按：共罗列了26个小类的工种）”[8]。应该强调指出的是，这些事例不但可以成为经济学家研究经济学问题的典型事例，同时它们也是研究工程活动中的技术分工问题的典型事例。从类似的许多事例中，人们不难得出一个结论：在工程活动和制造业的发展历程中，“分工”的变化、分化、发展和演化是反映与表现个人在工程活动中的作用及功能演化情况的最重要、最突出的表现形式之一。

究竟应该如何认识分工的原因、性质和作用，不但是经济学问题，而且是工程学、社会学、政治学和哲学问题。

在分工的条件下，诸多个体由于“分工”的结果和“岗位”的不同而成为“共同体”中的不同“成员”或不同“角色”。

工程共同体是由不同的“岗位”或“角色”构成的。不同的岗位、不同的角色有不同的职责。只有当一个人具有与“该岗位”的“要求”相适应的知识和能力时，“这个人”才能够“担任”相应的“角色”。

在认识和分析“人性”问题时，许多理论家都强调从理论逻辑上看，应该把人类中不同的个体视为“同质”的、“无差别”的个体，可是，当“这些”“同质的”“诸多个体”联合起来进行工程活动时，这些“同质的”“诸多个体”就势所必然地要通过“分工”而转化为“共同体”中发挥不同功能的“异质”的“角色”。

在工程活动中，个体是以“角色”或“成员”的身份出现的。本来“同质”的个人在工程共同体中成为“异质”的不同角色。

那么，岗位或角色的差异是否由于人的本质特征方面存在某些差异而形成的？答案是否定的。亚当·斯密说：“人们天赋才能的差异，实际上并不像我们所感觉的那么大。人们壮年时在职业上表现出来的极不相同的才能，在多数场合，与其说是分工的原因，倒不如说是分工的结果。”[9]亚当·斯密和许多学者都明确地指出：作为分工的结果，专门从事某一分工领域工作的人，可以使自己的“有关能力”空前发展起来。

在观察人类工程活动中分工演化历程的总体演化趋势或整体演化特征时，最值得注意的是：在手工业和机器生长时期，总体上一直沿着分工“愈来愈细”的方向发展，可是，当进入所谓“后福特制”时期时，分工却又朝着一个工人需要和能够承担多个岗位的“多面手”方向发展了，也就是说，出现了一定意义上要求个体“全面发展”的趋势。

从哲学、历史和社会学角度看，不但个体和集体的关系是一个重要而复杂的问题，而且与这个问题密切联系在一起的个体的“分工和岗位能力发展”和“个人的全面发展”的关系也是非常重要而复杂的问题。有理由预期，在未来的发展演化过程中，在个体“分工”继续发生分化的同时，个人的“全面发展”必将会受到更大的重视并且有新的进展。

2. 工程活动中微观生产主体的“组织形式”及其演化

人类历史自从进入农业社会和手工业分化出来之后，在很长一段时期中，人类在农业活动之外的“造物活动”主要是以手工业作坊的组织方式进行的①。在那个时期的社会环境中，手工业作坊成为“造物活动微观主体”的主要组织方式。可是，这种状况在资本主义形成的过程中发生了深刻的变化。首先是出现了以简单协作和分工协作为基础的“手工工场”。“以分工协作为基础的手工工场是通过两种形式逐步发展起来的：一是通过把不同种行业的手工业者联合在同一个工场内部，将这些手工业分解和简化，直至它们在同一商品的生产中成为互相补充的局部操作。另一种方式是将很多同种手工业者集中在同一工场内部，逐渐地将同种手工业分成各种不同的操作，并使其孤立到每一种操作都成为局部劳动者的专门技能。”“作为典型形态的以分工为基础的手工工场，开始主要集中在纺织、采矿、冶金、造船等需要很多人协作方能进行的行业。”[10]扩大到更多的行业。

无论是从理论分析的角度看，还是从历史演化的角度看，工业生产活动在微观主体发展演化过程中最具有革命性的事件就是“工厂”的出现。对于近代工厂的形成过程，马克思在《资本论》一书中和保尔·芒图在《十八世纪产业革命》[11]一书中，都有许多精辟的分析和阐述，这里不再复述。

从古代时期的手工工场到近现代时期的工厂，其间发生了许多深刻的变化，特别是以下三个方面的变化：一是在技术和生产工具方面，用机器生产代替了用手工工具进行生产；二是在经济关系方面，由于实行雇佣劳动而形成了新的阶级关系和社会关系；三是在组织管理方面，随着工厂的规模愈来愈大和管理工作愈来愈复杂，管理的作用和管理阶层的作用开始空前突出，在新的形势和条件下，管理方面也要发生革命性变化也就必然发生，势不可当。概括地说，可以认为，工厂的出现意味着同时出现了机器革命、社会关系革命、管理革命。

对于工程活动微观主体的组织形式的演化来说，工厂的出现绝不意味着演化的结束；相反，在现代经济、社会、工程条件下，工程活动“微观主体”的具体形式不可避免地要以更快的“速度”、更复杂多变的“形态”、更深刻的“内涵”进行演化。

由于在现代社会中，企业成为从事工程活动的主要微观主体，企业也就成为经

① 需要申明，为使问题简化，这里不能讨论古代时期由“国家”和“统治者”组织的类似金字塔与万里长城那样的工程活动。

济学、管理学等学科的重要研究对象，甚至还因此形成了一个专门的研究领域——“企业理论”，出现了形形色色的解释和分析企业的理论观点或学派——完全契约框架的企业理论、交易费用经济学的企业理论、新产权学派的企业理论、企业能力理论等[12]。值得特别注意的是，目前还频频出现专题研究企业演化问题的论著，例如《企业成长理论》[13]、《企业发展的演化理论》[14]、《经济组织演化研究》[15]、《分工、技术与生产组织变迁》[16]等，这种现象充分地反映了企业演化问题的重要性，可是，在另一方面，目前在企业演化理论方面，又呈现出百花齐放的局面，没有比较一致认可的理论范式，这又反映了企业演化研究的复杂性和当前研究水平的“初期性”。

由于企业演化问题是一个既重要复杂而又处于“研究初级阶段”的课题，这里也就满足于仅仅指出其重要性，而不再进行更多的介绍、分析和讨论。

三、工程的中观层次及其演化

工程演化不但表现在微观层次，而且表现在中观层次。上文已经谈到，中观层次所指乃是“行业”“产业”“区域”“产业集群”。如果说不同行业和不同产业主要是依据产品类型、技术工艺性质等为“分类标准”而形成的“中观类型”，那么“区域”（例如硅“谷”、意大利北部的“第三意大利”等）就主要是依据空间和地理概念而形成的“中观类型”。近来，产业集群这个概念脱颖而出，其含义与所指显然也是属于这里所说的“中观”范畴或类型的。

虽然“中观”这个名词或术语无论在学术论著中或日常语言中都不多见，但这并不意味着经济学家完全忽视了对中观层次的分析和研究，因为具体体现中观层次的行业、产业和区域都已经成为许多学者研究的对象。特别值得注意的是，在最近几年中，不但“一般性”的产业问题，而且“产业演化”问题也成为许多学者关注的对象，这实在是耐人寻味的事情。在最近几年中，直接研究产业“演化”的著作可以说正在以令人惊讶的雨后春笋之势增长。直接以产业演化为基本主题甚至作为书名的著作，在短短的三五年中，大概已经达到几十种，例如《产业演变与企业战略》[17]、《产业组织演化：理论与实证》[18]、《产业集群演化与区域经济发展研究》[19]、《产业演进、协同创新与民营企业持续成长》[20]等。

在工程发展演化过程中，不但存在微观层次的发展和演化，而且微观企业的发展变化必然“超层次”地影响到“中观”的发展和演化；反过来，中观演化进程也必然要对微观演化发生深刻的影响。

在工程演化进程中，必须注意分析微观演化和中观演化的复杂关系。

例如，在第一次产业革命时期，新出现了使用水力和新纺织机器进行生产的“工厂”，对于这些工厂的出现，我们必须承认它们在工程活动的微观层次上实现了“革命性变革”（从“作坊制”到“工厂制”），可是，由于它们的产品仍然属于纺织品，所以不能认为它们开创了一个新的“行业”——它们只是在一个古老的行业中实现了微观层次的革命性发展。然而，对于博尔顿和瓦特的制造蒸汽机的工厂而言，他们就是开创了一个“新行业”。

在马克思主义政治经济学中，分工被划分为两类：组织内分工和社会分工。上文已经谈到了组织内分工，亚当·斯密所关注的主要也只是组织内的分工。可是，人类社会的分工不但发生在微观层次，而且发生在更高的层次和更大的范围。如果出现行业、产业和区域层次的分工，这就是所谓的“社会分工”。

一部工程演化史不但表现为微观层次的企业演化史，而且表现为中观层次的行业、产业、区域、产业集群的演化史。在工程演化史的中观层次上，人们看到了一个个“新兴行业”蓬勃兴起和逐渐发展甚至急剧发展的历程，同时也看到了“过时行业”一个个地衰落甚至衰亡的过程，其间自然也包括一些行业从作为“新兴行业”兴起后来又作为“过时行业”而退出历史舞台的戏剧性演化过程。

应该强调指出的是，这个行业、产业、区域“兴衰演化”的戏剧不但在历史上连续“演出”，而且在当今的世界上也还在继续不断地“演出”。例如，在20世纪，人类就目睹了航天、飞机制造、核电、计算机、网络等新兴行业的崛起；在中国，我们目睹了“珠三角”“长三角”“浙江慈溪家电业”“海宁皮革业”等区域性崛起的众多事例。在工程的中观演化（行业演化和产业集群演化等）中，蕴藏和包含着许多经验、教训、规律、影响，令人感慨，令人感动，令人惋惜，令人叹息，发人深思，发人深省。

目前我国对行业、产业演化问题的研究还刚刚起步，但发展势头很猛，研究形势方兴未艾，但在理论研究方面，尚未有重大的突破。可以期望，在未来的工程发展和学术发展中，人们一定会在对工程中观演化问题的认识上，不断取得新的进展和新的深化。

四、工程的宏观层次及其演化

在分析和研究工程时，没有人能否认宏观层次——国家、国际和全球——的重要性。

由于一个国家的不同行业、不同区域的“工程活动”必然要形成一个整体，所以，在分析和研究工程问题时，必然还存在中观层次之上的“国家”这个宏观层次或“尺度”。

中国古人喜欢使用“天下”这个术语，可是，古代中国所谓的“天下”实际上仅仅包括“中国”及其“近邻”地域，所以，中国明末的士大夫通过西方传教士而第一次看到“全球地图”时，其惊讶是可想而知的。

有理由把哥伦布“发现美洲”的航行看做“全球化”的开端。马克思和恩格斯在《共产党宣言》中说：“美洲的发现、绕过非洲的航行，给新兴的资产阶级开辟了新的活动场所。”“大工业建立了由美洲的发现所准备好的世界市场。世界市场使商业、航海业和陆路交通得到了巨大的发展。这种发展又反过来促进了工业的扩展，同时，工业、商业、航海业和铁路愈是扩展，资产阶级也愈是发展”[21]。

人类之所以能够生存在“全球化”的环境中，一定的技术手段及其“工程化实现”是一个基本前提和基础。以上文提到的哥伦布航行为例，如果没有一定程度的造船技术和在茫茫大洋中确定航向的技术，哥伦布航行就是不可能的。如果人类社会仍然停留在“自给自足”的生产力水平上，如果劳动生产率很低，没有“足够的剩余产品”提供给“其他大洲的他人”和没有得到“远方产品”的“需求”，那么全球化既是“不可能”的又是“不需要”的。

实际上，正是在现代技术、现代工程、现代经济条件下，例如越洋通讯电缆的铺设、喷气式客机的运行、互联网的实现、跨国公司的涌现等，这才使原来看来似乎“无边无际”的地球“变成”了“地球村”。

著名社会学家吉登斯说：“近年来，全球化已经成为一个热门的讨论主题。大多数人都承认我们的周围发生了重大变化，但对这种变化在何种程度上可由‘全球化’来解释则有争议。”有人把对于全球化的不同观点归纳为三个流派：怀疑论者、超级全球化者和转型论者[22]。本书无意于具体分析和评论这些不同的观点，这里仅需要指出：这些不同流派在肯定全球化现象的“存在”这一点上是没有分歧的，这些不同流派实际上仅仅是在“全球化程度”以及“全球化”和“低层次社会现象”怎样发生相互影响等问题上存在分歧与争论。

在工程演化问题上，究竟应该如何认识宏观层次——国家、国际和全球化层次——的演化及其与其他两个层次演化的相互关系，目前的研究成果还不多，但这又是非常重要并且其重要性还在日益增加和深化的问题。

在此需要加以强调的是：所谓微观、中观和宏观三个层次的划分，乃是虽然确有必要区分但又非常粗略、不可绝对化的划分。因为，在这三个层次的划分和“定义”中，除个人这个微观层次和全球这个宏观层次没有“歧解”和“歧义”外，作为“企业”的“微观”层次和作为“国际”的“宏观”层次，都可以有不同解释（现代社会中，一个企业的“边界”和“含义”往往是并不明确和可以给予不同解释的，而国际关系更可有许多“双边”或“多边”的解释），至于所谓“中观”的“定义”或“范围”，就更加变化万千了。但无论如何，这个“三层次”的框架和划分毕竟还是有其重要理论意义和现实意义的，可以帮助我们认识和分析许多工程活动问题和工程演化问题。

五、微观、中观和宏观层次的互动关系与演化

虽然上文已经不可避免地涉及了不同层次的相互关系问题，但在此还需要对这个问题单独进行一些分析和阐述。

无论是从现实的角度看，还是从理论方面看，工程的微观、中观和宏观这三个层次都是相互渗透、相互影响、相互作用的。“微观”不可能离开“中观”和“宏观”，“中观”和“宏观”也不可能脱离“微观”。更具体地说，在分析和研究微观层次的企业演化问题时，如果不能把它放在产业和国家发展的大背景中，换言之，如果不能在中观和宏观的“大环境”中分析、考察和研究微观的企业问题，则那种“纯微观”的研究几乎是不可能不“误入歧途”的。另一方面，在分析和研究“中观”和“宏观”问题时，如果离开了“微观数据”和“微观基础”，则那些鸿篇大论的所谓“中观”和“宏观”研究必然沦落为“空中楼阁”或“海市蜃楼”的研究，甚至根本无法进行研究。所以，必须在“三层次”的相互关系、相互影响、相互作用中进行分析和研究成为一个必然的要求。

工程的微观、中观和宏观层次的互动关系是极其错综复杂的关系，在分析这些关系问题时，也许可以认为最关键之处是研究以下几个方面的关系问题。

首先是“跨层次”的“嵌入”和“超越”关系问题。“嵌入”这个术语是从经济社会学中借用或“移植”过来的。1985 年，格兰诺维特发表了《经济行为与社会结构：关于嵌入性问题》，格兰诺维特发挥和深化了波兰尼提出的“嵌入”这个术语，使其成为经济社会学的基本范畴。“这篇文章的发表意味着新经济社会学的诞生”，“对许多读者来讲，非常主要的是格兰诺维特的文章开启了全新的研究世界。”[23]很显然，“嵌入”不但可以作为经济社会学的基本概念，同时也可以成为分析和研究工程与工程演化问题的基本概念。

“嵌入”概念的实质是反对“孤立”研究问题，反对“原子化”的研究方法，要求把研究对象“嵌入”一个“更广大的环境”中进行研究。对于本文所讨论的问题来说，就是要求把“微观主体”或“中观对象”“嵌入”到更高层次中进行分析和研究。另一方面，又必须看到，“微观主体”或“中观对象”在对本层次中的其他主体产生相互作用的同时，还会产生“超越本层次”的影响和作用。于是，具体分析和研究究竟怎样既“嵌入”又“超越”的复杂关系，就成为一个重要的问题。

其次是不同层次间的“上行”作用或“下行”作用的机制问题。如果说，在分析和研究“既嵌入”“又超越”的相互关系时，其着眼点或分析重点是立足于某个“特定微观主体”或某个“特定中观对象”而进行的跨层次研究，那么，这里所谓的“上行”作用或“下行”作用机制问题就是要求“一般性”地分析和研究微观、中观和宏观这三个不同层次之间的“跨层次”互动关系。

已经被企业家和学者关注到的许多问题，例如产业集群、产业集聚、区域产业创新、产业协同和分化、产业上游和下游、产业的地方化和全球化等问题，实际上都是和这个微观、中观和宏观的上行作用与下行作用密切相关的问题。

三是微观、中观和宏观的“立体”“网络结构”和复杂关系问题。如果说，刚才谈到的还只是要求分析和研究三个不同层次之间的“跨层次”互动关系，那么这第三点就是要求更加全面、更加“综合”地进行分析和研究了，不但要分析“同层次的诸多主体网络”，而且要同时分析和研究“多层次的立体网络”关系，在其间所包括的许多复杂关系中，值得特别注意的是多种“路线”的各种正反馈和负反馈关系。

在分析与研究工程活动的微观、中观和宏观层次的互动关系时，不但需要分析和研究其各种结构与功能问题，而且必须分析和研究其动态、发展问题，换言之，分析和研究其演化问题。在分析和认识工程问题时，如果不能把工程问题放在“微观、中观、宏观互动和演化”的分析框架与研究视野中，那么，出现这样或那样的缺陷甚至错误就难以避免了。

参考文献：

[1]　张培刚．微观经济学的产生和发展[M]．长沙：湖南人民出版社，1997：1.

[2]　格林沃尔德．经济学百科全书[M]．北京：中国社会科学出版社，1992：764，287.

[3][4]　恩德勒．面向行动的经济伦理学[M]．上海：上海社会科学院出版社，2002：31，32.

[5][21]　马克思，恩格斯．马克思恩格斯选集：第1卷[M]．北京：人民出版社，1972：25，252

[6]　闻人军．考工记导读[M]．成都：巴蜀书社，1996：216.

[7][9]　亚当·斯密．国民财富的性质和原因的研究：上卷[M]．北京：商务印书馆，1994：5，15.

[8]　马克思．资本论：第1卷[M]．北京：人民出版社，1972：380.

[10][16]　谢富胜．分工、技术与生产组织变迁[M]．北京：经济科学出版社，2005：152-153.

[11]　保尔·芒图．十八世纪产业革命[M]．北京：商务印书馆，1893：145-215.

[12]　杨瑞龙．企业理论：现代观点[M]．北京：中国人民大学出版社，2005.

[13]　彭罗斯．企业成长理论[M]．上海：上海三联书店，上海人民出版社，2007.

[14]　吴光飙．企业发展的演化理论[M]．上海：上海财经大学出版社，2004.

[15]　高政利．经济组织演化研究[M]．上海：上海财经大学出版社，2009.

[17]　麦加恩．产业演变与企业战略[M]．北京：商务印书馆，2007.

[18]　王军．产业组织演化：理论与实证[M]．北京：经济科学出版社，2008.

[19]　王淑英．产业集群演化与区域经济发展研究[M]．北京：光明日报出版社，2009.

[20]　贾生华，疏礼兵．产业演进、协同创新与民营企业持续成长[M]．杭州：浙江大学出版社，2007.

[22]　吉登斯．社会学[M]．北京：北京大学出版社，2003：72.

[23]　斯威德伯格．经济社会学原理[M]．北京：中国人民大学出版社，2005：26.

波函数、量子控制及其哲学思考

吴国林
（华南理工大学科学技术哲学研究中心，广东 广州 510640）

摘 要：量子力学波函数的实在性是一个有争论的问题。科学的实在性问题不仅是科学哲学问题，也是一个技术哲学问题。波函数的实在性需要量子技术的证认。量子控制是量子技术的基础。量子控制是对量子态（波函数）进行控制。依据“实在”的三个判据，论证了波函数的实在性。

关键词：波函数 量子技术 量子控制 实在

自1900年能量子概念诞生以来，在一个多世纪的探索中，量子力学取得了极大的进展。但与量子力学的成长相伴随的是，有关量子力学的论争一直没有停下来。1935年爱因斯坦、波多尔斯基和罗森在《物理评论》发表了《能认为量子力学对物理实在的描述是完备的吗?》一文，引发了对量子力学基本问题的论争。由此引发了20世纪70年代以来，一连串的物理实验检验贝尔不等式。在迄今为止的EPR实验中，总的倾向是支持量子力学的。

原来作为佯谬的EPR论证，在20世纪90年代获得了新的生命：EPR关联不仅不是佯谬，而且是一种重要的资源。1993年，本内特（C. H. Bennett）等四个国家的6位科学家联合在《物理评论快报》发表题为《经由经典和EPR通道传送未知量子态》的论文，引发了一系列富有成效的研究。1997年9月，中国科技大学学者潘建伟与荷兰博士波密斯特尔等合作完成了“实验量子隐形传态”[1]，在《自然》杂志报道了量子隐形传态的实验结果。该文是将量子力学原理应用到量子信息处理研究的一个重大实验突破。2000年，研究量子信息的权威本内特（C. H. Bennett）等在《自然》杂志上撰文认为，量子信息理论已开始将量子力学与经典信息结合起来，成为一门独立的学科[2]。量子隐形传态基于量子纠缠，量子纠缠是量子信息的根本性特点。20世纪后半叶，量子计算、量子密钥分配算法和量子纠错编码等三种基本思想的出现，标志着以量子力学为基础的量子信息论基本形成。量子信息论及其相应的成功实验催生了量子技术的诞生。

本文将讨论量子技术、量子控制的基本含义，进而讨论实在的三个判据，由此研究波函数的实在性。

一、量子技术的含义

关于科学与技术的关系，是技术哲学的一个基本问题。为讨论问题的方便，我们把量子力学与量子信息论统称为量子科学。

一般而言，从技术本身（实际上是经典技术）来看，我们把技术的要素主要分为经验性要素、实体性要素与知识性要素。技术是由这三类要素相互作用生成的。经验性要素主要是经验、技能等主观性的技术要素，主要强调技术具有实践性。实体性要素以生产工具、设备为主要标志，主要强调技术具有直接变革物质世界的能力，变革天然自然、人工自然或技术人工物。知识性要素主要是以技术知识为标志，强调现代技术受技术理论和科学的技术应用的直接影响[3]。

笔者认为，量子技术也包括这三类要素，量子经验性要素、量子实体性要素和量子知识性要素。量子经验性要素表明量子技术的使用也需要有人的经验的积累，但它并不构成量子技术的主要性要素，可以忽略这一要素的作用。量子实体性要素是量子知识性要素的载体，表现为量子技术人工物（量子技术客体）。量子知识性要素主要是指量子技术是量子力学和量子信息论等量子理论的应用。没有量子理论，就不可能有量子技术，也不可能凭宏观的技术经验发明出量子技术人工物。激光器、晶体管与扫描隧道显微镜等，都是量子理论的直接或间接的发明物，量子信息技术更是量子理论的产物。因此，量子技术必定是量子理论的应用。

在量子技术之中，有一个非常重要的量子信息技术。量子力学与信息科学的结合产生了量子信息技术。量子信息是近十年来受到国内外高度关注的重要理论问题和技术问题。

量子信息技术直接建立在量子理论的基础之上，还建立了量子信息论，将量子理论的研究与应用提升到一个新的水平，为量子技术的应用开辟了广阔的前景，量子信息技术以量子纠缠作为基本标志。量子信息技术则是将量子纠缠作为一个基本的物理性质或物理事实来看待，这就是说，量子纠缠从概念或佯谬到科学事实是量子技术发生突变的分界判据。

实际上，量子技术已经形成了相当大的一个高技术群。道林（Jonathan P. Dowling）和密尔本（Gerard J. Milburn）在《量子技术：第二次量子革命》中，将量子技术分为五大类：量子信息技术、量子电机系统、相干量子电动学、量子光学和相干物质技术。量子信息技术包括量子算法、量子密码学、量子信息论；量子电机系统包括单自旋磁力共振显微镜方法；相干量子电动学包括超导量子电路、量子光子学、自旋学、分子相关量子电子学、固态量子计算机；量子光子学包括量子光学干涉仪、量子微影术和显微镜方法、光子压缩、非相互作用成像、量子隐形传态；相干物质技术包括原子光学、量子原子引力梯度测量仪、原子激光[4]。这里的分类中，也有交叉，比如，量子隐形传态不仅可以用光子偏振等实现，也可以利用原子等微观粒子的性质来实现，量子隐形传态可以归入量子信息技术之中。比如，戴葵等在《量子信息技术引论》中，将量子隐形传态归入量子信息技术[5]。

通常的技术是经典技术，它能够在经典力学的框架中得到理解。对于量子技术来说，有两种力量推动它的产生。一是从实践上来看，技术创新推动器件的小型化，最终这些器件将在长度上达到纳米尺度，在作用量上达到普朗克常数的尺度。按照莫尔定律，计算机芯片的集成度每 18 个月将翻一番。当集成电路线宽小于 0.1 微米时，量子效应开始影响电子的正常运动，只能利用量子力学理论来解决问题。二是从更基础的意义上看，量子力学的原理给我们在经典的框架内改进器件的性能提供了可能。如果以普朗克为代表的起始于 20 世纪初的第一次量子革命，主要是检验量子力学是否正确和完备，仅有少量的基于量子力学的量子技术产品的问世，那么，第二次量子革命起始于 20 世纪末，通过利用量子力学的有关规律和原理，发展新的量子技术。量子技术在于利用量子科学的规律来组织和控制微观复杂系统的组成。

于是，可以作如下界定：量子技术就是建立在量子力学和量子信息论基础之上的新型技术。没有量子理论，就不可能有量子技术，也不可能凭宏观的技术经验发明出量子技术人工物。不论是前面的激光器、晶体管，还是扫描隧道显微镜等，它们都是量子理论的直接或间接的发明物，量子信息技术更是量子理论的产物。因此，量子技术必定是量子理论的应用。

那么，量子技术是自主的吗？

所谓技术的自主性，是指技术最终依赖于自身，它本身就是目的，它是趋于封闭和自我决定的有机体。技术的自主性强调其主导力量是技术的内在逻辑。复杂的、独立的技术系统是由技术本身形成的，而不是由社会形成的。正如主张技术自主论的技术哲学家埃吕尔所说："自主技术意味着技术最终依赖于自己，它制定自己的路径，它是首要的而不是第二位的因素，它必须被当做'有机体'，倾向于封闭和自我决定：它本身就是目的"[6]。技术自主论认为，技术自主性主要表现在技术具有一定的独立性、自在性与自我扩展性。尽管技术受到科学与社会的影响，但技术是决定自身发展的重要因素，技术有自身发展的逻辑。

下面考察量子技术是否自主的最终依赖于量子技术自身。由于量子技术主要依赖于量子力学和量子信息论，否则就不可能有量子技术。量子技术也不是经典技术的推动而产生的。比如，1994 年，AT&T 公司的肖尔（Peter Shor）发现了 Shor 算法，这种算法被称为"Shor 大数因子化"的量子算法，它基于量子傅立叶变换。量子傅立叶变换所需要进行的运算与位数是多项式关系而不是指数关系，从而使肖尔的量子算法是一个多项式算法，是一个有效算法。量子肖尔算法之所以能够成功，并克服原来的经典计算复杂性，在于它充分利用了相位的相干性、相消性与量子计算的并行性，从而具有指数加速的特点。

可见，量子技术不具有自主性，它的发展受到了量子力学和量子信息论的极大影响。而经典技术可以是技能的产品，不一定需要科学的指导，经典技术的演化具有较强的自主性。但是，如果没有量子力学和量子信息论的理论与实验的重大进展，那么量子技术就难以取得质的飞跃，而且量子技术还受到量子控制论的影响。量子控制是形成量子技术的关键因素。正如道林（Jonathan P. Dowling）和密尔本（Gerard J. Milburn）在《量子技术：第二次量子革命》中所说："如果没有与控制系统，反馈，前馈和错误纠正等相整合，就没有复杂技术能够起作用。……对于未来量子技术来说，最根本的任务是发展量子控制论的一般原理。"[7]量子技术不具有自主性，也正反映了20世纪以来技术的科学化趋势。

下面考察量子控制的基本含义。

二、量子控制的含义

最简单的量子系统就是一个量子位（即量子比特）的两个态（0或1）的控制及其物理实现。早在20世纪70年代就有物理学者在进行大量的理论和物理操作，实现有关量子逻辑门操作的研究。经典控制理论或现代控制理论只适用于宏观系统的控制，而当被控系统具有量子尺度时，现有的控制理论必需修改为量子理论的形式，重建一种基于量子理论和量子信息理论的控制理论。量子控制主要研究量子力学系统的状态通过主动控制达到期望目标。根据控制的目的不同，量子控制可以分为状态控制、最优控制、跟踪控制等。量子控制中特有的量子纠缠、量子相干等量子现象，将为控制论的发展注入新鲜血液，适当地将量子方法引入到经典系统，有可能解决复杂的经典系统的控制问题。

什么是量子控制呢？贝克鲍姆（P. H. Bucksbaum）认为，它是"物理研究的一个新领域。它通过利用精细的控制（目前主要是激光场）操纵量子现象。量子计算、慢光子、原子束及其类似的目标都属于这一新领域——量子控制"[8]。量子控制的主要目标是根据我们的要求，在预先选定的时间t内，控制系统从观测的初始量子态$|\psi(0)>$达到目标态$|\psi(t)>$。量子控制的被控对象主要是微观领域的量子系统，遵循量子力学的规律和量子信息理论。

简单地讲，量子控制就是控制量子态。

由于量子系统的量子性、相干性、不确定性和复杂性，量子控制与经典控制有很大的不同。正如谈自忠教授指出的："量子控制系统有别于经典系统的最大特征在于其反馈控制的特殊性，因为反馈所需的量子测量即使在理论物理和实验物理领域至今也没有得到完全解决。"[9]在量子控制中，最优控制最先取得成功。

可以看看可控性概念。如果给定一个系统的任意两个状态ψ_0，ψ_1，存在一时

间 $T \geqslant 0$，使得定义在$[0, T]$上的控制 u 对 $\psi(0)=\psi_0$，有 $\psi(T)=\psi_1$，则称这一个系统是可控的。简单地说，在一个有限的时间内，如果能够将一个系统从一种状态转变为另一种状态，就称该系统是可控的，这是指态的可控性。

量子系统的可控性已解决了许多方面的问题。比如，连续光谱量子系统的可控性问题、双线性量子系统波函数的可控性问题、分子系统的可控性问题、分布式系统的可控性问题、旋转系统的可控性问题、NMR 分光器量子演化的可控性问题、紧致李群量子系统的可控性问题等。

Albertini 与 D' Alessandro 基于量子系统的有限维模型，提出了四种不同的可控性（Controllability，也有译为能控性）概念，即算符可控性、纯态可控性、等价状态可控性与密度矩阵可控性[10]。

一般来说，量子系统的可控性包括量子控制的纯态可控性和等价状态能可制性，前者控制的是量子系统的纯态，而后者控制到量子系统的状态差别一个相位因子，因相差一个相位因子在物理学上是等价的；可控性还包括算符可控性和密度矩阵可控性[11]。有关研究结果表明，常见的几种可控性的关系可以表达如下：

完全可控⇒密度矩阵可控⇔观测可控⇔算符可控⇒纯态可控⇔等价状态可控

⇒表示左边者强于右边者；⇔表示左右两边是等价的。

这就是说，在所有的可控性要求中，完全可控性是最强的；其次是密度矩阵可控性、观测可控性与算符可控性；最后是纯态可控性与等价状态可控性。可见，算符可控性强于纯态可控性与等价状态可控性。简单地说，对一个量子系统的算符可控性强于对一个系统的波函数的控制。

从上式不难发现，量子系统的可控性的充要条件是极为相似的，所区别的是在界定可控性时所针对的物理性质不同。

若干量子系统可控性概念的提出，至少为进一步认识量子系统的可控性打下了良好的基础。也充分表明，量子系统是可以被控制的，尽管量子系统的内部有海森堡不确定性原理。这说明，不确定的系统也可以被控制，只是控制的方式有区别而已。

具体来说，对量子系统控制的研究，就是从它的数学模型入手，先从理论分析和推导来达到某个期望的结果。量子系统的演化方程是薛定谔方程，即

$$i\hbar \frac{\partial | \psi >}{\partial t} = H | \psi >$$

其中，$\hbar$ 是普朗克常数；H 是哈密顿算符，其本征值是实数。当已知波函数的初始值 $|\psi(0)>$ 时，则方程的通解为

$$|\psi(t)> = U(t)|\psi(0)>$$

其中，$U(t)$ 在系统控制中称为转移矩阵，在量子力学中称为状态演化矩阵，可见，从控制理论角度说，只要求出状态演化矩阵 $U(t)$，就可以获得任何时刻 t 的波函

数 $|\psi(t)>$。对算符 $U(t)$ 的控制，或对算符 $U(t)$ 的分解，就是对状态 $|\psi(t)>$ 的控制。

因此，量子系统的物理控制过程是：通过对薛定谔方程求解，可以得到解的一般形式 $|\psi(t)> = U(t)|\psi(0)>$，当初始状态 $|\psi(0)>$ 和终态 $|\psi(t_f)>$ 已知时，就可以对所获得的演化矩阵 $U(t)$ 进行分解，使其成为一组可以物理操作的脉冲序列。

三、量子控制对确认波函数的实在性的重要作用

科学实在就是科学理论和科学实验共同构建的实在。量子实在是量子物理学构建的实在，它是本体实在在量子世界的反映、呈现或隐喻[12]。量子实在也就是由量子科学所揭示的实在。在量子力学中，波函数（几率幅）的实在性一直是有争论的。薛定谔认为，波函数是物理波，用波包代表粒子。而“正统”的哥本哈根解释认为，波函数代表几率波，几率波具有物理实在性，它具有潜在性。玻恩的几率波解释认为，波并不像经典波那样代表什么实在的物理量的波动，它只不过是关于粒子的各种物理量的几率分布的数学描述而已，几率波解释只是将波的振幅的平方与各种物理量的测量值之间建立起了几率的关系。玻恩的波函数与量子实在没有直接的联系。

科学哲学中的实在问题不仅仅是一个科学哲学的问题，还是技术哲学的问题。科学中所揭示的实在不仅是一个理论问题，而且必须受到经验的检验，而技术是经验检验的重要根据。犹太哲学家布伯（Martin Buber）区分了两种实在，它在与你在。他认为，人与它在的关系只有借助于技术手段[13]。客观实在问题必须要由其实践效应来说明。但量子技术的出现有利于支持波函数具有实在性。

对科学实在论的基本论据的了解至少有以下三点。

（1）“观察—理论”二分。理论术语与观察术语相对应，理论术语与“不可观察对象”基本上可以通用，比如，原子、电子等都是理论术语。但麦克斯韦（G. Maxwell）认为：观察术语与理论术语二者之间并没有截然的区分，理论术语和观察术语的区分是连续的，它们的区别依赖于科学技术的发展水平。在他看来，有许多种“观看”：透过窗格子看，透过玻璃看，透过双筒望远镜看，透过低倍显微镜看，透过高倍显微镜看，等等，一时无法观察到的实体，借助于新的技术产品，就可以成为可观察的了。例如，原来微观粒子不可观察，但可以通过电子显微镜来观察。原则上，没有不可观察的物体，理论术语也能描述实在，可观察物与不可观察物之间的区分不具有本体论的意义。尽管原来不可直接观察的物理对象后来变得可以被观察，但观察到的物理对象只能是物理对象自身的一种显现，可见，理论术语与观察术语仍然有区别。比如，电子在一定情况显现为粒子性，另一种情况

下显现为波动性，因为人们的感官只能接受粒子性与波动性两种情形，但电子本身既不是粒子，也不是波，因此，显现出来的电子不是原初的电子。

(2)“微观结构说明”。塞拉斯（W. Sellars）认为，现代科学的经验描述是不完备的，需要用微观结构来说明观察现象，需要引入观察现象背后的不可观察的实在，而且科学家相信确实存在不可观察的微观结构。比如，为说明超导的零电阻现象，引入“库柏电子对”概念。同样，我们也应当相信质子、中子、夸克等的实在性。科学理论中通过引入微观结构，能够说明和预见更多的物理现象。

(3)“无奇迹论证”或“终极论证”。普特南认为，“实在论的正面论据是，它是能使科学不成为奇迹的唯一哲学。”[14] 假如我们不相信科学理论为真，那么只能承认现代科学的成功是一个奇迹。如果科学是奇迹，由于近代以来的科学都不断取得了很大的成功，那么科学就有太多的奇迹，显现科学这一奇迹就不成为奇迹了。在量子力学中，许多奇怪的量子现象都通过量子力学得到了解释，并且由量子力学预见许多新奇的物理现象，由此，我们只能说，量子力学是关于微观实在的科学理论，它不是奇迹，而是正确的描述微观世界的实在情形。

与科学实在论相对应，有反实在论。在科学哲学中，反实在论主要是宣称像电子、DNA 那样的不可观察的实体的非实在性，因为它们不能用人的器官直接检验。反实在论有以下三个特点：第一，纯粹主观感觉意义上的、贝克莱式的反实在论者是极少数的。第二，当代绝大多数反实在论者是“有限的”或“弱的”反实在论者，他们认为“自我”和“实在”之间存在一座经验的“桥梁”。第三，反实在论与实在论者的区别在于，不是从本体论的意义上去认识实在，而是从方法论的意义上去认识实在的特征。

“反实在论”反的不是世界是否真实存在的问题，而是科学所揭示的世界是否真实存在的问题。如有的反实在论认为，科学揭示的只是一种“理论实体”。科学的“实在性”不在于真实性、客观性，而在于有用性和工具性。反实在论主张，实体是对于我们的具体的实体，离开了主体的实体是没有意义的。

说一个东西是不是实在的，我们基本赞同“实在”的三个判据：可观察性标准、因果效应标准和语义标准。这三条标准都必须满足，才能说某事物是实在的。但是，要对这三条标准进行一定的修正。

(1) 可观察性标准。这里的可观察，是指原则上的可观察性。一个理论实体存在的标准在于它所表征的客观对象的直接或间接可观察性。间接可观察还可能是指整体的可观察性。理论实体就是指理论所指的实体，这里的实体可以是经典实体、波、场等客体性事物，它并不一定要求理论实体具有直接可观察性。比如，电子就不能直接观察，但是它能够被间接观察。

(2) 因果效应标准。如果不可直接观察实体的理论的断言或因果性断言，或以该实体形成的新理论的断言，能够被直接观察到，我们就可以断言相应的理论实体是存在的。比如，有关的电子对撞机的理论、正电子理论等，都是建立在电子的性质基础之上的。

（3）语义标准。科学理论与科学概念之间没有逻辑矛盾，科学理论或科学概念都有直接或间接的观测意义，理论或概念必然逻辑地包含了“实在的”或“存在的”实体。构成理论的陈述的真或假是由外在世界的事物决定的，而不是由理论自身的逻辑自洽性决定的。

存在一个客观外在的世界，科学的目的就是去探究独立于我们而存在的客观实在的性质与运动规律。正如普林斯顿大学的范·弗拉森所说：“朴素地讲，科学实在论是这样一种观念，即科学为我们所揭示的世界图景是真实的，而且所假定的实体是真实地存在着的。”[15]

下面将从实在的三条标准的角度来分析波函数的实在性。

（1）从可观察标准来看，波函数本身并不能被直接观察，但是，它能被间接控制，波函数所显现出来的量子信息可以被传递，这足以说明波函数具有可观察性。

比如，在量子隐形传态过程中，Alice 要将一个未知量子态（即粒子 1）$|\varphi>$，即 $|\varphi> = a|0_1> + b|1_1>$ 传递给 Bob，首先 Alice 与 Bob 分别拥有的两个粒子（粒子 2 与粒子 3）建立了 EPR 关联，对未知量子态与 Alice 所拥有的粒子 2 进行联合贝尔基测量（BSM），此时，未知量子态 $|\varphi>$ 的系数 a 与 b 就立即被传递给处于类空间隔 Bob 拥有的粒子3。如果波函数 $|\varphi> = a|0_1> + b|1_1>$ 不具有实在性，那么传递给 Bob 的系数 a 与 b 就成为幽灵式的东西了。如图 1 所示。

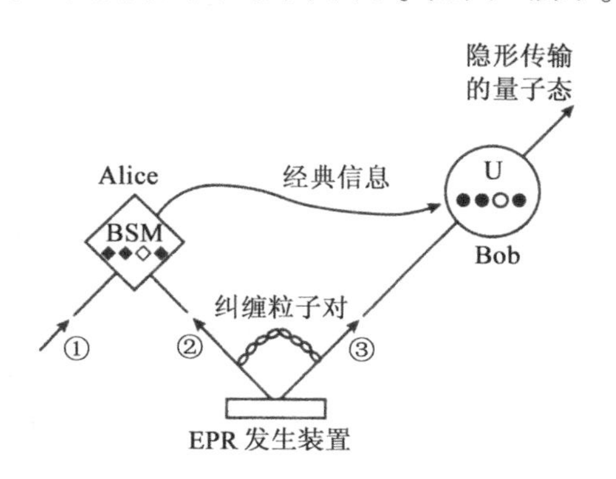

图 1　量子隐形传态的原理图示意

从量子力学的多种解释，如哥本哈根解释、玻姆的量子势解释、多世界解释、模态解释、退相干解释、量子力学的路径积分解释等，它们都有一个共同的特点：都是薛定谔波函数的某种变形或变换，其实质还是波函数。这就是说，波函数在理解量子力学、量子信息理论等方面，居于核心地位。

在量子控制情形中，波函数是可以被控制的。所谓波函数是可控的，是指在一个有限的时间内，能够将一个系统从一个波函数状态转变为另一个波函数状态。由此表明，虽然量子系统的内部满足海森堡不确定性原理，但量子系统仍然是可以被控制的，这充分说明波函数具有实在性，不仅如此，算符等也具有实在性。

(2) 从因果效应标准来看，波函数满足因果效应标准，因为波函数满足薛定谔方程。在量子控制论中，根据波函数演化的方程，我们构造演化算符 U，从而控制波函数的演化，即量子控制的有效性显示了波函数的实在性。在量子力学的实验中，各种量子现象都能得到波函数的因果效应预见。比如，在延迟选择实验中，在测量末端半反镜的移进或移出，在探测器产生什么样的经典现象，都可以通过波函数进行严格的计算，这是一种因果效应解释。

(3) 从语义标准来看，波函数概念的正确性在于用于各种物理场合的正确预见，在经典物理看来是不可能的现象，但波函数都作出了正确的解释。基于波函数的薛定谔方程，加上各种初始条件与边界条件，得到与经验相符合的陈述。如氢原子的能级等。

各种证据表明，将波函数作为一种实在是适当的，泽认为："如果一定要用操作不可及但是普适的概念来描述实在，那么波函数仍将是唯一的候选者。""不管你怎么想：开始的时候是波函数。我们必须宣布薛定谔表象对海森堡表象的胜利。"[16]

如果将波函数作为一种实在，那么波函数所具有种种性质，如量子叠加、量子干涉、量子非定域、量子纠缠等，就意味着由波函数所表征的量子实在的确具有不同于牛顿的原子等实体那样的实在性质。

参考文献：

[1] Bouwmeester D, Pan J W, Mattle K, et al. Experimental Quantum Teleportation[J]. Nature, 1997(390):575-579.

[2] Bennett C H, Di Vinecenzo D P. Quantum Information and Computation[J]. Nature, 2000(404):247-255.

[3] 吴国林．论技术本身的要素、复杂性与本质[J]．河北师范大学学报：社会科学版，2005(4)：91-96.

[4][7] Jonathan P D, Gerard J Milburn. Quantum Technology: The Second Quantum Revolution[J]. Philosophical Transactions: Mathematical, Physical and Engineering Sciences, 2003, 361(1809): 1655-1674.

[5] 戴葵．量子信息技术引论[M]．长沙：国防科技大学出版社，2001：60-69.

[6] 狄仁昆，曹观法．雅克·埃吕尔的技术哲学[J]．国外社会科学，2002(4)：16.

[8] P H Bucksbaum. Particles Deriven to Diffraction[J]. Nature, 2001, 413(1):117-118.

[9]　谈自忠．“序”．载：丛爽：量子力学系统控制导论[M]．北京：科学出版社，2006.
[10]　Albertini F, D'Alessandro D. The Lie Algebra Structure and Controllability of Spin Systems[J]. Linear Algebra and Its Application, 2002, 350(1-3): 213-235.
[11]　陈宗海．量子控制导论[M]．合肥：中国科学技术大学出版社，2005：156-161.
[12]　吴国林，孙显曜．物理学哲学导论[M]．北京：人民出版社，2007：152.
[13]　卡尔·米切姆．技术哲学概论[M]．天津：天津科学技术出版社，1999：92.
[14]　H Putuam. Mathematics, Matter and Method[M]. Cambridge: Cambridge University Press, 1975.
[15]　郭贵春．科学实在论教程[M]．北京：高等教育出版社，2001：4.
[16]　H 泽．波函数：实体还是信息[C]//约翰·巴罗．宇宙极问：量子、信息和宇宙．朱芸慧，等译．长沙：湖南科学技术出版社，2009：86.

国外创造技法和发明方法的叙事逻辑以及引入中国的文化困境

罗玲玲

（东北大学科学技术与社会研究中心，辽宁 沈阳 110819）

摘　要：从方法论的视角分析了创造技法和发明方法的叙事逻辑：创造技法的经验主义的心理操作程序；发明方法的技术主义逻辑表达，都力图达到还原创造的理想主义，这是创造技法和发明方法本身的叙事缺陷。同时，引入国外创造技法和发明方法还要充分考虑中国人对美国的实用主义文化、欧洲的专业主义文化和日本的精确主义文化的不适应症状。

关键词：方法论　创造技法　发明方法　文化背景

在科学技术发展进程中，与实践并行的是对人本身所具有的科技创造智慧的认知。由此发展出一个研究领域：科学技术方法论。在科学技术方法论中，科学方法较早得到哲学家的重视，源于科学成为显学，科学理性成为衡量世界的标准之一，顺便带着科学家对哲学、哲学家对科学的原始情结和传统。而技术方法研究则因技术起源于用手制作而不是起源理性思考，一直被哲学家所忽视。20 个世纪 30 年代以来，技术发明方法和创造技法兴起，一方面是由于随着科学与技术的结合，使技术的工具理性被纳入哲学家的视野；另一方面也是被社会对技术发明和创新的渴望所推动。同时，心理学和脑科学的研究成果也助之成为气候。近年来，创造发明方法在中国格外得到青睐，从国外引进创造技法和发明方法，并加以推广，也由二十年前少数学者的努力，变成政府行为。但是，应用创造技法和发明方法的实践并未如预期的那么顺利。这与应用创造技法和发明方法的方法论始终没有得到深入的研究有关，直接导致推广应用中认识方面的偏差和实践的低效。如何看待创造技法和发明方法？普及创造技法和发明方法是否能得到人们期待的效果？是什么导致了应用的中低效？需要从方法论角度解读创造发明方法的叙事逻辑，以及移植的文化语境差异，从中得到更全面的认知。

一、创造技法和发明方法的叙事逻辑

1. 经验主义的心理操作程序

发明革新活动在17世纪之前是一种类似于艺术的活动，发明者凭借天才、直觉和机遇，进行艰苦的探索，何时完成发明、怎样完成发明均无法计划和预料。发明和创新进展缓慢，所谓"一个师傅带一个徒弟"，知识和技能的传承依靠经验，人们的思路偏于保守。

20世纪50年代，以奥斯本（A. F. Osborn）为代表的"创造技法"应运而生，其后，发展迅速，衍生多多，约30年间竟达几百种，并演化产生"创造工程学"或"创造思维方法"等。许多创造技法的理论基础与美国心理学的科学研究传统相关。如奥斯本的头脑风暴法，特别强调宽容的心理环境氛围营造；哈佛大学戈登（W. J. J. Gordon）教授发明的综摄法中大量运用隐喻，其作用首先就是促使在心理上容忍不相关事物之间的类比。所谓不相关，即不相关的知觉、不相关的情感因素以及突如其来的刺激和行为。容忍是一种心理准备，本身并不导致创造，但却是创造的前提。

创造技法虽然运用心理学的成果，关注创造主体的认知过程和创造环境的心理氛围，已经超出规范性的一般技术方法，进入到激发创造的阶段，但仍是从创造的实践中总结出来的一些较简单的规则、技巧和方法，本质上仍属于经验的、实用的范畴，很难上升到理论高度。同时又存在着对技术规律了解不透，无法深入到技术发明物的结构和功能、知识背景中得到专业性的解答。前苏联亚美尼亚共和国埃里温大学的P. З. 吉江（P. З. джиджян）认为，注重心理调整的方法表面上看适用范围广，其实很狭窄，因为它们只是一种提出解决问题的可能途径的手段，对具体的专业技术问题无能为力。因为"想象力的充分自由是与课题的深入分析不相容的。因为只有在根本不了解有关结构的规律和联系的情况下，想象力才能完全自由。"[1]

从实践中总结出来的经验带有过分个性化的烙印，这种个体化的、情绪化的、情境化创造方法要承载的解题普遍性是否可能？傅世侠教授认为，"所有这些方法，首先即都是属于那些具有某种独特个性或人格特征的人所掌握、所使用的方法。因此，如果能以对人或对某种独特的创造主体的认识和了解为根本、为前提，那么，这些方法就是有意义的，对它们的学习也就应该是有效用的。"[2]因此，不了解这一点，不去了解伴随这种创造方法的主体创造人格，把创造技法当做任何人都可以效法的普遍原则，则是大错特错了，这也是许多创造方法的推广总是效果不佳的原因之一。

2. 技术主义的逻辑表达

创造技法的特点是适用范围广、专用性差，在专业性及科学性较强的工程设计创新中，纯经验的创造方法终究作用有限。创造方法在与技术专业化发展的结合中，受科学理性和技术主义的影响，出现了逻辑化倾向。

与古代科学与技术的分离不同，近代科学对技术的渗透逐渐加强，技术理性也在科学理性的影响得以建构。突出地表现在工业革命后，科学原理运用到技术的现象越来越普遍。科学规律是明言知识，于是，技术原理也变得明晰起来，技术操作规范和程序越来越科学化、规范化。各种工艺技术院校俸制也得到完善，技术设计和发明革新活动才有了各种标准、手册等规范化辅助工具，相应的技巧和经验才能够在课堂与现场进行传授。

到了19世纪，爱迪生创造了工业实验室，在组织建制上，技术发明比肩科学发现。技术发明也成为有组织的活动。以20世纪50—60年代为起始标志，工程设计学界开展了关于"设计方法"及"发明方法"的研究，出现了与较高科学技术知识水平相匹配的方法理论。发明方法一般与专业知识和领域技能相结合，成为较为复杂的方法。发明方法适用范围较窄、专用性强，在理论上显得比创造技法高一个层次。中北欧（德语地区）、英国、前苏联等出现了许多设计（或发明）方法学说及几个学派。20世纪70年代以来，发明革新方法进一步逻辑化、程序化，传承了科学理性的刚性，使发明活动成为可以严密计划的科学活动，如利用分析方法谋求大幅度改善的价值分析法，以分析逐步逼近的工业工程法等，其中最典型的是前苏联发明的TRIZ①。TRIZ的成果虽然有值得称到的地方，但仍然是脱离创造主体心理过程的技术主义分析，失之偏颇。心理学家米哈依·奇凯岑特米哈依（M. Csikszentmihalyi）在访谈了91位美国各领域最有创造性的人才后，他发现许多创造主体都谈到在创造过程的关键时刻会产生涌流（Flow，又称福乐体验），"一种几乎是自动的、不需花费力气的但却又高度集中的感觉状态。"[3]这种体验因人而异，带有强烈的情绪性，多是默会的过程。TRIZ用严密的逻辑过程代替逻辑与非逻辑、意识与潜意识交替的复杂创造过程，这样不可避免地省略了过程的默会性阶段，只保留了明言性阶段和逻辑过程的方法体系，必然带来过程损失和真相失真，给再运用这些发明方法带来麻烦。

总之，TRIZ的方法特征是抛开主体各种非理性的思维过程，从技术专业化、

① 前苏联发明家家根里奇·阿里特舒列尔（Genrich. S. Altshuller）和他的同事从10万份专利中归纳出1200多种技术措施，并由其中提炼出40种基本措施，而不是称做主体的创造思路。又归纳了53种较有效的成对措施和成组措施，称为标准做法。TRIZ是俄文"Терияешения Изобретательских Эадач"的发音"Teoriya Resheniya Izobreatatelskikh Zadatch"的缩写，翻译成中文的意思是"发明问题解决理论"。这套方法简称TRIZ方法。

逻辑化方面深入，并通过计算机技术的支持达到对技术问题的深入分析和解答，可以称为是一个人工的创造系统工具。不过，究其方法论，与认知科学的人工创造性的研究进路有着巨大的区别。如澳大利亚一个人工创造性研究小组，使用计算机方法模仿闭合的社会创造性系统，研究人的创造性的行为。“人工创造性的目标是，通过对什么是自然创造性的洞察，得到创造性可能是什么的答案。”[4]其研究方法论是模拟主体的自然创造性，而TRIZ则是客观主义的工具论。无论是从管理矛盾深入到技术矛盾，再由技术矛盾深入到物理矛盾，相比典型的功能分析的进路有所前进，不过难以逾越客观主义。“从方法论角度来看，是功能分解方法在创造性设计情境中导致了无穷倒退问题。”[5]

3. 还原主义的理想

创造方法的形成目的是让更多的人遵循这些方法，提高解题的创造性，获得创造性的成果。应用中内含的逻辑是模仿和还原创造原型的创造过程。模仿创造者的思维过程和解题方法，是否能还原创造的过程呢？注重心理经验的创造技法和注重逻辑的技术发明方法都有其优势和不可克服的劣势。

人作为创造主体，并不是一个工具或机器，他是有血有肉有感情的认识主体，许多细微的心理活动影响着主体的创造活动的结果。“当我们从哲学的高度概括科学创造过程时，我们只能抽象地谈论创造主体的思维规律与创造客体的相互关系，而忽略那些心理因素。由于心理因素无法逻辑化，因而长期被排斥在方法的范畴之外，然而对创造发明案例的研究，却揭示了心理方法的实际价值。”[6]创造技法的优势是运用心理氛围的营造，再现创造的情境；运用刺激的发散性克服程序的逻辑性，形成创造的张力。虽然创造技法也有程序安排，但是注重刺激的发散性和调动右脑功能的视觉-空间形象来获得结果的创造性。功能的视觉-空间形象适时引导非逻辑的跳跃，运用各种联想，促进表象的重组和联结。这一机制能够部分地解决非逻辑过程的损失，但是这个过程也有不可克服的缺陷，对于理解不深的推广人和应用不当的操作者来说，或者失败于无法营造创造氛围，或者失败于宽泛的非技术性讨论，因此还原创造心理氛围和情境的主张实施中，特别是在中国的实施中，得不到有力的贯彻。

逻辑的技术发明方法的优势是剖析问题的专业性和知识的系统性，越是逻辑化的，越具有可操作性。问题是，创造不是纯逻辑过程，逻辑化的程序运用能否还原创造过程？由于科学发现的逻辑性强于技术发明和艺术创作的逻辑性，所以，科学发现的逻辑成为科学方法论中重要的内容。技术是不同于科学的现象，技术的默会知识，技术发明与社会环境的需要之间互动的复杂性，人所创造的人工物的非自然性所体现的更强的主观意愿性，都使得将技术发明的过程逻辑化的危险性要大于科学发现过程的逻辑化。“问题在于对课题分析得越深入、越详尽，适用的解题思路的探索范围就越狭窄。”[1]337

创造对于我们来说还是灰箱。所有的创造技法和发明方法的叙事逻辑都难以再现生活世界本身。有些创造方法是抽取了真实世界中的创造过程的一部分，去除了环境的依托性，去除了当时环境中主体的意识水平，去除了主体的人格特征、只剩下问题本身和思维，抽象成解决问题的方式和技术知识。技术逻辑与另外的环境、另外创造主体（性格、意识水平）是否能够吻合就成为问题。因为创造不仅仅是解决问题，有思维形式问题，有意识水平问题，有环境问题，创造技法和发明方法只能在各方面条件具备的情况下实现功能。这就需要使用者具有创造性的人格特征，能将这种方法了然于心，情境到了，水到渠成，不是单纯的心思上的灵活运用。

因此，傅世侠教授早就指出创造方法的主体性原则。“所谓创造方法，并不是什么‘自在之物’，或某种随手拿来即可用之的独立存在物，而是只有与掌握和运用它的人或创造主体结合起来才具有实际意义的‘构成物’。因此，如果脱离开创造主体的种种特性来谈论创造方法，那便的确应该说‘创造无方法’。”离开主体的特殊性去谈创造方法的应用一般性必定要碰到困境。“如果说创造主体是源或本，创造方法的运用和掌握则是其流或末。源和流之间或本和末之间，自有其互为补充、相辅相成的一面；然而，终究不能由此而源流不分或本末倒置。”[2]712创造方法的学习必须与创造人格的塑造结合，全面地培养一个人的创造力，否则绝不会得到好的效果。总而言之，以为科学理性和方法能够提供给我们完备的知识是幻想。一切都是地方性的、经验性的、局部的，在创造方法论研究领域更是如此。

二、国外创造技法和发明方法的文化特质

20 世纪 70 年代，创造发明方法传入中国，创造方法的诞生体现了对人的创造力的肯定和不满足的愿望。目前的创造发明方法体系本身具有不可克服的缺陷，有待脑科学、心理学和哲学认识论的发展来完善之外，引入国外的创造技法和发明方法时，还存在文化语境的差异，使得普及方法时产生文化屏蔽。充分认识到国外创造技法和发明方法存在地域知识的特殊性，克服运用创造技法和发明方法的盲目性，才是科学的态度和行为。

学习和引入创造发明方法，既是一般创造原理的学习，也是接受一种文化。创造技法和发明方法形式各异，在理论渊源上情况复杂，但也显示出因不同地域、民族和文化上的差异所形成的不同风格。这涉及到知识的地方性和文化性。“要说地方性知识必定会否定科学知识中具有独立于叙事情境和用法的确定内容，那不是事实。它只是告诉我们，离开特定的情境和用法，知识的价值和意义便无法得到确认。”[7]

1. 美国创造技法的实用主义和科学主义的文化

美国的心理学研究和应用范围广泛，尤其重视对人的心理调节。对人自身心理的认识、对心理环境的认识及实用传统，构成美国创造技法重视调动人的内在潜能的特点。美国的创造技法还经常将艺术创造的方法（如隐喻、移情等）频繁地运用于科技创造领域，并且赋予它们以新的内容。无论是利用心理学成果，或者利用艺术创造方法，关键都在于创造技法对非逻辑思维方法的无比重视，而这正打破了以往的科学方法论只单纯重视逻辑方法的常规。应该说，创造技法之所以重视非逻辑思维方法，恰恰是从实践经验中总结出来。如人们发现，通过非逻辑思维方法将本无逻辑关联的事物联系起来，或者将有逻辑关联的变成无关联的，往往便能产生创造性。

从文化渊源上分析，则可以追溯到实用主义传统，以及欧洲科学理性和分析主义的影响。实用主义把实证主义功能化，强调生活、行动、事实和效果；把知识视为“行动的工具”，把“真理”归结为“效用”或“行动的成功”。实用主义是美国的主流思潮，实用主义在功利色彩鲜明的实业界得到很好的贯彻，因此，创造技法最早在美国实业界兴起也是不令人奇怪的。江怡认为，20 世纪 50 年代以后，美国接受了以逻辑实证主义为代表的欧洲分析哲学，但“实用主义传统并没有被放弃，而是作为一种哲学思维方式溶入分析哲学；而且，实用主义之所以能够接纳分析哲学，重要的思想基础在于分析哲学所代表的经验主义传统，而这与实用主义的经验主义倾向是完全一致的。”[8]

不过，除了美国的实业界的实用主义之外，美国创造力研究领域呈现的是科学主义的传统。创造技法的研究和实施，从一开始就重视吸收心理学的研究成果。例如，奥斯本首先创立的头脑风暴法，就充分运用了心理学关于自由联想和创造性想象的研究成果。创造技法对于科学发现和技术发明的作用与意义表明，吸收心理学成果、而不是排斥心理学，正是美国创造技法的特点。后来，在美国的高校中还出现了以思维科学和认知科学的理论为基础的创造力培养整体方案与课程，强调与专业结合的解题策略训练，典型的如斯坦福大学的“视觉思维训练”和纽约州立大学布法罗学院的“创造性解题训练”。

美国创造技法传入中国，其实用主义与中国重“术”轻“道”的功利传统应当有所契合，所产生不适应症候主要体现在宽容的心理氛围方法与中国人谨慎的言行规矩相悖，实用的心理方法在中国失败于中国推广者的心理学研究素质较低，对创造技法的精髓理解不够，难以营造好的心理氛围，加之学习者非创造性认知风格的束缚，更难以在约束的氛围下表现出自由潇洒的创造性，走样和失灵是常态，而且越是年龄大的主体，应用的效果越差。

2. 中北欧的设计方法学-专业主义文化

20 世纪 60—80 年代中北欧德语地区设计方法学派强手频出，以其方法理论的系统性和严密性使人们大开眼界。他们踏实细致地进行设计知识重组（编成大批《设计目录》资料），令人折服。

其中，俄罗斯发明方法的文化受到辩证唯物主义方法论的深刻影响，关注对技术体系和技术发明结果的客体分析，忽略主体因素。客观主义和传统的辩证法——矛盾分析——结合在一起，形成了复杂的技术发明体系。

TRIZ的形成，其研究途径则是运用方法论指导，对技术发明的具体过程进行抽象和概括。阿里特舒列尔认为，他的“发明程序大纲”是采用“可控制的、正确组织的、有效的过程”来得到发明产物的方法[9]。可以说，阿里特舒列尔的“发明程序大纲”等发明方法的基础是分析、综合、归纳、演绎等逻辑学的方法，逻辑程序十分清楚。尽管在前一阶段也有探索性的类比，但不构成其核心；而演绎阶段严密的逻辑程序却给人以深刻的印象，也是其最具特色的部分。这种发明方法的缺点是程序较烦琐，一般需要花费100多学时专门学习它的很难被掌握的“精确科学”，致使对发明过程本身反而产生束缚，因此，也使这套方法的推广受到一定的限制。TRIZ技术化的、逻辑化的方法论体系需要技术硬件的支持，所以，20世纪90年代传入西方后，与计算机技术结合，才成就了TRIZ的辉煌。

创造方法学的理论研究方面，吉江的工作相当有价值。他从方法论高度总结美国和苏联的发明方法时，发展了发明发现过程的分析—结构的概念，并将“创造性探索的假设—演绎模式具体化及详尽化”[1]3。英国的方法论学者们依照波普尔的“猜测—反驳”模式，提出设计方法学上的“猜测—检验”来代替“分析—综合”模式，也体现了与俄罗斯学者同时受科学主义影响的特点[10]。欧洲出现脱离科学主义影响，从技术设计本身的特点去建构方法论体系的努力，科学主义的理论前提是科学与技术在认识论上的一致，但是，设计在本质上不属于科学研究，而是一种技术活动。英国设计方法论学者米克尔·克罗斯认为，“科学与人文的结合是今后设计教育必须调整的方向。”[11]

有辩证唯物主义传统的中国人较容易理解TRIZ方法的理论基础。TRIZ移植中国的不适症主要表现为对逻辑和专业主义的不适应、推广者专业素养较低，不能很好地理解TRIZ方法的技术逻辑；同时过于严密的逻辑推理与中国传统的创造性领悟有着天壤之别，学习者需要格外努力才能领会，加之浮躁的世风影响，下力气学习一种与思维方式不完全吻合的方法体系，对于许多人来说都是非常困难的。

3. 日本创造方法的文化传统——精致主义和简单主义

日本的创造方法显示出双重特征，精致和简单构成的折中主义。

日本创造技法研究的风格介于美国的心理学方法和苏联的逻辑方法之间。并且糅合东方文化于方法学的研究体系，具有明显的日本民族性特点。日本的创造技法有的原创性不高，在欧美方法基础上的改进，有拾人牙慧的嫌疑；有的则具有较强的原创性，如市川龟久弥1944年创立的等价变换法。市川龟久弥早年曾研究科技史和人物传记，后来受到格式塔心理学创始人韦特海默（M. Wertheimer）的《创造性思维》一书的启发，又经过10年的研究，制定出了“等价变换法”[12]。等价变换法在某种程度上将隐喻类比程序化，使用便捷，其辅助工具与苏联学者的发明程序大纲有点类似，但较好地解决了右脑型方法与左脑型方法结合的问题。在理论渊源上显然受到格式塔心理学“顿悟说”的影响，同时，对发明中运用客观规律的方法也作了概括和总结。

值得一提的是，片方善治发明了“ZK”法。它运用东方文化中诗文创作的“起、承、转、合”来概括创造性解决问题的过程，使创造技法带有明显的东方色彩[13]。发明NM法的中山正和认为，日本的右脑型思维方式不同于欧美人，大约是宗教差异造成的，欧美人相信所谓“泰初有道”，因而表现为逻辑推理的优势；与之相反，日本人受佛教《法华经》中关于悟的影响很深。悟，即人生种种苦恼的解决办法，是一种非逻辑的整体的理解，以“种种因缘，种种比喻”加以推究。所谓因缘，就是从原因结果角度，对问题作彻底的理论探讨。比喻，在这里是指比喻和类比。NM法是在东方思维特点基础上创立的一种方法。

日本向西方学习技术是先从软件入手的学习。先学规则，培养具有科学精神和技术标准化思维模式的人，不过骨子里还是保持着日本人的某些特征。日本当年建设海军时，先建培养海军人才的学校，学校建立时，不仅不顾成本，一砖一瓦都从英国运来，还完全复制了英国海军教育的全套——先做绅士，后做战士，如学习英国的击剑。只是后来，日本的剑道取代了英国的击剑，日本海军“确实领会到了日本剑道真谛”在偷袭珍珠港中演绎得出神入化[14]。与海军将西方制度与日本剑道融为矛盾的一体一样，西方的技术规范与日本岛国文化本来的细致性相结合，形成了极端精细性的技术。大概是工作中的技术性过强、过细，需要用简单性加以补偿，所以日本人日常生活中形成简单阅读的习惯，漫画书成为日本大众的最爱。日本的创造性技法也具有双重性格：一方面日本的创造技法的程序性、精细性，符合严格按照一步一步的程序去做的日本人的行为特征；另一方面，日本技术人员的创造技法又趋向简单化，使得创造技法能够容易被推广和运用。近年来，日本的创造方法的形式还进一步变化，出版图解的创造技法书，作者的目的是“通过图解，更容易理解，请轻松愉快地阅读本书。”[15]

日本创造技法传入中国的文化屏蔽是，中国人不如日本人那么专注和精细，喜欢笼统，模糊；喜欢私下犯规，走捷径；大概只能学到简单，学不到精细。同时，近年来，学界对日本创造技法缺乏研究，产业界关注较少，也减弱了日本创造方法在国内的影响。

三、结　论

在详细地分析了创造技法和发明方法的叙事逻辑与创造方法引入中国化文化屏蔽之后，便很清楚地了解到创造技法和发明方法普及的先天缺陷与后天障碍，也对创造技法和发明方法的普及不再抱有不切实际的幻想，从而寻找更科学的方式来尽量地弥补缺陷和克服障碍。

突破困境的方法存在着技术性路径和内生性路径。技术性路径是对创造技法和发明方法本身进行系统的梳理，不再照本宣科，照搬照用，通过概括实质，删繁就简，以及对中国本土的创造方法的总结，逐渐形成适合中国文化的创造技法和发明方法体系；加强创造技法和发明方法的专业性与开放性结合，即着眼于特殊领域的方法概括——从开“百货店”变为开“专卖店”，又要在适当的时机使用自由探索性方法。所谓内生性路径，则需要实践和运用傅世侠教授主张的创造方法论的主体性原则，解决“道”与“术”的关系——创造方法的学习如何与创造人格塑造、创造文化、创造环境建设有机结合；才能由学“有招”上升到“无招胜有招”，真正把握创造的奥秘，达到“大象无形，大音息声”的创造境界。拆解各种创造技法和发明方法的文化因子，了解中国的文化不适症候，需要审视的是中国的创新文化重建，这要比推广创造技法和发明方法更为重要。注重自生文化的创造方法与外生文化的创造方法的融合，要从方法论的理性崇拜回归到生活世界，要从发展整个人类文明的高度去培养创造性人才，警惕恶的创造力，重新发扬中国传统的创造文化的精髓：天行健——自强不息，处于逆境仍前行的创新精神；地势坤——厚德载物，以丰厚的文化为积累，以大爱为前提的创新，做到与人为本，与自然和谐。

参考文献：

[1]　P. 3. 吉江．发现与发明过程方法学分析[M]．徐明泽,魏相,译．广州:广东人民出版社,1988:357.

[2]　傅世侠,罗玲玲．科学创造方法论[M]．北京:中国经济出版社,2000:711.

[3]　米哈依·奇凯岑特米哈依．发现和发明的心理学[M]．夏镇平,译．上海:上海译文出版社,2001:109.

[4]　Rob S. How to Study Artificial Creativity[J]. C&C, 2002(2):14-16.

[5]　潘恩荣．走向工程设计哲学[J]．自然辩证法研究,2009(12):61-67.

[6]　罗玲玲．优化创造的心理环境的方法初探[C]//袁张度．中国创造学会论文集．上海:上海科技文献出版社,1999:53-60.

[7]　盛晓明．地方性知识的构造[J]．哲学研究,2000(12):36-44.

[8]　江怡．美国实用主义哲学现状及其分析[J]．哲学动态,2004(1):27-31.

[9] Г. С. 阿里特舒列尔. 创造是精确的科学[M]. 魏相,徐明泽,译. 广州:广东人民出版社,1988:3.

[10] 吴明泰,刘武,谢燮正. 工程技术方法[M]. 沈阳:辽宁科学技术出版社,1985:45.

[11] Cross N. Designerly Ways of Knowing[J]. Design Studies, 1982,3(4):221-227.

[12] 市川龟久弥. 创造性的科学:图解等价变换理论入门[M]. 东京:日本放送出版协会,1970:36.

[13] 高桥诚. 创造技法手册[M]. 蔡林海,等译. 上海:上海科学普及出版社,1989:112-116.

[14] 俞天任. 浩瀚大洋是赌场:大日本帝国海军兴亡史[M]. 北京:语文出版社,2010:17.

[15] 高橋誠. 図解! 解決力:わかる! できる! 創造技法の本[M]. 东京:日科技連出版社,2006:1.

技术哲学视野下的苏联工业化问题研究

万长松　张　引

（燕山大学文法学院，河北 秦皇岛　066004）

摘　要： 苏联的工业化是社会主义发展史上不可磨灭的大事件，它开辟了落后的社会主义国家通过政府的强力干预从而实现快速工业化的崭新道路。从历史上看，苏联的社会主义工业化是一次成功的实践，但为此也付出了沉重的代价。全面认识苏联工业化，特别是从苏联技术哲学的视角出发分析工业化的指导思想和具体实践，总结苏联工业化的历史经验和教训，对于我国落实科学发展观、走新型工业化道路，具有重要的借鉴意义。

关键词： 苏联　技术哲学　工业化　技术与社会

技术哲学对于人们能否熟练地掌握一门技术（技艺）的作用是微乎其微的，但也意味着技术哲学不会随政治风云变换、经济发展兴衰而兴替。对技术本性和本质始终如一的关注使苏联技术哲学具有相对的稳定性和自主性。甚至在斯大林时期，苏联的技术哲学研究也未因为意识形态上的反对而停止，而是以各种相关的形式（特别是以马列主义为指导）继续发展着。事实上，苏联的工业化与苏联技术哲学的发展是密切相关的：一方面，由于苏联的工业化需要先进的科学技术作为支撑，工程技术的作用日益凸显，马克思列宁主义的技术哲学应运而生；另一方面，苏联技术哲学的产生发展为苏联的工业化理论提供了哲学基础，“技术手段论”“科学技术革命论”等一直作为苏联技术哲学的核心思想，直接或间接地影响着苏联工业化政策制定和工业化道路选择。

一、工业化的准备阶段与苏联技术哲学的萌芽

十月革命以后，苏维埃俄国党和政府面临的首要任务是恢复被破坏了的国民经济。然而，恢复国民经济并不能巩固苏维埃政权，因为即使达到1913年的水平，苏俄也仍然是一个落后的农业国。要使新生的苏维埃俄国彻底“摆脱资本桎梏”，从而实现“整个解放事业的成功和社会主义的胜利”，就必须“大大提高社会生产

力”[1]623，就必须实现国家工业化和农业机械化。

直到20世纪初，俄罗斯还是一个废除“农奴制”不久的落后的农业国。列宁指出：“要挽救俄国，单靠农业丰收还不够，而且单靠供给农民消费品的轻工业情况良好也还不够，我们还必须有重工业。”“不挽救重工业，不恢复重工业，我们就不能建成任何工业，而没有工业，我们就会灭亡，而不能成为独立国家。”[1]724“要挽救俄国”，就要“挽救”和“恢复”重工业，这是列宁从分析苏俄的国情，分析苏俄所处的历史条件得出的结论。按照列宁的观点，重工业是独立国家物质基础的思想，苏俄重工业的发展显然是不适应要求的。况且，恢复起来的重工业，基础产业薄弱，经济技术落后，不仅阻碍着轻工业的进一步发展，而且不能使小生产占优势的农业得到改造和进一步发展。只有迅速地在国民经济中建立起社会主义的物质技术基础，才能使苏维埃国家从落后的状态中走上工业化和现代化的轨道。列宁曾经把实现工业化形象地比喻为：从农民的、庄稼的、贫苦的马上，跨到大机器的、工业的、电气化的马上。而重工业，就是这个基础的实质。并强调：“我们的希望就在这里，而且仅仅在这里。”[1]797

实现社会主义工业化，既需要物质基础，也需要人才和思想基础。“没有各种学术、技术和实际工作领域的专家的指导，向社会主义过渡是不可能的。”[2]482十月革命，特别是1921年新经济政策实施以后，国家需要大量的从旧政权接收过来的科学家和工程师帮助布尔什维克进行经济建设。因此，在20世纪20年代苏联民间开展了一场自发的“专家治国”运动，宗旨是依据技术原理改造和管理企业与社会。最早倡导“专家治国论”的两位学者是П. 恩格迈尔和П. 帕尔钦斯基。专家治国论是技术哲学的一个重要概念。这一概念表示建立技术专家的政治，其特点是不把某一阶级的“私利”，而是把技术专家集团为全社会利益而利用的科学技术作为基础来管理社会。作为管理社会的一种模式，专家治国论有它的合理之处，它为提高旧知识分子的社会地位和政治待遇，为苏联即将到来的工业化高潮奠定了思想基础和人才储备。但随着政府对工业化的强力干预和意识形态领域的严酷斗争，“专家治国论”遭到了激烈的批判。1929年，帕尔钦斯基因被指控阴谋推翻苏联政府的“工业党”的领导人而被秘密处决。在接下来的肃反扩大化中，有几千名工程师被扣上各种罪名遭到关押和流放①。名噪一时的“专家治国”运动就这样夭折了。

今天看来，尽管这场短暂的“专家治国”运动无论是在思想上还是在组织上，最终都归于失败，但是，这场运动却促使一批职业工程师开始反思技术本身以及工

① 苏联作家亚历山大·索尔仁尼琴的小说《古拉格群岛》（Архипелаг Гулаг）详细地描述了这一事件。所谓“古拉格”，即“劳动改造营管理总局”的缩写，原是苏联劳改制度的象征。作者将其比喻为“群岛”，意在指出这种制度已经渗透到苏联政治生活的每个领域，变成了苏联的“第二领土”。

程师的社会地位问题，产生了苏联技术哲学研究的最初萌芽[3]42。之后，由于一批“红色工程师”（比如卡普斯京、安德尔曼、斯特列尔科夫等）对“专家治国论”的批判，特别是国家领导人的重视和介入，新兴的“无产阶级技术哲学”开始取代恩格迈尔、帕尔钦斯基等人的“资产阶级技术哲学”。可见，没有苏联工业化实践的迫切要求和国家对工业化的强力干预，就不会有技术在苏联社会生活中地位的不断攀升，以及由此而来的一系列建基于新世界观和历史观之上的哲学思考。

二、工业化的实施阶段与苏联技术哲学的产生

1925 年 12 月，在联共（布）第十四次代表大会上，斯大林代表党中央提出了必须把国家变为经济上不依赖于资本主义国家的工业国的迫切任务。他强调指出：“把我国从农业国变成能自力生产必需的装备的工业国……这就是我们总路线的实质和基础。”[4]294社会主义工业化方针的确立，一是由当时苏联所处的国际和国内条件决定的，二是由要在苏联建成社会主义这一根本任务决定的。列宁关于建设社会主义的一系列论述，为在苏联实现社会主义工业化提供了充分的理论根据。列宁指出，在苏维埃俄国，机器大工业——这就是“社会主义的物质的、生产的源泉和基础。”而且一再强调：“凡是思考过社会主义的人，始终认为这是社会主义的一个条件。”[2]500

但是，社会主义工业化首先应从哪里开始？苏联党和政府明确规定：从重工业开始，从发展重工业的核心，即机器制造业开始。斯大林指出：“工业化的中心、工业化的基础，就是发展重工业（燃料、金属等等），归根到底，就是发展生产资料的生产，发展本国的机器制造业。”[5]462从表面上看，这一决定是从当时苏联的国情和所处的历史条件出发的；但从深层次上看，苏联优先发展重工业方针和当时主要领导人（列宁、斯大林、布哈林等）对于技术的本质和机器大工业的意义的思考是分不开的，我们必须充分把握住这一点。

在马克思和恩格斯的著作中，我们找不到“工业化”这个概念（当时称之为工业革命或大工业的发展）。列宁创造性地研究了马克思关于扩大再生产的系统理论。他用有关大工业发展所引起的技术进步的资料，深刻地揭示了生产资料的生产较之消费资料的生产有较快增长的规律的实质。这一规律的全部意义和作用在于“机器劳动代替手工劳动（总的说来，就是机器工业时代的技术进步）要求加紧发展煤、铁这些真正‘制造生产资料的生产资料’的生产。”[6]83和马克思一样，列宁始终致力于把抽象的理论研究转化为具体的革命实践。早在 1893 年分析俄国的实际情况时，他就指出：“技术愈发展，人的手工劳动就愈受排挤而为许多愈来愈复杂的机器所代替，就是说，机器和制造机器的必需品在国家全部生产中所占的地位愈来愈重要。”[6]84在多方面研究了俄国近代工业化历史的基础上，列宁作出了一个

总的结论："制造生产资料的工业在全部工业中所占的比重愈来愈大。"[7]466在马克思主义发展史上，列宁是第一个把技术进步、机器劳动、工业化、电气化与社会主义经济基础、政权基础联系起来思考的人，也是社会主义工业化理论和苏联技术哲学的奠基人。

20 世纪 20—30 年代，苏联正在部署和实施工业化的两个"五年计划"（1928 年—1937 年），在苏联也产生了第一批站在马克思主义立场上阐述技术观的哲学家，他们的杰出代表就是尼古拉·伊凡诺维奇·布哈林。1921 年，布哈林出版了《历史唯物主义理论》一书，副标题是"马克思主义社会学通俗教材"。布哈林认为，历史唯物主义是马克思主义的社会学，是研究社会现象的科学方法，是关于社会及其发展规律的一般学说。布哈林在对生产方式的解释中，阐述了自己马克思主义的技术观。布哈林强调了生产力的决定作用，认为生产力是自然界和社会的相互关系的标志。并且指出："社会和自然界相互关系的精确的物质标志，是该社会的社会劳动工具的体系，即技术装备。在这种技术装备中反映出社会的物质生产力和社会劳动生产率。"[8]133和布哈林持相似观点的还有米龙诺夫、谢姆科夫斯基等人。但是，他们的观点同时也受到了其他哲学家的批评，认为忽视生产力中人的因素，并将其内容归结为技术，是布哈林等人的错误。斯大林的哲学老师斯滕针对把生产力和劳动工具、技术等同的观点批评道："劳动工具以及广义的生产资料只有在和劳动力辩证统一之中才能成为生产力"[9]3。这场发生在 20 世纪 20—30 年代的哲学大辩论深化了对马克思历史唯物主义的认识，以布哈林为代表的"技术决定论"者为苏联技术哲学打下了最初的桩基。

这一时期是苏联技术哲学产生的最初阶段，其理论成果对于工业的发展起到了一定的促进作用，但是也导致了严重的错误——学术争鸣变成了政治斗争，很多人遭到迫害，其中就包括苏联工业发展的规划者——布哈林。需要指出的是，布哈林与斯大林的分歧不是要不要在苏联实现工业化，而是怎样实现工业化。布哈林认为，应该使工业化具有尽可能的速度，但不是把一切都用于基本建设，不能片面地追求积累和工业投入，应该把严重的商品荒缓和下来。他还指出：单纯追求高速度，是"疯人的政策"[10]309。但斯大林还是不顾反对而竭力追求高速度；布哈林等人也强调发展重工业的决定性意义，但反对片面发展重工业，主张经济保持平衡发展。但斯大林却指责布哈林等提倡的是"印花布"工业化道路。1929 年 11 月，布哈林被解除了中央政治局委员的职务。斯大林以"反右倾"的名义，用政治手段结束了两种不同发展模式的辩论，也结束了苏联技术哲学学术观点自由争鸣的时代。

苏联社会主义工业化实行过程中所产生的严重错误，不仅对苏联，而且对国际共产主义运动的发展都产生过不良的影响，这是值得认真总结教训的。但是，无论如何，不能因为有了这些错误，就全面否定苏联以优先发展重工业为方针的社会主义工业化的历史性作用。至于由此而对列宁优先发展生产资料生产和建设社会主义工业基础等理论产生怀疑与批判，那就更是不能被接受的。

无论是实证研究还是逻辑推理，在马克思、恩格斯看来，工业化都是资本主义发展必不可少的过程；而社会主义则是在资本主义已经不能容纳的高度发达的生产力基础上诞生的，因此，无产阶级在取得政权后，就不存在工业化问题了。所以，如何实现社会主义工业化，是科学社会主义的一个重要课题。当时，处于复杂的国际国内形势下的苏联，在制定和实行这一方针时，是无例可循的。今天，我们回顾苏联所走过的社会主义工业化的道路，历史地、全面地研究和探讨一下它的正反两方面的经验教训，对指导我国实现工业化是很有意义的。

三、工业化的发展阶段与苏联技术哲学的成熟

1913 年，沙皇俄国工业产值和农业产值的比例为 42:58。国内战争结束时的 1920 年，苏俄的工业产值仅为 1913 年的 13.8%，重工业被破坏得尤为严重。1926 年工农业产值比例恢复为 38:62，1929 年工业比重第一次超过农业为 54.5:45.5，到 1940 年达到 85.7:14.3。在工业中，重工业和轻工业的比例 1913 年为 33:67，1932 年为 53.4:46.6，到 1940 年达到 61.2:38.8。苏联在 20 世纪 30 年代末已经成为世界上第二大工业强国。但在工业化过程中，也存在一些问题，主要是：农业、轻工业、重工业比例关系不协调，生产方式粗放，经济效益较差，国家财政负担过重，人民生活水平不高，市场供应紧张，经济体制僵化。如果说，优先发展重工业的指导思想和实际畸形发展的结果，在第二次世界大战前还是可以原谅，那么第二次世界大战后长时期内没有扭转这种重重、轻农、轻轻的局面则是一个重大的失误。第二次世界大战以后，苏联除了继续发展其重工业以外，在采掘工业方面，特别是在石油、天然气工业以及航空、航天工业的发展中，取得了显著的成就。20 世纪 70 年代，由于西方国家面临能源危机，苏联曾从出口燃料中获得巨大的利益，但是仍然把大量的资本投向重工业、军事工业，形成了苏联军事工业和与之有关的重工业的产值几乎占工业总产值的 2/3。相反，人民并没有得到应得的实惠，信息技术和与之有关的高新技术长期被忽略，没有抓住西方新技术革命的契机实现信息化。由此可见，在苏联工业化的发展阶段，有两个显著的问题：一是仍然优先发展重工业，没有使轻工业和农业与之协调发展；二是在先进科技的运用上，显著地落后于美国和其他发达资本主义国家。

在完成了工业化的基本任务之后，仍然长期奉行“优先发展重工业”的指导方针，这固然与苏联领导人急于建成共产主义社会的愿望和“冷战”思维有关，但植根于苏联工业化理论深处的“技术手段论”是不能被忽略的哲学根基。技术（生产力）—经济基础（生产关系）—上层建筑（意识形态）这是一条从马克思、

列宁到布哈林等苏联技术哲学家始终坚持的历史唯物主义路线，也是彻底的历史唯物主义技术观。尽管马克思也提到了技术的理性因素，但这一点往往被忽视。因此，苏联的技术本体论往往等同于“技术手段论”。比如，苏赫尔金为《苏联大百科全书》撰写的技术条目指出：“技术就是为实现生产过程和为社会的非生产需要服务而创造的人类活动手段的总和”，“生产技术是技术手段的主要部分”，而“生产技术中的最积极部分是机器”[9]3。简单地把生产力等同于生产技术，进而等同于机器，只强调技术的生产力功能和自然属性，忽视技术的认识论价值和社会属性，在实践上势必要采取重重、轻农、轻轻等一系列非平衡的发展战略。

尽管在能源、化工和航天、航空等工业领域取得了举世瞩目的成就，但总的说来，苏联并未抓住20世纪下半叶以来席卷整个西方世界的新技术革命的浪潮，错过了大力发展新材料、新能源和信息技术、生物技术的时机，没有及时实现重化工业向现代制造业和服务业的转移，没有实现重、轻、农业以及军、民工业的平衡发展，没有实现经济增长方式的转变和企业生产效益的提高，更没有主动地完成由中央集权的计划经济体制向社会主义市场经济体制的转化，在第二次世界大战后西方国家发展的“黄金时期”，却走向了“停滞”和“僵化”，最后导致苏联解体。但是，苏联社会主义建设的严重挫折并不意味着苏联工业化的失败，更不意味着苏联技术哲学一无是处；相反，与苏联工业化发展阶段的“反应迟钝”相比，苏联技术哲学界对新技术革命自始至终都保持着浓厚的兴趣。

在苏联技术哲学中，最引人注目的概念莫过于“科学技术革命”，德国技术哲学家F. 拉普认为，这一概念是马克思列宁主义技术哲学的中心概念。1968年“布拉格之春”以后，苏联和捷克的研究机构合作出版的《人—科学—技术》（1973年）一书，把科学技术革命的本质定义为“以科学为先导的当代生产力的根本性变革”，更全面的定义还可以加上一句：“科学技术革命只有在社会主义条件下才能完全实现和充分利用。”[11]183苏联技术哲学家海因曼博士认为，现代科学技术革命是在科学和技术中心及相应地在生产中出现的综合过程，这些过程在20世纪下半叶取得了显著的发展。为了理解科学技术革命形成和进一步发展的趋势，必须研究大机器生产发展的主要阶段和产业结构变化的逻辑。与20世纪20—30年代的工业化相比，苏联大机器生产在50—60年代发生了以下重大变化：一是“不断提高主要类型的动力和工艺设备的单位功率和生产率”，随之而来的是企业规模的扩大和生产积聚的发展；二是“同自动化机器的建立和推广相联系”，自动化是现代科学技术革命最主要的环节之一；三是无论是在企业水平上，还是在部门水平上的“生产组织和生产管理都发生了显著变化”，物质因素和人的因素在空间和时间上的结合空前复杂化；四是“劳动产品的积极作用及其对生产本身的影响”，即这些产品在满足已经产生的需求的同时，又引起了新的需求。发生上述变化的原因在于：“科学以人实现知识的形式表现为精神（思想）生产力，但同时物化在生产的物质因素中，物化在生产工艺和生产组织中，从而成为直接生产力起作用。”[12]136 今天看来，上述对科学技术革命所作的概括依然是正确的，这些哲学思考超出了当时苏联工业发展的历史局限，对科学-技术-生产-社会-人之间关系有很精辟的见解，是马克思列宁主义的STS理论的最初探索。这种理论探索也表现了苏联技术哲学对苏联工业化道路的相对独立性与超越性。

苏联工业化是苏联历史问题中一个争论不休、常谈常新的问题。之所以在这个问题上发生激烈的争论，是因为这种争论不是从一个热点上和一个角度上迸发出来的。对苏联工业化持肯定态度的人所论述的大多是苏联的工业化本身，即那种持续了十多年甚至延长到第二次世界大战后的工业的迅猛发展及其毋庸置疑的成就。而对苏联工业化持否定态度的人看到的大多是快速工业化、农业集体化、经济计划化和肃反扩大化等带来的副作用，是工业化与苏联社会发展的负面关系，是其对苏联文化、思想、哲学等上层建筑的消极影响。从后一种情况来看，苏联工业化确实有许多问题没有解决，有许多教训值得汲取。

第一，如何在落后国家建设社会主义，如何又好又快地实现社会主义工业化。优先发展重工业的工业化方针是苏联在当时情况下唯一正确的选择，而且对于经济落后、工业基础薄弱的国家（包括中国）而言，在工业化初期往往也很难避免。但这一方针和道路不具有永久性和代表性。社会主义生产的目的是要不断地提高人民的物质文化生活水平，实现人民的根本利益。如果为了实现工业化而脱离了提高人民生活水平的根本目的，单纯追求经济增长甚至为增长而增长，不惜以牺牲人民利益为代价，那就完全背离了马克思主义的基本原则。

第二，如何实现速度与效益、投入与产出的平衡，如何处理好经济发展和环境保护的关系。为了赶超资本主义国家，苏联党和政府不断追求建设的高速度，但不计成本、不讲效益的高速度浪费了资源、污染了环境。许多高指标不仅无法完成，而且助长了浮夸、冒进和弄虚作假的不良风气。因此，苏联工业化道路不能成为社会主义各国工业化的普遍规律。长期忽视人民利益，甚至以牺牲人民利益为代价换取经济发展的所谓高指标，影响和动摇了人民对社会主义的信心与信仰，最终动摇了苏联社会主义制度的根基。

第三，如何处理好政治路线斗争与学术观点争鸣的关系，如何使技术哲学更好地“为国服务”[13]1。怎样处理好政治与学术、领导人与哲学家的关系是苏联始终未能解决的问题。由于斯大林工业化模式的最终胜利，使苏联技术哲学从诞生伊始就被打上了强烈的意识形态烙印，表现在苏联技术哲学著作中，就是到处充斥着历次党代会文件的官话套话，对赫鲁晓夫、勃列日涅夫、苏斯洛夫、柯西金等人的阿谀奉承，偶见西方技术哲学也是作为批判对象而提及的，鲜有创新。苏联技术哲学与其工业化道路的关系是非常复杂的。首先，二者之间并没有直接的联系，不能把苏联技术哲学作为其工业化道路的指导思想；其次，二者存在着间接的、内在的联系，认为苏联工业化道路与其技术哲学思想没有任何关系的观点也是错误的；最后，苏联技术哲学与其工业化道路之间是一种共生共荣、一损俱损、相互作用、互为因果的关系。正确地看待和处理苏联技术哲学与其工业化道路之间的关系，为中国技术哲学更好地“为国服务”、为建设新型工业化社会服务提供了经验和教训。

参考文献：

[1] 列宁．列宁选集：第 4 卷[M]. 3 版．北京：人民出版社，1995.
[2] 列宁．列宁选集：第 3 卷[M]. 3 版．北京：人民出版社，1995.
[3] 万长松，陈凡．苏俄技术哲学研究的历史和现状[J]. 哲学动态，2002(11)：43-47.
[4] 斯大林．斯大林全集：第 7 卷[M]. 北京：人民出版社，1958.
[5] 斯大林．斯大林选集：上卷[M]. 北京：人民出版社，1979.
[6] 列宁．列宁全集：第 1 卷[M]. 2 版．北京：人民出版社，1984.
[7] 列宁．列宁全集：第 3 卷[M]. 2 版．北京：人民出版社，1984.
[8] 布哈林．历史唯物主义理论[M]. 北京：人民出版社，1983.
[9] 万长松．前苏联技术哲学研究述评[J]. 燕山大学学报：哲学社会科学版，2005，6(4)：1-6.
[10] 布哈林．布哈林文选：中册[M]. 北京：东方出版社，1988.
[11] 拉普．技术哲学导论[M]. 刘武，译．沈阳：辽宁科学技术出版社，1986.
[12] Хайинман С А. Научно-техническая революция сегодня и завтра[M]. Москва：Госполитиздат, 1977.
[13] 朱训．在为国服务中发展自然辩证法[J]. 自然辩证法研究，2010(3)：1-2.

技术方法论研究——TRIZ的方法论基础

潘恩荣

（浙江大学语言与认知研究中心，浙江 杭州 310028）

摘 要：TRIZ 的方法论包括两个方面：关于技术的观念；问题的思考方式。对于前者，TRIZ 采取的是传统的科学技术观，即“技术是科学的应用”；对于后者，TRIZ 采取的是具有还原性质的功能分解方法。当前 TRIZ 理论所采用的方法论受到严峻的挑战。因此，虽然 TRIZ 有着“点金术”的美誉，但实践证明，TRIZ 的使用和推广工作并不顺利。化解 TRIZ 方法论挑战的进路是：改变传统的科学技术观；采用非还原性质的面向对象方法。

关键词：技术方法论 TRIZ 科学技术观 功能分解

一、引 言

近年来，发明问题解决理论（TRIZ）越来越受到政府、企业界和学术界的重视。2007 年 8 月 13 日，国家科技部正式批准黑龙江省和四川省为“科技部技术创新方法试点省”（国科发财字〔2007〕479 号）。这标志着 TRIZ 开始进入国家“自主创新”的战略层面。TRIZ 有着“点金术”的美誉，并在最近几十年中受到欧美等发达国家或地区的企业界的追捧。他们认为，TRIZ 不仅可以创造性地解决工程技术问题，也可以创造性地解决各种各样的非技术问题。因此，从长远来看，TRIZ 的研究和应用推广将有效地提高本土企业的技术创新能力，增强工业竞争力和可持续发展能力，为我国科学技术的重点突破与长远发展提供强有力的支撑。就短期而言，此举将有助于中小企业减少产品研发成本，缩短产品开发周期，增强其抗击金融风暴的能力，并提升其在经济寒冬中的存活率，从而减缓经济下滑和失业人口的增加，有利于国民经济和社会稳定。

然而，欧美的实践证明，TRIZ 的使用和推广工作并不顺利。许多企业高价引入 TRIZ 却并没有获得相应的成效。本文将就此问题展开深入的探讨，首先梳理当前 TRIZ 研究的现状，即 TRIZ 仍然是一种准理论；然后分析 TRIZ 的方法论基础及其面临的挑战；最后探讨化解 TRIZ 方法论挑战的研究进路。

二、“准理论”的TRIZ

TRIZ指的是“创造性解决问题的理论”，其俄文为 теории решения изобретательских задач；其英文为 Teoriya Resheniya Izobreatatelskikh Zadatch，因此缩写为TRIZ；其英文翻译为 Theory of Inventive Problem Solving，也可缩写为TIPS；其中文翻译为“萃智”① 或“萃思”②。

TRIZ的发明人根里奇·阿奇舒勒（Genrich Altshuller）（1926—1998）于1946年提出了TRIZ理论的设想。当时他正供职于苏联海军专利局，担任专利审查员。在审查专利的过程中，他隐约地察觉技术发明可能存在着某种规律和方法。因此，从1946年开始，阿奇舒勒带领着由苏联数十家研究机构、大学和企业组成的TRIZ的研究团体，历时数十年，研究了200多万份专利，总结出技术发明的演化理论（Patterns of Evolution）（1975—1980）、40个发明原理（40 Principles of Invention）（1946—1971）、39个参数组成的阿奇舒勒矩阵、矛盾冲突的四大分离原理（Separation Principles）（1973—1985）、物场分析（Substance-Field Analysis）模型（1973—1981）、76个标准解（1977—1985）、创造性问题解决算法（Algorithm of Inventive Problems Solving，ARIZ）（1959—1985）以及科学效应（Scientific Effects）和技术效果数据库（1970—1980）等③，形成了TRIZ理论体系④。

TRIZ的使用和推广之所以并不顺利，一方面是TRIZ引入企业存在一定的现实困难，因为必须将TRIZ方法应用于实际才能证明其功效[1]。另一方面是目前的TRIZ仍处于准理论阶段（A Pre-theory Stage）[2]，还远没有达到科学理论的水平[3]，尚不能麻利地处理复杂的设计问题。

针对以上问题，近年来的TRIZ研究出现了两种趋势。一种趋势是通过软件集成和简化TRIZ的方法、分析工具与各种科学和工程的效应知识库。国外的TRIZ软件有CREAX Innovation Suite，国内的有河北工业大学檀润华教授研究团队开发的Invention Tool，以及亿维讯的Pro/Innovator和CBT/NOVA等。TRIZ的软件化既有利于普及TRIZ理论、培训相关人员，又有利于技术专家和工程师较快地掌握TRIZ的方法及其分析工具，并将其迅速地运用到具体的科技创新中。

另一种趋势是进一步发展TRIZ的分析工具，这主要包括三个方面：物-场模型（Su-field Analysis）的新型符号系统，冲突及解决技术的进一步发展及发明问题

① 资料来源：http：//www. cntriz. com（收录于2008年9月27日）。

② 资料来源：http：//zh. wikipedia. org/wiki/TRIZ（收录于2008年9月27日）。

③ 资料来源：http：//en. wikipedia. org/wiki/Genrich_Altshuller（收录于2008年9月27日）。

④ TRIZ的更多资料参见：http：//www. triz. gov. cn。

解决算法（ARIZ）的改进[4]。虽然阿奇舒勒本人提出的物-场模型难以分析一个产品多个功能的情况，但 Zinovy[5] 和 Terninko[6] 等人提出的新的符号系统弥补了这一缺陷，并发展成为一种重要的技术冲突分析工具。另外，Kimura Keiji 等针对经典物-场模型不能处理过程点分析（Processing Point Analysis）中的问题，也改进了物-场模型[7]。物-场模型相关的 76 个标准解法是解决非标准问题的基础，因为 ARIZ 算法是将非标准问题通过各种方式转化为标准问题，然后应用标准解法获得解决方案。也就是说，在这三个方面，物-场模型有着承上启下的作用。因此，物-场模型方面的研究进展将能在整体上推动 TRIZ 的研究。

一个产品多个功能的情况是技术产品与功能之间的“非充分决定性”（Underdetermination，UD）现象，它表现为一个产品多个功能或者多个产品一个功能的情况。伴随着 UD 出现的还有一个“实现限制”（Realizability Constrains，RC）现象，表现为一个产品可有多个功能但不会拥有所有的功能，或表现为一个功能可以由多个产品来实现但不是所有的产品都能实现它。当今技术哲学和设计哲学的研究表明，UD 和 RC 是产品与功能之间的普遍性现象。因此，任何关于产品及其功能之间的理论都必须能够解释 UD 和 RC 这两种现象[8]。申请人在此基础上，又进一步地提出功能失灵（Malfunction，MF）也是产品与功能之间的普遍性现象，相关理论也必须能够解释 MF 现象。

笔者认为，TRIZ 中的物-场模型尚不能同时解释 UD 和 RC 这一对矛盾且伴生的现象。这与当前 TRIZ 理论所采用的方法论有关。

三、TRIZ 的方法论基础

TRIZ 是基于知识的、面向人的、关于发明问题解决的系统化方法学[3]，可以用下面的公式表达[9]：

TRIZ = 方法论 + 知识基础

其中，方法论包括两个方面：①关于技术的观念，②问题解决的思考方式；而知识基础则是实施方法论①的案例集合，如科学和工程的效应知识库。

在方法论上，TRIZ 使用的是功能分解的思想，即将系统分解成为子系统，区分有用功能和有害功能，发现技术冲突或物理冲突，再找寻相应的方法解决冲突。功能分解的思想与传统的科学技术观密切相关。传统上，技术被认为是科学的应用。科学理论提供了一个理想解，技术是从理想解出发逆向寻找问题解决的具体过程和最佳现实解。因此，Toru Nakagawa 认为，技术系统是在几乎不引入外部资源的情况下，通过克服冲突的方式，朝着提高理想度的方向实现其进化的；对于创造性问题的解决，TRIZ 提供了一种辩证的思考方式：将问题当做一个系统加以理解，首先设想其理想解，然后设法解决相关矛盾[9]。

然而，TRIZ 的方法论基础遭到了严峻的挑战。

首先是方法论①，即关于“技术是科学的应用”的观念。工程师 Nigel Cross 强烈地反对它，并宣称技术研发中的设计是继科学和人文之后的第三种文化[10-12]。学术界更是对这一观念大加抨击，认为科学和技术是两个独立的事物，且技术有其自身的规律，并不是科学的简单应用[13-14]。

其次是方法论②，即关于功能分解的思想和方法。最近的技术哲学和设计哲学研究表明，功能分解是技术发明和工程设计活动中最常见、最成熟的设计方法论之一，其分解的方案取决于工程师面临的具体问题以及当下的情景，也取决于工程师自身的知识背景[15]。

四、新的研究进路

笔者认为，虽然功能分解的方法有助于快速深入地理解未知的、复杂的问题，但不利于解答复杂性问题。这是因为功能分解方法论属于基于规律和逻辑的认知主义认知范式，该范式难以处理复杂性问题。但是，属于分布式认知范式的面向对象的思想和方法恰好与功能分解的思想和方法相反，善于处理复杂性问题。

TRIZ 的知识基础问题可以通过 TRIZ 的软件化消除。因此，目前 TRIZ 研究和应用推广的困难主要是因为现有 TRIZ 体系使用的方法论造成的。笔者认为，为了能快速地推广 TRIZ 应用，并使其能够有效地提升企业的技术创新能力，除了 TRIZ 的软件化，还必须从方法论上进一步发展 TRIZ 分析工具。

从方法论角度研究 TRIZ，主要有两条进路。

一条进路是改变传统的科学技术观。传统上，技术被认为是科学的“应用”，即科学是基础研究，技术相应的应用研究。然而，传统的科学技术观在多方面遭到攻讦。在科学技术论中，科学的概念至少经过三次转向[16]：①建制转向，正统科学的形象从逻辑实证主义和批判理性主义转到了默顿主义，社会因素介入了科学的制度化发展过程；②社会转向，科学知识社会学（SSK）将科学的概念从“自然”的一个极端一下子拉扯到“社会”的另一个极端；③“技术-工程转向”，技术转向指的是 Bruno Latour 在其《实验室生活》中使用“微观社会学”的方式考察技术的实验室构成，工程转向指的是 Latour 和 Collon 在行动者网络研究中构造了一个具有工程意义的“社会制度”——技术的和非技术的、人的和非人的异质性要素网络。工程师甚至认为技术研发中的设计是继科学和人文之后的第三种文化[10-12]。因此，技术应该是与科学并列的对象，而不是科学的应用。

另一条进路是使用非还原的工程方法，如面向对象方法。笔者认为，功能分解的思想在工程设计中表现为结构化设计方法，在认知科学中表现为认知主义的认知方式，这些都是具有还原性质的特征。以功能分解思想为指导的物-场模型容易处理创新程度较低的标准问题或非标准问题，但难以处理创新程度较高的复杂性问题。例如，现有的物-场模型虽然可以分析一个产品多个功能的情况，但处理多个产品一个功能和 RC 现象的情况却不大方便；ARIZ 算法面对高度创新的问题时，难以确定“最小问题”[4]，因为功能分解的具体方案的选择具有随机性，且严重地依赖于使用者的知识基础，而关于高度创新问题的知识基础恰恰是使用者最缺乏的。在现代工程方法论中，有两大竞争的范式。功能分解方法是其中的一种，它是面向过程的、基于规则或逻辑的、具有还原性质的结构化方法。另一种是面向对象的、基于整体对象的、具有非还原性质的面向对象方法。因此，使用面向对象方法是一种改进思路。

参考文献：

[1] Campbell B. If TRIZ Is Such a Good Idea, Why Isn't Everyone Using It? [J]. TRIZ Journal, 2002(4).

[2] Tate D. A Roadmap for Decomposition: Activities, Theories, and Tools for System Design[J]. Department of Mechanical Engineering, 1999.

[3] Savransky S D. Engineering of Creativity: Introduction to TRIZ Methodology of Inventive Problem Solving[M]. Boca Raton: CRC Press, 2000.

[4] 檀润华. 创新设计：TRIZ 发明问题解决理论[M]. 北京：机械工业出版社，2002.

[5] Royzen Z. Tool, Object, Product(TOP) Function Analysis[J]. TRIZ Journal, 1999(9).

[6] Terninko J. Su-Field Analysis[J]. TRIZ Journal, 2000(2).

[7] Keiji K. An Innovative Product Development Process Combining Processing Point Analysis and Extended Su-Field Analysis[J]. Journal of the Japan Society for Precision Engineering, 2006, 72(8): 1054-1059.

[8] Houkes W, Meijers A. The Ontology of artefacts: The hard problem[J]. Studies In History and Philosophy of Science Part A, 2006, 37(1): 118-131.

[9] Nakagawa T. Essence of TRIZ in 50 Words[J]. TRIZ Journal, 2001(6).

[10] Cross N. Designerly Ways of Knowing: Design Discipline Versus Design Science[J]. Design Issues, 2001, 17(3): 49-55.

[11] Cross N. Designerly Ways of Knowing[M]. London: Springer, 2006.

[12] Cross N. Forty Years of Design Research[J]. Design Studies, 2007, 28(1): 1-4.

[13] Hacking I. Representing and Intervening[M]. Cambridge: Cambridge University Press, 1983.

[14] 斯托克斯 D E. 基础科学与巴斯德象限[M]. 北京：科学出版社，1999.

[15] Design and Explanation of Technical Artifacts[D]. Delft: Delft University of Technology, 2007.

[16] 潘恩荣. 科学概念的认知进路与转向[J]. 科学学研究，2006, 24(1): 12-16.

工程规划与设计阶段的伦理问题和伦理原则

董雪林
（东北大学科学技术哲学研究中心，辽宁 沈阳　110819）

摘　要：工程作为完成人工造物的实践活动，需要经过目标选择、目标论证、目标决策、项目规划与设计、项目组织与实施、项目评估及项目运行等阶段，而每个阶段由于目标不同，会有不同的角色主体。仅探究工程在规划设计阶段中的伦理问题和角色主体的伦理责任，以工程技术标准和道德规范相结合为前提，提出相关主体在从事工程规划与设计活动时应普遍遵循的伦理原则。

关键词：规划　设计　伦理问题　伦理原则

现代工程整体上具有大规模、超系统、高投入、高科技的特点，技术上往往是不同形态技术要素的集成。因此，工程活动是按照系统论、协同论的方式展开的，它包括工程目标的选择、论证与决策、规划与设计、实施、评估、运行等阶段，并涉及政治、经济、文化、环境、军事和意识形态等多个领域而共同实现。工程活动的各个阶段存在不同的伦理问题，其中不同的角色主体的价值取向和目标也各有不同。例如，工程师们关注的是技术的自然属性，把提高工程效能和效率作为主要的追求目标；工程雇主或投资人关注的是技术的经济目的，把追求工程利润作为主要目标；而政府关注的是技术的社会属性，即公益性目的，把社会效益作为追求的主要目标。而目的性的存在内在地规定了工程的整个过程存在着伦理诉求。也正是由于工程各角色主体追求的目标不同，其所遵循的伦理原则也就各有不同，同时也就存在着不同利益之间的矛盾与冲突。本文想就工程规划与设计阶段的伦理问题探讨相关角色主体应该共同遵循的伦理原则和规范，以期解决这些矛盾与冲突。

一、工程规划与设计阶段的伦理问题

1. 工程规划与工程设计

工程规划与设计阶段发生在工程决策阶段之后、工程项目施工之前。主要任务是为决策后的工程项目进行规划与设计，“在某种意义上也可以说是对工程构建、运行过程进行先期虚拟化的过程”[1]。

关于工程设计的概念，有如下几种定义。

美国工程技术管理学家巴布科克（Daniel L. Babcock）从设计的特点出发，认为：“设计就是创造出某个系统的模型的过程，这个模型通常用图纸或者说明书（无论是书面的还是计算机中存储的文件）的形式来进行描述，而且，它应该能够满足已识别的需求。然后就可以通过合适的生产过程，按照这个模型制造出产品，并投入使用。”[2]

美国技术哲学家米切姆（Carl Mitcham）从设计的实质出发，认为工程设计的本质方法是建立模型。工程设计是一种理想化和简化的过程，它通过建立简化模型模拟自然行为。

中国工程院院士殷瑞钰从工程哲学的角度指出，工程设计是在工程理念指导下的思维和技术活动，是体现人的创造思维、合理想象、目的与需求分析及采取何种手段和方法的计划过程。

《现代汉语词典》认为，所谓“规划”，是指对未来整体性、长期性、基本性问题的思考、考量和设计未来整套行动方案。所谓“设计”，是把一种计划、规划、设想通过视觉的形式传达出来的活动过程。

本文从规划与设计本身的规定性出发，认为工程规划意即对某项工程作出的整体的长期的基本性问题的考量和设计。其主要任务是对工程建设条件进行分析研究，从技术、经济、社会、环境等方面论证其可行性，并推荐出最优方案。规划的内容一般包括问题识别、方案拟定、影响评价、方案论证四部分。而工程设计是指工程开始施工之前，设计者根据已批准的任务设计书，为具体工程实践拟建项目的技术、经济要求，拟定项目进行的方法、程序、操作流程，拟定工程建筑安装及设备制造等所需的规划、图纸、数据等技术文件的工作。

由此看来，工程规划与设计是整个工程活动的核心部分，它的成功与否直接关系工程的成败，是对工程具有决定意义的工作阶段。工程设计文件是建筑安装施工的依据，拟建工程在建筑过程中能否保证进度、质量和节约投资，在很大程度上取决于设计质量的优劣。工程建成后，能否获得满意的经济效果，除了项目决策之外，设计工作起到决定性的作用。此外，工程规划与设计还要考量工程对人类、社会、生态和环境等的影响。由于工程规划与设计是人类想象、分析、归纳和综合的知识产物，是将知识转化为现实生产力的先导过程，因此工程规划与设计的全过程都内在地含有伦理意蕴。正如陈凡教授阐明的，“工程设计不是单独的个人行为，而是富有文化意蕴的社会性的系统行动。是以生态保护为基本伦理原则，以以人为本为主要评价标准。工程设计伦理的主要特征是科学精神与人文精神的有机结合，价值理性挑战工具理性的集中体现，环境伦理、技术伦理与社会伦理的融合统一”[3]。

2. 工程规划设计中的伦理问题

设计的最简单定义是一种"有目的的创作行为"，设计行为一般都解释为有明确的目标性。工程规划与设计就是按照已经决策的工程标的物进行的实践活动。工程目的性的存在，内在地决定了其规划与设计活动必然具有伦理意义——既是对实现目的所需采取的手段的道德伦理考量，又是对目的的正当性及触及目的的道德意义的关涉。因为任何一项工程都具有目的性，而目的的设定本身又是工程规划与设计的起始和动因。因此，工程规划与设计中的伦理问题内含在其工程本身所具有的目的性和预见性之中。那么为什么会有这种目的？这种目的是否正当以及是否符合事物发展的规律？如果按照这种目的来进行工程规划与设计，所产生的结果及社会影响的价值意义会是怎样？这些问题本身就具有伦理意义，意味着工程规划与设计是具有伦理意义的活动。

（1）工程规划与设计是否合理？"合理"是指合乎规律（自然规律和社会规律），符合正当之意。因此，工程规划与设计的所谓"合理性"的伦理诉求，是指工程规划与设计是否符合自然规律，其技术手段的应用是否满足技术的合理性和正当性，工程设计是否能获得经济效益和社会效益的最大化，是否符合构建和谐社会和可持续发展的基本理念。美国土木工程师协会的伦理规范的基本标准是，"工程师应该把公众的安全、健康和福利放在首要位置，并在履行他们的职业责任时，努力遵守可持续发展原则"。"根据社会的发展状况和社会的秩序要求，需要可以分为正当的与不正当的需要两种。正当的需要是符合社会发展要求和满足人类长远利益的精神和物质的需要。目的的正当性是指行为主体在实践中所产生的行为动机及选择实现目的的手段时必须考虑行为的合理性，即行为本身具有价值和'好'的性质"[4]。

（2）工程对其周边地区人们的安全和健康是否会有影响？从工程规划的角度和工程与人的关系看，工程活动的本质是以为人类服务为终极目标的社会实践活动。因此，不论哪种工程，都必须维护社会公众的切身利益，一切以公众的利益为出发点和归宿。工程活动必须以"对人们有用，有利，有益"为伦理价值目标。工程活动中必须考虑公众的人权问题、公众的生产、生活需求以及经济利益。例如，工程规划与设计过程中工程选址对当地人民生产生活的影响；工程施工过程中可能出现的对人民生活、财产、生命的影响与伤害；工程本身一旦出现问题，对周边地区的人们的安全和健康的影响（例如核电站的建设以及综合水利工程等的规划与设计）等问题，工程设计者必须将其考虑在工程设计的社会价值因素和伦理考量之中。

（3）工程对其周边的自然环境（动植物和地质地貌）是否会有影响？美国土木工程师协会的伦理规范的第一条基本原则是：工程师"运用他们的知识和技能来提高人类福利和保护环境"。因此，工程规划的主要考量之一就是工程与环境的关系。即工程对所在地区的环境及生态的影响。因为自然生态环境不仅给人类提供了生存资源，也提供了健康保障。人们生活在自然环境之中，大自然的一草一木都关系到人类的生存以及生存的质量，所以，人们在利用自然、改造自然的同时，更要保护自然，为的是人们更长远的生存与发展，这既是工程设计伦理的基本理念，也是工程设计的根本目的。尊重自然规律和社会发展规律，使人类能高质量地生存与发展已成为工程设计的伦理目标。因此，在工程规划与设计过程中，应当对工程实践活动所处的自然环境进行详细准确的勘查，对工程活动所引起的对自然环境的影响作出充分的估计。

二、工程规划设计中角色主体的伦理责任

工程项目规划与设计阶段是工程的理论实施时期。主要问题是工程整体布局和对具体设计方案进行科学合理的选择。这个阶段的伦理角色主要是工程师团队及与决策相关的运筹管理者群体（政府、工程投资者或工程雇主）。从伦理学角度，工程规划主要应关注工程是否会给社会、公众和环境带来最大利益，并应尽量避免造成严重的危害。工程设计不仅关注技术方法设计和图样设计，还应该包括运筹决策在内的为实现目的的手段的设计，包括工程建造过程中的手段与目的统一的行为选择设计。也就是说，要把工程设计与人们应用技术服务于人类的实践活动相联系，其设计应该显示出伦理意义，人们按照这样的设计去行为，就会对人与自然、人与人及人与社会的关系产生积极的影响。

1. 运筹管理者群体的伦理责任

运筹管理者群体主要包括政府、工程雇主或投资人。

政府关注的是技术的社会属性，即公益性目的，把社会效益作为追求的主要目标。政府主要承担工程规划责任，其包含的伦理问题是：工程规划内容是否以满足社会最大利益为前提？是否满足可持续发展原则？是否兼顾了国家、集体和个人的利益，公平公正地对待利益相关者？

工程雇主或投资人关注的是工程技术的经济目的、把工程利润作为主要追求目标。1995 年 6 月 29 日韩国首尔市“三丰百货”大楼的垮塌，就是工程雇主为了自己的经济利益而随便改变工程设计（将原本盖成一栋四层的办公楼擅自改建为一栋百货大楼），并且在建设与使用过程中，犯下一系列玩忽职守的错误，最终导致这场悲剧的发生——有 500 多人在这次事故中丧生。所以，从伦理责任看，在保证自己的经济利益的同时，应尽量避免给社会、公众和环境带来严重的危害。

2. 工程师团队的伦理责任

对公众的责任而不是对客户和雇主的责任被列为工程师首要的与基本的伦理准

则。在现代工程活动中，工程设计具有导向性作用。从技术的角度看，工程设计的成功与否直接关系着工程的成败，所以，工程师们更愿意关注技术的自然属性，把提高工程效能和效率作为主要的追求目标；在设计中，更多的是关心人工物应该怎样并且是否能满足功能需求。但是工程活动综合工程效益和社会效益的双重目标，使得工程设计先天的具有交叉学科或跨学科的性质。因此，从伦理学角度考量工程设计是非常必要的。

工程规划与设计者们的首要伦理责任是安全责任，为此要求他们必须遵循工程设计的一般规律和规则，个性化和创新化设计不能背离规律与共性知识，要把共性与个性、规范性与创新性统一起来，尽量避免在工程设计过程中可能出现的疏漏、缺陷，给工程带来失败和不可挽回的损失。同时，工程规划与设计还要考虑到工程对社会和环境的影响；工程完工后废弃物的妥善处理，以及由此产生的危害程度的考量，所有这些环节都体现着工程规划与设计者们的伦理责任。

三、工程规划与设计的伦理原则

《辞海》认为，所谓“原则（Principle）”，是指说话或行事所依据的法则或标准。“伦理原则”是指经过长期道德实践检验所整理出来的伦理法则或标准。“是指导人们在社会生活中处理各种利益关系时应当遵循的最根本的行为准则，是伦理规范的核心，是论证具体伦理行为的理论依据”[5]。在伦理学中，目的与手段彼此相互联系、相互制约，是对立统一的关系。目的与手段的一致性是工程规划与设计伦理行为选择的根本要求。因此，人们以人类的安全、健康、福祉为伦理的根本原则行动，事情会顺利；反之，结果一定遭到挫折或失败。根据工程规划与设计中的伦理问题，其工程规划与设计过程中的角色主体应共同遵循的原则有如下几项。

1. 科学性与艺术性相结合原则

所谓科学性，是指工程的规划与设计必须建立在科学的基础上，尊重科学（理论科学和技术科学）知识、自然规律和社会发展规律，根据相关的科学原理、技术原理和工程设计的一般规律与方法进行规划及设计。

所谓艺术性，是指工程规划与设计中体现的人们审美原则、审美理想和价值追求的人文活动，体现人们反映社会生活和表达思想感情的美好程度。

设计的最初的意义是指素描绘画等视觉上的表达，是一种审美活动。关于设计，有多种意义，例如：设计是创造性的天赋；设计是解决问题；设计是在可能的解决方案范围内寻找恰当的路径；设计是对各部分的综合。因此，工程的规划与设计一方面具有创造性，类似于艺术的活动；另一方面它又是理性的，类似于条理性的科学活动，是既包括物理结构的实现又包括功能的实现的人们的思维活动。工程的设计与规划必须坚持科学性与艺术性的结合，才能体现工程本身的伦理目的——

既满足对人们的物质生活的需要，又满足人们的精神生活的需要。

2. 创新性与规范性相结合原则

工程创新是指发生在工程实践中的创新活动，是为了实现工程目标而对现有的科学知识的综合运用，是发明、创造新物质的过程。具体表现为工程系统或技术-社会系统（交通、保健、能源、通讯等）发生的整体性变革[6]。世界上没有完全相同的两个工程，每个工程都有不同程度的创新，以满足个体工程的目的需要，只是创新必须遵循工程技术的要求，特别是遵循设计的规范和要求。

所谓规范性，是指工程设计必须遵守有关城市规划、环境生态、防灾、公共安全等一系列的技术标准、规范、规程。这是保证工程设计实现的基础。尤其是涉及人身安全、环境保护方面的技术规定，是经过长期工程实践，甚至是用血的代价取得的，具有较高的可靠性。工程技术中的各种标准和规范不仅满足了工程设计的需要，而且为施工者和今后的使用者的安全提供了重要保证。更重要的是它为工程设计的安全性、合理性和可实施性提供必要的条件。

因此，在工程设计中，应注重创新性与规范性的有机结合，创新是在不违背设计规范下的创新，规范也是在新的理论和新的需求情况下不断被突破与被修订，使之更适合工程的建设和使用，为人类造福。

3. 选择性原则

工程设计的实质就是选择技术，整合技术并制定最优化的技术组合。一定的目的必须通过一定的手段才能实现，目的与手段的一致性是人类工程设计伦理行为选择的根本要求。工程设计的每一个过程都面临着选择，不同的国家、不同的文化及其价值观也会影响工程设计方案的选择，而任何选择都需要标准，总体来说，设计标准应该把握两个方面，一是技术质量标准，二是伦理价值标准。这两者之间应相互制约、协调一致。技术质量标准要求设计者要选用适合的技术，不一定非得是高精尖的技术，但必须是安全可靠的，符合工程本身要求的最佳化的技术集群；工程的伦理价值标准是指设计者要按照社会发展需要选择技术。如按照可持续发展原则选择绿色技术（减少环境污染，减少原材料、资源和能源使用的技术和工艺）。

4. 效益性原则

工程效益包括技术效益、经济效益、社会效益和环境效益。工程的技术效益是指设计者对技术领导权的掌握，追求技术上的完美与高效率。工程的经济效益主要是指工程在经济上的得失（即效益与费用）对比，用以评价工程的经济合理性和财务可行性；工程的社会效益、环境效益是指工程给社会和生态环境带来的变化，表现为工程目标的社会性，这两方面不能用量化指标来评定。工程设计的初步设计阶段决定了工程设计的规模、结构形式和建筑标准及使用功能，形成了设计概算，用以分析和了解工程组成部分的投资比例。设计标准深度是否达到国家标准，功能构造是否满足使用要求，关系着建设项目一次性的投资，并影响到建成交付使用后的经济效益，甚至关系到国家有限资源的管理和国家财产与人们生命财产安全等重大问题。所以，在满足国家标准和使用功能的前提下，设计方案的确定不仅是生产技术问题，还是经济政策问题——使初步设计既有技术上的先进性、安全性，又有经济上的互利性。

在工程经济效益和社会效益的关系上，其经济成本与社会效益不一定具有一致性，有些工程表现出强势的社会性，如社会公共工程（城市交通和农田水利建设工程）和公益（经济适用房、廉租房建设工程等）工程，目的是增进社会福利，改善生态环境，提高人们的生活质量。工程的规划与设计当然要考虑经济效益，但是随着社会的进步，还要考虑工程的社会效益、环境效益，在工程规划与设计中，尤其要考虑社会效益中的某些不利后果，并采取必要的补救措施，因为工程伦理追求的是经济效益与社会、环境效益的最佳化。

参考文献：

[1][6]　殷瑞钰,汪应洛,李伯聪．工程哲学[M]．北京:高等教育出版社,2007:136,158.

[2]　丹尼尔·L. 巴布科克,露西·C. 莫尔斯．工程技术管理学[M]．金永红,奚玉芹,译．北京:中国人民大学出版社,2005:198.

[3][4]　陈凡．工程设计的伦理意蕴[J]．伦理学研究,2005(6):82-84.

[5]　李世新．工程伦理学概论[M]．北京:中国社会科学出版社,2008:77.

技术问题的本质与类型分析

程海东　陈　凡
（东北大学科学技术哲学研究中心，辽宁 沈阳　110819）

摘　要：技术问题是技术认识的起点，因为技术问题是技术活动中所出现的矛盾，也是技术活动所要解决的任务，因此需要对技术问题进行分析。技术问题在表面的陈述之下隐藏着丰富的信息，这些丰富的信息构成技术问题的情境。对技术问题进行类型的区分也是明晰技术问题的一个重要方面，在作类型区分时，需要注重综合性和有效性两个要求。

关键词：技术认识　技术问题　本质　情境　类型

在一般情况下，我们认为技术认识或者起始于已有的科学理论，是科学理论的实际应用；或者起始于技术活动中的经验，是对经验的总结。当然，在一般的考察技术认识与科学认识和经验认识的关系时，可以认为技术认识源于科学理论或经验总结，但在具体地考察技术认识的过程时，就会出现问题。技术认识的起点在哪，工程师的工作和责任范围从何处开始，到何处结束……。这种大而化之的叙事并不能真正地说明这些问题。因为无论是在逻辑上，还是在实际的技术认识过程中，从科学理论或者从经验都无法直接得出技术认识，中间间隔着技术问题这一环节。也就是说，科学理论和经验都需要转化为技术问题，只有问题才有聚焦性，才会出现进一步的对问题的选择、判断和解决的活动，实现技术认识的深化。所以，如果认为科学理论和经验是技术认识来源，那么这种来源也是潜在的，只有在技术问题形成之后，这种潜在性才能现实化，才能发挥作用。

既然技术问题是技术认识的起点，那么研究技术认识就需要对技术问题进行具体的分析：技术问题的本质是什么？它具有什么样的结构？有哪些类型？我们应该怎样分析技术问题？

一、技术问题的本质

技术问题具有一种聚焦性，它本身是一个综合体，并不仅仅涉及单纯的技术因素，还涉及经济、政治、军事、文化等方方面面的因素，也就是说，技术问题只能在一定的环境中产生；同时，技术问题中必须有某种未知的情况与已有的技术环境形成冲突和不协调。“技术问题的形成、分析和解决，是贯穿技术开发过程的中心线索。技术问题构成复杂，不仅包含已行与未行的实践矛盾，而且还关涉已知与未知的认识矛盾。”[1]也就是说，技术问题是由多方面因素构成的一个矛盾，因此，它也就能成为技术认识的起点。技术认识的过程是技术问题的形成、展开和解决，从更根本的意义上讲，也是矛盾的形成、展开和解决的过程。

一般将如下问题称为技术问题：

（Ⅰ）如何将磁转化为电？

（Ⅱ）如何为矿井排水提供持续稳定的动力？

（Ⅲ）治疗感冒需要吃什么药？每天吃几次？每次吃多少？什么时候吃？需要吃几天？

从这些问题的表述上看，技术问题至少包含两个对象，磁与电、排水与动力、感冒与药，这表明技术问题至少是由两方面的因素构成的矛盾。对这些问题作进一步的分析会发现，这些技术问题中包含着已知与未知的矛盾。问题（Ⅰ）至少包含如下已知内容：①磁与电之间存在着相互作用力，②电可以转化为磁，③磁场中运动的导体可以产生电流；包含的未知内容则是：④怎样运行的设备可以实现将磁转化为电。考察技术史可以发现，已知中的①由安培发现，②由阿拉戈发现，③由法拉第发现，④则直接导致发电机的产生[2]。问题（Ⅱ）和（Ⅲ）也都包含着各自的已知内容和未知问题。所以，在技术问题的表述中，虽然没有明确地显示出已知的内容，但它们却是技术问题的必要成分，只有在已知的基础上，才能出现技术问题。

这种已知与未知的矛盾，更是已行与未行的矛盾，对技术认识来说，体现了已有理论与新经验之间的矛盾。新经验对新的技术活动的具体状况的认知，包括新的事实和新的目的，而这些新的事实和目的在原有理论范围内是不能得到解决的，要解决新的矛盾和问题，需要创造性的活动。新经验是这种创造性的活动中的核心要素，它决定着问题的形成和解决。技术认识中已有的理论虽然也是在经验的基础上形成的，但旧经验是有限的，这直接导致其适用范围是有限的，只能在一定的条件下实现一定的目的，而具体的工程活动则是多种多样的，面临的实际条件和所要实现的目的各不相同，已有的理论不具有这种普遍性。因此，技术认识中已有理论与新经验之间的矛盾实质是旧经验与新经验之间的矛盾。

技术认识中的已有成果在一定条件下能够实现一定的目的，对已有技术问题的解决是有效的；但是技术活动时时刻刻都会发现新的事实，形成新的问题，已有成果在一定程度上解决着这些新的问题，由此形成的经验也处在不断的积累中，直至突破已有的成果而形成新的技术认识。如最初电动机的发明借用了很多蒸汽机的机械装置，除了锅炉和燃烧炉以外，虽然电磁感应理论并没有要求电动机一定要同蒸汽机一样工作[3]，但电动机很快摆脱了蒸汽机的影响，形成了自身的发展方式，由小功率的电动机转变为大功率的电站，由直流电转变为交流电[4]。

技术认识处于不断的发展中这一事实表现了人类认识的最深层次的矛盾，即一定阶段人类认识的有限性与人类整体认识的无限性之间的矛盾。在创造人工自然的过程中，新的技术问题不断出现，这就需要从不同角度和层面对已有的技术条件进行改造。“就一切可能来看，我们还差不多处在人类历史的开端，而将来会纠正我们的错误的后代，大概比我们有可能经常以极为轻视的态度纠正其认识错误的前代要多得多。”[5]

提出技术问题就是为了解决它，因此技术问题的解决也是技术活动的任务，但技术问题的提出和解决都是有条件的。技术问题的提出需要一定的客观条件。人类始终只能提出自己能够解决的任务，技术问题只有在技术活动的过程中才能出现，也就是说，只有在一定的技术条件的基础上，才可能出现技术问题。蒸汽机只有在帕潘发现了常压蒸汽机的主要原理之后才能成为现实的技术问题，电动机也只有在发现电磁感应原理之后才能成为现实；毕昇不会提出“激光照排”的技术问题，孟德尔也不会提出“杂交稻”的技术问题。技术问题的提出并不意味着就能解决它，从技术问题的提出到技术问题的解决往往需要一个或长或短的历史过程，因为技术问题的解决更需要一定的支持条件。1840 年左右，巴比奇就设计出了具有许多现代电子计算机特征的机械计算器，但是它的制造在当时却极具挑战性，远远超出了当时可以制造它们的技术范围。只有到了100 多年后的20 世纪 40 年代，巴比奇设计的机器才最终被制造出来，只是由机械的变成了机电的，而后又是电子的[6]。所以，技术问题作为技术活动所要解决的任务，这是就其可能性而言的，在现实性上却不一定能够完成。就技术问题解决的可能性和现实性而言，可能性与现实性之间的间隔或者很短，很快就能把可能性变成现实性，大多数技术问题都属于这种；或者较长，可能性要转变成现实性需要在一定的技术条件具备之后才能实现；或者可能性根本就不能转变成现实性，如永动机的制造经历了1500 多年的历史，即使在热力学第一和第二定律出现之后，也没能阻止对永动机的追求，这表明技术问题本身是错误的，与基本的科学原理相违背。

技术问题作为多重因素的综合体，它体现了已知与未知的矛盾，更体现了已行与未行的矛盾；作为技术活动所要解决的任务，它的提出和解决都需要一定的条件和基础。对技术问题作这样的分析，是解决技术问题的第一步。

二、技术问题的构成

既然技术问题是多重因素的综合体，它的提出和解决需要一定的条件和基础，所以，我们需要从技术问题的表面深入到技术问题的内部，对技术问题的结构作出进一步的分析。

技术问题的陈述只是表面，如上述问题（Ⅰ）（Ⅱ）（Ⅲ），这只是技术问题最直观的表象；与技术问题相关的其他因素则隐含在表象之内，是技术问题不可或缺的组成部分，我们称之为技术问题的情境。技术问题的陈述是情境的入口和线索，由情境决定；情境中的因素影响着陈述的明确性和精确性。因此，只有与技术问题相关的因素才能包含在情境中，但无论是在技术史上，还是随着技术活动的展开，这种相关性是在不断变化的，如原始人在狩猎前的宗教仪式就逐渐消失了，技术问题的形成受多重因素的影响，但技术问题的最终解决还依赖于技术因素。“技术和技术发展的中心要素不是科学知识，也不是技术开发群体或社会经济因素，而是人造物本身。”[7]

就一个具体的技术问题而言，与其相关的因素究竟有哪些？可以从三个方面来分析。

1. 技术问题的背景

背景是指与技术问题产生相关的一切信息和条件，所以其所包含的内容广泛，不仅包括相关的观念方法，还包括积累起来的经验技艺和有关的技术条件。它们是技术问题的基础。

（1）有关的观念方法是产生技术问题的知识背景。技术问题中必然包含一定的哲学观念，都是在某种世界观的支配下提出和解决的；技术问题还涉及一定的科学原理，或者是在科学原理的启发下产生，或者暗合了一定的科学原理，前者如电动机，是电磁感应原理的应用；后者如石刀石斧，暗合了尖劈原理。除此之外，技术问题还具有聚焦性，技术活动不仅要满足不同学科的多重要求，还需要运用到多学科的概念和方法，是它们的综合。

（2）有关的经验技艺是产生技术问题的经验背景。经验技艺是技术主体在长期的技术活动中所积淀和掌握的技巧能力，它们已经内化为主体自觉的行为习惯和活动能力，并表现为一定时期的技术活动常识。经验技艺是技术活动中不可缺少的因素，无论是在技术表现为“单相位”的农业社会、表现为“双相位”的工业社会，还是表现为“三相位”的信息社会[8]。因此，经验技艺也是产生技术问题的必要背景之一。

（3）有关的技术条件是产生技术问题的实体背景。技术活动最终会落实到生产或者使用一定的技术人工物，如农业社会的手工工具、工业社会的机器设备、信息社会的自控设备。技术问题只有在一定的技术条件的基础上，才能产生和解决，如没有机械连动装置，蒸汽机就不能把来回运动转变成旋转运动。“真空泵、活塞泵、蒸汽置换设备、机械连动装置在蒸汽机发明以前的历史中都有各自的一席之地。”[9]正是这些蒸汽机发明之前就存在的技术条件为蒸汽机的出现提供了基础，没有它们，也就不会有蒸汽机的发明。

2. 技术问题的演变

最终解决的技术问题与最初提出的技术问题相比，在形态上一般都会有变化，也就是说，技术问题从提出到解决要经历一个演变的过程。技术问题的演变分为三个层面：从科学问题到技术问题，从功能问题到结构问题，从结构问题到功能问题。明确技术问题构成还需要明确技术问题所处的演变阶段，不能立即着手解决的技术问题可能处于它的起始阶段，必须要明确化和具体化才能解决。

从科学问题到技术问题，中间需要经过转化，因为科学要解决的是“是什么”和“为什么”的问题，而技术所要解决的是“做什么”和“怎么做”的问题，这两类问题之间有质的区别。科学只能决定人造物的物理极限，但它并不能决定人造物的最终形态。“欧姆定律并不能决定爱迪生照明系统的形态和细节，麦克斯韦的公式也无法决定现代无线电接收机里电路系统的具体形式。”[10]

技术产品都是具有一定结构和功能的技术客体，“功能与物质载体一起构成了一个技术客体”[11]。技术产品的目的就是为了实现其一定的功能，而功能只能依附于一定的物质载体，所以功能问题的解决，需要把功能问题转化为结构问题。同样，在技术产品出现之后，功能的附加和扩展需要依据产品的结构，也就是说，要把结构问题转化为功能问题。

所以，明确技术问题演化的信息，就需要明确提出技术问题的立场和方法，如弄清楚问题最初是如何被提出的，提出此问题是为了什么等问题；明确过去对此技术问题研究的经验教训，如弄清楚问题演变的原因，演变前后的关联以及所涉及因素的变化等问题；还需要明确此技术问题与其他相关技术问题的关系，如弄清楚哪些问题可能与此问题的研究对象相同，而只是方法和角度等方面不同，哪些可以看做此问题的子问题等。

3. 技术问题的位置

技术问题的位置有两个方面，一是技术问题在技术活动中所处的位置，二是技术问题在相关问题集中所处的位置。

在具体的技术活动中所出现的技术问题大多是常规的，也就是技术活动的各环节相互作用产生的技术问题。具体的技术活动大致可以分为产品的设计、产品的制造和最终形成实际的产品三个阶段，虽然这三个阶段有时间上的先后顺序，但在实际的活动中，并不是从设计经过制造到产品的线性过程，而是一个协同反馈的非线性过程，在这个过程中，会出现大量的技术问题。所以，明确技术问题就需要明确它所处的阶段，究竟是设计问题，还是制造问题，还是使用问题，不同阶段的问题对技术认识乃至技术活动的影响是不同的，相对来说，设计问题影响最大，制造问题次之，使用问题则易于调整和解决。

同样，任何一个技术问题都不是单纯的、孤立的，与之相关的技术问题是众多的，由此形成了一个问题集。问题集中的技术问题有着某种共性，问题间的关系或者是对等关系，或者是因果关系，或者是交叉关系等。明确某一具体技术问题在问题集中的位置、重要性，受哪些问题影响以及它能影响哪些问题就变得很重要。

技术问题的构成大致可以区分为以上三个方面，相对于技术问题自身来说，这三个方面都是技术问题所隐含的内容，是技术问题的基础。技术问题的提出和解决都离不开这三方面的内容，缺一不可。

三、技术问题的类型

在明确了技术问题的本质和构成之后，就需要根据一定的原则，对技术问题进行区分，划分为不同的类型。类型的区分是进一步明晰技术问题的重要步骤。依据不同的原则和标准，技术问题类型的区分有多种方式。

（1）依据技术问题产生的原因，可以区分为：①已有理论与新经验之间的技术问题。在具体的技术活动中，是没有完全按照已有科学理论和技术原理的指导来设计具体的技术方案与操作规则的。虽然具体的设计方案和操作规则需要理论的引导，但它也会补充、改变甚至推翻原有的理论。已有理论与新经验之间的这种协同和反馈作用，导致技术问题的产生和解决，形成具体的技术设计方案和操作规则。②技术活动各环节之间的相互作用。具体的技术活动大致可以分为产品的设计、产品的制造和最终形成实际的产品三个阶段，虽然这三个阶段有时间上的先后顺序，但在设计工艺、制造工艺和产品功能之间，并不是线性过程，而是一个协同反馈的非线性过程，由此形成设计问题、制造问题和使用问题。③科学发现的技术开发中的技术问题。把科学上的新发现应用于技术领域，会产生众多的技术问题，产生崭新的技术发明。这些崭新的技术发明往往是重大技术变革的起点，会导致一系列的技术发明和创新，形成一个新的技术领域。

（2）依据技术问题的性质，可以区分为：①常规技术问题，即在技术发展过程中，在原有基本技术原理的范围内所产生的技术问题；②非常规技术问题，即在技术发展过程中，突破原有基本技术原理所产生的技术问题。如在炼钢法中，传统的坩埚法主要依据的技术原理是在坩埚中加入木炭和生铁，然后用反射炉加热，使生铁脱碳变钢，在这一基本的技术原理下，如何增加坩埚的容量和改变坩埚的材质，就属于常规的技术问题；而如果要采用蓄热式加热法，直接在反射炉中熔化生铁，使之脱碳变钢，如何设计这样的炼钢炉，即西门子–马丁炉则是非常规的技术问题。

（3）同样，还可以依据技术问题所处的领域进行区分。日本学者星野芳郎按照自然运动规律，将技术分为十二个领域：动力技术、采掘技术、材料技术、机械技术、建筑技术、通讯技术、交通技术、控制技术、栽培技术、饲养技术、捕获技术、保健技术[12]。据此，技术问题也可以区分为十二种类型。陈昌曙先生按照物质运动的运动形式，把技术分为五种类型：力学技术、物理技术、化学技术、生物技术、社会技术[13]，同样，技术问题也可以区分为这样五种类型。

（4）当然，还可以依据很多不同的原则和标准对技术问题进行分类，所得到的不同技术类型都从不同的侧面展示了技术问题的不同性质，对技术问题的解决有着各自不同的用处。比如明确了是常规技术问题还是非常规技术问题，也就提供了解决问题的基本思路。但是由于技术问题所涉及的因素众多，不同角度的分析都会对问题的解决产生影响，因此对技术问题类型的区分应是多方面的，不存在某种全面而又有用的分类方法。

对技术问题的分类，首先需要从本质、构成等多方面来考虑，类型的区分是问题分析的结果。此外，类型的区分还有两个要求。一是综合性。技术问题本质是多层次的，其构成所涉及的因素也是多方面的，只依据一个标准所进行的类型区分是不能够揭示技术问题的这种多样性的，所以，要对技术问题形成全面而有效的区分，应当将依据不同标准所进行的区分综合起来。从多种不同的角度对技术问题作尽可能多的透视，会使这个问题更为具体和鲜明，对它的解决也就有了较为明晰的路径。二是有效性。对技术问题作类型的区分是为了技术活动的顺利展开，分类应成为解决问题的有效依据，需要避免使技术活动陷入歧途的分类。有效性是判断分类成果的主要标准。当然，根据综合性和有效性的要求，在技术活动中，并不能平等地处理所有类型的问题，而是需要对不同类型的问题作出主次之分，分出主导性的技术问题和辅助性的技术问题，这也有助于技术活动的有效展开。

不同类型的技术问题对技术活动的影响是不同的，这里有两种类型的技术问题是需要强调的，一是常规技术问题和非常规技术问题，二是肯定问题和否定问题，对它们进行交叉组合就会形成四种类型的技术问题：常规肯定问题，常规否定问题，非常规肯定问题，非常规否定问题。

对技术认识来说，这四种类型的技术问题更为根本。因为如果能够明确一个技术问题属于这四种类型中的某一类，那么随后的解题活动就有了大致的方向，活动的方式和最终的技术成果也大致确立了，它在技术认识中的地位和意义也就基本确定了。因此，对技术问题进行区分时，首先需要明确它属于这四类问题中的哪一类。

参考文献：

[1] 王伯鲁．技术困境及其超越问题探析[J]．自然辩证法研究，2010，26(2)：35-40.

[2][4] 查尔斯·辛格．技术史：第5卷[M]．上海：上海科技教育出版社，2004：122，122-138.

[3][7][9][10] 乔治·巴萨拉．技术发展简史[M]．上海：复旦大学出版社，2000：44-45，32，43，100-101.

[5] 马克思，恩格斯．马克思恩格斯选集：第3卷[M]．北京：人民出版社，1995：426.

[6]　查尔斯·辛格. 技术史:第7卷[M]. 上海:上海科技教育出版社,2004:321-323.
[8]　陈凡,张明国. 解析技术:“技术-社会-文化”的互动[M]. 福州:福建人民出版社,2002:22.
[11]　Peter K. Technological Explanations:The Relation between Structure and Function of Technological Objects[J]. Techné:Journal of the Society for Philosophy and Technology,1998,3(3).
[12]　邹珊刚. 技术与技术哲学[M]. 北京:知识出版社,1987:1-2.
[13]　陈昌曙. 技术哲学引论[M]. 北京:科学出版社,1999:106.

关于无技能工人的“know-how”研究
——含义、合法性与当代境遇

尹文娟
（东北大学技术与社会研究中心，辽宁 沈阳　110819）

摘　要：真实的生产现场里并不存在所谓的“无技能”工人，工人的 know-how 在现实生产中发挥着重要作用。首先用描述性的方式定义了 know-how 的所指，并根据其与技术问题解决上的相关性，将其划分为技术性 know-how 和非技术性 know-how，进而从理论和实践两方面证实了这种 know-how 的真实存在以及在克服异化方面发挥的作用，并在最后抛出了可选择的现代性的问题。

关键词：无技能工人　know-how　工作知识

一、无技能工人的产生

尽管工人是“工程活动（生产活动）和工程共同体中的一个绝不可缺少的基本组成部分”[1]，而且确切地说，是比工程师还要更为切身接触技术的一群人，但是除了马克思主义经典作家曾经对 19 世纪工人的现实境遇给予过深入探讨以外，工人群体一直被当成一个静态的黑箱，游离在当代学术领域、尤其是技术论研究领域的边缘地带。之所以会产生这样一种状况，笔者认为，最主要的原因在于 20 世纪初泰勒主义剥夺了工人对生产原有的控制权，弱化了技能曾经在生产中扮演的作用，把工人变成了“无技能”的，沦为了随时可被替代的配角。

事实上，泰勒主义滥觞以前，工人，尤其是经验丰富的工人的地位还是非常高的，因为那时候工厂实行“计件”制，效率的提高主要依靠熟练的机械师的工作；然而到了 20 世纪，一方面，工业工程学的成果使生产实现了机械化，技术变迁成为常态；另一方面，泰勒主义的科学管理使劳动过程去技能化，工作流程表现出程式化的特征，“劳动退化为工作”[2]，无论是谁，只要接受过简单的培训，都可以上手，对技能（除熟练度以外）几乎没有任何要求，于是过去经验丰富的工人现在成了泰勒口中的“无技能（unskilled）工人”①，是一群“受过培训的猩猩”[3]，没有任何权力，也起不到任何作用，只是生产任务被动的执行者，因而也就丧失了理论研究的价值。

如果说早期泰勒主义的诞生还建立在对工人活动现场作细致考察的基础之上，那么此后“工人”这个群体在大多数关于生产的研究中，由于其“无技能”性而隐形了，取而代之的是对工程师如何优化设计方案的关注、对管理者如何改进管理方法的关注（如层出不穷的管理风尚）、对生产流程如何进一步有序优化的关注（如企业流程再造、运营管理）。对此，笔者认为，这样的研究进路是不充分的，在很大程度上正是对无技能工人群体的忽略，导致上述研究结论，最终实施起来总会在生产现场遭遇各种问题。本文综合了 Ken C. Kusterer 和 W. H. Vanderburg 等学者对工作现场进行的现实研究，指出即使在技能被弱化了的情况下，所谓无技能工人（下文简称“工人”）对于一项工作的顺利完成也并不是无足轻重的，而是有着重要的作用，因为他们还具有“工作 know-how”（简称 know-how）。

二、工人的“know-how”的释义与分类

1. 什么是“know-how”的释义及其特征

对于 know-how 很难有严格的语义学上的定义，因为它指的是一种“直觉认知”和“体悟”，汉语中根据它的内涵，一般译为“技能”②，不过笔者认为，这样的翻译事实上缩小了 know-how 的指向性，造成一部分信息的流失和混淆，因此，在文中沿用英文。

对于泰勒主义之后，无论是学术界还是生产实践中盛行——由于生产过程与技能分离，工人只是工作被动的执行者和操作者，除此之外，没有任何作用的——这一取向，美国大学（AU）社会学系的 Ken C. Kusterer 分别选取了一个纸杯生产厂和一家银行支行（因为这两个场所用到的都是“无技能工人”）作为对象，对在其中工作的工人进行了细致的田野调查。Kusterer 通过观察和访谈发现，一项工作根本不可能只靠单纯的体力劳动和单一的技术知识就可以完成，而是要用到很多“工作知识（working knowledge）”，在 Kusterer 那里，工作知识是一个分析性兼描述性的概念，指的是工人处理工作用到的一切技术的、道德的、组织的、结构的等诸多知识的综合。通过引入工作知识，Kusterer 驳斥了所谓的“无技能工作（un-

① 泰勒之后，有学者认为所谓的“无技能（unskilled）工人”，应该包括蓝领工人和一部分从事低级工作的白领办事员。

② 这里有一点需要澄清的是，“skill”在汉语也译为“技能”，但是笔者认为，“skill”和“know-how”的差别是前者包含了部分明言的知识，后者则完全是隐言的。

skilled work）”，指出这类东西是不存在的，手/脑区分在真正的工作环境中只是表面现象。加拿大多伦多大学技术与社会发展中心的 W. H. Vanderburg 教授在论述当代科学、技术这类完全与经验和文化脱离的知识时指出，还存在一类与经验和文化相关的知识，即蓝领工人以及低层次的白领办事员通过做中学获得的那些知识，“有关于工作中用到的材料的知识，有关于操作的机器的知识，还有关于工作于其中的组织结构的知识”[4]225，这些知识对工作的最终完成都有着不可抹杀的作用。尽管这类知识与工程师们掌握的工程技术知识是完全不同的，不过 Vanderburg 教授还是将二者置于平行的位置上，并赋予前者以认识论意义，直接称其为“技术知识”（technical knowledge）。

根据上述描述，可以说，无论是 Kusterer 笔下的“工作知识”或者 Vanderburg 笔下的“技术知识”，指的都是工人在长期工作中形成的、用以应对工作的一些技术的或非技术的直觉体悟，是跟经验密切相关的一类知识，具有鲜明的个体性、地域性，与科学家、工程师掌握的那种同经验和文化隔绝、普遍性的“纯粹知识”是不同的。但是，一般而言，在认识论中，只有逻辑的、理性的并且可以明言的陈述才有资格被称为知识，像科学知识；至于那些非理性的、经验的、隐言的体悟大都被当成神秘主义而被拒斥。因此，本文为防止引起认识论上关于“知识”一词的争端，将 Kusterer 的“工作知识”或者 Vanderburg 的“技术知识”称为“know-how”，以与认识论的传统相符，并从名称上标示这种认识具有的经验性。

2. “know-how”的内容分类

鉴于“know-how”表现出的高度经验性，很难找到严格的理性标准，在不同的内容之间作出截然的区分，因此，笔者只能采取一种描述性的方式，大致根据不同的“know-how”与技术的相关性，将其分为技术性 know-how 和非技术性 know-how。当然，即使是技术性 know-how，也是与经验相关的。

技术性 know-how 主要包括以下两种情形。

第一，随着经验积累得越来越多，操作员们慢慢地形成一种感觉，能够感觉出某个产品是否正确，尤其特别善于在大批量产品检查时一眼发现问题，而且知道当什么问题出现时，应该采取哪些相应的措施，避免了不合格产品流向市场，提升了客户满意度，降低了产品返修率。不仅如此，长时间与机器的切身接触，还使工人能够通过嗅觉、听觉、触觉上的异同判断机器本身是否运行良好，如果出了问题，有可能是哪些问题。比如锅炉工会根据火焰的颜色判断锅炉的运转情况等。

第二，设计上的误差总会使某些机器表现出特有的毛病，操作员长时间地工作后，就会了解这一切，他们会擅自对机器作一些微小的改动，比如用钳子钳一下喷嘴，以降低空气吸入率，设计会检测出轴心差的小工具等。

技术性 know-how 与古代工匠的技艺在很大程度上是相似的，蕴涵着丰富的经验性和个体体悟，不过由于当代工作的片段化，工人的技术性 know-how 只针对工作流程的一部分有效，而传统工匠的 know-how 面向的是整个劳动情境，甚至整个社会文化情境，每一件物品都被打上个体的烙印。

非技术性 know-how 指的是除上述与技术相关的 know-how 之外，工人在工作中涉及的一切道德的、文化的、组织的、结构的等诸多资源，这些资源尽管对于技术问题的解决是次要的，但是对于企业的日常运行以及产品最终以怎样的品质面向市场却有很大的作用。

通过对工作场所的观察和访谈，Kusterer 发现，工人通过非正式的沟通网络会获得一种辅助性的工作知识[2]，即非技术性 know-how。如工作一段时间，工人们从元意识层面就知道了在什么时候、出了什么问题、可以向谁求助，才能保证顺利地完成任务。再比如，如果某名口碑好的操作员在机器经常积聚灰尘的地方安装一个排风罩，会被认为富有创新精神，有助于减少不必要的故障出现；可是如果该操作员声誉很差，大家就会觉得他安装排风罩的原因是懒得经常性地清洗机器零件，这样很可能一项本是节省人力、物力的小发明被要求拿掉，反而增加了故障出现的频率。另外，通常工人们花费在维系日常合作模式上的精力要比花费在确保某个部门正常运转上的精力多，因为创造一种愉快的工作氛围会让工人感觉自己很重要，感觉自己被人欣赏，尤其是在那些提升无望的职业中，而且有时候面对工作条件和生存条件上的变迁，工人们还得依靠彼此组织一些抗争，以保护自身的权益。工人们在 Kusterer 的采访中，将与所有人相处融洽作为自己最重要的目标。

笔者认为，确切地说，非技术性 know-how 诠释的其实是工人们在企业中形成的一种车间文化和非正式组织，尽管它们与理性化的管理学理论格格不入，但是工人本身的工作伦理、个体成就感等的确对工作的完成有重要的作用。在这一点上，梅奥的霍桑试验以及此后的行为主义研究都提供了有力的证据。

工作 know-how 揭示出的是，一项工作的完成远远不是只用理性的技术方法、管理学知识以及各种规则、条例、材料、设备就可以完成的，这是“管理者不切实际的幻想”[5]120，事实上，这一过程要涉及很多与经验和文化有关的东西，如伦理、道德、功能、直觉、情感等因素，而这些都是由工人提供的，也构成工人日常活动的真正内容，由此工人活动的黑箱被打开了，真实的生产过程得到了还原：车间关系并不是刻板的“程式化”，而是充满了复杂性、动态性和各种矛盾对抗。

三、know-how 的合法性

目前，关于 know-how 这方面的研究并不是非常多，因为受实证主义的影响，无论是技术性 know-how，还是非技术性 know-how，由于其浓厚的经验色彩，“工程师、管理者们大都不愿意承认它们的存在”[4]190，更不愿意从认识论上认可它们的地位，充其量将它们看做“不合法的技能”[5]120，“这种反映其实说明这些人根本没有意识到自己的知识也是有局限性的”[4]190。事实上，工作 know-how 从理论到实践都具有自身的合法性。

从理论上看，尽管由于大脑组织功能的极端复杂性，脑神经科学关于这方面展开的研究在深度和广度上始终还很有限，但哲学领域自 M. 波兰尼的《个人知识》一书开始，传统上那种以主客观相分离为基础的知识观受到了动摇，人们开始关注“强调知识是客观性与个人性的结合，包含一种默会成分”[6]，从而为 know-how 赋予一定意义上的认识论含蕴。他的名言是：“我们所知道的，总是比我们所说出来的多。”目前，理论界关于 know-how 在认识论上如何形成以及具有何种特征这两个问题，已经取得了一定的共识：一般认为，know-how 是通过身临其境的模仿、面对面接触以及深刻的生命互动形成的，是身体深度参与的结果；也是外界事物对身体的影响透过各种媒介的形式融入研究者大脑思维组织中形塑其身心状态，达致一种内化，并形成一种元意识知识的结果。相比于许多学科能够构建起的一套明确的规则和方法来说，know-how 更多的是表现出一种内隐性、不可言传性和非规则性。鉴于 know-how 与身体和经验的契合表现出的完整性，有学者甚至指出那些所谓的客观知识由于其具有的可操作性和量化特征，反而扭曲了对象的整体性和脉络感。

可以说，虽然出于 know-how 本身的模糊性以及受工人群体较低的教育程度所限，工人或许无法像工程师、管理者那样系统有序地言明应用自己的工作 know-how，但并不能否认这种知识在理论上的合理性和合法性。

从实践上看，工程师是在高度理想化的环境下工作的，他们总是一边将物质材料除数学以外的其他特征剔除掉，另一边又同时割断这些物质材料与周遭世界的联系，把它们抽象为一个单纯的连续统，对于这个连续统而言，它不仅具有各种理想化的属性，而且各个属性在空间中还是均一分布的，只是现实世界并不存在这样的物质。不仅如此，原始设计总是根据一些预先确定的假设建立起来的，比如灰尘度与机器润滑度之间有怎样的关联，温度、湿度随季节怎样发生变化，机器的其他变量对温度、湿度又有怎样的影响等，这些都是预先计算好的。然而，到了生产层次，机器都要以实实在在的物质为载体、在真实的环境中运转，这时候材料、规格、尺寸会有偏差，环境变化也可能超出设计值域的范围，于是机器实际怎样运行（真实物质）和根据设计说明应该怎样运行（数学抽象）之间经常会存在一条鸿沟。当然，笔者并不认为这样的鸿沟会引起什么原则上的大问题，但毕竟工程绘图和设计说明构成的是一个理想而抽象的世界，工人们作业的车间则是一个现实的世界，这两个世界完全不同，两个世界的交界面总会有一些问题，这时候就需要工人们学会如何对这些问题进行处理。通过观察总结原材料的各种变化与机器运转之间的联系，所谓的无技能工人久而久之就知道了当什么问题出现时，应该采取哪些相应的措施。此外，工作应该怎样完成和事实上是怎样完成之间也有一条鸿沟。因为前者是由各种抽象的组织图、职位描述等来表示的，勾勒出的是完成工作的一种最为优化的方式，而现实生活中由于种种原因，总是会与理想中的要求不符，比如有些固执己见的工人听不进任何人的意见，一意孤行，或者管理者过于苛刻，引起了工人的不满，工人会故意犯些小错误愚弄管理者等。这条重要鸿沟的填补就是非技术性 know-how 发挥作用的领地。

从这个意义上看来，既不存在“无技能”工作这回事，“程式化”的工作也不会将工人的工作 know-how 消灭到只剩下单纯的体力劳动，工人之所以被冠以“无技能”的头衔，只是因为社会站在了那些与经验隔绝的理性知识角度之上得出的结论，“无技能的标签会让人们低估这类工作实际中究竟会用到多少知识”[5]120。“不论管理者怎样努力，工人都绝对不会变成泰勒所谓的‘受过培训的猩猩’”。正如葛兰西认为的那样，所有人都是知识分子，在任何一项人类活动中，即使最低级、最程式化的体力劳动，也存在一些无法还原的创造性参与。

不过在这里，笔者要说明一点，长时间的车间经验让工人具备的那些工作 know-how 与工程师们掌握的知识始终是不同的，而且也永远无法累积成工程师拥有的那种知识；同时，工程师通过学校教科书习得的那些知识也永远不会等同于工人的工作 know-how，这两者来自不同的经验结构。某名工人可能仅凭目测就可以推断一个产品是否合格，并可以就其中的小问题自行调整，但如果这样的问题反复出现，就必须要工程师复查设计说明和工程绘图来解决。也就是说，这两种知识（权且称 know-how 为知识）各有千秋，如果联合起来，对于工作是大有裨益的，日本的精益生产模式就是这方面一个成功的例子。

四、know-how 对异化的克服

本文希望阐释清楚的一个重要主题是工人 know-how 对生产的积极作用，事实上，工作 know-how 还有一个更为重要的作用，即对异化的克服。

控制缺乏是“异化”产生的罪魁祸首。工厂施行机械化并应用泰勒主义科学管理原则控制生产以后，去技能化将工人对劳动和生产的控制权剥夺了，工人出卖的和资本购买的，不是约定多少数量的劳动，而是在一个约定的时间段内对劳动的统治权。然而，习得并掌握 know-how 的过程却又将对工作环境的控制权部分地重新交还到工人手中，因为只有工人们才具备安排、协调哪怕是最为程式化的那些工作所必需的具体知识，这就使他们能够在一定的程度上反抗工作中一些异化的方面。非技术性 know-how 在这方面起到的作用尤其大，比如轻松的车间氛围非常有助于缓解工作带来的压力；而技术性 know-how 则通常会让工人心生自豪感和荣誉感，比如当某个工人想出一个小诀窍，用以克服机器出现的小故障时，会有一种战胜机器的感觉。事实上，异化本质上是一场关乎权力的争夺，权力丧失就会产生异化问题，而工作 know-how 可以平衡工人在去技能化过程中丧失权力带来的挫败感，

缓解紧张压抑的车间关系。

五、工作 know-how 在信息时代的境遇

如果说机械化时代无技能工作、无技能工人其实都是不存在的，只不过是被理性的光辉遮蔽了起来，那么随着信息化取代机械系统成为主要操作手段的时候，工人开始“置身于可视的屏幕和触摸键盘组成的世界中对信息的流动进行控制”[7]252，一方面，身体与生产经验完全分离，“工作变成了对符号的控制”[8]23；另一方面，人与人之间相互隔离，工人们之间相互学习和成长的机会越来越少。于是，know-how 形成的物质和经验基础逐渐消失了，异化的力量远远超过反抗异化的力量，工人成了名副其实的“无技能”，工作也真的不需要“技能”的存在。值得一提的是，受信息化普及影响的还有中高层管理人员和专家级工程师，在这些群体中，也引发了同样“无技能”的问题。从传统工匠到近代手工业工厂，再到机械化生产，以及现在正在兴起的信息化生产，技术的每一次变迁都使人的技能极大地弱化，伴随而来的便是人性在技术时代的缺位，面对技术呈现出的各种可能性，人类主体如何在现代性的十字路口上作出选择，这正是我们应该思索的问题。

参考文献：

[1] 李伯聪．工程共同体中的工人:“工程共同体”研究之一[J]．自然辩证法,2005(2):65.

[2] Ken C Kusterer. Know-How on the Job:The Important Working Knowledge of“Unskilled”Workers [M]. Boulder, CO:Westview Press, 1978.

[3] 泰勒．科学管理原理[M]．马风才,译．北京:机械工业出版社,2007.

[4] Willem H Vanderburg. Living in the Labyrinth of Technology[M]. Toronto:University of Toronto Press, 2005.

[5] http://crs. sagepub. com/cgi/pdf_extract/11/3/102.

[6] 郑兰琴,黄荣怀．隐性知识论[M]．长沙:湖南师范大学出版社,2007.

[7] Carl Mitcham. Thinking through Technology:The Path between Engineering and Philosophy[M]. Chicago:The University of Chicago,1994.

[8] Shoshana Z. In the Age of the Smart Machine:The Future of Work and Power[M]. New York:Basic Books, 1988.

齿轮机构对人类文化的作用

黄　勇[1,2]

（1. 太原科技大学哲学研究所，山西 太原　030024；
2. 西北大学数学与科学史研究中心，陕西 西安　710069）

摘　要：以齿轮为核心部件的自动机器对近代科学的建立起到非常重要的作用。首先，齿轮式钟表提供了精确计时的手段，促进了科学实验的发展；其次，齿轮机构承受了来自蒸汽机的巨大动力压力，使得印刷机等自动机器得以面世，推动了近代科学的形成与发展；最后，自动机器直接演化为自动计算机器，其影响力一直持续到今天。

关键词：齿轮　近代科学　精确计时　机械计算器　印刷机

一、齿轮带来的精确计时对近代科学建立的作用

近代科学发端于哥白尼的天文理论、伽利略的运动学理论和哈维的心血运动理论，这似乎与齿轮毫无关系。但是，在这些理论形成的背后，齿轮机构起到关键的技术支撑作用。

众所周知，近代科学是对古希腊科学的复兴。过去有一种传统认识，认为古希腊科学是在纯理智的活动中诞生的。动手实验、设计使用仪器是奴隶做的事情，与高贵的哲学家毫无关系。这种观点被普赖斯长时间的研究所打破，古希腊有复杂的、用于天文和计时的精密仪器。普赖斯仔细研究了 1900 年的水下考古发现的器物——一堆含有刻度标尺和复杂齿轮系的青铜制品，认定这是公元前 65 年的一部天文钟[1]。

1900 年，从安第凯瑟诺岛附近的水下发现了大量的艺术品，这些艺术品在水下沉睡了两千多年后，又在博物馆待了几十年，直到普赖斯重新发现并研究它们。经过 20 多年的研究，普赖斯把科学仪器的使用时间推到了公元前 1 世纪。在这套装置中，起关键作用的是齿轮系。齿轮之间紧密地咬合，保证了稳定的传动关系，从而为精确计时提供了条件。

从 11 世纪在修道院使用用重锤驱动的摆钟开始，到 1344—1362 年间，意大利的帕多瓦、热那亚、玻伦亚和费拉拉都装上了机械钟，现存最早的实物在伦敦南肯欣顿的科学博物馆[2]。这种摆钟依靠一组互相啮合的齿轮来传递摆锤产生的动力，保证了周期性的往复运动。人类追求精确的观念与精确计时装置的产生有着极为密切的关系，应当说，以齿轮为关键部件的计时装置在近代科学的建立过程中起到非常重要的作用。这种观念的变革是推动近代科学思想形成的重要动力。精确的计时装置使得定量的科学研究有了技术保证，这种精确性诱发了新的哲学思想，科学得以超越古希腊的成就，进入到近代化的进程中。

1. 精确计时引发血液循环理论

在生物学领域，革命性的进步与精确的计时装置密切相关。生物学第一次革命是哈维对盖伦的血液运动理论的纠正，而引导哈维推翻盖伦理论的核心思想来源于哈维对心脏输出血量的定时测量。

哈维在塞尔维特等人的发现以及自己的老师法布里休斯（Fabricus，1537—1619）对静脉瓣的发现的启发下，在大学期间就着手研究血液运动。哈维从心脏每次搏动压入动脉的血液量及心脏一分钟搏动的次数，计算出心脏半小时内把身体血液的总量压入动脉，其结果只能用双重循环来说明：一个循环是血液从心脏的右室到肺部，再回到心脏的左室；另一个循环是从左室搏出的动脉血，沿动脉到达全身再回到右心室。

他的实验说明，人体在半小时内由心脏排出的血液量，相当于全身血液的总质量。他认为这么多的血不可能在半小时内由肝脏制造出来，也不可能在肢体的末端这么快地被吸收掉，唯一的可能是血液在全身沿着一条封闭的路线作循环运动。经过深入研究，他在 1628 年出版的《动物的心血运动及解剖学研究》一书中，用大量的实验材料论证了血液的循环运动。他详细地描述了血液流动的通道：血液从左心室被压到主动脉中，进入动脉系统，然后通过静脉返回心脏，进入右心室；心脏的运动迫使血液从右心室进到右心房，再通过肺动脉进入肺脏，并由肺静脉流回心脏，进入左心房，从这里被送入左心室，再一次被压进主动脉和动脉系统。这是一个连续不断的循环，直到生命结束。这就是血液的大循环，即我们今天所谓的体循环[2]。

显然，如果没有精确到分钟的计时装置，这个测量工作无法完成。而齿轮装置是精确计时的重要部件，随着齿轮的出现，人类文化开启了崭新的一页。

2. 精确计时引发天文观测的革命

在 1543 年之后，精确测量成为科学的同义语，精确计时装置的意义超出了时间的范围，投射到更加广阔的领域中。天文学中的测微计极大地提高了第谷的观测精度，为开普勒发现行星运动定律准备了精确数据。

在第谷—开普勒—牛顿的发展链条中，对精度的追求是最基本的推动力。第谷发现，即使基于哥白尼模型的“普鲁士星表”也有两天的误差，这使他坚定地认为必须提高观测精度，而要做到这一点，必须改进观测仪器。1575 年，第谷在丹麦的汶岛建立起他的观测基地，通过他独特设计的六分仪和象限仪，第谷把观测精度提高到 1′的误差范围内。第谷在汶岛长达 21 年的观测记录成为宝贵的遗产，为天体力学的最终建立奠定了关键性的基础。虽然齿轮在第谷的观测仪器中并不占有特别重要的地位，但是，开始于 16 世纪的对精度的普遍要求，是第谷科学成就的基本社会条件。

对精度的要求导致各类科学仪器的研制和使用，1609 年，意大利科学家伽利略（1564—1642）把荷兰制镜工人的发明用到天文学中，做了一件以前从未有人做过的事情：把望远镜对准了天空。在伽利略手中，望远镜揭示了许多支持哥白尼主义的证据。①伽利略发现太阳表面的黑斑时隐时现，太阳黑子在日面上自东向西移动，说明太阳连续绕自身的轴旋转，伽利略测定了旋转周期是 25 天，从而为地球绕轴旋转提供了可见的范例。②伽利略发现了木星的卫星，这个发现推翻了地心说所认为的所有星体都围绕地球转。而且，木星和它的四个卫星组成的体系为哥白尼的太阳系本身提供了一个看得见的模型。③伽利略发现月亮表面有山峰和洼地，高低不平，并不是完美无缺。1610 年，伽利略发现金星也有盈亏变化，即也有位相变化。这种现象用哥白尼的理论可以很好地解释，但是托勒密理论则无法做到。

足见，精密仪器在近代科学的产生和发展中的作用有多么大。

3. 精确计时奠基运动学

16 世纪以后，由于战争和生产的需要，科学有了飞速的发展。各种齿轮传动系统的出现，促进了运动理论、抛射体等方面的研究。

精确计时装置对力学的发展提供了必要的技术条件。力学的发展依靠计时，我们常说，力学是研究机械运动的学科，力学分为静力学和动力学两大门类。在精确计时装置产生之前，静力学已经非常系统化，这是因为静力学与时间的关系不大。而动力学则完全不同，动力学与时间的精密度量紧密相关，所以动力学是与时间的精密测定同步发展的。动力学在人类的知识史中扮演着极为重要的角色，自然界的两类基本运动即抛体运动和天体的轨道运动都是非匀速运动，研究存在加速度的运动只有依赖动力学。事实上，牛顿所揭示的万有引力定律，就是以伽利略发现的地球上的抛体运动规律和开普勒发现的天体运动规律为基础的。

1641 年，伽利略曾试图利用摆的等时性制造钟，但是他未能完成，一年后便逝世了，于是，制造摆钟的任务便历史性地由荷兰学者惠更斯（1629—1695）担当了。1657 年，由于发现土星光环而知名的年轻学者惠更斯完成了摆钟的设计。同年，荷兰的钟表匠制成了首架摆钟。次年，惠更斯出版了他的专著《摆钟》。在这本书中，惠更斯不仅详细地描述了摆钟的机构，更重要的是发表了一系列关于单摆与动力学的重要研究结果。例如，惠更斯系统地研究了圆周运动，引进了向心力和向心加速度的概念。他在理论上论证了单摆的等时性，并给出了其周期公式[3]。

摆钟的发明对钟表精度的改进是非常关键的。在此之前，最好的钟一昼夜误差大约15分钟，而当时最好的摆钟可以调整到一昼夜误差不大于10秒。迄今二百多年间，精确的计时装置用于测量各种物理量，如测量声速、光速、各种振动频率、周期、各种物体的运动以及体育运动，各门学科和各门技术的发展无不得益于钟表的帮助。如果没有高精度的计时装置，勒麦于1672—1676年进行的光速的测量将是不可能的，甚至不会想到测量光的速度。而光速的数值对电磁学的发展来说是至关重要的。

精确性思想还促进了近代电学和热学的发展。1785年，库仑制成了电秤，用来精确地测定电力。他建立起了与万有引力定律形式类似的电荷作用力定律——库仑定律，在电学中引进了定量研究。1702年，阿蒙顿制成空气温度计；1724年，荷兰工人华伦海特在他的论文中建立了华氏温标；1742年，瑞典的摄尔修斯定义水的沸点为0度，冰的熔点为100度，后来，施勒默尔将两个固定点倒过来，建立了摄氏温标。这些方面的工作为近代科学的发展奠定了基础。

二、齿轮机构对计算机文化的作用

文艺复兴时期的艺术大师达·芬奇设想造一台计算机，他曾经打算设计一台加法器，但是由于受到条件的限制而未能实现。哥白尼以后，天文学发展进入了一个新的时期。天文学中遇到的大量的繁重的计算工作，使天文学家特别关心计算工具的改革。随着钟表业的产生和发展，人们考虑既然像钟表这样的装置可以用齿轮传动来完成，那么也可以用这种装置来改造计算工具。1623年，德国人什卡尔特在写给开普勒的信里，详细地介绍了他设计的一种计算机，它主要是由加法器、乘法器和记录中间结果的机构三部分组成的。加减分别由带有十个齿的齿轮与相应的传动装置来进行。乘法要用绕在转轴上的乘法表，除法则化成重复加减，进位机构是连接轴上只有一个齿的辅助齿轮[4]。

计算工具革新的重要一步是帕斯卡作出的。1642年，19岁的帕斯卡研制了一台能做加法和减法的计算器。他用若干齿轮表示数字，利用齿轮啮合装置，低位的齿轮每转十圈，高位的齿轮就转一圈，实现了进位。计算器上面有一排窗口，用来显示答案。对应于每个数字轮，都配有一个拨盘。在进行加法运算时，每个拨盘都先拨“0”，让每个窗口都显示“0”，然后拨一个加数，再拨另一个加数，窗口就显示出和数。在进行减法运算时，先要把计算器上面的金属直尺往前推，接着拨被减数，再拨减数，差值就自动显示在窗口上。

接着，莱布尼茨提出了直接进行机械乘法的设计思想。他的机器能在瞬间完成很大数字的乘除，而不必进行连续的加减运算。莱布尼茨计算器主要由不动的计数器和可动的定位机构两部分组成。不动部分有 12 个读数窗，分别有 10 个齿的齿轮，用以显示数字。可动部分有 1 个大圆盘和 8 个小圆盘。用圆盘上的指针确定数字，然后把可动部分移至需要计算的数值，并转动大圆盘进行运算。整个机器由一套齿轮系统传动，可动部分的移动用一个摇柄控制，其中有滑架移位机构，简化了多位数的乘除运算[5]。

齿轮以一种非常独特的方式延伸了人脑的功能。现在虽然没有证据表明当时的天文学家使用了加法器计算机，或者加法器计算机对于天文计算来说也许没有多大用处，但是加法器计算机却以独特的方式开辟了近代科学的新路径。

三、齿轮机构对动力传输系统的作用

开辟了科学史外史研究的赫森在他的著名论文《牛顿〈原理〉的社会经济根源》中说："14 世纪陆路运输速度不超过每天 5 到 7 英里。由于货轮的巨大装载能力和更快的运输速度，很自然地，海洋和河道水运占据了很大一部分：由 10 到 12 头牛拉的两轮牛车最多也载不了 2 吨货物，而一个平均规模的货轮能载多达 600 吨货物。14 世纪，从君士坦丁堡到威尼斯的旅程所用时间，陆路是海路的 3 倍。然而，即使是这一时期的海上运输也很不完善：由于在宽阔的海上确定船只位置的良好方法还没有发明，他们只能沿海岸线航行，而这大大地阻碍了运输速度。从而，商业资本的发展向运输提出了许多技术问题。"[6] 这些问题包括货轮吨位及速度的提高，货轮航行质量的完善，即其可靠性、适航能力、对礁石的规避、对方向的敏感反应和转向的灵活性等。

在解决这些问题的同时，人们开始设计路上交通的新工具。其中最重要的机构是齿轮系传动装置。齿轮的特点非常鲜明，它可以保证传动比的恒定性，从而提高传动精度。齿轮耐受的传动功率和圆周运动的角速度范围较大，适用于大功率传动。正由于这样的特点，齿轮系机构为蒸汽机提供了很好的传动系统。很显然，如果没有传动装置，仅仅有一台动力机是完全无用的。反过来，自动机器装置又提出了力学、热学、材料学等方面的问题，极大地促进了近代科学的建立。

自动机器思想的出现，促进了动力机器的产生。"15 世纪，重兵器已经高度完善，16、17 世纪战争工业给冶金业提出了巨大需求。仅 1652 年 3 月和 4 月，克伦威尔（Cromwell）就需要 335 门大炮，12 月份又追加总重量 2230 吨的 1500 支枪，外加 117000 枚炮弹和 5000 枚手雷。于是，矿藏的最有效开采变得至关重要了。首要的问题是，矿石所在的深度。然而，矿井越深，在其中工作就变得越困难和危险。必须大量用于抽水、矿井通风和把矿石提升到地面的设备，还必须要开矿和规划矿井作业的知识。为了提升矿石和抽水，建造了泵和提升设备（辘轳和水平螺旋设备)；畜力、风能和瀑布能量都被付诸使用。由于矿井的加深，水的转移成了最主要的技术任务之一，一种完整的抽水系统开始出现。阿格里科拉在书中描述了三种排水设备、七种泵，以及六种用勺舀和桶装以排水的设备，共 16 种提升水的器械。”[7] 1698 年，萨弗里制成了一台可以从矿井中抽水的蒸汽机，这是第一台被实际应用的蒸汽机，用来为煤矿主节省高额的排水费用。至此，以齿轮系作为传动系统的自动机器找到了动力源，其后发展出来的富尔顿轮船、史蒂文森火车等自行运输工具，为蒸汽机提供了施展威力的舞台。动力机器不仅为自行交通工具、自动机器提供了动力，而且现实地推动了科学的发展。

四、齿轮机构对文化传播工具的作用

我们曾提到时钟用齿轮，时钟用齿轮已经具有弧线表面，并注意了齿距等问题，但是尚未形成齿形理论。也就是说，16 世纪时，已经注意到齿距的精确是确保连续运转的前提之一，虽然说可以连续运转，但是被动齿轮的速度仍旧无法成为稳定的固定值，所以人们逐渐将研究的重点转向齿形理论，以保证稳定的连续传输运动。17 世纪，人们逐渐找出合乎条件的齿形，即摆线齿形与渐开线齿形。1674 年，齿形开始采用外摆线曲线。外摆线是大小两外切圆，小圆在大圆外侧绕着大圆滚动，此时，小圆上的一个定点绕着大圆而画出来曲线。1694 年，人们正确地解决了摆线齿轮的啮合问题。

齿轮机构的成熟推广了齿轮系的应用范围，重要的知识传播工具——印刷机——应运而生。印刷机的出现，使得知识的传播变得异常便捷。1609 年，德国出现了第一张报纸，而机械化的印刷方式提高了知识传播的速度，书籍的印刷更加容易了。关于印刷机的重要作用不必多说，我们需要强调的是齿轮在印刷机的机械结构中的核心位置。虽然不能简单地把近代科学的产生归结为机械化的出现，但是，机械化的社会对整个科学的影响，是此前任何力量都无法相比的。

齿轮传动装置在印刷机器中是很重要的部件，它起着输送纸张和传输动力的双重作用。齿轮是一切机械必不可少的核心部件，是机械化的原始要素。从此，科学摆脱了古代范式，进入了近代科学以机械自然观统领的学科建制模式。

五、结 语

齿轮是自动机器的核心部件。如果没有齿轮，根本无法实现精确传动，机械钟表就不会出现，精确的近代科学就缺少了必要的计时工具；如果没有齿轮，稳定的连续传动同样无法实现，蒸汽机所提供的强大动力无法传输出去，动力学问题极有可能被忽视；如果没有齿轮，自动计算机器不可能被设计出来，近代科学的大量计算任务很有可能被贻误。正因为如此，齿轮在近代科学的建立过程中，起到重要的技术支持。

同时，齿轮机构为计算机、印刷机、自动机的出现提供了技术基础，在人类文化的发展过程中，扮演了极为重要的角色。

参考文献：

[1] 普赖斯.巴比伦以来的科学[M].石家庄:河北科学技术出版社,2002:33.
[2] 玛格纳.生命科学史[M].天津:百花文艺出版社,2002:183.
[3] 雅克米.技术史[M].北京:北京大学出版社,2000:152.
[4] 巴萨拉.技术发展简史[M].上海:复旦大学出版社,2000:78.
[5] 沃尔夫.十六、十七世纪科学、技术和哲学史[M].北京:商务印书馆,1985:627.
[6][7] 赫森.牛顿《原理》的社会经济根源[J].Journal of Shandong University of Science and Technology,2008(2):6-18.

公众对纳米技术认知的伦理基础与途径

——以大连地区“公众对纳米技术的认知”调查为例

刘 莉[1] 曹杨元[1] 王国豫[2]

（1. 大连理工大学人文社会科学学院，辽宁 大连 116024；
2. 大连理工大学生物工程学院，辽宁 大连 116024）

摘 要：纳米技术作为新兴战略性产业中的核心技术，不仅将引发新一轮的技术变革，并进而改变我们的生活方式，也将带来巨大的社会风险。因此，公众对纳米技术的认知不仅是其权利，也是纳米技术健康、可持续发展的重要保障。本文分析了公众对纳米技术认知的伦理基础，并结合大连地区公众对纳米技术的认知现状的调查，分析了提高公众对纳米技术认知的途径。

关键词：纳米技术 公众认知 现状调查 认知途径

一、公众对纳米技术认知的伦理基础

20 世纪 80 年代以来，纳米科学与技术的迅速发展，不仅为人们更深刻地认识人和自然打开了新的可能性，而且正直接或者间接地改变着我们的生活。随着纳米技术产业化的发展，纳米技术正在成为新兴战略产业中的核心技术，在生物制药、基因控制、环保、电子器件、能源和航天航空技术等领域发挥越来越重要的作用。部分计算机芯片、防皱的裤子、DVD 播放机、自洁玻璃、防晒霜中的遮光剂等产品，都是应用纳米技术的实例。2008 年 8 月有关部门公布的数据表明，全球市场正式标称的纳米产品已超过 800 种，纳米产品已经开始进入人们的生活。然而，纳米技术所带来的不仅是巨大的经济和社会效益，同样也蕴藏了巨大的社会和伦理风险。纳米粒子的“无孔不入”对健康和环境可能带来的威胁直接关乎每一个人的健康，纳米器件的“无处不在”同样构成对人的尊严和自主性的挑战。为了有效地防范纳米技术的社会风险，保障纳米技术的健康、可持续发展，2000 年 2 月，克林顿政府在正式启动“国家纳米技术计划” （National Nanotechnology Initiative）

的同时，就已经将纳米技术的伦理与公众参与决策问题列入研究规划。一是考察纳米科技的风险，促使技术政策的决策基于负责任的基础上，以保证在加快纳米技术发展的同时，减小其可能带来的风险；另一方面，提升研究及教育水平，通过对纳米技术知识的普及教育等工作的机制化，帮助公众全面认知和理解纳米技术及其社会影响。近十年来，在欧盟、美国等发达地区或国家，“纳米技术的发展需要公众参与其中，作为新兴技术民主决策的一部分，已经经常被提起。”[1]纳米技术的公众参与已经更多地成为纳米技术发展的一部分。例如，意大利的 EC 计划；欧盟 2005—2006 年开展的纳米对话，2006—2009 年的“DEEPEN 计划”；英国成立的纳米评判委员会；美国 2004—2005 年开展的纳米技术与贫困的全球对话，GDNP，以及丹麦进行的“公众对纳米技术的态度调查”等[2]。

我国从 20 世纪 80 年代中期开始将发展纳米技术作为我们科技发展的重要国策之一。2006 年起，我国在纳米科学的研究论文的数量上已经超过美国，名列世界第一，纳米产业也正在不断发展起来。相形之下，公众对纳米技术的认知和在决策中的参与却严重滞后。这既给一些无良的企业借机炒作概念、伪纳米产品混淆市场提供了可乘之机，也使公众的合法利益受到侵害。长此以往，必将直接影响到纳米科技的健康发展。

公众对纳米技术的认知是公众对新技术知情权的体现。众所周知，任何技术都是“双刃剑”，尤其是在技术尚不完善的初期，技术的风险更是不可避免。因此，公众有权利了解哪些技术中使用了纳米技术，并且具有怎样的风险。比如，防晒霜中的纳米粒子是否也可能通过皮肤表层进入人体以及是否对人体具有毒性，食品添加剂中的纳米粒子是否会对健康造成损害。而生产和使用纳米技术的工人在多大程度上暴露在纳米粒子中，有什么样的防范措施可以保护工人的健康，工人是否知道他们所从事的纳米技术相关产业中具有健康风险，等等。

从社会正义的伦理原则出发，只有更多地使公众参与到对纳米技术发展的讨论决策，纳米技术的发展才可以在道德上得到辩护。理由很简单，公众作为纳税人，有权了解纳米技术对其生活和未来的社会影响。纳米技术不仅可能带来巨大的经济和社会效益，也可能带来巨大的生态和健康风险。现代高科技所带来的利益与风险的分配是不对称的，即通常是少数一些人收获经济利益，而大部分人却要为此承担生态和健康风险。从权利与义务、风险与利益分配的正义原则出发，公众有权利全面了解纳米技术的社会后果。

公众对纳米技术的认知可以提高公众对纳米技术风险的防范意识，从技术研究和开发的“上游”即开始相关的治理研究，以建立有效的风险预警机制，及时抵御纳米技术的技术和社会伦理风险。为此，有必要通过教育、媒体等途径，提高公众对纳米技术的认知水平。欧洲与美国的经验已经证明，离开了公众的支持，纳米技术很难持续健康地发展。“没有认真的沟通工作，纳米技术可能会面临公众不公正的消极对待……公众对纳米技术的信任和认可对纳米技术的长期发展至关重要，使我们可以得到潜在的利益。”[3]

二、大连地区公众对纳米技术的认知情况及其途径

从总体上看，中国公众总体上对科学技术还抱有积极乐观的态度，但是，从媒体上有关转基因水稻大面积种植所引起的讨论和抵制的情况来看[4]，人们对技术的知情权和参与选择权的要求越来越高。因此，在开展公众对纳米技术的认知的相关研究中，有必要首先了解中国公众对纳米技术的态度和认知状况。

1. 调查基本情况

（1）选取大连市作为调查地点的理由。基于国内的纳米技术实证研究不足、对公众认知程度的深入调查还未全面开展，课题组以大连地区公众为调查对象，开展了“公众对纳米技术认知的实证研究”。主要理由是：首先，大连属于一个中等发达的城市，其文化教育水平也处于中等水平，因而有一定的典型意义；其次，大连是科研院所、高等院校聚集的地区，中国科学院大连化物所，大连理工大学都承担了大量的国家纳米科学技术的研究与开发项目；最后，大连市委、市政府将纳米技术作为新兴战略型产业中的核心技术，在中央振兴东北的战略规划下，大连市政府大力扶持新兴高科技产业，已经拥有了一定数量和规模的纳米技术企业。

（2）调查目的、方法。调查采用封闭式调查问卷和开放式深度访谈相结合的研究方法。通过封闭式问卷调查，了解社会公众对纳米技术的认知程度，以针对不同认知程度或者不同类型的公众施以不同的教育方式，为下一步提高公众纳米技术认知程度提供实证依据。

在大连市调查了400名公众，要求他们诚实地回答问卷中的问题，尽可能考虑性别、年龄、学历等变量的平衡，以保证研究的代表性。通过SPSS 11.0 for Windows统计软件包对数据进行整理、合并、分析，并同时进行重点问题的深度访谈。

2. 调查对象与实施

本次调查的研究对象是大连市公民。课题组在大连市商场、街道、学校、社区等随机发放问卷400份，现场填写，当场收回，回收有效问卷385份，回收率为96.5%。调查样本情况一览表如表1所示。

表 1　　调查样本情况一览表（N=385）

人口统计学变量	类　别	人　数	百分比/%
性　别	男	211	54. 8
	女	174	45. 2
年　龄	10～19 岁	29	7. 5
	20～29 岁	214	55. 6
	30～39 岁	68	17. 7
	40～49 岁	34	8. 8
	50～59 岁	18	4. 7
	60 岁以上	22	5. 7
职　业	经济	12	3. 1
	教育	22	5. 7
	政府	12	3. 1
	企业	54	14. 0
	自由职业	62	16. 1
	科学研究	6	1. 6
	学生	129	33. 5
	农业	12	3. 1
	部队	5	1. 3
	其他	71	18. 4
最高学历	初中及以下	65	16. 9
	高中、中专、技校	84	21. 8
	大专	38	9. 9
	本科	170	44. 2
	研究生及以上	28	7. 3
住　址			
收　入			

3. 调查结果与分析

（1）社会公众对纳米技术的认知程度。

表2 调查问卷中部分题目与调查结果

问　　题	答　案	人　数	比例/%
1. 您平日是否关心高新科技的发展？	是	259	67.3
	否	126	32.7
2. 您知道什么是纳米吗？	是	226	58.7
	否	159	41.3
3. 您听说过纳米技术吗？	是	318	82.6
	否	67	17.4
4. 您是否接触过纳米产品？	是	166	43.1
	否	219	56.9
5. 您考虑过纳米科技的安全性问题吗？	是	136	35.3
	否	249	64.7
6. 您是否会因为某产品使用了纳米科技而选择该产品？	是	151	39.2
	否	234	60.8
7. 您认为纳米技术是不是"双刃剑"？	是	227	59.0
	否	158	41.0
8. 您觉得应该对纳米科技进行深入的开发利用吗？	是	317	82.3
	否	68	17.7
9. 您觉得应该对公众进行纳米知识普及教育吗？	是	323	83.9
	否	62	16.1
10. 您相信纳米科技将有可能引发下一场工业革命吗？	是	209	54.3
	否	176	45.7
11. 纳米是20大危险之一，您认为这是危言耸听吗？	是	205	53.2
	否	180	46.8
12. 您认为纳米存在伦理问题吗？	是	149	38.7
	否	236	61.3
13. 您是否认为工人对纳米产品生产过程中的安全隐患具有知情权？	是	322	83.6
	否	63	16.4
14. 您是否认为企业应就民用产品中纳米技术的安全性对公众履行告知义务？	是	335	87.0
	否	50	13.0
15. 您知道我国是世界上少数最先开展纳米科技研究的国家之一吗？	是	154	40.0
	否	231	60.0

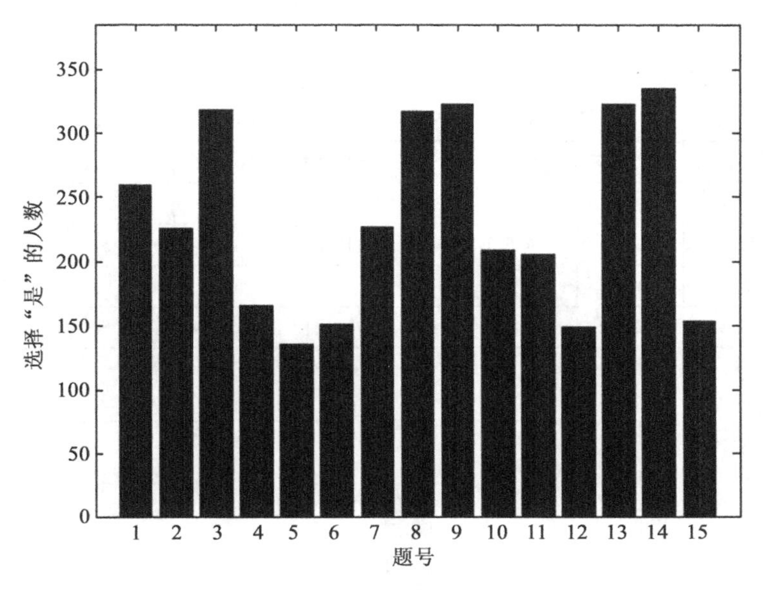

图 1 社会公众从不同角度对纳米技术的看法

从表 2 和图 1 可以看出，多数被调查公众对纳米技术还是有一定的认知的。

① 对"纳米技术"的认识程度。问卷调查结果表明，有 82.6% 的公众表示"听说过纳米"，58.7% 的公众表示"知道什么是纳米"。这一数据远远高于美国公众的纳米认知调查值。2006 年，美国 The Woodrow Wilson 国际学者中心的新兴技术调查结果显示：10% 的美国公众知道纳米技术，20% 的公众听说过，这一数字是 2004 年的 2 倍，但是依然有 42% 的美国公众表示对纳米技术一无所知[5]。本次调查结果显示，在我国接触过纳米产品的，占调查公众的 43.1%，而且 60.8% 的人不会因为某产品使用了纳米科技而选择该产品。

② 高科技发展。在所调查的公众中，有 67.3% 的公众表明他们平日里关心高新科技的发展，并且有 50% 以上的受访者相信"纳米技术将有可能引发下一场工业革命"。在欧洲和美国，以"纳米技术是否会提升我们的生活？"为题对公众的调查结果显示：50% 的美国公众回答"是"，35% 回答"不知道"，而同样的回答在欧洲分别是 29% 和 53%[6]。

③ 安全性问题。统计数据显示，仅有 35.3% 的公众考虑过纳米科技的安全性问题，并且仅有 38.7% 的公众认为纳米技术存在伦理问题，但是，多数公众认为"工人对纳米产品生产过程中的安全隐患具有知情权""企业应就民用产品中纳米技术的安全性对公众履行告知义务"，其比例分别是 83.6% 和 87.0%。

④ 纳米知识普及教育问题。在调查中，认为"纳米技术是一把'双刃剑'"的公众占 59.0%，82.3% 的人认为"应该对纳米科技进行深入的开发研究"。

83.9%的受访公众认为“应该对公众进行纳米知识普及教育”。

（2）社会公众对纳米技术普及教育方式的选择，如表3和图2所示。

表3 社会公众对纳米技术普及教育方式的选择

频 次	读科普书	街道站牌	登录网站	电 视	学校教育	知识竞赛	专题讲座	参观体验	其 他
是	143	49	96	209	61	19	52	102	36
百分比/%	37.1	12.7	24.5	54.3	15.8	4.9	13.5	26.5	9.4
否	242	336	289	176	324	366	333	283	349
百分比/%	62.9	87.3	75.1	45.7	84.2	95.1	86.5	73.5	90.6

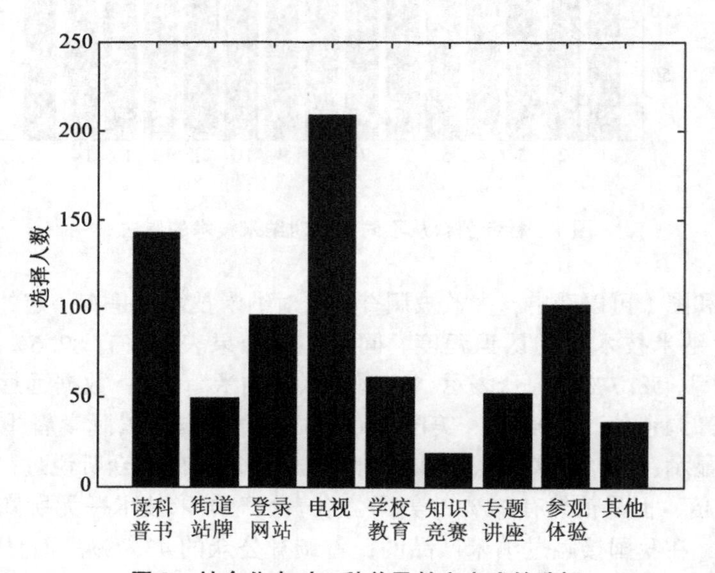

图2 社会公众对9种普及教育方式的选择

从表3和图2可以看出，关于纳米技术公众认知的教育方式，受访公众的选择不一，其中以电视作为普及教育途径的人数最多，占54.3%；以读书的方式进行纳米科技教育普及的次之，为37.1%；而选择以知识竞赛方式进行教育的人数最少，仅占4.9%；其余的选择比例则相差不大。

4. 统计分析

（1）信度效度分析。有效调查问卷为385份，使用SPSS统计软件中的信度效度分析，结果信度是0.7918，说明调查的数据是可信的，可以继续分析。

（2）性别对认知程度的影响分析，如表4和图3所示。

表 4　　性别对认知程度的影响

性别 \ 人数（频次）\ 题号	1	2	3	4	5	6	7	8
男	162(42.1%)	134(34.8%)	179(46.5%)	87(22.6%)	84(21.8%)	85(22.1%)	122(31.7%)	175(45.5%)
女	97(25.2%)	92(23.9%)	139(36.1%)	79(20.5%)	52(13.5%)	66(17.1%)	105(27.3%)	142(36.9%)
性别 \ 人数（频次）\ 题号	9	10	11	12	13	14	15	
男	181(47.0%)	116(30.1%)	111(28.8%)	79(20.5%)	173(44.9%)	183(47.5%)	90(23.4%)	
女	142(36.9%)	93(24.2%)	94(24.4%)	70(18.2%)	149(38.7%)	152(39.5%)	64(16.6%)	

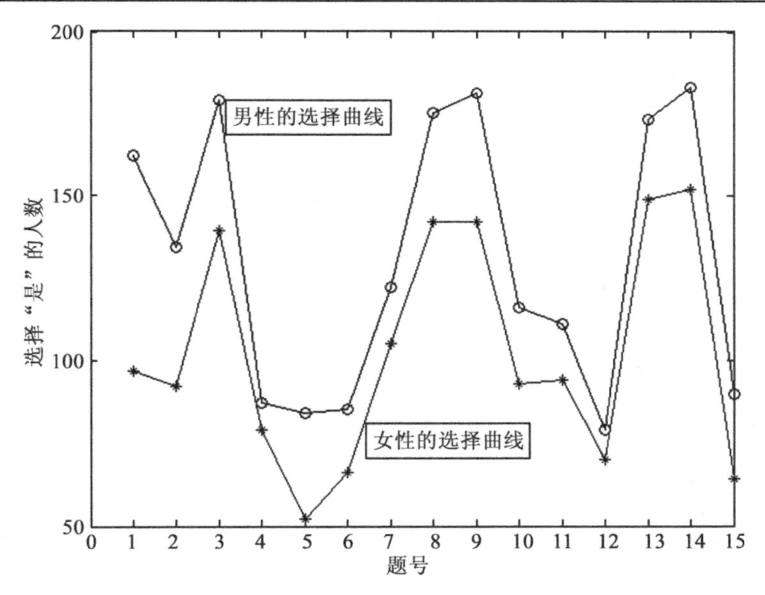

图 3　性别对纳米技术认知不同对比

从图 3 很明显地可以看出，男性的认知程度相对来说都比女性高，但是差距并不大。这一结果与男性更趋于理性、更乐于了解科技信息的认知特点相符。

（3）性别对教育方式选择的影响分析，如表 5 和图 4 所示。

表 5　　性别对教育方式喜爱的影响

性别 \ 人数 \ 类型	读科普书	街道站牌	登录网站	电视	学校教育	知识竞赛	专题讲座	参观体验	其他
男	95	28	56	112	36	11	33	53	16
女	48	21	40	94	25	8	19	49	20

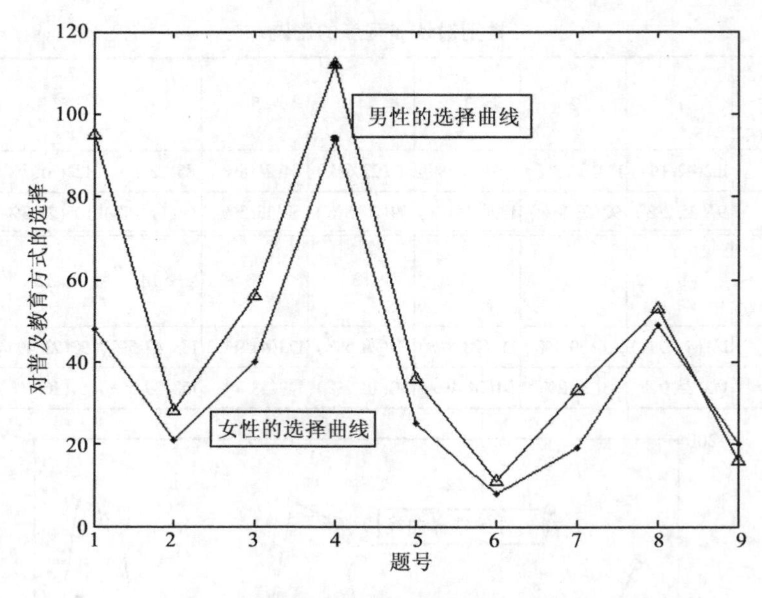

图 4 性别对普及教育方式的喜爱比较

很明显，男性在不同的普及教育方式上普遍比女性喜欢程度高，其中，在读科普书中，男性喜爱的程度较女性的差距是最大的。

5. 总体的调查结论与初步分析

通过本次大连公众纳米技术认知调查问卷和数理统计分析，可以初步得出以下结论。

（1）公众对纳米技术的认知程度和接受程度普遍较高。统计数据显示，有 82.6% 的公众知道纳米技术。

（2）公众安全意识、自我保护意识、权利意识相对淡薄，对纳米技术的安全与伦理问题了解很少。只有 35.3% 的公众考虑过纳米科技的安全性问题，38.7% 的公众认为纳米技术存在伦理问题。

（3）公众普遍认为（公众认可度高达 83.9%）应该加强对纳米科技知识的教育普及工作，并且普遍认为电视是其最喜爱的科普途径。

（4）公众纳米认知程度的性别差异明显。男性对纳米技术的认知优于女性，但在对纳米产品的认可度中，女性远高于男性，也许对商家而言，这是条好消息。

我们可以辩证地分析这种结果：就积极意义而言，它在某种程度上论证了改革开放三十多年来中国形成了一定的开放式国民文化格局，公众对新鲜事物普遍抱有积极乐观的国民心态。此外，我国处于世界纳米科技研究的领先地位，产业化推广比较普遍深入。但是，我们还应认识到，我国公众对纳米技术的内涵缺乏深入的了解，科学甄别能力较弱，存在追新求异、盲目乐观、科学主义的心理。此外，在产业化过程中，纳米产品界定不够清晰严格，伪纳米产品充斥市场，造成了公众纳米技术认知的片面和混乱。这一方面说明我国的纳米伦理研究的不足，同时也说明了我国公众的安全意识、风险意识、权利意识相对淡薄。相关教育普及工作亟待展开。“进行纳米技术知识普及教育”的调查结果说明，公众对加强纳米技术认知存在广泛的心理需求。与此同时，在信息社会公众的选择中，电视已经成为最受公众喜爱的教育方式。知识竞赛、科普讲座、学校教育等传统的教育普及方式已经被电视、网站、实地参观等充满时代气息的方式所取代。书籍依然深受当代公众的喜爱，在年龄与教育普及的 SPSS 相关分析中，书籍超过电视，成为 40～49 岁公众的首选。

三、提高公众对纳米技术认知的途径

从调查结果来看，提高公众对纳米技术的认知程度，既具有重要的实践意义，又是现实的迫切需要。为此，有必要采取如下措施。

（1）建立公众对纳米技术认知的数据库和相应的评价体系，以期及时动态地了解公众的认知状况，为纳米技术发展的研究决策提供科学依据。例如，本次调查对纳米技术公众认知中的教育方式作出以下模糊评价，并建立了相关的数学模型。具体方法如下。

① 确定评价因素集。将普及教育方式构成的集合称为因素集，用 $\boldsymbol{U}$ 表示：

$$\boldsymbol{U} = \{u_1, u_2, u_3, u_4, u_5, u_6\},$$

其中，u_i 表示第 i 个影响选择教育方式的个人基本情况，u_1 表示性别，u_2 表示年龄，u_3 表示职业，u_4 表示学历，u_5 表示收入，u_6 表示住址。

② 建立指标权重集。权重系数表示某一指标在整个指标体系中的重要程度。指标越重要，则该指标的权重系数就越大；反之，指标的权重系数越小。为了反映各因素的重要程度，需要对每个因素 u_i 赋予一定的权重，建立对应于因素集 U 的权重集 $\boldsymbol{A}$：

$$\boldsymbol{A} = [a_1 \quad a_2 \quad a_3 \quad a_4 \quad a_5 \quad a_6],$$

此等式需满足 $a_1 + a_2 + \cdots + a_n = 1$。

根据 SPSS 中的主成分因素分析[1]，得到指标权重为

$$\boldsymbol{A} = [0.188 \quad 0.170 \quad 0.140 \quad 0.182 \quad 0.159 \quad 0.162]。$$

③ 建立评价集。评价集是评价者对评价对象可能作出的各种评价结果的集合，用 $\boldsymbol{V}$ 表示：

$$\boldsymbol{V} = \{v_1,\ v_2,\ v_3,\ v_4,\ v_5,\ v_6,\ v_7,\ v_8,\ v_9\},$$

其中，v_j 表示第 j 个可选择的普及教育方式，v_1 表示读科普书，v_2 表示街道站牌，v_3 表示登录网站，v_4 表示电视科普节目，v_5 表示学校教育，v_6 表示知识竞赛，v_7 表示专题

讲座，v_8 表示参观体验，v_9 表示其他教育方式。

在本文中，我们根据调查问卷中被调查者对 9 种教育方式的喜爱程度给予评价，隶属度越高，则相对应的评价也高，也就是说，如果被调查者中有 70% 的人选择了电视，则其对电视的评价值为 0.25。比如说，性别为男生对教育方式的评价为

$$V = \{0.22, 0.06, 0.13, 0.25, 0.08, 0.03, 0.08, 0.12, 0.04\},$$

其他属性值如表 6 所示。

表 6　所有的指标值

权重值		读科普书	街道站牌	登录网站	电视	学校教育	知识竞赛	专题讲座	参观体验	其他
性别	男	0.22	0.06	0.13	0.25	0.08	0.03	0.08	0.12	0.04
	女	0.15	0.06	0.12	0.29	0.08	0.02	0.06	0.15	0.06
年龄	10～19 岁	0.16	0.00	0.08	0.30	0.12	0.04	0.04	0.18	0.08
	20～29 岁	0.19	0.06	0.13	0.24	0.10	0.03	0.08	0.15	0.03
	30～39 岁	0.22	0.05	0.14	0.29	0.05	0.01	0.07	0.11	0.06
	40～49 岁	0.22	0.14	0.15	0.30	0.01	0.04	0.03	0.11	0.01
	50～59 岁	0.23	0.13	0.10	0.32	0.00	0.00	0.03	0.06	0.13
	60 岁以上	0.21	0.06	0.03	0.41	0.00	0.00	0.06	0.09	0.15
职业	经济	0.25	0.06	0.09	0.28	0.09	0.03	0.06	0.13	0.00
	教育	0.34	0.02	0.16	0.30	0.08	0.00	0.02	0.06	0.02
	政府	0.24	0.08	0.08	0.32	0.04	0.00	0.12	0.08	0.04
	企业	0.20	0.09	0.11	0.29	0.05	0.03	0.06	0.13	0.05
	自由职业	0.13	0.06	0.16	0.29	0.10	0.01	0.06	0.12	0.07
	科学研究	0.29	0.00	0.18	0.24	0.06	0.00	0.12	0.12	0.00
	学生	0.17	0.04	0.12	0.25	0.10	0.03	0.09	0.17	0.02
	农业	0.19	0.00	0.13	0.19	0.13	0.00	0.00	0.06	0.31
	部队	0.18	0.18	0.09	0.18	0.09	0.00	0.00	0.27	0.00
	其他	0.15	0.11	0.11	0.29	0.05	0.04	0.05	0.12	0.08
最高学历	初中及以下	0.13	0.11	0.07	0.34	0.06	0.01	0.05	0.11	0.13
	高中、中专、技校	0.17	0.09	0.12	0.32	0.04	0.01	0.03	0.13	0.08
	大专	0.15	0.11	0.17	0.21	0.07	0.02	0.06	0.17	0.04
	本科	0.20	0.04	0.13	0.25	0.11	0.04	0.08	0.14	0.02
	研究生及以上	0.28	0.03	0.14	0.28	0.01	0.00	0.13	0.10	0.03
收入	1000 元以下	0.17	0.05	0.11	0.26	0.09	0.04	0.07	0.15	0.06
	1000～3000 元	0.16	0.10	0.16	0.29	0.06	0.02	0.06	0.11	0.05
	3001～5000 元	0.24	0.04	0.12	0.30	0.08	0.02	0.06	0.12	0.02
	5001～8000 元	0.27	0.08	0.13	0.25	0.04	0.00	0.08	0.08	0.06
	8001 元以上	0.35	0.10	0.05	0.25	0.05	0.00	0.05	0.15	0.00
家庭住址所在地	农村	0.19	0.04	0.13	0.24	0.07	0.01	0.07	0.16	0.07
	乡镇	0.21	0.09	0.07	0.26	0.10	0.03	0.05	0.15	0.04
	县级市	0.14	0.07	0.10	0.30	0.11	0.03	0.08	0.12	0.06
	地级市	0.19	0.05	0.15	0.28	0.10	0.02	0.06	0.12	0.02
	副县级城市	0.22	0.09	0.14	0.26	0.05	0.05	0.05	0.10	0.04
	省会或直辖市	0.14	0.05	0.14	0.30	0.05	0.00	0.11	0.17	0.05

④ 单因素模糊评价。从单个因素出发进行模糊评价，确定评价对象对评价结果集 $\boldsymbol{V}$ 的隶属程度，成为单因素模糊评价。取因素集 U 中的第 i 个因素 u_i 进行模糊评价，评价结果集 $\boldsymbol{V}$ 中第 j 个评价结果 v_j 的隶属度为 r_{ij} ，则 u_i 的单因素模糊评价结果隶属度集为

$$\boldsymbol{R} = \{r_{i1}, r_{i2}, \cdots, r_{ij}, \cdots, r_{im}\}$$

对所有单因素分别进行模糊评价后，可得矩阵

$$\boldsymbol{R} = \begin{bmatrix} r_{11} & r_{12} & r_{13} & r_{14} & r_{15} & r_{16} & r_{17} & r_{18} & r_{19} \\ r_{21} & r_{22} & r_{23} & r_{24} & r_{25} & r_{26} & r_{27} & r_{28} & r_{29} \\ r_{31} & r_{32} & r_{33} & r_{34} & r_{35} & r_{36} & r_{37} & r_{38} & r_{39} \\ r_{41} & r_{42} & r_{43} & r_{44} & r_{45} & r_{46} & r_{47} & r_{48} & r_{49} \\ r_{51} & r_{52} & r_{53} & r_{54} & r_{55} & r_{56} & r_{57} & r_{58} & r_{59} \\ r_{61} & r_{62} & r_{63} & r_{64} & r_{65} & r_{66} & r_{67} & r_{68} & r_{69} \end{bmatrix}$$

以 U = {男生,20 ~ 29 岁,学生,本科,1000 元以下,乡镇} 为例进行评价。根据表 6 可得到该群体的单因素模糊评价矩阵

$$\boldsymbol{R} = \begin{bmatrix} 0.22 & 0.06 & 0.13 & 0.25 & 0.08 & 0.03 & 0.08 & 0.12 & 0.04 \\ 0.19 & 0.06 & 0.13 & 0.24 & 0.10 & 0.03 & 0.08 & 0.15 & 0.03 \\ 0.17 & 0.04 & 0.12 & 0.25 & 0.10 & 0.03 & 0.09 & 0.17 & 0.02 \\ 0.20 & 0.04 & 0.13 & 0.25 & 0.11 & 0.04 & 0.08 & 0.14 & 0.02 \\ 0.17 & 0.05 & 0.11 & 0.26 & 0.09 & 0.04 & 0.07 & 0.15 & 0.06 \\ 0.21 & 0.09 & 0.07 & 0.26 & 0.10 & 0.03 & 0.05 & 0.15 & 0.04 \end{bmatrix}$$

⑤模糊综合评价。单因素评价仅反映一个因素对评价对象的影响，评价不够全面。为综合反映所有因素对评价对象的影响，得出更符合实际的评价结果，要进行模糊综合评价。其公式如下。以 U = {男生,20 ~ 29 岁,学生,本科,1000 元以下,乡镇} 为例，则

$$\boldsymbol{B} = \boldsymbol{A} \cdot \boldsymbol{R} = [0.188 \quad 0.170 \quad 0.140 \quad 0.182 \quad 0.159 \quad 0.162] \cdot$$

$$\begin{bmatrix} 0.22 & 0.06 & 0.13 & 0.25 & 0.08 & 0.03 & 0.08 & 0.12 & 0.04 \\ 0.19 & 0.06 & 0.13 & 0.24 & 0.10 & 0.03 & 0.08 & 0.15 & 0.03 \\ 0.17 & 0.04 & 0.12 & 0.25 & 0.10 & 0.03 & 0.09 & 0.17 & 0.02 \\ 0.20 & 0.04 & 0.13 & 0.25 & 0.11 & 0.04 & 0.08 & 0.14 & 0.02 \\ 0.17 & 0.05 & 0.11 & 0.26 & 0.09 & 0.04 & 0.07 & 0.15 & 0.06 \\ 0.21 & 0.09 & 0.07 & 0.26 & 0.10 & 0.03 & 0.05 & 0.15 & 0.04 \end{bmatrix}$$

$$= [0.195 \quad 0.057 \quad 0.116 \quad 0.252 \quad 0.097 \quad 0.033 \quad 0.075 \quad 0.145 \quad 0.035]$$

归一化后得

$$\boldsymbol{B}' = [0.194 \quad 0.057 \quad 0.115 \quad 0.251 \quad 0.096 \quad 0.033 \quad 0.075 \quad 0.145 \quad 0.035]$$

对于该群体，教育实施者可以在资金周转合适的情况下，根据评价结果，按照比例分配资金。即如果现在政府拨款100万元来实施纳米技术知识普及教育，那么应分配给以上9种教育方式的资金分别如表7所示。

表7 分配资金一览表 单位：万元

类型	读科普书	街道站牌	登录网站	电视	学校教育	知识竞赛	专题讲座	参观体验	其他
分配资金	19.7	5.7	11.5	25.1	9.6	3.3	7.5	14.5	3.5

本文仅通过举例{男生，20~29岁，学生，本科，1000元以下，乡镇}来建立模型，实际上，在现实中有多种不同类型的公众，各种类型的公众愿意接受的教育方式是有差异的。但无论是哪一种类型的公众，其计算的方式犹如本文中建立的模型一样，都很容易就可以评价出其适用于何种教育方式，更有助于为相关部门的决策提供科学依据。

（2）让公众全面认识纳米技术的风险与机遇，进一步提高公众对纳米技术风险的认知甄别意识和自我保护能力。为此，科学家有责任向公众全面介绍纳米技术的特点，尤其是其可能的风险。广泛利用现代媒介技术，特别是电视、网络等技术，提高公众对伪纳米技术的甄别，防止有人打着科学的旗号进行伪科学的传播。事实证明，开放和透明的政策协商以及广泛的公众讨论，将在保护公众的利益、获取公众对于纳米技术的信任和接受等方面，起到关键的作用。

（3）发挥人文和社会科学家在纳米科技发展中的重要作用，对纳米技术的发展从“科学主义”回归“人本主义”具有决定意义。纳米技术作为一个跨学科的前沿领域，在技术层面几乎囊括了目前所有的科技门类，在应用层面理应包含哲学伦理学思考，从对“人—技术—世界”的整体关系考察纳米技术的合理性。对此，人文社会科学家的角色不可缺位，因为“在沟通科学与公众，促进公众对纳米技术的认知方面，人文和社会科学家可以发挥重要的作用。他们是受过专业训练的公众利益的代表，并能够作为纳米技术专家和公众或者政府官员之间沟通的桥梁和中介者，他们的意见有助于最大化该技术的社会效益并同时减少公众争议的可能性”[7]。此外，哲学和伦理学还具有重要的反思功能。对新技术进行严格的评判，可以扩大人们思考的视域，为公众作出一个明智的判断和选择提供新的视角。

总之，如同纳米技术本身，纳米技术公众认知的研究和普及教育工作是一项异常复杂艰巨的工作。应该建立公众纳米技术认知普及教育工作的合理机制，采用灵活多样的途径，做好纳米技术认知的科学普及和推广工作，以保证纳米技术的健康和可持续发展。

参考文献：

[1] Gavelin K, Wilson R, Doubleday R. Democratic Technologies? The Final Report of the Nanotech-

nology Engagement Group [EB/OL]. [2010-09-25]. http://www.involve.org.uk/democratic-technologies/.

[2] Diana M Bowman, Graeme A Hodge. Nanotechnology and Public Interest Dialogue: Some International Observations[D]. Australia: Monash University.

[3][7] Ebbesen M. The Role of the Humanities and Social Sciences in Nanotechnology Research and Development[J]. Nanoethics, 2008, 2(2): 1-13, 1.

[4] http://www.wyzxsx.com/Article/Class4/201001/124069.html.

[5] The Project on Emerging Nanotechnologies at the Woodrow Wilson International Center for Scholars and Peter D. Hart: Public Awareness of Nanotechnology Grows, but Majority Unaware poll Reveals Education & Government Oversight Key to Unlocking Nanotech Potential http://www.wilsoncenter.org. For media inquiries, contact Sharon McCarter, (202) 691-4016.

[6] George G, Toby T E, Jonathan J, et al. Public Attitudes to Nanotechnology in Europe and the United States, Nature Materials[EB/OL]. [2010-09-25] http://www.nature.com/naturematerials.

黑客犯罪的唯物史观辨析

计海庆

（上海社会科学院哲学研究所，上海 200235）

摘　要：黑客犯罪现象的产生是由于黑客伦理在实验室外越界误用而导致的。这种误用在唯物史观看来，是信息技术推动下的知识生产中所具有的特定劳动方式在社会经济交往层面产生的负面影响，其实质是劳动方式未经生产关系的过渡，直接作用于上层建筑而产生的冲突。

关键词：黑客犯罪　唯物史观　劳动方式

黑客是信息技术发展中的新生事物，但它所引起的问题已不仅仅局限于纯粹的技术领域，而是成为一个牵涉甚广的社会、经济、文化甚至法律现象，且正在越来越多地引起人们的关注。面对这一信息化时代所特有的现象，经典理论能否给出有力的解说呢？本文的讨论便试图运用唯物史观的基本原理，对黑客犯罪现象背后所蕴涵的社会信息化过程、生产力的发展及对上层建筑可能产生的影响作一个尝试性的解读。

一

一般观念认为，在计算机网络上发生的犯罪行为就是网络犯罪，但“网络犯罪”或“计算机犯罪”其实是不恰当的概念。研究犯罪行为的专家认为，在不远的将来，计算机犯罪或网络犯罪作为一种特定的犯罪类型可能不复存在，因为几乎所有的犯罪中都将有计算机作为犯罪工具的身影；所以，就像不能把开着汽车抢劫银行作为“汽车犯罪”那样，也不能把“网络犯罪”作为一项特定的犯罪类型[1]。

这一概念上引出的困难，提示出的其实是一个着眼点的问题。探讨网络中的犯罪，不应把着眼点放在作为工具被使用的网络或者计算机上，关注的其实应是怎样的一群人在利用网络进行犯罪。这类人的一个共同特征可以归纳为：都具有高超的计算机技术能力，都是未经允许地侵入了别人的计算机系统，他们又不约而同地拥有同一个名字——黑客。因此，用“黑客犯罪”来指代这类发生在网络中的犯罪也许更合适。

黑客犯罪的典型方式是非法访问他人服务器①。不过，让我们暂时把“非法”两个字去掉，单纯从技术层面分析这种行为。首先，未经允许访问服务器，在技术上是一项极具挑战性的工作，并非一般懂些电脑操作者就可以完成，而要对网络操作系统有极其深入的认识。因此可以肯定的是，黑客犯罪首先是一件“技术活”。其次，在互联网上这种未经允许的访问几乎每天都在发生，但只有一部分转变成了犯罪。原因在于大部分的黑客只是出于好奇和挑战自己的技术能力而去访问他人计算机，并不想就此获取物质上的利益，目的仅在于自我挑战和享受成就感。最后，黑客们的本性或者说黑客之为黑客，在于不断地探测计算机的漏洞。这在别人眼中或许就是一种侵犯，但在黑客们的信条——黑客伦理——看来是理所当然的。就像没有完美的事物一样，也不存在完美的计算机程序，是程序就有漏洞，黑客的工作就是发现这些漏洞，当然，如果有权限，他们也很乐意补上这些漏洞。可见，黑客本性中隐约地包含了一种在技术上不断探索和提高的精神。

事实上，如果考察黑客的起源，这一切都会得到很好的解答。黑客们的原型就是20世纪60—70年代美国的大学计算机实验室中的科研人员，以及电信、计算机企业实验室中的工程师。他们的工作就是编写和测试程序。黑客（hacker，以及动词hack）作为一句校园俚语，指的就是程序员测试、发现了程序的漏洞，并成功地打上补丁。当然，那时的黑客是在实验室中探测程序漏洞，因为那是他们科研工作的一部分。由此也就不难理解，黑客们的探索、学习精神乃至追求技术成就感的心态，正是实验室科研工作的性质使然。此外，在实验室中，为了方便进行测试，每个人都有权访问他人的计算机，查看别人的程序代码，修改别人的程序。实验室本身是一个极度开放的空间，每个技术人员都有着平等的权利；任何封闭和特权都被视为不利于研究工作的展开，尤其不利于依靠群体合作的软件开发研究。但时至今日，这点却成为黑客们入侵他人计算机而不认为有什么不妥的根源所在。在黑客看来，互联网和实验室的网络一样，都应是一个自由、开放和平权的空间。

不断探索、追求技术上的至高境界、信奉平等和开放的价值观，这些最终构成了黑客们的价值认同，成为一种黑客伦理被保存下来，并有后继者不断进行着实践，形成了诸如自由软件和开放源代码这样的社会性运动。但从本质上看，黑客伦理还具有典型的科研工作的行业特征，把它定义成实验室科研行为准则也许更合适。

指出黑客们原先的科研人员身份仅是第一步，黑客犯罪的产生还有一个社会信息化程度不断提高的大背景。从1969年因特网的原型——美国军用的阿帕网——

① 一般情况下，黑客犯罪都是入侵服务器，入侵个人电脑构成犯罪的只占极少数。原因是个人电脑上的重要信息不像银行或政府服务器上的那么多，不具有犯罪价值；其次是入侵个人电脑比较简单，为黑客所不屑。

建成运行，到1979年阿帕网转为纯粹民用，再到20世纪初，短短的三十多年内，因特网已覆盖了全球一百八十多个国家，两千多万台服务器接入，各类网站数量更是上亿。社会信息化正以前所未有的速度推进着。但社会信息化程度的提升，只道出了问题的一个方面，如果反过来看，成千上万的计算机走进政府、走进公司、走进家庭的结果，同样能被看成社会正在被改造成一个巨大的计算机实验室，以前在实验室中发生的一切，现在同样可以在社会中发生。黑客入侵就是一个典型。黑客们在互联网上的所作所为，本质上仍是重复以前在实验室中的那一套：测试别人程序的漏洞，共享信息。尽管黑客们或许把互联网当成了实验室，但互联网上的行为规范却不是什么实验室守则，而是法律。所以，当这种测试未经他人允许、当共享的信息是他人的信用卡密码时，犯罪就必然产生了。显然，黑客犯罪产生的关键其实在于，由实验室到现实社会的环境转换导致的黑客伦理的错位和误用；原先的实验室行为准则被错误地贯彻到互联网这个虚拟社会后，与现实的法律规范产生了冲突。

二

分析至此，问题并没有结束。对于黑客犯罪，网上流传着一种观点，认为既然黑客的原型是科研和技术开发人员，黑客伦理既然是源于一种实验室的行为规范，那么，根据科学技术是第一生产力、生产力决定生产关系、经济基础又决定上层建筑的唯物史观原理，在当今信息化正成为社会发展方向，计算机技术、网络技术正极大地解放了社会生产力的高科技年代，旧的大工业时代的生产关系应该让位于新的信息时代的生产关系；而主张信息应自由共享（博客运动）、知识没有产权（自由软件和开放源代码运动）、互联网应彻底开放（和平之火组织，peacefire organization）等的黑客伦理，才是信息时代的生产关系模式的体现，应该鼓励、提倡进而被更广泛地实践。甚至更有观点提出，应废除一切针对黑客犯罪的法律法规，在互联网上给黑客乃至所有人以彻底的自由，因为这是由生产力发展的大趋势决定的。

这种观点是很荒谬的。它貌似在运用唯物史观，又似乎结合了信息时代的背景对唯物史观进行着创新地运用，但其本质是对唯物史观的曲解和误读。不排除被极端分子利用来挑战社会秩序、挑战法律法规乃至挑战政府的权威的可能，值得引起重视。不过，还是让我们在指出其理论上的谬误后，再提出一些现实中的应对策略。

首先，应该辨明的是：在计算机实验室中，技术工作者们相互共享技术信息、相互纠错、共同开发软件的工作方式，不应被归入生产关系的范畴，而是属于劳动方式。劳动方式是生产过程中人们对生产力技术利用的方式，以及由生产力技术特征所决定的分工、协作等劳动结合形式[2]67。从人类社会的生产力发展史看，劳动方式经历过四次历史性的变革[2]68。第一次是以使用最简单的原始工具（石器）为背景，它的劳动方式是以氏族、部落为基本单位的原始协同劳动。第二次变革是以金属手工工具（铁器）代替原始工具为背景，它的劳动方式是以家庭为单位的个体劳动。第三次变革是用机器体系的大工业代替手工工具为背景，它的劳动方式是以企业为单位的社会化集体劳动为主。第四次变革是以信息技术和自动化体系代替人直接操纵的机器体系为背景，它的劳动方式将建立在知识生产的基础之上。劳动不再是直接从事生产的实践，而是表现为生产过程的设计、监督和调节的工作实践，开发、研究和知识生产是劳动的主要内容，因而知识生产的劳动方式将是占主导地位的劳动方式；它集中表现在以信息产业为代表的高科技产业中。而计算机实验室中科技工作者共享信息、协作开发软件的方式，本质上是一种属于脑力劳动的知识生产模式。这一模式的最大特点在于创新性、积累性和开放性。一种知识之为知识，就在于其新，在于解决了旧知识不能解释和解决的问题；但这种创新不是空中楼阁，创新总是在学习和掌握了全部前人（某方面）知识的基础上才得以可能，创新需要学习和积累；这就决定了知识的大规模生产必须是在现有知识公开和开放的基础上进行的，这也是为什么科研学术论文要公开发表、专利保护要在注册和公开后才实施的原因所在。同样，软件开发过程中的信息公开和共享，正是信息时代知识生产方式决定的一种劳动方式。

但需要指出的是，劳动方式和生产关系是两回事，劳动方式属于生产力范畴。马克思指出，“生产方式表现为个人之间的相互关系，又表现为他们对无机自然界的一定的实际关系，表现为一定的劳动方式”[4]495。这里，马克思明确地把生产方式这个概念分解为生产关系（个人之间的相互关系）和劳动方式两层。生产关系和劳动方式是互不包含的两个概念。生产关系研究的是生产力利用的社会结合形式，即人们在经济活动中的交往方式；而劳动方式则关注生产过程中人们对生产力技术利用的方式，以及由生产力技术特征所决定的分工、协作等劳动结合形式，是生产力的现实形态，属于生产力范畴。科技工作者共享信息、协作开发软件，最终是发生在实验室中的，实验室决定了这种行为模式的特定背景是知识生产的过程。在这一过程中，科研人员之间的个人关系并不是他们在社会的经济活动中的个人关系，他们是作为一个研究者的整体和被研究的科研项目发生关系的。这就决定了科研人员之间是一种有别于社会正常交往、纯粹的科研合作关系，抛开价值分歧和个人好恶、齐心协力、相互帮助、共享技术信息、共同完成项目等，都是由这种纯粹的关系所要求的。而这又是由科研工作本身探索自然界的目的所决定的。因此，这是一种由生产力发展要求决定的劳动方式，而不属于由经济交往活动决定的生产关系。

但一直以来，劳动方式往往被误以为是生产关系。原因在于，劳动方式是连接生产力和生产关系的中间环节。“随着新的生产力的获得，人们改变自己的生产方式，而随着生产方式的改变，他们便改变所有不过是这一特定生产方式的必然关联的经济关系”[5]533。这里的经济关系才是生产关系的所指。生产力是以劳动方式为媒介，作用并决定着生产关系的，但劳动方式本身还不是生产关系，生产关系是在社会的经济活动层面上人与人间的交往关系，而不是仅仅在实验室这样一个特定脑力劳动环境中人与人间的工作关系。劳动方式可能成为传递生产力对生产关系作用力的媒介，但它本身并不就是生产关系。

其次，仅根据劳动方式就要求变革上层建筑的观点是违背唯物史观的。黑客犯罪触犯的是法律，法律属于社会上层建筑的范畴；根据唯物史观，经济基础应决定上层建筑。但问题的关键是，经济基础的概念不包括生产力，不包括劳动方式。经济基础是“生产关系的总和”。生产关系与生产力是一对矛盾、两个概念，不应该把生产力和劳动方式放到“经济基础”这个概念之中，把它当成经济制度来对待。马克思指出：“我们应当同原因而不是同结果作斗争，同经济基础而不是同它的法律的上层建筑作斗争。……因此我们的伟大目标应当是消灭那些使某些人生前具有攫取许多人的劳动果实的经济权力的制度”[6]284。显然，马克思所号召的斗争对象是“经济基础”，而这一基础是指“经济权力的制度”，如果生产力也被列入“经济基础”的概念之中，那岂不是等于说要与生产力作斗争？要像鲁德运动那样去砸毁机器？对此马克思是不赞同的[7]469。所以，是生产关系，而不是生产力或者劳动方式决定上层建筑。

那些所谓的根据唯物史观要求取消对黑客犯罪进行惩治的法律法规的观点，其错误的实质在于，仅仅根据生产力范畴内劳动方式的某些行为特点，就要求社会的上层建筑为之进行改变，也就是相当于要求生产力越过生产关系直接作用于上层建筑。这是根本错误的。计算机技术人员相互纠错、信息共享的诉求，其合理的限度仅仅在于实验室的生产过程中；本质上属于脑力劳动的知识生产模式决定的一种劳动方式，不属于生产关系范畴。生产力发展的诉求要经过劳动方式的改变，再由劳动方式作用到生产关系上，然后生产关系才可能对上层建筑产生影响。其间，要经过极为漫长的经济交往关系的过渡期，还要经过同样漫长的经济基础与上层建筑的互动作用期之后，才可能成为现实。因此，任何一步到位、一蹴而就的想法都是荒谬的，是忽略了人类社会极为复杂的发展历程的简单化做法。任何照单全收式地实践黑客伦理，只能对社会造成混乱和经济损失。黑客伦理在实验室外的越界误用，进而触犯法律成为黑客犯罪，其本质是知识生产中所具有的特定劳动方式，未经生产关系的过渡，妄图直接作用和改变上层建筑而产生的冲突。

三

取消惩罚黑客犯罪是荒谬的，但又怎样认识和应对基于黑客伦理的自由软件运动、开放源代码运动以及博客现象呢？毕竟这些已经不再仅仅局限于实验室劳动方式的范畴。

上述社会现象有其客观性，都是社会信息化大背景下的产物，应属于知识生产的劳动方式开始向社会经济交往关系转换的过程中产生的现象。前文已经提及，生产力对生产关系的作用是以劳动方式为媒介的，而这些社会现象产生的背后，都有一个技术工作者思维方式社会化的趋势。现今的诸多流行语，例如搜索、后门、共享、bug、防火墙，当然还有黑客等，都是来源于计算机实验室中程序员之间的行话或俚语。这反映出，随着计算机技术的广泛应用，计算机技术员们的职业习惯乃至思维方式等正在深入社会，并影响着人们的观念，而且有发展成社会运动的倾向。如自由软件和开放源代码运动等。有的甚至产生一些经济上的影响，例如，某些拍卖网站和物品交换网站，正在尝试一种以共享和交换为交往方式的“礼物经济”。但在总体上，这些仍属于边缘性社会经济交往模式，并不能就此认为在不远的将来，整个社会的价值观念和行为方式都要以此为判断标准和发展方向；毕竟我国现有的经济模式仍是以机器制造业为主，有的地方甚至仍是手工制造业，社会总体的劳动方式还没有全面地转变为以知识生产为主的信息技术主导的模式。因此，由信息技术推广带来的生产力的大发展，只是在局部产业影响着这些产业的劳动方式，在某些特定的社会阶层影响着他们的交往方式；但就此断言黑客伦理应成为知识经济时代的生产关系模式，应成为现今中国的生产关系发展方向是错误的。要知道，生产关系落后会阻碍生产力发展的同时，生产关系超前带来的后果同样是破坏生产力的发展。

至于自由软件和开放源代码这样的社会运动，应给它们划定一个纯粹的技术领域作为其范围，允许在技术研发的范围内进行传播，推动我国信息技术生产力的发展；毕竟技术信息的共享有助于打破少数发达国家甚至少数高科技公司垄断专利造成的“数字鸿沟”，也有利于克服技术垄断造成的网络安全隐患，有助于我国在计算机技术方面进行深入的自主研发和创新，有助于我国具有自主知识产权的信息技术产业的发展。对于那些以共享和交换为主要方式的“礼物经济”的交往模式，也要看到其存在的合理性，允许其在不影响正常社会经济秩序的前提下适度发展。但所有这些都只限于促进生产力发展和理顺生产关系的层面，任何触及和影响到社会上层建筑，包括法律法规、意识形态、政府权力运作层面的主张和提法都是应加以限制的。任何利用黑客犯罪的形式向社会上层建筑发起挑战，妄图对其进行改变的做法都是不能被允许的。

唯物史观告诉我们，从生产力的发展到生产关系的改变，再到上层建筑的调整，其间有着一个从量变到质变的复杂和漫长的历史过程，不能从黑客伦理局部性的表现和实践就断言社会生产关系将要发生改变，更不能以此作为对黑客犯罪现象的开脱。

参考文献：

[1] 卞丽鑫．网络犯罪心理成因及其预防[J]．犯罪研究,2006(4):45-51.
[2] 林泰．唯物史观通论[M]．北京:高等教育出版社,2001.
[3] 中国大百科全书编委会．中国大百科全书:经济学卷[M]．北京:中国大百科全书出版社,1988.
[4] 马克思,恩格斯．马克思恩格斯全集:第46卷(上册)[M]．北京:人民出版社,1979.
[5] 马克思,恩格斯．马克思恩格斯选集:第4卷[M]．北京:人民出版社,1995.
[6] 马克思,恩格斯．马克思恩格斯选集:第2卷[M]．北京:人民出版社,1972.
[7] 马克思．资本论:第1卷[M]．北京:人民出版社,1975.

论科技体制改革中的若干重大关系

黄　涛
（武汉科技大学文法与经济学院哲学教研室，湖北 武汉　430081）

摘　要：深化科技体制改革应统筹关涉科技发展的若干重大关系，如正确地处理微观突破与宏观协调的关系，科学政策与技术政策的关系，政府推动与市场驱动的关系，知识创新主体（科研机构）与技术创新主体（企业）的关系，“依靠”与“面向”的关系，人治与法治的关系。

关键词：科技体制　关系　国家创新体系

在科技体制改革过程中，应统筹关涉科技发展的若干重大关系。正确地处理关于科技管理体制的微观突破与宏观协调的关系，坚持完善国家创新体系和建设创新型国家的目标导向；正确地处理关于科技体系结构的知识创新主体（科研机构）与技术创新主体（企业）的关系，坚持以企业为技术创新主体；正确地处理关于科技运行机制的政府推动与市场驱动的关系，保持政府与市场的良好张力；正确地处理关于科技运行规则的人治与法治的关系，建立竞争优胜体制；正确地处理关于科技运行效果的“依靠”与“面向”的关系，达到促进科技与经济有机结合的总目标。

一、微观突破与宏观协调的关系

改革开放以来，科技体制改革可以大致分为四个阶段：全面展开阶段（1985—1992 年），着重点在科研机构，主要是针对科研院所和高校的科技人员；深化改革阶段（1993—1998 年），主要以部门为单位的结构调整试点；建设国家创新体系阶段（1999—2005 年），主要是科技结构系统性的调整推进，重点在于改革科研院所的管理体制和运行机制；全面推进国家创新体系建设阶段（2006 年至今），主要是建设国家创新体系，同时推进应用研究与开发型科研机构转制和社会公益型科研机构改革。宏观科研管理体制改革直到 1998 年国务院机构改革才被提到议事日程。总的来说，科技体制整体结构和功能的优化不良，微观上有序，宏观上失序。

科技宏观管理体制上存在“机构重叠、多头交叉、封闭运转、条块分割、资源浪费”的问题。“机构重叠”指科技宏观管理职能被肢解在科技部、发改委、国防科工委、教育部等多个政府部门，各部门根据自身需要制定和出台相应的科技政策，争夺科技资源，抢占地盘，以致很多科技政策不能落实和执行[1]。“多头交叉”指政府科研经费往往由多部门同时发放。“封闭运转”指许多科研基金由于没有直接转化应用目标或渠道，课题从立项、招标到最后完成、验收，都是在科技专家与政府机构间往返进行的；基金发放单位最后拿到一份“专家鉴定”的结题报告就完事了[2]。“条块分割”指部门、行业或地区条块分割，多头管理、政出多门，缺乏科技资源投入的顶层设计和宏观协调管理，国家层面的科技战略决策弱化，不利于集成全社会科技资源实现战略性跨越和赶超。国防系统的研究机构相对封闭；科学院系统和教育系统的研究机构，以基础研究为重点，面向全社会，并不为特定的生产部门服务；实业部门和地方的科研机构大都面向本地区、本部门、本系统，并不为特定的企业服务。设在企业内部的科研机构大都研究力量弱，主要服务于企业的应急性生产问题，较少进行生产上的超前性研究。大学、研究机构和公司之间的联系匮乏，知识生产者和潜在使用者之间的“人为”隔离，看起来好像是“群岛”或大量的“创新岛”，彼此之间只有有限的协同[3]。科技研究机构的重心游离于企业之外，科研机构只对上级负责，而缺少与社会各方面（包括教育、企业等）的横向联系，在科研与生产之间、科研与教育之间、生产与最终用户之间、教育与生产之间都缺乏直接联系。研究、设计、教育、生产脱节，军民分割、部门分割、地区分割。研究机构和大学不知道产业的技术需求，产业也不知道研究机构和大学能给他们提供什么[4]。由此产生了“资源浪费”问题，科技资源分布在多个部门、多个行业、多个单位，众多的经费渠道使科研人员经常将同一实质内容的材料不断改头换面，适应不同渠道的要求，以获得不同渠道的支持，这降低了科研人员的工作效率，加大了管理部门的负担，造成国家科技经费的分散投资和重复投资[5]。科技装备、科技文献和科技数据不能实现有效共享，特别是军民创新体系长期分离，导致国家资源严重浪费。重复立项与支持不足同在，投入不足与浪费低效并存。科技力量自成体系及分散重复，导致整体运行效率不高。

科技体制改革在本质上是关联到政治、经济、教育、文化等各方面的国家系统工程，应由“分散突进”向“系统整合”转变。根据改革的总原则和大方向，在整合多重目标和利益的基础上，对改革的各主要方面和主要环节进行总体布置与系统设计，不应过分强调部门、地区各改各的“分散突进”方式，缺乏总体部署会导致国家科技总体力量布局的失衡和资源配置的失效。科技管理体制的改革不应仅局限于科技领域，就科技体制谈科技体制，仅局限于科技领域来研究如何推进和深化科技体制改革，难以取得应有的成效。以对科研院所的微观改革为基础，科技体制改革的深化应转向宏观尺度，即应超越传统的科技领域，不仅把科研院所，而且把政府、企业、大学作为科技体制的基本要素，把全面整合社会科技力量、建立国家创新体系作为科技体制改革的重心[6]。从科技体制改革历程看，既有总体目标，又有阶段性目标，自觉或不自觉地以完善国家创新体系为导向，先后采取了推动技术商品化、鼓励民营科技企业发展、兴办高新技术开发区、推动技术开发类院所进入市场、促进企业成为技术创新主体等一系列重大改革措施，促使科技与经济结合。在一定意义上，“科技体制改革”就是“国家创新体系建设”。克服“条块分割”现象，需要有效地整合全社会的科技资源，发挥科技的引领支撑作用，形成技术创新、知识创新、国防科技创新、区域创新、科技中介服务等相互促进、充满活力的国家创新体系。

政策制定者应形成“大科技体制改革”理念，注重顶层设计，建立相关部门参加的联席会议制度，建立部际联席会议制度和省部会商制度，优化资源配置，实现相关要素的协同。强化政府科技部门对科技工作总体规划、政策协调、指导监督的职能，形成科技工作联合、协作和集成的局面。科技部门统管体制转化为科技部门协调体制。建立健全国家科技决策咨询机制，成立国家科学技术咨询委员会，由政府、科技界、企业界及其他相关领域的战略专家组成，为国家提供科技发展战略和科技政策方面的决策咨询。

二、科学政策与技术政策的关系

人们在使用“科学技术”概念时，实际上忽略了二者的区别。把科学与技术混同起来，科学评价标准与技术评价标准混同起来[7]，这对科学技术事业发展非常不利。目前的科技政策是一种技术导向型的政策，具有严格的时间限制和明确的目标，因此具有很强的刚性，而基础研究的特点和规律决定了其具有很强的弹性。科学从实践到认识，从物质到精神，研究过程探索性强，相对不确定，选题的自由度较大，成果具有不可预见性，什么时间、什么地点、什么方式、什么突破，一般来说是不可预见的，也难以估算某种研究所必要的劳动时间和成本。科学研究鼓励自由探索，宽容失败。基础研究尤其是纯基础研究，需要突出的是创造性和自由探索，不应以市场为导向。

科学、技术成果的表现形式不同，成果评价就不应遵循同一指标。一是不能由科学家用科学的前沿性标准或论文发表来评价技术工作的好坏。二是不能由市场用技术标准、经济标准来评价科学工作的优劣。科学对近期的社会、经济发展往往没有直接关联，但有全局性、根本性、长远性的意义。实践中，技术进步往往优于科学发展，并且把技术进步等同于科学发展，削弱了基础研究，丧失了科研原创力。科学家的社会地位往往优于企业家、创业家，这些问题在改革科学技术管理体制、制定科学政策和技术政策中，值得注意。

三、政府推动与市场驱动的关系

在科技体制改革过程中，应保持政府推动与市场驱动的良好张力；否则，容易导致顾此失彼。比如“市场驱动”会导致“市场扩张”情况，把经济界的一些改革政策搬到科技界，如大量变相裁员、合同制、更多地考核指标和惩罚措施。过分张扬科学技术的生产力功能和市场导向，市场化取向的科技体制改革给广大科研机构和科研人员带来了发展的动力与活力，但随之而来却出现了科研商业化的趋向[8]。它表现为，不顾科研活动的类型差异，都以市场需求为导向开展科研活动。在基础研究领域出现“市场失效”的情况，主要表现在一些重要的、长远的研究开发项目和基础性的、公益性的研究开发项目难以吸引企业投资，同时，由于受到短期利益的影响，一些企业也不愿意增加研究开发投入。基础研究经费占三类研究经费的比例呈下降趋势，长期徘徊在6%左右，并没有随着经济发展水平的提高而提高。国家对卫生健康等公共科技的投资严重不足，公益性科研成果远远无法满足全社会的基本需求，科技人员的收入和工作条件较差，骨干科技人员特别是青年人才流失现象严重，在基础研究方面，丧失了科研原创力。政府在市场失效领域，如在基础研究领域、前沿技术研究、社会公益性技术研究等领域，应继续扶持国家科研机构，坚持“举国体制”，而在应用和开发领域，以企业为主体，以市场为导向。

在政府推动方面，我国的科技体制一直沿袭着政府主导的自上而下的“行政”驱动模式，科技组织的建立、科研机构的运行机制的设计、科学家的编制和薪酬，以及各类科学计划的实施，都由政府事先确定和规划。设立国家科技计划的计划主导模式，在国家科技计划中引入竞争机制，以计划来推动科技项目和任务，带动技术的转移，形成了新时期科技工作的新格局。但是，忽略了科学界的多样化需求和科技活动自身的规律，忽略了科学共同体的自主性，束缚了基层单位和科技人员的主动性、积极性、创造性。因此，政府的作用将不再是无所不管的万能管理者，政府职能由全能管理转变为有限治理，由微观调整转向宏观调整，由行政性控制转向市场性控制。建设责任政府、有限政府、服务政府，从管项目过渡到管单位，从监管者过渡到服务者和裁判员的角色。国家科研主管部门应减少对微观科研活动的干预，主要应该对科技计划实行领导决策和调控责任，体现在制定战略、规划、方针、政策，调控科技资源配置，监督国家科技计划的执行，为科技活动和科技人员服务，维护科学技术活动的正常秩序，采取多种措施鼓励创新，营造有利于科技发展的社会环境。

政府的作用要由过去计划经济背景下的政府包办科技，转变为政府计划指导与市场基础性作用相结合的科技运行机制，改变 R&D 部门、R&D 活动单纯学术取向和依赖政府计划的弊病，面向国民经济需求，面向企业、面向市场应成为 R&D 活动方向选择的主导影响因素。通过改革科技计划管理体制，建立竞争择优的科技资源配置机制，提高科技资源使用效益，发挥市场配置科技资源的基础性作用，既要适应社会主义市场经济体制，又要遵循科技自身发展规律。持续进行政府科技计划管理改革，项目全面实行招标，不断强化竞争资助机制[9]。

四、知识创新主体(科研机构)与技术创新主体(企业)的关系

我国原来的科技发展模式是“科学推动”模式，即研究单位开发出一种技术，再去找企业用于生产，生产出产品后，再寻找市场。但是这时往往出现问题。因为尽管有创新，但企业要不要用是一个问题，企业用了之后生产出来的产品有没有市场又是一个问题[10]。以“研究—市场”的计划模式取代“市场—研究”的市场模式，直接导致技术创新和知识创新主体的错位。在计划经济体制下，国有科研机构占支配地位，从创意的提出到新产品的最终使用者，政府充当核心的协调者[10]。国家一直把大学、科研院所放在国家创新体系中的核心地位，科技人员的价值观以研究和发表论文为导向，而非以市场和申请专利为导向，未从“研究—市场”的计划模式转向“市场—研究”的市场模式。长期以来，企业没有创新的动力、压力和能力，因为生产什么、生产多少、为谁生产都是由计划来确定的。从企业本身的管理者来看，由于有一个任期，考虑的就是最大化在任期内的绩效，而不是考虑企业长远发展的绩效。缺乏知识产权的概念，缺少科技成果有偿转让的机制，研究成果被视为公有财产，可以无代价地采纳和应用，以至率先创新的单位或个人无法从创新中获得相应的回报。

科研院所和大学要在科学创新中扮演主角，在技术创新中则应甘当配角，为企业服务，“受制”于企业，不要凌驾于企业之上，更不要在市场充当企业的“替身”[11]。国家重大基础研究、重大科学工程和战略高技术研究工作，将主要由国家级的科研机构承担；自由探索式的、多学科交叉的基础研究，以及具有目标导向的应用基础研究主要由大学承担；涉及国计民生和国家利益的公共技术等“公共产品”的研究，主要由国家公益类科研机构承担；产业竞争技术及少量应用基础研究等，主要由企业研究开发机构承担。

五、“依靠”与“面向”的关系

促进科技与经济的结合是科技体制改革的总目标，但目前经改革后，仍存在“面向热心，依靠淡薄，初步结合，供给不足”的问题。通过科技体制与经济体制改革，在刺激科技成果供给方面和刺激对科技成果的需求方面有一定的成效，但在

刺激科技供给与需求的衔接上还远远不够，制约了科技进步与经济发展的互动。“面向”热心，“依靠”淡薄，科学技术面向经济建设的局面基本形成，而经济建设依靠科学技术的机制还没有建立[12]。经济系统眼睛向外，采取“市场换技术”的策略，依靠技术引进，引进技术不等于引进技术创新能力，企业形成了对国外技术的依赖，不但会导致对外技术依赖和技术安全问题，而且对国内科研部门的要求会降低，影响科研部门的科研水平。实际上，我国的科技供给方面也存在着严重的供给不足的问题，几乎所有主要的产业部门第一线生产所使用的主导技术和技术装备的供给都要依靠引进。我国科学尚未取得与大国相称的成就，高端科技人才匮乏。中国在世界知识链上仍然处于底端，知识产品的数量极其庞大，但是附加值非常低。科研效率低下被形象地描述为“三多三少”，即“假花多、真花少，（开花）未结果的多、结果的少，（结果）结小果的多、结大果的少”。科技进步与经济发展脱节导致经济实力与科技竞争力不对称，改革开放三十多年来，国内生产总值平均每年增长9%，经济总量已经跃居世界第四，目前中国已经成为制造大国，被誉为“世界工厂”。中国已成为一个制造大国，但离创新大国还很远。

目前，“依靠”与“面向”的实质就是发挥科学技术对经济社会发展的引领支撑作用。加强科学技术与经济建设的联系，应做到以下几点。第一，在科技层面上，科技界应大力供给科研成果，加大自主创新力度，满足经济社会发展的科技需求，满足国家的战略需求。第二，在经济层面上，应引导和支持创新要素向企业集聚。资源配置由以科研机构为主转变为以企业为主，使企业成为研究开发投入的主体。企业作为创新的组织者，题目的来源不是文献，而是市场，科技资源的筹措、投入与配置将由政府主导型向企业主导型转变，企业将超过政府而成为最主要的科技投入主体。通过经济科技政策导向使企业成为研究开发投入的主体；通过改革科技计划支持方式支持企业承担国家研究开发任务；通过技术转移机制促进企业的技术集成与应用；通过现代企业制度建设增强企业技术创新的内在动力；通过提供创新制度环境扶持中小企业的技术创新活动，使企业成为创新主体。第三，在结合层面上，在宏观层次上，在国家计划的制定中，注意科技与经济的联系，对科研项目实行合同制，使课题来源和构成朝着有利于加强研究者同使用者联系的方向转变，研究所与社会各界建立广泛的多种联系[13]。

六、人治与法治的关系

科技管理目前仍然停留在“人治”阶段，社会和科技界的人际政治在多个层面起着重要或主导作用，而科技的专业优势在现有体系不能发挥合适的作用。这种人治模式部分来自中国的历史传统，部分来自照搬苏联模式[13]。科研单位是中国官僚生态系统链条的一个环节，“官本位”和“潜规则”紧密地纠缠在一起，导致

“权力寻租”现象非常严重，这是中国科技体制的致命伤，极大地扼杀了创新型人才，阻碍了创新型成果的涌现。非竞争性、按权力和身份分配并获取科技资源的现象还存在，行政力量在课题划分、分配，课题报奖中的权重较大，课题从可行性研究、立项、考核、验收各个环节都充满了各种关系的交织缠绕[14]。在科技决策过程中，非科技领导有决策权，科技领导有决策权，普通行政人员有影响力，多级财务人员有决策权和影响力。比起其他方面，在重大问题上，专家的影响没有达到应有的分量。中国重视的有些领域，不是科学专家从专长或根据国际科学发展所提出的，而是受非科技因素影响很大[15]。行政主导的科研体制往往容易诱发学术腐败问题，导致“劣胜优汰”“劣币驱逐良币”的奇特现象。事实上，学术腐败是一个日益受关注的严重问题，批评家们认为，学术不端正在瓦解的不仅是中国的学术体制，而且瓦解着中国社会和经济结构的稳定性[16]。中国科学技术协会公布的有关调查结果表明，科技工作者对于科研资源分配的公平性、公正性存在质疑，认为财政资助项目评审过程不够公平透明。在申报过财政支持项目的科研活动人员中，41.8%认为申报过程中“拉关系、走后门严重”，38.4%认为“审批程序不透明”，12.3%认为“招标信息不公开”，有强烈的改进要求[17]。

科技的管理运行由人治到法治，首先要建立完善制度。“制度大于技术”，由“政策倾斜”向“制度创新”转化，“政策含金量”向“制度含金量”转移，在基本制度层面进行设计，给科技界提供更好的软的和硬的研究环境，建立更公平合理的资源（科研经费、成果奖励、人才）分配机制。建立健全国家科技决策机制、国家科技宏观协调机制，改革科技评审与评估制度，改革科技成果评价和奖励制度。其次，在一定程度上实现“政科分离”。要界定政治领导、专家和行政人员的作用，政治领袖可以决定或影响科技与国家和社会有关的全局层面，而具体问题要由专业的专家来评审，以确定项目优秀与否及经费分配，一般行政人员应该退出科技的决策和影响[18]。精简行政管理机构，减少不必要的行政管理层次。完善科技人员的“同行评议”制度，政府职能部门要从国家科技计划的直接“项目管理”中解放出来，将行政权力彻底从科研立项、经费审批、成果评审中剥离，充分发挥科学基金制的作用，应建立以专家为主导的科技体系。科技管理应该采用“竞争优胜体制”，真正按照科技项目的专业水平及其意义来进行竞争和选择，使优势课题胜出。

参考文献：

[1] 房汉廷．国家科技宏观管理新构想[EB/OL].[2008-08-26]http://www.casted.org.cn/blog/index.php? blogId=106.
[2] 杨曾宪．论中国行政科技体制弊端及改革的迫切性[J]. 社会科学论坛,2008(4):52-63.

[3] OECD. Reviews of Innovation Policy:China[M]. OECD Publishing,2008:47.
[4] Pao-Long Chang,Hsin-Yu Shih. The Innovation Systems of Taiwan and China:A Comparative Analysis[J]. Technovation, 2004(24):529-539.
[5] 宋永杰．关于国家科技管理中若干问题的探讨[EB/OL]. [2008-08-27] http://www. casted. org. cn/blog/index. php? blogId = 120.
[6] 李正风．关于深化我国科技体制改革的若干思考[J]. 清华大学学报,2000(6):39-44.
[7] 黄涛．走出"科技"误区:对科学与技术的区分和理解[J]. 科技导报,2009(11):104-105.
[8] 张文霞,李正风．科研的商业化倾向与科研体制的导向[J]. 科学对社会的影响,2007(3):5-8.
[9] 万钢．中国科技改革开放30年[M]. 北京:科学出版社,2009:110.
[10] 成思危．创新型国家与学习型组织[J]. 中国软科学,2007(2):1-3.
[11] Liu Xielin, Steven White. Comparing Innovation Systems:A Framework and Application to China's Transitional Context[J]. Research Policy, 2001(30):1091-1114.
[12] 马俊如．核心技术与核心竞争力:探讨企业为核心的产学研结合[J]. 中国软科学,2005(7):4-6.
[13] 丁晓良．谈中国科技体制改革问题[J]. 世界科技研究与进展,1997(6):80-84.
[14] 方新．科技体制研究中的一个分析框架[J]. 科学学研究,1994(4):66-70.
[15] Rao Yi, Lu Bai, Tsou Chen-Lu. A Fundamental Transition from Rule-by-Man to Rule-by-Merit-What Will Be the Legacy of the Mid-to-Long Term Plan of Science and Technology? [J]. Nature, 2004(432)(Suppl): A12-A17.
[16] 杨振寅．反思当今的中国科技体制改革[J]. 战略与管理,2003(3):101-107.
[17] 饶毅．中国在重要科学领域缺席所反映的科技体制和文化问题[N]. 南方周末,2002-10-17.
[18] Sylvia S S, Magnus B. China's Fifteen-Year Plan for Science and Technology:An Assessment[J]. Asia Policy, 2007(4):135-164.

论科技黑箱与IT人才培养模式的转变

陈首珠

（东南大学人文学院哲学与科学系，江苏 南京　210096）

摘　要： 在新的科技革命的推动下，科技成果总是以科技黑箱的形式出现。科技黑箱也促进了知识的传播、增长。在科技黑箱的引导下，高校必须转变IT人才培养模式。探讨科学的IT人才培养模式是一个系统工程。

关键词： 科技黑箱　IT人才　培养模式

一、引　言

人类社会的发展历史是一个认识世界和改造世界的历史。在认识世界和改造世界的过程中，人类积累了丰富的知识。人类社会的发展又依赖知识（包含隐性知识和编码知识）的不断增长。在这个过程中，人类不是消极地适应自然，而是不断地制造出新的工具（生产资料）作用于自然、变革自然，从而获取自身所需要的生活资料[1]。先进的生产资料代表着一个社会的先进生产力。在现代科技革命的推动下，生产资料往往以“科技黑箱”的形式出现，它不像古代的石器或铁器那样“透明”。生产资料的研制和改进需要专门的人才才能完成。培养懂得“科技黑箱”内部玄机并能不断予以改进的专门人才，是各国教育的重要目标。

在信息领域，人才培养一直没能满足社会的需求。一边是很多高校培养的大量IT毕业生无用武之地，另一边是IT公司感叹找不到合适的IT人才。原因何在？面对这个矛盾，人们不禁要问：在当今信息化时代，究竟需要什么样的IT人才？其实，问题的关键是，高校培养的大量IT毕业生称不上是IT领域的专门人才，他们看不透信息领域出现的“科技黑箱”的内部玄机，他们不能发现问题并解决问题。那么，试问，高校应该如何培养IT人才？或者高校应该建立怎样的IT人才培养模式？

二、科技黑箱的内涵及功能

人类社会的不断发展可以通过科技黑箱反映出来。科技黑箱集中了人类的智慧，它是一种特殊的存储知识的设施，在其中集成了人类在某一阶段关于某些领域的编码和隐性知识，如电脑、纳米材料、手机等[2]。

科技黑箱的功能包括如下方面。第一，科技黑箱集中了大量知识。在科技黑箱制造过程中，知识等要素以特定的方式进入其中。以手机这个科技黑箱为例，一部先进的手机包含了很多先进的技术，包括新材料、通讯、电子等方面，它集中了科研人员的集体智慧。第二，科技黑箱传播知识。在制造科技黑箱的过程中，先是科学的作用创造了编码知识，并且把原先不可共享的客观的隐性知识转化为共享的编码知识。技术也在其中注入了大量主观的隐性知识和嵌入的编码知识。在科技黑箱制成后，知识以其为载体进行传播、交流、共享。科技黑箱使人类站在一个新的起点上，加快了知识的增长速度，推动了人类文明的进程。第三，科技黑箱使人类解放出来。在科技快速发展的今天，由于科技黑箱的存在，人们根本不需要成为全才就能满足自己各方面的需求。科技黑箱使得每一个消费者——不仅牛顿——都能直接“站在巨人的肩上”继续前进。面对科技黑箱，消费者只需按照规程操作，便可得到合目的的结果，无须学习有关的科技原理和制作过程[3]。科技黑箱大大地缩短了人类学习并积累知识的时间。第四，科技黑箱为人才培养提供了新的视角。21 世纪的教育该沿着怎样的道路走下去？每个人是从零开始学习，还是“站在巨人的肩上”前行？

三、科技黑箱引导 IT 人才培养模式的转变

传统教学模式对教育质量的评价标准是看学生在学校掌握的知识量。这种观念对人们的影响根深蒂固。实际上，如果高校培养的 IT 人才得不到市场的接纳和认可，那就说明我们的教育是失败的。实践证明，按照传统教学模式培养的人才不受市场欢迎。高校培养的 IT 毕业生与人才市场所需人才之间存在很大的差距，不知是培养环节出了问题，还是人才市场故意刁难。试问，高等学校培养的大量 IT 毕业生能够看透信息领域出现的“科技黑箱”的内部玄机吗？答案是不能。传统的 IT 人才培养模式存在这样一些问题，如知识体系陈旧与实践脱轨，学生普遍只掌握应试能力，不会解决实际问题的能力，等等。那些陈旧的知识体系只是陈述了过去某个时间 IT 领域的某个科技黑箱的内部知识原理，而没有及时传递科技黑箱所包含的知识增长部分。随着信息技术的快速发展，IT 领域出现了很多新的技术和技术问题，如视音频压缩、解压缩技术，中文信息处理与智能人机交互技术，信息

隐藏技术等。这些技术还没有来得及在学校传播，就已经在市场加以利用和推广(因为市场是最灵敏的)。

另外，IT 领域的科技黑箱既包含了很多编码知识，也包含了很多隐性知识，需要 IT 领域的人才去实践，在实践中积累对黑箱更深层次的认识。那些毕业生没有学到急需的有用的知识，就要离开校园投身社会，当然不能与市场接轨。例如，国家和很多企业目前急需软件开发人才，而那些毕业生并未掌握前沿性的知识，面对“科技黑箱”，他们无所适从，学过的一些专业基础知识无法与当前正在不断涌现的新技术相适应。学生只会应试不会解决实际问题正反映了学生只会对科技黑箱中的编码知识加以运用，而没能将编码知识和隐性知识一并掌握，且联系实际加以灵活运用。

因此，在科技黑箱的引导下，高校转变 IT 人才培养模式是一种必然趋势。面对信息化社会，结合当前人才市场的实际情况，作为培养 IT 专业人才的高等院校，只有转变 IT 人才培养模式，才能培养出适应社会发展的高素质 IT 专业人才。

四、寻求新型 IT 人才培养模式

寻求新型 IT 人才培养模式是 IT 教育成功的关键。虽然很多高校已经意识到转变 IT 人才培养模式的必要性，但就新型 IT 人才培养模式，还没有形成一致的方案。不过，从市场和社会需求入手，能够培养出基础扎实、知识全面，具有很强的实践能力和创新能力的专业化 IT 人才的培养模式应该是一种成功的培养模式。

1. 加强专业基础知识的培养，注重前沿知识的传授

要想使学生认识 IT 领域的科技黑箱，知道其中的玄机，使“黑箱”不“黑”，加强专业基础知识的教育是 IT 专业人才培养的首要环节。任何一个科学领域总是经历了一个发展的过程，任何领域的知识增长也是一个从低级到高级逐步累积的过程，因此，进入 IT 领域，必须注重从专业基础知识培养抓起。教师要适时地以 IT 领域的科技黑箱作为课堂讲解的案例，分析其中的科技知识原理，帮助学生掌握相关的专业基础知识。

IT 学科也是一门前沿科学，正在快速发展，知识更新的周期短，必须不断地修整陈旧的教学内容。首先，IT 专业教师必须在工作中不断地自主学习，使自己的知识不断更新，以便向学生传授国外的先进知识；其次，在教学中建议采用先进国家的原版教材，进行专业课教学。通过使用国外原版教材，更能激发师生教与学的热情，更好更快地实现与国际接轨[4]。

2. 强调专业化，培养知识全面的人才

有两种类型的 IT 毕业生得不到市场的认可，一种是专业知识面太窄，另一种

是综合素质不高。因为这两种毕业生面对IT领域的科技黑箱一筹莫展。对于IT领域而言，必须培养既专又广的人才，即专业知识要专，对一个方向的专业知识要精通；知识面要广，每个领域的发展方向都有所涉及。在加强学生IT专业教育的前提下，不断拓宽知识面，培养全面发展的高级IT专门人才；同时，在从事与IT行业相关的程序设计、软件开发等科研工作时，除了需要IT专业知识，更需要与IT行业相关的专业知识。

因此，IT专业教学计划要结合人才市场的需求进行改革，学科建设也需要进行相应的调整与加强。首先要从专业设置入手，就目前形势看，IT专业的界限区分得越来越不明显，专业的知识相互渗透已势不可当，应用电子技术专业要学习IT技术，自动化专业要懂得IT技术才能适应社会需求，等等。作为培养IT人才的高校，必须适应社会的发展，适者才能生存，才能发展[5]。

3. 加强实践能力培养，走产学研相结合的育人之路

调查发现，目前中国IT专业的学生仍处于应试教育模式中，要考很多基础理论课程，而实践课程少，动手能力不强，致使学生毕业后竞争力较差。调查结果显示，认为毕业生在实际工作中动手能力培养不足的比例高达70%[6]。

科学的IT人才培养模式必须是理论与实践相结合的教育方式。IT专业的学生不仅要掌握程序设计、数字电路、计算机网络等方面的知识，还要去相关的信息产业部门实习，把理论知识和实践有机地结合起来，使自己能学以致用，把知识转化为能力，最大限度地缩小与社会实际需求的差距，成为有实力的IT专业人才。

在新的科技革命的推动下，高校培养的毕业生将面临很多考验，因此，在IT专业人才培养过程中，必须重视IT专业实验、IT课程实验等实践环节。在毕业设计过程中，鼓励学生参与专业教师的科研活动，去相关企业从事实际调研或做科学实验，充分发挥个人的主观能动性，在实践中增长才干，走出一条产学研结合的育人之路。随着人才市场的竞争日趋激烈，作为培养IT人才的高校，与相关行业、企业建立有效的产学研相结合的人才培养平台是非常必要的。高校应聘请相关企业的一线专家参与IT人才培养方案制定、实习基地建设、校企合作、课程建设等方面的指导与咨询工作，形成产学研相结合的有机体系。

4. 加强创新能力培养，培育创新人才

创新能力是指一个人（或群体）在前人发现或发明的基础上，通过自身的努力，创造性地提出新的发现、新的发明或新的改进革新方案的能力。也可以说，创新能力就是一个人（或群体）通过创新活动、创新行为而获得创新成果的能力。创新能力包括提出问题、分析问题、解决问题三种能力[7]。

人类的发展过程既是一个不断创新的过程，也是一个不断提出问题、分析问题、解决问题的过程。通过掌握和运用科学技术，人类加速了改造自然界和人自身的进程。人类能够在地球上生存，并且能生活得越来越好，就是学会了使用工具、制造工具、改进工具、改进工作方法等，具备了提出问题、分析问题、解决问题的能力，也就具备了创新能力。人类能够不断地战胜自然界，求得自身的发展，就是传承和培养了创新能力。过去，人们靠的是师傅带徒弟，更多的是依靠师傅的经验传授和指导，从而实现一代新人换旧人。随着科学技术的不断进步，创新能力的培养显得尤为重要。今天，人们必须要通过系统的专业学习，才能在某一领域获得一定的基础理论和专业知识。而要想在某一领域有所突破，必须重视创新能力的培养，这是人类社会发展的需要[8]。

要想培养合格的 IT 专业人才，必须加强学生创新能力的培养。要学习 IT 专业理论知识，吸收前人的丰硕成果；还要不断参与实践，在实践中要善于独立思考问题、分析问题、解决问题，这样才能培养出既有理论知识又有实践能力和创新能力的人才。

五、结束语

研究科学的 IT 人才培养模式是一项复杂的系统工程。高校培养出的 IT 人才要不断地接受社会、市场的检验。随着现代科技的不断进步，在科技黑箱的引导下，对 IT 人才培养模式也要不断地进行调整，以适应社会发展的需要。

参考文献：

[1][8] 陈首珠,钟云萍. 高校应加强学生创新能力的培养[J]. 沿海企业与科技,2008(8):177-179.

[2][3] 吕乃基. 论科技黑箱[J]. 自然辩证法研究,2001,17(12):23-26.

[4][5] 张仕斌. IT 专业教学与人才培养模式探讨[J]. 成都纺织高等专科学校学报,2009,26(2):56-59.

[6] 李晓明,陈平,张铭,等. 关于计算机人才需求的调研报告[J]. 计算机教育,2004(8):11-18.

[7] 余伟. 创新能力培养与应用[M]. 北京:航空工业出版社,2008:3.

可持续技术还是可持续使用?

——从“技术人工物的双重属性”谈开去

陈多闻

(成都理工大学文法学院，四川 成都 610059)

摘 要：技术人工物双重属性的技术解释学论纲强调，技术的结构由设计所确定，而技术的功能则由使用所赋予，这就进一步将人们的视野聚焦到生活世界，由此产生的一个困惑是：可持续的到底是技术还是使用？诚然，技术为使用提供的仅仅是“已经在此”的人工物，而使用则将这种“已经在此”的人工物转变为“上手”和“在手”的人工物。

关键词：技术 技术人工物 使用

“技术人工物的双重属性”研究项目是在技术哲学经验转向的背景下孕育出来的，该项目的开展无疑又一次在技术哲学界掀起了巨澜，不仅激发了人们对技术本性的新思考，而且推动着人们进一步关注生活世界里的技术。

一、回顾：技术人工物的双重属性

“技术人工物的双重属性”① 研究项目的主要倡导者是荷兰代尔夫特大学的皮特·克罗斯（Peter Kroes）教授和安斯恩·梅莱斯（Anthonie Meijers）教授，他们指出，在我们的思想、言语和行动中，我们使用着两种基本的有关世界的概念化体系[1]：一方面，我们将世界视为物质对象的集合，这些物质对象通过偶然性联系而相互作用；另一方面，我们又将世界当成代理者（主要是人类）的集合，这些代理者有意识地表达着这个世界，并在这个世界里面行动着。其中，有意图的概念化体系不仅仅适用于个人的精神状态，而且适用于社会性存在，例如，涉及一些人

① 据韦雷斯的考证，“技术人工物的双重属性”这一说法并不是代尔夫特大学的首创，早期有两个哲学家——希蒙尼东（Gilbert Simondon）和路森（Hendrik van Riessen）——对此作出了巨大贡献。参见 Marc J. de Vries. Gilbert Simondon and the Dual Nature of Technical Artifacts［J］. Techné，2008，12（1）：23-32.

的团体、军队、银行、政府或国家等，缝纫机、打印机或摩天大楼等技术性人工物。技术人工物首先是物质对象，但它们同时也是具有一定功能的客体[2]。

在克罗斯看来，任何一个技术人工物，例如螺丝起子或者电视机都具有一种双重属性[3]。一方面，它是具有特定物质结构（物理性质）的物质体，它必须服从自然法则的统治；另一方面，它又具有功能这一本质属性，这就意味着在人类行动的情境里，该人工物能够被当做实现某一目的的手段来使用。物质客体是功能的载体，而正是凭借着功能，一个物质客体转变成了一个技术人工物。通常情况下，一个技术人工物是人类设计的体现，并用来实现一定的目的。这样，功能和物质载体共同建构了一个技术客体。功能无法脱离技术客体的使用情境，它由那个情境所界定，由于该情境是人类行为的一个情境，我们就称这个功能是人类社会的一种建构。这样，一个技术客体既是物理的建构，又是人类社会的建构。

虽然对于技术人工物来说，结构属性和功能属性都是缺一不可的，但抛开表面上的联系，它们之间也存在着很大的差异[4]：首先，涉及可估价（规范性）问题，当我们说一个物体（如一辆车）是好或坏的时候，是完全有意义的，因为这就大致等同于宣布它是否适合一定的功能；然而，当我们说一个物体（如一个氧分子）是好或坏的时候，则是没有意义的，因为这个氧分子没有内在的功能。其次，这是两种不同的描述，在结构性描述里，涉及的是人工物的质料、尺寸、颜色、质量、形状等物理性质和几何特征，无法体现其功能，这里结构是白箱，而功能是黑箱。而同样，功能性描述只是有关人工物的用途，即它可以用来做什么，也无法表现其结构，这里功能是白箱，而结构是黑箱。最后，功能属性和结构属性的本体论状态相当不同，结构是内在的，而功能是外在的，功能并不能很好地符合物理科学的本体论，从物理维度来看，物体是没有功能的，相比于内含于物体的物理特性（由那些独立于任何其他事物的物体所拥有）来说，功能通常被视为外在的，也就是由使用者赋予这些物体的。

技术人工物的结构属性和功能属性之间不仅存在着鸿沟，而且不是一一对应的关系，既无法从特定的结构推出功能，也无法从特定的功能推出结构，这种现象被霍克斯和梅某斯归纳为“非充分决定性”[5]：一方面，多种物理结构可以发挥同一种社会功能（功能的多重实现性）。例如，木头箱子、蛇皮箱子、塑料箱子和铁皮箱子等具有不同的物理结构和几何形状，但它们的社会功能却都是一样的，都是用来装东西的，这样，仅仅根据“箱子”这一功能描述还不足以确定它的质料和形状，也就无法对应于某一个具体对象。另一方面，多种社会功能可以由同一种物理结构来实现（物体的多重功能性）。例如，木头既可以用来做成凳子（用来坐的），可以做成床（用来躺着休息的），也可以做成衣柜（用来装衣物的），还可以做成篮子（用来装蔬菜、水果的）。

二、彰显：功能的使用情境

当人们开始关注技术的经验性描述时，自然而然地发现了人工物具有功能这一根本性特性，而“技术人工物的双重属性”研究项目无疑更加激起了学者对功能的深入探讨，一个技术人工物具有功能意味着在特定的人类行动情境里，它能够被用做达到某一目的的手段，并且这些功能概念从来不会出现在对世界的物理描述中，它们仅仅属于意图性的概念化体系，而“意图是世界基本本体的一部分”[6]，因此，即使是工程师和设计者，也必须同时进行功能描述，才能够刻画技术人工物的全貌[7]。

代尔夫特大学的马腾·弗朗森（Maarten Franssen）更加强调功能的重要性，他坚持认为结构术语从属于功能术语，是功能术语的一部分，并且在现实生活中，人们关注的只是技术人工物能用来做什么，即功能，至于其结构如何，无伤大雅，在他看来，技术人工物的完整描述仅仅使用具有意向性质的功能术语描述就足够了[8]。至此，“功能”俨然成为经验转向视野下技术哲学的一个核心概念，主要有技术性功能、社会性功能和意识性功能[9]之分。技术性功能是指人工物所具备的让某人享受到实实在在功效的能力，社会性功能是指人工物所具有的协调关系、传递文化方面的功能，而意识性功能则指人工物所传达的统治阶级意志、政治权力等象征性意义。例如一顶皇冠，它的技术性功能是让某人在一个特定的位置上入座，社会性功能是向人们传达了谁是国王的信息，意识性功能则是指这顶皇冠象征着权威和君主。而不管是哪种类型的功能，总是在一定的使用情境里显现。

“功能是外在的，是由使用者赋予的”[10]，从使用者的角度出发，某一具体的人工物展现在人们面前的功能表现为预设性功能、创造性功能和意外性功能。预设性功能指的是设计者在设计过程中，根据自己对潜在使用者需求的感知和理解，通过一定物理结构的设计而想要实现的功能。在产品进入到生活世界被使用之前，该功能只能处于预设的潜在状态；创造性功能则是指使用者在使用过程中，根据自己在生活世界中活生生的经验而重新赋予人工物的功能，它不同于设计者所预期的功能，甚至设计者根本就没有料到这种功能，而是使用者自己所设定的功能，相对于预设来说，它是创造性的；而意外性功能则是指使用者通过自己的使用行为所意外实现的功能，在这个过程中，使用者也许是想要实现人工物的预设功能，也许是想要实现自己的创造性功能，但最终实现的功能却在意料之外，无法预测。

技术某一功能在生活世界里的实现总是意味着技术使用的阶段性完成，这样，技术使用就成为技术功能在生活世界里的具体化、现实化过程，技术融入到使用者拥有着话语权的生活世界之后，“使用者根据实际目的的需要分派给人工物以功能”，鉴于使用者的复杂性，情境化过程中的技术功能会呈现出各种各样的形态面貌，同一件人工物在不同的使用者主导的使用情境里，会发挥不同甚至截然相反的功能。

只有在使用中，技术的各项物理结构才能通过使用者对技术人工物的功能-意向的认知获得意义。当然，技术功能在使用实践中并不是都能顺利地情境化的，并不总是实现使用者的特定目的，技术还在设计之初时，就被设计者赋予了功能意向，在使用之时又被使用者指派了具体的、生动的功能任务。这样，技术功能在情境化的过程中，还会遭遇“功能失灵（Malfunction）”这个境况，“如果你可以说期待一个物体用来做什么，那么你也可以在该物体不能达到你的目的时说该事物功能失灵了”[11]。

三、断裂与弥补：设计还是使用？

伴随着荷兰学派所倡导的经验转向，特别是之后所开展的双重属性研究项目，人们对技术的探讨越来越明确和具体，关注点日益聚焦到生活世界里的技术人工物身上，并开辟出一块具有浓厚的分析哲学色彩的技术哲学新领域[12]，但已有的研究成果仍然囿于传统的技术生产范式，即认为技术从设计到发明到生产到使用是一个单向度的进程，涉及到具体的人工物实践时，主要表现为“设计”决定“使用”的思维方式，这种思维认为设计出来的人工物必然会得到使用，是依赖于“设计”活动才完成了物理结构和意向功能的统一，是工程师和设计者弥补了结构性描述与功能性描述之间的鸿沟，可见，这是一种典型的线性思维，也就是这种思维方式推动着人们把大部分学术精力都置于技术设计活动本身。诚然，技术人工物的两种属性蕴涵着两种不同的技术关系：人工物的结构揭示的是技术与科学世界的解释学关系，人工物的功能揭示的则是技术与生活世界的现象学处境，并因而对应着人类两种不同的活动情境——设计和使用。

然而，技术设计实际上就是“造物”活动，那么，摆在我们面前的一个困惑就是：到底是“我思故我在”还是“我造物故我在”抑或“我用物故我在”呢？换而言之，是“思物”重要呢？还是“造物”重要呢？或者“用物”重要呢？这似乎又是传统的蛋生鸡、鸡生蛋的问题，容易陷入一种循环论证的喋喋不休之中。让我们先来看看“我思故我在”的由来吧。笛卡儿被称为法国历史上最大的哲学家，但是，在经验主义和唯物主义的人们眼里，笛卡儿却有一个致命的硬伤，那就是他那句流传已久的“我思故我在”的名言。笛卡儿的本意虽然是强调人是认识和思维的主体，但对这句话比较权威的解释却是“我无法否认自己的存在，因为当我否认、怀疑时，我就已经存在！”比较直白的解释就是“因为我能思考，所以我才存在！”而我国著名的工程哲学家李伯聪教授根据《现代汉语词典》和《四角号码词典》对工程的释义，认为日常语义学和语用学意义上的“工程”是指包括设计和制造活动在内的大型生产活动，并因此提出了“我造物故我在”的命题[13]，转化成白话文就是“因为我设计、制造物体，所以我才存在”。“经验转向”和“技术人工物的双重属性”研究项目的相继兴起也受到工程哲学的不少影响，特别是“双重属性”研究项目不仅把人工物的本质属性还原为功能和结构两种，而且凸显了技术设计和技术使用两种人类实践情境，很显然，功能描述和结构描述之间的鸿沟正是在这两种实践情境中得到弥补的：技术设计提供了弥补的可能性，设计者或工程师将他们对功能的感知融入到物理结构之中，并以人工物形式展现在人们面前；而技术使用则切实实现了这种弥补的可能性，使用者通过自己对人工物结构的感知和设计者提供的使用计划，展开了对技术人工物功能的发挥过程；并且，使用一种人工物实际上就是创造一种生活方式，所谓的“石器时代”“铁器时代”“机器时代”“计算机时代”，都是一个时代生活方式的反映，其实就是根据人们所使用的技术而划分的，“自行车王国”“汽车王国”更是如此。可见，“我用物故我在”的命题也是成立的，首先是因为技术只有在使用中才能存在，其次是人类社会只有在技术使用中才能得到孕育、构建和演变，故而“我”只有在“使用”中才能体验到我的存在并实现我存在的价值。

“我思故我在”“我造物故我在”与“我用物故我在”到底孰轻孰重、孰真孰假呢？在“我思故我在”成为名言之后，西方哲学随即发生了以本体论为中心到以认识论为中心的重心转向，“我思”实际上就是“我”对事物的认识和看法；而“我造物故我在”的提出部分地响应了马克思的“哲学家只是用不同的方式解释世界，而问题在于改变世界”的至理名言，从而提醒人们把聚焦点从理论层面转移到实践层面，是人类实践而不是理论改变了世界；“我用物故我在”才是真正对“改变世界”的强烈响应，人类正是在“使用”中特别是“技术使用”中才实现了“改变世界”“创造世界”的目的。可见，“我思”属于认识论范畴，而“我造物”和“我用物”属于实践范畴，很难辨别孰轻孰重：没有对世界的认识谈不上去改变世界，而不管这种认识是正确的还是错误的，但不改变世界认识世界就没有了意义、失去了方向；“造物”是为了“用物”，而“用物”的前提却是“造物”……单独就凭借某一种活动来断定“我”是否“在”无疑是片面的，容易落入线性思维的窠臼，也易受致命攻击，客观的说法应该是“我思、我造物、我用物故我在”，“我用物”是其中不可忽略的关键环节。

况且，不管技术人工物具有什么样的属性，抛开这些本体论、认识论上的东西，它们能够被人们使用只有一个原因，就是它们具有人们可以利用的正价值，因此，从使用者的角度来说，有没有价值是技术人工物能否被使用的关键所在。所谓价值，是相对于主体和客体而言的，是客体所具有的能够满足主体某种需要的能力，在哲学上一般把它作为关系范畴来看待。价值其实就是功能在现实生活世界中的具体化，它是通过功能的发挥来实现的。那么，对于技术人工物来说，我们是不是更应该关注它的价值呢？放眼当代社会，人工物的“符号价值”腾空而起，横驾于“使用价值”之上，造就了物欲横流的符号社会图景。如何褪去“符号价值”的耀眼光芒，还“使用价值”以朴实面目，也是“技术人工物的双重属性”带给我们的深层思考。

四、结　语

在传统的技术论中，人们往往把可持续发展的解决之道诉诸技术，在这种思路的引领下，节能技术、环保技术、环境友好型技术、绿色技术、生态技术等应运而生，可这些技术的应用真的节能了吗？真的环保了吗？当节能洗衣机被推向市场的时候，设计者自以为实现了节能，因为新型洗衣机能够用更少的水、消耗更少的热和电来洗更多的衣服，按照计算，至少能节省20% ~30%的能量，而这种洗衣机推广后的结果却事与愿违，能量不仅没有被节省，反而更耗能了，原因在于使用者们的使用频率、强度和范围大大扩展了，原来只洗大件衣物，现在是连袜子、手套等小件都扔进去让洗衣机洗。“技术的节能性能被使用者使用密度的增加和使用范围的拓展给抵消了”[14]，可见，可持续发展的核心不是可持续技术而是可持续使用，可持续技术只是提供了一种工具，这种工具的功能只能在使用中实现，更确切地说，只能靠可持续使用来维持和发挥，这也是“技术人工物的双重属性”研究项目带给我们的一个重要启示。

可持续使用依赖于使用者所展开的使用行为的节能性、环保性和生态性。“设计者应该明确认识到最终是使用者来决定使用还是不使用”[15]，诚然，使用者不仅有使用与否的决定权，而且决定着这么使用还是那样使用，一天使用一次、三天使用一次还是一年使用一次。可持续发展的目标只能在可持续使用中来实现，这绝不是高抬使用的作用，而是一个事实，是一个长期以来被人们所忽略的事实。当人们绞尽脑汁地去设计、去生产可持续技术时，也应该殚精竭虑地去贯彻、去推广可持续使用的方式，可持续发展的目标、可持续技术的功效都只能在使用的可持续性中实现。

参考文献：

[1][2]　Peter K, Anthonie M. The Dual Nature of Technical Artifacts-Presentation of a New Research Programme[J]. Techné,2002, 6(2):4,5.

[3]　Peter K. Technological Explanations:The Relation between Structure and Function of Technological Objects[J]. Techné, 1998(3):18.

[4][7][10][11]　Peter K. Technical Functions as Dispositions:A Critical Assessment[J]. Techné, 2001, 5(3):4,7,7,11.

[5] Wybo H, Anthonie M. The Ontology of Artefacts: The Hard Problem[J]. Studies in History and Philosophy of Science Part A, 2006, 37(1): 118-131.

[6] Peter K. Screwdriver Philosophy: Searle's Analysis of Technical Functions[J]. Techné, 2003, 6(3): 22, 25.

[8] Maarten F. Design, Use, and the Physical and Intentional Aspects of Technical Artifacts[J]. Philosophy and Design, 2008: 23.

[9] Glive L. An Ontology of Technology: Artefacts, Relations and Functions[J]. Techné, 2008, 12(1): 57.

[12] Marc J de Vries. Gilbert Simondon and the Dual Nature of Technical Artifacts[J]. Techné, 2008, 12(1): 23.

[13] 李伯聪. 工程哲学引论:我造物故我在[M]. 郑州:大象出版社,2002:7-8.

[14][15] Cees J H Midden. Sustainable Technology or Sustainable Users? [C]// Peter-Paul Verbeek, Adriaan Slob. User Behavior and Technology Development-Shaping Sustainable Relation between Consumers and Technology. Netherlands: Springer, 2006: 191, 199.

德克斯：面向实践的工程学的技术哲学先驱

张学义　夏保华
（东南大学哲学与科学系，江苏 南京　211189）

摘　要：亨利·德克斯是19世纪英国的一位工程师、发明家和技术哲学家，其代表作《发明哲学》是一部专门论述发明的哲学著作。德克斯首次提出了“发明哲学”的概念，并系统地阐述了发明的本质特征和内在结构：发明是一种心智能力，其有独创性、新颖性和实用性，它包括原始发明、改进和设计三个阶段。这在技术哲学史上具有开创意义。他从生产实践中遭遇的问题出发，思考形而上的哲学命题，然后又将其应用于生产实践中，具有明确的实践指向性。

关键词：德克斯　发明哲学　实践　工程学的技术哲学

众所周知，当代著名的技术哲学家卡尔·米切姆（C. Mitcham）在他的《通过技术思考——工程与哲学之间的道路》一书中，将技术哲学分为两大研究传统，即工程学的技术哲学和人文主义的技术哲学。他形象地指出，它们是技术哲学的异卵双生子。

米切姆还明确地指出了工程学的技术哲学的主要特点：工程学的技术哲学是由工程师、技术专家自己思考、自己创立的一种注重研究技术内在结构的“亲技术”的哲学。它主要通过“对技术的概念、方法论、认知结构、客观形式进行分析，并试图用技术术语解释人类和非人类世界”，对技术进行积极的评价和维护。按照米切姆的划分，身为工程师兼发明家的德克斯完全可以跻身于工程学的技术哲学家行列，且德克斯于1867年的著作《发明哲学》比“技术哲学创始人”卡普的《技术哲学纲要》还要早10年。这一研究发现可能动摇传统的技术哲学谱系。

一、工程师、发明家和哲学家

德克斯（Henrv Dircks）1806年出生于英国利物浦市，1873年去世。他是英国科学促进协会、工程师学会、艺术学会、发明家协会终身会员，同时还是英国化学学会、皇家文学学会和皇家爱丁堡学会终身高级会员。早年做过学徒，自学了机械学、化学、文学等学科知识，并在《机械学杂志》等刊物上发表过相关论文，后来创办了一所机械工人学院，并于1840年出版了著作《国民教育：论机械工人学院的本质、目标和优势》。

从1842年开始，德克斯负责铁路、运河和矿山建设，成为一名职业的工程师。同时，他还是一位发明家，从1840年到1858年退休的十几年间，他获得了多项发明专利，主要包括：①蒸汽机车结构和用于铁路及其他道路的车轮的一些改进；②煤气灶和煤气加热装置的一些改进；③酿造、蒸馏等操作中制造麦芽和饮料的材料的准备与应用，以及相关装置的改进；④被称为“佩泊尔幻像”（Pepper's Ghost）的发明，它是利用玻璃、灯光技术制造的一种带有奇妙视觉幻觉的技术，也是德克斯最有影响的发明。为此，他还专门著书进行了详细的描述。另外，德克斯还是一位专利代理人，并写了有关专利的著作。

从以上所述德克斯生平介绍与职业志趣可以看出，德克斯是一位地地道道的工程技术专家，接触最为密切、感触最为深刻的也就是具体的工程项目、技术发明以及由此引起的法律问题。19世纪中期，时为英国工业革命浪潮迭起之际，德克斯身处其中，积累了较为丰富的感性经验，并以此为基础进行理论思考。因此，在退休之后，德克斯将这些经验、思考归纳总结，撰写了多部涉及工程、技术、哲学方面的著作，诸如《永动机：17、18、19世纪探索自动动力的历史》、《对电冶金历史的贡献：确定该技术的起源》、《舞台上的幽灵：由德克斯幻灯装置产生的绝妙幻觉》、《伍斯特侯爵二世的生平、时代和科学工作》、《发明与发明家》（包含三个独立的部分：“发明哲学”“发明家的事实真相”“早期秘密发明的发明家名录”，1867）、《专利和专利法）（包含三部分：“所谓的专利垄断”“发明统计学”“专利法律政策”，1869）等。其中，《发明与发明家》《专利和专利法》最能体现其工程学的技术哲学思想，以及具有明确实践指向的技术哲学思考路径。

身为工程师兼发明家的德克斯深受培根以来的英国经验主义传统的影响，植根于当时轰轰烈烈的工业实践之中，密切接触工程技术，思考工程技术中最为重要的环节——技术发明，并提出了具有先驱意味的“发明哲学”概念，具有开创性。

二、具有工程学指向的《发明哲学》

如米切姆所言，工程学的技术哲学主要探究技术的内在结构等问题。19世纪是发明的时代，对发明内在结构的探讨客观上是一种内在的时代要求。德克斯从现实实践出发，紧紧扣住技术活动的重要命题——发明——而展开论述，探讨了发明的内在结构——原始发明、改进、设计“三个部类”，展示了具有工程学指向的技术哲学思想。

为了厘清发明的概念，德克斯首先区分了发明与发现、实验发明与实际发明。他指出，所谓发现，就是获得隐藏于自然界之中的知识，如万有引力定律、机械学原理等，它们为发明确立范围；发明只能在这些范围内进行而不能超出，但是可以有机地组合这些被发现的原理进行创新，促进新的发现。所谓实验发明，主要指“科学仪器”的创造，适用于科学研究的范畴；而实际发明则“适合于人们使用的所有发动机、机器、工具、构造和材料”的创造，在生产实践中得到应用；而德克斯的发明哲学主要探讨的就是后者。

接着，德克斯对这种实际发明的内部结构进行了系统化的剖析。他明确指出：“我们首先把发明定义为拥有原创特征的机械的或其他排列的阶段，接着是改进，是发明的第二阶段，第三类也是最后一种发明是设计……”

（1）原始发明，在德克斯看来，这类发明最具有新颖性，也最具有价值和生命力。“每一项发明都是十分新的东西，它必须具有新颖性和实用性。”它可能由我们熟知的旧的部件组成，但不仅仅是对旧的发明的模仿。这体现了原始发明的独创性特征，也是与后面两个阶段的发明最显著的区别。

他指出，原始发明的初期需要一个被理解、被接受、被检验的应用过程，这一过程是曲折而缓慢的，只有等它被当做“世界的奇迹”才会加快节奏与步伐，但在文明的快速发展进程中，我们也不是完全能理解该发明所带来的可能性后果。

德克斯指出，（原始）发明既不是艺术也不是科学，而是一种心智能力，是一种具有新颖性、独创性、追求经济效益与实用价值的活动。

（2）改进是指“对已经存在的发明进行的改变”。它是“处在第二阶段或次要阶段的发明，或是由原创发明家本人作出，或由他人利用他的发明而作出”。只要在原来的基础上产生新的构造、新的效用，都是改进。

德克斯指出了改进与发明的关系：改进完全依赖于发明，否则对于原始发明是极不公平的。这样，在价值排序上，改进也应处于第二位。人们往往具有改进的办法，却没有（原始）发明的能力。因此，“单纯的改进不能剥夺原始发明人的优先权”，而且改进者和发明者之间也存在着本质的区别，即前者有一个指导它的对象，而后者的产品存在更大的不确定性，许多初期的试验存在更多辛苦与困难。

（3）设计是发明的第三阶段，也是更为次要的阶段。“通常把设计理解为某种使生产的物品具有愉悦人的、高雅的、装饰性效果的独特的布置。设计存在于产品和艺术作品中，它是客观的。它需要相当高的那种真正艺术家所具有的发明技能。”设计赋予艺术作品或机械产品美观的外形，将颜色、大小、外形等多种元素组合，形成壮丽、明亮、宜人的发明，来满足人们视觉美的感官需要。设计阶段的发明奉行美的标准而不是实用。

原创性与新颖性也是设计阶段的重要特征，这主要取决于设计师的想象力和鉴赏力。

总而言之，发现与发明的内涵不同，又互为促进；实验发明与实际发明的应用范畴有别，价值评估有异；最终回到实际发明本身，可以发现，从原始发明到改进与设计，在时间上大致呈现出一种先后层次，在价值上也存在着轻重等级。明晰了这种结构的层次性和重要性，才能更好地界定发明，指导实践。

由此而论，德克斯可称得上一位名副其实的工程学的技术哲学家；从历史时间来看，其生平与思想成就都比米切姆所定位的“第一位工程学的技术哲学家”卡普要早。这一发现势必会对我们所熟知的技术哲学谱系产生质疑。

三、面对实践的哲学反思

从德克斯的生平简介与著述中不难看出，其哲学思想具有明确的实用主义意义上的实践指向性。所谓面向实践，就是面向现实，面向直接的生产活动及其过程，并且从现实的、直接的生产活动中获得实践知识和实践概念，用来解决实践中产生的问题。从实践中获得的知识“不是认知的、笛卡儿式的知识；相反，这是一种使用的知识”。

事实上，发明的显著特征就是实用性和面向实践。杜威在《美国实用主义的发展》中介绍说，康德在《道德形而上学》中区分过“实用的”与“实践的”之间细微的差别。康德认为，实践“应用于道德法则”，而道德法则是先天的；实用“应用于技艺和技巧的法则”，而这些技艺和技巧的法则是建立在经验的基础上的，并被应用于经验世界；从早期的发明神主论看，发明可以隐喻为“神的创造”，正好与应用于先天道德律令的实践相对应，实践理应成为发明的显著特征。而应用于艺术与技术规则、以经验为基础的实用主义同时也强调实践。理查德·罗蒂说：“实用主义告诉我们，是从实践的概念出发而不是从理论出发、从行动出发而不是从沉思出发，我们才能讨论真理……”实质上，实用主义强调的是实践，而不是表象；强调的是做与行动，而不是沉思与空想。笔者以为，其实，沉思并非不需要，它必须要源于以先天法则为导向的实践，又必须要复归于实践；实用主义的实践指向性就是以先天法则为导向、以实际经验为基础追求技术规则的实用性，同时注重从行动中获得符合于先天法则的关于“使用的”知识总结。也就是说，通过行动、实践的过程，我们所面对的“存在之物”就可以“借助于行动而变成一组尽可能加以普遍化的理性倾向或者习惯”。此时，“物质化的工具”或者“对象的工具”“抽身而去”，呈现出一种事物的本真，而这并不意味着完结，最终还要揭示或“照亮”其他东西，应用于周围世界。换句话说，最终还必须要把这种沉思、这种“普遍化的理性倾向”——概念或理论——再借助于行动应用于“存在之物”，应用于实践之中。

首先，德克斯对发明的本真探讨源于发明优先权之争、发明专利制度存废问题之经验现实。“发明优先权是发明家之间一个争论的永恒源泉，在科学史上有许多古怪的案例，尤其是当发明成为专利财产并进而成为合法权利的时候。因此有必要厘清什么是发明、什么不是发明，发明从哪里开始以及竞争团体的证据对其产生什么样的影响。”德克斯注意到在优先权的法律纠纷中，由于发明的法律术语模糊不清而导致的公诉不断、争端难平。他意识到“精确的术语，虽然不指望它们能减少公诉，但相对于争端的涌现，在所有的案件中它能更广泛地化解争端，从而减轻其严重程度”。

更为尖锐的经验现实则是发明专利制度的存废问题。1852 年，英国发起了一次专利制度改革，进而导致一场旷日持久的专利制度是否应该被废除的论争。德克斯身处这场论争的旋涡中；他从一个工程师、发明家的切身感悟出发，积极呼吁维护发明专利制度。为了解决发明优先权纠纷和保存发明专利制度，客观上必须要探讨发明的本质特征和内在结构。于是，他区分了发明与发现，实验发明与实际发明，原始发明、改进与设计，进而呈现出发明的本真之象：发明是一种以实用为目的的心智活动，具有经济性、独创性、新颖性和阶段层次性。随即以此为基准来诠释发明的现象世界，应用于实践中的“存在之物”，以化解矛盾或减少争端。

其次，其阐述的发明的英雄观同样具有实践指向的特征。在发明专利制度存废问题的争论中，还涉及作为个体的发明家在发明过程中的地位和作用问题，即“发明家是不是社会的‘英雄’”。为了维护发明专利制度，德克斯针对当时废除主义者赖以为据的发明决定论提出了批判，因为发明决定论主张，“当条件成熟时，发明就会出现，个体发明家不起关键作用”。这就否定了发明家作为个体在整个发明过程中所展示出的禀赋才能，显然不利于促进发明，更不利于专利优先权的归属判决和纠纷的化解。于是，他结合自身经历，提出了发明的英雄观思想。这种理论充分肯定个体发明创造力的独特作用，认为发明根本上是一种发明家个体的创造行为。“真正的发明的技术创造力，同诗歌、绘画、雕刻等文学、艺术中的精神创造力是等同的，是显而易见的。”这样，才有利于推进发明的良性发展；发明优先权的判决也拥有了理论依据。从本质上说，德克斯由一个个具体的发明家个体中最后推出一个英雄的发明家形象——一个“普遍化的理性倾向”，一个抽象的、概念化的个体，一个普遍的个体，再将其应用于具体的生产实践之中。

同时，德克斯还深刻地体会到发明家的主体地位和应当具备的素质。他指出，“发明是一种心智能力”，“发明家要具有独特的创造力”，如果没有这种能力，再丰富的相关知识和科学信息，无论怎样集中精力于一个主题，都不具备导致发明的可能性。而且发明没有固定的模式，许多发明观念都依赖于发明家的个人直觉。由此可以看出，德克斯赋予发明家充分的主体地位：在某种程度上可以说，发明内生于发明主体之中；而发明出来的“存在之物”乃是发明家个体“自智能力”的结晶。然而，要成为充满创造力的主体，发明家必须具备一定的知识，“与发明相关主题本身的某些基本原理的知识，或与发明使用的材料和装置相关的基本的机械或其他原理知识”，或者是“特定主题的某些特殊原理知识”。作为主体的发明家必须具有将这些普适化的非嵌入的原理知识与其自身的内在潜能有效结合的能力，才能创造出新奇的发明来。

概言之，工程师兼发明家的德克斯也是一位面向实践的技术哲学家，其哲学思想具有明确的实践指向性。这种源于实践而又应用于实践的技术哲学研究路径既生动又深刻，有着不竭的原动力和生命力。

四、结　语

19 世纪是发明的世纪，作为工程师、发明家与哲学家的德克斯顺应时代的潮流，关注发明的本质特征及其内在结构，成为前技术哲学时代的先驱者；深入研究德克斯及其哲学思想，对于我们更为全面地认识技术哲学谱系，有着重要的意义。

不管是个体主导下的发明时代，还是系统性的发明时代，追求实用性和实践指向性都是技术发明必备的显著特征。然而，时至今日，德克斯所关注的发明问题仍为我们所关注，且仍然未能被我们清晰地把握，发明及其过程仍有诸多根本性命题等待回答；德克斯所走过的具有实践指向的工程学的技术哲学研究路径，对于我们今天的技术哲学研究走向来说，依然有着深刻的启示作用。

参考文献：

[1] Mitcham C. Thinking through Technology: The Path between Engineering and Philosophy[M]. Chicago: University of Chicago Press, 1994.

[2] 夏保华. 技术创新哲学研究[M]. 北京:中国社会科学出版社, 2004.

[3] 夏保华.《发明哲学》:一部被遗忘的技术哲学经典文献[J]. 自然辩证法研究, 2010, 26(1): 35-40.

[4] 夏保华. 卡普、德克斯与技术哲学谱系[C]//2009 年全国自然辩证法教学与学科建设研讨会论文集. 南京:东南大学, 2009:10.

[5] Cooper T. Men of the Time: A Dictionary of Contemporaries[M]. London: George Routledge and Sons, 1872:297.

[6] Hutchins R. Henry Dircks[M]//Oxford Dictionary of National Biograghy. Oxford: Oxford University Press, 2004.

[7] Dircks H. The Philosophy of Invention[M]. London: E. &F. N. Spon, 1867.

[8] 唐·伊德. 让事物"说话"[M]. 韩连庆,译. 北京:北京大学出版社, 2008.

[9] 杜威. 杜威文选[M]. 涂纪亮,译. 北京:社会科学文献出版社, 2006.

[10] 理查德·罗蒂. 实用主义哲学[M]. 林南,译. 上海:上海译文出版社, 2009:2-15.

技术使用者研究的三种主要范式及其比较

陈玉林[1]　陈多闻[2]
（1. 湖南科技大学法学院，湖南 湘潭　411201；
2. 成都理工大学文法学院，四川 成都　610059）

摘　要：在大众多元文化取向引导下，科学技术论领域呈现出一种明显的趋势，即把关注点从科学技术的“生产”转向科学技术用户及其“使用”。本文集中对国外有关技术使用者的研究进行梳理，概括出三条来自不同学科传统与范式的研究路径，即哲学范式、文化研究范式和经济管理学范式，逐一检视了它们的理论背景、分析视角、核心概念、基本观点和方法论，进而通过比较探讨了它们共存与竞争、互补与整合的态势。

关键词：技术创新　使用者　用户

经济学中关于创新研究的两条对立路径，即市场需求论和技术推动论，以及一些折中路径，都假设创新是由生产者实现的。同样，技术决定论或与境论解释程序也把科技知识、设计者及其制品作为出发点。因此，技术的“使用者”及其使用过程就被排斥在关注之外，或有所考虑时，也要么是被泛化为无主体的“社会背景”“群体”，要么被降阶为“受教化者”。但目前，科学技术论中已有明显的趋势，即关注点从技术“生产”转向“使用”[1-2]。那么，为何产生上述转向？这种转向呈现出哪些研究路径？它们有对话和融通的趋势吗？要探索这些问题，首先要对有关技术使用的研究路径进行梳理和深入比较。本文拟对此展开初步研究。

一、哲学范式：使用者作为伦理责任主体

技术哲学一直对技术应用的社会、自然后果展开整体论思考，但迄今为止，尚未把技术使用者概念化为基本范畴或方法论视角。而随着技术哲学经验转向的深化，我们能追踪到一种对“生产”的超越，它起初体现在其“伦理转向”中，并承继了“经验转向”；近则突出了“文化转向”。

在经验转向趋势下，近十多年来，技术哲学明显地转向对技术发展的伦理方面

的经验考察。斯维尔斯特拉（T. Swierstra）指出，该转向的原因在于，随着我们的时代问题从谋求生存转向优质生活，哲学家对技术的讨论也就从对技术的“批判”转向了技术发展的“战略选择”[3]。于是，技术的哲学讨论核心就转换为耶斯玛（J. Jelsma）所指出的两种力量，即技术制造者与技术守望者的对抗。因此，哲学家们认识到技术责任主体的多元结构和责任分配的重要性，而以前那种完全指望技术制造者或政府作为责任主体的策略是不恰当的。在这种面向伦理的思考中，他们逐渐把技术使用者和广大公众确立为积极的责任主体，既作为单个技术创新的伦理评价责任主体，也作为技术发展历史进程的责任主体，而且采用了对具体使用者的经验描述方法。

费恩伯格、温纳等正是基于这种研究旨趣和方法论，建构起比较系统的技术哲学理论路径。费恩伯格以技术民主为核心概念，提出公众作为技术的使用者或意义的阅听者和建构者而参与技术设计，从而承担起技术的伦理责任。这种观点以下述理论主张与方法论为基础。他说：“正如马尔库塞，我把技术的解蔽……与在所有类型的以技术为媒介的制度中，在阶级之间和统治者与被统治者之间的持续的分工联系起来。技术能够而且也正是以这样一种方式被建构，以再生产出在大众之上的少数人的统治。这是存在于技术行为的结构中的一种可能性……”① 基于此，他通过对技术个案的历史主义研究，证明技术发展是一个有很多可能方向的偶然过程；技术的中立性和自主性只是少数人的话语霸权；公众转化技术代码的能力正是技术的历史发展方向具有多种可能性的力量之源。由此，他把社会建构论融合到技术哲学中，为技术使用的文化研究提供了理论基础。

温纳则从埃吕尔的观点出发，发展出“自主的技术”这一思想主题。他从分析技术失控开始，指出“技术流”和“技术梦游”是导致失控的直接原因，但根源在于“技术规范”引起的“反向适应”。所谓技术规范，是指“技术是一系列的结构，技术的运行要求重新建构自己的环境”。因此，“每一个人都成了技术规则所规定的生活方式不知情的演员；每个人都以自己的方式服务于技术系统。”[4] 由此，温纳断言，某些技术就其本质而言是政治性的，技术以技术规范和反向适应的方式制约了政治性选择。那么技术民主控制的途径又在哪里？对此，温纳早先提出，要创建由政治的民主智慧和公众参与所确定的技术变革过程。近来，他还以“行动论哲学家”为口号，倡导哲学家的技术责任②。

此外，其他路径的技术哲学研究也为思考技术使用者提供了理论指引。比如现象学技术哲学为思考技术使用者的体验提供了理论指引。因为后现象学所关心的正

---

① 此处引自费恩伯格于 2004 年在东北大学主办的技术哲学暑期学院上的讲座稿“技术批判理论”（Critical Theory of Technology）第二节“A Sketch of the Theory：Technology and Finitude”。

② 此处引自温纳 2007 年在东北大学举办的讲座“行动论哲学家”（Philosophers as Actionist）。

是“在人类日常经验中，技术起什么作用？技术产品如何影响人类的存在和他们与世界的关系？工具如何产生了转变了的人类知识？”[5]。当代实用主义技术哲学则提出了为技术的文化研究提供哲学工具的任务，从而为技术哲学转向文化研究，以更好地理解技术使用者的能动性提供了帮助[6]。因此，在全球化与境下，哲学家们更突出了“文化转向”，在第15届国际技术哲学年会（SPT）会议上，多位学者强调了这一点。史密斯强调了全球化时代对技术形象进行文化重组的必要性，即认为在理解技术的时候，应当强调文化的角色，即对技术“重组文化的想象力”，在技术哲学和STS研究中，应该出现“文化转向”，重组并分析在各种各样的科学技术领域中的文化形象和隐喻。布里戈尔（A. Briggle）和米切姆（C. Mitcham）则进一步强调了文化情境中个体的行动责任。“一个网络化世界中的责任，除了经济专家、科学专家以及政治专家为代表负责任外，面向个体的伦理学命令必须被加以考虑，全球公民应当负责任地行动，积极克服由于网络联结现实与个体经历的不匹配而形成的‘经验鸿沟’所导致的不道德网络行为。”[7]这里尤其值得指出的是米切姆的转变。在《技术哲学概论》的“责任和技术问题”中，他所强调的技术责任主体还主要是工程师，但在此他已超越了生产者视角而转向大众及其能动性。

基于此，我们可以期待，哲学家将扩展伦理关注，从本体论、认识论方面，更加深入地理解概念化技术使用者对于技术创新和技术的历史变迁的作用。

二、文化研究范式：使用者作为意义建构者

这一范式发轫于社会建构论，再扩展为文本分析、女性主义和文化研究等多种进路。

1. 作为社会结构的技术使用者

社会建构论进路是最先重视经验分析使用者对技术的建构作用的进路，特点在于把技术使用者作为社会结构化了的群体进行考察，即比克、平奇对“相关社会群体”和“技术框架”的讨论。但其社会学结构主义却招致批评，因为它们在经验中无法清晰界定。对此，考恩提出了“消费者联结”，旨在强调定义消费者必须以处于确定时空场域中的人们所需选择的人工物为依据。消费品不同，相关社会群体也就不同；而且它是处于具体时空中的、与复杂文化与境联结而不只是受人工物影响的模糊集合，决不是抽象而固定的群体[8]。因此，后来考恩进一步讨论了消费者的内部差异，即把某种技术转移到某个社会群体中，这并不能让该群体的成员都成为具有某种普遍意义上同质的“消费者”。

实际上，“消费者”是文化负荷的，所以处于不同文化与境的消费者决不仅仅消费，还原技术创新者所赋予的意义，而是创造性生产、重构意义；处于文化情境中的技术物也不只是对特定群体发出意义召唤，相反，它是一个对所有人都开放的

意义域；技术发展的方向、对这些不同路线的支持或反对都是多元的，途径是曲折的，所联结的社会群体也是多重性质的。

2. 作为文本读者的技术使用者

社会建构论的局限性在“技术本文”分析中也存在。STS 中的符号学进路直接采用“文本”“电影脚本”“作者”“读者”等文学理论与概念，着重讨论作为文本的技术物的意义建构，因此它也不同程度地涉及了对使用者的考察。在此，我们讨论伍尔加的“形构使用者”和阿克里奇（M. Akrich）、拉都尔的“稿本”概念[9]9-11。通过把人工物和使用者隐喻为本文与读者，伍尔加引入作者理论旨在聚焦于为机器的解释柔性划界和定义的设计人员及其设计过程，力图揭示使用者“阅读”机器的方式如何受到设计与生产的限定。“形构使用者”就是定义潜在使用者身份，设定其未来行动之边界的过程。这样，因为伍尔加旨在揭露设计者的话语霸权而把本文的意义仅仅理解为设计者生产并强加给使用者的单向过程，他忽略了读者对“本文”的重构。

伍尔加的思路受到读者理论进路的批评。一些人追随罗兰·巴特的“作者死亡”与“读者诞生”思路，对形构使用者概念作了扩展。其一，强调设计者在形构使用者的同时，也被使用者和设计者自己的组织所形构，因此，需要考察使用者对机器的意义再生产过程；设计者的编码与使用者的解码应该对称地加以研究。其二，“形构者”还需要包括记者、公共服务部门、政策制订者和作为使用者代言人的社会运动等。显然，对“形构”概念的拓展使符号学进路的使用者研究更能突出使用者的能动性。

阿克里奇和拉都尔则运用拟剧理论、预期理论，把技术比喻为“电影脚本”，指出技术客体会给行动者及其行动设定一个框架并定义一个行动场域。在设计阶段，技术人员预期了未来使用者的利益、技能、动机和行为，并将其物化到新产品设计中，所以，技术包含了一个赋予和分配给技术物和使用者特定能力、行动与责任的“脚本”，从而技术客体就变革、加强或新造了一个“责任地图”。相较于“形构使用者”，“脚本”把非人类行动者纳入形构过程，强调地图是开放的、可能被反抗的，设计者与使用者的磋商是循环往复的过程。但总的看来，上述分析进路有一个共同的缺陷，即都以设计制造阶段为研究出发点。所以，女性主义提出了这样的问题，为什么不能从使用者出发来思考技术？对上述局限的超越需要突出使用者的差异性和主动性，这在女性主义研究和主体性与身份研究中才得到彰显。

3. 作为权力场域中的女性使用者

女性主义进路最初关注福柯定义的“权力”问题，认为女性在技术中缺席的根本原因在于以前的技术叙事局限于技术设计与生产阶段——这些阶段主要与男性占据主导地位的技术人员及其技术制品相关。因此，要展现女性在技术变迁中的地位，就必须把目光转向使用者，以改变技术史被叙述男性及其奇迹的故事所充斥的状况。换言之，女性主义者试图从“使用者”视角发掘女性的权力空间。

这种转变的首倡者就是考恩。1970 年，她在技术史中引入了女性史进路，后来提出的“消费联结”，进一步发掘了消费者的能动性，扭转了使用者在技术中始终处于被动位置的观念。迄今女性主义技术研究者已深入探讨了女性塑造、协商技术的意义与实践的各种活动，并颠覆了技术的现代性定义，即把原来聚焦于“工业化”的技术界定置换为凸显家务技术、保健技术、美容技术、生育技术等边缘技术的定义[10]。该进路已深入区分了使用者的不同层次及其特征，涉及“终端使用者”“外行终端使用者”“被牵涉的使用者”等。这些分析包含了明确的政治议程，即力图唤醒女性自治意识，倡导她们更主动地参与技术建构。从方法论上说，该进路也超越了社会学结构主义，把目光深入到个体行动者。

4. 作为主体性构建者的使用者

已经蔚然成风的文化研究也对使用者进行了考察，它着重考察技术作为一种物质文化如何被大众所挪用来构建主体性、身份与认同等。该进路以布迪厄、鲍德里亚等的符号消费理论为基础，认为消费是互动网络、地位和身份的政治经济学。其讨论的核心是，物质符码如何被构建和解读，以构建主体性。文化研究者已开辟了两条对技术使用者展开研究的路径。

其一是斯图尔特·霍尔开辟的媒体技术的语义学研究。他提出了媒体消费的“解码”理论，采用文本分析策略，集中探讨意识形态和身份之间、文化和政治之间的相互作用，旨在把握媒体的结构作用和具有能动性的阅听者创造新意义的过程。与伍尔加等人的“本文”隐喻相比，霍尔的进路是以文化场域（而非生产）为出发点的，这更突出了使用者的能动性。后继者对消费的符号和交流属性已展开了广泛的研究，这些研究凸显了使用者-技术的一个独特面相，即使用者使用技术客体在建构社会身份、社会生活方面的重要作用。此外，这一路径还有一个值得重视的研究领域，即新文化史。其领军人物伯克、达顿、科尔班等都从历史学角度探讨物质文化对社会身份、社会生活的建构。

另一进路是以“驯化技术”为核心的、围绕“日常生活技术”展开的研究。希尔维斯通（R. Silverstone）等把研究聚焦于“日常生活技术”而非新奇的技术创新，认为日常生活中人与技术的关系才是最普遍的人-技关系[9]14。他们认为，新技术必须由一种人们不熟悉甚至是带有危险性的事物转变为嵌入日常生活和社会文化中的为人们所熟悉的事物，这样，技术才能得到认可。因此，“技术的生活化”是一个技术-使用者双向互动的过程；对技术客体的使用既可以改变技术物的形式、实用的和符码的功能，也可以促成或破坏就社会地位和身份展开的磋商活动。米切尔（Mike Michael）则进一步考察了那些在比克、平奇看来已经稳定了的、在希尔维斯通看来已被生活化的“世俗技术”，如何在日常生活中被修改和赋予新意义[11]。从以上综述可看出，上述“在论”释程序已使STS更凸显了使用者的能动性。同时，技术论也引入符号学、文学与文化人类学方法，把技术隐喻为“本文”进行分析，从而开启了技术研究的“语言学转向”和“文化转向”，因此，上述研究可以概括为“文化研究范式”①。

三、经济管理学范式：使用者作为创新用户

经济学是一个理论领域高度一致而经验应用领域分化多元的学科。因此，笔者梳理经济管理学路径时，从统一的理论基础和核心概念开始，再到用户创新机制的微观研究。

1. 理论基础

长期以来，人们普遍认为，只有产品制造商是技术创新源。创新用户研究的开创者冯·希普尔（Eric von Hippel）对此提出质疑。通过对科学仪器制造和微电子产业中工艺设备的创新源的经验调查，他指出，在某些行业或领域，用户是典型创新源（某些行业中原料供应商则是主导创新源）。由此，他提出了创新功能源概念，并指出其多样性。他这样界定用户创新源，即如果创新者是通过使用某项创新而获利，他就是该创新的使用者，也即使用者创新源。用户成为创新功能源的根本原因则在于创新成功者在一个短期内对其创新具有暂时垄断权，这种垄断会给他带来“创新租金”。处于不同功能位置的潜在创新者对创新的期望收益（创新租金）不一样，只有当创新租金具有足够吸引力，潜在创新者才会进行创新；由于各行业经济租金分配不同，创新源呈现出多样性。他还指出，用户、产品制造商、供应商和政府等都可以转移创新功能源。创新源转移的原因主要涉及两个因素：创新成本和创新所需的技术诀窍。通过上述理论思考，冯·希普尔就使技术创新这一经验研究论域与经济学的理论核心（经济租金、创新源等）达成了融通，而且也吸收了消费理论、新产品开发理论、组织行为与学习理论等一批新成果，从而为用户创新研究确立了正统的经济理论基础。该理论也得到了进一步的经验证实[12-14]。

2. 核心概念

用户创新是该范式的核心分析工具，因为对创新用户的识别是关键性问题，也是经验研究的出发点。根据冯·希普尔从创新源角度的定义，用户即从某产品的使用或服务的消费中获得收益的个人、群体或组织。这样的定义比文化研究范式定义

① 关于技术使用者研究所引导的文化转向的更详细讨论参见：陈玉林，陈凡．“使用”问题研究的一种文化转向［C］//陈凡．科技与社会（STS）研究：2007年第1卷．沈阳：东北大学出版社，2008。

的技术使用者要狭窄，后者的定义往往依据与境而涉及顾客、客户、消费者和极不确定的符号阅听者，而且常常具体到个人或小群体，定义相对散漫而多变。

用户创新的前提是用户可以参与企业的新产品开发活动，为此提供创意、参与设计、反馈意见，因此，用户创新概念需要具体化。巴尔基（Henri Barki）指出，无论是在服务业还是在制造业，研究者都是从行为和精神两个方面去考察用户参与，即用户参与既可以是直接的（行为层面），也可以是间接的（精神层面），因此，可以将用户参与形式分为三种，即智力上的参与、行为上的参与、情感上的参与。由此看来，虽然该范式力图使用户创新概念精致而明确，但却不得不面对经验领域的模糊性与多样性。这正是该范式需要借鉴微观描述路径的根本原因。

3. 用户创新机制

学者们对用户创新机制的探讨从下述三个方面展开。

首先，大量研究力图确认用户参与创新的原因与动机，但都以制造商为参照点。冯·希普尔、克里斯汀（W. S. Christine）、蒂芬妮（T. M. Devinney）、米基利（D. F. Midgley）、弗兰克（N. Franke）、克里斯托弗（H. Christoph）等采用大量的经验调查和对个案的深描，讨论用户的忠诚度、降低市场营销成本、有效地获取外部创新信息、提高新产品开发的效率、降低新产品开发的成本、多样化的用户需求等。

其次，关于领先用户的探讨成为理解某些创新的用户参与机制的根本。冯·希普尔将领先用户从普通用户中区分出来。他强调领先用户在创新中的作用，并描述性地定义了“领先用户”的基本特征。莫里森（Morrison）等人的研究也证实了冯·希普尔关于创新用户特征的观点。他提出，可以用领先优势状态来测量领先用户的特征，并识别出构成领先优势状态的四个特征要素，还分析了妨碍用户进行创新的主要原因，比如缺乏用户内部技术诀窍，缺乏外部资源及创新激励等[15]。莉莲（G. Lil－ien）等则采用人类学参与观察法，对3M公司的领先用户设想产生方法和传统的设想产生方法展开比较研究。Christian Luethje通过对消费品领域的实证研究提出，把新需求、对现有产品的不满程度、经济回报、解决问题的乐趣、使用经验和产品相关知识等作为测量领先用户的变量。

最后，关于用户创新管理的研究。这方面的研究可以与文化研究范式形成直接的比较，相似之处在于管理学范式也吸收了参与观察方法，而区别在于它的最终目的不在于意义解释，而在于规范应用和操作性。近年来有代表性的研究，比如Kjell Gruner，Nambisan和Brockhoff Klaus等都对用户参与新产品开发的时机与方法进行了田野调查研究，把创新细分为多个阶段，详细地考察了各阶段用户参与的作用。

冯·希普尔及其合作者长期致力于用户创新管理中识别领先用户的研究，精致地阐述了识别过程，并给出了用户创新管理应遵循的步骤或应注意的方面。这种管理方法通常称为流程法。近来，研究者注意到另一种方法，即创新工具箱方法。冯·希普尔指出，如今已有许多公司不再努力去确切地理解用户需求，而是为他们提供工具，将与需求相关的关键创新任务外包给用户，让他们设计和开发自己所需的产品。Thomke 和冯·希普尔还指出了一个行业即将应用用户创新工具箱的三个信号和让用户成为创新者的五个步骤，为企业提供了理论指导。对这种管理方式的实施情况和优越性的经验调查，还有冯·希普尔和 Ralph Katz，Franke 和冯·希普尔，Franke 和 Piller 等①。

四、比较与总结

通过以上概览，我们梳理出技术使用者研究的三种主要范式，考察了各自的发展脉络、代表人物和代表性研究，分别评述了它们的学科传统和理论背景、基本假设与视角、主要理论框架与核心概念、方法论与论题等。

由此可以看出，这三条路径在以下方面存在一些基本区别，也共享一些前提、理论主张和分析方法。区别主要表现为：①基本旨趣与取向的不同，表现为外在论与内在论的对立。经济管理学范式承袭经济学和管理学传统，以生产者为出发点，旨在提高企业等组织管理生产及其相关方面的能力，因此，实际上还是从外在论视角讨论使用者，即从使用者如何有助于企业技术创新的视角来思考问题。而文化研究范式则采取内在论视角，基本旨趣在于发掘和展示普罗大众对技术历史变迁的主体能动性。哲学范式则采取了制造者与守望者二元对立的思考进路，关注的是技术和人类发展的总体历史命运，力图找到技术守望者的能动性与权力空间的政治、社会与文化根基，以实现人在技术社会中生存方式的转换。这表明后两种范式的旨趣有类似之处，但前者更突出文化个性，而后者关注人类整体命运。②分析工具与方法的差异。相应地，上述第一种范式力图以创新企业为参照，通过经验调查来识别创新用户，并力图在创新企业与用户的二元论范畴中清晰地界定此概念，所考察的使用者范畴相对狭窄，但却受到模糊性、多样性的困扰。第二种范式则欢迎这种模糊多样性，致力于采用深描手法，精细地描述使用者的独特个性与复杂性。因此，该进路的经验考察比第一种更重视对个体的描述而非统计调查。而哲学范式则从制造者 - 守望者的二元范畴出发，因此，迄今为止，使用者概念还仅仅是隐含于这对范畴之中的。换言之，对技术使用者能动性的发现最终落脚于守望者对技术的控制力。出于一种整体关照，它采取的经验转向方法论策略也重视对守望者的能动性的

① 吴伟博士及其博士论文《企业新产品开发过程中的用户参与研究》（东北大学，2009）为笔者提供了很大的帮助，谨此致谢！陈多闻的论文旨在从整体论视角思考技术使用者的哲学含义。参见：陈凡，陈多闻．论技术使用者的三重角色［J］．科学技术与辩证法，2009（2）。

描述，但最终都要上升到整体“人类”的高度。

各范式也共享了以下主要方面。①文化背景。它们都受到大众多元文化与消费文化的促动以及“去中心化”学术旨趣的影响。因此，考察和推进技术的多元化与大众参与创新是其共同兴趣。②经验研究取向。哲学范式力倡经验转向，文化研究范式采用经验研究和深描，经济管理学范式也吸取了这种研究方法。虽然在具体操作方面存在差异，但是强调规范研究必须建立在深入的经验描述的基础上，这是它们的共同方法论。

总之，它们既是相互竞争的研究传统，又具有交叉、渗透、互补、整合的逻辑可能性和现实趋势。因此，对这三种范式展开深入的比较，并探索它们互补与整合的路径，这将对三种范式各自的发展，以及共同解决技术创新、技术的发展与变迁问题、技术发展与社会文化的相互作用问题产生积极的影响，也将为探索广义的科学技术与社会（STS）研究走向综合提供更加具体的尝试。

参考文献：

[1] Green V. Technology and African-American Experience: Needs and Opportunities for Studies[J]. Technology and Culture, 2005, 46(1): 198.

[2] Jagdish N. Sheth. Book Reviews: The Sources of Innovation[J]. Journal of Marketing, 1990, 54(1): 139-141.

[3] Swierstra T. From Critique to Responsibility: The Ethical Turn in the Technology Debate[J]. Techne, 3(1): 68-74.

[4] Winner L. Autonomous Technology: Technic-Out-of-Control as A Theme in Political Thought[M]. Cambridge Mass: The MIT Press, 1977: 100.

[5] Pitt C. New Directions in the Philosophy of Technology[M]. Kluwei Academic Publishers, 1995: Ⅶ.

[6] Hickman A. Philosophical Tools for Technological Culture: Putting Pragmatism to Work[M]. Bloomington: Indiana University Press, 2000: 15-20.

[7] 马会端，陈凡．全球化与技术：国外技术哲学研究的新趋势[J]．哲学动态，2008(5): 103-104.

[8] Cowan R S. The Consumption Junction: A Proposal for Research Strategies in the Sociology of Technology[C] // W. E. Bijker, T. P. Hughes, T. J. Pinch. The Social Construction of Technology Systems. Cambridge Mass: The MIT Press, 1987: 69.

[9] Oudshoorn N, Pinch T. How Users Matter: The Co-Construction of Users and Technologies[M]. Cambridge Mass: The MIT Press, 2003.

[10] Lerman N E, Mohun A P, Oldenziel R. The Shoulders We Stand On and the View From Here: Historiography and Directions for Research[J]. Technology and Culture, 1997, 38: 20-45.

[11] Michael M. Reconnecting Culture, Technology and Nature: From Society to Heterogeneity[M].

London and New York: Routledge, 2000: 38.

[12] Riggs W, Eric von Hippel. Incentives to Innovate and the Sources of Innovation: The Case of Scientific Instruments[J]. Research Policy, 1994, 23(4): 459-469.

[13] Eric von Hippel. Perspective: User Toolkits for Innovation[J]. The Journal of Product Innovation Management, 2001, 18(4): 247-256.

[14] Luethje C. Characteristics of Innovating Users Consumer Goods Field: An Empirical Study of Sport-related Product Consumer[J]. Techno-vation, 2004, 24(9): 683-695.

[15] Morrison P, Roberts J, Midgley D. The Nature of Lead Users and Measurement of Leading Edge Status[J]. Research Policy, 2004, 33(2): 351-362.

脑成像技术的认识论问题及伦理挑战

马　兰
（江汉大学政法学院，湖北 武汉　430056）

摘　要：用脑成像技术认知脑、保护脑和创造脑已成为脑科学研究中最重要的技术手段与最前沿的科学研究领域。对脑的扫描可用于预测并治疗疾病、读心、增强神经，这会给司法判定、商业、教育、管理和军事等方面带来全新的革命。我们有必要就脑成像技术的研究与应用带来的安全问题、信息的精确性问题、隐私保护和非医学目的使用等认识论问题及伦理问题进行深入的探讨。

关键词：脑成像技术　伦理　安全　隐私保护

诺贝尔奖获得者克里克说过："没有什么比研究人的大脑更重要的了。"但当决定我们心智的器官——大脑——对我们来说还是一个"黑箱"的时候，对脑的研究很难成为一种真知灼见。不过，这种状况正在得到迅速的改变。当代信息技术革命与生物医学技术革命为人类探知大脑奥秘奠定了技术基础——具备高分辨率、实时性的脑成像技术使科学家能够在不损伤大脑的情况下，探察正常大脑认知活动的机制。特别是获得2003年诺贝尔生物医学奖的磁共振成像（MRI）和在此基础上发展起来的功能性磁共振成像（fMRI）等技术的发展，对脑科学来说是一个重大的突破，过去的逻辑推测变成眼睛可以直接看到的揭示大脑神经细胞活动情形的动态图像，深化了人类在经验上对高度复杂大脑的理解，直观地将科学从对外部物质世界的探索转向对精神世界的探索。

当全球各领域科学家无不投入大量的时间与精力，用脑成像操作肉眼看不见的脑，整合和分析脑成像得到的实验数据，以此为基础发展脑的结构和功能的理论模型与仿真计算，不仅对脑科学本身的理论发展有重大的促进作用，而且对医药、人工智能、信息处理都可能有重要的贡献。这虽然造福了人类，但随之而来的是对该技术的研究与应用带来的安全问题、信息的精确性问题、隐私问题和非医学目的使用等认识论问题及伦理的挑战。

一、安全问题

脑成像技术应用的安全问题不仅是一个科学问题，也是哲学与伦理学首要反思的对象。没有技术的安全，就不可能有技术应用带给人类的美好的生活期待与价值体验，更谈不上人类的尊严、自由与公正。脑成像技术的首要认识论问题与伦理问题是安全问题。

近年来，活体脑功能成像技术进展很快，大量的医学论断、治疗和研究被迅速推广，如对老年痴呆症、帕金森疾病、精神分裂症、药物成瘾、神经因素对疾病的影响等，都是需要研究的问题。和其他所有科研对象不同，对人体的研究与治疗必须在满足不伤害的原则下进行，这也是生物医学研究伦理公认的伦理原则。因此，用脑成像技术研究脑要考虑技术本身的安全问题，以及研究人员、受试者和病人的身体不受伤害，还要考虑对潜在的风险与伤害进行安全评估。

目前，常用的脑成像技术包括功能性磁共振成像（fMRI）、正电子发射断层扫描技术（PET）和单光子发射计算机断层成像（SPECT）。fMRI 是当人接受外界信息时，大脑皮层特定区域对这些信息会作出相应的反应，这样就导致大脑局部血管血流增加，形成脑区磁场的不均匀性，这种微观磁场梯度变化会使磁共振信号增强，增强的程度与血液磁化率有关，因此，功能性磁共振成像又叫做血氧水平相关成像。SPECT 是利用放射性同位素作为示踪剂，将这种示踪剂注入人体内，通过显像仪的探头对准所要检查的脏器，接收被检部位发出的射线，经计算机连续采取信息进行图像的处理和重建，最后以三级显像技术使被检脏器成像。PET 是利用发射正电子的同位素作为标记物，将其引入脑内某一局部地区参与已知的生化代谢过程，利用现代化计算机和断层扫描，将标记物所参与的特定的代谢过程的代谢率以立体成像的形式表现出来[1]。就技术本身而言，脑成像技术与转基因技术一样，并不能完全排除技术本身所蕴藏的许多不安全的因素。例如，射频电磁对于人体辐射的伤害，磁共振成像一个严重的危害是使受试者成为吸引静磁场的对象，潜在的危害还涉及吸收的射频能量和随后的加热对人体的伤害等。以哲学的视角看，人体本身就是一个复杂的系统，具有整体性、突现性和不可预测性的特征。脑成像仪器与大脑连接，增加了系统的复杂性，如果完全把大脑交给仪器或者技术去处理，我们是否能够把握好这个复杂系统的信息风险？系统在不同条件下反馈的信息或发展的趋势是完全不同的。系统科学研究结果表明，系统在远离平衡态时，一个微小的涨落可能产生巨涨落，甚至导致整个系统的崩溃。由此引出许多问题，脑成像技术本身是否存在风险？量子力学研究结果表明，当宏观仪器与微观客体处于一个共同的系统中，仪器对人脑神经细胞的影响是确定无疑的。用脑成像诊断和治疗疾病是否存在风险？是否会因为采集的图像信息不可靠而引起误诊或者耽误了治疗期？怎样评估脑成像技术的风险？毕竟，脑成像技术对人体脑信息的采集是部分的采集，体现的是一种还原论思想和单向的线性思维模式，而人体作为一个复杂的系统，要考虑其整体性与非线性模式，表现不可还原的特征与突现的特征[2]。如何处理基于还原论模式的图像读取与系统的整体性的矛盾？

另外，研究人员违背责任原则造成对受试者的伤害与风险也需要考虑。不久前，美国哥伦比亚大学脑成像实验室对精神障碍患者进行脑部扫描时，因为没有使用所需的纯度测试的化学品而受到美国食品和药物管理局的调查，调查结果认定该实验室收治贫困患者，并在患者身上注射的放射性化合物的制造工艺低于安全标准，哥伦比亚大学的脑成像研究行为危及了患者安全[3]。虽然成像的研究能帮助大脑研究人员了解精神疾患、成瘾性和老年痴呆症的生物学基础，但有关脑成像技术本身安全和风险的识别、风险控制及受试者的健康需要伦理关怀。医务人员还可能因为脑成像技术的潜在效益而忽略长期的临床评估。对此，要从责任原则出发，强调科学家必须及时将有关脑成像研究情况向社会公布，尤其要重视对相关人员的告知。在应用过程中，必须本着预防原则，制定切实可行的安全防范措施，保护受试者、病人的安全和健康。鉴于安全价值取向的多元性，还须考虑患者或受试者对脑成像技术风险的认知和可接受性，尊重受试者对风险的知情权和选择权，以确保安全、道德的医疗研究实践。

二、信息的精确性问题

信息的精确性是技术认识和科学认识都必须具备的特征，主要指有确定的数值，既指理论值，也指能够精确测量的值。但技术实践中对精确度的要求远比检验科学理论所要求的精确度低得多[4]。因为技术活动的对象和条件千差万别，例如，一种药品必须适用不同的广泛人群，一座桥梁可能承载大小不同的负荷，所以技术认识的精确值必须适应变化范围较大的条件，只能是一个范围，有相对精确的上限和下限。文森蒂甚至认为技术不需要过分地关注理论的精确性也能前进[5]。贝内特和哈克指出，技术上 PET 或 fMRI 可以扫描脑，但无法扫描概念及表达，如真理、精确、错误、可能性等。哲学认识论的任务不是关于经验判断的，而是关于概念的；是关于逻辑上的可能性，不是经验上的真实性；是关于什么有意义和什么没有意义，不是关于什么是正确的和什么不是正确的[6]。

神经成像为了确保图像信息的精确性与有效性，不断重复研究样本，将个别的图像与其他图像的数据关联，用附加的统计软件计算原始数据并还原成为图像。德国认知神经科学家胡贝尔指出，这种技术是有边界的，对所有脑的统计计算的扫描研究不能代表任何个体的脑[7]。并且与传统的方法不同的是，功能性磁共振成像技术通过传递有关脑部精神过程的信息，更趋于使人相信复杂的性格特征与具体的大脑相联系，通过探索成像的基本原理、实验范式和程序中产生的各种彩色脑活动图片，分析各种数据，得到大量的研究结论，最终从信号中体现功能成像的意义。虽然脑成像使我们相信，我们能“直接看到”客观的大脑和神秘的大脑活动，图像化的表征具有不可否认的确信度，并且它的影响通过经验的研究确证，但是，精神活动不等同于扫描到的图像，可视化技术已经超越了客观世界本身。正如神经科学家胡伯指出的，功能性磁共振成像技术仪器不能直接测量大脑特定部位的神经活动，测量的只是脑区的血流量的增加，理论上，血流量的增加与神经活动的增大有线性关系，这样就可以得知脑区神经活动的增加情况。成像仪器不是一个直接扫描脑的精神活动的仪器，是通过血液流量与一些信息相关度作出判断，间接地测量得到图像[7]。

脑成像技术实际上是用还原方法探寻生物学上的原因，使我们看到脑中更深层的细节，而且相关记录用于预测人的情感和行为，例如，撒谎和预测暴力犯罪行为；在法庭上，运用脑成像的证据判断当事人的行为。2008 年印度的“读脑机”事件—— 对杀人凶手的有罪判定——就来源于脑扫描的图像证据[8]。用脑成像技术预测涉及很多因素，预测是否精确是首要的问题。精确性的评估比提供极大概率的预测更复杂，例如，为了决定一个人是否被判定为性侵犯者，错误的肯定与错误的否定都应该分别考虑。如果一个人为了预测将来是否有帕金森病而借助于脑成像，必定会考虑预测的价值。对预测有多精确的问题就会被提出来。罗斯认为，如何计算预测的精确率会增加问题的复杂性。

即使预测的精确得以确立，另一个问题——方法论上的复杂判断是基于知识的解释——也需要考虑。在本体论上，人不可被还原为神经系统；在认识论上，脑成像不能被视为是对大脑活动的直接呈现。脑成像使用间接的方法生成相关数据，以代替对精神活动的认识，这些研究结论有决定性的影响。由于技术上的复杂性，在方法上需要考虑适合研究的客体、选择先进的理论并统计分析的效果。在技术方面，扫描、实验设计和分析方法是客观的，但在方法论上，基于相关知识解释的判断是复杂的，包括功能具体过程与输入系统控制速度产生、改变与影响的各种困难、研究的主体的规范决定和价值的依赖、对科学概念的理解、实验设计、信息获得、主体的兴趣等。神经脑成像技术与通信技术一样，具有不确定的因素，在某种意义上，神经成像结果是否用功利的方法最大化保留结果的利益，抑或本体论上只强调个人权利的自由？

三、隐私保护

伦理学的核心问题是对人的尊重，而尊重人的一个重要方面是尊重人的隐私。就伦理学基础而言，对隐私的保护是基于人格尊严和自由原则。康德认为，把某人当做人来尊重，就必须尊重他的自由，而尊重他人的自由则意味着必须考虑自己的行为和决策对他人的影响。自由作为隐私权的一个基本价值目标，其合理性和生命力在于它事实上几乎能被所有人理解并接受[9]。在信息时代，技术改变了隐私保护的内涵与外延，个人的身体、信息、思想与情感构成个人隐私领域的主要部分[10]。

神经伦理学的一个重要的问题是有关“大脑隐私”的问题，也称为“思想的隐私”或“精神隐私”。功能脑成像可以看到人的思想隐私。脑成像增加了神经生物学的相关信息，可以提供人们如何思考的信息，以及潜在的我们为什么这样思考和思考了什么信息，这会在研究者与受试者或治疗者之间造成伦理困境。大脑里携带着大量的反映主体特征的信息，包括认知、行为控制、信仰、记忆、情绪、意图、人格特质或精神失常。问题是谁会有权利读取他人的大脑信息，知道相关结果？例如，医务人员如何确定小孩精神有异常？家长的态度如何？学校知道了会如何？再如检测早期的精神错乱，雇主有权知道病人症状吗？如何协调病人的隐私权与雇主的知情权？

脑成像模式下的隐私破坏更具有隐蔽性，病人及病人的信息更具脆弱性，如何做好信息的保密工作，这也是研究者的责任。虽然病人感觉到他们的治疗机会更多，得到的福利也会增加，但是，病人的隐私权很难得到保障。罗斯指出，脑成像技术迟早会走出实验室而渗透到现实生活中，如果个人思想隐私被窥视，那么或许能被预知此人的未来将会出现怎样的后果。雇主使用脑成像预测雇员精神病史，以确立雇员是否适合相关工作；保险公司对投保人脑扫描，用以确定是否对客户保险或采用何种保险才有利于公司；商人应用脑成像技术研究广告，分析和预测消费者的消费决策进而控制人的购买行为；家长用脑成像预测孩子的个性或智商等[11]。斯坦福大学的神经科学家朱迪·爱丽斯认为，脑成像技术被强行使用首先考虑的伦理问题是隐私问题，比如保险公司对投保人，或者雇主对雇员，为了获得对方的某些隐私，强迫其进行脑部扫描；其次是脑成像技术被用来预测未来的某些行为或疾病，比如那些被预知有患精神病素质或者有暴力倾向的人，可能会受到歧视性的待遇。

在一个能共享生物信息的时代，遗传、脑等信息的获得极大地增加了人类认识自身和改造自身的能力。在这种研究背景下，某些大型科研项目会要求共享受试者的大脑信息，如基因组学的研究就是如此。脑扫描研究不仅看到了界定我们人性的神经网络，而且个人身份可能暴露，扫描仪器与计算机接连，会留下扫描的信息痕迹或信息记录，并危及个人的隐私。而图像信息的记录与保存也存在潜在的隐私风险。资料储存在网络空间中，不同地区的研究者分享这些数据信息。如果个人信息的分享不小心被第三方为了商业目的而使用，将会严重地违反我们的“自我感”和“尊严度”。我们的身心在脑成像技术的光环下被侵害，人的隐私、尊严和价值在技术的照耀下而失去自身的光彩，这在一定程度上是对人的尊严的侵犯和生命个体完整性的破坏。

四、非医学目的使用问题

用脑成像技术认知脑、保护脑和创造脑已成为脑科学研究中最重要的技术手段与最前沿的科学研究领域，世界各科技大国都投入巨额资金进行相关的基础研究与应用研究。对脑的扫描除了可预测与治疗疾病，还可用来研读心智、增强神经、判断人类的道德基础，会给司法判定、商业、教育、管理和军事等方面带来全新的革命。

虽然神经学家最初将成像技术运用于感官分析和神经元的认知，但越来越多的医学治疗目的之外的应用成为科学研究的趋势。脑成像技术在道德判断、情绪、文化、心理、经济、管理、营销等方面的运用催生了神经伦理学、神经经济学、神经营销学、神经管理学等交叉学科。从电子期刊库 Springerlink 上搜索到，1996—2010 年，有近 9000 篇学术论文成果是基于脑成像技术的运用，其中有一半是用于非医学目的研究。

脑成像技术虽然改善了医院提供高疗效服务的能力，但同时其非医学目的的运用也引发了大量的伦理与法律问题。人类性状本身的复杂性和多样性，以及追求动机的复杂性等，使得非医学目的使用脑成像技术的问题变得十分复杂。例如，脑成像检测的结果是否可以作为法律证据就是一个新的问题。1993 年，美国一名 17 岁的未成年男子因犯谋杀罪被判死刑，法院判定 2003 年执行，后来重新审判未成年人犯罪案时，法庭采信神经成像的研究成果，认为未成年人的脑前额叶未成熟，不具备理性与道德决策能力，因而不能束缚自身的暴力血统，前额叶被神经科学成像技术证实为控制人们推理与决策的脑物质，基于此原因，法庭重新审定时，未判罪犯死刑，而改判为监禁[12]。这是在美国的刑事案例审判，运用成像证据预测当事人的行为和态度，显然有益于司法鉴定，法庭能否采信脑成像证据？如果不能，它和录像等证据有何区别？如果能，如何保证脑成像证据的准确性？其结果能否完全揭示真相？脑成像检测的结果是否可以作为法律上的证据还涉及公正问题。司法系统惩罚那些承认做过违法行为的人们，如果神经科学的预测具有极高的精确性，对那些将来会犯罪的人提前进行惩罚，那么在他犯罪之前就采取措施是否有违公正？即使行为是出于保护的目的。一方面，需要警察严密地监视，以提前预防犯罪嫌疑人，但周围人肯定会给予贴标签似的认定他是某种行为的罪犯而远离他；另一方面，如果有充分证据的脑成像预测是非常精确的，可是却不提前预防，这对于将来可能的受害者也不公正。

再如，脑成像技术在商业中的运用。美国贝勒医学院神经影像学实验室主任蒙塔古因为应用脑成像技术研究碳酸饮料的广告而闻名，他的研究甚至促成了一门新的学科——神经营销学——的诞生。通过衡量品牌、广告、产品、价格等对人脑活动的影响，比传统的营销研究更加有效地分析和预测消费者的品牌认知、广告接受，乃至最终的消费决策。由于神经营销学研究成果的实用性，企业界的积极性甚至大大超过学术界。有美国跨国公司利用该技术的研究进而控制人的购买行为。商业公司因为在信息获取方面显然优于个人，信息不对称只有利于商业公司，对消费者而言实为不公正。

用脑成像技术进行非医学目的的神经增强也存在伦理问题。生命伦理学家法拉强调对神经的干预比基因更直接、更有效，引发的伦理问题可能更突出。神经增强是借助于脑成像的手段与神经生物学原理来改变人体正常神经，以达到增强人体性状或能力的一种神经增强技术，其中操纵神经是手段，增强是目的。医学的目的是预防和治愈疾病，非医学目的的增强从狭义上理解是指干预人体完全正常的性状和机能。当代生命科学技术发展的一个突出特征就是人不仅要用科学技术改造自然界，还要用科学技术改造人，甚至还要改变人和完善人。显然，非医学目的神经增强可以使人们获得更幸福的生活，而不仅仅是治疗疾病，如增强人的记忆、提高人的智商。然而，由于脑成像设备成本较高，不是所有人都能公平地享用该技术，对于不同阶层的人而言，同样存在不公平的现象。我们的社会目前还没有对非医学目的增强做好伦理上的准备。对于诸如“增强什么性状？谁能优先获得能够增强性状的技术？”等问题，人们不能达成一致[13]。现代生命技术使有些问题变得更加专业化和知识化，这对于那些缺乏教育、技术和知识的人，是否加重了他们的脆弱地位，从而导致更多的不公正？

安全问题、成像的精确性问题、隐私问题和非医学目的应用等是脑成像技术面临的几个重要的认识论问题及伦理问题。正确认识和处理这些问题，可以更好地实现脑成像技术对人类的价值。任何技术既是解决问题的手段，也是伦理、政治和文化价值的体现，需要在风险、环境、经济、社会等价值之间进行权衡。正如汉斯尤纳斯所主张的，当代伦理关怀的根本任务并不在于实现一种最高的善，而在于阻止一种最大的恶。

参考文献：

[1] 唐孝威．脑科学导论[M]．杭州：浙江大学出版社，2006：18.
[2] 范冬萍．复杂性科学哲学视野中的突现性[J]．哲学研究，2010(11)：102-107.
[3] Benedict Carey. Studies Halted at Brain Lab Over Impure Injections[N]. The New York Times, 2010-07-16.
[4] 陈凡，程海东．“技术认识”解析[J]．哲学研究，2011(4).
[5] 比彻姆．通过技术思考[M]．沈阳：辽宁人民出版社，2008：73.

[6] 贝内特,哈克. 神经科学的哲学基础[M]. 张立,等译. 杭州:浙江大学出版社,2008:426-427.
[7] Christian G Huber, Johannes Huber. Epistemological Considerations On Neuroimaging: A Crucial Prerequisite for Neuroethics[J]. Bioethics, 2009, 23(6).
[8] Glannon Walter. Neuroethics: Challenges for 21st Century[M]. New York: Oxford University Press, 2007.
[9] 韩东屏. 疑难与前沿:科学伦理问题研究[M]. 北京:人民出版社,2010:134.
[10] 翟晓梅,邱仁宗. 生命伦理学导论[M]. 北京:清华大学出版社,2005:57.
[11] Neil Levy. Neuroethics[M]. New York: Cambridge University Press, 2007:246.
[12] Glannon Walter. Bioethics and Brain[M]. New York: Oxford University Press, 2006:58-59.
[13] 邱仁宗. 高新生命技术的伦理问题[J]. 自然辩证法研究,2001,17(5):21-27.

第四篇

技术、创新与人类发展

城市史：技术、工程与空间

黄正荣
（重庆建工九建公司，四川 重庆　400081）

摘　要： 城市是由具有预设功能的建筑物（包括住宅、写字楼和市政设施等）和公共开放空间（如街道、公园和广场等）组成的实空集合，有一定的以行政区划、地产及技术标准等规制的地域边界。在城市演化过程中，正确地处理城市建筑物与公共空间的关系，不仅从技术维度，而且从文化维度来思考和实践，凡在城市史上留有经典文化记忆的城市都有一个共同点，那就是在处理建筑物与公共开放空间之间的关系时，追求技术和艺术元素的完美结合。本文从工程哲学视角探讨了技术、工程与空间对于城市演化之发展动力及方向，阐明了城市作为工程化了的对象性存在而受到工程哲学关注的必然性。

关键词： 城市史　技术　工程　空间　对象性存在　工程哲学

一、引　言

可否这样认为，城市史就是一部人类文明史，城市的兴衰折射文化的融合、更迭和消长。通过研究发现，在人类文明史的进化过程中，有两次非常重要的技术革命促使了城市的形成和发展。第一次是农业革命，即作物种植和动物养殖业的兴起，产生了农民、牧民和手工业者，伴随着青铜、铁等冶金术的出现，人们开始制造和使用锄把、犁头、马鞍、锤子等工具，一些技术成果的问世，如肥料、灌溉、耕作、车轮等，推动了农业劳动生产力的提高，农牧业生产的剩余产品需要在集市上交换，这个多余产品交换的场所逐渐演变成交易市场，这就是城市的雏形。史载，世界上第一批城市大约在公元前3500年起源于底格里斯两河流域富庶平原地带——美索不达米亚，包括乌尔、苏姆尔、阿卡德、厄里都、厄尔克、拉戈什和吉什。第二次是工业革命，即大工业的技术性变革和社会分工，造就了产业工人、商人及各行各业劳动者，制造业、商业和政治发达，社会群体规模扩大与组织水平提升，工程活动广泛依靠如工程力学、电磁学、钢筋混凝土、机电一体化等技术种类，大量使用和掌控钢铁、水泥、机器等生产资料，有目的地大规模地建造人工物，创造出了人类自己生存发展的物质环境和条件，拓宽了人类的生存空间，工业化直接加速了城市化进程，把世界人口更多地吸引到城市中心，产生了诸如威尼斯、佛罗伦萨、米兰、伦敦、巴黎、柏林、纽约、东京、上海等重要城市。农业革命使城市诞生于世界，工业革命则使城市主宰了世界。对此，马克思和恩格斯在合著的《德意志意识形态》中写道："城市已经表明了人口、生产工具、资本、享受和需求的集中这个事实；而在乡村则是完全相反的情况：隔绝和分散。"[1]104城市从本质上讲，是一种典型的以人为中心的社会建构。

确实，城市的发生、演化，城市的存在和发展方式，从来都与经济结构、资源禀赋、文化传统、技术体系、人口变迁、工程系统、地理空间和生态环境联系在一起。城市在社会历史中的核心地位和作用日渐彰显，"城市的产生，对传播人类文化的贡献，仅次于文字的发明"[2]，所以，对城市的跨学科、多学科研究才会如此引起关注和兴趣。本文试图从工程哲学视角探讨技术、工程与空间对于城市演化之发展动力及方向提供一些线索和看法，以及城市作为一种对象性存在而受到工程哲学关注的必然性。

二、城市演化的技术支持与工程形态

城市演化包括进化与退化两层含义，这里主要指进化，退化表明城市一些结构衰化、个别功能弱化或丧失。在城市演化过程中，主要以四种类型为基础发展起来，形成聚居区：第一种是要塞型，这类城市最早是军事要塞，以防御为目的；第二种是城堡型，城市在封建主的城堡周围扩建开来，配置教堂（或修道院）、庙宇、市政厅及中心广场；第三种是资源型，主要依靠丰富的自然资源，形成以能源、矿产等资源为优势的工业城市；第四种是交通商业型，城市以交通口岸、地理优越为特征发展起来，成为一个国家或地区的经济贸易中心和交通枢纽。不论城市属于哪种类型，它们都必须具备一个城市的基本构架：供排水（电、气、通讯）等基础设施、街道、建筑及桥隧等结构物、景观、园林、运载系统、路灯、广场。这称为有形的东西或曰城市硬件。当然，还包括无形的东西或曰城市软件，如建筑学、城市设计与规划、材料科学、土木工程、机电及通讯网络、计算机信息技术等。而城市这一切无不与其技术规模及水平、工程系统有着内在的本质的必然联系，需要依赖技术支持与工程形态两大系统来求得发展。正如美国社会学家丹尼尔·贝尔所说，"产业革命从根本上说是努力用技术秩序替代自然秩序，用职能和理性的工程概念替代资源与气候的杂乱的生态分布"[3]，表征城市演化史颠覆性变革的城市革命也是如此。

从时间序列上看，城市迄今经历了古代城市、中古城市、近代资本主义城市和现代城市四个阶段，城市演化主要通过建筑设计、旧城改造、技术积累、工程筹划、城市更新和规划建设来推进。

从技术哲学意义上讲，工具和机器曾被卡普称为器官投影，它们是作为人身体的自然延伸。在器具技术体系中，始终存在工具和机器的交集、更替、进步与创新。手工工具的使用者是工匠，工作方式多为个体手工作业或者充其量属于简单协作；机器系统的设计和操控则由设计师、工程师、企业家、职员、熟练技工等这样一支庞大的队伍通过一定的组织与管理来完成。在美国技术哲学家皮特看来，“人类引入一套复杂的设备或技术系统的时候，是为了帮助自己实现目标。而当我们发现设备产生的结果或负效应与其他的目标和/或价值相冲突时，我们就会取代它或校正它。无论人们作出了何种选择，设备、工具和系统都始终和人类分不开。”[4]工具向机器演变，技术手段由传授技艺、简易方式、线性思维、机械系统往规则标准、系统集成、网络思维、智能系统递进，致力于提升效率的发明和创新贯穿于技术过程始终。技术的先验意识和内在价值越发突出，其形而上的意义更加重要。从机械学的角度看，受过科学和技术及数学专门训练的工程师们尤为感兴趣的是，机械体系由被动状态的机械到主动和反馈性机械（如能量转换、自控装置）的技术装置变革凸显了城市演化中技术变迁的特点。例如，在能量转换的技术装置方面，城市建筑热泵技术就是基于热力学原理来利用热泵（或制冷装置）系统与环境热源（地热、江河、空气、太阳能、工业废热等）之间的能量交换，即消耗一定的高位能，从低位热源吸取热量，然后连同高位能所转化的热量，一起释放到高温热源环境中，从而可以实现建筑物全年空调（冬季供热、夏季供冷）的恒温效果。它与传统的纯粹消耗能源来取暖或制冷装置（比如锅炉、空调机）有质的区别。由此而言，类似于采取技术的手段利用环境热源，一些能量转换的环保方法和意识对于当下城市建筑节能和降低碳排放具有显著的促进作用，也是生态城市发展的一个主要技术特征。不可否认，技术在城市演化问题上扮演了重要的角色。

同时，在材料技术系统中，也经历了从无机材料（竹、木、砂、石、玻璃、钢铁等）到高分子有机材料或合成材料（塑脂、碳纤维、钢筋混凝土等）并行发展的使用过程，与此相应，建筑结构由古代木构、石构、砖木（混）结构向现代钢筋混凝土结构、钢结构、钢-混结构等结构类型升级，以力学、电学等物理学为科学基础的技术现象反映了技术存在与变迁的自然历史过程。技术并非纯粹本能的行为，而是作为一定的社会行为方式及规则被承继下来，并因为它自身固有的“溢出-扩散效应”而不断延展其对自然的影响力度和范围。

有谁能否认，城市可以脱离技术（包括作为组织的技术）而存在。技术是城市存在和发展的生命线，城市的物质特性和功能无不依靠材料、技术方法及标准、城市规划、工艺、设计手段、设备、工程力学、施工方案等技术结构的优化来予以展现与发挥。建造技术历经手工设计、体力劳作、经验技艺，进化为基于工程科学应用的建制化工程设计、技术符号及标识、机械化和自动化施工技术系统集成，技术难度越来越大，品质要求愈来愈高，技术控制方式也呈现出多样化的态势，加上技术系统的不确定性和技术风险因素增多，于是，不得不从科学、人文、政治、艺术、法律及道德的层面来全面审视城市演化过程中的技术变迁现象（尤其涉及城市空间处理的技术手段，这是一个非常复杂的问题），探微其本质化的规律性与技术合理性，提早对技术的变化进行预测、评估和导向，做好技术规划，以减少或避免技术可能造成的消极影响和危险后果，除此之外，似乎还没有其他更有效的办法。“技术有其自身的规则、存在的理由，以及——人们可能甚至会这样说——其自身的至高无上的计划。”[5]

可以看到，自20世纪中叶以来，支撑城市建设和发展的土木建筑及城市交通技术发展很快，如高性能混凝土、钢结构工艺、预应力施工技术、城市遥感航测、工程网络计划、盾构法、CAD设计与CAM制造技术、智能建筑工程检测、液压自动爬模工艺、信息化标准、地下工程自动导向测量、城市地铁及轨道交通等，它们不是技术的简单堆积或拼凑，而是系统集成技术体系，现代城市工程凝结和会聚了相当的工程科技含量。基于科学应用的技术发明包含了源自思想的本质存在，技术进步、创新成为推动城市未来与发展的原动力。目前，美国工程界正在研究开发全集成与自动化工程项目处理系统（FIAPP），FIAPP系统是国际上当今基于信息技术的工程项目建设的最高水平，它的思路是研究支持集成与协同工作环境的IT模型，该模型支持工程项目的全生命周期，以此模型为基础，完成工程项目建设集成与自动化（集成含义还包括人、机构、管理、资金等）。主要采用IT的模型有三维模型与模拟现实、数据交换标准化、数据中心设计与构建、全生命周期的数据管理、工程应用（含电子商务）、基于Internet的WEB[6]。技术体系已成为城市发展极其重要的支持结构，很难想象，缺乏技术支撑的城市系统将如何运行！

按照类型学的技术分类，城市演化的技术支持体系主要包括土木建筑及园林技术、材料与机械技术、能源和生物技术、交通运载技术、计算机信息及通讯技术、组织管理技术等几大类。

城市的基本构架则由工程活动来实现，以工程形态（或曰工程实体）展现于世，这当属城市之显著的对象性存在特征，城市的存在意义及存在论境域规制了城市演化的范围和空间。直观上看，城市其实就是一座庞大的有灵性的工程博物馆，聚集像住宅、体育馆、学校、医院、写字楼、酒店、公交场站、商场、公园等类型、体量不同及功能各异、风格绚丽的工程实体，展示其经济、科技与人文成就。就工程与城市的关系而言，如果说住宅、写字楼、公交场所等诸如此类的建筑物或构筑物是工程的构成单元，那么城市就是由这一个个单体工程所构成和组合而具有城市功能的工程集群，工程塑造了城市，建构了作为人栖居的生活世界。

城市工程集中体现了人对自然有目的有组织的利用和改造，这种主观能动性关系通过人的群体性实践活动呈现出来。工程作为人与自然、人与社会之间进行物质、能量和信息交换的载体，其核心是将二维生成三维、方案变为实体或存在物的建造活动。换言之，工程的实质在于借助自然界和社会中的物质、能量及信息、知识文化的来源通过要素整合及技术集成来造福人类，构筑对人类及其他物种有用或满足其需要的新的存在物/系统。在现代工程过程中，围绕工程决策、设计、施工、运行及拆除这一全寿命周期来扩展工程活动的理念正逐步在工程界形成共识，而不仅仅着眼于工程完工为止的工程思维定势，它必须还要强调工程运行阶段（包括拆除在内）的控制和管理，延伸工程活动的时间跨度，解决城市建筑物及构筑物带有普遍性“寿命短”的问题。换句话说，就是处理好工程造物与用物的辩证关系，为人类带来福祉，不然将失去工程存在的意义和价值。

实际上，城市就是人类采取工程手段建造的人工自然（即马克思所称的对象世界），“通过实践创造对象世界，改造无机界，人证明自己是有意识的类存在物。”[1]46在城市演化的工程实践中，人在改造客观世界的同时，也在改造自己的主观世界，工程反映了人的主观能动性（意识）与客观规律的辩证统一关系。现代工程因其跨学科性已经成为系统的、发达的、前沿的知识领域，对于城市的未来发展起到至关重要的作用。由于城市土地资源及人口密度的局限、生态系统容量的钳制，可以预见，未来城市极有可能往立体化、生态性、嵌入型方向发展，一座座立体城市、生态城市、仿生城市、海上城市、空间城市在不远的将来会拔地而起。但是，这一切都很难离开庞大、复杂、精制的工程系统设计，以及形态学工程筹划和基于实践的工程建造。

从系统学的角度视之，城市工程是由物质要素和知识形态（也包括伦理）构成的复杂系统，无论是从其发展过程，还是从城市工程系统本身看，工程都处于一个不断变化和发展的过程，从动态的活动过程中发挥其巨大作用；也只有在活动过程中，工程才能成为城市改造、更新、规划与建设强劲的现实力量。在现代城市建设中，工程活动理应体现人文价值理性，追求真、善、美的理想境界。应当看到，虽然工程在城市化进程中发挥着非常重要的作用，但同时又在工程领域中不断出现同社会不和谐、与环境不协调、与人文相冲突、与伦理相悖离等诸如此类的败笔工程，这不能不引起我们的哲学反思和追问。通过调查或考察发现，城市史上的一些所谓“败笔工程”，往往不是工程技术本身的原因，而是其“反自然性、反人文性”所致。

长期以来，城市工程活动带有强烈的纯技术传统、功利主义和浓厚的工具理性色彩，未能或较少考虑与关注工程的人文性、社会性和生态性。当代美国技术哲学家米切姆认为，“被技术理性或工具理性控制的社会在其文化取向上具有更强烈的功利主义倾向”[7]。工具理性的无限膨胀导致工程与人、自然和社会之间的对立。工具理性抽象掉了人作为工程的主体性、人的存在意义和人的精神价值，造成人文精神的缺失，张扬了人的自然性和“冷冰冰”的工具性，无视了人的社会性、价值和尊严，导致工程与人之间关系的紧张和异化。工具理性的不断强化造成工程的反人文性、反自然性和反社会性更加突出，与自然对立的传统工程思维破坏了自然环境，恶化了与人-自然-社会的关系，铸成了城市生态危机。由于缺乏工程价值理性的系统研究，也未引起足够的重视，以致像我们现在很多城市的一些建筑工程，要么千面一孔，要么不伦不类，或者形容怪异，毫无美感，缺乏生气，没有灵魂，终究成为城市建设史上的“败笔”。例如，被喻为“大裤衩”的中央电视台新大楼，其色情设计意象引发国人质疑；安徽阜阳颍泉区耗资数千万元而修建的政府办公楼“阜阳白宫”，与落后地区形成强烈的反差，陷入伦理鞭挞；重庆忠县黄金镇形如“天安门”的宫殿式的办公楼，与周围一座座低矮破旧的民房格格不入，被人戏称为豪华衙门；如此败笔工程还有许多。所以，对工具理性进行人文反思，从工具理性回归到价值理性，现代城市工程负载人文价值，实现工程价值理性与工具理性的统一，这将成为工程存在合理性的内在要求和城市工程发展的必然趋势。工程活动不仅限于追求经济价值，它还要寻求科学价值、生态价值、美学价值、文化价值和伦理价值，更趋于消解纯技术传统和功利主义，摆脱其一些消极影响和负面效应[8]。

并且，城市应通过工程手段体现其文化个性，避免城市被“脸谱化”。西方城市演化的每一阶段都表现出不同时期原真的建筑风格，如古希腊风格、古罗马风格、拜占庭风格、哥特风格、巴洛克风格、浪漫主义风格、现代主义风格、“后现代主义”风格……值得当代具备哲学思维和人文素养的建筑师、城市规划师、工程师、社会科学家、决策者们认真借鉴和研究，当然，我们的每一座城市又要力图体现中华民族优良的传统文化、地理风貌、科技水平、地域文化、时代特色，要形成自己的城市个性。

如前所言，城市史就是一部人类文明史。“城市的演进展现了人类从草莽未辟的蒙昧状态到繁衍扩展到全世界的历程。……城市也代表着人类不再依赖自然界的恩赐，而是另起炉灶，试图构建一个新的、可操控的秩序”[9]。人类最伟大的成就应当是她所建构的城市，城市代表了人类作为具有想象力物种的非凡杰作，展现了人类有效掌握技术和采取工程手段来驾驭及重塑自然的能力。

三、城市的空间状态及发展方向

英国城市经济学家巴顿对城市是这样认识的：“城市是一个坐落在有限空间地区内的各种经济市场——住房、劳动力、土地、运输等等——相互交织在一起的网状系统。”[10]他揭示了城市与空间的内在关系，强调城市的空间有限性。毋庸置疑，理解并领会空间，是我们认识城市和建筑的关键问题。从空间与城市之间的关系上讲，城市是由具有预设功能的建筑物（如住宅、写字楼和市政设施等）和公共开放空间（如街道、公园和广场等）组成的实空集合，有一定的以行政区划、地产及技术标准等规制的地域边界。与公共开放空间不同，建筑空间实际上是一种由围护结构（如地面、墙面、顶棚）构筑的带有私密、半私密性质的室内空间，大空间分隔成小空间的层次组合，赋予空间以一种理性、有格律的秩序。“空间对于作为一种艺术的建筑就如文学之于诗歌一样；空间是建筑的散文，是它，使每一座建筑作品别具特色。……空间是建筑最适当的观感表征的具体对象”[11]169。

下面回顾与审视历代“空间”形式在建筑方面的解读。

古希腊神庙建筑，专注人体尺度感，最大的缺陷在于忽视内部空间。

古罗马建筑空间形式的特点表现为静态，不论是圆形还是方形这两种空间，它们的共同之处都讲究对称性，并与相邻各空间相互独立，追求恢弘、规整和宏大。

到了拜占庭时期，如君士坦丁堡的教堂中，其空间概念基本一样，即加剧节奏急促并向外扩展的空间效果。

文艺复兴时期的哥特式建筑，在意大利、法国、德国和英国等欧洲国家城市中得到非常大的发展，试图通过创造室内空间与外部空间的连续性来取消墙壁，并且方位对比感强烈，其建筑风格表现最为完满，也最为狂热颓废。

16—17 世纪的巴洛克时期为“空间”解放和反叛的时期，是对传统、规则、几何关系、对称和稳定性的一次反叛，突出空间特有的动感和渗透感。就空间而论，这种动感根本没有明确而有节奏地划分为各种几何形状的空间形式，不是已经形成的空间所表现的，而是一个形成空间的过程，它表现了体量、空间和装饰要素，如波罗米尼的圣伊芙教堂穹顶之上螺旋上升的尖顶就是这种造型的标志。相互对比的空间形式并排，且在水平和垂直方向上相互渗透，也是巴洛克风格的重要特征。

以小型的中产阶级住宅为主题的 19 世纪城市建筑，其内部空间设计是失败的，它真正有价值的在于外部空间，建造了花园城市，这主要归结为城市规划的贡献。

20 世纪以来的现代建筑值得推崇的主要有两种“空间”概念：功能主义和有机建筑主义，建筑空间以开放的平面为基础，强调合理性、有机性和人性，承继和吸收过去各个时期建筑风格中好的东西与有益成分，并且寻求建筑与城市规划在“空间”结合上的创新。

在城市演化过程中，正确地处理城市建筑物与公共空间的关系，不仅从技术维度，而且从文化维度来思考和实践，凡在城市史上留有经典文化记忆的城市都有一个共同点，那就是在处理建筑物与公共开放空间之间的关系时，追求技术和艺术元素的完美结合。这里值得一提的是，受到高度赞赏的城市景观，如威尼斯的圣马可广场，是经过几个世纪，以逐段顺序的方式建成的，每个后来的开发者和建筑师都清醒地知道，增加的部分要适合已有的建筑。建筑历史学家 Peter Kohane 称之为具有“经典意义”。相同的情形是传统穆斯林社会的特征，许多来自古兰经的不成文的法律主宰着环境的个性化成分的设计，保证其浑然一体的特性[12]。空间表征着抽象的概念，还可理解为一个被设置边界的场所，场所为具体的概念，城市意蕴着空间与场所的对立统一关系。

一座城市的物质特性由其街道、广场、公园和其他开放空间（包括一些公共建筑空间）确定，比如说城市基础结构通常利用街道（如十字街道、环形街道）来切割划分，形成城市骨架。这就修正了传统建筑设计观念，把建筑物或构筑物仅看成物体而不是空间构成者。不言而喻，城市空间必然扩展到建筑内部空间与室外开放空间的连通、渗透和统一，其特征是追求动感、节奏、均衡、对比、简约和格律效果。1982 年完成的德国斯图加特州立美术馆扩建工程，在既延续历史纪念意义，又创造开放的城市公共空间上，作出了卓越的探索和实践。这个作品的设计者英国建筑师 J. 斯特林从城市历史文脉中关注现代建筑，他不但吸收古典建筑元素，使美术馆具有一种历史纪念性与庄重感，而且这个圆形如神殿般的庭院又是开放性的，对称的总体布局中实际上兼容了许多的自由空间，包括让城市公共步行通道巧妙穿越圆形庭院，使美术馆内部空间与室外公共空间得以有机融合。意大利建筑史学家赛维说过：“城市空间并不是围绕单一一座建筑物，而是一种由所有因素、自然物和构筑物——如树木、墙等等——来围成的空的部分。”[11]29 进一步地讲，城市空间不仅仅是一个中空的、观念的东西，就人类生活世界的客观实在之哲学意义而言，它是我们生活其间的现实存在。换句话说，空间是城市存在的本质属性，它不以人的意志为转移，既是原初的、本真的，同时又是意识的和被感知的存在形式。

由于城市土地资源的局限，城市空间状态已开始从地面空间向地下空间（包括水下及海底空间）延伸，地下空间逐渐成为城市空间的发展方向和变化趋势，被誉为人类的“第二空间”。地下空间实际上作为一种结构性空间，是人类开辟新的城市空间疆域的有效尝试，目前，城市地铁、人防、地下商场、隧道、地下车库等属于地下空间的浅层开发。可以预见，随着城市经济的发展、地下工程科技水平的提高和城市化进程的加快，今后城市深达 100 米的地下空间会得到开发和利用，城市地下空间据此可分为浅层、次浅层、次深层和深层四种断面类型进行功能布局。中国工程院院士钱七虎断言：为了节约能源、保护环境，人类必须大量利用地下空间，21 世纪将成为地下空间的世纪。这样，城市设计与规划必然要尽早地全盘考虑城市地面空间与地下空间的衔接和联系、空间功能分区的互补与配套。

四、城市：工程哲学应予关注的对象性存在

城市早已是地理学、历史学、经济学、社会学、生态学等众多学科涉足的研究领域，并取得了丰硕的成果，但迄今真正从哲学视野关注、阐释和解析城市的研究不多。其实，在现代社会，城市已经成为一个国家或地区政治、经济、文化中心，

在人类社会历史中的地位和作用越发重要。工程化了的人生存之建制性栖居场所——城市——成为工程哲学关注的对象是题中应有之义，“工程哲学体现了思想家们对工程化了的现代人类生存方式的密切关注”[13]。关于生存、存在方式的意义问题诠释，德国哲学家海德格尔在全面研究、批判、总结以康德和黑格尔为代表的德国古典哲学（形而上学）及胡塞尔现象学的基础上认为，存在的基本方式是自然（广延物）之存在和精神（能思物）之存在，他特别指出：“一切存在论，甚至最原初的存在论，都必定要回顾此在。”[16]这里，“此在”是一个基础性的哲学概念，在笛卡儿、康德和黑格尔那里，原指“自然物的存在方式”，海德格尔赋予它新的含义，指“人”这类存在者，其生存显现为“在—世界—之中—存在”这样的差序结构。在海德格尔看来，作为人之生存的此在的存在方式只能是生存。由此而言，城市作为工程化了的人生存之建制性栖居场所，也是一种对象性存在，超越时间与空间、历史与自然，城市的意义终究要回归形而上学，保持哲学对城市审视、思考与追问应有的高度。

哲学意义上的对象性存在为我们认识和研究城市提供了一种方法论。城市是人类在认识自然、改造和利用自然的活动过程中，形成以人为中心聚集的栖居场所，栖居场所即为工程化了的对象世界而存在。如果说栖居指建筑物（或构筑物）的存在方式，那么场所则称为空间的对象世界，而城市也就表现为留下人工烙印的建筑物与空间的实空接合，研究城市实质上就是在解析实与空的关系，这可以为哲学提供新的研究范式。从哲学上思考对象性存在及其与意识的关系，城市概括为一种对象性存在，则又是人的意识的反映，是“思”的过程，具有形而上学的意义，它隐喻了工程化或技术化这一人工过程。对象性存在与原先的“客观实在”是有区别的，不是同一的范畴。对象性存在是人通过工程活动创建的以往未曾有过的存在，包含意识的成分；而客观实在则是固有的、原生的、未加修饰的存在，是纯粹意识的反映。显然，城市作为一种工程化了的对象性存在，充分地体现了人工自然形成的意义和过程，进入工程哲学的研究视野，而必然成为工程哲学重要的研究课题。

工程哲学可以通过对城市——工程化了的对象性存在——这个基本问题的延伸和展开，解读和阐释诸如空间、栖居、社会建构、场所、对象世界、理性、城市演化、意识、技术体系、实体、工程形态、生存、人工自然等此类概念或范畴，从哲学高度关注和追问城市“在—世界—之中—存在”的形式和意义，揭示城市本质和特征、城市结构与功能、城市存在方式及发展规律。工程化了的对象性存在奠定了城市作为人之生存方式——建制性栖居场所的存在合理性基础，这里，存在合理性既包括合目的性，也包括合规律性，且是两者的辩证统一。城市存在之要义在于人类建立一个合理利用和改造自然的可控秩序，这不单说明它存在的理由，进而展现其历史意义的使然。

参考文献：

[1] 马克思,恩格斯．马克思恩格斯选集:第1卷[M]．北京:人民出版社,1995.
[2] 沈玉麟．外国城市建设史[M]．北京:中国建筑工业出版社,1989:3.
[3] 丹尼尔·贝尔．后工业社会的来临[M]．北京:商务印书馆,1984:539.
[4] 约瑟夫·C. 皮特．技术思考:技术哲学的基础[M]．沈阳:辽宁人民出版社,2008:121.
[5] 尼古拉斯·佩夫斯纳．反理性主义者与理性主义者[M]．北京:中国建筑工业出版社,2003:168.
[6] 徐波．建筑业10项新技术(2005)应用指南[M]．北京:中国建筑工业出版社,2005:572-573.
[7] 卡尔·米切姆．通过技术思考:工程与哲学之间的道路[M]．沈阳:辽宁人民出版社,2008:134-135.
[8] 黄正荣．工程哲学如何面向工程实践刍议[J]．工程研究:跨学科视野中的工程,2009,1(4):362-367.
[9] 乔尔·科特金．全球城市史[M]．北京:社会科学文献出版社,2006:1.
[10] K. J. 巴顿．城市经济学:理论和政策[M]．北京:商务印书馆,1984:14.
[11] 布鲁诺·赛维．建筑空间论:如何品评建筑[M]．北京:中国建筑工业出版社,2006.
[12] 乔恩·兰．城市设计[M]．沈阳:辽宁科学技术出版社,2008:17.
[13] 殷瑞钰,汪应洛,李伯聪．工程哲学[M]．北京:高等教育出版社,2007:40.

生态文明时代的绿色建筑观

邓　波
（西安建筑科技大学人文学院，陕西 西安　710055）

摘　要：本文将当代绿色建筑的兴起与发展置于人类文明发展的四种历史形态中来加以考察，认为采猎文明、农业文明、工业文明和生态文明对应着人类不同的栖居方式。人类正处于从工业文明向生态文明转变的历史时机，与工业文明及后工业文明相适应的现代主义、后现代主义建筑观的衰落，与生态文明相适应的绿色建筑观的兴起，将是历史之必然。在文明演进的视野下，人类必须通过重构建筑与自然、技术、经济、政治、文化等符合生态文明要求的全新关系来建构绿色建筑观。

关键词：文明形态　栖居方式　工业文明建筑观　生态文明　绿色建筑

建筑是人类文明不可分割的、重要的有机组成部分。如果脱离人类文明史来讨论当前方兴未艾的绿色建筑，往往会使人坠入建筑风格变迁的历史迷雾，难以在此起彼伏的当代建筑思潮中看清绿色建筑的历史地位与未来价值。因此，本文力图将当代绿色建筑的兴起与发展置于人类文明发展的历史形态中来加以考察，通过对工业文明建筑观的衰落及当代绿色建筑观兴起的深入分析，来尝试建构与生态文明相适应的绿色建筑观。

一、文明的四种形态与人类的栖居方式

关于人类文明发展的历史形态，历来存在不同的划分与争议，造成这种情况的根源之一在于学者们划分人类文明发展阶段标准的不同。在本文中，将以人与自然的关系作为人类文明发展的历史分期标准。之所以如此，是因为在人与自然、人与社会、人与人等的全部关系中，人与自然的关系处于首要的地位。人从自然中提升出来，作为有理性、有意志、有情感、能动地认识和变革自然的存在者，与自然之间构成了主体-客体对象性关系：一方面，作为主体的人，仍是自然界的一部分，自然界以整体的客观方式制约着人类活动的方式与限度，制约着人类的生存与发展；另一方面，作为客体的自然界也因为人类能动的认识与实践而发生改变，转化为满足人类需要的某种人工自然。从最为宏观、最为根本的意义上讲，人与自然这

种相互作用的对象性关系优先决定着人类文明发展的基本形态。

要从人与自然的关系去划分文明形态，就必须把握人与自然的关系在不同的历史时期所具有的不同的性质与特点，它们主要体现在人类认识、适应、改造自然的实践活动方式之中，正是这些实践活动方式构成了不同历史时期人类文明形态的总体特征。按照这一标准，到目前为止，人类文明的发展可分为四种形态：采猎文明、农业文明、工业文明和生态文明。这种文明形态的划分已得到学界较为普遍的认同。显然，从时间上讲，这四种文明形态可以看做承前启后的人类历史发展阶段。但从空间上说，不同的地区或国家可能处于不同的文明形态，甚至同一地区或国家可能共存着多种文明形态。世界文明的发展是不平衡的，不能作整齐划一、线性推进的简单化理解。

从宏观上讲，这种文明形态对应着人类不同的栖居方式。

1. 采猎文明与人类的栖居方式

从两百多万年以前到大约一万年以前，人类从自然中分离出来后，一直处于极其漫长的采猎文明之中，人们普遍把这一时期称为旧石器时代。人类的祖先制造石器，采集植物和渔猎动物为食品，为追赶动物的迁徙和植物的季节性生长而过着四处漂泊的生活。由于智能低下、技术进步极为缓慢，而大自然所提供的植物和动物又能够长期满足人口稀少、增长缓慢的人类对食品的需求，人类在对自然的长期屈从、顺应与崇拜中生存，因而采猎文明维持了两百万年。但到了采猎社会的晚期，人口的增加所需要的食物量几乎达到了自然界可采猎环境“承载力”的极限，人类的需求与自然资源之间的长期天然平衡被打破了，人与自然的关系第一次出现了危机！在生态退化的压力之下，人类不得不放弃采猎文明的生存方式，转向耕种农作物和豢养动物的农业文明。

四处漂泊的采猎生存方式决定了我们的祖先以游居的方式栖居于大地之上，主要以天然的洞穴或巢穴为原始的“房屋”，“在洞穴中他们很安全。人们在洞口生火，这样既能取暖又能在他们烤肉时防范动物。这是种简单的生活，是所有人类的基本生活。”[1]1除了实现生活的基本功能，洞穴还是人们进行原始宗教、文化、艺术活动的场所。

2. 农业文明与人类的栖居方式

从一万两千年前到五千年前的新石器时代，人类开始在有利于耕作与放牧的自然环境中定居下来，建立了聚居的村落，逐渐实现了从食物采猎到食物生产的转变，完成了社会经济与技术的转型，完成了向园艺和畜牧的粗放型农业文明的转向。到了青铜器、铁器时代，农牧业、手工业技术经济的革命性进步，进一步推动了社会的分工协作，水利灌溉工程带来了新型的集约化农业。把新石器时代的部落合并集中起来，人类开始建造城市，区域性的国家、城邦开始形成。集权的政治、社会的分层、集市化的贸易、密集的人口、宏伟的建筑等，带来了一场城市革命，人类开始进入了真正意义的文明社会，“文明”一词的原意即为“城市”。语言、文字、符号系统的出现，带来了人类精神、智力活动的独立化，使经验、知识的总结与创新突飞猛进，产生了数学、天文学、医学、法学、文学、艺术、历史学、神学、哲学等较高级的文化。人类认识和变革自然与社会的能力及水平较之采猎文明大大地提高了。

在农业文明中，人与自然的关系不再是人类对自然的屈从、顺应与崇拜，而是在掌握一定自然规律的基础上，对自然的利用、强化与尊敬。但是，直到18世纪工业文明到来之前，虽然16—17世纪的科学革命掀开了人类认识自然的崭新篇章，但当时并未真正被运用于改造自然。农业社会的生产力与技术水平总体上说发展仍较为缓慢，主要依靠人的体力及部分利用畜力、风力、水力等自然力和手工工具来改造自然，不可能对自然界进行大规模、深层次的开发与控制，依然要靠天吃饭。可以说，人与自然处于一种较低水平的和谐共生的关系之中，人类对待自然的态度从中国古代“天人合一”与西方古代“敬畏自然”的观念中可见一斑。

走出洞穴，选择地点，就地取材，建造房屋，耕作放牧，人类从农业文明起，开始了定居的栖居方式。虽然城市的诞生是农业社会的伟大创造，但村庄始终是农业文明中人类最主要的聚居方式。美国城市理论家刘易斯·芒福德说：“若没有村庄这种成分，较大的城市社区便缺乏一个必要的基础，更无从形成它固定的环境和经久的社会。出身和住处的基本联系，血统和土地的基本联系，这些就是村庄生活方式的主要基础。村庄的居住生活方式本身便有助于农业的自我补给循环。村庄的秩序和稳定性，连同它母亲般的保护作用和安适感，以及它同各种自然力的统一性，后来都流传给了城市。”[2]13-14即使到了工业革命前夕的欧洲，都仍有90%的人居住在乡村，直接从事农业生产；余下10%居住在城镇的人，除了王室、贵族等统治者之外，仅有极少数的人从事商业与手工业。农业文明的生存方式决定了村庄与城市都对其所处地域的自然环境高度依赖，都与自然保持着有机和谐的关系，并在长期的历史发展中形成了丰富多彩、类型风格各异的建筑技术与建筑文化。

3. 工业文明与人类的栖居方式

18世纪，发端于英格兰的划时代的技术革命与工业化，导致社会从基本的农业生产活动转变为在工厂生产物品的机械化活动。在过去的三百多年里，机械化、电气化、自动化、信息化、商业化、城市化席卷全球，从而把人类推进到了工业文明的时代。人类文明的转向之所以会发生，之所以发端于英格兰，究其根本原因，还在于“迅速增加的人口始终对英国的经济和生态环境形成了巨大压力。通过技术创新，以应付有限的资源以及旧的生产方式已无法满足的增加过快的人口压力”[3]。可见，人与自然的矛盾及其解决仍然是工业文明产生的根本动因。

人类认识自然的能力与水平，随着近、现代科学的诞生与发展得到了空前的提升，尤其是第二次科技革命以后，技术与科学真正紧密地联系在一起，技术的开发成为科学的应用。20 世纪的科学将人类的认识扩展到了微观与宏观领域，科学演变为大科学，与科学越来越一体化的技术也成为高技术。科学技术广泛地渗透于人类生活的方方面面，成为第一生产力。人类掌握了从煤炭、石化、电力到核能等各种能源的使用与控制方式，可以对自然界从基本粒子到太空的诸多层次进行大规模的干预、开发与改造，按照人的需要对自然之物进行加工、分割和重组，由此造成人工世界空前扩大，它直接影响甚至决定着人与自然的关系，决定着人类的生存与发展。

工业文明已经打破了农业文明中人类对自然的利用、强化与敬畏，打破了人与自然和谐共生的有机关系，取而代之的是人类以科学化、工业化的技术手段对自然界进行大规模、多层次的掠夺、控制与主宰，人与自然的主体-客体对象性依存关系转变成“人定胜天”的对立性关系，自然界一直优先的地位被颠倒了过来，人类俨然以“主人”的姿态凌驾于自然之上，对自然界实施严酷的统治。这种不断膨胀、蔓延的“人类中心主义”文化观念盛行于世，成为工业文明中居于主导地位的行为准则和实践理念。

从人类的栖居方式上讲，工业革命的来临使得工业生产体系逐渐取代了城市工厂手工业和农业生产体系，小规模的分散劳动为社会化大规模的集中劳动所替代。蒸汽机的发明和交通工具的革命以及工业生产本身的扩张趋势，加速了人口和经济要素向城市聚集，城市真正成为国家和地区的经济与发展中心。城市性质由农业社会的宗教性、行政性和消费性变为工业性、生产性与服务性，工业成为城市的重要组成部分，优先决定着城市的发展方向和规模。城市成为人类在工业文明中的主要栖居方式，城市化成为与工业化相伴的必然进程。工业化之初，由于大规模的人口聚集于城市，城市与城市建设的规模必然迅速扩大，由此造成 20 世纪的城市环境变得十分恶劣，产生了交通拥堵、住房短缺、地价飞涨、疾病流行、道德沦丧、人口爆炸等“城市病”，急需把城市作为整体来加以规划与治理。到了 21 世纪，现代主义的城市规划倡导通过现代高层建筑、高效率的城市交通系统等现代工程技术来进行高密集化、大规模化、工业化、标准化的城市建设。

全球化的进程把现代主义的建筑设计与城市规划推向全世界，形成了“国际主义”的风格，并使之成为各国工业化、现代化的现实与标志。然而，这样的城市化一方面带来了建筑与城市的单一化、趋同化，使农业文明创造的丰富多元的建筑文化与个性遭遇毁灭性的破坏；另一方面，现代建筑和城市与工业生产体系一起构成了与自然对立起来、掠夺与破坏自然资源与生态的人工世界。“对个体，对自然，对来自于自然的那些物质缺乏应有的尊重，成为 20 世纪的建筑最为重要的特征。”[1]184 20 世纪 60—70 年代兴起的后现代主义建筑潮流，力图发展多元化的文化来对抗工业文明的单一化、标准化与趋同化，但对于人与自然对立的根本状态则无力改变。历史与现实告诉我们，人与自然对立关系的彻底改变需要人类建构一种全新的文明。

4. 生态文明与人类的栖居方式

20世纪末，人类与自然矛盾的激化再次把我们推到了文明发展的十字路口。工业文明在给人类创造了巨大的物质财富和舒适便利的生活方式的同时，却给我们生存于其中的自然界带来了巨大的消耗与破坏。全球性的资源短缺、环境污染、生态失衡已经使得工业化的生产方式和唯经济增长的经济模式不能再进行下去了，可以说，工业文明带来了经济、社会、环境的不可持续性，人类的生存与发展面临着生态环境恶化带来的巨大挑战与危机，人类前进的道路遭遇了空前的阻碍。这就迫使人类必须重新面对和反思人与自然的基本关系，思考人类文明的转向问题。随着生态环境意识的觉醒，自然观、发展观、价值观的转变，具有理性和创新能力的人类，开始有意识地改变和调整自身对待自然的思维方式与行为方式，以人与自然和谐共生为首要目标的生态文明开始展现出曙光！

生态，指生物之间以及生物与环境之间的相互关系和存在状态，即自然生态。自然生态有着自在自为的发展规律。人类社会改变了这种规律，把自然生态纳入到人类可以改造的范围之内，这就形成了文明。可以说，生态文明是依靠和发展科学技术认识自然、改造自然和保护自然的能力，来建立的人类与自然和谐共生、可持续发展的新文明。它不是凭空幻想的乌托邦，而是在继承以往文明特别是工业文明的优秀成果，摒弃工业文明弊端的基础上，现实地去建构的新文明。

近年来，人们常常作出这样的比喻：如果说农业文明是“黄色文明”，工业文明是“黑色文明”，那么生态文明就是“绿色文明”。可以说，绿色建筑和生态城市是与正在来临的生态文明相适应的人类的栖居方式。布兰达·威尔在《绿色建筑》一书中说：“绿色建筑不仅指单独的建筑，它必须包括城市环境的可持续状态。城市不仅仅是若干建筑的采集合，它更应该被看做一系列相互作用的生活、工作和娱乐系统——它们不过是以建筑的形式表现出来而已。”[4]156詹姆斯·瓦恩斯在1990年发表的《建筑的宣言》一文中，大力倡导绿色建筑，他认为应该结束现代主义与后现代主义之争，使建筑设计走到绿色建筑的健康道路上来：“绿色建筑变化万千……这诸多变化代表了从美学、社会、技术和政治方面对未来作出的林林总总的解释。这个绿色目标意味着要对设计原理中优先考虑的东西来一次彻底的洗牌。”[4]150这里所谓“优先考虑的东西”，理所当然就是生态环境。因此，发展绿色建筑、建设生态城市是正在来临的生态文明对人类未来栖居方式的必然要求。

经过对人类文明发展形态以及同这些文明形态相应的人类栖居方式的分析与考察，不难看到绿色建筑在人类文明发展史、建筑史上的历史性作用与地位。只有将当代绿色建筑的兴起纳入到当代文明转向的高度来理解其本质，才能体现出它那划时代的价值，才能彰显出它给人类建筑观带来的革命性变革。

二、当代文明的转向与工业文明建筑观的衰落

当今，人类正处于从工业文明向生态文明转变的历史时机，究竟是什么原因导致当代文明的这一转向？这一转向又给人类当前以及未来的栖居方式及其建筑观念带来了什么样的变革？工业文明的建筑观还能维系下去吗？对这些问题的深入探讨将为绿色建筑观的建构提供理论准备。

1. 当代文明转向的现实原因

从上述人类文明发展四个形态的更替可以清楚地看到，人与自然关系的矛盾及其解决方式是导致文明转向的最根本的原因。向生态文明的转向之所以发生，究其根源，也同样在于工业文明所蕴涵的人与自然的矛盾。从现实的层面上讲，在工业文明过去的三百多年中，人与自然的根本矛盾及其解决方式表现为如下三个方面。

第一，人口的快速增长、城市化和人类不断膨胀的物质需要与自然资源供给之间的矛盾。第一次工业革命之前，全世界的总人口仅有2.7亿；第一次工业革命之后的1830年，全世界人口达到了10亿。经过第二、三次科技与工业革命后，世界人口急剧增长，1930年为20亿，1960年为30亿，1975年为40亿，1987年为50亿，1999年达到60亿！人口爆炸还在继续。城市化的进程使人口越来越集中于城市，城市生活方式对资源的需求成倍地增加。在唯经济增长的模式下，鼓励消费、刺激需求，以需求拉动生产，促进经济增长，成为工业文明最显著的特征。这些因素加在一起，构成对自然资源的庞大需要，人类不断膨胀的物质需要与自然资源之间的矛盾日益突出，许多自然资源已经面临枯竭，有限的资源必然构成增长的极限。

第二，工业生产技术创新的粗放模式超越了自然生态平衡的承载底线。采用技术创新来解决人类不断增长的物质需求与自然供给之间的矛盾，是以往文明的基本方式。这种方式之所以在以往的文明中能够行得通，关键在于传统技术的创新并没有越过自然生态有机平衡的底线，从总体上讲，人与自然仍处然于一种较低水平的和谐共生的关系之中。现代工业生产技术创新，凭借着科学技术的广泛应用，凭借着人类已经掌控的巨大的物质能量，一方面以大规模、多层次的粗放模式，对自然界进行疯狂的开发与掠夺、控制与征服；另一方面，在进行生产的同时，向环境排放了大量未经处理的废气废物，严重地污染了环境。两方面加在一起，使得工业技术创新所推动的工业化生产往往超越了自然生态平衡的承载底线，造成了对生态环境的巨大污染与破坏。

第三，对科学技术的盲目滥用威胁着人类的生存和自然的生态。在工业文明中，科学技术的广泛应用在推动经济发展、促进社会进步的同时，也因其无法预见与控制的负效应，给人类带来了意想不到的灾难。一些看似安全的传统技术，尤其是核技术、军事技术、现代生物科技、信息网络技术等，都隐藏着威胁人类生存、

打破自然平衡的风险。科学技术的负效应是客观潜在的，在战争或各种政治、经济利益的驱使下，对科技的损人利用；在认识能力、水平有限的情况下，对科技的无知应用；在对科技负效应及其影响未认真审视的情况下，对科技的盲目滥用，都可能使其潜在的负效应转变成严峻的现实，极有可能造成人类生命财产的巨大损失，造成自然生态有序平衡的严重破坏。

上述人类与自然界的现实矛盾，可以说已经尖锐到了工业文明的生产方式与生活方式难以维系下去的程度，文明的转向已经迫在眉睫，刻不容缓。环境保护运动，绿色技术、生态技术的开发，知识经济、低碳经济等新经济模式的出现，国际社会在解决生态环境问题上的广泛合作等，都成为推动文明转向的现实力量。

2. 当代文明转向的观念原因

从观念的层面上讲，工业文明中人与自然的现实关系和矛盾，与人类如何看待自然的观念、态度以及知识水平是紧密地交织在一起的。近代以来，人的主体性不断得到高扬，人类逐步开始把人与自然原本相互依存的主体-客体对象性关系转变为主体与客体二元分裂、对立的关系。在这种情形下，人类看待自然的观念与态度表现出如下四个特征。

第一，人类是自然的主人，自然是被利用的资源。工业革命和启蒙运动从物质与精神上，逐步使人类滋生了人是凌驾于自然之上的“主人”的观念，而自然界则成了取之不尽、用之不竭、可以任由“主人”之意来肆意开发利用的物质资源。恰如法国科学家彭加勒所说：“今天，我们不再乞求自然；我们支配自然，因为我们发现了它的某些秘密。”[5]这些所谓的“秘密”，指的就是通过科学认识所发现的自然规律，当时的科学认识水平是把自然作为遵守机械运动规律的一部机器来把握的。以牛顿的机械论自然观为基础的经典科学与实证主义、功利主义的哲学一起决定了工业文明将自然仅视为人类可用资源的基本观念与态度。

第二，人类是价值的主体，自然是无价值的客体。人类是有理性、有意志、有情感、有伦理、有道德、有希望、有未来的高级动物，是能够对事物或他人进行评价与选择，并按其意志付诸行动的价值主体。作为一部机器的自然界，无论是非生命的无机界，还是有生命的有机界，都只是严格地按照自然规律来运动和演化的、无价值的客体。人类对自然的改造只有事实问题，而无价值问题、伦理问题、道德问题。

第三，人类具有生存发展的特权，自然无所谓自身的权力。人类作为有价值的主体，必然要思考人类自身的生存与发展，必然要通过开发和利用自然来实现其生存与发展，这就是作为自然界“主人”的人类所具有的特权！而作为实现人类生存与发展工具的自然界，无论是遵循物理定律的无机物，还是按照本能生存竞争的非人类生物，都无所谓其自身的权利。

第四，人类对自身负有责任，对自然无所谓责任。只有人类才具有生存与发展的权利，因而人类只对其本身当前的共同体和人类世世代代的未来负有责任与义务。人类的行为对于人类自身才有好坏、对错、善恶、利弊、奖惩之分，以人本身为对象与尺度，才谈得上责任与义务。人类对自然界的行为，对自然本身而言，并无好坏、对错、善恶、利弊、奖惩之分，也就无所谓责任与义务。

人类看待自然的上述观念与态度，充分地反映了人类中心主义的主张，其思想实质是把人看做宇宙的主宰和绝对支配者，一切从人的利益和需要出发来处理人与自然的关系。其现实的效应就是造成了人类对自然界的疯狂掠夺，从而导致资源短缺、环境污染、生态失衡，反过来构成人类生存与发展的危机。20 世纪 60 年代以后，工业文明的弊端越发明显。1962 年美国生物学家蕾切尔·卡尔逊在《寂静的春天》一书中，讨论了杀虫剂、除草剂等化学工业品的广泛使用给环境和人类带来的严重毒害，引起了强烈的社会反响，可以说，该书掀起了世界范围内的环境保护运动的序幕。1967 年，美国历史学家怀特发表了《我们生态危机的历史根源》；1968 年英国大气学家拉伍洛克提出了关于生物圈伦理的“盖娅假说”，生态伦理学开始蓬勃兴起，如美国生态伦理学家纳什所说：“生态学家已打开了把道德关怀扩展到整个生物界的新的视野；1972 年在瑞典斯德哥尔摩召开的第一次全球首脑级环境会议上，罗马俱乐部提交了《增长的极限》的报告。以此为基础，许多哲学家已积极地探索人与整个生物世界以及范围更广的外地世界之间的伦理底蕴。也许，自然共同体——生态系统，或用一个古老的词汇‘大自然’——也应获得伦理关系。”[6] 罗尔斯顿的《哲学走向荒野》把生态学提升到“生态哲学”，并把这种“探讨自然、技术和社会之间关系的科学知识体系”当做“自从工业时代之前人类与自然界之间农业上的亲密关系瓦解以来，使人与自然的共同体从赤裸裸的经济关系中摆脱出来的一条可行的大道。”[7] 从此，反思与批判工业文明的弊端，关注资源、环境、生态问题的世界性思潮成为向生态文明转向的思想前奏。

从 20 世纪 30—40 年代起，自然科学本身也开始发生了革命性的变化，系统科学中发展出系统论、信息论和控制论。60—70 年代以后，非平衡态热力学中出现了耗散结构理论，光学中发展出协同学，生命科学中出现了超循环理论，数学中出现了突变论，等等。这些新兴学科摆脱了经典科学还原论、原子论、决定论和机械论的自然观，开始以整体的、系统的、非线性的、复杂的、有机的、演化的、不确定性的观念看待自然界。20 世纪 70 年代，这些新兴科学又与经济学、生态学、环境科学、伦理学等学科结合起来，形成了生态经济学、循环经济学、地球系统科学、环境工程学、生态伦理学、技术伦理学、工程伦理学等直接面对生态环境问题的新的理论学科，它们为生态文明的来临进行了积极的科学探索。

从哲学上对人与自然主、客体二元对立关系的深刻反省，对人类中心主义价值观的严厉批判，以及新兴学科对生态文明建设性的积极探索，都从思想观念上为人类文明的转向提供了强大的精神力量。

3. 工业文明的建筑观及其衰落

当代世界建筑史表明，与工业文明相适应的现代主义建筑，尽管20世纪70年代以后遭受了以后现代主义为首的多种建筑思潮的强烈冲击，但在现实中，仍然是难以取代的主流，仍然以不可阻挡之势，伴随着发展中国家的工业化与现代化，席卷全球。然而，到了20世纪90年代以及21世纪初，在文明转向的重大背景下，现代主义建筑即使演变成为新现代主义建筑，也不可能作为主流继续维系下去了，工业文明的建筑观的衰落将是历史之必然！这种衰落表现为如下三个方面。

第一，以工业技术为导向的现代主义建筑观的衰落。在工业革命的推动下，建筑的结构、形式和功能都全面为工业技术所渗透，工程力学、结构技术、材料技术、加工技术等，不仅作为手段决定了建筑的空间结构，而且深深地影响了建筑空间的形式和功能。勒·柯布西耶在《走向新建筑》一书中说，新建筑创作的精神来源于汽车与飞机，而只有结构工程师才真正能够把这两者的精神，通过工业技术引入到建筑之中来，甚至提出房屋是“居住的机器”，许多现代主义的早期建筑大师们普遍持有机械论的世界观，认为世界基本上就是一部机器，工业文明就是机器的时代，据此形成了崇拜机器的建筑观，在建筑设计与城市规划上提倡对机器的模仿。勒·柯布西耶这样说：“结构体系决定建筑体系。技术过程是抒发设计情怀的最佳居所。……自由平面（来自室内的框架结构）、自由立面（来自可以产生从0到100%照明的有效表面）……这些都是巨大的建筑变革，它归功于钢筋混凝土和金属构造等新技术的各种可能性。历史教导我们，技术的成就总是会打倒那些最古旧的传统（观念）。这是天命！无法逃避！”[8]现代建筑以工业化、标准化的方式进行设计与生产，像机器一样，建筑必须成为一种适合于标准的通过竞争选拔出来的产品，其建造过程成为工业化的技术过程。

显而易见，这种以工业技术为导向的建筑观，其对待自然的态度与工业文明总体上把人与自然对立起来，把自然界视为人类可以应用工业技术来肆意开发利用的物质资源的机械论自然观是内在一致的，可以说，仍然是人类中心主义的建筑观，因而它承载着工业文明的一切优势与缺陷，它所导向的建筑物同样存在造成资源耗费、环境污染、生态破坏的种种可能性与现实性，同样存在盲目应用科技所带来的负效应。在向生态文明转变的当代，这种建筑观的衰落也在所必然。

第二，以片面经济增长为导向的建筑观的衰落。工业革命以后，传统建筑业从小规模的工匠手工业逐步转变为大规模的建筑工业，成为一个国家经济的重要物质生产部门，成为社会经济发展的支柱产业。建筑业的增长对于整个社会的经济增长占有很高的贡献率。比如在我国，近年来，建筑业快速增长，年均增长8%，占国内生产总值的7%左右，建筑业被形容为拉动中国经济增长的“三驾马车”之一。在市场化的经济模式中，建筑业的经营是在市场机制的作用下运行的，房地产开发几乎成为各国推动经济增长最重要的行业之一。

在经济利益的驱使下，片面追求经济增长是工业文明的基本经济模式。勿庸置疑，工业文明中的建筑业正是这一经济模式的集中体现。首先，人口的增长，城市化带来的人口集中，各种工业、商业、娱乐、教育、体育、文化等活动的高涨，人们对居住面积、舒适程度越来越高的要求等，构成对建筑市场的庞大需求，刺激着地产商、建筑商肆意开发的欲望。于是，楼房越盖越多，道路越修越宽，城市越建越大，大量占用了有限的土地资源，人地关系高度紧张，耕地、森林、草场、旷野等的面积越来越少，环境污染，生态破坏也就在所难免。其次，大规模的建设必然需要各种建筑材料、设备的庞大供给，必然造成对自然资源的庞大需求。据统计，建筑物消耗了全球30%的自然资源，48%的水资源，在工业文明的生产方式下，只有通过对自然界掠夺式的开采才能满足这种需求。再次，维持用工业技术设备武装起来的现代建筑的正常运行，其电梯、采暖、空调、照明、家用电器等需要耗费大量的能源，据统计，建筑能耗已占社会总能耗的1/3，是名副其实的能耗大户，能源危机必然构成建筑业增长的“瓶颈”。最后，据统计，全球40%的二氧化碳排放量来自建筑物，同时产生的固体废弃物比例也高达30%，建筑物也成了名副其实的污染“大户”。可见，这种片面追求经济增长的模式不能再进行下去了，以其为导向的建筑观也必将衰落。

第三，以风格形式主义为导向的后现代主义建筑观的衰落。20世纪的现代主义建筑大师们从现代建筑本身的结构、功能中找到了新形式的源泉，并且认为唯有从建筑本身的空间、结构、功能中产生的风格形式，才是真实的、健康的、必然的形式。现代主义建筑的风格形式必然以表现空间、结构、功能的简单几何形体及其机械组合、必然以表现工业建筑材料的质感和色彩，以单一化、几何化、理性化、精确化的方式显现出来。必须彻底抛弃传统的“装饰即罪恶”，“机器”才是工业文明的建筑美学。第二次世界大战以后，经过美国的商业化洗礼，现代主义建筑的风格演变成了席卷全球的、趋向同一的国际主义风格，垄断着已经工业化和正在工业化的地区或国家的建筑风格。

20世纪70年代以后，随着工业文明向后工业社会的转化，与后工业社会相适当的后现代主义文化蓬勃兴起。在这种形势下，后现代主义建筑风格以强烈的姿态来反抗、批判现代主义建筑不断趋同、过于单调、强求一致性、割断历史文脉、缺乏人情性、缺少装饰性等风格形式，主张与传统文化、地方文化、通俗文化相联系的多元化风格。在后现代主义的旗帜下，历史主义、文脉主义、复古主义、地域主义、符号象征主义、浪漫主义、类型学、解构主义、生态主义等多元化的创作风格风起云涌。后现代主义建筑的一个重要贡献是把建筑重新置入其产生发展的历史的、文化的、地方的社会背景之中，恢复了被现代主义建筑观割断了的建筑与文化、历史、地域的内在联系，为重新找回建筑的意义开辟了道路。然而，在具有后现代主义倾向的建筑设计与规划中，除了生态主义，其余的流派所关注的主要是建筑的形式、建筑的艺术风格，基本不涉及建筑的功能、技术、经济、自然等方面的事项，甚至带来了建筑风格形式主义的泛滥，造成浮夸、粉饰、浪费、虚假、复古等一系列不可忽视的社会问题。这些问题正是后现代主义建筑观在20世纪90年代开始日见式微的根本原因。

一种观点认为：新现代主义建筑风格将取代日见式微的后现代主义风格，这是世界现代建筑发展符合“否定之否定”辩证规律的体现。“即由现代主义开始，回到具有相同内涵、不同的形式细节的新现代主义的发展过程，基本符合辩证法的‘否定之否定’的规律，现代建筑发展具有螺旋性的特点，是一个螺旋式的提高过程。”[9]我们并不否认现代主义建筑本身存在着辩证的发展，但是这种观点显然没有看到人类文明的转向给建筑观所带来的巨大挑战，仅依靠风格形式的变化是无法应对的，以风格形式主义为导向的建筑观不足以担当起建设生态文明的历史重任。

1996年，英国著名后现代主义建筑理论家查尔斯·詹克斯在《后现代建筑的13点主张》一文中，总结并重申了近30年来的后现代主义建筑观，其中他讲道：“建筑使隐喻成为必要，这应该使我们和自然以及文化之间产生关联，因此，导致了动物形象描述，建筑立面和科学肖像，而不是‘生活机械’的泛滥。……建筑必须正视生态的现实性，而且那意味着可持续性发展，这就是绿色建筑和宇宙的象征主义。”[4]126詹克斯虽然也强调了绿色建筑、可持续发展，显然这是在资源问题、生态环境问题已经成为现实，绿色建筑观已经逐步兴起的情形下，企图把绿色建筑纳入后现代主义建筑阵营的做法。在20世纪90年代之前，在后现代主义建筑思潮多元化的追求中，除少数建筑师已开始关注资源环境问题之外，绝大多数持后现代主义建筑观的建筑师、学者并没有把建筑与自然环境的关系作为真正的课题来研究，他们所关心的主要仍然是建筑的风格形式问题。因而不能说后现代主义建筑观已经全面包含了生态建筑观、绿色建筑观。

现代主义建筑观是工业文明的产物，而后现代主义建筑观是后工业社会的产物，后工业社会不过是从工业文明走向生态文明的一个过渡阶段，这个阶段的文化对于工业文明的批判性远多于对未来文明的建设性，因此，从理论上说，关注形式风格为主的、多元杂混的后现代主义建筑观，不可能自然转化成与生态文明相适应的绿色建筑观，更不可能全面包纳生态建筑观、绿色建筑观。相反，当生态文明来临之时，过渡阶段的后现代主义建筑观与现代主义建筑观一起，必将式微与衰落，必然让位给正在兴起的、充满生机的绿色建筑观。

三、生态文明的来临与当代绿色建筑观的兴起

1. 生态文明的来临

生态文明以尊重和维护自然为前提，以人与人、人与自然、人与社会和谐共生

为宗旨，以建立可持续的生产方式和消费方式为内涵，以引导人们走上持续、和谐的发展道路为着眼点。生态文明强调人的自觉与自律，强调人与自然环境的相互依存、相互促进、共处共融，既追求人与生态的和谐，也追求人与人的和谐，而且人与人的和谐是人与自然和谐的前提。可以说，生态文明是人类对传统文明形态特别是工业文明进行深刻反思的成果，是人类文明形态和文明发展理念、道路与模式的重大进步。根据前面对人类文明形态的历史探源和对当代文明转向原因的分析，可以十分肯定地断言：生态文明正在向我们走来。这一判断是否成立？必须根据现实从文明构成的物质、精神、制度等多方面的因素来进行评判。

第一，从精神层面上讲，生态文明要求建构人与自然和谐的新文化理念。从前面对当代文明转向的观念原因的分析已经看到，在科学认识和哲学审视的基础上，来重新认识人与自然相互依存的对象性关系，抛弃人类中心主义的观念，建构新的自然观、技术观、经济观、价值观、伦理观和美学观，在思想上确立人类对自然界的义务与责任，建构人与自然和谐发展、可持续发展的文化理念，不仅为学术界，而且已经被广大的公众、企业、社会集团、政党乃至于政府逐步地接受与认同，并主导或影响了许多国家社会经济发展战略的基本思想。比如，2003 年英国政府在能源白皮书《我们能源的未来：创建低碳经济》中提出了建立低碳经济的主张，力主将英国建成世界上最先进的低碳经济体，成为低碳和资源节约型产品、过程、服务与商务的典范。新加坡政府对于节能减排、可持续发展的意识非常强烈，从政府、企业到市民，都有一种真正视生态环境和能源节约为生命的绿色意识。2006 年，世界银行前首席经济学家尼古拉斯·斯特恩牵头作出的《斯特恩报告》指出，全球以每年 GDP 1% 的投入，可以避免将来每年 GDP 5% ~20% 的损失，呼吁全球向低碳经济转型。2007 年，美国参议院提出了《低碳经济法案》，表明低碳经济的发展道路有望成为美国未来的重要战略选择。2007 年，中国共产党的十七大报告旗帜鲜明地提出："要建设生态文明，基本形成节约能源资源和保护生态环境的产业结构、增长方式、消费模式。"倡导生态文明建设，不仅对中国自身发展有深远影响，也是中华民族面对全球日益严峻的生态环境问题作出的庄严承诺。

第二，从物质生产层面上讲，生态文明要求建立生态化的新的社会生产体系。在应用生态学原理和新兴科学知识的基础上，建立以生态技术、绿色技术、低碳技术为主导的，能够对自然资源进行分级、循环利用的，低消耗、高效益、低污染的社会生产体系，是生态文明的根本要求。绿色技术不是只指某一单项技术，而是一个技术群。包括能源技术、材料技术、生物技术、污染治理技术、资源回收技术和环境监测技术和从源头、过程加以控制的清洁生产技术。以生态技术、绿色技术为核心的社会生产体系负载着一种新型的人与自然关系，不仅发挥着社会物质财富的生产功能，而且必须具备节约增效、节能减排、防止和治理环境污染、维护自然生态平衡的保护功能。比如，1996 年，我国制定了《中国跨世纪绿色工程规划》，确定了中国环境保护的重点有煤炭、石油、天然气、电力、冶金、有色金属、建材、化工、纺织及医药等方面。与此对应，中国绿色技术的开发、研制与应用，主要围绕能源技术、材料技术、催化剂技术、分离技术、生物技术、资源回收及利用技术等方面来展开，新的社会生产体系正在紧锣密鼓地建设之中。

第三，从经济层面上讲，生态文明要求建立经济–环境一体化的新的经济模式。把生态环境因素作为经济系统的内生变量，来建立以经济效益和环境效益为双重目标，在知识创新、技术创新和制度创新的基础上，进行资源配置的新的经济模式已初见端倪。可以说，已经出现的知识经济、循环经济与低碳经济正是这种新的经济模式的具体体现。知识经济的特点主要表现在：知识经济是促进人与自然协调、持续发展的经济，其指导思想是科学、合理、综合、高效地利用现有资源，同时开发尚未利用的资源来取代已经耗尽的稀缺自然资源；知识经济是以无形资产投入为主的经济，知识、智力、无形资产的投入起决定作用；知识经济是世界经济一体化条件下的经济，世界大市场是知识经济持续增长的主要因素之一；知识经济是以知识决策为导向的经济，科学决策的宏观调控作用在知识经济中有日渐增强的趋势。以美国微软公司为代表的软件知识产业的兴起，可以说是知识经济在现实中到来的标志。在全球气候变暖的背景下，以低能耗、低污染、循环利用为基础的“低碳经济”“循环经济”已经成为全球的热点。欧美发达国家大力推进以高能效、低排放为核心的“低碳革命”，着力发展“低碳技术”，并对产业、能源、技术、贸易等政策进行重大的调整，以抢占先机和产业制高点。低碳经济的争夺战已在全球悄然打响。中国能否在未来几十年里走到世界发展的前列，在很大程度上取决于中国应对低碳经济发展调整的能力。

第四，从制度层面上讲，生态文明要求进行与其相适应的制度安排。地球自然生态系统的整体性决定了生态文明必然是全球化的文明，各国政府之间通过沟通、交流、商谈、博弈来形成国际性的制度安排，在各种国际公约的制约下，共同采取国际化行动已经成为现实。1972 年，联合国发表《人类环境宣言》；20 世纪 90 年代以后，《里约环境与发展宣言》《二十一世纪议程》《关于森林问题的原则声明》《联合国气候变化框架公约》《生物多样性公约》等一系列有关环境问题的国际公约和国际文件相继问世，标志着实现人与自然和谐发展成为全球的共识。在本国的生态文明建设中，各国政府从宏观上以经济–社会–环境为整体实施管理，其管理的职能与方式，各种法律规范的制度安排都要与生态文明相适应，使其管理决策更加科学化与民主化。在具体措施上应实行最严格的环境保护制度。包括建设完善的法律制度，制定严格的环境标准，建立健全与现阶段经济社会发展特点和环境保护管理决策相一致的环境法规、政策及标准。

以上种种现实表明，生态文明已经展现出耀眼的光芒，正大踏步地向我们走来！

2. 当代绿色建筑观的兴起

在生态文明的概念提出之前，西方建筑界的一些有识之士已经开始了绿色建筑观的探索。1963 年，V. 奥戈雅在其《设计结合气候：建筑地方主义的生物气候研究》一书中，提出了“生物气候地方主义”理论。1969 年，伊恩·麦克哈格在当时环境保护的热潮中就出版了《设计结合自然》一书，力图把生态学的观念应用于建筑设计。1969 年，生物学家 J. 托德在《从生态城市到活的机器：生态设计诸原则》中，将“地球作为活的机器”，将建筑视为活的有机体，把外围防护结构比拟为具有保护生命、隔绝外界环境的建筑物的“皮肤”，室内外通过呼吸、排泄、挥发交流生存所需的物质、能量、信息，以调节、维持适宜的室内居住环境功能。可以说，这些西方较早论及绿色建筑观的著作，从建筑的角度为生态文明的来临作出了积极的探索。

1979 年，西姆·范·德莱恩在《整体设计》一书中，首次提出了“生态建筑”的概念。1987 年，杨经文在《热带的城市地方主义》一文中，强调了绿色建筑的地方性，他认为：“如果一个新建筑即将诞生，我们一定要有所准备。当然更重要的是，它是否适合当地的环境及文化氛围。”詹姆斯·瓦恩斯在 1990 年发表的《建筑的宣言》一文中，大力倡导绿色建筑，他认为，应该结束现代主义与后现代主义之争，使建筑设计走到绿色建筑的健康道路上来。1991 年，布兰达·威尔等出版的《绿色建筑》一书，标志着西方绿色建筑观的蓬勃兴起。布兰达·威尔认为，许多建筑拥有可以用“绿色”来形容的特征。但是在当时的西方，还很少有设计从一开始就考虑到建筑对环境造成的影响。于是，他提出六条原则，来确保一幢建筑是绿色建筑。这六条原则如下：①储存能量；②调节气候；③新资源的最小化；④尊重使用者；⑤尊重所在的位置；⑥采用整体化的方法。1996 年，希姆·凡·德·瑞等在《生态设计》一书中，进一步地提出了绿色建筑观的五项设计原则：①场所中诞生解决方案：生态设计开始于同某个场所的亲密接触，它是小规模的、直接的，符合当地条件和当地人要求的；②生态核算激发设计：跟踪已有的或刚刚提出的设计对环境的影响，利用这些信息来确定最具生态效应的可行性设计；③设计结合自然：通过参与各种生命过程，我们尊重所有物种的需要，同时也满足我们自身的需要；④人人都是设计师：在设计过程中要倾听每一个人的声音，尊重每个人的独到见解，每个人都既是参与者又是设计者；⑤自然的可视化：自然循环和过程的可视化给被设计的环境赋予生命[4]167。

目前，比较获得公认的关于绿色建筑的基本内涵的一般表述为：减轻建筑对环境的负荷，即节约能源及资源；提供安全、健康、舒适性良好的生活空间；与自然环境亲和，做到人及建筑与环境的和谐共处、永续发展。可以说，这种表述紧紧地抓住了绿色建筑观最核心的理念：人及建筑与环境的和谐共处、永续发展。然而，从与生态文明相适应的人类栖居方式的更高层次来看待绿色建筑，这样表述的绿色建筑观就显得单薄，不够深入、全面。绿色建筑是生态文明的重要组成部分，它必须作为一个整体系统，有机地嵌入生态文明这一更大的整体之中，与文明的其他构成要素相互作用，才能形成绿色建筑能够良好、长期运行下去的现实基础。这意味着绿色建筑观不仅要强调人类通过建筑与自然重新建立友好、和谐、共生的全新关系，在此基础上，同时要求人类通过建筑与技术、经济、政治、文化、历史重建符合生态文明要求的全新关系，这样建立起来的绿色建筑观才能真正体现出与生态文明相适应的本质特征。

第一，重建“人—建筑—自然”的全新关系。通过绿色建筑来重建人类与自然的和谐共生关系，是衡量生态文明时代一切建设活动优劣、善恶的核心价值标准。人与自然的和谐共生关系需要在认识与实践两个相互交织的层面来建构，首先要以生态学和新兴科学来从宏观整体上认识并把握地球生态环境系统运动与演变的一般规律，以及人类变革自然的实践的限度，在这些规律和限度的约束下，来确定绿色建筑与生态城市的发展方式；其次，必须充分认识到某一地区自然生态环境不可替代的特殊性与具体性，任何绿色建筑、生态城市的建设总是嵌入具体的环境之中的，可以说，任何真正意义的绿色建筑和生态城市，都必然是依赖于特定自然环境与社会文化环境的“地域性”建筑与城市，它们的设计、规划、建造，以及相应的技术开发、选择，只有体现出它们的特殊性与地方性，展现出它们的“场所精神”，才能在实践中真正建立起“人—建筑—自然”和谐共生的现实关系。

第二，重建“人—建筑—技术”的全新关系。绿色建筑和生态城市的建设能不能在实践中开展，在很大程度上取决于相关技术的选择与开发。这首先要求我们改变对待技术的态度，工业文明以工具理性的态度，仅仅把技术视为实现人类目的而自身无价值的“中性”手段，殊不知，负荷价值的技术的盲目使用，给人类与自然都带来了严重的、危及人类生存与发展的负作用。因此，以价值理性的态度来使技术的发展人性化、生活化、绿色化、生态化，是建构“人—建筑—技术”全新关系的关键。其次，一方面，技术人性化、生活化的开发与选择，必须要以广大人民群众健康、安全、舒适、愉悦的生活质量的提高和促进人与人之间的和谐交往为目标；另一方面，技术绿色化、低碳化、生态化、智能化的开发与选择，必须以环境友好、节省资源、降低排放、注重生态平衡为基本目标，使得采用这些技术来建造与运行的建筑与城市，在其“全生命周期”中，做到节能、节材、节水、节地与生态环保，以及能源、资源的再生循环利用。最后，绿色建筑和生态城市的地方性与特殊性，往往要求的是“适宜技术”的开发与集成，而不是对现代高新技术的一味追求，也不存在“放之四海而皆准”的、统一的绿色建筑技术模式。因此，绿色建筑不但不拒绝优秀的传统技术，而且提倡吸纳、改造低能耗、低成本的传统技术、地方技术，与人性化、生活化、绿色化、生态化、智能化的高新技术集成在一起，构筑“人—建筑—技术”的全新关系。

第三，重建“人—建筑—经济”的全新关系。如果说绿色技术、生态技术为绿色建筑与生态城市的建设提供了技术上的可能性，那么和生态文明相适应的新的经济模式则为绿色建筑与生态城市的推广及发展提供了现实可行的原动力。现阶段绿色建筑与生态城市发展所面临的最大困境，主要是当前的建筑业仍然在工业文明片面经济增长的模式中惯性运行，还没有真正实现经济模式的转换。前面提到的初见端倪的“知识经济”“循环经济”“低碳经济”模式是与生态文明相适应的新的经济模式，但由于建筑业是实体经济的传统行业，对新知识创新的依赖并不十分强烈，相对滞后，而目前的楼宇智能化却带了高成本，因此，“知识经济”模式对它的调节十分有限。新生的“低碳经济”模式主要还是限制性的经济模式，房地产商、建筑商目前还难以在该模式下获得更多的实际经济利益，一些房地产商仅把绿色建筑的名号作为一种促销手段。然而，随着绿色建筑理念与健康生活观念的广泛传播，将给绿色建筑带来广阔的市场需求；随着政府对“低碳经济”政策、法规及各项制度的建立与完善，以及对其实施、监督力度的增强，“低碳经济”的建设将被强有力地推进；特别是随着绿色技术、生态技术的迅速发展，必将带动建筑技术创新的高涨，将可能给房地产商、建筑商带来低成本、低能耗、低排放、高质量、高效益、智能化的绿色建筑产品，让广大消费者消费得起，让商家有利可图，市场机制就会成为推动“低碳经济”进入良性运作、打造绿色建筑和生态城市的原动力。在“知识经济”“循环经济”“低碳经济”的模式下，依靠市场机制，才能真正建立起“人—建筑—经济”的全新关系。

第四，重建“人—建筑—政治”的全新关系。从上面的论述不难看到，与工业文明的经济模式在工业化过程中依靠市场自组织的力量自然构成的方式不同，生态文明经济模式的形成必须依靠政府的力量，通过“造”市场来推动，这意味着生态文明的建设在很大程度上有赖于政府的作为。之所以如此，根本原因在于地球生态环境是一个有机的系统，生态文明建设中的诸多问题，仅依靠追求自身利益的企业、集团是无法解决的，必须立足于一个地区、一个国家乃至国际社会的广泛协作才能解决。因此，政府的功能也应随着生态文明的来临而发生重大变化。所谓政府“造”市场，并不是指政府要直接介入市场，而是指政府要通过一系列的政策、法律、规范等制度安排来激励和约束市场，迫使市场运行走上生态文明的经济模式。例如，“低碳经济”模式是英国政府推动建设的，英国政府按照“行政手段先行、经济政策主导、技术措施跟进、配套工程保障”的总体思路，形成了一整套相辅相成、较为完备的温室气体减排政策措施体系。美国参议院提出的《低碳经济法案》，力图把美国的经济推上“低碳经济”的发展轨道。由于建筑与城市作为温室气体的主要排放源，其空间结构、功能、产业性质和运行机制直接决定着能否实现“低碳经济”，因而许多发达国家的政府都力图通过发展绿色建筑和生态城市来推动“低碳经济”的建设，由此制定了一系列与绿色建筑和生态城市相关的法规与标准，比如，英国政府颁布了“建筑研究所环境评估法”“可持续住宅标准”；澳大利亚政府制定了三种评估体系：澳大利亚政府建筑温室效益评估、国家建筑环境评估和绿色星级认证；美国政府制定了“美国绿色建筑评估体系”（LEED）；德国政府通过了“能源节约法”；日本政府采用环境效率综合评价体系（CASBEE）；新加坡政府推行了“绿色建筑标识认证体系”；等等。除了有关法规与标准的制定及推动执行之外，政府还须对绿色建筑和生态城市的建设发挥宣传、动员、限批、监督、问责、奖励甚至直接投资等一系列的功能作用。可见，强化政府职能，通过制度创新来重建“人—建筑—政治”的全新关系，才能为把绿色建筑观落到实处提供重要的制度保证。

第五，重建“人—建筑—文化”的全新关系。生态文明要求建构人与自然和谐的新文化理念，即在人与自然和谐发展核心价值观的引导下，来建构包括新的自然观、技术观、经济观、政治观、生活观、历史观、伦理观、美学观等在内的广义文化观。刘易斯·芒福德说得好，建筑与“城市的主要功能是化力为形，化权能为文化，化朽物为活灵灵的艺术形象，化生物繁衍为社会创新”[2]582。贮存文化、流传文化、创造文化是建筑与城市的三个基本功能。芒福德在这里所说的“文化”，主要是指相对狭义的精神文化，我们在此也仅从精神文化来讨论“人—建筑—文化”的关系。生态文明的建筑文化建设，首先要恢复被现代主义建筑观割断了的建筑与传统文化、与历史的内在关联，现代主义建筑观坚决主张抛弃历史上的建筑风格与文化样式，认为它们是虚伪的、病态的、不健康的、保守的、落后的，是沉重的历史包袱，抛弃它们，才能自由地进行建筑设计与创造。这种建筑文化观的最大危险就是可能导致文化虚无主义，因为人类是一种历史性的文化存在，否定历史与文化，就意味着否定人存在的意义！一些后现代主义者以“拼贴”的游戏方式来对待历史与文化，也同样将导致文化虚无主义。在人与自然和谐发展的框架下，尊重历史，尊重传统文化，继承和吸取以往一切文明，包括现代主义、后现代主义在内的优秀建筑文化的精华，在融会贯通的基础上，才能进行真正符合当代生活的建筑文化创新。其次，保护文化的多样性与保护生态物种的多样性一样重要，这意味着要反对文化霸权主义，以平等、尊重的姿态来对待各种丰富多彩的文化，肯定其千万年来生成演化的价值，才能真正解决文化差异带来的冲突，实现人与人、民族与民族、国家与国家之间的和谐。因而必须放弃单一化、标准化与趋同化的现代主义建筑文化观，肯定各民族、各地方建筑文化的特质。正如前面所说，任何真正意义的绿色建筑和生态城市，都必然是依赖于特定自然环境与社会文化环境的“地域性”建筑与城市，绿色建筑文化观必须体现出“地域精神”与“场所精神”，倡导创造既尊重当地生活方式和审美趣味，又能被世人理解与欣赏，还与当地自然景观相协调的建筑风格。把自然、文化、技术、经济等因素整合起来，重建“人—建筑—文化”的全新关系。

参考文献：

[1] 斯蒂芬·加得纳. 人类的居所[M]. 北京:北京大学出版社,2006.
[2] 刘易斯·芒福德. 城市发展史[M]. 宋俊岭,倪文彦,译. 北京:中国建筑工业出版社,2005.
[3] J. E. 麦克莱伦第三,哈罗德·多恩. 世界科学技术通史[M]. 王鸣阳,译. 上海:上海世纪出版集团,2007:381.
[4] 查尔斯·詹克斯. 当代建筑的理论和宣言[M]. 周玉鹏,等译. 北京:中国建筑工业出版社,2005.
[5] 彭加勒. 科学的价值[M]. 北京:光明日报出版社,1998:277.
[6] 纳什. 大自然的权力[M]. 青岛:青岛出版社,1999:31.
[7] 汉斯·萨克塞. 生态哲学[M]. 北京:东方出版社,1991:3.
[8] 勒·柯布西耶. 20世纪的生活和20世纪的建筑[C]//尼古拉斯·佩夫斯纳. 反理性主义者与理性主义者. 邓敬,等译. 北京:中国建筑工业出版社,2003:73-74.
[9] 王受之. 世界现代建筑史[M]. 北京:中国建筑工业出版社,1999:392.

后现代生态文明观下的中国生态城市建设

卢 霄

（东北大学技术与社会研究中心，辽宁 沈阳 110819）

摘 要：后现代生态文明观产生于后现代语境之下，同现代化所造成的环境恶化、核威胁等人类生存状态的恶化及现代深层生态学的发展密切相关。它包括人与自然、社会及城市建设的生态协同关系，以崭新的生态世界观为指导，以探索人与自然、人与社会、人与宇宙以及人与自身等多重关系的和谐为出发点，力求达到一种人与自然和社会的动态平衡、和谐一致的崭新的生态文明观，是一种符合生态规律的生态文明观。实际上是一种生态存在后现代观，对我国生态城市建设观念的转向、生态建设视角的丰富、生态城市的发展，以及对我国传统生态建设智慧的发扬，具有重要作用。

关键词：生态文明 后现代生态文明观 生态危机 生态城市

人类社会的现代化进程塑造了现代文明。相对于前现代的传统文明而言，后现代生态文明作为一场划时代的革命，扬弃与超越了既有传统。但当后现代生态文明逐渐发展成为一种新的传统时，特别在生态文明作为人类的新创造，由中国率先起步，以创造性的生态实践应用于中国的生态城市建设中，中华民族将以生态文明引领人类的未来。建设生态文明社会，使人类进入一个新的历史时代——生态社会主义时代，这是中华民族对人类的新贡献。

一、后现代生态文明观是人类的新文明

20 世纪中叶，以全球性生态危机的爆发为标志，工业文明开始走下坡路，人类社会发展已经经历了三个历史发展阶段：前文明时代的渔猎社会；第一个文明时代的农业社会；工业第二个文明时代的农业社会；在后现代主义思潮推动下，现在人类将进入新的第三个文明时代——生态文明时代。一种新的文明——生态文明——成为逐渐上升的人类新文明。

后现代主义思潮是 20 世纪 60—70 年代在西方国家开始广泛出现的具有重大影响的社会文化思潮，它涉及文学、艺术（包括建筑的风格等）、语言、历史、哲学

等社会文化和意识形态的诸多领域。虽然这一思潮至今仍处于一种纷繁复杂、多元化的发展状态，但从总体上看，后现代主义思潮的目的性是非常明确的，就是要对现代文明发展的根基、传统等各个方面进行全方位的批判性反思。因此可以说，后现代生态文明观的兴起为城市建设提供了一面新的镜子，折射出生态文明观不仅是生态城市建设的模式，而且是建设生态文明的方向。后现代生态文明观是人类的新文明，建设生态文明是这个时代的基本特征。

在中国，后现代首先是一套来自西方的话语系统。它所指涉的全球性的经济、政治、社会和文化状况，同中国当前的社会变化有着错综复杂的关系，但这种关系并不都是直接的、透明的。它们必然要经受中国现代性的特殊经验和既成体制的筛选与制约。实践表明，我国以社会主义和谐社会为目标，发展循环经济，建设环境友好型社会和资源节约型社会，已经朝着生态文明的方向前进。我国生态文明建设是在中国优秀的文化传统基础上，在经济社会和自然环境的现实条件下，通过价值观的转变和由此带来的生产方式与生活方式的转变，作为国家行为，由全国人民的创造性生态化的实践实现的。我国社会主义建设是生态文明社会的建设。“生态社会主义由于将生态文明与社会主义相结合，是对社会主义本质的重大发现。”①

二、后现代生态文明观对中国生态城市建设的影响

1. 后现代生态文明观的内容

新的时代、新的意识呼唤着新的文明，生态文明是建筑在知识、教育和科技发达基础上的文明，是人类在环境问题的困扰中，为了可持续发展而进行的理性选择。它以自然界作为人类生存与发展的基础，强调了人类社会必须在生态基础上与自然界相互作用、共同发展，人类社会才能够持续发展。它承认自然界有其独立的价值意义，人类只是大自然中与其他物种和谐相处的一员，而不是征服和奴役其他物种的主宰。它强调人不仅具有改造和利用自然环境的权利，而且要承担爱惜和保护自然环境的义务。

可见，生态文明以人与自然的协调发展为核心观念，其本质在于处理好发展与环境的关系。生态文明不再是单纯的经济发展系统，而是一个经济、社会和自然三者和谐发展的整体系统。在生态文明中，以人为本的思想将与尊重自然的思想相互协调，自然的人化与人的自然化将融合成一个有机的辩证过程。“天人合一”的生态价值观将取代人类中心主义的价值观，人与自然互利互惠的和谐发展观将取代一味榨取自然资源的功利主义发展观。这种生态价值观和科学发展观是生态文明赖以

① 潘岳. 论社会主义生态文明 [J]. 绿叶，2006 (10).

建立与发展演化的重要保证，它以一种扬弃的方式继承和融会了先前文明中的一切积极因素。生态文明是对以牺牲环境为代价而获取经济效益的工业文明进行反思和批判的结果，是建立在经济效益、社会效益与环境效益多赢基础上的一种文明模式。生态文明观的立足点从以前对事物的单纯真理性认识，转移到真理价值与生态价值和社会价值相结合，力图从大自然的普遍和谐背景而不是单纯的人类利益角度来看待事物，从而保证了人类社会与生态环境的协调发展。生态文明的价值观首先要求“人与自然关系的和谐”，应突破传统的“以人类为中心”的观念，强调人类的产生源于自然，人类的发展寓于自然，人类要实现可持续发展，又必须与自然相互依存，构成和谐的有机统一体。

2. 中国生态城市建设的背景

(1) 日益加剧的生态危机。随着人类活动的深度和广度的不断拓展，人类对自然界进行掠夺式的不可逆的破坏，而自然界又按照自然规律对人类进行了前所未有的报复，如温室效应、酸雨危害、海洋污染、土地沙化、毒物及有害废弃物扩散。于是，生态问题成为人们关注的焦点，生态危机被称为“危机中的危机”。从历史上看，以破坏生态环境为代价的建设是不可能持久的，而且必然要遭到大自然的报复和惩罚，这种报复和惩罚有时是毁灭性的。例如，发祥于底格里斯河和幼发拉底河两河流域的古巴比伦曾经盛行一时，那里曾经林木葱郁、土地肥沃。然而，过度的开发最终把这颗文明之珠埋葬在黄沙之下。黄河流域是中华民族文明的摇篮，这里也曾林木森森、沃野千里，如今却是沟壑遍布、满目苍凉。我国每年因生态环境遭到破坏而造成的损失达数百亿元乃至千亿元，仅 1998 年我国长江流域特大洪水造成的直接经济损失就达上千亿元。

大自然对社会的报复行动使人类日益清醒地认识到应该对自身的行为加以必要的约束，人类发展的前提是必须尊重大自然的基本“权利”，这是辩证统一的关系。于是，保护环境、维护生态平衡成为全世界的共识。而生态城市建设是以实现人与自然、人与社会的协调发展为目标的，所以，它会注意到并自觉地利用多方面的规律，有效地解决开发和保护、当前和长远、整体与局部的矛盾，是实现天、人和谐的工具。它将带来天、人矛盾的缓解和生产活动方式的全新变革，使人类社会自身的和谐发展推进到崭新的阶段。于是，建设生态城市成为时代发展的必然选择。

(2) 城市病对城市生活的严重困扰。城市是现代文明的象征，是大多数人向往的乐园，但各种自然和社会方面的城市病又成为城市生活的严重困扰。城市化在带来巨大效益、推动社会进步、创造并使人类享受城市文明的同时，城市也被笼罩在城市病的阴云之中，普遍存在于城市中的诸如用地紧张、住房短缺、基础设施滞后、供水不足、资源浪费、环境污染，诚信缺失、道德滑坡，生活贫困、社会不安定等不利于城市自然环境和社会稳定的非正常状况，使城市不堪重负，大有黑云压城城欲摧之势。城市病可概括为以下两方面。一方面是环境问题。这里指狭义的环境问题。即由于城市人口密集、工业集中、交通拥挤，各种废弃物大量排放而造成空气和水体污浊、垃圾遍地、环境恶化，许多城市出现了严重的环境公害，不仅危害人体健康，而且对动植物的生长也构成威胁。例如，我国华北地区的浅水层均已受到污染，南方许多城市的地下水污染也日益严重，致使中国目前有2/3 的城市缺水，1/3 的城市严重缺水。而全世界每年有1000 多万人因饮水不洁而死亡。又如，印度的加尔各答市就因人口拥挤、环境污染严重而被称做“地狱城市”。另一方面是社会问题。即城市生活的高压力、快节奏、强竞争性、隔离性及其非人格化的特征，造成城市中人的心理失衡、情绪压抑、性格变态、群体意识淡漠、社会责任感降低，人们普遍感到孤独，缺乏安全感，每个人都有一种戒备、封闭的心理倾向，处于一种违反自然天性的孤立心理状态，从而使得整个城市社会发育不健全、不健康，出现诚信缺失、道德滑坡，人际关系功利化、排他情绪增强、心理疾病增加、犯罪率上升等社会问题。

城市病对城市居民的正常生活和身心健康构成极大的威胁，为城市的可持续发展蒙上了阴影、设置了障碍、敲响了警钟。于是，人们产生了“回归自然”的理想和愿望，日益看重人性的价值，提倡人本主义思想，强调人与自然的和谐，这为建设生态城市提供了良好的社会基础。

（3）现代主义城市规划的弊端。现代主义的城市规划以社会的高消费为基础，崇尚工业和机械化，将城市的有机功能分割开来，致使城市建设出现一些不正常的现象。一是破坏旧城。旧城改造的收获往往是对古城和古建筑永难修复的破坏。英国文物建筑学会指出，20 世纪 70 年代的旧区改造所破坏的具有文物性质的建筑竟比第二次世界大战中被炮火摧毁的还要多。我国文物保护界也有类似的说法，即我国改革开放30 多年来以建设的名义对旧城的破坏超过了以往 100 年。例如，1992 年7 月7 日，矗立了 80 多年的济南标志性建筑——具有典型日耳曼风格、可与近代欧洲火车站媲美的济南老火车站——被拆除；1999 年11 月11 日夜，国家历史文化名城襄樊的千年古城墙一夜之间惨遭摧毁等。二是疯狂克隆。越来越多的城市都是一样的马赛克、玻璃幕墙、洋建筑上戴着瓜皮帽，一样的把所有高楼和商业街都挤在市中心……千城一面、不古不今。例如，我国自上海新客站采用高架候车模式后，天津新客站、沈阳新北站也相继采用此模式建成通车，尔后各地效仿渐成时尚，把这当成大型客站现代化的标志。当我们称道希腊和罗马建筑的刚劲雄伟、中世纪哥特式建筑的高耸庄严、巴洛克建筑的纤巧华丽、故宫天坛的博大辉煌时，现代主义的城市规划能贡献给人类文化的多是克隆和遗憾。三是攀高比傻。高楼大厦成为城市现代化的代名词。建筑师们只对上万平方米、造价上千万的大建筑感兴趣。于是，城市将自食拥挤的高楼所带来的人口、生活、交通、能源等城市综合征的苦果。四是乱抢风头。美从来就是一种整体的和谐，但一些建筑却只考虑个体如何出奇制胜——只管自己，不管别人，更不管后来人。构成城市形体的建筑像时装表演，各显神通，有的甚至赤身裸体，张牙舞爪。一个地域的多个建筑很难协调成一组和谐优美的城市交响乐。

实践证明，现代主义的城市规划是一种反生态、不可持续的城市规划思想，它加剧了资源浪费、交通拥堵、景观单调而混乱、环境污染等城市问题，致使城市固有的风土和历史传统被抹杀，任何城市都被现代建筑群所包围，失去了个性，失去了国籍，形成冷漠、无机的街市。在这种情况下，城市建设呼唤建设生态城市的理念。

（4）绿色技术的影响。绿色是理念、思维方式、社会思潮，是和平的象征，是消除环境污染的标志，是人类与大自然和谐共处的体现，它代表了人与大自然和平共处的愿望。它保护与创造和谐的生态环境，维护人类社会的可持续发展。绿色技术是指遵循生态原理和生态经济规律，节约资源和能源，避免、消除或减轻生态环境污染和破坏，保护环境，维持生态平衡，生态负效应最小的“无公害化”或“少公害化”，促进人类可持续发展，使人与自然和谐共处的思想、行为、技艺、方法和产品的总称。绿色技术将环境科学新知识用于生产经营之中，创造和实现新的经济效益与环境价值，它可以使经济效益与生态效益协调一致，实现经济效益最佳、生态效益最好、社会效益最优的三大效益的有机统一。实践表明，许多城市、地区和国家尝试采用绿色技术，发展循环经济，诸如“清洁生产”“生态工业”“生态农业”“生态建筑”等技术在很大程度上取得了成功，增强了建设生态城市思想的现实性和可操作性。

（5）对人与自然关系哲学理念的反思。生态危机和诸多问题使人类已经认识到自己只不过是自然界的一部分，而不可能脱离于自然界之外，能否正确地处理人与自然界的关系，将决定人类能否在地球上持续生存。例如，马克思、恩格斯关于人与自然方面的思想就十分丰富和深刻。马克思指出，社会化的人，联合起来的生产者，将合理地调节他们和自然界之间的物质交换，把它置于他们的共同控制之下，而不让它作为盲目的力量来统治自己。恩格斯早在19世纪80年代就曾发出警告：我们不要过分地陶醉于我们对自然界的胜利。对于每一次这样的胜利，自然界都报复了我们。这些经典论述给人们以深刻的启示，那就是在建设过程中，始终要把物质文明、精神文明、制度文明和生态文明有机地结合起来，并使之协同发展。于是，生态伦理学、生态哲学等学科逐步建立并进入现代科学体系的主流，为建设生态城市奠定了坚实的哲学理念基础。

3. 中国生态城市建设的特点

我国是一个具有悠久历史的文明古国，几千年形成的城市建设为我们今天的生态城市建设留下了许多宝贵的借鉴经验。中国传统的文化、传统工艺的造型、装饰都是我们进行生态城市建设创造时灵感的源泉。但在城市建设高速发展带来日新月异变化的同时，也渐渐失去了许多永远无法复得的东西——历史文脉和对于传统文化的感知。长久以来，在历史长河中，渐渐演变形成的园林、街道、四合院、牌坊、宗教圣地等城市形态，作为完整表达城市建筑和城市意象的符号系统，被拆除销毁，进而威胁到城市整体景观的延续性与可持续发展。尊重历史传统并不等于拘泥于传统。相反，有意识地保留这些传统，将更富有地方特色。其实，“创新”不必“破旧”，关键在于如何以传统而又时尚的手法，创造出新、旧共生的城市景观（符号）。如北京皇城根遗址公园把保护历史文化风貌与增加公园文化内涵相结合，公园建设达到了突出园林、展示遗址、改善生态、改善交通、完善市政、带动危改的初衷，在协调历史文化遗迹保护和现代化城市景观建设方面、在改善城市风貌方面和在城市中心区改善生态环境等方面作了探索，并给予合理的变化和延续。中国生态城市建设的特点如下。

（1）规划建设中的协同性。城市的发展建设要在动态中寻求平衡，在协同中得到发展。城市中的人、建筑、城市空间形象、自然环境等相互协同作用，形成功能有序的结构及其演化规律。中国生态城市建设遵循一种新思维、新理念，这就是协同发展的理念。

生态城市建设的协同性原则要求社会的进步、经济的增长和环境的保护三者之间的协同，即人类社会与自然环境的协同发展。城市建设协同发展带来经济效益、社会效益和生态效益的同步提高。它综合地反映了由人口、社会、经济、科技、资源与环境组成的协调发展系统的协同性和有序性特征。它要求人们在组织城市发展时，不能单纯地考虑城市美化建设，考虑提高单项的经济效益、社会效益或生态效益，而是要综合地考虑各种效益的协同发展。具体来说，生态城市协同发展策略要求城市发展中坚持走“天人合一”——城市、自然、人三位一体协同发展——的城市理念。城市因人而存在，因人而发展。“城市—自然—人，系统协同发展”的城市建设理念是一种宏观的生态观念，把城市群体发展理念建立在生态保护、协同发展之上，对城市各项功能作合理、适度的统一策划和调整。

（2）城市发展路径的开放性。城市作为地球环境中的一个开放系统，犹如一个会呼吸、可吐纳的生命体，它是在不断与外界交换物质、能量和信息中取得可持续发展的。一座城市只有在能流和物流取得平衡的情况下，才能保证全部系统的稳定性。现代城市是一个复合生态系统，城市生态系统既有自然地理属性，也有社会与文化属性，这是一个复杂的人工生态系统。城市的自然及物理组成成分是城市赖以生存的基础，城市各部门的经济活动和代谢过程是城市生存发展的活力与命脉，而城市人的社会行为及文化观念则是城市进化的原动力。而中国城市建设中的几条原则正是开放性的体现。

一是走可持续发展的道路，保护良好的城市环境生态系统。人与自然之间的关系是相互依存、相互制约的对象性关系，人不能离开自然界而独立存在；自然界的演变必然受到人类活动的影响。因此，人与自然的和谐共生必然要求可持续发展。中国城市建设的可持续发展，其本质是城市在满足当代人、后代人物质和文化生活需要的同时，不能超出生态系统承载能力的限度；城市在高效运转的同时，能够形成较强的自组织能力，维持城市生态系统的动态平衡。而良好的城市环境生态系统本身具有较强的协调能力和再生能力，能够有效地截留太阳能并转化为环境生态系统所需，从而及时有效地吸收、净化、转换人类对环境所造成的有限的影响，成为城市发展重要的因素。

二是城市建设实现城市社会信息化。科学知识和信息具有巨大的潜力。随着数字化技术革命及其成果的广泛应用，全球开始进入信息社会和知识经济时代，建立数字化城市是人类社会发展的必然趋势。科学技术作为一种知识信息形态，当通过渗透成为决定劳动者、生产工具、劳动对象和管理等诸要素潜力发挥大小的主导力量时，科学技术就成为现实的第一生产力。因此，以高科技、高信息化为基础的社会，必然是高效率、低能耗的社会。建立数字化城市，给城市注入新的活力，使人口流、信息流、物资流等在低能耗的条件下实现最有效的空间聚集。

三是有力控制城市人口，合理发展城市规模。人口膨胀是导致城市耗散结构质变、生态危机的一个重要原因。随着城市人口的急剧膨胀，城市中人口和环境的自然平衡受到破坏，加上人的利益多元化和对欲望满足的无限追求，导致城市的住房紧张、物资短缺、交通拥挤、环境污染、能源不足等问题。城市人口越多，满足人的各种欲望的需求越大。判断一座城市的规模是否合理，不能单纯看规模经济效益，还应该看城市系统的内部结构是否协调有序，是否有自组织能力，城市规模与城市社会系统本身是否相适应。当然，城市始终处在发展和动态之中，城市的内部结构和外部环境极其复杂，而且随着时间的推移，技术水平也在不断地提高，城市合理规模必然因时因地而发生变化。

4. 建设过程中的和谐统一的整体优化性

生态城市建设实际上就是形成、发展的差异整合的过程。差异的事物能够整合在一起，它们之间必定有同一性、相互需要、相互支持、优势互补，这是整合的前提和基础。通过差异的整合，使生态城市建设的各个部分有机地组织在一起，激发出整体的效应。整体优化原则是在一定的条件下，改进系统的结构、功能和组织，以促使系统整体实现耗散最小而效率最高、收益最大的目标。同时，从系统的多种可能中选择最优方案，取得最优效果。要实现生态城市建设系统整体优化的目的，关键是实现系统的要素与要素之间、局部与整体之间的协调发展。中国生态城市建设中的人与自然的和谐及共同发展正是和谐统一的重要诠释。我国古代文化中强调“天人合一”，反映到城市发展中，表现为强调人、城市与自然的结合。“天人合一”思想是中国古人看待人与自然关系的基本态度。“天人合一”思想的核心是强调人与自然的和谐统一。这种思想在城市规划和建设中产生了较大的影响。在城市规划、选址、建设工程中尤为突出。而且随着生态学研究的不断拓展，为生态城市建设提供了一个新的视角。建设者用一种整体论的观点来考察自然，用生态学的观点来观察现实事物，解释现实世界，认识和解决现实问题。

三、建设生态文明是中华民族复兴的重要机遇

生态城市是城市发展的必然趋势。在对城市及人类未来的思考和探索中，人们逐渐在新的发展上达成了共识，发展不仅仅是一个经济概念，更是包括社会活动的一切方面进步的完整现象，是人类生存质量及自然和人文环境的全面优化。发展的意义不仅仅在于眼前的利益，不能仅仅考虑当代人甚至少数人的舒适和享受，更要顾及全人类的可持续的长久生存。应当说，建设生态城市是人类经过长期反思后的理性选择，为了使城市化给人类带来充分的物质享受、便利的生活设施和高效的信息交流，而又能避免环境污染、交通拥挤、住房紧张等城市问题，人类唯一的出路便是建设生态城市。

建设生态文明是我国的一个重要的战略机遇。中国面临创造生态文明的良好机遇，生态文明建设不仅是中华民族崛起和繁荣的重要途径，而且是为人类作出新贡献的重要途径。生态文明本应在发达国家首先兴起，因为在那里首先爆发了生态危机。但是，由于他们运用强大的科学技术和工业力量，建设大的环保产业，进行废弃物的净化处理，环境质量有所改善，环境问题得到缓解；同时，由于高度的工业文明的巨大惯性，包括工业思维模式惯性、生产和生活模式惯性，形成一种历史定势。这是很难突破和改变的。

中华民族的伟大智慧和强大生机，有能力率先点燃生态文明之光。这是民族复兴和崛起的需要。中国古代哲学思想的核心和精髓是“和而不同”，“和为贵”作为宝贵的思想资源，建设人与自然和谐的社会，这是我们的优秀传统。目前，我国循环经济已经起步，用生态文明点燃人类新文明之光，以生态文明引领世界的未来，是中华民族的伟大历史使命，是中华民族对人类的新贡献。

参考文献：

[1] 余谋昌．生态观与生态方法[J]．生态学杂志，1982，1(1)：40-43.
[2] 马世骏．生态工程原理及应用[J]．中国农业生态工程，1989.
[3] 余谋昌．生态学方法是环境科学的重要方法[J]．中国环境科学，1981(6).
[4] 王书华．生态足迹研究的国内外近期进展[J]．自然资源学报，2002，17(6)：776-780.
[5] 邱耕田．三个文明协调发展：中国可持续发展的基础[J]．福建论坛：经济社会版，1997(3)：24-26.
[6] 邱耕田．对生态文明的再认识[J]．求索，1997(2)：84-87.

[7] 李红卫. 生态文明:人类文明发展的必由之路[J]. 社会主义研究,2004(6):114-116.
[8] 江泽民. 全面建设小康社会,开创中国特色社会主义事业新局面[M]. 北京:人民出版社,2002:18.
[9] 马克思,恩格斯. 马克思恩格斯选集:第1卷[M]. 北京:人民出版社,1995.
[10] 廖才茂. 生态文明的内涵与理论依据[J]. 中共浙江省委党校学报,2004(6):74-78.
[11] 傅先庆. 略论“生态文明”的理论内涵与实践方向[J]. 福建论坛:经济社会版,1997(12):29-31.
[12] 董宪军. 生态城市论[M]. 北京:中国社会科学出版社,2002:5.

论德克斯的发明哲学思想

夏保华
（东南大学哲学与科学系，江苏 南京 210096）

摘 要：德克斯主要关注发明的概念、发明的划界、发明的机制与模式、发明的社会属性及价值等问题。提出“发明”有三种不同的指称和含义；主张发明与理论、发现、实验、改进、设计严格划界；认为发明主要由科学因素、经济竞争因素与发明家精神天赋相互作用，包括理论提出、实验和发明实现三个阶段。德克斯明确地提出“发明是组合”“发明是渐进的”观点，强调发明的思想解放功能。

关键词：德克斯 发明哲学 技术哲学

1867年，英国工程师、发明家、技术历史学家德克斯（Henry Dircks，1806—1873）出版了《发明哲学》一书，开创了工程学的技术哲学研究传统[1]。但遗憾的是，现今国内外技术哲学界还很少注意到德克斯和他的《发明哲学》[2]。本文试图对德克斯的主要发明哲学思想作一概括，以期引起更深入的研究。

一、发明的概念

德克斯终生关切、思考的最重要的实际问题是发明优先权问题。他从对具体的一项项发明优先权确认的关注，到对发明优先权本身作一般性的理论思考，进而转向更深入地思考发明概念问题。关于“发明定义问题”，德克斯有两点明确的意识：第一，比较而言，发明概念在文学领域早有广泛的、明确的、适当的应用；第二，在他的《发明哲学》出版之前，作为一个科学技术范畴，发明尚未被专业著作、词典给出明确的、严谨的定义。

“发明”（Invention）概念源于拉丁语“Inventio”。拉丁语“发明”（Inventio）概念的古老含义是指创造、设计、发现、引入、创建一种方法或物体的行动。由于当时人类的发明尚处于“其最低潮的状态”[3]8，与之相应，这些发明的概念思想也十分零散，并不流行。大约至公元前5世纪末，古希腊人确立了一种赞美发明家的传统。他们认为，发明创造过程广泛分布在所有人类的思想和活动领域中，并且发明实质是一种“发现”（Finding）行动。例如，色诺芬尼（Xenophanes，约前

565—473）把发明行动视为历史过程，是一个理性、智慧的搜寻的结果，“神一开始没有向人展现所有的东西，但是通过寻找，人将及时发现更多的东西”[4]19。

拉丁语“发明”（Inventio）概念主要流行于修辞学领域。比较而言，言说和文学活动，人们进行得更得心应手，不仅开展得早，而且一直备受学者关注与研究。亚里士多德（Aristotle，前 384—322）、西塞罗（Cicero，前 106—43）和昆蒂连（Quintilian，35—100）等修辞学者提出了各种“发明理论”[5]。在古典修辞学中，“发明”（Inventio）是修辞五要素之一，是指围绕特定目的，利用搜寻手段“论题目录”（Topoi）或“论题根源”（Loci），寻找和发现合适确凿的思想、前提和论据的行动[4]17。“发明”（Inventio）不是为了获得新的形而上学洞见，而是旨在实际地产生一个作品，如一篇演讲稿或一首诗。中世纪以后，修辞学的“发明”（Inventio）概念还发展到包括宗教布道、音乐、绘画和雕塑等作品的创作。

从 17 世纪开始，拉丁语“发明”（Inventio）概念逐渐发展为特指技术和艺术领域的创造行动。在现代早期，人们对“发明”（Invention）和“发现”（Discovery）不加区分。18 世纪中期，狄德罗（Denis Diderot，1713—1784）和达朗贝尔（d'Alembert，1717—1783）主编的《百科全书》列出了独立的“发明”（Invention）和“发现”（Découverte）两个词条。在“发明”（Invention）词条中，作者焦考特（Chevalier de Jaucourt）虽然认为发明与发现“几乎是同义的”，但讨论的发明实质上限于机械技术的发明；而在“发现”（Découverte）词条中，作者达朗贝尔将“发现”主要用于指科学规律、物体、陆地等的“重大发现”，并且将“经人产生并依赖于人的物”与“外在于人并独立于人的物”区别开。可见，此时期，人们正在将“发明”（Invention）和“发现”（Discovery）逐渐区分开来。

在确立现代发明概念的过程中，法国狄德罗和达朗贝尔主编的《百科全书》给出的“发明”定义具有代表性，“发明，作为一个通用术语，可用于指所有被找到、创造和发现的东西，它在艺术、科学和工艺中是有用的和重要的。”[6]这种宽泛的、与发现不加区分的普通发明定义不能准确地概括技术领域的发明实质。伴随着 19 世纪下半叶社会技术活动的蓬勃开展，不论是实际的技术社会生活，还是围绕技术的相关社会理论研究，都对一个严密的、明确的“发明”概念提出紧迫的要求。正是在这种时代的社会需求的驱使下，德克斯试图深思熟虑地界定发明的概念。

在《发明哲学》中，德克斯对“发明”的既有日常概念兼收并蓄，仅就作为科学技术范畴，提出“发明”（Invention）有三种不同的指称和含义。

第一种发明概念，即与后续的“改进”（Improvement）、“设计”（Design）相区别的“发明”概念，德克斯称它为“原始发明”。这是严格意义上的狭义发明概念。德克斯明确地给出它的定义。他说：“作为一个术语，发明仅指一些新颖的制造业机器设备的更改，这些更改节约劳动，同时使得生产产量增加，或质量提高，或者两者都得以实现。……发明还指任何方便实用的新产品，诸如：煤气、硫化天然橡胶、铁路、铁船、电报、电镀、摄影等等。”[3]17-18 德克斯强调，这种发明是真正的具有新颖性、创造性、功效性和简单性的发明，与后续的改进、设计十分不同。在这种发明概念框架中，发明仅指原始发明，改进和设计都不属于发明范畴。

第二种发明概念，即与“实验发明”（Experimental Invention）相区别的“实际发明”（Practical Invention）概念。这是专利制度通常使用的较宽泛的发明概念。这些发明常被授予专利保护。这种发明概念强调发明要在技术和制造业上具有实际效用，但对原始发明与改进不加严格区分，既包含原始发明，又包括改进及设计。在这种发明概念框架中，发明包括原始发明、改进和设计，而“实验发明”则不属于发明范畴。

第三种发明概念，即由“实验发明”（Experimental Invention）和“实际发明”（Practical Invention）构成的广义发明概念。这种发明概念是接近日常语言使用的发明概念，发明泛指创造新的事物。从这种发明概念框架看，发明有两大部类：“第一类，指那些科学装置；第二类，指那些各种满足人们需求的发动机、机器、工具、构造及材料等。第一类发明是应用于科学研究、教育和说明；第二类发明完全为了商业目的而建造。”[3]66

以上三种发明概念，各自有其特殊的含义和使用范围，都有着其他概念不可取代的特别功能。三者不是相互排斥的，而是相互补充的。在发明概念的实际使用中，十分必要在特定的语境中区别使用这三种发明概念，以避免发明概念的误用和混乱。德克斯使用的发明概念主要限于前两种发明概念，有时涉及第三种概念。值得注意的是，德克斯也偶有突破科学技术范围，在更广泛的传统意义上使用发明概念。

二、发明的划界

“什么不是发明”，这实质是一个发明的划界问题。它是德克斯始终反思的一个理论问题。德克斯在《发明哲学》中系统而明确地回答了这个问题。

1. 发明（Invention）与理论（Theory）的划界

1867 年，马克思在《资本论》中指出，人的劳动是有计划、有目的的自觉活动。而同年，德克斯在《发明哲学》中也同样指出，在发明中，理论总是先行的。“理论必须永远先行于发现和发明。否则，就好比建筑师抛弃图纸，化学或机械的实验人员开始着手他的工作而不要任何理论——任何预先的设计或向往的结果作为指导。”[3]23

德克斯指出，理论是发明的观念。它是行动的指南，具有启示指导作用。在发明过程中，发明理论不可或缺，但发明理论毕竟不是发明，发明理论的提出并不意味着一项发明的完成。所以，必须在提出发明理论和实际完成发明之间作严格区分，不能把发明理论等同于实际的发明本身。发明不仅仅包括理论思维，更重要的，还必须要付诸物质实践过程，改造自然物以产生新的人工物。德克斯指出："在具有创造才能的人中，常有这种情况发生，即把这里的理想与现实混淆起来。……所有这些无实验支持的意见仅仅是些想法，是单纯的理论，不是实际的物质产品的发明应用。无论形成多么濒临现实发明边界的无实验支持的独创性理论，也都不是实际的发明。"[3]23-24

2. 发明（Invention）与发现（Discovery）的划界

正如培根所断言，现代科学本质上是技术性的。"凡在思辨中为原因者在动作中则为法则"[7]。所以，科学中的发现往往为发明提供建议、意见、线索、方法或原理，从而激发发明。德克斯强调，的确应该充分重视这种发明与发现的密切联系，但不能因此模糊两者的界限，对两者不加严格划分。发现能指示出可以做什么和应用什么，但没有产生具体的实现方式和手段。不能把发现者对科学或其实践应用的有用贡献，与后来出现的、付出相当大代价和劳动的发明者的发明价值相混淆。他反对两种错误的倾向。一种错误的倾向是把发明看做发现，发明家以发现者自居，好像他们能位于古往今来的最伟大的科学家之列；另一种错误的倾向是把发现当做发明，以剥夺后来发明者的发明优先权。

在德克斯看来，发现是指获得隐藏于自然界之中的原理、规律知识，它是反映性的、描述性的。发现指向实际存在的自然事物或现象，为了确定与物质的构成和运动相关的事实，而不顾及其他。而发明是科学发现的实际的有效的商业应用，是旨在推动航海的发展；应用国外的产品以增加需求；改进和扩大制造业，并通过任何可能的手段扩大它的作用范围；等等。发明完全受经济利益的控制。发现不是发明，也不意味着发明。"每一项发现都是唯一的和明确的，是本来就存在的，因此是不可能被发明的。""在自然运作中发现一项原理是一回事，通过发明这个中介把这一原理应用于实际目的则是完全不同的另一回事。"[3]32

总之，发现同理论一样都不是也不能被列入发明之列。它们之间的划界标准是发明的"物质性"，即完整的发明必须包括"实际的物质生产制作"。

3. 发明（Invention）与实验（Experiment）的划界

德克斯是实验研究的先驱。他追问："实验在哪里结束和实际结果从哪里开始，或者说，实验装置在哪里消失和实用工具从哪里开始。"[3]27新实验主义者哈金（Ian Hacking）在《表征与干预》一书中指出，"实验是创造现象"[8]。而德克斯在一百多年前也正是从创造的视角，研究了实验中的仪器问题。他认为，仪器的创造在一定程度上具有发明属性，可称之为"实验发明"（Experimental Invention），但它与通常指称的"实际发明"（Practical Invention）具有不同的性质，应加以区分，不能混淆。

实验是要人“做”出来的，其中的实验仪器是人造的，并且具有创造性、物质性、目的性。所以，新颖性的实验及其仪器都是发明，但都不是那种可以取得专利意义上的实际发明。在德克斯看来，实验是科学研究范畴，是旨在产生“效应”，如法拉第效应，以促进科学研究，它本身不是生产操作，不受商业价值所左右。同理，实验装置是为了展现独特的自然效应，检验和证明相关科学原理，担负演示、示范的功能。实验装置虽然有可能会成为后来制造业装置的“雏形”，但它本身既不是直接为生产制造而研制，也不能直接应用于生产制造。德克斯指出：“如果要将实验发明与实际发明做出区分的话，我们须牢记，相比作为公用事业的后者而言，前者只是玩具。”[3]26

发明与实验的划界凸显了发明的实际实用性本质特征。当然，也存在两者十分接近的情况。发明与实验之间的边界具有一定的模糊性，尤其是当仪器制造本身成为一个产业之后。

4. 发明（Invention）与改进（Improvement）的划界

德克斯指出，发明与改进都是为商业应用而建造的，都具有实际的应用价值，但两者的创新性质不同。发明具有明显的原创性特征，而改进是对已经存在的发明进行深化和扩展。一个具有原创性，而另一个不具有原创性。发明者和改进者的创新机会有着本质的区别，即后者已有一个对象供他参照和修改，而前者的工作具有更大的探索性、创造性、不确定性和困难性，需要进行一系列的尝试、试验。所以，“关于改进与发明的关系，前者完全依赖于后者；否则，对于原始发明的正确评价是极不公平的。这样考虑，在价值排序上，改进总是处于第二位的。”[3]52

发明与改进的划界是以创新程度为标准的。德克斯说，虽然有模糊的情况存在，但一般来说，发明与改进是可充分区别的。值得注意的是，区别发明与改进，并不意味着德克斯要轻视改进的地位和作用。相反，德克斯从数量、实用、市场等多个角度肯定了改进的独特作用。

5. 发明（Invention）与设计（Design）的划界

设计是在发明的基本内容不变的基础上，通过艺术构思，赋予产品以美观的外形和宜人的装饰，从而使产品具有愉悦人的、高雅的、美的效果。真正的设计具有原创性、新颖性，它是整个发明实践过程中不可或缺的一环，能使发明真正达到圆满、完美。“设计也许合适地被称为是诗意的发明。它是最壮丽、最明亮、最宜人状态的发明，充满想象和幻想，令人愉悦和有趣。设计多半是要使那些人造的、不协调的事物呈现出令人欣赏的面貌。”[3]56

德克斯注意到工业设计和设计教育的兴起趋势，肯定设计的独特作用，但与此同时，主张应区别对待设计与发明。设计不是发明本身。发明强调应用性、经济性，而设计注重艺术性、宜人性。相对于那些总是致力于寻找更简捷、更经济的方式改变生产工艺或提高产品质量的发明家而言，设计者更需要拥有对音乐、诗歌、绘画、雕塑等艺术形式的鉴赏力，需要创意组合各种色彩、造型，来满足视觉美的感官需要。总之，设计是求美的，无须考虑实用，而发明的唯一考量标准就是实效性。

三、发明的机制与模式

发明的机制与模式问题是对发明之“是（Being）”的进一步具体追问。1966年，当代哲学家邦格（Mario Bunge）在其著名论文“作为应用科学的技术”中，把“技术发明的模式”列为技术哲学的“重大问题”，呼吁“关心我们这个时代的哲学家”去解决[9]。事实上，19世纪的德克斯已论及此类问题，并提出一系列重要的理论观点。

1. 发明的科学基础

作为永动机发明史的研究专家，在对“科学妄想”[10]的研究中，德克斯注意到“发明的不可能性问题”。他说，对于许多发明家，“狂热的想象力使他们对发明的不可能性视而不见，即使遭遇坚硬实在的阻挡。”[11]事实上，无论是从现实的角度，还是从逻辑的角度，确证发明的不可能性都是困难的。德克斯的疑问是：上千次的试验失败能不能确证发明本身是不可能的？基于什么样的根据，一项试验本身被认为是不可能的？

德克斯在晚年的“自然研究”中，区分了上帝作品的“自然”（Nature）与人的作品的“艺术”（Art）。他指出：“自然是创造性的和完美的，而艺术则是建构性的和不完美的。一个是独立的，因此是本原的；另一个是依赖性的，是一些自然产品的复制和混合。自始至终自然都是一个巨大的谜，本质上是坚不可摧的。因为最多我们只能改变和变化其外在的形式和表象。”[12]

首先，从本体论角度看，自然规律为人类发明设立范围。自然规律客观地存在于自然之中，独立于人且“自然而然”地发挥着作用。自然规律具有恒定性、完整性和不可抗拒性特征，人类发明只能够在自然规律确立的范围内进行，不可能超出其界限。任何“打破”或“违反”自然规律的发明企图都是一种“科学妄想”，与之相对应的“发明”则是属于“不可能性发明”范畴。所以，自然规律确立了人类发明的可能性基础，从这个意义上说，人类发明不是绝对自由的。

其次，从认识论角度看，自然规律是人类发现的对象。人类可以发现自然规律，并在发明中加以利用。在利用自然规律方面，德克斯指出，人们不是要去“改变”自然规律，而是要去“组合”自然规律，以达到人们预想的目的。德克斯强调掌握知识尤其科学知识对发明的重要作用。他反对发明的朴素经验主义观点，断言纯粹的观察不能导致发明。为了减少不必要的、代价高昂的、持续失败的试错，德克斯认为，发明者必须掌握发明涉及的学科知识；发明对象本身，或发明涉及的材料、装置等相关的某些机械的或其他的基本原理知识。

最后，从发明历史看，科学在发明中的作用越来越突出。德克斯正确地指出，在发明的早期阶段，科学几乎不起作用，而现在科学正成为积极的力量，并且由科学发现到发明应用越来越迅速。德克斯洞见到正出现一些新的发明，它们完全是基于新的科学发现之上，它们与传统的由经验积累导致的渐进发明不同，它们出现之前没有一个进化的谱系。

2. 发明的社会竞争激励

通常认为，“需求是发明之母”。在分析发明的社会动力时，德克斯也曾注意到需求的推动作用。但他指出，在社会发展的早期阶段，需求对发明的决定性作用表现得较为明显。而近几个世纪，发明不断进步，层出不穷，仅用需求因素来解释现代发明现象是不够的。

德克斯明确地讲，“需求是发明之母”，是一句早已被打破的格言。比较而言，他偏向主张“竞争刺激发明”。他说，现代的农业、制造业等各项发明归因于商业利润的竞争。现代社会鼓励发明，通过国家与国家的竞争、制造商与制造商的竞争，塑造一种不断发明的动力机制，促使发明不断涌现。德克斯的这一观点与马克思关于资本主义社会的发明机制的分析是不谋而合的。

德克斯指出，在现代社会，对发明最强大的刺激无疑是金钱报酬。对于发明者个体而言，人们把发明视为通向财富的黄金大道，没有人仅仅是为了获得发明家荣誉而公开其真正有价值的发明，除非获得经济回报。对于制造商来说，道理是同样的，经济利润的竞争迫使制造商一刻不停地进行发明或采用新发明。德克斯特别细致地分析了制造商采用发明的社会动力机制。

一方面，制造商本身并没有天然的偏好一定要去进行发明或采用新的发明。制造商的目标不是要去发明什么，只要竞争停下来，即使几十年不进行一项发明，制造商也没有损失。另一方面，在现代社会，由于经济利润竞争的存在，无论制造商主观上多么不愿意改进自己的机器和产品，但在现实中，迫于外在的厂商竞争，他必须与时俱进，不断有所发明或采纳发明。所以，制造商事实上变成了发明的最大促进者和鼓励者。德克斯还指出，由于制造商不是必然要鼓励发明，所以，他还是会利用一切可能的机会，阻碍发明家的新想法。

3. 发明家的精神气质和能力

德克斯十分强调发明主体的作用。他认为，发明家具有独特的精神气质。他努力从发明家与科学家、企业家的比较中把握发明家的本质特征。

在德克斯看来，科学家是从事科学发现的人，他们具有非常高贵的心灵，能洞察常常不被注意或不被看重的自然现象，以传承和发展人类的知识为使命。而发明家则是努力拓展现存知识的实际运用，他们总是为了实际的经济目的，利用自然知识，去改变现存的产品和工艺。发明家具有一颗积极进取的心灵，对他们而言，没有任何技术产品是完美无缺的。

德克斯还将发明家与普通企业家或商人进行了比较。普通企业家或商人是守旧的、保守的，用后来著名学者熊彼特的话来说，他们是生活在经济的“循环流转”[13]之中。而发明家则是那些打破常规的、要干一番新事业的人，他们是新产品或新工艺的“探索者”“发现者”。

发明家不仅具有独特的精神气质，而且具有独特的作出发明的能力。发明家的内在规定性即在于其具有稀缺的发明天赋。而发明之所以能发生，关键也在于这发明天赋的作用。德克斯明确地讲，即使具备相应的科学知识，具有强烈的发明意愿，但若缺少发明天赋，发明仍然是不会发生的。关于发明天赋或发明才能的本质特征，德克斯强调以下四点。

其一，发明天赋的同质性和客观存在性。所谓发明天赋的同质性，是指发明天赋与表现在文学、绘画和雕塑中的才能是同质的，具有相同性质的心智基础。人们普遍认可文学艺术创造才能的客观存在，而发明天赋的客观存在也是同样明显的。

其二，发明天赋的稀缺性。发明天赋是一种心智能力，人们具有发明天赋的程度是十分不同的，有些人比另一些人更具有这种能力；并且真正具有发明天赋的人相对较少。德克斯甚至注意到，在许多杰出的人中，发明才能的缺乏也是令人惊讶的。他们可能异常勤奋、精明、机灵，但他们从不试图脱离日常追求的轨道。

其三，发明天赋的先天性。德克斯认为，发明天赋是一种先天性的能力，是自然的馈赠。发明天赋很难通过后天培养得以提高。

其四，发明天赋的合理使用性。发明天赋的合理使用要求与之相匹配的审慎的应用能力。“若不具备必要的理智、智慧和适当的教育，再高水平的天赋对个体也是全部或部分无用的。”[14]那些努力发明永动机的人就是典型的误用发明天赋的人。

4. 发明的模式

德克斯关于发明的发生模式大体上可以概括为如图1所示的形式。在德克斯看来，发明主要是由科学因素、经济竞争因素与发明家的精神和天赋相互作用的结果，主要经历理论提出、实验和发明实现三个阶段。

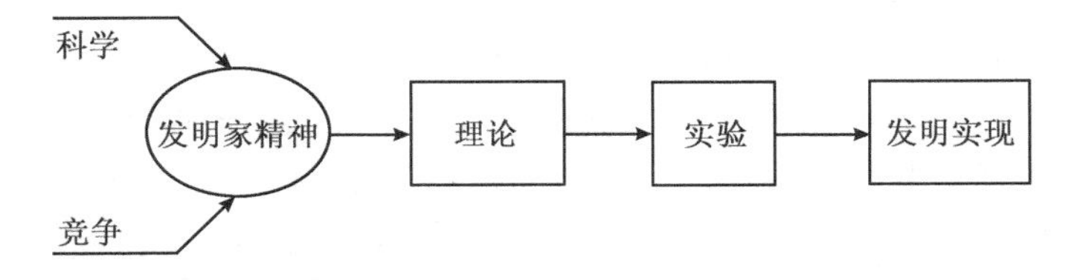

图1　发明的发生模式

理论是关于发明什么和如何发明的观念，它是发明行动的先导。在理论提出后，就开始了实验过程，不断地尝试、测试、检验等，直至发明成功。一项发明的成功，要解决两大关键难题：第一是要证明发明的有效性和价值。现实中存在无效的、虚假的伪发明。第二是要使发明为大众使用，这需要进行相应的宣传推广活动。

四、发明的社会属性与价值

德克斯的《发明哲学》研究有突出的社会实践指向，而他的这种研究本身也始终没有脱离社会实践背景，他总是自觉地把发明作为一种社会现象来分析。

1. 发明的社会属性

首先，德克斯十分重视发明本身负荷的社会“用途”（Uses），把它视为区分不同发明的内在根据之一。发明不仅仅是一个物理上的结构实体，从社会视角看，它还具有特定的社会用途，发明的目的性是它的内在规定之一，所以，完整地说，一项现实的发明是物理实体与社会用途的统一。因此，对一项发明的认识和把握也必须坚持这两方面相统一的原则，既看它的物理结构，又看它的实际社会用途。同样，在比较两项发明的异同时，也要既比较它们物理结构的异同，又比较它们实际社会用途的异同。在发明史研究中，人们习惯于认“物”不认“用途”，时常造成“误解”发明的现象。德克斯指出，我们不能忽视发明的社会用途，无论发明从结构外形上看是多么相似，如果它们的社会用途不同，它们就是不同的发明。这应是发明史研究的一个理论原则。

其次，就发明的物质构成看，德克斯提出了发明即是“组合”（Combination）思想。发明虽然是发明家创造的新的人工物，若没有发明家的天赋作用，发明就不会发生，但德克斯注意到，这些新的发明实质上不是从发明家的头脑中突然冒出来的，而是与社会上已存在的旧的人工物有联系，它通常是那些社会上已存在和已知的多种部件的组合。德克斯在《伍斯特侯爵二世的生平、时代和科学工作》中，使用了发明“组合”（Combination）概念[15]Ⅷ，在《发明哲学》中，他又多次说，新发明通常都有其原初的人工物来源，可能是由社会上旧的熟知的部分或部件，像螺丝、齿轮、杠杆等组成。

可以把德克斯的这一思想与后来奥格本（William F. Ogburn）、吉尔菲兰（S. C. Gilfillan）的论述作一对比。1922 年，奥格本在其代表作《社会变迁》中说，“把这些已有的装置组合起来就是一种新的东西。”[16] 1935 年，吉尔菲兰在《发明社会学》中说，“发明是从先前技术（Art）而来的一种新组合”[17]。可见，德克斯的思想与后来奥格本、吉尔菲兰等提出的发明组合模型理论是接近的。

最后，从发明的社会历史发展看，德克斯明确地提出“发明是渐进的”观点。

在19世纪，马克思、霍吉斯金（Thomas Hodgskin）、工程师布律内尔（Isambard K. Brunel）等人强调，发明具有集体的、积累的社会属性；而德克斯则基于发明史研究，也明确地提出“发明是渐进的”观点。他高度评价伍斯特侯爵的重大发明及其表现的创造力，但他反对学者们的一些想当然的看法，如：伍斯特侯爵发明的全部或大部分仅仅来源于他本人的发明才能；想象一位发明家与其他人同行，就是对一位发明家的原创性的贬损；等等。德克斯指出，事实上，“所有发明都是渐进的（Progressive）……首先是发现自然规律，然后是发明各种应用，最后是分化和再分化过程，产生无穷的重大的、小的以及微乎其微的改进。”[15]366

概括地说，德克斯的“发明是渐进过程”的思想包含三层意思：第一，在一项重大发明前，通常有一个社会积累阶段，间或出现一些有关发明的“原理发现”“建议”“哲学上的玩具”等；第二，由一位极具发明天赋的发明家，把先前的要素组合起来，实际地作出原始发明；第三，在原始发明的基础上，由原发明家或其他人衍生出适应各种需要的大大小小的多种多样的改进。

2. 发明的社会价值

德克斯从多方面论及发明的社会价值。

首先，发明是社会历史文明的一部分。在原始社会，人类发明尚处于初级阶段，人类只有简单的原始工具。而现在，有些地区发展成为文明社会，而有些地区依然停留在野蛮状态。德克斯指出，这其中的差别就是与发明有关。在文明区域，营造了有利于发明的环境，几个世纪以来，发明不断增加，在农业、建筑、食物、衣服和其他必需品方面，不断更新和改进，从而使社会生活舒适和商业繁荣。在未开化的地区，人们依然只拥有原始的工具。

其次，发明的当代社会价值是毋庸置疑的。当代发明产生了许多奇迹，这些发明使物品在数量上更丰富、在结构上更简单、在功能上更有效、在生产和使用上更经济便利。同时，发明扩大产业范围，促进商业交往，惠及民众生活。由此，发明成为国家财富的源泉。

除了这些一般性的论述外，德克斯还突出以下值得注意的四点。

第一，发明常常超前于时代，预见新的社会需要。许多人认为，发明是社会需要的结果，只要有了社会需要，发明就会自动发生。而德克斯指出，大量发明史实表明，发明很少是社会需要的结果；相反，发明常常超前于时代。“发明早于社会需要而出现”[18]95，从而塑造社会需求。

第二，超前于时代的发明具有突出的推动社会进步的功能。德克斯注意到，超前于时代的发明往往突破了社会现存的认知和文化观念，一开始人们总是怀疑新发明具有的种种属性。由此，在社会上激起强烈的反作用，形成发明推广应用的障碍。德克斯指出，愈是一项伟大的发明，愈是遭到社会更大的非议和抵制，而随着时间流逝，当发明最终取得成功，被社会广泛接受后，整个社会从物质到观念都有相应的进步。所以,“启蒙,或曰进步,跟随在所有伟大发明之后。”[18]91

尤其要强调发明的思想解放价值。他在评价蒸汽机时说,蒸汽机既是商业和制造业繁荣的伟大源泉,也是道德和智力进步的伟大源泉。更值得注意的是,德克斯的利用发明,清除迷信的思想异常夺目。针对当时英国社会上盛行的招魂术和请神术等迷信活动,德克斯发明了幻灯装置,他相信,当他发明的“佩伯尔幽灵”(Pepper's Ghost)在社会上流行后,招魂术和请神术等迷信活动将失去存在的基础,“寇克小路的幽灵(Cock-Lane Ghost)一定永远藏起它的小头。”[19]

第三,发明的社会失调现象。在19世纪60年代,从社会的视角看,德克斯指出,已隐约可见发明与社会进步的紧张关系。一方面,发明已逐渐形成“潮流”,不断进步,正成为社会生活的不能摆脱的物质基础。另一方面,人们的理性已经不能完全理解正在出现的令人惊异的发明产生的各种可能后果;社会难以保持与发明同步前进,以至于人们怀疑发明的进步合理性。事实上,社会已经存在发明过剩(Plethora of Invention)现象。

第四,发明的社会冲突。随着发明的快速增加,与发明相纠结的社会矛盾与冲突在19世纪日益凸现。马克思、尤尔(Andrew Ure)特别关注由发明而造成的发明与劳动之间的矛盾及冲突,而德克斯则特别关注由发明而造成的资本与发明之间的矛盾及冲突。在德克斯看来,资本与发明既有联系又有区别。发明需要资本支持,且有追逐利润的动机;而资本也有把发明纳入自己逻辑的需要;但两者本性不同,“从贸易角度看,资本家带来确定性,而发明家则带来不确定性。”[18]80-81德克斯主要关注了以下几方面资本与发明的矛盾冲突。第一,制造商对待发明的矛盾态度。制造商既原本不希望任何发明出现,又不得不在现实中被迫支持和采用发明。第二,制造商对发明专利制度的诋毁。制造商们倾向于以各种理由和各种形式诋毁旨在保护发明家权益的发明专利制度。第三,各种各样的“伪发明”现象的存在。这些“伪发明”包括“侵权仿制”“用钱购买的不真实的发明”“自欺欺人的发明”“纯粹的吹牛者的诈骗”等。第四,发明社会共同体的内在冲突。发明社会共同体不是统一的、联合的实体,一位发明家的成功常常带来其他许多发明家的损失。

参考文献:

[1] Baohua Xia. Reconstructing the Disciplinary Consensus of the Philosophy of Technology: Henry Dircks and The Philosophy of Invention[J]. Techné: Research in Philosophy and Technology, 2011, 15(1).

[2] 夏保华. 发明哲学:一部被遗忘的技术哲学经典文献[J]. 自然辩证法研究, 2010(1):35-40.

[3] Dircks H. The Philosophy of Invention[M]//Inventors and Inventions. London: E. & F. N. Spon, 1867.

[4]　Catherine Atkinson. Inventing Inventors in Renaissance Europe[M]. Tubingen: Mohr Siebeck, 2007.

[5]　Malcolm Heath. Invention[C]//Stanley E Porter. Handbook of Classical Rhetoric in the Hellenistic Period 330BC—AD400. Leiden: Brill, 1997: 89-119.

[6]　Chevalier de Jaucourt. "Invention"[EB/OL]. [2010-09-10] http://quod. lib. umich. edu/d/did/.

[7]　培根．新工具[M]．北京:商务印书馆,1997:8.

[8]　Ian Hacking. Representing and Intervening: Introductory Topics in the Philosophy of Natural Science[M]. Cambridge: Cambridge University Press, 1983: 229.

[9]　邦格．作为应用科学的技术[C]//拉普．技术科学的思维结构．长春:吉林人民出版社,1988:28-50.

[10]　Henry Dircks. Chimeras of Science[C]//Henry Dircks. Scientific Studies. London: E. and F. N. Spon, 1869: 38-80.

[11]　Henry Dircks. Perpetuum Mobile, or Search for Self-motive Power, During the 17th, 18th, and 19th Centuries[M]. London: E. & F. N. Spon, 1861: XVI.

[12]　Henry Dircks. Nature-Study; the Art of Attain Those Excellencies in Poetry and Eloquence[M]. London: E. Moxon Son & Co., 1869: 375.

[13]　熊彼特．经济发展理论[M]．北京:商务印书馆,1997:5-63.

[14]　Dircks H. Perpetuum Mobile, or A History of the Search for Self-motive Power, from the 13th to the 19th Centuries[M]. London: E. & F. N. Spon, 1870: XV.

[15]　Henry Dircks. The Life, Times and Scientific Labours of the Second Marquis of Worcester: To Which is Added, a Reprint of His Century of Inventions, 1663, with a Commentary Thereon[M]. London: Bernard Quaritch, 1865.

[16]　William F Ogburn. Social Change: With Respect to Culture and Original Nature[M]. New York: B. W. Huebsch, 1922: 88.

[17]　Gilfillan S C. The Sociology of Invention[M]. Chicago: Foblert Publishing Company, 1935: 6.

[18]　Henry Dircks. The Rights and Wrongs of Inventors[C]//Henry Dircks. Inventors and Inventions. London: E. & F. N. Spon, 1867.

[19]　Henry Dircks. The Ghost! As Produced in the Specture Drama[M]. London: E. and F. N. Spon, 1863: 62.

科学发展观视野中的绿色技术创新

秦书生
（东北大学科学技术哲学研究中心，辽宁 沈阳 110819）

摘　要：科学发展观是一种可持续的发展观。科学发展观强调人与自然和谐发展，科学发展观蕴涵着深刻的生态文明思想。绿色技术创新是科学发展观指导技术创新的必然选择。科学发展观指导下的绿色技术创新既注重经济发展，也注重社会发展和生态可持续发展。我国的绿色技术创新有许多制约因素，解决这些问题，要以科学发展观引领企业绿色技术创新，建立和完善相关的政策机制，建立健全支持绿色技术创新的法律、法规制度，为企业绿色技术创新营造良好的环境。

关键词：科学发展观　绿色技术创新　生态文明　人与自然

科学发展观是一种可持续的发展观，强调人与自然的和谐发展，对于我国生态文明建设具有指导意义。当前，在生态文明建设中，必须贯彻落实科学发展观，大力发展循环经济，大力发展绿色技术，大力推行绿色技术创新。

一、科学发展观的生态文明意蕴

我国在传统发展观指导下，一度不切实际地片面追求经济增长的高速度，盲目投资，搞低水平重复建设，既浪费了资源，又破坏了环境，人口过量增长更带来了严重的社会问题。严峻的环境问题迫使人们反思传统的发展观，用新的思维范式去思考发展问题。以胡锦涛为总书记的党中央，根据世界经济发展的基本态势和我国社会主义现代化建设所面临的新形势、新任务，明确地提出了坚持以人为本和全面、协调、可持续，促进经济社会和人的全面发展的科学发展观。

科学发展观蕴涵着深刻的生态文明思想。生态文明是一种继工业文明之后的“以生态产业或产业生态化为主要特征文明形态”[1]，其核心问题是人与自然和谐发展。生态文明是科学发展观在认识和处理人与自然关系问题上的具体表现。科学发展观把人类的经济利益与生态的可持续发展利益相结合。强调人与自然和谐发展，与生态文明观是一致的。即人类要关爱自然，同自然共生同荣，人类在尊重自然、保护自然并与自然和谐相处的过程中，来实现经济增长与社会发展。

当前，我国面临着十分严峻的生态环境问题，经济社会发展与生态环境的矛盾日益突出。建设生态文明是科学发展观的内在要求，是贯彻落实科学发展观的必然选择。在科学发展观指引下，加强生态文明建设，将会极大地促进我国全面建设小康社会的进程。

二、绿色技术创新是科学发展观指导技术创新的必然选择

人类的任何一项实践活动都是在一定的思想指导下进行的，不管自觉或不自觉，在实践活动指导思想的最深处，总有某种哲学思想在那里起支配作用。工业文明以来，人们坚持“增长优先”的发展观，把发展简单地理解为经济增长，把经济增长又片面地归结为物质财富的增长过程。这个时期，在传统发展观指导下，单一地追求经济价值的技术创新观一直主导着技术创新发展的方向。传统的技术创新推动了经济迅速发展和繁荣的同时，也造成了环境污染和生态破坏，损害了人类的持续生存和发展的能力。传统技术创新的内在矛盾与缺失日益显现。

针对传统技术创新造成的资源、能源危机和生态破坏，科学发展观为当代技术创新指明了方向。科学发展观指导下的技术创新要努力倡导技术发挥正效应而抵消负效应，凡是有利于生态文明的技术创新是我们要大力发展的；而不利于生态文明的技术创新，纵使能产生很大的经济效益，都是我们坚决要摒弃的。科学发展观指导下的技术创新应是有利于人与自然和谐的技术创新，能够保护环境，提高资源利用率，促进生态文明建设，这种技术创新就是绿色技术创新。

绿色技术创新是科学发展观指导技术创新的必然选择。绿色技术创新是一种旨在实现人与自然和谐发展的全新的技术创新模式，是符合可持续发展需要的一种技术创新。

科学发展观指导下的绿色技术创新在技术创新过程中全面引入生态学思想，充分考虑技术对生态环境的影响和作用，把生态效益与社会效益纳入到技术创新的目标体系中，既注重经济发展，也注重社会发展和生态可持续发展；既要保证技术的创新性和实用性，又要确保环境清洁和生态平衡；既要讲究经济效率，又要关注生态和谐和追求社会公平。科学发展观指导下的绿色技术创新要达到经济、社会、生态三方面效益协调统一。

三、我国企业绿色技术创新的困境

目前，随着我国经济增长速度的加快，对资源、环境的损害更是日益严重，资源能源危机、环境污染问题没有得到很好的解决。人们试图运用绿色技术创新手段解决资源与环境问题，但是发现制约我国绿色技术创新的因素很多，主要有如下九

点。

(1) 我国企业绿色技术创新的技术基础较为薄弱，特别是中小型企业创新能力有限，生态工艺应用较少，技术选择环境较差，创新能力普遍不足[2]89。

(2) 企业经营者及管理人员环保意识相对薄弱，企业经营者对绿色技术创新的认识不够，缺乏相应的管理手段和技术措施。

(3) 实现绿色技术创新的经济、生态、社会三者统一的综合效益难度很大。有很多的技术创新在功能、收益上相互分裂和脱节。企业利用技术创新为其创造利润，追逐经济效益最大化，而生态效益是远期的，其收益者是广泛的，企业作为绿色技术创新主体，难以实现经济效益、生态效益和社会效益三者的统一。而绿色技术创新强调系统设计和整体配合，努力使整体效益达到最大化，而不是追求单一的经济效益，这就导致开展绿色技术创新较为困难。

(4) 环境成本的价格体系尚未建立，环境资源生产要素化进程缓慢，各种资源比价不合理等，使企业绿色技术创新和扩散应用在经济上缺乏吸引力，阻碍了创新和扩散[2]90。

(5) 我国目前生产和销售过程中国际绿色标准采取率比较低。我国的国家绿色标准不足国际标准的一半，覆盖面远远不够。这使得我国绿色技术创新产品难以打入发达国家市场，又使得本国成为非绿色产品的倾销地，损害了本国消费者的利益，污染了环境，也挫伤了绿色技术创新主体的积极性。

(6) 绿色技术创新推广的支持力度不够，政策法规不健全。我国对绿色技术创新推广的政策扶持与鼓励不够，缺乏对绿色技术创新的激励、扶持和优惠的经济、财政、税收、金融政策支持，导致绿色技术创新资金投入严重不足，直接用于绿色技术创新的资金很少。政府并没有对绿色技术创新投资动力不足这一问题采取相应的有效的解决措施，绿色技术创新激励政策不完善，灵活性和针对性不强，手段单一等。

(7) 绿色技术市场不健全、不完善。我国绿色技术市场不健全、不完善，市场竞争中存在的不平等、不规范的现象使得对绿色技术创新的侵权行为十分严重，挫伤了绿色技术创新的发展动力。

(8) 消费者绿色消费意识不强。消费意识决定消费行为，绿色消费能够促进绿色生产。消费者的绿色消费意识不强阻碍了我国绿色技术创新的发展。

(9) 缺乏对企业绿色技术创新舆论的监督机制，公众对企业绿色技术创新舆论监督不足，压力不够。

四、科学发展观指导下的绿色技术创新对策

胡锦涛在党的十七大报告中，首次提出要“建设生态文明，基本形成节约能

源资源和保护生态环境的产业结构、增长方式、消费模式”。生态文明建设的物质基础和关键环节是建设生态产业文明。而要建设生态产业文明，就是要在生产方式上转变高投入、高消耗、高污染的工业化生产方式，以绿色技术创新为手段，实现企业的生态化转向，使生态产业在产业结构中居于主导地位，成为经济增长的主要源泉。贯彻落实科学发展观，建设生态文明，必须大力发展生态产业。生态产业的发展离不开绿色技术的支撑，因此，大力开展绿色技术创新是生态文明建设的重要途径。如何才能保障科学发展观扎实深入地贯彻到这项工作去呢？关键在于建立健全贯彻落实科学发展观的制度、体制和机制。针对我国绿色技术创新面临的困境，必须加快制度、体制、机制的建设和创新，在思想、政策、制度和管理上，形成有利于绿色技术创新的支持环境。具体来说，应从以下几方面入手。

（1）树立生态文明观，增强绿色技术创新意识。科学发展观是以人为本、全面协调可持续的发展观。贯彻落实科学发展观，就是要树立生态文明观，增强绿色技术创新意识。目前在我国，企业、政府及社会公众的绿色技术创新观念滞后、绿色技术创新意识淡薄，公众、执法者对破坏生态环境现象视而不见，严重地阻碍了绿色技术创新的健康发展。因此，要进一步贯彻落实科学发展观，增强企业、政府和社会公众的环境意识，增强企业绿色技术创新意识，从而促进企业技术创新的绿色转向。国家应加强宣传和教育，使企业经营者、科技人员、工人、环保部门以及各级政府机关和领导认识到绿色技术创新的重要意义，把与开发绿色、无污染、有益健康节能、与自然和谐统一、可持续发展等相关的绿色技术创新观念形成一种文化，渗透到人们的生活中，影响人们的思维方式。要以科学发展观引领企业经营者树立绿色营销理念，通过绿色技术创新走循环经济的道路。只有在全社会树立绿色技术创新意识，人们才能用正确的方式支持生态文明建设，才能实现绿色技术创新。

（2）企业内部贯彻落实科学发展观，开展绿色技术创新的有效途径。企业贯彻落实科学发展观，开展绿色技术创新，必须纠正过去那种单纯靠投入，加大消耗实现发展和以牺牲环境增加产出的错误做法，而要依靠绿色技术，从根本上预防环境污染和生态破坏的产生，遏止生态恶化，真正做到在保护中开发，在开发中保护，使发展更少地依赖地球上有限的资源，更多地与地球承载能力达到有机协调。

企业贯彻落实科学发展观，开展绿色技术创新，必须加大企业绿色技术创新的投入。由于绿色技术创新具有高风险性，企业应积极建立自身绿色技术创新的资金筹措系统，通过大力推行资本经营、开拓证券投融资渠道、建立企业绿色技术创新风险基金等手段，保证对绿色技术创新各阶段拥有足够的资金投入。企业要加大对绿色技术研发所需人、财、物的投入力度，明确绿色技术创新方向，重点组织开发有普遍推广意义的绿色技术等，不断提高单位资源消耗产出水平，尽快使资源消耗从高增长向低增长转化，使污染排放量从正增长向零增长转化，从源头上缓解资源约束矛盾和环境的巨大压力。

企业贯彻落实科学发展观，开展绿色技术创新，要加强产学研合作，推进绿色技术创新及其产业化的进程。在我国，高等学校及科研院所是从事科学研究、知识创新、技术开发及传播知识的主体，具有较强的研发能力；企业的最大特点是贴近市场，了解市场的需要，能前瞻性地掌握市场发展所产生的潜在需求，使其研究开发的目标更具有针对性。但是在我国，由于企业大都技术力量薄弱，研究开发能力低，绿色技术创新能力不足。企业的绿色技术创新大多依赖于高等学校和科研院所开发的技术。所以，产学研合作是推进绿色技术创新的有效途径，能够加快绿色技术创新的进程。所以，我国应大力加强产学研合作，“把企业在资金、人力等方面的优势与高校和科研院所在科研方面的优势结合起来，充分发挥各自在资源配置方面的长处，通过产学研的最佳结合，实现优势互补，最大限度地调动各自的积极性及创造性”[3]，能够加速绿色技术创新及其成果产业化的实现。

企业贯彻落实科学发展观，开展绿色技术创新，还要注重引进国外先进的绿色技术，提高企业绿色技术的自主创新能力。引进发达国家的先进绿色技术，是我国提高绿色技术创新能力的有效途径之一。我国作为一个发展中国家，应当有选择性地引进并借鉴国外先进的绿色技术，并在吸收和消化的前提下，结合自身的实际情况，进行整合再创新与后续开发。绿色技术的引进要以增强自主研究开发和创新能力为核心，最终形成自己的核心技术，提高自主创新能力，从而达到预期的目的。

（3）加大对企业绿色技术创新的政策支持。贯彻落实科学发展观，就要为企业的绿色技术创新发展营造良好的外部环境，从政府的宏观调控和政策的制定上，为企业的绿色技术创新发展提供支持。

第一，政府要加大绿色技术创新投资。绿色技术创新成果的开发和推广不仅投资大、运行成本高，而且具有高风险，因此，在资金筹集上有很大的困难。由于绿色技术创新的作用范围广，且投资大、见效长、风险高，在绿色技术市场成熟之前，依赖市场调节供给的难度较大，因而它需要政府在投资上的支持和宏观经济政策的激励。有关资料显示，我国的绿色技术创新资金远远低于发达国家的水平，应逐步提高以满足企业绿色技术创新对资金的需要。政府必须加大对绿色技术创新的投资，最终形成绿色技术创新投资的动力机制和建立绿色技术创新投资的资金支持体系。

第二，政府要通过排污收费、排污权交易、排污许可证制度等手段，推动企业绿色技术创新。排污收费、排污权交易等通过市场而起作用，其对企业绿色技术创新的刺激效果取决于实际收费额及相应的法规措施等各种因素。目前，我国的排污收费标准很低，有的企业宁愿交排污费，也不采取措施治理污染，由于收费低，大大削弱了对企业的制约作用。应调整有关的政策，对污染严重的产业、企业和工艺系统实行生产工艺排污许可证制度，以促进严重污染工艺的改造及老化设备的淘汰。应逐步提高排污收费标准，使那些生产污染环境和危害人体健康产品的厂家无利可图，迫使其开展绿色技术创新。

第三，政府应从财政、税收等方面，对绿色技术创新给予优惠政策。政府应支持绿色技术的研究、开发和企业的清洁生产，实现“绿色”信贷。激励性税收优惠更适合政府推动绿色技术创新的目标。税收已经日益成为国家促进绿色技术创新的有力工具之一，激励性税收优惠政策能合理地降低绿色技术创新的成本，增强企业进行绿色技术创新的主动性。另外，“由于中小企业实力较弱，政府除了在税收上对中小企业实施绿色技术创新给予一定的优惠外，还应鼓励金融机构给予一定的支持，予以积极贷款支持，各级金融部门应根据经济效益和还款能力等不同情况区别对待，择优扶持，贷款期限上的优惠政策等等”[4]。

（4）建立健全支持绿色技术创新的法律、法规制度。绿色技术创新的发展需要国家法律的保障，以减少或消除阻碍绿色技术创新的因素。目前，我国有许多企业只追求企业短期效益，破坏自然环境。因此，要想改变这种唯利是图的局面，需要政府通过建立健全支持绿色技术创新的法律、法规制度来进行宏观调控，积极引导企业自觉、主动地进行绿色技术创新。因此，政府必须建立健全支持绿色技术创新的法律、法规制度，创造良好的社会环境，促进企业大力发展绿色技术，推行绿色技术创新。

绿色技术创新法律支撑制度应该是一个完整的体系，它整合了环境法、科技法、民法、经济法、行政法等不同部门的法律内容。结合我国国情，我国政府应从以下三个方面的工作着手。①明确绿色技术创新立法的原则和内容，在立法上，应该围绕绿色技术的目的，体现市场经济发展的一些新特点，并强化现有各项与保护环境、促进绿色技术创新有关的法律、法规制度；对现行的法律、法规制度中不适应绿色技术创新的内容进行全面或部分修改。②废止或修改不利于绿色技术创新长远发展的部分法律、法规制度，为推进绿色技术创新预留法律创设空间。③规范审理涉及绿色技术创新的司法活动，加强有关环境问题的执法工作，以及做好环境法律、法规的普法工作。要建立科学的执法监督制度，依法强化监督管理，坚决做到有法必依、违法必究、执法必严。

参考文献：

[1] 陈家刚．生态文明与社会公平[N]．中国环境报,2007-10-18(2).
[2] 张庆普．我国企业绿色技术创新的主要对策[J]．学习与探索,2001(3):88-92.
[3] 张瑾．论高校科技创新[J]．科技·人才·市场,2003(3):17.
[4] 龚建立,王飞绒．政府在中小企业绿色技术创新中的地位和作用[J]．中国人口资源与环境,2002(1):114.

从创造力发展的文化维度解读技术创新

李　鹏[1,2]　王　睿[1,2]　罗玲玲[2]
（1. 沈阳工业大学文法学院，辽宁 沈阳　110870；
2. 东北大学科技与社会研究中心，辽宁 沈阳　110819）

摘　要： 在创造力发展的社会文化背景下，考察技术创新问题；从技术创新过程中人的创造性潜能如何在整个社会背景之内和之间被选择、引导、发展和回报入手，分析了文化有机体的结构、政策体制的水平、创新动机的强弱、完成使命的有效性方面对技术创新活动的影响。

关键词： 创造力　文化维度　技术创新

技术创新涉及多种物质、精神要素和手段，既是一种技术经济活动，也是人发挥创造本性，将技术的本质和客观实在性通过人的社会性实践整合起来的过程。因此，技术创新可以看做各技术的、经济的、社会的要素通过创造力的运用获得社会承认的效果，或者说是将创意变成现实有效的成果。在技术创新过程中，人的创造性潜能是如何在整个社会背景之内和之间被选择、引导，又是如何发展和回报的，都需要将创造过程还原到具体的社会文化背景中，从创造力发展的角度来进行重新解读，找出有利于技术创新的社会文化条件，以提高我国的自主创新能力。

一、文化有机体的结构提供技术创新的条件

费尔德曼从创造力的认知过程、社会/情绪过程、家庭、教育/准备、专业、领域、社会/文化影响七个维度，来考察这些维度对创新行为的影响，一个文化有机体的存在可以为创造力提供和保持一定的条件[1]。创造力能够由其赖以生长和发展的社会文化背景决定，并由于各国文化有机体结构的不同而产生不同的技术创新效果。

社会文化是一个国家或者民族的群体成员由于共同的语言、历史、信仰和制度系统而形成的共享的对世界的经验看法，其对群体内人们的心智模式和行为方式的影响最为深刻与持久。美国著名历史学家亨利·斯蒂尔·康马杰这样描述美国民

族："地球上没有其他任何地方的自然条件如此优越、资源如此丰富，每一个有进取心和运气好的美国人都可以致富。大自然和经验告诉他们应该保持乐观"，"他们也感到有能力和无穷的精力来完成某项事业"，"他们聪明好奇、机智灵活，总想创造新工具或新技术来适应新的情况"，"他们在华盛顿专利局登记的发明比旧世界所有国家的发明总和还多"[2]。应该说，美国的技术创新实践能够较顺利地开展，与其固有的民族思维方式有着必然的关系，正如中国近代著名学者梁漱溟在《东西文化及其哲学》中指出的，西方文化是"以意欲向前要求为根本精神的"[3]。据统计，67%的美国人宁愿自己办企业，而不愿是别人的打工仔，这一比率在欧盟却只有45%。美国人口的13%正试图或已经建立自己的企业，这一比率在欧盟仅为4.5%。欧盟中途放弃创业的人数是美国放弃者的2倍。其文化差异的原因是个人对自主、自立、自强的认同程度不同，当遇到困难和风险时，欧洲人趋向放弃原有主意，美国人则更愿意尝试，而我国却恰恰相反，对于创新、创业的价值认同很低[4]。谢丽尔·纳卡塔和K. 西华古玛认为，中国儒家思想中爱面子的伦理价值观是不利于技术创新活动的[5]。可见，一种特定的文化既可能具有促进创造力的因素，也可能具有窒息创造力的因素，当这些因素作用于技术创新活动时，就会产生积极的、消极的和中立的结果。

二、政策体制水平干预技术创新行为的频率

创造力是一种具有新颖性和适切性的工作成果的能力。创造力的产生是各种创造性维度相互作用、不断发展的结果，维度内和维度间变化轨迹与顺序都将导致创造性产品的产生。透过文化形态的多重视角，广义的社会文化可划分为物质文化、制度文化和精神文化三方面。制度文化的发展会增加或减少创造性产品产生的可能性，使创新行为在松紧不同的政策体制和管理机制下表现出上下起伏的趋势，宽松的政策环境和文化氛围带来了技术创新的活跃。

纵观人类文明的进程，每次科技中心转移都有一个共同的特点，就是任何一个时期的科技中心都有一个良好的人文环境。不管是英国采取创建皇家学院等一系列鼓励倡导政策，还是法国的启蒙运动和废除封锁的开明政策；不管是德国著名的哲学传统，还是美国吸引人才的宽松环境，都在科技中心的形成过程中发挥了重要的作用。17世纪的清教主义是英国占主导地位的文化价值观念，促成了世界科技活动中心从意大利向英国转移，正如默顿所说："清教的不加掩饰的功利主义、对世俗的兴趣、有条不紊坚持不懈的行动、彻底的经验论、自由研究的权利乃至责任以及反传统主义，所有这一切的综合都是与科学中同样的价值观念相一致的。"因此，"17世纪英国的文化土壤对科学技术的成长与传播是特别肥沃的"[6]。可见，当时宗教文化的价值观念对科学技术的认同，在很大程度上决定了创造力是否有可

能在某个特定的领域发展。

此外，制度对人们潜在创造力在技术领域的不断激发起到了促进的作用，将人类带入科技创新的时代。如小伯泽尔在《西方致富之路——工业化国家的经济演变》中提出，工业化国家迅速崛起的原因在于建立了一个能够通过不断创新来保持经济持续增长的体制结构，这种体制结构中的三个决定性因素是：①自由企业制度的建立和不断完善；②以竞争为主要特征的较为完善的市场体系出现；③平等竞争[7]。在技术创新达到一定的规模和水平，原有制度的惰性显现出来的时候，制度又会随着技术创新的发展而进行发展，来维持人们对智力资本的关注，保障技术创新活动的持续进行。正如拉坦所说："技术变迁所释放的新收入流确实是对制度变迁需求的一个重要原因……现代法人组织的发展代表了对 19 世纪的运输、交通和制造技术的进步所创造的经济机会的制度回应。"[8]

三、创新动机的强弱影响技术创新的质量

特定的个性品质和经历往往体现出创造性的人的特征，发展创造力的动机能成功地促成技术创新的实施。技术史中对于创新动机的阐述中，就曾多次提及创新主体对创新成功的预期。如戴维·萨沃斯指出的："几乎没有人会把单纯获利作为动机，当涉及技术新颖性和技术难题时，任务本身的诱惑力是很强大的。有些创新者同时受到两种动机的驱使。他们既希望为了自己而进行技术上的改进，也希望能推销一件有利可图的新产品。任务本身的吸引力，有助于解释创新者的献身精神以及他们为实现创新而倾注的巨大努力……只有那些受到强烈因素驱动的创新者才能成功。所以要想成功，创新者就必须坚信，他们所从事的事业是值得做的。"[9]19 巴萨拉谈道："很多发明者正是基于这样一种不现实的信念，才鼓足干劲去创造发明，认为他们的特殊小装置能为他们挣大钱；而另一些人则是因为追求创新能给他们带来精神上及心理上的回报。于此理，很多专利拥有者都属于那种坚持不懈、满怀热情为他们感兴趣的问题提供机智灵巧的解决办法的人。"[10]

总的来说，创造力不仅需要动机，而且也产生动机，文化能够赋予大众评判的权利。比如一种活动或一项工作取得技术的身份后，就可以得到社会的重视，得到展示创造力的机会，得到政府或有关机构的资助；一种产品取得技术的身份后，就可以从消费者那里赚取大量的利润，获得丰厚的回报，这些都促使人们乐于发挥创造力，积极进行技术创新。"20 世纪头 30 年里，飞机工业中的创新者的动机看来同样是由经济上的要求和渴望创新的欲望共同激发的。设计师诺思罗普想造出更有效的飞机的欲望至少不亚于想赚钱，他率先制造了洛克希德 Vega 流线型飞机，并研制了全金属结构，从而使 DC-2 和 DC-3 飞机非常坚固耐用。在帮助设计这些飞机后，他继续致力于一项最终夭折的创新。此外，飞机工业早期的先驱者，如布莱

里奥、法曼、容克等，在从事飞机研究之前，不仅是工程师，更主要的还是商人。他们为了开发这项新兴的工业，使世界因为有了它而令人着迷，不仅花费了自己所挣的大量钱财，耗费了大量精力，而且有时甚至要献出自己的生命。可是他们的种种努力，在开始时毫无回报，就连他们制造飞机也直到第一次世界大战才有了广阔的市场。这一例子再次说明，人们从事创新的动机远不只是为了获利。”[9]19-20

四、完成使命的有效性提高技术创新的概率

阿迈布丽的社会心理学取向理论认为，创造力是工作动机、领域相关技能与创造技能的汇合，环境因素会促进或阻碍创造力[11]。文化存在于社会群体的各个层次，包括组织和社会层次，都可以通过认定其技术创新价值和重要性来提高或降低伟大创造力在某些领域发展的概率。马克 · E. 帕里和迈克尔 · X. 宋的研究结果表明，挑战性工作会使员工在任务压力的激发下，提高与新知识的接触水平，以获取对任务完成更好的见解和创新思想，从而有利于“敢于为先者”或者真正创新性产品的开发；制度化的工作安排则可以使组织成员在技术创新中的角色明确，减少突变创新中的群体冲突、思想混乱、资源浪费和多重领导[12]。

技术创新是企业的技术经济活动，其过程必然是以团体的形式进行的。技术创新被市场所接受的程度和带来的经济回报越高，说明创造力的运用获得社会承认的效果越好，越能够形成企业的创新文化，影响更多的人参与创新，持续创新，提高技术创新的概率。美国管理学家彼得斯和沃特曼指出，成绩卓著的公司能够创造一种内容丰富、道德高尚而且为大家所接受的文化准则，一种紧密相连的环境结构，使职工情绪饱满，互相适应和协调一致。他们有能力激发普通职工作出不同凡响的贡献，从而也就产生有高度价值的目标感，这种目标感来自对产品的热爱、提高质量、服务的愿望和鼓励革新，以及对每个人的贡献给予承认和荣誉[13]。K. A. 子恩（K. A. Zien）和 S. A. 巴克勒（S. A. Buckler）认为，越来越多的证据显示，在高新技术企业新产品的发展过程的文化支持（此后的创新文化）能够鼓励参与者的发明、创新和首创精神，例如，有利于新产品开发的精神[14]。

综上所述，更好地理解创造力的发展，是人类在未来凭借其全部的创造性能力所热切渴望到达的、更具挑战性的、长期的和更有价值的目标之一，能够促进人类通过达成社会文化共识，发挥产生技术创新凝聚力、认知力的共同意志。这样，重构创造整体观统领下的技术主体创造自由度，对于有效地调动创新积极性，提高技术创新能力，具有重要的意义。

参考文献：

[1] 罗伯特 · J. 斯滕伯格. 创造力手册[M]. 北京:北京理工大学出版社,2005:136-144.
[2] 曹东溟. 论技术创新之契合模式:美国汽车业技术创新成功案例解析[D]. 沈阳:东北大学,2003:22.
[3] 徐洪兴. 二十世纪哲学经典文本:中国哲学卷[M]. 上海:复旦大学出版社,1999:458.
[4] 傅彬. 欧盟重视中小型企业的创建和发展[J]. 全球科技经济瞭望,2003(7):20.
[5] Cheryl, Nakata, K. Sivakumar. National Culture and New Product Development: An Integrative Review[J]. Journal of Marketing, 1996, 60(1):61-72.
[6] 罗伯特 · K. 默顿. 十七世纪英格兰的科学、技术与社会[M]. 北京:商务印书馆,2000:183,295.
[7] 道格拉斯 · 诺斯,罗伯托 · 托马斯. 经济史中的结构与变迁[M]. 上海:上海三联书店,1989:1.
[8] V. W. 拉坦. 诱致性制度创新理论[M]. 上海:上海三联书店,1991:335.
[9] 威廉斯. 技术史:第6卷[M]. 姜振寰,赵毓琴,译. 上海:上海科技教育出版社,2004.
[10] 巴萨拉. 技术发展简史[M]. 上海:复旦大学出版社,2000:77-78.
[11] Amabile M. The Social Psychology of Greativity[M]. New York: Springer-Verlag, 1983:68.
[12] Parry E, Michael X Song. Determinants of R&D-Marketing Integration in High-Tech Japanese-Firms[J]. Journal of Product Innovation Management, 1993, 10(1):4-22.
[13] 任书良. 企业技术创新与企业创新文化[J]. 经济体制改革,2000(5):93-96.
[14] Zien K A, Buckler S A. Dreams to Market: Grafting a Culture of Innovation[J]. Journal of Product Innovation Management, 1997, 14(4):274-287.

生态文明视野下绿色技术创新的原则与动力

马　娜　秦书生
（东北大学文法学院，辽宁 沈阳　110819）

摘　要： 绿色技术创新内含着生态文明的要求，体现了生态文明的价值取向。生态文明视野下绿色技术创新必须坚持整体效益原则、协调发展原则、以人为本原则、实事求是原则和动态开放原则。生态恶化是绿色技术创新外在的推动力，绿色消费是绿色技术创新决策的导向力，追求经济效益是绿色技术创新主体的需求力，国际贸易是绿色技术创新市场的发展力。

关键词： 生态文明　绿色技术创新　原则　动力

随着科学技术进入了迅猛发展的阶段，在从工业文明时代开始至今短短两百年间，人类征服自然的破坏行为使得人类自身生存受到严重的威胁，传统的技术为人类社会带来了福祉之余，其对生态、环境的破坏作用也日益彰显，如世界人口的急剧增长、经济发展的不平衡、资源枯竭、环境退化、生态恶化，已经严重地威胁到整个人类的生存与发展，使人类陷入了严重的困境。建设生态文明，实现可持续发展是全人类的共识。绿色技术创新的本质是实现节约资源，合理有效地利用资源，保护生态环境，开展企业绿色技术创新对推动生态文明建设有重要的现实意义。

一、绿色技术创新目标的生态文明取向

绿色技术创新最初产生于人们对健康、安全的环境的强烈需要，是指绿色技术从思想形成到推向市场的全过程。简言之，绿色技术创新是促进生态产业发展、推进生态文明建设的一种技术创新。绿色技术创新是积极面对发展与保护的矛盾，提倡经济增长的生态化技术创新。随着生态文明建设的推进，绿色技术创新的目标已不再限于单纯地降低生产成本、扩大产品市场占有率、提高盈利率等，而是将生态平衡作为一个追求目标引入到社会发展体系中。这样，绿色技术创新就有了生态平衡、经济增长、社会发展等多重目标[2]。

绿色技术创新摒弃了单纯追求经济效益、资源消耗高、环境污染严重的技术和产品，引进和开发可持续利用的先进绿色技术与产品。绿色技术创新的目标就是节

约资源，保护环境，建设生态文明。从社会层面上看，绿色技术创新的目标是要把我们的社会建设成为经济效益高、生活质量高、环境质量高的社会，并努力使之成为以人的发展为中心、以产业的生态化为主要内容，功能健全、环境优美、效益最佳、产业结构合理、城市协调发展的生态文明社会。所以，绿色技术创新内含着生态文明的要求，体现了生态文明的价值取向。

二、生态文明建设视野下绿色技术创新的原则

在生态文明建设的大环境下，绿色技术创新作为一种社会发展的新型推动手段，它的实施决不是任意的。它既要遵循一定的目的性，又要遵循一定的原则。

（1）整体效益原则。绿色技术创新必须考虑国家全局，既要保证经济社会持续稳定协调发展，又要促进生态文明建设。所以，在生态文明建设视野下，绿色技术创新必须坚持整体效益原则。绿色技术创新以可持续发展为指导，以追求经济效益、环境效益和社会效益的和谐为目的，从整体着眼，推动社会可持续发展。

（2）协调发展原则。在建设生态文明的实践中，绿色技术创新必须遵循协调发展的原则。从事绿色技术创新活动的主体必须注重绿色技术创新系统之间及各子系统之间的协调。绿色技术创新只有坚持协调发展的原则，才能有利于经济发展速度、社会发展程度、生态保护力度之间的协调；有利于社会不同阶层和利益群体之间利益关系的协调；有利于实现社会的稳定和进步，并为人类的全面发展奠定基础。

（3）以人为本原则。生态文明建设的目标是人与自然的和谐发展。因此，生态文明建设视野下的绿色技术创新的原则一定也要包括“以人为本”的思想。它强调人在发展中的主体性作用和地位，注重人性、人的需要的满足，人的素质的提高和能力的发挥，并为人的发展创造和谐的外部环境。绿色技术创新坚持以人为本的原则，才能实现人与自然的和谐。

（4）实事求是原则。绿色技术的创新首先要立足于本国的国情，符合技术创新的自身发展规律和社会主义市场经济的客观规律。我国的绿色技术创新与发达国家相比相对落后，虽然经济增长较快，但实力还是有限。所以，我们要发展绿色技术创新，就要坚持实事求是的原则，切忌急功近利。企业的绿色技术创新必须建立在充分了解买方需求的基础之上，从小项目开始做起，运用绿色技术开发新工艺、新产品。这样才能更快地被消费者所接受，实现产品的价值。

（5）动态开放原则。绿色技术创新作为一个技术创新体系，必须充分开放，与外界进行物质、能量和信息的交换，从外部环境中获取资金、人才、信息等负熵流，形成远离平衡的开放系统，这也是当今企业实行绿色技术创新的首要条件。因此，在生态文明建设过程中，要以动态开放为原则，促进绿色技术的不断创新发

展[4]。

三、生态文明建设视野下的绿色技术创新发展动力

第一，生态恶化是绿色技术创新外在的推动力。资源耗竭与环境恶化是技术创新朝着绿色化方向发展的外在推动力。产业革命带来了工业经济的大发展，传统生产技术的大规模应用对生态环境造成的累积负效应日渐突出，引发了生态危机，使人类的生存与发展受到了严重的威胁。这种严重的生态恶化对各国政府形成外在的压力。近年来，人民群众对环境保护的要求也越来越高，迫使各国政府加强生态文明建设，制定保障生态文明建设的法律法规。如果继续使用传统的技术，就必须付更多的费用来满足日趋严格的环保要求，而且随着环境保护标准的不断提高，这种成本也必将不断地增加。这有利于推动绿色技术创新地发展和壮大。

第二，绿色消费是绿色技术创新决策的导向力。生态行为文明是生态文明的重要内容。生态行为文明表现在消费上就是绿色消费。随着环境的不断恶化，人们的环境保护意识也在不断地提高。而随着人们生活水平的提高，人们对环境的依赖也越来越强烈，人们的消费观念也发生了重大的变化，消费者更加注重保健和环保。一股崇尚回归自然、追求健康的绿色消费之风蔚然兴起，绿色消费将成为21世纪的消费主潮流。

目前，在供大于求的买方市场条件下，绿色产品已成为世界人民的市场新宠。而人类对绿色产品需求的剧增，给生产企业创造了不可多得的市场发展机遇。但机遇和挑战往往是并存的。争夺市场占有率及迎合消费者是企业重视环保产品开发的原动力。这样，企业管理者和决策者会积极应对消费者的需求，研究他们的产品与环境的关系，通过绿色技术创新，改换传统的生产工艺，以满足人们对绿色产品的需求。企业通过绿色技术创新开发绿色产品，成为提高企业竞争力的重要手段。所以说，生态文明的绿色消费方式能够促进生产者更新技术，推动企业实施绿色技术创新。

第三，追求经济效益是绿色技术创新主体的内在动力。绿色技术创新的主体主要是企业，企业通过绿色技术创新，开发绿色产品，不但能迎合生态文明建设的需要，还能使企业以较低的成本进入市场，实行成本领先战略，具有较强的竞争力，从而获取较高的利润。一方面，在生态文明建设条件下，出于环境保护的必然需要，增加了企业生产成本。所以，企业只有依靠绿色技术创新来改进生产工艺，开发绿色产品，以抵消由政府环保政策硬约束所带来的企业环境成本。另一方面，随着绿色意识向生产、消费和贸易等领域的逐步渗透，绿色已经成为企业竞争的重要手段之一。企业要在激烈的竞争中立于不败之地，必须加大绿色技术的积累，以提高整体竞争实力[5]。

第四，国际贸易是绿色技术创新市场的发展力。市场竞争是企业进行技术创新的重要推动力，企业要想长期维持技术创新所带来的高额垄断利润，避免竞争对手的模仿，就必须进行不断的创新。随着我国加入 WTO，我国的企业将更多地参与到国际竞争中去，而外国企业也必将凭借其在管理、资金、人才、技术等方面的优势，大举进攻国内市场，其竞争将会更加激烈，而竞争的焦点将更多地集中在技术上。同时，由于近年来各国政府越来越重视生态文明建设，对产品的环保标准也越来越严格，绿色贸易壁垒将是我国企业参与国际贸易的一大障碍。企业要想参与国际竞争，除了质量、价格等因素外，产品还必须符合各国政府的环保标准[6]。生态文明建设是国际社会的发展潮，绿色经济是未来的发展趋势，谁先顺应了该趋势，谁就能在国际市场上抢占制高点，赢得先行优势。中国企业在国际竞争的压力与利益的推动下，必将通过绿色技术创新，增加产品的绿色技术含量，提高产品的核心竞争力，以尽早抢占国际绿色贸易舞台。

参考文献：

[1] 李劲松．论技术创新生态化与建立生态文明社会[J]．现代商贸工业，2008(7)：14.

[2] 姚星．我国循环经济建设中绿色技术创新研究[D]．乌鲁木齐：新疆大学，2008：60.

[3] 万迈．基于环境保护的绿色技术创新分析[J]．经济与管理，2004(12)：15.

[4] 钟祖昌，陈功玉．论面向可持续发展的生态技术创新实现机制[J]．云南科技管理，2004(2)：14-15.

生态学马克思主义：技术本身无法解决生态危机

徐　琴
（上海大学社会科学学院，上海　200444）

摘　要： 技术与生态危机的关系问题是一个颇受争议的热点问题。生态学马克思主义认为，技术本身与生态危机之间没有直接的、本质的联系，生态危机的根源在于当代资本主义经济制度，而技术的方式从属于这一制度，因此，既不可能通过废止技术，也不可能仅仅依靠技术来解决当今的环境-生态问题。生态学马克思主义关于技术与生态危机关系问题的阐述，以及由此而开展的批判性分析是颇为深入的，但由于其将变革的途径主要诉诸观念革命，特别是诉诸伦理道德革命，使其观点表现出某种脱离现实的乌托邦主义的色彩。

关键词： 生态学马克思主义　生态危机　技术　资本主义

如果说早在18世纪，正值科学技术的巨大力量日益显现并被颂扬为人类福祉之源时，敏感的卢梭就因感受到科学技术的发展在给人类带来进步的同时也造成道德的败坏，从而开启了对科学技术价值的反思与批判，那么，20世纪60年代，美国作家蕾切尔·卡逊的《寂静的春天》一书，由于向人们揭示了污染对生态环境的重大影响，从而引发了人们对科学技术与生态环境关系的思考。时至今日，随着全球化生态危机的日趋严重，随着技术在当代的日益发展及其在自然界和人类社会所起作用的愈益强大，关于技术与生态危机之间的关系问题更成为人们讨论与争议的热点。因为技术“起着一种远远不同于科学的任务，因为它与人的需求领域以及由这些需求所引起的社会冲突有着更直接的关系。……在直接的生产过程中技术的作用非常突出——人的技术能力与他们满足自己需要的能力之间有直接的联系，这是人类历史的永久的特征”[1]130。而生态学马克思主义对技术与生态之间的关系问题（尤其是技术在生态危机的形成与解决中所起作用的问题）进行了思考，并提出了一系列批判性观点，这对于我们应对日趋严重的全球性生态危机，具有积极的启示作用。

一

要解决当今的生态危机，首先必须找到导致危机的真正根源。“如果问题的根源没有找到，那么也不会有恰当的解决问题的办法。”[1]序言第3页在技术对生态危机的克服问题上，生态学马克思主义明确地指出，仅仅废除或依靠技术本身都不可能解决当代生态危机，其根本原因在于导致生态危机的真正根源不是技术本身，而是资本主义制度及其生产方式。

生态学马克思主义明确地指出，资本主义的本性在于获取利润。而为了最大限度地获得利润，资本主义企业必然要不断地扩大生产。“承认资本主义是一种为自身缘故而追求积累和增长的制度至关重要。这是企业追求更多资本积累这一唯一需要驱动下的一种难以抗拒的力量。……这种对资本积累的痴迷就是资本主义与所有其他社会制度的主要区别。”[2]90-91而生产的不断扩大与增长必然造成对自然资源的掠夺性开发，不仅如此，利润第一的生产目的也必然使资本主义企业把降低成本看得比保护环境更重要。高兹认为，“资本主义的企业管理的首要关注的并不是如何通过实现生产与自然相平衡、生产与人的生活相协调，如何确保所生产的产品仅仅服务于公众为其自身所选择的目标，来使劳动变得更加愉快。它所关注的主要是花最少量的成本而生产出最大限度的交换价值。”[3]由于任何一个企业首先关注的是利润，因此其必然会最大限度地掠夺自然资源，最大限度地降低成本支出，以便使自己最大限度地获取利润。所以，“资本主义制度势必残暴地对待一切阻挡其发展道路的东西：所有来自人类与自然的干预资本积累的要求都视为必须克服的障碍。”[2]90-91可见，在资本主义生产和自然生态系统之间必然存在着不可调和的矛盾。

对财富的追求是资本主义的核心动力，它具体表现为对资本利润的获取。但利润的获取必须通过商品的交换才能得以实现，换言之，仅仅是生产乃至不断扩大的生产，还只为获取利润提供了可能。要使这一可能成为现实，必须使产品被消费者购买。不仅如此，由于当今技术进步导致的劳动生产率的大幅度提高及产品的相对过剩，消费者的欲望对商品交换价值的实现有着越来越大的作用，消费成为社会生活和生产的主导动力与目标。因此，为了尽可能多地获取利润，当代资本主义尽其所能，创造出各种各样的需求，甚至竭力歪曲满足需要的本质，即消费者的欲望、需要和情感成为资本控制和操纵的对象，“人的那些最关键的需要已经被社会的持续不断的控制所扭曲了”。而“把全部自然（包括人的自然）作为满足人的不可满足的欲望的材料来加以理解和占用”[1]序言第7-8页，在资本主义社会里就势必成为必然。由于消费需求是无度的，而自然资源总是有限的，当需求超出自然界所能承受的程度，生态环境的破坏也就成为必然。因此，在奥康纳看来，“消费主义社会的普遍化以及生态上的破坏和浪费就与之如影相随了。”而且，“不管打着什么样的绿色消费品的幌子，在资本主义社会中始终存有这样一种内在趋势，即商品消费率的增长趋势，而其伴生物也就是所有的生态恶果。”[4]329-330正是由于“追求最大限度的利润—制造不断增长的消费—生态环境的恶化”这样一种关系链，阿格尔认为，“对于理解社会变革运动背后的、在解决严重制度危机过程中产生的基本原理来说，需求理论是必不可少的。”[5]487

按照马克思的观点，资本主义生产通过与科学技术的内在结合，创造出无比丰硕巨大的生产力。资本来到世间不足一百年的时间，已创造出超过以往一切世代之总和的生产力。其原因就在于资产阶级通过不断发展的科学技术推进了生产的大规模扩张，并在此过程中获取其巨额的利润。技术的伟大的进步作用不言而喻。但是，“在我们这个时代，每一种事物好像都包含着自己的反面。”技术的异化作用同样明显，在马克思看来，技术在给人类带来巨大生产力以及与之相伴随的巨大物质财富的同时，也给人自身和自然界造成了巨大的伤害。“随着人类愈益控制自然，个人却似乎愈益成为别人的奴隶或自身的卑劣行为的奴隶。甚至科学的纯洁光辉仿佛也只能在愚昧无知的黑暗背景上闪耀。我们的一切发现和进步，似乎结果是使物质力量成为有智慧的生命，而人的生命则化为愚钝的物质力量。现代工业和科学为一方与现代贫困和衰颓为另一方的这种对抗，我们时代的生产力与社会关系之间的这种对抗，是显而易见的、不可避免的和无庸争辩的事实。”[6]在资本主义社会里，作为人类本质力量重要显现的技术担当着实现资本增值、获取利润的最主要工具。在某种程度上甚至可以说，没有科学技术，资本主义就是不可能的。因为正是通过科学技术的大规模的生产性应用，与传统手工业相区别的资本主义的生产方式才得以真正确立。正是通过技术，有效提高劳动生产率的劳动分工得以发展；也正是通过技术，生产的不断扩大得以实现，同样，借助于技术，对自然的有效利用甚至“征服”才成为现实。在莱斯看来，“控制自然”这种意识形态最不合理的目标就是，通过科学技术“把全部自然（包括意识）转变为生产资料这一目标变成强制性的，盲目重复的”，其结果便是“最后自我毁灭的”[1]序言第7页。

总之，在生态学马克思主义看来，资本主义的本性在于最大限度地获取利润，而技术则是为完成其使命而设计的工具。不仅如此，随着全球化竞争的日趋激烈，随着科学技术的迅猛发展，当今“技术发明的速度甚至连最先进的社会也不能控制”，由于“对自然的技术控制而加剧的冲突又陷入追求新的技术以进行人与人之间的政治控制”[1]141。因此，在资本主义社会里，通过技术，“人类利用自然力的性质的转变已经带来了两个相互联系的灾难性后果：广泛威胁着一切有机生命的供养基础，生物圈的生态平衡，以及不断扩大的人类对于一个统一的全球环境的激烈斗争。”[1]序言第6-7页

二

在技术与生态危机的关系问题上，存在着技术悲观主义和技术乐观主义两种对立的观点。技术悲观主义怀疑、否定技术的积极作用，认为“科学和技术是可诅咒的偶像，我们对这些假神的顶礼膜拜是我们的灾害的根源”[1]序言第3页，正是由于技术的革新与进步，造成了人类对自然的肆意掠夺，造成了当今人与自然关系日趋紧张的局面。因此，要解决生态危机，就必须放弃技术，回到前技术时代。与此相反，技术乐观主义则肯定理性至上、科技万能，认为随着技术的进步，人类目前所遭遇到的种种问题（当然也包括生态环境问题）都能得到解决。著名的技术乐观主义者、美国未来学家阿尔温·托夫勒认为，借助于高新技术，工业文明中所出现的诸多问题，如资源紧缺、污染严重等都能在“第三次浪潮”即信息社会中得以克服。总之，在技术乐观主义者看来，“技术不仅可以使我们免于自然的暴戾而且还慷慨地授予我们富裕的生活。结果必然就是，一旦自然的奥秘臣服于科学理智和资本主义合理性，人类也就从终生艰辛枯燥的劳作中解脱出来获得了自由。”[4]320

作为生态学和马克思主义相结合的理论形态，生态学马克思主义明确地反对上述两种观点，既认为技术不是造成当代生态危机的罪魁祸首，又明确地表示技术不能真正解决环境问题。生态学马克思主义试图运用马克思主义的观点和方法来分析当代资本主义环境退化、生态危机的根源，以寻求克服危机的出路。作为当代西方马克思主义中最有影响的思潮之一，生态学马克思主义继承了法兰克福学派的批判理论传统，在技术与生态危机的关系问题上，进行了较为深入的反思和阐述。

首先，生态学马克思主义既承认技术对于环境所起的负面作用，也不否认技术在当今所显现的巨大作用，并认为正是基于技术的这种巨大威力，“我们不断地被告诫要相信我们所展示的技术的和科学的才能，确信这些技术将找到一条摆脱困局的出路而又很少或不改变我们的生活。”[1]序言第3页 因此，在发达资本主义经济体中，人们往往认为解决环境问题的标准方法就是引导技术朝着较良性的方向发展。具体而言，就是通过技术革新，使生产的能源效率更高，汽车的单位里程油耗更低，用太阳能替代矿物燃料和资源的循环利用，等等。至于其他改革措施，如降低人口增长率、降低消费量等，不过是一些辅助手段。“截止到目前，技术的魔杖最受欢迎，似乎可以提供改善环境又不影响资本主义机器顺利运转的可能性。”但重要的问题恰恰在于：“新技术或新应用的技术在经济扩张的同时能防止环境的恶化吗？”[2]86-87

其次，在生态学马克思主义看来，环境问题不是由科学技术本身所引起，因而不可能仅仅通过废除科学技术就能克服的。生态学马克思主义虽然也承认技术在当今生态环境恶化过程中难辞其咎，认为“资本主义技术并没有将人类从自然的盲目力量和苦役的强制下解放出来，相反它使自然退化并使人类的命运变得岌岌可危……而不是变得更安全或更易控制”[4]321。但是，生态学马克思主义认为，并不能因此把当代生态危机的根源归咎于科学技术本身。针对马克斯·舍勒等人把环境问题的根源归罪于科学技术本身的观点，生态学马克思主义的重要代表、加拿大凯尔格雷大学的威廉·莱斯明确地指出舍勒等人把征兆当做了根源。实际上，“现代科学仅仅是控制自然这一逐渐广为人知的更宏大谋划的有利工具”[1]序言第3-4页。真正导致对自然肆无忌惮盘剥的是使用科学技术这一控制自然工具的人的观念，而非科学技术本身。科学技术只是为完成“控制自然”的使命而设计的工具。不仅如此，作为资本主义社会最基本的意识形态，“控制自然这一观念是自相矛盾的，它既是其进步性也是其退步性的根源。”[1]序言第6页作为体现控制自然这一观念的工具，技术同样也具有双重作用，即使是在被称为“技艺”的古代，也被“很好地用于生产以及防止危害和破坏”[1]序言第4页。所以，莱斯认为，我们不能抽象地去评判技术及其应用的后果，更不可能通过废除科学技术来实现环境问题的解决。

最后，生态危机既不可能通过废止科学技术来解决，也不可能仅仅通过科学技术来解决。因为技术应用的性质和定向是由当下的社会制度确定的。生态学马克思主义的代表人物，美国俄勒冈大学社会学教授约翰·贝拉米·福斯特通过对“杰文斯悖论”的阐述，得出了如下结论：试图通过技术改进以提高资源利用率来达到减少对资源需求的初衷，得到的是资源需求的增加这一结果。而作为阻止二氧化碳等温室气体在大气中呈几何级速率增长的《京都议定书》之所以遇到工业化国家特别是美国的强烈抵制，其原因在于二氧化碳的排放不仅仅是一个技术问题。因为通过技术改进与革新，虽然提高了某种自然资源的利用效率，但其结果不是减少而是增加了对这种资源的需求。其根本原因在于资源利用效率的改进使利润得以增加，而在对丰厚利润必然追逐的资本主义社会，势必会因此扩大生产规模，从而导致对资源需求的增加。“我们早已拥有了避免二氧化碳在大气中快速集结的技术。例如交通运输，现代化的运输手段，特别是公共交通系统，同围绕私人汽车建立的交通系统相比，能够大大降低二氧化碳的排放，而且在自由快速运送乘客方面实际上更加有效。”[2]92但这些技术没有得到广泛的应用，其根本原因在于汽车工业是创造利润的最有效方式，因此，以利润为第一的资本主义社会势必抵制公共交通系统的发展。那么，不发展公共交通网络，而通过研发新技术，生产能耗低、使用清洁能源的汽车即微型车，能否克服对环境的破坏呢？同样不行，因为微型车创造“微型利润”，即有助于生态环境改善的微型车由于微型利润而得不到充分的发展。

总之，在生态学马克思主义看来，企图通过废除技术以解决生态危机问题是不可行的。同样，在资本主义制度的框架内，仅仅通过技术及其进步也是不可能解决生态危机的。

三

在生态学马克思主义看来，由于资本主义制度是导致生态危机的真正根源，因此，在资本主义制度下，技术不仅不能解决生态危机，反而往往是环境恶化的重要因素。那么，解决生态危机的出路何在？

生态学马克思主义明确地指出，当代资本主义制度的反生态性根源在于其资本的扩张逻辑及其生产方式的特点，“资本主义的生产和消费技术……并非仅指在工作场所、社区以及整个社会中的劳动关系和权力……对于生活方式常常是破坏性的。”[4]330因此，要克服生态危机首先必须进行适当的而非不断增长的、规模越大越好的新生产方式。高兹倡导的“够了就行”的“更少地生产”，阿格尔对小规模的经济模式的肯定，以及莱斯明确地表示将现代技术在各种不同环境中的分散使用，都表明了“即将来临的生态灾难将迫使我们重新思考工业化的生活发生，使我们转而采取一种较分散的、放慢增长速度的社会经济组织形式”[5]476。

适当的生产，对于克服当前日趋严重的生态危机是至关重要的。不仅如此，“资本主义和国家社会主义的结构上的弱点导致了人们在其中不得不通过个人的高消费来寻求幸福的环境，从而加速工业的增长，对业已脆弱的生态系统进一步造成压力。一句话，劳动中缺乏自我表达的自由和意图，就会使人逐渐变得越来越柔弱并依附于消费行为。”[5]493即在资本主义社会里，未满足的需要的增长总是超过它能满足的需要的增长，而无度的、异化的需求必然使自然资源日趋枯竭而导致生态危机。因此，生态马克思主义认为，要真正解决生态危机问题，必须树立正确的消费观念，改变表达需求和满足的方式，确立“人的满足最终在于生产活动而不在于消费活动”[5]475这一信念。

与适当的生产和有限的消费相适应的是“合适的技术”，而选择“合适的技术”对于克服生态危机在技术高度发展的今天，尤其显得重要。高兹甚至认为，开展生态运动主要不在于停止经济增长，限制消费，而在于如何选择技术。所谓合适的技术，即有利于生态环境的而非以利润为唯一目的的技术，如高兹所说的使用太阳能、风能和生物能等可再生资源的分散型技术，阿格尔提倡的与工业生产过程的集中相对立的并能使工人从官僚化的组织系统中解放出来的“小规模技术”[5]507，奥康纳的关于缩减有毒废物的技术、“新林业”技术、能把阳光转化成杀虫射线的技术等[4]331。总之，生态马克思主义非常强调技术发明不仅必须有助于生态学的重建和理性化，而且必须使缩短劳动时间成为可能，以便在克服生态危机的同时，能把我们从异化劳动中解放出来。

然而，选择适当的技术并不意味着技术本身能够解决当代生态危机。“将可持续发展仅局限于我们是否能在现有生产框架内开发出更高效率的技术是毫无意义的……能解决问题的不是技术，而是社会经济制度本身。”[2]95 由于生态危机的真正根源在于资本主义制度，因此，要真正消除生态危机，就必须变革这一制度。换言之，要想遏制世界环境危机日益恶化的趋势，仅仅依靠适当的生产、合适的技术与合理的消费观念等是无法实现的。事实上，“这类问题提出得愈多，就愈加明确地说明资本主义在生态、经济、政治和道德方面是不可持续的，因而必须取而代之。”[2]61 以上所述“适当的生产”“正确的消费观念”“合适的技术”等方案只有在不以利润为生产动机的非资本主义社会才有可能。用莱斯话的说，就是要去建立一个能把全球社会发展置于自由个人的集体控制之下的制度，这样才可能把技术从它引起人类冲突的全能有效的服役中解放出来。而在这之前，“我们依然是一种困境的牺牲品，即对自然的科学和技术控制的每一伟大胜利都包含着同等巨大的灾难的现实可能性。”[1]143 正因为如此，所以佩珀认为，“资本主义的生态矛盾使可持续的或‘绿色的’资本主义成为一个不可能的梦想，因而是一个骗局。”[7]

综上所述，生态学马克思主义对于技术与生态危机关系的阐述，对生态危机根源的揭示，以及在此基础上所提供的生态危机的解决方案等，有着一定的理论意义和现实意义。首先，生态学马克思主义不是孤立地、抽象地谈论技术及其作用，认为只有将技术及其应用与一定的社会历史状况联系起来，才能对技术及其应用的后果作出合理的判断。在生态学马克思主义看来，生态危机的真正根源在于资本主义制度及其生产方式，因此，与无批判的实证主义不同，生态学马克思主义对资本主义制度及其生产方式和消费模式进行了反思与批判，认为生态运动绝不能停留于生态运动本身，而必须成为更广泛的政治和社会斗争的一部分。这一结论无疑是值得肯定的。其次，生态学马克思主义虽然在生态危机解决问题上明确地反对技术决定论，但对于技术及其在人类历史进程中的积极作用却予以肯定。因此，与一般的生态主义不同，生态学马克思主义并不否定技术的进步意义，它所主张的未来生态社会主义是一个既以维护生态平衡为基础，又能充分保证现代人享受现代文明成果的社会。可见，生态学马克思主义关于生态危机的克服和未来社会的构想，是力图与浪漫主义的倒退倾向划清界限的。

生态学马克思主义在技术与生态危机的解决问题上，其诸多分析与阐述无疑是较为深刻的，但其缺陷同样明显。生态学马克思主义者虽然为解决生态危机提供了一些似乎可行的方案，并注重与社会运动相联系，但由于其将变革的途径主要地诉诸观念革命，特别是诉诸伦理道德革命（无论是阿格尔的“小规模技术”推行，还是莱斯的“重建技术伦理”等设想，都主要是基于“观念的改变”之上的），因此，当他们在寻求克服生态危机、实施社会变革及构建未来的生态社会主义理想时，往往会感到缺乏现实的基础，并陷入怀疑悲观的境地。以至于莱斯说：“我们还无法找到解决的方法：为正确地诠释人类和自然的关系探索出一种适当的政治形式。”[14]

在全球性生态危机日趋严重、科学技术迅猛发展的今天，“技术与生态危机的解决”必定是一个重要而迫切的话题。生态学马克思主义在这一问题上的思考，特别是对当前生态危机根源的剖析、对克服当今生态危机所提供的路径等，不仅有助于深入地理解当代世界如何面对并走出日趋严重的生态困境，而且对正处在经济发展模式转型时期的我国来说，同样具有重要的启示作用。

参考文献：

[1] 威廉·莱斯．自然的控制[M]．重庆：重庆出版社，1993.
[2] 约翰·贝拉米·福斯特．生态危机与资本主义[M]．上海：上海译文出版社，2006.
[3] 俞吾金，陈学明．国外马克思主义哲学流派新编：西方马克思主义卷[M]．上海：复旦大学出版社，2002：590-591.
[4] 詹姆斯·奥康纳．自然的理由：生态学马克思主义研究[M]．南京：南京大学出版社，2002.
[5] 本·阿格尔．西方马克思主义概论[M]．北京：中国人民大学出版社，1991.
[6] 马克思，恩格斯．马克思恩格斯选集：第1卷[M]．北京：人民出版社，1995：775.
[7] 戴维·佩珀．生态社会主义：从深生态学到社会正义[M]．济南：山东大学出版社，2005：139.

技术的人文关怀及人文的技术语境
——试论哲学视域下的数字城市及其活力挑战

张　果　董　慧
（华中科技大学哲学系，湖北 武汉　430074）

摘　要： 数字城市一方面作为信息技术产品而存在，另一方面也内植了深沉的人文情感与文化意蕴，影射着技术与人文、自然与社会、个体与群体之间的矛盾和冲突，预言着人类活动、社会存在与文明进步的实践基础、人性根基与精神源泉所面临的活力挑战。对其蕴涵的活力挑战与潜在机遇进行透彻的剖析，无疑将有利于我们深刻地理解数字空间与现实空间的互动与缠绕，有利于正确地把握自然、社会、人三者之间的相互影响与相互依赖，催生并建构出新型的活力个体、活力城市与活力社会。

关键词： 数字城市　技术语境　活力社会

一、数字城市：信息时代的问题域

通讯和计算机网络技术的瞬息万变，正以不可阻挡之势，将人类社会推向后工业的信息时代。城市化、信息化、全球化运动风起云涌，物质城市向数字城市的蜕变正蓄势待发。不可避免的，这一划时代的历史过程也将伴随着变革的阵痛，蕴涵着技术与人文、功能与价值、实践与理论间的多重冲突和复杂矛盾。

正如 James B Rule 所言，“目前我们正快速步入一个新的历史阶段，该阶段即以信息和知识在社会和经济生活中所扮演的愈发重要的角色为特征。”[1]320

一方面，数字城市是一篇如梦似幻却又触手可及的后现代童话，诗意地描绘着乌托邦式自然、社会、人之间和谐共生的完美文明。它使物理的时空要素沉寂为隐喻，以“计算机硬件、程序代码、高速远程通讯网络，以及设计并应用这些技术的人类理智”[2]，全方位、深层次地建构着崭新的空间可能性，使虚拟空间与真实城市相互缠绕，改造并诠释着人类在信息时代的存在方式及自由主体价值。

另一方面，数字城市也是一阙魔幻色彩的现实主义诗篇，客观地预示着在发展当代科技与延续人文关怀时，顾此失彼所导致的实践冲突与理论挑战：它对虚拟实践与现实实践的结合是否会动摇人类活动的实践基础？对私人空间与公共空间的模糊是否会吞噬社会存在的人性根基？对集体记忆与个体想象的混合是否会摧毁文明进步的精神源泉？而失去了实践基础、人性根基与精神源泉的个人、城市与社会，在现实和虚拟空间中又是否能保持活力四射的外在形态和极富创造力、想象力与生命力的灵动内涵？因此，正是对自然、社会、人三者之间更具活力的可持续发展的无限渴望，对更富人文意蕴的技术应用与更合技术前景的人文精神的永恒追求，决定了我们应该且必须对数字城市这一技术现象及其活力挑战进行更深层次的哲学反思。这种囊括了技术背景与人文底蕴的思考，不仅可以帮助我们从哲学层面透析作为人类高科技成果与文明新标志的数字城市，在挑战中寻找机遇，在危机中追求进步，在借鉴中实现超越，从而建构出信息时代背景下的新型活力城市与活力社会，也可以最终调和甚至避免技术应用与人文精神之间的潜在矛盾，实现其平衡发展与和谐共生。

二、数字城市：从技术存在到文明象征

城市，是人类集体智慧与技术成果的化身，是人们“寻找到公民价值……深度挖掘自身潜力并有机会从野蛮进化到文明状态的地方”[3]15。而数字城市，则是“物质城市在信息世界的反映和升华”[4]5。正如马克思所言：“事实上世界体系每一个思想映像，总是在客观上受到历史状况的限制，在主观上受到得出该思想映像的人们的肉体状况和精神状况的限制。”[5]376 由是观之，数字城市基于真实物质城市，却独具虚拟性、数字性、信息性；它源于网络空间在城市化运动中的新发展，却更加功能化、细节化、区位化；它始于人工技术成果，却因自然、人与技术之间的永恒互动演化为复杂的文明象征系统，塑造着多元化、超时空的活力城市与自由市民，也潜在地挑战着传统的人类存在方式与生活模态。

从技术上看，数字城市，或称虚拟城市，是信息时代多种高科技成果的结晶，本质上是信息化、数字化、虚拟化、网络化、智能化的模拟物质城市。它以计算机网络为基础，借助于“地理信息系统（GIS）、遥感（RS）和全球定位系统（GPS）、多媒体技术、大规模存储及虚拟仿真”[4] 等各种先进信息技术开发、管理和应用城市的各类信息资源，对城市的硬环境（物质基础设施和外部形态）和软环境（功能运行机制和社会政治经济文化）进行信息搜集与监测控制，从而在计算机的管理下，对物质城市进行“统一的数字化重现和认识”[6]。

因此，一方面，数字城市是真实存在的客观城市。现实城市的重要意义在于对“社区、自发性运动、政治、商业、旅游、文化等方面的共存所起到的集中与联结作用”[7]201，而这也是数字城市的核心功能所在。数字城市同样是拥有城市市民的

生活世界，同样依赖于丰富蓬勃的人类活动与思想智慧而不断获得发展的活力和生命力；否则，它同样也只能衰落为一座寂静之城。

另一方面，数字城市也并非传统的真实城市。它不具有确定的地理空间感，建构在不可见的数字电子流中。它“较少依赖物资的积累，而更多地依赖信息的流动；较少依赖地理上的集中，而更多地依赖于电子互联；较少依赖扩大稀缺资源的消费，而更多地依赖智能管理”[8]162。它是城市空间的延伸，是现代人心灵与物质身体的化身。它改变或消解着传统的城市生活及存在方式，创造了全新的互动场域和沟通节点，从而历史地重构了旧的社会运行体制及文明创造模式，使原有的社会活力生发机制与动力发展系统面临着严峻的挑战。

在这个意义上，对数字城市及其活力挑战的哲学追问将更具复杂性、辩证性与系统性。不同于技术决定论者的悲观论断，作为社会空间在信息时代的新发展，网络空间的出现并没有消解现实的城市空间，反而衍生出数字城市这一特殊范例。数字城市实质上是一种基于计算机系统的网络信息空间。它由三个要素组成：“支撑其存在的物理基础结构、虚拟或在线的表征及其参与者或使用者。”[9]47作为真实物质城市的虚拟化表征，数字城市不同于无中心、放射状的扁平式网络空间，而是有意识、有目的地集中针对某一特定的地点，更具体化和细节化，更接近于“普适计算”①。数字城市中的市民也不同于网络空间中游荡的“神经漫游者”[10]，具有更强烈的地方同感和参与感。在这个特殊的生活世界中，空间的均衡与失衡、活力的集聚与分散、动力的生发与消解都复杂地融为一体。

因此，数字城市首先是一种具有物质性的人工技术产品，是一种后工业社会所生产出的更加复杂的城市空间和更加具体的网络空间。正如列斐伏尔在《空间的生产》一书中所说，每一种特定的社会和生产方式都会历史性地生产出属于自己的社会空间[11]，那么，恰恰是信息时代日益扩大的城市化运动与日益增多的城市人口对即时信息和远程通讯的需求，生产出数字城市这一特殊的网络空间。否认了这一点，也就否认了它“作为复杂社会和经济过程成果这一事实”[12]479-480。

但是，数字城市又不囿于冰冷的技术产品这一客观范畴。“对那些仅仅路过而没有进入的人而言，这座城市是一个传说，对那些深陷其中而再不曾离开的人来说，它又是全然不同的另一个故事……每分每秒，它都有完全不同的名字。”[13]它绝不仅是浮现于电脑屏幕上的三维立体图像，它承载了人类厚重的历史与文明进程，内植了深沉的人文情感与文化意蕴，赋予挣扎在拥挤钢铁森林中的都市人更广

① 也被称为普及运算（Pervasive Computing），由 Mark Weiser 于 1991 年首次提出。计算机技术迄今已经历四个阶段的发展：第一代，主机型计算（Mainframe Computing），很多人共享一台大型机；第二代，个人机计算（Personal Computing），一个人在一台电脑上；第三代，网络计算（Internet Computing），一个人使用在互联网上的很多服务；第四代，普适计算（Pervasive Computing），许多设备通过全球网络为许多人提供人格化（个性化）的服务。来自 http：//baike. baidu. com/view/2439390. htm？ fr = ala0_1.

袤的空间感、更强烈的参与感、更完整的认同感、更明显的现代感、更自由的连通感、更生动的未来感，却也影射着技术与人文、自然与社会、个体与群体之间的矛盾和冲突，预言着人类活动、社会存在与文明进步的实践基础、人性根基与精神源泉所面临的活力挑战。

三、数字城市：从活力挑战透视潜在机遇

回溯相关研究史，人文社会科学倾向于数字城市的社会经济根源及其市民的沉浸体验，自然科学则侧重于数字城市的计算机网络平台及技术开发。这种传统上二分式的断裂使目前对数字城市的研究往往流于片面。技术不可能在脱离社会和人性的真空地带有效运作，哲学也无法在忽视科技和现实的空中之城反思人性。更重要的是，正是参与其中的人，“持续不断地与其内含的所有可能性互动，从中进行选择并创造未来，而这种未来，有时与这些先进技术系统的建构者——科学家们——的最初设想完全不同。”[7]200在这个意义上，对数字城市这一虚拟城市空间所蕴涵的活力挑战与潜在机遇进行透彻的剖析，无疑将有利于我们深刻地理解数字空间与现实空间的互动和缠绕，有利于正确地把握自然、社会、人三者之间的相互影响与相互依赖。

1. 人类活动的实践基础：动荡在虚拟与现实之间

马克思主义认为，物质生产实践决定着人类的生存与发展，正是实践主体的劳动即实践活动创造了富有生机的人类历史和充满活力的社会关系。因此，“社会活力可以看做是在实践基础之上，随着人的实践与交往不断扩大与深化，人的主体性、能动性、创造性能力不断生发、展现与提升的动态过程。”[14]139然而，在虚拟与现实的界限越来越模糊不清的数字城市中，虚拟实践正逐渐取代物质实践，其真实性与产生的后果也难以用传统的物质方法来测量评价。在这个意义上，丰富而充满活力的人类活动，作为个体自由全面发展的动力源泉和整个人类文明持续健康跃迁的关键保障，其实践基础正动荡在虚拟与现实之间。

首先，必须澄清，所谓虚拟实践，并非“不存在”的虚幻，实际上它仍是一种感性活动，其特殊之处在于它是指主体与客体之间通过数字化中介系统，在虚拟空间进行的双向对象化的特殊感性活动[15]232。而数字城市作为数字化的物质城市，正是当代信息科技所建构出的一种虚拟空间，它能虚拟现代城市中的各项实践活动，实现相应的城市职能和人类追求。历史地看，数字城市虚拟性的发展经历了从低级到高级、从局域到全局、从表面到深层的发展阶段：首先用等效的数字信息过程取代传统的纸质文件传播；其次用专业的 2D 地图和 3D 地理建模系统建构现实城市的对应物；然后使网页和电脑终端成为在一对多或多对多情境中传播服务与信

息的主要途径；最终将物理基础设施、软硬件、组织件①甚至人件②与城市本身融为一体[16]64。在这个意义上，数字城市中所进行的各项实践活动，虽然同样具有实践主体、中介和对象，但都与传统意义上物质城市中的人类活动存在明显的不同。

究其根本，数字城市中人类活动的虚拟性主要在于以下四点：①实践环境的虚拟性。数字城市中的人类实践独立于任何具体的时空场所。这意味着，数字城市是城市化和信息化双重背景下的互动场域，是人类通过数字化方式建构出的虚拟空间，它不需要互动双方必须在某时共同在场。②实践主体的虚拟性。进入数字城市中的网络市民是虚拟实践的主体。这类特殊的群体往往以符号的方式（如登录ID等）享受服务并参与社区和城市建设。获得市民资格的标准并不在于其真实身份的地理邻近性，而仅仅是某种认同感或技术保障。③实践对象的虚拟性。数字城市的实践内容主要包括电子政务、虚拟企业、电子商务、虚拟社区等方面。一方面在物质城市中确实存在与它们相对应的、作为客观实践对象的原型，另一方面它们的真实度却无从测量或评价，因为其本质是数字电子流所构筑出的流动“过程”而非“实体”。④实践方式的虚拟性。数字城市中的人类实践主要是以人-机-人的互动方式获取城市分类信息，体验城市虚拟生活，参与城市管理和发展。在这个过程中，“虚拟市民”或“虚拟共同体”是在虚拟的分享、交流、投票、质疑机制中共同体验基于某一真实物质城市的虚拟文化、情感和伦理道德。

总体看来，在前工业和工业社会中，社会活力总是生发于人类现实的感性实践活动，并随着实践范围的扩大而不断丰富其内涵。但数字城市无疑是一种预示着“联系性、同一性、集中性”[17]374的虚拟城市空间，从而使“实践”这一概念在今天城市化、信息化的后工业社会中陷于困局。由此观之，如果能设法调和虚拟实践与现实感性活动的互动，使主体适应于无限的虚拟时空与有限的社会时空，充分加强虚实的整合与多元自我的统一，我们便可能化挑战为机遇，突破现实实践的物理局限与虚拟实践的抽象藩篱，建构出虚实协调的智能活力城市，从而不断地扩大人类的实践范围与思想维度，催生更具建设性和生命力的社会活力与发展动力。

2. 社会存在的人性根基：迷失于公共空间与私人空间之间

社会是由无数相互联系的独立个体组成的，其存在与演化就必然与人类个体密切相关。社会的生机与活力也必然是个体活力有机系统的整合，因此而具有深厚的人性基础。具体说来，富有活力的社会可表征为“人的主体自我意识的确立、人

---

① 又称“斡件”，源自“斡旋”一词，研究在生产和其他社会活动中，如何协调人、自然和社会内部及相互间关系，使有效管理和科学决策转化为现实的物质文明与精神文明成果。

② 源自软件开发行业。软件开发时，技术人员经常会遇到诸如技术问题与社会问题、心理学问题和控制论问题等相互交织影响的困局，这些都来自软件行业的“非人性开发”，由此产生人件概念，本意指软件开发中人的因素，试图从组织文化和用户友好的角度实现人性化的软件开发。

性的确立、人的意义与价值的确立及人的本质的丰富展现”[14]159。然而，在公共空间日益入侵私人空间的数字城市中，人类是否获得了真正符合人性规定的生活世界？又是否自由全面地体现了其本质力量？

在现代物质城市中，城市常常被市民有意识的行为分裂为不同的社会区间，其中包括民族、阶级、收入、职业、教育、宗教、语言、年龄、家庭结构、生活方式的差异。人们逐渐把自己封闭起来，“放弃控制广泛的社会环境的希望，而退缩到对心理与身体的自我改造等纯粹的个人关切之中。”[18]200这种碎片化的城市显然无益于社会活力的激发与整合，数字城市的出现则能弥补这种现实的分裂。如前所言，空间是被人类有意图、有目的地生产出来的，也就不可避免地带有经济文化历史的因素和个人需要的色彩，因此，数字城市实质上更接近于由信息科技所建造出的公共空间而非私人空间。

“在公共空间中，各不相同的复杂社会群体注定要发生相互的联系。”[19]17-20数字城市即是没有明显疆界和范围限制的公共空间。“即使只是坐在家里，人们也是对整个由图像、声音和信息流组成的世界开放，并且具有潜在的互动性。”[20]1在这里，代表熟悉和亲密的本地社区生活的礼俗社会与影射陌生和疏远的大城市生活的法理社会之间的区别似乎已经消失。你可以远离都市的喧嚣，同时通过数字城市，依然保持与外面浮华世界紧密的有效联系，接触并分享最新的信息。你也可以置身于车水马龙的国际化大都市，同时通过数字城市继续联结到遥远的家乡的亲人，参与并实现熟悉的社区生活。然而，正如自由的流行方式是奴役，平等的流行方式是强加给人以不平等，技术使人的不自由处处得到合理化[21]85。数字城市一方面以其公共空间的自由性与开放性创造出一个在哈贝马斯看来是理想的互动情境；另一方面却通过无所不在的网络信息技术竭尽所能地侵入市民的闲暇时间，占领人们的私人空间。

在数字城市中，每个获许进入的市民都必须允许管理员对其身份的审核，都必须接受他人的审视。一旦进入，市民就已经被预设为与之融为一体，需要毫无保留地分享，其中关于信息的任何传输都受到仔细的监视和审查。严密的计算机控制和管理系统使数字城市俨然奥威尔在《1984》中所描绘的庞大机器，通过无所不在的监控、操纵和隔离，使个体成为无形权力主宰下麻木雷同的复制品。事实上，无论在何种社会制度和历史背景下，个体都需要一种“内心的自由”，这种自由使个体有意识和能力突破不合理的大众舆论与公共行为，激发源源不断的生命力与创造力。而这种自由只能在由个体掌控并依赖个体意志而使用、代表安全和私密的私人空间中才能获得。Westin 曾区分过 4 种类型的隐私：独处、亲密、匿名、保留[22]178。遗憾的是，在迅猛发展的数字城市中，不断扩大的公共空间似乎正持续蚕食着私人空间和个人隐私的领地，动摇着社会存在的人性根基。

其实，绝对的公共空间或私人空间、纯粹的开放或封闭都无益于社会的进步与个体的发展。问题的关键在于如何使数字城市在实体社会制度的规范下，既拓展公共空间，也延伸私人空间，有效连接并紧密结合彼此隔绝的私人空间，保持公开与私密之间的合理张力，最终在保证个人自由的前提下，最大限度地实现信息共享与集体协作。这并不意味着消融或合并公共空间与私人空间，而是在全新的技术情境中创建人类存在、活动与发展的新型场域，不断挖掘潜力、释放活力，实现自我的超越和文明的跃迁。

3. 文明进步的精神源泉：彷徨在集体记忆与个体想象之间

文明的意义在于最大限度地解放理性、张扬个性、自由表达生命的丰富性并灵动地发掘新观念、新思想、新方法。在这个意义上，文明的进步必然离不开不竭的情感驱动力，必须通过“激活、释放蕴藏在个体身上取之不竭的情感能量……从而激发整个社会的活力与创造力”[14]179。但是，在数字城市这一比现实城市更复杂的虚拟信息空间中，作为共有情感驱动力来源的集体记忆与个体想象似乎正发生着断裂。

记忆是这样一种认识：过去——我们所怀念和认知到的过去——是一种选择性的社会和地理建构[23]161。城市则作为人类文明成果的标志，表达和传承着集体记忆，记录着历史轨迹与地方认同感。而在当代信息社会中，人类对生存空间的可记忆性和可识别性已从物质城市转移到数字矩阵中。不同于发散性、无中心的网络空间，数字城市是一种与特定城市或本地社会相关的汇聚性情境。沉浸其中的居民能从中获取符号化信息并提炼为结构化的知识。这些知识通常来自同样的信息源和传播渠道，具有一定的同质性，从而使集体记忆成为可能。数字城市也建构出各色虚拟社区。参与其中的居民常因共同的旨趣、目的、需求、价值取向而聚集到一起。深藏于他们心中的记忆被唤醒，身份认同感油然而生，从而更身临其境地参与城市建设与事务管理。数字城市正日益成为一张聚合异质群体和社区意识的巨网，并在永恒的相互交换中走向同质化。

然而，正如贝尔所认为的，后工业社会是一个社区性的社会，其中的基本单位是集体，而非个人[24]199。数字城市这座庞大的聚合凝练系统无疑暗藏着一个悖论：它整合出集体记忆，使市民通过共同参与和经验分享建立起认同感；同时它又消灭了个体想象，剥夺了市民心理上的个性。

在这个意义上，数字城市具有很高的“社会密度”①，却只有很低的“心理密度”。虚拟社区常使获得集体记忆的个体失去在独立状态时的理性品质、精神动力、自主意识及责任观念，从而导致反效果。即当单独的个体孤立地行动时，会产

① 原指一个给定空间里所拥有的人数，这里指虚拟社区中的市民往往能基于价值观念、情感、行为方式、语言等方面的相同或类似，基于互相交往而形成较强的相互认同和支持意识。参见刘森林．辩证法的社会空间［M］．长春：吉林人民出版社，2006：50.

生“合终极目的性”的结果，但如果是单独个体所组成的集体如此行动，其结果却很可能是“反终极目的性”的。同样，数字城市具有很强的“集体认同”，却只有很弱的“自我认同”。任何一种认同都必须依赖经济、政治、历史、文化、地理等方面的材料而成形。只有在社会行动者将之内在化，并围绕这种内在化过程构建其意义时，它才能成为认同。而在数字城市的虚拟社区中，空间通过集体记忆对个体的转变和塑造是一种无形的强迫性暗示，它以数字信息的洪流有规律、有目标地将市民冲向特定的方向。在这一过程中，个体想象被集体记忆和强迫性的认同趋势所吞没，人失去了本真的自我，而被迫成为他人眼中“应该”成为的“我”，这既是拉康所言的“镜像”，也是一种“伪自我”[25]10，是与真正主体相隔离的自我，或者说被集体所同化的自我。

由此看来，城市，无论是现实还是虚拟，都代表着不同集体及单个个体的需要、权利及责任。为了保证自我最基本的内在同一性，为了避免主体性意义上的自我被主体间性意义上的自我所僭越，数字城市中的个体一方面应作为相互联结的社区联合体成员而存在，以共同的集体记忆和地方认同感保障着社会的稳定性和凝聚力；另一方面也应作为独立的个体而存在，保存有选择的具体自由，以丰富的个体想象和创造力突破保守的传统范式，开辟新的历史进程。实际上，只有充分实现共同集体记忆与独特个体想象之间的良性互动与彼此超越，才能将认同的对象扩大到更大的范围，赋予全人类以共同的命运意识，从而脱离单一认同感的压制，以实现个体选择的更多可能性，最终突破地方区域的狭隘，激发整个社会的生机与活力，并汇聚为文明进步不竭的精神源泉。

四、结　语

总而言之，“日益增强的资本与投资的流动性，劳动力结构的转移，更具弹性的生产与消费系统”[26]47正日益导致现代物质城市的空间和文化碎片化。城市的运作依赖于市民活动所催生的社会事件，又反过来影响市民的社会意识和实践活动。而数字城市作为信息化、虚拟化、智能化、数字化的物质城市，并不只是在单一时空结构中对不同物质实体的僵化模拟，而是作为一种非地点性的场域而存在，其中充盈着无形的交互沟通网络。它正以其亦真亦幻的虚拟实践、无所不在的公共空间及强化塑造的集体记忆等方式，创造着信息时代的新型生活世界，解构着传统的市民生活，并预示着无限的可能性。

然而，无论何种城市，只要是作为能量与人力交换的中心，都将永远处于不平衡与不安定的状态。数字城市也是如此。它模糊了虚拟与真实的界限，它用无所不在的公共空间抹杀了市民放飞心灵的私人空间，它强化了集体记忆与地区认同，却冲淡了个体想象与自我意识。它使人类越来越成为同质的群体，却预示着单调未来的危险性。它作为信息时代城市化进程的杰出成果，却在有意无意地冲击着人类活动的实践基础、社会存在的人性根基和文明进步的精神源泉。

面对此种危机，我们应该且必须从技术开发、政策制定、法律完善、舆论宣传、文化教育等各方面，积极加强现实与虚拟城市的良性互动，合理建设更加开放、共享的公共空间，依法保护代表安全、隐私的私人空间，并且在虚拟社区的趋同性与独立个体的多元性之间保持正态张力。只有这样，我们才能清醒地认识数字城市的深层内涵，理性地对待其活力挑战，化危机为机遇，从而促进科技与人文的和谐发展，建构符合人类本质与生命价值的新型活力城市，在享受高科技成果与保留人类固有活力之间、在技术的人文关怀与人文的技术语境之间实现动态平衡。正如曼纽尔·卡斯特所总结的："不管你是否有勇气面对，它的确是一个新世界。"[27]2

参考文献：

[1] James B Rule, Yasemin Besen. The Once and Future Information Society[J]. Theor Soc, 2008: 37.

[2] Dodge M, Kitchin R. Mapping Cyberspace[M]. London: Routledge, 2001.

[3] Kevin Thwaites, Sergio Porta, Ombretta Romice. Urban Sustainability through Environmental Design [M]. London: Routledge, 2007.

[4] 倪金生. 数字城市[M]. 北京:电子工业出版社,2008.

[5] 马克思,恩格斯. 马克思恩格斯选集:第3卷[M]. 北京:人民出版社,1995.

[6] 承继成. 城市如何数字化:纵谈城市信息建设[M]. 北京:中国城市出版社,2002.

[7] Toru Ishida, Alessandro Aurigi, Mika Yasuoka. World Digital Cities: Beyond Heterogeity[C]//Pvan den Besselaar, S Koizumi. Digital Cities 2003. LNCS 3081, 2005.

[8] 孙逊. 都市空间与文化想象[M]. 上海:上海三联书店,2008.

[9] Ana Marfa Fernndez-Maldonado. Virtual Cities as a Tool for Democratization in Developing Countries[J]. Knowledge, Technology & Policy, 2005, 18(1).

[10] William Gibson. Neuromancer[M]. New York: Basic Books, 1984.

[11] Henri Lefebvre. The Production of Space[M]. Translated by Donald Nicholson-Smith. Blackwell Ltd, 1991.

[12] Batty M. Contradictions and Conceptions of the Digital City[J]. Editorial, Environment and Planning B, 2001(28).

[13] Italo Calvino. Invisible Cities[M]. Translated by William Weaver. Harcourt: Publishers Ltd, 1978.

[14] 董慧. 社会活力论[M]. 武汉:湖北人民出版社,2008.

[15] 欧阳康,张明仓. 在观念激荡与现实变革之间:马克思实践观的当代阐释[M]. 北京:中国人民大学出版社,2008.

[16] Andrew Hudson-Smith, Stephen Evans, Michael Batty. Building the Virtual City: Public Participation through E-Democrary[J]. Knowledge, Technology & Policy, 2005, 18(1).

[17] 欧阳康．社会认识论：人类社会自我认识之谜的哲学探索[M]．昆明：云南人民出版社，2002.
[18] 吉登斯．现代性与自我认同[M]．北京：生活·读书·新知三联书店，1998.
[19] Richard Sennett. The Fall of Public Man[M]. Cambridge: Cambridge University Press, 1977.
[20] Manuel Castells. The Informational City: Information Technology, Economic Restruring and the Urban-regional Process[M]. Blackwell Publisher Ltd, 1992.
[21] Herbert Marcuse. One-Dimensional Man: Studies in the Ideology of Advanced Industrial Society [M]. London: Routledge, 2002.
[22] Matthew Carmona. Public Places-Urban Spaces[M]. Architectural Press, 2003.
[23] Reuben Rose-Redwood, Derek Alderman, Maoz Azaryahu. Collective Memory and the Politics of Urban Space: An Introduction[J]. Geo Journal, 2008: 73.
[24] 丹尼尔．贝尔．资本主义文化矛盾[M]．北京：生活·读书·新知三联书店，1989.
[25] 张一兵．不可能的存在之真：拉康哲学的映像[M]．北京：商务印书馆，2006.
[26] The Ghent Urban Studies Team[C]//The Urban Condition: Space, Community, and Self in the Contemporary Metropolis. Publishers, 1999.
[27] Manuel Castells. The Power of Identity[M]. 2nd ed. Blackwell Publishing, 2004.

技术哲学视野下中国高铁技术发展探析

——论高铁技术与人的“协作与奴役”

张　雁[1]　楼　羿[2]

（1. 河海大学马克思主义学院，江苏 南京　210098；
2. 河海大学公共管理学院，江苏 南京　210098）

摘　要：中国高铁技术发展迅猛，目前学术界对高铁的研究限于技术层面，鉴于高铁运行之后引发的广泛社会争论，本文从技术哲学的视角对高铁技术的来源、运作和影响三个方面存在的问题进行哲学探析。认为我国高铁技术应该实现从集成创新转向原创性创新，以自主创新打破技术“黑箱”的桎梏；从单一技术到多元技术，以摆脱“巨机器”奴役；从单纯重视交通经济利益到经济利益与社会效益和环境效益相统一，以保持人、社会、自然三者之间的和谐发展。

关键词：技术哲学　高铁技术　自主技术　多元技术

历史不会忘记，1929—1933 年全球性的经济大衰退给世界经济造成的巨大冲击，美国的罗斯福新政以其对交通、电力、水利等公共基础设施建设的格外重视，帮助美国从大萧条中迅速恢复经济水平，并确立了美国的世界霸主地位。如今，面对美国次贷危机造成的新一轮全球性经济危机，各个国家都在艰难地应对经济危机的影响。我国面对这一难题，应转变思维，化风险为机遇，以大规模的基础设施建设带动国内经济的转型和发展，在产业选择上，中国人选择了交通系统中的高级产业——高速铁路。2005 年以来，我国已有 26 条高速铁路客运专线全面开工，目前已完成的有 17 条专线，截至 2010 年底，我国运营里程已达 8358 千米，是全世界高铁运营里程最长、在建规模最大的国家。高铁不仅改变了中国人的出行方式，而且改变了中国的经济布局，更提升了中国的国家形象。高铁之所以能够取得令世界为之瞩目的成就，技术的集成创新是最为主要的原因和动力，也正是技术的突飞猛进，才能使中国人能够享受到高科技带来的切身实惠。然而，近两年来，中国高铁备受争议，对高铁技术的质疑也是不绝于耳。芒福德在《技术与文明》中“协作与奴役”一章里写道：“在技术改善向社会进步的转化传递过程中，机器体系经历了曲解和偏差。"[1]因此，高铁技术存在争议符合历史发展规律，争议恰好表现了人们对高铁技术发展的重视。本文从技术哲学的角度，分析中国高铁技术问题，以期能够释疑中国高铁发展的谜团和困惑。

一、打破"黑箱"桎梏：开发自主技术

我国高铁技术在自主创新的道路上走得异常艰辛。关于高铁技术的发展路线，一直存在两种观点：一个观点是应当依靠自主技术的研发和积累；另一种观点是引进国外先进技术进行消化吸收再创新，实现跨越式发展。2004 年以前，"中华之星"一直是我国自主研发高铁技术的希望。"中华之星"高速交流传动动力车组是我国第一列具有自主知识产权的动力集中式高速动力车，创造了当时中国铁路新型机车车辆试验运行考核里程最长、运行考核速度最高的纪录。特别是 2002 年 11 月 27 日，"中华之星"电动车组冲刺试验创造了每小时 321.5 千米的当时"中国铁路第一速"（该纪录直到 CRH2 在 2008 年 4 月 24 日于京津客运专线上进行高速测试时才被打破）[2]。"中华之星"项目集中了当时国内铁路机车车辆制造和研发的最核心力量进行联合攻关，虽然比不上国外先进技术的成熟程度，但是依旧处在不断完善、不断成熟的过程中。然而，在一次运营测试中，"中华之星"由于一根转向架的进口轴承质量不合格而未通过安全性能验收，决策部门出于安全考虑，决定未来的客运专线要使用从国外进口的车型。之后，在铁道部领导下，南车集团与北车集团同德国西门子、法国阿尔斯通、日本川崎重工和加拿大庞巴迪等国外企业进行技术合作。中国高铁融合了四个国家不同风格的高铁技术，在不断消化、引进、吸收国外先进技术的过程中，逐渐建立起自己的知识产权和技术品牌，已经在世界范围内开始崭露头角。

因为我国高铁的核心技术依赖从国外引进，所以我国高铁技术一直处于一种不为人知的"黑箱"状态。东南大学吕乃基教授认为，"在唯象的层次上，科技黑箱指能满足需求的商品或服务，其中的科技知识和其他要素被集成于某种框架之中，消费者对此并不知晓，如同面对黑箱，只需按规程操作便可得到预期的输出"，"科学技术将知识和其他要素在消费者使用之前集成于科技黑箱中。因而消费者只需按规程操作，便可得到合目的的结果，无需学习科技原理和制作过程"[3]，"黑箱"技术是经过筛选处理的集成技术，这种技术与自主生成的技术完全不同。现实证明，集成技术在运行中受到原有路径、惯性和当下各种因素博弈的影响，其结果往往未必合理。"黑箱"阻碍了人对原有技术的完整理解，在对技术进行筛选和固化时，会能动地使某一部分知识淡化、边缘化，或者说被遮蔽。

中国高铁技术的"黑箱"状态并不是由对象化的"人"决定的，技术的黑箱化是自然选择的过程，因此，人为因素在技术黑箱化的过程中影响甚微。在消费者

消费过程中，消费对象不再是单纯的高铁技术成果，而是融合了技术自身特定的意志和影响在内的高铁技术成果。不仅如此，作为消费者，在消费“黑箱”中的高铁技术带来的物化成果——高速列车和高速铁路网，但是在这个过程中，消费者并未真正地理解其中的知识。在商业社会和市场经济中，消费者一直是“上帝”。因此，表面上消费者是在支配高铁技术“黑箱”，但恰恰相反，高铁技术“黑箱”在消费者“不知其所以然”的过程中，对消费者产生着影响。

越是处于知识阶梯顶端的高科技，在被“黑箱”化后，人就越容易受到技术控制的影响。与此同时，“黑箱”化的高科技在操作上会显得越来越简单，人就越会感觉到自己享用高科技成果带给自己的满足。技术的复杂和使用的简易，造成的后果是“黑箱”越来越“黑”，技术控制的权力越来越强大，而人却越来越服从乃至被高科技“黑箱”所操纵。我国高铁技术的发展就符合这样一种科技“黑箱”化越来越“黑”的趋势，这就是中国高铁在运作上备受争议的主要原因。

高铁技术的“黑箱化”变相剥夺了人的知情权，也绑架了人的选择主体性，随着技术“黑箱化”过程的进一步深入，人的生活方式终将被看似发达的技术所奴役。然而，“技术黑箱”并非无懈可击，针对中国高铁技术的发展现状，只有开发自主技术，真正实现拥有技术的自主创新能力和知识产权，才能够打破“黑箱”的桎梏，解放技术。技术自主论提供了一条非常有益的解决进路。法国技术哲学家埃吕尔是当代最有影响的技术哲学家之一，他认为，技术具有自主性，意指技术最终依赖于自身，它给出自身的路线，它是首要的而非第二位的因素，“它必须被当作一个‘有机体’，趋于封闭和自我决定，它本身就是目的”[4]。技术自身的内在需要是技术发展的决定性因素，技术能自我发展、自我扩张、自我完善。比如铁路技术系统的产生，最初的发明物是英国矿山技师德里维斯克利用瓦特的蒸汽机造出的世界上第一台蒸汽机车，因为使用煤炭或木柴做燃料，所以人们都叫它“火车”，但是这种车在平地上行驶对地面破坏很大，因此，才有后来铁路轨道的发明，英国人乔治·史蒂文森将机车技术和铁轨技术结合在一起，制造出了利物浦至曼彻斯特的铁路，成为世界上第一条完全靠蒸汽机运输的铁路线。这是典型的由技术自身需求而产生的新技术。虽然以埃吕尔为代表的技术自主论饱受学术界的批评，但“技术发展是自主决定的”这一观点，是有丰富的理论和现实依据来支撑的。这一理论也是对原创性自主创新最好的哲学诠释。

中国高铁技术若要真正屹立于世界铁路装备制造业的巅峰，必须提倡原创性创新。中国高铁技术来源于对海外四国的高铁技术的引进、消化、吸收、再创新，属于集成创新，这种创新方式是提高我国高铁技术自主创新能力的重要途径，但并不是中国高铁技术的唯一出路，提升自主创新能力的关键在于我国高铁技术的原始性创新，拥有和掌握具有中国特色的高铁核心技术。在法律层面，我国高铁技术的知识产权并不存在问题，对于核心技术依旧只能进行复制和模仿，无法在核心技术领域实现新的突破。核心技术来源于内部的技术研究和开发，因此，只有逐渐摆脱技术引进、技术模仿，实现彻底摒除对国外高铁技术的依赖，依靠自身力量，通过独立的研究与开发活动才能实现高铁技术自主创新。实现这样一种原创性创新过程，才能够打破“黑箱”的桎梏，牢牢地把握创新核心环节的主动权，掌握核心技术的所有权。

二、摆脱“巨机器”奴役：发展多元技术

在现实生活中，高铁车票的贩售已经实现了无人化操作，消费者能够很方便地在自动贩售机上实现订票、购票、取票的环节。高铁技术和相应的出行配套设施的发展的确方便了人们的生活，但是当人们的自主选择权随着高铁的出现被削弱或剥夺之后，情况则是另一番样子。公众对于高铁的诟病主要集中在两个方面：一个是由于短途路线中有高铁运行，那么这条线路上原有的普通车次和200千米级别的动车组就会被“自动”取消，“促逼”消费者选择高铁作为唯一的出行方式；另一个是居高不降的票价，面对比动车组还要多出50%的票价，其可接受的消费群体明显缩小，而面对没有选择的“选择”时，消费者只能付出高成本来“享受”高铁技术带来的实惠。这些问题都在无形中增加着大众对高铁技术的误解和猜疑。

技术作为人对自然界能动作用的手段，必然要以人对自然规律的认识为基础，受到自然规律的支配，因而技术具有第一客观实在性——自然属性；技术又是为满足社会需要服务的，有其社会的目的性，技术的物质手段（劳动资料）作为一种物质存在的社会形式，因此，技术本身也是一种社会现象，具有第二客观实在性——社会属性。技术的自然属性是由自然规律决定的，它规定了技术构成的科学基础和前提；而技术的社会属性是由社会规律决定的，它制约着技术发展的具体目标和方向。中国高铁是一项社会公共产品，具有社会属性。公共产品是指具有消费或使用上的非竞争性和受益上的非排他性的产品，特点是一些人对这一产品的消费不会影响另一些人对它的消费，具有非竞争性；某些人对这一产品的利用，不会排斥另一些人对它的利用，具有非排他性，公共产品的这两个特点要求公共产品的生产必须有公共支出予以保证，其经营管理必须由非盈利组织承担。我国高铁在没有竞争的情况下却作出了排他的行为，这种现象令人忧虑。根据成本收益原理分析，市场经济参与的活动者都遵循经济人假设，利用优势技术提升市场占有率是每个经济人都会作出的决策。这就形成了市场经济产品理论与公共产品理论之间的相互矛盾。事实上，全球各国的高科技产品都普遍存在这样的矛盾，这是技术本身所蕴涵的“形而上学”本质所决定的。如果某项科技的技术标准占据主导甚至垄断地位，那么其他科技就必须与之兼容；否则，就无法应用，这就强化了拥有主导技术标准的科技的垄断地位。

高铁技术的“黑箱”不仅遮蔽了部分知识，阻碍人对本原技术的理解，更为严重的是，“黑箱”支配人的行为、影响人的交往方式，对消费者形成“促逼”。“集成、凝聚了特有意志的高铁‘黑箱’以其固化的规则‘规训’（福柯语）消费者。”[5]这样一种带有强烈意志和控制色彩的技术，正在以一种独特的权力系统作用于人的生活中，形成一个庞大的“巨机器”。巨机器是芒福德技术哲学思想的主要概念，他认为，人类的各种技术构成了人类社会结构，在技术系统化过程之后，实质上形成了一个庞大的机械系统，即巨机器。“尽管在蒸汽机普遍使用之前的几个世纪，水磨和风磨在中世纪的革新使18世纪的巨大进步成为可能，但是任何一方面都依赖的主要发明却在16世纪之前的欧洲全部完成了：这些发明深入地变更了文明世界的空间–时间构架……并且改变了外在环境和人的内在特征”[6]。芒福德的这一思想开创了技术人文主义研究的先河，也为技术的研究方式提供了一种新的思路。

高铁技术就是一种典型的“巨机器”，它符合了“巨机器”的所有特征：首先，中国高铁技术是多国技术的“集大成者”，无形中具有强大的秩序意志在其内，如果不服从它的秩序意志，人将不会得到期望的结果。其次，中国高铁技术已经形成了自己的知识产权，在国际上已经开始进行技术输出贸易，那么这一现象又符合“巨机器”以实现利益最大化为目的，而这一特征更加体现了巨机器的强大权势。在新技术时代中，人们盲目地追求速度、效率、金钱和机械技术的进步，人们热衷于消费“巨机器”带来的物化消费品，这种“消费异化”是“巨机器”技术追求权力的结果，它缺少的是对技术生命意义的反思。

芒福德为“巨机器”提供了一种解决进路，那就是发展多元技术。单一技术和多元技术的分类是芒福德的技术哲学基本思想之一。多元技术是技术制造活动的原始形式。最初，技术“大体上是以生活发展为方向，而不是以工作或权力为中心的”[7]，多元技术是一种混合的技术，以适应人的生活的多种需要和情趣为原则。单一技术则在工业革命后凸显于社会生活的各个方面，“机械化工业的各种因素联合起来打破了传统的价值意识和人性目标。这种目标过去一向控制着经济，并使其追求权力以外的其他目标。但此时股份主权、资本积累、管理组织、军事纪律，从开始即作为大规模机械化的社会副产品出现。这样也就使早期的多元技术逐渐化为乌有，取而代之的即为以无限权力为基础的单一技术”[8]。“巨机器”是一种典型的单一技术，“巨机器”的发展屏蔽掉了人类生命的多元性、素质性，人类历史的内在目的性，这种预设存在对生命的漠视，对过去的鄙视，人在世界中的主体性被排除掉了。因此，芒福德在论述人如何摆脱“巨机器”的奴役时说：“那就是放弃权力系统漠视生命的思想和方法。无任何阶层，和任何种类的社会中，都必须做一种有意义的努力，以使生活的目的不仅是为了发挥权力，而是要重回自然，恢复多元技术的发展，和生物技术的培养，以把地球变得更适合于人类的生活。”[9]

中国高铁技术应当是“人性化”的多元技术，充分考虑到人生活的目的和意义，真正将先进的交通技术造福于社会。首先，高铁技术的发展不能制约其他技术的发展，这种排他性不仅会造成技术垄断，也会造成巨大的机会成本风险。如果高铁技术出现某个重要问题而导致交通系统的瘫痪，将没有相应的替代技术或补偿措施，会对经济发展和社会稳定造成难以估算的影响。因此，高铁技术以外的铁道技术仍需扶持和发展。其次，高铁技术的发展应该在有限范围内进行技术共享，因为技术自主性理论告诉我们，技术真正发展的动因在于内部发展，技术共享能够产生出更优秀的技术。因此，中国高铁技术可以依靠集成创新的方式暂时领先于世界，但是若想实现高铁技术的可持续发展，应该从多元化开发主体的角度入手，以强大的智力资源作为技术保障，通过技术共享的方式，实现高铁技术的再创新，最终实现中国高铁技术的完全自主创新。

三、走出“天人”诘难：协调利益与效益

铁道部前部长刘志军说：“新建高速铁路大量采用以桥带路，路基地段采用填料级配、分层碾压、预压加载等先进施工工艺，排水设施等路基防护工程同步实施，线路抵御水害能力大幅度提升，加之我们采用了高速列车控制技术等一系列先进技术，完全有把握在雨天保证动车组列车以正常速度安全运行。”[10]高铁技术大多数采用高架桥的方式，将列车悬空运行，目的是为了减少空气阻力，提高运行速度；而在线路选择上，高铁尽量“去弯取直”，京沪高铁的设计在站与站之间基本上为直线设计，整个路线设计大致上呈一个标准的“L”形。京广高铁几乎建在一座从北京延伸到广州的没有弯曲的大桥上，CRH 列车可以用 380 千米的速度跑完全程而无需减速，石家庄和太原之间的线路更是用一个隧道穿过了整座太行山。高铁技术的选择改变了自然本身的面貌，为了追求速度，以改变地质特征为代价，其高速运作也会影响局部地区的大气环境。高铁不仅影响天然自然，也影响着人化自然。高铁由于其高速运行所带来的强烈震动、高度噪声和电磁波干扰通讯信号等问题，都在困扰着高铁线路附近的居民生活。每个地区都有不同的气候环境和地质特征，不可能有完全适用于所有地区的统一技术手段和标准，因此，在修建交通工程时，要求人根据自然环境的特点来采取适当的技术进行设计和施工。也许高铁技术仅仅是以“牺牲小我保全大我”的利益选择，但是在人与自然的关系处理上，中国高铁技术却并未选择一条“和谐”之路。

不仅是人与自然的关系，在处理人与人之间关系的问题上，高铁技术也没有做到利益与效益的协调。由于高铁过境所带来巨大的联动经济效应，每个地方都希望自己能够拥有高铁车站，从而享受到高铁带给人的出行便捷，进而提升社会经济影

响力。由此可见，高铁技术不仅提升了交通运行的速度，也提升了区域经济增长的潜力和“速度”，拥有“速度”给沿线带来十分可观的经济收入和贸易机遇。然而，高铁线路的规划一直以来都以提高社会经济指标为核心目标，忽视了遵循自然规律的基本要求，因而产生了一系列的环境问题。

人凭借技术的作用建立起与自然的紧密关系，“人类中心主义”也正是凭借技术而使自身牢固地奠基于自然界和自然规律之上。技术的进化一方面依靠自身固有规律而自主进化，另一方面也是由社会选择来实现进化的。“技术进化的社会选择形式主要有三种，即市场选择、政府选择和文化选择”[11]。通过对这三种选择方式的哲学考察，高铁技术进步的“天人”诘难可见一斑。

首先，一项技术能否破土而出成长起来，与市场的现实需求或未来前景有直接的关系。在当今市场条件下，一项技术如果缺少了市场的需求，就难以收回前期资金投入，也就失去了继续开发的动力。中国高铁如今存在两个市场难题：一方面，高铁净资产收益率均未超过1%，存在明显的盈利水平较低、短期抗风险能力弱的问题；另一方面，我国高铁的市场接受能力远未达到预期水准，这是高铁收益水平偏低的主要因素之一。

其次，高铁技术是在社会主义市场经济条件下，由政府对国家技术发展的整体性布局进行战略性政策调控中重点扶持的少数重大技术项目，这是最为典型的技术进化的政府选择模式。政府选择的出发点是出于对国家安全、经济利益和社会发展情景等方面的综合考虑，不可能对所有方面都能够面面俱到。因此，技术在选择的过程中，也并非完全合理，事实上也不可能完全合理。

最后，技术进化的文化选择是一种长期的、隐性的选择，高铁技术的发展只用了短短不到五年的时间便付诸实践，优秀的技术进步能够迅速改变人对某项技术的看法，但是要革命性地改变对某项技术的基本认识，则仍需要长期的运作。在我国，依旧有很多人对以前的短途慢车情有独钟，比如一些偏远地区的铁路上依旧运行着内燃小型机车，为当地人民的正常生活提供着便利的交通方式，而这种长期形成的社会习惯已经属于某种技术文化的范畴，高铁若要颠覆人们对交通方式的习惯和文化，任重而道远。技术的实践目的在于改造世界，高铁技术不仅改造了自然世界，而且影响了人的社会生活。高铁技术如果要摆脱“天人”诘难，必须实现从单纯重视交通经济利益向经济社会效益和环境效益相统一的转向。

解决当前高铁技术与生态环境的矛盾关系问题，必须树立一种新的技术观。我国高铁技术应当努力实现从集成创新转向原创性创新，以自主创新的力量打破技术“黑箱”的桎梏。以保持人、社会、自然相协调为原则，发展高铁多元技术，阻止单一技术歪曲人、社会、自然三者之间的和谐关系。高铁对于人的生活的影响，不仅是为了满足人的生活需求，同时也应当保证生态系统和社会系统的稳定。放弃权力“巨机器”下漠视自然环境的思想和方法，将自然环境和社会环境有机结合，让高铁更适合于人类和其他物种的共同生活。技术的发展并非总是以直线方向无止境地发展的，中国高铁技术在21世纪的头十年里经历了孕育、阵痛、成长和成熟，使高铁列车带着几代中国人的“先进装备制造业”梦想，在祖国大地上飞速奔腾，以“自己的特色”撼动并重塑着世界高铁产业格局。然而，我们并不应洋洋得意，在技术发展的过程中，需要不断地对技术本身和技术后果进行反思，在曲折发展中得到社会的认可和赞许。应当承认，高铁技术发展的争议在所难免，哲学层面的探讨是必要的，以期通过反思，引导现实中高铁技术的“平稳”发展之路。

参考文献：

[1] 刘易斯·芒福德．技术与文明[M]．陈允明,王克仁,李华山,译．北京:中国建筑工业出版社,2009:249.

[2] 张丽华,李娟．沉寂的“中华之星”:中国高铁创新路径之辨[N]．第一财经日报,2011-03-17(A08).

[3] 吕乃基．论科技黑箱[J]．自然辩证法研究,2001(12):23-27.

[4] Jacques Ellus. The Technology Syste[M]. New York,1980:185.

[5] 吕乃基．技术“遮蔽”了什么？[J]．哲学研究,2010(7):90.

[6] Lewis Munford. The Myth of Machine:Technics and Human Development[M]. New York:Harcourt and World,1967:284.

[7] 卡尔·米切姆．技术哲学概论[M]．殷登祥,等译．天津:天津科学技术出版社,1999:21.

[8] Lewis Mumford. The Myth of the Machine:Vol 2. [M]. New York:Harcout Brace,1970.

[9] Lewis Mumford. The Myth of the Machine[M]. New York:Harcourt Brace,1967:181.

[10] 刘静．中国高铁:像风一样飞奔[N]．工人日报,2010-10-13(5).

[11] 李宏伟．技术进化的社会选择[J]．自然辩证法研究,2002(8):48.

技术信仰的表征与降格技术信仰的路径考究

——从社会文化学视角探究现代技术

周善和

（中共广东省委党校，广东 广州　510053）

摘　要：技术上升为信仰是现代技术最明显的特征之一。技术信仰对人类社会发展产生了广泛而深刻的影响，对技术的顶礼膜拜也造成了唯技术论、效率崇拜、物质至上和道德沦丧等诸多自然社会问题。技术信仰既是技术系统对社会“敌托邦”式扩张的结果，更是人类思维缺陷和伦理信仰缺失所致。解决技术信仰导致的诸多问题，就要重塑人的伦理信仰，规范技术行为，推进技术民主化，进而建立非人类中心主义的文化学来实现。

关键词：现代技术　技术信仰　效率崇拜　技术民主化　人类中心主义

信仰，是指对圣贤的主张、主义或对神的信服和敬畏，对鬼、妖、魔或天然气象的恐惧，并把它奉为自己的行为准则。它是人对人生观、价值观和世界观等的选择与持有，是人类文化的重要组成部分。信仰的本质是相信其正确，甚至宁愿相信其正确，不在于其是否真实。技术是人类改变或控制其周围环境的手段或活动，是人类活动的一个专门领域。技术也是知识进化的主体，由社会形塑或形塑社会。本文力图从社会文化学的角度分析现代技术与信仰之间的关系，剖析技术上升为信仰后对人类社会的影响和冲击，考辨技术信仰的发展轨迹和成因，并为降格技术信仰到合理的层面作一种积极的尝试。

一、表征：现代技术上升为信仰

人类对技术的敬畏包括两种截然相反的观念。一种观念认为技术是一个自成一体的封闭系统，技术的发展是一种天命，人类无法改变技术，在技术造成社会自然负面影响时，人类无能为力。另一种观念认为技术确实越来越发挥着广泛的社会作用，甚至对技术无限崇拜，认为技术可以解决人类面临的所有问题。笔者把第二种社会观念定义为现代社会技术发展最重要的标志之一：技术上升为信仰。我们认为，技术哲学研究的着眼点主要有两个：一个是从技术本身的发展轨迹去分析，如海德格尔的技术天命观；另一个是从技术与社会的关系去分析，如芬伯格的技术民主化政治学。技术上升为信仰的论断主要着眼于后一种视角，并重点关注于技术与文化的相互关系。这里讲的技术信仰关注的重点不是社会个体对技术的认识，而是类概念上的一种技术社会整体的重要标志。技术上升为信仰表现在两个递进的层面。首要的层面是，现代技术越来越只考虑到能带来多大经济效益的可能性，而没有考虑这种可能性后给自然社会可持续发展造成的问题和危害。在此意义上，本应作为手段的技术就取代了目的上升为社会行动的优先物。更深一层的危险是，即使是在技术的经济获利性上支持技术的广泛应用也仍然存在盲目性。正如埃吕尔所说，现代技术下，技术研究与开发和经济获利性之间的关系已不再是直接的了，估计技术的经济获利性尤其是基础研究的经济获利性越来越难。因而对技术研究的投资不是从直接经济获利性出发，而是从这种研究是必需的，终归要获利的这样一种信念出发，因此，技术世界将自己组织技术研究、应用方向、资金分配[1]125。这种技术盲目性给社会造成的损失是无法估量而且是可怕的。

现代技术作为一种信仰对社会的冲击表现在如下五个方面。

1. 技术在广泛影响社会各领域时出现唯技术论倾向

不可否认，技术为社会发展作出了巨大贡献，人类社会发展史就是一部技术发展的历史。现代技术诸如工业机械技术、电子技术和信息技术等以其创造的巨大生产力而影响着社会的所有领域。与此同时，社会出现了技术泛滥和唯技术论倾向。少数人拥有了技术的优先权，而个人或小集团的利益使这种优先权变成技术霸权。技术霸权为少数人谋取利益，同时它几乎不会考虑技术的后果。农业技术大量使用化学药物破坏了土壤结构，粗放的炼钢技术造成大量空气污染，转基因食品正在威胁着人类的身体健康。垃圾焚烧厂就建立在居民聚居区，建筑工业预定死亡指标是不成文的规定。在各个资本家都是为了直接的利润而从事生产和交换的地方，他们首先考虑的只能是最近的最直接的结果[2]。资本从自己本身的私利出发作出的只能是急功近利的行为。技术特权者利用善良人们的审美好奇心来牟取私利，使人迫于现代技术的奴役而被迫去为产品频繁的换代和推陈出新埋单。作为模拟移动电话的手机被可发短信和上网的手机取代，而后者又将很快被可视频手机取代。当液晶电视被广泛使用时，有多少台式电视被扫入垃圾堆？我们不得而知。任何产品的使用价值都在人们轻易地抛弃时贬值，浪费产品的同时，挥霍的是人类赖以生存的有限自然资源。

2. 人类在对自然的“解蔽”中，手段代替了目的

从事生产活动的技术是改造自然、利用自然的手段。早期人类为了摆脱对自然力的恐惧和自己谋生的目的，不断地改进工具以提高技术作用于对象的客观有效性。此时，作为工具性的技术是价值中性的。然而，作为信仰的现代技术却不仅仅表现为一种人类谋生的工具，而是渗透着技术主体所主张的价值理性，并因此上升为行动的目的，人们为技术而利用技术。在手段代替目的的环境下，技术需要成为衡量一切事物的尺度，例如，是否为产蛋而使用现代光源，是否为增加蔬菜产量而大量使用催化剂，是否为过分追求外表美观而过分使用染色剂。当剖腹产成为妇女生育的一种时尚时，手段代替目的也已经成为了肆无忌惮的行为。研究剖腹产技术的目的本来是为了避免因难产而对生育妇女及其婴儿造成的损失，而现在的流行观念却完全改变了原来的初衷，许多能够顺产的妇女仅仅为了减少分娩的痛苦而选择剖腹产。这种反自然的做法对婴儿的生长及妇女以后的生育能力无疑是有害处的。"这种有效的技术活动，由于它的内在合理性，就有可能变成目的本身。在极端的情况下，目的不再决定手段，反而是技术手段决定所要实现的目的"[3]48。

3. 技术作为一种信仰时，表现为对绝对效率的疯狂追求

埃吕尔直接用效率来定义现代技术："在我们的技术社会，技术是指所有人类活动领域合理得到并具有绝对效率的方法的总体。"于是哪儿有以效率为准则的手段的研究和应用，哪儿就有技术[1]122。现代社会所创造的比前技术阶段高几十倍甚至几百倍上千倍的劳动生产力，以及自然和社会的基础资源转化为现实物质精神财富的高效率首要归因于现代技术的作用。社会的全面领域（包括工业、商业、行政、教育、公共安全等）都无例外地制定效率优先的原则，并让它成为评判一切工作得失的唯一标准。"效率优先""效率第一""效率就是生命"等口号就是这种价值标准的真实写照。效率崇拜在现实中是极其有害的，比如老板追求高利润而要工人高强度工作，领导急于出政绩而忽视资源合理配置，城市改造越俎代庖而践踏拆迁户的居住权利等。在一个对效率绝对崇拜的社会里，公平正义的价值诉求必然受到压制和忽视。技术的工具性解释是人们日常生活中对技术的社会作用所作的常识性认识，这种认识与技术参与人类实践的表现是恰当的。然而，在一个效率至上的社会里，工具理性却演变成人们工作和生活中的唯一性思维模式。技术的工具理性拒绝和吞噬着人类的价值理性，社会交往和人的内心追求被所有物质化的东西包围与充斥得严严实实。在精神信仰缺失和价值理性被无形压抑的社会中，技术飞速发展带来的物质产品极大丰富的背后却是物欲横流、心浮气躁。高技术带来了高效率，高效率带来了高物质享受，但这一切的一切都在伴随而来的人的欲望急速膨胀面前黯然。人们的幸福感非但没有增强，反而下降，焦虑和不安笼罩着现代人生活的方方面面。

4. 技术上升为信仰，造成社会道德沦丧

技术成为人类的信仰时，传统道德和宗教的力量自然就衰落了。技术开发及其需要已成为衡量人的主要尺度，人也以一种量上的精确化自觉地改造自身，蜕变为功能化、定向化的人力资源，沦为可塑造的技术零件[4]。当人物质化为仅仅是一种技术发明或技术操作的机器时，人类精神的纯洁之花就将失去昔日的光芒。在现代技术“座架”对所有物展现为强求的力量面前，人类道德似乎已经无能为力。人们失去了对天、地、人、神的敬畏，而对技术的崇拜却使人肆意妄为。“现代技术下，或许有个别的人还在星期天去做弥撒，或甚至还按老规矩在收获季节进行收获感恩；但是他们的行动已经独立起来，并对人与植物、动物和自然的关系不再有更多的考虑。技术不仅威胁到自然，而且直接或间接地使人的相互关系日益冷漠，日益机械的千篇一律的，日益非人道的，尽管（或也许正是由于）在‘联络技术’的领域中不断有新的发现。”[5]到处可以看到违背道德精神的技术行为，比如人们利用手机监控技术干涉别人的隐私，装窃听器获取对手信息以取得竞争的主动，利用网络技术骗取别人钱财等。人们高度关注的腐败问题也跟技术崇拜有直接的联系，如腐败官员伪造假证掩盖事实真相，利用高级整容术逃避警方追捕等，他们这样做的信心来自对现代技术的崇拜，认为技术可以为他们的罪行进行掩盖。

5. 技术信仰的后果还表现在人工欲望对人的控制

虽然我们的基本自然需求是衣食住行，但现在由于技术发展产生了无穷的“人工欲望”，而这些人工欲望因为有了技术而变得迫切。“只有在人们愿意服从它本身固有的规律时，它才会产生预期的后果。这个仪器、装置和机器的世界远远不是中立的手段，它已与人相分离，表现为一种独立的力量，正在决定着现代社会的面貌”[3]49。现代技术的突飞猛进为人们提供了大量可供享用的物质财富，并不断刺激人的物质欲望。电子产品更新换代周期的不断缩短，现代交通工具的不断改进等技术后果不断考验人的虚荣心和攀比心。而社会也因此盛行着一种价值取向，认为开名车、穿名牌就是身份的象征，而不会去探究其背后的钱来得是否肮脏。当物质欲望成为一匹“脱缰的野马”，人类精神家园的坚守就越来越脆弱。作为人的精神发源地的大脑越来越充斥着更多物质的东西。技术改变了人的生活方式，影响着人的价值追求，控制着社会需要和审美的方向。我们这个社会的伦理、道德被忽视，而财富和权力获得了更大的膨胀，一切神圣的东西消失了，人们对技术似乎无所不能地崇拜。在利益和良知的博弈中，前者总是占上风，这是导致一切现代社会问题的根源。

二、原因：技术信仰的源流考辨

1. 从技术发展史的演进过程分析

芒福德将技术的发展过程分为三个由低到高的渐进阶段：始技术、旧技术、新技术。始技术仅仅作为人类谋生的手段，它的价值也仅仅是它的工具性，此时人类与技术是“主仆”关系。在这一阶段，技术和人类文明的发展是相对协调一致的。以煤炭作为主要能源来源为标志人类进入了旧技术时期，这一时期技术对世界的贡献表现在生产力的极大提高和人类交往活动区域的不断扩大。但是旧技术阶段由于资源利用率低下和工人生存状况的绝对恶化，导致明显的自然生态问题和社会问题。因此，从旧技术阶段产生的混乱和灾难性后果中，人们不断寻求新的价值和秩序。所以严格说来，旧技术仍然只是被看做人类征服自然和改造自然的手段而已，同时会相信能从技术之外去寻求影响人类文明进程的其他因素作用的可能性。新技术阶段以电力的广泛应用为标志，以信息化和智能化为表征。新技术的特点不仅仅是工具化水平的提高，更表现在技术影响社会甚至人的心理方面时发生的本质变化。可以认为，技术在前两个阶段时，它作用于社会的方式是以单个技术形式出现的。而新技术作用于社会越来越表现为多种技术以整体方式出现，它们互相协作和影响。甚至社会的政治、经济、军事等系统控制也借助技术，以整体的形式作用于社会的各个领域。新技术因为解决了许多难以想象的问题而获得了人们的信赖，继而成为人类在价值虚无主义盛行时唯一的信仰和崇拜。当现代技术上升为一种信仰时，工具性就仅仅成为它外化的特征。此时，人类与技术的关系不再是“主仆”关系。技术取得了自主的地位，并在部分领域由“仆人”变成“主人”，人类反而成为被奴役的“仆人”，完成了黑格尔笔下主奴关系辩证法的转化。

2. 从技术的社会动力源分析

技术信仰来自资本家所获得的技术霸权，芬伯格把它叫做“操作自主性”。操作自主性主要表现在两大方面。一方面是资本家在技术的研究和开发中，获得了凭自己利益出发的独立性；另一方面是资本家在技术的利用和推广中获得了有利于自身的导向性。技术的研究和开发不同于科学的研究与发展，它具有技术项目立项的目的多元性和技术主体随自身价值追求不同的差异性。科学是对真理和自然固有规律的发现，或者说是对自然社会现象的“解蔽”，它具有价值中立性的特点。而技术的任务是“发明”，它直接导向人类如何进行改造自然和社会的实践，因而技术具有价值非中立的特性。技术的价值非中立性决定了人的价值取向对技术研究和开发的功能导向性。在一个社会里，如果技术还没有实质性地成为所有人公平享有的资源时，技术的研究和开发受少数人操控就会成为不争的事实。在资本广泛驾驭“物”的世界里，资本的价值取向就成为主宰技术方向的力量。资本家的技术霸权延伸到技术的理论和实践两个层面，因而操控着技术研发和技术转化为现实生产力的所有环节。资本在技术的应用和推广中，考虑更多的是自身利益的最大化，而不是资源浪费、引导理性消费和自然社会的可持续发展等问题。人们观念和思想的变化赶不上技术的变化与技术产品的更新换代，人们的好奇心被技术产品不断的推陈出新牵着鼻子走，在这个过程中，唯一持续获利的就是拥有技术霸权的资本家。资本家的“操作自主性”是技术负面效果的祸首。资本家仅仅凭信念出发，除了有自身利益最大化考虑外，不可否认，也有对技术进步的追求。信念是一种人类奋发向前的强大推力，但同时仅凭信念会增加太多的盲目性，这种技术研发路径会为技术的未来带来更多的不确定性。

3. 从人类思维习惯分析

科技仅凭信仰出发的原因与人类越来越重视发散思维而忽略收敛性思维有关。发散性思维也叫做求异思维，是对同一问题从多种不同方向、多种不同的途径、多种不同的角度去思考。收敛性思维也叫做求同思维，是在众多的可能性方案（思路）中，加以综合比较，寻找相同的东西，把思维的注意力集中到某一个方案上，并依据原有的知识和思维惯例，按照一定的程序，引导出一个常规性的正确答案。现代社会以知识爆炸和价值追求多元化为重要特征。人们在选择问题的技术解决路径时，比较注重求异思维、逆向思维而另辟蹊径。随着社会知识经济的突飞猛进，技术更新换代频率加大，因而利益获得存在诸多领域的不确定性。在这种背景下，擅长发散性思维的人容易获得意想不到的成功。发散性思维开创了人类前所未有的高效率，但是过分注重发散性思维却容易忽视技术发展中带来的负面影响，仅仅凭着一种对技术的迷恋而从事技术研发工作。收敛性思维能够比较不同的可选择方案，从而优化选择结果，它会让选择主体考虑各种可能存在的消极后果，把最大限度避免环境破坏和资源浪费等作为技术活动的内部重要因素来考虑。“美国著名科学方法论学者库恩认为，科学虽然需要发散式思维或批判思维，以便及时地打破过时的范式，但却更需要收敛式思维或教条思维，以维护一种科学传统，从而保证科学的稳定发展。”[6]286 技术活动也应如此。现代科学技术的发展往往忽视了收敛性思维的“护航”作用。

4. 从技术霸权的社会扩张趋势分析

技术霸权越来越采用形式合理性方式统治社会，而形式合理性体现效率优先原则，效率优先原则促使人们对技术迷恋和崇拜。“一种有效的霸权不需要被施加到自我意识的行动者之间的持续斗争中，而是由它所统治的社会的标准信念和实践直接产生的。”[7]91 这种有效的霸权就是具有同一普遍价值倾向的社会心理。人类几千年以来所形成的传统和各种宗教就发挥着这样的作用。现代技术已经上升为一种普适方法，这与传统上认为技术以器物为主要标志的时期迥然不同。技术上升为一种普适方法之后，就会在社会各个方面和领域施加全方位的影响。当技术确实给资本带来利益时，资本家就会将科学技术作为垄断利润的来源，并将大量的私人投资用于发明创造。科学技术的力量与金钱的力量成为同一种抽象、测量和定量的力量，都是以抽象的形式来追求权力。机器在这时成为新的宗教、新的救世主[1]86。对技术的崇拜演变成为技术权威和霸权，代替了中世纪主宰社会的宗教，甚至取代了世俗政治对社会进行全面的统治。韦伯区分了两种不同类型的合理性。一种是实质性的合理性，另一种是形式合理性。在实现供养人口或维持社会霸权这样的特定价值时，合理性是实质性的。那些将可计算性和控制达到最完美的经济上安排的合理性就是“形式上的”。形式合理性体系受技术标准的控制，这些技术标准与手段的效率有关，而与目的的选择无关。现代社会的重要趋势是形式合理性的普遍化，而这种变化必然损害传统实质合理性的权威。形式合理性体现效率优先原则，它更多体现的是经济获利的多少和资本转化为生产利润的百分比与周期。如果一个社会走向效率崇拜，那么手段也就代替了目的，技术工具也就成为了技术神话。在看着一串串物质数据的时候，忘却了人类生存的真正意义和目的。GDP 崇拜是这一转向最生动的例证。随着技术中介遍及社会生活的每一个角落，掌管机器成为权力的首要来源。此时，形式合理性也体现出人与人之间权力分配的不合理。

三、出路：降格技术信仰路径考究

作为一种常识的技术观，既不能完全否定现代技术，也不能把技术神化为包治百病的良药。如何把技术对社会的效用定格在一个合理的位置，是一个重大的研究课题。要克服技术的问题，就要摒弃对技术的盲目崇拜，降格技术信仰到合理的程度。

1. 重塑人类对天、地、人、神的敬畏之心

技术上升为信仰，往往源自人类没有了信仰。信仰是一个社会文化的核心内容，现代社会文化的缺失突出表现在信仰的缺失和扭曲。打造提升文化软实力，对人们人生观、价值观和信念的重塑尤为重要。在从未有过的现代物质文化和精神文化大发展、大繁荣的背景下，人的视觉、听觉、味觉和触觉等都获得了极大的满足。人的精神信仰来自对自然和社会现象神秘性的敬畏。当技术击败了宗教，人类就走向了无神论，同时抛弃的还有源于对万物苍生敬畏之心所树立的信仰。海德格尔认为，现代技术是“……人类主体为了加强对事物的控制、追逐自己的私利的产物，是人类中心主义的极端表现。这样所导致的结果就是失去了对天、地、人和神的追求，并最终导致虚无主义的流传。”[1]106 人们不再相信“因果报应”，不再相信做善事会有好报，也不相信做坏事会受到上帝的惩罚而入地狱。缺失信仰，私欲就没有了约束，为了一己私利而不择手段。建立一种新的“宗教”来引领人们的崇高生活价值追求成为平衡技术崇拜的精神建设手段。当然，笔者所说的宗教绝不是与迷信有牵连的蛊惑人心的假宗教，而是重建人类精神家园的真宗教，它成为人类重塑对真、善、美的追求，对养育大地母亲的地球重启敬畏之心的教科书。

2. 切断资本追逐利润与技术研发之间的联系

技术只追求效率的状况源自技术资源的少数私人占有和分配不公。而技术资源

的少数私人占有又源于生产资料的私人占有。资本集团为技术研究提供工作场所、资金支持、项目管理和技术转化等服务，从而操控了技术研发、技术转化为现实生产力的所有环节。因此，技术崇拜归根结底是私有制的产物。技术在生产资料的资本主义私人占有大背景下，不可避免地沦为资本家剥削的工具。工业时代机器作为生产资料的“硬件”被私人占有，因而充当了资本家的帮凶。而技术作为附着在机器上的生产“软件”，同样被资本家所占有而参与对工人的剥削。由于资本的短视无法事先有效预测技术研究带来的效益，特别是无法估计技术是否会带来多大的不良后果，因而它所操控的技术研发就不可避免地带来盲目性。因此，要降格技术的信仰，就要切断资本追逐利润与技术研发之间的联系。其一是要给技术研究团队和工作者以充分的自主性。二是在进行一项技术研发项目立项时，必须充分评估成本收益比率和可能存在的不良后果。同时，为了使技术更好地为全人类服务，更好地维护整个自然和社会的和谐与可持续发展，对技术的应用应该从资本家让渡给具有远见卓识的政治家。他们一方面努力实现技术作用的社会最大化和社会与自然的和谐，另一方面积极倡导所有人公平享有技术成果的共荣社会。

3. 建立以是否有利于自然社会可持续发展为标准的技术评价机制

技术的研发必须考虑促进社会和谐发展，促进自然社会经济的可持续发展。技术产品的生产以满足人们日益增长的物质文化生活需要为终极目标，而不是以它为手段来为少数人谋利，对多数人进行控制。技术信仰以资本利润最大化为追求目标，因此，技术经常会沦为资本争夺市场的工具。由于资源分布的不平衡性，技术甚至还可能参与不正义的侵略战争，在破坏世界政治经济秩序的同时，也破坏了自然资源环境。一个好的社会应以技术成果惠及所有人为价值理念，它的指导思想是以人为本，同时提倡人类的行为要合乎自然界固有的规律。技术社会也应体现交往合理性的要求，技术发展促进人与人之间的交往和谐。我们在进行技术活动时，既要重视发散性思维来扩展思维的广度，提倡从多角度采取多种方法解决技术问题，更要学会用收敛性思维去对各种方法进行综合评定，进而选择更加合理的技术方案，把技术的负面效应降到最低。技术评价机制要站得高望得远，所以，它在评估技术成果服务于社会时，更加注重技术成果的实用性，提高技术成果的利用率，避免技术为资本追逐利润而产生不必要的产品浪费和资源浪费，为自然社会的可持续发展作出贡献。

4. 建立一种技术民主化的政治学

西方马克思主义的重要代表人物芬伯格勾勒出一种比较合理的技术观。他认为，技术上升为信仰不是根源于技术本身，而是根源于统治技术发展的反民主的价值观。技术上升为信仰是历史的必然结果，同时也必然将成为人类技术史上的匆匆过客。我们对技术发展持乐观态度靠的是什么？我们用什么来约束技术并从而降格技术的信仰？芬伯格给出的答案是技术的可选择性。由此他声称："我们必须从中能够得出一个合理性的可选择理论，这将让我们看到人类价值如何能够结合到技术结构中。"芬伯格相信，技术越来越成为现代社会非常重要的变量，但也仅仅只是许多可依赖的社会变量之一。他认为，社会价值能够改变和决定技术发展的方向，社会建制在背后推动着技术的发展朝向何方。研究技术必须遵循两条原则。其一，技术的发展不是单向的，而是有很多可供选择的路径。而社会价值决定了技术效益的最大化和技术负面的最小化。其二，不是技术决定社会，而是社会决定技术。要降格技术的信仰，必须要实现技术的民主化，而这就要求实行一种来自下层的转化。转化技术需要通过公众对技术决策的参与、工人对技术的控制和劳动力重新获得资格，这只有通过创造一种技术转化的政治学才能解决。正如芬伯格所言，在一定程度上，我们能通过各种公共秩序和私人选择来计划和控制技术的发展，所以，我们对我们自己的人性有一些控制权[7]21。

5. 建构一种摒弃人类中心主义的文化学

技术上升为信仰与技术敌托邦的神话有其表现形式上的相似性，但彼此又有本质的区别。前者基于社会因素对技术发展起决定作用的论点，而后者包含着技术自主论的逻辑，否定技术外部环境影响技术的可能性。因为技术信仰是对现代技术后果的心理主义解释，所以，它支持着一种从社会文化学视角解决技术问题的逻辑可行性。以资本利益为目的的价值观渗透到技术设计的全过程，并成为造成技术强求和风险的最重要因素。给这种技术风险以适当的评估，必须依赖对技术的文化批判。建立新的文化学就是要摈弃人类中心主义，以便人类在进行技术选择时，更加符合自然可持续的要求。无论是以亚里士多德为代表的古典人类中心主义，还是以默迪为代表的现代人类中心主义，都有一个共同的价值取向，那就是只有人类才具有内在价值，道德关怀的对象只能是人。以此，文化学观照下的技术发展走向了误区。它过于追求人类需要和利益的实现，因而势必轻视和伤害地球上非人类的存在。如我们看到资源浪费所致的环境恶化、肆意捕杀野生动物造成的物种灭绝、过度砍伐森林所致的水土流失等，越来越多的政府和有识之士正在关注这些事关人类命运的重大问题，然而，也不乏逆历史潮流的行为。比如，日本不顾国际社会的反对，至今依然大肆捕鲸；美国作为世界上最发达的国家，大量排放温室气体，却拒绝在《京都议定书》上签字等，这些就是人类中心主义的极端表现。人类的这种"自恋"行为已经开始遭到大自然的惩罚。从生态和谐和人类长治久安考虑，我们必须要从以人类为中心的利我想法转化为以自然为中心的共利想法来驾驭一切技术活动。强调人和自然必须共生共存，并以促进自然和谐作为人类技术行为的最高准则。以尊重自然的价值观，以自然的角度来考虑技术的需求与目的，才是一个正确的做法[8]。

参考文献：

[1] 乔瑞金．技术哲学教程[M]．北京:科学出版社,2006.

[2] 马克思,恩格斯．马克思恩格斯选集:第4卷[M]．北京:人民出版社,1995:386.

[3] F拉普．技术哲学导论[M]．沈阳:辽宁科学技术出版社,1986.

[4] 王伯鲁．技术困境及其超越问题探析[J]．自然辩证法研究,2010(2):35-40.

[5] 冈特·绍伊博尔德．海德格尔分析新时代的科技[M]．北京:中国社会科学出版社,1993:210.

[6] 罗任兴,詹颂生．科学方法新论[M]．广州:广东人民出版社,1998:286.

[7] 安德鲁·芬伯格．技术批判理论[M]．北京:北京大学出版社,2005.

[8] 朱耀明,郑宗文．技术创新的本质分析:价值 & 决策[J]．科学技术哲学研究,2010(3):69-73.

第五篇

其他相关问题

亲子关系的技术塑造

——亲子文化研究框架

丛杭青　潘恩荣　单　巍　李海龙　郭　喨
（浙江大学 STS 研究中心，浙江 杭州　310028）

摘　要：与传统文化相比，现代中国人的思想和价值观以及生活方式已经发生了变迁，这使得当代中国人，尤其是青少年对中国传统文化的认同产生了危机。这种认同危机导致现代年轻父母在孩子的“生、养、教”方面与中国传统方面有着很大的不同。本文拟探讨“生、养、教”三个方面所涉及的现代技术对现代亲子关系的关系，说明塑造当代中国亲子关系的决定性因素是现代技术。

关键词：亲子关系　技术塑造　生、养、教　伦理

一、引　言

中国的现代化过程已经进行了三十多年，在以下两个方面引发了巨大的改变。一是价值观方面，欧美日等发达国家的思想和价值观严重地侵袭了中国传统的思想与价值观，并改变了许多中国人，尤其是青少年的思想和价值观。二是生活方式方面，以现代科技为代表的西方文明严重地影响了当代中国人，尤其是青少年的生活方式。这两方面的巨大改变引发了当代中国人，尤其是青少年对中国传统文化的认同危机。这种认同危机导致现代年轻父母在孩子的“生、养、教”方面与中国传统方面有着很大的不同。

本文将首先梳理国外对亲子关系和亲子文化的研究。接着讨论针对亲子关系与现代技术之间关系的一个研究框架：将通过考察当代“生、养、教”过程，探讨现代技术在“生、养、教”过程中的作用与局限，力图在机制上阐述现代技术对当代中国亲子关系的影响。最后是小结。

二、国外亲子关系与亲子文化研究

国外研究以英国为主，已研讨了系列会议——源于2007年5月举办的一个主题为“监督父母：集中抚养时代的孩子培养”。2007年5月，建成非正式的网站——亲子文化研究（PCS）。进行亲子文化研究IT交流。并在可能的条件下，积极组织更进一步的讨论。“养育”一词含义的扩大使亲子成为社会生活的一个问题领域。社会行动者试图把养育变成政策制定的对象，以此鼓励亲子活动。

Ellie Lee[①]已组织了五次相关研讨会[②]。

第1期肯特大学会议（2009年1月8日至9日）。Furedi认为，我们生活在一个“多疑亲子”的时代，并解释说，与过去相比，孩子们被认为是处于不断扩展的巨大危险之中。结果，养育孩子的工作范围也严重扩展。她说，“亲子”（Parenting）越来越成为政策制定的对象和专家建议：今天的父母很容易发现似乎周围的每个人都有一大堆关于养育孩子的意见；相反，关于什么对孩子才是好的这一问题，最不具信心的反而是父母自己。父母的风险规避，养育专家，家庭的政治化都被认为是过去的特点[③]。我们所探讨的表明child-rearing和parenting之间有着明显的区别。后者被建构为一种独特的方式，它涉及一整套文化模式和习俗，与过去普遍流行的有所不同。此课题将要探讨在诸如媒体和法律等机构内的父母及其行为与责任的建构和表现。同时，也将探讨当代亲子文化中的一个重要组成部分，我们称之为“连带性”，并考察文化是如何区别看待特定群体的父母（包括青少年的父母和残疾儿童的父母），并产生不同影响的。

第2期英国剑桥大学会议（2009年4月3日）。讨论的主要观点是我们生活在一个教养孩子变得集中的时代。为了培养快乐、幸福的孩子，父母们要付出史无前例的大量时间、精力和情感。这种亲子文化特别关注的是它如何影响母亲，Douglas和Michaels称之为“妈咪神话”教养孩子的主流思想，而Hays将她的书命名为《母亲身份的文化冲突》。还将进一步讨论如何评价当前关于父亲身份的观念和政策。Hays认为，集中的父亲身份的出现无法为母亲身份的文化冲突提供任何帮助（解决方法）。她建议，可以参考Arlie Hochschild的著作《第二次转移》，该书中提到，把焦点从集中的母亲哺育转移到集中的亲子关系上，这只能部分地解决家庭和工作的矛盾，而且并不涉及大的文化冲突。

---

① Ellie Lee：会议组织者，博士，高级讲师，肯特大学社会政策专业。

② 相关文献梳理来自王华平博士的工作，在此表示感谢。

③ 参看Christina Hardyment的《梦想婴儿：从Gina Ford到John Locke的养育建议》（2007）和Jane Lewis的《母亲身份的政治：1900—1939年英格兰的母婴福利》（1981）。

第3期阿斯顿大学会议（2009年9月16日至17日）。讨论将家庭生活特别是父母-子女关系放在风险社会分析的中心位置。明确当代亲子文化与风险意识之间的联系。研讨会还要重点关注这个领域的专家所提出的观点：当前人们对于父母-子女关系的认识对风险社会的发展起到至关重要的作用。

第4期大不列颠图书馆会议（2010年2月16日）。讨论政策——一种新的亲子文化演变的重要力量，提到“亲子关系”的一个重要特征是它不仅包括父母的行为，也需要政策介入其形成和发展，具体分析亲子政策的性质和影响。

第5期肯特大学会议（2010年6月22日至23日）。将分析怀孕和计划怀孕，来进一步研究亲子文化。在孩子出生之前，父母亲身份的定义及责任是什么。

三、亲子关系的技术塑造

1. “生”之技术与亲子关系研究[①]

年轻父母对生育技术的选择，对日后的亲子关系建设有着深远的影响。本部分拟探讨国内外剖宫产技术与自然分娩技术的争论，以及这些生育技术对新生儿与产妇之间关系的影响。

据统计，我国的剖宫产率到20世纪90年代后期已经提高到20.2%，而城市的剖宫产率更是高达35%，其中主动要求剖宫产的产妇达到50%，远远高于世界卫生组织规定的剖宫产率15%的界限。随着非明确医学因素造成的剖宫产率逐渐上升，说明这不仅仅是一个医学问题，更是一个社会问题。本部分试图通过分析数据、跟踪个案、采访医生和产妇等方法，重点讨论剖宫产技术与自然生产对建立亲子关系的影响，让产妇主观上接受自然分娩，从而降低剖宫产率。

目前，第一代独生女已经成为产妇的主力军，本部分将分析她们独特的成长过程对于是否选择剖宫产的影响，并导致未来家庭中亲子关系的疏远。课题组研究成员认为，自然分娩不单只是一个生孩子的过程，更是一个心灵的旅程。一个备受宠爱的女儿要成为一个母亲，必须经历一场角色的转换，而这种转换恰恰影响到亲子间的关系。自然分娩为产妇架起了一座通往新角色的桥梁。

目前，浙江大学附属妇幼保健医院在全院范围内推行自然分娩。为了帮助产妇更好地度过分娩的过程，他们推出了一种人性化的服务——导乐分娩。它是指一个有生育经验的妇女，在产前、产时及产后，以一对一的方式，持续地陪伴着产妇，给予其经验上的传授、技术上的指导、心理上的安慰、情感上的支持、生活上的帮助，使产妇顺利、愉快地度过分娩。课题组成员采访了几位自然分娩的产妇和剖宫

---

① 参见本次会议中单巍的论文：《剖宫产技术与亲子关系》。

产的产妇，包括她们对子女母乳喂养的看法、与子女相处时间的长度、亲近的程度和今后的教养方式。通过访谈，分析比较自然分娩的产妇和剖宫产的产妇之间的区别，本部分提出了剖宫产技术对现在家庭的亲子关系产生了负面影响。

本部分的初步结论是：无论是从生产过程的记忆，对“母亲”角色的认定，还是建立亲子关系的速度和时间，自然分娩的母亲都优于剖宫产的母亲。

2. “养”之技术与亲子关系研究①

婴幼儿食品技术早已嵌入到孩子的养育过程中，尤其是在“三聚氰胺事件”后，婴幼儿食品技术在早期亲子关系塑造中的作用也越来越引起专家和学者的广泛关注与深入研究。本研究主要从个人视角和社会视角分别探讨母乳喂养与奶粉喂养的利弊，分析婴幼儿食品技术对亲子关系的影响。以往对母乳喂养和奶粉喂养利弊的分析多集中在医学领域，而从社会文化的角度对其作出研究的理论成果相对较少。在研究过程中，本课题采用实证调查的研究方法，在武汉地区，按照科学抽样的程序，选择了三种不同类型的社区作为调查样本，通过发放调查问卷和深入访谈的方法，从个人视角，主要研究了母亲对各种喂养方式的选择偏好及其对各种喂养方式的综合评价；从社会视角，主要研究了首属群体和大众传播媒介对母亲喂养婴幼儿方式的形成产生的影响。良好的亲子关系对儿童的健康成长具有重要的作用。Ainsworth 等人通过研究发现，母亲喂养婴儿的态度、行为模式对以后婴儿对母亲形成的依恋类型有一定的预见性。

本部分以儿童心理学中的依恋理论为切入点，通过对母亲喂养婴幼儿和母亲与婴幼儿互动方式的研究发现，在母乳喂养的过程中，母亲不仅可以与婴幼儿进行亲密的身体接触，而且在身体接触的过程中，也可以产生一定的心理感情交流，这种喂养方式有利于婴幼儿的生理和心理成长发育，同时也有助于母亲与婴幼儿良好的依恋关系的形成和亲子关系的发展。而在奶粉喂养过程中，婴幼儿食品技术作为一种物质中介嵌入到母亲与婴幼儿的双向互动关系中，母亲与婴幼儿的直接接触减少，不利于积极良好的依恋类型的形成和亲子关系的发展。在现代社会，由于受到各种因素的影响，单一采用母乳喂养或奶粉喂养方式的母亲已经很少，大多数母亲都是将母乳喂养和奶粉喂养相结合，也就是我们经常提到的混合喂养的方式。

本部分在完成分别从个人视角和社会视角探讨母乳喂养与奶粉喂养的利弊，以及分析婴幼儿食品技术对亲子关系的影响这两个主要的研究内容的同时，也对混合喂养方式作了初步的探索。

本部分的初步结论是：母亲在养育孩子过程中的具体方式是形成婴儿不同的依恋类型的主要原因。在其他相关条件相同的情况下，单一采用母乳喂养方式与采用

---

① 参见本次会议中李海龙的论文：《亲子关系的技术塑造——奶粉喂养方式与婴儿的依恋类型》。

母乳喂养和奶粉喂养相结合的方式，在形成婴儿安全性依恋中的差别不显著。安全的依恋类型对婴儿在幼儿时期的发展具有一定的影响，母亲在孩子幼儿时期养育孩子的方式也发挥着重大的作用。

3. "教"之技术与亲子关系研究①

现代通讯技术深入社会的各个角落，在改变人们生活方式的同时，也改变了传统的家庭亲子教育。本部分将探讨现代通讯技术对于亲子沟通、亲子信任和亲子教育等方面的影响。

为探讨技术社会中现代技术对于亲子关系的影响，本部分以现代通讯技术为参照，考察了现代通讯技术对于亲子关系的影响，尤其是负面影响。

首先对亲子关系的特点进行了阐述：不可选择性与持久性、不可替代性与变化性、情感的无私性与亲切性。在此基础上，分析了现代通讯技术具有信息传输的基本功能和对亲子关系的影响方式。现代通讯技术具有信息传输量大、传输速度快、传输成本低、保密性好等优点。它方便了亲子之间的沟通和交流，在总体上对亲子交流、亲子信任等亲子关系产生了积极的影响。与此同时，现代通讯技术所带来的负面影响也不容忽视。

通过充分的实证调查和文献发现，现代通讯技术对于亲子关系的负面影响主要体现为两大方面：一方面，现代通讯技术终端作为一种客观物质存在，对亲子关系会产生一定的影响；另一方面，现代通讯技术本身会对亲子关系产生影响。

前者的影响体现为：具有一般物质财富的属性，可以作为一种亲子代际的物质激励方式，以礼物、奖品等方式出现，对亲子关系产生影响。作为一种主要服务于通讯的设施，客观上具有超出简单通讯的功能。现代通讯技术终端的非通讯功能的使用，给使用者带来兴趣转移和时间消耗，从而产生对于亲子关系的影响。后者的影响方式如下：影响亲子之间的沟通难度和频度，现代通讯技术提供了一种更为便捷的亲子沟通交流的方式，但是这并不能直接带来亲子沟通频度的增加，反而可能在特定的情况下减少亲子之间的沟通。影响亲子（子→亲）的依赖感和安全感，影响亲子在彼此心里的心理地位。特别是削弱了亲代对于子代的影响、对于子代的安全感和子代对于亲代的依赖感，削减了亲子之间的相互信任。可能引起亲子价值观的冲突，削弱亲子之间的影响力。

特别是现代通讯技术可能带来亲子之间的"信息/技术鸿沟"，导致亲子之间的疏远和关系恶化；对于亲代，可能面对先进的现代通讯技术而产生"技术焦虑症"（技术恐惧症），直接影响亲子关系；对于子代，则更可能由于现代通讯技术带来了对于信息的过分暴露而面对海量信息的冲击，无法甄别、筛选和适应，导致

① 参见本次会议中郭晓的论文：《现代通讯技术对亲子关系的负面影响探讨》。

“信息迷失”。在此基础上，本部分还将讨论解决技术问题负面影响的方案，即技术本身进一步智能化、傻瓜化，社会系统加强教育和沟通。

四、小 结

笔者认为，在当下剧烈变革的社会转型期，是生活方式严重地影响了价值观，而不是价值观影响了生活方式。因此，就亲子关系与现代技术之间的关系而言，强调影响亲子关系的因素，传统的道德文化能影响亲子关系，但不是决定性因素；西方的文化价值观能影响亲子关系，但也不是决定性因素。影响当前亲子关系的决定性因素是现代人的生活方式，而现代技术恰恰是我们生活方式的基础。因此，现代技术塑造了当前的亲子关系。

以马克思恩格斯的环境思想分析墨西哥湾漏油事件

李　岩　李世雁
（沈阳工业大学生态与社会研究中心，辽宁 沈阳　110870）

摘　要：现代科学技术使人类具有了改变其周围大自然的能力，而盲目地使用这些能力却造成了生态环境迅速恶化，乃至演变成生态灾难。2011 年 4 月发生的墨西哥湾原油泄漏事件对整个生态系统造成的破坏就是最好的实证，而这一灾难源于资本主义制度，马恩生态思想在很大程度上解决了生态危机的困境。

关键词：科学技术　墨西哥湾漏油事件　生态　马恩生态思想　社会制度

随着科学技术的进步，人改造自然的能力大大提高，于是产生了对技术的顽固迷信，甚至盲目使用这些能力，导致生态环境迅速恶化，乃至演变为生态危机。在这种情况下，只有人与自然和谐共生，才是人类唯一的“出路”。

一、科学技术与生态危机

现代科学技术使人类具有了改变其周围大自然的能力，而科学技术的发展又大大地提高了人类改造自然界的能力，但同时也出现了盲目地使用这些能力，造成生态环境迅速恶化的趋势。对技术的顽固迷信是生态危机产生的最糟糕的原因。以机械主义为自然观的技术，以为自己每一步都成功地解决了一个问题，但是在相互依存的生态自然里，却引起一系列的严重问题[1]71。现在，全球性的环境污染、能源危机、资源短缺等问题已成为人类必须正视的严重问题。

拿墨西哥湾原油泄漏事件对整个生态系统造成的破坏为例。2011 年 4 月 20 日，因为技术问题，导致位于美国路易斯安那州威尼斯东南约 82 千米处海面的一座钻井平台爆炸起火。这一平台由英国石油公司租赁，平台沉入墨西哥湾后，底部油井自 4 月 24 日起漏油不止，英国石油公司终于在当地时间 7 月 15 月下午用控油罩控制住了原油泄漏，这是自 4 月 20 日钻井平台爆炸以来首次全部控制住漏油，使其不外泄。截至这一刻，墨西哥湾已经历了 85 天 16 小时 25 分钟源源不断的漏油污染。然而，减压井到 2011 年 8 月中旬才完工，因此，在这段时间尽可能减少漏油污染，只能依靠控油罩。事情远没有结束，控漏成功只是初步的“阶段性胜利”，这场史上最严重的生态灾难依然看不到尽头。

正是因为这场漏油事故，将引起史上最严重的生态灾难。据美国媒体报道，由于墨西哥湾破裂油井源源不断地泄漏原油，截至7月15日，进入墨西哥湾的漏油总量约3.54亿~6.98亿升，伴随产生大量的天然气，同样会对生态系统造成严重的威胁。美国德克萨斯州农工大学海洋学者约翰·凯斯勒指出，墨西哥湾海底油井喷发出的物质中含有40%的甲烷，而一般的石油矿床只含有5%的甲烷。科学人员称，这意味着大量的甲烷已经溶入墨西哥湾，使海水中氧含量减少，可能造成海洋生物死亡。然而，墨西哥湾漏油事件远未结束，墨西哥湾海面上的油滴正在慢慢地侵入海底的生态环境，影响着海底食物链，可能导致食物链失衡，当地的湿地及野生动物的生存受到严重的威胁，严重地影响了沿岸居民的日常生活。这起事件不仅对美国的政治、经济和社会生活产生了深远的影响，也对生态环境造成了巨大的破坏。美国总统奥巴马在最新的全国讲话当中，甚至把这一事件和“九·一一”相比。一起漏油事故会造成如此巨大的影响，它将给美国乃至全球带来史上最严重的环境灾难。墨西哥湾方圆上千平方千米的海域遭到污染，泄漏的原油威胁到鱼类和鸟类等数十个海陆生物品种，受污染水域的生态环境可能至少需要5年的时间才能恢复。从产业损失来说，年产值为18亿美元的渔业是受漏油事件影响最为直接的行业，有超过30%的墨西哥湾水域目前已被禁渔。尽管英国石油公司同意拿出200亿美元建立赔偿基金，但是对于这场名副其实的人与自然大悲剧来说，恐怕远远不能弥补。

虽然现在科学技术已经发展得很快，但科学技术并不是万能的。“现代技术体系是以牛顿科学为基础的技术，直接针对目标负责，只要达到了预定的目标，技术就是成功的，因而不顾及过程，忽视了过程。还有对技术坚定无比的信心，坚信在控制自然中技术必胜。在相互依存的自然里，这种技术的成功必然产生环境灾难这种异化恶果。人们只是沉浸在技术对自然征服的胜利美梦中，没有考虑人与自然的和谐”[1]66。正因为有了科学技术，才使得资本主义国家在极具诱惑的经济利益面前变得无比“强大”，而面对漏油事件带来的一系列生态灾难，资本主义国家却又是如此力不从心。科学技术在给我们带来经济利益的同时，也因其疏漏导致了这场致命的生态灾难，可见，科学技术也并不是万能的。

二、生态问题源于社会制度

在整个地球的生态系统中，人类社会是一个引起生态系统变化的强有力的因素，它比任何生物的活动对生态平衡的影响都大得多、深刻得多，比任何自然变化都更经常、更迅速地多方面干预着整个生态平衡。漏油事件不仅对美国墨西哥湾沿岸各州生态、旅游、渔业和居民生活造成了直接影响，而且恢复生态还将需要数年的时间。“历史可以从两方面来考察，可以把它划分为自然史和人类史。但这两方面是密切关联的。只要有人存在，自然史和人类史就彼此相互制约”[2]。自然创造人，人又改变自然，人以其社会性活动影响和改变自然界。人类不断地与外界进行物质、能量、信息交换，以维持其生命过程，调节人与自然关系的唯一有效手段是理性方式。提到社会就会想到资本主义制度与社会主义制度，在这两种制度并存的社会大环境中，资本主义制度是生态危机的主要社会根源。

生态危机源于资本主义。生态问题虽然出现得很早，但却是在近代资本主义掠夺式生产方式和消费方式下愈演愈烈的，是资本主义在全世界范围内普遍化的结果。因为这一普遍化把资本主义生产的逻辑扩大到了全球，从而使生态危机演变成全球性的危机。墨西哥湾漏油事件，背后有着更深层次的动因，那就是美国的“石油瘾”。在美国，离开汽车就无法生活，人们对石油的依赖和过度消费令人震惊。美国人口占世界人口的比例不到5%，但其日耗原油量约占全球总产量的四分之一；美国年人均石油消费3吨多，是我国人均水平的10倍。正是受到这种强大需求的刺激，才促使资本主义国家大肆地在近海采油。漏油事件发生后披露的相关文件显示，这场灾难发生前后存在监管不足、应急不力等人为因素，也由于经济利益和技术的原因，最终导致这场人与自然的大悲剧，可以说是一场因资本主义制度而导致的人祸。在当今，西方资本主义国家一方面呼吁重视、解决生态问题；另一方面却采取转嫁危机的自私做法，将“洋垃圾”、工业废料、高耗能与高污染的低技术转给发展中国家，加剧了落后国家的生态问题。这表明西方资本主义国家只有可能解决本国或局部的问题，而不可能解决全球的生态问题。

面对资本主义社会中人与人的阶级对立和人与自然环境的对立，马恩生态思想深刻地认识到，人与自然关系的恶化是由于资本主义制度所造成的。无止境地获取利润是人对自然破坏性开采、自然界动态平衡被破坏、自我净化调节功能被减弱的根本原因。就在漏油被控制住的当天，美国股市英石油股票价格上涨10%，英石油一名官员说：“至此，深海油井的漏油已持续85天16小时25分钟，而英石油也承受了85天16小时25分钟的巨大压力。”即使在这样严峻的形式面前，英国石油公司考虑在先的还是经济利益，并没有真正地认识到生态问题的严重性，依旧把自己置身于自然界之外。扩散的油污所损害的不仅仅是经济，还有民众健康。从长期看，泄漏的原油会进入食物链，进而对人体健康构成危害。按照美国自然资源保护委员会高级研究员吉纳的说法，“墨西哥湾食物链将承受一笔‘污染遗产’”。我们生活在社会小环境中，它被自然这个大环境所包括。所以，环境影响人，同时人又改变着环境。马克思主义认为，人与自然的关系同时也是人与社会的关系，“只有在社会中，自然界才是人自己的人的存在的基础”[3]。人和自然的关系是以社会为中介的，人既是自然的产物，也是社会的产物。因此，社会对人同自然的关系起着强有力的制约作用。马克思曾断言：“工艺学会揭示出人对自然的能动关系，人的生活的直接生产过程以及人的社会生活条件和由此产生的精神观念的直接生产过程。”[4]马克思认为，用感伤和道德正义来阻挡资本主义经济是无济于事的，只有建立合理的社会制度，才能正确处理人与人之间的关系，才能建立人与自然的和谐关系[5]。

然而，现今社会主义国家都还处在发展的初级阶段，大都生产力与技术水平低下，当前面临的首要任务是满足广大人民的衣食住行问题。目前，我国各种海洋开发正加速进行，海上开采活动日益频繁，海上能源运输日趋活跃，发生海洋污染事件的概率增大，对海洋生态环境也有一定的影响。在其他生产活动中，还存在生产模式和技术陈旧等问题，所以，在相当长的时间内，社会主义国家不得不承受生产活动所带来的消极后果。也就是说，社会主义社会同样具有生态问题。

三、马恩生态思想中的自然经济体系有机统一

马恩生态思想在很大程度上解决了人和自然怎样相处的问题。在科技与经济高速发展的今天，人类怀着无比自豪的心情，马不停蹄地朝前发展着。然而，人类的进步常常严重地减少着其他物种的数量和品种，过度开发利用自然资源导致环境危机与物种的生存危机，在整个自然的经济体系中，“一切动物，包括人……没有哪个物种能够只是为了它单独的利益而存在的”[6]。墨西哥湾原油泄漏事件让我们看到，在利益追逐占上风的情况下，环境安全考量在利益面前显得不堪一击，甚至对生态环境麻木不仁，换来的必定是更加沉痛的教训。希望人类不要再干“好了伤疤忘了疼”的蠢事。在《劳动在从猿到人转变过程中的作用》一书中，恩格斯明确地阐述：①技术在人类最基本的实践活动——生产劳动——中的根基性作用，“真正的劳动”是从“制造工具开始的”，从而指出技术与人类的产生与发展的内在一体化过程。②由于自然规律的作用和人类认识等方面的限制，技术的负面效应或技术的报复是不可避免的，为此，他严肃地指出：“我们不要过分陶醉于我们人类对自然界的胜利。对于每一次这样的胜利，自然界都对我们进行报复。每一次胜利，在第一线都确实取得了我们预期的结果，但在第二线和第三线却有了完全不同的、出乎意料的影响，它常常把第一个结果重新消除。”[7]

科学社会主义的理论与实践，将人类走向自然和谐之中的全面发展作为自己坚定不移的目标，从而预示了遏制资本主义追求超额利润所必然导致的“过度生产”和“过度消费”，展示从根本上解决生态问题的前景。“共产主义，作为完成了的自然主义，等于人道主义，而作为完成了的人道主义，等于自然主义，它是人和自然之间，人和人之间矛盾的真正解决……它是历史之谜的解答，而且知道自己就是这种解答”[8]304-305。墨西哥湾漏油事件对海洋和大自然的破坏力尚不可估计，这次事件让中国认识到，如果没有成熟技术的保障，缺乏风险忧患意识，对利益盲目追

求，造成的损失和危害可能是无法挽回的，甚至是致命的。只有严格遵循技术和设计操作才是杜绝此类事件发生最本质的途径和方法。墨西哥湾漏油事件的影响是全方位的，社会主义国家对此的反思也是全方位的。只有扬弃了对价值的过度追求和异化劳动，人类的一切活动才能按照人的本性和自然界的规律合理地加以调节，从而为合理地协调人与自然的关系创造条件。

在整个自然经济体系中，人和自然是有机的统一整体。马克思预言，在社会主义社会，自然力量和社会力量一样，都不再作为异己的力量与人类相对立。“人直接地是自然的存在物”[9]167，“人是自然界的一部分”[9]95。相对陆地，海洋生态系统更为脆弱，系统中的各部分环环相扣、相互作用、相互影响。一个环节的破坏，就可能导致整个海洋生态系统平衡的破坏，进而影响人类的生存和发展。因此，对海洋资源的开发和利用应建立在保护好海洋的基础之上。所以，面对这次墨西哥湾漏油事件，中国意识到海洋生态的脆弱性与协调处理海洋开发与海洋治理的重要性，提高了海洋保护意识，在实际工作中，不仅重开发，更重保护；不仅重眼前，也更重长远，积极制定相关海洋生态环境处置预案，加强监管，进行紧急事件处理演习等。可以说，不仅是海上油气开采，其他危险系数很高的能源行业也从此次事件中吸取了教训，查漏补缺，防患于未然。“因此我们必须在每一步都记住：我们统治自然界，绝不像征服者统治异民族那样，绝不同于站在自然界以外的某一个人……相反，我们连同肉、血和脑都是属于自然界并存在于其中的，我们对自然界的全部支配力量就是我们比其他一切生物强，能够认识和正确运用自然规律”[8]305。所以，我们不能因追求自身发展而忽视自然环境，如果一味地追求发展，甚至连我们生存的环境都破坏掉了，那么还何谈发展？善待自然就是善待自己，只有实现人与自然和谐共生，才能消除生态危机。

参考文献：

[1]　李世雁．走向生态纪元[M]．沈阳：辽宁人民出版社，2004.
[2]　马克思，恩格斯．马克思恩格斯全集：第 3 卷[M]．北京：人民出版社，2009：20.
[3]　马克思，恩格斯．马克思恩格斯全集：第 42 卷[M]．北京：人民出版社，1979：121-122.
[4]　马克思，恩格斯．马克思恩格斯全集：第 23 卷[M]．北京：人民出版社，1980：409.
[5]　许良．技术哲学[M]．上海：复旦大学出版社，2004：280.
[6]　唐纳德·沃斯特．自然的经济体系：生态思想史[M]．北京：商务印书馆，1999：75.
[7]　恩格斯．自然辩证法[M]．于光远，等编译．北京：人民出版社，1984.
[8]　马克思．1844 年经济学哲学手稿[M]．北京：人民出版社，1985.
[9]　马克思，恩格斯．马克思恩格斯全集：第 42 卷[M]．北京：人民出版社，1979.

试论《考工记》科技思想的人文关怀情结

吴点明
（陇东学院政法经管系，甘肃 庆阳 745000）

摘　要：《考工记》凝结着浓浓的科技、科学人文关照情结。概而言之，即和谐是科技、科学之本，实用是科技、科学之经，生活是科技、科学之源，艺术是科技、科学之躯，生命是科技、科学之脉，精确是科技、科学之根，求真是科技、科学之性，尚智是科技、科学之脑等思想，其创新之处正在于它把自然、科学、文化、生命真正有机地贯通起来，实现了科学生活的人文复归，避免了西方式的“主客二分”模式造成的人与自然的对立，进而导致人类生存环境恶化的后果。挖掘、研究《考工记》所蕴涵的丰富的科技、科学人文关怀思想，对于现今及未来科技、科学的发明、发展和应用方向必有悠远、宏博、重要的导航作用；对于医治当前已经局部凸显的“科技、科学异化”之疾，也有妙手除病之功、良医回春之用。
关键词：《考工记》　科技科学　人文关怀　思想　启发意义

《考工记》是我国目前所见的年代最早的反映古代科学技术史的文献，其内容包含在《周礼》一书当中，有关其学术地位，英国学者李约瑟（Dr. Joseph Needham，1900—1995）在其巨著《中国科学技术史》中指出，《考工记》是研究中国古代技术史的最重要的文献[1]。《周礼 天官冢宰》提出的“富邦国”“养万民”“生百物”[2]34的原则和《考工记 总叙》（以下凡所引《考工记》文献省去书名，只注出具体篇名）阐发的“审曲、面埶，以饬五材，以辨民器，谓之百工”[2]598的思想是蕴涵科技、科学创造智慧的“百工”的价值观，更是《考工记》所论科技、科学的根本指导原则和科学人文观思想，这其中折射出了光彩夺目的科技、科学人文关照情结。纵观《考工记》全书，其科技人文关怀思想主要可概括为以下八个方面。

一、和谐——《考工记》科技思想的核心

天人源于一“祖”，本是一体，理应亲和相依，自古及今，概莫能外。科技、科学的发现、发明和应用的最高境界定是顺应天人之性，追求天人和谐，直指天人合一，实现自然、人文、生活、生命的有机统一，而其中以尊重所有生灵尤其是人

的生命为最高价值，这是中国传统文化的独特魅力和理论活水之所在，它也为科技、科学文化奠定了核心的价值原则。而在西方，16—17 世纪，一种在人与自然关系认识上的“主客二分”模式打破了古希腊“主客合二而一”的自然观，直接引发了人类对自然界的无情掠夺，人类生存的自然环境也因此不再和谐而“面目全非”，以致当代西方哲学中诸如生态女性主义等流派已经对这种“主客二分”模式开始发难讨谪，正如生态女性主义学者卡伦 J. 沃伦（Karen J. Warren）指出的，必须破除西方近代以来形成的二元对立的思想，这样才能终结对现行所有被贬低的人与自然的压迫，这种破除应该从解构压迫我们的二元论开始，因为这正是一切压迫产生的根本原因[3]。“综观科学发展的整个历程，人文文化对科学的发展产生了巨大的作用。它不仅为科学提供了自由的外部发展空间，还为科学提供了有力的内部发展动力。”[4]45因为，“科学的发展，离不开人文文化所提供的动力。没有人文文化，科学就会脱离人性之根和生活之源，而一种脱离了人性之根和生命之源的科学，即使在短期内有所成就，也无法保持长久的生命力。”[4]45《考工记》所阐发的科技、科学思想无不放射着“科学、文化、生命和谐统一”这一中华民族的元初追求、理性智慧和人文情结。

《总叙》曰：“天有时，地有气，材有美，工有巧：合此四者，然后可以为良。材美工巧，然而不良，则不时、不得地气也。橘窬淮而北为枳，鸜鹆不逾济，貉逾汶则死：此地气然也。郑之刀，宋之斤，鲁之削，吴粤之剑，迁乎其地而弗能为良：地气然也。燕之角，荆之干，妢胡之笴，吴、粤之金、锡：此材之美者也。天有时以生，有时以杀；草木有时以生，有时以死；石有时以泐，水有时以凝，有时以泽，此天时也。”[2]600-601即工巧和天时、地气、材美的和谐是巧工造物的最高原则。又如《轮人》曰：“轮人为轮，斩三材必以其时。三材既具，巧者和之。”[2]604-605即轮人造轮取材要合天时，然后才能工达极致、巧夺天工，工和天和谐无隙，才能工艺比天，辉光同春。

不但要天人和谐，还要人人和谐、工工协同。而人人和谐、工工协同不但是天人和谐的要求，更是达致天人和谐的唯一通途。正如《总叙》曰：“国有六职，百工与居一焉。或坐而论道；或作而行之；或审曲、面埶，以饬五材，以辨民器；或通四方之珍异以资之；或饬力以长地财；或治丝麻以成之。坐而论道，谓之王公；作而行之，谓之士大夫；审曲、面埶，以饬五材，以辨民器，谓之百工；通四方之珍异以资之，谓之商旅；饬力以长地财，谓之农夫；治丝麻以成之，谓之妇功。”[2]598-599又如《总叙》曰：“凡攻木之工七，攻金之工六，攻皮之工五，设色之工五，刮摩之工五，搏埴之工二。攻木之工：轮、舆、弓、庐、匠、车、梓；攻金之工：筑、冶、凫、栗、段、桃；攻皮之工：函、鲍、韗、韦、裘；设色之工：画、缋、锺、筐、㡛；刮摩之工：玉、楖、雕、矢、磬；搏埴之工：陶、瓬。……故一器而工聚焉者，车为多。车有六等之数。”[2]601-602再如《筑氏》曰：“攻金之工，筑氏执下齐，治氏执上齐，凫氏为声，氏为量，段氏为鎛器，桃氏为刃。”[2]625……其中，“审曲、面埶，以饬五材，以辨民器，谓之百工”，而工有百种，务使各人分工协作，各在其位，各司其职，各干其事，各尽其责，各显神通，相互支持，通力合作，和谐有序，才能共达目标。治理国家需要各行各业的紧密配合，“百工”造物更需要各样工种、各道工序之间的密切协作。

二、功用——《考工记》科技思想的根本

科技、科学虽然根源于客观世界，但它毕竟又区别于客观世界，从一定的意义上甚至可以说它本身就是对自然界的一种“异化”，但鉴于科技、科学确实又能延伸人的智慧，开拓人的能力，创造人的生活甚至人的生命，生产出自然界原本不存在的“新生事物”来满足人类无限的欲望，以至提高人文生活的质量，也即它本身就具有功用价值，它可以“生百物”“富邦国”“养万民”。所以任何科技、科学的发明、应用首先应该以功利价值目标为底线，始终以“有利于人生活”为检验的基本标准。同时又要瞄准、追赶科技、科学的“理想价值目标”，始终以科技、科学的人文化、生命化为最高境界，这样才能真正防止和杜绝因科技、科学的发明而对自然、社会和人的异化。“百工”造物以“用”为经是《考工记》科技、科学思想的基本内容之一。

《总叙》曰：“凡察车之道，必自载于地者始也，是故察车自轮始。凡察车之道，欲其朴属而微至。不朴属，无以为完久也；不微至，无以为戚速也。轮已崇，则人不能登也；轮已庳，则於马终古登阤也。故兵车之轮六尺有六寸，田车之轮六尺有三寸，乘车之轮六尺有六寸。六尺有六寸之轮，轵崇三尺有三寸也，加轸与轐焉，四尺也。人长八尺，登下以为节。”[2]603-604即检验车子要以坚固、快速、便于人登车甚至要以省马力为标准，而这些又以“利人”为重中之重、为最高标准。《轮人》又曰：“毂也者，以为利转也；辐也者，以为直指也；牙也者，以为固抱也。轮敝，三材不失职，谓之完。”[2]604-605意即检验毂要以有利于车轮的转动为纲，检验辐要使它直指车牙为本，检验牙要使它牢固紧抱为准。车轮即使磨损坏了，毂、辐、牙也不松动变形，这才称得上完美。换句话说，要为人们造出好车就要精益求精、一丝不苟，真可谓是对科技、科学本性及其人文关怀境界的真实写照。

即使是看似虚无缥缈、实用意义不大的玉器制作，也无不凝结着科技、科学的功用之求，如《玉人》曰：“天子执冒四寸，以朝诸侯。……天子圭中必。四圭尺有二寸，以祀天。……土圭尺有五寸，以致日，以土地。裸圭尺有二寸，有瓒，以祀庙。琬圭九寸而缫，以象德。琰圭九寸，判规，以除慝，以易行。……圭璧五寸，以祀日、月、星、辰。璧琮九寸，诸侯以享天子。谷圭七寸，天子以聘女。大璋、中璋九寸，边璋七寸，射四寸，厚寸，黄金勺，青金外，朱中，鼻寸，衡四

寸，有缫，天子以巡守，宗祝以前马。大璋亦如之，诸侯以聘女。瑑圭、璋八寸，璧琮八寸，以覜聘。牙璋、中璋七寸，射二寸，厚寸，以起军旅，以治兵守。驵琮五寸，宗后以为权。大琮十有二寸，射四寸，厚寸，是谓内镇，宗后守之。驵琮七寸，鼻寸有半寸，天子以为权。两圭五寸有邸，以祀地，以旅四望。瑑琮八寸，诸侯以享夫人。案十有二寸，枣栗，十有二列，诸侯纯九，大夫纯五，夫人以劳诸侯。璋邸射，素功，以祀山川，以致稍饩。”[2]645-648可见，不同的玉器有着不同的功用，如果暂时抛开内容不谈，它的这种“虚功实做”“虚中求用”的功用追求思想也无不对我们现今的纯理论科学研究和应用方向有一定的启发意义。

总之，科技、科学要以“功利价值目标”为基础，把“功利价值目标”和“理想价值目标”有机地结合起来，并以其“理想价值目标”为奋斗方向和最终目标。

三、生活——《考工记》科技思想的源泉

科技、科学不但要揭示自然、认识自然、崇尚自然，更要遵从自然、协和自然，为人类开发、研制出各种生活必需品，以不断提高人的生活质量，即“养万民”“利万民”“化万民”，这正是科技、科学的理性之光、生活之光、生命之光之所在。

《辀人》曰：“轴有三理：一者以为美也，二者以为久也，三者以为利也。”[2]618即所造车轴以美观、耐久、利转的生活视野为基。《梓人》曰：“梓人为饮器，勺一升，爵一升，觚三升。献以爵而酬以觚，一献而三酬，则一豆矣。食一豆肉，饮一豆酒，中人之食也。凡试梓饮器，乡衡而实不尽，梓师罪之。”[2]658即饮器制造以利于生活饮用的角度为准，以“乡衡而实不尽”为罪。《轮人》曰：“凡为轮，行泽者欲杼，行山者欲侔。杼以行泽，则是刀以割涂也，是故涂不附；侔以行山，则是搏以行石也，是故轮虽敝，不甐于凿。凡揉牙，外不廉，而内不挫，旁不肿，谓之用火之善。是故规之以眡其圜也，萬之以眡其匡也，县之以眡其幅之直也，水之以眡其平沉之均也，量其薮以黍以眡其同也，权之以眡其轻重之侔也。故可规，可萬，可水，可悬，可量，可权也，谓之国工。”[2]611即轮人所制之轮要视泽地行驶或山地行驶而有所区别，所制作的轮子要经得起圆规、曲尺、水、垂线、黍、称的检验。一句话，要便于交通、利于生活。《匠人》曰：“夏后氏世室，堂修二七，广四修一，五室，三四步，四三尺，九阶，四旁两夹，窗，白盛，门堂三之二，室三之一。殷人重屋，堂修七寻，堂崇三尺，四阿重屋。周人明堂，度九尺之筵，东西九筵，南北七筵，堂崇一筵，五室，凡室二筵。”[2]666-668意即堂室的建筑要因时因俗，与时俱进，也就是要个性化、生活化、人文化、人性化、生命化。

因而，任何科技、科学发现、发明和应用始终要以维护、满足、尊重，进而提升人的生活、生命质量，实现人之为人的真正尊严和价值为唯一标准与最终目标。

四、艺术——《考工记》科技思想的躯体

科技、科学从内容来看是理性的、呆板的、冰冷的，但从它的表现形式来看，它则或理应是人文的、鲜活的、温情的，甚至从一定意义上可以说科技、科学本身就是自然人文化的一种过程，一种行为化的艺术表现形式，抑或是一出戏、一曲歌、一幅画、一首诗，无不在人享用它的物质成果的同时，丰富着人的身心、愉悦着人的耳目、锻炼着人的智慧、磨炼着人的意志、导启着人的灵秀、陶冶着人的情操、培养着人的秉德、贯通着天人的祥和。

《辀人》曰："轸之方也，以象地也。盖之圜也，以象天也。轮辐三十，以象日月也。盖弓二十有八，以象星也。龙旂九斿，以象大火也。鸟旟七斿，以象鹑火也。熊旗六斿，以象伐也。龟蛇四斿，以象营室也。弧旌枉矢，以象弧也。"[2]624又如《画缋》曰："画缋之事，杂五色。东方谓之青，南方谓之赤，西方谓之白，北方谓之黑，天谓之玄，地谓之黄。青与白相次也，赤与黑相次也，玄与黄相次也。青与赤谓之文，赤与白谓之章，白与黑谓之黼，黑与青谓之黻，五采备谓之绣。土以黄，其象方天时变。火以圜，山以章，水以龙，鸟、兽、蛇。杂四时五色之位以章之，谓之巧。凡画缋之事，后素功。"[2]640-641……这些本是"僵硬、呆板"的制作工艺，在此所表现出的则完全是一幅诗性化的中国式的天人和谐的水墨风景之画。

总而言之，"科学创造也是一种对美的追求，它也需要极强的美学敏感性。在这方面，它又同艺术创造有相似之处。S. 钱德拉塞卡说：'一个由极富有美学敏感性的科学家所提出的理论，即使在提出时看来好像不那么真，但结果可能是真的。'的确，历史上有许多科学创造都同科学家的美感和对美的追求紧密地联系在一起。"[5]

五、生命——《考工记》科技思想的脉络

科技、科学的发明、应用以维护生命、尊重生命、高歌生命、直达生命、融入生命、升华生命、高扬生命为最高境界，这也正是科技、科学无限生命活力的源泉。相反，不以人为本的科技、科学是没有生命的，是无意义的，是异化了的，是必定要退出人的视野、走向死亡的。

《轮人》曰："轮人为盖……上欲尊而宇欲卑，上尊而宇卑，则吐水疾而霤远。盖已崇，则难为门也，盖也卑是蔽目也。是故盖崇十尺。良盖弗冒、弗纮，殷亩而驰不队，谓之国工。"[2]612-613意即车的顶盖要中高边低以好利水，顶盖高度要适中，不能遮挡人的视线等，都是以尊重人的生命为出发点的。《辀人》曰："今夫大车之辕挚，其登又难；既克其登，其覆车也必易。此无故，唯辕直且无桡也。是故大

车平地，既节轩挚之任，及其登阤，不伏其辕，必缢其牛。此无故，唯辕直且无桡也。故登阤者，倍任者也，犹能以登；及其下阤也，不援其邸，必緧其牛后。此无故，唯辕直且无桡也。”[2]621 即车辕曲直之设计要以在上坡或下坡时利于行驶且使人平安、舒适，更难能可贵的是，他还提出车的设计要考虑拉车之牛既省力又舒适。《辀人》曰：“是故辀欲颀典。辀深则折，浅则负。辀注则利准，利准则久，和则安。辀欲弧而无折，经而无绝。进则与马谋，退则与人谋，终日驰骋，左不楗；行数千里，马不契需；终岁御，衣衽不敝：此唯辀之和也。劝登马力，马力既竭，辀犹能一取焉。良辀环灂，自伏兔不至軓七寸，軓中有灂，谓之国辀。”[2]622 意即辀的设计也要以利于乘车人和驾车人为准，而且要考虑车、马谐和匹配，以保护马不至于因日行千里而马蹄开裂受损，等等，其尊重生命之情高可比天，溢于言表，跃然纸上。

所以，“正是在生命的最深处，我们看到了科学最深刻的人文动力和目的，看到了科学最深刻的人文意义和价值；也正是在生命的最深处，我们看到了科学的生命同科学家的生命的融合，看到了科学的意义和价值同科学家的意义和价值的融合。”[6]

六、精确——《考工记》科技思想的原则

科学作为人类创造活动的产物，“它是由人类创造、更新以及发展的。它的规律、结构以及表达，不仅取决于它所发现的实在的性质，而且还取决于完成这些发现的人的本性的性质。”[4]39 科技、科学的内在本质（即“经”）就是精确，这反映到科学家身上，具体表现为严谨、缜密等品性，科学容不得丝毫误差，正因为精确，才可付诸实践，也只有精确，才具有理论指导意义，才称得上是专科之学，“科考之学”；科学家来不得半点虚假，一丝不苟是他的天职，只有如此，才堪称专科学家、科学大家。总之，科技、科学和科学家的天然职责之一就是力追精密、精确和精致。这方面在整个《考工记》中表现得尤为集中，它提出了一系列器具工艺的制作标准。

《轮人》曰：“参分其毂长，二在外，一在内，以置其幅。”[2]609 《轮人》曰：“轮人为盖，达常围三雨，桯围倍之，六寸。信其桯围以为部广，部广六寸。部长二尺，桯长倍之，四尺者二。十分寸之一，谓之枚，部尊一枚，弓凿广四枚，凿上二枚，凿下四枚，凿深二寸有半，下直二枚，凿端一枚。”[2]612-613。《辀人》曰：“辀人为辀。辀有三度，轴有三理。国马之辀，深四尺有七寸，田马之辀深四尺，驽马之辀，深三尺有三寸。”[2]618 《车人》曰：“车人为车，柯长三尺，博三寸，厚一寸有半，五分其长，以其一为之首。毂长半柯，其围一柯有半。辐长一柯有半，其博三寸，厚三之一。渠三柯者三。”[2]675-676 这些是对车的部件尺寸的一种标准化管

理。《弓人》曰："弓长六尺有六寸，谓之上制，上士服之；弓长六尺有三寸，谓之中制，中士服之；弓长六尺，谓之下制，下士服之。"[2]690这是对弓尺寸的一种标准化管理。《匠人》曰："匠人为沟洫，耜广五寸，二耜为耦一耦之伐，广尺深尺，谓之甽；田首倍之，广二尺，深二尺，谓之遂九夫为井，井间广四尺，深四尺，谓之沟方十里为成，成间广八尺，深八尺，谓之洫；方百里为同，同间广二寻，深二仞，谓之浍。"[2]671这是对各种沟渠水利尺寸的一种标准化管理，等等。

可见，我们的祖先，我国早期的"科技工作者""科学家"是多么的严谨，我国的产品标准准入制度的历史是多么的久远和辉煌。

七、求真——《考工记》科技思想的本性

总体而言，"致知和求真既是人类在生存斗争中的实际需要，但在很大程度上也是出于好奇心。可以毫不夸张地说，致知是人类的文化本能，求真是人类的文化天性。"[7]具体而言，哲学求好[8]，伦理学求善，美学求美，而科学从其本性来看，乃是求真之学，甚至从一定意义上也可以说它是一门追求真善美之学，更是求好之学。只有这样，科技、科学才能适合人，更显它的人文、生活、生命之价值（有关这方面，在本文其他部分已零星涉及，恕不繁举），这里仅就《考工记》的求真精神显现如下。

《轮人》曰："凡斩毂之道，必矩其阴阳。阳也者稹理而坚；阴也者疏理而柔。是故以火养其阴，而齐诸其阳，则毂虽敝不藃。毂小而长则柞，大而短则挚。……容毂必直，陈篆必正，施胶必厚，施筋必数，帱必负干。既摩，革色青白，谓之毂之善。参分其毂长，二在外，一在内，以置其辐。凡辐，量其凿深以为辐广。辐广而凿浅，则是以大扤，虽有良工，莫之能固；凿深而辐小，则是固有余而强不足也。故竑其辐广以为之弱，则虽有重任，毂不折。参分其辐之长而杀其一，则虽有深泥，亦弗之溓也。参分其股围，去一以为骹围。揉辐必齐，平沉必均。直以指牙，牙得则无槷而固。不得则有槷，必足见也。六尺有六寸之轮，绠参分寸之二，谓之轮之固。"[2]607-610意即砍伐毂材要细到记下树木背阴面和向阳面，以正确地利用木材的软硬特性；整治车轮毂要直、篆要正、胶要厚、筋要密、革要紧；辐的宽度要和毂上开凿的深度相匹配；靠近牙的辐长的三分之一要削细，以避免在泥地里行驶而带泥；用火烤煣做辐的木材必须使它们一律笔直，等等，这无不昭示着我们中华民族早期"科技、科学"之人求真务实的科学精神。

八、尚智——《考工记》科技思想的灵魂

"科学中的一切，都是由科学家用生命去发现和创造的。没有科学家，就没有

科学；没有科学家的生命，就没有科学的生命。”[9]科技、科学是科学家对大自然真谛揭示和把握的结晶，从一定意义上甚至可以说，它是科学家智心之花的结果，折射出了科学家身上所具有的真性、直性、实性、智性、善性、义性、美性、灵性、理性、人性等美好的禀赋。正如《总叙》所言：“知得创物，巧者述之，守之世，谓之工。百工之事，皆圣人之作也。烁金以为刃，凝土以为器，作车以行陆，作舟以行水：此皆圣人之所作也。”[2]600圣人即是智者、“科学家”。《考工记》凝结了先秦时期中华民族早期智者大量的科技和科学理论思想。概括如下。

(1) 力学知识。《总叙》曰：“凡察车之道，必自载于地者始也，是故察车自轮始。凡察车之道，欲其朴属而微至，不朴属。无以为完久也，不微至。无以为戚速也。轮已崇，则人不能登也，轮已庳，则於马终古登阤也。”[2]603这是我国古代关于滚动摩擦与轮径关系的最早记载。又如《矢人》曰：“矢人为矢。鍭矢参分，茀矢参分，一在前，二在后。兵矢、田矢五分，二在前，三在后。杀矢七分，三在前，四在后。”[2]650-651这是我国古代有关平衡原理的最早记载。再如《矢人》曰：“水之以辨其阴阳，夹其阴阳以设其比，夹其比以设其羽。参分其羽以设其刃，则虽有疾风，亦弗之能惮矣。”[2]651这是我国古代以沉浮法来确定物体的质量分布，把箭羽作为负反馈控制装置的最早记载。

(2) 声学知识。如《凫氏》曰：“薄厚之所震动，清浊之所由出，侈弇之所由兴，有说。钟已厚则石，已薄则播，侈则柞，弇则郁，长甬则震。是故大钟十分其鼓间，以其一为之厚。小钟十分其钲间，以其一为之厚。钟大而短，则其声疾而短闻。钟小而长，则其声舒而远闻。”[2]632这是从定性方面对发声理论的精辟论述。又如《韗人》曰：“鼓大而短，则其声疾而短闻；鼓小而长，则其声舒而远闻。”[2]640再如《磬氏》说，磬声“已上则摩其旁，已下则摩其耑”[2]650。这说的是一种调音方法，是我国古代打击乐器发声理论的较早记载等。

(3) 实用数学知识。如《车人》曰：“车人之事，半矩谓之宣。一宣有半谓之欘，一欘有半谓之柯，一柯有半谓之磬折。”[2]674这里谈到了矩、宣、欘、柯、磬折，这是我国最早的一套角度概念。又如《匠人》曰：“室中度以几，堂上度以筵，宫中度以寻，野度以步，涂度以轨。”[2]668即分别以几、筵、寻、步、轨等测量工具来测量大小等，包含有丰富的实用数学知识，对后世产生过不同程度的影响。

(4) 天文学知识。《辀人》曰：“轮辐三十，以象日月也；盖弓二十有八，以象星也；龙旂九斿，以象大火也；鸟旟七斿；以象鹑火也；熊旗六斿，以象伐也；龟蛇四斿，以象营室也；弧旌枉矢，以象弧也。”[2]624这里不但谈到了二十八星和四象，且明确地提到了其中一些星的名称，一般认为，这是我国古代关于二十八星最早的较为明确的记载，等等。

所有这一切都充分地反映了我国古代劳动人民（尤其是科学家）的聪明才智，体现了我国早期的科技和科学水平，特别需要指出的是，我国古代早期的这些科技、科学的基础理论都是紧紧围绕“人”这个中心来研究和开发的，这无不映照着科技、科学的人文关怀之光。

综上所述，《考工记》凝结着浓浓的科技、科学的人文关照情结。概而言之，即和谐是科技、科学之本，实用是科技、科学之经，生活是科技、科学之源，艺术是科技、科学之躯，生命是科技、科学之脉，精确是科技、科学之根，求真是科技、科学之性，尚智是科技、科学之脑。挖掘、研究《考工记》所蕴涵的丰富的科技、科学人文关怀思想，对于现今及未来科技、科学的发明、发展和应用方向必有悠远、宏博、重要的导航作用，对于医治当前已经局部凸显的“科技科学异化”之疾也有妙手除病之功、良医回春之用。

参考文献：

[1] 柯林 罗南改编．中国科学文明史：第1卷[M]．上海：上海人民出版社，2001：43.
[2] 杨天宇．周礼译注[M]．上海：上海古籍出版社，2004.
[3] Karen J Warren. The Power and the Promise of Ecological Feminism[J]. Environmental Ethics，1990(12)：125-146.
[4] 孟建伟，郝苑．论科学的人文动力[J]．南开大学学报：哲学社会科学版，2007(6)：39-46.
[5] 孟建伟．科学与人文的深刻关联[J]．自然辩证法研究，2002(6)：8.
[6] 孟建伟．科学·文化·生命[J]．社会科学战线，2008(5)：21.
[7] 李醒民．论任鸿隽的科学文化观[J]．厦门大学学报：哲学社会科学版，2003(3)：57.
[8] 冯友兰．人生哲学[M]．桂林：广西师范大学出版社，2005：2.
[9] 孟建伟．科学生存论研究[J]．齐鲁学刊，2006(2)：113.

再论社会技术

——解决社会问题与解决自然问题的关系

辛英含

（沈阳师范大学马克思主义学院，辽宁 沈阳　110034）

摘　要：随着科技的进步、经济社会的快速发展，人类社会中存在或面临着诸多问题。总体上分为社会问题和自然问题两大类。社会问题是指人与社会之间的矛盾问题，需要用社会技术解决；自然问题是指人与自然之间的矛盾问题，需要用自然技术解决。但生活中的许多社会问题仅凭社会技术是无法完全解决的，这时必须寻求自然技术的帮助；许多自然问题仅凭自然技术也是无法解决的，必须借助于社会技术。它们之间相互影响、相互作用，共同构成一个有机联系的体系，这是解决人类社会中诸多问题的必然趋势。

关键词：社会问题　自然问题　社会技术　自然技术

人类社会中存在诸多问题，有人口问题、教育问题、就业问题、住房问题、资源能源问题、生态环境问题等。从哲学的视角思考，这些问题不外乎人与社会关系中的矛盾问题和人与自然关系中的矛盾问题，怎样解决这些问题是社会技术与自然技术共同的责任。

一、社会问题的特征

社会问题是相对于自然问题而言的，是指人与社会的关系问题。人类的生存和发展不仅是依赖、征服和改造自然的过程，同时也是依赖于人类社会改造和完善的过程。马克思说：“人们奋斗所争取的一切，都同他们的利益有关。”[1]对于利益的不断追求是社会发展的推动力，但与此同时，也是加剧引发社会矛盾问题的根源。例如，2010 年冬天经常能从新闻中听到天然气荒、天然气危机等词语，西气东输工程已经到了警戒线。由于天气变冷，增加了天然气的使用量，这只是一方面原因，而主要原因是人为的主观因素。据报道，武汉有上千万辆出租车使用天然气作为燃料，在天然气荒的时候，竟能看到出租车排长队加气的壮观景象，这种现象并非单纯的天然气能源供应量不足，而更深层的矛盾是我国天然气存储能力和调节高峰能力不足的问题。据官方媒体称，中国许多大城市均面临垃圾危机，有的城市垃圾场已经快要“溢出”，将要“溢出”的垃圾严重地威胁着人们的生存环境。针对社会问题的处理，对社会良性运行的管理和调控等，都需要一定的方式和手段，而探寻其方式和手段的过程也就是运用相关社会技术的过程。社会技术的内涵指：“社会主体改造社会世界，调整社会关系，控制社会运行的实践性知识体系。”[2]社会技术的核心是：社会主体人改造社会的实践性活动，以社会问题的解决为根本指向，以社会科学的理论与方式方法为主导，调节社会运行关系，探寻社会良性发展一般的理论方法。

社会问题以人的行为活动为对象，研究对象的特征具有人文性。社会问题解决的理论基础主要是社会科学和相关交叉学科的理论。社会决策者在针对不同的社会问题时，要权衡不同社会群体阶层之间的利益关系，根据具体情况，有选择地设计不同的解决方案，采取相应的社会技术加以实施。

二、自然问题的成因根源及表现形式

在古代社会，人类顺应自然环境生存，人与自然和谐共生。随着技术的发展，人类摆脱自然约束的能力越来越强，人类以自然界为改造和利用的物质化对象，通过利用自然技术、工具来改造物质自然，以自然科学原理为其改造对象的根据作用于自然，以不断满足人类的需求。

近代以来，特别是进入21世纪以来，随着科学技术的飞速发展，人类在占有、享受私有物的同时，也在大量、掠夺性地使用着公用物。“据《2004年地球生存报告》，在1970—2000年，陆地和海洋物种数量下降了30%，淡水物种数量下降了40%。报告显示，在全球已知的6300种动物品种中，有1350种濒危或已经灭绝。”[3]世界人口总量的急剧增长也是造成自然问题的主要因素之一，过多的人口需要社会为人类提供更多的生存空间、更多的生产和生活资料，这将直接威胁资源环境的承载能力。“我对人类感到悲观，因为它对于自己的利益太过精明。我们对待自然的办法是打击并使之屈服。如果我们不是这样的多疑和专横，如果我们能调整好与这颗行星的关系，并深怀感激之心对待它，我们本可有更好的存活机会。”[4]人类无止境地索取地球上有限的资源环境，严重地威胁着人类自己的生存条件。而有限的资源环境永远不能满足人类的贪婪，最终人类自己要承受其制造的恶果所带来的灾难，如地震、海啸、干旱等自然灾害。正如著名的历史学家阿诺德·汤因比所说：“人类如果想使自然正常的存续下去，自身也要在必需的自然环境中生存下去的话，归根结底必须得和自然共存。”[5]造成自然问题的原因主要是人类对自然资源环境价值缺乏足够的认识，缺乏对自然资源环境科学的设计与合理的开发使用。人类经济社会发展越快，对自然的需求就越多，自然界的承载能力就越脆弱。人类要在自身的发展中处理好人与自然的关系，人类不仅要根据需求，有目的、有计划地认识自然和改造自然，而且要根据自然的发展规律呵护自然。

综上所述，在现代社会，无论是人与社会，还是人与自然关系的和谐发展，仅凭社会技术与仅凭自然技术是行不通的。比如，对资源的合理开发使用，就必须借鉴新的社会技术，遏止人类无节制地乱用资源的“自由”，从而保护资源环境。因此，尽管在解决社会问题与解决自然问题时所涉及的领域和针对的对象不同，它们存在各自的特点，但解决社会问题与解决自然问题所使用的社会技术与自然技术彼此之间存在相互作用、密不可分的关系。

三、解决社会问题与解决自然问题的关联

（1）社会技术与自然技术相互作用。马克思指出：“人同自然界的关系直接就是人和人之间的关系，而人与人之间的关系直接就是人同自然的关系。”[6]可见，解决社会问题所需的社会技术和解决自然问题所用的自然技术也是相互渗透、相互作用的。像三峡工程，在实施这种大型工程的过程中，不仅要处理好人与自然的关系，同时也要协调好人与人之间的关系。在工程建设中，百万大军移民问题就是一项复杂的社会问题。人们远离故土，其中涉及诸多社会矛盾问题，如文化、情感、居住、教育、就业等，这些问题的复杂和艰难程度不亚于自然技术上三峡工程是否可行。“人与人的关系和人与自然的关系是互为中介的。历史上任何一种类型的社会关系都同时起过协调和破坏人与自然关系的双重作用。”[7]几十年前建成的三门峡大坝至今仍是陕西与河南基于各自经济利益争论不休的话题。这是自然问题与社会问题不协调引起的社会问题。

在马克思的视野中，解决人与人之间的关系是解决人与自然关系的前提和基础。“我们越往前追溯历史，个人，也就是进行生产的个人，就显得越不独立，越从属于更大的整体；最初还是十分自然的家庭和扩大成为氏族的家庭中；后来是由氏族间的冲突和融合而产生的各种形式的公社中。只有到18世纪，在‘市民社会’中，社会结合的各种形式，对个人来说，才只是达到他私人目的的手段，才是外在的必然性。但是，人是最名副其实的社会动物，不仅是一种合群的动物，而且是只有社会中才能独立的动物。孤立的一个人在社会之外进行生产——这是罕见的事。”[8]也就是说，处理好人与人之间的关系问题（社会问题解决了），才能解决自然问题；社会技术运用得当，才能顺利地运用自然技术。事实上，许多由自然技术所带来的社会问题，如生态问题、就业问题、人口问题等，大都可以通过社会技术或者需要社会技术与自然技术相互作用，才能找到解决的方式。

在信息社会高速发展的今天，社会技术与自然技术两者的相互作用更加明显。

生活中许多社会问题仅凭社会技术是无法完全解决的，这时必须寻求自然技术的帮助；许多自然问题仅凭自然技术也是无法解决的，必须借助于社会技术。它们之间相互影响、相互作用，共同构成一个有机联系的体系，这是解决人类社会中诸多问题的必然趋势。

（2）解决社会问题与解决自然问题是实现可持续发展的基础。人类需要共建和谐社会，需要经济与社会可持续发展，人与自然可持续发展。人类实现可持续发展，既需要处理好社会问题，又需要解决好自然问题，前者需要社会技术，后者需要自然技术。2008 年发生的汶川地震，其后发生的玉树地震……在面对突如其来的自然灾害时，我们更加深刻地认识到“灾害是自然与社会相互作用的结果……灾害的社会属性超越自然属性，开始占据主导地位”[9]。解决社会问题与解决自然问题同样重要，运用社会技术与运用自然技术同样重要，甚至有时社会技术比自然技术更重要。人口众多、区域经济发展不平衡、各种社会问题与自然问题接连不断地发生，这是我国的现实国情。没有社会技术，没有先进的社会技术，是难以实现可持续发展的。

参考文献：

[1] 马克思,恩格斯．马克思恩格斯全集:第 1 卷[M]．北京:人民出版社,1956.
[2] 田鹏颖．社会技术哲学[M]．北京:人民出版社,2005.
[3] 北京市环境保护宣传教育中心．环境保护 365[M]．北京:中国环境科学出版社,2007.
[4] 蕾切尔·卡逊．寂静的春天[M]．上海:上海译文出版社,2008.
[5] 王树恩,陈士俊．科学技术论与科学技术创新方法论[M]．天津:南开大学出版社,2001.
[6] 马克思,恩格斯．马克思恩格斯全集:第 42 卷[M]．北京:人民出版社,1979.
[7] 田鹏颖,陈凡．社会技术哲学引论:从社会科学到社会技术[M]．沈阳:东北大学出版社,2003.
[8] 马克思,恩格斯．马克思恩格斯全集:第 2 卷[M]．北京:人民出版社,1972.
[9] 童星,张海波．基于中国问题的灾害管理分析框架[J]．中国社会科学,2010(1):132-146.

自然界的辩证运动与科学、技术、工程、产业本质探析

郑文范
（东北大学科学技术哲学研究中心，辽宁 沈阳　110819）

摘　要：随着高校政治理论课的改革，对自然辩证法学科的定位又重新引起了人们的重视。自然界的辩证法是马克思主义的组成部分，需要根据马克思主义的基本原理解决自然辩证法学科的定位问题。自然辩证法是通过对自然界的辩证运动的研究，体现出世界是过程的集合体，形成了对自然界发展的总体认识。

在对自然界的辩证运动认识基础上解决了自然观的问题后，能够发现科学、技术、工程和产业之间的“内在逻辑”，在天然自然向人化自然转化过程中解决科学观问题，在人化自然向人工自然转化过程中解决技术观和工程观问题，在人工自然向社会自然转化过程中解决产业观问题，既坚持认为科学、技术、工程、产业相对独立过程的四元论，更坚持认为它们是统一过程的一元论，形成在中国化马克思主义指导下的自然辩证法学科体系。

关键词：自然辩证法　科学、技术、工程、产业　天然自然、人化自然、人工自然、社会自然

随着高校政治理论课的改革，对自然辩证法的学科定位又重新引起了人们的重视。从自然辩证法在我国传播以来，特别是新中国成立以来，自然辩证法学科建制化进程进展顺利，但对自然辩证法学科的认识却长期得不到统一，进展缓慢，近年来又受到来自国内外各种思潮的干扰，更使在这个问题上的进展缓慢。

自然界的辩证法是马克思主义的组成部分，需要根据马克思主义的基本原理解决自然辩证法学科的定位问题。马克思主义的基本原理认为，物质是第一性的，意识是第二性的。同样，自然界的辩证运动是第一位的，对这种运动的认识是第二位的，前者是客观辩证法，后者是主观辩证法，即自然辩证法。自然辩证法是通过对自然界的辩证运动的研究，体现出世界是过程的集合体，形成了对自然界发展的总体认识。

在自然界的辩证运动基础上探讨自然辩证法的学科定位，能有效地克服在自然

辩证法的研究中脱离自然界的辩证发展而仅谈“观”的倾向，不仅是自然辩证法研究马克思主义传统的回归，也有利于解决自然辩证法的公众理解问题，促使自然辩证法学科更好地为祖国服务。

在自然界的辩证运动基础上确定自然辩证法的学科定位，还能有效地解决自然辩证法的学科体系建设问题。在对自然界的辩证运动认识基础上解决了自然观的问题后，就可以在天然自然向人化自然转化过程中解决科学观问题，在人化自然向人工自然转化过程中解决技术观和工程观问题，在人工自然向社会自然转化过程中解决产业观问题，从而发现科学、技术、工程和产业之间的“内在逻辑”，既坚持认为科学、技术、工程、产业在由天然自然转变为人工自然中是相对独立过程的四元论，更坚持认为天然自然转变为人工自然是统一过程的一元论，形成在中国化马克思主义指导下的自然辩证法学科体系。

一、自然界的辩证运动

自然界的辩证运动包括天然自然与人工自然的演化，其中，不依赖于人的意识和人类社会而存在的自然是天然自然，经过人类改造、创建、加工过的自然被称做人工自然[1]。依据人与人工自然关系的不同深度，还可以把人工自然区分为三种形态：人化自然、狭义人工自然（简称人工自然）和社会自然。自然界的辩证发展包括天然自然与人工自然的演化，也就是包括天然自然向人化自然的转化、人化自然向人工自然的转化、人工自然向社会自然的转化。

1. 天然自然探析

（1）天然自然的内涵。天然自然可以定义为是不依赖于人和人的力量而存在的物质世界。天然自然就是人类的认识和行为未曾影响到的自然，大到人类尚未认识到的宇宙现象，小到我们周围未曾认识到的微观世界。这里的“自然”既指日月星辰等自然实体、自然物，也指“自然而然”的客观规律性。这里所说的不依赖于人，不仅指天然自然存在于人们的意识以外，不依赖于人们的感觉、精神而存在，而且指天然自然在人类产生以前、产生以后乃至在人类消亡以后的自然存在[2]。天然自然的微观构成是自然物。自然物是自然界中的天然存在，作为一种天然存在的自在之物，展现了自然的本质力量。自然资源类型是多种多样的，每种自然资源都有其特性，但所有的自然资源也都有一些共性。

（2）天然自然的特点。

①潜在性。天然自然是科学认识的潜在对象和人化自然拓展的潜在领域。天然自然是无限的，它为科学的发展提出了无限的问题，也为人化自然的拓展提供了无限的可能性。正如恩格斯所说，“我们的自然科学的极限，直到今天仍然是我们的

宇宙，而在我们的宇宙之外的无限多的宇宙，是我们认识自然时所用不着的。”[3]

②无主体性。天然自然生产是一种无主体生产，这个特征是与人类生产相比较而显露出的特征。在人类生产中，人类是作为主体而发生作用的，人本身并不参与产品的生成。在自然界则不然，各种自然生产都必须由相互作用的各种物质要素参与，最后生成的物质结果是由发生相互作用的各种物质要素参与生成的。例如，基本粒子之间的强相互作用生成了原子核，原子核与电子的电磁相互作用生成了原子，原子与原子的化学作用生成了分子，分子与分子的生化作用生成了生命物质等[4]。

③循环性。天然自然生产具有循环性，在生产过程中，由分解生成的低级物质又会不断参与到高级物质的正向生产之中，总体上形成了循环性生产。循环性生产既可以使天然自然形成一个局部自足的自然系统，又可以保持天然自然总体向上的发展趋势。

2. 天然自然向人化自然的转化

“人化自然”是由天然自然转化而来的。天然自然转化为“人化自然”的主要标志是对其规律的认识，微观构成是“认识之物”。其形成过程大致如下。

（1）宇宙演化“人化自然”的形成。宇宙演化“人化自然”的形成是对宇宙演化规律的认识，其基本内容有：宇宙起源于两百亿年前一个极高温、极高密度的“原始火球”的大爆炸[5]。这个“原始火球”在不断的演化过程中，放射出巨大的辐射和极高的能量。在这个阶段中，宇宙是由质子、中子、电子、光子、中微子五种基本粒子组成的。从大爆炸到基本粒子的形成，粒子和能量充斥整个宇宙并相互转化。

（2）恒星演化“人化自然”的形成。恒星演化“人化自然”是对恒星演化规律的认识，其基本内容有：恒星演化大致经历了引力收缩阶段、主序星阶段、红巨星阶段、脉动和爆发阶段及高密阶段，其过程主要是氢核聚变为氦核及各种重元素的原子核聚变过程。在恒星演化状态下，存在质能守恒定律。

（3）地球演化“人化自然”的形成。地球演化“人化自然”是对地球演化规律的认识，其基本内容有：地球诞生于46亿年前，在演化过程中，形成了地圈、大气圈和水圈等。在每一个地质圈内，引起物质的循环运动。在物理变化中有机械能、热能、电能、光能等能量的相互转化和守恒；在化学变化中，有质量守恒[6]。

（4）生物演化“人化自然”的形成。生物演化“人化自然”是对生物演化规律的认识，其基本内容有：生命起源于化学演化，大体经历了从无机物分子到有机物小分子、从有机物小分子到生物大分子、从生物大分子到原始生命的诞生三个阶段。在生物演化状态下，形成了生态系统。在生物演化状态下，存在熵增熵减守恒定律[7]。

3. 天然自然向人工自然的转化

人工自然形成的方向与天然自然演化的方向相反。人工自然的形成是首先从生物圈开始的，然后逐渐深入到地球圈和恒星圈，最后到达宇宙圈[4]。这就有生物人工自然、地球人工自然、恒星人工自然、宇宙物理人工自然的出现。人工自然的微观构成是“人工物”。

（1）生物人工自然的形成。在初级阶段，生物人工自然的形成主要表现为天然生物的分散向集成转变，少量的几种动物和植物被驯化与大量繁殖。在高级阶段，生物人工自然表现为非自然选择的生物品种大量出现，生物可以通过基因被设计和培育，生物能源出现等。

（2）地球人工自然的形成。地球人工自然形成时，石器得到利用，从铜和天然陨铁开始，出现了各种金属的“纯化”过程，其后，过程越来越加深。同时，地质圈的深度蕴藏物，如矿石、石油或天然气等也越来越多地被引到地表。同时，各种地表和地上资源得到了很大的控制和利用。

（3）恒星人工自然的形成。恒星人工自然的形成主要是在地表状态下，模拟产生了核裂变和核聚变。另一种方式是在近地空间（包括月球、火星）创造出形成适宜人生存的环境等。

（4）宇宙人工自然的形成。宇宙人工自然的形成是在地球局部产生宇宙人工物，如各种基本粒子，目前还进行“黑洞”“反物质”等方面的探索。

4. 人工自然向社会自然的转化

社会自然的形成过程标志着对自然界利用的新的深度和广度，社会自然的建立具有系统性，需要首先有天然自然，然后有人工自然，最后到社会自然。社会自然的社会构成是“社会物”。从总体来看，社会自然可以分为三种类型，即农业社会自然、工业社会自然和信息社会自然。

（1）农业社会自然。农业社会自然建立的基础是农业产业化。农业社会自然的主要经济部门是第一产业，其技术主要是从自然界取得原料，盛行传统主义。

生物圈的出现和发展，特别是绿色植物的繁茂，形成了农业产业化潜在基础的天然自然。

从采集植物到栽培植物，标志着人类不仅要依赖天然自然的恩赐，还要通过利用自然，借助技术，改变植物的特性，索取自己所需要的食物。同时，人类也开始驯养动物。这些标志着形成了农业产业化基础的人工自然的出现。

铁器的发展和火的利用，为农业技术的出现和发展提供了可能，畜牧业和农业的出现，使人类获得了更为丰富的食物来源，导致人类的定居和村落生活，最终导致农业产业化和农业社会自然的出现[8]。

（2）工业社会自然。工业社会自然是工业化以后形成的社会自然。工业社会自然建立的基础包括动力的产业化、制造业大量生产体制的建立、能源产业化等。这里以蒸汽动力的产业化和核能的开发利用的产业化说明工业社会自然的形成。

①蒸汽动力的产业化。能源在社会生产中有着极为重要的作用。人们最初在生产中所使用的动力只有人，随后则有风力、畜力和水力。但水力受地区和季节的限制，风力很不稳定，以马作动力费用昂贵，又不能连续工作。对蒸汽动力产业而言，这都属于天然自然阶段。

利用蒸汽动力做功早已有之。古希腊的希罗发明了一种装置，它利用蒸汽喷射的反冲力而使轻轻的圆球转动。这可能是汽轮机最早的原型。1698 年，英国人萨弗里在前人的基础上，发明了第一台可以实际应用于矿山抽水的蒸汽泵——“矿山之友”。由于这种泵的热损失大，还有爆炸危险，所以仅在个别矿山应用过。对蒸汽动力产业而言，这都属于人工自然阶段。

1712 年，纽可门发明了活塞式的大气压蒸汽机。蒸汽机已经成为一部独立的动力机。普遍应用的蒸汽动力机是由瓦特发明的。蒸汽机的出现把工场手工业变成了现代大工业，从而引起了工业革命，打造了一种崭新的机器体系和工厂制度，出现了一个新的社会。对蒸汽动力产业而言，这都属于社会自然阶段。

②核能的开发利用的产业化。19 世纪以前，人们尚未认识到原子的结构，微观的原子世界对于人来说，就是天然自然。

20 世纪初的物理学革命揭开了原子的内部结构，科学家从理论上预言了原子核内部蕴藏着巨大的能量，但此时的核能还只是被人们认识到的世界，尚属于人化自然。

只有当第一座核反应堆投入运行，第一颗原子弹成功爆破以后，核能才成为人们可以控制的人工自然物，这属于核能利用的人工自然阶段。

当前，世界各国纷纷建立核电站，实现产业化的核发电已经成为人类解决能源危机的重要手段，这是核能利用的社会自然阶段。

（3）信息社会自然。信息社会自然是未来社会的雏形，其产生和发展与电子计算机的诞生及产业化密切相关。这里以电子计算机产业化说明信息社会的自然形成。

人类制造计算工具和发展计算技术由来已久。第一个采用电器元件来制造计算机的是法国工程师朱斯，他在 1941 年制成了世界上第一台程序控制通用机电式计算机。早期计算机存在着体积大、运算速度慢等缺点。对于电子计算机产业化而言，这是人工自然阶段。

20 世纪 50 年代以后，随着晶体管和半导体集成电路的发明，以及软件系统的完善，电子计算机迅速发展到它的第五代，并被广泛地应用于社会生活的各个领域，还影响到社会结构的变化[8]。对于电子计算机产业化而言，这是社会自然阶段。

二、科学、技术、工程、产业的本质

1. 人化自然与科学

由科学和人化自然的关系出发，可以认为科学是人对自然能动关系的知识形态，是人对自然的理论关系，是形成人化自然的手段，属于间接生产力或一般生产力。

（1）科学的本质。从天然自然和人化自然的关系出发，可以探索科学的本质。天然自然是各种“非常态”的集合体，人类不能直接进入“非常态”，即不能直接进入天然自然。但人类为了自身的发展和进化，又非常需要天然自然的“非常态”环境的帮助，为此，需要了解和认识天然自然的“非常态”现象的规律，这就需要创建人化自然。科学是创建“人化自然”的手段，是人对自然的理论关系，这就是科学的本质。

（2）科学的特点。科学是形成人化自然的手段，科学具有如下本质属性。

① 客观真理性。科学是形成人化自然的手段，其对象是天然自然。天然自然是不以人的意志为转移的客观存在。所以，科学知识具有客观真理性。所有的科学知识都坚持用物质世界自身来解释物质世界，不承认任何超自然的东西。客观真理性是科学知识的根本属性。

② 可检验性。科学的真理性是由它所具备的可检验性加以保证的[6]。因为科学是形成人化自然的手段，所得到的是关于天然自然规律性的认识，所以，科学的结论在可控条件下可以重复接受实验的检验。科学实践既是检验科学知识的真理性标准，又是推动人类认识发展的动力。

③ 规律性。天然自然只服从自然规律和受自然规律自发作用的支配。关于天然自然规律性的人化自然是关于这种规律性的认识。在这个意义上，科学是关于天然自然规律性、系统性的集合，呈现规律性的特点。

④ 活动性。人类获得天然自然界规律性知识主要是通过天然向“人化自然”转化的活动得到的，因而具有活动性。在当代，特别表现为更多的科学知识是通过科学观察和科学实验获得的。科学观察是人们有目的、有计划地感知和描述客观事物的一种活动。科学实验方法可以借助于精密仪器，排除其他偶然的、次要因素和外界干扰，发挥简化和纯化功能、强化和激化功能、模拟功能，把研究对象的某种属性或联系的纯粹的形式呈现出来，从而准确地认识天然自然规律。

（3）科学方法。从方法论的角度看，科学方法可以分为分析与综合、归纳与概括、类比等。从科学是形成人化自然的手段的理论前提出发，可以进一步地理解科学方法的实质，即科学是怎样做的，或怎样的认识和实践活动才具备形成人化自然的功能。

① 分析与综合。所谓分析，是把研究对象由整体到部分的思维方法。综合则是在分析的基础上，由部分到整体的认识方法。它们互为前提、相互依存，在一定的条件下相互转化。当探索天然自然的规律需要由整体深化到局部时，需要运用分析的方法，反之则需要运用综合的方法。

② 归纳与概括。归纳方法是由个别或特殊推到一般的方法。概括也是一种从个别或特殊性认识上升为一般性认识的思维方法。当探索天然自然的规律需要由个别到一般时，则需要运用归纳与概括的方法。

③ 类比。在研究天然自然规律时，类比方法是根据两类对象在一系列性质、关系或功能方面的相似，推出另一类对象也具有同样的其他性质、关系或功能。当天然自然的对象一部分处于认识“非常态”，另一部分处于认识“常态时”，类比是一种十分重要的创新思维方法，在探索中常常能发挥冲破迷雾的导航作用[6]。

（4）科学社会规范。科学的社会规范以公有主义、普遍主义、无私利性、独创性和有条理的怀疑主义为标准。这是科学家现实行为的重要参照系。科学的社会规范是由科学也是形成人化自然的手段这一特点决定的。

由于科学的对象天然自然是公有的，所以产生了公有主义规范，要求研究者不占有和垄断科学成果。由于科学的对象天然自然是普遍的，所以产生了普遍主义规范，强调科学标准的一致性。只要是科学真理，不管它来源如何，都服从于不以个人为转移的普遍标准。由于科学的对象天然自然是共享的，所以产生了无私利性规范，要求从事科学活动、创造科学知识的人不应以科学牟取私利。科学家从事科学活动是唯一目的。由于对科学的对象天然自然的探索应该是逐步深入的，要求科学家依靠自己，独立思考，所以产生了独创性规范。还由于对科学的对象天然自然的探索是曲折的，所以产生了有条理的怀疑主义规范，强调科学永远的批判精神。

2. 人工自然与技术

人工自然主要是通过技术从天然自然改造而来的，要了解技术的本质和特点，必须从人工自然的形成入手。

（1）技术的本质。从天然自然和人工自然的关系出发，可以探索技术的本质。天然自然是各种“非常态”的集合体，需要把它们引入到“常态”环境，这就必须创建人工自然。技术是创建“人工自然”的手段，是人对自然的实践关系，这就是技术的本质。

（2）技术的特征。技术是创建人工自然的手段，表现人对自然能动作用的关系范畴，其特征主要如下。

① 合规律性与合目的性。由于技术发挥作用的过程是人工自然的形成过程，所以必然具有合规律性与合目的性二重性的特点。

第一，技术的合规律性表现在技术活动必须符合自然界物质运动的规律。这个作用的原料和动力都来自天然物。这个作用的结果，或者是自然界中物质运动形式的变化，或者产生了对人有用的物体，或者改变了物体的空间位置，都带有天然自然的特征，符合自然规律。

第二，技术合目的性表现在，在人工自然中，尽管天然物作为物的客观实在性仍然保持着，但就其整体的结构和功能而言，已经被人的本质和规律所遮蔽[9]。如形成人工生物自然时，合规律性到合目的性的转变表现为由天然生物的分散向集成转变，也表现为利用生物技术，开发出具备更加适合人们需要的生物特性的农产品品种。

② “装” 和 “备” 的配合。由于技术发挥作用的过程是创建人工自然的过程，所以 “常态” 与 “非常态” 的矛盾是一个永恒的基本矛盾，需要通过 “装” 实现对 “非常态” 的引入，通过 “备” 实现对 “非常态” 的隔离和防护，防止 “非常态” 对 “常态” 的破坏或者损害，从实施结果看，“装” 的结果是新产品的生成、物质和能量的转化等，“备” 的结果是对人的安全的保护及对生存环境的保护和改善等。这样，技术发挥作用的过程也是 “装” 和 “备” 的合理配合并且配合程度不断加深的过程。例如，对核电技术而言，所谓 “装”，就是一种将热能转换成电能的装置；“备” 是对 “非常态” 的隔离和防护，防止 “非常态” 对 “常态” 的破坏或者损害，保证了核电站的安全运行。

③ 技术具有 “双刃剑” 效应。因为技术发挥作用的过程是 “非常态” 向 “常态” 间接引入的过程，但由 “非常态” 向 “常态” 的引入机制是非常复杂的，稍有不慎，这种间接引入就可能变为直接引入过程，科学技术就表现出 “双刃剑” 效应：一方面，对科学技术的崇拜呼唤出了无与伦比的生产力，人类生产和生活的方式因之发生了巨大的变化；另一方面，科学技术也产生了破坏作用，构成了对当代人类生存与发展的严重威胁[10]。因此，在技术使用过程中，必须通过加强技术评估等手段，防止或者消除技术的负效应。如在生物人工自然状态下会制造出杀人于无形的基因武器。发展基因武器可能产生一些人类在已有技术条件下难以对付的致病微生物，从而给人类带来灾难性的后果。

（3）科学和技术的划界。从科学是创建人化自然和技术是创建人工自然的本质出发，可以得出如下科学和技术的划界。

① 科学是以发现为核心的人类活动，科学是人们对客观世界的认识，是反映客观事实和规律的知识体系，是一项反映客观事实和规律的知识体系相关活动的事，科学是使天然自然转变为人工自然的基础和条件。

② 技术是以发明为核心的人类活动，是按照人所需要的目的，运用人所掌握的知识和能力，借助人可能利用的物质手段了解自然和改造自然，而使自然界人工化的动态系统或过程[11]。技术是使天然自然转变为人工自然的现实性的关键。

（4）技术分类。人工自然形成的方向与天然自然演化的方向相反。天然自然的演化生成历程是：宇宙演化—恒星演化—地球演化—生物演化。人工自然的形成首先从生物圈开始，然后逐渐深入到地球圈和恒星圈，最后到达宇宙圈，并最终达到全面彻底地认识自然和改造自然[8]。这就决定了人类人工自然引入方式演进的基本历程必然是：生物人工自然形成—地球人工自然形成—恒星物理人工自然形成—宇宙人工自然形成等。因此，可以按照创建人工自然的活动，把技术分为生物技术、机械技术、化学技术和物理技术。

① 生物技术。是创建生物人工自然的技术，指运用自然界生物运动规律的生物学方法，改变生命活动过程与形态的技术。如传统农业技术，以及遗传工程、细胞工程、酶工程和发酵工程等现代生物工程技术。

② 机械技术。是创建地球人工自然的技术，指运用自然界机械运动规律的力学方法，创造人工机械运动过程，改变地表机械运动状态和自然界形状的技术。如挖掘技术、机械加工技术、运输技术等。

③ 化学技术。是创建恒星人工自然的技术，指运用自然界化学运动规律的化学方法，建立人工化学过程，在地球表面模拟恒星演化过程，改变自然物质的成分与结构的技术。如各种化工技术、合成材料技术、冶炼技术等。

④ 物理技术。是创建宇宙人工自然的技术，指运用宇宙演化规律，在地球表面模拟宇宙演化过程，改变自然物质的热、声、光、电、磁等性质，生成基本粒子的技术、能量转换技术等。

（5）技术的构成。技术构成的基本要素可以概括为经验形态的技术要素、实体形态的技术要素和知识形态的技术要素[6]。在创建人工自然的活动中，它们各自发挥不同的作用。

如在开始创建生物人工自然时，经验、技能这些主观性的技术要素发挥了主要作用。在现代创建生物人工自然时，需要利用包括转基因的农业生物技术、基因技术、生物能源技术等。在这个阶段知识形态的技术要素产生了巨大的作用。

恒星人工自然的形成主要是通过控制手段进行的。这特别表现在受控热核反应技术、核电站技术、航天航空技术等方面，这时知识形态的技术要素同样产生了巨大的作用。在核电站建设中，需要合适的系统和设备，将原子核裂变（或聚变）所释放的核能转变为电能，同时实施有效的隔离和防护，这时需要实体形态的技术要素发挥巨大的作用。

3. 人工自然与工程

在人工自然的形成过程中，存在大量需要造物或需要通过地表改变来创建人工自然的问题，这就需要通过工程来加以解决。和技术一样，工程同样是形成人工自然的重要手段。因此，从人工自然的形成上对工程进行反思显得十分必要。

（1）工程的内涵。从工程是通过造物形成人工自然的手段这一特点出发，可以将工程定义为：工程是为了创建人工自然，在科技及经验集成的基础上，在特定的自然环境和社会情境中，有计划、有组织地建造某一特定人工物的活动。

（2）工程的特点。

① 系统性与协调性。由于工程是通过造物形成人工自然的手段，所以工程活动中包含众多的要素，具有明显的系统性与协调性。在工程活动中，除了内部的系统协调，还有与其环境中其他系统相协调。如在建设核电站时，需要利用工程系统性与协调性原理，使相应的“装”和“备”合理配合，即使“装”成为一种将热能转换成电能的装置，使“备”实现对“非常态”的隔离和防护，保证核电站的安全运行。

② 场域性与情境性。由于工程是通过造物形成人工自然，所以工程活动总是在特定的自然环境与社会环境中进行的，具有明显的场域性与情境性。如通过航天航空技术建立恒星人工自然时，实质上都是把适于人生存的“常态环境”推向外部空间，因而要求相应的工程活动具有场域性与情境性。

③ 不重复性。工程人工物是在工程行动中逐步建造出来的对象，工程人工物往往处在特定的自然与社会环境里，不可能像一般产品一样可以随意移动，也有别于一般生产物品批量、定型的特点，具有“不重复性”的特点。

（3）工程与科学、技术的划界。

① 科学与工程的划界。工程与科学之间的区别甚为分明。科学活动是以发现自然规律为核心的认识活动，其活动的最终目标是形成关于天然自然的具有普遍性与必然性的认识。而工程活动则是以建造人工物为核心的创建人工自然的活动，其活动的最终目标是通过造物形成满足人类生存与发展需要的人工自然。

② 技术与工程的划界。工程与技术都是创建人工自然的活动。但技术侧重于用打造“技术人工物”来创建人工自然，着重于各种发明手段的探索。“技术人工物”具有一定的通用性、普适性、可复制性、可转移与传播性。而工程侧重于通过打造“工程人工物”来创建人工自然，着重于各种造物的探索。“工程人工物”则具有特殊性、唯一性、不可复制性、无法转移性等特点。

（4）工程的类型。按照工程是通过造物形成人工自然的手段的特点不同，当代工程大致可以分为农业和林业保护与建设工程、土木工程、机械工程、化学工程、宇宙探测工程等。

① 农业和林业保护与建设工程是通过农田保护和建设工程、天然林保护工程、经济和能源速生林建设等，为发展农业和林业提供基础设施保障，保护生态环境，发展生物能源，本质是建立生物人工自然。

② 土木工程是通过造物对地表进行改变，形成地表人工自然，如房屋、道路、铁路、港口、飞机场的修建等。这些工程设施要能满足人们的使用要求，同时要能安全地承受各种荷载，并与周围环境相和谐。

③ 机械工程是通过造物和维修等为机械产业发展提供基础设施与生产保证，使其产业化活动得以顺利进行的工程活动，也是形成地球人工自然的活动。

④ 化学工程是通过造物和维修等为化工产业发展提供基础设施和生产保证，使其产业化活动得以顺利进行的工程活动，本质上是形成恒星人工自然的活动。

⑤ 宇宙探测工程等是通过发射各种宇宙探测器、建造天文望远镜，进行“反物质”实验等探测宇宙空间的活动，本质上是形成宇宙人工自然。

4. 社会自然与产业

自然界的辩证发展包括从天然自然、人化自然到人工自然和社会自然的转化过程，尤其从人工自然和社会自然的转化过程是必不可少的过程，该过程实质上是产业化过程。因此，要从产业是创建社会自然的手段出发来研究产业。

（1）产业的内涵。由于社会自然的形成过程即是追求普遍性的过程，本质上是追求经济效益的过程，必然需要一种新的满足上述需要的实践活动，作为人的新的实践活动形式的产业实践就应运而生。产业可以定义为重复乃至规模化地生产人工物，使个别的、偶然出现的灵感、创意、发现、发明、人工物实现社会化的传播，创造社会自然的过程。

（2）产业的特点。

① 产业的规模性。规模性是社会物形成和成熟的标志。产业是个别的、偶然的人工物成为大量的、必然的社会物的过程。能否形成规模生产是产业的一个非常重要的本质特征，产业的规模性生产是产业的最重要特点。在产业中，或者技术发明所创造的产品被批量化、规模化地生产出来，或者技术发明所开发的新工艺、新方法被大规模地应用于生产过程，或者工程建设所采取的各种优化方法被可重复、定型化地应用于日常生产，都体现了产业的规模性特点。

② 产业的盈利性。产业化过程把个别的、偶然的和不自觉的人工物转变成为普遍的、必然的和自觉的人工物即社会物的过程。和单一的人工物不同，作为人类有目的活动的产物，人工物的社会化不仅要受到自然属性、存在状况和运动规律的制约，还要受到经济水平和文化观念等因素的支配，更重要的是经济效益和社会效益的考量[9]，产业的盈利性是产业的另一个重要特点。在产业化过程中，产业的盈利性特点表现在：融资渠道从以科研基金为主转向以社会资金为主，主体从以科技人员为主转向以企业家为主，载体从科研机构转向生产营销企业，评价标准由先进性转向创利性。

③ 产业的结构性。产业的结构性是指各产业的构成及各产业之间的联系和比例关系。产业化过程也是产业结构调整过程。在产业结构调整过程中，不断变化的产业结构满足了不断变化的社会需求，进而决定了社会物属性的获得。

④ 产业的系统性。产业的系统性是指产业化的过程绝不仅是单个技术的突破，更是由于薄弱技术环节被打通而形成技术体系的过程；产业发展也不仅是单个产业的形成，而是由于产业间有机联系的建立形成产业链和产业体系的建立。

⑤ 产业的生产力性。产业的生产力性表现在产业随着人类生产力的发展和生

产方式的进化而拓展，人类社会的生产力和生产关系发展的本质是由产业发展来推动的。

(3) 科学、技术、工程与产业的划界。

① 科学与产业的区别。科学是以发现为核心的人类活动，科学是人们对客观世界的认识，是反映客观事实和规律的知识体系，是使天然自然转变为人工自然的基础和条件。而产业是规模化地生产人工物，使个别的、偶然出现的灵感、创意、发现、发明、人工物实现了社会化的传播，是创造社会自然的过程。科学与产业的区别是明显的，二者的联系是间接的。

② 技术与产业的区别。

第一，外延不同，因而功能各异。技术并不都是产业性的，还有种种非产业技术。产业与收入直接相关。而技术（如军事技术、环保技术）有重要的社会价值，与“支出项”直接相关。

第二，技术表明产业的可能性和质的方面，而不是现实的产业和产业的量的方面。现实的产业不仅涉及技术的优劣，并且要有产品的连续和批量。

第三，技术与产业的发展规律性不同，新技术始于发明，成于研制，“终”于推广应用，创造人工自然。而产业过程则始于技术的推广，成于设备和工艺规范的定型，“终”于批量的产品和经济的产出，创建社会自然[12]。

③ 工程与产业的区别。

第一，活动目标不同。工程是具体的建造性活动和基本建设项目，理解工程的关键是工程通过人工物的建造，实现了使天然自然向人工自然的转化。产业是生产各种产品或提供各种服务来满足人类生产、生活需要的社会实践活动，理解产业的关键是产业通过社会物的建造，实现了使人工自然转变为社会自然的转化。

第二，活动产物不同。工程是以建造为核心的人类活动，所建造的是一个自然界不存在而又可以带来一定的经济效益或社会效益的人工物[13]。产业是通过大规模制造人工物，实现人工物向社会物的转化，活动产物是社会物。

第三，产业是以一定批量为条件、按照某种确定的规范进行生产的，有重复性。而工程则是以完成某一个特定的任务为目标，难有成型或普适的规范，大多是一次性的，没有重复性[14]。

(4) 产业化过程。产业是通过大规模制造人工物，实现人工物向社会物的转化，从而满足人类需要的社会实践活动。产业化过程是实践科学、技术、工程和产业之间存在的“内在逻辑”——相互转化的过程，体现在以下三方面。

第一，新技术的发明和研制。首先产生新技术的构想和设计，形成小规模的高技术样品，使得高技术成果进入实用阶段。

第二，新技术产品的开发与推广。对研制的高技术样品的生产工艺、设备的检测能力、生产线及与之相关的企业组织等进行大规模的开发与推广。

第三，新技术产品的规模化生产。即把上述样品投入到生产过程，通过生产管理和质量管理，进行大规模生产，生产出大量产品。

其中，第一、第二阶段是创建人工自然的阶段，第三、第四阶段是创建社会自然的阶段。

（5）产业化机制。从哲学的角度看，产业就是实现人工物向社会物的转化，在产业化过程中，要通过实现以下四个转变来建立相应的产业化机制。

第一，融资渠道的转化。资金来源从以依靠政府投入为主向以企业和利用市场机制为主转化。

第二，主体的转化。科学技术化的主体是发明家，但技术产业化的“主角”是企业家和风险投资家，产业化过程要实现从以发明家为主体向以企业家为主体的转化。

第三，载体的转化。科学技术化的主要载体是科研机构，但技术产业化的主要载体是企业。产业化过程要实现以科研机构发明家为载体向以企业为载体的转化。

第四，评价标准的转化。先进性和实用性是评价技术价值的首要标准，而产业化的评价标准则是创利，产业化评价标准要实现从以先进性和实用性为主向以经济效益为主的转化。

参考文献：

[1] 陈昌曙．试谈对“人工自然”的研究[J]．哲学研究,1985(1):41-47.
[2] 陈昌曙．技术哲学引论[M]．北京:科学出版社,1999.
[3] 马克思,恩格斯．马克思恩格斯选集:第20卷[M]．北京:人民出版社,1971:580.
[4] 韩民青．从自然生产到人类生产[J]．山东社会科学,2002(6):57-63.
[5] 徐长福．马克思主义哲学教学内容的几个难点[J]．天津商学院学报,1997(4).
[6] 黄顺基．自然辩证法概论[M]．北京:高等教育出版社,2004.
[7] 纪占武,郑文范．关于发展生物能源危机的思考[J]．东北大学学报:社会科学版,2009,11(6):490-495.
[8] 远德玉,丁云龙．科学技术发展简史[M]．沈阳:东北大学出版社,2000.
[9] 雷毅．论人工物的社会化[J]．晋阳学刊,2005(6):62-65.
[10] 郑文范．科学技术本质的演化论解读[J]．社会科学辑刊,2005(3):11-15.
[11] 陈昌曙．自然辩证法概论新编[M]．沈阳:东北大学出版社,2001:197-198.
[12] 陈昌曙．陈昌曙技术哲学文集[M]．沈阳:东北大学出版社,2000.
[13] 蔡乾和．从“四元知识链”的视角看工程创新[J]．东北大学学报:社会科学版,2008,10(5):387-391.
[14] 李伯聪．工程哲学引论[M]．郑州:大象出版社,2002:328.

我国R&D经费投入计量模型的建立及应用

刘晓宇　郑文范

（东北大学科学技术与社会研究中心，中国 沈阳　110819）

摘　要：自20世纪90年代世界进入“知识经济”时代开始，R&D经费占GDP的比例达到3%已经成为主要发达国家和新兴工业化国家共同的投入目标。我国颁布的《国家中长期科学和技术发展规划纲要（2006—2020）》提出，到2020年，中国R&D经费占GDP的比例达到2.5%，接近发达国家水平。为了确保我国R&D经费投入目标的实现，必须对其现状和问题有一个清楚、明确的认识，对“十二五”我国R&D经费投入进行预测并提出对策。

关键词：R&D经费投入　R&D指标　创新经济

科技进步是一个国家经济发展与社会进步的基础和前提，而一国科技发展的水平又受到该国科技投入体制的决定性影响[1]。2008年我国R&D经费内部支出额为4616.01亿元，R&D经费占GDP的比例达到1.54%，这是一个非常可喜的成绩。我国颁布的《国家中长期科学和技术发展规划纲要（2006—2020）》提出，到2020年，中国R&D经费占GDP的比例要提高到2.5%，接近发达国家水平（R&D经费占GDP的比例达到3%是主要发达国家和新兴工业化国家共同的投入目标），从目前情况来看，距该预期目标仍有相当的差距，还须付出很大的努力。为了达到国家的预期目标，对R&D经费投入的现状和问题必须有一个清楚、明确的认识。为此，迫切需要对R&D经费投入进行预测。

一、R&D经费投入的指标体系

R&D经费投入强度是衡量一个国家科技进步程度的重要指标。R&D经费投入按照来源，可分为政府R&D经费投入、企业R&D经费投入、国外和其他R&D经费投入。各国在一定时期内，对R&D经费投入的总量都有一个明确的、具体的目标，从R&D经费投入按照来源划分看，各部分R&D经费投入对总量的投入都有一个指标体系，可以用偏离率、偏离度、增加率和贡献率来分析各部分R&D经费投入的具体情况。

（1）偏离率和偏离度。

偏离率 =（当年理论值 - 当年实际值）/当年理论值

偏离度 =（部门当年理论值 - 部门当年实际值）/（当年理论值 - 当年实际值）

偏离率反映了实际目标与计划目标的偏离情况，偏离度反映了部门目标偏离对总目标偏离的影响程度。

（2）增加率和贡献率。

增加率 =（报告年值 - 基年值）/基年值

贡献率 =（部门报告年值 - 部门基年值）/（总报告年值 - 总基年值）

增加率反映了计划 R&D 经费投入与基年经费投入的增加情况，贡献率则反映了概念部门增加对总的增加的贡献情况。

二、“十一五”我国 R&D 经费投入目标及偏离情况

我国 2006 年的 R&D 经费占 GDP 的比例为 1.42%，与发达国家平均为 2.5% 的比例相差甚远，离国际上共同认定的 3% 的目标更有相当的距离。《国家中长期科学和技术发展规划纲要（2006—2020）》提出，“通过多方面的努力，使我国全社会研究开发投入占国内生产总值的比例逐年提高，到 2010 年达到 2%，到 2020 年达到 2.5% 以上”。

2006 年我国 R&D 经费投入占 GDP 的比例为 1.42%。具体值见表 1。

表 1　　2006—2010 年我国 R&D 占 GDP 的比例的目标值

年　份		2006	2007	2008	2009	2010
GDP/亿元		211923.5	257305.6	300670.0	—	—
R&D 经费内部支出/亿元	理论值	3003.10	3859.58	5081.32	—	—
	实际值	3003.10	3710.24	4616.02	—	—
R&D 经费投入与GDP 之比/%	理论值	$1.42G_{2006}$	$1.55G_{2007}$	$1.69G_{2008}$	$1.84G_{2009}$	$2.0G_{2010}$
	实际值	$1.42G_{2006}$	$1.44G_{2007}$	$1.54G_{2008}$	—	—

注：2009 年和 2010 年暂无统计数据。（除注明外，资料均来自中国科技统计年鉴 2009、中国统计年鉴 2009，以下同。）

由表 1 R&D 占 GDP 的比例来看，我国 2007 年 R&D 经费占 GDP 的比例的理论值为 1.55%，实际值为 1.44%，实际值比理论值减少 0.11 个百分点；偏离率为 7.1%。我国 2008 年 R&D 经费占 GDP 的比例的理论值为 1.69%，实际值为 1.54%，实际值比理论值减少 0.15 个百分点；偏离率为 8.9%。偏离率逐年增大。

三、R&D 投入目标偏离原因探析

国际货币基金组织、欧盟委员会、亚洲银行等机构公布的《世界经济展望》信息显示，全球经济增长预计将从2007年的5.0%，减缓至2008年的3.9%和2009年的3.0%，是自2002年以来的最慢增长步伐[2]。R&D经费投入按照来源，可分为政府投入、企业投入、国外投入和其他投入四种。因此，可从以上四方面分析R&D投入目标偏离的原因。

由表1可以看出，2007年我国R&D经费支出理论值为3859.58亿元，实际值为3710.24亿元，理论值高于实际值149.34亿元。

2006年我国R&D经费支出为3003.10亿元，其中，政府、企业、国外和其他投入分别为742.1亿元，2073.7亿元，187.3亿元，各部分所占的比例大致为24.7%，69.1%，6.2%。2007年我国R&D经费支出为3710.24亿元，其中，政府、企业、国外和其他投入分别为913.5亿元，2611.0亿元，185.8亿元，各部分所占的比例大致为24.6%，70.4%，5%。2008年我国R&D经费支出为4616.02亿元，其中，政府、企业、国外和其他投入分别为1088.9亿元，3311.5亿元，215.6亿元，各部分所占的比例大致为23.6%，71.7%，4.7%。

1. 政府财政R&D投入原因分析

2007年，政府R&D经费投入理论值为957.2亿元，占GDP的比例的理论值为0.37%。政府R&D经费投入实际值为913.5亿元，占GDP的比例的实际值为0.35%，理论值高于实际值0.02个百分点，理论值高于实际值43.7亿元；偏离率为1.3%，偏离度为29%。

2008年，政府R&D经费投入理论值为1219.5亿元，占GDP的比例的理论值为0.41%。政府R&D经费投入实际值为1088.9亿元，占GDP的比例的实际值为0.36%，理论值高于实际值0.05个百分点，理论值高于实际值130.6亿元；偏离率为3.0%，偏离度为28%。

从2008年和2007年的比较可以看出，政府财政R&D的投入偏离在加大，但对总的偏离作用在减小。

政府财政R&D投入又可分为中央财政R&D投入和地方财政R&D投入，下面进行具体的分析。

（1）中央财政R&D投入原因分析。2007年中央财政R&D经费占GDP的比例的理论值为0.15%，实际值为0.14%，理论值高出实际值0.01个百分点；偏离率为0.7%，偏离度为11.7%。2008年中央财政R&D经费占GDP的比例的理论值为0.16%，实际值为0.15%，理论值高出实际值0.01个百分点；偏离率为0.6%，偏离度为6.5%。从2008年和2007年的比较可以看出，中央财政R&D的投入偏离在加大，反映出我国中央财政 R&D 投入的能力在减弱。

（2）地方财政 R&D 投入原因分析。2007 年地方财政 R&D 经费投入占 GDP 的比例的理论值为 0. 22%，实际值为 0. 21%；偏离率为 0. 65%，偏离度为 10. 0%。2008 年地方财政 R&D 经费投入占 GDP 的比例的理论值为 0. 16%，实际值为 0. 15%；偏离率为 0. 59%，偏离度为 6. 6%。从 2008 年和 2007 年的比较可以看出，地方政府财政 R&D 的投入偏离没有变化，但对总的偏离作用有所改变。

2. 企业原因

2007 年企业 R&D 经费投入占 GDP 的比例的理论值为 1. 10%，实际值为 1. 01%，理论值高出实际值 0. 09 个百分点；偏离率为 5. 8%，偏离度为 74%。2008 年企业 R&D 经费投入占 GDP 的比例的理论值为 1. 20%，实际值为 1. 10%，理论值高出实际值 0. 1 个百分点；偏离率为 5. 9%，偏离度为 73%。从 2008 年和 2007 年的比较可以看出，企业 R&D 经费投入在全部 R&D 经费投入中占有举足轻重的位置，但 R&D 的投入偏离度加大。

反映企业 R&D 投入最重要的支撑指标是企业的 R&D 投入与销售收入之比。该比例 2007 年的理论值为 0. 9%，实际值为 0. 85%。2008 年的理论值为 1. 0%，实际值为 0. 9%，其偏离值不断加大，这是导致企业 R&D 的投入偏离率加大的真正原因。

3. 国外和其他投入原因

R&D 经费投入的第三个来源是国外和其他 R&D 投入。2007 年国外和其他投入占 GDP 的比例的理论值为 0. 07%，实际值为 0. 08%；偏离率为 0. 6%，偏离度为 2%。2008 年国外和其他投入占 GDP 的比例的理论值为 0. 08%，实际值为 0. 07%，理论值高出实际值 0. 01 个百分点；偏离率为 0. 6%，偏离度为 2%，其偏离值基本保持不变。2006—2010 年我国 R&D 经费占 GDP 的比例见表 2。

表 2　　2006—2010 年我国 R&D 经费占 GDP 的比例

年　份			2006	2007	2008	2009	2010
GDP/亿元			211923. 5	257305. 6	300670. 0	—	—
政府 R&D /GDP	中央财政 R&D /GDP	理论值	$0.14G_{2006}$	$0.15G_{2007}$	$0.16G_{2008}$		
		实际值	$0.14G_{2006}$	$0.14G_{2007}$	$0.15G_{2008}$		
	地方财政 R&D /GDP	理论值	$0.21G_{2006}$	$0.22G_{2007}$	$0.24G_{2008}$		
		实际值	$0.21G_{2006}$	$0.21G_{2007}$	$0.22G_{2008}$		
企业 R&D /GDP	理论值		$0.98G_{2006}$	$1.10G_{2007}$	$1.20G_{2008}$		
	实际值		$0.98G_{2006}$	$1.01G_{2007}$	$1.10G_{2008}$		
国外和其他 R&D /GDP	理论值		$0.09G_{2006}$	$0.08G_{2007}$	$0.08G_{2008}$		
	实际值		$0.09G_{2006}$	$0.07G_{2007}$	$0.07G_{2008}$		

四、我国 R&D 经费投入目标偏离的影响

我国的 R&D 投入在改革开放前严重不足，提出“科教兴国”战略后，R&D 投入不断增加。但由于我国 R&D 经费投入目标始终没有得以实现，其目标偏离产生了很多负面影响，直接影响到我国科技的发展与企业的竞争力。

（1）R&D 经费总量大，但是强度不高。当今 R&D 经费占 GDP 的比例达到 3% 已经成为主要发达国家和新兴工业化国家共同的投入目标。而我国在“十一五”期间，R&D 经费投入没有达到 2% 的目标，这导致尽管“十一五”期间我国 R&D 经费增长很快，但问题和差距仍然十分明显。一是我国 R&D 投入的绝对水平与西方发达国家相比仍然偏低。例如，美国 2006 年的 R&D 经费总量是我国的 9 倍多；二是 R&D 经费相对于 GDP 的比例与发达国家平均 2.5% 的比例相差甚远，离国际上共同认定的 3% 的目标更有相当的距离。

（2）对摆脱金融危机困境产生不利的影响。面对此次金融危机，各国纷纷出台经济救援计划，其中增加研发投入、鼓励创新成为各国应对危机的重要内容之一。尽管在金融危机影响下，R&D 经费来源紧张，许多国家并没有放松研发和科技投入的力度，而是积极地推行新的技术变革，推动新主导产业的崛起，以应对全球金融危机。然而，对于我国而言，由于我国 R&D 经费投入目标始终没有得以实现，加之 R&D 经费在使用等方面存在问题，很难适应经济社会的发展，也难以满足应对危机的强烈需求。

（3）影响产业链整合。由于我国 R&D 经费投入长期偏离目标值，所以影响了我国的产业链整合。在产业链中，我国企业实际承担的则是制造环节，而产品的设计与研发、采购、销售等环节都被国外所掌控，处在产业链里利润最薄弱的一环，成为代工工厂，这也使农产品发展形势严峻，我国的传统农产品，如大豆、玉米、棉花等市场或被国外操纵或面临极大的挑战。

（4）基础研究的投入严重不足。由于我国 R&D 经费投入长期偏离目标值，因此基础研究的投入严重不足，我国基础研究和应用研究经费在 R&D 经费中所占的比例明显偏低，使基础研究为后续的应用研究和试验开发提供发展后劲的功能不足，也影响了我国整体科研水平。如 1998—2008 年，我国学者发表论文的篇均引用次数为 4.6 次，不到世界平均值 9.56 次的一半。这反映出我国整体科研水平还有待于进一步提高[3]。

五、我国 R&D 经费投入目标的实现路径

由上述分析可知，“十一五”期间，我国不能完成增加 R&D 经费的目标。该

目标至迟需要在“十二五”期间完成。十二五”期间，我国增加R&D经费投入总量实施方案是：最迟至2015年我国R&D经费占GDP的比例要提高至2.0%。其中，政府、企业、国外和其他R&D经费投入所占比值大致为24%，74%，2%，各部门R&D经费投入占GDP的比例0.48%，1.48%，0.04%。见表3。

表3　　2008—2015年我国R&D经费占GDP的比例预测

年份		2008	2009	2010	2011	2012	2013	2014	2015
R&D/GDP/%		1.54	1.60	1.66	1.72	1.79	1.86	1.93	2.0
R&D经费投入		1.54 G_{2008}	1.60 G_{2009}	1.66 G_{2010}	1.72 G_{2011}	1.79 G_{2012}	1.86 G_{2013}	1.93 G_{2014}	2.0 G_{2015}
政府R&D经费投入	中央财政	0.148 G_{2008}	0.154 G_{2009}	0.159 G_{2010}	0.165 G_{2011}	0.172 G_{2012}	0.179 G_{2013}	0.185 G_{2014}	0.192 G_{2015}
	占中央财政支出比/%	0.3	0.31	0.32	0.34	0.35	0.36	0.38	0.40
	地方财政	0.221 G_{2008}	0.230 G_{2009}	0.239 G_{2010}	0.248 G_{2011}	0.258 G_{2012}	0.268 G_{2013}	0.278 G_{2014}	0.288 G_{2015}
	占地方财政支出比/%	1.3	1.4	1.45	1.5	1.55	1.6	1.66	1.7
企业R&D经费投入		1.139 G_{2008}	1.184 G_{2009}	1.228 G_{2010}	1.273 G_{2011}	1.325 G_{2012}	1.376 G_{2013}	1.428 G_{2014}	1.480 G_{2015}
企业R&D投入占销售收入比/%		1.0	1.17	1.30	1.33	1.35	1.39	1.42	1.47
国外和其他R&D经费投入		0.030 G_{2008}	0.032 G_{2009}	0.033 G_{2010}	0.034 G_{2011}	0.036 G_{2012}	0.037 G_{2013}	0.039 G_{2014}	0.040 G_{2015}

注：1.54 G_{2008} 表示我国R&D经费投入占2008年GDP的比例为1.54%，以下意义同。

1. 增加R&D经费投入总量实施方案

2008年R&D经费投入为4616.02亿元，占GDP的比例为1.54%。2015年R&D经费投入为10992.7亿元，占GDP的比例为2.00%。2015年R&D经费投入较2008年增加6376.7亿元，占GDP的比例增加0.5%。增加率为33%。

2. 政府财政R&D经费投入实施方案

（1）政府财政R&D经费总量投入。2008年政府财政R&D经费投入为1112亿元，占GDP的比例为0.37%。2015年政府财政R&D经费为2638亿元，占GDP的比例为0.48%。两者相差0.11个百分点，增加率为7%，贡献率为24%。

（2）中央财政R&D经费投入。2008年中央财政R&D经费投入为445亿元，占GDP的比例为0.148%。2015年中央财政R&D经费投入为1055亿元，占GDP

的比例为0.192%。两者相差0.084个百分点，增加率为2.8%，贡献率为9.5%。

在我国R&D经费投入上，要争取中央R&D投入主要通过“863”计划、科技支撑计划、火炬计划、星火计划等国家计划进行。必须大力加强中介组织建设，加大申报和获准上述国家计划的成功率，减少申报成本。

（3）地方财政R&D经费投入。2008年地方财政R&D经费投入为661.4亿元，占GDP的比例为0.22%。2015年地方财政R&D经费投入为1593.9亿元，占GDP的比例为0.29%。两者相差0.07个百分点，增加率为4.3%，贡献率为15%。地方财政R&D经费占同级财政支出从2008年的1.6%增加到2015年的1.7%。

为此要做到如下几点。

“十二五”期间，要继续强化政府科技投入意识，明确科技投入与非科技投入的界限，将“本级财政应用技术研究与开发资金占当年本级财政决算支出比例”作为各级领导班子和主要领导干部科技进步工作绩效考核的重要指标。

要依托骨干企业、科研院所或高等学校等设立的研究开发实体，通过采取投资补助的方式对省级工程实验室建设项目予以适当的资金支持，通过农业科技成果转化资金的实施增加财政拨款，吸引企业、科技开发机构和金融机构等渠道的资金投入，以此增加地方财政农业R&D经费投入。要继续通过增值税减免等优惠政策的实施，加快科技成果转化，增加间接地方财政R&D经费投入。

3. 企业R&D经费投入

2008年企业R&D经费投入为4179.3亿元，占GDP的比例为1.14%。2015年企业R&D经费投入为8134.6亿元，占GDP的比例为1.48%。两者相差0.34个百分点，增加率为22%，贡献率为62%。企业R&D投入占销售收入比从2008年的1.0%增加到2015年的1.47%。

为了加大企业的科技投入，“十二五”期间，我国要建立政府资助和企业研发相结合的机制，并发挥其放大、辐射、引导效应，从而有效地促使企业增加科技投入。

通过科技支撑计划拉长创新产业链，鼓励企业在建立技术创新联盟方面进行投入。通过火炬计划，鼓励在建设科技型企业方面进行投入。通过星火计划，促使先进适用、成熟可靠技术的推广，再打造农业产业化龙头企业方面的投入。要通过企业技术中心创新能力专项，鼓励在开展的重大、共性、关键性技术的研究与开发方面进行投入；通过在企业重大技术和重大技术装备的引进方案中，考察是否通过消化吸收形成科技创新能力，鼓励企业在消化吸收与再创新方面进行投入。

4. 国外和其他R&D经费投入

2008年国外和其他R&D经费投入为90.2亿元，占GDP的比例为0.03%。2015年国外和其他R&D经费投入为219.8亿元，占GDP的比值为0.04%。从

2015 年和 2008 年的比较可以看出，增加率为 0.6%，贡献率为 2%。

为此，“十二五”期间，我国要充分利用国家和地方已经出台的一系列金融支持的配套政策和措施，增加金融 R&D 经费投入，进一步加强招商引资工作，增加国外 R&D 投入等。

参考文献：

[1] 华锦阳,汤丹. 科技投入体制的国际比较及对我国科技政策的建议[J]. 科技进步与对策, 2010,27(5):25-30.

[2] IMF. World Economic Outlook[EB/OL]. [2009-03-10]http://www. imf. org/external/index. htm.

[3] 杨银厂,李敏丽,王蕾. 金融危机下全球 R&D 经费投入趋势与我国的对策研究[J]. 科技进步与对策,2010,27(1):32-35.

知识经济视域下的产业战略选择

纪占武[1,2]
(1. 辽宁工程技术大学，辽宁 阜新 123000；
2. 东北大学科技与社会研究中心，辽宁 沈阳 110819)

摘 要：知识的生产力形态表现为科学技术。知识作为一种生产要素，成为经济发展的主要推力。知识经济作为一种新的经济形态，推进了以知识经济为生产力基础、产业方式变革为目的的新产业革命，即知识产业成为产业战略选择的重点。

关键词：知识 知识经济 产业战略 产业结构

一、知识及其内涵

何谓知识，有史以来一直都是哲学的核心问题。从哲学层面讨论知识的意义，应从我们日常语言习惯中如何使用“知”这个词开始。“知”一词是指关于“是什么”的知识，关于“怎样做”的知识，亲知和熟知。柏拉图认为，知识是“证明了的真的信念”；康德认为，知识是“经验性的”“纯粹理性”和哲学意义上的形而上学知识。在黑格尔那里，知识表现为一种概念的逻辑，一些根本性的范畴(本质、现象等)成为知识的根据[1]。经验主义代表人物培根认为，“一切自然的知识都应求之于感官”。洛克则指出“我们的一切知识都在经验里扎着根基，知识归根到底是由经验而来的”。扎伊博斯基在其论文《什么是知识》中，认为知识论主要研究有关命题的知识，而麦克金则认为知识分析的对象除了命题知识，还囊括了能力知识和亲知的知识[2]。迈克尔·波拉尼（Michael Polanyi）在《个人知识》一书中，根据知识资源的可编码程度，第一次明确了隐性知识和显性知识之间的差别[3]。显性知识是指能够通过语言、文字、符号、传媒等形式，明确表达并易于存储和转移的知识；隐含知识是在显性知识的基础上，针对具体的应用目标，不能明确表达，只可意会不可言传的知识。

从本质上来看，知识离不开人的实践，知识是人类关于对客观世界反映的知识，人类对客观世界的认识经历了从未知到可知，再到熟知的过程。知识是指人类对自然界客观反映的客观内容的思想，包括通常意义的“精神产品”（科学思想、诗的思想和艺术作品）和凝结在通常意义的“物质产品”（人工自然）。知识内涵的发展则与人类的生存和发展紧密地联系在一起。人类的知识来源于人类对自然界的风险的抗争，并在生存和发展的实践中得到总结与积累；在人脑的作用下得到了抽象的存在；在人类劳动分工中得到了分类；在人类描述和反映自然图景中得到表达；依靠人类特有的语言、文字、图形、数字、公式、符号等作为载体得到了传承。

随着人类认识的不断深入，知识的数量也不断增加。以近现代科技发展史为例，在宏观学科领域，天文学揭示了天体运动与演化规律，经典力学理论建立了万有引力定律和机械运动定律，物理学揭示了能量守恒和转化定律、电磁感应定律等，生物学建立了生物进化论、遗传变异规律，化学提出了元素周期律等，一大批新的理论和学科的创立，为人类在应用技术方面的发展奠定了理论基础。在微观学科领域，以电子计算机为代表的微电子技术带动了新一轮科技革命。自然科学和社会科学相互融合与渗透，在以往基础学科的基础上，新创立了许多现代边缘学科，带动了空间科学、信息科学、生命科学、海洋科学和人文科学的发展，对新能源、新材料、新技术的产生和应用起到了至关重要的作用。

科学技术是生产力，是从作为知识的科学技术的性质、特殊性和作用，以及科学技术与物质生产力及其他生产力的密切关系来说的。马克思、恩格斯在阐述科学技术是生产力时，强调从科学技术到现实生产力，真正发挥生产力的功能，还需要经历一个转化过程。因为科学技术与物质生产力是有区别的。马克思、恩格斯在从社会整体范围内考察生产力时，指出了生产力有两种形态：一是“知识”形态的生产力，或者说是“一般社会生产力”，相对于物质生产力及其他生产力形式，可称为“潜在”的生产力；二是“物质”形态的生产力，可以称为“直接生产力”。科学技术知识属于前者，但科学技术也能够向后者生产力形态转化。转化的条件是，将科学技术作为生产要素加入到社会生产过程中去，直接作用于生产、生活实践，服务于物质和精神需要的知识。如计算机技术开创了网络经济，生命科学技术带动了生物、医药、能源经济等。科学技术作为生产力要素，与各种生产力中的要素紧密结合，使“生产过程”成为“科学技术的应用”，“在机器上实现了科学”[4]。

二、知识经济的内涵与特征

人类已经跨入21世纪，从以往的科技革命发展史与经济全球化发展史同步性看知识的运用对社会发展的作用，不难发现知识的运用对一个国家和整个社会的重要性。每一个重大的科技知识的发明，都会带动经济发展进入一个崭新的时代。知识创新和知识运用成为国际竞争的砝码。伴随着世界高科技的迅猛发展，社会劳动方式正在由传统的劳动密集型向知识密集型转变，以信息技术、知识产业为主要标志的新型经济逐渐发展、形成。“知识经济”作为原始经济、农业经济和工业经济之后的一个崭新的知识经济时代，是人类经济发展“取之不竭、用之不尽”的经济价值库。

“科学技术是第一生产力”这一论断可以诠释知识经济的全部内涵，知识作为一种经济资源和第一生产力，成为经济发展的主要支柱之一和价值的源泉。知识正在取代以自然资源、金融资本和劳动力为主导的生产力要素，成为推动经济发展的首要生产力要素。第二次世界大战以后，日本奉行以“技术立国”的经济发展战略，工业经济迅速崛起，使日本进入发达国家行列。美国发展高科技，用信息技术提高经济上的竞争力。如以计算机、半导体、芯片和软件等产业为“龙头”，形成发展和运用知识提升经济竞争力的战略布局，保持创新知识和技术的领先与竞争力的世界霸主地位。比尔·盖茨是知识经济的杰出代表，他所创立的 Microsoft 公司，仅仅用了二十几年，市值就达到5000亿美元。他个人曾以“富可敌国”的500亿美元的身价成为《福布斯》杂志公布的富豪榜之首，成为20世纪最有影响的经济人物。而这一切毫无争议都是新知识和高技术大量运用到生产实践的结果。

知识经济的提出对经济学的发展具有重要的意义。知识经济理论认为，知识作为生产力主要要素的存在，使得人类世代积累的科学技术成果为人类提出一个“取之不竭、用之不尽”的科学技术价值库。现代社会中的生产活动在很大程度上是将这种科学技术价值库的价值转化为现实价值，实现由间接生产力到现实生产力的转化[5]，在知识经济理论的背景下，经济学价值理论由劳动价值论发展到科技价值论。所谓知识经济，就是以智力资源配置为主导，依存于知识的生产、传播和使用的经济[6]。其特点是：①知识资源是主要的劳动资源。②知识产业是主导性产业。③智力是人类的主要劳动力。智力是知识生产力的能力，是处理、应用信息资源的能力。智力是人所具有的精神性的劳动能力。④智力劳动者是劳动者的主体。⑤知识财富是财富的主要形式[7]。

在当代社会生产中，科学技术、管理等知识生产要素起着越来越重要的作用。科学技术是第一生产力，在创造新生产力的产、学、研过程中，掌握了新的科学技术的劳动者，创造出新的生产工具、新的生产工艺和新的管理模式，拓展了劳动对象的范围，提高了生产力水平，大大提高了社会生产率，对社会生产力也有着巨大的影响。20世纪末，世界经济与合作发展组织发表的《以知识为基础的经济》引起了国内外研究和讨论知识经济的热潮。在知识经济时代，众多企业已深刻认识到知识作为企业的一种战略性资源，且知识管理作为现代企业的主要管理活动，从管理对象或其目的出发，都应将知识管理融入企业整个运作过程的各个环节[8]。1962年，美国经济学家弗里茨·马克卢普出版的《美国知识的生产和分配》一书对上述观点有较为系统的论述，并根据第二次世界大战以来至20世纪60年代初美国社会生产发展和企业结构变化的特点，提出了“知识产业”的概念。

三、技术转化的历史性演进与产业结构

作为“非常态”和“常态”系统要素的连接手段的技术，是指人类在对“非常态”和“常态”系统规律的认识与采取的各种中介、方法、手段等的总和。技术进步是生产力发展的巨大杠杆，也是促成产业变化的重要因素，从技术到产业是一种飞跃，而形成产业的要素并非只有技术。其好比一粒种子，如果没有土壤、矿物质、空气和水分等，就无法长成参天大树，但技术是产业的最重要因素，没有种子（技术）就无从谈起参天大树（产业）。从技术史角度考察产业的形成、发展，能够具体说明或展开有关产业活动中的一些重要问题。见表 1。

表 1　　社会生产力与产业结构

<table>
<tr><th></th><th>生产力工具</th><th>主导产业</th><th>产　业</th></tr>
<tr><td rowspan="3">农业社会
（手工生产力）</td><td>石器手工生产力</td><td rowspan="3">农　业</td><td rowspan="3">农业、畜牧业、手工业、商业</td></tr>
<tr><td>铜器手工生产力</td></tr>
<tr><td>铁器手工生产力</td></tr>
<tr><td rowspan="3">工业社会
（机器生产力）</td><td>工场手工业生产力</td><td rowspan="2">纺织业</td><td rowspan="2">纺织业、冶金业、煤炭业、交通运输业、机械制造业等</td></tr>
<tr><td>蒸汽机动力生产力</td></tr>
<tr><td>电力动力生产力</td><td>电力业</td><td>电力业、石油业、化工业、钢铁产业、汽车产业等</td></tr>
<tr><td rowspan="3">信息社会
（信息生产力）</td><td>智能信息生产力</td><td rowspan="3">计算机业</td><td rowspan="3">电子工业、通信业、航空航天业、原子能工业、生物产业、新材料产业、新能源产业等</td></tr>
<tr><td>全息信息生产力</td></tr>
<tr><td>高级信息生产力</td></tr>
</table>

从技术转化论的视域来看，人类社会的发展史是一个不断发挥科学技术的转化功能推动社会不断发展的历史。从人类社会发展的历程来看，科学技术的转化功能的发挥大致经历了表层转化（农业经济）、非循环转化（工业经济）、循环转化（知识经济）的过程。从科学技术的转化论出发，有助于我们正确地认识一个社会的生产力及其相应的产业结构。

（1）农业社会的生产力。在人类历史上一个很长的农业社会时期里，物质资料的生产是以应用手工工具的个体劳动为基础的，科学与技术相分离，也与物质生产过程相分离，农业是最主要的生产部门，科学技术只是通过农业发挥了表层的转化功能。

（2）工业社会的生产力。18 世纪中叶以来，随着资本主义的发展和机器大生产的出现，社会生产力开始迅猛增长。机器大生产提出了大量只有用科学的方法和各种科学知识才能解决的问题，要求在直接生产过程中，用科学取代以往的经验成规。在这种情况下，科学技术的转化功能大大增强。但工业社会的生产力是建立在

科学技术非循环转化基础上的。例如，在钢铁生产过程中，只注重把铁矿石中的铁原子转化成铁制工具这一段，不注重下一个过程的转化问题。一方面是机器化的大规模生产，另一方面是转化不构成回路，经过长期的历史积累，到了工业社会后期，造成极大的生态问题，出现了增长的极限，生态危机和全球性问题是转化不彻底的具体表现形式，因此，工业社会的危机是转化不彻底的危机。罗马俱乐部等关于增长的极限的观点是对工业社会科技缺乏循环转化功能的警示。

（3）信息社会的生产力。20 世纪 50 年代，人类率先在发达国家进入信息社会之后，信息产业日益成为社会生产力重要的组成部分。以电子计算机、现代通信技术和网络技术相结合的信息革命，使社会生产力以前人不可想象的速度发展。相对论和量子论的应用，将人类的认识延伸到微观世界。实现了人类由完全物质转化向符号转化。数字、文字、图像、语言、网络、代码和信息的数量与空间的形式及关系是人们的理性的、具体的手段，计算机模拟技术、虚拟实在技术、人工生命和人工智能等领域引发出第三次世界产业革命。通过建立数学理想模型，进行思想实验，形成理性具体的方法，如 y/x，通过理性符号，使人感受到理性具体。科学技术化、技术科学化、科学技术一体化使得信息社会的生产力建立在以电子计算机为核心的科学技术产业化之中，即信息科学技术循环转化。

四、知识经济时代下的产业战略

知识经济作为一种新的经济形态，是生产力水平发展到一定阶段的必然，其基本特征是知识与经济的紧密结合，知识已渗透到人类社会生活的各个方面，以信息技术、知识产业为主要标志的整个社会经济运行状态体现为高度“知识化”。各种知识形式在经济运行中起到越来越关键的作用。在当前的经济全球化时代，一个国家的经济发展处在世界领先地位的主要原因来自两个方面：一是产生或采取了以知识经济为生产力基础、新的产业方式，即科学技术脱胎形成知识产业；二是进行了以推进知识经济为生产力基础的产业方式变革为目的的新产业革命，即知识产业成为主导产业。知识产业的发展是社会经济进步的必然。就生物技术产业发展的实践来看，社会普遍认为生物技术产业是继信息产业之后，最有可能成为经济增长发动机的战略产业。

从科学技术转化论来看，人类科学技术不论如何先进，也不可能凭空创造一个实物粒子，或使一个粒子消失得无影无踪。因为人类无法违背物质不生不灭这条根本的自然法则。科学技术转化功能的实现是将对于人类来讲的“非常态”（天然自然）转化为“常态”（人工自然）的过程，社会生产力的发展、科学技术的产业化过程，是不断克服物质和能源的危机过程等来实现的。其本质不过是人们按照不同的方式对各种资源进行开发利用的过程。基于这样的认识，从资源的角度看科学技术对资源转化的关系，自然资源属于“硬资源”，科学技术（人才、知识、文化、制度等）属于“软资源”。通观人类社会的产业史，可以发现：人类对资源“转化”的过程，是一个由低级转化（自然资源）到高级转化（社会资源）、由硬转化到软转化、由浅转化到深转化、由单级转化到多级转化、由小规模转化到大规模转化、由简单转化到复杂转化、由自发转化到自觉转化的发展过程。只要人类社会的经济发展本体存在，这个“转化”发展过程就不会消失。这一规律决定了产业演化总是随着人类开发利用新资源和产业方式的变革而不断产生和发展。

存在于社会行业中的产业方式具体反映社会生产的本质，因而产业的选择至少要从以下三个方面考虑：一是可以使人们认清社会的具体行业是实现社会生产本质的载体。假如脱离了具体行业的存在，何种社会制度或科学技术也将无法实现其增值；二是可以使人们认清新产业在社会经济发展中的历史地位，因为正是代表先进产业方式的新产业在牵引和带动着社会经济的进步；三是可以使人们认清社会经济随产业方式变革而发展的根本规律[10]。

在知识经济时代，人类的生存方式由依赖自然生存转向依赖技术生存。在社会经济发展中，占据主导地位的电子工业、通信业、航空航天业、原子能工业、生物产业、新材料产业、新能源产业等行业发展是知识经济时代的标志。在这些产业发展过程中，能源作为基础产业，具有不可替代的作用。产业作为科学技术与社会的中介，依然遵循着物质、能量和信息的交流与变换，不论是“硬资源”，还是“软资源”，都是借助物质能量的转化实现的。因此，能源是众多科学技术成果自身和科学技术产业转化的原动力，是新技术产业革命的前提和条件。从技术产业史来看，每一次技术产业革命都是以能源为先导的。每一次能源革命都是一次技术革命。能源产业革命主要包括能源种类革命和能源利用技术革命。以蒸汽机的发明和完善为核心的新技术引起了第一次产业革命，以能源转化利用的电和电磁技术为核心的新技术引起了第二次产业革命，以核能利用和转化为核心的新技术引起了第三次产业革命。产业革命的前提和基础是能源产业革命。每一次新能源利用都促使人类文明里程碑式的发展。直到今天，人类也没有完全摆脱利用煤作为燃料而进行火力发电的方法。在产业结构中，能源产业起着基础和先导作用。能源产业在国民经济体系中具有重要的战略地位，并在国民经济发展中引导着其他产业或产业群的发展。所以，使一个国家迅速进入新时代的最佳途径和最好方法是发展能源产业，进行以促进新能源产业快速发展和推进新能源产业方式为主要目标的能源产业革命。

新能源产业快速发展和新能源产业方式变革的普遍开展，将是知识经济时代的一个特征。目前，高碳经济发展模式已经严重危害到人类的生存环境和健康安全，选择再生能源和低碳能源成为发展新能源产业的首选。从目前国际能源业发展趋势看，许多国家把发展新能源产业作为国家战略纳入经济发展进程。如美国大力开发新能源产业，奥巴马政府大力扶持新能源产业的发展，投入大量人力、物力，研发新能源技术、节能技术及其相关产品；英国能源与环境变化部2009年6月发表的题为《通向哥本哈根之路》的报告称，低碳经济对英国和全世界都有益处。在2009年度的财政预算中，英国政府在低碳经济相关产业中额外追加了104亿英镑，以促进其发展。德国2008年6月出台了生态工业政策，成为德国经济现代化的指导方针，制定各行业能源有效利用战略[11]。2009年哥本哈根气候大会上，中国承诺到2020年中国单位GDP二氧化碳排放比2005年下降40%～50%。相应要完成2020年末比2005年末单位GDP二氧化碳排放减少40%的目标，中国对世界的承诺无疑给产业经济发展带来了挑战：一是承担温室气体限控的压力增大；二是对现有发展模式和消费模式提出挑战；三是对以煤为主的能源结构提出了挑战。发展新能源产业势在必行，同时发展新能源产业也是优化产业结构的必然要求。新能源产业作为众多科学技术成果自身和转化的原动力，是新技术革命的前期和条件，而且新能源技术本身就是高技术，属于知识经济范畴内的主导产业。不同时期的技术进步和方向是由能源的战略层面确定的。能源产业属于国家战略产业，尤其新能源产业所带来的产业成长率明显高于其他产业，并且是对其他产业发展带来重大影响的产业。新能源产业对一国经济发展具有决定性作用，能影响其在全球竞争中的地位，甚至关系到一国的生死存亡。选择并发展对国民经济起关键作用的新能源产业，不仅要带动整个经济的高涨，而且要有意识地克服阻碍经济发展的“瓶颈”，注意选择高效益的可持续性的新能源产业结构，也是实现资源优化配置的有效途径。

人类的经济和社会发展与赖以生存的有限资源构成一个矛盾的统一体。人类的发展只有通过科学技术这一手段，将自然界的“有限”向科学技术的“无限”转化，才能使人类发展既不超越资源与环境的承载能力，又能满足人类的需要。生物技术的出现和发展是实现“硬资源”有限向“软资源”无限转化的科学技术之一。

参考文献：

[1] 陈嘉明．知识论研究的问题与实质[J]．文史哲，2004(2)：15-17.
[2] 陈嘉明．知识与确证：当代知识论引论[M]．上海：上海人民出版社，2003：5.
[3] 温有奎．个人与组织知识转化的知识链机理[J]．情报科学，2004(3)：22.
[4] 马克思，恩格斯．马克思恩格斯全集：第23卷[M]．北京：人民出版社，1980：423-424.
[5] 郑文范．科技价值论与劳动价值论的发展[J]．科技管理研究，2005(4)：21.
[6][9] 陈凡．传统产业与知识经济：兼论辽宁老工业基地改造的机遇与挑战[J]．科技导报，2001(1)：29，30.
[7] 林德宏．从物质经济到知识经济[J]．江南学院学报，1999(1)：3.
[8] Clarke P. Implementing Knowledge Strategy for Your Firm[J]. Research Technology Management, 1998，41(2).
[10] 孙树奇．从产业发展史看经济变革规律[J]．科技智囊，2000(7)：6.
[11] 夏德仁．绿色产业将成经济复苏新引擎[J]．IT时代周刊，2009(13)：44..

演化论视域下的科学技术“双刃剑”理论

石　峰
（东北大学科学技术哲学研究中心，辽宁 沈阳　110819）

摘　要：工业革命以来，生产力得到大幅度提高，社会财富明显增加，其原因之一可以归结为科学技术的广泛应用。尤其是近代科学技术的发展，不仅提高了社会生产力，使社会面貌发生了根本性改变，而且推进了人类社会由农业社会迈入工业社会，更为资本主义社会的诞生起到了不可替代的作用。人类在享受科学技术带来好处的同时，不可忽视的是科学技术的“负效应”带来了许许多多新的社会问题，诸如生态问题、能源问题以及社会伦理和法律方面的问题等。如何正确地认识科学技术的“双刃剑”效用，正确地使用科学技术、规避科学技术的负效应，实现人类社会的可循环式发展，正是科技哲学关注的焦点问题之一。本文试图从演化论的角度，分析科学技术的“双刃剑”效用，阐述科学技术负效应产生的原因及解决办法。

关键词：科学技术“常态”“非常态”　可持续发展

一、演化论视域下的科学技术“双刃剑”效应的本质

科学技术“双刃剑”效应的实质是由“非常态”环境向“常态”环境的引入过程产生了两种不同的社会效应，其含义为：自宇宙大爆炸以来已经有200多亿年的演化史，其间经历了各种状态。地球从其开始形成、发展到现在，也已经历了40多亿年漫长的岁月，而且从中又进化出了人类。但人类的产生和人类社会的发展是生物演化史上一个新质的阶段，因此，人类的产生需要自然界的演化形成相应的环境条件，这种环境条件可称之为“常态”环境，宇宙和地球演化所经历的各种状态，对于人类所需要的常态环境状态来说是一种“非常态”。如果这种“非常态”环境直接进入人类所需要的常态环境状态中，由于这类自然现象对人类的生存危害很大，结果会造成生态平衡的破坏。导致生态系统的恶化，甚至危及人类自身的生存。于是，在人类发展过程中，出现了一个永恒的基本矛盾：人类为了自身的发展和进化需要引入宇宙发展中存在的“非常态”，但又不能直接引入这种“非

常态”。在这种情况下，解决问题的答案只能借助于一定的中介、方法、手段等，向人类社会存在的“常态”状态间接地引入这种“非常态”，于是科学技术这种人类社会特有的现象应运而生。

作为对“非常态”和“常态”系统要素的认识与引入来探讨科学技术概念的内涵：科学技术作为“非常态”和“常态”系统要素的连接手段，主要是指人类在对“非常态”和“常态”系统规律的认识与使“非常态”状态引入到人类存在的“常态”状态采取的各种中介、方法、手段等。科学是对“非常态”和“常态”系统要素的认识的知识体系，同时也是产生对“非常态”和“常态”生态系统要素的知识体系的认识活动，而技术是由方法、工艺技术、设备、工艺流程等组成的将“非常态”系统引入到“常态”系统的物理、化学、生物等控制手段的总和，在遵循自然规律的前提下，科学技术能够使“非常态”系统中的能流、物流、价值流、信息流按照一定的目的进行有序、平衡的循环运动，为合理调节人类经济活动与自然生态之间的物质、能量变换并提高变换的效率提供条件，以满足人们的需要。

二、科学技术“双刃剑”效应的成因

从演化论来看，科学技术是由“非常态”环境向“常态”环境的一种引入中介或手段，因此，在演化论视域下，科学技术的“负效应”的存在源于对宇宙演化态的不当引入，对“负效应”的分析离不开对宇宙各种演化态的研究。

根据宇宙大爆炸学说，宇宙起源于200亿年前的大爆炸，经历了以下各种演化状态，由于对各种演化状态进入“常态”环境的不当引入而产生了相应的各种风险。

1. 演化状态1：基本粒子形成及纳米风险

宇宙演化的极早期是基本粒子形成阶段。从宇宙演化时间的0秒到10^{-36}秒，宇宙急剧膨胀，产生了夸克粒子。10^{-6}秒前强子生成，10^{-2}秒前轻子产生。在这个阶段中，宇宙主要是由辐射能量组成的，基本上没有物质。这时的状态称为演化状态1。目前可以肯定的是，在演化状态1下可以产生纳米风险。纳米科技涉及1～100纳米尺度的物质材料、器件和系统的研究与应用。在这个尺度下，物质的量子效应与表面效应使得与同样物质在宏观状态以及在原子、分子等状态具有不同的机械、光学、磁性、导电性和化学性质。纳米尺度物质特性还有许多没有被认识清楚。所以，最先受到纳米工程粒子威胁的是科技工作者和生产过程中的各种工作人员。其次，纳米技术对环境是否存在危害也是一个重要的问题，纳米管和纳米粒子是用肉眼无法看到的，这意味着它们对环境和人类的健康威胁更大。现在已有许多纳米技术产品进入市场。但是，目前尚不知道纳米技术产品在其生命周期中是否对人类的环境、健康与安全产生危害，以及危害的广度与深度。如运用纳米技术可以生产抗碎性的陶瓷，但是这类产品又如何降解呢？在已投放市场的纳米技术产品中，产生了一些不良的反响。还有作为纳米技术的微技术，同样也可以用来制造所谓的“微武器”或“毫微武器”，这种武器具有前所未有的杀伤力。谁拥有这种武器，就等于拥有一种不寻常的优势。

2. 演化状态2：原子形成与核灾难

宇宙大爆炸后，核合成过程开始，氢核聚变为氦核的反应，而后自由电子消失，是各种重元素的原子核聚变阶段。这时的状态称为演化状态2。在演化状态2下可以使人类社会产生核灾难，其表现为顷刻之间城市突然卷起巨大的蘑菇状烟云，接着便竖起几百根火柱，原子弹爆炸的强烈光波使成千上万的人双目失明。几亿度的高温把一切都化为灰烬，放射雨使很多人在以后的几十年里缓慢地走向死亡。

3. 演化状态3：星系形成与对地球的撞击

宇宙大爆炸后，核合成过程开始，从宏观来看，实物间的万有引力开始起主要作用，宇宙中稀疏的气态物体开始形成原始星云，进而形成星系团，再从星系团分化出星系，这时的状态称为演化状态3。在宇宙演化状态3下，可以产生对地球的撞击，其表现为：任何直径在5米以上的被称为近地天体对地球的撞击都会是一场人类不能承受的灾难。在地质历史中，人们一共发现了五次大灭绝，其中白垩纪末期的这次，是规模最大的，也是最莫名其妙的一次。几分钟前还是平静而生机盎然的地球，顿时成为一个充斥着死亡与烈焰的地狱！包括恐龙在内的一半以上的地球物种，在不到1个小时的时间里，从这颗星球上消失了。

4. 演化状态4：地球圈层与地震火山

地球诞生于46亿年前，在原始地球形成时的熔融分化，以重元素为主的物质下沉而形成地壳，造成圈层结构。地球内圈由原始地球在演化中先后形成的地核、地幔、地壳三个小系统组成，这时的状态称为演化状态4。在演化状态4下，地震、火山等种种天灾总是与人类相伴。大地母亲不经意的一次“痉挛”甚至一个小小的“喷嚏”，就足以给弱小的人类以毁灭性的打击。中国位于世界两大地震带——环太平洋地震带与欧亚地震带——的交汇部位，受到太平洋板块、印度板块和菲律宾海板块的挤压，地震断裂带十分发育。灾难性地震往往就那么数十秒，唐山大地震23秒，汶川大地震40秒，就是这短短的瞬间，它给了人类重重的一击，让山崩，让地裂，让房屋倒塌、道路中断，让人间从天堂变成地狱，让无数条生命从此消逝。火山爆发也是十分突然而迅猛的，在几分钟的时间内，火山的喷发物可以将近方圆几十千米范围内的村落、城市、农田席卷一空，将这个范围内的人类和动物全数毁灭。

5. 演化状态5：大气圈层与温室效应

在地球内熔融和分化的过程中，大量气体逸出地表，形成原始大气圈。依据大气的温度和密度变化的特征，大气圈自下而上有对流层、平流层、中间层、热成层和外逸层之分。对流层和平流层同生物、人类关系最密切。这时的状态称为演化状态5。在演化状态5下，会产生大气污染和温室效应等。

① 大气污染。人类大量排放的二氧化碳，使世界城市人口有一半（约9亿）生活在二氧化碳超过标准的大气环境中，每天有800人因呼吸受污染的空气而死亡，大气污染造成酸雨、酸雾、酸雪，危害森林、湖泊、农作物、建筑物等。

② 温室效应。由于工业化国家大量排放的“温室气体”，气候学家预计2025年直至21世纪中叶，全球平均气温将上升1.5～4.5℃，在未来一百年内，世界海平面将上升一米，沿海地区可能被淹，不少岛屿消失，干旱、洪水、暴风等灾害将频繁发生，生态平衡遭到破坏。

6. 演化状态6：水圈与水污染

原始大气中含有的大量水蒸气凝结，形成原始的水圈。水圈是环绕地球表层的水体，也是一个连续的封闭圈层。水圈总质量为166.4亿亿吨，总体积达1.36亿立方千米。这时的状态称为演化状态6。在演化状态6下，可以产生水的污染等。地球水资源为13.5亿立方米，其中96.5%为海水，而受污染的水不少于上述水量的三分之一。人类淡水资源严重不足，全世界每年有2.5万人死于水污染造成的疾病，12亿人缺乏安全用水，每年患腹泻病者达10亿人。

7. 演化状态7：生物圈变化

生命起源于化学演化，大体经历了从无机物分子到有机物小分子，从生物大分子到原始生命的诞生。这时的状态称为演化状态7。在演化状态7下，会制造出杀人于无形的基因武器。发展基因武器可能产生一些人类在已有技术条件下难以对付的致病微生物，从而给人类带来灾难性的后果。基因武器的研究是人类自己为自己挖掘的坟墓。某种意义上讲，它比核武器对人类的危险要大得多。核武器灭绝人类尚需一定的爆炸当量，而基因武器灭绝人类则完全没有量的要求，只要有1个人感染了某种超级病毒或细菌，他可能会在没被发现之前传染给更多人，以至到了无法控制的局面，最终灭绝整个人类。

还可以从当前各种高科技的具体发展中更加清楚地看到科学技术的“双刃性”：信息科学技术，尤其是近年来信息高速公路和信息网络工程的迅猛发展，延伸了人类的视觉、听觉和大脑，使人从部分烦琐的脑力劳动中解放出来，并促进了“非物质化”的经济结构变革，使人类社会的生产方式和生活方式发生了根本性的变化；而且由于降低了整个产业的能源消耗量、大气污染物质的产生量和温室效应气体的排放量，有利于环境生态问题的解决；同时又产生了种种利用现代信息和电子通信技术从事犯罪活动的现象。

以基因工程为核心的生物技术的发展，在医药方面已开发出基因工程蛋白类药物、基因工程疫苗、免疫毒素和被动免疫治疗用抗体等新产品，并为预防、治疗遗传病、肿瘤和心血管病开辟了新途径；在农业上，抗除草剂、抗病毒、抗虫、抗果实软化的转基因生物也开始大量应用；在食品工业上，可以利用一些细胞和微生物生产人类所需要的蛋白质和维生素；另外，还可以利用细菌采矿、采油和治理环境污染等。但由于生物技术培育的新品种有较大的经济效益，从而有可能引发生物品种的单一化和整齐化，这样不仅牺牲了生物多样性，而且导致单一品系生物抵抗新病虫害能力的下降；随着生物工程技术的发展，不同物种间器官和组织移植将成为现实。但有可能使不同物种的疾病彼此互相传染；生物技术有可能克隆人，并预测每个人的基因缺陷和可能发生的疾病，这又将会产生一些社会行为、伦理和法律方面的问题。

空间技术开创了宇宙时代。卫星通信使世界变成“地球村”。载人航天为高真空、高洁净、微重力、超低温、强辐射、太阳能等空间资源以及月球和其他行星资源的开发创造了条件，并进一步为解决地球上的能源、资源短缺和人与自然、科学技术与社会协调发展开辟了新途径。开发空间资源还对人类的宇宙观和方法论产生了深刻的影响，促使人们用全球甚至全宇宙的观点去解决社会发展问题。但是，宇宙空间活动废弃的人造飞行器及其碎片形成了空间垃圾，而且每年以10%的速度增加。空间垃圾不仅造成空间污染，对人类的空间飞行构成威胁，而且其携带的突变细菌会危害人类。空间技术的发展使太空成为军事竞争的重要场所，并有可能酿成太空大战。频繁的宇航事故不仅造成巨大的经济损失，还造成宇航员死亡。大量资金投入空间探索在一定程度上减少了对地球上的经济投入。空间技术还有可能成为发达国家对发展中国家进行渗透、侵袭和控制的工具。

能源是人类文明的基础，它被广泛地应用于工业、农业、交通运输业、商业、军事和人民生活等各个领域。它的开发利用反映着人类的生活水平，因此，能源技术的发展给人类带来了光明和幸福，但同时也给人类带来了环境污染和灾祸。煤炭、石油、天然气等化石燃料占工业能源的97%。化石燃料燃烧释放出的二氧化碳每年达200亿吨左右，大气中检测到的二氧化碳含量每年以0.2%的速度按照指数率增长。特别是煤的燃烧，还造成重金属和放射性污染，并释放出二氧化硫、氮氧化物等物质。这样，造成了严重的环境污染和生态破坏，并产生温室效应和酸雨等一系列灾难性的后果。水电站的建设给人类提供了廉价的能源，但又往往破坏了周围环境的生态平衡。核能提供了洁净的能源，但造成了核污染。太阳能是一种可再生、无污染的理想新能源，但太阳光中的紫外线是我们皮肤的头号敌人，它能导致致命的癌症。

三、演化论视域下科学技术负效应的分类

由以上分析可知，在演化论视域下，负效应可以进行如下分类。

第一类负效应是指宇宙和地球演化所经历过的各种“非常态”直接进入人类生存所需要的“常态”环境状态的风险。这类负效应的产生原因是由于这种“非常态”环境直接进入人类所需要的常态环境状态中，因此对人类的生存危害很大。如演化状态 3 下星系形成与对地球的撞击，演化状态 4 下的地球圈层与地震火山等，都属于第一类负效应。这类发展风险的消除依赖于人类社会的科学技术进步。

第二类负效应是由于宇宙演化的“非常态”和人类存在的“常态”引入机制错位产生的负效应。科学技术作为连接宇宙演化的“非常态”和人类存在的“常态”系统的手段，了解宇宙演化的“非常态”和人类存在的“常态”引入问题，但这种引入机制是非常复杂的，稍有不慎，就可能把这种“间接引入”变成“直接引入”，由此科学技术就表现出“双刃剑”效应：一方面，科学技术的正效应使人类的生产和生活方式发生巨大的变化；另一方面，科学技术的负效应也构成对当代人类生存与发展的严重威胁，这就是第二类负效应产生的原因。如演化状态 1 下的纳米风险，演化状态 2 下的核灾难等，都属于第二类负效应。这类发展负效应的消除依赖于人类对科学技术的合理利用。

第三类负效应是由于科学技术的滥用所产生的负效应。从人类理性的角度来看，人类活动应当是建立在科学知识及对人类实践活动的深刻反思的基础上的，在人与自然的相互作用中，将人类共同的、长远的和整体的利益置于首要地位，将人类利益作为人类处理同外部生态环境关系的根本的价值尺度。但在迄今为止的人类社会发展阶段上，由于人类社会利益的对立，现实人类活动往往将人类局部的、暂时的和集团的利益置于首要地位，如政府过分追求科技活动的超越性、企业过分强调科技产品的赢利性、学术机构过分注重科技活动的功利性，以及市民社会对科技活动的“志愿失灵”等，由此导致对科学技术的滥用和负效应的出现，使人类社会已经进入到“风险社会”的新阶段。这是第三类发展风险。如演化状态 5 下的温室效应，演化状态 6 下的水污染，演化状态 7 下的基因武器等，都属于第三类风险。这类发展风险的消除依赖于人类社会的体制和机制创新。

四、规避科学技术的负效应

科学技术是连接宇宙演化的“非常态”和人类存在的“常态”系统的手段，人类存在的“常态”系统平衡是经济社会和人的全面发展的环境基础，风险存在的实质是对“常态”系统平衡的各种偏离，因此，应当根据偏离“常态”系统的

不同原因，寻找规避人类社会发展风险的不同对策。

1. 科学的进步与第一类负效应的规避

这类负效应是宇宙和地球演化所经历的各种“非常态”直接进入人类生存所需要的“常态”环境状态引起的，如地震、火山爆发、海啸等，人类同她的地球“母亲”一起悬挂于太空。人类脚踏大地，大地有灾；头顶高“天”，“天”也有难。对于这类发展负效应的消除依赖于人类社会科学技术的进步，在目前人类的技术手段还没有足以应付风险之前，人类更依赖科学的进步。要建立负效应预警原则，对全球重大的经济、科技革新进行全球性的调控监督。对科学证据不足、不能决定或不确定，并且事先的科学评估显示有充分的理由担心它对环境、人类、动物或植物健康将带来潜在的有害影响，无法符合“全球标准”，应采取政策性或国际法律性措施，中止其活动或修改其活动。

2. 科学技术合理应用与第二类负效应的消除

人类第二类负效应的产生是由于科学技术负效应的显现。其风险来源主要体现在以下四个方面。

从政府方面来看，参与和第二类负效应相关科技研发的政府往往将其科技作为国家科技战略竞争的第一要务，而对其科技可能产生健康、环境与安全，以及其他可能的社会负效应研究相对较少而且滞后。

从企业方面来看，参与和第二类风险相关科技研发的企业追求以尽快研发新产品占领市场，缺乏对科技产品的前期评估、针对性评估与跟踪调查，很难确保产品的安全性。

从学术团体方面来看，参与和第二类负效应相关科技研发的科技工作者更注重有利于获得经费资助的研究项目课题，而对纳米科技引起的社会、伦理、法律和风险等研究经费相对较少的课题，特别是对难以产生竞争性标志成果的课题兴趣不大。

从公众参与来看，公众对和第二类负效应相关的科技研发的期待并不都像政府、企业和纳米科技工作者那样心切。

由此看来，政府、科学家、工程师、企业家、市民社会和非政府组织都是第二类负效应科技研发的行动者。为了消除第二类负效应，需要用正确的政策引导，特别是呼唤复合治理。为此，政府要走向科技合作；企业需要与公众实现双赢；科学家、工程师要摒弃传统的科学理性价值观，关注与社会价值的整合。同时探讨复合主体的风险治理组织结构与治理方式以实现真正负责任地解决第二类负效应，是有待科技哲学深入探讨和解决的重要问题。

3. 体制与机制创新与第三种负效应解决：体制与机制创新

第三类负效应的出现是科学技术的滥用。如在演化状态 7 下，会制造出杀人于无形的基因武器，从而给人类带来灾难性的后果。为了消除这类负效应，需要人类社会进一步地进行体制与机制创新。人类活动应当是建立在科学知识及对人类实践活动的深刻反思的基础上的，建立一种具有普遍意义的思维方式——科学技术人类中心主义。科学技术人类中心主义是建立在当代人类科学知识及对人类实践活动的深刻反思的基础上的，主张在人与自然的相互作用中，在将人类的共同的、长远的和整体的利益置于首要地位的同时，还应当考虑将人类利益作为人类处理同外部生态环境关系的根本的价值尺度，增强人类全球风险意识，建立全球性风险参与组织。负效应来源于人类社会的进步和发展，同时也来源于全球发展的不平衡。建立国家层面上的现代风险管理机制，协商决策功能的综合体系和常设危机性管理机制，协调各方面专家，对危机进行分类、预测，制定长期的反危机战略和应急计划，同时加强各地区的协同运作能力。

参考文献：

[1] 郑文范．科学技术本质的演化论解读[J]．社会科学辑刊,2005(5):11-15.
[2] 殷登祥．科学、技术与社会概论[M]．广州:广东教育出版社,2007:242,244.
[3] 李才华,萧玲．人工自然与灾变中的技术风险:以地震灾害为例[J]．自然辩证法研究,2009(6):45-49.
[4] 杰里米·里夫金．欧洲梦:21世纪人类发展的新梦想[M]．重庆:重庆出版社,2006:86.
[5] 方华基．纳米科技风险起源探析[C]//全国科学技术学暨科学学理论与科技政策2010年联合年会论文集．

马斯洛人本主义创造观及现象学方法论审视

于　淼　罗玲玲
（东北大学科技与社会研究中心，辽宁 沈阳　110819）

摘　要：马斯洛人本主义创造观是现象学创造力研究的延续。本文对马斯洛人本主义创造观的基本内容进行了梳理，并揭示其蕴涵的现象学方法论，进而指出了马斯洛人本主义创造观在现象学创造力研究中的意义与价值。

关键词：马斯洛　人本主义创造观　现象学方法

作为人本主义心理学的开创者和奠基人，马斯洛坚持现象学方法论，强调用整体论原则对社会现象加以分析。他的人本主义创造观仍沿袭其现象学研究倾向，使现象学创造力研究相对于主流的实证主义研究而言虽不强劲，却得以绵延发展。

一、马斯洛的人本主义创造观

1. “超越性需要”驱动的创造动机论

对于马斯洛的“需要层次论”，人们并不陌生。马斯洛从整体论出发，把人的需要分为高低不同的层次，即生理、安全、归属和爱、自尊、自我实现的需要，还包括认知与审美需要。后期，马斯洛对这一理论加以发展，提出超越性的需要。“我们最好称追求自我实现的人的这些高级动机和需要为‘超越性需要’”[1]293。他认为，追求自我实现的人的基本需要已经得到适当的满足，他们往往受高级需要的激励。他认为，那些最伟大的科学家、哲学家、艺术家们往往受这种超越性需要的驱使，形成“超越性动机”。他们既坚定地致力于客观性的感知，又获得情感的、审美的、有价值的成果。探求真也就等于追求美、秩序、完善和公正。这样，马斯洛已经论及了人类的创造动机问题。

马斯洛认为，超越性需要和基本需要属于同一整合系列，具有“似本能”性质。它们的吸收有助于培养完满的人性。对普通人，基本需要比超越性需要的力量更强一些；但对那些有独特天赋、追求真善美的人，也就是那些富于创造性的人，超越性动机更为迫切和敏感。超越性动机是遍及全人类的，是人人共同具有的。超越性需要“是类似本能的，也就是说，它有明显的遗传上的遍及全人种的定性”[2]224。

马斯洛在阐述人类需要的性质时，提出“似本能”概念。“似本能”是马斯洛动机理论的核心概念，也是抓住他理论灵魂的关键所在。学界对此亦多有讨论，但更多的理论声音是指责其本能论倾向。马斯洛的“似本能”可谓用意深远。若仔细研读他的文本，不难发现，马斯洛对那种单纯的本能论和极端的环境论都是极为反感的。在他看来，人的行为受制于生物机体和环境文化两种因素。他说，当我们细查人类的生理生活时就会发现，“纯粹的内驱力本身是由遗传决定的，但是，对象的选择以及行为的选择却一定是在生活的历史过程中获得或通过学习取得的”[1]293。

有学者深刻地指出，“关于人的行为，特别是像‘创造’这种行为，我们究竟应该看成是受高级的‘似’生物本能需要动机驱使的行为？还是应看成就是一种社会行为，只需从社会因素方面需求原因？或是这两个方面兼而有之？看来，这也可说是人本主义心理学家们提出并留下的一个尖锐问题。”[3]243实际上，马斯洛不仅给出了问题，也提供了一个现象学的解决方案。探讨马斯洛的动机理论，不能忽视他曾提出的一个重要概念——主观生物性。“这是一种个人自己内在的生物性、动物性和种族性的现象学，它通过体验生物性而去发现生物性，我们可以把这种生物性称为主观生物性、内省生物性、体验到的生物性等等。”[4]111也就是，人的行为无疑受需要、动机的影响，由于人不但具有对象意识，还具有自我意识，所以人的需要总是能被自己意识到的需要。这恰是人这一“特殊族类”的特性。马斯洛呼吁，应“重新考察文化与人格的关系，从而更加重视机体内部力量的决定权”。

马斯洛“超越性需要”驱动的创造动机论强调人的需要并非盲目的。面对需要，人是有自主性的、有选择能力的。特别是那些健康的、有创造性的、自我实现的人，他们更多地受高级的心理需要、超越性需要的驱动而从事科学、艺术乃至社会创造。“事实上，真正优秀的科学家，他们往往充满爱，奉献和自我牺牲去工作。仿佛他已开始进入最为神圣的殿堂。他的这种自我遗忘当然可以被称为自我超越。他道德的诚实和完全的真实绝对可以称为半宗教的态度……”[5]马斯洛的创造动机论，既是他人本主义心理学的核心内容，也是其人本主义创造观的理论奠基。

2. 创造性是人的“本性展现”

马斯洛认为，创造性是人性中固有的“遗传特质”，是人的“本性展现”“创造性、自发性、个性、真诚、关心别人、爱的能力，向往真理等，全都是胚胎形成的潜能，属于人类全体成员的。正如他的胳膊、腿、脑、眼睛一样”[2]81。创造性的根源是“深蕴在人性的内部的”。他说，环境并不能赋予人潜能。像爱的能力、好奇、创造性等，不是从外部灌输到人内部的。一个教师、一种文化，不能创造一个人。文化只是阳光、食物和水，但却不是种子。

普通人都可以具有真正的创造力。一位妇女即使没有接受过良好的教育，也可以使她平凡的工作富于创造性。一个心理治疗师可用全新方式对待每一位患者，并以创造性的方法去解决疑难病例。马斯洛认为，自我实现者是最健康的人，是最有创造力的人。自我实现者更多具有创造性人格，并在日常生活中广泛显现。他们能迁移自己的创造性，即有创造性地做任何事情的倾向。这种创造性本质上是一种特殊的洞察力。他们更为真实地生活在自然的真实世界中，而非刻板的概念世界中。马斯洛特别强调自我实现者身上的二分对立现象已经消失。如，欲望与理性、利己与利他、自我与社会、职责与快乐等。“他们的认知、意动和情感结合成一个有机统一体，形成一种非亚里士多德式的互相渗透的状况。”[4]210

创造性何以是人的“本性展现”？马斯洛对此首先作了发生学上的考察。他通过动物向性活动和婴幼儿意向性心智发育的分析，提出生命有机体普遍具有选择有益食物的天然能力。生命有机体能够自我调节、自我设计，本能地获得外界物，以满足自身的生存。之后，他又列举了小鸡选择食物实验，说明好的选择的价值意义。即好的选择者比差的选择者会变得更高大、更强壮、更健康、更有优势[2]70-71。他认为，这同样适合需要层次阶梯的研究。马斯洛从生物遗传进化和行为价值两个维度对人的基本需要，特别是高级的心理需要进行追问。创造性既与遗传进化有关，同时它们的实现也有益于人自身的发展。他进而得出结论：在人的内部存在朝着一定方向成长的趋势和需要。这种内部的压力指向探索真理、成为有创造性的、美好的人。“人是如此构造的，他坚持向着越来越完美的存在前进。”[2]75这样，马斯洛不仅强调了“似本能”需要的“主观生物性”，还发掘了它的指向性，即指向创造性、自我实现等。尽管马斯洛还未触及社会关系、社会实践层面，但他的探讨无疑是极为可贵的。马斯洛开创的人文主义心理学代表了一种新的研究趋势。“这种趋势为当代人对人类自身的理解铺平道路。人文主义心理学家强调，一个人的能力应被理解为发展和自我实现。创造力被解释为成长和个体内在自我的表达，其方式就是自我实现。因此，虽然文艺复兴运动刺激和加强了各领域的创造活动，但人本主义心理学的建立则奠定了创造力深入研究的基础。”[6]

创造性是人固有的本性，但由于人适应社会文化，就被掩盖、抑制而大多丧失了。马斯洛还探讨了创造性与自发性的关系。“作为自发的创造性是需要勇气的。创造性的人格特征之一就是无所畏惧。他们能坚持己见。为了维护自己的想法，甚至无视整个文化或整个历史。他认为大家都接受的并非就是真理。他既富有挑战性，又是孤独的。为了保持这种自发性、创造性，他必须克服由于地位卑微而产生的恐惧。”[7]良好的环境固然重要，有助于发挥、保护人的这种自发性、创造性。但马斯洛更强调人的创造性的提高，关键在于自我认识、自我承认的提高，而不是一味地依赖环境与他人等外在因素。马斯洛的着眼点仍然是那种“主观生物性”、自主性，他认为，创造人格的“自我”塑造更为重要。

3. 创造过程的整合论

马斯洛借用弗洛伊德的术语，将创造性分为始发创造性和次级创造性。始发创造性的来于无意识，深蕴人性内部。它具有非理性特征，是真正创造性的根源。次级创造性是在始发创造性基础上，运用理性、逻辑等形式形成的，具有理性特征。他还将创造过程也分为始发过程与次级过程。始发过程是无意识的认知过程。始发过程和时间、空间或顺序、因果、秩序等物理世界不同。当将始发过程置于一种必需的情景中，它能把几个物体浓缩为一个物体，如同人们在梦中所做到的那样。它能将一个对象迁移到另一个对象上，能象征化地“掩饰”。次级过程是逻辑的、明智的、现实的。它是创造所必经的艰苦过程。

马斯洛特别强调创造过程的整合过程。创造是始发过程与次级过程的统一。两者的分离会双双受损。他反对把创造过程，特别是始发过程神秘化。伟大作品的产生不仅有灵感、高峰体验，更有艰苦的劳动、长期的积累。继始发性之后是深思熟虑、继直觉之后是严密思维、继大胆之后是谨慎、继幻想和想象之后是现实的考虑。只有始发过程与次级过程良好融合、自如运用，才能形成完美的创造。

马斯洛认为，创造过程的整合与健康的、整合的人是相关的。健康的人、有创造性人，也是整合的人。他们能在一定程度上将始发过程和次级过程、意识和无意识、深蕴的自我和自觉的自我融合起来。在这个融合过程中，始发过程和次级过程两者互相渗透，融为一个真正的整体。健康的人是整合的人、充分发展的人、成熟的人，也是两者结合得很好的人。最成熟的人的生活也是赤子般的。马斯洛创造过程的阐发，注重主体的心理过程，仍未离开人格的视角。正如有学者说，马斯洛的创造观实质是人格视角的研究[3]221。

二、马斯洛人本主义创造观的现象学方法论

与弗洛伊德“羞答答”的现象学态度不同，马斯洛声明现象学是他研究独特人格结构的恰当工具，社会科学研究应采取现象学态度，避免先入为主。他认为一个研究者，必须善于审查自己的偏见和先入概念，以规避预先判断和研究前的先入之见。“马斯洛从根本意义上讲则是个真正的现象学家。他认为世界本身的客观存在比任何人脑所能附加给它的都更具意义。他就是要努力去观察、解释世界的本质。”[8]

1. 倡导去“标签化”的心理学研究

马斯洛去“标签化”的心理学研究方法符合胡塞尔的从生活世界出发的原则。“生活世界”是胡塞尔后期思想的重要概念。胡塞尔并没有明确界定“生活世界”的含义。有学者认为，“生活世界”有两层次含义：第一个层次是“日常生活世

界”，第二个层次是“原始生活世界”或“纯粹经验世界”[9]126。相对于科学，它是“前科学的”世界；它又是现实具体的世界，是人类活动的“基地和边域”[7]。生活世界理论启示心理学家，将研究视野延伸到科学世界尚未触及的更广阔空间和更真实领域。马斯洛坚持心理学研究必须建立在经验基础上、根植于现实中。他说，心理学研究中始终存在两种态度。一种是面向经验和行为本身，另一种是将经验行为看成某一类别、范畴中的例证或代表，不是严格地关注、感受、体验事件本身。马斯洛称后一种态度为思维的“标签化”[4]239。这种思维态度是将现实“冷冻”起来的。从而不可能面向事实本身，只能是从现实中抽象的、理论建构的东西出发。马斯洛指出，这种“标签化”的认知心理活动实质是“病理学”的抽象思维活动，并对其作了精到诊断和深入解剖。

马斯洛倡导去“标签化”的心理学研究。其一，去注意和感觉的标签化。注意的标签化是指人将外部世界辨认为一套早已存在于他头脑中的概念或范畴。克服注意的标签化，必须以问题为中心。尽可能地抛弃自我及其经验、预想、希望和恐惧。感觉的标签化不是对实事的“内在本质的吸收和记录”，而是对经验进行分类，为它贴上标签。真正的感知是将刺激物当成独一无二的东西，做到整个地包容它、吸收它和理解它。其二，去学习和思维的标签化。学习的标签化是指那种原子论式的、复制性的学习。这种标签化与人的习惯有关。习惯往往企图使用旧的解决办法来解决当下的问题。思维的标签化包括陈规化问题、陈规化技巧、陈规化结论三方面。这足以窒息创造性。马斯洛特别指出，创造性、独特性的思维活动才是有意义的。思维应被界定为突破习惯、忽略过去经验的一种能力。马斯洛还指出，语言是人体验和传达信息的手段。语言赋予事物名称时，也相当于给事物贴了标签。语言在把经验塞进标题时，也成为横梗在现实与人之间的屏幕。使用语言时，应意识到它的缺点，并力争克服它。

2. 坚持意向性本质，运用现象学描述

马斯洛人本主义心理学研究是面向健康的人、自我实现的人、有创造性的人。他认为，以前的心理学研究无视人的最高可能性。他立志揭开人性的奥秘，向那些心理学前辈很少涉及的人类心理现象进军。“这是一种需要深思熟虑和全神贯注的开拓、侦查和创新活动，而不是应用、证实、核对和检验活动。”[1]9

意向性是现象学理论的核心问题。胡塞尔的老师布伦塔纳首先用意向性把心理现象与物理现象区分开来。胡塞尔吸收了布伦塔诺的“意向性”思想。但他又把心理活动与心理现象区别开来[11]45。他认为，心理活动总是指向某个对象，意识总是对某种东西的意识。马斯洛动机理论对“似本能”性质的阐发，显然接受了现象学的意向性思想。因为需要、动机本身就是意向性的心智内容[11]107。“超越性需要”驱动的创造动机论可谓理论上的华丽转身。从意向性视角，强调人的“主体生物性”特征，将创造性的生物发生与行为价值两个维度结合起来。从需要的意向性看人创造的行为本质，打破了本能论与行为论之间的界限，跨越了生命机体与文化环境相隔绝的二元对立。“一个人这种自我觉知的绝对必须的方面是关于个人自己内部的生物学的现象学认识，关于我称为‘似本能’的本性、关于个人动物本性和种性的认识”。[1]38 马斯洛对人的需要、动机的意向性探讨，在某种程度上说，也是对意向性理论的发展，也使得意向性的理论内容更加丰满。

描述是现象学的基本方法。现象学描述是指能够尽其所能地对所探讨的对象进行忠实的描述[9]52。胡塞尔认为，意识是一个不断流动的体验流。要把握本质认识，只有借助直观。而直观需要描述。描述是“希望思考现象之前始终忠实于现象”，并潜藏着对“现象崇敬”的动机[12]。描述越接近事物，越能回到事物本身。马斯洛创造力理论对自我实现者人格特征、高峰体验、创造始发过程等都有详尽的描述。例如，他将始发过程中创造者的心理表征描述为，放弃过去与放弃未来，行动的单纯与意识的收缩，忘我，次发过程中自我意识的抑制，畏惧消失与防御减轻，力量和勇气，接受与肯定的态度，信赖自我的能力，道家的超然，认知的整合，审美意识，独特性的表达，人与世界的融合等。

3. 整体论原则与个案分析结合

马斯洛指出，尽管创造性的研究已经有了很大的进展，但更多的是“方法、精巧测验技术以及纯信息量的大量积累比较”，而在创造力的理论研究上，存在明显的不足。这个领域的研究太原子论化，“而不是像它能够成为和应该成为的那样整体论的、机体论的或系统论的研究。”[1]76 马斯洛并非贬低解析或原子论方法，而是强调应将两者有效地结合起来。他认为创造性是整体论的研究工作。他对创造动机、创造过程、创造性的揭示，都体现了整体论原则。例如，他说，创造性的问题就是有创造力的人问题。这样，我们面临的问题就是人性转变、性格改变、整个人的充分发展的问题。这必然涉及到世界观、人生哲学、生活方式、伦理准则、社会价值问题[1]77。

马斯洛的整体论原则还体现出与个案研究结合的特点。他选择自我实现者为研究样本。样本分为三类：完全个案，如林肯、爱因斯坦等历史著名人物；不完整个案，即不易公开的当代成功人士；潜在个案，即正朝自我实现发展的青年人。马斯洛对个案的访谈也体现了整体论原则。“我试图一个人又一个人地去了解，尽我的可能进行深入、充分的了解，直到我觉得对于他们作为一个整体的人（作为独特的、个别的人）有了真正的理解。”[1]79 即了解一个人要力争获取其整个生活的原始资料。马斯洛的整体性原则触及了“达到直观”的现象学基础。正如胡塞尔所言：“当我们拥有被直观到的现象时，似乎我们也就拥有了现象学，一门关于这门现象的科学。”[13]

总之，马斯洛人本主义创造观将现象学的思想方法运用于创造力研究，以其独特的研究视角和方法，在现象学创造力研究领域独树一帜。尽管马斯洛的创造力理论研究并不能涵盖现象学创造力研究的全部，但马斯洛的相关研究在修补心理学实证主义研究传统的不足方面，却起到不可替代的作用。

参考文献：

[1]　马斯洛．人性能达的境界[M]．林方，译．昆明：云南人民出版社，1987.
[2]　马斯洛，等．人的潜能与价值[M]．北京：华夏出版社，1987.
[3]　傅世侠，罗玲玲．科学创造方法论[M]．北京：中国经济出版社，2000.
[4]　马斯洛．动机与人格[M]．许今声，等译．北京：华夏出版社，1987.
[5]　Maslow A H. Humanistic Science and Transcendent Experiences[J]. Journal of Humanistic Psychology, 1965(5): 226.
[6]　Aleinikov A G. Humane Creativity[M]//M A Runco. Creativity. San Diego: Academic Press, 1999: 839.
[7]　Maslow A H. Eupsychia the Good Society[J]. Journal of Humanistic Psychology, 1961(1): 4.
[8]　柯林·威尔森．心理学的新道路[M]．杜新宇，译．北京：华文出版社，2001：141-142.
[9]　张廷国．重建经验世界[M]．武汉：华中科技大学出版社，2003.
[10]　舒红跃．技术与生活世界[M]．北京：中国社会科学出版社，2006：53-54.
[11]　刘景钊．意向性：心智关指世界的能力[M]．北京：中国社会科学出版社，2005.
[12]　赫伯特·施皮格伯格．现象学运动[M]．王炳文，张金言，译．北京：商务印书馆，1995：964.
[13]　胡塞尔．现象学的观念[M]．倪梁康，译．上海：上海译文出版社，1987：12.

论我国“后世博时代”的知识产权

乔 磊 陈 凡
（东北大学科学技术与社会研究中心，辽宁 沈阳 110819）

摘 要：上海世博会的成功举办，将为我国“后世博时代”留下丰富的科技文化遗产和知识产权制度遗产。从历史上看，世博会极大地推动了世界知识产权制度的发展，直接催生了知识产权领域两部重要的国际公约。上海世博会的筹备与举办，也全面促进了我国知识产权的保护工作，使我国知识产权立法水平大幅提高，执法能力显著增强，社会知识产权保护意识普遍提升。世博会为“后世博时代”知识产权的创造和运用提供了坚实的技术基础与良好的制度环境，我国将进入知识产权创造的高峰期和知识产权运用的黄金发展期。

关键词：后世博时代 知识产权 创造 运用

2010年4月30日，第一次在发展中国家举办的注册类世界博览会——2010年上海世博会——隆重开幕。5月1日，来自189个国家57个国际组织的246个参展方第一次以“城市”为主题，用最新的科技和理念，奏响了“城市，让生活更美好”的华彩乐章。和历届世博会一样，上海世博会继续秉承了“一切始于世博会”的传统，为人类留下了丰富的科技文化遗产和知识产权制度遗产。

在科技文化方面，人类工业革命以来的许多创新成果都首次在世博会上展示，或者首次通过世博会的平台在全球范围内推广。世博会为人类历史留下了蒸汽机、电报、电话、汽车、飞机、电影，甚至是埃菲尔铁塔和《蓝色多瑙河》等一大批新的工业产品、建筑工艺与文学艺术作品。在制度方面，正因为世博会是人类创新成果的集中展示，所以这一盛会的成功举办离不开主办国对知识产权的充分保护。从历史上看，世博会极大地推动了世界知识产权制度的发展，可以说，一部159年的世博史同时也是一部世界知识产权制度的发展史。

一、历史上的世博会与知识产权

世博会是人类新思想、新发明、新创造的展示平台，对知识产权保护有着天然的诉求，其中不仅包括组织者的知识产权（如世博会标志）、参展方的知识产权

（如建筑造型、植物新品种、计算机软件等），也包括第三方的知识产权（如赞助商的商标权、文艺演出的相关著作权）。世博会对知识产权保护的要求，直接促成了知识产权领域两部重要的国际公约——《保护工业产权的巴黎公约》和《保护文学艺术作品的伯尔尼公约》，为世界知识产权史写下了光辉的一页。

1. 《保护工业产权的巴黎公约》的诞生

第一届世博会被公认为1851年的伦敦万国博览会。在此之前，欧洲主要国家虽然都已建立了以专利制度为核心的知识产权制度，但由于当时国际上对专利权的保护并没有统一的标准，各国的专利制度具有很强的地域性特点，从专利权的保护期限到权利保护内容，都有较大的差异，尤其是一国的发明创造要在外国获得保护，必须基于两国之间的双边协议。这就为1873年维也纳世博会的举办带来了困难。许多外国发明人因为担心展品无法得到有效的知识产权保障而不愿参展。为此，维也纳世博会期间，举行了第一次工业产权（专利）研讨会。奥地利也在当时制定了一项特殊法律，对展览会展出的外国人的发明、商标和外观设计提供临时保护。在1878年巴黎世博会期间，第二次工业产权（专利）研讨会举办[1]。在这两届世博会的基础上，1883年，第一个知识产权国际公约——《保护工业产权的巴黎公约》（以下简称《巴黎公约》）——正式缔结。《巴黎公约》是国际知识产权制度的支柱之一，确立了国际工业产权保护的总体框架，工业产权领域中的许多条约都是在它的基础上制定的。

《巴黎公约》确立的保护国际工业产权的基本原则，几乎都与世博会的知识产权保护的需要息息相关。首先，针对当时各国对外国发明创造的保护主要依靠双边协议的情况，公约规定了国民待遇原则，即在工业产权保护方面，每一个公约成员国必须给予其他成员国的国民相同于本国国民的待遇。其次，针对发明和商标可能因展出而丧失新颖性，公约规定了临时性保护原则。即公约各成员国必须依照本国法律，对于在任何一个成员国内举办的、经官方承认的国际展览会上展出的商品中可以申请专利的发明、实用新型或外观设计，可以申请注册的商标，给予临时保护。最后，针对在展会当中展出可能使发明创造被他人在他国抢先申请专利或注册商标，公约规定了专利和商标优先权原则，即根据公约规定，成员国国民在成员国正式提出第一次工业产权申请，该申请人（或者其权利继受人）在特定期间内再向公约其他成员国提出内容相同的申请时，享有优先权[2]。

至今，全球《巴黎公约》的缔约方已有169个。《巴黎公约》的缔结不但促进了广泛的国际技术交流和技术贸易，而且促进了科学技术的进步，在一定程度上也推动了世博会的繁荣发展。

2. 《保护文学艺术作品的伯尔尼公约》的缔结

18、19世纪，西方国家相继建立了各自的著作权保护制度，但著作权的保护仍然受到地域的限制，其效力只限于本国境内。随着传播技术的发展和文化交流的扩大，以出版业为主要形式的著作权贸易市场也开始形成。许多文学艺术作品打破一国界限流入他国。这样，著作权的地域性与文化知识的国际性之间出现了巨大的矛盾。

1878 年巴黎世博会期间，召开了由法国著名作家雨果主持的艺术与文学遗产会议，议题包括作者的权利保护和出版商的权利保护。当时许多著名的作家、学者和出版商都参加了这次会议。在这次会议上，通过了一项制定有关保护著作权国际公约的决定，并成立了非政府间国际组织——国际文学艺术协会。1883 年，国际文学艺术协会提出一项保护文学艺术作品的国际公约的草案，这就是后来的《保护文学艺术作品的伯尔尼公约》（以下简称《伯尔尼公约》）。该公约于 1886 年由法国、英国等 10 个国家正式签署，并于 1887 年正式生效，标志着国际版权保护体系的初步形成。《伯尔尼公约》以国民待遇原则、自动保护原则和版权独立性原则为基本原则，以保护著作权人的经济权利和精神权利为主要内容，以其所作规定为最低保护标准[3]。其宗旨是尽可能有效地、一致地保护作者对其文学艺术作品所享有的权利。截至 2006 年 12 月 4 日，世界上共有 163 个国家加入了《伯尔尼公约》。

回顾世博会与知识产权制度的发展史可以发现，世博会所带来的每一项重大的发明创造和技术革新，都会为知识产权提出新的挑战，或者扩大权利的客体，或者增加权利的内容，或者对新的保护方式提出要求；而世博会的规模不断扩大，参展者、参观人数和参展技术的数量都不断增加，世博知识产权保护的难度也不断提升，为知识产权制度带来了新的问题。正是在这些问题和挑战的推动下，知识产权制度得到了不断的发展和完善，从而也确保世博会得以成功举办。

二、上海世博会对我国知识产权工作的推进

上海世博会期间，共有来自 189 个国家 57 个国际组织的 246 个参展方，参展方数量创历史新高。上海世博会的知识产权保护也呈现出“三高”的特点。一是高密度：由于世界范围内的新产品、新技术在同一时间汇聚到了 5 平方千米的展区之内，其中涉及的知识产权密度之高为世界所罕见；二是高难度：由于上海世博会长达半年时间，事实上，为知识产权侵权行为提供了时间上的便利，保护工作难度较高；三是高强度：由于世博会参观者众多，上海世博会期间的预计参观者高达 7000 万人，知识产权保护的工作强度较高。

为了应对以上困难，在党中央的高度重视下，在各级政府部门的通力协作下，在全社会的共同参与下，经过 8 年的系统建设，上海世博会知识产权在立法、执法、社会知识产权保护意识等方面，都有了长足的进步，形成了一个多层次的立体

保护模式，极大地提高了我国知识产权的保护水平，也为未来我国知识产权保护工作提供了丰富的经验。

1. 知识产权立法水平大幅提高

加强世博知识产权保护，首要的是完善世博知识产权的立法工作。对于我国来说，知识产权是一种制度“舶来品”，是我国为融入世界贸易体系、履行知识产权国际公约的义务所作出的制度选择，因此，虽然法律体系比较完备，但在立法的衔接配套、法律法规的可操作性方面，仍然存在不足。为了完善世博知识产权的保护体系，我国不仅从国家层面制定了行政法规，国家知识产权局、国家工商总局、国家版权局以及上海市等方面都出台了一系列规章及相关规定，从法律保障的深度和广度来看，超越了历届世博会的水平。

从国家层面来看，2004 年 6 月 3 日，上海世博会组委会第一次会议正式决定将《世界博览会标志保护条例》（以下简称《世标条例》）纳入国务院立法计划。《世标条例》在 2004 年 10 月 13 日举行的第 66 次国务院常务会议上获得通过，并于 2004 年 10 月 20 日正式颁布。《世标条例》在我国现有的法律框架下，在大型活动如何适用法律等方面作出了强调和补充，规定了世博会标志权利人享有世博会标志的专有权，未经权利人许可，任何人不得为商业目的（含潜在商业目的）使用世博会标志。这部法规是世界上第一部世博会标志知识产权保护立法，开创了世博会立法工作的先河。尤其是在如此短的时间里，依照国家的立法程序制定一部行政法规，在我国立法史上并不多见。这一方面表明了我国知识产权立法技术的成熟，另一方面表达了中国政府保护世博会知识产权的坚强决心。

同时，国务院相关部委为配合世博知识产权保护工作，分别在各自领域进行了知识产权立法工作。2008 年 6 月 12 日，国家知识产权局发布了《涉及世界博览会标志的专利申请审查规定》，明确专利申请中使用世博会标志的，应提供权利人许可的证明文件，未经许可的，不能被授予专利权。2009 年 6 月 26 日，国家工商总局专门印发了《国家工商行政管理总局服务 2010 年上海世博会举办工作方案》，并于 2009 年 7 月与上海市政府签订了《关于共同推进中国 2010 年上海世博会举办工作的合作协议》。2010 年 3 月 29 日，国家版权局印发了《2010 年上海世界博览会版权保护工作方案》，从服务、监管、宣传、表彰四方面入手，对世博会版权保护作出了规定。

此外，上海市各部门也为世博知识产权的立法工作进行了整体协调。2007 年 1 月 12 日，《2010 年上海世博会知识产权保护纲要》正式通过。该纲要由上海世博会事务协调局起草，上海市知识产权局、上海市工商行政管理局、上海市版权局等地方及国家层面的相关部门共同参与编制。该纲要在我国现行知识产权法律制度的框架下，从优化服务、强化执法、便利参展的角度，提出加强上海世博会参展者知识产权保护的十项措施，是上海世博会参展者知识产权保护的纲领性文件。

上海世博会知识产权立法工作，是我国从中央到地方密切合作、统一立法的一次大练兵，对今后全国各级立法单位知识产权协调、衔接、配套立法提供了丰富的经验，具有积极的示范意义。

2. 知识产权执法能力显著增强

完善的知识产权立法为世博知识产权保护提供了坚实的法律基础。但“徒法不能自行”，知识产权保护水平的提高还有赖于坚强的执法力度。世博会知识产权保护的环节多、问题多、时间长、执法难度大，涉及公安、海关、工商、版权、专利、城管、文化、法院、检察院等多个部门。如何保证执法部门间高效办案、衔接配合和信息资源共享，成为世博知识产权执法工作所面临的挑战。尤其是知识产权制度在我国建立的时间还不到30年，制度运作经验不足、知识产权部门设置分散化、保护标准多样化、制度运行成本较高，尚未形成高效而统一的执法体系。为了解决上述问题，落实《知识产权战略纲要》中“权责一致、分工合理、决策科学、执行顺畅、监督有力”的总体要求，通过加强执法为世博知识产权保驾护航，我国从中央到地方的各级执法部门在世博会筹备期间，逐步形成了多部门联合执法的协调机制。

从中央层面看，相关部委都十分重视世博会知识产权保护工作，积极作出执法工作部署。公安部、国家版权局启动了打击网络侵权盗版专项治理行动，国家工商行政管理总局制定了服务世博会工作方案，成立了领导机构，明确任务分工；海关总署全力保障世博会期间的知识产权海关备案和边境执法工作；国家知识产权局研究制定工作方案，计划协调各部委共同开展一系列工作。最高人民法院指导上海法院出台一系列的服务保障措施；最高人民检察院指导上海市出台相关意见，加强世博会刑事保护的法律监督工作[4]。

2010年1月28日，国家知识产权局在北京举行新闻发布会，宣布该局和公安部、海关总署、国家工商行政管理总局、国家版权局、最高人民检察院、中国国际贸易促进委员会、国务院新闻办公室八部门，已联合发出《关于开展二〇一〇年世博会知识产权保护专项行动的通知》，决定在全国开展世博会知识产权保护专项行动，进一步加强上海世博会知识产权保护工作。该通知对于建立重大难题商议制度、信息共享机制、执法情况督察机制作出了规定。国家层面的这一专项行动自2010年2月开始，到11月结束，我国充分发挥行政执法和司法保护两条途径并行运作的优势，相互衔接配合，打击世博会知识产权侵权活动。

从上海市层面来看，各部门积极落实《2010年上海世博会知识产权保护纲要》的各项措施，开展保护世博会知识产权的专项行动，法院建立专项审理制度，海关落实物资通关的各项配套服务，成立了知识产权专家咨询委员会、上海知识产权仲裁院，各区、县加强执法，严厉打击侵犯世博会知识产权的违法行为。

通过从中央到地方的各级协调合作执法机制的建立，我国已逐步建立起健全、协调、高效的保护知识产权的执法体系与工作机制，进一步完善了行政保护和司法保护并举的知识产权保护模式，通过日常监管与专项整治相结合，不断加大知识产权的执法力度。

3. 知识产权保护意识普遍提升

从2002年申博成功之日起，我国关于世博会的知识产权宣传工作贯穿了世博会的整个筹备过程。在展览期间，知识产权保护的宣传活动也一直在持续，其对我国社会各界的知识产权保护意识的提高具有划时代的意义。世博会的举行对整个社会的影响是深远的，8年的筹备、半年时间的展览，在潜移默化中提高了全国人民的知识产权保护意识，这对于落实《国家知识产权战略纲要》和推动我国知识产权保护工作的发展，具有重大的意义。

自2004年开始，我国政府确定每年4月20日至26日为“保护知识产权宣传周”，利用报刊、电视、广播、互联网等各种媒体，通过举办研讨会、知识竞赛和制作公益广告等多种形式，在全社会开展知识产权保护宣传教育活动，倡导尊重劳动、尊重知识、尊重人才、尊重创造，提高广大公众的知识产权保护意识，努力为世博会知识产权的保护营造良好的社会氛围。

2010年4月28日，司法部、全国普法办专门发出《关于进一步加强上海世博会期间法制宣传教育工作的通知》（以下简称《通知》）。《通知》着重强调要进一步加强保护上海世博会知识产权法律法规宣传。《通知》指出，要重点加强保护上海世博会知识产权等法律法规宣传，引导群众增强依法办事观念，要紧紧围绕世博的主题，开拓领域，创新形式，扩大宣传的覆盖面，切实增强宣传效果。要通过举办法律咨询、法制讲座、法制文艺、法制宣传栏、法律知识竞赛等形式，广泛地开展法制宣传教育活动。要充分发挥广播、电视、报刊、互联网、手机等媒体的独特作用，广泛开展上海世博会法制宣传教育，使世博会有关法律知识深入人心。

从社会层面来看，社会各界自觉践行并广泛参与世博会知识产权保护活动。各行业协会和商业企业发起世博会标志保护自律倡议，中小学生、企事业单位广泛开展迎世博保护知识产权知识竞赛等。这些形式多样、丰富多彩的活动既有宣传教育作用，也进一步提高了社会公众自觉遵守世博会知识产权的思想意识[5]。

营造良好的知识产权保护的社会环境，提升广大人民群众的知识产权意识，对于知识产权保护具有基础性的作用。上海世博会的成功举办，对我国社会知识产权意识的提高，将会产生深远的影响。相信，知识产权保护意识会同上海世博会一道，成为人民心中永远的精神记忆。

三、我国后世博时代知识产权的新发展

1. 进入知识产权创造的高峰期

科技是世博会的核心元素。为了使上海世博会成为科技创新成果展示的盛会，从2004年起，国家科技部和上海市政府正式确立“世博科技”行动计划，集全国近千家单位、上万名科技人员之力，经历了前瞻布局、对接需求、聚焦应用三个阶段的工作，先后在新能源、生态环保、建筑节能、智能化技术、信息网络技术和新材料等领域，布局了230余项科技攻关项目，取得了1100多项具有自主知识产权的科研新成果，相应成果已经在上海世博会的规划、运营、展示等各方面获得应用[6]。

世博会是新技术成熟、推广的推进器，也是利用世博技术带动新一轮技术创新的绝佳机遇。除了“世博科技”专项成果，来自246个参展方的展馆都展现了大量富有高科技含量的创意和展品，许多内容都将成为新一轮科技创新的热点和亮点。这些新技术、新理念、新方法，为作为上海世博会主办国的中国跟踪分析各国科技成果，认真学习研究，在消化吸收的基础上再创新提供了便利条件。因此，在世博科技、创新环境、创新人才的推动下，“后世博时代”我国将进入新一轮知识产权创造的高峰期。

知识产权创造除了需要坚实的技术基础作为内部条件之外，也需要良好的外部环境，即完善的知识产权公共服务体系。为此，2009年8月，经过4年时间的规划、投资了3000万元的上海市知识产权专利信息公共服务平台正式建立。平台不仅免费为社会提供5300万条世界各国的主要专利信息，同时提供专利检索与在线分析、专题数据库制作管理、专利信息定制和预警、专利交易与价值评估一体化的服务[7]。此外，上海市版权局与上海联合产权交易所等合作，筹建和成立了上海版权交易中心，在版权相关产业集聚区，试点设立版权工作站、服务点，为园区中小企业开展版权管理、版权市场经营和版权维权提供有针对性的个性化服务，为企业、用户提供更多的有关知识产权的信息。国家知识产权局、专利局还在上海代办处启动了电子专利申请用户注册工作，为专利申请人提供更为便捷的服务。这些都为我国今后推广、扩大知识产权公共信息服务平台、完善知识产权公共服务体系打下了坚实的基础。

上海世博会的成功举办，不仅为我国“后世博时代”提供了知识产权创造的技术基础，同时提供了知识产权创造所需的制度环境。在二者的双重作用下，我国“后世博时代”将进入知识产权创造的高峰期。

2. 进入知识产权运用的黄金发展期

“后世博时代”也将依赖知识产权运用，创造更多的世博效益。所谓“一切始

于世博会”，不仅由于自科技革命以来世界上最先进的科技大多第一次在世博会中展示，同时也由于新技术在世博会的舞台上得到放大，通过在世博会上的应用和示范，使得最广大的用户可以了解新技术的功能和特点，最终推动新科技走向应用和产业化。在世博会历史上，蒸汽机、电话、留声机、电视机、尼龙、塑料等一大批新技术通过世博平台而快速产业化，成为知识产权运用的典范。

上海世博会上展示了1100多项具有自主知识产权的科研新成果，除了预计的现场7000万名观众可以近距离感受到新科技给城市生活带来的惊喜，上海世博会巨大的品牌号召力也将通过立体式的宣传将科技信息传递给全国人民和世界各地，对新技术的推广起到了巨大的宣传作用，将大大地缩短新技术产业化所需的时间。

世博会上大规模的示范无疑将极大地推动世博知识产权的运用，与此同时，积极创造良好的知识产权运用的政策环境也十分重要。在知识产权融资方面，2009年7月，上海市知识产权局、市工商局、市版权局会同市金融办等七部门出台了《关于本市促进知识产权质押融资工作的实施意见》，提出了上海市开展知识产权质押融资工作的具体措施，全面启动了知识产权质押融资试点工作，为知识产权运用提供了资金条件。2009年，上海市有64家企业获得知识产权质押贷款84笔，共1.15亿元[8]。

在产业政策方面，上海市政府对我国在世博会上展示的以RFID为基础的物联网技术、新能源汽车、LED及升级版OLED等技术的知识产权运用作出了推进和扶持计划。2009年12月，上海推出了《关于促进上海新能源汽车产业发展的若干政策规定》，计划在未来3年内，上海将有4000～5000辆各类新能源汽车服务于公共领域，同时还将建设充电站等新能源汽车配套设施的企业单位，政府将予以总额不超过20%的补贴等具体鼓励措施。2010年4月25日，上海市经济和信息化委员会发布了《上海推进物联网产业发展行动方案（2010—2012年）》，明确指出，世博园区是上海物联网应用示范工程之一，园内物联技术将向“后世博”延伸。

以上海世博会为契机，加强“后世博时代”我国在新能源、生态节能技术、信息网络技术和新材料领域的知识产权创造与运用，对我国创造新一轮经济增长点、实现产业升级、转变经济发展方式，具有开拓性的意义。知识产权将为我国“后世博时代”的科学发展提供重要的制度保障。

参考文献：

[1]　胡嫚．世博会催生知识产权国际公约：世博会史话[N]．中国知识产权报，2009-11-30.

[2]　吴汉东．知识产权基本问题研究[M]．北京：中国人民大学出版社，2005：144.

[3]　郑成思．知识产权论[M]．北京：社会科学文献出版社，2007：363.

[4]　汪玮玮．上海世博会与知识产权保护体系建设纪实[EB/OL]．[2010-05-11] http://news.china.com/zhcn/news100/11038989/20100511/15930207.html.

[5] 汪玮玮．甘绍宁：要站在国家高度做好世博会知识产权保护[EB/OL].[2009-12-05]http://www.gov.cn/gzdt/2009-12/09/content_1483667.htm.
[6] 章迪思．世博应用万名科研人1100项自主知识产权成果[N].解放日报,2010-05-10.
[7] 李治国．上海知识产权(专利信息)公共服务平台正式开通[EB/OL].[2009-06-10]http://www.ce.cn/xwzx/gnsz/gnleft/mttt/200906/10/t20090610_19285005.shtml.
[8] 孔元中,林衍华．09年上海知识产权质押贷款额突破1亿元[EB/OL].[2010-02-09]http://www.ipr.gov.cn/xwdt/gnxw/df/611065.shtml.

论科技形态的多样化与社会主义初级阶段的二重性

张卓群

（东北大学马克思主义基本原理研究所，辽宁 沈阳　110819）

摘　要：科学技术可以转化为多种形态，包括技能形态（技术）、硬件形态（设备）、软件形态（专利）等。科学技术形态的多样性决定了转化生产力方式的多样性，包括学习转化、有形转化、无形转化等。在不同的生产力方式的基础上，建立起不同的社会形态，包括农业社会、工业社会和后工业社会等。在社会主义初级阶段，科学技术转化为生产力三种转化形态均有体现，同时存在。因此，决定了社会主义初级阶段生产力与生产关系、基本经济制度、国家宏观调控职能、对外关系及发展前途具有一系列二重性的特点。

关键词：科学技术形态　多样化　社会主义初级阶段　二重性

科学技术是人类认识和改造世界的产物，其主要形态是知识体系、技能体系、工艺方法、劳动工具。可以概括为三大类型：技能形态（技术）、硬件形态（设备）、软件形态（专利）。

所谓“硬件”技术，一般指物质技术手段，即工具、机器设备等。所谓“软件”技术，一般指与物质手段相适应的操纵、控制、运用“硬件”技术的方法、技能、技巧，以及人们规定的“硬件”技术的运转程序和生产的技术组织形式、技术管理形式等。

它们作为科研成果，一方面会成为后继科研人员的理论资源、构思基础、物质手段和研究对象，另一方面又会改造社会环境。

一、科学技术形态的多样性决定了生产力方式转化的多样性

技术是“为某一目的共同协作组成的各种工具的规则体系”，是“有目的”的，是通过广泛“社会协作”完成的。技术的首要表现是生产“工具”，是设备，是科学技术的硬件形态。专利制度是在技术发明成果成为商品、成为财富的历史条

件下产生和发展的。

在技术发明成果中，凝结着发明者创造性的脑力劳动；在许多情况下，还凝结着试验研究仪器、设备和试验材料等物化劳动与一些辅助性的体力劳动。在商品生产充分发展的社会经济条件下，科技发明成果（专利）同为交换而生产的一般劳动产品一样，具有使用价值和价值的两重属性，也就是说，技术发明成果本身成为一种商品，不过这是一种特殊形态的商品，即无形的商品。社会主义社会里，不仅存在商品生产和商品交换，而且要发展商品经济，技术发明成果这样的商品应当大力发展，才能适应现代化建设的迫切需要。

科学技术形态的多样性决定了转化生产力方式的多样性，包括学习转化、有形转化、无形转化等。在不同的生产力转化方式的基础上，建立起不同的社会形态，包括农业社会、工业社会和后工业社会等。

二、社会形态的多样性决定了科学技术形态的多样性

中国传统社会生产主要是农业生产，传统经济的主要成分是农业经济。土地垦殖依赖于一定的生产技术。在生态环境脆弱地区，生产技术的先进与否不仅决定农业开发的经济效益，而且决定农业开发的生态效益[1]。在技术落后的条件下，农业生产的效率是非常低下的。因此，农业社会成就了科学技术技能形态的充分实现。

近代西方机器工业的植入，使传统农耕社会逐渐向工业社会过渡。机器设备是技术活动的物质载体，“在这个社会，生产设备不仅决定着社会需要的职业、技艺和态度，也决定着个人的需要和欲望……”[2]。当代科学技术革命本身就是生产力的革命，它对物质文明的进步起到巨大的推动作用。科学技术不断用信息化、智能化的生产工具、机器设备和操作系统装备生产力，推动着社会生产向着自动化、信息化的方向发展。科学技术开辟了新的生产领域，并使传统生产部门的劳动对象、劳动工具得以更新，从总体上促进了生产力的高速发展。科学技术推动生产力发生了巨变。因此，工业社会成就应科学技术硬件形态的充分实现。

从全球范围来看，自 20 世纪 80 年代以来，世界经济进入一个新的发展阶段。对这一阶段，西方学界从不同的角度有不同的描述和分析，如有的称之为后工业社会，有的称之为后现代社会，有的称之为后现代消费社会，有的称之为信息社会、晚期资本主义社会等，无论哪一种称谓，都表明该阶段与前一阶段有很大的不同。一般来说，从经济的角度西方学界对该阶段的特征概括为：人们已经开始从工业社会对实物商品（有用性）的关注走向后工业社会对符号商品（符号性）的青睐，换言之，后工业社会的首要特征是商品价值的“符号化”[3]。后工业社会的所有权优势包括的独占的无形资产优势，也就是一切无形资产在内的知识产权优势，特别

是专利、专有技术和其他知识产权。市场竞争的日趋激烈使得企业日益把竞争力的焦点从有形产品转移到所有权优势服务业上，特别是受知识产权保护的核心技术和专利权技术服务业，通过知识含量的不断提升和创新服务的不断加载，提高企业所有权优质服务的竞争能力和高附加值的独占力。也就是说，在这一时代，科学技术软件形态，也就是专利制度，得到了充分实现。

三、科学技术形态的多元性决定了社会主义初级阶段一系列的二重性特点

在社会主义初级阶段，科学技术的三种转化形态均有体现，同时存在。在科学技术成为生产力特别是成为第一生产力的情况下，社会主义初级阶段的生产力与生产关系、基本经济制度、国家宏观调控职能、对外关系及发展前途具有一系列二重性的特点。

1. 通过科学技术形态研究揭示社会主义初级阶段生产力二重性特点

党的十三大所确认的社会主义初级阶段是特指我国生产力落后、商品经济不发达条件下建设社会主义必然要经历的特定阶段[4]。由此决定社会主义初级阶段的生产力具有二重性特点：社会主义初级阶段生产力基础既包括机器大工业等传统生产力，又包括现代科技生产力。

社会主义初级阶段的生产力基础之所以包括机器大工业等传统生产力，这是由于现实的社会主义国家是在生产力落后的国家建立的，由于生产力的发展具有连续性，在相当长的一个历史阶段中，机器大工业等传统生产力是现实的社会主义国家的生产力基础[5]。

社会主义初级阶段的生产力基础包括现代科技生产力，是由中国共产党人通过建设中国特色的社会主义伟大实践和理论证明了的，我国社会主义与科学技术新的生产力的相容性表现在我国实行社会主义制度，可以集中力量办大事，而马克思主义科学世界观对创新思维具有有力的促进作用，我国生产的目的是为了最大限度地满足人民群众的物质文化需要，这些都和科学技术的共有性的本质是一致的。科学技术形态要通过对社会主义初级阶段生产力二重性特点的研究，把社会主义初级阶段理论研究推向深入。

2. 通过科学技术形态研究揭示社会主义初级阶段生产关系二重性特点

要通过科学技术形态研究揭示社会主义初级阶段生产关系也具有二重性特点，既包括社会主义性质的公有制经济，又包括非社会主义性质的非公有制经济。社会主义初级阶段的基本经济制度既有社会主义经济制度的共性，又有社会主义经济制度的特性。其共性是社会主义初级阶段作为主体的公有制，社会主义公有制既要起

到解放和发展生产力的作用，又要起到消灭阶级对立与剥削，实现社会主义的公平正义与共同富裕的作用。其特性是社会主义初级阶段还存在多种非公有制经济，它与作为社会主义经济的公有制经济既可以平等竞争、共同发展，又存在与社会主义经济矛盾的一面。社会主义初级阶段的基本经济制度的共性方面存在于社会主义初级阶段、中级阶段和高级阶段，是不断成熟和发展的过程，而社会主义初级阶段的基本经济制度的特性方面到社会主义高级阶段将退出历史舞台[6]。

3. 通过科学技术形态研究揭示社会主义初级阶段国家宏观调控职能的二重性特点

宏观调控也称为国家干预，是政府对国民经济的总体管理。由于社会主义初级阶段的生产力具有二重性的特点，它们对应的宏观调控手段不同，所以，社会主义初级阶段国家宏观调控职能也具有二重性，既具有经济调控的职能，又具有加快创新的职能。通过科学技术形态研究揭示国家宏观调控职能的二重性特点，特别研究在科技成为第一生产力的情况下，需要通过创新调控建立和科学技术是第一生产力相适应的生产关系，通过创新调控充分发挥政府在创新中的作用，特别是通过创新调控促进创新型国家的建立。

4. 通过科学技术形态研究揭示社会主义初级阶段对外关系的二重性特点

20 世纪 80 年代以来，中国的崛起在世界上已经成为一种引人注目的现象，成为国际社会广泛关注的热点之一。尽管我国领导人在不同的场合多次明确地阐述了“和平崛起”的愿望，但很多西方学者认为，历史上并无和平崛起的先例，中国同样无法在和平中崛起。因此，科学技术形态十分有必要从社会主义初级阶段二重性的特点出发，分析对外关系的二重性，特别是通过以下研究回答中国能够和平崛起的问题，即要分析机器大工业的生产力基础导致存在提供非和平崛起的可能性，但科技生产力更决定和平崛起的现实性，这是因为在科学技术成为第一生产力的情况下，可以充分发挥信息资源具有可共享、非稀缺性的特征，为自然界物质和能量守恒的实现提供可能性，为中国的“和平崛起”创造可能性。

5. 通过科学技术形态研究揭示对社会主义发展前途的二重性

社会主义初级阶段的生产力具有二重性的特点，由此决定了社会主义初级阶段的发展前途也具有二重性。在社会主义初级阶段，能否成功建立起社会主义初级阶段的生产力基础，并在此基础上能否成功地调节生产力和生产关系、经济基础和上层建筑之间的矛盾，决定了社会主义事业的失败和成功。科学技术形态要通过对社会主义发展前途的二重性研究，把社会主义初级阶段理论体系建设推向深入。

要对苏联社会主义的失败原因进行探析。社会主义理论产生于发达国家，而其政治和经济实践则发生于不发达国家。根据社会主义本来的理念，社会主义应当是在生产力上比资本主义更发达，在生产关系上比资本主义更进步，在经济技术上比资本主义效率更高的新制度。但是，现实中的社会主义制度首先在落后国家建立，因此已经建立的社会主义制度都处在社会主义初级阶段，不得不面对建立社会主义生产力基础的重大任务。从苏联的社会生产力基础建立来看，经过第一、二、三次科技革命，苏联已经建立了机器大工业体系，但这只能认为苏联是在补资本主义生产力基础的课，是社会主义初级阶段的生产力基础的一部分，还不能认为苏联已经建立了社会主义的生产力基础。正是由于没有建立社会主义生产力基础，使苏联的社会主义事业遭到了重大挫折[7]。

中国共产党人领导的建设中国特色的社会主义伟大实践和理论证明，通过改革，在社会主义初级阶段能够成功建立起社会主义初级阶段的生产力基础，并在此基础上，能成功地调节生产力和生产关系、经济基础和上层建筑之间的矛盾，使社会主义事业走向成功。

参考文献：

[1] 姚兆余．明清时期西北地区农业开发的技术路径与生态效应[J]．中国农史，2003(4)：102-111.

[2] 马尔库塞．单向度的人[M]．重庆：重庆出版社，1993.

[3] 张健．后工业社会的基本特征及其现实意义[J]．党政论坛，2010(5)：60-61.

[4] 王丽颖，甄平平．试论社会主义初级阶段理论[J]．法制与社会，2009(5)：210.

[5] 教育部社政司．马克思主义基本原理概论[M]．北京：高等教育出版社，2007：203.

[6] 卫兴华．社会主义经济制度若干理论问题的认识[J]．新视野，2007(1)：20-22.

[7] Институт экономики Академии наук СССР. Политическая экономия[M]. Москва：государственное издательство политической литературы，1954：11.（苏联科学院经济研究所．政治经济学[M]．莫斯科：政治文学出版社，1954：11.）

科学技术学在我国发展的计量分析

赵　旭[1,2]

（1. 辽宁石油化工大学学生处，辽宁 抚顺　113001；
2. 东北大学科学技术与社会研究中心，辽宁 沈阳　110819）

摘　要：自20世纪初，科学技术一体化的趋势越加明显，交叉学科大量兴起，这些变化导致了科学技术本质观的统一和科学技术学的建立，从科学技术学科范式严谨的角度来看，科学技术学研究的基本动力来源于科学技术在当代社会的作用不断增长和科学技术社会一体化的现实。本文从科学计量的角度，分析科学技术学在我国的发展阶段，从中国知网资源总库（CNKI）的文献数据库中，用“科学技术学”作为主题词，检索全部文献，有效文章数为109篇。显示了科学技术学文献的时间分布、期刊分布和作者分布，展现当前中国科学技术学的前沿与主要领域。本文通过对上述文献的数据进行进一步的统计分析和可视化分析，进而根据科学技术学在我国发展的不同阶段，从学科发展的逻辑起点、研究进路、发展体制、共同体和解释语境等方面，对数据研究的结果进行分析和解读。科学技术学从产生到发展经历了多学科研究阶段、交叉学科阶段和超学科研究阶段。其理论体系的建构过程表现为科学本质观、技术本质观和社会本质观在不断克服逻辑困境中，不断从分离走向统一的过程。在制度创新上，表现为由科学共同体和技术共同体向国家创新体系和创新型国家的转变过程。

关键词：科学技术学　中国　计量分析

一个学科发展的基本动力来源于社会的需求，从内涵上来看，学科发展表现为在不断克服逻辑危机进程中基本概念范围的扩大；从外延上来看，学科发展表现为学科的产生、分化和整合的过程。随着当代科技社会化、社会科技化的日益发展，科技活动和发展的作用与地位日益显著，科学技术活动已经成为当今社会上最重要的活动之一。科学技术一体化的趋势越加明显，交叉学科大量兴起，这些变化导致科学技术本质观的统一和科学技术学的建立。

一、科学计量学与科学技术学

科学计量学是运用数学方法，对科学的各个方面和整体进行定量化研究，以揭示其发展规律的一门新兴学科。它是科学学的一个重要分支，也是当前科学学研究中一个十分活跃的领域。科技计量是人们对自己智力活动所创造的成果进行的数量分析，是一项对自己的科学劳动成果进行评价的知识体系。这种研究和体系的确立，一方面反映了社会对科技研究成果的肯定，也是对科技活动求“真”的肯定；另一方面体现了社会对那些长期从事探索、创造性劳动的劳动者的人文关怀。正是他们自由的创造，人们才获得了认识和改造世界的力量，才具有了推动社会前进的动力。人文主义孕育了自然科学，科学主义催生了科技的计量研究，人文主义又使这种研究进一步扩展和延伸，走向人文、社会领域。科学技术和科技计量研究走向人文和社会，形成了今天人们所称的“科技与社会”（简称 STS）的研究领域。因此可以说，科技计量研究，是在两大文化的联系中产生的，是科学主义与人文主义有机统一的产物。当科技计量最初的研究形式被确立时，就具有科学精神与人文精神的价值追求，具有“真”“善”“美”的文化底蕴，并且这种文化底蕴一直在支撑着科技计量研究的发展。科技计量研究已经走向成熟，正在形成一门学科，而这门学科与科学技术学密不可分。“科学计量学已使我们知道不管表象多么地不完善，科学是服从于测量的。科学史、科学社会学和科学哲学可被看做是对科学进行研究的一种定性表象。定性方法和定量方法之间的关系能被再次阐明：定性的表象和洞察力给测量提供假设和启发，而测量方法能通过考虑相互作用的条件而加以更新和精炼。”

本文将从科学计量的角度，分析科学技术学在我国的发展阶段，从中国知网资源总库（CNKI）的文献数据库中，用“科学技术学”作为主题词检索全部文献，但是排除“科学技术学报”“科学技术学会”“科学技术学科”等无关词，共检索得到437 篇文章，除去无作者、作者为“本刊编辑部”和其他非学术类文章，有效文章数为 109 篇。以此作为对我国科学技术学发展研究的数据来源进行量化统计分析，对科学技术学的发展作整体研究。显示了科学技术学文献的时间分布、期刊分布和作者分布，展现当前中国科学技术学的前沿与主要领域。本文将通过对上述文献的数据进行进一步的统计分析和可视化分析，进而根据科学技术学在我国发展的不同阶段，从学科发展的逻辑起点、研究进路、发展体制、共同体和解释语境等方面，对数据研究的结果进行分析和解读。力求通过量化表达的方式，展示我国科学社会学发展的不同阶段和学科进路，为科学技术学更好地发展起到一定的推动作用。

二、科学技术学学科文献统计分析

1. 我国科学技术学学科发展研究文献的时间分布

我国科学技术学的研究起步较晚，进入 21 世纪以后，才开始有一定的发展，一系列论述科学技术学何以可能的论文逐渐增多，促进了我国科学技术发展的战略与政策研究。见图 1。

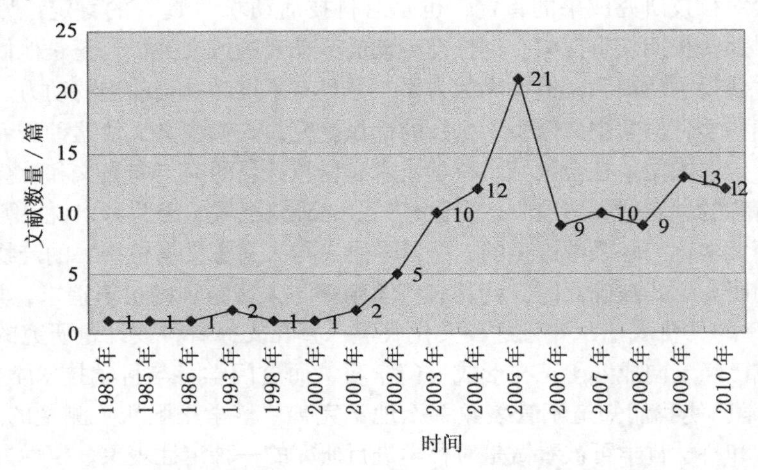

图 1　我国科学技术学学科发展研究文献的时间分布

从图 1 可以看出，从 20 世纪 80 年代开始，科学技术学的研究开始逐渐展开。进入 21 世纪以后，科学技术学的专门研究开始增加，特别是在 2005 年召开了首届全国科学技术学学术年会，使我国的科学技术学的研究达到了顶峰，虽然以后几年，在文献数量上不及 2005 年的爆发式增长，但对比 2005 年之前，科学技术学有了一定数量的持续性研究，并且研究的深度和广度也在逐渐增强，论文的数量也呈现出逐年上升的趋势。

2. 我国科学技术学学科发展研究文献的期刊分布

科学技术学发展研究文献主要分布于 11 种期刊，其中发表 5 篇及以上论文以上的期刊有 7 种。其中《科学学研究》《自然辩证法研究》《科学技术与辩证法》共发表论文 32 篇，占 109 篇论文总数的 29. 4%。见图 2。

从图 3 可以看出《科学学研究》《自然辩证法研究》在所有期刊文献中的突出地位。特别是两种刊物发表科学技术学主题词文献的时间分布曲线，与所有期刊文献的时间分布曲线相对应，并且这两种刊物的起落变化与走向决定了所有文献大致的变化趋向。

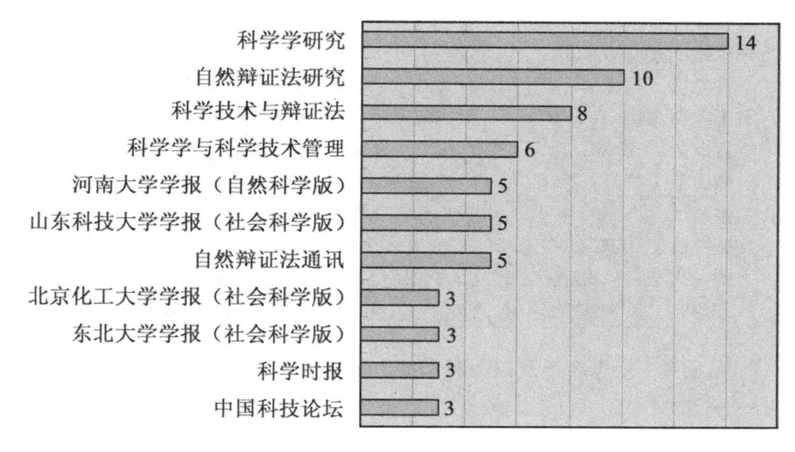

图 2　我国科学技术学文献的期刊分布

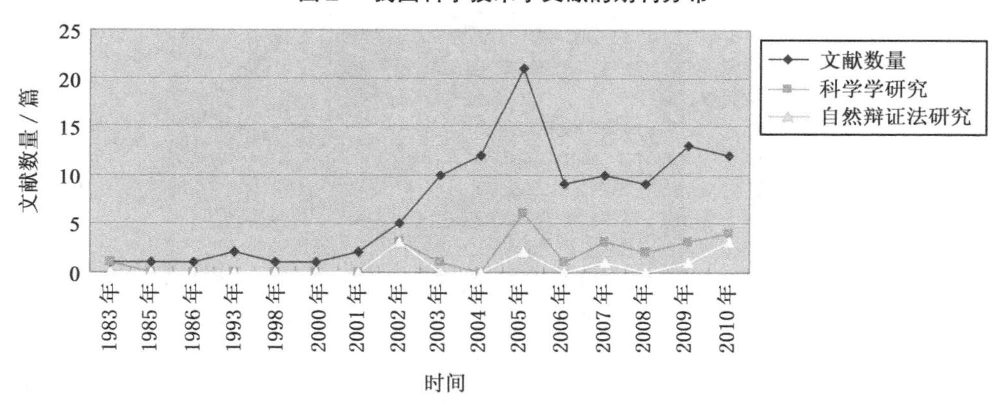

图 3　《科学学研究》《自然辩证法研究》在所有文献中的地位

3. 我国科学技术学学科发展研究文献的作者及其单位分布

由于我国科学技术学学科发展还处在兴起阶段，研究的作者分布相对比较集中，其中撰文 3 篇及以上的作者仅有 8 人。他们大多是我国科学技术学的奠基人与开拓者，仅个别为科学技术学领域的后起之秀。见图 4。随着研究的不断开展，自 2005 年以后，有越来越多的人参与到科学技术学的研究当中，2005—2010 年发表 2 篇论文的作者就有 12 人。

从图 5 可以看出，科学技术学的研究无论是研究单位，还是研究作者，都比较集中，以清华大学为主的 8 所院校共发表科学技术学主题词论文 33 篇，占所有论文总数的近三分之一，显示了科学技术学研究的集群性。同时，由于科学技术学也是一个相对较新的学科，从 2005 年以来，逐渐有新的单位和新的研究人员参与到这个学科的研究中，所以，科学技术学在今后的发展中将迎来一个超学科的研究阶

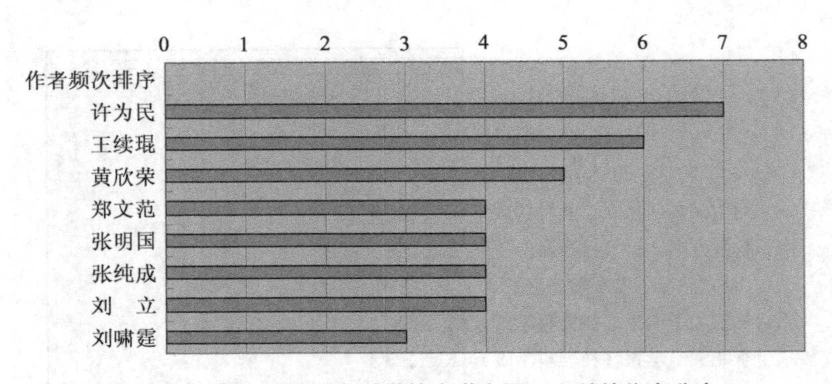

图 4 发表 3 篇及以上科学技术学主题词文献的作者分布

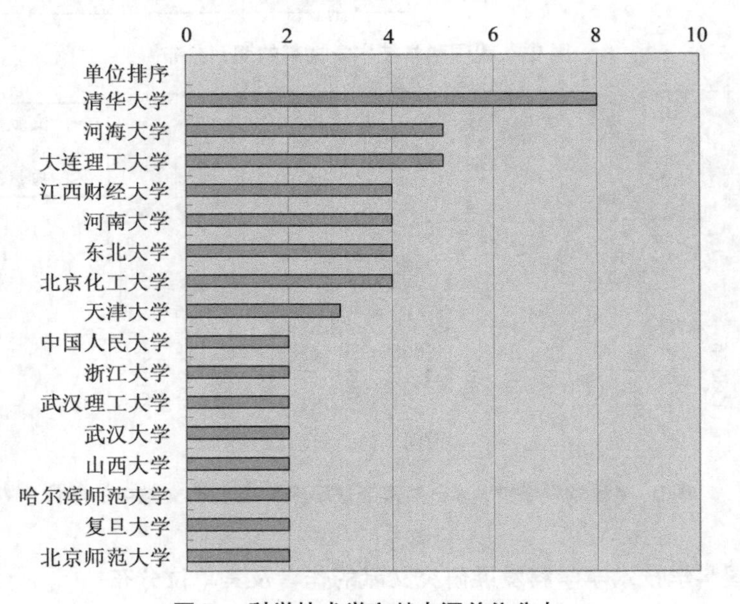

图 5 科学技术学文献来源单位分布

段，相信会不断有后起之秀加入到科学技术学的研究中来。

4. 科学技术学研究文献重要关键词分布

以科学技术学为主题词的重要关键词除科学和数学外，主要集中在“自然辩证法”“科学技术哲学”“学科建设”“科学学”“科技政策”等几个方面，反映了科学技术学的主要研究领域和研究脉络。

从图 6 可以看出，科学技术学在我国尚处于起步阶段，其发展经历了多学科研究阶段、交叉学科阶段和超学科研究阶段，科学技术学在不断克服逻辑困境的过程中，不断从分离走向统一，并且一直在为谋求自身学科建设而不断努力着。随着研究的不断深入和发展，科学技术学的研究也将不断繁荣。

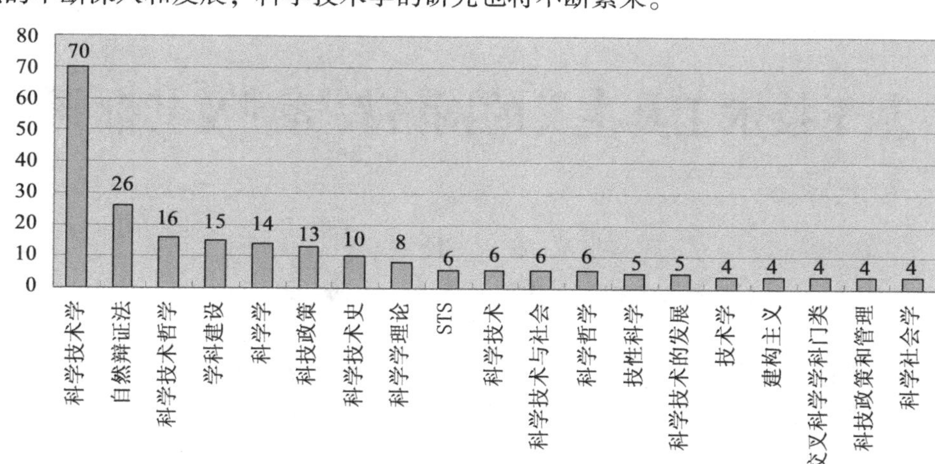

图6　科学技术学重要关键词分布

三、结论与展望

对中国当前以科学技术学为主题文献数据的统计分析表明，我国科学技术学还处在刚刚兴起的阶段，其中既有老一代科学家的卓越贡献，也有年轻科研人员的蓬勃发展。在全部科学技术学主题文献中，《科学学研究》杂志文献量占总文献量的13%，居所有刊物之首，其发展的进程也引领着中国科学技术学的发展走向。

通过对中国科学技术学主题文献的计量分析可以看出，其从产生到发展，经历了多学科研究阶段、交叉学科阶段和超学科研究阶段，科学技术学在不断克服逻辑困境的过程中，不断从分离走向统一。科学技术学也将随着研究的深入和拓展，不断探索新的研究方向，推进科学技术学面向科学技术的前沿领域，应对现代科学技术和研究方式的最新变革。此外，虽然本文采用的是计量分析方法，然而这种方法不仅包含科学主义的因素，而且无法排除人文主义的信念。

参考文献：

[1]　刘则渊，胡志刚，王贤文．30年中国科学学历程的知识图谱展现：为《科学学与科学技术管理》杂志创刊30周年而作[J]．科学学与科学技术管理，2010(5)：17-23.

[2]　曾国屏．论走向科学技术学[J]．科学学研究，2003(1)：1-7.

[3]　杨丽娟，陈凡．论科技法产生和发展的两大文化基石[J]．科学学研究，2004(4)：362-365.

[4]　张纯成．科学技术学：从历史走向现实[J]．河南大学学报：自然科学版，2004(13)：102-106.

基于技术工具主义的网络教学观及其批判

刘友古　杨庆峰

（上海大学社会科学院哲学系，上海　200444）

摘　要：网络教学的存在本质不能从技术工具主义立场上获得澄明，而必须由生存主义世界观来加以阐明。因为网络教学呈现出来的是一个新兴世界，它使教师与学生都作为一名学习者，并形成一种平等互助的自主学习的交流模型，使教师的教学职能从知识传授型向问题分析型转变，同时使学生的学习功能从知识接受型向问题分析型转变。因此，网络教学并不是一种传统课堂教学的新辅助、新载体和新方法，而是一种具有独立性的新型教学模式。

关键词：网络教学　工具主义　新型教学模式

随着网络技术日益地渗透到现代教育教学之中，逐渐地形成了一种以网络技术为基地的新型教学模式，人们开始称之为网络教学。然而，这种教学只是一种依附于传统课堂教学的辅助手段或工具，还是一种具有相对独立性的新型教学模式呢？或许，这个问题早已成为当今信息化时代之中关于现代教育所要面临的理论挑战。也就是说，网络教学能成为学习者追求卓越知识的正当道路吗？诚如传统教学形式——课堂教学——所奠定的知识学习之道路那样，能给予学习者充分而又确定的知识传授吗？对于这个问题的考察必然要对网络教学作出根本性的解释，正如笔者所坚持的那样，批判那种只把网络教学视为教育技术的工具主义解释，而认为网络教学乃是一种具有相对独立性的新型教学模式，其根本的理念乃基于教学是以信息交流为转轴的生成系统，而这个系统的稳定并不取决于系统要素是什么性质，而取决于系统要素是如何被结构起来的。因此，这就有必要对技术工具主义视野下的网络教学观念作出一定的批判，以便消除技术工具主义之网络教学观给现代教育教学实践活动所带来的消极影响。

一、技术工具主义及其批判

技术工具主义已成为人们理解任何技术的基本前提，包括网络技术，但也相应地遭受到许多学者的一系列批判。譬如，海德格尔、哈贝马斯、埃吕尔、邦格、麦吉恩等人对技术工具主义的批判。何谓技术工具主义呢？顾名释义，它是指把技术仅仅看做一种使用工具来加以解释的观点，在科学技术哲学上，对其有三重基本规定：

（1）“技术是工具”意味着技术存在的根据是因为被使用并且能够满足人的自身需求；

（2）“技术是工具”意味着技术是满足人们自身需求的根据；

（3）“技术是工具”意味着技术发挥功用是以其他事物为代价，使各种事物能被控制、能被改造、能被组织[1]。

这种技术工具主义却受到了一些哲学家的质疑。20 世纪 70 年代，德国哲学家海德格尔最早对这种技术工具主义给出了反思与批判。虽然在他看来，“通行于世的关于技术的观念——即认为技术是工具和人的行为——可以被叫做工具的和人类学的技术规定”，并且这种“对技术的工具性规定甚至是非常正确的，以至于它对于现代技术也还是适切的”，但是，这种“对于技术的正确的工具性规定还没有向我们显明技术的本质”[2]925-926。这就意味着，仅仅从技术自身因素上阐明什么是技术的路径乃是一种不归之途，因为技术之本质的认识全然不是什么技术因素，正如树的本质并不是一棵树一样，技术之本质并不是一种技术因素。同时，我们也不能把技术当做某种中性的东西来考察，因为这样更使我们对技术之本质感到茫然无知。因此，这两种认识技术之本质的途径在海德格尔看来都终归歧路。这样，海德格尔就对把工具看做技术的基本特征的观念进行了反思和批判，从而阐明了一条能够认识技术之本质的路径，乃是通过对技术的存在论追问。这种追问就使他向我们表明了，“技术是一种解蔽方式。技术乃是在解蔽和无蔽状态的发生领域中，在 αληθεια 即真理的发生领域中成其本质的。”[2]932这样，技术之本质就与真理的发生相联系起来，跃然从一种实证经验性的具身之物转变成一种形而上学性的抽象之物。这又何以解释呢？就此在海德格尔的文本中又指出，这种解蔽方式主要通过一种称之为座架（Ge-stell）的描述而显示技术之本质并不是什么技术因素，并不是什么机械类东西，而是现实事物作为持存物而自行解蔽的方式，虽然能在人之中发生，但并不取决于人的技术规定，因此他说道，“只消我们把技术表象为工具，我们便还系缚于那种控制技术的意志中。我们便与技术之本质交臂而过了。”[2]951显然，对技术的认识就不能停留于工具论上了。

这种对于技术工具主义的反思性批判并没有因海德格尔的死去而停止。在此，有两个人值得注意，一个是加拿大学者芬伯格（A. Feenberg），另一个是荷兰学者穆尔（Jos de Mul）。其中，芬伯格把历史上的技术理论划分为技术工具主义与技术实体主义两类，认为前者是一种最广为接受的技术观，即把技术看成用来服务于使用者目的的工具，而后者是把技术看成一种新的文化体系，使整个世界重新构造成一种可控制的对象。然而，他在对这些观念批判的基础上，倡导一种“批判性技术理论”，既不把技术看做工具，也不当做某种外在于社会的独立力量，而是将其视为非中性的社会产物[3]。从某种程度上说，他就为我们建构出一种归属于民主性的技术理想。

相应的，穆尔却指出，技术工具主义“这些文件包含着巨大的、明显的未来主义的热情……几乎世界各国政府都一致欢迎信息与传播技术，而同样令人惊讶的是，大家对其可能影响到社会与文化的那些后果却缺乏普遍严肃的反思。……我认为，这种反思的匮乏是与技术工具观联系在一起的，自20世纪90年代以来，工具主义技术论的观点出现在许多政府文件中。”[4]35对此，他提出了三种批判工具主义的立场：技术自身的社会及政治意蕴，技术的非自主性，技术的异质特性。他从这三者的分析基础上指引我们的出路。他说道，“最重要的是，我们在面对这些技术（信息技术）的发展和在处置这些技术时要始终保持警觉，为的是要理解技术能对我们干什么，而我们又能够让技术和想要技术干什么。”[4]39这无疑要人们从技术乐观主义的情结中解脱出来，重新反思技术能对我们干些什么。

因此，作为工具主义的技术观不但忽略了技术自身所具有的社会构建作用，而且忽略了技术在参与各种社会活动时所具有的主动性及其异质性。就是说，技术本身并不仅仅是一种为了使人实现某种目的要求的工具而已，更是一种使人展开其自身本质力量或价值的对话世界。在这个对话世界中，构建起一种在世生活的生存方式，使人生活其中，并不断地接受一切与其相适应的调适。这样，若以技术工具主义的立场来理解网络教学或远程教育的本质特点，这必然就要遮蔽了它的本质，从而错失了对网络教学的全面认识，而使它不能为人类社会提供一种更有效、更便利的教育教学资源。为此，需要进一步对这种工具主义观念作出反思和批判，以便深入地揭示网络教学的存在本质。

二、基于技术工具主义的网络教学观及其批判

尽管这些哲学家的批判态度并不尽相同，但他们都能充分地意识到技术工具主义给人类社会带来了生存意义虚无的可能性，即从人这个角度看，人在使用技术的实践活动中，无法感受到这种技术给他带来的生活幸福感，反而感受到技术在剥夺其生存的权利，使其存在的价值受到极度的贬损；或者，从技术这个角度上看，当技术之本质是一种工具的思想得到进一步的发展时，技术就会随时成为某种人之企图的滥用手段，却毫无介意地使人们深陷于喧嚣的机器世界之中寻觅不可言笑的未来生活。但是，这种批判意识却在以网络技术为荣耀前途的教育界中不以为然，相反地，毫无检视地大力宣传网络技术在教育教学中的使用前景，并以一种技术工具主义的路径来认识或开发网络教学资源，这只是向传统课堂教学模式提出了一些形

式上的挑战①。因此，这种挑战与其说改进了，毋宁说扭曲了传统课堂教学的不足之处，甚至将其自身合理性存在的理由也遮蔽了。这是因为当网络技术被看做一种工具时，首先意味着网络产生的根据是因为不同需要领域相互作用的共同结果。正如斯泰尔所说的，“因特网的演进历史是从计算机通信领域、功用规则制度到商业金融领域里的各种创新共同作用的结果。在因特网发明以后的大约30年中，它已经从由一小群美国科学家所从事的，公共基金提供资助的科研项目逐渐演变为全球现象，并且刺激了巨大的私人资本投资。”[5]其次意味着网络技术能够满足人类的需要，除了最初的联络通信外，现在这种需要获得了更加充分的扩展，如娱乐、查阅资料等。最后意味着网络技术发挥作用的主要方式是将所有事物以一种数字化的形式呈现出来，不但包括事物，而且包括人自身。这样，基于技术工具主义的网络教学观就表现为三种基本观念：

（1）网络教学是课堂教学的新型辅助手段，在此称之为辅助观；

（2）网络教学是课堂教学内容的新型承载体，在此称之为载体观；

（3）网络教学是课堂教学方法或手段的新兴形式，在此称之为方法观。

但是，这些基本观念不但忽视了网络教学自身合理性存在的独立性意义，而且抹杀了网络教学作为一种不同于传统课堂教学的教学理念，已为人类生存自由之本质领域的产生和维护提供了一种现实性的途径。

因此，首先要对这些基本观念作一番清理性的批判。譬如，许多学者把网络教学看做传统课堂教学的新型辅助手段，这是值得批判的。大家知道，网络技术在中国普及大约是2000年以来的事，但这种辅助观念却持续了近10年②。这就导致了网络教学与课堂教学处于互相纠缠的不明不白的关系之中，要么贬低或抬高传统课堂教学的正当价值，要么曲解或误用网络教学的正当价值。因此，如果借助于不同时期的教育情况来作考察，就会看得更清楚一些。很显然，传统课堂教学主要以课堂讲授为中介来开展教学活动，因此，当网络技术作为一种辅助手段而参与这种教学时，又因其面对面的交流，可以即时进行互动，这似乎就使传统课堂教学因网络技术的参与而显示出从未见到过的效果，即不但使课堂上饱含各种情感的交互活动显示教师的个性化，而且可以通过网络技术的各种配合，使教学内容显得更加直观、更加生动，也使学生显得更加活跃。但是，当从培养学生的角度来看时，就会发现这种辅助观中的核心问题所在，即在什么情况下，网络教学才是传统课堂教学

---

① 这种形式上的挑战是指现今的网络教学还没有真正地进入其教学内容及教学理念的探讨，而网络教学的存在本质还依然处于遮蔽的状态。

② 参阅：柯速约．论网络教学与传统教育的互补性［J］．现代远距离教育，2001（3）；
陈兵．传统课堂教学与网络教学整合模式的探讨［J］．教育与职业，2006（29）；
王玉秋．PhotoShop教学中实现网络教育与传统教育整合的几点体会［J］．辽宁教育行政学院学报，2008（2）．

的辅助手段呢？因此，坚持这种辅助观的人一般认为，对于中小学教育来说，学生在知识学习上缺乏自律性，需要老师的监督和管理，在这种情况下，网络教学只能参与课堂教学，只能是辅助性的，为课堂讲授服务。然而，当我们能够正确地理解网络教学，这种解释就只是表明了网络技术参与了教学活动，并不能表明它就是一种网络教学，因为真正的网络教学乃是一种基于自主与开放两大原则的新教育模式，以培养学生的独立自主与开放的学习能力。因此，这种辅助观的形成在于他们把网络教学降低为网络技术参与，并将网络技术理解为一种工具的应用，从而抹杀了网络教学能够独立生存的教育意义。其实，当我们能够重新理解教学对象与教学主体的关系时，也就是说，如果把教学主体理解为学生自身，而把教学对象理解为所传授的知识或思想，这种不以教师为主体的教学理念就必须是一种新型的教学模式，或许这正是网络教学能独立生存的理由。这样，网络教学就不仅仅是一种网络技术参与的教学活动，而是一种能够逐渐取代传统课堂教学模式的新型教学模式。

这种新型模式不仅能增强学生的自主学习能力，而且能增强教师的引导作用，更能促使学生自己建立起学习群，从而扩大学生学习的开放性。因此，有些学者指出，随着对网络教学本质的深入认识，学生学习群势必成为网络教学的主流现象①。目前，国外学者已对远程学习中的学生互动所形成的群体现象进行了研究，表明了网络教学的真正含义[6]。因为在这个学习群中，不但表明了教师引导学生在学习过程中能加强彼此间的互动作用，而且表明了教师自身也只能作为一个学习者而参与这个学习群，这样才有其存在的价值。显然，这就打破了课堂教学通过维护教育者的权威形象来增强教学效果的路径，而直接使知识或思想自身的权威取代了教育者的权威，使教学活动更加平等，更能激发学习者直接面对问题的思考能力。另外，通过学习群也可以促进那些自主学习能力差的成员，通过无面子障碍的开放性交流方式，而从网络平台上获得自己所需要的帮助。这样，网络教学中的学生就更应准确地被称为自主的学习者，而不应是传统所定义的一种教师对象——学生。因此从这里看来，网络教学自身的存在不可能是传统课堂教学的辅助手段，而应该是一种期待我们更加深入研究并加以推广的新兴教育理念或独立性的教学模式，以培养学习者自主开放的学习能力。

其次，对于把网络教学看做教学内容的新载体的观念也是要加以批判的。即使这种载体观已将网络技术参与渗透到教学内容之中，与辅助观相比，它更触及网络教学的实质，但它依然以技术工具主义为立论来看待网络技术在教学活动的作用，

---

① 学习群形成的条件：一是设立具有共同性需求的问题；二是网络共享式的学习观念必须建立起来；三是利他主义原则，即指在网络学习中，利他原则至关重要，每名同学必须理解这种观念，即要有收获必先奉献。这在BT下载影片中突出了这条原则，下载者要想更快地下载影片，就必先上传影片，而且上传得越多，下载得也就越快。

因此他们认为，与纸质课本相比，网络技术只不过是承载课堂教学内容的新载体。从其承载形式看，网络技术提供了更加方便简单的操作，使教学信息的容量变得更大更多，而课本不易做到这一点，其能携带的信息量也受到限制。这种比较的认识显然是技术工具主义的观念反映。但这种载体观的问题可以根据加拿大学者麦克卢汉所指出的观点——媒介即讯息——而获得澄清。譬如他说道，“媒介是终极的讯息——我强调媒介是讯息，而不说内容是讯息，这不是说，内容没有扮演角色——那只是说，它扮演的是配角。”[7]373这就是说，相对于内容作为讯息来说，媒介本身作为讯息显得更为重要，因为媒介已不是一种关于世界的传播工具，使人获得对世界的认识，而是一种构成生活本身的世界，使人认识媒介就等于认识了这个世界。因此他又说道，“媒介是一种‘使事情所以然’的动因，而不是‘使人知其然’的动因”[7]266。这样，以工具主义来定义或看待媒介作用的观点，已不足以说明现代技术的本质特征。

据此，在教学活动中，作为媒介的网络技术在其自身成为信息载体的同时也就传递了一种不同于承载讯息的讯息，而这种讯息显得更为重要。就是说，网络教学自身就是教学讯息的构成部分，并不只是传统课堂教学中所传授教学讯息的新载体或工具而已。另外，从其存在方式上看，点击网页已标识了一种现代时尚的生活方式，而网络教学就是这种生活方式的综合体现，而仅仅只阅读书本的行为已被看成传统人的生活方式。因此，只有意识到这一点，才能够充分地意识到媒介变化所带来的社会变革性的意义，只有意识到这一点，才能够意识到网络教学所具有的完全不同于传统课堂教学的独立性意义。

最后，把网络教学理解为教学方法改革的新兴形式，这种方法观的认识显然是基于辅助观与载体观所获得的推演结果。这种观念只是把网络教学看做一种教学方法或手段的更新，显然，这违背了网络技术作为一种媒介所具有的本质功能，即为学习者提供一种自主而自由的生活世界，不但提供了一种生动有趣的认知画面，而且提供了一种感知世界的方式。若是这样，网络教学中就会因这种观念而使教学者处于不知不觉地扼杀学习者的自主性和积极性的地位，并使学习者困于传统课堂教学的认知范围中，从而使网络教学失去了现代教育改革的生长点。

这样，在技术工具主义视野下，网络教学中的教师职责和课堂教学中的教师职责就几乎没有什么差别，只是教学场景有所不同、教学工具有所不同，但其核心内容依然是传讲知识。然而，网络教学中的学生学习却失去传统课堂教学中的学习优点，譬如抽象思维的训练、人格的训练和身心交流的过程等，反而更容易地染上感官认识的流俗、视觉效应的肤浅和语言交流的缺失等。因此，这种基于技术工具主义的网络教学观有待深入地加以检视，并确定网络教学具有独立性的存在本质，以便正确地使用网络教学，为人们提供更有效的、更全面的、更广泛的受教育的机会，从而提高社会文明程度的整体进程。

三、网络教学之本质的阐明

正确地阐明网络教学之本质，乃是正确地开放并利用网络教学的理论前提。那么，什么是网络教学的存在本质呢？

面对这个问题，最先要揭示的是，网络这种存在形式是如何被人领悟的。网络是借助于计算机而被创建成一种相对于现实世界而言的虚拟世界，在其空间上具有无限制的优势，在其时间上具有无确定的优势。因此，这种网络技术的不断发展就使得远程通信成为可能，它不但克服了现实世界中受地理位置所限制的空间问题，而且克服了决定论的时间问题。但是，揭示网络的本质总是以人为最终的结合点，就是说，只有通过人的生存关系，才能揭示网络存在本质的可能性。因此，相对于人来说，网络具有一种解构并建构其社会关系的可能性。而这种可能性就组建了网络存在的本质，正如荷兰学者穆尔所说，“互联网具有解中心化、自我组织、自我调节和交流系统的特征，可以视为一种集体智慧，它是作为一种重构传统组织的元组织而发挥功用的。”[4]47这句话基本上描述了网络的本质特征，即具备重构传统组织关系的功能，譬如重构了传统的阅读方式、生活方式、家庭关系等，甚至对社会政府也起到重构作用。

如果说这种重构已经构成网络的本质特征，那么，网络教学的本质特征就表现在重构传统的教学模式，颠覆传统课堂教学中的学生与教师之间的权利关系，而使师生在教学活动中更体现出一种平等互助的自主关系。因此，在网络教学过程中，这种教学平台就更能激发起人自身的潜能，而将无限的可能性展现出来，这时，教师的地位就完全不同于传统课堂中的地位，他只是起到引导作用，而不具备所谓的身教威严，他所能做的只是通过自己的思想观念来引导学生返回到其自主学习的立场，对学习效果给出无限的可能性，并通过网络平台将其分享出来，从而成就教师自身的学习。因此，按照教师出现于网络平台的角色来说，可以同样称之为一名在线的学习者。同时，作为学生的地位也会经历一种观念的转变。其中，最鲜明的一点就是学生既不是被动的，也不是主动的，而是自主的，他被要求自主地安排自己的学习时间、学习内容，甚至学习效果。因此，学生从其正确的立场上说，也就成为一名不带任何褒贬色彩的学习者。这样，当教师与学生都成为一名在线学习者时，就构建了一种在世生存的学习方式，使所有学习者获得其所领悟的知识、方法和世界观。既然这样，那所谓的教师职能又如何获得正确的表达呢？为此，下面以教师职能为中线来进一步分析网络教学的存在本质。

传统课堂的教师职能几乎是传授知识，而身正为师、学高为范乃是教师职业道德的最高理念。譬如，从教室设计中也可以发现一种有趣的现象：在传统的课堂教学中，讲台总要比教室其余地面高出一点，其目的乃是让教师站在讲台上，以之表达一种权威——或许是知识权威，或许是道德权威；但在网络教学中，这种隐含的权威却随着网络平台的出现而变得平淡，甚至消失。取而代之的是一种平等，或者说是一种服务，因为这时的教师只有完全出于心甘尽愿，或者说出于对思想传播或对教育理念的责任感，才可能主动地进入网络平台，为学习者提供一种交流；否则，教师自身也会处于一种无所谓的状态。因此，这时对于教师的职能要求就不再以知识传授为重心，而是以解惑问题为重心，其解答方式与技术能力等问题成为教学的关键。同时，解惑方式也会出现讨论区、e-mail 及面谈等多元化途径。显然，这些方式在传统课堂教学中是望尘莫及的。

对于中国传统关于教师的定义——“师者，传道授业解惑也”——来说，现代教育因科学主义或技术应用而使得教师职能发生了一次转变，简单地说，这是一次从道—业—惑之形式向事实—知识—价值之形式的转变。这样，现代意义上的教师就更多地表现在知识传授上。但随着科学技术的进一步发展所导致的信息时代来临，现代教育的信息化就再次对教师职能提出了新的挑战，其主要表现在教师的知识传授功能受到了挑战，因为以计算机系统作为知识存储量远远超过人脑的用量，而人的记忆力也远远落后于机器。因此，当这一功能成为问题时，在现代教育中的教师职能就再次要求被转变，这就成为自然而然的事情。如果说前一次转变是一种知识型的，那么这一次转变则是一种问题型的，即一种以知识传授为中心转变为以问题分析为中心。这也就是说，在信息化条件下，作为需要知识的学生是可以通过非常多的方式来获得的，而作为知识传播的教师只不过是其中的一种方式。况且，从知识传播上讲，教师的传授功能已经被边缘化，也就是说，教师相对于网络或其他传播来说，知识储备量远远不足，但从对知识的处理或选择上讲，教师的分析功能被凸现出来，因为这时的学习者面临的不再是知识量不足的问题，而是如何从大量的知识中选取自己有用的东西，又如何用知识建构起理论来分析问题。就是说，作为学生的需求已经从单纯的知识吸取型转为综合的问题分析型。这就意味着在信息化时代，教师职能必须因学生需求而发生转变。

综观上述，网络教学的存在本质不能从技术工具主义立场上获得澄明，而必须由一种生存主义的世界观来加以阐明。正如上述所表明的，网络教学呈现出来的乃是一个新兴世界，它使教师与学生都作为一名学习者，并形成一种平等互助的自主学习的交流模型，使教师的教学职能从知识传授型向问题分析型转变，同时使学生的学习功能从知识接受型向问题分析型转变。因此，网络教学并不是传统课堂教学的新辅助手段、新载体和新方法，而是一种具有独立性之存在本质的教学理念，与传统课堂教学模式相比较而言，它完全构成一种新型的教学模式，并具有其自身的教学规律及其特点。

参考文献:

[1] 杨庆峰,赵卫国. 技术工具论的表现形式及悖论分析[J]. 自然辩证法研究,2002,18(4):55-57.

[2] 海德格尔. 技术的追问[C]//孙周兴. 海德格尔选集:下. 上海:上海三联书店,1996.

[3] 安德鲁·芬伯格. 技术批判理论[M]. 韩连庆,曹观法,译. 北京:北京大学出版社,2005:4-6.

[4] 穆尔. 赛博空间的奥德赛:走向虚拟本体论与人类学[M]. 麦永雄,译. 桂林:广西师范大学出版社,2007.

[5] 本·斯泰尔. 技术创新与经济绩效[M]. 浦东新区科学技术局,浦东产业经济研究院,译. 上海:上海人民出版社,2006:305.

[6] Lee J-S, Cho H, Gay G, et al. Technology Acceptance and Social Networking in Distance Learning [J]. Educational Technology & Society, 2003, 6(2):50-61.

[7] 埃里克·麦克卢汉,弗兰克·秦格龙. 麦克卢汉精粹[M]. 何道宽,译. 南京:南京大学出版社,2000.

现代技术

——资本反生态性的实现途径

王　喆　许　良
（上海理工大学社会科学部，上海　200093）

摘　要：生态危机是当今世界面临的共同问题，它直接影响着人类未来的生存发展。在这个问题上，现代技术被指称为罪魁祸首，现实并非如此，资本才是生态危机的根源，而现代技术是被资本意志所控制的，是资本反生态的实现途径。

关键词：技术　资本　资本逻辑　生态危机

自工业革命以来，机器大生产将人类带入了一个技术的时代，技术作为一种生产力，深刻地影响着人类社会的发展。技术的进步不但提高了人类改造自然的能力，而且创造了巨大的财富。但是，伴随着技术时代到来的不只是生产的发展、社会的进步，同时也出现了环境问题、生态危机等负面影响。因此，有些学者指出，技术对当代生态危机负有不可推卸的责任，是其产生的根源。笔者则认为，技术并非当代生态危机的根源，资本才是真正的根源，而现代技术则是为资本所绑架的，是资本反生态的实现途径。

一、当代生态危机之根源的追问

生态，通常指生物的生活状态，即一切生物在一定自然环境下的生存和发展状态，以及它们之间和它与环境之间环环相扣的关系。从这个意义来说，生态危机可以分为人与自然环境的危机、人与其他生物间的危机和人自身的危机。人与自然环境的危机，包括各类污染、土地荒漠化、资源枯竭、全球变暖等问题，人与其他生物间的危机包括物种灭绝、物种入侵、疾病交叉感染等问题，人自身的危机包括劳动异化、食品安全、人工生命伦理等问题。

在技术原罪论者看来，技术是这些危机的总导演，认为技术本身具有一种自主发展逻辑的张力，可以不受任何外在因素的控制，形成一种独立的力量。有学者指出，“把技术特别是现代技术内在的对自然的威胁和危害性揭示出来，即是说不能把这种威胁和危害性简单表面化地归结为社会和人为的因素，而是其本质上就有的。”[1]

然而，这种观点犯了费尔巴哈的错误。马克思在《关于费尔巴哈的提纲》中指出：“从前的一切唯物主义（包括费尔巴哈的唯物主义）的主要缺点是：对对象、现实、感性，只是从客体的或者直观的形式去理解，而不是把它们当作感性的人的活动，当作实践去理解，不是从主体方面去理解。”[2]54 所以，技术作为人的一种实践活动，其间必然包含主观性的东西，它是人的本质力量的展现。而技术原罪论的错误恰恰在此，他们没有看到技术与人的本质力量之间的关系，片面地将技术视为直观的对象，一种没有人的意识参与的活动，这样的结果就使主体的能动性被掩盖了。因此，从主体方面来理解技术，我们可以很清楚地看到招致生态危机的技术异化，都是由人为因素造成的。首先，“任何技术的产生和发展都是与当时社会的认知水平及价值观等社会因素密切相关的”[3]。现代意义上的技术产生于近代资本主义兴起时期，所以受到现代性的价值观影响，即一种追求效率导向的技术，这样的技术就会引致人们急功近利，诸如食品安全、资源枯竭等问题，就是这种急功近利的价值观所驱使的。其次，人们对技术的滥用和错用也致使技术出现负面效应，比如利用技术疯狂地开垦森林、土地，最终导致土地荒漠化等问题。然而，资本是驱动这一切因素的最终动力，无论是急功近利，还是技术的滥用，都源于资本利润的驱使。所以，对待现代技术，我们还是应该回到社会的因素，回到资本那里去。

除此之外，从某种意义上来说，技术原罪论与技术决定论有某种共通之处。技术决定论强调技术的自主性和独立性，认为技术能直接主宰社会命运，把技术看成人类无法控制的力量[4]209。而技术原罪论认为生态危机的直接根源是技术，单纯地看到技术层面导致的各种生态危机现象，而不考虑社会和人为的因素，将技术看成一种独立的力量。所以，技术原罪论者与技术决定论者犯了同样一个错误，都没有注意到主体的能动性，忽视了人的力量。这样就造成人在技术面前无能为力的局面，就会“认为科技进步不是生命和快乐的使者，而是‘死神和绝望的化身’，它不仅没有使人们得到幸福，反而带来了很多副作用，认为有技术比没有技术更糟”[5]，这种敌视一切技术的观念，既不利于社会的发展，同时又不能根本解决生态危机问题。

技术原罪论遮蔽了生态危机的真正根源——资本。由于资本的逐利本性和资本的内在逻辑，造成资本需求无限性与自然资源有限性的紧张关系，由此带来的就是靠发展高新技术，以攫取新领地和更多的资源。芒福德就曾毫不讳言地指出，“资本主义的邪恶被归咎于机器；机器的成功却常归功于资本主义”[6]26。

因此，现代技术绝非生态危机的根源，而是资本反生态性的牺牲品，它是资本反生态的实现途径。现代技术为何受资本控制？又如何为资本实现了反生态性的呢？这就需要从历史的和现实的社会文化背景进行考察，即产生现代技术的资本主义因素、遵循资本逻辑的现代技术。

二、近代技术与资本主义的兴起

首先，现代技术产生于资本主义意识的框架之中。但这并非一种意识先于存在的历史唯心主义范畴，这是相对于技术决定论提出的技术-社会互动论。技术对社会的作用方面，技术决定论已经发挥得十分激进了，因此不作赘述，这里谈的是技术决定论者所忽视的社会对技术的影响方面，因为他们“错误根源正在于他们没有看到正是我们的价值观和社会关系对技术的性质所起的重要作用，忽视了人的主体性和能动性”[4]215。所以，“技术只有被置于滋养它成长的文化综合体中才可能得到健康成长，因而它必须被放在一种文化框架内进行审视，否则我们就会误解技术”[4]224，而生态危机技术原罪论恰恰就在这一点上误解了技术。

资本主义意识肇始于文艺复兴时期（13—16世纪），理性、科学与进步的理念，要求实现平等、自由与民主的思想，而现代技术①正是受到这种价值观的影响而产生的。

资本主义要求平等，这首先就需要突出人的主体地位，正是这种近代形而上学的主客二元对立，为生态危机奠定了哲学基础，它引向了人类中心主义。在中世纪神学的统治下，科学和哲学只能作为其婢女，人的思想被束缚和禁锢，文艺复兴的人文主义思潮打破了这个枷锁，将人从神的世界中解放出来，人开始用自己的方式解释和改造世界，人的主体性地位得到彰显。近代资产阶级哲学奠基人笛卡儿提出了著名命题“我思故我在”，这意味着作为主体的自我的确定性，他将人的主体性地位提到一个前所未有的高度。一切都是值得怀疑的，唯有“我思”是唯一确证的，因而人的主体地位就不容置疑了，主体也就从客体中抽离了出去，只有实现这种抽离，“思”才能存在，即主体对客体的描述、计算。这种抽离意味着人成为他周围一切的主宰，可以任意地对这个世界进行“思”，就是在这种任意“思”的基础上，近现代科学才得以出现；也正是这种“思”才促使人类迫切地去证明“思”的正确性，因此近现代的实验科学技术也应运而生。

资本主义要求自由，这是由自由交换原则引发的，只有数学化的抽象，才可以完成这一使命。而货币的出现恰恰完成了这种嬗变：“一切东西，不论是不是商品，都可以变成货币，一切东西都可以买卖……正如商品的一切质的差别在货币上消失殆尽了一样，货币作为激进的平均主义者把一切差别都消灭了”[7]，这种去质

① 芒福德对技术史进行了如下划分：始生代技术时期（1000—1750年），古生代技术时期（1750—1900年），新生代技术时期（1900年至今）。根据这种划分，通常意义上的现代技术，即以机器大工业生产为标志的技术，最早可以追溯到1750年左右的工业革命。

化即一种抽象，只有实现了这种抽象，一切才可以单纯地以数学化的方式计量。随着时间的推移，人们越来越习惯于这种抽象的、量化的思维习惯。正是这种思维习惯，为现代技术开辟了道路，因为可计算性即量化的思维习惯本身被设定为统治自然的原理，而且资本主义必须要把技术变得适用于抽象的量化形式，因为“对资产阶级来说，按永远有效的范畴来理解它自己的生产制度是生死存亡的问题”[8]，所以不能适用这种形式的一切技术都被视为落后的，在这种价值观下，古代技术被淘汰和改进，留下的都是可进行抽象量化形式的现代技术手段。所以，“科学的力量以及金钱的力量，归根到底是同样的力量：这是抽象的力量，测量的力量，量化的力量”[6]24。这种抽象的量化关系，使整个世界都失去了原本丰富多彩的意义，一切只有以数学化的方式衡量其存在的意义，因此经济利益战胜了生态利益，自然资源开始被无节制地挥霍。

首先，技术发展的动因来源于资本的支持。“机械化的动因，来自机器体系的高效和成倍增长的生产力所创造出的更庞大的利润”[6]25，资本的本性就是获取利润，利润的获得在于工人创造的剩余价值，因此资本家只有不断地提高剩余价值，才可以获得更多的利润，正是这种利益驱使，使资本家投入更多的资本改进技术，以缩短工人的必要劳动时间，从而相对延长了剩余劳动时间，因此，“如无商业利润的刺激，很难想象发明机器的步伐会如此之快”[6]25。这是早期资本主义工业中的情况，而随着社会的进步，资本作为技术发展动因的方式也变得多样化、隐秘化，但不可否认的是，如果没有资本的投入、支持，任何一项现代技术都无法进行研发，特别是高新技术领域，需要高端技术设备、技术材料、技术手段和技术人才，没有资本的支持，是不可能进行生产或引进的。而资本家也会通过强强联合、收购、兼并等方式，为了获取高额的垄断利润，率先将资本投入到某一领域，以实现对该技术领域的垄断，不但可以掌控核心技术，而且决定着技术的发展方向，甚至可以影响国家的决策，特别是那些关涉到国家战略或者民生方面的领域，如大型制药厂商为了占领新的医药市场，将资本投入到新药的研发，虽然是出于利润的动机，但是却推动了生物制药技术的发展。所以，“即使有时机器并未改变什么，甚至从技术的角度来说是失败的。但由于有可能取得利润，就将机器的作用加以夸大”[6]26。

这些正如默顿所指出的：“所有这一切（17 世纪中期以后的科学和技术——引者注）并不是自发生成的。其先决条件业已深深扎根在这种哺育了它并确保着它的进一步成长的文化之中；它是长时期文化孵化生成的一个娇儿。”[9] 这里的文化背景包括哲学、价值观、风俗习惯、法律等，因此资本主义不仅在价值观方面影响着现代技术的产生，而且在资金方面也提供了支持。从这个意义来说，现代技术无论是从形而上的哲学高度，还是从形而下的器物层面，都已经为资本所限制，体现着资本的意志。正因为看到了社会文化对技术的影响作用，芒福德才旗帜鲜明地反对将资本主义的罪恶归责于技术，因为技术“只是人类文化中的一个元素，它起的作用的好坏，取决于社会集团对其利用的好坏”[6]6，这是与技术决定论者不同的，因此，在某种意义上说，也是异于生态危机技术原罪论的。

三、遵循资本逻辑的现代技术

从现代技术产生的社会文化背景已经看到，它已经为资本所控制，资本对其进行筛选，凡是不符合资本本性和资本逻辑的技术，都将被遗弃。因此，当代广泛应用的技术都是基于现代技术的基础之上的，而且当代新技术的发展同样经受着资本本性及其逻辑的检验。

资本的逐利本性催生现代技术的功利性。马克思说，“一旦有适当的利润，资本家就会大胆起来。有百分之五十的利润，它就铤而走险；为了百分之一百的利润，它就敢践踏一切人间法律；有百分之三百的利润，它就敢犯任何罪行，甚至冒绞死的危险”[10]，可见逐利性是资本的本性。然而，资本自己无法实现其自身的这种本性，它“必须通过支配和使用自然力才能现实地成为资本，实现增值的资本本性”[11]，这种支配和使用自然力的力量，唯有技术才能实现，因为“应用机器，不仅仅是使与单独个人的劳动不同的社会劳动的生产力发挥作用，而且把单纯的自然力——如水、风、蒸汽、电等——变成社会劳动的力量”[12]5，经过这样一种技术化的手段，衡量自然界的一切价值的唯一尺度就只有经济利益了，这是完全迎合资本本性要求的。在这种逐利性的驱使下，具有功利性的技术得到保留和发展，这类技术不会考虑过度使用自然力造成的后果，其唯一目标就是帮助资本获得利润。以捕鱼业为例，最初渔民只使用网眼稀疏的渔网进行作业，可以使鱼苗得以生存，由于利润的驱使，鱼的需求量增大，渔网的网眼随之稠密，如今，为了满足资本的利润要求，在世界海洋捕鱼业中开始采用现代化的探捕鱼技术，如人造卫星探鱼、飞机空中侦察鱼群、激光栅栏围拦鱼群、机器人钓鱼、气泡幕拦鱼等。这样急功近利的技术手段迟早会将自然掏空，但是正如马克思所言，只要有利润可图，资本就不会停下脚步，这种功利性的技术也就不可能消失。眼下发生的食品安全问题，也再一次证实了这一点，生长激素、三聚氰胺、染色剂、瘦肉精等虽然都是工业技术产品，但是如果没有利润的驱动，他们就不再有这个必要了。

资本的生产强制逻辑驱使现代技术的高效变得扭曲。高效率的生产有助于社会的发展、生产力水平的提高，但是在资本生产强制的逻辑下，这种高效率变得扭曲。资本主义工业时期，“使用机器的目的，一般说来，是减低商品的价值，从而减低商品的价格，使商品变便宜，也就是缩短生产一个商品的必要劳动时间……就是缩短工人为生产其工资所必需的劳动时间”[12]1，因而相对地延长了剩余劳动时间，也就增加了剩余价值，这是资本所追求的。因此，在资本意志下的高效率只是其追逐剩余价值的副产品，但是这种高效率可以使率先使用技术的资本家获得利润，资本便千方百计地提高效率。技术的每一次进步都带来了效率的提高，从蒸汽机到电动机，从电动机到自动化机器，单位时间内生产的量越来越大。然而大量的商品生产势必消耗相应的自然资源，更为严重的是，越是高新的技术，使用的资源越是稀缺或者不可降解。例如，当代大规模工业生产离不开电力，而核电技术被标榜为既环保又节能的技术，可以为工业生产提供大量用电需求，但是切尔诺贝利和日本福岛事件已经昭示了核电技术对整个生态系统的危害，然而，只要符合资本的强制生产逻辑，这种不顾人类生存与生态发展的扭曲化高效技术就仍然存在。其次，强制生产导致的技术高效扭曲化还表现在人类发展危机上，因为人也是生态系统中的一个环节，人的发展危机同样是一种生态危机。由于机器在越来越多的领域取代了人，人们将所有罪责都归结于技术的进步，诚然，技术的进步使分工越来越专业化，个人劳动越来越束缚于单独的一个领域内，造成劳动异化现象，但是造成所有这些现象的技术，都是由资本强制生产逻辑所选择的。

尽管目前生态危机显示出的种种迹象毫无例外地都有技术的参与，但是我们应该明白，技术已经成为人类生活中不可缺少的东西，所以技术势必会渗入到社会生活的方方面面，不能就此断言技术是生态危机的根源。而且，现代技术都是由资本筛选的，只有那些符合资本本性和资本逻辑的技术才能生存下来，因此不能将资本的邪恶归咎于技术。

四、近代的技术批判之路

应当明确，生态危机的根源在于资本，现代技术是资本反生态的实现途径。对于生态危机下的现代技术，需要辩证地看待。生态危机技术原罪论只会造成人们对技术的一种无能为力的悲观情绪，还会遮蔽了真正的根源。而且应当看到，技术的确对于生产力的发展起到了重要的推动作用，技术已经成为人类社会生活重要的实践手段。正如马克思所言，“为了生活，首先就需要吃喝住穿以及其他一些东西。因此第一个历史活动就是生产满足这些需要的资料，即生产物质生活本身”[2]79，他认为，这是一切历史的基本条件。生产物质生活本身这一过程，就是人的本质力量展现的过程，不同于动物本能的活动，它是人类有意识地制造并使用工具改造自然的过程。而制造并使用工具就体现为技术，因此，技术贯穿于人类社会发展的始末。从原始社会的刀耕火种，到今天的航空航天，无一不是技术，当今社会的发展离不开技术的进步。可以看出，在马克思那里，技术作为一种物质生产活动，是得到积极肯定的评价的。

如果深入研究技术史，也会发现这一点。人类社会从一开始就有了技术的痕迹，可以说，人创造了技术，同时技术也在改造着人。而技术之于生态危机的问题，到古生代技术时期（1750—1900 年）才出现，但是在始生代技术时期（1000—1750 年）及更早的时期内，技术的应用并没有带来严重的生态危机，所以，技术之于生态危机的问题是历史过程中产生的，它只是漫长的技术史中的一个阶段。这个阶段开始于资本统治世界的时期，资本要求一切都必须遵循其逻辑，它按照自己的要求选择和改变着一切物质的、精神的因素。由此，马克思特别强调要注意技术与技术的资本主义应用之间的区别，因为“利用机器的方式和机器本身完全是两回事”[13]，如果把技术的资本主义应用等同于技术本身，那就会犯卢德主义的错误。

因此，要改变这种技术现象，首先应当改变资本带来的价值观，体现在技术上，就是功利主义的技术观。这不仅需要法律的约束，也需要全社会道德舆论的构建。其次，在中国传统技术观中寻找出路。越来越多的西方学者开始或者已经研究中国技术思想，传统的技术思想作为中国思想的组成部分，也彰显出它独特的魅力，其核心在于“道”“技”之间的关系，一种“由技至道”“以道驭术”“顺应自然”的技术思想体系提供了人与自然和谐的可能。最后，要建立一种合理的社会制度。大家知道，技术是一种生产活动，因此也就容易理解恩格斯在谈论关于支配和调节生产活动的社会方面的影响时所说的：“要实行这种调节，仅仅认识是不够的。这还需要对我们迄今存在过的生产方式以及和这种生产方式在一起的我们今天整个社会制度的完全变革。”[14]所以，构建一种合理的社会制度，以及树立正确的技术价值观，才是我们对待技术应有的态度。

参考文献：

[1] 郑晓松．技术原罪[J]．自然辩证法通讯，2004(6)：3-5.

[2] 马克思，恩格斯．马克思恩格斯选集：第 1 卷[M]．北京：人民出版社，1996.

[3] 许良．论技术的价值负荷[J]．山东科技大学学报，2008，10(3)：10-13.

[4] 许良．技术哲学[M]．上海：复旦大学出版社，2005.

[5] 李锐锋，刘冠英．科技进步与生态危机[J]．科学技术与辩证法，1998(4)：57-60.

[6] 芒福德．技术与文明[M]．陈云明，等译．北京：中国建筑工业出版社，2009.

[7] 马克思．资本论：第 1 卷[M]．北京：人民出版社，1995：151-152.

[8] 卢卡奇．历史与阶级意识[M]．北京：商务印书馆，1999：61.

[9] 默顿．十七世纪英国的科学、技术和社会[M]．成都：四川人民出版社，1986：79.

[10] 马克思，恩格斯．马克思恩格斯全集：第 17 卷[M]．北京：人民出版社，1995：258.

[11] 徐水华．论资本逻辑与资本的反生态性[J]．科学技术哲学研究，2010(6)：43-47.

[12] 马克思．机器。自然力和科学的应用[M]．北京：人民出版社，1978.

[13] 马克思，恩格斯．马克思恩格斯全集：第 27 卷[M]．北京：人民出版社，1972.

[14] 恩格斯．自然辩证法[M]．北京：人民出版社，1984：306.